Reihe
Germanistische
Linguistik

222

Herausgegeben von Helmut Henne, Horst Sitta
und Herbert Ernst Wiegand

Barbara Gärtner

Johannes Widmanns »Behende vnd hubsche Rechenung«

Die Textsorte ›Rechenbuch‹ in der Frühen Neuzeit

Max Niemeyer Verlag
Tübingen 2000

Die Deutsche Bibliothek – CIP-Einheitsaufnahme

Gärtner, Barbara:
Johannes Widmanns »Behende vnd hubsche Rechenung« : die Textsorte ›Rechenbuch‹ in der Frühen Neuzeit / Barbara Gärtner. – Tübingen : Niemeyer, 2000
(Reihe Germanistische Linguistik ; 222)

ISBN 3-484-31222-X ISSN 0344-6778

D 16 Neuphilologische Fakultät, 1998

Printed in Germany.
Gedruckt auf alterungsbeständigem Papier.
Druck: Weihert-Druck GmbH, Darmstadt
Buchbinder: Nädele Verlags- und Industriebuchbinderei, Nehren

Inhaltsverzeichnis

Vorwort

> *Die Mathematiker sind eine Art Franzosen, redet man zu ihnen, so übersetzen sie es in ihre Sprache, und dann ist es alsobald ganz etwas anders.*
> (Goethe, Maximen und Reflexionen, 652)

Mathematik war und ist für viele Menschen, die sich wie Schriftsteller oder aber Germanisten mit Sprache beschäftigen, etwas Fremdes, sie hat für diese, ebenso wie dann auch der Mathematiker selbst, in der Abstraktheit und scheinbaren Wirklichkeitsferne etwas Sonderliches. Mathematiker dagegen sind gezwungen, sich tagtäglich mit der Sprache auseinanderzusetzen, und zwar mit ihrer Sprache, der der Mathematik, welche sie zu Beginn ihrer Studien erlernt haben. Aus diesem Umgang mit der Sprache heraus ergeben sich nun Fragen und Ideen, bei deren Formulierung oft große Vorsicht angewandt wird, begibt man sich doch auf fremdes Terrain. Dabei bezweifeln Mathematiker wie Germanisten weder die Möglichkeit des Erkenntniszuwachses etwa durch interdisziplinäre Fragestellungen noch den Einfluß, den die beiden Bereiche im Laufe der Entwicklung aufeinander hatten. Einig ist man sich über die Rolle der Sprache bei der Ausbildung der modernen Mathematik ebenso wie über die Rolle der Mathematik für die Sprache zumindest während einiger Epochen der deutschen Sprachgeschichte wie der Aufklärung oder aber der Frühen Neuzeit. Letztere lenkte gerade auch in neueren Publikationen vielfach das Interesse auf sich als Periode von europaweiten Veränderungen in mehr oder weniger allen kulturellen Bereichen. Gefragt wurde dabei nach der Sprache der Mathematik, ihrer Ausbildung und ihrer Rolle bei der Ablösung des Lateinischen durch das Deutsche und der Ausbildung einer deutschen Gemeinsprache, nach dem Stand der Rechenmeister und ihrer Aufgabe in der Volksbildung und nicht zuletzt nach der Auseinandersetzung des Humanismus mit dieser neuen Art von Literatur: *Es gibt noch keine Untersuchung darüber, inwieweit seine [Adam Ries'] Rechenbücher teilhatten am Prozeß der Herausbildung der deutschen Nationalsprache. Adam Ries wirkte als Zeitgenosse Martin Luthers. Wie Luther bediente er sich einer unter mehreren vorhandenen überregionalen Sprachformen des Deutschen: des meißnischen Kanzleideutsch. Wie Luther bemühte er sich um eine große Verständlichkeit, um ganz im Sinne der großen Humanisten das Volk erreichen zu können und nicht nur einen kleinen Kreis Gebildeter. Wie Luther nahm Ries Wörter und Wendungen aus der gesprochenen Volkssprache auf, um "dem ganzten Landt und der Jugent zum besten [...] etwas dem gemeynen mann nutzlich in trugk zu geben." Diese Worte könnten überhaupt als Leitmotiv im Wirken des Rechenmeisters gelten. Damit reiht sich Adam Ries ein in den Kreis der Humanisten, geht sein Wirken über seine historische Wirkung weit über die eines einfachen Rechenmeisters hinaus. Adam Ries — das ist der Rechenmeister, das ist der Bergmann von der Feder und das ist der tätige Humanist, über dessen humanistisches Wirken wir gerade erst begonnen haben nachzudenken* (Lorenz 1985, 7).

Der Ausgangspunkt der vorliegenden Arbeit liegt noch vor ADAM RIES bei den ersten gedruckten Rechenbüchern in deutscher Sprache, im besonderen bei der traditionsbildenden Einführung in die praktische Arithmetik von JOHANNES WIDMANN. WIDMANNs *Behende und hübsche Rechnung auf alle Kaufmannschaft* ist eine Einführung in das elementare Rechnen mit den indischen Ziffern. Der Verfasser des Buches war zu dessen Entstehungszeit Magister an der Universität Leipzig, an der er auch zuvor seine Ausbildung erhalten hatte. Das Buch wurde in der Offizin KONRAD KACHELOFENS zu Leipzig im Jahre 1489 zum ersten Male gedruckt und ist damit das erste umfangreiche gedruckte und verbreitete Rechenbuch in deutscher Sprache.

Die Grundlage dieser Arbeit bildet die kommentierte und lexikographisch aufbereitete Edition des Rechenbuches (Teil III). Die Beschreibung seiner Stellung in der Mathematikgeschichte, d. h. eine Darstellung des fachlichen Rahmens überhaupt, in dem Bücher wie das WIDMANNsche Rechenbuch entstehen konnten, bietet Teil I, der zudem eine kritische Sichtung der bisher bekannten Daten zu Leben und Werk JOHANNES WIDMANNs bietet. Auf den Versuch einer kulturhistorischen Einbettung der Rechenbücher zielt die linguistische Untersuchung in Teil II. Sie enthält einen synchronen Querschnitt durch die Kommunikationssituation in Leipzig bzw. im deutschsprachigen Raum zur Zeit der Entstehung des Rechenbuches im Vergleich verschiedener Lehrwerke. Dabei wird eine für diese Arbeit entworfene Methode der Erfassung, Analyse und Interpretation von Fachtexten innerhalb synchroner Gegebenheiten und diachroner Veränderungen erprobt. In allen Einzelheiten wird dies für verschiedene Rechenbücher durchgeführt, bei denen sich aufgrund des durch mehrere Jahrhunderte kaum wechselnden Inhalts Veränderungen auf anderen Ebenen gut fassen lassen. Bei weiteren Textsorten hingegen werden mit den typischen Unterschieden nicht unbedingt alle konstitutiven Merkmale dokumentiert; deutlich wird jedoch die gegenseitige Abhängigkeit und Beeinflussung der Werke, ihre intertextuellen Beziehungen. Um die Texte wie auch ihre Autoren im Spannungsfeld dieser Beziehungen zu erfassen, ist es daher nötig, neben mathematik- und sprachhistorischen

Ereignissen auch Fragen der Schul-, Wirtschafts- oder Mediengeschichte einzubeziehen, wie es ein sprachpragmatischer, handlungstheoretischer Untersuchungsansatz gewährleistet.

Die Edition eines deutschsprachigen Rechenbuches aus dem späten 15. Jahrhundert in Verbindung mit einer sprachwissenschaftlichen Untersuchung fällt sowohl in den mathematikhistorischen als auch in den linguistischen Forschungsbereich. Wenn darüber hinaus Wissenschaftler aus beiden Gebieten angesprochen werden sollen, steht man vor einer nicht geringen Anzahl von methodischen bzw. die Auswahl und Darstellung betreffenden Problemen. Um sowohl Germanisten und Sozialhistorikern als auch Mathematikern, Mathematik- oder Wissenschaftshistorikern ein geschlossenes und verständliches Gesamtbild entwerfen zu können, lassen sich einige in ein Fachgebiet einführende Orientierungsabschnitte nicht vermeiden, die dem jeweiligen Fachmann auf dem Gebiet trivial oder grob vereinfachend erscheinen mögen. Geleitet wurde ich in diesen Teilen wie auch insgesamt von dem Versuch, den Anforderungen und Wünschen beider Seiten zu entsprechen sowie ihre eigenen Fragen und Methoden der jeweils anderen Gruppe nahezubringen.

Diese Arbeit ist eine leicht überarbeitete und aktualisierte Fassung meiner Dissertation, die im Juni 1998 von der neuphilologischen Fakultät der Universität Heidelberg angenommen wurde. Ich möchte an dieser Stelle allen denen danken, die mich bei meiner Arbeit auf die eine oder andere Weise unterstützt haben. Für die Bereitschaft zu und die Offenheit gegenüber einem interdisziplinären Thema danke ich meinem Doktorvater Oskar Reichmann (Heidelberg), der mir in meiner Mitarbeit am Frühneuhochdeutschen Wörterbuch das Sammeln von Arbeitserfahrung ermöglichte und finanzielle Absicherung bot. Nicht nur den Hinweis auf das Rechenbuch von J. WIDMANN, sondern auch wertvolle Information sowie fachliche und moralische Unterstützung gewährte mir Menso Folkerts (München), der auch die Zweitkorrektur meiner Arbeit übernahm. Einsicht in die und Bestätigung der Notwendigkeit und Relevanz editorischer bzw. mathematikgeschichtlicher Arbeiten vermittelten mir die Veranstaltungen von Klaus Volkert (Heidelberg), denen ich auch die Aufnahme in den Kreis der 'modernen Rechenmeister' verdanke, vor allem aber die Teilnehmer an den Übungen zu Texten der Frühen Neuzeit am Germanistischen Seminar der Universität Heidelberg und ihrem Leiter Joachim Telle (Nürtingen), deren kritisches Wohlwollen mich durch alle Phasen meiner Arbeit begleitete. Ohne sie wäre mir die Erstellung dieser Arbeit in dieser Form nicht möglich gewesen.

Von den zahlreichen Personen, denen ich Rat und Anregung, Diskussion und Recherche zu verdanken habe, seien stellvertretend meine Arbeitskollegin in guten wie in harten Tagen Christiane Schlaps (Heidelberg), von den Mitarbeitern in den zahlreichen Bibliotheken und Archiven für ihre Auskünfte und die Bereitstellung von Texten Dieter Klein (Heidelberg) sowie von den Wissenschaftlern, die auf meine vielen mündlichen und schriftlichen Fragen antworteten, Rainer Gebhardt (Annaberg) und Ulrich Reich (Karlsruhe) genannt. Ich danke den Herausgebern der 'Reihe Germanistische Linguistik' Helmut Henne, Horst Sitta und Herbert Ernst Wiegand sowie dem Max Niemeyer Verlag, im besonderen Bettina Gade. Mein herzlichster Dank für Unterstützung der vielfältigsten Art, die weit über alles Fachliche hinausging, gilt aber schließlich meinen Eltern Helga Gärtner und Hans Armin Gärtner sowie Lars Schmidt-Thieme.

Karlsruhe im März 2000 — Barbara Gärtner

Verzeichnis der Kurzanalysen

Teil I

Johannes Widmann

1 Zum Leben

1.1 Jugend. Studium in Leipzig

JOHANNES WIDMANN[1] wurde wahrscheinlich zwischen 1460 und 1465 in Eger geboren.[2] Über sein Elternhaus und seine Schulausbildung ist bisher nichts bekannt, doch beherrschte er wohl bei seinem Eintritt in die Universität die lateinische Sprache. Eine Lateinschule ist in Eger, einer im 15./16. Jh. wirtschaftlich und politisch wichtigen Stadt, bereits 1300 urkundlich bezeugt, so daß WIDMANN dort Lateinkenntnisse erworben haben könnte.[3]

Der erste Nachweis seines Namens findet sich in den Matrikellisten der Universität Leipzig, in denen unter den Immatrikulationen zum Wintersemester 1480/1 ein *Iohannes Weideman de Egra* (Erler 1, 323 B 31) genannt wird;[4] ein *p* hinter seinem Namen gibt an, daß er als *pauper* von

---

[1] Informationen zu J. WIDMANNS Leben finden sich z. B. in Drobisch 1840; Wappler 1887 u. ö.; Kaunzner 1968a u. ö. Alle zeitgenössischen Dokumente, auf die im folgenden Bezug genommen wird, werden im Anhang A vollständig zitiert. Um diese Dürftigkeit der Quellen etwas auszugleichen, wird im folgenden auch dem Leben und Wirken akademischer Weggefährten Widmanns hinreichender Platz gewidmet. Neuere Forschungen haben bestätigt, daß der Autor des Rechenbuches nicht identisch ist mit den Medizinern JOHANNES WIDMANN SALICETUS, gen. MECHINGER (ca. 1440–1524) und JOHANNES WIDMANN VON HEIMSHEIM, die etwa zur gleichen Zeit in Südostdeutschland lebten. Ersterer ist bekannt als Verfasser von Schriften über die Syphilis (1497) und die Pest (1501 u. ö; Pfeilsticker 1957; Kaunzner 1968a, 3).

[2] Diese Zeitangabe folgt aus der Annahme, WIDMANN habe sein Studium an der Universität Leipzig mit 15 bis 20 Jahren begonnen. Wenn einer Vermutung von Wilhelm (1907, 429/30) Glauben geschenkt werden soll, war JOHANNES WIDMANN zu Beginn seines Studiums 15–20 Jahre älter. Wilhelm folgert dies aus einer Handschrift (Prag, Böhmisches Museum, Sign.: G. 23.16) aus dem Jahr 1461, deren Schreiber ein JOHANNES VON EGER war.

[3] So Kaunzner (1996a, 39); dieser weist auf die Möglichkeit hin, daß WIDMANN vor der Universität eine *Regensburger Bildungsstätte besucht* habe (1979, 141), da er zwei Handschriften angeblich aus Regensburg (Dresden, Sächsische Landesbibliothek, Sign.: C 80 und München, Bayerische Staatsbibliothek, Sign.: Clm 26 639) kannte.

[4] Ob persönliche Gründe WIDMANN anregten, nach Leipzig zu ziehen, ist nicht bekannt. Während der ersten großen Zuwanderungswelle fremder Kaufleute nach Leipzig (s. S. 109) kamen nur wenige dieser aus Eger, von ihnen trug keiner den Namen WIDMANN (Fischer 1929).

der Immatrikulationsgebühr in Höhe von 6 Groschen befreit war. Im Sommersemester 1482 legteWIDMANN das Baccalaureatsexamen der philosophischen Fakultät, im Sommersemester 1485 das Licentiatsexamen ab[5] und war nach der *inceptio*, der Antrittsrede, berechtigt, den Titel *Magister Artium* der Universität Leipzig zu führen.

Zusammen mit WIDMANN legten KONRAD KOCH, genannt WIMPINA, und SIGMUND ALTMANN VON SCHMIDTMÜHLE, der WIDMANN später zum Verfassen des Rechenbuches anregte, das Licentiatsexamen ab.

SIG(IS)MUND ALTMANN VON SCHMIDTMÜHLE, Sohn eines Hammermeisters in Schmidtmühle bei Amberg (Kaunzner 1968a), immatrikulierte sich im Sommersemester 1480 unter voller Entrichtung der Einschreibungsgebühr an der Universität Leipzig (Erler 1, 321 B 47). Am 23. Februar 1482 bestand er das Baccalaureatsexamen (*[23. Februar 1482] per quos [examinatores] admissi fuerunt quadraginta duo baccalariandi sequentes: [...] Sigismundus de Smydmal*; Erler 2, 276, 30); am 28. Dezember 1485 bestand er zusammen mit WIDMANN, WIMPINA und sechs weiteren Kommilitonen sein Licentiatsexamen. Auch sein weiteres Leben war ganz der Universität Leipzig gewidmet: Ab 1487 findet sich der Name *Sigismundo Altman de Smitmol* (Erler 2, 298, 4; 301, 42; 309, 17 u. ö.) als Promotor bei Baccalaureatsprüfungen; 1495 wurde er Vizekanzler der Universität (*Doctores facultatis iuridice universiatis Liptzensis [...] Sigismundus Smidemol*; Erler 2, 38; 55; Zarncke 1857a, 810), 1504 Rektor. Spätestens zu diesem Zeitpunkt war er *art[ium] et utr[iusque] iur[is] D[octor]* (Zarncke 1857a, 593).[6] Leonhardi (1799, 549) nimmt an, daß ALTMANN sogar Professor war, da der Rektor das Oberhaupt des *Consilium Nationale Magnum* bildete, in welches in der Regel nur Professoren gewählt wurden; allerdings gab es gerade in der Juristenfakultät hierbei Ausnahmen. Unter den Namen der Magister, die 1502 auf Befehl Herzog GEORGS ein Gutachten über die Zustände an der Universität Leipzig verfaßt haben, findet sich der Name ALTMANNS allerdings nicht.[7] Da er nicht nur alle Gebühren in voller Höhe entrichtete, sondern darüber hinaus freigebig war — *ad consilium facultatis fuerunt assumti magistri [...]. [...] Sigismundus Smidmol, qui graciosius alliis assumti solverunt quilibet quatuor flor. in auro pro dispensacione* (Erler 2, 327) — , kann man annehmen, daß er über ein gewisses Auskommen verfügte.

---

[5] Erler (1, 278, 26) *Johannes de Egra* und (1, 289, 6).

[6] *Anno domini millesimo quingentesimo quarto ipsa die sancti Georgii ego Sigismundus Altman, arcium et utriusque iuris doctor, fui electus in rectorem alme universitatis studii Liptzensis et de quatuor nacionibus meo durante officio intitulari subscriptos* (Erler 1, 458).

[7] Nur zwei der Gutachten sind anonym überliefert. Ein Gutachten stammt aus der Feder eines Priesters *extra facultatem*, also sicherlich nicht von ALTMANN. Das andere ist von einem Gegner des Schwäbischen Bundes (s. S. 5) geschrieben, liefert aber sonst keine weiteren Hinweise auf die Identität des Verfassers.

KONRAD KOCH aus Wimpfen, geb. um 1460 in Buchen im Odenwald (*Conradus Wympina de Buchen opido Odenwaldensis*; Wimpina 1515, 72) war Theologe, streitbarer Katholik und Humanist. Er begann sein Studium in Leipzig 1479; 1485 legte er zusammen mit WIDMANN und SIGMUND ALTMANN seine Magisterprüfung ab (Erler 1, 289) und blieb an der Universität, im besonderen an der theologischen Fakultät (Doktor der Theologie vor 1502), wobei er auch im politischen Leben der Universität tätig war. Um 1506 zählte er unter die Mitbegründer der Universität Frankfurt/Oder, deren erster Rektor er war. Er starb am 10. März 1531 in der Benediktinerabtei Amorbach.

Es ist möglich, daß zwischen ALTMANN und WIDMANN seit Studienzeiten eine Bekanntschaft, wenn nicht gar eine Freundschaft bestand. Zum Promotor wählte J. WIDMANN im Licentiatsexamen den Universitätsangehörigen JOHANNES FABRI DE WERDEA.

JOHANNES FABRI alias OBERMAYER DE WERDEA (d. i. Donauwörth) studierte an der Universität Leipzig (*Baccalaureus iuris* vor 1486, *Doctor iuris* vor 1504) und durchlief als *D[octor] utr[iusque] iur[is]* die verschiedenen Ämter der Universitätslaufbahn.[8] Ab 1480 versah er zudem das Amt der Universitätsnotarius, während welchem er zahlreiche Urkunden und Akten, darunter den *Liber formularis*, eigenhändig niederschrieb.[9] Aus den Jahren 1497/8 stammt der *Liber statutorum*, in dem er die Statuten des Kleinen Fürstenkollegs, dessen Mitglied er von 1481 bis zu seinem Tod war, neu verfaßte (Zarncke 1857a, 756; 765). Ebenfalls ist FABRI als Autor von Texten für den Unterricht an Lateinschulen bekannt, wie z. B. der *Proverbia metrica et vulgariter rhythmisata*, einer lateinisch-deutschen Sprichwortsammlung, die 1493 in Leipzig gedruckt wurden (Henkel 1988, 243–5).

Wiederholt wird FABRI DE WERDEA als Haupt des Schwäbischen Bundes erwähnt, einer Vereinigung einiger Magister der philosophischen Fakultät, die z. T. für die Mißstände an der Universität um 1500 verantwortlich gemacht wurden.[10] Zudem lag er im andauernden Streit mit ANDREAS FRISNER, dem er wohl auch seine Absetzung vom Amt des Notarius im Jahre 1499 verdankt. JOHANNES FABRI DE WERDEA starb 1505 (Wimpina 1515, 60).

---

[8] Im Sommersemester 1486 war er Rektor, im Wintersemester 1486/7 Dekan der Artistenfakultät (Zarncke 1857b, 258–260; Zarncke 1857a, 591; 808).

[9] Auflistung und Beschreibung der einzelnen Werke s. Stohlmann 1980; die Texte sind z. T. ediert in Zarncke 1861.

[10] Die Mitglieder dieses Bundes beherrschten die philosophische Fakultät, indem sie z. B. die Vergabe von Stellen und einträglichen Vorlesungen unter den jungen Magistern bestimmten, ihnen nicht genehmen Magistern damit keine Möglichkeit der Etablierung offen ließen. Anführer dieses Bundes war JOHANNES FABRI DE WERDEA, unter seinen Anhängern auch VERGILIUS WELLENDARFER. Zahlreiche Stellungnahmen und Meinungen dazu sind in schriftlichen Gutachten überliefert, die Herzog GEORG VON SACHSEN im Oktober 1502 von den Universitätsangehörigen forderte (Abdruck in Friedberg 1898, 95–148, s. dazu auch Steinmetz 1984, 39/9; s. auch S. 7).

Nach seinem Examen ließ sich WIDMANN aus der Burse entlassen: *Inter quos unus, scilicet Johannes de Egra, petivit dimissionem burse et optinuit, ut satis patet etiam in libro papireo* (Erler 2, 289). Dies war nach der 3. Statutenredaktion von 1471 an der Universität Leipzig nur möglich, wenn der Student außer Büchern und Kleidern nicht mehr als 10 Gulden besaß (*Ordo statutorum facultatis arcium. [...]. quod ultra res et libros non habeat decem flores de bonis hereditariis vel quibusque. [...]. Item petens dilationem bursae debet habere magistrum*; Zarncke 1861, 379; 409/410).[11] Dieser Eintrag ist der letzte über JOHANNES WIDMANN in den Matrikellisten. Er scheint also weder eine der höheren Fakultäten besucht zu haben noch als Promotor bei Prüfungen tätig gewesen zu sein.

1.2 Weiterer Aufenthalt in Leipzig

WIDMANN blieb vorerst in Leipzig und wandte sich auch von der Universität nicht gänzlich ab, dies bezeugen Eintragungen in die Handschriften Dresden, Sächsische Landesbibliothek, Sign.: C 80 (= Dresden, C 80) und Leipzig, Universitätsbibliothek, Sign.: Ms 1470 (= Leipzig, Ms 1470). Im Codex Dresden, C 80 finden sich auf f. 0v und f. 349v Notizen von WIDMANNs Hand, bei denen es sich um Ankündigungen von Vorlesungen und Übungen mathematischen Inhalts handelt; eine dieser Veranstaltungen — es handelt sich bei ihr wohl um die erste Algebra-Vorlesung im deutschsprachigen Raum — fand tatsächlich im Sommer 1486 statt, denn sie ist in einer Mitschrift des VERGILIUS WELLENDARFER im Codex Leipzig, Ms 1470, f. 479r–493v überliefert.[12]

Aus dieser Vorlesungstätigkeit folgt nicht unbedingt, daß, wie verschiedentlich behauptet wird (Kaunzner 1968a, 2 u. a.), WIDMANN Professor war. Jeder, der an der Universität Leipzig seine Baccalaureatsprüfung abgelegt hatte, war zur Lehre an ihr verpflichtet. Ebenso mußte

---

11 Untersuchungen zu Studienbedingungen von *pauperes* an deutschen Universitäten im 15. Jh. lassen einige typische Merkmale wie längere Studienzeiten, dafür jedoch eine höhere Abschlußquote und eine Bevorzugung des juristischen Abschlusses erkennen. Bessere Bedingungen, d. h. einen sozialen Vorsprung und persönliche Vorteile, erreichte, wer Anschluß an eine *familia* eines Universitätslehrers oder einer Fakultät hatte (Schwinges 1981, 305/6). Entgegen früherer Meinungen stellte die Universität also keinen *Aufstiegskanal für Arme und Tüchtige* dar (Moraw 1993, 19). Größter Arbeitgeber war nach dem Studium die Kirche, traditionelle weltliche Berufe waren Schreiber, Lehrer oder Notar.

12 Wappler (1887, 9; 13); Kaunzner (1968a, 1/2 u. ö). Zum Inhalt und den Umständen der Veranstaltungen s. S. 33.

nach der Magisterprüfung die *completio biennii* erfüllt werden, d. i. die Verpflichtung zur Lehrtätigkeit an der philosophischen Fakultät für zwei Jahre. Anfangs wurden die Vorlesungen unter den Magistern verlost, damit jeder einmal zu einer gut besuchten Vorlesung und damit in den Genuß eines hohen Kollegiengeldes kommen konnte.[13] In der Zeit um 1500 kam es jedoch zu einer Spezialisierung der Magister und spätestens 1502 nach der zweiten Reform durch Herzog GEORG wurden schließlich für einige Fächer bestimmte Magister zu einem festen Gehalt eingestellt. Dies war zwar auch bei den mathematischen Fächern der Fall,[14] doch kann WIDMANN keine solche fest besoldete Stelle innegehabt haben, da 1500 bereits ein Aufenthalt in Annaberg (s. u.) nachweisbar ist. Zudem handelt es sich zumindest bei der oben erwähnten Algebra-Vorlesung um eine *lectio extraordinaria*, die nicht zu den regulären Vorlesungszeiten, sondern sonn- bzw. feiertags oder in den Ferien meist in einer kleineren privaten Burse gehalten wurde. Gesichert ist jedoch seine Spezialisierung auf mathematische Vorlesungen, mit denen WIDMANN wohl auch einigen Erfolg hatte, wie sich aus einer Stelle im *Scriptorum insignium*[15] herauslesen läßt: *Johannes Wideman, [...] vir in Mathematicis [h]abunde eruditus. Qui capessis [!] in Philosophia et Liberalibus artibus insigniis, cum multa admodum in mathematica, et potissime in arithmeticae speciebus in studio Lipzensi, non sine auditorum summo applausu, aliquot annis volvisset, et membranae commendandum [!] vulgerisset* (Wimpina 1515, 50).

Aus welchen Gründen WIDMANN Leipzig zwischen 1490 und 1500 verlassen hat, ist unklar. Anhaltspunkte können vielleicht die Mißstände an der Universität um 1500 geben. Nach den Statuten mußten nämlich die Magister sieben Jahre warten, bis sie in die Fakultät aufgenommen werden konnten; somit wäre dies in WIDMANNs Fall frühestens im Jahre 1502 möglich gewesen. Bis zu diesem Zeitpunkt mußten sie sich durch Un-

[13] S. dazu auch die Bemerkungen von Schöner (1994, 76/7).

[14] Nur im Wintersemester 1502/3 wurden alle vier mathematischen Vorlesungen zur Geometrie, Arithmetik, Musik und Sphaera auch angeboten. In den folgenden Semestern reduzierte sich das Angebot auf die Sphaera und im Wechsel gehaltene Vorlesungen zur Perspektive (Sommer) und über Euklid (Winter), ab Sommer 1507 wurden auch die letzteren beiden Vorlesungen zusammengelegt (Erler 2, 389–463).
Unter den ersten Magistern für mathematische Vorlesungen waren ANDREAS ALEXANDER (s. S. 58) und KONRAD TOCKLER (s. S. 59). Schöner (1994, 76) setzt den Beginn dieser Spezialisierung einiger Magister drei Jahre vor den ersten Listeneintrag auf 1499.

[15] 1515 entstand in Leipzig dieses Verzeichnis Gelehrter als Antwort auf das Schriftstellerlexikon von JOHANNES TRITHEMIUS (1494, neue Auflage 1512), in dem absichtlich keine Leipziger Gelehrten verzeichnet waren. Die Autorschaft K. WIMPINAS ist unsicher (Döring 1990, 15; 157).

terricht ihren Lebensunterhalt verdienen. WIDMANNs Veranstaltungen scheinen zwar nach den Aussagen WIMPINAs geschätzt worden zu sein, was aber zum einen nichts über die Besucherzahl aussagen muß.[16] Zum anderen waren gerade zu dieser Zeit Vorlesungen über neue Sachgebiete[17] von einem Teil der Fakultät, nämlich den Mitgliedern des Schwäbischen Bundes, ungern gesehen,[18] und es wurde auf verschiedene Weisen versucht, sich dieser jungen aufstrebenden Wissenschaftler zu entledigen. WIDMANNs Algebra-Vorlesung fiel nun genau in die Zeit des Dekanats bzw. Rektorats JOHANNES FABRIs, des Führers des Schwäbischen Bundes. Direkte oder indirekte Angriffe von FABRIs Seite auf WIDMANN sind allerdings fraglich, wenn man aus der Wahl FABRIs zum Promotor im Licentiatsexamen auf eine gewisse Affinität zwischen beiden schließen möchte.

Bei einer Durchsicht der *Ratsbücher* von 1466–1506 und der *Stadtkassenrechnungen* von 1485–1491 der Stadt Leipzig konnte ich den Namen JOHANNES WIDMANN nicht finden.[19] Während der Jahre 1485–1491 hat er jedenfalls weder ein Haus ge- oder verkauft noch wurde er Bürger;

[16] Mit 42 Silbergroschen als Vorlesungsgebühr (Wappler 1887, 9) liegt WIDMANN hier weit über dem sonst angegebenen Preisniveau. Für eine EUKLID-Vorlesung z. B. hatte man nach den Statuten von 1471 vier Groschen zu zahlen, für Vorlesungen über Bücher des ARISTOTELES zwischen drei und vier Groschen (s. dazu auch S. 99). Diese Diskrepanz hängt sicherlich mit der Einschätzung der Algebra als eine Art Geheimwissenschaft zusammen.

[17] Die regulären Vorlesungen gründeten in der Regel auf Werken bewährter antiker und mittelalterlicher Autoren und dienten allein der Weitergabe des dort Gesagten, s. S. 98.

[18] Diese beklagten *den Ungehorsam der jungen Magister, die zu verbotenen Stunden gegen die Bestimmungen der Statuten Vorlesungen hielten, die sich mit ihren Hörern, die oft älter als die Dozenten seien, nicht den Anordnungen des Dekans fügen wollten* (Bruchmüller 1909, 33).

[19] Weitere Personen mit dem Zunamen WIDMANN (in den Ratsbüchern): Geschwisterpaar CHRISTINE und MERTEN WEYDEMANN, arme Bürger und Tuchscherer um 1474; ANNA WEIDEMANN um 1540 im Kloster der Jungfrauen St. Georgen; VEIT WIDEMANN um 1520 (auch in den Stadtkassenrechnungen). V. WIDEMANN stammte aus Geißlingen bei Waldshut und war im Zuge der großen Zuwanderung fremder Kaufleute (s. S. 109) nach Leipzig gekommen, wo er 1481 Bürger wurde. Als Tuch- und Metallhändler versah er bald wichtige städtische Ämter, er war Ratsherr, Stadtrichter und Baumeister. Nach seinem Tod 1527 hinterließ er ein ansehliches Vermögen. Die oben genannten Personen namens WIDMANN erscheinen jedoch nicht in seinem Stammbaum und sind daher wohl nicht mit ihm verwandt (Fischer 1929, 23; 135–141). Im 16. Jh. heiratete HANS FUNCKE, ein vermögender Leipziger Handelsherr, eine KATHARINA WIEDEMANN aus einer *bekannten Leipziger Rats- und Kaufmannsfamilie* (Martin 1983, 149; bei Fischer nicht verzeichnet); Beziehungen zu VEIT WIDEMANN sind keine bekannt.

WIDMANN hatte auch keine Schulden bei der Stadt und mußte keine Strafen für irgendwelche Vergehen bezahlen.

Die letzten Zeugnisse seiner Leipziger Zeit sind das 1489 gedruckte Rechenbuch und sechs ihm zugeschriebene lateinische Traktate mathematischen Inhalts, die um 1490 erschienen.[20] Hinweise auf eine Tätigkeit WIDMANNs als Privatlehrer oder Rechenmeister in Leipzig fehlen.[21]

1.3 Annaberger Jahre

Frühere Annahmen, WIDMANN sei nach 1498 in Leipzig gestorben (Vogel 1981b), wurden durch neuere Funde[22] aus dem Stadtarchiv Annaberg und in der Chronik *Annæbergæ Misniæ Vrbis Historia* (1605) von Paul Jenisch[23] (*Jenisius-Chronik*), die Zeugnis von einem dortigen Aufenthalt WIDMANNs geben, widerlegt. Die Neue Stadt am Schreckenberg, ab 1501 Annaberg genannt, *war im Jahr 1494 noch eine wüste [...] Gegend [...]; indem nicht selten Hirsche und andere wilde Thiere sich aus dem auf dem Marktplatze befindlichen Wassertrog [...] tränkten* (Andrä 1837, 1). Sie wuchs Anfang des 16. Jahrhunderts jedoch durch den Erzbergbau schnell zu einer blühenden Stadt heran, die 1510 das damalige Dresden bzw. Leipzig mit über 8000 Einwohnern an Größe erreichen bzw. übersteigen sollte.[24] Zu Beginn des 16. Jhs. zog es daher auch einige gebildete Männer nach Annaberg wie etwa ADAM RIES, der 1523/4 als Bergschreiber nach Annaberg kam, *ein fürtrefflicher Arithmetiker gewesen, so eine beruffene Schule* [die 1525 in der heutigen Johannisgasse 23 gegründete Rechenschule] *gehabt* (Arnold 1658, 167).[25] Eine Mitarbeit WIDMANNs in dieser Rechenschule sowie eine Zusammenarbeit auf privater Basis, wie RIES sie z. B. mit dem Bergbeamten HANS CONRAD pflegte, ist unwahrscheinlich, zumal RIES von WIDMANNs pädagogischen Leistungen nicht überzeugt gewesen zu sein scheint (s. S. 207).

Die Annahme von Kaunzner/Wussing (1992, 187), WIDMANN habe an der um 1500 gegründeten Lateinschule unterrichtet, ist ungesichert. Die *Jenisius-Chronik* erwähnt in dem Abschnitt über die Lateinschule WIDMANN weder als Rektor noch als Lehrer, wobei allerdings die Angaben der ersten Jahre lückenhaft sind. Auch Ziehnert, der in seiner

---

[20] S. hierzu auch S. 37.

[21] Dies war ohnehin nur Bürgern der Stadt möglich (Mangner 1906, 17).

[22] S. Kaunzner (1996a, 48); die Funde gehen auf Helmut Unger zurück.

[23] Von dieser Chronik existiert neben dem Druck Dresden 1605 noch eine handschriftliche Vorlage *Annabergæ Misniæ Oppidi Historia* mit dem Datum 1492, heute befindlich im Erzgebirgsmuseum in Annaberg-Buchholz.

[24] Schellhas o. J., 6; Rochhaus 1992 mit Lohntabellen u. ä.

[25] Ausführlicher zu RIES s. S. 204.

Kleinen Kirchen- und Schulchronik von Annaberg[26] eine — ebenfalls unvollständige — Liste der Rektoren, Prorektoren und "Lehrer der 3. Klasse" an der Annaberger Lateinschule darbietet (1839, 19–21), erwähnt WIDMANN nicht. Dagegen spricht weiterhin, daß an der Lateinschule wohl überhaupt erst ab 1563 Rechenunterricht erteilt wurde (Rochhaus 1996, 97). Neben der Lateinschule existierten in Annaberg um 1500 sechs deutsche Schulen, eine Mädchenschule, eine Privatschule und die Rechenschule von ADAM RIES (Wussing 1989, 24; Rochhaus 1996, 95; 97). Für eine Tätigkeit WIDMANNs an einer dieser Institutionen gibt es keine Anhaltspunkte.

Mehrmals findet sich der Name eines *Magister Johannes Widmann aus Eger* in Eintragungen in das *1. Häuserlehnbuch 1500/5* des Stadtarchivs Annaberg.[27] Aus ihnen geht hervor, daß WIDMANN in den Jahren 1500 bis 1504 verschiedene Häuser ge- oder verkauft hat, an denen er teilweise bauliche Veränderungen hatte vornehmen lassen. Ein Haus, das er 1504 von GEORG BUSCH kaufte, lag zentral in der Kirchgasse.[28]

Sowohl in der *Jenisius-Chronik* als auch in den späteren Chroniken Annabergs von Georg Arnold (1658) und Adam Daniel Richter (1746/8) werden Personen mit dem Namen WIDMANN, gelegentlich sogar JOHANNES WIDMANN erwähnt, wobei es jedoch nicht deutlich wird, ob es sich um den Autor des Rechenbuches handelt. Ein *Johann Wiedman, senior* (Arnold 1658, 87) war ab 1534 Ratsmitglied und Baumeister des 1604 niedergebrannten Rathauses: *Rathhauß. Dieses stehet am Marckt, [...], ist Ao. 1535 gebawet worden, deßen Bawmeister Johann Wiedemann, der ältere, gewesen* (Arnold 1658, 82), *darum hat man anno 1538, das Rathhauß gantz steinern von guten Kalch zu bauen vollends fortgefahren, Johann Wiedemann, senior im Rathe, ist der Bau-Herr bey solchen Bau gewesen* (Richter 1746, 359). 1552 *verstarb [...] kurz darauf* [23. Mai] *Johann Wiedman der ältere* (Arnold 1658, 187). Nach Richter (1748, 213) war dieser Ratsherr zweimal verheiratet; ein Sohn aus erster Ehe mit der Tochter des Dresdner Bürgermeisters ANTON TÜRLER hieß GEORGE WIDMANN (Wiedemann). Aus seiner zweiten Ehe stammten weitere Kinder.

Wohl ein weiterer Sohn von JOHANN WIDMANN SENIOR, JOHANN oder HANS WIDMANN, wurde 1565 in den Rat gewählt (Jenisch 1605, 153). Derselbe besaß einen *Obstgarten*, der später vom Rat gekauft

[26] Im Gegensatz zu den unten erwähnten weiteren Chroniken von Annaberg stützt sich Ziehnert bei seinen Aussagen außer auf die *Jenisius-Chronik* noch auf weitere Quellen.

[27] f. 20v–21r, 101r, 120v, 159r; Zitate s. Anhang A.2.1.

[28] Im Türkensteuerregister aus dem Jahre 1501 ist jedoch kein JOHANNES WIDMANN erwähnt (persönliche Mitteilung von H. Unger, Brief 22.3.1997).

und in einen *Gottesacker* umgewandelt wurde.[29] *Den 18. Nov[ember]* [1591] *starb Joh[ann] Wiedman, ein alter verlebter Rathsherr* (Arnold 1658, 220). Um die Ehefrau dieses JOHANNES WIDMANN könnte es sich bei der Bortenhändlerin JOHANN WIDMANNIN handeln, die in einem Gutachten aus dem Jahre 1571 erwähnt wird (Unger 1996, 353).

Zwei weitere Male erscheint der Name in Bemerkungen aus dem 17. Jahrhunderts, bei denen es sich aber allenfalls um Nachkommen WIDMANNS handeln kann: 1637 bekam ABRAHAM ROTH einen *Schwibbogen [...] von seinen Vettern, Hanß, und George, Sigismund Wiedemann* (Richter 1746, 332). 1643 ist ein *Johannes Wiedemann, Bürger und Schmeltzer [...] seines Alters 56. Jahr [...] gestorben* (Richter 1746, 308). Der Name WIDMANN, allerdings nicht mit dem Vornamen JOHANNES, ist mehrmals in dem Trauregister ab 1511 der Kirchengemeinde St. Annen verzeichnet.[30]

Genealogische Beziehungen dieser Personen[31] zu dem Verfasser des Rechenbuches sind aufgrund der Namensgleichheit anzunehmen. Die Epitheta *Magister* oder *aus Eger* erscheinen allerdings nirgends; auch chronologische Gründe sprechen gegen eine Identität des Rechenbuchverfassers mit JOHANNES WIDMANN DEM ÄLTEREN unwahrscheinlich. Wahrscheinlich ist dennoch, daß auch J. WIDMANN aus Eger, Magister Artium, in Annaberg blieb.[32]

---

[29] *Der newe Gottesacker. [...] Vor der Zeit sind dasselbst feine Obstgärten gestanden, die hat ein Rath umb gebührlich Geld von Johann Wiedemann, einen Rathsherrn, zu sich gelöset* (Arnold 1658, 43). Richter (1746, 313; 1748, 213) schreibt diesen Handel seinem Vater zu, die Jahreszahl 1579 spricht jedoch für den Sohn.

[30] Tauf- und Sterberegister sind erst ab 1556 bzw. 1577 erhalten und können somit zur Person des Autors keine weiteren Beiträge liefern (Mitteilung der Kirchengemeinde St. Annen, Annaberg, Brief 23.10.1996).

[31] Der Name *Wid(e)mann* kommt freilich in Aufzeichnungen der Verwaltung oder innerhalb des Bergbaus im Erzgebirge häufig vor, s. etwa Bamberg (1940, 96): Wasserknechte im Bergbau *Gregor* (1545), *Jorge* (1543), *Merten* (1545), Steuer *Hans* (1528/9, 1546).

[32] Für die Vermutung Kaunzners (1996a, 48), WIDMANN habe sich vielleicht in St. Joachimsthal niedergelassen, fehlt jeglicher Nachweis. Joachimsthal erlebte nach Silberfunden 1516 eine sprunghafte Entwicklung. Ungefähr gleichzeitig wurde eine Schule gegründet, deren Leitung 1532 JOHANNES MATHESIUS übernahm. Aus seiner *Chronica der Freyen Bergkstadt in S. Joachimßthal* (ab 1564) sind die Namen einiger Schulmeister ab 1516 bekannt; WIDMANN ist nicht unter ihnen. Unter MATHESIUS wurde die Schule zu einer humanistisch geprägten Lateinschule mit festen Formen und Aufbau umgestaltet. In der 1551 von ihm entworfenen Schulordnung wird Mathematik innerhalb des Unterrichtsstoffes nicht erwähnt (Sturm 1964, 5–9).

2 Widmanns Stellung in der Mathematikgeschichte

JOHANNES WIDMANN steht mit seinen Werken — dem Rechenbuch, den lateinischen Traktaten und der Vorlesung — in verschiedener Hinsicht an einem Wendepunkt innerhalb der Geschichte der Mathematik: zum einen in Hinblick auf ihre Inhalte und Ergebnisse, zum anderen in Hinblick auf Darstellungsweise, Methoden und Verwendung mathematischen Wissens.

Das Rechenbuch reiht sich in eine kontinuierliche Entwicklung rechenpraktischer Texte ein; in bezug auf einzelne Teile, wie z. B. die Aufgabensammlung, reichen die traditionellen Wurzeln bis in den Orient, nach Indien oder China. Die anwendungsbezogene Intention dieser Texte schlägt sich nieder in der Auswahl und der Art der Darbietung des zu vermittelnden Wissens, nicht zuletzt aber auch in der Tatsache, daß die Texte — je nach Land und Zeit in verschiedenem Ausmaß — auch in der Volkssprache verfaßt wurden.[1] Mit den lateinischen Traktaten und der Vorlesung über Algebra hat WIDMANN jedoch auch Anteil an der Weiterentwicklung der theoretischen Mathematik, den Bemühungen um Systematisierung des vorhandenen Wissens und dem Ringen um Lösungen weiterführender Probleme. Diese zwei Arten des Interesses an der Mathematik — das eher praktische und das eher theoretische — bestimmten nun unterschiedlich stark die Beschäftigung mit der Mathematik in den verschiedenen Ländern und Epochen, wobei es natürlich immer wieder zu teilweise intensiven Kontakten und gegenseitiger Beeinflussung kam.

Allgemein schreibt man den Griechen ein eher theoretisches Interesse an der Mathematik zu, das sich in den theoretischen und systematisierenden Texten von Philosophen und Mathematikern wie EUKLID, ARCHIMEDES oder APOLLONIUS VON PERGE niederschlug.[2] Die Mathematik gehörte bei ihnen zum Bildungskanon und gelangte zu einer ersten Blüte z. B. in Alexandria, wo unter anderen auch EUKLID lehrte, und in Athen in PLATONS Akademie. Bei den Römern herrschte hingegen ein eher praktisches Interesse vor, so daß die lateinischen mathematischen Texte meist nur fragmentarische Auszüge der griechischen Vorlagen mit dem nötigsten mathematischen Wissen darboten, das man zu Zwecken wie der Landvermessung, zur Architektur oder zum Handel

[1] S. dazu Teil II. Die Produktion von Rechenbüchern in deutscher Sprache nahm ab 1500 sprunghaft zu.

[2] Den Umgang mit der Mathematik bei den Griechen kann man sogar als eine Abwendung von der praktisch-empirischen Erkenntnis hin zu einem *nur in Gedanken existierenden* Gegenstand sehen (Folkerts 1989a, 44).

benötigte. Das gesamte verstreute theoretische und praktische Wissen wurde in den Werken des BOETHIUS (wohl 480–524) und späterer Bearbeiter zusammengefaßt, welche dann den verbindlichen Lehrstoff innerhalb des Quadriviums an den Kloster- und Domschulen und den ab dem 12. Jahrhundert entstehenden Universitäten bestimmten. Der Lehrstoff umfaßte also theoretische Geometrie nach EUKLID und praktische nach den Methoden der Agrimensoren, dazu Grundkenntnisse in sphärischer Trigonometrie, welche v. a. für die Astronomie von Bedeutung waren. Für den Computus (Berechnung des Osterdatums und der anderen christlichen Feiertage) brauchte man die arithmetischen, praktisch orientierten Algorithmus-Traktate. Theoretische Arithmetik, d. i. Zahlentheorie, fand ihre Anwendung hauptsächlich in der Zahlenmystik als Mittel zur Welterklärung.[3]

In vollem Umfang war das Wissen der Griechen jedoch in zwei anderen Gegenden bewahrt worden. Obwohl wie bei den Römern auch in Byzanz das praktische Interesse an der Mathematik (Landvermessung, Logistik, Unterhaltungsmathematik, Aufgabensammlungen) vorherrschte, pflegte man daneben Abschriften von den griechischen Klassikern zu machen, die dann mit dem Untergang des byzantinischen Reiches nach Italien kamen. Des weiteren hatten sich die Gelehrten der islamischen Länder das mathematische Wissen der Griechen angeeignet, es mit dem indischen, babylonischen etc. verbunden und ständig weiterentwickelt. Im 12. Jh. begann vor allem in Spanien, aber auch in Sizilien eine rege Übersetzungstätigkeit ins Lateinische der zuvor ins Arabische übersetzten griechischen Texte.[4] Überliefert sind diese lateinischen Texte als eigenständige Werke, vielfach finden sich aber auch kürzere oder längerer Teile dieser Texte — in wenigen Fällen auch auf deutsch — in Handschriften eingestreut.

---

[3] In Einzelheiten überholte oder ergänzte, aber nach wie vor detailreiche und grundlegende Informationen zu der Stellung der Mathematik an den Universitäten vom 11. bis zum 14. Jahrhundert bietet die Studie von Suter 1887. Weitere Einzeldarstellungen s. Weisheipl (1969, 209–213; Oxford), Thorndike (1975, 279–282; Bologna), Bernhard (1976, 38ff.), Kadenbach (1992, 155–170), Kaunzner (1992c, 320; Erfurt), Grössing (1983; Wien), Schöner (1992; Ingolstadt). Aufbau und Inhalt der Studien an der Artistenfakultät sind bildlich dargestellt auf dem oft beschriebenen Titelblatt der *Margarita philosophica* (1503) von GREGOR REISCH. Zum Stellenwert des Quadriviums im Mittelalter generell s. Englisch 1994.

[4] Hierbei wurden natürlich nicht nur mathematische Texte, sondern auch zahlreiche andere naturwissenschaftliche und medizinische Texte ins Lateinische übertragen und dem gelehrten Publikum zur Verfügung gestellt. Man denke auch an die tiefgreifenden Veränderungen des mittelalterlichen scholastischen Weltbilds durch die Übersetzungen der bisher unbekannten Werke des ARISTOTELES.

Im 15./16. Jahrhundert wandelte sich der Umgang mit mathematischem Wissen. Neben der Entstehung neuer Übersetzungen und Editionen der in Byzanz überlieferten griechischen Texte auch auf Anregung und unter Einsatz der Humanisten[5] wurde die reine Weitergabe des Wissens ergänzt durch eigene Forschungen und Weiterentwicklungen. An den Universitäten entstanden in dieser Zeit die ersten Stellen bzw. Professuren für Mathematik, z. B. findet sich an der Universität Wien, die um 1500 wohl die beste Ausbildung in Mathematik und Naturwissenschaften bot, mit JOHANNES VON GMUNDEN früh eine Spezialisierung eines Magisters auf naturwissenschaftliche Fächer.[6] Aber auch an anderen Universitäten gelangte die Beschäftigung mit mathematischen und naturwissenschaftlichen Themen zu einer Blüte, wie neuere Forschungen etwa zu Erfurt belegen.[7]

Die Ausbildung eines weiteren Berufsstandes mathematischer Prägung war Folge der wirtschaftlichen und politischen Umwandlungen im ausgehenden Mittelalter. Der Übergang von der Natural- und Tausch-

[5] GEORG AUNPECK VON PEURBACH (1423–1461) faßte in Wien den Plan einer Sammlung und Übersetzung aller griechischen Texte zur Astronomie und Mathematik. Dieser Plan wurde nach seinem Tod von seinem Schüler REGIOMONTAN aufgegriffen und fortgeführt. Zum Veröffentlichungsvorhaben und zur Vermittlungsfunktion REGIOMONTANS s. Folkerts 1996b.

[6] Die erste mathematische Kanzel wurde nach Schöner (1994, 5) 1489 in Ingolstadt errichtet. In Wien galt trotz der Hochachtung der naturwissenschaftlichen Fächer die Mathematik als Hilfswissenschaft für die Geometrie und Astronomie; die Anforderungen in ihr gingen nicht über die ersten Bücher der *Elemente* des EUKLID und das Potenzrechnen hinaus (Grössing 1983).

[7] Die genaue Bedeutung von Erfurt für die Mathematik im Mittelalter und in der Frühen Neuzeit läßt sich noch nicht erfassen, da es an Einzelstudien dazu fehlt. Erste Zusammenstellungen von Namen — unter diesen GOTTFRIED WOLACK und CONRAD LANDVOGT —, Schriften und Lehrveranstaltungen (Folkerts 1992a; 1992b; Kaunzner 1992c) lassen jedoch auf einen hohen Stellenwert der Mathematik innerhalb des universitären Bildungssystems des *studium generale Erfordense* schließen. S. dazu mit vielen Informationen Schöner 1994.

In Leipzig ist bis 1500 abgesehen von den Werken WIDMANNS keine auffallende Beschäftigung mit der Mathematik an der Universität nachzuweisen (s. S. 100); erst für das folgende Jahrzehnt ist eine Anzahl mathematischer Schriften belegt (s. S. 57). Allein auf WIDMANNS Werke aber, deren Einfluß und Wirkung auf spätere Mathematiker noch nicht ausreichend geklärt ist, und die Handschrift Dresden, C 80 stützt sich die Behauptung Kaunzners (1979, 141), Leipzig habe von 1480 bis 1500 die führende Stelle in der Mathematik innegehabt, angeblich *bildet [es] für die folgenden Jahrzehnte den Kern des algebraischen Wissens und strahlt weit aus, unter anderem nach Wien.*

wirtschaft zur Geldwirtschaft und die Ausweitung des Handels ließ neben den neuen Berufsständen der Kaufleute, Händler und Handwerker den der Rechenmeister entstehen, die für eine Verbreitung der für die neuen Bedürfnisse der Wirtschaft notwendigen mathematischen Kenntnisse unter den nicht lateinisch Geschulten sorgten. Die mathematische Bildung stand damit breiteren Bevölkerungsschichten offen.

J. WIDMANN hatte an beiden Entwicklungen Anteil, obwohl er weder als Professor für Mathematik noch als Rechenmeister tätig gewesen zu sein scheint. Daß er aber zu beiden Berufen zumindest die wissenschaftlichen Voraussetzungen besaß und seine Kenntnisse in beiden Bereichen füreinander nutzbar machen konnte, zeigen seine Vorlesungen, in denen er auch praktische Rechenmethoden behandelte, und sein Rechenbuch, in das neben der Darstellung der Methoden des praktischen, elementaren Rechnens durchaus neue Ergebnisse aus der Arithmetik, der Algebra und der Geometrie einflossen.[8]

Mit diesen drei mathematischen Bereichen ist eine andere mögliche, nämlich inhaltliche Einteilung der Mathematikgeschichte nach Forschungsgebieten angesprochen. Arithmetik und Geometrie gehören dabei neben Musik und Astronomie den quadrivialen Wissenschaften der *septem artes liberales* an. Die Algebra entwickelte sich erst zu einem eigenen Forschungsgebiet, als der Kanon der *septem artes liberales* sich aufzulösen begann. Seine Kenntnisse in allen drei Gebieten kann WIDMANN auf verschiedenen Wegen erlangt haben: durch die Texte und Vorlesungen, die er während seines Studiums kennenlernte, durch das Selbststudium von mathematischen Handschriften und Büchern, darunter wohl auch Rechenbüchern, aber sicher auch durch Gespräche mit Gelehrten und — möglicherweise — mit Kaufleuten. Um die Vorlagen, aus denen WIDMANN sein Wissen geschöpft haben könnte, darzustellen und seine eigene Leistung einzuordnen, sei die Geschichte dieser drei mathematischen Gebiete kurz anhand der Bücher und Texte skizziert, die für die Entwicklung und Verbreitung der mathematischen Kenntnisse im Mittelalter grundlegend bzw. für WIDMANN selbst wichtig waren. Hierbei wird stets ein Augenmerk auf das Verhältnis von praktischer und theoretischer Mathematik gerichtet sein.[9]

---

8 Dies u. a. mag Kaunzner (1996, 39) zu der etwas weitgreifenden und teils fraglichen Bezeichnung WIDMANNS als *Wissenschaftler und Praktiker, [...] Sprachschöpfer und Humanist* veranlaßt haben.

9 Zum folgenden s. grundlegend Tropfke 1980 und Gericke 1984; 1990 sowie darüber hinaus die im Literaturverzeichnis erwähnten Werke von Günther, Juschkewitsch, Folkerts, Wussing, Kaunzner und die entsprechenden Artikel aus dem DSB.

2.1 Geometrie: Die *Elemente* Euklids und die Landvermessung

Der für die Geometrie bis in die Neuzeit grundlegende Text waren EUKLIDS *Elemente*. EUKLID wirkte um 300 v. Chr. in Alexandria; Inhalt, Erkenntnisse und Sätze, die er in seinen *Elementen* zusammenführte, waren zu seiner Zeit überwiegend nicht mehr neu: Die Beschäftigung mit der Geometrie spielte bei den Griechen innerhalb der Ausbildung eine wichtige Rolle, wie sich auch an mehreren Stellen in den Dialogen PLATONS (428/7–349/8), z. B. im *Menon* 82b9–84a2, zeigt. Frühen Philosophen(schulen) schrieb man daher auch einige wichtige Sätze der elementaren Geometrie wie den *Thales-Satz* oder den *Satz des Pythagoras* zu. Das Besondere an den *Elementen* war die Systematisierung des vorhandenen Wissens in einem axiomatischen System und die Art und Weise der Darstellung.

Das erste der dreizehn Bücher der *Elemente* beginnt mit Definitionen: *1. Ein Punkt ist, was keine Teile hat. 2. Eine Linie ist eine breitenlose Länge.*[10] Darauf folgen die Grundsätze; das sind zum einen die Postulate, (Konstruktions-)Forderungen, die nicht bewiesen werden können, aber grundlegende Eigenschaften des geometrischen Systems bestimmen: *1. Daß man von jedem Punkt nach jedem Punkt die Strecke ziehen kann. [...] 5. Und daß, wenn eine gerade Linie beim Schnitt mit zwei geraden Linien bewirkt, daß innen auf derselben Seite entstehende Winkel zusammen kleiner als zwei Rechte werden, dann die zwei geraden Linien bei Verlängerung ins Unendliche sich treffen auf der Seite, auf der die Winkel liegen, die zusammen kleiner als zwei Rechte sind.*[11] Zum anderen fallen hierunter die Axiome, Sätze über die Größenbeziehungen, die aus der Anschauung heraus klar ersichtlich sind: *1. Was demselben gleich ist, ist auch einander gleich.* Aus diesen Voraussetzungen lassen sich nun — von gewissen Lücken abgesehen — alle nachfolgenden Propositionen (Lehrsätze), welche jeweils genau formuliert werden, ableiten und exakt, d. i. nach den Gesetzen der Logik, beweisen.[12] Schon in der

---

[10] Die Zitate folgen der deutschen Ausgabe von Thaer 1962.

[11] Dieses 5. Postulat, das sogenannte Parallelenpostulat, regte Mathematiker aus allen Jahrhunderten zu Beweisversuchen an. Diese zwangsläufig mißglückenden Beweise führten jedoch zu zahlreichen neuen Entdeckungen auf dem Gebiet der Geometrie, nicht zuletzt zu der der nichteuklidischen Geometrie.

[12] Zu dem Beweisschema und grundlegend zu den *Elementen* s. Folkerts 1989a; weiter Mainzer (1980, 41–55; Beispiele), Gericke (1990, 234–240; Übersicht über Aufbau und Inhalt der 13 Bücher), DSB 6, 415–425 (Überlieferung), Schönbeck (1984; Überlieferung). Diese logisch-axiomatische Darstellungsart *more geometrico* wurde vielmals als Ideal für wissenschaftliche Texte an-

Antike entstanden die ersten Kommentare zu den *Elementen*, z. B. von PAPPOS VON ALEXANDRIA (1. Hälfte des 4. Jhs. n. Chr.). Grundlegend für alle weiteren Bearbeitungen bis ins 19. Jh. wurde aber die erweiterte Ausgabe durch THEON VON ALEXANDRIA im 4. Jh. n. Chr. Über die Vermittlung durch die an der Praxis interessierten Römer kamen jedoch nur Bruchstücke des gesamten Textes ins Abendland, die durch BOETHIUS in den nicht mehr vorhandenen *De institutione geometrica* zusammengefaßt wurden. Von den zwei unter seinem Namen im Mittelalter kursierenden Geometrien *Boethius I* und *II* geht die letztere wohl auf einen lothringischen Bearbeiter aus dem 11. Jh. zurück. Beide Texte umfassen jedoch von der euklidischen Vorlage nur noch Definitionen, Sätze und Propositionen der Bücher 1 bis 4[13], meist ohne Beweise oder Herleitung.[14] Dazu verzeichnen sie jedoch Ergebnisse, Methoden und Techniken der *ars gromatica*, wie sie bei den römischen Landvermessern, den Agrimensoren, herausgebildet worden waren.

Abgelöst wurden die Texte im 12. Jh. durch Übersetzungen islamischer Bearbeitungen griechischer Euklidtexte. In den islamischen Ländern waren ab dem 8. Jh. zahlreiche Kommentare, Editionen und Bearbeitungen entstanden. Zwei sollten für das lateinische Mittelalter die Vorlage bilden: die Bearbeitung von AL-HAǦǦĀǦ (~789–833) und die von ISḤĀQ IBN ḤUNAIN/ṮĀBIT IBN QURRA (~910/810–901). Die eine Übersetzung ins Lateinische geht auf GERARD DE CREMONA (1114–1187), Übersetzer von mehr als 80 naturwissenschaftlichen, medizinischen und philosophischen Texten, zurück. Sie stellt die vollständigste Fassung dar, zeigte aber nicht dieselbe Wirkungskraft wie die späteren Übersetzungen. Drei Versionen werden dem Benediktinermönch ADELARD VON BATH (um 1070–n. 1146) zugeschrieben: *Adelard I, II* und *III*. *Adelard II* ist eine gekürzte Bearbeitung,[15] bei der anstelle der ausführlichen Beweise nur die Beweisrichtung und die benutzten Pro-

---

gestrebt. Erst zur Jahrhundertwende gelang DAVID HILBERT (1862–1943) in seinen *Grundlagen der Geometrie* (1899) ein weiterer Abstraktionsschritt in der Lösung von der Anschauung — er schreibt: *Wir denken drei verschiedene Systeme von Dingen: die Dinge des ersten Systems nennen wir Punkte [...]* (1987, 2) —, die ihm die Erstellung eines widerspruchsfreien, unabhängigen und vollständigen Axiomsystems erlaubte, das initialisierend auf fast alle Gebiete der Mathematik wirken sollte.

13 Inhalt von Buch 1: Grundkonstruktionen und Flächenlehre, Abschluß ist der *Satz des Pythagoras*; Buch 2: geometrische Algebra, das sind z. B. binomische Formeln, die hier geometrisch betrachtet werden; Buch 3: Kreislehre; Buch 4: regelmäßige Vielecke, In- und Umkreise.

14 Dazu grundlegend Folkerts 1970 u. ö.

15 Wahrscheinlich von ROBERT VON CHESTER (1. Hälfte des 12. Jhs.; Busard 1992, 121 u. 124).

positionen angegeben werden. Diese Version war die bekannteste und verbreitetste und wurde um 1250 von CAMPANUS DE NOVARA (†1296) in einer erweiterten Fassung neu herausgegeben, die den Standardtext an den Universitäten bis ins 16. Jh. bildete. Ein weiterer einflußreicher Text entstand mit der *Geometria speculativa* von THOMAS VON BRADWARDINE (1290/1300–1349). BRADWARDINE verfaßte in den Jahren vor seiner klerikalen Karriere neben theologischen auch Werke über Logik, Arithmetik, Proportionen und Astronomie; seine Geometrie zeichnet sich durch einen eigenen axiomatischen Aufbau aus.

Um 1500 gaben mehrere Ereignisse der Euklid-Überlieferung eine neue Richtung. 1482 erschien in Venedig bei ERHARD RADOLT der Text von CAMPANUS im Druck. 1505 verfertigte BARTOLOMEO ZAMBERTI eine neue Übersetzung aus dem Griechischen und 1533 gab SIMON GRYNAEUS in Basel die *editio princeps* des griechischen Textes heraus. Der Durchbruch zu Neuem in der Geometrie gelang jedoch erst im 17. Jh. RENÉ DESCARTES (1596–1659) und PIERRE DE FERMAT (1602–1665) mit der Einführung der analytischen Geometrie.

Neben der an den Euklidtext gebundenen Überlieferung theoretischer geometrischer Erkenntisse (*geometria speculativa*) verlief die Tradierung der praktischen geometrischen Techniken (*geometria practica*) ausgehend einerseits von den römischen Landvermessern und Architekten — z. B. dem Feldherr und Landvermesser SEXTUS JULIUS FRONTINUS (ca. 40–103), den WIDMANN in seinem Rechenbuch erwähnt (E 2v) —, andererseits von islamischen Einflüssen. Die Unterscheidung der beiden Bereiche der Geometrie spiegelt sich in den zwei geometrischen Werken von HUGO VON ST. VICTOR (1096–1141) wider: In seiner Schrift *Practica geometriae* beschrieb er das Messen von Strecken, Figuren und Körpern, während er in der *Geometria speculativa* das theoretische Wissen nach EUKLID verarbeitete. LEONARDO VON PISA, gen. FIBONACCI (ca. 1170–n. 1249) hingegen verarbeitete in der *Practica geometriae* (1220/21) das Wissen aus der *ars gromatica* mit einer theoretischen Grundlegung nach EUKLID und ARCHIMEDES. Erst im 14. Jh. läßt sich dann wieder ein Einfluß des Euklidtextes auf die praktische Geometrie feststellen, z. B. in der *Practica geometriae*[16] (1346) von DOMINICUS DE CLAVASIO (†1357/62), in der das Agrimensorenwissen auf eine theoretische Grundlage gestellt wird. Diese Art von Texten war allerdings nicht mehr vorrangig für das Studium an der Universität gedacht, sondern durchaus als Anleitung für den praktischen Gebrauch. Sie beinhalteten daher weniger vollständige und abstrakte Beweise als vielmehr Näherungsformeln zur Flächen- oder Inhaltsbestimmung. Ihren großen Einfluß kann man z. B. an einer deut-

[16] Dieses Werk besteht aus drei Büchern zur Abstands-, Flächen- und Volumenberechnung.

schen Bearbeitung des letzten Textes, der *Geometria Culmensis* (15. Jh., s. S. 89), sehen.

Weitere Gebiete, die von der Geometrie beeinflußt wurden, waren zum einen die Trigonometrie, die schon bei den islamischen Gelehrten ausgebaut worden war; die ersten Tafelwerke gehen auf diese Zeit zurück. Verbreitet waren bei zunehmender Bedeutung der Astronomie im Mittelalter dann z. B. die Tafeln des JOHANNES DE LINERIIS (1. Hälfte des 14. Jhs.), bis sie durch neue Tafelwerke PEURBACHS ersetzt wurden. Die Ablösung der Trigonometrie von ihrer astronomischen Anwendung begann mit JOHANNES REGIOMONTANUS (1436–1476). Zum anderen wurde in der Malerei und der Architektur im 14. Jh. durch die italienischen Maler der Renaissance (BRUNELLESCHI, GHIBERTI, ALBERTI u. a.) die Perspektive wiederentdeckt. Von ihnen lernte ALBRECHT DÜRER (1471–1528) auf seinen Reisen nach Italien, der sein Wissen in mehreren Büchern niederlegte. In wachsendem Maße erschienen ab dem 15. Jh. auch Schriften über die Steinmetzkunst und das Bauhüttenwissen, über das Markscheidewesen und die Visiertechnik auch in der Volkssprache, die auf geometrischen Kenntnissen beruhen (s. Teil II, Kapitel 5.1).

2.2 Arithmetik und Logistik: Zahlentheorie und das praktische Rechnen

Im frühen Mittelalter fand sich das gesamte theoretische Wissen zur Arithmetik in *De institutione arithmetica* des BOETHIUS. Dieses Werk war größtenteils eine Übersetzung der Arithmetik des NIKOMACHOS VON GERASA (100 n. Chr.) und enthielt einige Grundlagen der pythagoreischen Zahlentheorie, z. B. die Einteilung der natürlichen Zahlen in ungerade und gerade, die Definition von primen oder perfekten, befreundeten und vollkommenen Zahlen, die Einführung des harmonischen und geometrischen Mittels und von Zahlenverhältnissen; die *Arithmetik* war also die Lehre von den Eigenschaften der Zahlen.[17] Der Inhalt wurde in Sätzen vermittelt, Beweise oder Angaben zum praktischen Rechnen mit Zahlen, der *Logistik*, finden sich jedoch selten. Letztere wurden vor allem in einem Werk des BEDA VENERABILIS (672/3–735), dem *De computo vel loquela digitorum*, gelehrt. Um die für die Berechnung des Osterdatums (Computus) nötigen Rechnungen durchführen zu können, gibt BEDA hier eine Einführung in das Fingerrechnen bis zur Zahl 9999. Beide Texte standen den Schülern an Klöstern jedoch selten in schriftlicher Fixierung zur Verfügung, sondern wurden meist mündlich tradiert. Als

[17] S. dazu auch Folkerts 1986b, 179f.

drittes kamen zum arithmetischen Lehrmaterial Aufgabensammlungen hinzu. Die wohl früheste in lateinischer Sprache stammt von ALKUIN (ca. 735–800); sie wirkte — zumindest mittelbar — auf alle späteren Sammlungen.

Eine andere Rechenhilfe stellte seit der Antike der Abakus dar. Dieser besteht im Prinzip aus mehreren Spalten (Kolumnen) mit verschiedener Wertigkeit (meist den Zehnerpotenzen 1, 10, 100, ...), in die man frei bewegliche Rechensteine (*calculi*) setzen und so Zahlen darstellen und addieren konnte. Durch geschicktes Umformen der einzelnen Rechenschritte lassen sich mit seiner Hilfe Additionen, Subtraktionen, Multiplikationen und Divisionen schnell durchführen. Erste Texte über das Rechnen mit dem Abakus entstanden ab dem 10. Jh. an Klosterschulen. Sie enthielten Regeln und Proben, selten jedoch Beweise. Es gab viele verschiedene Formen des Abakus; einschneidend war jedoch die Einführung von bezeichneten (markierten) Rechensteinen (*apices*). GERBERT VON AURILLAC, der spätere Papst SYLVESTER II (†1003), benutzte als erster Rechensteine, die mit den indisch-arabischen Ziffern 1 bis 9 versehen waren.[18]

Die Einführung der indisch-arabischen Ziffern mit dem Dezimalsystem und der Positionsschreibweise geschah auf zwei Wegen.[19] Im 12. Jh. wurde die grundlegende arithmetische Schrift des islamischen Gelehrten AL-ḪWĀRIZMĪ (ca. 780–ca. 850) zum ersten Mal ins Lateinische übersetzt. Dieser Text verzeichnete den typischen Inhalt der Rechenbücher der islamischen Länder: Einführung des Stellenwertsystems, Grundrechenarten für natürliche Zahlen und Brüche (eventuell auch Sexagesimalbrüche) mit Proben (meist Neunerprobe) und Wurzelberechnung (manchmal auch Kubikwurzel). Beide Texte, sowohl das Original als auch die Übersetzung, sind verloren, doch existieren noch zahlreiche weitere la-

[18] Der Abakus des Mittelalters stammte wahrscheinlich nicht direkt von dem antiken ab (Bergmann 1985, 57). Zu den Formen des Abakus und zu der Frage, ob die Erfindung der bezeichneten Rechensteine wirklich GERBERT zuzuschreiben ist, s. Bergmann 1985.
Die neuen Ziffern setzten sich zu dieser Zeit jedoch noch nicht durch; gerechnet wurde meistens weiter mit den römischen Ziffern. Der Abakus blieb daher bis zur Einführung der indisch-arabischen Ziffern und des Stellenwertsystems das Recheninstrument schlechthin.

[19] Zur Geschichte der Zahlzeichen s. etwa Menninger 1958 sowie Ifrah 1991. Die indisch-arabischen Ziffern entstanden aus den *Brahmi-Zahlen* des 6. Jhs. v. Chr. in Indien. Aus ihnen entwickelten sich durch die Vermittlung der islamischen Länder die west- und die ostarabischen Ziffern. Die westarabischen Ziffern, auch *gobar-Ziffern* genannt (arab. *gobar* "Staub, Sand", da man die Ziffern in den Sand zeichnete), gelangten über Spanien ins Abendland und nahmen ab dem 14./15. Jh. langsam die heute übliche Gestalt an.

teinische Fassungen. In ihnen werden nach einer Vorstellung der Ziffern, insbesondere der Null, und des Dezimalsystems die sechs Grundrechenarten (dazu zählten damals noch das Duplieren/Verdoppeln und das Medieren/Halbieren), das Quadrieren und das Ziehen der Quadratwurzel jeweils mit Beispielen erläutert. Diese Rechenmethode machte zwar den Abakus überflüssig, setzte allerdings Schreibfähigkeit und das Vorhandensein einer Schreibunterlage (Schiefertafel) oder eines Beschreibstoffes wie Pergament oder Papier voraus. Zwei Texte sollten wiederum in erster Linie der Verbreitung der neuen Methode dienen. Das *Carmen de algorismo* (ca. 1202) des ALEXANDER DE VILLADEI (1160/70–1240/50) war eine metrische Fassung des Stoffes, der als Hilfsmittel für den Computus angesehen wurde. Der andere Text, *Algorismus vulgaris* (ca. 1240) von JOHANNES DE SACROBOSCO (Ende 12. Jh.–1256) — von ihm existierte eine Prosa- und eine Versfassung —, war ausführlicher gestaltet und mit neuen Beispielen versehen; er wurde zum Standardtext an den entstehenden Universitäten (s. S. 96). Weitere, bis 1500 grundlegende Werke entstanden mit der *Arithmetica speculativa* des JORDANUS NEMORARIUS (1. Hälfte des 13. Jhs.)[20] und der *Arithmetica speculativa* (1324) des JOHANNES DE MURIS (um 1300–um 1350).[21] Die Benutzung der indisch-arabischen Ziffern machte nun auch ein einfacheres Rechnen mit Brüchen möglich, wie es z. B. im *Algorismus minutiarum* (ca. 1340) des JOHANNES DE LINERIIS dargestellt wurde. Zu dieser Zeit entwickelte sich auch die noch heute übliche Schreibweise der Brüche mit Hilfe des Bruchstriches.[22]

Der zweite Weg der Verbreitung fand im außeruniversitären, nichtklösterlichen Bereich statt. Der Kaufmann LEONARDO VON PISA, genannt FIBONACCI, kam in den auf seinen Reisen besuchten Häfen des Mittelmeers mit den verschiedenen Rechenmethoden der Völker in Kontakt und lernte so auch die indisch-arabische Rechenweise kennen. Diese stellt er in seinem *Liber abbaci* (1202) dar, wobei sich dieses Werk nicht nur in der Art der Darstellung von den oben erwähnten Texten unterscheidet, sondern auch in der Anzahl und Auswahl der Rechenbeispiele.[23] Der Schwerpunkt liegt bei FIBONACCI auf Beispielen und Problemen

---

[20] S. Busard 1992, 121–132.

[21] Edition Busard 1971. Letzterer schöpfte sein Wissen sowohl aus den Werken des BOETHIUS als auch aus den arithmetischen Büchern (Buch 7–9) der *Elemente* EUKLIDS. Sein Ziel war, eine Art *Elemente* der Arithmetik zu schreiben, d. h. das arithmetische Wissen zu sortieren und axiomatisch aufzuarbeiten.

[22] Die Römer verwendeten für einzelne Brüche eigene Namen, allgemeine Brüche finden sich erst ab FIBONACCI.

[23] Für eine allgemeinverständliche und kommentierte Nacherzählung seines Lebens bzw. des Inhalts des *Liber abbaci* s. Lüneburg 1992.

aus dem praktischen Leben des Kaufmanns, zu denen er Aufgaben aus der Unterhaltungsmathematik hinzufügt. Zu ihrer Lösung, die er genau angibt, dienen ihm Erkenntnisse aus der Arithmetik und der Algebra. Der *Liber abbaci* wurde das vorbildliche Lehrbuch an den im 14. Jh. in den norditalienischen Handelsstädten entstehenden Rechenschulen und steht am Beginn der Tradition der Rechenbücher, die später auch auf italienisch verfaßt wurden.

Bis die neuen Rechenmethoden und der Gebrauch der neuen abstrakten und daher schwer zu fassenden Ziffern sich sowohl an den Universitäten und Klöstern als auch im Volk durchgesetzt hatten, sollte es aber noch eine ganze Weile dauern; einige Vorbehalte gegen diese *heidnischen* Ziffern mußten abgebaut werden.[24] So schrieb der Florentiner Rat 1299 in den Hauptbüchern den Gebrauch der römischen Zahlen vor, da diese im Gegensatz zu den indisch-arabischen Ziffern als fälschungssicher galten (Hankel 1874, 341; Struik 1980, 95; Wussing 1989, 40).[25] In Frankfurt am Main erließ der Bürgermeister noch 1494 eine ähnliche Bestimmung (Nagl 1889, 167); das Handelshaus Fugger benutzte Rechenbretter bis 1592 (Swetz 1989, 32).[26]

Der Streit zwischen den Abakisten, die weiter mit römischen Ziffern auf dem Rechenbrett[27] rechneten, und den Algorithmikern, die das Rechnen mit den indisch-arabischen Ziffern vorzogen, spiegelt sich in den deutschsprachigen Rechenbüchern nach 1500 deutlich wider. ADAM RIES (1492–1559) schrieb mit der *Rechnung auff der linihen* (1518) als erstes ein Rechenbuch über das Rechnen mit dem Abakus; die nachfolgenden Rechenbücher behandeln jeweils sowohl das Rechnen auf den Linien (Abakusrechnen) wie auch das Rechnen mit der Feder/den Ziffern (Rechnen mit indisch-arabischen Ziffern). JACOB KÖBEL bezeichnete in seinem Rechenbuch von 1514 die römischen Ziffern sogar als *gewöhnliche teutsche Zahlen* (s. dazu Teil II, Kapitel 4).

Sowohl in den Bereich der Musik als auch in den der Arithmetik fällt die Proportionenlehre. Die Lehre der PYTHAGOREER über die Verhält-

---

[24] Ideologische Widerstände richteten sich vor allem gegen die Ziffer 0. Als Zeichen, das allein nichts bedeutet, im Verbund mit anderen Ziffern diese aber mehr bedeuten läßt (so schon bei SACROBOSCO), wurde sie mitunter als Teufelswerk abgelehnt.

[25] Aufgrund der Positionsschreibweise konnte ein Betrag durch Zusatz einer Ziffer rasch vervielfacht werden. Diese Betrugsart wurde bei den römischen Ziffern durch Schreibung der letzten i als j erschwert.

[26] In manchen Ländern, wie z. B. in China, wird noch heute mit dem Abakus gerechnet.

[27] Das deutsche Rechenbrett war nicht wie der mittelalterliche Abakus in Spalten, sondern in Linien aufgeteilt; daher die Bezeichnung *Rechnen auf den Linien*.

nisse von diskreten Größen, wie sie bei EUKLID im 7. Buch der *Elemente* zusammengefaßt ist, beherrschte nicht nur die theoretischen Musiktraktate das ganze Mittelalter hindurch,[28] sie fand einen Niederschlag auch in den Rechenbüchern wie z. B. in WIDMANNs Werk.[29]

2.3 Algebra: Lösen von Gleichungen und die deutsche Coß

Die mittelalterlichen Texte, die sich mit Algebra, d. i. der Gleichungslehre beschäftigen, gehen ebenfalls auf ein Werk des islamischen Gelehrten AL-ḪWĀRIZMĪ zurück. Sein *al-kitab al-muḫtaṣar fi ḥisāb al-ğabr wa 'l-muqābala* handelt von den Lösungsmethoden für Gleichungen durch *Wiederherstellen* und *Gegenüberstellen* von Termen auf beiden Seiten des Gleichheitszeichens. (Diese Theorie diente hier zur Berechnung geometrischer und kaufmännischer Probleme.) Von den drei Teilen des Werkes wurden nur die ersten beiden in getrennten Überlieferungen im Abendland bekannt. Den ersten Teil mit Lösungsbeispielen für sechs Typen von quadratischen Gleichungen wurde 1145 von ROBERT VON CHESTER und später von GERARD DE CREMONA übersetzt.[30] Insgesamt fand der Text jedoch wenig Interesse und war demgemäß nicht sehr verbreitet; in anderen mathematischen Texten zeigt sich auch, daß die Mathematiker der Zeit mit dem Stoff kaum vertraut waren. Ausnahmen bilden hier JORDANUS NEMORARIUS und JOHANNES DE MURIS: In *De numeris datis* (1220) von JORDANUS werden lineare und quadratische Gleichungen behandelt;[31] 1343 entsteht das Hauptwerk *Quadripartitum numerorum*

---

[28] JOHANNES DE MURIS *Musica speculativa* ist eine mathematisch interpretierte Zusammenfassung bestimmter Gedanken über musikalische Proportionen nach BOETHIUS.

[29] Verhältnisse stetiger Größen in der Gestalt von Streckenverhältnissen wurden von EUDOXOS untersucht (zusammengefaßt bei EUKLID, *Elemente* Buch 5). Die Beschäftigung mit ihnen führte letztendlich zur Entdeckung der irrationalen Zahlen. An dieser Entwicklung hatten THOMAS VON BRADWARDINE (*Tractatus de proportionibus*, um 1320) und NICOLAUS DE ORESME (*De proportionibus proportionum*, um 1350) großen Vedienst. Ich gehe im folgenden nicht weiter darauf ein, da J. WIDMANN diese Themen in seinem Rechenbuch explizit ausklammert (g 8r). Weitere Probleme, mit denen sich Gelehrte an den Universitäten auseinandersetzten, waren das Unendliche, das Kontinuum und die Bewegung; diese Überlegungen bereiteten die Infinitesimalrechnung des 17. Jahrhunderts vor.

[30] Insgesamt lassen sich drei Überlieferungsstränge des Textes feststellen, an deren Anfängen diese beiden Übersetzungen stehen. Zur weiteren Auseinandersetzung mit der Überlieferung s. Hughes 1982.

[31] Er bezeichnet hierbei nicht wie früher Strecken durch ihre Endpunkte AB, sondern führt Variablen für sie ein a, b, c, ...

(1343) des JOHANNES DE MURIS, in dem er bei der Behandlung der Arithmetik, Musik, Geometrie und Algebra seine Vertrautheit mit Werken von FIBONACCI und anderer Autoren über die Algebra zeigt.

Eine breitere Beschäftigung mit der Lösung von Gleichungen beginnt im 15. Jh. in Italien mit der *arte della cosa*:[32] Aus der Zeit bis um 1500 haben sich über 300 Traktate algebraischen Inhalts aus Italien erhalten. Zusammengefaßt ist das Wissen bei LUCA PACIOLI (1445–1517) in *Summa de Arithmetica, Geometria, Proportioni e Proportionalita* (1494), der aber mathematisch über FIBONACCI kaum hinauskommt; dieser Text von PACIOLI bzw. seine Quellen wirkte zumindest indirekt in die Ferne, z. B. auf NICOLAUS CHUQET (†1488), einen südfranzösischen Mathematiker, oder JOHANNES REGIOMONTANUS. Die allgemeinen Lösungsverfahren von Gleichungen dritten Grades stammen von SCIPIONE DEL FERRO (1465–1526), die des vierten Grades wurden von LUDOVICI FERRARI (1522–1565) entdeckt.

Auch in Deutschland wurden die Ideen der *arte della cosa* von Gelehrten und Mathematikern aufgenommen, und es entwickelte sich mit der *Coß* ein neuer Bereich der Mathematik.[33] Eine wichtige Rolle in der Vermittlung des algebraischen Wissens der Italiener fällt den Wiener Gelehrten, besonders aber REGIOMONTAN zu. Die ersten längeren schriftlichen Zeugnisse der Verwendung algebraischer Methoden — nun auch in deutscher Sprache — sind Texte in der Handschrift München, Bayerische Staatsbibliothek, Sign.: Clm 14 908, aufgeschrieben von FRIEDRICH AMMANN aus dem Kloster St. Emmeram in Regensburg, und von ANDREAS ALEXANDER (wahrscheinlich Verfasser der algebraischen *Schrift des Initius Algebras*), die Vorlesungen von GOTTFRIED WOLACK (Dresden, C 80 mit weiteren algebraischen Texten) sowie von JOHANNES WIDMANN.[34] Die Auseinandersetzung mit der Gleichungslehre brach daraufhin nicht mehr ab; im 16. Jh. entstanden wichtige Werke unter anderem

---

[32] FIBONACCI bezeichnete die Unbekannte mit *causa* anstelle des lateinischen *res*, daraus entwickelt sich *cosa*. Er selbst untersuchte auch Gleichungen dritten Grades. Zur *arte della cosa* s. die Aufsätze von Franci/Rigatelli 1985 und 1988.

[33] Zur Entwicklung der Algebra in Deutschland s. zuletzt Folkerts (1992a, 229–232; 1992b).

[34] In der Vorlesungsanzeige WIDMANNS (Dresden, C 80, f. 349v) taucht zum ersten Mal auf deutschem Boden das Wort *Algebra* auf. Mahoney bezeichnet WIDMANN gar als *leading algebraist of his day* (Mahoney 1978, 176). Inwieweit diese hohe Einschätzung der Leistungen WIDMANNS, die sich auch in den Formulierungen Kaunzners (*[Leipzig] übernahm [...] [1480] spontan die in der Mathematik führende Stelle* 1979, 140) spiegelt, gerechtfertigt ist, werden weitere Untersuchungen zahlreicher noch nicht edierter und untersuchter Texte zeigen müssen.

in der *Coß* (1524) des ADAM RIES, von HEINRICH SCHREIBER (*Ayn new kunstlich Buech*, 1521), JOHANN SCHEUBEL (1545) und CHRISTOFF RUDOLFF (1525). Einen Höhepunkt und vorläufigen Abschluß dieser Phase der Algebra bildete die Veröffentlichung der RUDOLFFschen Coß durch MICHAEL STIFEL im Jahre 1553.

Zwei Leistungen sind dieser ersten Phase der Beschäftigung mit algebraischen Problemen in Deutschland zuzuschreiben: die Systematisierung der Probleme durch Abstraktion und Zusammenfassung der Fälle und die Entstehung einer mathematischen Schreibweise mit Symbolen. Während noch die italienischen Algebraiker alle Wörter in ihren Texten ausschrieben wie *plus/piu, minus/meno, cosa, zensus*,[35] zeichnete sich bei den Coßisten in Deutschland der Übergang von einer rhetorischen zu einer abkürzenden (synkopierten) und weiter zur Symbolschreibweise (+, −, ꝛ, ʒ) ab.[36]

Ein weiterer Unterschied zu der *arte della cosa* lag in der Art und Weise der Vermittlung und Verbreitung algebraischer Erkenntnisse. In Italien war die mathematische Wissenschaft noch bis Mitte des 16. Jhs. durch Geheimhaltung und Wettbewerbe gekennzeichnet. Auch die deutsche Coß scheint anfangs Züge einer *Art Geheimwissenschaft* (Kaunzner 1992a, 15) getragen zu haben, deren Erkenntnisse nur gegen viel Geld zu gewinnen waren oder *unter dem Siegel der Verschwiegenheit in Fachkreisen die Runde machten* (ebd.).[37] Einige Mathematiker, unter ihnen RIES, machten aber auch auf die Schädlichkeit dieses Verhaltens für den mathematischen Fortschritt aufmerksam, tauschten Aufgaben aus und rechneten zusammen Beispiele durch; mit dem Erscheinen der Werke RUDOLFFS und STIFELS wurde diese Form endgültig aufgegeben.

---

[35] *Algebra in the 14th and 15th centuries, in Italy, is completely rhetorical* (Franci/Rigatelli 1985, 66).

[36] Dazu s. Treutlein (1879a, 27–36); Kaunzner 1979 u. ö. Deutlich ist dieser Übergang z. B. in Dresden, C 80, f. 288r/v zu beobachten (s. dazu S. 171). Diese Entwicklung fand ihren ersten Abschluß bei FRANÇOIS VIÈTE (1540–1603), der allgemeine Bezeichnungen für Unbekannte und Bekannte (Variable) verwendet. Zur Vollendung gelangt die Entwicklung einer Symbolsprache bei LEONHARD EULER (1707–1783).

[37] A. RIES erwähnt in seiner *Coß*, daß HANS CONRAD ein Exempel für 1 Gulden von AQUINAS erhalten habe (*Coß*, 187); ebenfalls spielt er dort auf die Geheimhaltung an. S. auch die Bemerkungen STIFELS *wan Christoff Rudolff seyne Regeln nicht gesetzt hette, so gar heymlich vnd thewr ist die Coss gehalten worden, bey denen die sie gekundt haben, ehe Christoff Rudolff sie vns hatt mitgeteylet* (*Coß 1553*, A 3r).

2.4 Quellen Widmanns

Aus dieser kurzen Darstellung zu den Grundzügen der Entwicklung der Mathematik im Mittelalter geht hervor, aus welcher Vielzahl von Texten J. WIDMANN sein mathematisches Wissen schöpfen konnte. Sowohl lateinische Texte für die Gebildeten als auch die rechenpraktischen Texte auf Latein oder in der Volkssprache konnten ihm als Vorlage für seine Werke gedient haben. Alle diese Texte standen in mehreren Versionen oder Auszügen zur Verfügung, überliefert in Sammelhandschriften (z. B. Dresden, C 80) oder Streuüberlieferung; zahlreiche dieser Traktate und Abhandlungen mathematischen Inhalts erschienen ab dem letzten Viertel des 15. Jhs. auch auf deutsch oder in einer lateinisch-deutschen Mischsprache (s. S. 90). Eine Zuordnung der Texte zueinander bzw. eine Untersuchung ihres Abhängigkeitsverhältnisses ist aufgrund des gleichförmigen, oft formelhaften Inhalts äußerst schwierig,[38] in besonderem Maße natürlich bei den Aufgabensammlungen, die alle aus einem großen Fundus schöpfen konnten. Die Suche nach den Quellen für WIDMANNS einzelne Werke ist zudem aufgrund der noch unübersehbaren Quellenlage der mathematischen Schriften des 14. und 15. Jhs. nicht aussichtsreich.[39] Er selbst nennt in seinem Rechenbuch nur die Namen der antiken und mittelalterlichen Autoritäten EUKLID, FRONTINUS, BOETHIUS, JORDANUS NEMORARIUS, CAMPANUS und JOHANNES DE SACROBOSCO, in den lateinischen Traktaten und den Vorlesungsankündigungen zudem PYTHAGORAS, ARISTOTELES, PTOLEMAIOS, APULEIUS, QUINTILIAN und PETRUS HISPANUS, deren Werke er vermutlich während seines Studiums kennenlernte (s. S. 95). Von drei Schriften kann man jedoch mit ziemlicher Sicherheit annehmen, daß sie WIDMANN vorgelegen haben. Im ersten Fall — der Handschrift Dresden, C 80 — dokumentieren dies Notizen von WIDMANNS Hand in der Handschrift; in den beiden anderen Fällen — dem sogenannten *Bamberger Rechenbuch 1483* und der Handschrift München, Bayerische Staatsbibliothek, Sign.: Clm 26 639 — hat WIDMANN nicht nur Thema und Aufbau, sondern auch die Zahlenbeispiele und einzelne Formulierungen aus diesen übernommen; einige

---

[38] Auch Fehler im Bereich der Zahlen sind hier kein sicheres Abhängigkeitskriterium, da es durchaus vorkam, daß ein Abschreiber durch Nachrechnen falsche Zahlen verbesserte.

[39] Eine Auswahl möglicher direkter Quellen für WIDMANNS Rechenbuch leistet Kaunzner (1968a, 24–26). Nach wie vor hat jedoch die Aussage Drobischs (1840, 33) ihre Gültigkeit: *At veniet fortasse tempus, quo MSSa bibliothecarum Norimbergensium, Vindobonensium, Monacensium aliarumque e latebris protracta ad hanc quaestionem historicam respondebunt.*

Aufgaben stammen möglicherweise auch aus der Aufgabensammlung des *Algorismus Ratisbonensis.*[40]

2.4.1 Algorismus Ratisbonensis

Der *Algorismus Ratisbonensis* entstand zwischen 1450 und 1461 im Benediktinerkloster St. Emmeram in Regensburg; eine der beiden vollständigen Überlieferungen wurde wahrscheinlich in eben diesem Kloster von dem Mönch FRIEDRICH AMMANN aufgeschrieben.[41] Der dreiteilige Traktat beschäftigt sich in den ersten beiden Teilen mit dem Rechnen mit ganzen Zahlen bzw. mit Brüchen, wobei jeweils die Rechenarten Addition bis Wurzelziehen erläutert und mit Beispielen und Proben eingeübt werden. Darüber hinaus wird eine Einführung in die Einteilung der Zahlen in gerade und ungerade etc. und in die Proportionenlehre gegeben.[42] Als dritter Teil schließt sich die *Practica*, d. i. eine Aufgabensammlung, an. Die Dreisatz- und Gesellschaftsaufgaben stammen zum großen Teil aus FIBONACCIS *Liber abbaci* und sind teilweise in deutscher, teilweise in lateinischer, teilweise auch in Mischsprache formuliert. Bis ins 16. Jh. war der *Algorismus Ratisbonensis* im bayerischen Raum als Klosterlehrbuch verbreitet und diente sicherlich als Quelle für das *Bamberger Rechenbuch* 1483 (Rath 1912, 17) und andere Texte. Nach Vogel (1959, 34) finden sich 70 Aufgaben aus dieser Sammlung im Rechenbuch WIDMANNS.[43]

---

[40] Vogel (1980, 43) nimmt an, daß JOHANNES WIDMANN auch das *Bamberger Blockbuch* gekannt habe, da sich auch aus diesem Aufgaben (B 11–17) im Rechenbuch (m 2v–m 7r) finden, die weder im *Bamberger Rechenbuch* noch im *Algorismus Ratisbonensis* verzeichnet sind, s. dazu die Aufgaben-Konkordanz in Vogel (1980, 82–4).

[41] Heute München, Bayerische Staatsbibliothek, Sign.: Clm 14 908, an verschiedenen Stellen in St. Florian, Stiftsbibliothek, Sign.: XI, 619, f. 207r–226r; nur erster Teil: München, Bayerische Staatsbibliothek, Sign.: Clm 14 111, f. 301r–313v; München, Bayerische Staatsbibliothek, Sign.: Clm 14 504, f. 394r–402r; München, Bayerische Staatsbibliothek, Sign.: Clm 14 544, f. 146r–150r; München, Bayerische Staatsbibliothek, Sign.: Clm 14 783, f. 411r–411v. Edition des Aufgabenteils s. Vogel 1954.

[42] Der erste Teil orientiert sich stark am *Algorismus vulgaris* des J. DE SACROBOSCO, für den zweiten Teil könnte der *Algorismus minutiarum* des J. DE LINERIIS als Vorlage gedient haben.

[43] Weitere Literatur: Curtze 1895a; Vogel 1954; Reiner 1961, 14; Zimmermann 1978, 237–239; s. auch die textlinguistische Analyse S. 90.

2.4.2 Dresden, Sächsische Landesbibliothek, C 80 (= Dresden, C 80)

Die Handschrift Dresden, C 80 entstand um 1480 in der Umgebung von Leipzig und Erfurt.[44] Es handelt sich um eine Sammelhandschrift mit einer großen Anzahl teilweise unvollständiger, mathematischer Traktate und Kompilationen von größtenteils bekannten Texten aus den Bereichen Arithmetik (Zahlentheorie, Proportionenlehre, Bruchrechnung) und Algebra.[45] Zwischen den einzelnen Abhandlungen und am Rand derselben finden sich zahlreiche Notizen, Bemerkungen und Korrekturen[46] von WIDMANNs Hand, welche auf eine Bearbeitung der Texte durch WIDMANN schließen lassen, zumal die am Rand notierten Aufgaben sich teilweise im Rechenbuch wiederfinden.[47] Unter den Texten mit Notizen von WIDMANN fallen folgende Abhandlungen auf, aus denen er möglicherweise sein algebraisches Wissen geschöpft hat:[48]

301v–303r Vorlesung von GOTTFRIED WOLACK. Exp.: *Hec Erfordie a Magistro Gotfrido Wolack de Bercka informata anno 1468 currente in estate pro 3/4 vnius floreni renensis qui tunc fuerunt 30 noui grossi, et anno immediate precedenti informata fuerunt pro floreni renensi* (nach der Edition Wappler 1900b, 47–56). Es handelt sich hier um eine in den Jahren 1467/8 von GOTTFRIED WOLACK aus Bercka[49] in Erfurt gehaltene arithmetische

[44] Transkriptionen einiger Textabschnitte Dresden, C 80 und Vergleiche mit Dresden, Sächsische Landesbibliothek, Sign.: C 80^m sowie Leipzig, Ms 1470 s. Kaunzner (1968a, 106–166). Die Eintragungen, die von mehreren Händen stammen, sind heute z. T. kaum oder nicht mehr lesbar. Eine Restauration der Handschrift wurde durch R. Gebhardt angeregt und wird im Laufe des Jahres 1998 durchgeführt werden.

[45] Die Handschrift repräsentiert somit das arithmetische und algebraische Wissen der Zeit in Deutschland (Vogel 1981a, 7; Gericke 1990, 225). Eine Beschreibung des Inhalts s. Carolsfeld (1882, 196–198); Wappler (1887, 1–9); Kaunzner (1968a, 27–39).

[46] Diese in kleiner, regelmäßiger Schrift gehaltenen Notizen sind kaum noch lesbar. Ein Abdruck einiger Aufgaben findet sich aber bei Wappler 1899, weitere Notizen bei Wappler (1887, 9; 1900b, 55/6). Aufgrund dieser Einträge geht man davon aus, daß WIDMANN einige Zeit im Besitz dieser Handschrift war. Kaunzner (1971, 23) nimmt an, WIDMANN habe die Niederschrift der lateinischen Algebra sowie des *Algorithmus de additis et diminutis* (f. 288r/v) überwacht (Kaunzner 1996a, 44). Die Niederschrift der meisten Texte ist jedoch mit Sicherheit früher anzusetzen, da WIDMANN seine Notizen um diese herum anordnete.

[47] Cf. etwa Dresden, C 80, f. 356v/357r mit der Aufgabe im Rechenbuch von WIDMANN q 6v/7r (Wappler 1887, 21/2 mit weiteren Stellen, s. auch Kaunzner 1968a, 27–39).

[48] Zu den algebraischen Texten in Dresden, C 80 s. Vogel 1981a, 7–10.

[49] WOLACK begann sein Studium in Erfurt 1457, s. auch Folkerts (1992a,

Vorlesung, in der er die *Regula detri* in 12 verschiedenen Varianten an Beispielen einübte, wobei er auch algebraische Verfahren anwandte.[50]

350r–364v *Lateinische Algebra.* Inc.: *Pro regularum algabre cognicione est primo notandum* (nach der Edition Wappler 1887, 11). Diese algebraische Abhandlung umfaßt eine Einführung der coßischen Zeichen und allgemeine Lösungsregeln wie Zahlenbeispiele für die sechs Grundformen und 18 weitere Formen quadratischer Gleichungen und diente WIDMANN möglicherweise als Vorlage für seine Vorlesung (Wappler 1887, 10).[51]

368r–378v *Deutsche Algebra.* Inc.: *Meysterliche kunst, Dassz ist meisterlich zou wysszenn rechnung zcu machenn vonn den meysternn.* Exp.: *factum 81 altera post exaltacionem crucis* (nach der Edition Vogel 1981a, 19; 43). Die Vorlage dieses Textes bildete wahrscheinlich die vorangehende lateinische Algebra, die Zahlenbeispiele etwa sind die gleichen (Vogel 1981a, 9/10).[52]

Weitere Texte stammen von Verfassern, die WIDMANN in seinem Rechenbuch zum Teil namentlich erwähnt: JOHANNES DE SACROBOSCO: *Algorismus vulgaris* (226v–5v, mit Notizen WIDMANNS); JOHANNES DE MURIS: *Arithmetica communis* (11r–19r); BOETHIUS: *De institutione arithmetica* (24r–71v, mit Korrekturen WIDMANNS); NICOLAUS DE ORESME: *Algorismus proportionum* (201r–217r, mit Korrekturen WIDMANNS); JORDANUS NEMORARIUS: *De numeris datis* (316r–323v); JOHANNES DE LINERIIS: *Algorismus minutiarum* (280r–285v; Fragment, mit Notizen WIDMANNS). Viele der Aufgaben, aber auch kürzere Texte stammen laut Kaunzner von WIDMANN selbst:[53]

135r–136r Abhandlung über Rechnungen mit Sexagesimalbrüchen. Inc.: *Sequitur de phisicis [...]* (s. S. 41).

177r–181v Abhandlung über gewöhnliche Brüche. Inc.: *(D)Ei omnipotentis gloriosi et sublimis [...].* Hier werden die Namen JORDANUS, CAMPANUS und RICHARDUS ANGLICUS genannt.

182r–185v Abhandlung über Brüche (Fragment). Inc.: *(M)Inutiam siue fractionem [...]. Explicit secundus liber de Minutijs Jordanj.*

Mathematikgeschichtlich von Bedeutung ist auf f. 288r/v die Abhandlung *Algorithmus de additis et diminutis*, die starke Bearbeitungsspuren

232–5); Kaunzner (1992c, 321).

50 Weitere Abschriften dieser Vorlesung z. B. auch in der Handschrift Leipzig, Ms 1470, 460v–463r s. Kaunzner (1983, 37; 1992c, 321).

51 Der Text in Dresden, C 80 und die Vorlesungsmitschrift in Leipzig, Ms 1470 (s. S. 35) weisen viele Übereinstimmungen auf, C 80 ist jedoch insgesamt umfangreicher (Wappler 1900b, Kaunzner). Weitere Überlieferungen dieser Algebra s. Kaunzner 1996a, 43.

52 Eine kurze Untersuchung der Fachsprache s. Vogel (1981a, 44/5) bzw. sein Wörterverzeichnis (46–51).

53 S. Kaunzner (1968a, 27–39; markiert durch Unterstreichung, teilweise transkribiert), s. auch die Vorlesungsnotizen auf f. 0v und f. 349v (S. 33 dieser Arbeit).

aufweist. Vor allem läßt sich an ihr eine mögliche Entstehung des Minuszeichens – aus lat. *minus* bzw. der Abkürzung $\bar{m}$ ableiten. An weiteren Stellen (f. 312v u. a.) läßt sich ähnliches für die symbolische Darstellung von Gleichungen beobachten (Kaunzner 1968a, 34; 36 u. ö.).[54]

2.4.3 Ulrich Wagner: Bamberger Rechenbuch 1483

Ebenfalls ein Rechenbuch mit einer Aufgabensammlung ist das sogenannte *Bamberger Rechenbuch 1483*, ein in deutscher Sprache verfaßter Lehrtext über das Rechnen mit den indisch-arabischen Ziffern. Wie das *Bamberger Rechenbuch 1482*[55] wurde es von HEINRICH PETZENSTEINER in Bamberg gedruckt; Verfasser beider Bücher ist ULRICH WAGNER, ein Rechenmeister aus Nürnberg. Bezüglich Inhalt, Sprachwahl und Gestaltung liegt in ihm ein typisches Beispiel eines Rechenbuches für Kaufleute vor: Nach der Einführung der indisch-arabischen Ziffern und des Bruchrechnens folgen viele Aufgaben aus dem Kaufmannsbereich, wobei besondere Sorgfalt auf Umrechenmethoden von Einheiten gelegt wurde. Auch hier kann man die Vorlagen nicht sicher angeben; als Quellen bieten sich jedoch Abhandlungen wie der *Algorismus Ratisbonensis* oder die Aufgabensammlung in Wien, Österreichische Nationalbibliothek, Sign.: Cod. Vind. 3029 an (Rath 1912/3, 21).

Dieses Rechenbuch lag WIDMANN zur Zeit der Abfassung seines eigenen Rechenbuches mit Sicherheit vor, was die weitreichenden Übereinstimmungen — besonders im theoretischen Teil — bezeugen. Der gesamte Text der Vorlage findet sich, teilweise sogar wörtlich, im Rechenbuch von WIDMANN wieder, zudem auch die Zahlen in den Beispielen und viele der Aufgaben. Es folgt daher hier eine tabellarische Gegenüberstellung des Textes des *Bamberger Rechenbuches 1483* (= BR 83) und des Rechenbuches von WIDMANN (= JW 1489).[56]

WIDMANNS eigene Leistung besteht in der Ausweitung des Stoffes z. B. durch zusätzliche Beispiele und Proben oder durch Hinzufügen weiterer mathematischer Bereiche (Proportionenlehre) und in der systematischen Durchdringung und Anordnung des Stoffes (s. S. 199).

[54] Zur Symbolik s. S. 171. Die Handschrift diente auch weiterhin Mathematikern zur Anregung und als Quelle, zu ADAM RIES s. etwa S. 204.

[55] Beschreibung von Aufbau und Inhalt s. S. 106.

[56] Welche Textstellen von WIDMANN aus dem BR 83 übernommen wurden, ist unter Angabe der Seiten des BR 83 im Kurzkommentar der folgenden Edition verzeichnet.

BR 83	Inhalt	JW 1489
erst capitel Und vorrede (13–14)	Rechtfertigung (Bibelstelle); Einführung der ind.-arab. Ziffern und der Dezimalschreibweise	erweitert (a 8r/v)
Addiren (17–18)	Addition natürlicher Zahlen	teils andere Beispiele, Proben erweitert (b 1v, b 2v)
Subtrahiren (19–22)	Subtraktion natürlicher Zahlen, Addition und Subtraktion benannter Zahlen	andere Beispiele bei der Subtraktion (b 3v–b 5r)
Der grund alles Multiplicir*ens* (23)	Multiplikationstabelle	(b 7r, b 8r)
Multiplicir*en* (24–26)	Multiplikation, Regeln für das Einmaleins	einzelne Textteile weggelassen, teils andere Beispiele (b 7r/v, b 8v, c 2v–3v)
Partieren (28–30, 31)	Division natürlicher Zahlen	bei der Division *in galein* andere Beispiele (c 4v, c 7r–c 8v, d 2v)
gebrochen m*ultiplic*iren (33–34)	Multiplikation von Bruchzahlen	erweitert (e 6r, f 1v–2v)
Addiren Geboch*en* (35–36)	Addition von Bruchzahlen	am Ende erweitert (e 6v–7v)
gebroche*n* subtrahirn (37–38)	Subtraktion von Bruchzahlen	erweitert (e 8r–f 1r)
Teylen gebrochen (39–41)	Division von Bruchzahlen	erweitert (f 3r–4v)
Die gulde*n* Regel (42–44)	Dreisatz	stark erweitert (Bsp.) und systematisiert (k 1v–k 5r)
(47–51)	Unterarten der Dreisatzregel	stark verkürzt und teilweise verändert (k 5r–k 6v; l 5v–l 6v)
Ueygen. piper [...] (52–53, 54–55)	Dreisatzaufgaben	am Ende stark verändert (l 7r–m 2r)
Uon gewicht (56)		(s 3r/v)
Uon gewant (58)		ähnlich (m 6r)
geselschafft (73)	Testament	(s 8v–t 1r)
Tollet (87–89, 91)	Tolletrechnung	(f 5r, f 6v–8r)
Golt (102–103)	Gold	(y 1v–2r)
Regel von eim vaß (114)		(r 8r/v)

2.4.4 München, Bayerische Staatsbibliothek, Clm 26 639 (= München, Clm 26 639)

Die Münchner Handschrift ist eine Sammelhandschrift mit verschiedenen, meist bekannten Abhandlungen zu den quadrivialen Themen. Sie enthält mit der Vorlesung von GOTTFRIED WOLACK (f. 12r–13r) und einer lateinischen Algebra (f. 15r–18v, 28v–34r) Texte, die uns schon mehrfach begegneten. Auch weitere Parallelen zu den Handschriften Dresden, C 80 und Leipzig, Ms 1470 kennzeichnen München, Clm 26 639 als eine Handschrift für die Lehre an der Universität (Kaunzner 1978, 3). Ihr Entstehungsort ist unsicher, es gibt sowohl Gründe, die für eine Entstehung in Regensburg sprechen, wie auch solche, die eine Entstehung in Leipzig wahrscheinlich machen.[57] Aufgrund der verwendeten Ziffern- und Symbolformen läßt sich das Entstehungsdatum an das Ende des 15. Jhs. setzen (Kaunzner 1978, 3; 7–9).

Auf f. 1r–6v dieser Handschrift findet sich eine lateinische Abhandlung über Geometrie. Diese besteht aus einer allgemein und eher theoretisch gehaltenen Behandlung der Dreieckslehre nach EUKLID bzw. der Bearbeitung von BOETHIUS und daran anschließend aus Anleitungen zum Bestimmen und Messen von Flächeninhalten bzw. des Erdreichs, wie es von den römischen Agrimensoren oder FRONTINUS praktisch ausgeführt worden war.[58] Trotz des eher theoretischen ersten Teils handelt es sich hier aber weniger um eine geometrische Abhandlung wie die BRADWARDINES oder CLAVASIOS, sondern vielmehr um eine Zusammenfassung praktischer Beispiele. Als eine Übersetzung dieser (oder eines dazu parallelen Textes) stellt sich u. a. aufgrund der gleichen Reihenfolge der Aufgaben die Geometrie heraus, die den dritten Teil des Rechenbuches von J. WIDMANN bildet.[59]

---

[57] Wussing/Kaunzner (1992, 64) schlagen ANDREAS ALEXANDER als Schreiber vor.

[58] Kaunzner (1978, 21) nimmt mit Cantor an, daß möglicherweise WIDMANN diese Geometrie konzipierte.

[59] Ein Abdruck der lateinischen Geometrie und eine Gegenüberstellung einiger Textstellen aus dem Rechenbuch von WIDMANN s. Kaunzer 1978, 21–44. Auch Drobisch (1840, 32) bemerkt zu diesem Teil: *in his Widmannum nostrum tantummodo compilatorem fuisse.*

3 Werke in lateinischer Sprache

3.1 Vorlesungen und Übungen an der Universität

JOHANNES WIDMANN hielt an der Universität Leipzig mehrere Veranstaltungen über mathematische Themen ab, wie sich aus Ankündigungen in Dresden, C 80 und einer in der Handschrift Leipzig, Ms 1470 erhaltenen Mitschrift von VERGILIUS WELLENDARFER ergibt; Bemerkungen zu einer mathematischen Vorlesung in Leipzig bei ULRICH RÜLEIN beziehen sich eventuell ebenfalls auf WIDMANNs Lehrtätigkeit (s. S. 61).

Schon mehrfach wurde in dieser Frage die Handschrift Dresden, C 80 herangezogen, in der sich unter zahlreichen Randnotizen und Einträgen auch drei Texte (zwei auf f. 0v, einer auf f. 349v)[1] aus der Feder WIDMANNs in der Art von Vorlesungsankündigungen, sogenannten *intimationes* finden. Darunter versteht man Anschläge an das Schwarze Brett der Universität, wie sie besonders von Humanisten für außerordentliche Vorlesungen entworfen wurden. In ihnen nannten die Dozenten neben ihrem Namen den geplanten Inhalt und den Preis der Vorlesung, Ort und Zeit (in manchen Fällen nur für eine Vorabsprache) und eventuell Titel und Erwerbsort des der Vorlesung zugrundeliegenden Buches: *Exemplaria optime emendata / vendit Conradus Kacheloffen* (Riedner 1912, 277). Viele der erhaltenen Abschriften beziehen sich auf Leipziger *intimationes* etwa von PAUL SCHNEEVOGEL (Riedner 1912, 279/280), unter denen sich allerdings keine naturwissenschaftlichen Inhalts befindet.[2] Die überlieferten Texte in Dresden, C 80 entsprechen in Aufbau

---

[1] Voller Wortlaut dieser Texte s. Anhang A.1.2; Abbildung eines Textes in Wappler 1890. Der zweite Absatz auf f. 0v ist eine Einleitung zu einer Abhandlung über die *Regula falsi.* Hier weist WIDMANN unter Berufung auf die Autoritäten PYTHAGORAS, APULEIUS, BOETHIUS und QUINTILIAN auf den Nutzen der *scientia numerorum*, hier das Ziffernrechnen im Gegensatz zum Fingerrechnen, in vielen Situationen des menschlichen Lebens wie Kaufhandlungen, Kreditverhandlungen oder auch vor Gericht und daher auch für jeden mit Mindestbildung hin.

[2] Gesammelt und ediert wurden diese Leipziger *intimationes* durch Riedner 1912. Zu den Intimationes allgemein s. auch Bertalot 1915, wo eine Ankündigung einer Vorlesung über den *Algorithmus de integris* eines Magisters NICOLAUS MAAZ aus Michelstadt in Freiburg i. Breisgau um 1465 verzeichnet ist (Bertalot 1915, 2; heute nicht mehr vorhanden nach persönlicher Mitteilung der Nicolaus Matz Bibliothek Michelstadt, Brief vom 4.2.1998). Älter noch (~1460) ist die Ankündigung einer Vorlesung MATHIAS WIDMANNS von Kemnat in Heidelberg über arithmetische, geometrische, astronomische und astrologische Themen (Rom, Bibliotheca Vaticana, Vat. Pal. lat. 1381,

und Informationsgehalt diesen Vorlesungsankündigungen. Ob sie ebenfalls am Schwarzen Brett ausgehängt wurden, ist zwar nicht sicher, doch wurden sie wohl öffentlich angekündigt, da mindestens eine der Veranstaltungen mit Sicherheit stattfand.

Auf Dresden, C 80, f. 0v sind untereinander in gleicher Schrift eine Ankündigung einer Vorlesung über Linienrechen[3] (*Satis persuasum [...]*) bzw. einer über Arithmetik (*Mathematicas sciencias [...]*) aufgezeichnet. In der ersten wird auf den Nutzen des Linienrechnens für jede Art menschlicher Beschäftigung bei gleichzeitiger leichter Faßbarkeit und Erlernbarkeit auch für Menschen *nulla quibus litteratura est* hingewiesen, weswegen diese Methode vielfach von Kaufleuten angewendet wird: *Regulas [...] Mercatorum dictas.* Für diese Veranstaltung ist kein bestimmter Wochentag angegeben, wohl aber die Zeit mit der 4. Stunde; das Wort *resumere* läßt unter Umständen den Schluß zu, daß es sich um eine Wiederholung handelte (s. u). Die folgende Ankündigung nennt die Autoritäten ARISTOTELES, PYTHAGORAS und BOETHIUS zur Bestätigung der Auffassung, die Zahl sei die Grundlage der Welt, weshalb die Arithmetik als Grundlage aller weiterer Wissenschaften (*reliquas artes*) wie beispielsweise Musik oder Astronomie anzusehen sei. Diese Einführung in die Arithmetik war also, den Namen und Anwendungsbeispielen nach zu schließen, eher theoretisch ausgerichtet. J. WIDMANN bot sie in[4] der Disputation der Baccalauren zur 2. Stunde ausdrücklich zum zweiten Mal und auf Bitten Interessierter an (*resumere incipiet Etsi antea [...] interpretatus*). Als Textgrundlage gibt WIDMANN einen *compendiosum admodum atque utilissimum libellum* an, wobei es sich vermutlich weder um sein Rechenbuch noch um das *Bamberger Rechenbuch 1483* (Vermutung Wappler 1887, 10) handelt, sondern eher um einen kürzeren lateinischen Traktat. Die dritte Ankündigung auf f. 349v steht zwischen Aufgaben von gleicher Hand vor der lateinischen Algebra (ab f. 350r). Die in ihr angesprochene Vorlesung soll über die Arithmetik hinausführen, denn während die Arithmetik Hilfe für die Realien lieferte, stellte die Algebra Methoden zur Lösung weit schwierigerer Probleme zur Verfügung. Zur Zeit der vorhergegangenen Vorlesung wurde daher zur 2. Stunde nach (!) der Disputation der Baccalauren eine Vorbesprechung für Interessierte angesetzt.[5]

---

f. 123; Textabdruck in Mittler 1986, Textband S. 26; Faksimile im Bildband S. 14).

[3] Wappler (1887, 9) gibt hier versehentlich die falsche Stellenangabe f. 349v.

[4] Es ist wahrscheinlich, daß diese Veranstaltung wie die folgende *nach* der Disputation stattfinden sollte.

[5] Auch hier benutzt WIDMANN wieder das Wort *resumpturus*, obwohl eine Wiederholung in diesem Fall eher unwahrscheinlich ist.

Über die Besprechung und den Inhalt der Algebravorlesung berichten die Textstellen in der Handschrift Leipzig, Ms 1470 aus der Hand VERGILIUS WELLENDARFERS.[6]

VERGILIUS WELLENDARFER aus Salzburg wurde im Sommersemester 1481 in Leipzig immatrikuliert. Im Wintersemester 1483 bzw. 1487 legte er sein Baccalaureats- bzw. Licentiatsexamen, letzteres unter dem Promotor JOHANNES FABRI, ab (Erler 2, 286; 299; nach WIMPINA (1515, 63/4) besaß er auch den Doktortitel der philosophischen Fakultät). Er setzte seine Studien an der theologischen Fakultät fort; ab 1502 war WELLENDARFER berechtigt, Vorlesungen an der theologischen Fakultät zu halten: *ad legendum cursum in theologia recepti sunt V. W. [...]* (Erler 2, 17). Oft findet sich sein Name als Promotor bei Prüfungen (Erler 2, 311; 319; 323; 339; 349 usw.). Im Wintersemester 1500/1 hatte er das Dekanat der philosophischen Fakultät inne, das Rektorat im Sommersemester 1502 *rector Saxonum, art[ium] lib[eralium] M[agister] [sacrae] th[eologiae] B[accalarius]* (Zarncke 1857a, 593; 810). Nach Angaben in den von ihm verfaßten *Annotationes peregrinae*[7] war er kein Mitglied eines Kollegiums — allerdings gehörte er dem Schwäbischen Bund an —, ohne Vermögen und stets auf der Suche nach einem ruhigen, ausgeglichenen Leben *non collegiatur neque possessionatus: hic ab ineunte adolescentia: pacē et libertatem quaesiuit [...]* (A iijv; Helssig 1909). Er starb wohl am 5. Januar 1534. Überliefert sind Schriften über zahlreiche Disziplinen der Artistenfakultät, u. a. auch über Metaphysik oder Arithmetik (Helssig 1909, 7).

Das Ergebnis der Vorbesprechung wurde von ihm auf f. 432r festgehalten: *Concordia facta auditorum In 24 regulis algabre, et ea, quae presupponuntur, puta algorithmum In minucijs, In proporcionibus algorithmum, In additis et diminutis algorithmum, In surdis algorithmum, In applicatis, Ceteros deniquė illis finitis algorithmos, vt In datis, de duplici differencia, In probis, non ocultabit Magister Johannes de Egra Cras circa horam sextam et cetera post dominici secunda feria.*[8] Diese Vorlesung WIDMANNs über die *24 regulae algabre*, das sind die 24 Typen der quadratischen Gleichung, folgt f. 479r–493v: *In Nomine domini Amenn. (P)Ro Regularum algabre cognicione est primo notandum, [...]* (479r). Der Hinweis am Ende der Mitschrift *Hec Liptziensi in studio informata*

[6] Diese Handschrift wurde überwiegend von *Vergilius artium Baccalarius Wellendarffer de Salczburg manu sua* geschrieben (f. 0v). Es handelt sich um einen Sammelband von 540 Blatt mit Abhandlungen aus verschiedenen wissenschaftlichen, vielfach mathematischen Disziplinen; dazwischen hielt WELLENDARFER Promotionsbescheinigungen, Matrikellisten und weitere universitätsinterne Dokumente fest. S. dazu Helssig 1909, eine detailliertere Inhaltsübersicht s. Kaunzner 1968a, 39–48.

[7] VERGILIUS WELLENDARFER: *Annotationes peregrinae*. Leipzig 1516.

[8] Zitiert nach Kaunzner (1996a, 41) und eigener Ansicht der Handschrift; s. auch Wappler 1900a, 7/8.

sunt a Magistro Johanne de Egra anno salutis millesimo 486 in estate in habitacione sua burse Drawpitz pro fl duobus, qui faciunt 42 gl argenteos (Wappler 1900a, 7) liefert weiteren Aufschluß über Art und Umstände der Vorlesung WIDMANNS.[9] Die Vorlesung fand im Sommer 1486 als *lectio extraordinaria* nicht in einer approbierten Burse, sondern in der Privatburse Drawpitz[10] — nach Wappler (1900a, 7) möglicherweise der Wohnsitz WIDMANNS — statt; der Preis ist ungewöhnlich hoch. Zu der Gleichungslehre vermittelte JOHANNES WIDMANN wohl Grundlagen in den in der Vorbesprechung angekündigten Themen, da entsprechende Texte ebenfalls in Leipzig, Ms 1470 überliefert sind:

Algorithmus in minutiis 458v–459v *Algorithmus Minuciarum uulgarium*; 494r–496v *Incipiunt Regule Minuciarum.*

Algorithmus in proportionibus 460v–463r *(I)Ncipit Regulae proporcionum* [WOLACK-Vorlesung; cf. C 80, f. 301v–303r; K 158–160][11]; 466v–468r *Sequitur Algarithmus [!] proporcionum* [nach NICOLAUS DE ORESME; cf. C 80, f. 201r–202v].

Algorithmus in additis et diminutis *(S)Equitur de additiß et diminutis* [cf. C 80, f. 288r/v].

Algorithmus in surdis 465v–466r *(A)Rß Radicum Surdarum* [cf. C 80, f. 289v, 292v; K 127–133].

Algorithmus in applicatis 497r/v *Algorithmus de Ap(p)licatis* [cf. C 80, f. 293r/v; K 135–139].

Algorithmus in datis 498v–499r *Algorithmus de datiß* [cf. C 80, f. 290v–291r; K 139–142].

Algorithmus in duplici differentia 500r–501r *Algorithmus de duplici differencia* [cf. C 80, f. 291v–292r; K 142–7].

Algorithmus in probis 533v *Algorithmus de Probiß* [cf. C 80, f. 305v; K 147–153].

---

9 Kaunzner (zuletzt 1996a, 43/4) sieht in dieser Vorlesung die Begründung der deutschen Coß, da Stoff und Methode, besonders auch die Symbolik hier in geschlossener Darstellung und exemplarischem Einsatz dem interessierten Publikum dargeboten wurden.

10 Eine Burse dieses Namens war bisher nicht zu ermitteln. Weder im Stadtarchiv noch im Universitätsarchiv Leipzig fand ich den Namen *Draupitz* oder *Drampitz* belegt; auch ein Magister dieses Namens wird bei Erler nicht verzeichnet. Wer jedoch eine private Burse gründen wollte, mußte mindestens den Grad des Magister Artium besitzen (Schwinges 1986, 41).

11 Zum Vergleich mit Dresden, C 80 generell und Abdruck einiger Abschnitte s. Kaunzner 1968a, 106–166, die entsprechenden Seiten sind jeweils mit K x–y angegeben. Das Inzipit ist jeweils aus der Inhaltsübersicht (1968, 39–48) übernommen.

3.2 Traktate

Um 1490 erschienen in Leipzig anonym sechs Traktate mathematischen Inhalts in lateinischer Sprache. In einem dieser Drucke, dem *Algorithmus linealis*, findet sich am Ende des Textes das Druckersignet von MARTIN LANDSBERG.[12] Da die anderen Traktate in Format, Zeilenzahl, Typen etc. mit diesem übereinstimmen, kann man sie mit einer gewissen Wahrscheinlichkeit ebenfalls der Offizin LANDSBERGs zuschreiben. Dank einer Untersuchung von Wappler 1890, in der er den Inhalt der Traktate mit Texten und Notizen WIDMANNs in Dresden, C 80 verglich, ist heute als sicher anzusehen, daß alle sechs Traktate von WIDMANN verfaßt wurden.[13] Unterstützt wird diese Annahme vor allem durch eine Aufzählung der Titel der Werke außer der *Regula falsi* in der Schrift *Scriptorum Insignium* (1515) von KONRAD WIMPINA (?). Dort steht unter WIDMANNS Namen: *exquisita ingenii sui clara indicia reliquit, quibus nomen suum digne posteris memorandum mandavit. Ex quibus superextant vulgoque impressa venduntur: Algorithmi etc. videlicet:*
Integrorum cum probis. lib. I. Quoniam omnia quaecumque.
Minutiarum vulgarium. lib. I. Quoniam autem ut Campanus dicit.
Minutiarum Physicarum. lib. I. Quanquam de minutiarum vulgarium.
Proportionum plusquam aureum. libb. V. Quoniam autem maximam.
Algorithmi lineales. lib. I. Ad evitandum multiplices (Wimpina 1515, 50).

[Widmann zu Eger (?) 2a][14] [JOHANNES WIDMANN:] ALGORITHMUS INTEGRORUM CUM PROBIS ANNEXIS, [LEIPZIG: MARTIN LANDSBERG, um 1490/5]

---

[12] MARTIN LANDSBERG (1487–1523), auch HERBIPOLENSIS, studierte ab 1472 an der Universität Leipzig und legte 1475 sein Baccalaureatsexamen ab. Aus seiner Druckerei stammen vor allem Klassiker-Ausgaben und wissenschaftliche Werke (Lorck 1879, 5; Benzing 1963, 260/1).

[13] Kodikologische, mathematikhistorische und textlinguistische Analysen dieser Traktate sowie weiterer lateinischer Mathematiktexte aus Leipzig wurden von der Autorin durchgeführt. Eine Publikation der vollständigen Ergebnisse ist in nächster Zeit geplant.

[14] Die Vergabe der Registriernummer folgt einem von Benzing und Meretz erarbeitetem Muster (s. Meretz 1976): Dem Autornamen folgt die Nummer des einzelnen Werkes (nach chronologischer Reihenfolge des Erscheinens), die lateinischen Buchstaben bezeichnen dessen verschiedene Ausgaben; zu Widmann s. auch das Standortverzeichnis Gärtner/Meretz (erscheint Sommer 2000).

[A jr] Algorithmus Integro[rum] || Cum Probis annexis. [A jv leer] [A ijr] [Q]Uonia[m] omnia quecu[m]q[ue] || a primeua rerum natu||ra constructa sunt numeroru[m] vident[ur] ra||tione formata.
[B vjv] [...]. Et tantum de probis quibus faciliter [et] sine || omni difficultate. omnia tue operationi subiecta || probare potes exempla. || Finis.

4°; 12 Bl.; Sign.: A, B in 6; 33 Zeilen; Satzspiegel: 7,8 × 14 cm.

Exemplare – Nachweise:[15] **Cambridge**, Jesus College (nach GW); **Halle**, Universitäts- und Landesbibliothek, Sign.: Ink. A 74 (Prov.: Magdeburg, Domgymnasium); **Hof**, Humanistisches Gymnasium (nach GW, nach Meretz nicht mehr nachweisbar, möglicherweise bereits 1913 nach München abgegeben); **Lemberg**, Gräflich Ossolińskisches Nationalinstitut (nach GW); **New Haven**, Columbia University, Plimpton Library, Sign.: Incunabula 461 oder 463, Plimpton 511 (nach Meretz); **New York**, Yale University, Historical Library of the Medical School (nach Meretz); **Nürnberg**, Bibliothek des Germanischen Nationalmuseums, Sign.: Inc. 8° 142692 (nach Meretz, nach Inkunabel-Katalog Nr. 39 [Widmann zu Eger 2b]); **Pelpin**, Bischöfliches Priesterseminar (nach Meretz Kriegsverlust); **Salzburg**, Stiftsbibliothek Sankt Peter, Sign.: 683 (nach Meretz 1930 verkauft an Unbekannt, eventuell das Exemplar in New Haven); **Sondershausen**, Thüringische Landesbibliothek (angeblich in Gotha, Forschungs- und Landesbibliothek, dort aber nicht vorhanden, nach Meretz); ***Wolfenbüttel**, Herzog-August-Bibliothek, Sign.: 171.7 Qu. 4° (8); ***Würzburg**, Universitätsbibliothek, Sign.: I. t. q. 6 (8); **Zwickau**, Ratsschulbibliothek, Sign.: 24.11.5/3 (nach Meretz). — *Reichling 378; *GW 1272; *Klebs 55.1; *Goff A-461; NUC.

Inhalt: Einführung in das Rechnen mit den indisch-arabischen Ziffern; Beschreibung der Rechenarten Numerieren (A ivv), Addition (A vr), Subtraktion (A vv), Duplieren (A vjr), Medieren (A vjv), Multiplikation (B jr), Division (B jv), Progression (B ijv), Radizieren (B iijr) und Proben zu allen Rechenarten; keine Anwendungen. Der Autor beruft sich auf BOETHIUS *Philosophiae consolatio* und *De institutione arithmetica*, PTOLEMAIOS *Almagest*, EUKLID *Elemente* und ARISTOTELES *Metaphysik* (alle A ijr) und JORDANUS NEMORARIUS *Arithmetik* (A ijv), PYTHAGORAS (A ijv) und PETRUS HISPANUS (A ivr). Den Anfang (A ijr–A ivv) bilden Zitate obiger Autoren bzw. der Spruch aus der Weisheit Salomonis 11, 21.

[15] Die folgenden Angaben sind aus Katalogen und aus der Sekundärliteratur übernommen, zudem überließ mir Wolfgang Meretz freundlicherweise seine Vorarbeiten. Eingesehene Exemplare wurden mit *, überprüfte Angaben mit (*) gekennzeichnet. Es wurde keine Vollständigkeit angestrebt. Zur Auflösung der Buchkürzel s. das Verzeichnis S. 65–67.

Einzelne Passagen stimmen überein mit Notizen WIDMANNs in der Handschrift Dresden, C 80 zu der Arithmetik des BOETHIUS f. 24r–71v und dem Fragment der Arithmetik SACROBOSCOs f. 226r–5v (Wappler 1890, 155–158 mit Zitaten).

[Widmann zu Eger (?) 2b] [JOHANNES WIDMANN:] ALGORITHMUS INTEGRORUM CUM PROBIS ANNEXIS, [LEIPZIG: MARTIN LANDSBERG, um 1490/5]

[A jr] Algorithmus Integro[rum] || Cum Probis annexis. [A jv leer] [A ijr] [Q]Vonia[m] omnia quecu[m]q[ue] || a primeua rerum natu||ra costructa [!] sunt numerorum vident[ur] ra||tione formata.
[B vjv] [...]. Et tantum de probis quibus faciliter [et] sine || omni difficultate. omnia tue operationi subiecta || probare potes exempla. || Finis.

4°; 12 Bl.; Sign.: A, B in 6; 33 Zeilen; Satzspiegel: 7,8 × 14 cm.

Exemplare – Nachweise: Cambridge, St. Johns College, Sign.: Aa.2.6' (nach Meretz); **Freiberg**, Bibliothek der Erweiterten Oberschule Geschwister Scholl, Sign.: XII 4° 38, 4 und IX 4° 16,2 (nach Meretz); (*)**Halle**, Universitäts- und Landesbibliothek, Sign.: Ink. A74 (Prov.: Halberstadt, Stephaneum, staatliches Domgymnasium); ***Leipzig**, Universitätsbibliothek, Sign.: Ms 1296 (6) (viele handschriftliche lateinische Verbesserungen und Kommentare des 15./16. Jhs.); (*) **London**, British Library, Sign.: IA. 11929; **New York**, Columbia University, Plimpton Library, Sign.: Incunabula 461 oder 463, Plimpton 511 (nach Meretz); **Straubing**, Gymnasium (nach GW). — Proctor 2959 A; *BMC III. 638; *GW 1273; *Klebs 55.2.

Inhalt: s. [Widmann zu Eger (?) 2a]

[Widmann zu Eger (?) 3a] [JOHANNES WIDMANN:] ALGORITHMUS LINEALIS, LEIPZIG: MARTIN LANDSBERG, [um 1490/5]

[A jr] Algorithmus Linealis [A jv leer] [A ijr] [A]D euita[n]dum multipli=|| ces Mercatorum erro=||res [et] alteri[us] Arithmetice partis difficul||tates inuenta est quedam alia apud Apuleiu[m] viru[m] || in omni doctrina p[er]itissimu[m] huiuscemodi artis spe||culatio.
[B viijr] [...]. Et t[antu]m de || Radicu[m] extractione et vltima hui[us] Algorithmi spe||cie Et per consequens de toto Algorithmo. || [Druckermarke]

4°; 14 Bl.; Sign.: A in 6, B in 8; 33 Zeilen; Satzspiegel: 7,8 × 14,5 cm; 11 schematische Holzschnitte.

Exemplare – Nachweise: (*) **Gotha**, Forschungs- und Landesbibliothek, Sign.: Mon. typ. s. l. &. a. 4° 108; Mon. typ. s. l. &. a. 4° 125; (*)**Halle**, Universitäts- und Landesbibliothek, Sign.: Ink. A74 (2) (Prov.: Halberstadt, Stephaneum, staatliches Domgymnasium); **Heidelberg**, Universitätsbibliothek, Sign.: L 312 Inc; ***Leipzig**, Universitätsbibliothek, Ms 1296 (4) (viele handschriftliche lateinische Kommentare); **London**, University College, Sign.: S.R. A 3c (nach Meretz); **New Haven**, Yale University (nach Meretz); **Posen**, Archiwum Archidiecezjalne; **Prag**, Stadtbibliothek, Sign.: R VII Ac 6 (nach Meretz); **Sondershausen**, Thüringische Landesbibliothek (angeblich das Exemplar in Gotha); ***Wolfenbüttel**, Herzog-August-Bibliothek, Sign.: 171.7 Qu. 4° (9). — *GW 1269; *Klebs 54.1; *Goff A-462; NUC.

Inhalt: Einführung in das Rechnen auf den Linien mit dem Abakus; Beschreibung der Rechenarten Addition (A ivr), Subtraktion (A vv), Duplieren (A vjr), Medieren (A vjv), Multiplikation (B jr), Division (B jv), Progression (B ijr) und Radizieren (B ijv); Proben, keine Anwendungen.

Einzelne Passagen stimmen überein mit einer Notiz in Dresden, C 80 (Wappler 1887, 9), besonders in bezug auf den Anfang. Ebenfalls sind die Verse aus Dresden C 80, f. 1r im Traktat (A iijv–Aiv) abgedruckt (Wappler 1890, 151/2). Erwähnt wird *De institutione arithmetica* des BOETHIUS.

[Widmann zu Eger (?) 3b] [JOHANNES WIDMANN:] ALGORITHMUS LINEALIS, LEIPZIG: MARTIN LANDSBERG, [um 1490/5]

[A jr] Algorithmus linealis. [A jv leer] [A ijr] [A]D euita[n]dum multipli=|| ces Mercatorum erro=||res [et] alteri[us] Arithmetice partis difficul||tates inuenta est queda[m] alia apud Apuleium viru[m] || in omni doctrina p[er]itissimu[m] huiuscemodi artis spe||culatio.
[B viijr] [...]. Et tantum de Radicum ex||tractione et vltima hui[us] algorithmi specie Et per || consequens de toto Algorithmo.|| [Druckermarke]

4°; 14 Bl.; Sign.: A in 6, B in 8; 33 Zeilen; Satzspiegel: 7,8 × 14,5 cm; 11 schematische Holzschnitte.

Exemplare – Nachweise: Augsburg, Staats- und Stadtbibliothek, Sign.: 4° Ink adl. 29 (nach Meretz); **Krakau**, Universitätsbibliothek (= Biblioteka Jagiellońska, nach GW); **London**, British Library, Sign.: IA. 11933 (gekauft im Juni 1857); **Straubing**, Gymnasium (nach GW); **Würzburg**, Universitätsbibliothek, Sign.: I.t.q.6 (7). — Proctor 1961; *BMC III. 638; *GW 1270; *Klebs 54.2.

Inhalt: s. [Widmann zu Eger (?) 3a].

[Widmann zu Eger (?) 3c] [JOHANNES WIDMANN:] ALGORITHMUS LINEALIS, LEIPZIG: MARTIN LANDSBERG, [um 1490/5]

[A jr] Algorithmus Linealis. [A jv leer] [A ijr] [A]D euita[n]dum multipli=|| ces Mercatorum erro=||res [et] alteri[us] Arithmetice partis difficul||tates inuenta est queda[m] alia apud Apuleiu[m] virum || in omni doctrina p[er]itissimu[m] huiuscemodi artis spe||culatio.
[B viijr] [...]. Et tantu[m] de Radicum extra||ctione et vltima huius Algorithmi specie Et p[er] con||sequens de toto Algorithmo.|| [Druckermarke]

4°; 14 Bl.; Sign.: A in 6, B in 8; 33 Zeilen; Satzspiegel: 7,8 × 14,5 cm; 11 schematische Holzschnitte.

Exemplare – Nachweise: Baltimore (Maryland), Walters Art Gallery, Sign.: A 417 (nach Meretz); **Bamberg**, Staatsbibliothek, Sign.: Inc. typ. H. V. 21/7 (Fragment); **Görlitz**, Milichsche Bibliothek (nach GW); **Kopenhagen**, Königliche Bibliothek (nach GW); **Krakau**, Universitätsbibliothek (= Biblioteka Jagiellońska); **Linz**, Studienbibliothek, Sign.: Inkunabel Nr. 29 (nach Meretz); **London**, British Library, Sign.: IA. 11931; **London**, University College, Sign.: S.R. A 3d (nach Meretz); **München**, Bayerische Staatsbibliothek, Sign.: 4° Inc. s. a. 123 (Prov.: Tegernseer Benediktinerabtei, Exlibris der königl. Bibl. München); **New York**, Columbia University (nach Meretz); **New York**, The Pierpont Morgan Library, Sign.: 19204 (nach Meretz); **Posen**, Bibliothek des Erzbischöflichen Priesterseminars, Sig.: Inc. 71,8 (nach Meretz); **Salzburg**, Stiftsbibliothek Sankt Peter, Sign.: 683b (nach Meretz 1930 verkauft an Unbekannt, eventuell nach New Haven, s. [3a]); **Sondershausen**, Thüringische Landesbibliothek (möglicherweise das Exemplar in Gotha, s. [3a]); **Wien**, Nationalbibliothek, Sign.: Ink. 1. H. 96; **Wroclaw**, Universitätsbibliothek; **Zwickau**, Ratsschulbibliothek, Sign.: 24.11.5/4 (nach Meretz). — Hain 828; Proctor 2960; BMC III.638; Smith 36; *GW 1271; *Klebs 54.3; *Goff A-463; Schreiber 3145; *Schramm XIII, S. 3; Weil 71a.

Inhalt: s. [Widmann zu Eger (?) 3a].

[Widmann zu Eger (?) 4] [JOHANNES WIDMANN:] ALGORITHMUS MINUTIARUM PHYSICARUM, [LEIPZIG: MARTIN LANDSBERG, um 1490/5]

[A jr] Algorithmus Minu||tiarum Phisicarum. [A jv leer] [A ijr] [Q]Vanqua[m] de Minutia[rum] || vulgarium considerati||one in superioribus satis

diligentium le||ctorum indagationi explanatum sit.
[A vjr] [...]. Si vero || non tunc nu[m]erus inuent[us] [et] vt in integris Et t[antu]m de || Radicum extractione et toto illo Algorithmo.

4°; 6 Bl.; Sign.: A in 6; Zeilenzahl wechselnd; Satzspiegel: 7,8 × 14,5 cm.

Exemplare – Nachweise: Freiberg, Bibliothek der Erweiterten Oberschule Geschwister Scholl, Sign.: XII 4° 16,3 (nach Meretz); (*)**Halle**, Universitäts- und Landesbibliothek, Sign.: Ink. A74 (4) (Prov.: Halberstadt, Stephaneum, staatliches Domgymnasium); **München**, Bayerische Staatsbibliothek, Sign.: Res. 4° P. lat. 764/1 (Prov.: Benediktinerabtei Rott/Inn); **New Haven**, Yale University (nach Meretz); **Nikolsburg**, Fürstlich Dietrichsteinsche Fideikomissbibliothek (1933/34 verkauft an Unbekannt, nach Meretz); ***Wolfenbüttel**, Herzog-August-Bibliothek, Sign.: 171.7 Qu. 4° (10); **Würzburg**, Universitätsbibliothek, Sign.: I.t.q.6 (10) (nach Meretz); **Zwickau**, Ratsschulbibliothek, Sign.: 24.11.5/6 (nach Meretz). — *GW 1275; *Klebs 57.1; *Goff A-464; NUC.

Inhalt: Einführung in das Rechnen mit Sexagesimalbrüchen. Reduktion (A ijv), Addition (A iijr), Subtraktion (A iijv), Duplieren (A ivr), Medieren (A ivv), Multiplikation (A vr), Division (A vv), Radizieren (A vv).

Einzelne Passagen stimmen überein mit einer von WIDMANN geschriebenen Abhandlung über Sexagesimalrechnung in Dresden, C 80, f. 135r–136r (Wappler 1890, 159–161 mit Zitaten).

[Widmann zu Eger (?) 5] [JOHANNES WIDMANN:] ALGORITHMUS MINUTIARUM VULGARIUM, [LEIPZIG: MARTIN LANDSBERG, um 1490/5]

[A jr] Algorithmus Minu||tiarum Vulgarium [A jv leer] [A ijr] [Q]Vonia[m] autem vt Cam||panus dicit sup[er] secu[n]da || diffinitio[n]e [!] quinti eleme[n]to[rum] Pars relati[on]e || ad totum et in istis duob[us] extremis consistit eorum || ad inuicem relatio.
[A vv] [...] et erit minutia illa radix quadrata vel cu=||bica s[ecundu]m exigentiam extractionis et bene placitu[m] ex||trahentis. minutie proposite Et tantum de Radi||cum extractione.

4°; 5 Bl.; Sign.: A in 6; Zeilenzahl wechselnd; Satzspiegel: 7,8 × 14,5 cm.

Exemplare – Nachweise: London, British Library, Sign.: IA. 11935 (gekauft im Juni 1862; Prov.: Bibl. Schol. Gram. Omn. Sanctorum de Blexham. d. d. Joannes Guil. Hewett A. M. 1854); **Magdeburg**, Domgymnasium (nach GW); **New Haven**, Yale University (nach Meretz); **Salzburg**, Stiftsbibliothek Sankt Peter (nach Meretz 1930 verkauft an Unbekannt, eventuell das Exemplar in New Haven); ***Trier**, Stadtbibliothek, Sign.: Inc 248; **Wien**, Nationalbibliothek, Sign.: Ink. 1. H. 4; ***Wolfenbüttel**, Herzog-August-Bibliothek, Sign.: 171.7 Qu. 4° (11); ***Würzburg**, Universitätsbibliothek, Sign.: I. t. q. 6 (9); **Zwickau**, Ratsschulbibliothek, Sign.: XXIV, XI, 5 (nach Wappler 1890). — *Copinger 381; Proctor 2962; *BMC III. 638; *GW 1274; *Klebs 56.1; *Goff A-465.

Inhalt: Einführung in das Rechnen mit Brüchen; Beschreibung der Rechenarten Reduktion (A iijr), Addition (A ivr), Subtraktion, Duplieren, Medieren (A ivv), Multiplikation, Division (A vr) und Radizieren (A vv). Der Autor erwähnt EUKLIDs *Elemente* und CAMPANUS DE NOVARA (beide A ijr).

Einzelne Passagen stimmen überein mit Notizen WIDMANNs, besonders der zweiten Notiz zu Dresden C 80, f. 280r–285v JOHANNES DE LINERIIS: *Canones minutiarum* (Wappler 1890, 165–166). Auf f. 191 findet sich eine Bemerkung WIDMANNs, die dem Anfang des Traktates ähnlich ist.

[Widmann zu Eger (?) 6] [JOHANNES WIDMANN:] REGULA FALSI APUD PHILOSOPHANTES AUGMENTI ET DECREMENTI APPELLATA, [LEIPZIG: MARTIN LANDSBERG, um 1490/5]

[A jr] Regula Falsi apud Philo||zopha[n]tes Augmenti et De||crementi appellata. omnium Regulis Algobre || demptis optima. [A jv] Pythagoram samium virum [...]. [A ijr] Quanquam aute[m] ipsa || qua[m] certi philozophan||tiu[m] no[n] immerito Augme[n]ti et Decreme[n]ti || dicunt Falsi appellata.
[C vjv] [...] hec regula || potest applicari. et nunc tantum de isto.

4°; 20 Bl.; Sign.: A in 8, B, C in 6; Zeilenzahl wechselnd; Satzspiegel: 7,8 × 14,5 cm.

Exemplare – Nachweise: Bamberg, Staatsbibliothek (nach GW)[16]; **Halle**, Universitäts- und Landesbibliothek, Sign.: Ink A 74 (6) (Prov.: Magdeburg, Domgymnasium nach Meretz; 2. Exemplar nach GW); **Keele,** Universitätsbibliothek (nach GW); ***Leipzig**, Universitätsbibliothek, Sign.: Ms 1296; **London**, British Library, Sign.: IA. 11973; **München**, Bayerische Staatsbibliothek, Sign.: Res. 4° Math. P. 400 (2) (nach Meretz); **New Haven**, Yale University, Historical Library of the Medical School, Sign.: A 461 (nach Meretz); **Salzburg**, Stiftsbibliothek St. Peter, Sign.: 683c (1930 verkauft an Unbe-

[16] Die Angaben *nach GW* zur *Regula* und zum *Tractatus* beziehen sich auf eine persönliche Mitteilung aus der Redaktion des Gesamtkatalogs der Wiegendrucke (Brief 14.2.1997).

kannt, nach Meretz); ***Wolfenbüttel**, Herzog-August-Bibliothek, Sign.: 171.7 Qu. 4° (13); **Würzburg**, Universitätsbibliothek, Sign.: I.t.q.6. (12) (nach Meretz); **Zwickau**, Ratsschulbibliothek, Sign.: XXIV, XI, 5 (nach Wappler 1890). — *Proctor 2973; *Copinger 5085; *Klebs 843.1; *Goff R-119; BMC iii, 640; *Günther (L) 1468; *Wappler 1890, 149-151.

Inhalt: *Regula falsi* mit Beispielen.
Einzelne Passagen besitzen große Ähnlichkeit mit Dresden C 80, f. 9 (Wappler 1890, 149–151 mit Zitat). Auf dem Vorsatzblatt von C 80 steht eine Notiz von WIDMANN, die mit der Vorrede der *Regula falsi* bis auf *zwei unbedeutende [...] Wortverschiedenheiten übereinstimmt* (ebd. 149, s. Anhang A.1.2.1). In ihr werden PYTHAGORAS, APULEIUS, BOETHIUS und QUINTILIAN erwähnt.

[Widmann zu Eger (?) 7] [JOHANNES WIDMANN:] TRACTATUS PROPORTIONUM PLUSQUAM AUREUS, [LEIPZIG: MARTIN LANDSBERG, um 1490/5]

[A jr] Tractatus Proportio=||nu[m] plusquam Aureus. [A jv leer] [A ijr] [Q]Voniam autem maxi=||mam Profu[n]dissima[m]q[ue] || eam esse disciplina[m]. nemo dubitat.
[C vr] [...] et luce clarius in libris || elementoru[m] Euclidis rep[a]ries quare ad illos recurre.

4°; 17 Bl.; A, B, C in 6; Zeilenzahl wechselnd; Satzspiegel: 7,8 × 14,5 cm.

Exemplare – Nachweise: Bamberg, Staatsbibliothek, Sign.: Inc. typ. N. VII. 11/4 (nach Meretz); **Boston**, Public Library, Boston, Massachusetts (nach Meretz im Katalog nicht feststellbar); **Dresden**, Landesbibliothek, Sign.: Ink. 865 (4°) (Kriegsverlust nach Meretz); **Halle**, Universitätsbibliothek, Sign.: Ink A 74 (7) (nach Meretz); **Keele**, Universitätsbibliothek (nach GW); **Krakau**, Universitätsbibliothek (= Biblioteka Jagiellońska), Sign.: Inc. 2698 (nach Meretz); **Leipzig**, Universitätsbibliothek, Sign.: Astron. 467 (nach Meretz); **London**, Universitätsbibliothek (nach GW); **London**, University College (nach GW); **New Haven**, Yale University, Historical Library of the Medical School (nach Meretz); **New York**, Columbia University, Butler Library, Sign.: A 461; David E. Smith Collection, Sign.: T-417 (nach Meretz); **Salzburg**, Universitätsbibliothek (nach GW); **Salzburg**, Stiftsbibliothek St. Peter, Sign.: 683d (1930 verkauft an Unbekannt, nach Meretz); **Tepl**, Prämonstratenserkloster (nach GW); **Wien**, Nationalbibliothek, Sign.: 22 H 9 (nach GW); ***Wolfenbüttel**, Herzog-August-Bibliothek, Sign.: 171.7 Qu. 4° (12); ***Würzburg**, Universitätsbibliothek, Sign.: I. t. q. 6, 11; **Yale** University. Historical Library of the Medical School; **Zwickau**, Ratsschulbibliothek; Sign.: XXIV, XI, 5 (nach Wappler 1890). — *Klebs 988.1; *Goff T-417; *Günther (L) 1478; GW Nachtr. Leipzig 1910, 351.

Inhalt: Abhandlung über Proportionen, der Autor erwähnt von BOETHIUS die *De institutione musica* (A ijr) und mehrfach die *Elemente* EUKLIDs sowie CAMPANUS.

Einzelne Passagen stimmen überein mit der Abhandlung über Proportionen mitsamt den nachfolgenden Bemerkungen WIDMANNs in Dresden C 80, f. 191r–195r (Wappler 1890, 162–164).

4 Das Rechenbuch

4.1 Entstehung, Veröffentlichung und Inhalt

Im Jahr 1489 veröffentlichte JOHANNES WIDMANN in der Offizin KONRAD KACHELOFENS ein Rechenbuch in deutscher Sprache.[1]

KACHELOFEN (um 1480–1517?)[2] war wohl der erste in Leipzig seßhafte Drucker, ein angesehener und wohlhabender Bürger. Ab 1476 besaß er ein Haus; später kam ein Laden am Rathauseck und ein Weinschank dazu. Er starb 1528/29, seine Druckerei übernahm sein Schwiegersohn MELCHIOR LOTTER. Berühmt ist sein Druckersignet.

Aus seiner Offizin gingen hauptsächlich theologische und literarische Bücher hervor, viele seiner Drucke dienten als Unterrichts- oder Lehrliteratur an der Universität, darunter auch Werke von zeitgenössischen Autoren, wie z. B. von PAUL SCHNEEVOGEL, einem Universitätsdozenten, ein *Latinum idioma pro scholaribus* oder von MAGNUS HUND, ebenfalls Universitätsdozent, mehrere Ausgaben des *Donat*. Drucke in kleinen Formaten für den Gebrauch an der Universität waren in Leipzig in dieser Zeit die vorrangige Produktionsform der Druckereien (Schreiber 1940, 265). Bücher in deutscher Sprache oder von dem Umfang des Rechenbuches (Nickel 1996, 26) nehmen in KACHELOFENS Druckregister hingegen einen geringen Platz ein.

Ein Jahr vor dem Rechenbuch WIDMANNS erschien 1488 bei KACHELOFEN ein Buch mit dem Titel *Jn disem puchlein vint man wie man eim iczlichen schreiben sol* (GW 5696, s. S. 262 dieser Arbeit). Es handelt sich hierbei um ein Titelbuch mit Briefmustern, wie sie von Schreibern oder Kaufmännern für ihre Korrespondenz gebraucht wurden. Einen

[1] Die Sprache des Erstdrucks trägt einige für das Ostmitteldeutsche typische Merkmale: Die vollständig durchgeführte Monophthongierung (z. B. *gut*, z 6r, Frnhdt. Gr. § L 32) grenzt den Text vom Oberdeutschen ab, die vollständig durchgeführte Diphthongierung vom Westmitteldeutschen. Ebenfalls von diesem grenzt sich die Sprache des Textes ab in bezug auf die Verschiebung der Tenues zu den Affrikaten *pfunt* (k 3r), die Lenis *d* wurde meist in der Lautverbindung *nd* beibehalten (*underscheid, underweyßen*, a 4v, C 2v). Kontraktion der Vokale nach Ausfall von intervokalisch *g, h begeynt* < *begegenet* (G 2r) findet sich ebenfalls in md. Texten des 14./15. Jhs. (§ L 37). Die Schreibung von *ader, ab* (b 4r) anstelle von *oder, ob* gilt im 14. Jh. als Leitform im Erfurt-Thüringischen, im Obersächsischen auch im 15./16. Jh. (§ L 11, A 2). Erst in der 1. Hälfte des 16. Jhs. wird im Ostmitteldeutschen der Umlaut *u* bezeichnet, vorher wurde in mitteldeutschen Texten allein der Umlaut *a* bezeichnet (§ L 8).

[2] Ein anschauliches Bild von KACHELOFENS Leben entwirft Wustmann 1879, 16–20; s. auch Benzing 1963, 260.

Autor nennt der Druck nicht. Diese beiden volkssprachlichen Lehrtexte fallen aus dem Rahmen der lateinisch oder literarisch bestimmten Druckproduktion KACHELOFENs heraus. Über das Verhältnis WIDMANNs zu KACHELOFEN[3] oder aber die Existenz eines weiteren Auftraggebers ist bisher nichts bekannt.

WIDMANN widmet das Buch einem *meyster Sigmund von Schmidmühle bayrischer Nation* (a 2r), also SIGMUND ALTMANN VON SCHMIDTMÜHLE, seinem Studienkollegen, der ihn zu dieser Arbeit aufgefordert zu haben scheint: *Auch angesehen dein zcimliche vleyssige gebete hab ich mich gemuet vnd [...] tzusam geklaubet vnd gelesen* (a 3r). Es ist daher durchaus möglich, daß der Veröffentlichung des Rechenbuches ein Meinungsaustausch vorausging (Kaunzner 1968a, 3).[4] Weitere Informationen liefern auch die Bemerkungen WIMPINAs nicht: *Summarium quoque totius Arithmeticae argutissime edidit, librum maiusculum, in quo omnes species, regulas, aenigmata, exempla in omni mercancia rerum obvenientia compendiose perstringit: cuius titulus vulgari lingua extat ad magistrum Sigismundum Altman. Claret adhuc apud Egrenses annos natus uno forte supra triginta, continue nova cudens. A. D. 1498* (Wimpina 1515, 50/1).

Das Rechenbuch besteht aus drei Teilen. Der erste Teil ist ein Algorithmus mit den Ziffern, d. h. nach der Einführung der indisch-arabischen Ziffern und der Positionsschreibweise werden die Rechenarten von der Addition bis zum Ausziehen der Quadratwurzel erklärt. Des weiteren führt WIDMANN auch die Bruchzahlen und das Rechnen mit ihnen ein und behandelt ausführlich die Proportionen. Im zweiten Teil — die Übergänge sind fließend — findet sich die Practica, also eine Sammlung von Regeln und Aufgaben, wie sie sich auch im täglichen Leben eines Kaufmanns ergeben.[5] Als dritter Teil schließt sich die Geometrie an, in der praktische Aufgaben aus der Feldmeßkunst einer theoretischen Einführung folgen.

3 *Artisan authors were often encouraged by printers to write new texts in their own tongue* (Eisenstein 1980, 546).

4 Allerdings läßt sich dies weniger aus der damals durchaus üblichen persönlichen Anrede in der Widmung (so Kaunzner 1968a, 3) als vielmehr aus der gemeinsamen Studienzeit (s. o.) schließen.

5 S. dazu das Inhaltsverzeichnis des Rechenbuches S. 127.

4.2 Nachdrucke und Überlieferung

Es gibt insgesamt sechs Ausgaben:[6]

[Widmann zu Eger 1a] Johannes Widmann: Behende und hübsche Rechnung auf alle Kaufmannschaft, Leipzig: Konrad Kachelofen, 1489

[a 1r] Behe[n]de vnd hubsche || Rechenung auff allen || kauffmanschafft:. || [Wappen der Stadt Leipzig] [a 2r] Johannes widman von Eger [...] [G 3v] Gedruckt Jn der Furstlichen Stath || Leipczick durch Conradu[m] Kacheloffen || Jm 1489 Jare

8°; (1–237), (a in 8), b–z, A–F in 8, G in 4, ein Blatt zwischen d und e eingefügt; 21–24 Zeilen (die Zeilenanzahl schwankt stark durch Einfügen von Bildern, Rechenbeispielen und -schemata, besonders aber durch Brüche); Satzspiegel: 9,5 × 6,5 cm. — Gotische Type in zwei Größen; Ziffern in einer Größe (der Drucker benutzt die heute übliche Schreibweise); kleinere Holzschnitte (nach Schramm ohne kunstgeschichtliche Bedeutung); die Kästen um Tafeln und Tabellen sind aus einzelnen Strichen zusammengesetzt, die Proportionsfiguren (22r, 23r) sind aber wohl Holzschnitte.

Exemplare: (*) **Ansbach**, Staatliche Bibliothek (Schloßbibliothek), Sign.: I b 40 / Inc. 1c; (*) **Aschaffenburg**, Stiftsbibliothek, Sign.: V 669 (Prov.: *Diss buch hert Hans byß aus Franckfurt*; *It jm jorg 1524 auff / santt Petternels dag zwyschen / elffen und zwylffen beytach / mer gatt ey gen gensen din hatt mer hans bayss gehaubenn / 1549 / 1549 / 1550*; Jesuitenkolleg Aschaffenburg (2a)); (*) **Basel**, Universitätsbibliothek, Sign.: Kd XI 19 (das originale Titelblatt fehlt und ist durch ein handschriftliches ersetzt); **Berlin**, Staatsbibliothek Preußischer Kulturbesitz, Sign.: Oc 1381-3215, Inc. 1224 (a 8 und d 9 fehlen, nach Meretz); **Breslau**, Universitätsbibliothek, Sign.: XV. Q. 30 (defekt, nach Meretz); **Hannover**, KM, Sign.: 362 (nach Schreiber und Meretz); (*) **Karlsruhe**, Badische Landesbibliothek, Sign.: Ib 326; ***Leipzig**, Universitätsbibliothek, Sign.: Off. Lips. Ka 4 (genaue Beschreibung s. Drobisch; Titelblatt bis einschließlich f. 8 fehlt; am Rand Zahlen verbessert und Beispiele gerechnet in Schrift des 16. Jhs.; auch auf der letzten Seite: *Hanc Arithmeticam dedit Ioannes Engelbertus suo Ioanni Wydensehr in firmum foedus perpetuæ amicitiæ die lunæ post primam dominicam trinitatis Anno 66*; in

[6] Die Listen streben keine Vollständigkeit an. Die Informationen wurden größtenteils über die Zentralkataloge der Länder bezogen. Ergänzt wurde dies durch eigene Recherchen in Bibliotheken. Die Angaben erfolgen jeweils aufgrund des mit ** gekennzeichneten Exemplars. Die von der Herausgeberin eingesehenen Exemplare — als Original oder Mikrofiches — sind mit einfachem Asteriscus gekennzeichnet. (*) bedeutet, daß die Angaben und die Signatur durch Nachfrage bei der Bibliothek überprüft wurden. Wenn möglich, wird je Exemplar eine Beschreibung und Hinweise zur Provenienz angegeben.

Hand des 19. Jhs. Bemerkungen zu und aus Panzer, Drobisch, Fischer, Günther auf zusätzlichem Vorsatzblatt; in Hand des 20. Jhs. Hinweise auf den *Algorismus Ratisbonensis* bei einzelnen Aufgaben und auf f. d 9 *Besonderes Blatt*, teilweise neue Paginierung; bei Boncompagni 190 verzeichnet als Exemplar der Stadtbibliothek, Sign.: Arithm. s. 3^{a}); **London**, British Library, Sign.: IA. 11541 (gekauft im Mai 1903, handschriftliche Notizen; Prov.: nach Boncompagni 191/2: Karl Benjamin Lengnich, 1788 an Georg Wolfgang Panzer, an John Bellingham Inglis, 1862 an Augustus de Morgan, 1871 an Lord Overstone, an Universitätsbibliothek London); (*) **Mainz**, Stadtbibliothek, Sign.: Ink. 39 (Beschreibung durch Fischer [39–42]: Tabellen und Beispiele mit Zahlenhäufungen sind Holzschnitte, andere gesetzt (40, 46); *Deutlichkeit im Vortrage, äussere Schöhnheit, Anordnung und Schwärze des Drucks, Güte des Papiers* (43), d. h. *viel Aufnahme*; Papier aus drei Mühlen: 1. doppeltes Malteser-Kreuz, das eine auf Schild, das andere durch Strich mit ihm verbunden; 2. Dreieck mit Mercurius-Stab; 3. Kopf mit Locken und Kreuz auf Wirbel (43); Zahlenform in dieser Art sonst nur in Italien; Linie in Geometrie aus einzelnen Strichen zusammengesetzt, kein Holzschnitt; Mainzer Exemplar durchpaginiert (44)); **München, Bayerische Staatsbibliothek, Sign.: Inc. c. a. 82 (Prov.: auf Papierstreifen auf Einband: *Alg[or]i[smus]*, auf Titelblatt: *In vsum Frm Wessobru[n]nensis)*; eine neue Foliierung ist mit Bleistift oben rechts eingetragen); [***München**, Universitätsbibliothek (Standort: Institut für Geschichte der Naturwissenschaften), Sign.: 1603/r 1489–001 (es handelt sich bei diesem Exemplar wohl um eine Photokopie des Exemplars aus der BSB; eine weitere Foliierung wurde eingetragen, s. S. 345);] **New York**, Pierpont Morgan Library, Nr. 549 Morgan Acc. Nr. 22555 (nach Goff und Meretz); (*) **Nürnberg**, Bibliothek des Germanischen Nationalmuseums, Sign.: 8° Inc. 142 691 (vereinzelte Randglossen, auf letztem Blatt handschriftliche Eintragungen aus dem 16. Jh.; Prov.: Bibliotheca Regia Monacensis); **Nürnberg**, Stadtbibliothek, Sign.: Inc. Var. 57. 8° (Stelle über die Allmacht Gottes (a 3r) gestrichen, daneben am Rand: *Quod [...] cap. 1 non perinde serio scripsit, hic inceptus magna impietate repetit* (Kaunzner 1968a, 3); (*) **Olmütz**, Staatliche Forschungsbibliothek, Sign.: 61076; ***Paris**, Bibliothèque Nationale, Sign.: Res. p. V. 153 (auf Vorsatzblatt bzw. Umschlaginnenseite: Stich: *Ex libris Johann Conrad Feuerlein*, es handelt sich hierbei also wahrscheinlich um das in Boncompagni 193 und Panzer als Nr. 283 erwähnte Exemplar aus dem Besitz JOHANN KONRAD FEUERLEINS (1656–1718); handschriftlicher Titel in franz. Sprache, Schrift 19./20. Jh.: *La rapide et jolie méthode de compter, pour toutes les choses de l' économie domestique. Imprimé dans la ville première de Leipzig, par Conrad Kacheloff. L'an 1489*; diverse weitere Signaturen und Stempel; unter Titel handschriftlich die Zahl 1489 in den Ziffern wie im Explizit; in letzter Zeile auf einigen Seiten Kreuze; handschriftliche Eintragungen in den Text in deutscher Sprache: Zahlen, bei letzter Aufgabe auf Seite (r 3r) am Rand *das exempel ist außen [...] im buche außgangen 1508*, Randnotiz bei Schuhaufgabe *non habetz in exempla nd 1508 anni* (s 2r), *Hier habetz q[...] Habeta in 1508* (x 6v); das eingefügte Blatt d 9 zwischen den Lagen d und e fehlt); (*) **Prag**, Nationalbibliothek, Sign.: 41 G 73; (*) **Prag**, Prämonstratenserkloster Strahov, Sign.: DO VI 1; **Stuttgart**, Landesbibliothek, Sign.: Inc. 4° 13712 (Prov.: Fürstlich Fürstenbergische Hofbibliothek Donaueschingen, Sign.: Inkunabel Nr. 499); (*) **Tepl**, Prämonstratenserkloster, Sign.: B 93; (*) **Västeras** (Schweden), Stadtbibliothek, Sign.: Ink. 111 (Prov.: *Valentinus Jacob 1547, mense Januario*); **Washington**, Library of Congress, Sign.: Incun. 1489. W5 Rosenwald Coll. (Blätter numeriert, handschriftliche Notizen, *Ex libris Liechtensteinianis*; nach 1945 nach Wien? verkauft); **Wien**, Österreichische Nationalbibliothek, Sign.: J.XIII.H 25 (nach Meretz); **Wien**, Universitätsbibliothek, Sign.: I 138.016 (frühere Signatur: HB Liecht. 321 aus der Fürstlich Liechtensteinischen Fideikommissionsbibliothek; nach Alker 650 Wappen handkoloriert, Prov.: Bibliotheca Collegii Loevenburg Viennae (1) 770; nach Boncompagni 190: Bibliotheca Civica Vindobonensis, Hofbibliothek); (*) **Zwickau**, Ratsschulbibliothek, Sign.: 30.5.16.

Nicht mehr nachweisbare Exemplare: Bethlehem (Pennsylvania), Lehigh University, Robert R. Honeyman Collection (an Unbekannt verkauft, nach Meretz); **Dettingen**, Antiquariat Banzhaf (verkauft an Unbekannt, Brief 24.4.1995); **Steinfurt**, Akademische Bibliothek (vor 1980 verschwunden, nach persönlicher Mitteilung, Brief 18.5.1995); **Vorau**, Augustiner-Chorherrenstift (1924–27 an das Antiquariat V. A. Heck in Wien verkauft (persönliche Mitteilung des Augustiner-Chorherrenstifts Vorau, Brief 11.4.1995); dieses konnte den Ankauf jedoch nicht bestätigen, Brief 24.1.1996).

Sonstige Nachweise (soweit möglich chronologisch): *ALKER 650; *BMC III, 624; *LEICH 5 (*Vetustissimus Lipsiae excussorum, de quo constat, est Johannis Widmanni libellus de numerorum doctrina, Germanice a Conrado Kachelofenio, [...], anno MCCCCLXXX. editus, cuius indicium fecit vir in his rebus multum versatus, Paulus Pater*); *PANZER (d) 283 (*Ist in der Feuerlinischen Bibliothek, s. Catalog P. I. p. 636n5450*); *FISCHER 39–42 (Beschreibung des Exemplars der UB Mainz); *HAIN 13 712; *BONCOMPAGNI 189–195 (Exemplar im Besitz von Dr. Kloss aus Frankfurt am Main, 1835 in London versteigert, 193; Edwin Tross, 1851 an G. I. Schwabe in Paris, 194); *LORCK 5; *GÜNTHER 1251; *SCHREIBER 5466; *SCHRAMM XIII, 4, 9a–41; *KLEBS 1047.1; *GOFF W-14.3; *HOOCK W7.1; *CAT. GEN. BN. Band 222 (*Johannes Widmann: Beherde [!] und hubsche Rechenung auff allen Kauffmanschafft. Leipczick C. Bacheloffen 1489. Exlibris gravé aux armes de Johann Conrad Feuerlein*); *NDB 10 (1974), S. 719 s. v. Konrad Kachelofen; BLGCPB 350, 330; RENZ 71; *SMITH 36 (erwähnt unter den späteren Drucken, s. u.); *HUMPERT 6486.

[Widmann zu Eger 1b] JOHANNES WIDMANN: BEHENDE UND HÜBSCHE RECHNUNG AUF ALLE KAUFMANNSCHAFT, PFORZHEIM: THOMAS ANSHELM, 1500

[Titel] Behennd vnd hüpsch || Rechnung vff allen || kauffmanschafften || [Titelholzschnitt] [1r] Johannes widman von Eger [...]
[161v] Gedruckt zuo Pfortzheim von Thoman || anßhelm Jm Jubel Jar als man zalt 1500 || Got sey lob.

8°; (1), 1(2)–162(163), a–v in 8, x in 4; 26 Zeilen; Satzspiegel: 10 × 6,5 cm; Register. — Gotische Type in zwei Größen, größere nur auf Titelblatt; Ziffern in 1 Größe; Titelholzschnitt: Schulraum, Lehrer und 1. Schüler am Tisch, 2. Schüler am Boden; weitere Holzschnitte im Text, oft umrahmt; vier halbseitige Holzschnitte: Schiff (93r), Reiter auf Brücke mit Zollhaus (97r), Sterbender (98r), Wechselstube (106r).

Exemplare: ****London**, British Library, IA. 15003 (gekauft im Juli 1882; Prov.: J.B.P.C. Brüsaber 1835; Blatt 161 fehlt, ergänzt aus Handschrift ?); **München**, Bayerische Staatsbibliothek, Sign.: 8° Inc. c. a. 359 (nach Meretz); **New York**, Columbia University, Plimpton Library, Sign.: Incunabula W-15, Plimpton 511 1500 W (nach Meretz); **New York**, Pierpont Morgan Library, Nr. 585 Morgan Acc. Nr. 3 4408 (nach Goff und Meretz).

Nicht mehr nachweisbare Exemplare: Salzburg, Universitätsbibliothek (nicht nachweisbar, persönliche Mitteilung, Brief 20.12.1995); Hartung & Hartung, München: bei der Auktion 12.–14.5.1992 als Nr. 249 für 23.000.- DM verkauft (Jahrbuch der Auktionspreise für Bücher 43 (1992) 1025).

Sonstige Nachweise: *Exemplar der Ausgabe von 1508 in der Bayerischen Staatsbibliothek München: (handschriftlicher Vermerk auf dem Titelblatt *Vnd ist getruckht worden A. d. 1500 oder 1508*, schlecht lesbar); *NUC (bezeichnet das Exemplar von 1508 als *Third Edition*); *BMC III.705; *WAGNER 117 (*Asher 61*); *BONCOMPAGNI 195/6 (zwei Exemplare in Verkaufskatalogen von Asher Berlin 1858; eines davon später in Privatbesitz Gerhardt; Gerhardt 1868, 53); *PROCTOR 3239; *SMITH 36/7 (Beschreibung des Exemplars der Plimpton Library, Abb. von Bl. 11r und 106r); *SCHREIBER 5467; *KLEBS 1047.2; *ALBERTS 237 (Alberts verweist hier auf ein Exemplar in der UB Salzburg; aufgrund von Ungenauigkeiten in der Titelaufnahme der Ausgaben von 1500 und 1508 liegt die Annahme nahe, daß Alberts hier das Exemplar der Ausgabe 1508 in der UB Salzburg vorliegen hatte); *GOFF W-1; *HOOCK W7.2. (Kurzbeschreibung des Exemplars aus der BL London); *BLGCPB 350, 330.

[Widmann zu Eger 1c] JOHANNES WIDMANN: BEHENDE UND HÜBSCHE RECHNUNG AUF ALLE KAUFMANNSCHAFT, PFORZHEIM: THOMAS ANSHELM, 1508

[Titel] Behend vnd hüpsch || Rechnung vff allen || Kauffmanschafften. || [Titelholzschnittt] [1r] Johannes widman von Eger [...]
[161v] Gedruck zuo Pfhortzheim von Thoman || Anßhelm Jm jar als man zalt 1508

8°; (1), 1(2)–161(162), a–u in 8, x in 3; 25/26 Zeilen (verschiedener Zeilenabstand); Satzspiegel 6,5 × 10,5 cm; Register. — Gotische Type in zwei Größen, größer bei Überschriften; Ziffern in einer Größe; Holzschnitte wie 1500 (Schiff, 92v; Brücke, 96v; Sterbender 97v; Wechsel, 105v).

Exemplare: (*) **Augsburg**, Staats- und Stadtbibliothek, Sign.: Stw 8336; ****Freiburg**, Universitätsbibliothek, Sign.: T 2084 (defekt); (*) **Hamburg**, Commerzbibliothek der Handelskammer HH, Sign.: S/117 (unvollst.); **London**, British Library, Sign.: 8531. a. 65; **London**, University College, Sign.: GRAVES 122.a.43 (nach Meretz); ***München**, Bayerische Staatsbibliothek, Sign.: Res. Merc. 265 (Holzschnitte teilweise koloriert, einige Rubra in rot nachträglich eingefügt; auf Titelblatt handschriftliche Eintragungen: Zahlen, *Vnd ist getruckt worden A. d. 1508/1500*, Jahreszahl schlecht lesbar; im Text am Rand Rechnung, 95r); ***München**, Universitätsbibliothek (Standort: Institut für Geschichte der Naturwissenschaften), Sign.: 1603 / R 1508–001 (defekt, f. 8–15 und 160 in Kopie neu eingebunden); **New York**, Columbia University, Plimpton Library (nach Smith); **Nürnberg**, Bibliothek des Germanischen Nationalmuseums, Sign.: 8° H. 2648 (Prov.: Kloster Tegernsee nach Boncompagni 197); **Philadelphia** (Pennsylvania), Temple University, Samuel Paley Library, Sign.: [Vault] HF 5693 W5; (*) **Salzburg**, Universitätsbibliothek, Sign.: F I 261 (Prov.: Rup. Winkler); **Wien**, Österreichische Nationalbibliothek, Sign.: + 44. Y. 239.

Nicht mehr nachweisbare Exemplare: Karl u. Faber, München: bei Auktion Nr. 105 vom 9.–10.5.1967 als Nr. 654 für 750,- DM verkauft (JAB 18 (1967) 393).

Sonstige Nachweise: *PANZER (d) 629 (*Ist in der Bibliothek des Stifts Rebdorf*); *BONCOMPAGNI 196–199 (Joh. Thomas Graves an University College London (197); drei Exemplare Privatbesitz Boncompagni (197); August Konst. Naumann aus Leipzig 1854; Edwin Tross, 1856 in Paris verkauft; August L. Crelle, an August Ludwig Busch, 1856 bei Asher; Friedländer 1861 in Berlin); *PROCTOR 11768; *SMITH 39 (Beschreibung des Exemplars der Plimpton Library); SCHREIBER s. 1500; *HUMPERT 6487; *HOOCK W7.3 (Kurzbeschreibung des Exemplars aus der BL London); *VD16 2478; *BLGCPB 350, 330.

[Widmann zu Eger 1d] JOHANNES WIDMANN: BEHENDE UND HÜBSCHE RECHNUNG AUF ALLE KAUFMANNSCHAFT, HAGENAU: THOMAS ANSHELM, 1519

[Titel] Behend vnd hüpsch || Rechnung vff allen || Kauffmanschafften.
[1r] Johannes Widman von Eger [...]
[154r] Getruckt zuo Hagenaw durch Thoman || Anshelm. Jm iar als man zalt || 1519 || [Druckermarke]

8°; 1–154, a–t in 8; 27 Zeilen. — Gotische Type in 2 Größen, bei Überschriften größer; Holzschnitte wie 1500 (Schiff, 88v; Brücke, 92r; Sterbender, 93r; Wechsel, 100v), jedoch keiner auf Titelblatt; Druckersignet von Th. A. am Schluß[7].

[7] Ab 1517 verwendete ANSHELM ein neues Druckersignet (Hanauer 1901,

Exemplare: (*) **Annaberg-Buchholz**, Adam-Ries-Museum; (*) **Dortmund**, Stadt- und Landesbibliothek, Sign.: Wn 76; ****Freiburg**, Universitätsbibliothek, Sign.: T 2084 ad; (*) **Gotha**, Forschungs- und Landesbibliothek, Sign.: Druck 1022R (unvollständig; Prov.: Gymnasium Ernestinum, gegr. 16. Jh.); **Hagenau**, Bibliothèque Municipale, Sign.: In 368; **London**, University College, Sign.: GRAVES 142.a.6 (nach Meretz, Prov.: J. T. Graves nach Boncompagni 197, 200); **New York**, Columbia University, Plimpton Library (nach Smith 40 handschriftliche Bemerkung auf dem Vorsatzblatt: Geschenk von Ludwig Kunze an Baldasarre Boncompagni als *liber rarissimus*); **St. Gallen**, Kantonsbibliothek, Sign.: Inc. 694 (nach Meretz).

Nicht mehr nachweisbare Exemplare: Steinfurt (im Katalog nicht nachweisbar nach Meretz); Stockum: bei Auktion 16 am 21.11.1925 für 105 Gulden verkauft (Jahrbuch der Bücherpreise 20 (1925) 1519); Reiss & Avermann, Königsstein / Taunus: bei Auktion 15.–18.10.1991 als Nr. 43 für 16.000,- DM verkauft (JdB 42 (91)904).

Sonstige Nachweise: *PANZER (d) 967 (*Ist [...] in der Schwarzischen Slg.*); *BONCOMPAGNI 199–201 (Joh. Hartmann in Frankfurt am Main, Stadtbibliothek Frankfurt Sign.: Math. P. 426; Leone Lalanne in Paris; Ludwig Kunze, Boncompagni; Feuerlein; Sammlung Schwartz); *HUMPERT 6478a; *BENZING 54; *HOOCK W7.4 (Kurzbeschreibung des Exemplars aus Hagenau); *VD16 2479.

[Widmann zu Eger 1e] JOHANNES WIDMANN: BEHENDE UND HÜBSCHE RECHNUNG AUF ALLE KAUFMANNSCHAFT, AUGSBURG: HEINRICH STEINER, 1526

[Titel] Behende vn[d] hübsche Rech=||nung auff allen Kauff=||manschafften. || [Titelholzschnitt] [1r] Johannes Widman von Eger [...]
[191r] Gedruckt zu Augspurg durch || Haynrich Steyner. || M.D.XXVI.

8°; (1), 1(2)–190(191), A–Z in 8; 25 Zeilen; Satzspiegel: 6,5 × 10,5 cm; Register. — Ziffern in 2 Größen, bei Brüchen kleiner; Titelholzschnitt: 2 Männer am Tisch in einem Kaufmannsgelaß, mit Federn arabische Zahlen schreibend, weitere Holzschnitte im Text.

Exemplare: ****Göttingen**, Niedersächsische Staats- und Universitätsbibliothek, Sign.: 8° Math. II, 1282:3 (Prov.: *Peter Wernes (Wetnes) est possessor huius libri*, f. 104v, Hand 1. Hälfte des 16. Jh.); (*) **Mainz**, Stadtbibliothek, Sign.: III k 18 (Rarasammlung) (Prov.: handschriftlicher Eintrag auf Titelblatt: aus Bibliothek der Mainzer Jesuitenniederlassung, nach persönlicher Mitteilung der Stadtbibliothek Mainz, Brief 15.9.1995); **Reutlingen**, Stadtbibliothek, Sign.: 2206.

---

423); s. *Heitz LXXII, 4.

Nicht mehr nachweisbare Exemplare (auch zu [Widmann zu Eger 1f]): **Berlin**, Kriegsverlust; **Coburg**, Landesbibliothek, Sign.: E I 7/1 35 (vermißt nach Meretz).

Sonstige Nachweise (auch zu [Widmann zu Eger 1f]): *BONCOMPAGNI 201/2 (Verkauf in Berlin 1861; privat); *HUMPERT 6478; *HOOCK, JOCHEN: Handbücher und Traktate. 1981.

[Widmann zu Eger 1f] JOHANNES WIDMANN: BEHENDE UND HŮBSCHE RECHNUNG AUF ALLE KAUFMANNSCHAFT, AUGSBURG: HEINRICH STEINER, 1526

[Titel] Behennde vnnd || hübsche Rechnu[n]g auff allen || Kauffmanschafften || [Titelholzschnitt] [1r] Johannes Widman von Eger [...]
[191r] Getruckt zů Augspurg durch || Haynrich Stayner || M.D.XXVI.

8°; (1), 1(2)–190(191), A–Z in 8; 25 Zeilen; Satzspiegel: 6,5 × 10,5 cm; Register. — Ziffern in 2 Größen, bei Brüchen kleiner; Titelholzschnitt: 2 Männer am Tisch in einem Kaufmannsgelaß, mit Federn arabische Zahlen schreibend, weitere Holzschnitte im Text.

Exemplare: Cambridge, University Library (nach Adams II, 1967, S. 342, Nr. W 137); (*) **Hamburg**, Commerzbibliothek der Handelskammer HH, Sign.: S/118; ***München**, Bayerische Staatsbibliothek, Sign.: Res. Merc. 265c (Prov.: über Titel *Monasterii Seon*; auf Vorsatzblatt verso *Ad 16 Februar 1528 Jar hab ich ambrosy fröschlmoser das Raÿcht puechl kauft umb 14 kreÿtzer gemacht durch Johaniss widman* und *Mathesis applicata 372*); **New York**, Columbia University. Plimpton Library (nach Smith); (*) **Prag**, Nationalbibliothek, Sign.: 14 H 84 adl. 1 (defekt); ***Wolfenbüttel**, Herzog-August-Bibliothek, Sign.: 18 Arithm. (unvollständig, viele Verbesserungen und Zusätze, Gerhardt 1868, 53; Boncompagni 196).

Sonstige Nachweise: *SMITH 40 (Beschr. Exemplar der Plimpton Library, dieses hat handschriftliche Eintragung von Boncompagni, Holzschnitte koloriert); *HOOCK W7.5 (Kurzbeschreibung des Exemplars aus Wolfenbüttel); *VD16 2480.

4.3 Abhängigkeiten der verschiedenen Ausgaben

Von den fünf Nachdrucken der Erstausgabe von 1489 bilden die Nachdrucke von THOMAS ANSHELM[8] 1500, 1508 und 1519 eine Gruppe, die

[8] THOMAS ANSHELM wurde in Baden-Baden wohl um 1460 geboren. Er studierte ab 1485 an der Universität Basel, findet sich aber 1488 als Buchdrucker in Straßburg. Ab 1500 druckte er in Pforzheim. Dort hielt er

Nachdrucke von 1526 durch Heinrich Steiner stehen allein. Dies ergibt sich nicht nur aus der dialektalen Zusammengehörigkeit[9] und der Verwendung der gleichen Bilder in den Anshelm-Drucken, sondern eindeutig aus der Tilgung einer Textstelle im Vorwort (*auch got nicht vermag tzu prechen [...]*, a 3r), die alle drei Drucke von Anshelm aufweisen; die Drucke von 1526 verzeichnen den Originaltext.

Die Ausgabe von 1500 hatte offenbar den Erstdruck von 1489 zur Vorlage; ein Manuskript ist nicht bekannt. Außer den Veränderungen[10], die auf den alemannischen Dialekt zurückzuführen sind, unterscheidet sich der Text in der ebenfalls spärlich gesetzten Interpunktion, wenigen, nicht weiter relevanten Wortumstellungen und in der Behandlung von Abkürzungen. Teilweise wurden Füllwörter wie *und, also, etc.* gestrichen, so daß der Stil knapper und formelhafter erscheint als in der Erstausgabe. Die in der Ausgabe von 1489 gebrauchten mathematischen Zeichen +, −, ꝶ (B 3r/134r, E 1r/149v) wurden erkannt und benutzt, einige falsche Zahlen verbessert. Insgesamt ist der Text der Vorlage aber ohne eine größere (mathematische) Überarbeitung abgeschrieben. Das hinzugefügte Register spricht in seiner Auswahl der Einträge (s. S. 139) für Kaufleute als Adressaten dieses Nachdruckes.

Der Druck von 1508 geht auf die Ausgabe von 1500 zurück; dies ist gesichert durch einen Zeilensprung (D 8v/149v) und das identische Seitenlayout bis hin zum Zeilenfall bis 44v. Die Zahlenverbesserungen wurden aus 1500 übernommen, einige Zahlen zeigen aber auch neue Fehler

Kontakt zu Humanistenkreisen, besondere Beziehungen verbanden ihn mit Johannes Reuchlin, für den er viele humanistische Werke auch mit hebräischen Typen druckte. Des weiteren stammen aus seiner Presse zahlreiche Schulbücher, lateinische Prachtbände und politische wie religiöse Flugschriften. Er gilt als einer der bedeutendsten humanistischen Drucker. 1511 verlegte er seine Presse nach Tübingen, wo er und sein Sohn an der Universität immatrikuliert waren. Hier wurde er bald in Gelehrtenkreisen anerkannt und in sie aufgenommen; wieder druckte er zahlreiche Werke für die Humanisten. 1516 schließlich zog er nach Hagenau, wo er selbst mit der *Academia Anshelmiana* einen Humanistenzirkel gründete. Er starb um 1522 (s. Alberts 1955; weitere Literatur zu Anshelm bei Schottenloher 1953; Korth 1904; Hanauer 1901. Die Abbildungen in Schramm (XX, 1697–1752) stammen aus der in Straßburg gedruckten Bibel).
Es ist bisher nicht bekannt, wie das Rechenbuch zu Anshelm gekommen ist. Sicher nahm er an der Buchmesse in Frankfurt teil, um seine Bücher vorzustellen und Bestellungen entgegenzunehmen.

9 Die sprachliche Gestaltung der Nachdrucke von Anshelm zeigt folgende für das wmd. typische Phänomene: Die Diphthongierung ist nur ansatzweise für *i* durchgeführt, vollzogen wurde dagegen mehrmals die Rundung a → ö (*apfel/öpfel*, n 4v); Merkmale finden sich auch in der Lexik (*wart/luog*, A 7r).

10 Zur Verzeichnung der Unterschiede im Apparat s. S. 346.

(Flüchtigkeitsfehler ?, z. B. l 6v/59v). Ein Minuszeichen (m 3r/62v) wurde nicht erkannt, es war dem Setzer scheinbar noch ungewohnt. Eine mathematische Vorbildung scheint der Bearbeiter dieser Ausgabe jedoch besessen zu haben, da vor der *Regula falsi* zwei zusätzliche Aufgaben (B 7r/136v–137r) eingefügt wurden; der Geometrieteil ist hingegen um einige Aufgaben gekürzt. Auch im Register (s. S. 139) sind einige Einträge ergänzt.

Im Gegensatz zu den Ausgaben von 1500 und 1508 zeigt der Druck von 1519 deutliche Bearbeitungsspuren. Die Zahlen sind vielfach verändert, wobei jedoch nur etwa zur Hälfte eine Verbesserung erwirkt wurde, in den anderen Fällen wurden richtige durch falsche Zahlen ersetzt. Interessant ist, daß manche verbesserte Zahlen mit 1489 übereinstimmen (r 5v/86v/86'v). Die Vermutung, daß der Erstdruck 1489 bei der Bearbeitung vorlag, wird durch wortgleiche Textstellen (r 4r/v/85v/86r, s 6v/91v, y 3r/110v) bestätigt, die in den Ausgaben von 1500 und 1508 fehlen. Druckvorlage war jedoch der Druck von 1508. Dafür sprechen typographische Gründe wie die Verteilung der Schreibung mit Zahlwort oder Ziffer oder die Übernahme der falschen Punkte zwischen Zahlen (B 7r/129r); des weiteren aus der Ausgabe von 1508 übernommene Zeilensprünge (v 7v/103v, D 8v/144r) und neue Zeilensprünge (t 6v/97r/v = Seitenwechsel in 1508, v 5v/102r). Inhaltlicher Grund ist die Übernahme der beiden zusätzlichen Aufgaben bei der *Regula falsi*. Bearbeitung und typographische Gestaltung sind jedoch nicht sehr sorgfältig durchgeführt, ein Register fehlt.

Die Nachdrucke von 1526 gehen vermutlich wieder direkt auf den Erstdruck 1489 zurück; hierfür spricht die in den anderen Ausgaben gestrichene, 1526 aber vollständig wiedergegebene Stelle im Vorwort und die Zeilensprünge. Überhaupt ist dieser Nachdruck durch eine unkritische Übernahme des Originaltextes geprägt: Alle Kürzel sind übernommen, teilweise auch die Groß- und Kleinschreibung, dazu einige Fehler (*841*, i 8r/60v, fehlende Zahl, l 7r/72r, *vnfel* für *on fel*, k 3r/63r) und ein sinnloser Absatz (i 8r/60v), obwohl diese Stellen in den Nachdrucken THOMAS ANSHELMs zum größten Teil verbessert vorliegen. Diese Feststellungen lassen entweder auf mangelnde mathematische Bildung und Lateinkenntnisse oder auf einen bedenkenlosen Abdruck der Vorlage schließen. Die Überschrift über der *Regula detri* (61r), die der Erstdruck nicht, die Nachdrucke ANSHELMs 1508 (50v) und 1519 (49v) jedoch führen, legt ein Vorliegen eines dieser Nachdrucke nahe; diese Annahme wird durch das Register, das der Ausgabe von 1508 entnommen zu sein scheint, gestützt.

Unterschiede finden sich im phonologischen und graphematischen Bereich aufgrund der Wiedergabe des Textes in bairischer Mundart. Entsprechend den seit der Entstehung des Erstdrucks verbesserten drucktechnischen Möglichkeiten wird zwischen ganzen Zahlen und Bruchzahlen in der Größe variiert und der Text durch feiner gestaltete Bilder geschmückt.

5 Spuren der Rezeption Widmanns in Leipzig

Die Wirkung der einzelnen Werke JOHANNES WIDMANNS auf das Schaffen und Forschen späterer Mathematiker ist schwer zu fassen. Sein Rechenbuch steht zusammen mit dem *Bamberger Rechenbuch 1483*, welches es an Umfang und Informationsmenge allerdings weit übersteigt, am Anfang einer Flut von Lehrwerken der Elementarmathematik in der Volkssprache; einzelne Bücher wie die von ADAM RIES blieben jedoch weitaus länger in Gebrauch. Der Rolle des Rechenbuches WIDMANNS als Initiator der Textsorte 'Rechenbuch' sind die nächsten Kapitel gewidmet. Es ist anzunehmen, daß einige Rechenbuchautoren das Werk von J. WIDMANN als Vorlage zur Hand genommen haben, aus welchem sie Aufbauschemata, Formulierungen oder Aufgaben übernahmen. Da dies im 16. Jh. durchaus legitime Praxis war, wird die Vorlage und der Name ihres Verfassers oft nicht genannt; dem heutigen Rezeptionsforscher bliebe daher nur der mühsame Vergleich aller Aufgaben aller Rechenbücher in Formulierung und Zahlenwahl. Namentlich wird WIDMANN bei ADAM RIES erwähnt, andere Bücher zeigen in Aufbau oder Aufgabenwahl gewisse Ähnlichkeiten (s. die folgenden Analysen, besonders Teil II, Kapitel 4) und zeugen somit zumindest von einem (in)direkten Einfluß des WIDMANNschen Werkes.

Größere Schwierigkeiten ergeben sich bezüglich der Rezeption der Veranstaltungen an der Universität und der lateinischen Traktate. Direkte Spuren finden sich am ehesten noch in den Werken von Mathematikern, die nach J. WIDMANN an der Universität in Leipzig unterrichteten oder dort lateinische Traktate veröffentlichten.[1] Von zweien der Magister, die nach der Reform 1502 in den Genuß einer besoldeten Stelle für ein mathematisches Fach gekommen waren (s. S. 7), sind heute Veröffentlichungen mathematischen Inhalts bekannt: ANDREAS ALEXANDER und KONRAD TOCKLER.

Andreas Alexander

ANDREAS ALEXANDER[2] aus Regensburg (Geburts- und Todesdatum unbekannt) erlangte an der Kölner Universität das Baccalaureat und setzte seine Studien 1493 in Leipzig fort (Erler 1, 397); seine mathematischen Kenntnisse erwarb er jedoch wohl bei dem Wandermathematiker AQUINAS. Im Wintersemester 1502 las ALEXANDER über *arithmetica communis*, im Sommersemester 1503 über *mathematica* und im Sommer-

[1] Eine eingehende Aufarbeitung der Quellen und Werke wird derzeit von der Verfasserin geleistet.

[2] S. Folkerts 1996a.

semester 1504 über *perspectiva communis* (= Optik; Erler 2, 389; 397; 402); nach Angaben in seinen eigenen Werken hielt er auch Vorlesungen über EUKLID. Aus diesen Vorlesungen heraus entstanden wohl auch seine beiden Drucke perspektivischen und mathematisch-logischen Inhalts von 1504 sowie eine algebraische Abhandlung, überliefert in der Handschrift Leipzig, Universitätsbibliothek, Sign.: Ms 1696, f. 41v–152av (Folkerts 1996a, 57–60). Nach der Veröffentlichung der beiden oben genannten Werke gibt es keine weiteren Nachweise seines Namens mehr.

Bei diesem algebraischen Text handelt es sich wahrscheinlich um die in den Werken ADAM RIES' mehrfach erwähnte lateinische Algebra ALEXANDERS. Auf Ähnlichkeiten dieses Textes mit der *Schrift des Initius Algebras* (lateinischer Text mit deutscher Übersetzung und Kommentar) weist Folkerts 1996a hin, bleibt aber vorsichtig bezüglich einer Gleichsetzung dieser Schrift mit der ebenfalls bei RIES genannten verdeutschten Algebra ALEXANDERS (ebd., 60). Verbindungen zu J. WIDMANN sind bisher unbekannt und möglicherweise unwahrscheinlich, da dieser Leipzig 1493 schon verlassen haben könnte. Es gibt auch keine Hinweise derart, daß ALEXANDER Kenntnis von den algebraischen Tätigkeiten WIDMANNS gehabt oder gar dessen Vorlesung etwa in der Mitschrift WELLENDARFERS eingesehen hätte.

Konrad Tockler

KONRAD TOCKLER aus Nürnberg (daher auch mit dem Beinamen NORICUS) immatrikulierte sich im Sommersemester 1493 unter Entrichtung der vollen Gebühr. Im Wintersemester 1494/5 wurde er durch SIXTUS PFEFFER zum Baccalaureus (Erler 2, 347), im Wintersemester 1502/3 durch JOHANNES FABRI zum Magister Artium promoviert (Erler 2, 389). Seine Ausbildung setzte er an der medizinischen Fakultät fort (1509 Baccalaureus der Medizin; 1512 Doktor der Medizin; Erler 2, 73). Sein Name findet sich oft in den Matrikellisten, so z. B. als Rektor, als Vizekanzler (Erler 2, 74–76) und zusammen mit HEINRICH STROMER als Promotor in einer Doktorprüfung (1528).

TOCKLER war ebenfalls unter den ersten Magistern, die eine besoldete Stelle innehatten. Im Wintersemester 1502/3 las er über Musik,[3] im Sommersemester 1504 über die *Sphaera materialis*, ab dem Wintersemester 1504 für zwei Jahre abwechselnd im Winter EUKLID, im Sommer eine Vorlesung über *perspectiva*.[4] Als im Sommersemester 1507 beide Fächer zusammengelegt wurden, unterrichtete TOCKLER jedes Semester

---

[3] Nach Helssig (1909, 41) legte er dabei die *Musica speculativa* von JOHANNES DE MURIS zugrunde.

[4] Ab dem Wintersemester wurden die Stellen für Mathematik (Arithmetik) und Musik schon nicht mehr besetzt.

perspectiva et Euclides (Erler 2, 429), bis er im Sommer 1511 durch SIMON EISLING aus Dillingen abgelöst wurde (Erler 2, 389–463). Da er 1512 seinen medizinischen Doktortitel erwarb, kann man annehmen, daß er fortan an der medizinische Fakultät unterrichtete. Am 10.6.1530 starb TOCKLER.[5]

Neben einer kommentierten Ausgabe der *Arithmetica speculativa* des JOHANNES DE MURIS (1503) stammt aus seiner Feder ein *Textus Arithmetice Communis: qui pro magisterio fere cunctis in gymnasijs, ordinarie solet legi* [...] *perlucida quadam atque prius non habita Commentacione* (Leipzig, Martin Landsberg 1503; zitiert nach Drobisch 1840, 4). Dieses insgesamt 25 Blätter umfassende Lehrwerk war wohl im Zusammenhang mit TOCKLERs Lehrtätigkeit an der Universität entstanden und sollte der Einführung in mathematische Kenntnisse der Arithmetik, Musik, Geometrie usw. dienen, *ut quiuis levius in Arithmeticam Bohecij atque aliorum ascendere queat* (Drobisch 1840, 4/5).

Balthasar Licht

In dem ersten Jahrzehnt des 16. Jhs. erschienen in Leipzig neben dem Text von K. TOCKLER eine Reihe weiterer Einführungen arithmetischen Inhalts in lateinischer Sprache. Der erste dieser Traktate wurde 1500 von BALTHASAR LICHT verfaßt.

BALTHASAR LICHT aus Grävental bei Saalfeld immatrikulierte sich im Sommersemester 1496 an der Leipziger Universität; sein Baccalaureatsexamen legte er im Wintersemester 1498 ab (Erler 1, 412; 2, 366). Obwohl durch keine weiteren Eintragungen seines Namens belegt war er wahrscheinlich bis 1509 an der Artistenfakultät tätig (*academia Liptzensis*, Pieper 1955, 32; 48).

Unter seinem Namen ist ein *Algorithmus linealis* überliefert (zuerst gedruckt bei MELCHIOR LOTTER um 1500), der 1500–1517 mehrmals aufgelegt wurde.[6] Interessant in mehrfacher Hinsicht ist der Widmungsbrief, den LICHT dem mathematischen Text voranstellte und in welchem

---

[5] Über seinen nicht kleinen, aber erblosen Nachlaß stritten sich die Stadt und die Universität; schließlich zog ihn der Herzog ein und stiftete davon eine dritte medizinische Professur.

[6] *GW II, Sp. 9; *Goff L 202; Hain 820; *Klebs 604.1; *Smith S. 69/70; BMC iii, 652; Pellechet 515; Schreiber 3144. Folgende Exemplare lassen sich nach vorläufigen Angaben der Redaktion des Gesamtkatalogs der Wiegendrucke (Brief 14.2.1997) noch finden: Cambridge, John College; Edingburgh, Observat; (*) Freiburg, Universitätsbibliothek, Sign.: Ink. T 37; *München, Bayerische Staatsbibliothek, Sign.: 4° Inc. s. a. 1172; Paris, Bibliothèque Nationale; Prag, Universitätsbibliothek; Salzburg, Universitätsbibliothek; Wien, Nationalbibliothek; MF London, British Library, Neg.: PB. Mic. 5931.

folgendes steht: *Balthasar licht Greuentalensis Venerabili viro Vdalrico kalb Augustissime academie Liptzensis. Jngenuarum arcium et philosophie Magistro Mathematice artis professori. [...] preceptor mi doctissime [...] Alij vero Nurnbergensium Arithmetricorum imitationen improbant vehemencius. [...]. Sed tibi magister celeberrime. tuis sub alis optime defendendam artem hanc apud mercatores in consuetudine quottidiana vsitatam offerre volui* (A jv).[7] Aus diesem Widmungsbrief läßt sich also schließen, daß der folgende Algorithmus nach dem Muster von Vorlesungen ULRICH RÜLEINS[8] entstanden ist; weiter schloß man daraus (Pieper 1955, 31; 34/5), daß RÜLEIN in seiner Leipziger Zeit Vorlesungen mathematischen Inhalts auf Latein — für *litteris eruditi* (A jr) — gehalten habe bzw. daß er bis 1497 Sondervorlesungen zum Kaufmannsrechnen nach dem Vorbild der Nürnberger Rechenmeister angeboten und den Stoff dazu in Vorlesungen J. WIDMANNS kennengelernt habe. Auch Keil (1996, 229–231) behauptet, RÜLEIN habe bei *seinem Lehrer Johannes Widmann* (230) den Stoff zu seinen Rechenbüchern kennengelernt, ja habe dessen Vorlesungen regelrecht fortgesetzt.[9] Ankündigungen oder Mitschriften von Veranstaltungen dieser Art sind jedoch außer dem Hinweis LICHTS bisher nicht bekannt. Ein Professor (für Mathematik) des Namens RÜLEIN ist in den Akten der Universität Leipzig ebenfalls nicht nachzuweisen. Allerdings fügte sich eine Vorlesung über Kaufmannsarithmetik nicht in den Kanon der artistischen Pflichtveranstaltungen,

[7] Die Zitate folgen dem Exemplar der Bayerischen Staatsbibliothek München.

[8] ULRICH RÜLEIN, geboren zwischen 1465 und 1469 vermutlich in Calw, studierte ab dem Wintersemester 1485 an der Universität Leipzig und legte im Sommersemester 1487 das Baccalaureatsexamen, im Wintersemester 1490 das Magisterexamen ab. Als Doktor der Medizin begann für RÜLEIN sowohl eine medizinische (1497 Stadtarzt) als auch eine politische Karriere (1508 Bürger, 1509 Ratsmitglied, 1514/7 Bürgermeister) in der Bergbaustadt Freiberg; in Leipzig hielt er sich noch einmal in den Jahren 1519–1521 auf. Neben Schriften aus seiner ärztlichen Tätigkeit (s. Verzeichnis Keil 1996, 231–5) finden sich auch Spuren seiner bildungspolitischen (Gründung der humanistischen Stadtschule 1514/5 in Freiberg), stadtplanerischen (Neustadt Annaberg, Marienberg) und seiner Betätigung als Instrumentenbauer (Anlegekompaß, Winkelmeßinstrument). Bekannt ist heute vor allem noch sein montanwissenschaftliches Werk, ein allgemein an den *gemeinen man* wie speziell an den Bergbau Treibenden gerichtetes Lehrbuch in deutscher Sprache (s. S. 267). RÜLEIN starb wohl 1523 in Leipzig.

[9] *Fest steht, daß [...] er dessen Leipziger Vorlesungen fortsetzte* (Keil 1995, 230). Von den durch die Ankündigungen oder die Mitschrift bekannten Vorlesungen J. WIDMANNS entspricht die über das Linienrechnen inhaltlich am ehesten dieser Beschreibung. WIDMANN geht in der Ankündigung dieser Vorlesung zwar auf den Gebrauch dieser Methode durch Kaufleute ein, erwähnt jedoch in keiner Weise die Stadt Nürnberg. Zur Problematik der Vorlesungen WIDMANNS s. S. 33.

war also zumindest eine *lectio extraordinaria* und mußte somit, wie auch die Vorlesungen WIDMANNS, in den Akten nicht unbedingt dokumentiert werden.

Interessant ist des weiteren die im Widmungsbrief vertretene Ansicht, das für die Praxis so nützliche kaufmännische Rechnen sollte an der Universität als Unterrichtsgegenstand eingeführt werden. Bemerkenswert scheint in diesem Zusammenhang die Legitimation der Quelle des Vorlesungsstoffes, nämlich die Nürnberger Rechenmeister, durch ihre Bezeichnung als Künstler *Nurebergenses, doctos numerandi artifices* (A jr) und die Bervorzugung ihrer Rechenmethoden, da sie in der Praxis angewandt und verbessert werden *apud mercatores in consuetudine quottidiana usitata* (A jr; s. S. 106). Die Hochschätzung der Nürnberger Rechenmeister drückt sich auch in folgendem Gedicht aus.

Lectori.

Aurea succincte pateat tibi regula detri
Frangere quo valeas quaeque minuta vafer
A sociis dictas quo possis prendere normas
Huius vilescant non tibi dona libri
Hijs nurnberga nitet numerandi insignis ab arte
Huic arti multum contulit illa boni. (A jr)

Der insgesamt 15 Quartblätter füllende Lehrtext umfaßt nach der Einführung der indisch-arabischen Ziffern und einer Anweisung zum Linienzeichnen (A ijr–iijr) die Erläuterung der sieben traditionellen Rechenarten (A iijr–B iijr) und ihre Durchführung auf dem Rechenbrett; es folgen einige Regeln (*Regula detri*, Gesellschaftsrechnung) und Anwendungsbeispiele mit ganzen und gebrochenen Zahlen (B iijr–C ivv) sowie ein Verzeichnis der Werte und Abkürzungen von Währungen und Gewichtseinheiten (C vr/v).

Heinrich Stromer

Vier Jahre später erschien 1504 bei MARTIN LANDSBERG der *Algorithmus linealis* HEINRICH STROMERS VON AUERBACH (†1542). Dieser, Doktor der Medizin, Mitglied der medizinischen Fakultät und im Kleinen Fürstenkolleg,[10] war auch eine wichtige Figur im Leipziger Stadtleben als Ratsherr und zeitweise kurfürstlicher Leibarzt.[11] Berühmt ist heute noch die Gaststätte *Auerbachs Keller* in seinem ehemaligen Haus, das er von seinem Schwiegervater HANS HUMMELHEIM erworben hatte. Dessem Sohn ANDREAS HUMMELHEIM erteilte STROMER während dessen

[10] Sein Gutachten über die Universität aus dem Jahre 1502 ist abgedruckt in Friedberg 1898, 105; zum Leben s. etwa Drobisch 1840, 7.

[11] Zu seinem Pestbuch s. Metzler 1995.

Studienzeit Privatunterricht, für welchen er wahrscheinlich auch den sieben Quartblätter umfassenden *Algorithmus linealis*[12] entwarf.

Nach der Einführung der indisch-arabischen Ziffern und des Stellenwertsystems mit Hilfe einer Gegenüberstellung zu den römischen Ziffern in einem rechenbrettartigen Schema und einer Erklärung des Rechnens mit Rechenbrett und -steinen erläutert HEINRICH STROMER die Art und Weise der Ausführung der sieben Rechenarten Addition (A iijv), Subtraktion (A iiijv), Duplieren (A iiijv), Medieren (A vr), Multiplikation (A vv), Division (A vjr) und Progression (A vjv) auf dem Rechenbrett und deren Proben durch die Umkehroperation. Nur verstreut liefert STROMER Hinweise aus dem Kaufmannsalltag, wie die Umrechnungsanweisungen von Einheiten (A iijv); die spärlichen Beispiele und Aufgaben stammen jedoch aus dem allgemeinen Aufgabenrepertoire. Vorwort und Einleitung (A ijr/v) preisen den Nutzen der Arithmetik in Alltag und Wissenschaft unter Berufung auf ARISTOTELES und BOETHIUS und empfehlen dem Schüler, hierANDREAS HUMMELHEIM, eine sorgfältige Lektüre: *diligentia lege* (A ijr). Kürze der Darstellung und Sparsamkeit an Beispielen verleihen der Abhandlung den Charakter einer Zusammenfassung zur Nachbereitung oder zum Nachschlagen, nicht jedoch den eines Lehrbuches wie dem WIDMANNS.

Weitere Traktate

Ebenso knapp (6 Blätter) und ohne Hinweise auf praktische Anwendungen ist ein weiterer *Algorithmus linealis*, gedruckt in Leipzig wohl 1505 durch WOLFGANG STÖCKEL.[13] Dieser Traktat enthält lediglich eine Beschreibung der Durchführung der sieben Rechenarten auf dem Rechenbrett, ist also sehr viel kürzer als etwa die Traktate WIDMANNS. Ebenfalls bei W. STÖCKEL erschien 1507 ein umfangreicherer *Algorithmus de integris*,[14] in welchem der Einführung der Rechenarten mit den natürlichen und gebrochenen Zahlen eine Abhandlung über Proportionen und eine nicht geringe Anzahl von Regeln folgt. Die Schemata zu der Proportionenlehre, die große Anzahl verschiedener Regeln (*Regula detri, ligar, positionis, legis* uvm.) und zum Teil auch der Wortlaut[15] er-

---

[12] Beschreibung nach dem Exemplar Bamberg, Staatsbibliothek, Sign.: Inc. typ. H. V. 21/8.

[13] *Baccalarium wolfgangum Monacensis* (E 5r); Exemplar München, Bayerische Staatsbibliothek, Sign.: Res. 4° Math. P. Z.

[14] Exemplar München, Bayerische Staatsbibliothek, Sign.: Res. 4° Math. P. 8a.

[15] *Regula falsi apud Philozophantes Augmenti et decrementi appellata* (E 5r); s. den entsprechenden Traktat von J. WIDMANN.

innern an die Traktate, aber auch an das Rechenbuch von J. WIDMANN. Einige der Beispiele entstammen ebenfalls dem Kaufmannsalltag. Acht Rechenarten mit ganzen Zahlen, Proben und Beispiele vermittelt der *Algorithmus integrorum* von JOHANN KARL AUS LANDSHUT (Martin Landsberg, Leipzig 1504), der nach bisherigen Untersuchungen auf JOHANNES DE SACROBOSCO gründet gründet (Unger 1888a, 43).[16]

Schon im Titel zeigt den Bezug zu Kaufmannsbelangen der *Algorithmus mercatorum* (Leipzig: Martin Landsberg 1510) von AMBROSIUS LACHER, nach Kaunzner (1968a, 56/7) ein Schüler WIDMANNs. Der volle Wortlaut des Titels: *A. m. magistri Ambrosij Lacher de Merßpurg Mathematici [...] emendatus per Baccalaureum Bartholomeum Schöbel*[17] kennzeichnet dieses Werk allerdings als Nachdruck.[18] Es umfaßt die Rechenarten bis zum Dividieren und anschließend Regeln und Aufgaben.[19]

---

[16] Nach persönlicher Information von U. Reich. Exemplar Dresden, Sächsische Landesbibliothek, Sign.: Math. 293, 8, 8°.

[17] Exemplar München, Bayerische Staatsbibliothek, Sign.: 4° Math. P. 400/7.

[18] Drobisch (1840, 6) verweist auf eine Frankfurter Ausgabe des Werkes bei Scheibel, Einleitung zur mathematischen Bücherkenntnis XI, 372.

[19] Einer Untersuchung der Abhängigkeiten dieser Traktate untereinander und des jeweiligen Verhältnisses zu den Werken J. WIDMANNS müßte ein genauer Textvergleich vorausgehen. Erste Untersuchungen der Texte durch die Autorin werden zur Zeit fortgesetzt.

6 Verzeichnis der quellenkundlichen Sekundärliteratur und Inkunabelkataloge

In den eckigen Klammern sind die Kurztitel angegeben, wie sie im 5. Kapitel verwendet wurden; *S* steht hierbei für Seite, *Nr.* für Nummer. Die hier folgenden Titel finden sich nicht im allgemeinen Literaturverzeichnis am Ende der Arbeit, es sei denn, es wurde außerhalb dieses Kapitels auf sie Bezug genommen.

[ADAMS S.] ADAMS, HERBERT MAYOW: Catalogue of books printed on the continent of Europe, 1501–1600, in Cambridge libraries. Cambridge 1967, ^{2}1987.

[ALBERTS S.] ALBERTS, HILDEGARD: Reuchlins Drucker, Thomas Anshelm. Mit besonderer Berücksichtigung seiner Pforzheimer Presse. In: Krebs, Manfred (Hrsg.): Johannes Reuchlin 1455–1522. Festgabe seiner Vaterstadt Pforzheim zur 500. Wiederkehr seines Geburtstages. Pforzheim 1955, 205–265.

[ALKER NR.] ALKER, HUGO: Katalog der Inkunabeln der Universitätsbibliothek Wien. Wien 1958.

[BSB INK NR.] Bayerische Staatsbibliothek. Inkunabelkatalog. Band 1: Wiesbaden 1988.

[BENZING NR.] BENZING, JOSEF: Bibliographie Haguenovienne. Baden-Baden 1973 (= Bibliotheca Bibliographica Aureliana 15).

BENZING, JOSEF: Die Buchdrucker des 16. und 17. Jahrhunderts im deutschen Sprachgebiet. Wiesbaden 1963 (= Beiträge zum Buch- und Bibliothekswesen 12).

[BLGCPB BD., S.] The British Library General Catalogue of Printed Books to 1975. Band 350: London, München, New York, Paris 1986.

[BMC BD., S.] Catalogue of books printed in the XVth-century now in the British Museum. Band 3: London 1913.

[BONCOMPAGNI S.] BONCOMPAGNI, BALDASSARE: Intorno ad un trattatto d'aritmetica di Giovanni Widmann di Eger. In: Bulletino di bibliografia e di storia delle scienze matematiche e fisiche 9 (1876) 188–210.

[CAT. GEN. BN] Catalogue Général des Livres imprimés de la Bibliothèque Nationale. Band 222. Paris 1975.

[COPINGER NR.] COPINGER, W. A.: Supplements to Hain's Repertorium Bibliographicum, or collections towards a new edition of that work. Band 1: London 1895, Band 2,1: ebd. 1898, Band 2,2: ebd. 1902.

[DÖRING] DÖRING, HELLMUT: Freiberger Inkunabelkatalog. Die Inkunabeln der Andreas-Moeller-Bibliothek, des Geschwister-Scholl-Gymnasiums und weiterer Freiberger Sammlungen. Berlin 1993 (= Beiträge zur Inkunabelforschung 3. Folge 9).

[FISCHER S.] FISCHER, GOTTHELF: Beschreibung einiger typographischer Seltenheiten nebst Beyträgen zur Erfindungsgeschichte der Buchdruckerkunst. 1. Lieferung: Nürnberg 1801.

[GW Nr.] Gesamtkatalog der Wiegendrucke. Hrsg. von der Kommission für den GW. Band 1: Leipzig 1925, Band 2: ebd. 1926, Band 7: ebd. 1925–40, Band 8: Stuttgart/Berlin 1978.

[Goff Nr.] Goff, Frederick R.: Incunabula in American Libraries. A third census of fifteenth-century books recorded in North American collections. New York 1964. Nachträge 1972.

[Günther Nr.] Günther, Otto: Die Wiegendrucke der Leipziger Sammlungen und der Herzoglichen Bibliothek zu Altenburg. Leipzig 1900 (= Beihefte zum Zentralblatt für Bibliothekswesen 35). Nachträge 1910.

[Hain Nr.] Hain, Ludwig: Repertorium bibliographicum. Band 1: Stuttgart, Paris 1960, Band 4: ebd. 1837.

[Hanauer S.] Hanauer, Auguste: Les Imprimeurs de Haguenau. II. Thomas Anshelm. In: Revue d'Alsace 52 (= Serie 4, 2) (1901) 417–437.

Hanauer, Auguste: Les Imprimeurs de Haguenau. Straßburg 1904.

[Hoock Nr.] Hoock, Jochen, Pierre Jeannin: Ars mercatoria. Handbücher und Traktate für den Gebrauch des Kaufmanns. Eine analytische Bibliographie. Band 1: 1470–1600. Paderborn 1991.

Hoock, Jochen: Handbücher und Traktate für den Gebrauch des Kaufmanns. Zu den Beständen der Herzog August Bibliothek, 1500–1800. In: Wolfenbütteler Beiträge 4. Frankfurt am Main 1981. 245–266.

[Humpert Nr.] Humpert, Magdalene: Bibliographie der Kammeralwissenschaften. Köln 1937.

[Ink. Germ. Nürnb. Nr.] Inkunabelkatalog des Germanischen Nationalmuseums Nürnberg. Bearbeitet von Barbara Hellwig nach einem Verzeichnis von Walter Matthey. Wiesbaden 1970.

[Klebs Nr.] Klebs, Arnold C.: Incunabula scientifica et medica. In: Osiris 4 (1938) 1–359.

Korth, Leonard: Thomas Anshelm von Baden-Baden. Ein Beitrag zur Geschichte des Buchdruckes im Zeitalter des Humanismus. Baden-Baden 1904.

Leich, Johann Heinrich : De origine et incrementis typographiae Lipsiensis liber singularis. Leipzig [1740].

[Lorck S.] Lorck, Carl B.: Die Druckkunst und der Buchhandel in Leipzig durch vier Jahrhunderte. Zur Erinnerung an die Einführung der Buchdruckerkunst in Leipzig 1479 und an die dortige Kunstgewerbe-Ausstellung 1879. Leipzig 1879.

[NUC] The National Union Catalogue. Mansell 1979ff.

[Panzer (d) Nr.] Panzer, Georg Wolfgang: Annalen der ältern deutschen Litteratur oder Anzeige und Beschreibung derjenigen Bücher, welche von Erfindung der Buchdruckerkunst bis MDXX in deutscher Sprache gedruckt worden sind. Band 1: Nürnberg 1788.

[Panzer (l) Nr.] Ders.: Annales typographici ab artis inventae origine ad annum MD [...]. Nürnberg 1793.

[Proctor Nr.] Proctor, Robert: Index of the early printed books in the British Museum. Band 1: London 1898, Band 3: ebd. 1903.

[Reichling Nr.] Reichling, Dietrich: Appendices ad Hainii-Coperingi Repertorium Bibliographicum. Additiones et Emendationes. München 1905–11.

[SCHRAMM BD., TAF., ABB.] SCHRAMM, ALBERT: Der Bilderschmuck der Frühdrucke. Band XIII. Die Drucker in Leipzig und Erfurt. Leipzig 1930; Band XX. Die Strassburger Drucker. Leipzig 1937.

[SCHREIBER NR.] SCHREIBER, WILHELM LUDWIG: Manuel de l'amateur de la gravure. Leipzig 1911.

[SMITH S.] SMITH, DAVID EUGENE: Rara arithmetica. A Catalogue of the Arithmetics written before the Year MDCI with a Description of those in the Library of George Arthur Plimpton of New York. Boston, London 1908.

[VGT NR.] Veröffentlichungen der Gesellschaft für Typenkunde des XV. Jahrhunderts. Leipzig 1907ff.

[VD16 NR.] VERZEICHNIS der im deutschen Sprachbereich erschienenen Drucke des 16. Jahrhunderts. I. Abteilung. Verfasser - Körperschaften - Anonyme. Band 22: Stuttgart 1995.

[VOUL NR.] VOULLIEME, ERNST: Die deutschen Drucker des 15. Jahrhunderts. Berlin 1916.

[WAGNER S.] WAGNER, JOFES MARIA: Thomas Anshelm von Baden. In: Serapeum 22 (1861) 115–124 und 23 (1861) 129–136.

[WEIL NR.] WEIL, ERNST: Die deutschen Druckerzeichen des XV. Jahrhunderts. München 1924 (= Die deutschen Drucker- und Buchhändlermarken 1).

Teil II

Rechenbücher — eine Beschreibung der Textsorte in ihrem räumlichen, zeitlichen und sozialen Umfeld

1 Methodische und stoffliche Grundlagen

1.1 Textlinguistische Voraussetzungen

1.1.1 Pragmatische Texttheorie

Die Textlinguistik als vergleichsweise neue Disziplin der Sprachwissenschaft ist gekennzeichnet durch eine Vielfalt an theoretischen Ansätzen und praktischen Untersuchungsmethoden, was auch in der Komplexität ihres Gegenstandsbereiches begründet liegen mag. Hierbei unterscheiden sich die Ansätze und Methoden mitunter in einem solchen Maße, daß sie sich nicht immer vergleichen bzw. ihre Ergebnisse sich schlecht übertragen lassen. Eine Vorstellung dieser verschiedenen Ansätze und Methoden, d. h. eine Zusammenfassung des Forschungsstandes erweist sich aufgrund der Disparatheit der Ansätze heute noch recht schwierig, wurde aber trotzdem schon verschiedentlich unternommen[1] und soll daher hier nicht wiederholt werden, zumal das Ziel dieser Arbeit nicht eine theoriekritische Diskussion sowie der Entwurf eines neuen theoretischen Ansatzes ist, von dem aus deduktiv auf Texte und deren Gestaltung geschlossen wird, sondern — ausgehend von einem empirisch-induktiven Ansatz — die Beschreibung von Struktur und Funktion konkreter Texte, speziell von Fach- und Lehrtexten der Frühen Neuzeit, im Mittelpunkt der Arbeit steht.

Voraussetzung für brauchbare Ergebnisse von Beschreibungen und Analysen sind nun Modelle und Methoden, die sowohl auf sinnvollen und theoretisch fundierten Grundlagen beruhen als auch den Gegebenheiten der zu untersuchenden Gegenstände angepaßt sind. Da in dieser Arbeit vorrangig Fachtexte der Frühen Neuzeit untersucht werden sollen, zeigen sich viele der in der Fachliteratur eingesetzten und beschriebenen Analysemodelle, die meist kurze Texte der Gegenwart zum Gegenstand haben, in einzelnen Aspekten ungenügend ausgebildet. Daraus ergibt sich die Notwendigkeit, die vorliegenden Modelle zu modifizieren und zum Teil neu zu kombinieren; die Befürchtung, hierbei unvereinbare Methoden zusammen zu verwenden und so zu unbrauchbaren Ergebnissen zu gelangen, erweist sich durch Erfahrungen aus der Praxis als unbegründet.[2]

---

1 S. beispielsweise die entsprechenden Kapitel in Oldenburg 1992, Sachtleber 1993a, Göpferich 1995, Fleskes 1996.

2 S. dazu etwa Oldenburg 1992.

Vor der Darstellung meines Analysemodells sollen jedoch die theoretischen Grundannahmen erläutert werden; dabei sollten die folgenden Erläuterungen zu Begriffen und Vorgehensweisen nicht als Definitionen innerhalb eines Kalküls, sondern als praktische Verstehenshilfen für die empirische Untersuchung aufgefaßt werden.

Ausgehend von einer funktional-kommunikativen Sprachbetrachtung[3] verstehe ich unter einem Text die sprachliche Äußerungsform einer kommunikativen Handlung. Die diesem weiten Textbegriff zugrundeliegende Anschauung läßt sich an dem Kommunikationsmodell von L. Hoffmann (1985, 232/3) illustrieren, welches für zeitgenössische Fachtexte erstellt und daher hier für meine Belange modifiziert wurde.

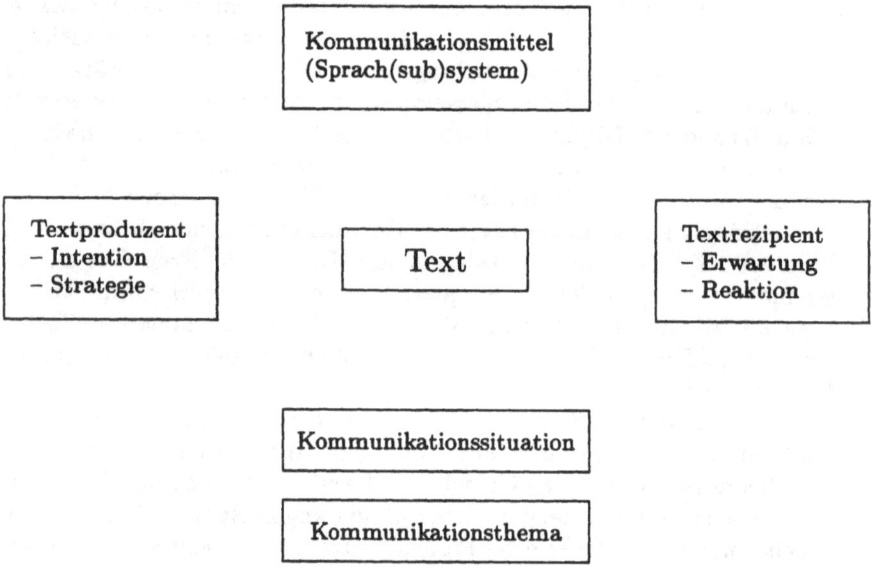

Große Aufmerksamkeit wird hier den textexternen Faktoren gewidmet: Ein Text ist also ein Produkt eines Textproduzenten, der mit dem Verfassen des Textes eine bestimmte Intention verfolgt — er möchte der Erwartung des Textrezipienten entsprechen bzw. eine beabsichtigte Reaktion hervorrufen — und diese in einer bestimmten Situation mit den ihm zur Verfügung stehenden Mitteln (Sprache und Medium) und einem ebensolchen Wissen (Sprach- und Objektwissen) umsetzt.[4] Alle diese ge-

[3] Zu Grundlagen dieser Betrachtungsweise s. z. B. die Arbeiten von Baumann, Glaser, Hoffmann.

[4] Dieser Vorgang wird bisweilen mit dem Terminus *Textorganisation* bezeichnet.

nannten Faktoren bestimmen die Gestalt des Textes, d. i. die sprachliche Realisation des Produktes, jedoch in verschiedenem Maße mit.

Der Text an sich — zunächst eine Folge irgendwie zusammenhängender Sätze — kann sich unter unterschiedlichen Aspekten zu einer Einheit konstituieren — etwa als thematisch-semantische, grammatische oder illokutive Einheit — und läßt sich unter jedem dieser Aspekte gesondert untersuchen.[5] Analysen der thematischen oder grammatischen Struktur und der Sprachhandlungsstruktur erlauben jeweils auch eine Gliederung des Textes, die wiederum Aufschluß über das Textproduktionsverfahren des Autors geben kann. Als interessant können sich v. a. Zusammenhänge und Wechselwirkungen zwischen diesen Ebenen erweisen. Ausgehend vom pragmatisch-kommunikativen Ansatz stellt sich weiterhin die Frage nach dem Situationsverständnis bei den Kommunikationspartnern[6] und möglichen Einflüssen der Kommunikationssituation auf die Textgestaltung; beides kann Aufschlüsse über die Rolle oder Funktion des einzelnen Textes innerhalb der Kommunikation während der Frühen Neuzeit liefern.

1.1.2 Fachtexte

Definitionsversuche für Fachtexte gingen früher in der Regel von der thematischen Ebene eines Textes aus (horizontale Gliederung). Unter Zuhilfenahme von Ergebnissen aus den Sozial- oder Kulturwissenschaften versuchte man über Einteilungen des Gesamtspektrums der Kommunikationsgegenstände zu einer Einteilung von Texten zu gelangen. Schwierigkeiten lagen hierbei allerdings — neben der Abhängikeit solcher Klassifikationen von Gesellschaftsstruktur, Erkenntnistraditionen oder auch der Wirtschaftslage während der Textentstehungszeit, also der historisch beschränkten Gültigkeit — in der Vielfalt und Verwobenheit der Themen selbst, wie sie sich in der frühneuhochdeutschen Sprachperiode z. B. aus der Spezialisierung der naturwissenschaftlichen Fächer ab der Mitte

---

[5] Einzelne dieser Ebenen werden in der neueren Forschung noch weiter unterschieden. So unterscheidet Kotschi 1996 auf der pragmatischen Ebene z. B. zwischen der Illokutionsstruktur, der Informationsstruktur und der Textkonstitutionsstruktur; Motsch 1996 hingegen teilt sie in eine Illokutionsebene, eine Sequenzierungsebene und eine Formulierungsebene auf. Diese beiden Differenzierungen decken sich zum Teil, zum Teil überschneiden sie sich aber auch mit den genannten Großebenen, zum Teil wird mangels Beispielen gar nicht deutlich, um was es sich überhaupt handeln soll.

[6] Harnisch/Michel (1986, 399) sprechen hier von der *subjektiven Verarbeitung der Ausgangssituation auf der Grundlage gesellschaftlich geprägten Kommunikationswissens hinsichtlich des Situationstyps.*

des 16. Jhs. ergab.[7] Die Meinungen, was man als fachlichen Text bezeichnen könnte, gingen demnach auseinander. Während Gerhard Eis, dem die Germanistik den Weg zur mittelalterlichen Fachliteratur zu verdanken hat, die *Fachprosa* auf Texte über Themen der drei artes-Reihen (*artes liberales, mechanicae, magicae*) und des Rechts eingrenzt,[8] rechnet Rupprich (1994, 348–372) zu der *Gebrauchsprosa* auch theologische Gebrauchswerke wie etwa den Katechismus.

Ein grundsätzlich anderer Vorschlag zur Abgrenzung der Fachtexte von nichtfachlichen Texten ergibt sich aus den Fragestellungen der pragmatisch ausgerichteten Linguistik. Ausschlaggebend ist hier die Bestimmung des Einsatzortes des Textes bzw. die Ermittlung seiner Funktion. Der Kommunikationsgegenstand selbst, der — wie oben gezeigt — in eingeschränktem Maße eine horizontale Gliederung der Textmenge leisten kann, spielt dabei eine untergeordnete Rolle im Vergleich mit der Kommunikationssituation, die das Textspektrum vertikal gliedert. Denn abhängig besonders vom Textrezipienten (Fachmann oder Laie; Stand, Alter, Beruf usw.) und der konkreten Situation (Lehre; mündlich oder schriftlich) ist der vom Textproduzenten gewählte Fachlichkeitsgrad, der sich auch in der Auswahl und Ausformung des Kommunikationsmittels (Einsatz von Symbolen, von Terminologie) widerspiegelt.[9] Fachlichkeit

---

7 Zur Spezialisierung und Differenzierung in den heutigen Wissenschaften und den daraus für die Textlinguistik erwachsenden Problemen s. Kalverkämper (1983b, 128–130).

8 Eis 1967. Assion (1973, 63) faßt den Bereich etwas weiter in der Bezeichnung *weltliches Fachschrifttum der artes*; die dem tatsächlichen Textbestand entgegensprechende Einengung durch die äußere Form (Prosa) ist damit vermieden. Auch Schmitt 1972 verwendet den Terminus *Fachprosa*, definiert diese aber neben dem thematischen Bezug auf die handwerklichen Künste als fach- und zweckgebunde Texte für den Unterricht. Ebenfalls eine Einbeziehung der Pragmatik ist bei dem Versuch der Klärung des Begriffes *Gebrauchsliteratur* durch Ruh (1979, 1/2) erkennbar.

9 Ein Vorschlag zur vertikalen Gliederung des heutigen Fachsprachenspektrums aufgrund des Kriteriums der Abstraktionsstufe leistet Hoffmann (1985, 65/6; 1976, 193): Den höchsten Fachlichkeitsgrad in bezug auf die Sprache besitzen in der Forschung eingesetzte Texte über theoretisches Grundlagenwissen (1) oder experimentelles Wissen (2), es folgen Texte aus der Produktion als angewandte Wissenschaft (3) oder der materieller Produktion (4); den niedrigsten Grad weisen Texte aus der Konsumationssphäre (5) auf. Diese Gliederung läßt sich mit Beispielen aus physikalischem oder technischem Schrifttum nachvollziehen, müßte aber schon für die Mathematik, der zumindest die materielle Produktion fehlt, modifiziert werden. Auch vermitteln z. B. Lehrbücher zwar durchaus theoretisches Grundlagenwissen, ihr Fachlichkeitsgrad liegt aber sicherlich unter dem mancher Schrift zur materiellen Produktion. Zudem wieder abhängig von der Textentstehungszeit ist zum einen das Angebot an Kommunikationssituationen — die

weist somit eine ***hohe Sensibilität zur Kommunikationssituation*** auf (Kalverkämper 1983b, 149). Daher bietet die Kommunikationssituation bzw. die Funktion der Texte nicht nur ein Kriterium zur Abgrenzung,[10] sondern auch zur Klassifikation von Fachtexten.

1.1.3 Funktionale Textsortentheorie

Die Textfunktion als Hauptkriterium bei einer Einteilung von Texten bietet sich jedoch nicht nur bei Fachtexten an, sondern leistet auch eine sinnvolle und praktikable Gliederung des Gesamtspektrums von Texten eines Zeitraums. Nach wie vor ist die Klassifikation von Texten in Textsorten ein viel diskutiertes Gebiet. Viele Schwierigkeiten liegen jedoch in der Vorstellung begründet, man könne und solle eine homogene, monotypische, exhaustive und möglichst objektive Klassifikation erstellen; eine solche kann es aber allein schon deswegen nicht geben, weil die Wahl des obersten Klassifikationskriteriums von Forschungsschwerpunkt und -ziel des Klassifikanten abhängt.[11] Ebensowenig ist eine einheitliche und allgemeingültige Hierarchie der auf unterschiedlichen sprachlichen Ebenen liegenden Kriterien wie Thema oder Form eines Textes[12], Intention des Textproduzenten oder Rezeption durch den Textrezipienten[13]

Schullandschaft etwa und damit der Kommunikationsrahmen für Schulbücher ist in der Frühen Neuzeit gänzlich anders gestaltet als heute —, zum anderen die Mittel, die in der Sprache zur Verfügung stehen, inwieweit sie auf die (fachlichen) Anforderungen, die an sie durch äußere Umstände herangetragen werden, vorbereitet und zu Anpassungen an diese bereit ist.

[10] Der Definitionsversuch Baumanns, Fachtexte seien *sozial und funktional-kommunikativ bestimmte, sachlogisch gegliederte und semantisch strukturierte* [d. h. *Bewältigung des Fachproblems [...] durch die inhaltlich-logische Folgerichtigkeit der Teiltexte nachgewiesen*], *linear-sequentiell sowie hierarchisch organisierte sprachliche Einheiten* (1987a, 3), trifft in dieser allgemeinen Formulierung allerdings auf alle Texte zu.

[11] Abgesehen davon, daß jede Klassifikation nur synchron sinnvoll sein kann. Während heute in Zeiten der elektronischen Kommunikation das Medium möglicherweise als oberstes Kriterium zu interessanten Ergebnissen führt, gliederte es das Textspektrum des frühen Mittelalters mehr oder weniger nur in zwei Klassen, nämlich schriftlich (etwa Handschrift, Urkunde, Brief) und mündlich, von denen letztere mangels Überlieferungsträgern leer ist.

[12] Eine Klassifikation der Texte nach der Form stellt die traditionelle Gattungslehre der Literaturwissenschaft dar.

[13] Eine Zusammenstellung einiger Kriterien bei Reichmann 1996, 122/3. Aus einer Kombination dieser verschiedenen Kriterien besteht die Einteilung des Textsortenspektrums des Frühneuhochdeutschen in die vier Sinnwelten *alltäglicher, religiöser, wissenschaftlicher* und *dichterischer* Lebensbereich durch Kästner/Schütz/Schwitalla 1985.

erstellbar, mit Hilfe welcher man zu Unterklassen von Textsorten gelangte, deren untergeordneten Status man gerne durch andere Bezeichnungen wie Textklasse, -art oder -typ kennzeichnen möchte (z. B. Heinemann/Viehweger 1991, 144; Bellmann 1996). Es hat sich an zahlreichen Beispielen gezeigt, daß Klassifikationen desto fraglicher und angreifbarer sind, je stärker sie untergliedert sind.[14]

Da diese Arbeit von einem pragmatischen Ansatz ausgeht, liegt es nahe, als oberstes Kriterium einer Gliederung des Textspektrums die Textfunktion zu wählen. Diese ergibt sich durch Zusammenwirken von Textproduzentenintention[15], Kommunikationssituation und Textrezeption: Die Funktion eines Textes ist seine *Rolle [...] in der Interaktion* (Heinemann/Viehweger 1991, 148). Über die Ermittlung dieser Funktion kann man eine begrenzte Anzahl von Textsorten konstituieren, welche ich allgemein als eine Menge von Texten mit bestimmten gleichen Merkmalen ansehe; unter pragmatischem Aspekt handelt es sich also jeweils um ein sozial normiertes und damit von Raum und Zeit abhängiges Handlungsmuster auf der langue-Ebene, dessen konkrete Realisationsprodukte auf der parole-Ebene die einzelnen Texte sind.[16]

Auch hier ist Auswahl und Gliederung der Funktionen von der Textentstehungszeit abhängig. Die textliche Grundlage der vorliegenden Arbeit besteht aus Texten der frühneuhochdeutschen Sprachperiode, die u. a. durch die Verschriftlichung des Lebens und damit durch eine Erweiterung des uns überlieferten Textsortenspektrums gekennzeichnet ist; letzteres ist die gesamte Periode hindurch in Ausbildung und Wandel begriffen. Da daher weder Modelle für die mittelhochdeutsche noch für die neuhochdeutsche Sprachperiode[17] greifen, wird auf ein in der Praxis bewährtes Modell zurückgegriffen, welches Reichmann/Wegera in ihrem

---

[14] S. die Arbeiten von Rolf 1993; Bellmann 1996. Zum Textsortendilemma s. beispielsweise Kalverkämper 1983a oder zusammenstellend Heinemann/Viehweger 1991, speziell zur Frühen Neuzeit Reichmann 1996.

[15] Diese muß mit der dominierenden Sprachhandlung eines Textes nicht zwangsläufig übereinstimmen.

[16] Somit ist es irrelevant, auf welcher Einteilungsebene die jeweilige Textmenge liegt; eine Differenzierung mittels Bezeichnungen ist daher nicht nötig, d. h. die Ausdrücke *anleitende Texte* und *Rechenbuch* bezeichnen jeweils eine Textsorte, wenn Rechenbücher auch eine Teilmenge der anleitenden Texte, also eine Unter- oder Subtextsorte, bilden.

[17] Z. B. die klassische Einteilung der Sprechakte nach Searle 1976, die u. a. von Brinker (1983, 139–140; 1992, 101) auf Texte übertragen wurde. Eine Einteilung des heutigen Textspektrums nach Kommunikationssituationen auf der Grundlage einer Klassifikation von Handlungssituationen allgemein stellt Diewald vor und gelangt so zu den Grundtextsorten Dialog, Brief, mündlicher und schriftlicher Monolog und Telefongespräch (1991, 272–292), einer sicherlich zeitgebundenen und meines Erachtens wenig homogenen Einteilung.

Frühneuhochdeutschen Lesebuch vorgestellt haben. Einem handlungstheoretischen, produzentenorientierten Ansatz folgend bildet die ***kommunikative Intention von Textproduzenten*** (1988, XI), die sich im Text dokumentiert und zusätzlich aus dem pragmatischen Umfeld zu bestimmen ist, hier das oberste Gliederungskriterium.[18] Dieses erlaubt eine Klassifikation des frühneuhochdeutschen Textspektrums in folgende neun Textsorten: sozial bindend, legitimierend, dokumentierend, belehrend, erbauend[19], unterhaltend, informierend, anleitend und agitierend.[20] Die von der Eis-Schule erforschten Texte aus den *artes*-Bereichen finden in dieser Einteilung ihren Platz unter den informierenden und anleitenden Texten;[21] informierenden Texten liegt dabei die Intention zugrunde, die allgemeine kognitive Disposition des Rezipienten zu beeinflussen, anleitende Texte dienen hingegen der Aneignung von Verfahren zum Erreichen eines ***instrumentalen oder sozialen Handlungszieles*** (ebd., 170; 191).[22] Einer eingehenden Untersuchung einer Auswahl von Texten besonders aus zuletzt genannter Textsorte ist die folgende Arbeit gewidmet.

---

[18] Auch hier wird also die Kommunikationssituation mit einbezogen. Die Autoren weisen selbst darauf hin, daß die Intention natürlich jeweils individuell sein mag, aber dennoch immer *in Wechselbeziehung zu geschichtlichen und sozialen Verhältnissen* steht (1988, XII). Ebenfalls ist den Herausgebern klar, daß mit einem Text durchaus auch mehrere Absichten verfolgt werden können, von denen sich jedoch immer eine als dominierende Intention bestimmen läßt. Rust 1992 geht davon aus, daß diese primäre Kommunikationsintention besonders in einem bestimmten Teiltext realisiert wird, der dann als konstitutives Textsortenmerkmal in jedem Vertreter dieser Textsorte vorhanden sein muß. Bei dieser Argumentation müßten aber vorher alle themenunabhängigen Teiltexte wie z. B. das Vorwort, das in zahlreichen Texten vorkommt, aber nicht unbedingt textsortendeterminierend ist, ausgeschlossen werden.

[19] Das große Ansehen und die weite Verbreitung der Erbauungsliteratur in der Frühen Neuzeit rechtfertigen ihren Status als eigene Textsorte, das Beispiel demonstriert aber zugleich die Zeitgebundenheit der Einteilung.

[20] Diese Einteilung nach der Intention überlagert sich in vielen Fällen mit der Form der Texte, wobei jedoch epochenweise Zuordnungen möglich sind, s. dazu Reichmann/Wegera 1988, XII.

[21] Ausgehend von einer funktionalen Einteilung gelang hier also auch eine Abgrenzung von fachlich geprägten Texten. Dies ist nicht der Fall bei der Klassifikation der frühneuhochdeutschen Texte in Fachprosa, Literatur, Privattexte und Grammatik von Penzl (1984, 23f.). Sowohl die Skizzenbücher DÜRERS, nach Penzl doch wohl ein Privattext, als auch Grammmatiken und Poetiken sind fachliche Texte in Prosa.

[22] Diese unterschiedlichen Intentionen drücken sich in den Texten etwa in der Formenwahl des Verbums aus: Informierende Texte benützten durchaus die 1. Person, während bei anleitenden die 2. Person, speziell der Imperativ vorherrschen. Eine ähnliche Unterscheidung trifft Weinmayer (1982, 217–9) in der Trennung der Sachprosa in Texte zur Vermittlung von Sachwissen gegenüber Handlungswissen.

1.2 Analysemodell

1.2.1 Voraussetzungen

Grundvoraussetzung des hier eingesetzten Analysemodells ist die Annahme, daß die Intention des Textverfassers auf allen sprachlichen Ebenen Ausdruck findet. Für alle Stadien der Textproduktion, für die Themenauswahl, die Orientierung am Adressaten, die Festlegung der Reihenfolge der einzelnen Themen und die Art der sprachlichen Ausarbeitung finden sich Hinweise in dem uns überlieferten Schriftstück: Von der Untersuchung von Texten (textinterne Analyse) kann man daher Rückschlüsse auf die Autorintention und — unter Einbeziehung einer (Re)Konstruktion des pragmatischen Umfelds (textexterne Analyse) — auf die Textfunktion ziehen. Zusammenstellung und Vergleich der textexternen und -internen Merkmale mehrerer Texte verschiedener Funktion, also aus verschiedenen Textsorten, machen es möglich, die obligatorischen, d. h. eine Textsorte konstituiernden Merkmale, von den fakultativen zu trennen.[23] Dies ermöglicht die Konstruktion von Textbauplänen, wie sie im Textsortenwissen des Textproduzenten wie -rezipienten der Frühen Neuzeit gestaltet gewesen sein mögen.[24] Die Untersuchung geht dabei induktiv vom Einzelfall, dem konkreten Text, aus und versucht, durch Vergleich der Ergebnisse mehrerer Einzelanalysen Regelhaftigkeiten der Textbildung herauszuarbeiten. Ziel ist die Erstellung eines Prototyps und die Markierung der Stellen in ihm, an denen Abweichungen ohne einen Wechsel der Textsorte möglich sind, sowie die Frage nach dem Grund, aus welchem einzelne Autoren diese durchführten.[25] Dies kann natürlich nicht für alle Texte der frühneuhochdeutschen Sprachperiode geleistet werden, sondern wird — mit wenigen Ausnahmen — auf die Textsorte *anleitende Texte* (*Lehrbücher*) mit dem Schwerpunkt *mathematischen Inhalts* eingeschränkt (zur Auswahl s. S. 81).

Mehr Aufmerksamkeit als üblich soll den textexternen Faktoren gewidmet werden, da die Entstehung der Texte schließlich bis zu 500 Jahre zurückliegt und die Kommunikationssituation somit dem heutigen Leser in der Regel ungewohnt sein dürfte. An die Darstellung der sozialhistorischen Rahmenbedingungen schließt sich die textinterne Analyse

[23] Konstitutiv kann hierbei auch eine feste Kombination im einzelnen fakultativer Merkmale sein.

[24] Dieser Satz ist wohl kaum im Indikativ denkbar. Dennoch kann durchaus eine *operationalisierbare, methodisch begründete und damit auch intersubjektiv überprüfbare Weise* (Brinker 1983, 130) der Zuordnung von konkreten Texten zu Textfunktionen und damit zu Textsorten angestrebt werden.

[25] Diese Methode entspricht dem *induktiv-empirischen Weg der Textanalyse zu umfassenderen Klassifikationssystemen* (Kalverkämper 1983a, 102).

an. Die im folgenden genauer dargestellte Methode baut auf den Modellen von Hoffmann (*kumulative Analyse*, 1987a), Baumann (*integrative Analyse*, 1992) und Oldenburg (1992, 66–66, Schema 61) auf, ist allerdings auf das eigene Textcorpus zugeschnitten, dabei aber flexibel gehalten, um auch Grenzfälle erkennen zu lassen.

1.2.2 Textexterne Faktoren

Da die soziohistorischen Zusammenhänge, der soziale Handlungsrahmen und die konkrete Sprachverwendungssituation sich auf die sprachliche Gestaltung des Textes auswirken, will ich diese textexternen Umstände als *Faktoren* bezeichnen. Hierzu zählt zuallererst der allgemeine wie der spezielle räumliche und zeitliche Rahmen (KS: Kommunikationssituation), also Raum und Zeit der Entstehung (EO, EZ: Entstehungsort, -zeit) und des Gebrauches der Texte (GO, GZ: Gebrauchsort, -zeit).[26] Hinzu kommt der institutionelle Rahmen der Entstehung (EI: Entstehungsinstitution) wie des Gebrauchs des Textes (GI: Gebrauchsinstitution).

Die Form der Kommunikation (KF) wird durch das Medium, etwa Format und Umfang eines Buches, näher bestimmt. In bezug auf die Kommunikationspartner (KP), den Textproduzenten (P) und den Textrezipienten (R) interessieren Angaben zu den Personen selbst wie Anzahl, Alter, soziale Stellung, Beruf oder sprachliche wie fachliche Qualifikationen sowie ihr Verhältnis zueinander, z. B. in Hinsicht auf das Alter, das Ansehen oder ihr fachliches Wissensniveau.[27] Natürlich bestimmt auch der Kommunikationsgegenstand (KG) in seiner eigenen Strukturiertheit die Textgestaltung mit. Zusammengefaßt werden die Ergebnisse der Untersuchung der textexternen Faktoren jeweils in einer Tabelle folgender Art (ME: Matrix der externen Faktoren).

(ME)	
KG	
KP	P: , R:
KS	EO: , EZ: , EI: , GO: , GZ: , GI:
KF	

[26] Die letzteren beiden Faktoren sind oft schwierig zu ermitteln. In ihnen zeigt sich aber, ob der Text seine Funktion tatsächlich erfüllte. Dadurch können sich Auswirkungen auf spätere Texte derselben Textsorte ergeben haben, s. etwa die Bemerkungen von Ries zu Widmann, s. S. 206 dieser Arbeit.

[27] Stimmt der Textadressat mit dem Textrezipienten nicht überein, wird auch der Adressat, vor dem Rezipienten durch | getrennt, angegeben.

1.2.3 Textinterne Merkmale

Die Analyse jedes Textes selbst erfolgt idealiter anhand des gesamten Textes.[28] Da der Umfang der hier zu untersuchenden Texte aber zwischen 1 Seite und über 250 Blättern schwankt, ist eine Analyse des Gesamttextes in der gebotenen Kürze kaum möglich oder auf wenige Texte zu beschränken, was sich auf den Aussagewert der Ergebnisse negativ auswirken würde.[29] Schon eine erste Lektüre der frühneuhochdeutschen mathematischen Texte zeigt ihre einfache und durch Wiederholungen geprägte Struktur, stellt die Notwendigkeit einer Gesamtanalyse daher in Frage und legt die Suche nach einer Methode nahe, sie in Teiltexte zu zergliedern, diese nach gemeinsamen Charakteristika zu bündeln und selektiv zu analysieren, ohne daß dabei wichtige Informationen übersehen würden.

Den ersten Schritt der textinternen Analyse bildet also die Untersuchung des Gesamtbauplans jedes Textes und eine Zergliederung in thematisch, grammatisch oder illokutiv determinierte Teiltexte unter Zuhilfenahme der Gliederungsmerkmale nach Gülich/Raible 1977 und Baumann 1987a. Nach der eingehenden Analyse dieser Teiltexte (s. u.) erfolgt in einem dritten Schritt die Untersuchung der Abfolge und Verknüpfung der Teiltexte zu einem Text als funktionaler Einheit, d. i. Angaben zur Hierarchisierung von Teiltexten, zur Verlaufsstruktur und zur Art der Kohärenz.[30]

Die Besonderheit der hier verwendeten Analysemethode liegt im zweiten Analyseschritt und bedarf weiterer Erläuterung. Mittlerweile werden Teiltexte, die nicht direkt zum thematischen Haupttext gehören, standardmäßig abgegrenzt und gesondert untersucht wie z. B. das Vorwort als Auxiliar- oder Dependenztext (Göpferich 1995, 45). Ebenfalls findet sich die eigene Untersuchung des Aufbaus von Teiltexten etwa in der Untersuchung der *Binnenstruktur* bei Oldenburg 1992. Schon Hengst (1985, 124/5) wies in bezug auf Teiltexte auf *wiederkehrende, rekurren-*

---

[28] In textlinguistischen Analysearbeiten wird dies meist auf diese Weise durchgeführt, wobei allerdings oft kurze Texte wie Stellenangebote (Ortner 1992), Wetterberichte (Spillner 1983) oder Kochrezepte (Tortilla/Hakkarainen 1990) als Untersuchungsobjekte vorliegen.

[29] Der Einsatz eines Computers zu Analysezwecken ist in diesem Fall allein deshalb nicht möglich, da viele der Texte nicht maschinenlesbar zur Verfügung stehen bzw. noch nicht einmal wissenschaftlichen Ansprüchen genügend ediert sind.

[30] Da Verknüpfungen auf allen Ebenen geleistet werden können, werde ich dieses Phänomen daher allgemein als *Kohärenz* bezeichnen und auf den Terminus *Kohäsion* zur Bezeichnug der Kohärenz auf grammatischer oder syntaktischer Ebene verzichten.

te Textbauprinzipien hin, die besonders in den hier zugrundeliegenden mathematischen Lehrtexten deutlich hervortreten und eine Zusammenfassung in möglichst große Teiltexttypen gestatten (s. S. 140 dieser Arbeit). Es reicht nun in den meisten Fällen völlig aus, pro Teiltexttyp wenige, möglichst charakteristische Teiltexte zu analysieren, die gewonnenen Ergebnisse an den weiteren Vertretern zu überprüfen und mit den bisher bekannten Gepflogenheiten der Zeit in Beziehung zu setzen. Im einzelnen wird jeweils die Sequenzierung und Hierarchisierung der Sprachhandlungen (Pr: pragmatische Ebene), die thematische Entfaltung und Verknüpfung (Th: thematische Ebene) und die grammatische Struktur (Gr: grammatische Ebene) analysiert.

Auch hier werden die Ergebnisse in einer Matrix (MI: Matrix der textinternen Merkmale) wie folgt dargestellt: GG beschreibt die Gesamtgliederung des Textes, wobei die Auxiliartexte durch // getrennt werden; nach TT (Teiltexte) werden die im Text vorhandenen Teiltexttypen genannt, denen jeweils die signifikanten Merkmale auf jeder der drei Ebenen zugeordnet werden.[31]

(MI)			
GG			
TT	Tttyp 1	Tttyp 2	Tttyp 3
Pr			
Th			
Gr			

1.3 Gestaltung und Bearbeitung des Textcorpus

1.3.1 Textauswahl

Mein Textcorpus besteht aus ca. 70 anleitenden und informierenden Texten der Frühen Neuzeit, d. h. aus Texten, die in der Zeitspanne von 1350 bis 1550 geschrieben oder gedruckt wurden. Daher finden sich darunter auch einige Texte, deren Entstehung z. T. wesentlich früher liegt, die aber in dieser Zeit wieder aufgeschrieben und als aktuell gültige Texte rezipiert wurden; jüngere Texte werden nur im diachronen Ausblick betrachtet. Der Schwerpunkt liegt dabei auf Texten mathematischen Inhalts, bei den meisten von ihnen handelt es sich um Rechenbücher für den Unterricht.[32] Da in diesem Bereich ab ca. 1520 eine regelrechte

[31] Wenn keine Merkmale auszumachen sind, bleibt das entsprechende Feld leer.

[32] Lehr- und Schulbücher eignen sich unter verschiedenen Aspekten auch in besonderem Maße als Quelle für die Geistesgeschichte, da sie durch diese

"Veröffentlichungsexplosion" zu beobachten ist, mußte eine Auswahl getroffen werden (s. im einzelnen die Liste der Kurzanalysen S. XV), die hier begründet werden soll.

Für die ersten Rechenbücher lassen sich im großen und ganzen zwei Quellengruppen erkennen, nämlich das mathematische Schrifttum an der Universität — man darf nicht vergessen, daß viele Autoren von Rechenbüchern wie auch WIDMANN an der Universität studiert hatten — und die rechenpraktischen Traktate (s. auch die Quellen S. 26). Die wichtigsten dieser Texte bzw. die Texte, die J. WIDMANN sicher kannte, stehen daher am Anfang der Untersuchung. Von den deutschsprachigen gedruckten Werken speziell zur praktischen Arithmetik werden bis 1489, dem Erscheinungsjahr des Rechenbuches von WIDMANN, alle Werke berücksichtigt, wobei seine Initialstellung in vielen Beziehungen deutlich werden wird;[33] danach erfolgt eine Auswahl arithmetischer, rechenpraktischer Bücher unter den Gesichtspunkten des fachlichen Niveaus, der Wirkung (Auflagenhöhe und Anzahl der Nachdrucke) und nicht zuletzt der heutigen Zugänglichkeit der Texte.[34]

Wie erwähnt werden Analysen von Grenzfällen und Vertretern anderer Textsorten hinzugezogen, um die Ergebnisse für die Textsorte *Rechenbuch* zu festigen. Dabei werden bevorzugt Texte ausgewählt, die sich in einem textexternen Faktor von den Rechenbüchern unterscheiden, nämlich (a) in dem Kommunikationsmittel, d. h. der Sprache (interlingualer Vergleich); (b) im Thema, wobei über die mathematischen Disziplinen wie Geometrie, Architektur und Malerei hinaus auch Lesebücher, Grammatiken, Briefsteller u. a. berücksichtigt werden, die Textsorte *Lehrbuch* aber nicht verlassen wird (horizontaler Vergleich); (c) in bezug auf den Adressatenkreis, ob also die Werke für Laien und Schüler oder für Fachleute verfaßt wurden (vertikaler Vergleich) und schließlich folgt ausblickshaft (d) ein diachroner Vergleich mit Blick auf Mathematiklehrbücher für Schüler und Studenten bis in die heutige Zeit.

---

stark geprägt sind, selbst aber wiederum prägende Wirkung innehatten, in früheren Zeiten noch mehr als heute im Zeitalter der medialen Überflutung (s. dazu auch Schoeps 1973). Zudem besitzt man in Lehrwerken nicht ein Schriftzeugnis der gedanklichen Betätigung ausschließlich von und für die geistige Elite, sondern des gesamten Bevölkerungsspektrums oder, wie Schieder (1961, 21) es etwas wertend formuliert, der *Tiefenströme der Massen.*

[33] Die Nachdrucke werden nicht eigens untersucht, da sie kaum textsortensignifikante Unterschiede aufweisen.

[34] Die Textwiedergabe erfolgt nach den jeweils angegebenen Editionen oder Nachdrucken. Dabei wurden alle Abkürzungen aufgelöst, übergeschriebenes *e* erscheint als Trema, Druckfehler wurden stillschweigend verbessert.

1.3.2 Gruppierung und Reihenfolge der Analysen

Gemäß der obigen Ankündigung ist das 2. Kapitel der Kommunikationssituation in Leipzig zur Entstehungszeit des WIDMANNschen Rechenbuches gewidmet.[35] In dieses werden sogenannte Kurzanalysen (KA) sowohl der die mathematische Lehrbuchlandschaft prägenden Werke als auch einzelner verstreuter Zeugnisse der Beschäftigung mit mathematischen Stoffen eingebettet werden. Am Schluß des 2. Kapitels wird auf die speziellen textexternen Faktoren des Rechenbuches von J. WIDMANN eingegangen, das in Kapitel 3 einer ausführlichen Analyse unterzogen wird. Hier soll die Vorgehensweise der textinternen Analyse in den einzelnen Schritten theoretisch fundiert und überprüfbar vorgestellt werden, die sonst größtenteils in den Kurzanalysen in gestraffter Form dargeboten wird.

Kapitel 4 ist Texten zur Vermittlung arithmetischer (und algebraischer) Kenntnisse in der 1. Hälfte des 16. Jhs. gewidmet. Am Beginn stehen die Analysen des *Bamberger Rechenbuches 1483*, der direkten Vorlage WIDMANNS, und des wirkungsvollsten Rechenbuches überhaupt, des *2. Rechenbuches* von ADAM RIES. Festigung und Entwicklung der Textsorte *Rechenbuch* werden darauf anhand der Vorstellung weiterer Lehrwerke anderer Autoren veranschaulicht und mit rechenpraktischen Büchern in anderen europäischen Sprachen verglichen, die auf denselben Vorlagen aufbauten und sich ebenfalls mit dem Lateinischen als europäischer Gelehrtensprache auseinandersetzen mußten. Wieder in deutscher Sprache verfaßt, aber an andere Adressaten gerichtet sind die wissenschaftlichen mathematischen Werke von Autoren, die uns z. T. auch schon als Autoren von Rechenbüchern begegnet sind.

Das 5. und letzte Kapitel setzt die Textsorte *Rechenbuch* in den weiteren Rahmen der anleitenden Texte überhaupt durch den Vergleich mit Lehrschriften über andere Themen bzw. aus anderen Wissens- und Lebensbereichen. Dies wird die Verschränkung der Werke mit der Sozialgeschichte deutlich machen, die nach der Rolle der Autoren, der Rechenmeister, in dieser und speziell nach der Rolle der Rechenbücher in der Sprachgeschichte fragen läßt. Der Entwurf einer Sprachgeschichte als Textsortengeschichte schließt die Untersuchung.

---

[35] Die allgemeinen textexternen Faktoren werden indes schon am Ende dieses Kapitels 1 vorweggenommen.

1.3.3 Übergreifende textexterne Faktoren

Aus dem Bisherigen wurde deutlich, daß es, um sich der Intention eines Autors anzunähern, nötig ist, Klarheit über die sozialen und kommunikativen Umstände zu gewinnen, in denen das zu untersuchende Werk entstanden ist. Gegenstand der bisher vorliegenden Textanalysen oder Analysevorschläge sind größtenteils gegenwärtige Texte oder Textsammlungen, bei denen vom Leser dieser textlinguistischen Arbeiten eine Kenntnis eben dieser textexternen Umstände zumindest in Umrissen erwartet wird. Bei einer Analyse eines Textes aus einem früheren Jahrhundert muß davon ausgegangen werden, daß die textexternen Umstände dem heutigen Rezipienten fremd oder ungewohnt sind. Da sie jedoch die Gestaltung der Bücher nachhaltig — und vielleicht sogar in einigen Fällen stärker als heute[36] — bestimmten, soll hier ausführlich auf sie eingegangen werden. Einige dieser textexternen Umstände stimmen für alle im folgenden vorgestellten und besprochenen Texte (außer Kapitel 5) überein, weshalb sie an diese Stelle vorgezogen werden sollen.

Kommunikationssituation. Die Entstehung der meisten Texte fällt in den Zeitraum von 1470 bis 1520, eine Zeit, die man auch als 'Wendezeit' oder 'Frühe Neuzeit' bezeichnet. Der Entstehungsraum sind Städte oder andere Zentren mit Bildungseinrichtungen (z. B. Klöster) im östlichen Mitteldeutschland bzw. Süddeutschland. Einige Texte sind früher entstanden, wurden aber zu der genannten Zeit im angegebenen Raum intensiv rezipiert und stimmen zudem in den folgenden Vergleichsmomenten überein: Außersprachliches primäres Handlungsziel ist die Lehrtätigkeit an einer Bildungseinrichtung, wie der Universität Leipzig oder einer Rechenschule, oder die praktische Tätigkeit, in allen Fällen aber die Veränderung von Wissen durch sachbetontes Informieren. Ebenfalls gemeinsam ist den meisten Texten der *Kommunikationsgegenstand*, nämlich die Mathematik.[37] Je nach Institution und Rezipientenkreis werden sich später in den einzelnen Fällen spezielle Bereiche der Mathematik wie *Arithmetik* oder *Einführung in das Rechnen mit indisch-arabischen Ziffern* eingrenzen lassen.

Die *Kommunikationsform* ist durch räumliche und teilweise auch zeitliche Distanz der Kommunikationspartner geprägt, der Wissenstransfer geschieht über das Medium Buch bzw. eine schriftliche Fassung des Textes. In beiden Fällen sind Restriktionen durch den jeweils gebräuchlichen Umfang und das Format und natürlich bezüglich des Aufbaus

[36] Man denke hier z. B. an die enge Bindung an die Vorlagen und Autoritäten, die allerdings um diese Zeit bereits nachließ.

[37] Inwiefern dieser gewählte Sachverhalt ganz besondere Konsequenzen für die Gestaltung der Texte in sich birgt, wird sich im folgenden zeigen.

auch durch die Vorlagen gegeben. Ein direkter Kontakt zwischen Textproduzent und Textrezipienten ist nicht immer gegeben, ebenso ist dem Produzenten zwar oft die angesprochene Gruppe als Ganzes und deren Merkmale, nicht jedoch der einzelne Rezipient bekannt; somit handelt es sich hier um öffentliche, nicht unbedingt aktuelle Texte an einen Polyadressaten.

Die meisten Texte dienten an den oben genannten Bildungseinrichtungen als Unterrichtsgrundlage, wobei sie durch eine Person, die mit dem Produzenten des Textes identisch sein konnte, aber nicht mußte, vermittelt und in unterschiedlichem Grad wörtlich wiedergegeben wurden. Die Interaktionsform war monologisch.[38]

Das Verhältnis zwischen den *Kommunikationspartnern* war durch eine für Fachtexte typische Asymmetrie gekennzeichnet: Beim Produzenten handelte es sich um einen Fachmann, die Texte sind an den Laien, den Nichtfachmann gerichtet, der zwar kein oder wenig Vorwissen auf dem Gebiet mitbringt, jedoch zum Fachmann im gleichen Gebiet ausgebildet werden möchte oder soll; der Textproduzent kann daher in einer Reihe von Fällen von einer begründeten Motivation beim Textrezipienten ausgehen.

Die soziale Stellung und auch das Alter der Kommunikationspartner sind in den einzelnen Fällen unterschiedlich (Universitätsangehöriger oder Rechenmeister, Kaufleute, Erwachsene oder Kinder); ähnlich verhält es sich hinsichtlich einer möglichen Positionierung im themenbezogenen Meinungsstreit (Abakisten gegen Algorithmiker, s. S. 22). Auch die Codierung der Texte, d. h. die Wahl der Sprache und der Grad der Fachsprachlichkeit, ist verschieden gewählt, oft in Abhängigkeit von der Entstehungs- und Gebrauchssituation.

Diese Voraussetzungen lassen sich in einer Tabelle zusammenfassen:

(ME)	Allgemein
KG	Mathematik
KP	P: einer, Fachmann; R: mehrere, ohne Vorwissen,
KS	EO: östl. Mittel-, Süddtl., EZ: (selten 14. Jh.), 1470–1520, EI: Bildungseinrichtung, Praxis; GO: östl. Mittel-, Süddtl., GZ: 1470–1520, GI: Bildungseinrichtung, Praxis
KF	Buch (schriftlich, monologisch), R. unbekannt

[38] Zu der Frage, inwieweit diese Bücher auch zum Selbststudium angelegt waren und genutzt wurden, siehe die einzelnen Untersuchungen und die Zusammenfassung S. 235.

2 Mathematik in Leipzig

2.1 Mathematik in Klöstern, an Schulen und Universitäten

Das Rechenbuch von JOHANNES WIDMANN entstand 1489 in Leipzig und ist damit von den zu dieser Zeit an diesem Ort herrschenden Umständen abhängig und geprägt. WIDMANN selbst war Universitätsangehöriger, hatte an der Universität unterrichtet und war somit sowohl mit den an dieser Bildungseinrichtung verwendeten Lehrwerken als auch mit den Gepflogenheiten in der Vermittlung des Wissens an derselben vertraut. Mit seinem Rechenbuch in der Volkssprache kam er jedoch eher Bedürfnissen entgegen, wie sie die Kaufleute aus der Praxis heraus entwickelt hatten. Auch in diesem Bereich hatte WIDMANN, wie sich anhand zahlreicher textlicher Parallelen feststellen läßt (s. S. 26), Vorlagen zur Verfügung, die er in bezug auf die thematische Auswahl und die Anordnung und Darstellung des Wissens zum Vorbild nehmen konnte. Diese wie das soziohistorische Umfeld seien im folgenden vorgestellt.[1]

2.1.1 Klosterschulen

Im Mittelalter wurden die nichtpraktischen Wissenschaften vorwiegend an kirchlichen Einrichtungen bewahrt und in schulischen Einrichtungen an die jüngere Generation weitergegeben. Solche Kloster-, Stifts- oder Domschulen bestanden aus der *schola interior* für die Ausbildung des eigenen Nachwuchses und einer *schola exterior*, die im Prinzip offen für alle (männlichen) Personen war. Der von Geistlichen abgehaltene Unterricht war jedoch in der Hauptsache auf eine christlich-religiöse Ausbildung ausgerichtet: So stand zum einen die Einübung des Kirchengesangs und seine Ausübung im Gottesdienst, zum anderen die Unterrichtung und Festigung in der christlichen Glaubenslehre im Vordergrund. Dies geschah vorwiegend durch Auswendiglernen glaubensrelevanter Texte und konnte durch Lesen, Schreiben und Unterweisungen in Latein ergänzt werden. Für den Computus, die Berechnung der kirchlichen Feiertage wie des Ostertermins, waren jedoch Grundkenntnisse in Arithmetik erforderlich, aus welchem Grund vielfach kurze Abhandlungen über die Grundrechenarten den eigentlichen Computustraktaten vorangestellt wurden.[2] Ein

[1] Ziel dieses Kapitels ist dabei auch, eine gewisse Fremdheit zu bereiten und damit vorschnellen Verknüpfungen etwa der Begriffe 'Mathematik', 'Universität', 'Schule' mit modernen Inhalten entgegenzuwirken.

[2] S. S. 13; dort auch zum Fingerrechnen und den Aufgabensammlungen.

recht frühes Zeugnis einer solchen Abhandlung in der Volkssprache liegt im *Hildesheimer Algorismus* vor.

Kurzanalyse 1: *Hildesheimer Algorismus* (um 1445)

Der sog. *Hildesheimer Algorismus*[3] wurde wohl um 1445 von einem Stiftsschüler Bernhard aufgeschrieben und ist damit ein frühes Beispiel einer Einführung in das Rechnen mit den indisch-arabischen Ziffern in der Volkssprache: *Allgorismus is een aerst in den welken sun gheenificeert IX figuren*[4] (1). Der Text besteht aus neun Abschnitten mit Anleitungstexten zu den Rechenarten Numerieren bis Radizieren, wobei bei letzterer Quadrat- und Kubikwurzeln beachtet werden. Nach der Einführung der indisch-arabischen Ziffern (Numerieren) ist ein kurzer metakommunikativer Abschnitt über die Einteilung des folgenden Textes *Dese arst is ghedeelt in 7 partyen* (2) eingefügt; Numerieren wurde hier also als keine, die beiden Wurzelarten dafür als eine Rechenart angesehen. Die sehr ausführlichen Anleitungen werden begonnen mit dem Namen der Rechenart und einer definitionsartigen Erklärung *Addicio is een vergaderenghe van enen numer tot enen anderen* (2); auf diese folgt die eigentliche Rechenanleitung mit Unterscheidung der verschiedenen Fälle; wenige Zahlenbeispiele sind in diesen Text eingestreut, allerdings ohne Angabe des Ergebnisses. In den Rechenanleitungen werden diese eingeleitet mit Formen von *kommen* oder *sein*, insgesamt werden aber die mathematischen Termini in ihrer lateinischen Form beibehalten und eingeführt *In multiplicacione sint te doen 2 manieren nuteliick. Dat is numerus multiplicans et numerus multiplicandus* (5). Der Verfasser des Textes setzte beim Leser also eine lateinische Vorbildung voraus; Adressaten scheinen daher nicht Kaufleute oder Besucher einer volkssprachlichen Bildungsanstalt, sondern Schüler an einer Kloster- oder Lateinschule[5] gewesen zu sein.

(ME): *Hildesheimer Algorismus* (um 1445)	
KG	Ziffernrechnen
KP	P: Klosterangehöriger ?; R: Klosterangehörige, Laien ?
KS	EO: Nrddt., EZ: um 1445, EI: Kloster; GO: ?, GZ: ?, GI: ?
KF	schriftl. Eintrag in Handschrift; 11 Seiten

3 Basel, Universitätsbibliothek, Sig.: F. VII, 12, f. 169r–174r. Abschrift und Übertragung ins Neuhochdeutsche durch Unger 1888b, dort Verweis auf ältere Literatur.

4 Die Zitate folgen der Abschrift von Unger, angegeben sind die Seitenzahlen derselben.

5 So Unger 1888b, 143, A2.

(MI): *Hildesheimer Algorismus* (um 1445)	
GG	9 Abschnitte
TT	Lehrtext
Pr	DARSTELLEN (AUFFORDERN)
Th	einf. lin., gesp. Rhema
Gr	2. P. Imp. bei Anleit.; 3. P. bei Beschreib.

Vom 12. bis zum 15. Jh. wurde allgemein an Schulen wenig Mathematik oder Naturwissenschaften gelehrt.[6] Großer Wert wurde hingegen auf die Erlernung der lateinischen Sprache gelegt, die an moralischen Gebrauchstexten wie Proverbiensammlungen oder Tugendlehren eingeübt wurde. Dabei wurde zwar durchaus auch die deutsche Sprache z. B. in der Form von Übersetzungen zuhilfe genommen,[7] die vorherrschende Sprache in Unterricht und Freizeit blieb jedoch das Lateinische. Das Verbot der Volkssprache diente dabei nicht allein einer Förderung der aktiven lateinischen Sprachbeherrschung, sondern auch der Abgrenzung von der Bevölkerung mittels der Sprache (Henkel 1988, 94–7). Anscheinend wurde Latein tatsächlich für *spontane sprachliche Kommunikationsakte der Schüler untereinander und mit dem Lehrer* benutzt, doch war es möglich und üblich, die *Volkssprache als Hilfsmittel im didaktischen Vermittlungsprozeß*, d. h. im Unterricht, einzusetzen (ebd., 99–100).[8]

---

[6] Dieser Sachverhalt spiegelt sich wider im Bücherbestand der Leipziger Klöster. Im Verzeichnis der Bücher des Thomasstiftes (Urkundenbuch der Stadt Leipzig II. Leipzig 1870. Codex Diplomaticus Saxoniae Regiae 2, 9. S. 162/3) finden sich fast ausschließlich biblische, religiöse und philosophisch-historische Werke. Ein Katalog der Leipziger Kirchen-Bibliotheken (1912) verzeichnet unter einigen wenigen Mathematikbüchern zwei *Algorithmi lineales*: Einer wurde angeblich gedruckt durch MELCHIOR LOTTER 1490 (Th. 834.5), der andere durch MARTIN LANDSBERG 1507 (Th. 789b). Die weitere Identifizierung dieser Traktate ist unsicher. Den um 1490 erschienenen *Algorithmus linealis* JOHANNES WIDMANNS (S. 39) schreibt man der Presse LANDSBERGS zu, einen weiteren *Algorithmus linealis* aus der Feder HEINRICH STROMER druckte dieser 1504 (S. 62). MELCHIOR LOTTER druckte nach Unger (1888a, 43) 1490 einen *Algorithmus linealis*, der *Algorithmus linealis* des BALTHASAR LICHT (S. 60) erschien erst um 1500.

[7] Es gibt eine Anzahl von lateinischen Texten mit deutscher Übersetzung, die wohl von Leipziger Gelehrten stammen, da sie dort gedruckt sind und sich ihre Überlieferung ebenfalls auf Leipzig konzentriert (Henkel 1988, 93, 215). So existieren einige Übersetzungen aus der Feder von JOHANNES FABRI (eine deutsch-lateinische Sprichwortsammlung, gedruckt bei MARTIN LANDSBERG 1493); auch KONRAD KACHELOFEN druckte Ende des 15. Jhs. Übersetzungen (GW 491, 492; Henkel 1988, 215–7; 299–300; 306–9).

[8] Henkel 1988 gelingt es auch, aufgrund von Quellenuntersuchungen differenziertere Aussagen über den Wirkungsbereich und die Einhaltung des Verbots der Volkssprache an den Lateinschulen zu formulieren.

Das Gesamtniveau dieser Schulen reichte von dem einfacher Elementarschulen bis zu dem höherer Schulen, an denen die *septem artes liberales* und das Studium der Heiligen Schrift den Unterricht füllten. Abhängig waren Niveau und Auswahl des Lehrstoffes von den historischen und gesellschaftlichen Umständen, nicht zuletzt aber auch von der religiösen Ausrichtung der die Schule unterhaltenden kirchlichen Institutionen, wie es sich etwa an der *Geometria Culmensis* zeigt.

Kurzanalyse 2: *Geometria Culmensis* (A. 15. Jh.)

Dieser geometrische Traktat entstand wohl Anfang des 15. Jhs. im Auftrag des Hochmeisters des Deutschen Ordens von Kulm, CONRAD VON JUNGINGEN, sowohl in lateinischer wie in deutscher Sprache.[9] Es handelt sich um eine Anleitung zum Feldmessen; der Traktat ist daher auf die Praxis ausgerichtet, worin vielleicht auch der Grund für die Anfertigung einer Übersetzung liegen mag. Als Quellen werden zwar EUKLID, ein lateinischer Traktat und die *Practica geometriae* des DOMINICUS DE CLAVISO erwähnt, aus ihnen wurden aber nur wenige Lehrsätze tatsächlich übernommen; im Vordergrund stehen vielmehr die konkreten Probleme und speziellen Fälle der feldmesserischen Praxis: *Eyn buch [...] in dem so sal man leren, wy man messen sal eyn yelych ackerlant vnd gevilde* (17).

(ME)	*Geometria Culmensis* (A. 15. Jh.)
KG	Geometrie: Landvermessung
KP	P: Gelehrter im Dienste des Ordens; R: Mitglied, Angestellter des Ordens?
KS	EO: Kulm, EZ: A. 15. Jh., EI: Kloster?; GO: Nrdtl., GZ: ?, GI: Praxis
KF	schriftl. Eintrag in Handschrift

Einer Widmungs- und einer thematischen Vorrede (Inhaltsangabe) folgen in fünf "Bücher" aufgeteilt Aufgaben und Erläuterungen im bunten Wechsel, die ansatzweise thematisch zusammengefaßt und unter Überschriften geordnet sind (23, Buch- und Kapitelüberschrift). Die Erläuterungen dienen der Einführung und Erklärung von Termini (*das derselbe mytteldrebowm heysset kathetus in dem Latine, [...] der do [...]*, 25) oder praktischen Hinweisen z. B. zu den nötigen Instrumenten (*mit syme messegeczew, das sal haben [...]*, 34). Die Anleitungen zur Durchführung der Rechnung stehen bemerkenswerterweise nicht ausschließlich in der 2. Person bzw. im Imperativ, sondern nützen die 3. Person im Konjunktiv *Man richte of eyn czeychen* (27) wie in der lateinischen Vorlage; auch findet man hier nicht die sonst gewohnte Kürze und Knappheit der syntaktischen Gestaltung, denn umfassendere Sätze und parataktische Satzgefüge sind keine Seltenheit. Fachtermini werden markiert eingeführt *yn der mittel sal syn eyn punct, das heyset centrum* (65) und sou-

[9] Im folgenden nach der Edition von Mendthal 1886 (Seite der Edition) zitiert. Zur Überlieferung s. ebd. 9–10.

verän benützt; dies zeigt sich auch an den Wortbildungen wie *mytteldrebowm* für ›Kathete‹ (25), *usdrebomen* für ›ausmessen‹ (69) oder *drebomik* für ›durch Linien begrenzt‹ (75) aus dem preußischen *drebom* für ›Schlagbaum; Linie‹ (s. Mendthal 1886, 8).

(MI)	*Geometria Culmensis* (A. 15. Jh.)	
GG	Lobrede (1–15) // themat. Vorrede (16–22) // Geometrie (23–76) // Schlußfloskel (76)	
TT	Aufgabe	Erläuterung
Pr	AUFFORDEN, ANLEITEN	INFORMIEREN, RATEN
Th	einf. lin.; gesp. Rhema	
Gr	2. P.; Imp.; auch 3. P. Konj.	1. und 3. P.

Zahlreiche kürzere oder längere Abhandlungen für den praktischen Gebrauch finden sich auch in Handschriften, die im süddeutschen Raum entstanden sind. In Aufbau, aber auch in bezug auf die Aufgaben lassen sich unter diesen zahlreiche Parallelen feststellen, des weiteren auch mit den gedruckten Werken *Bamberger Blockbuch*, den *Bamberger Rechenbüchern 1482* und *1483* oder dem Rechenbuch von JOHANNES WIDMANN. Diese Abhandlungen wurden im 15. Jh. schon mehrfach auf deutsch verfaßt, oft allerdings auch in einer deutsch-lateinischen Mischsprache, für die die Practica des *Algorismus Ratisbonensis* ein schönes Beispiel bildet.

Kurzanalyse 3: Die Practica des *Algorismus Ratisbonensis* (1450/60)

Der zwischen 1450 und 1461 in Regensburg entstandene Text zur Einführung in das Rechnen mit den indisch-arabischen Ziffern[10] besitzt eine umfangreiche Aufgabensammlung, die Practica, mit kurzen wie langen Aufgaben in lateinischer, deutscher und in Mischsprache.

(ME)	*Algorismus Ratisbonensis*: Practica (1450/60)
KG	arith. Aufgaben und Probleme
KP	P: Klosterangehöriger; R: Klosterangehörige ?
KS	EO: Regensburg, EZ: 1450/61, EI: Kloster; GO: Süddtl., GZ: 15. Jh./A. 16. Jh., GI: Kloster?
KF	schriftl. Eintrag in Handschriften

Item 4 kirtzen prynnen in 5 horis $2\frac{1}{2}$ *lb wachß hyn. Wye uil lb wachß prinett an 16 kirtzn hyn in 11 horis? Pone sic:* $\begin{matrix}4 & 2\frac{1}{2} & 16\\ 5 & & 11\end{matrix}$ *Facit 22 lb.* (28)

10 Genaueres s. unter Quellen S. 27. Alle folgenden Zitate beziehen sich auf die Ausgabe der Practica durch Vogel 1954, der die Aufgaben aus allen Handschriften mit Überlieferung des *Algorismus Ratisbonensis* neu zusammenstellt; hier werden die Aufgaben mit der Nummer bei Vogel zitiert (alle Angaben von Aufgaben sind nur Beispiele). Die von Zimmermann 1978 angekündigte Gesamtausgabe des *Algorismus* ist nicht erschienen.

Item 26 stipendarijs datur 7 mensibus 200 fl, quot datur 10 stipendarijs 12 mensibus? Eodem modo fac quo supra sic: 182 dant 200, quot dabunt 840? Fac secundum regulam. (29)

Item: ainer dingt ein arbeiter in einem weingarten mit solichem geding: welchen tag er arbait, so wil er ym geben 10 pf, wolt er aber des weingarten mit fleiß nit warten, welches tags er feyret, so wolt er ym abslahen 12 pf. Nu vber 40 tag so rechen sy mit einander vnd er hat alz vil gearbait vnd alz vil gefeyrt, daz ayner dem ander nichts schuldig ist. Nu wiltu wissen, wie uil tag er gearbait het vnd wie uil tag gefeirt hat. Machß also: addir 10 et 12, erit 22, diuisor. Dic 22 dant 40, [...]. 10 pf arbait 18 dies 2 horas 12 pf gefeyrt 21 dies 9 horas. Wildus probiren, so multiplicir 10 cum 21 diebus 9 horis et 12 cum 18 tag 2 horen vnd macht ayns alls vil alz daz ander, so ist es gerecht. (183)[11]

Die Gestaltung der Aufgaben ist in der Abfolge der Teile einheitlich, in der Ausarbeitung derselben jedoch äußerst unterschiedlich.[12] Teilweise besitzen die Aufgaben eine Überschrift, in der das Problem *Vasß* (97), *Pferd mit 3 an namen* (178) oder die zur Lösung der Aufgabe nötige Regel *Regula augmentationis* (138) genannt wird. Meist beginnen sie jedoch mit einem die Aufgabenstellung einleitenden *Item* (56) oder seltener *Nota* (53). Die Aufgabenstellung wie auch die folgenden Teile sind tendenziell knapp gehalten und verwenden stereotype Wendungen als Initiatoren bzw. Terminatoren. So wird die Fragestellung eingeleitet durch *Queritur* (31) bzw. *Nu frag ich* (57), *Nu ist dy frag* (185) oder auch direkt durch ein Fragewort *Wije vil* (71; in lateinischen Aufgaben äußerst selten). Die Anleitung zur Berechnung antwortet darauf mit *Respondetur* (33) oder auch mit der Aufforderung *Nunc fac sic* (57), *Machs also* (39); mehrfach wird in diesem Teil auf eine Regel *Fac secundum regulam* (72) oder andere Aufgaben (38) verwiesen. Das Ergebnis folgt nach *Facit* (36), *Venit* (57), *Chumpt* (169) o. ä. Wiederum selten ist der Aufgabe ein Probe angeschlossen (183).

Durchweg sind die Sätze äußerst kurz und parallel gebaut, Hypotaxe weicht der Parataxe, die vorherrschenden Formen des Verbs sind die 2. Person bzw. der Imperativ in den auffordernden und anleitenden Textpassagen und die 3. Person bei den Angaben in der Aufgabenstellung oder den (Zwischen-)Ergebnissen. Abkürzungen werden für Einheiten verwendet, Symbole für Unbekannte, + und − tauchen jedoch nicht auf. Für Personen (336) oder für geometrische Objekte (Strecken, 160) können in den Aufgaben auch Buchstaben stehen.

Die Sprache wechselt z. T. in einem Satz zwischen Deutsch und Latein, wodurch die Zahl der synonymen Termini noch erhöht wird. Sowohl onomasiologisch wie auch semasiologisch[13] ist von keiner Eindeutigkeit zu reden.

---

[11] Lösungsansatz: $12x-10y=0$ mit $x+y=40$; durch Einsetzen und Umformen erhält man $\frac{40}{22} = \frac{x}{10}$.

[12] S. dazu auch Vogel 1954, 192.

[13] Für *addieren* findet sich *addere, iungere, componere, addieren, summieren, dazusetzen* usw.; s. auch Vogel (1954, 193–202). Andererseits steht *radix* für die Quadrat- (68) und die Kubikwurzel (236), für die Unbekannte (153) und die Wurzel eines Baumes (153).

(MI)	*Algorismus Ratisbonensis*: Practica (1450/60))
GG	—
TT	Aufgabe
Pr	AUFFORDERN, ANLEITEN
Th	einf. lin.
Gr	2. P. Imp. und 3. P.; Mischsprache; term. Vielfalt

Weitere Aufgabensammlungen aus diesem Traditionskreis überliefert etwa der Wiener Codex Vindobonensis 3029, f. 1–74, der tendenziell deutsche Termini (*macht, teil, für, Guld.*) den lateinischen (*facit, dividir, pro, fl*, so z. B. bei WIDMANN) vorzieht, aber keinerlei Symbole benützt.[14] Einführungen in die Grundrechenarten in deutscher Sprache werden etwa in der Stuttgarter Handschrift HB.XI.22 (um 1480, Ziffernrechnen)[15], im Prager Codex XI.C.5, f. 140–149 (um 1500, arithm. Abhandl. mit Aufgaben; Kaunzner 1968c) oder den Münchner Handschriften Clm 7088, f. 1r–16r (Linienrechnen und Aufgaben, expliziter Bezug zur Kaufmannssphäre) und Clm 4162, f. 144r–150r (Ziffernrechnen) vermittelt.[16]

2.1.2 Die Leipziger Lateinschulen

Die erste urkundliche Erwähnung Leipzigs fällt in das Jahr 1015.[17] Leipzig bestand zu dieser Zeit aus einer Burg bei einer Siedlung von Handwerkern und Kaufleuten an einer Kreuzung wichtiger Straßen; Ende des 12. Jhs. erhielt diese Ansiedlung den Status einer Stadt. Aufgrund von Förderungen und Privilegien durch die Landesherren (1268 Geleitschutz für Kaufleute, 1273 Münzprivileg) entwickelte sich Leipzig zu einem Umschlagplatz für den Fernhandel im Kurfürstentum Sachsen.

[14] Wien, Österreichische Nationalbibliothek; Edition von Rath 1912/3. Aufgrund von Fehlern in den Aufgaben möchte Kaunzner (1968a, 26) diese Abhandlung zeitlich nach dem Rechenbuch von WIDMANN ansetzen. Weitere Literatur s. Rath 1912/3; Nagl 1889, 145; 168; Curtze 1899, 61; 287; Vogel 1954, 24; 209–216.

[15] Stuttgart, Württembergische Landesbibliothek. Diese Abhandlung benützt eine hohe Zahl an Fachausdrücken und starke Differenzierung der mathematischen Objekte, etwa der Zahlen in *artikel* und *finger*, wie sie z. B. aus dem Algorithmus des J. DE SACROBOSCO bekannt ist, aber später nicht übernommen wurde; auch die Bezeichnung *gestalten* für *species, Rechenarten* ist selten; s. auch Rath 1912/13; 1913/4.

[16] Drucke des 15.–17. Jhs. in allen Volkssprachen verzeichnen Hoock/Jeannin 1991, speziell italienische mathematisch-praktische Texte bis 1600 van Egmond 1980.

[17] Zu der Entstehung und Entwicklung Leipzigs im Mittelalter s. etwa Kroker 1925; Czok 1985; Brübach 1994.

Auch das Handwerk produzierte nun vermehrt für den überregionalen Markt. Trotzdem unterschied sich Leipzig lange weder bezüglich seiner wirtschaftlichen Kraft noch seiner Größe von den anderen Städten Sachsens.[18]

In Leipzig entstanden nun im Mittelalter Bildungsanstalten an Klöstern, deren es um 1250 drei bis vier gab. Eines von ihnen, das Augustiner-Chorherrenstift St. Thomas, führte ab der 1. Hälfte des 13. Jhs. eine Schule.[19] Diese bestand aus einigen wenigen Chorschülern, die im Kloster wohnten und für den Gesang beim Gottesdienst ausgebildet wurden. Daneben existierte die *schola exterior* für Kinder Leipziger Bürger, welche jedoch nicht für den geistlichen Stand bestimmt waren. Anfangs beschränkte sich das Lehrpersonal auf den Rektor, einen Baccalaureus als Gehilfen und den Kantor, wurde aber später erweitert. Der Unterrichtsschwerpunkt lag auf der Ausbildung zum Kirchengesang,[20] daneben wurde das Notwendigste an Latein und aus den trivialen Wissensgebieten gelehrt.

Zwei Jahrhunderte genügte die Klosterschule den Bedürfnissen der Einwohner der Stadt Leipzig. Ende des 14. Jhs. jedoch lagen aufgrund des Aufschwungs des Handels und der damit verbundenen Ausbildung einer städtischen Autonomie veränderte Umstände vor: Die Einwohner wünschten nun eine eigene Schule unter städtischer Aufsicht (*schola senatoria* oder *civica, urbica*; Wustmann 1905, 316–9; Kaemmel 1909; Hocquel-Schneider 1994). Man erlangte auch in einer Bulle des Papstes 1395 die Erlaubnis zur Einrichtung einer Schule *pro eruditione in grammatica et aliis primitivis scientiis et artibus liberalibus* (Wustmann 1905, 316); die bisher mit dem Bildungsprivileg ausgestattete Thomasschule wehrte sich allerdings gegen dieses Vorhaben. Weiter verzögert wurde die Einrichtung der Schule durch die Gründung der Universität im Jahr 1409, da die philosophische Fakultät der Universität vorerst die Funktion einer höheren Schule erfüllte und sich durch eine Lateinschule in ihrer Existenz bedroht gefühlt hätte. Erst 1512 wurde nach einem Beschluß von 1498 die Nikolaischule eingerichtet und der Unterricht in ihr aufgenommen (Kaemmel 1909, 1–15; Hocquel-Schneider 1994, 12). Ihre Funktion war die einer Mittelschule zwischen der Grundausbildung an St. Thomas und den weiterführenden Studien an der Universität. Der Lehrinhalt bestand aber auch hier aus der traditionellen Zusammenstellung Lesen, Schreiben, Rechnen und Singen. Dieser Schule stand nun

[18] Anderer Meinung bezüglich der wirtschaftlichen Bedeutung Leipzigs ist z. B. Steinmüller 1953; s. dazu auch S. 108 dieser Arbeit.

[19] Wustmann 1905, 313–6; Blaschke 1990, 344–346; erste urkundliche Erwähnung 1254 (Mangner 1906, 3).

[20] Diese Tradition haben die Thomaner bis heute bewahrt.

kein Geistlicher, sondern mit einem Ratsherren eine weltliche Person vor; ebenso kam der erste Schulmeister Magister JOHANNES RUMPFER, ein Universitätsangehöriger, aus weltlichen Kreisen.[21]

2.1.3 Die Leipziger Universität

Die Universität Leipzig ist nicht als hohe Schule aus einer Lateinschule hervorgegangen, sondern wurde 1409, nachdem die deutschen Magister und Studenten aus Prag infolge des Kuttenberger Dekrets ausgezogen waren, gegründet.[22] Institutioneller Aufbau und Gestaltung des Lehrplans unterschieden sich jedoch nicht von denen anderer Universitäten des Mittelalters nördlich der Alpen.[23] Grundlegend für den Lehrplan war die Aufteilung der Wissenschaften in die *septem artes liberales*;[24]

---

[21] Auch nach der Gründung wehrte sich die Thomasschule gegen die neue Schule, so daß diese speziell für Bürgerkinder eingerichtete Schule anfangs große Schwierigkeiten hatte, sich gegen die etablierte Schule der Augustiner-Chorherren von St. Thomas zu behaupten. Erst ab 1530 wurde sie vom Bürgertum angenommen und entwickelte sich dann zu der Schule der Vornehmen und Reichen (Hocquel-Schneider 1994, 13–14).
Wie wenig das Programm *aliis primitivis scientiis et artibus liberalibus* an solchen Schulen tatsächlich erfüllt wurde, zeigt auch das Beispiel der Lateinschule in St. Joachimsthal. Eine Analyse der Beschäftigung mit den Wissenschaften im Spiegel der Bestände der Bibliothek der Lateinschule im 16. Jh. zeigt den Vorrang der Theologie. Nur ein einziger Band mit einem astronomischen Werk ist dort erhalten (Sturm 1964, Katalog Nr. 320: Herodianus: De numeris; es fehlen der Bibliothek heute 70 Bände). Insgesamt gab es Ende des 15. Jhs. in Sachsen in 35 Städten Lateinschulen (Blaschke 1990, 346).

[22] Zur Geschichte der Gründung s. die Arbeiten von Hoyer.

[23] Lange Zeit wurde das Bild von der Universität Leipzig bestimmt durch Äußerungen wie folgende: *Nirgends waren Einrichtungen und Geist der Universität scholastischer wie in Leipzig* (Kaemmel 1909, 9). *Leipzig war so recht das Prototyp einer mittelalterlichen Universität. Nicht den Geist zur Forschung anzuregen war das Ziel des Unterrichts. [...]. In dieses feste Gefüge drang kein Einfluß des Humanismus hinein* (Friedberg 1898, 27). Man betrachtete Leipzigs Universität also als eine stark scholastisch geprägte und damit wissenschaftlich rückständige Universität, die dem Humanismus ablehnend gegenüberstand. Einzelne Arbeiten wie auch der detaillierte Studien- und Forschungsüberblick von Döring 1990 machen indes auf die humanistisch-scholastische Mischung in Meinung und Haltung der Universitätsangehörigen aufmerksam.

[24] Zur Ausbildung dieses Bildungskanons seit BOETHIUS und der Weiterentwicklung im Mittelalter s. z. B. Schiewe 1996; Lex. d. Mal. 1, 1058–1065; Reallexikon der deutschen Litgesch. 1, 102–106. Vergleiche auch den Studiumaufbau in der Darstellung als Turm auf dem Titelholzschnitt zu GREGOR

die mathematischen Wissenschaften Arithmetik und Geometrie nahmen darin als quadriviale Künste einen eher niedrigen Stellenwert ein — vor allem hielten sich die fachlichen Anforderungen in Grenzen. In keinem dieser Bereiche war eigenständige Forschung die Aufgabe, sondern allein die Weitergabe des in Werken bewährter antiker und mittelalterlicher Autoren überlieferten Wissens.[25]

Aufgrund der Angaben in den Statuten der Leipziger Universität lassen sich die Bücher, die die Studenten Ende des 15. Jhs., also auch WIDMANN, lesen bzw. hören mußten, genau eruieren.[26] Für die erste Prüfung an der philosophischen Fakultät, das Baccalaureat, mußten Lehrveranstaltungen zu folgenden Werken absolviert werden: *Item libri ad gradum baccalariatus sunt: Petrus Hyspanus, Priscianus minor, vetus ars, priorum, posteriorum, elencorum, phisicorum, de anima, sphera materialis, Donatus minor, secunda pars vel Florista, algorismus et computus et aliquis liber in rethorica*[27] (Zarncke 1861, 405). Themen aus der Mathematik behandelten darunter die beiden Vorlesungen über JOHANNES DE SACROBOSCOs Prosa-Algorismus (Einführung in das Rechnen mit indisch-arabischenen Ziffern) und über den Computus (Berechnung des Osterdatums). In den Statuten von 1499 (Zarncke 1861, 464) findet

---

REISCHS *Margarita philosophica* (1503; s. etwa Gericke 1990, 219–24).

[25] Die Studien an der Universität dienten also allein der Wissenschaftspflege, nicht der Erkenntniserweiterung (Seifert 1996, 202). Zur Stellung der Mathematik, wie sie sich in Untersuchungen zu Lehrplänen an verschiedenen Universitäten herauslesen läßt, und zu den Anfängen einer Beschäftigung mit der Mathematik um ihrer selbst willen s. S. 13.

[26] Daß es sich bei diesen Angaben nicht nur um leere Formeln handelt, sondern daß sie tatsächlich eingehalten wurden, zeigen zwei *cedulae actuum*; diese Zusammenstellungen von absolvierten Lehrveranstaltungen mußten vor der Zulassung zu einem Examen beim Dekanat abgegeben werden. Ein Vergleich der Angaben zu Themen, Lehrwerken und Mindestzeiten auf diesen beiden *cedulae*, von denen eines von VERGILIUS WELLENDARFER (s. S. 35) stammt, macht die weitgehende Übereinstimmung mit den Angaben in den Statuten deutlich. Einige der dort genannten Werke finden sich auch in der zum großen Teil von WELLENDARFER geschriebenen Handschrift Leipzig, Ms 1470 bzw. in einem Bücherverzeichnis zum Baccalaureats-, Licentiatsexamen (Ms 1470, f. 284v); s. dazu Helssig 1909.

[27] Hierbei handelt es sich möglicherweise um folgende Bücher: PETRUS HISPANUS: *Summulae logicales*, PRISCIANUS: *Institutio grammatica*, ARISTOTELES: *Kategorien* + *Peri hermeneias* und PORPHYRIUS: *Eisagoge*, ARISTOTELES *Analytica priora*, *Analytica posteriora*, *Sophistici Elenchi*, *Physica*, *De anima*, JOHANNES DE SACROBOSCO: *Sphaera materialis*, DONATUS: *Ars minor*, ALEXANDER DE VILLADEI: *Doctrinale, Pars II* oder LUDOLFUS DE LUCOHE: *Flores grammaticae*, JOHANNES DE SACROBOSCO: Prosa-*Algorismus*, *Computus*: unklar, welches der vielen Werke (Helssig 1909, 35–50).

sich zu diesen Veranstaltungen noch der Zusatz: *et leguntur per baccalarios in canicularibus*; Übungen in Mathematik waren nicht nötig.

Kurzanalyse 4: JOHANNES DE SACROBOSCO: (Prosa-) *Algorismus vulgaris* (um 1240)

Um 1240 entstanden entwickelte sich der *Algorismus vulgaris* des JOHANNES DE SACROBOSCO zu dem Standardwerk zur Einführung in das Rechnen mit den indisch-arabischen Ziffern (S. 21); dementsprechend wurde er in zahlreichen Handschriften und auch Drucken überliefert, bearbeitet und mit Kommentaren versehen.[28]

(ME)	J. DE SACROBOSCO: *Algorismus vulgaris* (um 1240)
KG	Ziffernrechnen
KP	P: Gelehrter; R: Studenten, Gelehrte
KS	EO: Paris, EZ: ~1240, EI: ?; GO: Europa, GZ: 13.–16. Jh., GI: Universität
KF	schriftl. Einträge in Handschriften; Drucke

Nach einer kurzen Vorrede mit der Angabe des Inhalts und der Objekte *Numerorum autem alius digitus, alius articulus, alius numerus compositus. Digitus quidem est [...]* (1) folgen 11 Abschnitte zu den Rechenarten. Diese enthalten reine Anleitungen in knappem, nüchternem Stil, jedoch keinerlei Beispiele und keine Zahlen, obwohl die indisch-arabischen Ziffern im ersten Abschnitt *De Numeratione* (1–3) genau eingeführt worden sind.

> *De Additione*
>
> *Additio est numeri vel numerorum ad numerum aggregatio, ut videatur summa excedens. In additione duo ordines figurarum, id est duo numeri ad minus sunt necessarii, scilicet numerus, cui debet fieri additio, et numerus addendus. Numerus, cui debet fieri additio, est numerus, qui recipit additionem, et debet superscribi; numerus vero addendus est, qui debet addi ad alium, et debet subscribi. [...]. Si igitur velis numerum numero addere, scribe numerum, cui debet fieri additio, in superiori ordine per suas differentias, numerum vero addendum in inferiori ordine per suas differentias, ita quod prima inferioris ordinis sit sub prima superioris, secunda sub secunda, et ita de aliis. Hoc autem facto addatur prima figura inferioris ordinis primae figurae superioris. Ex hac igitur additione aut excedet digitus, aut articulus, aut numerus compositus. [...].* (3)

Logisch sortiert und getrennt werden alle möglichen Fälle beschrieben und Anweisungen zur Lösung gegeben, weswegen sehr viele Konditionalsätze verwendet werden.[29] Der Lehrtext wird jeweils mit der Erläuterung des Terminus,

[28] Eine Liste der Überlieferungen s. die Edition von Curtze 1897, V/VI; dort auch der Kommentar von PETRUS DE DACIA. Die folgenden Zitate beziehen sich ebenfalls auf die Seiten dieser Edition.

[29] Wir werden sehen, daß die Rechenbücher einige Textteile zwar wörtlich

d. h. der Angabe der Rechenart eingeleitet. Proben durch die Umkehroperation nennt der Autor nur, wenn beide Rechenarten bekannt sind, also nur bei der Subtraktion, der Duplikation und der Division. Bei den Rechenvorschriften steht selten der Imperativ, meist wird die 3. Person im Konjunktiv oder im Passiv vorgezogen. Notierenswert ist ein Merkvers im Abschnitt über das Duplieren.[30]

(MI)	J. DE SACROBOSCO: *Algorismus vulgaris* (um 1240)
GG	Vorrede (1) // Numerieren (1–3), Addieren (3/4), Subtrahieren (4/5), Medieren (5/6), Duplieren (7), Multiplizieren (8–11), Dividieren (11/2), Progredieren (12/3), Wurzeln (3 Abschnitte, 14–19)
TT	Lehrtext
Pr	ANWEISEN
Th	einf. lin., gesp. Rhema
Gr	3. P. Konj. bzw. Passiv; paral. Satzbau, Kond.sätze

Auch der Kanon an Pflichtveranstaltungen für das Abschlußexamen der philosophischen Fakultät, das Licentiatsexamen, schrieb nicht viele mathematische Veranstaltungen vor: *Item ad gradum magisterii sunt libri isti: topicorum, de coelo, de generatione, metaphisica, parva naturalia, ethicorum, polliticorum, yconomicorum, perspectiva communis, theorica planetarum, Euclides, logica Heyssbri sive rhetoricorum Aristotelis pro uno, arismetrica communis, musica Muris, meteororum*[31] (Zarncke 1861, 398/9). EUKLID, die *Arithmetica speculativa* des JOHANNES DE MURIS und JOHANNES PECKHAMS *Perspectiva communis* waren an mathematischen Kenntnissen also ausreichend, Übungen gab es wiederum keine.[32]

übernehmen, aber auf viele der hier getroffenen Unterscheidungen verzichten.

30 *Subtrahis aut addis a dextris aut mediabis, | A laeva dupla, divide multiplicaque, | Extrahe radicem duplam sub parte sinistra.*

31 Hierbei handelt es sich im einzelnen möglicherweise um folgende Bücher: ARISTOTELES: *De caelo, De mundo, De generatione, Metaphysica, Parva naturalia* (hiervon nur die ersten vier Bücher: *De sensu, De memoria, De somno, De longitudine*), *Ethica Nicomachia, Politica, Oeconomica*, JOHANNES PECKHAM: *Perspectiva communis*, (Pseudo-)GERARD DE CREMONA: *Theorica planetarum*, EUKLID: *Elemente. Buch 1 (-6)*, WILLIAM HEYTESBURY (Hentisberus oder Tysberus): *Regulae solvendi sophismata*, JOHANNES DE MURIS: *Arithmetica communis* (= *Arithmetica speculativa*) oder BRADWARDINE, ALBERT DE SAXONIA, JOHANNES DE MURIS: *Musica speculativa*, ARISTOTELES: *Meteora* (Helssig 1909, 35–50).

32 In der Praxis genügten wohl die Vorlesungen über ARISTOTELES (Helssig 1909, 22).

Ein ähnliches Bild ergibt sich aus einer Untersuchung der mündlichen Prüfungen (Quaestionen):[33] Insgesamt finden sich wenige Fragen zu naturwissenschaftlichen, darunter höchstens zwei bis drei zu mathematischen Themen.

Der vergleichbar niedrige Stellenwert der Mathematik läßt sich auch aus Notizen und Daten zur Lehrpraxis an der Universität ablesen. Die Vorlesungen an der Universität Leipzig wurden von Magistern[34] gehalten, die zuvor dem Dekan das Versprechen geben mußten, genau dem vorgeschriebenen Buch zu folgen und dieses ohne Lob oder Tadel vorzustellen und zu erklären. Nach den Statuten von 1471 war sogar die Verteilung des Stoffes des Buches über die Vorlesungszeit mehr oder weniger vorgeschrieben; ein gewisser Spielraum blieb allein innerhalb der angegebenen Maximal- und Minimalzeiten für eine Vorlesung.[35] Obwohl diese Zeiten im Falle der mathematischen Veranstaltungen ohnehin eher knapp bemessen waren, wurden sie häufig nicht eingehalten, meist wurden sogar die Minimalzeiten unterschritten.[36]

---

[33] Die Auswertung der Quaestionen, verzeichnet ab 1512 im Quaestionenbuch der Universität Leipzig, verdanken wir Suter (1889, 17). In diesem Quaestionenbuch sind jedoch nur die Namen der disputierenden Baccalauren oder Magister und die Fragen selbst aufgezeichnet, nicht aber die Antworten. Die geringe Anzahl mathematischer Fragen mag, wie Suter schon annimmt, ihren Grund darin haben, daß dies *feststehende, bewiesene Tatsachen* sind, über die sich *nicht wohl streiten* läßt (ebd.).

[34] Wellendarfer hat bis zu seinem Baccalaureat insgesamt 23 Vorlesungen gehört, von denen drei sogar von Baccalauren gehalten wurden.
Nach jedem der beiden Examina hatte der Student die Möglichkeit, die Universität zu verlassen, was wohl auf einen Großteil der Studenten tatsächlich zutraf. Blieb er jedoch an der Universität, mußte er weiterhin lernend und nun auch lehrend tätig sein. Er war angehalten, während eigener weiterer Studien Vorlesungen über die Anfangsgründe der Logik, Grammatik und Rhetorik zu halten.

[35] Minimal- und Maximalzeiten einiger Vorlesungen nach den Statuten von 1471 (Helssig 1909, 53–62; Zarncke 1861, 398, in Klammern die Angaben nach Leipzig, Ms 1470, f. 284v): Aristoteles: *Metaphysica* 6–9 Monate (5–9 Monate), Aristoteles: *Physica* 6–9 Monate (6–9 Monate), Aristoteles: *Ethica* 6–9 Monate (4–9 Monate), Priscianus: *Institutio grammatica* (7 Wochen–2 Monate), Euklid: *Elemente* 5–9 Monate (5–9 Monate), Johannes Peckham: *Perspectiva communis* 3 Monate–14 Wochen (3–4 Wochen), Johannes de Muris: *Arithmetica communis* 3 Wochen–1 Monat (1 Monat), Johannes de Muris: *Musica speculativa* (1 Monat), Johannes de Sacrobosco: *Sphaera materialis* 5–7 Wochen, Gerhard de Cremona: *Theorica planetarum* 5–7 Wochen (5–8 Wochen).

[36] Helssig (1909, 55) verzeichnet den Fall, daß die Minimalzeit für die *Arithmetica communis* mit 20 Tagen nur knapp erreicht wurde.

Die Vorlesungen fanden täglich von 6 Uhr morgens bis 6 Uhr nachmittags statt, außer an Feiertagen und in den Hundstagen (15. Juli–15. August); in dieser Zeit wurden nur die als weniger wichtig erachteten Fächer wie EUKLID gelesen. Lektionen, Disputationen und Übungen wurden in öffentlichen oder privaten Bursen abgehalten; die meisten Vorlesungen in Leipzig fanden jedoch im Großen Fürstenkolleg statt. Die Aufgabe des Studenten in einer Vorlesung bestand im Zuhören und Mitdenken; Mitschriften von Vorlesungen wurden teilweise als Übel betrachtet und verboten (Suter 1887, 16/7). Mit der Erfindung des Buchdrucks ergab sich für die Studenten mehr und mehr die Möglichkeit, die der Vorlesung zugrunde liegenden Texte zu erwerben und während der Vorlesungen Notizen in sie einzutragen. Obwohl Bücher anfangs noch sehr teuer waren, war in Leipzig die Universität Hauptauftraggeber und -abnehmer für Druckerzeugnisse der städtischen Drucker.[37]

Für jede Vorlesung, die ein Student hören wollte, mußte er Vorlesungsgebühren an den jeweils lesenden Magister zahlen. Da die Vorlesungen unterschiedlich wichtige Stoffe zum Inhalt hatten und dessen Vermittlung verschieden viel Zeit in Anspruch nahm, wurden sie unterschiedlich gut bezahlt.[38] Dies hatte zur Folge, daß die als unwichtiger angesehenen und damit schlecht vergüteten Vorlesungen wie die über Mathematik oft mit wenig Eifer und Bemühung gelesen wurden, abgesehen davon, daß die Magister für diese spezialisierteren Vorlesungen oftmals fachlich nicht qualifiziert genug waren.[39]

Die in den Statuten erfaßten Angaben und ihre Bestätigung durch Funde in Handschriften dürfen jedoch nicht übersehen lassen, daß es genug Fälle gegeben haben mag, in denen vorgeschriebene Vorlesungen nicht gehalten oder aber zusätzliche angeboten wurden, wie es die Vorlesungen G. WOLACKs in Erfurt und J. WIDMANNs in Leipzig bezeugen.[40]

---

[37] Diese Zusammenarbeit spiegelt sich auch in einer Besonderheit der Leipziger Universität; dort hängten die lesenden Magister Vorlesungsankündigungen aus, in denen sie nicht nur auf das zugrundeliegende Buch verwiesen, sondern darüber hinaus den Drucker angaben, bei dem das Buch vorrätig war (s. Bsp. bei Kienitz 1930, 40–44; s. auch S. 33 dieser Arbeit).

[38] Gebühren für Vorlesungen nach den Statuten von 1471 (Helssig 1909, 53–62; Zarncke 1861, 398): EUKLID: *Elemente* 4 Groschen, JOHANNES PECKHAM: *Perspectiva communis* 3 Groschen, JOHANNES DE MURIS: *Arithmetica communis* $\frac{1}{2}$ Groschen, JOHANNES DE MURIS: *Musica speculativa* 1 $\frac{1}{2}$ Groschen, JOHANNES DE SACROBOSCO: *Sphaera materialis* 1 Groschen, GERHARD DE CREMONA: *Theorica planetarum* 2 Groschen.

[39] Die Aufgabe der 'walzenden Lektionen' und Errichtung fest besoldeter Stellen für Magister in bestimmten Fächern 1502 erlaubte eine Vertiefung einzelner Dozenten in einzelne Gebiete. S. dazu S. 7.

[40] Ich möchte hier nicht so weit gehen wie Schöner (1994, 65), der z. T. vom Versagen der Statuten als Quelle spricht. Seine Meinung, um 1470 sei es *um*

Auskunft darüber geben uns heute aber nur noch Funde von Notizen oder Mitschriften in Handschriften aus dieser Zeit, die auch dem zeitgenössischen mathematisch Interessierten Möglichkeiten boten, sein Wissen über den standardmäßigen Pflichtstoff hinaus zu erweitern. Vielfach in diesem Sinn herangezogen wurden etwa die *lateinische* und die *deutsche Algebra* in der Handschrift Dresden, C 80.

2.2 Volkssprachliche Bildung in Mathematik

Die bisher beschriebenen und an Leipziger Verhältnissen illustrierten Bildungsinstitutionen waren auf eine theoretische Ausbildung zur Erlangung einer gelehrten Bildung ausgerichtet. Als Grundmerkmal dieser Institutionen erwies sich der Gebrauch der lateinischen Sprache in Unterricht und Texten. Im 15. Jh. entwickelte sich jedoch in Leipzig auch bei einer anderen Bevölkerungsgruppe — nämlich bei Händlern und Kaufleuten — ein Bedürfnis nach Bildung und Unterricht, das neue Bildungsinstitutionen und neue Formen des Unterrichts entstehen ließ. Dies war natürlich nicht nur eine Leipziger, sondern vielmehr eine gesamteuropäische Erscheinung.

Solange der Handel eher regionalen Charakter trug und teilweise sogar noch als Tauschhandel vollzogen wurde, bestand bei den Kaufleuten keine Notwendigkeit der Schriftkundigkeit. Die Ausweitung des Handels, die Entstehung des Fernhandels in Europa und über Europa hinaus, der damit verbundene wirtschaftliche Aufschwung, Entwicklung des Münzgeldwesens und die neuen Produktionsverhältnisse ließen größere Handelsunternehmen entstehen, die einen festen Sitz in den großen Handelsstädten hatten und von dort aus das Geschäft leiteten. Dadurch wurde nicht nur die schriftliche Fixierung von Einnahmen und Ausgaben in das Handelsbuch nötig; auch Handelsbräuche wurden festgehalten: Das Aufzeichnen von Warenkenntnis, d. h. Kenntnis um Herkunft der Waren,

die Universitätsmathematik in Leipzig keineswegs schlecht bestellt gewesen (1994, 80), kann er nur durch, wenn auch durchaus plausible, Interpretationen verschiedener Notizen und Hinweise stützen und gesteht selbst, daß sich *beim derzeitigen Forschungsstand keine genaueren Angaben über die institutionelle Verankerung der Mathematik an der Universität Leipzig machen* lassen. Döring (1990, 45/6) beurteilt die Stellung der Mathematik an der Universität Leipzig als durchschnittlich; auch für die Zeit um 1500, als moderne Kenntnisse in Astronomie, Arithmetik und Algebra die Leipziger Mathematik prägten, verweist Döring auf die Universitäten in Erfurt, Wien und Krakau. Tatsächlich muß man feststellen, daß zwar zwischen 1500 und 1510 einige Schriften mathematischen Inhalts von Universitätsangehörigen veröffentlicht wurden (S. 57ff.), die gerade erst geschaffenen Stellen für die mathematischen Fächer aber bald wieder reduziert wurden (S. 59).

der Handelswege, Maßeinheiten, Währungs- und Preislisten (ab Ende des 14. Jhs.) und natürlich die Korrespondenz setzten Alphabetisierung voraus. Neben der praktischen Ausbildung gehörte also zur kaufmännischen Erziehung Lesen, Schreiben, (doppelte) Buchführung, Fremdsprachen und Rechnen. So entstanden in führenden Handelszentren auch auf Initiative der Kaufleute die ersten volkssprachlichen Schulen (s. Kapitel 5).

Bereits im 12. Jh. sind solche Schulen in Flandern, im 13. Jh. beispielsweise in Lübeck oder anderen Hansestädten zu finden. Der Durchbruch sollte jedoch von den norditalienischen Städten und v. a. von dem im 13. Jh. im Mittelmeer- und Osthandel vorherrschenden Venedig ausgehen, wo LEONARDO VON PISA 1202 seinen *Liber abbaci* verfaßte (s. S. 18), der, wenn auch noch lateinisch, Vorbild und Grundlage für viele der italienischen Rechenbücher des 13. und 14. Jhs. wurde. Aufgrund des hohen Bedarfes an Rechenkenntnissen wurden bald Rechenschulen (*scuole d'abbaco*) gegründet,[41] in denen Rechenmeister (*maestri d'abbaco*) in der Vulgärsprache — also auf italienisch — unterrichteten, in welcher nun auch die im Unterricht gebrauchten oder für das Selbststudium gedachten Rechentraktate (*libri d'abbaco*) verfaßt wurden. In diesen Schriften stand nun nicht mehr die Theorie im Vordergrund, sondern vielmehr die Übung des sicheren und schnellen Rechnens nicht zuletzt anhand vieler Beispiele aus der Praxis.

Zwei der ältesten datierbaren gedruckten Rechenbücher auf italienisch sind ein 1476/8 in Venedig von ADAM VON ROTTWEIL gedrucktes Buch über Kaufmannsrechnung[42] und der sogenannte *Treviso-Algorithmus* (Treviso: Michele Manzolo (?) 1478).[43] Auch das erste (?) Rechenbuch in deutscher Sprache, der *Trienter Algorithmus*, entstand im Einzugsgebiet des italienischen Handels.

Kurzanalyse 5: *Trientiner Algorithmus* (1475)

Das älteste erhaltene gedruckte Rechenbuch in deutscher Sprache[44] umfaßt sechs Blätter; gedruckt wurde es um 1475 von ALBRECHT KUNNE in Trient, einem Stützpunkt für deutsche Handlungsreisende (Brandstätter 1996, 365). Ob der Verfasser Rechenmeister oder Kleriker war, ist unklar, er besaß jeden-

[41] Der erste Rechenmeister ist 1284 in Verona nachweisbar (Folkerts/Reich 1989, 190); Florenz besaß z. B. 1338 sechs "Berufs"schulen.

[42] GW 1280; van Egmond 1980, 228; heute Wien, Österreichische Nationalbibliothek.

[43] Van Egmond 1980, 291; Swetz ^{2}1989.

[44] GW 1279, einziges Exemplar *Dessau, Anhaltische Landesbücherei, Sign.: Georg 866.

falls Lateinkenntnisse (Vogel 1963, 184). Sein mathematisches Wissen und die Aufgaben hatte er wohl aus ähnlichen Quellen bezogen wie die oberdeutschen Handschriften und die WOLACK-Vorlesung, da sich zu diesen Parallelen bis in die Formulierung hinein finden (Vogel 1963, 184).

(ME)	*Trientiner Algorithmus* (1475)
KG	Linienrechnen, Aufgaben
KP	P: Rechenmeister, Kleriker ?; R: Kaufleute? Kleriker? Schüler?
KS	EO: Trient, EZ: 1475, EI: ?; GO: Südtirol?, GZ: E. 15. Jh.?, GI: ?
KF	Druck; 8°, 6. f.

Der *Algorisimus* (1r)[45] beginnt mit einer Einleitung zum Einrichten des Rechentisches mit den Linien; es folgen dann kurze Hinweise zur Durchführung der Rechenarten Addition bis Progression (1r–2v).

> *ADDicio heist eyn zulegung vnd lert wy man eyn zal zu der andern lege(n) sol: Sam also du hettest auß/geben oder jngenomen die hernach geschriben Zal. wie vil es zu eyner sum treff und gelich wye es dir fur kumet Jtem LXXVI Jtem XXIIII Jtem LVIII Jtem XIIII Das mach als .C.LXXII. vnd ist gemacht. vnd also thun ym mit allen andern sachenn oecetera als den hernach mer kumen wirt* (1r)

Ebenso werden in den weiteren Lehrtexten kaum konkrete Anweisungen zur Rechnungsdurchführung gegeben, wenn sie auch ein wenig genauer ausfallen als bei der Addition. Die Rechenart selbst wird am Beginn des Abschnitts genannt — Überschriften gibt es hier keine — und wird mit *heyst ein* erklärt. Die Handlungsanweisung steht im Imperativ, der Satzbau ist parallel, einfach lineare Progression und Terminatoren *vnd ist gemacht* herrschen vor. Schematische Rechenbretter illustrieren den Vorgang, es werden im ganzen Text nur römische Ziffern gebraucht. Der zweite Teil ist nach elf Regeln geordnet, die in Überschriften durchgezählt werden. In ihnen bietet der Autor Lösungsrezepte für Problemarten aus dem Kaufmannsalltag und der Unterhaltungsmathematik.

> *Dye erst Regel*
>
> *Dye ist gemeyn vnd haist dye Regel. Regula. Ternari vnd ist also, wan do fur gelegt werden Zwen nemlich numerum oder zal, dye man wol weyß vnd durch denn dritten wurt dye frag von dem vierden numerum, des man nicht waiß, vnd der wirt sich zu dem dritten des gelichen des dritt zu dem ersten; wiltu das wissen, So multiplicir den drytten durch den andernn oder durch dy zal des andern dings. vnd auß der multiplicirung kumpt, das diuider durch den ersten oder durch den numerum des selbigen dings. So finstu dein frag. Exemplu(m) ich hab kaufft xxxiij. pfunt pfeffers vmb xiiij guldin, wi kumen .xij. pfunnd? So secz also*

.xxxiij.

pfunt *.xiiij.guldin*

: xij.

[45] Zitiert wird nach der Edition von Vogel 1963 und der Seite des Druckes.

wiltu nw wissen, wie .xij. pfunt pfeffers kumen, multiplicier [...], dy diuidir durch .xxxiii. als vor ist geschehe(n) mit den guldin. (2v)

Der Name der Regel wird in manchen Fällen im ersten Satz des folgenden Abschnitts genannt und begründet. Nur die *Regula de tri* wird allerdings allgemein formuliert, bei allen anderen Regeln folgen gleich Aufgaben in der standardmäßigen Dreiteilung: Sie beginnen mit der Aufgabenstellung, deren Ende ein Fragesatz mit einem Fragepronomen kennzeichnet. Die Durchführung der Rechnung ist schrittweise beschrieben in kurzen, parallel gebauten Sätzen; durchgehend werden hier der Imperativ, viele Fachwörter und Einheiten verwendet, anderer Wortschatz jedoch kaum. Das Ende der Aufgabe ist nicht weiter gekennzeichnet. Schematische Bilder illustrieren wieder die Rechnung, auch hier werden nur römische Ziffern verwendet. Die Rechenarten werden sowohl mit lateinischen wie mit deutschen Termini bezeichnet, in den Aufgaben überwiegen allerdings die lateinischen. Bemerkenswerte Wortbildungen sind *multiplicirer* (Faktor, 3v) und *diuidirer* (Divisor, 3v).

(MI) *Trientiner Algorithmus* (1475)		
GG	Linien (1r) // Rechenarten (1r–2v) // Aufgaben (2v–6v)	
TT	Lehrtext	Aufgabe
Pr	INFORMIEREN, ANLEITEN	AUFFORDERN
Th	einf. lin.	einf. lin.
Gr	Imp.; knapp; Schemata; röm. Ziffern	Imp.; Schemata; überwiegend math. WS; röm. Ziffern

Nördlich der Alpen war es anfangs Brauch, junge Kaufleute nach Italien zu schicken, damit sie dort rechnen, aber auch andere kaufmännische Tätigkeiten wie die doppelte Buchführung lernten.[46] Mit der Zeit etablierten sich jedoch auch in Süddeutschland — bevorzugt in den aufblühenden oberdeutschen Handelsstädten, aber ebenso entlang wichtiger Handelsrouten wie der *via regia* — rechenkundige Männer, die Unterricht in den Grundrechenarten anboten und sich als Rechenmeister bezeichneten.[47] Ein Niederschlag dieser Lehren findet sich im *Bamberger Blockbuch.*

[46] In diese Zeit fällt die Übernahme zahlreicher Termini des (Geld-)Handels aus dem Italienischen ins Deutsche, die heute noch den Wortschatz in diesen Bereichen bestimmen, s. die Wörter *Konto, Disagio, Agio, Giro* (Menninger 1979, 2, 245/6).

[47] Zur Nationalität der Rechenbuchautoren und der Sprache der Bücher s. die Tabellen 5 und 6 in Hoock/Jeannin 1991. Bis 1510 überwiegen jeweils die italienischen Erzeugnisse (10/12, d. i. Herkunft der Autoren/Sprache des Buches) die deutschen (5/6); nach 1510 steht jedoch in beiden Beziehungen der deutsche Sprachraum an der Spitze (287/317) vor dem italienischen (170/202). Es folgen der niederländische (126/121) und der französische (50/159), in England liegen die Zahlen deutlich niedriger (71/99).

Kurzanalyse 6: *Bamberger Blockbuch* (1470/80)

Diese drucktechnische Rarität[48] entstand zwischen 1470 und 1480; der Verfasser ist unbekannt, wohl aber dem Kreis, aus dem auch die weiteren Bamberger mathematischen Texte (*Bamberger Rechenbücher, Bamberger Handschrift* u. a.) stammen, zuzuzählen.[49]

(ME): *Bamberger Blockbuch* (1470/80)	
KG	*Regula detri*, Aufgaben mit den indisch-arabischen Ziffern
KP	P: ?; R: ?
KS	EO: Süddtl., EZ: 1470/80, EI: ?; GO: ?, GZ: ?, GI: ?
KF	Druck; 8°, 28 S.

Auf 28 teils unbedruckten Seiten verzeichnet dieser Text nach der Angabe der *Regula de tri* und ihrer Probe 50 Aufgaben über Maßumrechnungen; nach der Überschrift *Vonn allerley kaufschlag* (7r) folgen 39 Aufgaben aus dem Kaufmannsalltag, darunter Mischungsaufgaben, Goldrechnung und eine Gesellschaftsaufgabe. Eingerahmt wird diese Aufgabensammlung von tabellenhaften Maßumrechnungen und einer spaltenförmigen Multiplikationstafel mit dem kleinen Einmaleins, in der zu Beginn jeder Multiplikationsreihe die Tabellenlesart in Worten angegeben wird: *1 mol 1 ist 1* (1v).[50] Das Blockbuch besitzt keinerlei Paratexte.

Die einzigen Anleitungstexte sind die *Regula de tri* (3r) und die Probe (3v); in der Regel folgt auf die Einführung und Begründung des Namens sogleich die Anleitung zu ihrer Anwendung bzw. Durchführung *REgula von dre ist drey dinck die du setzt* (3r). Die Probe beginnt mit der Incipit-Formel *Wiltus probieren* (3v). Die in beiden Teiltexten verwendeten mathematischen Termini *multiplizieren, teilen* und *teiler* und die halb-terminologisierten Bezeichnungen *frag, machen, kummen, umkehren* werden weder eingeführt noch erläutert.

Die Aufgaben sind alle kurz, behalten aber im ersten Teil die dreiteilige Form: Aufgabenstellung, Frage (eingeleitet mit *wie*), Ergebnis (eingeleitet mit *facit*, selten *kumt, kummen*): *Jtem 1 ct vmb 16 fl wie 1 lb facit 1 lb 10 pf* (4v). Die Aufgaben aus der Handelspraxis sind ebenfalls so knapp wie möglich gehalten; in ihnen wird die Frage ausgespart *Jtem einer kauft 46 ct kupfers kost 1 ct 9 fl 1 ß facit 416 fl 6 ß* (8r). Lösungswege werden nicht angegeben.

Deutlich nicht als Aufgaben konzipiert sind die Umrechnungen am Anfang und am Ende des Textes. Die Angaben zum Verhältnis von verschiedenen Maßen *Jtem 20 ß Jn gold ist 1 fl* (12v) sind rein informativ und in der Parallelität der Formulierung tabellenhaft. Im gesamten Text werden keine mathematischen Symbole verwendet, der Bruchstrich wird jedoch bereits eingesetzt.

---

[48] Das einzige Exemplar befindet sich in Bamberg, Staatsbibliothek, Sign.: Inc. typ. Ic I44. Zitiert wird im folgenden nach dem Abdruck des Buches bei Vogel 1980. Schemmel bezeichnet diesen Druck unter buchkundlichem Aspekt als *sorglosen xylographischen Gebrauchsdruck der Inkunabelzeit* (in Vogel 1980, 105).

[49] Vogel (1981b, 48) schlägt Ulrich Wagner vor.

[50] Diese Anordnung wichtiger Rechenhilfen an auffälliger Stelle mögen dem raschen Zugriff auf sie dienlich gewesen sein. Möglicherweise besaß das Rechenbuch daher die Funktion eines Nachschlagewerks.

(MI): *Bamberger Blockbuch* (1470/80)			
GG	Multiplikationstafel (1v) // Umrechnungen (2v) // *Regula detri*, Aufgaben (3r-7r) // Kaufmannsaufgaben (7r-12v) // Umrechnungen (12v-13r) // Multiplikationstafel (Forts.) (14r)		
TT	Regel	Aufgabe	Umrechnung
Pr	DARSTELLEN (AUFFORDERN)	AUFFORDERN	MITTEILEN
Th	einf. linear	einf. linear	einf. linear
Gr	2. P. Imp. bei Anleit.; 3. P. bei Beschr.	3. P.; Waren, Maße	3. P. S. I. Pr. A.; reduzierte Syntax, paral. Satzbau, Abkürzungen, Zahlen

Berühmt ist vor allem Nürnberg für eine große Anzahl von Rechenmeistern und einen hohen Standard in der mathematischen Ausbildung im ausgehenden 15. und im 16. Jh. Als zentraler Handelsplatz besonders für den Handel über die Alpen stand Nürnberg früh den Einflüssen aus Italien offen. Zum anderen regten der lebhafte Fernhandel, aber auch die hoch ausgebildeten Handwerksstätten einen großen Bildungswunsch nach arithmetischem und geometrischem Grundwissen, d. h. nach Unterrichtung über praktische mathematische Grundkenntnisse in deutscher Sprache, an. Dieses Bedürfnis zu erfüllen bemühten sich nun die Rechenmeister. Die ersten hatten sich ihr Wissen noch in den italienischen Städten erworben; bald jedoch gingen die Ausbildung wie Berufsausübung — teilweise innungsmäßig organisiert — im deutschsprachigen Raum vor sich. Wer Rechenmeister werden wollte, mußte bei einem ausübenden Rechenmeister eine Lehrzeit absolvieren und eine Abschlußprüfung ablegen; dann konnte er eine Rechenschule eröffnen oder übernehmen.[51] In diesen meist privaten, später eventuell auch von der Stadt geförderten Schulen bot der Rechenmeister, unterstützt von einem Gehilfen oder seiner Frau für den Mädchenunterricht, Unterweisung in arithmetischen, rechenpraktischen Grundlagen an.

In vielen Fällen genossen Rechenmeister kein besonderes Ansehen, wozu auch die große Zahl an gescheiterten Studenten in ihren Reihen beitrug. Nürnberger Rechenmeister jedoch standen um 1500 in einem guten Ruf, was an dem hohen theoretischen Standard, aber v. a. an ihren speziellen Rechenmethoden lag.[52] Die Ursache dieser Reputation

---

[51] Zum einzelnen und zu Unterschieden in den verschiedenen Städten s. Jaeger 1925; Endres 1982; Buchmann 1989. Die Ansichten zu Ausbildung, Unterricht und Organisation in Zünften sind in der Forschungsliteratur divers.

[52] Diese bestand in der Einkleidung der theoretischen Aufgaben in Alltagsprobleme. Nürnberg war um 1500 für die praktische Arithmetik, was Wien für die Algebra war; so meint auch Vogel (1949/50, 241), daß die Nürnberger es *mit der Wiener Artistenfakultät in vieler Hinsicht aufnehmen* konnten.

gründete dabei auch in der einzigartigen Symbiose von Gelehrten und Handwerkern, Humanisten (etwa W. PIRCKHEIMER), Instrumentenbauern und Künstlern (etwa A. DÜRER) im Nürnberg um 1500; die erste Papiermühle Deutschlands und die frühen Druckereien trugen ebenfalls ihren Teil dazu bei.[53]

So waren die wirtschaftlichen Verhältnisse für Rechenmeister dort günstig, ihre Einnahmen aus Lehr- und Kostgeld reichten für den Lebensunterhalt aus; sie verschlechterte sich jedoch Ende des 16. Jhs., da die Zahl der Schulen stark zunahm und die Konkurrenz zu groß wurde. Unterblieb eine Regelung durch die Stadt, waren die Rechenmeister gezwungen, ihr Unterrichtsangebot zu erweitern oder einen Nebenberuf auszuüben. Oft versahen Rechenmeister in kleinen Städten auch die Dienste von Schreibern, Notaren und Visierern oder unterrichteten als Schreib- und Rechenmeister auch Schönschreiben, Briefstil sowie Buchhaltung. 1613 zählte man in Nürnberg noch 48 Rechenschulen (Swetz ²1989, 17), doch mit dem Verfall der Reichsstadt verkamen viele zu Winkelschulen.

Meist aus der Erfahrung des Unterrichts in ihren eigenen Schulen und für diesen legten Rechenmeister Stoff und Methoden in Rechenbüchern nieder; diesen Einführungen in die Grundrechenarten und Einübungen an Dreisatzaufgaben wurden für die kaufmännische Praxis manchmal tabellarische Übersichten über (regionale) Maß- und Währungsverhältnisse angehängt. Viele dieser Bücher kamen kaum in einen überregionalen Gebrauch. Einer dieser ersten Nürnberger Rechenmeister war ULRICH WAGNER, den wir heute als Autor der *Bamberger Rechenbücher 1482* und *1483* (s. S. 189) identifizieren.

Kurzanalyse 7: ULRICH WAGNER: *Bamberger Rechenbuch 1482*

Überliefert sind von diesem frühen mathematischen Druckwerk in deutscher Sprache ein Pergamentblatt mit sechs Seiten des Rechenbuches und zwei weitere kleine Pergamentstreifen mit Textresten.[54] Geldner (Vogel 1949/59, 230

[53] Die Nürnberger Rechenkünste wurden auch von Gelehrten wie B. LICHT (S. 62) gerühmt und zur Nachahmung empfohlen. J. Müller (1879, 71) zitiert hierzu eine Stelle aus einer Beschreibung Nürnbergs durch CONRAD CELTIS (*De origine, situ, moribus et institutis Norimbergae.* 1495/1502; S. 128), nach welcher in dieser Zeit auch Frauen gewandt im Rechnen, ja sogar in lateinischer Schrift und Sprache gewesen seien. Nach Kaunzner (1989, 17/8; 1992, 146) lassen gewisse Stellen in der *Coß* von ADAM RIES einen Aufenthalt RIES' in Nürnberg annehmen.

[54] Herausgegeben und kommentiert von Vogel 1949/50. Nach seiner Meinung handelt es sich bei diesem Dokument nur um ein Fragment des Rechenbuches; allerdings steht die Initiale *J* auf der ersten Seite des Buches sicherlich

A 3) nimmt an, daß diese Pergamentbögen einen Abzug des Rechenbuches darstellen, der zur praktischeren Benutzung in Geschäftsräumen angefertigt wurde. Auf der letzten Seite des Buches läßt sich folgendes Explizit erkennen: *Anno domini etc. 1482. kalender 16 Junij per Henricus peczensteiner Babenberge: finit: Ulrich wagner. Rechenmeister zu Nürnberg* (Vogel 232). Drucker des Rechenbuches ist also HEINRICH PETZENSTEINER;[55] mit dem Nürnberger Rechenmeister ULRICH WAGNER hat der Text zwar keinen Universitätsgelehrten, aber durchaus einen Fachmann zum Verfasser, der sein Wissen wiederum anderen Rechenmeistern oder fahrenden Gelehrten verdankt.[56] Das Buch behandelt mit Aufgaben (Nr. 1–26)[57] und Einheitsumrechnungen (Nr. 27/8) dasjenige kaufmännische Rechnen, welches letztlich der Arithmetik angehört. Nicht ganz sicher sind die angesprochenen Textrezipienten: ULRICH WAGNER führte zur Zeit der Entstehung des Rechenbuches eine eigene Rechenschule, so daß dieser Text als Unterstützung zum Unterricht in dieser Schule, also für junge Schüler gedient haben könnte. Stimmt man jedoch dem Gedankengang Geldners zu, so folgt aus diesem der Einsatz des Buches in Geschäftsräumen bei Kaufleuten, also bei dem erwachsenen Praktiker. Da bisher nur ein Exemplar — und dieses nur als Fragment — überliefert ist, scheint die Wirkung und der Gebrauch des Rechenbuches begrenzt gewesen zu sein.

(ME)	U. WAGNER: *Bamberger Rechenbuch 1482*
KG	Aufgabensammlung
KP	P: Fachmann, Rechenmeister; R: Schüler bzw. Kaufleute
KS	EO: Nürnberg, EZ: 1482, EI: Rechenschule ?; GO: süddt. Handelsstädte (Nürnberg, Bamberg) ?, GZ: E. 15. Jh., GI: Rechenschule bzw. Handelskontor ?
KF	Druck

Der fragmentarische Zustand des Rechenbuches macht eine Analyse des Gesamtaufbaus natürlich unmöglich; dennoch lassen sich einige Ergebnisse gewinnen. Der überlieferte Text zeigt zwei verschiedene Teiltexttypen: die Aufgaben (Nr. 1–26) und die Umrechnungen von Maßeinheiten (Nr. 27/8). Teiltexttyp 1 besteht aus der Angabe der für die Rechnung notwendigen Daten in Form einer Aufgabenstellung (vorherrschende grammatische Kategorien: 3. Person, Präsens, Aktiv) und der Angabe der Lösung nach *Facit* (Nr. 1–22) oder *macht, bringen* in den Aufgaben 23–26.

zur Kennzeichnung eines Anfangs, wenn auch nicht des Buches, dann eines Teiles desselben.

[55] Dieser druckte zu dieser Zeit in Gesellschaft mit JOHANN SENSENSCHMIDT in Bamberg; während seiner Nürnberger Zeit (ab 1470) hatte er ab 1474 mit ANDREAS FRISNER zusammen gedruckt.

[56] Vogel 1949/50, 243–5. Mehr zu beiden ab S. 189.

[57] Die Numerierung der Aufgaben folgt wie auch alle folgenden Zitate der Ausgabe Vogels (1949/50, 246–249). Da dieser den Text des Rechenbuches jedoch in eine dem Neuhochdeutschen angelehnte Sprache übertragen hat und die beigelieferte Kopie des Originals schlecht lesbar ist, ist eine eingehendere Untersuchung z. B. der grammatischen Besonderheiten nicht möglich.

Jtem einer bestelt 2 stück Zins wegen 13 ct 5 lb kost 1 ct 10 fl ½ ort. Facit 132 fl 2 ß 7½ hell. (Übertragung von Vogel: *So bestellt einer 2 Stück Zinn; sie wiegen 13 Zt 5 lb. 1 Zt kostet 10 fl ½ ort. Ergebnis: 132 fl 2 ß 7½ hell.*) (Nr. 9)

Bei den Aufgaben Nr. 1–11 und 13–19 fehlt die eigentliche Problemstellung, die explizit als Frage in 12, 20, 21, 25 und 26 nach der Aufgabenstellung formuliert ist: *Nun ist die Frage, [...].*[58] Eine Abfassung der gesamten Aufgabe in Form einer Frage liegt in 22–24 vor.

Der Wortschatz stammt aus der Gemeinsprache, erweitert durch den Fachwortschatz des Handels wie Waren und Maßeinheiten (*Ingwer, Pfeffer, Sack, wiegen, kosten, kaufen*; Nr. 3/4), zu dem auch das aus dem Italienischen stammende *netto* (Nr. 1 und 4, im Original schlecht lesbar) zu zählen ist. Aus dem Lateinischen stammt das das Ergebnis ankündigende *facit*, also ein fachspezifisch mathematischer Ausdruck, und das Explizit (Druckersprache). Weitere Wörter aus der (lateinischen) mathematischen Fachsprache fehlen, was damit zusammenhängen mag, daß auf eine Angabe des Lösungsweges oder ein Vorrechnen bei den Aufgaben verzichtet wurde. Zur mathematischen Fachsprache zählen jedoch auch die hohe Frequenz von Zahlen (arabische Ziffern, neue und alte Formen bei den Ziffern 4, 5, und 7; Bruchzahlen in kleinerer Type, aber ohne Bruchstriche) und abgekürzt geschriebenen Maßeinheiten. Die Syntax ist stark reduziert, die Aussagen sind knapp formuliert. Die Äußerungen dienen allein der Darstellung und Mitteilung, nur indirekt auch der Aufforderung. Die thematische Progression ist durchgehend einfach linear: $\{T_1$ (*bestellen*) $\rightarrow R_1$ (*Zinn*) $= T_2 \rightarrow R_2$ (*wiegen Zentner*) $= T_3 \rightarrow R_3$ (*Zentner kostet*)$\} = T_4$ (*Lösung*) (Nr. 9).

Die Umrechnungen (Teiltexttyp 2) sind alle gleich aufgebaut und verbindungslos aneinandergereiht, beispielsweise: *Jtem [...] in Golde ist 1 gūlden Re.* (*Item 20 ß in Gold ist 1 rheinischer Gulden*; Nr. 27). Variation ist nur bei dem ein Gleichheitszeichen ersetzenden *ist* gegeben: *macht, machen, bringt* (Nr. 27). Nr. 27 und 28 bilden somit die Vorform einer Tabelle.

(MI)	U. WAGNER: *Bamberger Rechenbuch 1482*	
GG	—	
TT	Aufgabe	Umrechnung
Pr	DARSTELLEN (AUFFORDERN)	MITTEILEN
Th	einf. linear	einf. linear
Gr	3. P., Pr., Aktiv; knappe Syntax; Handelsws., Abkürzungen, Zahlen	3. P. S. I. Pr. A.; völlig reduzierte Syntax, paral. Satzbau; Abkürzungen, Zahlen

Der Anfang des 15. Jhs. in Leipzig[59] ist durch den Aufschwung der Wirtschaft gekennzeichnet. 1423 waren die Askanier ausgestorben und das Territorium sowie die Kurwürde Sachsens an den wettinischen Markgrafen von Meißen gefallen. Im vereinigten Gesamtgebiet wurde nun die

[58] Ausnahme ist Aufgabe Nr. 12 mit einer W-Frage: *Wie hoch [...].*
[59] Kroker 1925; Blaschke 1990; Czok 1985; Brübach 1994.

west-östliche Linie der Städte von Dresden bis nach Erfurt wichtiger; Leipzig lag an der *via regia*, der Hohen Straße vom Westen (Frankfurt am Main) über Erfurt, Leipzig, Bautzen nach Krakau und weiter in den Osten Europas, der für den Handel immer wichtiger wurde (Brübach 1994, 418). Diese Handelsstraße kreuzte sich in Leipzig mit der Nord-Süd-Verbindung von Nürnberg, von wo der Anschluß an Italien gewährt war, über Hof, Altenburg, Leipzig bis in den Norden nach Magdeburg und an die Nordsee. Ab 1466 hatte Leipzig drei Messen (Frühjahrs-/Oster-, Herbst-, Neujahrsmesse) und sicherte sich in Auseinandersetzungen mit anderen Handels- und Messestädten wie Erfurt auch dank einiger landesherrlicher Privilegien die herausragende Stellung unter den Städten (Brübach 1994, 408–417; Hoyer/Schwarz 1983, 100–2): Der gesamte Warengroßhandel lief nun über Leipzig. Hinzu kamen die reichen Erträge aus den Bergbaugebieten in Thüringen (Kupfer) und vor allem im Erzgebirge (Silber), die ihren Höhepunkt Anfang des 16. Jhs. fanden. Das Edelmetall wurde zum großen Teil in Leipzig weiterbearbeitet (Martin 1983, 142/3); Leipzig wurde bald zum Erfüllungsort von Kredit- und Geldgeschäften. Durch seine Lage an der Grenze zum Osten war es auch Zentrum des Währungswechsels. Besonders nach der Leipziger Teilung 1485 entwickelte sich Leipzig unter Herzog GEORG zur wirtschaftlichen Handelshauptstadt, zur Drehscheibe des europäischen Messehandels.

Diese herausragende Stellung bewirkte eine Zuwanderung fremder Kaufleute aus anderen Städten, viele aus Nürnberg und sogar aus dem Ausland,[60] nach Leipzig — um 1471 ist eine Welle zu verzeichnen[61] —, bekannte Handelshäuser (FUGGER) gründeten Handelsvertretungen in Leipzig (Czok 1985, 49). Dieser Aufschwung läßt sich auch an den Bevölkerungszahlen von Leipzig ablesen: Ende des 14. Jhs. sind es nur ca. 3000 Einwohner, Ende des 15. Jhs. lassen sie sich hingegen auf 9000 schätzen.[62]

Das alles ließe erwarten, daß man in Leipzig zu dieser Zeit auch eine blühende Landschaft von Bildungseinrichtungen für Händler und Kaufleute vorfände. Darüber ist aber bisher erstaunlich wenig bekannt. Es gab mit Sicherheit keine Volksschule, die auf irgendeine Art von der Stadt eingerichtet oder unterhalten worden wäre (Helm 1892, 6). Von einigen

[60] Aus den Niederlanden und England (Brübach 1994, 418).

[61] In der Zeitspanne von 1471–1550 wurden 281 Kaufleute Bürger in Leipzig (Brübach 1994, 417; Verzeichnis in Fischer 1929, 18–33). Viele Mitglieder der späteren Kaufmannschaften scheinen vorher an der Universität immatrikuliert gewesen zu sein (Steinmüller 1953, 135–7).

[62] Davon sind 6575 bürgerliche Einwohner, 580 Universitätsangehörige und 600 Geistliche (Czok 1985, 29). Das Besondere ist hier nicht die absolute Anzahl, sondern das rasante Wachstum.

Privatschulen weiß man jedoch:[63] Eine private Schule bestand wohl in der Jakobsgemeinde außerhalb der eigentlichen Stadt (Wustmann 1905, 325), 1509 ist ein Schulmeister im Petersgraben dokumentiert (Geld für den Ofen, Wustmann 1905, 326), und eine Judenschule wird erwähnt (Czok 1984, 56).[64]

Namen von Rechenmeistern sind erst ab Mitte des 16. Jhs. nachweisbar (Mangner 1906, 15–20; 127–130). Da Rechnen als ein schwieriger Gegenstand angesehen wurde, wurde es nicht unbedingt an den Deutschen Schulen gelehrt, sondern in eigenem Rahmen oft in kleinen Kreisen, die folglich auch nicht in einem amtlichen Schriftstück dokumentiert wurden. Sicher ist nur, daß ein Rechenmeister Bürger der Stadt sein mußte.

Magister oder Studenten der Universität hatten jedoch die Möglichkeit, als Hauslehrer Privatunterricht zu erteilen, so lehrte, wie oben schon erwähnt, HEINRICH STROMER den Bürgersohn ANDREAS HUMMELHEIM; zum Teil mögen sie auch mehrere Schüler gemeinsam unterrichtet haben (Mangner 1906, 20; Kroker 1925, 151). Keine weiteren Informationen in dieser Hinsicht liegen uns aber zu B. LICHT, U. RÜLEIN oder J. WIDMANN vor; außer aus den Hinweisen aus ihren Werken (s. S. 57) ist nicht auf eine solche Tätigkeit zu schließen. Ebenfalls nur eine Notiz aus einem späteren Werk, der *Coß* des ADAM RIES, nennt uns den Rechenmeisters HANS BERNECKER: *Hansenn bernegker zu leiptzk etwan Rechnmeister do selbst* (*Coß*, 187).[65] Dieser Name ist zwar in den Akten der Stadt Leipzig belegt, es scheint sich jedoch um andere Personen zu handeln;[66] weiter ist nichts über ihn bekannt.

---

[63] Helm 1892, 12; Wustmann 1905, 325/6; Mangner 1906; Czok 1984, 56–60.

[64] Die Arten der Bildungseinrichtungen lassen sich zu dieser Zeit nur schwer abgrenzen.

[65] Von diesem will RIES einige Exempel kennengelernt haben, s. S. 252.

[66] Eine Nachfrage beim Stadtarchiv Leipzig (Brief 18.3.1997) ergab folgende Nachweise aus der Neubürgerliste: (1) Am 9. 10. 1495 beantragt HANS BERNECKER, Pergamentierer aus Nürnberg, das Bürgerrecht (E. Müller, Neubürgerliste 1965, Bd. 1471–1501, 51); im Landsteuerbuch 1499 wird er nicht erwähnt, war also zu dieser Zeit kein Bürger der Stadt; (2) am 17. 2. 1528 erlangt HANS BERNECKER, Maurer und Sohn in Leipzig bekannter Eltern, das Bürgerrecht (E. Müller, Bd. 1502–1556, 13). (3) Fischer (1929, 28) nennt unter Leipziger Kaufleuten einen GEORG BERNECKER aus Auerbach, der sich 1514 an der Universität immatrikulierte und 1520 das Baccalaureat erwarb. Im selben Jahr wird er Bürger der Stadt und Mitglied in der Kramerinnung, deren Meisteramt er 1540, 1545 und 1549 versieht.

2.3 Textexterne Faktoren des Rechenbuches von Johannes Widmann

Nach der Einführung in das allgemeine pragmatische Umfeld und die Traditionslinien, welche die Kommunikationssituation in Leipzig während der Entstehung des WIDMANNschen Rechenbuches kennzeichnen, wird nun versucht, die textexternen Faktoren desselben zu bestimmen. Während einige dieser Faktoren (Medium, Sprache, Erscheinungsdatum) sich ohne weiteres bestimmen lassen, andere, wie WIDMANNs gesellschaftliche Stellung und sein fachliches Können, in Teil I erarbeitet worden sind, finden sich auf die Fragen nach dem Grund bzw. der Intention des Verfassens des Rechenbuches (warum?), dem angestrebten Rezipientenkreis (für wen?), der Inhaltsauswahl (was?) und der damit zusammenhängenden Vorgehensweise (wie?) hier nicht unbedingt direkte Antworten. Eine Analyse einiger Textteile in Hinblick auf diese Fragestellungen erweist sich daher als notwendig und fruchtbar, da sich Hinweise dazu sowohl in Äußerungen WIDMANNs im Text (besonders in den nichtfachlichen Textteilen) als auch indirekt in der gesamten Textgestaltung finden.

Das Rechenbuch ist eine Inkunabel — JOHANNES WIDMANN nutzt das neue Medium sehr früh — im Oktavformat mit wenig Schmuck.[67] Beides, Format und Einfachheit in der äußeren Gestaltung, sind Kennzeichen für Bücher, die für den Gebrauch bestimmt waren; hierfür besitzt das Rechenbuch allerdings einen ungewöhnlich großen Umfang.

Der **Titel** ist ebenfalls recht kurz und einfach.[68] Man erhält zwar aus ihm Hinweise zu Inhalt (Kaufmannsrechnung) und Adressatenkreis (Kaufleute) des Buches, die aber beide nicht näher bestimmt werden. Ein weiterer Hinweis auf den Adressaten 'Kaufmann' ist natürlich die Wahl der Volkssprache anstelle des Lateinischen der Bücher für die Universität oder die Lateinschulen. Keine Informationen erhält man jedoch über den Autor und damit zu seiner Intention oder Vorgehensweise. Auch der Titelholzschnitt, das Wappen der Stadt Leipzig, gibt keine Hilfe.[69]

Das **Kolophon** nennt uns den Namen des Druckers, KONRAD KACHELOFEN, und Ort und Zeit der Entstehung: Leipzig 1489. Der Na-

[67] Außer dem Titelholzschnitt (Wappen der Stadt Leipzig) enthält es nur *bedeutungslose Holzschnitte* (Schramm XIII, 4).

[68] Dies ist für Inkunabeln nicht ungewöhnlich, da die Funktionen des Titelblatts wie Kaufanregung und Orientierung sich erst als Folge des Buches als Ware auf dem freien Markt im 16. Jh. entwickeln, s. Kienitz 1930; Giesecke 1991 und 1992.

[69] Nach Harms (1984, 432) vermittelt ein Wappen Würde und Respekt. Die späteren Ausgaben haben den Käufer ansprechende Titelholzschnitte, auf denen Schüler oder Kaufleute beim Rechnen abgebildet sind.

me des Druckers gibt einen möglichen Hinweis zum Grund der Entstehung: Neben vielen Gebrauchstexten auf lateinisch für die Universität druckte KACHELOFEN auch ein Jahr zuvor ein Formularbuch auf deutsch (S. 262); mit diesen beiden Büchern deckte er zwei der Grundbedürfnisse an Wissen bei Kaufleuten oder auch in der Verwaltung Tätigen ab. Ob die Herausgabe dieser Bücher von KACHELOFEN beabsichtigt war und er deshalb etwa an der Universität um eine Rechenbuch anfragte oder ob an ihn, da er schon ein deutsches Buch für Kaufleute gedruckt hatte, von außen eine Anfrage erteilt wurde, ist nicht entscheidbar. Weitere Bücher in der Volkssprache entstanden in Leipzig zu dieser Zeit kaum.

WIDMANN bittet in der **Schlußrede** seines Werkes, Fehler und mangelnde Verständlichkeit zu verbessern, ein Topos am Ende von Rechenbüchern. Desgleichen begründet er die Kürze in mancher Erklärung oder das Fehlen von weiteren Aufgaben aus der Unterhaltungsmathematik mit Zeitnot bei der Abfassung des Rechenbuches. Auch hier könnte es sich um einen Topos handeln, obwohl die Unverständlichkeit einiger Stellen und die Tatsache, daß er das zu Anfang versprochene Programm nicht durchführt (s. nächstes Kapitel), für wirkliche Zeitknappheit sprechen könnten.[70] Für einen topisch zu verstehenden Einsatz dieser Wendung spricht aber der Umfang des Rechenbuches und die Ausweitung des Stoffes über die direkten und indirekten Vorlagen hinaus.

Zwei Merkmale der **Gesamtanlage**, die im einzelnen im folgenden Kapitel besprochen wird, müssen hier noch erwähnt werden, da sie Hinweise zum Adressatenkreis erlauben. Wie wir gesehen haben, bestehen die lateinischen Algorithmus-Traktate meist allein aus einer Einführung in die Grundrechenarten mit den indisch-arabischen Ziffern oder auf dem Rechentisch. Bei den praktisch orientierten Rechenbüchern folgte diesem theoretischen Teil eine Sammlung von Aufgaben aus dem kaufmännischen Bereich, die sogenannte Practica. Diese beiden Teile besitzt das Rechenbuch von J. WIDMANN, doch übertrifft die Aufgabensammlung an Länge und Anzahl der Beispiele alle Vorlagen bei weitem. Der theoretische Teil ist ebenso um ein Vielfaches ausgeweitet, wobei zahlreiche theoretische Themen behandelt werden (z. B. die Proportionenlehre, bei deren Behandlung zudem die traditionelle Fachterminologie verwendet wird), die für die praktischen Bedürfnisse eines Kaufmanns kaum von

[70] Kaunzner (1978, 4) sieht in den Fehlern im dritten Teil des Rechenbuches, der Geometrie, ebenfalls einen Hinweis darauf, daß die lateinische Vorlage dieses Teils unter Zeitdruck übersetzt wurde, also das gesamte Rechenbuch unter Zeitnot verfaßt wurde. Daß die Fehler auf mangelnden Fähigkeiten WIDMANNS beruhen, ist unwahrscheinlich aufgrund der Tatsache, daß sie sich teils in einfachsten Aufgaben finden (Dreieckfläche), schwierige Sachverhalte dagegen (Heronische Formel) korrekt dargestellt sind (Kaunzner 1978, 81).

Bedeutung sein, ihn im Gegenteil wohl eher verwirren dürften.[71] Auch die Anhängen einer Geometrie ist bei einem Rechenbuch für Kaufleute eher ungewöhnlich. Ab und zu können bei Büchern dieser Art Visiertraktate angefügt werden, die ebenfalls Bedürfnisse, wie sie beim Handel und Marktwesen entstehen, ansprechen. Geometrische Abhandlungen richten sich jedoch an einen anderen Benutzerkreis, nämlich an Landvermesser oder aber an Architekten,[72] und bilden somit eine aufgrund von Unterschieden in Stoff und der Vermittlungsweise in Einzelheiten anders charakterisierte Textsorte (s. S. 272).

Inhalt und Auswahl des Rechenbuches von J. WIDMANN entsprechen also nicht unbedingt den Bedürfnissen der Kaufleute. Es ist daher zu fragen, ob WIDMANN sein Werk in Verkennung dieser Bedürfnisse so umfangreich und theoretisch schrieb oder ob er gar einen anderen Zweck und einen anderen Benutzerkreis vor Augen hatte.

Weitere Informationen zu den Entstehungsbedingungen bietet natürlich das **Vorwort**.[73] Gleich zu Anfang nennt sich WIDMANN hier als Verfasser des Rechenbuches und gibt Herkunft (Eger) und Bildungsgrad (Magister artium) an; das Datum der Drucklegung, Beginn 1489, steht am Schluß des Vorwortes. Unmittelbar nach seinem Namen verweist WIDMANN auf SIGMUND ALTMANN als den Initiator des Werkes. Wie im Teil I bereits dargelegt, kannten sich ALTMANN und WIDMANN wohl aus Studienzeiten, so daß man eine vielleicht sogar freundschaftliche Verbindung annehmen kann, nicht aber unbedingt auf einen Meinungsaustausch schließen muß.[74]

Den größten Teil des Vorwortes widmet WIDMANN der Darlegung der Gründe für die Unentbehrlichkeit der Mathematik, des Wissens um sie auch beim einfachen Mann und einer neuen Art der Darstellung. Dabei nennt er folgende Gründe (Reihenfolge geändert):

---

[71] Hier merkt man natürlich den Einfluß der theoretisch-lateinischen Bildung bei WIDMANN (s. dazu Kapitel 3 und 4).

[72] Dies gilt natürlich nur für die praktisch orientierten Traktate; die theoretischen sind für die Lehre an der Universität bestimmt.

[73] Es sei darauf hingewiesen, daß das Vorwort zwar die Stelle in einer Arbeit ist, an der der Verfasser sich selbst und seine Stellung zum Stoff vorstellen konnte, diese Darstellung aber gerade im Mittelalter stark topisch geprägt war. Zur Funktion des Vorworts Unger 1969; Harms 1984.

[74] So Kaunzner 1968a, 2/3; daß ALTMANN als Doktor des Rechts mit dem auf mathematischem Gebiet über das normale Maß hinaus kundigen WIDMANN einen Meinungsaustausch in diesem Fach pflegte, scheint eher unwahrscheinlich. Aus der persönlichen Anrede im Vorwort, wie sie überlicherweise dem, dem das Werk gewidmet wurde, zuteil wurde, läßt sich keine weitere Aussage über die Art des Kontaktes zwischen WIDMANN und ALTMANN gewinnen.

(1) Die Mathematik liegt dem Schöpfungswerk zugrunde (a 2r). Hier handelt es sich um einen in Kommentaren oder Vorwörtern zu mittelalterlichen naturwissenschaftlichen Werken stereotyp verwendeten Topos, mit dem man u. a. unter Berufung auf die Bibelstelle Weisheit Salomonis 11, 21 eine Beschäftigung mit den Realien rechtfertigte.[75]

(2) Die Mathematik ist die Grundlage jeder anderen Wissenschaft (aus dem Kanon der *artes liberales*) (a 2v). Sie dient der gedanklichen Ausbildung und Vorbereitung auf andere (philosophische) Studien.

(3) Ohne (Kenntnisse in der) Mathematik ist Ordnung und Sicherheit im gesellschaftlichen Zusammenleben und Handeln nicht möglich (a 2r und a 2v/3r). Somit ist die Mathematik dem *gemeinen nuz* dienlich.

(4) Die bereits vorhandenen Bücher (NB auf Latein) drücken die mathematischen Sachverhalte für den *gemeinen man* unverständlich aus (a 2r).

Die ersten beiden Gründe gehören hierbei zum Kanon der Reflexionen über Nutzen und Berechtigung mathematischer Beschäftigung überhaupt, wie sie praktisch in allen realwissenschaftlichen Texten des Mittelalters zu finden sind. Die beiden anderen verweisen in den Argumentationsbereich der praktischen Anweisung: WIDMANN möchte die mathematischen Kenntnisse nicht nur einer Bildungselite vermitteln (das tun schon die bereits vorhandenen Bücher), sondern idealiter jedem (*gemeyn volck*, a 2r; *leute geringer vernufft* a 3r; *ytlicher auch mitteler vernunfft*, a 3r), denn nach seiner Überzeugung sind Kenntnisse dieser Art für Handel und Verwaltung, aber auch für die soziale Gemeinschaft überhaupt wichtig. Die Regeln der Mathematik möchte er kurz und verständlich beschreiben, d. h. ohne eine für diese Zwecke unnötige Ausführlichkeit, Theoretisierung und Beweislegung.[76] Wichtig ist in diesem Zusammenhang das Wort *offenbaren*, das natürlich nicht religiös zu verstehen ist, sondern als Gegensatz zu der Geheimhaltung, wie sie in Bauhütten, aber auch noch bei den Mathematikern des 15. und frühen 16. Jhs. geübt wurde.

Eingeschoben in die Aufzählung der Gründe ist eine Bemerkung über den Wahrheitsanspruch der Mathematik unter Berufung auf Gott (a 3r).

---

[75] S. Kommentar S. 515. Zur Frage der Legitimation s. Meier 1978.

[76] Kaunzner (1968a, 2) spricht davon, WIDMANN *widmete sich bescheideneren Stoffen mit dem Ziel, das Volk in der einfachen Rechenkunst zu unterrichten.* Hierbei muß jedoch zwischen dem behandelten Stoff an sich und der Art der Darstellung und Aufbereitung unterschieden werden: Vom Stoff her wurde in den Standardvorlesungen zur Mathematik auch an den Universitäten nicht mehr geboten, ausgenommen die Sondervorlesungen einzelner Magister.

Diese Theologisierung oder metaphysische Begründung des Gegenstandes (Schmidt-Wiegand 1983, 214) hat in der Fachliteratur ein gewisse Tradition.[77] Da WIDMANN hier jedoch — bewußt? — zu weit geht und dadurch Gottes Allmächtigkeit in Frage stellt, wurde die Stelle in manchen späteren Ausgaben gestrichen.

Wiederum topisch zu verstehen ist der Hinweis auf den Einsatz des Buches zum Selbststudium. Es ist im Fall WIDMANNs allerdings auch keine Schule bekannt, an der das Buch — eventuell sogar durch ihn — im Unterricht hätte eingesetzt werden können; möglich bleibt allenfalls Privatunterricht.[78]

Seine Quellen nennt J. WIDMANN im Vorwort nur indirekt innerhalb des Vorwurfs ihrer Unverständlichkeit. Die für eine Vorrede zu einem mittelalterlichen Text eigentlich unabdingbare Berufung auf Quellen verschiebt WIDMANN in Abschnitte des Rechenbuches, in denen man sie weder erwartet noch sucht (etwa CAMPANUS, EUKLID, g 8r; FRONTINUS, E 2v). Dort nennt er eine Reihe Gelehrter, die dem Laien mit einiger Sicherheit unbekannt gewesen sein dürften, somit als Autorität dem Textrezipienten bedeutungslos und ihre Nennung ohne Wirkung. Eine bessere Referenz wären zweifellos die Nürnberger Rechenmeister gewesen, deren Rechenmethoden WIDMANN wohl kannte (S. 61; s. aber die Vorrede zum *2. Rechenbuch* von A. RIES, S. 209).

Welche Intention konnte also WIDMANN beim Verfassen seines Rechenbuches gehabt haben? Er richtete sich sicherlich nicht ausschließlich an Händler und Kaufleute; für diesen Zweck war das Buch teilweise sogar untauglich. Adressat scheint hingegen eher generell jeder gewesen zu sein, der nicht des Lateinischen fähig war. Diesem sollte eine Übersicht über das mathematische Wissen überhaupt vermittelt wurden, weswegen auch Proportionen und Geometrie behandelt werden; einer solchen Intention entsprang auch die ausführliche Inhaltsangabe (a 4r–8r) vor dem Lehrtext.[79]

---

[77] Die Stellung der Sache über den Autor und die Versicherung ihrer außerliterarischen Wahrheit ist ein wichtiges Element mittelalterlicher Vorreden (Unger 1969). Diese Stelle bezieht sich m. E. daher nicht, wie Kaunzner (1968a, 3) annimmt, auf Überlegungen zur Darstellungsweise; s. sein interpretierendes und dabei sinnveränderndes Zitat *daß ein anderer "sie allergewissest erkenne", daß ihm "kein Zweifel mehr bestehe, sondern blanke Sicherheit, so große Sicherheit, daß auch Gott diesselbe nicht zu brechen vermag"*.

[78] Der aus Privatstunden entstandene *Algorithmus linealis* des HEINRICH STROMER ist allerdings sehr viel schmaler als das Rechenbuch.

[79] So spricht auch schon Wustmann (1905, 326) von einem *Irrtum [...], nach dem Titel des Buches zu glauben, daß es besonders eine Anleitung zum kaufmännischen Rechnen wäre.*

(ME)	J. WIDMANN: *Rechenbuch* (1489)
KG	Ziffernrechnen, Aufgabensammlung, Geometrie
KP	P: Fachmann, Gelehrter; R: Kaufleute, Universität (?)
KS	EO: Leipzig, EZ: 1489, EI: Universität; GO: Süddtl., GZ: 1. H. 16. Jh., GI: Kloster, Kaufleute
KF	Druck; 8°, 236 f.

3 Johannes Widmanns 'Behende vnd hubsche Rechenung' (1489)

3.1 Vom Gesamttext zu den Teiltexten

3.1.1 Gliederungskriterien

Ausgehend von der im Kapitel 1 erläuterten Ansicht, ein Text bestehe aus einzelnen, jeweils unter einem bestimmten — funktional-kommunikativen, sprachlich-formalen oder inhaltlich-semantischen — Aspekt als Einheit zu betrachtenden Teiltexten, soll nun eine Gliederung des Rechenbuches *Behende vnd hubsche Rechenung* von JOHANNES WIDMANN in entsprechende Teiltexte unternommen werden. Einem solchen Einteilungsversuch leisten die Gliederungssignale, wie sie bei Gülich/Raible (1977) oder Baumann (1987a, 17; 1992, 85–95) erläutert werden, nützliche Dienste. Hierunter fallen etwa folgende Merkmale: metakommunikative Satzteile, Sätze oder Abschnitte mit Hinweisen zur Organisation der Gesamtstruktur, Verweisen u. a.; Initiatoren und Terminatoren; Sequenzsignale; Parallelismus (Anapher); antithetische Darstellung von Sachverhalten; Überschriften, Abschnitte und weitere typographische Gestaltungsmittel u. v. m. Diese Gliederungssignale liegen mithin auf verschiedenen Ebenen des Textes und sind — auch abhängig von Textsorten — in unterschiedlichem Maß eingesetzt; so erwartet der Leser in einem Sachbuch mehr Orientierungshilfen als in einem Roman.

Dies trifft auch für das Rechenbuch von J. WIDMANN zu, welches v. a. auf typographische Gliederungsmittel — Abschnitte, Überschriften — sowie Initiatoren *item* und Terminatoren *und ist gemacht* zurückgreift. Wichtig sind weiterhin, wie es sich für ein Buch über Zahlen ziemt, die Sequenzsignale, d. h. die Enumeration. Metakommunikative Hinweise durchziehen den ganzen Text, sind aber als solche, typographisch, oft undeutlich und erfüllen so nur teilweise orientierungsunterstützende Funktionen;[1] eine Ausnahme stellt die Inhaltsangabe dar (s. nächster Abschnitt). Schließlich liefert das Thema 'Arithmetik' in seiner eigenen Strukturiertheit deutliche Abschnittsmarken. Mit Hilfe dieser Gliederungssignale läßt sich der Gesamttext des Rechenbuches gliedern:

---

[1] So fügt sich der Hinweis (m 6v/7r) zu den folgenden Abschnitten und deren jeweiligem Ausbau ohne Absatz an eine Aufgabe an.

Das Rechenbuch besteht demnach aus drei umfangreichen thematischen Teilen (I, II, III), deren Hauptfunktion das Darstellen und Informieren ist. Die weiteren Teiltexte 'Titel', 'Vorwort', 'Inhaltsangabe', 'Nachrede' und 'Kolophon' sind nicht thematisch, sondern durch das gewählte Medium Buch bedingte Paratexte.[2] Da das Rechenbuch aus der Frühdruckzeit stammt, liegen diese Paratexte in einer Form vor, wie sie der Gestaltung in Handschriften noch ähnlich ist. Dies ist besonders am Titel zu erkennen, der den Inzipitangaben der Handschriften näher steht als den Titelblättern von Büchern des 16. Jhs.[3] Das Vorwort mit Widmung, Ausführungen über Bedeutung des Themas und persönlichen Stellungnahmen hat trotz des stark topischen Charakters schon die Form, wie sie in weiteren Rechenbüchern des 16. Jhs. zu finden ist. Ein Register, das den Inhalt verzeichnet und damit den Zugriff auf eine bestimmte Textstelle ermöglicht, besitzt das Rechenbuch nicht.[4] Über den standardmäßigen Rahmen hinaus geht in ihrer Länge und Explizitheit die Inhaltsangabe.

Im Haupttext ist insgesamt die Durchstrukturierung des Textes auffällig, die schon in dieser Grobgliederung den 4. Grad erreicht; einzelne Textteile sind zudem in sich noch weiter untergliedert, wie im folgenden zu sehen sein wird. Darüber hinaus wird das Prinzip der Dreiteilung der Themen deutlich, die fast durchweg die Gliederung 1. und 2. Grades und mitunter auch diejenige von Teiltexten höherer Grade bestimmt (z. B. I.3.2 oder II.2.2) und zu thematischen wie strukturellen Eigenartigkeiten führt (s. u.).

---

[2] Dazu Genette 1989; Simmler (1996, 621) spricht diesen Textteilen wie etwa dem Inhaltsverzeichnis den Textstatus ab, er sieht in ihnen daher auch keine funktionalen oder nötigen Teiltexte.

[3] Veränderungen in der Gestaltung des Titelblatts lassen sich an den Nachdrucken des Rechenbuches deutlich erkennen.

[4] Wohl aber einige der Nachdrucke, s. S. 139.

3.1.2 Die Inhaltsangabe als metakommunikativer Teiltext

Zwischen das Vorwort und den thematischen Haupttext fügt JOHANNES WIDMANN einen vier Blätter umfassenden Text mit den Angaben ein, was er im einzelnen in seinem Rechenbuch behandeln möchte und in welcher Reihenfolge. Die Anregung zu diesem Teiltext, der sich in anderen Rechenbüchern nicht findet, mag WIDMANN aus dem *Register* seiner Vorlage, dem *Bamberger Rechenbuch 1483*, entnommen haben, in welchem der Inhalt der einzelnen Kapitel in jeweils einem kurzen Satz angegeben wird. Die differenzierte Ausgestaltung jedoch und die Herausarbeitung der Ordnung stammt wohl aus einer Tradition des scholastischen Umgangs mit Texten;[5] hier wird die universitäre Schulung des Autors offenbar.

Dieser Teiltext übernimmt nur teilweise die Funktionen eines Inhaltsverzeichnisses, dessen erste in der Darlegung des Inhalts und Aufbaus des Buches besteht. Die zweite und vielleicht wichtigere Funktion des Inhaltsverzeichnisses — die Angabe von Seitenzahlen zum (Wieder-)Auffinden einer bestimmten Textstelle oder eines Textinhalts — wurde durch den Autor nicht vollzogen; die ausführliche Darstellung muß andere Gründe gehabt haben. Im Vordergrund mag die Absicht gestanden haben, dem Leser vor der Lektüre des Buches die Möglichkeit zu einer Übersicht über den gesamten Stoff und eine mögliche Strukturierung desselben zu geben. Dadurch konnte der im ersten Moment abschreckenden Stofffülle der Charakter einer Anhäufung von Einzelheiten genommen und stattdessen die ihr zugrundeliegende klare Struktur, die durch häufige Wiederholungen von Teilstrukturen gekennzeichnet ist, deutlich gemacht werden.

Aus heutiger Perspektive stellen sich folgende drei Fragen an diesen Teiltext: a) Wie strukturiert der Autor den von ihm gewählten thematischen Bereich? Lassen sich Strukturprinzipien feststellen, die seine Themenbehandlung vorrangig bestimmen? b) Führt der Autor seine in dem Teiltext 'Inhaltsangabe' angegebene Gliederung des Themas im Rechenbuchtext tatsächlich durch? c) Wird der Teiltext 'Inhaltsangabe' seinem Anspruch gerecht, erfüllt er seine oben skizzierten Funktionen? Um zu einer Beantwortung dieser Fragen zu gelangen, sei der Beginn des Teiltextes 'Inhaltsangabe' (a 4r–5v) in verändertem Layout mit hinzugefügten Gliederungszahlen hier abgedruckt:[6]

---

[5] Das scholastische Studium der Texte erforderte Hinweise zur Anordnung der Themen des Textes und ihrem Zusammenhang; erste Inhaltsverzeichnisse wurden Texten daher im 13. Jh. beigegeben (Parkes 1976, 115; 117; 123). Vorangestellte Inhaltsangaben (ohne Seitenverweis) gab es schon in der Antike (Petitmengin 1997).

[6] Eine volle Fassung des so veränderten Textes findet sich im Anhang B.

Inhalt disz buchs in einer gemein weiszet disz nachgende: Register

I	*DIß buchgleyn yn kurczenn worten begriffen: ist geteylt yn drey teyl. In dem ersten dießer vornemlichsten teylung wirt gesaget von kunst vnd art: der zal an yr selbst:*
II	*In dem andernn teyl dießer trylung wirt geschriben von der ordenung der zal.*
III	*In dem dritten teyl wirt gesaget (alß vyl vnß hie her dyenet) von der art deß messen: die do geometria genant ist.*
I	*¶In dem ersten teyl dießer teylung wirt gesaget dreyerley art der Rechnung*
I.1	*Czu Erst von der rechnung der ganczen zall*
I.2	*Darnach von der art der teyl ader gebrochen:*
I.3	*¶Darnach von der ordenung vnd weyß der Tollet.*
I.1	*Die art ader Rechnung der ganczen stet auff Merunge Minnerung: vnnd Mittelmaß:*
I.1.1	*Merung ist geteylt ynn drey capitel. nach den dreyen species die do gemert werden yn ierer ubung alß. ist:*
I.1.1.1	*Addiren ader Summiren:*
I.1.1.2	*Dupliren ader zcwifeldigen.*
I.1.1.3	*Multipliciren ader manchfeldigen.*
I.1.2	*Minnerung ist auch geteylt yn drey capitel:*
I.1.2.1	*In dem ersten wirt gesaget von Subtrahiren ader abnemen eyn zal von der andernn*
I.1.2.2	*In dem andernn wirt gelernt Mediren ader halbiren:*
I.1.2.3	*In dem dritten wirt gesaget von Diuidiren ader teylen.*
I.1.3	*Mittelmoß ist auch geteylt in drey capitel*
I.1.3.1	*In dem ersten capitel wirt gesaget von Numeriren ader zelen.*
I.1.3.2	*In dem andernn von Progressio ader der zal vnderscheid.*
I.1.3.3	*In dem Dritten wie man ßol radicem extrahiren ader die wurczel eyner zcal auß zihen*
I.1.x.x	*Und der itlichß Capitel yn sunderheyt wirt gelernt yn dreyerley weyß vnd form:*
I.1.x.x.1	*Czu dem ersten secundum artis perceptionem nach anweysung vnd gepiet der kunst.*
I.1.x.x.1.1	*vnd daz am ersten durch Regelnn*
I.1.x.x.1.2	*Zum andernn secundum exeptionem durch außschliessung*
I.1.x.x.1.3	*zcum Dritten secundum cautionem: durch meher sicherung.*
I.1.x.x.2	*zu dem Andernn wirt der itlichß oben geseczt capitel gelert von wegen klerer verstentnis. secundum exemplorum positionem. durch drey exempel vonwegen dreyerley prob:*
I.1.x.x.2.1	*Am ersten ein exempel auff die erst prob:*
I.1.x.x.2.2	*Darnach eyn exempel auff die andernn prob.*
I.1.x.x.2.3	*Darnach aber eyn exempel auff die dritt prob:*

I.1.x.x.3	*Zu dem Dritten wirt der itlichß capitel oben gemelt gelernet secundum factorum probationem Durch die prob der gemachten exempel.*
I.1.x.x.3.1	*Und daz geschicht zu erstem : mitt der gemeinen prob: alß do lernt Johannes de Sacrobusto vnd ander mer*
I.1.x.x.3.2	*Zum andernn mit einer sunderlichen prob alß mitt. 9:*
I.1.x.x.3.3	*Zu dem dritten mitt mer einer sunderlichen vnd subtiler prob alß mitt. 7:*
I.2	*¶Im andernn teyl dießer ander teylung wirt dreyerley kurczlich auß gedrucket:*
I.2.1	*Zu dem ersten wirt gesaget von der art vnd an weyßung der teyl ader gebrochen der ganczen*
I.2.2	*Zu dem andernn wirt gelernet die weyß der teyl von den gebrochen ader der gebrochen teyl:*
I.2.3	*zu dem Driten wirt vnder richt die formliche an weysung. aller teyl mitt den ganczen*
I.2.x	*Und das ander teyl gleicher weyß alß das erst vorfurt ist: durch alle species dar tzu tugenthaftiht wirt auß gedrucket*
I.3	*¶Im dritten teyl dießer andernn teylung nach zimlicher rechter ordenung wirt eyn gepflanczet eyn sunderliche Rechnung Tollet genant: weliche auch kurtzliche wirt begriffen in dreyen teylen: [...]*

Ein Blick auf diese Übersicht läßt die letzte Frage (= c) mit 'Nein' beantworten. Der Leser findet in der Inhaltsangabe weder den Ort eines bestimmten Sachverhalts im Buch, noch dürften ihm bei einmaliger Lektüre Inhalt und Aufbau des Buches deutlich geworden sein. Dem Autor scheint es mehr darum zu gehen, die Eigenstrukturiertheit des Themas darzulegen. Dazu dient ihm zum einem eine Gliederung bis zum 6. Grad (I.1.x.x.1.1 etc.), die sich jedoch allein im Gedächtnis ohne Zuhilfenahme von gedächtnisstützenden Mitteln wie Papier und Stift oder aber ein thematisches Vorwissen nicht behalten oder nachvollziehen läßt. Zum anderen stellt er tendenziell die Beschreibung des Stoffes eines höheren Gliederungsgrades (d. h. Teiltexte ersten Grades) vor die Differenzierung dieser Teiltexte in weitere niederen Grades. So ist er genötigt, nach Beendigung der Ausdifferenzierung bis zum jeweils niedersten Grad das Thema und vor allem die Stellung in der Gliederung des nächsthöheren, noch nicht behandelten Teiltextes wieder aufzugreifen (I.1.x.x.3). Verwirrung stiftet zusätzlich die Bezeichnung der Teiltexte der Grade 1 bis 4 ohne Unterschied als *teil* (s. für den 1. Grad unter I, den 2. unter I.2, den 3. unter I.3.1 und den 4. unter I.3.2). Zusätzlich kennt WIDMANN noch die Bezeichnung *capitel*, die er für Teiltexte des 2. (III) und des 4. Grades (I.1.1.1) verwendet. Eine Bestimmung des Grades mittels der gewählten Bezeichnungen, wie sie in lateinischen mittelalterlichen Traktaten ausgebildet war, nutzt WIDMANN also nicht.[7] Gelegentlich, aber nicht konsequent, versucht er die Grade der Gliederungen durch Adjektive wie ***vornemlich***, ***erste*** (I, II, III) oder ***ander*** für die nächsttiefere Ebene (I.2, I.3) anzugeben, oft beschränkt er sich aber auf das Demonstrativum ***dieser*** (II.2); auch hier verwirren — logisch völlig korrekte — Wendungen wie ***erste(n) teylung der proportionierten zal*** (II.2.2) oder ***In dem dritten teyl vnd aller furnemlichsten*** (II.3); JOHANNES WIDMANN scheitert also unter diesem Aspekt an der sprachlichen Darstellung.

Viele Informationen liefert die Inhaltsangabe in bezug auf die Strukturprinzipien, die J. WIDMANN seinem Rechenbuch zugrunde legen möchte. Die Anlage des Rechenbuches baut grundsätzlich auf den damals etablierten Schemata mathematischer Lehrbücher der Arithmetik auf: Einer Einführung in die Rechentechniken kann ein umfangreicher Teil mit Übungsaufgaben, ein Teil davon aus dem Alltag (Practica) folgen. Dieses Grundschema ist bei WIDMANN jedoch ergänzt und weiter differenziert. Die Gliederung 1. Grades scheint vorrangig thematisch, d. h. durch einen Wechsel in den Sachbezügen bestimmt zu sein; hierbei ist die Trennung von Teil I und II (Arithmetik) von Teil III (Geometrie) ohne weiteres nachvollziehbar.[8] Schwieriger ist dies für die ersten beiden Teile. Im ersten Teil behandelt WIDMANN die Durchführung der Rechenarten in natürlichen (I.1) und in gebrochenen Zahlen (I.2). Dem schließt sich die Tolletrechung an, eine Methode, mit der Kaufleute schnell und relativ sicher den Preis von Waren errechnen konnten; somit ein Thema aus dem Bereich der praktischen Anwendung der Mathematik. Teil II beginnt mit einer Anzahl von Aufgaben, in denen man eine Zahl suchen muß, die vorgegebenen Bedingungen genügt (II.1). Darauf folgt eine recht theoretisch gehaltene Einführung in die Proportionenlehre (II.2); der letzte Teil (II.3) umfaßt endlich die umfangreiche Aufgabensammlung. Thematisch gesehen fällt der Teil über die Proportionenlehre aus dem Rahmen — Rechenaufgaben und benannte Zahlen — heraus: Mathematisch gesehen kommen die Proportionen dem Rechnen mit Brüchen nahe, so daß sich Teil II.2 besser an Teil I.2 anschließen ließe als andere Betrachtungsweisen desselben Gegenstandes.[9] WIDMANN weiß um die

---

[7] Zu mittelalterlichen Gliederungssystemen und Übertragungsversuchen in deutsche Texte s. Palmer 1989.

[8] Bemerkenswert auch hier wieder, daß die Geometrie überhaupt behandelt wird (s. S. 113). Da dies in Rechenbüchern gemeinhin nicht der Fall ist, soll sie auch in der folgenden Analyse nur am Rande beachtet werden.

[9] Man darf hier jedoch nicht übersehen, daß die Proportionenlehre einen anderen Ursprung und eine andere Tradition hat als die Lehre von den Brüchen (s. hierzu S. 23). In dieser traditionellen Form ist sie in einem Kaufmannsbuch überflüssig. Hankel (1874, 353) begründet das Festhalten an dieser Lehre trotz der Bekanntheit der praktikableren Bruchzahlen so: *es*

Analogie der beiden mathematischen Bereiche, denn er verweist selbst bei der Besprechung der Rechenarten innerhalb der Proportionenlehre (e 6v) auf die entsprechenden Kapitel bei der Lehre von den Brüchen (i 1v). Die Tolletrechnung, die sich als Teilbereich der angewandten Mathematik gut in den zweiten Teil einfügen würde, stellt WIDMANN jedoch hinter die Bruchrechnung, um, wie er selbst sagt, den Umgang mit den vielleicht ungewohnteren, theoretisch eingeführten Brüchen an etwas Bekanntem einzuüben (f 5r).[10] Hier wird das Prinzip der thematischen Ordnung also von einem pädagogischen durchbrochen.

Ein weiteres Prinzip ist das der Wiederholung von Teilstrukturen, welches aufgrund des Themas zwar naheliegt, jedoch vom Autor explizit erwähnt wird. Bei der Darstellung der Gliederung von I.2.x. verweist WIDMANN auf diejenige, die er für I.1 ausführlich dargestellt hat: *das ander teyl gleicher weyß alß das erst vorfurt ist: durch alle species dar tzu tugenthaftiht wirt auß gedrucket* (a 5v); Entsprechendes geschieht in II.1 *yn aller form vnd weyß alß oben* (a 6r). Diese Entsprechung der Teilstrukturen läßt sich in den hiermit bestimmten Teiltexten auch tatsächlich erkennen.

Am auffälligsten ist jedoch das Prinzip der Dreiteilung der Abschnitte auf allen Gliederungsstufen. Dies sei an WIDMANNs Inhaltsangabe zum ersten Teil des Buches erläutert:

I	Rechnen mit den indisch-arabischen Ziffern
I.1	Rechnen mit natürlichen Zahlen
I.1.1	Mehrung
I.1.1.1	Addition
I.1.1.1.1	Anweisung (perceptio)
I.1.1.1.1.1	Regel
I.1.1.1.1.2	Ausnahme (exceptio)
I.1.1.1.1.3	Sicherung (cautio)
I.1.1.1.2	Beispiele (exempla)
I.1.1.1.2.1	für 1 Probe
I.1.1.1.2.2	für 2. Probe
I.1.1.1.2.3	für 3. Probe
I.1.1.1.3	Proben (probatio)
I.1.1.1.3.1	gemeine Probe
I.1.1.1.3.2	9-Probe
I.1.1.1.3.3	7-Probe

war dieser Wust einmal herkömmlich und Niemand hatte den Muth, ihn fallen zu lassen.

[10] Für WIDMANN stellt die Tolletrechung sowieso nur noch eine veraltete Methode der Kaufmannsrechnung dar: *wye wol man Rechnung vil geringer vnd behender durch die gulden Regel vinden mag Daz aber die gebrochne zal da durch geubet werdt* (f 5r). Aus diesem Grund wird sie auch im Kaufmannsteil nicht als Regel gelehrt.

I.1.1.2 Duplieren

⋮

I.1.1.3 Multiplizieren

⋮

I.1.2 Minderung
I.1.2.1 Subtraktion
I.1.1.1.1 Anweisung (perceptio)

⋮

I.1.3 Mittelmaß

⋮

I.2 Rechnen mit Brüchen

⋮

Das Dreier-Prinzip ist also bis zum 6. Gliederungsgrad durchgeführt, wobei sich einige Probleme ergeben. Diese beginnen bei der Anzahl der Rechenarten (species): In der Tradition der Arithmetik-Traktate hatte sich die Anzahl von sieben Rechenarten (Addition, Subtraktion, Duplieren, Medieren, Multiplikation, Division, Radizieren) etabliert, falls die Einführung in die Schreibweise der Zahlen, die Numeratio, mitgezählt wurde, waren es acht. Seltener für Rechenschriften dieser Zeit ist die Behandlung der Reihensummen, der Progressio (I.1.3.2). Ungewöhnlich ist aber die Reihenfolge der Rechenarten und ihre Zuordnung zu den drei Arten der Veränderung: Vermehrung, Verminderung und Mittelmaß. Hier ergibt sich die Frage nach einer Begründung der Zusammenfassung der Rechenarten und besonders der Zusammenfassung der Methoden des Zahlenschreibens, der Reihensummenbildung und des Wurzelziehens unter den Oberbegriff Mittelmaß. Während dies beim Zahlenschreiben ungewiß bleibt, könnten sich bei den anderen beiden Bereichen eventuell Gründe nennen lassen: Das arithmetische und das geometrische Mittel, beide lange bekannt und bei WIDMANN in Kapitel *Progressio* behandelt, lassen sich als Spezialform von bestimmten Reihensummen auffasssen (s. Kommentar); im Kapitel über das Wurzelziehen wird auch die Umkehrabbildung, das Potenzieren, behandelt und anschließend ausführlich auf Proportionaliäten und Mittel eingegangen. Dennoch wirkt diese beherrschende Dreiteilung etwas zwanghaft dem Stoff aufgesetzt, sie dient weder einem besseren Verständnis oder der Memoration, noch ergibt sie sich aus der stofflichen Grundlage.[11]

[11] Keine der erwähnten indirekten oder direkten Vorlagen trägt diese tiefgliedernde Dreiteilung. Mehrstufige Gliederungsmuster für Bücher gab es zwar (Palmer 1989; s. hierzu auch Anm. 5), doch m. W. keine, die solch ein

Unklar bleibt auch, was WIDMANN unter den Überschriften versteht, d. h. was er tatsächlich in den Teilkapiteln behandeln will. Dies läßt sich nicht aus den inhaltlich knappen Bemerkungen in der Inhaltsangabe erfahren, sondern nur aus einem Vergleich mit dem Rechenbuchtext.

3.1.3 Gliederung des Gesamttextes und Vergleich mit der Inhaltsangabe

Auf der Basis dieser Vorüberlegungen ist nun eine Einteilung des Gesamttextes in seine einzelnen Teiltexte möglich. Ein Vergleich mit der Gliederung nach der 'Inhaltsangabe' erlaubt die Beantwortung der Frage, inwieweit WIDMANN die angegebenen Inhalte darbietet und die Strukturen einhält. Beides läßt sich am besten in folgender Tabelle erkennen, deren Spalten folgende Informationen enthalten:
Sp. 1 moderne generische Gliederung; an ihr ist der Ordnungsgrad der Teiltexte ablesbar;
Sp. 2 moderne Überschriften nach der Gliederung auf S. 118 und Hinweise zum mathematischen Inhalt, d. h. dem Thema der Teiltexte;
Sp. 3 Gliederung und Reihenfolge des Stoffes nach der Inhaltsangabe (s. S. 121); wird ein Teiltext in dieser nicht genannt, so erfolgt kein Eintrag; die Zahlen geben die Position des Teiltextes entsprechend der 'Inhaltsangabe' wieder;
Sp. 4 Hinweise zur Gliederung im Rechenbuchtext selbst; Überschriften sind mit (Ü) gekennzeichnet. Steht der zitierte Hinweis nicht am Beginn des zugehörigen Teiltextes (s. Sp. 7), so wird die Stelle in runden Klammern angegeben; stereotype, semantisch leere Textgliederungsmerkmale wie *Item* sind nicht aufgenommen;
Sp. 5 Hinweise zum Detailaufbau der nicht weiter in der Tabelle differenzierten Teiltexte; die Buchstaben stehen für folgende Textteile: H = metakommunikative Hinweise zum Aufbau des Rechenbuches oder anderer nichtmathematischer Themen; E = Erläuterungen zum mathematischen Sachverhalt; R = (schrittweise) Anleitung zur Durchführung der Rechnung; B = Beispiel, A = Aufgabe (oft schwer zu unterscheiden), dabei bedeutet (L) = explizite Durchführung der zur Lösung notwendigen Rechung, (Z) = Angabe der Lösung (Zahlen) ohne explizite Durchführung der dazu nötigen Rechnung, P = Probe; (x) = Anzahl der Beispiele,

---

Dreier-Prinzip vorschrieben. Der Zahl 3 selbst wurden im Mittelalter natürlich viele Bedeutungen zugeschrieben (s. etwa die Auseinandersetzung bei Perry/Bell/Hansen 1975/6 oder Meyer 1975), über deren Anwendungen auf die Gliederung des Rechenbuches von J. WIDMANN sich vielfach Spekulationen anstellen ließen. Hinweise im Rechenbuch selbst oder äußere Indizien ließen sich jedoch nicht finden.

Aufgaben oder Proben; T = Tafel oder Schaubild;
Sp. 6 Eintragungen des Inhaltsverzeichnisses der Ausgabe von 1500;
Sp. 7 Blattangaben der Erstausgabe von 1489.

	Thema bzw. Textteil	Inhaltsangabe	Rechenbuchtext	Detailaufbau	Inhaltsverzeichnis 1500	Blattangabe
	Titel	–	–	–	–	a 1r
	Vorwort	–	–	–	–	a 2r
	Inhaltsangabe	–	–	s. Kapitel 1	–	a 4r
I.	Rechnen mit den indisch-arabischen Ziffern	*kunst vnd art der zal*	*daß erste teyl dießes buchles*		–	a 8r
I.1.	Rechnen mit natürlichen Zahlen	*rechnung der ganczen zall*	–		–	"
I.1.1.	Einführung der indisch-arabischen Ziffern und des Stellenwertsystems	*Numeriern*	*Numeratio* (Ü)	E, R, B(Z,3)	*Numeriern*	a 8r
I.1.2.	Addition	*Addiren*	*Additio* (Ü)	E, R, B(Z,3), P(3)	*Addiern*	b 1v
I.1.3.	Subtraktion	*Subtrahiren*	*Subtrahiren* (Ü)	E, R, B(Z,3), P(3)	*Subtrahirn*	b 3v
–	Add./Subtr. mit bez. Zahlen (Währung)	–	–	B(L,2)	–	b 4v
I.1.4.	Duplieren	*Dupliren*	*Dupliren* (Ü)	E, R, B(Z,3), P(3)	*Dupliern*	b 5r
I.1.5.	Medieren	*Mediren*	*Daß 5 Capitel Mediren* (Ü)	E, R, B(Z,3), P(3)	*Mediern*	b 6r
I.1.6.	Multiplikation	*Multipliciren*	*Daß 6 Capitel Multipliciren* (Ü)	–	*Multipliciern*	b 7v
I.1.6.1.	Einmaleins		–	E, H	–	b 7r
I.1.6.1.1.	Tafeln (Quadrat-, Dreieckform)		*zum ersten [...] durch taffeln [...] dasz eyn mol eyn* (b 7v)	H, E, T(2)	–	b 7v
I.1.6.1.2.	Tafeln		*darnach [...] eyn mol 20* (b 7v)	R, T(3)	–	b 8v

	Thema bzw. Textteil	Inhaltsangabe	Rechenbuchtext	Detailaufbau	Inhaltsverzeichnis 1500	Blattangabe
I.1.6.1.3.	Rechenregeln zum 1mal1		*zum driten [...] 4 hubsche Regelnn* (b 7v)		–	c 1v
–	1. Regel		*das die Erst*	R, B(L), R, B(L), B(Z,2), R, B(L), B(Z,2), E		c 1v
–	2. Regel		*Die ander Regel*	E, R, B(L), R, B(L), B(Z,7)		c 2v
–	3. Regel		*Dye dritte Regel*	R, B(Z,5)		c 3r
I.1.6.2.	allg. Multiplikation			H		c 3v
I.1.6.2.1.			*zum ersten*	R, B(Z), P(3)		c 3v
I.1.6.2.2.			*Ader [...] auff eyn andere weysz*	R, B(Z), P(2)		c 5r
I.1.6.2.3.			*Ader [...]*	R, B(Z), P(2)		c 5v
I.1.7.	Division mit einstelligem Divisor	*Diuidiren*	*Dasz 7 Capitel Diuidiren* (Ü)	R, B(Z,5), R, B(Z,4)	*Diuidiern*	c 7r
–	Division mit mehrstelligem Divisor			E, R, B(Z,4), P(3)		c 7r
I.1.8.	Reihen	*Progressio*	*Das 8 Capitel Progrediren* (Ü)	E, R(4), R, B(L), R, B, E	*Progrediern*	d 3r
I.1.9.	Radizieren	*radicem extrahiren*	*Daß 9 Capitel Radicem extrahiren* (Ü)	Begriff: Quadrat-, Kubikwurzel; mittlere Proportionale (d 6v); Radizieren: Methode, E, B, P (e 1r); Kubikwurzel suchen E, B, P (e 4v)	*Radicem extrahiern*	d 5r
I.2.	Rechnen mit Brüchen	–	*dast ander teyl der gebrochen*		–	e 6r

	Thema bzw. Textteil	Inhaltsangabe	Rechenbuchtext	Detailaufbau	Inhaltsverzeichnis 1500	Blattangabe
I.2.1.	Einführung der Bruchzahlen	*art vn an weyßung der teyl*	*Das erst Capitel deß andern teylß Addiren* (Ü)	H, E, B	*Addiern in brüchen* (1508)	e 6r
I.2.2.	Rechnen mit Brüchen					e 6r
I.2.2.1.	Addition	*gleicher weyß alß das erst*		[R, B(L)](5)		e 6v
I.2.2.2.	Subtraktion	"	*Das ander Capitel Subtrahirn* (Ü)	E, [R, B(L)](4)	–	e 8r
I.2.2.3.	Duplieren	"	*Das dritte Capitel Dupliciren* (Ü)	E, B(L)	–	f 1r
I.2.2.4.	Medieren	"	*Das 4 Capitel Mediren* (Ü)	E, B(L)	–	f 1v
I.2.2.5.	Multiplikation	"	*Das 5 Capitel Multipliciren* (Ü)	R, B(L), B(Z,2), R, B(L), B(Z,2), R, B(L), B(Z,1), R, B(L), B(Z,2)	–	f 1v
I.2.2.6.	Division	"	*Das 6 Capitel Diuidiren* (Ü)	E, R, B(Z,4), R, B(L), R, B(L), B(Z,3), R, B(Z,6), B(L), P	–	f 2v
I.2.2.7.	Radizieren	"	*Das 7 Capitel Radicem extrahirn* (Ü)	E, B(Z,2)	–	f 4v
I.3.	Tolletrechung	*Tollet*	*Das dritte deß Ersten teylß [...] Tollet* (Ü)	E, H	*Tollet rechung*	f 5r
I.3.1.	Anordnung der Buchstaben	*saczung [...] bequemer puchstaben*	*zum ersten yn der saczung der puchstaben* (f 5r)	R	–	f 8v

	Thema bzw. Textteil	Inhaltsangabe	Rechenbuchtext	Detailaufbau	Inhaltsverzeichnis 1500	Blattangabe
I.3.2.	Zuordnung des Wertes	*deß werdes tzu satzung*	*zum Andern in der saczung des werdeß ader geldes* (f 5r)	R	–	
I.3.2.1.	10	*x*	–	R	–	
I.3.2.2.	100	*C*	–	R	–	
I.3.2.3.	1000	*M*	–	R	–	
I.3.3.	Zuordnung der Menge	*an zcal deß gekaufften gutes*	*zum Dritten in der saczung der anzal des gekauften gutß* (f 5r)	R, B(Z), B(L,2)	–	?
II.	Verhältnisse und bezeichnete Zahlen	*ordenung der zal*	*ander [...] teyl der ersten teylung*	H	–	f 8v
II.1.	Zahlensuchaufgaben	*zal geordenet [...] species*	–	–	–	f 8v
II.1.1.	Addition (Regula residui)	–	*zum ersten [...] zal zu vindenn auff das addirn*	B(L,6)	–	f 8v
II.1.2.	Subtraktion (Regula residui, detri)	–	*Das ander capitel Subtrahirn* (Ü)	B(L,4)	–	g 3r
–	Duplieren, Medieren	–		E	–	g 4r
II.1.3.	Multiplikation (Regula reciprocationis, excessus)	–	*Das Dritte Capitel Multipliciren* (Ü)	B(L,4)	–	g 4r
II.1.4.	Division (Regula divisionis)	–	*Das 4 Capitel Diuidiren* (Ü)	B(L,4)	–	g 5v
II.1.5.	Radizieren (Regula reciprocationis, quadrata)	–	*Das 5 Capitel Radicem extrahirn* (Ü)	B(L,3)	–	g 6v

	Thema bzw. Textteil	Inhaltsangabe	Rechenbuchtext	Detailaufbau	Inhaltsverzeichnis 1500	Blattangabe
II.2.	Zahlenverhältnisse/ Proportionen	*zal [...] auf ander zal proportioniret*	*Das ander teyl dießer teylung* (Ü)	–	–	g 7v
II.2.1.	Einführung in die Proportionenlehre, Definitionen und Einteilung	*benumung der proportio*		E, H		g 7v
II.2.1.1.	Proportio Multiplex	*proportio multiplex*	*von der ersten [...] proportio Multiplex*	E, B(Z,viele), T	–	g 8r
II.2.1.2.	Proportio Superparticularis	*proportio Supparticularis*	*Proportio superparticularis* (Ü)	B(Z,viele), T	*Proportio superparticularis*	h 2v
II.2.1.3.	Proportio Superpartiens	*proportio Supparciens*	*Proporcio superparciens* (Ü), *dritte species*	B(Z,viele), T	*Proportio superpartiens*	h 4v
II.2.1.4.	Proportio Multiplex Superparticularis	*Multiplex Supparticularis*	*Multiplex superparticularis* (Ü), *vierde species*	B(Z,viele), T	*Multiplex superparticularis*	h 5v
II.2.1.5.	Proportio Multiplex Superpartiens	*multiplex supparciens*	*Multiplex superpartiens* (Ü)	B(Z,viele), T	*Multiplex superpartiens*	h 7v
II.2.2.	Rechnen mit Proportionen	*von den speciebus der proporczen*	*Das ander Capitel* (Ü)	–	–	h 8v
II.2.2.1.	Vergleich von Proportionen mit Brüchen, Kürzungsregel	*wie man die proporcio [...] seczen sal*	–	R, B(L)	–	?
II.2.2.2.	Addition, Vergleich mit Musik	*addiren*	*Additio* (Ü)	E, B(L), E, B(Z,mehrere)	–	i 1r
II.2.2.3.	Subtraktion	*subtrahiren*	*Subtrahiren* (Ü)	E, R, B(L), E	–	i 2r
II.2.3.	Regeln und Aufgaben	*hubsch regelnn*	*Das Dritte Capitel* (Ü)	A(L,viele, teils mit P)	–	i 3r

	Thema bzw. Textteil	Inhaltsangabe	Rechenbuchtext	Detailaufbau	Inhaltsverzeichnis 1500	Blattangabe
II.3.	Kaufmannsregeln/-Practica	*zcal auff kaufmanschafft*	*Das dritte Capitel vnd vernemlichsteß teyl deß andern teylß* (Ü), *zal geordiniret auff kaufmanschafft; in der zal Darnach in gewicht zum driten in moß, der itliches [. . .] durch Regel Stich vnd geselschafft; schon Regel [...] in dem dritten teyl dießer teylung* (f 8v)	H	–	k 1r
II.3.1	Kaufschlag	*kauffschlahunge*			–	k 1r
II.3.1.1.	Regula detri	–	*gulden Regel*	*Detri, proportionum* Dreisatz, E, B Maße: Verhältnis, Abkürzungen (k 2v); Umrechnungen: *resolutionis, Pagamenti* (k 3r); B für Regula detri mit bez. Zahlen (k 3v); Maßumrechnungen	*Regula de tri* (1508)	k 1v
II.3.1.2.	Regula inventionis	–	*Regula inuentionis*	E, B; Goldrechnungen, 2 A (l 3r)	*Regula inventionis*	l 3r

	Thema bzw. Textteil	Inhaltsangabe	Rechenbuchtext	Detailaufbau	Inhaltsverzeichnis 1500	Blattangabe
			wie du die selbige [zal] [...] in die regel detri vnd ander nachgeende Regel seczen solt vnd noch rechter art practiciren (l 5v); *dye art vnd der Regel meynung; mit eynem exempel [...] vorklern* (m 7r)	Hinweis zum Aufbau, Begründung (l 5r); Hinweis zur Benutzung (l 5v); Probe der Regula detri, E, 2 A (l 5v); Dreisatzaufgaben: Feigen (l 6v); Pfeffer (l 7v); Ingwer (m 1v); Safran (m 2v); Nelken, Mandel, Traube, Mehl (m 3v); Wachs, Seife, Unschlitt, Zinn (m 4v); Leinwand, Zwirn, Seide, Gewand, Federn (m 5r); Nuß, Kupfer (m 6v); Hinweis zum Aufbau der Aufgabensammlung und der einzelnen Regel (m 7r)		l 5r
II.3.1.3.	Mischungsregel	–	*Regula fusti*	E (Verse); Nelken, Safran (m 7r); Probe mit detri (m 8v)	*Regula fusti*	m 7r
II.3.1.4.	Regula pulchra	–	*Regula pulchra*	E, B; Pfeffer (m 8v); Probe (n 1v)	*Regula Pulchra*	m 8v
II.3.1.5.	Regula detri conversa	–	*Detri conuersa*	E, B; Brot, Gewand, Mähen, Münze (n 1v); Probe (n 2v)	*Regula Detri conuersa* (1508)	n 1v

	Thema bzw. Textteil	Inhaltsangabe	Rechenbuchtext	Detailaufbau	Inhaltsverzeichnis 1500	Blattangabe
II.3.1.6.	Regula transversa	–	*Regula transuersa*	Anleitung; B/A (Apfel/-Gartenaufgabe) (n 3r); Probe (n 4v)	*Regula transuersa*	n 3r
II.3.1.7.	Regula ligar	–	*Regula Ligar*	Anleitung; Safran, Wolle, Probe (n 5r)	*Regula Ligar*	n 5r
II.3.1.8.	Regula positionis	–	*Regula positionis*	Anleitung; Gewürze, Probe (n 7r)	*Regula positionis*	n 6v
II.3.1.9.	Regula pulchra	–	*Regula Pulchra*	Anleitung; Gewürze, Probe (o 1r)	–	n 8v
II.3.1.10.	Regula equalitatis	–	*Regula equalitatis*	Anleitung; Stoffe, Probe	*regula Equalitatis*	o 2r
II.3.1.11.	Regula legis	–	*Regula Legis*	Anleitung; Wein, Probe (o 4r)	*Regula Legis*	o 3v
II.3.1.12.	Regula augmenti	–	*Regula Augmenti*	Anleitung; Zimt, Probe (o 6r)	*Regula augmenti*	o 5v
II.3.1.13.	Regula augmenti et decrementi	–	*Regula augmenti* + *decrementi*	Anleitung; Anis, Diener, Probe	*Regula augmenti et decrementi*	o 7r
II.3.1.14.	Regula plurima	–	*Regula plurima*	Anleitung; Muskat, Kreide, Probe (p 1r)	*regula Plurima*	o 8v
II.3.1.15.	Regula pulchra	–	*Regula Pulchra*	Anleitung; Eier, Probe (p 2r)		p 1v
II.3.1.16.	Regula sententiarum	–	*Regula sententiarum*	Anleitung; Teil suchen (Zahlen), Probe (p 2v)	*Regula Sententiarum*	p 2v
II.3.1.17.	Regula suppositionis	–	*Regula Suppositionis*	Anleitung; Teil suchen (Zahlen), Probe (p 4r)	*Regula suppositionis*	p 4r
II.3.1.18.	Regula residui	–	*Regula Residui*	Anleitung; Damast, Muskat, Probe (p 5r)	*Regula residui*	p 4v

	Thema bzw. Textteil	Inhaltsangabe	Rechenbuchtext	Detailaufbau	Inhaltsverzeichnis 1500	Blattangabe
II.3.1.19.	Regula excessus	–	*Regula Exessus*	Anleitung; Geld, Probe (p 6r)	*regula excessus*	p 5v
II.3.1.20.	Regula collectionis	–	*Regula collectionis*	Anleitung; Geld, Probe (p 7r)	*Regula collectionis*	p 6v
II.3.1.21.	Regula pulchra	–	*Regula Pulchra*	Anleitung; Geld, Probe (p 8r)		p 7v
II.3.1.22.	Regula pulchra	–	*Regula Pulchra*	Anleitung		q 1r
II.3.1.23.	Regula quadrata	–	*Regula quadrata*	Anleitung; Baum (q 2r)	*regula Quadrata*	q 1v
II.3.1.24.	Regula cubica	–	*Regula Cubica*	Anleitung; Wachs, Probe (q 3r)	*Regula cubica*	q 3r
II.3.1.25.	Regula reciprocationis	–	*Regula Reciprocationis*	Anleitung	*Regula reciprocationis*	q 4r
II.3.1.26.	Regula bona	–	*Regula bona*	Anleitung; Spielen, Teilen, Probe (q 4v)		q 4v
II.3.1.27.	Regula lucri	–	*Regula lucri*	Anleitung; Gewinn, Hauptgut, Wucher (q 6v); Verlust, Schuld (r 4r); Abschlagen (r 5r); Apfel, Tochter, Mühle, Faß (r 5v); Tiere, Schiff, Schuhe (s 1r); Hering, Ingwer, Zinn, Knecht (s 2r);	*Regula lucri*	q 6v

	Thema bzw. Textteil	Inhaltsangabe	Rechenbuchtext	Detailaufbau	Inhaltsverzeichnis 1500	Blattangabe
				Rad, Schatz, Holzhauer, Schneider (s 4v); Verdienst, Zoll, Testament (s 5v); Becher, Ziegel, Metall (t 1r); Arbeiter, Bau (t 2v); Turm, Baum (Höhe) (t 4r); Fisch, Metall, Obst, Wein, Korallen (t 7v); Wechsel (v 3v)		
II.3.1.28.	Regula pagamenti	–	*Regula Pagamenti*	Anleitung; Münze (v 5r)	*Regula pagamenti*	v 5r
II.3.1.29.	Regula alligationis	–	*Regula alligationis*	Anleitung; Korn, Tiere, Wachs, Glocke (v 6v); Währungswechsel, Prägen (x 1v); Silber (x 6v); Gold (y 1v)	*Regula alligationis*	v 6r
II.3.2	Stiche	*stichen*	*Boreat/Stich*	Hinweis zum Aufbau; Wolle (z 1r)	*Boreat das sind stich* (1508)	z 1r
II.3.3	Gesellschaft	*geselschafften*	*Gesellschafft*	Hinweis zum Aufbau; Aufgaben mit 2-4 Personen (z 6r); Teilung (B 2r); Pferd (B 4v)	*Gesellschafften, Von teilung* (1508)	z 6r
	Regula falsi	–	*Regula Falsi*	Anleitung, Aufgaben (B 8r)	–	B 7r

	Thema bzw. Textteil	Inhaltsangabe	Rechenbuchtext	Detailaufbau	Inhaltsverzeichnis 1500	Blattangabe
III.	Geometrie	*art deß messen, geometria*	*Das dritte vnd leczte teyl der ersten [...] außteylung* (Ü), *art des messen Geometria*	H	*Geometry*	C 2v
III.1.	Figurenlehre	*grunt*	*das erst, zum ersten was geometria an ir selbst ist* (C 2v)	E (Def.)	–	C 2v
–	Längen-, Inhaltsberechnung					C 7r
III.2.	Aufgaben aus der Erdvermessung, Visierkunst usw.	*waß itliche [...] figur in ir begriffen*	*Das ander Capitel* (Ü), *messen daz ertrich, Zum Andernn Was eyn itliche figur in rechter moß yn halten sey* (C 2r)	H, E, R(L)	–	E 2r
III.3.	Aufgaben aus der Unterhaltungsmathematik	*hubsche [...] rechnung*	*Salue stella maris* (Ü), *Czum dritten [...] von [...] kurcz weyligen [...] Rechenschafft* (C 2r)	A(L,5)	–	G 1v
	Nachrede	–	–	–	–	G 3r
	Kolophon	–	–	–	–	G 3v

Die Tabelle erlaubt nun anhand einer Untersuchung der Spalte 3 und der Spalten 2 und 4 einen Vergleich der Gliederung nach der Inhaltsangabe mit dem tatsächlich formulierten Rechenbuchtext. Obwohl Stoff und Gliederung im großen und ganzen übernommen wurden, wird deutlich, daß das Dreier-Prinzip im Rechenbuchtext nicht mehr so dominant die Gliederung bestimmt. So ist z. B. im Teil II.3, der Aufgabensammlung, eine Aufteilung der Aufgaben in die drei Bereiche *Kaufschlag, Stich* und *Gesellschaft* vorhanden. Bei der Untersuchung der Aufgaben in bezug auf den Gebrauch von *Zahl, Maß* oder *Gewicht* ist jedoch keine Struktur, wie sie J. WIDMANN auch im Text (m 6v/7r) noch einmal ankündigt, zu erkennen. Auch die Anordnung der Aufgaben nach Waren (l 5r/v) wird nicht eingehalten. Die Dreiteilung der Bruchrechnung in Einführung der Bruchzahlen, Rechnen mit Bruchzahlen und Rechnen mit Bruchzahlen und ganzen Zahlen erscheint im Text als Zweiteilung, da Rechnen mit Brüchen und ganzen Zahlen zusammen mit Rechnen ausschließlich mit Brüchen bei den einzelnen Rechenarten behandelt werden. Wiederholungen von Teilstrukturen finden sich ebenfalls; nicht immer sind die Wiederholungen allerdings vollständig durchgeführt: In II.2.3 werden nur sieben Rechenarten anstelle der neun aus I.1 behandelt, in II.1 gar nur fünf. Vor allem zeigen sich aber Unterschiede in der Gestaltung von I.1: Die oben als problematisch dargestellte Gliederung 3. Grades entfällt völlig. Stattdessen werden die Rechenarten in der traditionellen und auch heute noch üblichen Reihenfolge behandelt, indem auf eine Rechenart erst ihre Umkehrung folgt und dann zur nächstschwierigeren fortgeschritten wird. Inwieweit die differenzierte Gliederung 4. bis 6. Grades durchgeführt wird, werde ich in den folgenden Abschnitten untersuchen.

Interessant ist auch der Vergleich von Spalte 2 und 4 mit Spalte 6, in der die Einträge in das Inhaltsverzeichnis der Ausgabe von 1500 vollständig wiedergegeben wurden. Sofort fällt auf, daß die strenge und ausdifferenzierte hierarchische Ordnung der Vorlage völlig aufgegeben wurde; es fehlen mehrmals die Einträge der Teilanfänge, die Bruchrechnung wird hier gar nicht erwähnt. Statt dessen erscheint die Tolletrechnung, und die einzelnen Regeln werden sorgfältig aufgeführt, wobei allerdings die wichtigste am Anfang, die *Regula detri*, übersehen wurde.[12] Der Verfasser dieses Registers konnte oder wollte die auf geistige Durchdringung angelegte Durchstrukturierung nicht erkennen bzw. wiedergeben, son-

---

[12] Sie trägt im Text von 1489 keine Überschrift. Das Inhaltsverzeichnis der Ausgabe von 1508 ist ausgebessert, gibt auch einen Hinweis auf die Bruchrechnung und führt am Ende des zweiten Teils noch die Stich- und Gesellschaftsrechnung auf. Übernommen wurde dies in der Ausgabe von 1526, die Ausgabe von 1519 besitzt kein Register.

dern wählte die für einen Kaufmann relevanten Themen aus, darunter auch die Tolletrechnung, die bei JOHANNES WIDMANN — wie oben erläutert — nur Beispielfunktion hatte.

3.1.4 Bestimmung der Teiltexttypen

Eine Untersuchung der Spalte 5 mit den Hinweisen zum Detailaufbau zeigt deutlich, daß einzelne Teiltexte, nämlich die Abschnitte mit der Einführung einzelner Rechenarten, tatsächlich entsprechend den Behauptungen in der Inhaltsangabe weiter in (Dreier-)Teile untergliedert sind. Vollständig durchgeführt wird die oben schematisch dargestellte Untergliederung der Kapitel zu den Rechenarten allerdings nur während deren Behandlung bei den ganzen Zahlen, wobei auch hier schon Kürzungen auftreten oder aber das Schema durch Ergänzungen durchbrochen wird (I.1.6 Multiplikation). Das Grundschema einer Einteilung in Erläuterung/Regel (erläuternder-darstellender Teiltext, E und R), Angabe bzw. Berechnung von Beispielen (B, A) und Durchführung der Probe/n (P) (exemplifizierender und auffordernder Teiltext) liegt jedoch mehr oder weniger allen diesen Textteilen zugrunde, in denen es um die Einführung neuer mathematischer Theorien geht. Ich möchte diese daher als einen typischen Teiltext dieses Rechenbuches ansehen und werde ihn im folgenden mit 'Lehrtext' bezeichnen. Zu diesem Teiltexttyp zähle ich folgende Abschnitte: I.1.1– I.1.9 Numerieren bis Radizieren mit natürlichen Zahlen (9); I.2.1– I.2.7 Addieren bis Radizieren mit Bruchzahlen (7), II.1.1– II.1.5 Addieren bis Radizieren (5) und II.2.2.2– II.2.2.3 Addieren und Subtrahieren von Proportionen (2, insgesamt 23).[13] Als charakteristischer Vertreter dieses Teiltexttyps wird im folgenden die Addition natürlicher Zahlen (b 1v–b 2r) analysiert.

Additio

Nu soltu wisszen das addiren heyst zcu sammen geben eyn zal zcu der andernn das eyn sum dar auß werde, Und auß solichen addiren kumpt das man mit eyner figur geschreyben mag ader mit zweyen, kumpt eyne. die schreib nyden vnder die lini kummen ader zwu szo schreyb die erste vnd behalt die ander in dem sinne. vnd gieb sy zu der nechsten figur darnach gegen der lincken hant vnd thu aber alß vor

---

[13] Teiltexte gleichen Typs müssen also nicht unbedingt auch gleichen Grades sein.

Exemplum

76104	*861309*	*283901*
28965	*435867*	*148149*
105069	*1297176*	*432050*

Nu soltu wyssen das dreyerley prob ist da durch man sehen vnd probiren mag ab man recht summirt hab ader nicht vnd des gleychen auch in nachuolgenden wercken Zum ersten eyn gemeine prob vnd ist szo du zwu ader drey ader mer zal ader sum zcu sammen summirt hast in eyn sum vnd wilt probiren ob du ym recht gethan habst ader nicht szo subtrahir wider die eynczlichen alle eine nach der andernn von der haubtsum, vnd szo eß dan gleich auffghet ßo ist eß recht.

Als zweiter Teiltexttyp, der für den Aufbau und die Gestaltung des Rechenbuches typisch ist, stellen sich die jeweils unter *Regel* verzeichneten Teiltexte heraus. Sie setzen sich aus der Erläuterung der Regel (R) und aus einem oder mehreren, teilweise explizit durchgerechneten Beispielen (B(Z), B(L)) bzw. aus ebenso behandelten Aufgaben (A(Z), A(L)) zusammen.[14] Naheliegenderweise soll dieser Typ mit 'Regel' bezeichnet werden und alle Abschnitte mit einem Regelnamen als Überschrift dazugerechnet werden (s. Tabelle, insgesamt 29). Der als charakteristisch ausgewählte Vertreter ist in diesem Fall die *Regula pulchra* (m 8v–n 1v):

Regula pulchra

Inn dießer regel soltu achtung haben auff das halbirn wan du albeg die ausz gab zu dem ersten solt halbiren vnd dem halben teyl das gancz addiren vnd daz selbige aggregat auch mediren vnd darnach die erste auß gab dem selbige halben teyl aber addiren vnd darnach das halbe teyl des leczten aggregatz bericht die frag

Piper

Eyn kauffman hat gelt vnd kummpt genn wyen vnd kaufft piper vnd verkaufft den wider vnd gewint alszo vil alß des hauptgucz ist gewesen vnd verzert 4 fl dauon Nu zu dem Andern mol legt er das gelt wider an vnd gewint aber als vil als deß hauptgutz ist vnd ver zert aber 4 fl da von: Und zu dem dritten mol legt er daß vberig gelt wider an das ym dan pliben ist Und gwint aber als vil als das hauptgut ist vnd verzert aber 4 fl da von Nu ist des hauptgutz souil gewesen das er gwin vnd hauptgut miteynander verzert hat Nu ist die frag wie vil ist des haupt gutz gewesen wiltu das wissen ader des gleichen So machß nach der

[14] Diesen Aufbau beschreibt WIDMANN selbst: In den *Regelnn* wolle er *art vnd der regel meynung* angeben und diese *mit eynem exempel [...] vorklern* (m 7r).

> *Regel also Medir die zal die er vorzert hat als 4 wirt 2 Nu addir 4 dar zu ist 6: Medir nu 6 wirt 3 addir 4 wirt 7. Nu zu dem dritten medir 7 facit* $3\frac{1}{2}$ *fl vnd also vil hat er an gelegt vnd darumb merck eben daß du zu 3 mol medirest.*
>
> *Proba*
>
> *Item wiltu das probiren Szo thu ym also nym das erst haubtgut als* $3\frac{1}{2}$ *vnd duplir das werden 7 Da von nym 4 wan er so vil davon verczert hat pleyben 3 dy duplir wider wan er noch szo vil gewunnen hat vnd werden 6: do von subtrahyr aber 4 von der obern sach wegen pleyben 2. vnd das hat er wider an gelegt vnd alß vil dar zu gewunnen Darumb duplirsz werden 4 vnd do von hat er wider 4 ver zert ist nichtz gepliben: thu 4 von 4 pleybt 0 vnd ist recht etc.*

Diese beiden Arten von Teiltexten, die sich als für das Rechenbuch von JOHANNES WIDMANN konstitutiv herausgestellt haben, sollen nun genauer untersucht werden.

3.2 Die pragmatische Ebene: Illokutionsstruktur

3.2.1 Illokutionen

Betrachtet man einen Text unter pragmatischem Aspekt, so liegt es nahe, als erstes die Handlungsstruktur des Textes zu untersuchen. Dieser Analyse liegt die Annahme zugrunde, der Textproduzent (TP) wolle etwas so äußern, daß der Textrezipient (TR) aufgrund seines thematischen Vorwissens und seines Handlungswissens versteht, was der TP bezweckt, d. h. der TR rekonstruiert den kommunikativen Sinn der Äußerung. Damit wird bei beiden Kommunikationsteilnehmern, dem TP und dem TR, ein sowohl institutionsspezifisches wie ein textsortenspezifisches Illokutionswissen als Teil eines Interaktionswissens vorausgesetzt. Bei Texten aus einer Zeit, in der sowohl die kommunikative Situation als auch die Textsorten im Wandel begriffen sind, kann der TP nicht unbedingt von einem textsortenspezifischen Wissen des TR ausgehen, das dem seinen entspricht, besonders dann nicht, wenn ein Gelehrter als TP, der während seiner Ausbildung an Schulen oder Universitäten mit zahlreichen Beispielen von anleitenden Texten in Berührung kam, sich an ein ungelehrtes Publikum wendet, dem diese Art Texte — zumindest in ihrer schriftlichen Form — fremd sind. Will der TP dieser Zeit eines schriftlichen Textes richtig verstanden werden, muß er seine Absichten offen darlegen, d. h. die Sprachhandlungen durch Indikatoren klar anzeigen, oder er muß sich an den dem TR vertrauten Gestaltungsformen der mündlichen Kommunikation orientieren.

Bei der Analyse selbst geht es nun darum, in einem ersten Schritt die einzelnen Sprachhandlungen in den verschiedenen Teiltexten zu bestimmen. Diese Sprachhandlungen müssen nicht auf einer Ebene (koordinativ) liegen, sondern können zueinander auch in einem subordinativen Verhältnis stehen, in welchem die subordinativen Sprachhandlungen die sie dominierenden stützen (subsidiär) oder ergänzen bzw. spezifizieren (supplementär) können.[15] Als zweiter Schritt der Analyse folgt also der der Hierarchisierung und der Sequenzierung der einzelnen Sprachhandlungen, dessen Ergebnisse sich in Schemata darstellen lassen, die die typische Reihenfolge und die typischen Kombinationen von Sprachhandlungen verzeichnen. Mit Hilfe dieser Schemata gilt es schließlich in einem dritten Schritt die dominierende Sprachhandlung des Textes zu bestimmen und die Ergebnisse durch die Analyse der übrigen Teiltexte dieses Teiltexttyps zu erweitern.

Die Bestimmung der einzelnen Sprachhandlungen erfolgt nun nicht nur aufgrund sprachlicher Indikatoren wie expliziter performativer Formeln, äquivalenter Satzmuster oder bestimmter Modi, der Verwendung von Partikeln oder Adverbien, sondern muß sich auch auf außersprachliche Indikatoren wie etwa Abbildungen und die gesamte drucktechnische Gestaltung des Textes stützen.[16] Wichtig ist zudem, bei der Analyse der Sprachhandlungen die Intention des Textproduzenten mit zu berücksichtigen, d. h. sich auf kontextuelle Indikatoren zu stützen, zu denen neben dem Tätigkeitsrahmen bzw. den Handlungsbedingungen des Textes auch das Hintergrundwissen des Textproduzenten über Thema und Textsorte gehört.[17] Dann erhält man auch mit größerer Sicherheit die impliziten Sprachhandlungen, die für die Bestimmung der Textfunktion ausschlaggebend sein können.

Schwierigkeiten ergeben sich natürlich bei der Abgrenzung der einzelnen Sprachhandlungen, die desto größer werden, je komplexer die Sprachhandlungsstruktur ist; generell werden Sprachhandlungen in die-

---

[15] Das Verhältnis zwischen einzelnen Sprachhandlungen in einem konkreten Text und ihre Funktionen in bezug aufeinander lassen sich weiter differenzieren (Satzger 1987), was aber für die praktische Arbeit hier keinen weiteren Nutzen bringt.

[16] Wichtige Hinweise auf die Illokution liefert auch die Betonung, die Prosodie, die aber bei schriftlicher Textvorlage nicht mehr gegeben ist und bei zeitlich länger zurückliegenden Texten auch kaum mit Sicherheit herzustellen ist.

[17] Es ist *nicht möglich, das Merkmalsgefüge einer sprachlich-kommunikativen Handlung in eindeutiger Weise mit bestimmten sprachlichen Mitteln bzw. einer bestimmten Kombination sprachlicher Mittel in Zusammenhang zu bringen.* Die Illokution kann nur durch *funktionalen Bezug der sprachlichen Mittel und Strukturen [...] identifiziert werden* (Harnisch/Michel 1986, 396).

ser Arbeit aber als unabhängig von syntaktischen Grenzen angesehen. Das größere Problem ist jedoch das *typische Dilemma* (Isenberg 1976): Welche Sprachhandlungen gibt es überhaupt, kann man einen Kanon von Sprachhandlungen festsetzen und eine Klassifizierung nach bestimmten Kriterien sinnvoll vorgeben? Nach wie vor brauchbar ist die Einteilung nach den fünf Sprechakten von Searle (assertiv, direktiv, kommissiv, expressiv, deklarativ), welche von Motsch (1986, Reduzierung auf drei Typen: deklarativ, interrogativ, imperativ) und später von Motsch/Viehweger (1991, Ausbau auf vier Typen: direktiv, kommissiv, repräsentativ, expressiv) verschiedentlich modifiziert wurde; die Klassifizierung erfolgt hier aufgrund der Eigenschaften der illokutiven Handlungen, also des Ziels, das der Textproduzent mit seiner Äußerung erreichen will. Zu einer anderen Einteilung kommt Satzger (1987) mittels des Kriteriums Situations-, Kommunikationstyp; er unterscheidet konstitutive (gewähren), deklarative (danken), kognititve (feststellen, mitteilen) und interaktionale (forden, bitten) Sprachhandlungen. Schon an diesen Beispielen sieht man, daß zum einen die Klassifizierungen sich nicht grundlegend unterscheiden, daß zum anderen alle weder vollständig noch ausgewogen oder gar homogen sind.[18]

Für die folgende praktische Analyse reicht es vorerst, die Einteilung nach Searle zugrunde zu legen. In ihrer Ausführung lehnt sich die folgende Analyse an die Methode der Satzsemantik von von Polenz (1980 und ^{2}1988) an. Nach der Bestimmung der Handlungsbeteiligten, ihres Verhältnisses untereinander und der Kommunikationssituation werden vor der detaillierten Textanalyse die wesentlichen Texthandlungsfunktionen genannt; die Ergebnisse der Detailanalyse werden in einem Schema zusammengefaßt.

3.2.2 Analyse Teiltexttyp 1: Lehrtext

Handlungsbeteiligte und wesentliche Textfunktionen

Beteiligt an der kommunikativen Handlung sind zwei Personen: Der Textproduzent ist ein Fachmann auf dem Gebiet der Mathematik, der Textrezipient ein Laie. Ziel der Handlung ist die Vermittlung eines Teils des Fachwissens des TP, nämlich die Einführung in die Grundlagen des Rechnens mit den indisch-arabischen Ziffern. Der TR soll anschließend über die Grundtatsachen und Handlungsmuster verfügen und fähig sein, mit ihrer Hilfe Probleme aus dem praktischen Alltag zu bewältigen; zu-

[18] Die Problematik von Klassifikationen wurde allgemein schon im Kapitel 1 (s. S. 75) erörtert. Eine Diskussion der Klassifizierungsvorschläge und einen eigenen Vorschlag bieten auch Harnisch/Michel (1986, 394–396).

sätzlich geht es hier um ein Verständnis der dahinterliegenden Strukturen. Situationsspezifisches und textsortenspezifisches Illokutionswissen ist bei dem TP vorhanden, bei dem TR jedoch wohl nur bedingt.

3.2.2.1 Analyse am Text

[INFORMIEREN, GLIEDERN: Additio][19]
[MITTEILEN: (ERLÄUTERN: {MOTIVIEREN, AUFFORDERN: **Nu soltu wisszen**} {DEFINIEREN: **das addiren heyst zcu sammen geben eyn zal zcu der andernn das eyn sum dar auß werde,**}) (ANLEITEN: {BESCHREIBEN: **Und auß solichen addiren kumpt** <DIFFERENZIEREN: **das man mit eyner figur geschreyben mag ader mit zweyen,**>} {ANLEITEN: <ANGEBEN: **kumpt eyne**>. <AUFFORDERN: **die schreib nyden vnder die lini**> <ANGEBEN: **kummen ader zwu**> <AUFFORDERN: **szo schreyb die erste vnd behalt die ander in dem sinne. vnd gieb sy zu der nechsten figur darnach gegen der lincken hant vnd thu aber alß vor**>})]

[EXEMPLIFIZIEREN, AUFFORDERN:

(INFORMIEREN,	GLIEDERN:	**Exemplum)**	
(FESTSTELLEN:	**76104**	**861309**	**283901**
{MITTEILEN:	**28965**	**435867**	**148149**}
{BEHAUPTEN:	**105069**	**1297176**	**432050**})]

[MITTEILEN: (MOTIVIEREN, AUFFORDERN: **Nu soltu wyssen**) (INFORMIEREN, ERLÄUTERN: **das dreyerley prob ist** {DEFINIEREN, MOTIVIEREN: **da durch man sehen vnd probiren mag ab man recht summirt hab ader nicht**} {VERWEISEN, AUFFORDERN: **vnd des gleychen auch in nachuolgenden wercken**}) (ANLEITEN: {GLIEDERN: **Zum ersten**} {BENENNEN, DEFINIEREN: **eyn gemeine prob vnd ist** <BESCHREIBEN, ERINNERN: **szo du zwu ader drey ader mer zal ader sum zcu sammen summirt hast in eyn sum**> <BEGRÜNDEN, MOTIVIEREN: **vnd wilt probiren ob du ym recht gethan habst ader nicht**>} {ANLEITEN: **szo subtrahir wider die eynczlichen alle eine nach der andernn von der haubtsum, vnd szo eß dan gleich auffghet ßo ist eß recht.**})]

[19] Die verschiedenen Klammern dienen der Umgrenzung der einzelnen sprachhandlungsbezüglichen Texteinheiten.

3.2.2.2 Schema

```
INFORMIEREN (GLIEDERN)
MITTEILEN        - ERLÄUTERN          - MOTIVIEREN (AUFFORDERN)
                                      - DEFINIEREN
                 - ANLEITEN           - BESCHREIBEN       - DIFFERENZIEREN
                                      - ANLEITEN          |: - ANGEBEN
                                                          - AUFFORDERN :|
EXEMPLIFIZ.      - INFORMIEREN (GLIEDERN)
(AUFFORDERN)     |:- FESTSTELLEN      - MITTEILEN
                                      - BEHAUPTEN :|
MITTEILEN        - MOTIVIEREN (AUFFORDERN)
                 - INFORMIEREN        - DEFINIEREN (MOTIVIEREN)
                  (ERLÄUTERN)         - VERWEISEN (AUFFORDERN)
                 - ANLEITEN           - GLIEDERN
                                      - BENENNEN          - BESCHREIBEN
                                       (DEFINIEREN)        (ERINNERN)
                                                          - BEGRÜNDEN
                                                           (MOTIVIEREN)
                                      -ANLEITEN
```

Illokutive Struktur von Lehrtexten

Die meisten Sprachhandlungen dieses Teiltexttyps stammen aus der Gruppe der repräsentativen Sprachhandlungen, ein weiterer starker Anteil aus der veranlassenden, appellativen Gruppe. Da die repräsentativen Sprachhandlungen MITTEILEN und EXEMPLIFIZIEREN jeweils die dominierenden Sprachhandlungen der Abschnitte der Teiltexte sind (s. Schema) und man auch als dominierende Sprachhandlung des Teiltextes MITTEILEN festsetzen könnte, ist die Textfunktion dieses Teiltextes als MITTEILUNG zu bestimmen; Ziel ist eine Veränderung im Bewußtsein des TR.

Als typische Sequenzen, wenn auch meist in Distanzstellung, werden die Sprachhandlungen AUFFORDERN und ANLEITEN eingesetzt; die Aufforderung, seine Aufmerksamkeit auf das folgende zu richten und es sich zu merken, steht in vielen Fällen vor der Anleitung zur Durchführung der Rechnung. Diese Grundstruktur liegt auch indirekt den Beispielen zugrunde.

3.2.3 Analyse Teiltexttyp 2: Regel

Handlungsbeteiligte und wesentliche Textfunktionen

Die Handlungsbeteiligten, ihr Verhältnis und die Kommunikationssituation sind dieselben wie beim Teiltexttyp 1 ‘Lehrtext’. Auch hier teilt der TP einen Sachverhalt mit, legt ihn dar, damit der TR etwas weiß. Dazu gibt der TP Handlungsanweisungen, damit der TR diese Handlungen jederzeit nachahmen kann. Nun illustriert der TP die praktische Anweisung an einem Beispiel aus dem Alltag, den der TR kennt, und demonstriert dadurch die Nützlichkeit der Regel.

3.2.3.1 Analyse am Text

[INFORMIEREN, GLIEDERN: Regula pulchra]
[INFORMIEREN, ANLEITEN: (INFORMIEREN, AUFFORDERN: Inn dießer regel soltu achtung haben auff das halbirn {ANLEITEN: wan du albeg die ausz gab zu dem ersten solt halbiren vnd dem halben teyl das gancz addiren vnd daz selbige aggregat auch mediren vnd darnach die erste auß gab dem selbige halben teyl aber addiren} {INFORMIEREN, FESTSTELLEN: vnd darnach das halbe teyl des leczten aggregatz bericht die frag})]

[ILLUSTRIEREN: (INFORMIEREN, GLIEDERN, MOTIVIEREN: Piper) (MITTEILEN, ERZÄHLEN, FESTSTELLEN: Eyn kauffman hat gelt vnd kummpt genn wyen vnd kaufft piper vnd verkaufft den wider vnd gewint alszo vil alß des hauptgucz ist gewesen vnd verzert 4 fl dauon Nu zu dem Andern mol legt er das gelt wider an vnd gewint aber als vil als deß hauptgutz ist vnd ver zert aber 4 fl da von: Und zu dem dritten mol legt er daß vberig gelt wider an das ym dan pliben ist Und gwint aber als vil als das hauptgut ist vnd verzert aber 4 fl da von Nu ist des hauptgutz souil gewesen das er gwin vnd hauptgut miteynander verzert hat) (KONSTATIEREN: Nu ist die frag {FRAGEN: wie vil ist des haupt gutz gewesen}) (VERALLGEMEINERN, FESTSTELLEN: wiltu das wissen ader des gleichen) (AUFFORDERN, ANWEISEN: So machß nach der Regel also) (AUFFORDERN: {ANLEITEN, AUFFORDERN: Medir die zal die er vorzert hat als 4} {KONSTATIEREN, BEHAUPTEN: wirt 2} Nu addir 4 dar zu ist 6: Medir nu 6 wirt 3 addir 4 wirt 7. Nu zu dem dritten medir 7 facit $3\frac{1}{2}$ fl vnd also vil hat er an gelegt) (ERINNERN: {AUFFORDERN: vnd darumb merck eben} {FESTSTELLEN: daß du zu 3 mol medirest.})]

[DEMONSTRIEREN, ANLEITEN, NACHWEISEN: (INFORMIEREN, GLIEDERN, ERINNERN: Proba)
(ANREGEN: Item wiltu das probiren) (AUFFORDERN: Szo thu ym also) (ANLEITEN, NACHWEISEN: {ANLEITEN: nym das erst haubtgut als $3\frac{1}{2}$ vnd duplir} {KONSTATIEREN: das werden 7} {ANLEITEN: Da von nym 4} {BEGRÜNDEN: wan er so vil davon verczert hat} {KONSTATIEREN: pleyben 3} {ANLEITEN: dy duplir wider} {BEGRÜNDEN: wan er noch szo vil gewunnen hat} {KONSTATIEREN: vnd werden 6:} {ANLEITEN: do von subtrahyr aber 4} {BEGRÜNDEN: von der obern sach wegen} {KONSTATIEREN: pleyben 2.} {ERINNERN, BEGRÜNDEN: vnd das hat er wider an gelegt vnd alß vil dar zu gewunnen} {ANLEITEN: Darumb duplirsz} {KONSTATIEREN: werden 4} {ERINNERN, BEGRÜNDEN: vnd do von hat er wider 4 ver zert ist nichtz gepliben:} {ANLEITEN: thu 4 von 4} {KONSTATIEREN: pleybt 0 vnd ist recht etc.})]

3.2.3.2 Schema

INFORMIEREN (GLIEDERN)		
INFORMIEREN	- INFORMIEREN (AUFFORDERN)	
(ANLEITEN)		- ANLEITEN
		- INFORMIEREN (FESTSTELLEN)
ILLUSTRIEREN	- INFORMIEREN (GLIEDERN, MOTIVIEREN)	
	- MITTEILEN (ERZÄHLEN, FESTSTELLEN)	
	- KONSTATIEREN	- FRAGEN
	- VERALLGEMEINERN (FESTSTELLEN)	
	- AUFFORDERN (ANWEISEN)	
	- AUFFORDERN	- ANLEITEN, AUFFORDERN
		- KONSTATIEREN, BEHAUPTEN
	- ERINNERN	- AUFFORDERN
		- FESTSTELLEN
DEMONSTRIEREN	- INFORMIEREN (GLIEDERN, ERINNERN)	
(ANLEITEN,	- ANREGEN	
NACHWEISEN)	- AUFFORDERN	
	- ANLEITEN	|:- ANLEITEN
	(NACHWEISEN)	- BEGRÜNDEN
		- KONSTATIEREN :|
		⋮

Illokutive Struktur von Regeln

Die dominierenden Sprachhandlungen der Abschnitte dieses Teiltexttyps sind ANLEITEN und ILLUSTRIEREN. Durch die Wiederholung des zweiten (und seltener des dritten) Abschnitts in einer Reihe von Beispielen, wie es bei vielen Regeln der Fall ist, wird die Rechenanleitung weiter eingeübt und trainiert.

Deutlich ist im dritten Abschnitt die Sprachhandlungssequenz ANLEITEN BEGRÜNDEN KONSTATIEREN, die im Beispieltext entsprechend den einzelnen Rechenschritten, die zur Lösung des Rechenproblems nötig sind, mehrmals wiederholt wird. Auch der erste Abschnitt zeigt eine typische Kombination bzw. Abfolge von Sprachhandlungen in der Folge INFORMIEREN (AUFFORDERN) ANLEITEN (FESTSTELLEN), die den pragmatischen Aufbau jeder Regel prägt.

3.2.4 Die Illokutionsstruktur der Vorrede

Die Vorrede unterscheidet sich auf der pragmatischen Ebene grundlegend von den übrigen Textteilen; sie ist der einzige Teil, in dem MOTIVIEREN und auch ARGUMENTIEREN als dominierende Sprachhandlungen vertreten sind. Interessant sind besonders die argumentativen Textteile: Jede Argumentation setzt eine strittige Frage voraus. In der Vorrede gibt es deren zwei, wobei aber nur die erste explizit genannt wird: Aus welchen Gründen ist es gerechtfertigt, ein neues Buch über das Rechnen zu schreiben, wo es doch schon etablierte alte Bücher gibt? Der TP BE-

HAUPTET, die Regeln seien unverständlich ausgedrückt, womit er die Autoren der früheren Bücher auch TADELT. Er SETZT daraufhin seine Auffassung von der Art der Gestaltung eines Buches ENTGEGEN. Der zweite strittige Punkt ist die Frage nach der Notwendigkeit und Nützlichkeit der Mathematik im Alltag; diese Frage wird nicht explizit gestellt, sondern nur durch die Beantwortung in vier Punkten (S. 113) gegeben. Der TP BEGRÜNDET die Notwendigkeit, indem er BEISPIELE der Anwendung und der Grundlegung von mathematischem Wissen NENNT. Er RECHTFERTIGT sich darüber hinaus durch BERUFUNG auf andere Autoritäten und eine höhere Instanz (Gott). Zusätzlich APPELLIERT er an den Verstand der TR. So ÜBERZEUGT der TP den TR von der Notwendigkeit des Wissens um die Sachverhalte der Mathematik und von ihrer Wahrheit. Die dominierende Sprachhandlung ist also ARGUMENTIEREN, die Textfunktion ist Rechtfertigung und Überzeugung.

3.2.5 Die Illokutionsstruktur des Gesamttextes

Der Text des Rechenbuches besteht in erster Linie aus Teiltexten des Typs 1 und 2, die unverbunden aneinandergereiht werden. Jeder dieser Textteile folgt dabei einem der beiden beschriebenen illokutiven Muster, die sich zudem in einzelnen Sprachhandlungssequenzen entsprechen, nämlich in der Anleitung zu einer Handlung mit impliziter Aufforderung; die Beispiele enden mit einer Feststellung. Während die Handlungsstruktur des ersten Teiltexttyps bis auf Kürzungen im letzten Abschnitt — der Probe — oder der Differenzierung und Erweiterung bei der Multiplikation unverändert bleibt, sind bei dem zweiten Typ Variationen denkbar. Diese liegen in der Möglichkeit, einer Regel mehrere Aufgaben folgen zu lassen, d. h. an den informierenden Abschnitt (Regel) schließen sich illustrierende Abschnitte an (Aufgaben), die wiederum oft, aber nicht notwendig von einem demonstrierenden Abschnitt (Probe) gefolgt werden. Die Veränderung besteht also ausschließlich in einer Wiederholung eines in sich fest gefügten Sprachhandlungsstranges, nicht aber in einer gänzlich anderen Abfolge oder in dem Einsatz bisher nicht verwendeter Sprachhandlungen.

Diese Wiederholungsstruktur kennzeichnet auch die Kohärenz auf pragmatischer Ebene: Die Teiltexte verbinden keine expliziten illokutiven Einheiten — Verweise auf andere Teiltexte sind äußerst selten —, sondern sie werden allein durch die Wiederholung des festen Handlungsschemas zusammengehalten. Den einzelnen Teiltext definiert also ein Bündel von Sprachhandlungen, den Gesamttext dessen stetige Wiederholung. Die pragmatische Kohärenz würde daher unter dem Fehlen eines einzelnen Teiltextes, z. B. der Division von Brüchen oder irgendeiner Regel, keine Einbußen erleiden.

Ausgenommen von dem bisher Gesagten sind allein die Paratexte und metakommunikativen Abschnitte oder Sätze. Letztere VERWEISEN, GLIEDERN und dienen der ORIENTIERUNG des Lesers, wobei ihr Einsatz für eine Bedeutung für die pragmatische Kohärenz zu sporadisch bleibt. Den einzigen argumentativen Teiltext stellt die Vorrede dar, sonst überwiegen die Sprachhandlungen INFORMIEREN und DARSTELLEN, DEMONSTRIEREN und ILLUSTRIEREN sowie ANLEITEN. Das Fehlen argumentativer Abschnitte steht dabei im Zusammenhang mit der unbezweifelbaren Wahrhaftigkeit des Gegenstandes, die in der Vorrede betont wurde. Mögliche Diskussionen der Rechenweisen — Abakus oder Ziffern — oder der didaktischen Darbietung werden nicht angestrengt. Auffällig ist auch das weitgehende Fehlen von Begründungen und Verständnishilfen; der TR soll also nicht verstehen, sondern handeln.

3.3 Die thematische Ebene: Propositionsstruktur

3.3.1 Thematische Entfaltung und Progression

Eine Analyse der thematischen Ebene eines Textes bezieht sich auf die inhaltliche Entwicklung in demselben. Dabei versteht man einen Text als eine geordnete Folge von Propositionen[20], die durch interpropositionale Relationen verknüpft sind. Eine Betrachtung der Art der Themenentfaltung allgemein, die Frage nach der gedanklichen Auseinandersetzung mit dem Textthema während der Textproduktion beim Textproduzenten — also Fragen wie: Wie teilt der Textproduzent den Kommunikationsgegenstand auf, in welcher Abfolge bringt er die einzelnen Unterthemen, folgt er dabei bestimmten Strategien? — wurde bereits im ersten Abschnitt dieses Kapitels geleistet.

In den folgenden Analysen steht die Bestimmung der einzelnen Themen und der Art der thematischen Entfaltung oder Progression an. Dazu werden die Themata und Rhemata als Äußerungseinheiten im fortlaufenden Text bestimmt[21] und die Thema-Rhema-Struktur in einem Schema

[20] Diese Bezeichnung ist hier nicht im mathematischen Sinn zu verstehen!

[21] Es ist einsichtig, daß das Verhältnis von Thema-Rhema-Einheit und Satzeinheit nicht immer eineindeutig (1:1) sein muß. Auch auf die Diskussion darum, was eigentlich ein Thema (alt, bekannt, informationslos, undynamisch) oder ein Rhema ist (neu, ...), braucht bei einem mathematischen Text nicht weiter eingegangen werden, da sich die Inhalte dieser Bezeichnungen decken.

dargestellt, in welchem Art und Abfolge der thematischen Progression erkennbar werden. Hierbei wird die Typisierung nach Daneš zugrundegelegt und sei daher kurz skizziert:

1) einfach linear:

$$\begin{array}{ccccc} T_1 & \rightarrow & R_1 & & \\ & & \| & & \\ & & T_2 & \rightarrow & R_2 \\ & & & & \| \\ & & & & T_3 \end{array}$$

2) mit durchlaufendem Thema:

$$\begin{array}{ccccc} T_1 & \rightarrow & R_1 & & \\ & & \| & & \\ & & T_2 & \rightarrow & R_2 \\ & & & \rightarrow & R_3 \\ & & & \rightarrow & R_4 \end{array}$$

3) mit abgeleitetem Thema:

$$\begin{array}{ccc} & T \quad (= T_1, T_2, T_3) & \\ T_1 \rightarrow R_1 & T_2 \rightarrow R_2 & T_3 \rightarrow R_3 \end{array}$$

4) mit gespaltenem Rhema:

$$\begin{array}{ccccc} T_1 & \rightarrow & R_1 & (= & R_1' + R_1'') \\ & & T_2' & \rightarrow & R_2' \\ & & T_2'' & \rightarrow & R_2'' \end{array}$$

Die Thema-Rhema-Struktur, die eigentlich auf Satzniveau liegt, läßt sich durch Hierarchisierung auf die Textebene hin erweitern.[22] Die einzelnen Themen selbst können dabei auf verschiedenen Rängen liegen oder zu einem Thema höheren Ranges zusammengefaßt werden; so gelangt man

---

In den folgenden Analysen steht das Thema T möglichst eng begrenzt in spitzen Klammern $< >$, das Rhema R in geschwungenen $\prec \succ$.

[22] Eine Schwierigkeit ergibt sich im folgenden bei der Bezeichnung: Die einzelnen Themata und Rhemata auf Satzniveau werden weiterhin mit Thema (T) und Rhema (R) bezeichnet. Ranghöhere Themen könnte man durch hochgestellte Indices angeben, was aber den Nachteil hätte, daß das ranghöchste Thema, nämlich das Textthema auch die höchste Zahl hätte, die dann absolut nicht mehr vergleichbar wäre, zumal angenommen werden muß, daß bei unterschiedlicher Hierarchisierungstiefe der einzelnen Abschnitte des Gesamttextes das Textthema je nach Abschnitt eine andere Ordnungszahl bekäme, was unsinnig ist. Ideal wäre eine nach der vollständigen Analyse des Gesamttextes umgekehrte Ordinierung, die das Gesamtthema mit der Zahl 1, das rangtiefste Thema jedoch mit n (bei Rangtiefe n) markiert. Einer modifizierte Variante dieser Markierung soll hier gefolgt werden: Das Thema des Gesamttextes wird als *Textthema* bezeichnet werden, entsprechend der Gliederung des Gesamttextes (s. Tabelle in Kapitel 2.1) werden die rangtieferen Themen mit *Teilthema, Kapitelthema* und *Unterkapitelthema* bezeichnet. Alle restlichen Themen werden nicht weiter nach ihrem Rang differenziert als *Absatzthema* bzw. einfach *Thema* bezeichnet.

schließlich zu Propositionen[23] auf Textebene, den sogenannten Teilthemen, die direkt dem Textthema unterstehen. Die thematische Kohärenz des Gesamttextes ergibt sich aus der Untersuchung der logisch-semantischen Beziehungen zwischen diesen Teilthemen. Auch stellt sich die Frage, inwiefern diese Teilthemen Teiltexte definieren, d. h. inwieweit man thematische Teiltexte des Gesamttextes z. B. aufgrund von Isotopieketten oder semantischen Feldern festlegen kann, und weiter, ob die Reihenfolge der einzelnen Textteile fest oder veränderbar ist bzw. ob das Fehlen eines Teiltextes auf thematischer Ebene ebenso folgenlos wie auf pragmatischer Ebene wäre.

Vorweg sei noch auf zwei Probleme bei der Analyse dieses vorliegenden Rechenbuchtextes hingewiesen: Wie sich zeigen wird, fehlen mehrmals thematisch nötige Einheiten im Text. Diese thematischen Leerstellen werden bei der fortlaufenden Analyse ergänzt,[24] damit die Progressionstypen, die für ein mathematisches Lehrbuch typisch sind, deutlich erkennbar werden; anschließend an die Analyse werden die Leerstellen eingehend besprochen und so auf die spezielle Ausführung der thematischen Entfaltung in diesem Text von J. WIDMANN Bezug genommen. Aus den der Analyse folgenden Schemata und Formeln werden nicht nur die Progressionstypen deutlich, sondern auch die Stufen, auf denen die einzelnen Themen und ihre Entfaltung situiert sind. Daher konnte bei der Analyse auf eine Kennzeichnung der Stufen und Abhängigkeiten der einzelnen Themata und Rhemata voneinander verzichtet werden, was eine überaus starke Indizierung zur Folge gehabt hätte (Bsp. aus Teiltexttyp 1: [Teil A] $R'_5 = (R''_3)'_1$). Da jedoch auch der Text bzw. seine thematische Entfaltung eindimensional fortlaufend vom Textrezipienten aufgenommen wird, ist es auch von daher gerechtfertigt, die generische Zählung zugunsten einer fortlaufenden aufzugeben.[25]

---

[23] Lötscher (1991, 77) möchte die statischen Bezeichnungen *Thema, Rhema* und *Proposition* vermeiden und schlägt stattdessen vor, die thematische Entfaltung als Dynamisierung zu verstehen und eine Proposition als eine Kontextveränderungsfunktion zu betrachten. Diese Auffassung fügt sich einem pragmatischen Ansatz gut, wirkt sich aber auf eine praktische Analyse nicht weiter aus.

[24] Ergänzt man diese Leerstellen nicht, erhält man teilweise mehrstufige, verzwickte und an mehreren Stellen abbrechende Thema-Rhema-Strukturen, teilweise ist eine Struktur auch gar nicht zu erstellen.

[25] Wenn das Thema nicht direkt dem vorhergehenden Rhema entspricht, sondern auf ein früheres Rhema oder auf einen ganzen Abschnitt rekurriert, wird dennoch weitergezählt, jedoch eine Tilde ~ als Kennzeichnung vor das Thema gesetzt (Bsp. Teiltexttyp 2: [Teil B] $\sim T_{12}$). Ergänzte Einheiten stehen in runden Klammern, Wiederholungsstrukturen werden durch Wiederholungszeichen, parallele durch Parallelstriche gekennzeichnet.

3.3.2 Analyse Teiltexttyp 1: Lehrtext

3.3.2.1 Analyse am Text

[Teil A] Additio
Nu soltu wisszen das <addiren>[T_1] heyst ≺zcu sammen geben eyn zal zcu der andernn≻[R_1] das ≺eyn sum≻[R_2] <dar auß>[T_2] werde, Und auß <solichen addiren>[T_3] kumpt das man ≺mit eyner figur geschreyben mag≻[R'_3] ader ≺mit zweyen,≻[R''_3] <kumpt eyne.>[T_4] die ≺schreib nyden vnder die lini≻[R_4] <kummen ader zwu>[T_5] szo ≺schreyb die erste≻[R'_5] vnd ≺behalt die ander in dem sinne≻.[R'_5] vnd ≺gieb <sy>[T_6] zu der nechsten figur darnach gegen der lincken hant≻[R_6] vnd thu aber <alß vor>[T_2]

Exemplum		
76104	861309	283901
28965	435867	148149
105069	1297176	432050

[Teil B]
Nu soltu wyssen das ≺dreyerley <prob>[T_1]≻[$R''_1 = T_3$] ist da durch man ≺sehen vnd probiren≻[$R'_1 = T_2$] mag ab man ≺recht summirt hab ader nicht≻[R'_2] vnd ≺des gleychen auch in nachuolgenden wercken≻[R''_2] Zum ersten ≺eyn gemeine prob≻[$R'_3 = T_4$] ≺vnd ist szo du zwu ader drey ader mer zal ader sum zcu sammen summirt hast in eyn sum vnd wilt probiren ob du ym recht gethan habst ader nicht (Rückkoppelung R'_2) szo ≺subtrahir wider die eynczlichen alle eine nach der andernn von der haubtsum≻[R_4], vnd szo <eß>[T_5] dan gleich auffghet ßo ≺ist eß recht.≻[R_5]

3.3.2.2 Schema

[Teil A]

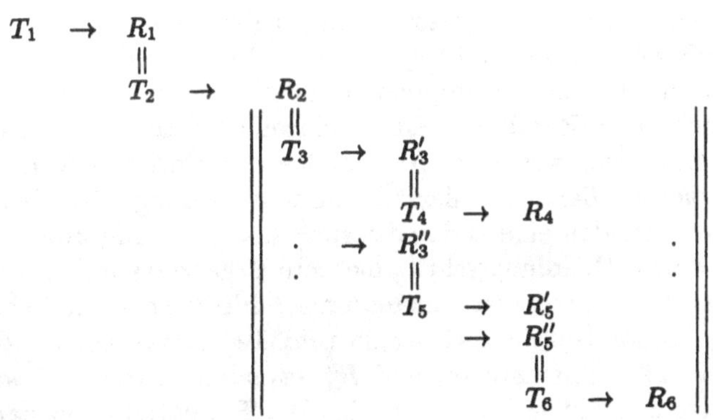

[Teil B]

$$
\begin{array}{ccccccccc}
T_1 & \rightarrow & R_1' & & & & & & \\
 & & \| & & & & & & \\
 & & T_2 & \rightarrow & R_2' & & & & \\
 & & & \rightarrow & R_2'' & & & & \\
 & \rightarrow & R_1'' & & & & & & \\
 & & \| & & & & & & \\
 & & T_3 & \rightarrow & R_3' & & & & \\
 & & & & \| & & & & \\
 & & & & T_4 & \rightarrow & R_4 & & \\
 & & & & & & \| & & \\
 & & & & & & T_5 & \rightarrow & R_5 \\
 & & & \rightarrow & R_3'' & & & & \\
 & & & \rightarrow & R_3''' & & & &
\end{array}
$$

3.3.2.3 Formel

[Teil A]

$$
\begin{aligned}
&T_1 \rightarrow R_1 = T_2 \rightarrow R_2 = T_3 \\
&\qquad\qquad \rightarrow \{R_3'\{= T_4 \rightarrow R_4\} + R_3''\{= T_5 \rightarrow \{R_5' + R_5''\{= T_6 \rightarrow R_6\}\}\}\}
\end{aligned}
$$

[Teil B]

$$
\begin{aligned}
&T_1 \rightarrow \{R_1'\{= T_2 \rightarrow \{R_2' + R_2''\}\} \\
&\qquad + R_1''\{= T_3 \rightarrow R_3'\{= T_4 \rightarrow R_4 = T_5 \rightarrow R_5\} + R_3'' + R_3'''\}\}
\end{aligned}
$$

Ergebnisse und Probleme

Das Schema zeigt deutlich die beiden hauptsächlich vertretenen Progressionstypen der linearen Progression und der Progression mit gespaltenem Rhema. Die einfach lineare Progression wird in beiden Teilen mehrmals gebraucht; ihr Einsatz korrespondiert inhaltlich mit der Beschreibung des Ablaufs einer Handlung, die in einzelnen Schritten nacheinander durchgeführt wird, wobei die Reihenfolge der einzelnen Schritte nicht geändert werden darf. Bei der Ablaufsbeschreibung tritt aber mitunter der Fall ein, daß eine Differenzierung nötig ist, und zwar jedesmal, wenn bei einem Handlungsschritt mehrere Ergebnisse möglich sind, die jeweils eine eigene, von den anderen unterschiedliche Weiterbehandlung erfordern. Besonders deutlich ist dies im Teil A bei Thema T_3 zu sehen, das in zwei Rhemata R_3' und R_3'' gespalten wird, die jeweils eine eigene Fortentwicklung zeigen, oder im Teil B die drei Probenarten R_3', R_3'' und R_3'''. Eine thematische Differenzierung spiegelt sich also in einer

Progression mit gespaltenem Rhema wider. Mehrere Differenzierungen bzw. Progressionen mit gespaltenem Rhema ergeben nun eine Schachtelung bestimmter Tiefe, wie sie in der Formel an den geschweiften Klammern ablesbar wird: Im Teil A ist die Spaltung $R'_3 - R''_3$ eine 1. Stufe, die $R'_5 - R''_5$ eine 2. Stufe.

Nach Erreichen des erwünschten Handlungsziels, in Teil A die Summe der Addition, ist der Handlungsvorgang zu Ende, d. h. es ist kein weiterer Schritt mehr nötig. Dasselbe gilt für die Teilhandlungsziele, z. B. die Addition der jeweils untereinanderstehenden Ziffern (dazu s. u.); wenn diese erreicht sind, bricht die Teilhandlung und damit auch die thematische Entwicklung des entsprechenden Rhemas ab: in Teil A etwa $T_4 \rightarrow R_4$ oder $T_6 \rightarrow R_6$. Diese Teilhandlungen werden nun so oft wiederholt, bis das Handlungsziel, nämlich die Addition der Zahlen, erreicht ist. Sprachlich angezeigt ist dies durch die Formulierung *vnd thu aber als vor*, deren thematische Funktion der Verweis auf ein früheres Thema ist und das somit eine Schleife einleitet (im Schema gekennzeichnet durch das Wiederholungszeichen). Das Thema T_2, auf das verwiesen wird, ist im Text jedoch nicht explizit angegeben, so daß aus dem Text nicht klar wird, wo die Schleife einzusetzen hat. Ebenso fehlt die Angabe, wann die Schleife terminiert, also ein Hinweis der Art *bis linker hand keine figur mehr vorhanden ist*.

Der Aufbau der Thema-Rhema-Struktur des Teils A zeigt Ähnlichkeiten mit dem Aufbau eines Algorithmus,[26] wie er heute in der Numerik zur maschinellen Bewältigung mathematischer Probleme eingesetzt wird. Dieser Vergleich zeigt auch deutlich die Stellen, an denen im vorliegenden Text entscheidende Leerstellen sind.

Eine weitere gravierende Leerstelle, da sie die Anweisung unverständlich macht, findet sich in Teil A im Übergang von R_2 zu T_3: *Nu ... werde* ist eine Erläuterung des Begriffs der Addition, das folgende *Und ... vor* eine konkrete Handlungsanweisung. Dem Textverlauf folgend wurde R_2 *sum* dem *addiren* T_3 gleichgesetzt, wobei sich das erste auf die Addition der vorgegebenen Zahlen bezieht, das zweite jedoch nur auf die Addition einzelner Ziffern. Dies wird ebensowenig expliziert wie die Tatsache, um welche Ziffern es sich überhaupt handelt. Es fehlen hier im Text also folgende Thema-Rhema-Paare: *Willst du eine Summe erhalten, so schreibe die Zahlen, die du addieren willst, untereinander und zwar so, daß die erste Ziffer der ersten Zahl unter der ersten Ziffer der zweiten Zahl zu stehen kommt, und ziehe eine Linie unter die beiden Zahlen. Addiere*

[26] Ein Algorithmus ist eine in mathematischer Sprache gegebene Instruktion zur Lösung eines mathematischen Problems; diese besteht aus einer endlichen Anzahl von Teilanweisungen und bricht nach endlich vielen Schritten ab.

nun die ersten beiden Ziffern der beiden Zahlen. Durch diese Ergänzung wäre die Verbindung zwischen ***sum*** und ***addieren*** hergestellt, und die Bezeichnung ***linie***, die durch den bestimmten Artikel thematischen Status erhält, würde zuvor als Rhema eingeführt. Ein Verweis über den Teiltext hinaus liegt im Wort ***subtrahir*** im Teil B, das sich auf einen erst folgenden Teiltext bezieht. Dieses prinzipielle thematisch/didaktische Problem bei der Durchführung von Proben mittels der Umkehrfunktion wird von WIDMANN nicht beachtet.

Einige Satzteile oder Wörter wurden bisher von der Analyse ausgenommen: die Überschriften, die Inzipit- bzw. Explizitformeln (s. u.) und die Rechenbeispiele, die ausschließlich aus Zahlen bestehen. Das Zahlenbeispiel entspricht einer mathematischen Gleichung, wenn man es als verkürzte sprachliche Formulierung ansieht: *Addiere 76104 und 28965 zusammen, das macht 105069.* Die Struktur wäre hier: T_1' (*76104*) + T_1'' (*28965*) → R_1 (*addiere*) = T_2 → R_2 (*das macht 105069*). Mathematische Rechnungen lassen sich also ausgeschrieben als einfach lineare Progression mit teilweise gespaltenem Thema deuten.

3.3.3 Analyse Teiltexttyp 2: Regel

3.3.3.1 Analyse am Text

[Teil A] ≺Regula pulchra≻[R_0]
Inn <dießer regel>[T_1] soltu ≺achtung haben auff das halbirn≻[R_1] wan du albeg ≺<die ausz gab>[$T_{2'}$] zu dem ersten[T_2] solt <halbiren>[T_2] ≻[R_2] vnd <dem halben teyl>[T_3] ≺das gancz addiren≻[R_3] vnd <daz selbige aggregat> [T_4] auch ≺mediren≻[R_4] vnd darnach die <erste auß gab>[T_2] <dem selbige halben teyl>[T_5] aber ≺addiren≻[R_5] vnd darnach das ≺<halbe teyl>[T_7]≻[R_6] des <leczten aggregatz>[T_6] ≺bericht die frag≻ [R_7]

[Teil B] ≺Piper≻[R_0]
Eyn ≺kauffman hat gelt vnd kummpt≻ [R_1] genn wyen vnd ≺kaufft piper≻[R_2] vnd ≺verkaufft≻ [R_3] <den>[T_3] wider vnd ≺gewint≻[R_4] alszo vil alß des hauptgucz ist gewesen vnd ≺verzert≻[R_5] 4 fl <dauon>[T_5] Nu zu dem Andern mol ≺legt er <das gelt>[$\sim T_6$] wider an≻[R_6] vnd ≺gewint≻[R_7] aber als vil als deß hauptgutz ist vnd ≺ver zert≻[R_8] aber 4 fl <da von:> [T_8] Und zu dem dritten mol ≺legt er <daß vberig gelt>[$\sim T_9$] wider≻[R_9] an das ym dan pliben ist Und ≺gwint≻[R_{10}] aber als vil als das hauptgut ist vnd ≺verzert≻[R_{11}] aber 4 fl <da von>[T_{11}] Nu ist <des hauptgutz>[T_2] souil gewesen das er <gwin vnd hauptgut>[$\sim T_{12}$] miteynander ≺verzert hat≻[R_{12}] Nu ist die frag ≺wie vil ist <des haupt gutz>[T_2] gewesen≻[R_{13}] wiltu <das>[T_{14}] wissen ader des gleichen So ≺machß nach der Regel≻[R_{14}] also ≺Medir≻[R_{15}] <die zal die er vorzert hat>[$T_{9;12}$] als 4 ≺wirt 2≻[R_{16}] Nu ≺addir 4≻[R_{17}] <dar zu>[T_{17}] ≺ist 6≻[R_{18}]: ≺Medir≻[R_{19}] nu <6>[T_{19}] ≺wirt 3≻[R_{20}] ≺addir≻ [R_{21}] 4 ≺wirt 7≻[R_{22}]. Nu zu dem dritten ≺medir≻[R_{23}] <7>[T_{23}] ≺facit $3\frac{1}{2}$

fl ≻[R_{24}] vnd <also vil>[T_{25}] hat er ≺an gelegt≻[R_{25}] vnd darumb merck eben daß du zu 3 mol medirest. [Rückbezug auf Teil A]

[Teil C] Proba
Item wiltu das probiren Szo thu ym also ≺nym das erst <haubtgut>[T_1]≻[R_1'] als $3\frac{1}{2}$ vnd ≺duplir≻[R_1''] das ≺werden 7≻[R_2] <Da von>[T_3] ≺nym≻[R_3] 4 wan er so vil <davon>[$T_{3'}$] ≺verczert hat≻[$R_{3'}$] ≺pleyben 3≻[R_4] <dy>[T_5] ≺duplir wider≻[R_5] wan er noch <szo vil>[$T_{5'}$] ≺gewunnen hat≻[$R_{5'}$] vnd ≺werden 6≻[R_6]: <do von> [T_7] ≺subtrahyr≻[R_7] aber 4 von der obern sach wegen ≺pleyben 2≻[R_8]. vnd <das>[T_9] hat er wider ≺an gelegt≻[$R_{9'}'$] vnd alß vil ≺dar zu gewunnen≻[$R_{9'}''$] Darumb ≺duplirsz≻ [$R_9'' = T_{10}$] ≺werden 4≻[R_{10}] vnd <do von>[$T_{11'}$] hat er wider 4 ≺ver zert≻[$R_{11'}$] ≺ist nichtz gepliben:≻[$R_{12'}$] ≺thu≻ [R_{11}] 4 von <4>[T_{11}] ≺pleybt≻[R_{12}] 0 vnd ist recht etc.

3.3.3.2 Schema

[Teil A]

$$
\begin{array}{llllllllllllll}
R_o \\
\| \\
T_1 & \rightarrow & R_1 \\
 & & \| \\
 & & T_{2'} + T_2 & \rightarrow & R_2 \\
 & & & & \| \\
 & & & & T_3 & \rightarrow & R_3 \\
 & & & & & & \| \\
 & & & & & & T_4 & \rightarrow & R_4 \\
 & & & & & & & & \| \\
 & & & & & & & & T_2 + T_5 & \rightarrow & R_5 \\
 & & & & & & & & & & \| \\
 & & & & & & & & & & T_6 & \rightarrow & R_6 \\
 & & & & & & & & & & & & \| \\
 & & & & & & & & & & & & T_7 & \rightarrow R_7
\end{array}
$$

[Teil B]

$$R_0$$
$$R_1$$
$$R_2$$
$$\|$$
$$T_3 \rightarrow R_3$$
$$\|$$
$$(T_4) \rightarrow R_4$$
$$\|$$
$$T_5 \rightarrow R_5$$
$$\|$$
$$\sim T_6 \rightarrow R_6$$
$$\|$$
$$(T_7) \rightarrow R_7$$
$$\|$$
$$T_8 \rightarrow R_8$$
$$\|$$
$$\sim T_9 \rightarrow R_9$$
$$\|$$
$$(T_{10}) \rightarrow R_{10}$$
$$\|$$
$$T_{11} \rightarrow R_{11}$$

$$T_2 + \sim T_{12} \rightarrow R_{12}$$

$$T_2 \rightarrow R_{13}$$
$$\|$$
$$T_{14} \rightarrow R_{14}$$

$$T_9 + T_{12} \rightarrow R_{15}$$
$$\|$$
$$(T_{16}) \rightarrow R_{16}$$
$$\|$$
$$T_{17} \rightarrow \ldots$$
$$\ldots \rightarrow R_{23}$$
$$\|$$
$$(T_{24}) \rightarrow R_{24}$$
$$\|$$
$$T_{25} \rightarrow R_{25}$$

[Teil C]

$$
\begin{array}{llllllllllll}
T_1 & \to & R_1' & & & & & & & & & \\
 & & R_1'' & & & & & & & & & \\
 & & \| & & & & & & & & & \\
 & & (T_2) & \to & R_2 & & & & & & & \\
 & & & & \| & & & & & & & \\
 & & & & \left\| \begin{array}{lll} T_3 & \to & R_3 \\ T_{3'} & \to & R_{3'} \end{array} \right\| & & & & & & & \\
 & & & & \quad \| & & & & & & & \\
 & & & & \quad (T_4) & \to & R_4 & & & & & \\
 & & & & & & \| & & & & & \\
 & & & & & & \left\| \begin{array}{lll} T_5 & \to & R_5 \\ T_{5'} & \to & R_{5'} \end{array} \right\| & & & & & \\
 & & & & & & \quad \| & & & & & \\
 & & & & & & \quad (T_6) & \to & R_6 & & & \\
 & & & & & & & & \| & & & \\
 & & & & & & & & T_7 & & &
\end{array}
$$

$$
\begin{array}{llllllll}
T_7 & \to & R_7 & & & & & \\
 & & \| & & & & & \\
 & & (T_8) & \to & R_8 & & & \\
 & & & & \| & & & \\
 & & & & T_9 & \to & R_{9'}' & \\
 & & & & & \to & R_{9'}'' & \\
 & & & & & \to & R_9'' & \\
 & & & & & & \| & \\
 & & & & & & (T_{10}) \to & R_{10} \\
 & & & & & & & \| \\
 & & & & & & & \left\| \begin{array}{lllll} T_{11'} & \to & R_{11'} & & \\ & & \| & & \\ & & (T_{12'}) & \to & R_{12'} \\ T_{11} & \to & R_{11} & & \\ & & \| & & \\ & & (T_{12}) & \to & R_{12} \end{array} \right\|
\end{array}
$$

3.3.3.3 Formel

[Teil A]

$$R_0 = T_1 \to R_1 = T_2 + T_{2'} \to \ldots \to R_6 = T_7 \to R_7$$

[Teil B]

$$R_0, R_1, R_2 = T_3 \to R_3(= T_4) \to R_4 = T_5 \to R_5 =\sim T_6 \to R_6(= T_7)$$
$$\to R_7 = T_8 \to R_8 =\sim T_9 \to R_9(= T_{10}) \to R_{10} = T_{11} \to R_{11}$$

$$T_2 + \sim T_{12} \rightarrow R_{12}$$

$$\begin{aligned} T_2 \rightarrow R_{13} = T_{14} \rightarrow R_{14} = T_{15}(\rightarrow T_{9;12} \rightarrow R_{15}(= T_{16}) \rightarrow R_{16} = T_{17} \\ \rightarrow R_{17}(= T_{18}) \rightarrow R_{18} = T_{19} \rightarrow R_{19}(= T_{20}) \rightarrow R_{20} = T_{21} \rightarrow R_{21}(= T_{22}) \\ \rightarrow R_{22} = T_{23} \rightarrow R_{23}(= T_{24}) \rightarrow R_{24} = T_{25} \rightarrow R_{25}) \end{aligned}$$

[Teil C]

$$\begin{aligned} T_1 \rightarrow R_1' + R_1''(= T_2) \rightarrow R_2 = [T_3 \rightarrow R_3 \parallel T_{3'} \rightarrow R_{3'}] \; (= T_4) \\ \rightarrow R_4 = [T_5 \rightarrow R_5 \parallel T_{5'} \rightarrow R_{5'}] \; (= T_6) \rightarrow R_6 = T_7 \rightarrow R_7(= T_8) \\ \rightarrow R_8 = T_9 \rightarrow R_9' + [R_9'' \parallel R_{9'}''] \; (= T_{10}) \\ \rightarrow R_{10} = [T_{11'} \rightarrow R_{11'}(= T_{12'}) \rightarrow R_{12'} \parallel T_{11} \rightarrow R_{11}(= T_{12}) \rightarrow R_{12}] \end{aligned}$$

Ergebnisse und Probleme

Teil A besteht in der Hauptsache aus einer Abfolge von einfach linearen Progressionen; unklar ist jedoch, auf was sich *die auszgab* ($T_{2'}$) bezieht, da weder eine korrespondierende rhematische Einheit noch ein Verweis im Text zu finden ist.

Aus zwei Progressionsreihen setzt sich Teil B zusammen; die Frage mit Rückbezügen auf früher Gesagtes (R_{12}, R_{13}) bildet dabei das Gelenk zwischen der Aufgabe und der Rechnung. Am Ende des Teiles findet sich ein weiterer Rückbezug, diesmal auf Teil A. Bei der Angabe des Ergebnisses eines Vorgangs fehlt oft die Nennung desselben, d. h. des Themas der Aussage; *gewint* (R_4) ist etwa eine rhematische Bemerkung zu dem Thema *beim Verkauf* $R_3 = (T_4)$, das aber nicht mehr aufgeführt wird. An anderen Stellen ist gar eine ganze Thema-Rhema-Einheit ausgefallen wie bei $R_5 =\sim T_6$: nach dem Verzehr ($T_{5'}$) bleibt dem Kaufmann nur noch eine bestimmte Summe $R_{5'}$ Geldes (entsprechend $R_8 =\sim T_9$).[27] Beide Ausfälle veranschaulichen die Tendenz zur Verkürzung und dokumentieren einen Schritt auf dem Weg zur Formelsprache.

Das Fehlen von Themata kennzeichnet auch den thematischen Aufbau von Teil C. Darüberhinaus lassen sich Wiederholungen von Thema-Rhema-Einheiten, die sich aus der Gegenüberstellung von einem Handlungsvorgang in der kaufmännischen Umwelt und dem diesen abstrakt abbildenden Rechenvorgang ergeben, als strukturtypische Elemente erkennen (Bsp. $T_3 \rightarrow R_3 \parallel T_{3'} \rightarrow R_{3'}$).

[27] Eroms (1991) erhebt dieses Phänomen zu einem eigenen Typ der Progression mit thematischen Sprung.

Solche Parallelen kennzeichnen auch das Verhältnis der Strukturen in den drei Teilen A, B und C. Hier stimmt die Reihenfolge der einzelnen Thema-Rhema-Einheiten in Teil A und B' überein, während Teil B und C in der umgekehrten Reihenfolge ablaufen. Dementsprechend stehen in den ersten beiden genannten Durchgängen die Verben ***addieren*** und ***mediren*** an den entsprechenden Stellen in Teil B und C ihren jeweiligen Antonymen ***subtrahieren, dupliren*** gegenüber.

A		B		B'		C	
R_7	*berichten*	R_1	*gelt*	R_{25}	*facit*	T_1	***haubtgut***
R_6	*(mediren)*	R_4	*gewint*	R_{23}	*medir*	R_1''	***duplir***
R_5	*addiren*	R_5	*verzert*	R_{21}	*addir*	R_3	***nym/verczert***
R_4	*mediren*	R_7	*gewint*	R_{19}	*Medir*	R_5	***duplir/gewunnen***
R_3	*addiren*	R_8	*verzert*	R_{17}	*addir*	R_7	***subtrahyr***
R_2	*halbiren*	R_{10}	*gwint*	R_{15}	*Medir*	R_9''	***duplir/gewunnen***
$T_{2'}$	*auszgab*	R_{11}	*verzert*	$T_{9;12}$		R_{11}	***thu von/verzert***

3.3.4 Überschriften und Isotopieketten

Über die meisten Absätze des Rechenbuchtextes setzt JOHANNES WIDMANN Überschriften, die meist das Thema des Absatzes selbst (Absatzthema), manchmal aber auch das eines größeren Textteiles angeben. In dem ersten Analysetext wird mit der Überschrift *Additio* das Thema des gesamten Teiltextes genannt; sie ist zugleich das erste Glied in der den Text durchziehenden Isotopiekette: ***Additio - addiren - zcu sammen geben - sum - addiren - gieb sy zu*** (Teil A), ***summirt - zcu sammen summirt - sum - subtrahir - haubtsum*** (Teil B). Teil B ist zusätzlich durch eine zweite Isotopiekette gekennzeichnet: ***prob - probiren - recht summirt - gemeine prob - probiren - recht gethan - recht.*** Diese zweite Isotopiekette ist im zweiten Analysetext deutlicher markiert, indem sie dort in einer Überschrift ansetzt (Teil C): ***Proba - probiren - recht.*** Wie im ersten Analysetext wird jedoch der gesamte Teiltext durch ein Thema zusammengehalten, das hier jedoch nur implizit in der Überschrift des Teiltextes genannt wird: ***pulchra - halbirn - halbiren - halben teyl - gancz - mediren - halben teyl - halbe teyl*** (Teil A), ***Medir - Medir - medir - medirest*** (Teil B), ***duplir - duplir - duplirsz*** (Teil C). Anders als mit Teil C verhält es sich mit Teil B. Die Überschrift ***Piper*** erscheint nur noch ein weiteres Mal — unter Berücksichtigung der Proform ***den*** zwei weitere Male[28] — im Absatz. Dominiert wird dieser jedoch wie der erste Teil

[28] JOHANNES WIDMANN verwendet Proformen für Themawörter nur in eingeschränktem Maße; er bevorzugt hier die Wiederholung eines Wortes vor

durch das semantische Feld von *halbiren*. Es geht in Teil B also weniger um die Handelsware als um die Einübung der in der Regel beschriebenen Rechenvorgänge. Allerdings ist die starke Hervorhebung der Ware durch Erwähnung in der Überschrift, wie sie in den meisten Aufgaben in der Practica gehandhabt wird, durchaus sinnvoll, wenn man an den Einsatzort des Rechenbuches und der Regeln denkt: Während des Handels soll der Kaufmann mit seiner Hilfe schnell Rechnungen durchführen können. Da diese aber nicht verstanden, sondern auswendig gelernt werden, muß er für möglichst viele Fälle Beispiele parat haben. So finden sich viele dieser typischen Fälle, d. h. bestimmte Kauf- oder andere Geschäftshandlungen bezogen auf eine Ware in dem Rechenbuchtext; zum besseren Auffinden der Beispiele und auch als Merkhilfe wird die Ware den Beispielenals Überschrift gesetzt. In vielen Fällen werden bei einer Regel (d. h. Teiltexttyp 2) mehrere Beispielaufgaben mit verschiedenen Waren, teilweise auch mit Probe, aufgeführt, welche zum einen Elemente des semantischen Feldes der *Ware* — die Probe natürlich auch des *Probens* —, zum andern aber der in der Regel verwendeten Rechenarten und -schritte aufweisen; der terminologische Wortschatz dient somit als Mittel der Kohärenzbildung.

3.3.5 Thematische Struktur des Gesamttextes

Die Analysen und Untersuchungen haben gezeigt, daß der Text des Rechenbuches überwiegend durch den Typ der einfach linearen Progression geprägt ist; bei Textteilen des Typs 1 läßt sich zusätzlich eine signifikante Anzahl von thematischen Entfaltungen mit gespaltenem Rhema feststellen.

Die Untersuchung der Isotopieketten hat verdeutlicht, daß mit ihrer Hilfe der Teiltext als Einheit markiert werden kann, wobei das Thema des gesamten Teiltextes explizit (Ttt 1) oder implizit (Ttt 2) in der Überschrift genannt wird. Den Teiltext kann man aber wiederum mit Hilfe von absatzspezifischen Isotopien in einzelne Teiltexte gliedern. Dabei kommen bestimmte Isotopien in mehreren Teiltexten vor, wie z. B. die Isotopie *Probe*, d. h. ein Teiltext *Probe* in jedem Teiltext des Typs 1 einmal und des Typs 2 mindestens einmal (abhängig auch von der Anzahl der Beispiele, s. dazu auch die Tabelle in Kapitel 3.1.3, Sp. 5).

Die Isotopie, die den gesamten Teiltext prägt, ist in der Hierarchie der Themen der Isotopie eines Textteiles des Teiltextes übergeordnet. Diese Hierarchisierung ist aber über den Grad der Teiltexte des Typs 1

dem Gebrauch von Proformen oder Hyp- bzw. Hyperonymen u. ä. Anders ist dies bei den Objekten (Zahl oder Ware), die in den Aufgaben und Proben meist als Proform Erwähnung finden oder gar fehlen.

und 2 fortführbar, da diese wieder in ein übergreifendes Thema eingebettet sind, das wiederum eigene Isotopieketten besitzt: *Additio* bildet zusammen mit den folgenden Teiltexten *Subtrahiren* bis *radicem extrahiren* einen Textteil mit dem Thema *Natürliche Zahlen*, Elemente der dazugehörenden Isotopie sind im Analysetext *Additio* z. B. *zal.* Diesem folgt der Textteil *Bruchzahlen*, durch den sich in allen Teiltexten die Isotopien *gebrochen - ganz - zeler - nenner* ziehen.

Generell ist die Reihenfolge der Lehrtexte innerhalb des übergeordneten Abschnitts in Maßen beliebig. Es ist im Prinzip gleich, ob man zuerst die Addition oder zuerst die Subtraktion einführt, man könnte sogar fast die Reihenfolge beibehalten, wie sie in der Inhaltsangabe angegeben wird: *Mehrung, Minnerung, Mittelmaß*; allerdings sollte man das Numerieren an den Anfang stellen. Die Abfolge der weiteren Rechenarten beruht auf einer aus der didaktischen Praxis herrührenden Konvention.[29] Eine einmal gewählte Reihenfolge sollte jedoch in weiteren entsprechenden Abschnitten übernommen werden. Die Reihenfolge der nächst höheren Textteile ist nicht mehr beliebig: Bevor man die gebrochenen Zahlen einführt, muß geklärt sein, was die ganzen Zahlen sind und wie man mit ihnen umgehen kann.

Die Anordnung der Regeln unterliegt keiner einheitlichen thematischen Gliederung. An den Anfang stellt WIDMANN die Grundregel, *Regula detri*, die letztlich allen weiteren Regeln zugrunde liegt oder in ihnen zum Einsatz kommt. Diese mathematisch-thematische Ordnung wird aber bald von einer warenbezogenen-thematischen Ordnung abgelöst: Die Regeln sind nun nach Gegenstandsbereichen gruppiert; den Handelsgütern (Gewürze, Stoff etc., bis II.3.1.18) folgen Währungen und Münzen (bis II.3.1.29). Letztere Gruppierung überlagert sich mit der Ordnung nach der kaufmännischen Handlungssituation: Wucher/Gewinn, Warentausch und Gesellschaftsrechnung. Parallelen zwischen Handlungssituation — Ware — mathematischer Lösungsart sind dabei zwar durchaus gegeben, werden aber nicht als Ordnungsprinzip genützt.

3.4 Die grammatische Ebene

3.4.1 Untersuchungskategorien

Mit der Analyse der grammatischen Ebene des Textes gelangen wir in die am häufigsten durchgeführte und erprobteste Analysekategorie, was zum einen die Folge hat, daß schon durch Untersuchungen auf jeweils

[29] Zu den Problemen, die sich bei der Probe mit der Umkehroperation ergeben können, s. oben S. 156.

breiter Basis gesicherte Ergebnisse vorliegen, auf die man sich stützen oder mit denen man eigene Ergebnisse vergleichen kann. Zum anderen kann man sich bei der Analyse eines vollständigen Bezeichnungsinventars bedienen, sinnvolle Kategorien und etablierte Klassifizierungsmuster sind — in Maßen auch für die Syntax — vorhanden. Probleme ergeben sich hier auf einer anderen Ebene: Wie soll man die unterschiedlichen Formen, die sich aus der ungeregelten Schreibung ergeben — z. B. *haupt gut* und *hauptgut* (n 1r) — kategorisieren? Zählen diese als ein Wort oder zwei Wörter? Wie steht es dabei mit Zahlen und Maßeinheiten? Ab wann kann man ein Vorkommen einer bestimmten Form überhaupt als typisch für einen Texttyp bezeichnen? Eine Entscheidung in dieser letzten Frage kann natürlich nicht auf der absoluten Vorkommenshäufigkeit beruhen, sondern muß sich auf die relative beziehen, d. h. den Prozentsatz. Auch für diesen kann man jedoch keinen festen Grenzwert angeben, da er ebenfalls von Untersuchungskategorie zu Untersuchungskategorie schwankt. Aus diesen Gründen wird oft der Einsatz von Tests, wie sie die Statistik anbietet, empfohlen (Hoffmann ²1985, Kapitel 3). Wer einige Erfahrung im Umgang mit diesen Tests hat, weiß, daß sie falsche Sicherheit und Klarheit vortäuschen können. Die Ergebnisse der Analysevorgänge sollen daher in Auswahl offen dargelegt und die absoluten Zahlwerte gegeben werden, so daß die Interpretation der Daten dem Leser nachvollziehbar bleibt.

Auf eine Untersuchung der Phonologie kann hier vollkommen verzichtet werden; ihr symptomatischer Wert für eine Textsortenuntersuchung — die Zuordnung zu einer diatopischen Varietät — ist in der textexternen Matrix durch den Entstehungsort in der Regel implizit schon gegeben; Mundartnähe oder -ferne zeigt sich zudem auf allen sprachlichen Ebenen.[30] Ebenso wurden allgemein flexionsmorphologische (Pluralbildung) und gemeinsprachliche syntaktische Gewohnheiten (Wertigkeit der Verben, Nebensatzarten) nur im Falle von signifikanter Besonderheit beachtet. Das Hauptaugenmerk soll auf die Auswahl der Wortarten, Formen des Verbs (Person, Modus, Tempus und Genus) oder der Wörter sowie auf den Satzbau (parallel, Hypo- und Parataxe) gerichtet werden.[31]

---

[30] Zur Relevanz der Mundart bzw. der Mundartnähe/ferne bei der Einstufung der Bedeutung der Rechenbücher zur Entstehung der neuhochdeutschen Schriftsprache s. S. 312.

[31] Die grammatische Ebene ist die einzige, auf der die Einbeziehung der Nachdrucke in die Analyse interessant wäre; allerdings ergäbe sich dadurch eine Inkonsequenz zu den Analysen der anderen Ebenen. Eine Untersuchung der Veränderungen bleibt also einer weiteren Studie überlassen, einige Auffälligkeiten seien hier jedoch schon kurz angedeutet: Der Stil der Nachdrucke von 1500, 1508 und 1519 ist insgesamt formelhafter. Dies zeigt sich z. B. in der Vermeidung zahlreicher Partikeln und Füllwörter, die die Sprache des

3.4.2 Analyse Teiltexttyp 1: Lehrtext

3.4.2.1 Analyse am Text

Additio[32]

Nu soltu {S} wisszen {P} ɩ {$\mathcal{O}$} das addiren {S} heyst {P} zcu sammen geben eyn zal zcu der andernn ɩ {$\mathcal{KS}$} das eyn sum {S} dar auß {A} werde, {P} | Und auß solichen addiren {A} kumpt {P} ɩ {$\mathcal{R}$} das man {S} mit eyner figur {A} geschreyben mag {P} ader mit zweyen {A}, | {$\mathcal{KD}$} kumpt {P} eyne {S}. ɩ die {O} schreib ({S}) {P} nyden vnder die lini {A} | {$\mathcal{KD}$} kummen {P} ader zwu {S} ɩ szo schreyb ({S}) {P} die erste {O} vnd behalt ({S}) {P} die ander {O} in dem sinne {A}. vnd gieb ({S}) {P} sy {O} zu der nechsten figur darnach gegen der lincken hant {A} vnd thu ({S}) {P} aber alß vor

Exemplum		
76104	861309	283901
28965	435867	148149
105069	1297176	432050

Nu soltu ({S}) wyssen {P} ɩ {$\mathcal{O}$} das dreyerley prob {S} ist {P} ɩ {$\mathcal{R}$} da durch man {S} sehen vnd probiren mag {P} ɩ {$\mathcal{F}$} ab man {S} recht summirt hab {P} ader nicht vnd des gleychen auch in nachuolgenden wercken | Zum ersten eyn gemeine prob {S} vnd ist {P} ɩ {$\mathcal{KD}$} szo du {S} zwu ader drey ader mer zal ader sum {O} zcu sammen summirt hast {P} in eyn sum {A} vnd wilt probiren {P} ɩ {$\mathcal{F}$} ob du {S} ym recht gethan habst {P} ader nicht ɩ szo subtrahir ({S}) {P} wider die eynczlichen alle {O} eine nach der andernn von der haubtsum {A}, ɩ vnd {$\mathcal{KD}$} szo eß {S} dan gleich auffghet {P} ɩ ßo ist {P} eß {S} recht.

Erstdrucks noch kennzeichnen; ebenfalls ist die häufige Verwendung des Konjunktors *und* in diesen drei Nachdrucken eingeschränkt worden. Oft sind die Doppelterminologien (s. S. 180) zu der einfachen Form gekürzt und die Verwendung bestimmter Formen, z. B. der Verben, ist stereotyper: In Rechnungen steht *kumpt* konsequent auch anstelle von *kummen* im Erstdruck.

32 In geschweiften Klammern { } sind folgende Satzglieder angegeben (entsprechend den obigen Anmerkungen werden hier nur die für diesen Fachtext interessanten Satzglieder gekennzeichnet bzw. auf eine Differenzierung der Nebensatzarten in formaler (z. B. relativ), funktioneller (z. B. objekt) oder logischer (z. B. kausal) Hinsicht verzichtet): S Subjekt, O Objekt, P Prädikat, A adverbielle Bestimmung; $\mathcal{O}$ Objektsatz, $\mathcal{KD}$ Konditionalsatz, $\mathcal{KS}$ Konsekutivsatz, $\mathcal{KA}$ Kausalsatz, $\mathcal{F}$ indirekter Fragesatz, $\mathcal{R}$ Relativsatz, $\mathcal{V}$ vergleichender Relativsatz. | kennzeichnet eine starke, ɩ eine schwache Phrasengrenze.

3.4.2.2 Grammatische Merkmale von Lehrtexten

Wortarten und -formen

Der Teiltext enthält relativ wenig Substantive,[33] welche fast alle der mathematischen Terminologie angehören: ***additio, sum*** (3)[34], ***prob*** (2), ***zal*** (2) und zudem teilweise zwei- bis dreimal wiederholt werden, so daß die Anzahl unterschiedlicher Substantive sich weiter verringert. Meist bilden sie das Objekt des Satzes, stehen also in obliquen Kasus, wobei oft ein Adjektiv zur näheren Bestimmung beigegeben ist. Adjektive sind oftmals Zahladjektive. Bei den Verben handelt sich zum Großteil um Handlungs-, also Vollverben ***summieren*** (2), ***kommen*** (3), ***probieren*** (2), ***schreiben*** (3). An Modalverben (5) finden sich: ***mögen*** (2, in der Bedeutung ›können‹), ***sollen*** (2, ›sollen‹), und ***wollen*** (1, ›wollen‹); das Verhältnis ist also nicht als signifikant zu bezeichnen. Zweimal hat eine Substantivierung eines Verbs stattgefunden (***addieren***); ansonsten handelt es sich außer dem Partizip ***nachfolgenden*** um finite Formen bzw. Infinitive zu finiten Formen der Modalverben. Alle finiten Formen sind aktivisch, abgesehen von den zwei Formen in den indirekten Fragesätzen auch im Indikativ, und überwiegend präsentisch. Häufig ist die 2. Person Singular (11, davon 6 Imperative), was dem Charakter eines Anweisungstextes entspricht. Die 3. Person (12) steht meist mit einem unpersönlichen Objekt oder einer Zahl als Subjekt; die 1. Person ist in diesem Text nicht vertreten.

Morphosyntax

Die Verbalphrasen bestehen in 16 von 22 Fällen aus einem finiten Verb, fünfmal steht ein Modalverb mit dem Vollverb im Infinitiv und einmal findet sich ein Adverb. Die Subjektphrasen sind selten mit einem Substantiv, sondern meist mit Pronomina (besonders ***du, es***) oder Zahlen besetzt. Interessant sind die Objektphrasen, die mit einem Substantiv, das meist durch ein oder mehrere Adjektive in attributiver Stellung spezifiziert ist, oder mit Objektsätzen gefüllt sind.

Syntax

Allgemein ist die Syntax durch eine Aneinanderreihung kurzer Hauptsätze gekennzeichnet, die häufig mit der Konjunktion ***und*** (8) verbunden sind. Diese Parataxe ist besonders für die Vorgangsbeschreibung zur Kennzeichnung einer fortschreitenden Handlung (Teil A) typisch. Die Differenzierungen machen jedoch Erweiterungen mit ***oder*** sowie Hypo-

---

[33] Wortanzahl im Gesamttext: 160, davon Substantive 16, Verben 33, Adjektive 19, Konjunktionen 23.

[34] Die Zahl in der Klammer gibt die Vorkommenshäufigkeit an.

taxe nötig, die sich im Gebrauch konditionaler Nebensätze zeigt; eine Eigenart des Textes ist es hierbei, bei Konditionalsätzen die Subjunktion wegzulassen und dafür ein *so* an den Anfang des Hauptsatzes zu stellen. Teil B ist syntaktisch komplizierter gebaut; besonders der erste Abschnitt weist mit einen Nebensatz der 3. Stufe eine verwickeltere Syntax auf. Das Verständnis dieses Teils wird weiter erschwert durch eine verschachtelte Syntax mit teilweise vorgestellten Nebensätzen. Insgesamt treten als Nebensatztypen auf: Relativsatz (2); Objektsatz (2), indirekter Fragesatz, alternativ setzend (2); Konditionalsatz (4) und Konsekutivsatz (1).

3.4.3 Analyse Teiltexttyp 2: Regel

3.4.3.1 Analyse am Text

Regula pulchra

¶Inn dießer regel {A} soltu ({S}) achtung haben {P} auff das halbirn {A} / wan du {S} albeg die ausz gab {O} zu dem ersten solt halbiren {P'} vnd dem halben teyl {O} das gancz {O} addiren {P"} vnd daz selbige aggregat {O} auch mediren {P"'} vnd darnach die erste auß gab {O} dem selbige halben teyl {O} aber addiren {P""} / vnd darnach das halbe teyl des leczten aggregatz {S} bericht {P} die frag {O}

Piper

¶Eyn kauffman {S} hat {P} gelt {O} vnd kummpt {P} genn wyen {A} vnd kaufft {P} piper {O} vnd verkaufft {P} den {O} wider vnd gewint {P} alszo vil {O} / {$\mathcal{V}$} alß des hauptgucz ({S}) ist gewesen {P} / vnd verzert {P} 4 fl {O} dauon Nu zu dem Andern mol {A} legt {P} er {S} das gelt {O} wider an vnd gewint {P} aber als vil {O} / {$\mathcal{V}$} als deß hauptgutz ({S}) ist {P} / vnd ver zert {P} aber 4 fl {O} da von: Und zu dem dritten mol {A} legt {P} er {S} daß vberig gelt {O} wider an / {$\mathcal{R}$} das {S} ym {O} dan pliben ist {P} / Und gwint {P} aber als vil {O} / {$\mathcal{V}$} als das hauptgut {S} ist {P} / vnd verzert {P} aber 4 fl {O} da von | Nu ist {P} des hauptgutz ({S}) souil gewesen / {$\mathcal{KS}$} das er {S} gwin vnd hauptgut {O} miteynander verzert hat {P} | Nu ist {P} die frag {S} / wie vil ist {P} des haupt gutz ({S}) gewesen | {$\mathcal{KD}$} wiltu ({S}) {P} das {O} wissen ader des gleichen / So machß {P} nach der Regel {A} also | Medir ({S}) {P} die zal {O} / {$\mathcal{R}$} die {O} er {S} vorzert hat {P} / als 4 / wirt {P} 2 {O} | Nu addir ({S}) {P} 4 {O} dar zu / ist {P} 6{O}: | Medir ({S}) {P} nu 6 {O} / wirt {P} 3 {O} | addir ({S}) {P} 4 {O} / wirt {P} 7 {O}. | Nu zu dem dritten medir ({S}) {P} 7 {O} / facit {P} $3\frac{1}{2}$ fl {O} vnd also vil {O} hat er {S} an gelegt {P} vnd darumb merck ({S}) {P} eben / {$\mathcal{O}$} daß du {S} zu 3 mol medirest {P}.

Proba

¶{$\mathcal{KD}$} Item wiltu ({S}) das {O} probiren {P} / Szo thu {P} ym {O} also | nym {P} das erst haubtgut {O} als $3\frac{1}{2}$ vnd duplir {P} das {O} / werden {P} 7 {O} | Da von nym {P} 4 {O} / {$\mathcal{KA}$} wan er {S} so vil {O} davon verczert hat {P} / pleyben {P} 3 {O} | dy {O} duplir {P} wider / {$\mathcal{KA}$} wan er {S} noch szo vil {O} gewunnen hat {P} / vnd werden {P} 6 {O}: | do von subtrahyr {P} aber 4 {O} von der obern sach wegen / pleyben {P} 2 {O}. vnd das {O} hat er {S} wider an gelegt {P} vnd alß vil {O} dar zu gewunnen / Darumb duplirsz ({O}) {P} / werden {P} 4 {O} vnd do von hat er {S} wider 4 {O} ver zert {P} / ist {P} nichtz {S} gepliben: | thu {P} 4 {O} von 4 / pleybt {P} 0 {O} vnd ist {P} recht etc.

3.4.3.2 Grammatische Merkmale von Regeln

Wortarten und -formen

In bezug auf die Substantive gleicht der Befund dem obigen: Ebenfalls werden im Text wenig Substantive verwendet (28 von 314 Worteinheiten), die aus dem mathematischen (*regel, aggregat*) und zusätzlich aus dem kaufmännischen Bereich (*gelt, hauptgut, pfeffer*) stammen; Wortwiederholungen sind häufig, es finden sich insgesamt nur 8 verschiedene Lexeme. An Modalverben sind wieder *sollen* und *wollen* vertreten, wobei die Verbindungen mit *sollen* als Imperativersatz stehen. Inhaltlich handelt es sich um mathematische Termini, in der Aufgabenstellung dagegen eher um Lexeme aus dem Bereich des Handels. Auch hier überwiegen Aktiv und Präsens, meistens finden sich finite Formen in der 2. Person (Rezipient) oder in der 3. Person (mathematisches Subjekt). Unsicherheit herrscht noch in der Wahl des Numerus bei Zahlen bzw. Rechenergebnissen: Hier steht *bleibt* neben *bleiben* und *wird* neben *werden* (z 3v und Nachdrucke). Dies könnte mit den verschiedenen Auffassungen zusammenhängen, die man von einer Zahl haben kann: als Zahl oder als Anzahl bei einer Mengenangabe, hier eventuell mit Maßeinheit.

Morphosyntax und Syntax

Die Verbalphrasen bestehen in den oben erwähnten Fällen aus einem Modalverb mit einem Vollverb im Infinitiv, ansonsten aus einem Verb in finiter Form, die Subjektphrasen wie oben oft aus Pronomina oder Zahlen. Die Sätze sind in der Ausrechnung der Aufgabe und der Probe extrem kurz und vielmals elliptisch; sie sind parataktisch (und parallel) gestaltet und nicht einmal mehr durch die Konjunktion *und* verbunden: *Medir nu 6 wirt 3 addir 4 wirt 7* ... . Hier handelt es sich in Wirklichkeit um vier Sätze, von denen ausschließlich der erste vollständig ist; im zweiten und im vierten fehlt ein Subjekt der Art *das Ergebnis* und im dritten fehlt sogar das zweite Objekt: *addir 3 und 4* oder *addir 3 zu 4*. Dieser feste, sich immer wiederholende elliptische Satzbau ist sicher als ein Schritt hin zur heutigen Schreibweise dieser Rechnung zu verstehen: $6 \div 2 = 3; 3 + 4 = 7$. Unterordnung findet sich in diesem Teiltext nur in der ersten Stufe mit folgenden Nebensatztypen: Objektsatz (1); vergleichender Relativsatz (3), Relativsatz (2); konditionaler (2), kausaler (2), konsekutiver (1) Nebensatz; auffallend ist beim Konditionalsatz wieder die fehlende Konjunktion.

3.4.4 Morphosyntaktische Charakteristika

Die Analysen haben ergeben, daß allein schon aufgrund der geringen Anzahl an Substantiven von einem Nominalstil hier nicht geredet werden kann; ein Anweisungstext mit der Beschreibung von Handlungsvorgängen legt hingegegen den Einsatz vieler Verben nahe. Die eingeschränkte Variation in der Lexik, die sich in den vielen Wortwiederholungen manifestiert, entspricht jedoch dem erwarteten Ergebnis fachsprachlicher Reduktion. Die Attribuierung der Substantive ist in Ansätzen vorhanden, dient hier aber nicht der Komprimierung.

Auch bei den Verben ist die Variation in verschiedener Hinsicht eingeschränkt. In den finiten Formen ist dabei die 2. wie die 3. Person je ungefähr zur Hälfte vertreten,[35] das oft für Fachtexte typische Passiv fehlt fast völlig; präsentische Formen dienen der Schilderung von Vorgängen.

Die modalen Konstruktionen sind wenig ausgebildet; wie oben erwähnt dient der Einsatz des Verbs *sollen* hauptsächlich der Umschreibung des Imperativs, *wollen* wird jeweils am Beginn eines jeden Teiltextes (manchmal auch bei einzelnen Abschnitten) in der rhetorischen Frage der Inzipitformel verwendet: *wiltu probieren, wiltu wissen*. Auch diese Vermeidung von modalen Konstruktionen hängt mit der Gesamtcharakteristik eines Lehrbuches zusammen, das möglichst objektiv wissenschaftliche Sachverhalte darstellen und sie weniger diskutieren will, was zumal in der Mathematik häufig obsolet ist. Die Sätze sind kurz, bei zunehmender mathematischer Technisierung oft elliptisch, geradlinig, parallel gebaut (bei parallelen Handlungsabläufen) und häufig in parataktischen Reihungen (eventuell verbunden mit *und*) als Ausdruck der Synchronisation der Arbeitsphasen. Vorherrschend ist der Aussage- und der Befehlssatz, der Fragesatz ist meist abhängig. Komplexe Nebensatzstrukturen haben wegen Verkürzungen, Auslassen von Konjunktionen und Verschachtelung die Tendenz zur Unverständlichkeit, an Typen finden sich vor allem Konditionalsätze, dazu Relativsätze (f 7r, d 2v, q 2r) zur näheren Bestimmung einer Komponente des Hauptsatzes.[36] Formeln

[35] In den metakommunikativen Textteilen findet sich auch die 1. Person.

[36] Interessant ist die Frage, ob die lateinische Sprache der Vorlagen und des Unterrichts z. B. die Syntax des Rechenbuches beeinflußt haben könnte. Dies ist in den ersten zwei Teilen, denen ein deutsches Werk als Vorlage diente, sicherlich kaum der Fall; im dritten, in dem WIDMANN seiner latei-

und Gleichungen sind vollständig ausformuliert Bestandteil von Sätzen bzw. besitzen selbst vollen Satzstatus. Diese wie auch die Inzipit- und Explizitformeln gliedern als stereotype Textversatzstücke den Text.

3.5 Einsatz von Symbolen und Terminologie

3.5.1 Symbole und Abbildungen

3.5.1.1 Symbole

In seinem Buch unterscheidet Wüster bei Zeichen und Symbolen zwischen Buchstabenzeichen (*sin* für *Sinus*), Ziffern (*1, 2*) und Sinnzeichen (+, –) (1970, 178–183). Diese Unterscheidung ist auf der Basis des heute gültigen Symbolsystems getroffen worden und daher nur auf dieses anwendbar; auch + und – sind letztlich Buchstabenzeichen, bei denen dem heutigen Benutzer die Entstehung allerdings nicht mehr durchsichtig ist. Eine Untersuchung der Schreibweise der Mathematik und der Verwendung von Symbolen in der Frühen Neuzeit zeigt jedoch die Entwicklung von der ausschreibenden, rhetorischen über die synkopierende zur symbolischen Schreibweise: Die Entstehung der Symbole aus den Wörtern. Die Bedeutung der Zeichen möchte Wüster je nach der Funktion des ersetzten Wortes unterscheiden: nach Maßeinheiten (*ct*), Dingen (*x*), Zahlen (*1*) und mathematischen Beziehungen (+, –) (ebd. 183). Je weiter die Zeichen dabei vom Wort entfernt sind, desto undurchschaubarer, desto bildhafter sind sie für Wüster und können so auch einzelsprachenunabhängig werden. + und – sind für ihn nicht-bildhafte, sprachenunabhängige Zeichen (ebd. 201); um 1500 sieht man jedoch deutlich die Entstehung aus dem lateinischen *minus, m̄*.

Das vorliegende Rechenbuch ist für die erste Verwendung der Zeichen + und – in einem gedruckten Werk bekannt. WIDMANN benutzt sie bei ihrem ersten Vorkommen zur Kennzeichnung von Fehl- bzw. Übergewicht von Warenkisten und erläutert ihre Bedeutung *praetereundo* (Drobisch 1840, 20): *was – ist daz ist minus [...] vnnd das + das ist mer* (l 7r). Selten gebraucht WIDMANN + und – als Operationszeichen *6 Eyer – 2 pf pro 4 pf + 1 ey* (p 2r),[37] Rechnungen gibt er in vielen Fällen weiter in rhetorischer Schreibweise wieder, teilweise sogar auch die Zah-

nischen Vorlage relativ treu folgte, ist ein stärkerer Einfluß des Lateinischen zu erwarten (s. auch S. 299).

[37] Dies steht für die Gleichung 6 Eier – 2 pf = 4 pf + 1 Ei. An solchen Stellen wurden die Zeichen in den Nachdrucken teilweise nicht mehr als solche erkannt: $\frac{11}{6} + \frac{11}{4}, \frac{1}{3} - \frac{1}{4}$ (1489, B 2v/3r) wird zu $\frac{11}{6} \times \frac{11}{4}, \frac{1}{3}\frac{1}{4}$ (1519, 126/7).

len: *2 Nu addir 4 dar zu ist 6: Medir nu 6 wirt 3* (n 1r) kann man heute schreiben: $2 + 4 = 6; 6 \div 2 = 3$.[38] Die Zeichen setzt er auch in Tabellen und Schemata (l 7r, v 2v), einmal erscheint + auch in einer Überschrift als Ersatz für *und* (o 7r).[39] Art und Ort der Einführung der Zeichen im Rechenbuch J. WIDMANNs sprechen für die These, diese Symbole seien auf die Kaufmannsgewohnheit zurückzuführen, abweichendes Gewicht auf Kisten mit + oder − zu kennzeichnen. Zum anderen lassen aber einige handschriftliche Texte wie der *Algorithmus de additis et diminutis* (f. 288r/v) in der Handschrift Dresden, C 80 — eventuell sogar von WIDMANN bearbeitet — auch eine Entstehung der Zeichen aus der abgekürzten Schreibung *m̄* (*minus*) bzw. ꝫ (*et*) als möglich erscheinen.[40]

Die Zeit um 1500 ist gerade auch in bezug auf zahlreiche andere mathematische Zeichen wichtig. Noch im 13. Jh. haben etwa die Araber in Rechenanleitungen selbst die Zahlen ausgeschrieben (Menninger 1979, 2, 67; 82–4; 225). Die nachfolgenden Texte verwenden zunehmend die abkürzende Schreibweise. Neben den Minus- und Plus-Zeichen sind es im 15. Jh. vor allem die Bezeichnung der Unbekannten und ihrer Potenzen, die innerhalb der Beschäftigung mit Gleichungen, der sogenannten *Coß*, Veränderungen in ihrer graphischen Gestaltung erfahren. Interessant sind unter diesem Aspekt die zwei gleichungstheoretischen Texte, nämlich die *lateinische* (f. 350r–364v) und die *deutsche Algebra* (f. 368r–378v), deren Schreibweisen die folgende Tabelle zeigt:[41]

[38] Die Wahl der rhetorischen Schreibweise, bei der der Aufforderungscharakter noch deutlich hervortritt, mag auch mit dem Charakter eines Lehrbuches zusammenhängen.

[39] De Morgan (1866, 207) sieht darin einen Scherz WIDMANNS. Kaunzner (1968a, 9) weist darauf hin, daß in diesem Rechenbuch die Zeichen weniger als mathematisches Symbol, sondern vielmehr als allgemeine Abkürzung verwendet werden.

[40] Ähnliches findet sich auch in anderen Handschriften aus dieser Zeit, z. B. in München, Clm 26 639.

[41] Siehe hierzu die Tabelle in der Ausgabe der *deutschen Algebra* von Vogel 1981, 11; die folgenden Notizen sind ein Auszug aus dieser Tabelle. Wichtige Dokumente zu diesem Prozeß finden sich z. B. auch bei REGIOMONTAN oder in München, Clm 14 908.

heute	ältere Texte	*lat. Algebra*	*dt. Algebra*
x^0	numerus	numerus	numerus
	denarius		denarius ϑ
	dragma	ø	zal ꝛ
x^1	res ꝛ	res ꝛ	ding ϑ ɔ
	cosa ꝛ	cosa	cosa ꝛ
x^2	census ꝯ	census ʒ	czense cʒ
x^3	cubus	cubus ꝯ	cub c

Auch JOHANNES WIDMANN benutzt die Coßischen Zeichen zusammen mit den Bezeichnungen *cosa, zensus* in einer Aufgabe seines Rechenbuches (E 1r). Dabei wird für die Unbekannte *cosa* eine Abkürzung ꝛ benutzt, deren Herkunft aus dem lateinischen Äquivalent *res* (s. obige Tabelle) im Kontext schon nicht mehr deutlich wird und die somit hier den Status eines Symboles hat; *zens⁹* ist dagegen noch die eindeutig auflösbare Abkürzung für *zensus*, das Quadrat der Unbekannten, also unser x^2. Sowohl Bezeichnung wie auch Zeichen werden weder motiviert noch erläutert und ausschließlich in dieser einen Aufgabe gebraucht. Es ist daher anzunehmen, daß es nicht die Absicht des Autors war, den Leser in die Nomenklatur der deutschen Coß einzuführen.[42] Die eben erwähnte Aufgabe ist auch eine der beiden Aufgaben des dritten Teils, in denen die Eckpunkte der geometrischen Figuren mit Minuskeln bezeichnet werden, eine übliche Schreibweise in Geometrietraktaten, die WIDMANN aber sonst in seinem Rechenbuch nicht einsetzt.

Die ersten beiden Teile verzeichnen ansonsten keine weiteren Abkürzungen oder Symbole; bei den verschiedentlich verwendeten waagrechten (n 6r) oder schrägen Strichen (k 6r bei Division; v 5v bei Kettenregel) handelt es sich nicht um Operationszeichen, sondern Führungslinien. In der Geometrie findet sich ein einziges Mal der Wurzelpunkt *.75* (D 1v).[43] Weitere Zeichen stellen natürlich die Ziffern selbst dar, die in einem eigenen Abschnitt *Numerieren* ausführlich eingeführt und erläutert werden (s. auch unten). Eine Abkürzung ist in gewissem Sinn auch der Bruchstrich, der von WIDMANN an der logisch richtigen Stelle, nämlich zu Beginn der Rechnung mit Bruchzahlen, eingeführt und in einem Relativsatz erläutert wird (e 6r).

---

[42] In den Vorlesungen gebraucht WIDMANN konsequent diese Symbolik.

[43] Ein Punkt vor einer Wurzel findet sich auch auf e 2v: *·54756*; zwischen Punkt und Zahl ist allerdings ein Zeilenumbruch.

3.5.1.2 Zahlwort und Ziffer

Die Ziffer bildet einen Spezialfall in der Symbolik.[44] Die lange Zeit im Abendland geltenden römischen Ziffern gehen letztlich auf Striche zurück; ihre Schreibung beruht auf dem Prinzip der Reihung und Bündelung: *I, II, III, X, ...* (Menninger 1979, 2, 209). Das Merkmal der indisch-arabischen Ziffern dagegen ist ihre Entwicklung als Eigenzeichen und das Prinzip des Stellenwertsystems, das der Schreibung zugrunde liegt. Der Gebrauch dieser Ziffern wird im Rechenbuch von JOHANNES WIDMANN nicht in Frage gestellt;[45] interessant ist jedoch zum einem das Verhältnis von Ziffer und Zahlwort und zum anderen die Kennzeichnung von Ordinal- bzw. Kardinalzahlen in unserem Text.

In den ausgewählten Analysetexten steht die Zahl immer in der Ziffernschreibweise; in anderen Teiltexten werden die Zahlen 1 bis 9, 10, 100 und 1000 auch durch das Zahlwort angegeben: *Eynß zehen hundert. taußent* (a 8v). Besonders bei den Zahlen 1 bis 10 werden diese beiden Schreibmöglichkeiten abwechselnd benutzt. Betrachtet man die Schreibung der Zahlen in den Kapitelüberschriften (s. Tabelle in Kapitel 3.1.3, Spalte 4), so scheint eine Tendenz feststellbar, die Zahlen 1 bis 3 auszuschreiben, die weiteren Zahlen ab 4 jedoch als Ziffern zu verzeichnen. Dies könnte mit dem Eingang der Zahlwörter der Ordinalzahlen *erste, ander/zweite, dritte* in die Gemeinsprache zusammenhängen, während die Ordinalzahlen *vierte, fünfte, ...* in der alltäglichen Kommunikation

---

[44] Zu der Geschichte verschiedener Zählmethoden, Zifferschreibweisen und dem Verhältnis zu Zahlwörtern s. Menninger 1979.

[45] Zeitgleiche Handschriften und auch Drucke weisen für 4, 5 und 7 mitunter ältere und sogar innerhalb eines Textes wechselnde Formen auf, wie die *Bamberger Rechenbücher 1482* oder *1483* ȣ und 4 für 4 oder ʔ und 5 für 5. Von den Schwierigkeiten mit den ungewohnten Formen der indisch-arabischen Ziffern zeugt ein Merkspruch, der in ähnlicher Form in mehreren Handschriften überliefert ist (z. B. Annaberg-Buchholz, Erzgebirgsmuseum, Sign.: $O_1^M O$; Dresden, C 80, f. 1r; Leipzig, Ms 1470, f. 537r; Wolfenbüttel, Herzog-August-Bibliothek, Sign.: Cod. Guelf. 1189 Helmst., f. 189v; s. dazu Kaunzner 1968a, 47/8; Menninger 1979, 2, 257; Folkerts 1986b, 181). Im Dresdner Codex lautet der Spruch (nach Carolsfeld 1882, 197): *Vnum dat finger brucke duo significabit Tercia dat schweyntzayl Sed 4or burstbogil signat Quinque dat stebichen. Sex wedir dat septem gesperre Octo dat kethe sed nouem schlepkeul signat. Ringel cum finger decem tibi significabit* (so auch im Annaberger Codex. A. RIES bemerkt hierzu *Dise possige habenn villeicht Zu erffurtt vrsprung gehabtt der sprach nach*). Angesprochen sind hier die alten Formen der Ziffern, wobei die Vergleichsgrößen in den verschiedenen Überlieferungen variieren: 1 (Finger, Zunge), 2 (Brücke, Rücken), 3 (Schweineschwanz), ȣ (Wurstbogen), ʔ (Wanderstab?), 6 (Rad, Widder), Λ (Dachgebälk), 8 (Kette), 9 (Schlagkeule?, Kolben) und 0 (Ring).

nicht so oft gebraucht werden. Auch bei den Kardinalzahlen wechselt die Art der Schreibung (*Durch 4 hubsche Regelnn*, b 7v, *drey hubsche Regel*, c 1v), wobei auch wieder tendenziell die ersten drei Zahlen 1 bis 3 ausgeschrieben *eyn mol eyn* (b 8r), die anderen aber als Ziffern dargestellt werden *eyn mol 10* (b 8v).[46] Diese Verteilung läßt zudem erkennen, daß im Rechenbuchtext kein prinzipieller Unterschied zwischen der Zahl an sich und der Anzahl — kenntlich als Zahl mit Maßeinheit — getroffen wurde.

Zur Unterscheidung von Kardinal- und Ordinalzahlen dient heute die konventionelle Schreibweise der Ordinalzahlen mit einem nachgestellten Punkt *2.* im Gegensatz zu den Kardinalzahlen ohne weitere Kennzeichnung *2*; der Text des ausgehenden 15. Jh. zeigt folgenden Bestand: In den Überschriften steht *Das ander Capitel* (e 8r) neben *Dasz 7 Capitel* (d 3r), die Ordinalzahl besitzt also keine Kennzeichnung. Bei beliebigen *1 .2. .3. 4 5 6 7 8 9* (a 8r) oder auch mathematischen Folgen von Zahlen *1. 2. 3· 4. 5 6· 7· 8.* (d 3v) stehen zwischen den einzelnen Zahlen Punkte, deren Abstand zu den Zahlen und deren Höhe nicht einheitlich sind. Diese Punkte dienen zur graphischen Trennung der Zahlen, was allein durch den Abstand zu dieser Zeit wegen der drucktechnischen Bedingungen nicht eindeutig gewährleistet werden konnte;[47] gesichert wird diese Interpretation der Punkte durch das Fehlen eines Zeichens hinter der Zahl 5 im ersten obigen Beispiel: Diese steht nämlich am Zeilenende, wodurch eine Trennung von den nächsten Ziffern deutlich und eine weitere Kennzeichnung nicht nötig ist.[48] Ein weiterer Beleg ist auch die Formulierung *144.1 unzen* (y 1v), bei der es sich nicht um einen äußerst frühen Beleg eines Dezimalbruchpunktes handelt, sondern die Zahlen ebenfalls getrennt gelesen werden müssen: *144 Karat entsprechen 1 Unze.* Folgen von Bruchzahlen werden nicht durch Punkte getrennt, da hier die Unterbrechung des Bruchstriches ausreichendes Trennzeichen ist. Treten Kardinalzahlen alleine im Text auf, d. h. sind sie jeweils durch Wörter getrennt, so erschienen sie meist ohne irgendeine Kennzeichnung, können also nicht aufgrund graphischer Merkmale von Ordinalzahlen unterschieden werden: *aber die 3. hin dan gesaczt dem andernn haben 60 fl. vnd aber 3 hin dan gesaczt dem 3 haben 90 fl* (B 3r). Uneinheitlichkeit herrscht auch noch in der Stellung der Maßeinheiten bei unechten

---

[46] Ein ähnliches Bild zeigen die Nachdrucke, wenn die Verteilung im einzelnen auch anders geartet ist. Da sie jedoch in keinem Fall geregelt ist, lohnt sich die Dokumentation hier nicht.

[47] Diese Trennung wird heute durch Kommata ausgedrückt.

[48] Wegen den ungeregelten Trenngewohnheiten des Textes, die eine Trennung einer Zahl am Zeilende ohne Kennzeichnung erlauben, reicht dieses typographische Zeichen eigentlich nicht aus.

Brüchen; es zeigt sich zwar ein Tendenz zur Nachstellung der Maßeinheit, doch finden sich genügend Beispiele, in denen diese zwischen Zahl und Bruch steht *12* $\frac{4}{13}$ *lb*, *6 lb* $\frac{2}{13}$ (C 1v).

3.5.1.3 Tabellen und Schemata

Tabellen und Schemata sind erwartungsgemäß zahlreich zu finden. Es handelt sich bei ihnen zum Teil um schlichte Listen, in denen die Daten für eine Aufgabe (noch einmal) übersichtlich geordnet dargeboten werden, z. B. die Liste der Zahlen bei der Addition benannter Zahlen (b 4v), das Gewicht der einzelnen Lagen bei der Feigenaufgabe (l 7r) oder die verschiedenen Güteklassen der Korallen mit den Preisen (v 2r–v 3r). Diese Tabellen gehen über in Schemata, die den Aufbau oder den Lösungsweg einer Rechenaufgabe abstrahiert wiedergeben; in diesen Schemata wird dem Leser noch einmal das zuvor verbal Dargestellte veranschaulicht und es wird hervorgehoben, auf welche Daten es ankommt, wie sie kombiniert und nacheinander berechnet werden müssen, um auf schnellem und sicherem Weg zum Ergebnis zu kommen. Die Schemata wiederholen sich innerhalb einer Textstrecke, die inhaltlich den gleichen Aufgabentyp behandelt, mehrmals, jeweils mit anderen konkreten Zahlen. Typische Beispiele sind: das *Exempel* bei der Addition von ganzen Zahlen (b 2r), die verschiedenen Arten, eine beliebige Multiplikation durchzuführen (c 4v, c 5v, c 6v), ebenso bei der Division (d 1r–d 2r), die Anordnung der Posten bei der Tolletrechung (f 6v), die Äpfel-Töchter-Aufgaben (r 6v–r 7r) und die Alligationsaufgaben (v 7r). Die meist größeren und komplizierteren Schemata dienen der Zusammenfassung des im Text Gesagten, sie ordnen die Sachverhalte an und machen die dahinterstehenden Strukturen deutlich. Schlichtere Beispiele sind hierzu die Anweisungen zur Schreibweise der Zahlen (b 1r–b 1v) oder auch die Zusammenstellungen der unterschiedlichen Proportionen mit Zahlenbeispielen (h 4r, h 7r) usw. Bekannt sind auch heute noch die Multiplikationstafeln (b 8r–c 1r), eindrucksvoll und nicht mehr auf den ersten Blick verständlich die Figuren der Proportionalen (d 8r, d 9v). Sehr oft kommen besonders am Anfang schematische Zusammenfassungen der Proben vor (b 3r), die nicht erläutert und damit ihrem Zweck nicht voll gerecht werden.

3.5.1.4 Figuren

Typisch für ein mathematisches Lehrwerk ist sicher auch die Verwendung schematischer Darstellungen von geometrischen Figuren, die dem

Leser eine Vorstellung der Figuren vermitteln und so eine Verbindung zwischen den abstrakten Gebilden der Geometrie und bekannten Gegenständen aus der Umwelt herstellen. In den ersten beiden Teilen des Rechenbuches sind zwei Abbildungen bei der Behandlung der Quadrat- und Kubikwurzel eingefügt: ein Würfel und ein Quader (d 6v).[49] Viele Figuren finden sich jedoch im Teil III, der Geometrie, hier besonders in der theoretischen Einleitung, in der die Figuren der Geometrie von der ersten bis zur dritten Dimension nacheinander eingeführt, erläutert und zur Anschauung als schematische Darstellungen abgebildet werden (ab C 3v). Diese Erläuterung ist in einzelnen Fällen wie etwa bei dem rechtwinkligen Dreieck ziemlich genau bis hin zur Bezeichnung der einzelnen Teile der Figur ***basis, cathetus, ypotenusa*** (C 6v/7r), die ebenfalls in die Zeichnung eingefügt werden. Im Aufgabenteil der Geometrie (E 2r) werden in die schematischen Zeichnungen die Zahlen aus der Aufgabenstellung eingetragen. Sie dienen der Veranschaulichung der besprochenen und verwendeten geometrischen Figur. Bei den Aufgaben aus dem Bereich der Landvermessung, die also nicht abstrakte Figuren, sondern Gegenstände (Garten, Turm) behandeln, dienen die Figuren zudem einer Schematisierung des Gegenstandes, durch die die Ähnlichkeit mit den vorher behandelten theoretischen Aufgaben verdeutlicht wird (E 4v, E 6r). Diese Figuren — oder wie man heute sagen würde: Skizzen — lehren also indirekt auch die Umsetzung von realen Problemen in abstrakte Probleme und den mit ihnen verbundenen Lösungsweg über die Anschauung; eine Anweisung, wie die Skizze anzufertigen ist, findet sich nur in Ausnahmefällen (E 5r).

3.5.1.5 Bilder

Schließlich sind auch einige Bilder in den Rechenbuchtext eingegliedert. Diese sind meist recht kleine, einfache Holzschnitte, die bei einer Aufgabe neben der Überschrift am Rand der Seite eingefügt sind.[50] Es sind realistische Abbildungen der Gegenstände, mit denen in der Aufgabe gerechnet wird: Schuhe (s 2r), Türme (t 4r, F 5v, F 6r/v) oder Heringstonne (s 2r).[51] Die Abbildungen bieten keinerlei Information zum

---

[49] Die Darstellung des Würfels ist durch ungeschickte Wahl des Anschauungswinkels und Einzeichnen der unsichtbaren Kanten verunglückt, sie gleicht einem gleichmäßigen Sechseck.

[50] Einige von ihnen werden im Text auch mehrfach verwendet: Zollhaus (s 7r, v 3v, x 1v), Haus (t 3r, F 1r), Türme (t 4r, F 5v, E 8v, F 4r).

[51] Die Nachdrucke haben Anordnung und Inhalt der Abbildungen übernommen, die Holzschnitte aber ersetzt.

mathematischen Inhalt oder zum Aufbau des Buches, sie dienen allein der Auflockerung des Textes und der Motivierung des Lesers.[52]

Tabellen, Schemata, Figuren und Bilder befinden sich in direkter Umgebung des Textabschnittes, zu dessen Illustrierung sie dienen. Textbezug ist in vielen Fällen gegeben durch Wendungen wie ***als hie nieden geschrieben ist*** (a 8v), ***als dan diese figur außweist*** (q 2v) oder kurz ***also*** (C 3r), ***als hie*** (D 6r). Rechenschemata, die nicht allein der Veranschaulichung dienen, sondern zur Rechnungsausführung vom Textrezipienten erlernt werden müssen, werden teils eingeleitet mit ***vnd secz [...] alsz vnden stet*** (b 3r). Auf die Bilder wird im Text kein Bezug genommen. Generell bleibt der Text informativ überwertig bis auf zwei Ausnahmen in der Geometrie, in denen die Form der zu berechnenden Fläche und Zahlenangaben nur aus der Skizze zu entnehmen sind: ***Jtem eyn ertrich ist als gestalt*** (E 5r).

3.5.2 Terminologie

Der Wortschatz bildet denjenigen Teil eines Sprachsystems, in dem sich Fachsprachlichkeit vielleicht am auffälligsten in den fachspezifischen Termini manifestiert.[53] Gerade bei Texten, die in die Zeit der Ausbildung einer Fachsprache fallen, ist interessant, woher diese Termini stammen und wie sie im Text eingeführt und gebraucht werden. Am Text des Rechenbuches lassen sich diesbezüglich vielfältige Beobachtungen anstellen, die hier allerdings nur skizziert werden können.

3.5.2.1 Herkunft der Termini

Latein: Fremdwörter und Lehnwörter

Der Großteil der Termini ist aus der schon vorhandenen lateinischen mathematischen Terminologie übernommen.[54] Eine Unterscheidung dieser Termini in Fremd- und Lehnwörter ist dabei im Falle des Rechenbuches schwierig, da eine Veränderung der Drucktype (Antiqua für Fremdwörter, gotische Type für gemeinsprachliche Wörter) für diese Zwecke nicht genutzt wurde, d. h. die Einstufung durch den frühneuhochdeutschen Verfasser nicht dokumentiert ist. Von JOHANNES WIDMANN deutlich als fremdsprachlich gekennzeichnet sind allein drei lateinische Wortgruppen

[52] Dies wird deutlich an den Bildern, die nicht mit dem Inhalt der Aufgabe übereinstimmen wie dem runden und quadratischen Turm (t 4r) und dem zwei- bzw. dreimastigen Segelschiff (s 1v).

[53] Zu Fachsprache und dem Begriff 'Terminus' s. S. 308.

[54] Zu Herkunft und Gebrauch im Einzelfall s. auch in die Angaben im Glossar.

(a 5v), denen er eine Übersetzung anschließt. Weitere metakommunikative Bemerkungen zu dieser Frage fehlen.[55] Aussagen über den Integrationsgrad genuin lateinischer Termini im Deutschen lassen sich daher hier nur über die Wortform gewinnen.

Mathematische Termini werden teilweise noch als Fremdwörter gebraucht: *Numeratio* (a 8r), *Additio* (b 1v) und werden auch im Text zwar in dem von der deutschen Syntax erforderten Kasus, aber in lateinischer Flexion verwendet: ***addir aream superficialem*** (D 2v), ***addier zu basim*** (D 7r); bei diesen Fachwörtern, die dem Text teilweise den Charakter einer Mischsprache vermitteln, handelt es sich fast ausschließlich um Substantive mathematischen Inhalts oder formelhafte Ausdrücke wie *facit* oder *pro.*[56]

Tendenzen zur Eindeutschung zeigen sich aber schon bei einer Reihe von Substantiven, die sowohl in lateinischer wie in deutscher Flexion gebraucht werden: ***positio*** (t 7r) vs. ***positien*** (r 2v); ***diametrum*** (C 7r) vs. ***dyameter*** (C 7v);[57] hier zeichnet sich der Übergang zum Lehnwort ab, wie auch in den zahlreichen hybriden Formen, d. h. Lexemen, die nach einer Wortbildungsfuge die Sprache wechseln (Polenz 1991, 238).[58] Besonders häufig zeigt sich dieser Status bei den Verben mit lateinischem Wortstamm und dem deutschen Wortbildungssuffix *-ieren:*[59] ***addieren*** (b 1v), ***multiplizieren*** (b 7r), ***procedieren*** (e 8r); aber auch bei den Substantiven finden sich Beispiele: ***duplat*** (d 4v), ***multiplicat*** (r 5r). Bei einigen Wörtern wie z. B. ***probe*** vs. ***proba***[60] herrscht die Verwendung als Lehnwort sogar vor, wobei es sich in diesen Fällen meist um Wörter handelt, die schon vor der Übertragung einer genuin lateinischen, mathematischen Terminologie (durch WIDMANN) in die deutsche Spra-

[55] Solche metakommunikativen Äußerungen über den Gebrauch von Termini können nach Döring/Eichler (1994, 16) Merkmale von Fachlichkeit sein.

[56] Nur selten verwendet WIDMANN einen lateinischen Ausdruck außerhalb des mathematischen Wortschatzes wie *piper* (A 7r) im Wechsel mit *Pfeffer.* Die Nachdrucke haben *pro* fast durchweg durch das deutsche Äquivalent *für* ersetzt.

[57] Dieser Integrierungsprozeß ist besonders in den Nachdrucken von 1508 und 1519 weiter fortgeschritten; s. z. B. die Verwendung von *proportion,* wie sie im Apparat der Edition dokumentiert ist.

[58] Eine Unterscheidung zwischen hybriden Formen und Lehnwörtern, wie Kelle (1994, 425/6) sie aufgrund von verändertem Schrifttyp trifft, ist hier nicht möglich.

[59] Ab dem 12. Jh. gebraucht für Ableitungen aus dem Französischen wird diese Wortbildung ab dem 14. Jh. im Frühneuhochdeutschen zunehmend eingesetzt (Wegera 1985, 1353).

[60] Tendenziell wird in diesem Fall das Fremdwort in Überschriften und Schemata, das Lehnwort im Fließtext gebraucht. Ähnlich verhält es sich bei *regel* vs. *regula.*

che integriert worden waren. Bei diesen zeigt sich teilweise auch schon ein weiterer Schritt der Terminologisierung, indem sie nämlich in diesem mathematischen Text in eingeschränkter Bedeutung verwendet werden (s. dazu auch unten): *figur* ist schon im Mhd. in der Bedeutung ›Gestalt, Geschöpf, Symbol, Ding‹ (Lexer 3, 346) vorhanden und wird im dritten Teil, der Geometrie, auch in dieser Bedeutung verwendet. Innerhalb des arithmetisch ausgerichteten ersten Teils dient *figur* jedoch zur Bezeichnung der neu eingeführten indisch-arabischen Ziffer.

Einige wenige Termini stammen auch aus anderen Sprachen, sind aber meist durch das Lateinische übermittelt wie die ursprünglich arabischen Wörter *Algobre* (a 2r), *Helmuaripha* (C 6r) oder das griechische *Orthogonium* (C 5v). Nur *coß* für die *Sache* (E 1r) läßt sich direkt auf das Italienische zurückführen.

Deutsch: Bedeutungseingrenzung und Wortbildungen

Zugleich mit der aus dem Lateinischen übernommenen Terminologie wird im Rechenbuch eine deutsche gebraucht bzw. eingeführt. Dies geschieht zum einen über die Terminologisierung vorhandener, gemeinsprachlicher Wortschatzeinheiten, d. h. über die Einschränkung der Bedeutung oder eine Neubelegung eines schon vorhandenen Wortes, wie etwa *zusammengeben* (b 1v) und *wegnemen* (e 1r); während uns heute diese Nuancen innerhalb des semantischen Feldes dieser Wörter geläufig sind, mußten WIDMANN und die Autoren anderer Rechenbücher der Frühen Neuzeit in vielen Fällen davon ausgehen, daß diese Bedeutungen bei den Textrezipienten nicht unbedingt als bekannt vorausgesetzt werden durften. Dies gilt in stärkerem Maße natürlich für Neubelegungen, die in diesen Texten vorgenommen werden wie *wurzel* (d 6r) in der Lehnbedeutung *Wurzel einer Zahl* für das lateinische *radix*.

Zum anderen werden auch die Wortbildungsgmöglichkeiten der deutschen Sprache zur Terminologiebildung benützt, allerdings in geringerem Maße, als man aufgrund der hohen Produktivität von Wortbildungen generell im Frühneuhochdeutschen annehmen könnte.[61] So sind vergleichsweise wenig Derivationen mittels des Suffixes *-er* zur Bildung von Nomina agentis belegt: *nenner* (e 6r), *zeler* (e 6r); auch die im Frühneuhochdeutschen außerordentlich produktive Ableitung abstrakter Adjektive auf *-bar* findet sich kaum im mathematischen Wortschatz des Rechenbuches (*nuczparlich* (d 4r) ist Element der Gemeinsprache und trägt hier auch keine spezifisch mathematische Bedeutung); oben schon angesprochen wurden die zahlreichen Verben auf *-ieren*. Die Möglich-

[61] Wegera 1985, 1349; zu Wortbildungsmustern in Fachtexten s. Habermann/Müller 1987; Wolf 1987; Eichler 1993; Müller 1993a und Doerfert 1994.

keit der Komposition wird zwar genutzt, ist aber wegen der ungeregelten Gewohnheiten im Bereich der Zusammen-/Getrenntschreibung schlecht von festen Wortgruppen zu unterscheiden: *eyn mol eyns* (b 8r), *gemeyn nenner* (g 4v).[62] Belegt sind natürlich auch Fälle von Kombinationen dieser Wortbildungsmöglichkeiten wie *achtecket* (q 3r). Ein textsortenspezifisches Wortbildungsschema[63] läßt sich anhand dieses Textes jedoch nicht erstellen.

3.5.2.2 Einführung und Gebrauch

Einführung

Bei der Einführung der mathematischen Termini standen die Textproduzenten von Rechenbüchern vor zwei Problemen: Zum einen stammten die Wörter teils aus einem fremden Sprachmaterial, weswegen bei ihrer Aufnahme und Verwendung durch die Textrezipienten mit zusätzlichen Schwierigkeiten gerechnet werden mußte. Zum anderen handelte es sich bei diesen Rezipienten um Laien, nicht nur in bezug auf das Thema des Textes, die Mathematik, sondern in bezug auf wissenschaftliche Bildung, den Umgang mit derselben und ihre schriftliche Darstellung überhaupt. Beides führte in Lehrtexten oftmals zu einem vulgärsprachlichen Terminologiesystem, das parallel neben dem fremdsprachlichen gebraucht wurde; diese Doppelterminologie hatte aber in vielen Fällen eher Unverständlichkeit als eine leichtere und bessere Verständlichkeit zur Folge.

Die Einführung der Termini bewältigt JOHANNES WIDMANN sowohl explizit durch die Erläuterung des neuen Terminus durch Paraphrase oder implizit mittels einer Doppelformel mit *und* bzw. *ader*. Erstere Methode bestimmt WIDMANNs Umgang mit zentralen Begriffen der Rechenkunst. Als Überschrift eines jeden Kapitels mit einem neuen mathematischen Inhalt wählt er den (lateinischen) Terminus *Additio*, der dann zu Anfang des eigentlichen Textes, allerdings in einer anderen Wortart definiert bzw. näher erläutert wird: *addieren heyst zusammengeben ein zal zu der andern, das ein sum daraus werde* (b 1v). Auf das Wort *heißen* läßt WIDMANN jedoch nicht allein das deutsche Äquivalent *zusammengeben* folgen, sondern zudem eine sachbezogene Erläuterung unter Einführung eines — im Rechenbuch neuen, in der Gemeinsprache jedoch

[62] Das unterschiedlich zusammen und getrennt geschriebene *hauptgut* (n 1r) gehört weniger dem mathematischen als dem handelstypischen Wortschatz an, der hier nicht weiter untersucht werden soll; seine Bedeutung für die Besonderheit der Rechenbücher steht jedoch fest.

[63] Ein solches bestände in einer Zusammenstellung der regulären Zusammenhänge zwischen Bildungen von Wortbildungsstrukturen und den dargestellten Begriffen, s. etwa Eichler 1996a, 275.

vorhandenen — Terminus *sum*.[64] Auffällig oft gebraucht WIDMANN eine Doppelformel mit *und* oder *ader*, in der ein lateinisches Wort einem Lexem aus der Volkssprache gegenübergestellt wird (a 2r, a 4v). Diese Doppelformel kann die Funktion einer Definition erfüllen,[65] dient aber in den meisten Fällen, wenn nach der Einführung des Terminus verwendet, der Erinnerung und damit der Memorierung durch Wiederholung. Stammen beide Lexeme in einer Doppelformel aus der Volkssprache *felt oder erdrich* (E 2r), so bezweckt WIDMANN damit eine Verallgemeinerung, eine Erweiterung des Bezugsbereiches in die alltägliche Umwelt.[66]

Frequenz

Insgesamt ist die Frequenz mathematischer Termini hoch, auch wenn noch nicht von einem komprimierten Stil geredet werden kann. Sie ist jedoch abhängig von der Zugehörigkeit des Abschnittes zu einem Teiltexttyp: In allen lehrenden Abschnitten ist die Frequenz höher als in den Aufgaben, in denen der mathematische Wortschatz nur einen Teil der Wörter bestimmt.[67] Unterschiedlich fällt auch das Verhältnis der deutschen zu den genuin lateinischen Termini aus. Obwohl die formelhaften Ausdrücke *facit* bzw. *pro* den deutschen Entsprechungen *macht* bzw. *für* vorgezogen werden, kann man von einem überwiegenden Gebrauch des Lateinischen bei Formelhaftem (Habermann 1996, 37/8) durch WIDMANN nicht sprechen. Der Vorzug der lateinischen Termini ist eher an den Grad der Abstraktion des behandelten Themas gebunden. Deutlich wird dies bei einem Vergleich der Erläuterung der Bruchrechnung mit der der Proportionen, einem theoretischen, für die Praxis wertlosen Themengebiet.[68]

Synonymie

Im Vergleich mit anderen Fachschriften der Frühen Neuzeit zeigt dieser Mathematiklehrtext nur wenige Fälle von Synonymie.[69] Dabei folgt Syn-

[64] S. auch entsprechende Notizen bei Guentherodt 1986, 37–41.

[65] Zu Doppelterminologie in Fachtexten heute s. Thurmaier 1995.

[66] Eine Konkretisierung des Sachverhalts durch Zwillingsformeln, wie sie in der Rechtssprache dieser Zeit üblich waren, ist hier nicht nötig, ein Einsatz als reine Variation zur delectatio aber sicherlich nicht sinnvoll. Auch Besch (1964, 203; 206) sieht die zweigliedrigen Ausdrücke als Reflex auf die *großen Unruhen im Wortschatz des 15. Jhs.*, sie entsprängen allein der Verstehensnotwendigkeit (203; 206).

[67] Eine Segmentierung des Textes anhand der Frequenz mathematischer Termini wäre also möglich.

[68] Ein Zusammenhang des Gebrauchs einer Terminologie mit der Funktion eines Textabschnitts ist dabei nicht festzustellen.

[69] Man vergleiche etwa mit den zahlreichen verschiedenen Bezeichnungen von Pflanzen während der Frühen Neuzeit, wie sie Marzell 1943ff. dokumentiert.

onymie im vorliegenden Text vielfach aus dem Nebeneinander der beiden Terminologien. Funktionell bedingt und begründbar dokumentiert sie sich in den Doppelformeln. Jedoch wechselt JOHANNES WIDMANN auch innerhalb eines Abschnittes zwischen lateinischen und deutschen Termini, ja er benutzt sogar verschiedene muttersprachliche Lexeme für den gleichen Sachverhalt *Subtrahiren, ab zihen, nemen* (b 3v).[70] Keine Synonymie liegt jedoch bei den Bezeichnungen der Bruchzahlen und der Proportionen vor; obwohl hiermit tatsächlich das gleiche bezeichnet scheint, sind es mathematisch gesehen andere Bezugsgrößen, die sich nur gleich verhalten.

Besonders auffällig ist die Anzahl der Äquivalente für das lateinische *facit*; WIDMANN verzichtet hier auf die Terminologisierung eines gemeinsprachlichen Wortes und bedient sich abwechselnd der Lexeme *machen* (l 3r), *werden* (b 5r), *bleiben* (b 5r), *kommen* (l 3r), *sein* (b 5r) und *geben* (l 3v). Ebenfalls eine erstaunliche Vielfalt zeigt sich bei den Präpositionen zu den genuin lateinischen Verben zur Bezeichnung der einzelnen Rechenarten: *Multiplizieren* kann man eine Zahl *durch, in, mit, wider* (s. Glossar) eine andere.

Polysemie

Ein Terminus, der bei J. WIDMANN in zwei verschiedenen mathematischen Bedeutungen verwendet wird, ist *meren*: Dieses Wort bezeichnet sowohl allgemein die Vermehrung einer Zahl als auch speziell ihre Multiplikation (s. Glossar). Man könnte die Bedeutung aber auch fassen als *Ergebnis eines vermehrenden Rechenvorgangs* und hätte so unter Aufgabe der Präzision die Polysemie getilgt. Anders liegt der Fall bei *machen*, das als Äquivalent für *prozedieren* die gemeinsprachliche Bedeutung ›machen, vorgehen, durchführen‹ trägt (53, 36), als Äquivalent für *facit* aber die mathematische Bedeutung ›ergeben‹ (l 3r). Polysemien dieser Art finden sich mehrfach (*radix/wurzel*), sind aber kontextuell monosemiert und stören somit nicht den Verstehensvorgang.

[70] Synonymie und Polysemie können noch im 16. Jh. im Gegensatz zu heute bewußt gesetzt sein, haben *durchaus kognitive und kommunikative Aufgaben zu erfüllen* (Sattler 1985, 120 am Beispiel der Druckerspache); beider Einsatz steht dabei aber im Zusammenhang mit verschiedenen Kommunikationskreisen mit unterschiedlicher Fachlichkeit. Wenn wie bei WIDMANN nur ein Textrezipientenkreis angesprochen wird, die Terminologie aber dennoch wechselt, ist dies allein als nachteilig zu werten.

3.6 Von den Teiltexten zum Gesamttext

3.6.1 Textinterne Merkmale des Rechenbuches

(MI)	J. WIDMANN: *Rechenbuch* (1489)	
GG	Titel (a 1r) // Vorwort (a 2r) // Inhaltsangabe (a 4r) // Rechnen mit den indisch-arabischen Ziffern (a 8r) // Aufgabensammlung (k 1r) // Geometrie (C 2v) // Nachrede (G 3r) // Kolophon (G 3v)	
TT	Lehrtext	Regel
Pr	MITTEILEN, AUFFORDERN, ANLEITEN	ANLEITEN, ILLUSTRIEREN, AUFFORDERN
Th	einf. lin. Progr., Pr. mit gesp. Rhema; them. Leerstellen, Schleifen	einf. lin. Progr.; Wdg. des themat. Musters, Verkürzung durch Nichtangabe von Themata, parallele T-R-Einheiten
Gr	geringe Lexemvarianz; Akt., (Präs., Ind.), 2. P./Imp. bzw. 3. P. mit math. Subjekt; Parataxe mit *und*, Hypotaxe bei Differenzierung, versch. NSarten; Ziffern, Schemata	geringe Lexemvarianz, auch Handelsws.; Akt., Imp. (bisweilen Umschr. mit *sollen*); Parataxe, paralleler, elliptischer Satzbau, versch. NSarten; Ziffern, Schemata, Bilder

3.6.2 Korrespondenzen zwischen den Textebenen

Thematisch-grammatische Phänomene

Der Teiltexttyp 1 besitzt größtenteils Vollverben, die semantisch gesättigt oder allein durch eine Ortsangabe erweitert sind ***kumpt*** {P} *eyne* {O} (R_3). ***die*** {O} (T_4) ***schreib*** {P} (R_4); die Verben tragen dann das Rhema, das über das Thema, das Objekt des Satzes, ausgesagt wird. Diese Verbindung von thematischer Entfaltung und Satzgliedern findet sich besonders in den anleitenden Abschnitten. In den mitteilenden Teilen kann auch das Subjekt (oft ein mathematischer Sachverhalt) Träger des Themas sein — dann bildet das Objekt das Rhema oder der gesamte Hauptsatz wird zum Thema, über das in einem Nebensatz (Relativsatz, Objektsatz) eine rhematische Äußerung erfolgt (Bsp.: R_2, R_3' in Teil A).

Teiltexttyp 2 wird insgesamt durch einfach lineare Progression geprägt, die sich in kurzen, parataktisch angeordneten und parallel konstruierten Sätzen manifestiert (besonders deutlich in Teil B und C). Die kausalen Nebensätze in Teil C sind genauso wie die Relativsätze in Teil B Rückgriffe auf nicht explizit genannte Themen, daher also für die aktuelle thematische Progression nicht von Bedeutung.

Bei beiden Typen bürgen Isotopieketten für die thematische Abgeschlossenheit des Teiltextes; grammatisch gesehen handelt es sich bei diesen Isotopieketten um eine Teilmenge aus dem mathematischen Fachwortschatz des Textes, deren Elemente durch synonyme oder antonyme Beziehungen verbunden sind und die somit eine von den anderen Fachwörtern abgeschlossene Klasse bildet.

Pragmatisch-grammatische Phänomene

Als dominierende Sprachhandlungen ließen sich in Teiltexttyp 1 MITTEILEN und auch ANLEITEN bestimmen; beiden Sprachhandlungstypen lassen sich bestimmte grammatische Merkmale zuordnen. Die anleitenden Sprachhandlungen werden meist in kürzeren Sätzen wiedergegeben, die parataktisch angeordnet und parallel gebaut sind entsprechend den in der Realität chronologisch hintereinander ablaufenden Handlungen. Die 2. Person Singular Imperativ Präsens Aktiv herrscht als finite Form des Verbs vor, dementsprechend ist meist das Pronomen *du* das Subjekt. In den mitteilenden Abschnitten kann die Syntax hingegen komplexer gestaltet sein. Die Subjektphrase ist mit mathematischen Sachverhalten oder Gegenständen gefüllt, die finite Verbform ist die 3. Person Singular Indikativ Präsens Aktiv. Der Fachwortgebrauch in diesen beiden Teilen unterscheidet sich nicht in der Frequenz, wohl aber in der Art des Umgangs mit ihnen: Fachwörter werden in den mitteilenden Abschnitten eingeführt und erläutert, in den anleitenden gebraucht.

Auch in Teiltexttyp 2 korrespondieren anweisende Sprachhandlungen mit dem Gebrauch der 2. Person Singular Imperativ — allerdings ersetzt durch das Modalverb *sollen* — , die jedoch im Wechsel steht mit der 3. Person Singular Indikativ für die konstatierenden Sprachhandlungen. Die Aufgabenstellung als mitteilender Abschnitt ist wieder ganz durch den Gebrauch der 3. Person Singular Indikativ geprägt, wobei hier nicht mehr unbedingt mathematische Sachverhalte und Gegenstände, sondern beliebige Substantive aus dem Bereich des Handels und des Alltags das Subjekt sein können. Insgesamt läßt sich feststellen, daß die Sprachhandlungen deutlich mit grammatischen Mitteln zum Ausdruck gebracht werden und selten indirekte Sprachhandlungen zu verzeichnen sind.

Thematisch-pragmatische Phänomene

Klare Parallelen prägen auch den Zusammenhang zwischen der thematischen Entfaltung und der Wahl der Sprachhandlungen. Die anweisenden

Abschnitte des ersten Teiltexttyps zeigen einfach lineare Progressionen, teils mit Rückkoppelungen an frühere Ergebnisse (s. Teil C) versetzt. Die mitteilenden Abschnitte besitzen in beiden Teiltexttypen einfach lineare Progressionen, die durch Differenzierungen bzw. Progressionen mit gespaltenem Rhema oder Erläuterungen bzw. Progressionen einer tieferen Stufe durchbrochen sein können.

Der thematische Teiltext entspricht jedoch nicht den Teiltexten, die man mit Hilfe der Sprachhandlungen festlegen kann; er umfaßt ein Bündel pragmatischer Teiltexte in bestimmter Reihenfolge, wobei einzelne Teiltexte oder Teiltextgruppen wiederholt werden können: Bei Teiltexten des Typs 2 können beliebig viele Aufgaben an eine Regel gebunden sein; zu jeder dieser Aufgaben kann zudem noch eine Probe gestellt werden. Die generelle Abfolge: Lehrtext - Aufgabe - Probe ist aber kennzeichnend für den Teiltexttyp 2 und somit kann auch bei diesen Teiltexten von (indirekt) pragmatisch bestimmten Teiltexten gesprochen werden. Bei den in 2.1 definierten Teiltexttypen handelt es sich also um grammatisch, thematisch und pragmatisch abgrenzbare Teiltexte.

Formale Ebene

Eine weitere Untergliederung dieser Teiltexte kann jedoch nicht nur pragmatisch oder thematisch (Teilisotopien) vorgenommen werde, sondern wird vor allem auch durch die graphische Gestaltung nahegelegt. Als Gestaltungsmittel dienen hier hauptsächlich Absatz und Überschrift. Da die Überschrift in bezug auf Auftreten überhaupt, Schriftgröße, Zentrierung und Interpunktion unregelmäßig ausgeführt ist, liefert sie keinerlei Hinweise auf eine mögliche Reihenfolge (Sequenzierung) oder Hierarchisierung der mit ihr bezeichneten Abschnitte. Beide Teiltexttypen sind z. B. durch Überschriften und Absätze deutlich in drei Teile geteilt — sie entsprechen den pragmatischen Teiltexten —, denen man rein formal einen Zusammenhang aber nicht ansieht; die Verknüpfung geschieht allein durch die Thematik und die spezifische Wiederholung der pragmatischen Struktur.

Sowohl gliedernd als auch verbindend wirken die Sequenzierungssignale der Enumeration in den Kapitelüberschriften *Das erst Capitel* (e 6r), *Das ander Capitel* (e 8r), … . Diese Numerierung ist aber erstens nicht konsequent durchgezogen — in Teil I.1 beginnt sie z. B. erst mit dem fünften Kapitel (s. Tabelle in Kapitel 3.1.3) —, zweitens sind die verschiedenen Stufen der Gliederung graphisch nicht eindeutig markiert: *ander [...] teyl* steht sowohl als Überschrift zu Teil II (f 8v) als auch zu Teil II.2 (g 7v). Für den Textrezipienten ist so die Zählung nicht durchsichtig, sondern führt eher zu Verwirrungen.

Die Absätze sind weiter markiert durch Initiatoren (Inzipitformeln) und Terminatoren (Explizitformeln). Diese dienen nicht nur der Delimitation, sondern zeigen auch die Art des Abschnittes an, korrespondieren also mit der dominierenden Sprachhandlung. Mitteilende Absätze (Lehrtexte) beginnen oft mit Formulierungen wie ***Nu soltu wissen***, anweisende (Aufgaben) mit ***Wiltu wissen*** oder ***Item***, Proben mit ***Wiltu probieren***. Als Explizitformel dient generell ***Und ist recht*** oder ***Und ist gemacht.***[71] Formelsätze dieser Art machen eine weitere Unterteilung dieser Absätze möglich, indem z. B. die Aufgabe aus einem mitteilenden Teil besteht, der eigentlichen Aufgabenstellung, und einem anleitenden, der mit den Formeln ***nu ist die frag***, ***Mach also*** oder ***Machs nach der regel*** als Binneninzipit eingeleitet werden kann.

3.6.3 Kohärenz und Makrostruktur

Wie aus dem Vorhergehenden zu sehen, beruht die Kohärenz vordergründig hauptsächlich auf der Thematik. Die Kohärenz des Teiltexttyps 1 ist durch das gemeinsame Thema eines mathematischen Sachverhalts gegeben; in Teiltexttyp 2 ist das Thema die Regel, d. h. eine bestimmte Art und Weise der mathematischen Problemlösung. Auch die weitere Hierarchisierung und Verknüpfung der Teiltexte läßt sich mit Hilfe der Thematik vornehmen: Vertreter des Teiltexttyps 1 finden sich in den Textteilen I.1 (Rechnen mit ganzen Zahlen), I.2 (mit Bruchzahlen), II.1 (mit bezeichneten Zahlen) und II.2.2 (mit Proportionen). Bis auf den letzten Fall besitzen alle diese Teiltexte den Grad 2; sie folgen nach einer kurzen Einführung in die Gesamtthematik (meist im ersten Teiltext) unverbunden nacheinander, jeweils in der gleichen Reihenfolge (Numerieren bis Radiziern), manchmal unter Auslassung einzelner Teiltexte bzw. Rechenarten oder auch in stark verkürzter Form (II.1 und II.2.2). Auch formal und pragmatisch ähneln sich diese vier Textteile und würden sich sinnvoll zu einem Textteil höheren Grades zusammenfügen. J. WIDMANN trennt sie jedoch und fügt statt dessen in seinen ersten Teil als Beispiel zur Anwendung und Einübung des zuvor Gelernten einen Abschnitt über die Tolletrechnung ein (I.3). Dadurch bekommt die Gesamtthematik der ersten Teils — theoretische Grundlagen und Methoden der Mathematik — einen Bruch, da die Tolletrechnung dem praktischen Rechnen zugehört; die Einfügung ist also ein Vorgriff auf das Thema des zweiten Teils. In dieses fügt sich nun wieder der Abschnitt II.2.2 über die Proportionen nicht ein, welcher sich auch von seiner sprachhandlungstypischen Seite aufgrund der dominant mitteilenden Sprachhandlungen unmittelbar an I.2 anschlösse.[72]

---

[71] Diese Explizitformeln sind in den Nachdrucken oft gekürzt, wenn nicht gar ganz gestrichen.

[72] Dadurch würde auch die inhaltliche Ähnlichkeit beider Abschnitte klarer, vielleicht wollte der Autor dies aber auch gerade vermeiden.

Der zweite Teil des Rechenbuches ist thematisch ansonsten auf die Übertragung der Theorie auf praktische Probleme ausgerichtet; seine häufigsten Teiltexte sind Aufgaben, für deren Lösung man eine Regel braucht, die den Teiltext einleitet und auf die in den Aufgaben ständig Bezug genommen wird.[73] Diese Teiltexte werden wieder ohne Verbindung aneinandergereiht, wobei die Reihenfolge in einzelnen Fällen wegen mathematischer (*Regula detri* am Anfang, da bei weiteren Regeln eingesetzt) oder didaktischer (vom Einfachen zum Komplizierten) Gründe angeraten erscheint, aber nicht zwangsläufig festgelegt ist. Auch die Anzahl und Auswahl der Aufgaben ist mehr oder weniger beliebig, wobei eine gewisse Streuung bezüglich Methoden und Objektbeispielen nötig ist. Auffällig ist der Reichtum an Regeln mit eigenem Namen, bei dem sich J. WIDMANN kaum weiter um eine Zusammenfassung bemüht. Sie scheinen vielmehr nach Art der Zeit aus beliebigen arithmetischen Problemen abstrahiert und nachträglich als Regel diesen vorangestellt worden zu sein. So liefert eine Regel mitunter nur die Rechenvorschrift für eine einzige Aufgabe, Übertragungen oder Verallgemeinerungen werden nicht explizit durchgeführt. Im Gegensatz zum Teil I appelliert Teil II damit mehr an das Gedächtnis als an den Verstand. Auch dieses wird jedoch überfordert, zumal sowohl gleiche Lösungsmethoden unter verschiedenen Namen (ohne Verweis) aufgeführt werden (*Regula Excessus*, p 5v und *Regula lucri*, q 6v)[74] als auch ein und derselbe Name mehrmals erscheint (*Regula pulchra*, m 8v, n 8v, p 1v, p 7v, q 1r): *Patet tales regulas omnino inutiles esse* (Drobisch 1840, 26).

Im dritten Teil beginnt mit der Geometrie eine neues Thema; auch dieses wird wieder zuerst theoretisch, mathematisch behandelt, bevor ein praktisch orientierter Teil mit Aufgaben aus der Praxis der Landvermessung folgt. Der letzte Teil bildet den Abschluß des Buches mit Aufgaben aus der Unterhaltungsmathematik.

Es wurde deutlich, daß neben der thematischen Kohärenz auch die stereotype Wiederholung bestimmter Abfolgen von pragmatischen Teiltexten (Lehrtext, Aufgabe, Probe)[75] verbindungsstiftend wirkt, im Formalen verstärkt durch die Rekurrenz der Inzipit- und Explizitformeln. Auch die anaphorischen (*hinden pey dem ende dieseß buchleß* (k 3r) und

[73] Auch diese Verweisstruktur zeigt eine strukturelle Ähnlichkeit zwischen den Teiltexten im zweiten Teil und I.3, der ebenfalls schon im Vorausgriff auf diese Regeln verweist.

[74] Cantor (^{2}1900, 234) sieht in dieser mehrfachen Beschreibung einer Lösungsmethode einen bewußten Akt des Autors, da die betroffenen Regeln sich auf verschiedene — theoretische / mathematische / allgemeine — Hintergründe beziehen. Mag dies für die Zeit um 1500 noch gelten, so lehnt schon STIFEL 1544 jene *regulas ridicula ferentes nomina* (Ar. int. 22v) deutlich ab.

[75] Aus der Perspektive der Mathematikgeschichte kann die Probe im 16. Jh. noch als Teil der Ausrechnung gelten (Deubner 1970, 481). Vom linguistischen Standpunkt aus ist sie jedoch als eigener Textabschnitt zu werten.

kataphorischen (*als dan oben gemelt*, n 2v; *machs nach der regel*, m 8v) Verweise dienen zur Kohärenzbildung.

Auch die semantische Kohärenz entspricht den drei Teilen: Der theoretisch orientierte Wortschatz im ersten Teil wird im zweiten durch den praktischen ergänzt und abgelöst; im dritten kommt die geometrische Terminologie dazu. Im Gesamttext ist jedoch jederzeit die mathematische Fachsprache präsent, wie das Thema des Buches auch die Einführung in die Grundlagen der Mathematik und ihre Anwendungen ist.

JOHANNES WIDMANNs Rechenbuch übertrifft seine Vorgänger an Umfang und Verbreitung bei weitem. Dennoch fällt seine Bewertung gerade auch im Vergleich mit einigen der späteren Rechenbücher sowohl durch Zeitgenossen (A. RIES, M. STIFEL) als auch durch moderne Leser nicht allzu positiv aus. Einige Gründe für Bedenken und Mißtrauen ließ die obige Analyse erkennen: Deutlich sind die Brüche im Aufbau des Rechenbuchtextes, für die sich zwar mögliche Rechtfertigungen finden ließen, die den Textrezipienten des Rechenbuches jedoch aus der gedanklichen Bahn werfen. Dies verstärken die Abschnitte mit über den praktischen Nutzen hinaus wissenschaftlich-theoretischem Inhalt. Die starke Strukturierung des Buches, die der Durchdringung des mathematischen Hintergrundes und der Einordnung der jeweiligen Abschnitte in diesen dienen sollte, ist ohne wissenschaftliche Vorbildung bei einmaliger Lektüre unverständlich und trägt zur Beherrschung der Rechenmethoden daher wenig bei. In seltsamem Gegensatz steht hierzu noch die ungeordnet scheinende Menge an Regeln und Aufgaben mit ihren ungekennzeichneten Wiederholungen. Dies alles trägt zu einer Verminderung der Klarheit bei, die nicht zuletzt durch die Art der sprachlichen Darstellung mit ihren Ellipsen und umständlichen Formulierungen getrübt wird. *Luculenter enim apparet auctorem quam maximam quidem operam dedisse, ut recte intelligeretur, sed vernaculam linguam nostram illo tempore ad notiones abstractas concinne definiendas et luculenter explicandas nondum satis cultam fuisse* (Drobisch 1840, 19). Auch Wussing (1989, 47) gibt der frühneuhochdeutschen Sprache, die *ungelenk, dem Sachverhalt nicht gewachsen* sei, die Schuld. J. WIDMANN hat nicht vermocht, diese Ungelenkigkeit zu beseitigen.

4 Arithmetiklehrbücher der Frühen Neuzeit

4.1 Das 'Bamberger Rechenbuch 1483'

4.1.1 Textexterne Faktoren

Das *Bamberger Rechenbuch 1483* ist das erste gedruckte umfangreichere Rechenbuch in deutscher Sprache;[1] gedruckt wurde es 1483 durch HEINRICH PETZENSTEINER:[2] *Jn zale Christi 1483. kl. 17. des Meyen Rechnung in mancherley weys in Babenberg durch henricus petzensteiner begriffen volendet* (160). Der Verfasser ist wahrscheinlich ULRICH WAGNER[3], der uns schon als Autor des *Bamberger Rechenbuches 1482* (S. 106) begegnete. WAGNER (* zwischen 1430 und 1440, Schröder 1996, 31) führte eine vermutlich florierende Rechenschule in Nürnberg, wie sich aus Auseinandersetzungen mit zwei weiteren Nürnberger Rechenmeistern in den Jahren 1486/7 erschließen läßt; des weiteren konnte er 1489 ein Haus kaufen. Er starb wahrscheinlich 1490, da ab diesem Jahr seine Frau KUNIGUNDE WAGNER als Witwe die Rechenschule weiterführte. Die Schule übernahm nach ihrem Tod 1513 ihr Sohn HANS WAGNER, unter dem die Schule an Bedeutung verlor, so daß jener 1523 das Haus verkaufen mußte (Schröder 1988, 301).

Seine mathematischen Kenntnisse konnte ULRICH WAGNER sowohl während des Besuchs einer frühen Rechenschule erworben haben wie auch durch Unterricht bei einem Wandergelehrten wie AQUINAS. Er kannte sicherlich den *Algorismus Ratisbonensis* und die Bamberger mathematische Handschrift[4], da er aus diesen beiden Werken Textpassagen und Aufgaben in sein Rechenbuch 1483 übernahm. Über die guten Kenntnisse im Rechnen mit den indisch-arabischen Ziffern hinaus ver-

---

[1] Abdruck, Übertragung und Kommentar s. Schröder 1988, Faksimile Burckhardt 1966, Literatur s. auch Schröder 1996. Das Original besitzt weder Foliierung noch Paginierung; die Seitenangaben der Zitate beziehen sich daher auf den Abdruck in Schröder 1988.

[2] Dieser druckte von 1482 bis 1490 in Bamberg; er war anfangs Druckergehilfe von JOHANN SENSENSCHMIDT.

[3] Daß der Drucker PETZENSTEINER das Rechenbuch auch verfaßte, ist unwahrscheinlich, zumal er ein Jahr vorher schon einmal ein Buch des Nürnberger Rechenmeisters WAGNER druckte. Auch Textvergleiche beider Werke legen die Autorschaft WAGNERs nahe (Schröder 1988, 293/4).

[4] Diese Handschrift ist heute dem *Bamberger Blockbuch* beigebunden: Bamberg, Staatsbibliothek, Handschrift aus Inc. typ. Ic. I. 44 (Schröder 1988, 301–3; 1996, 31/2); der *Algorismus Ratisbonensis* diente beiden als Quelle (Schröder 1996, 31).

fügte er jedoch zudem über ein breites kaufmannspraktisches Wissen bezüglich Waren, Maße und Handelswege.[5]

Die Aufgaben im Rechenbuch sind sehr praxisbezogen.[6] Praxisfern ist hingegen die vollständige Aussparung des Linienrechnens, mittels welchem die Kaufleute dieser Zeit zum größten Teil noch ihre Rechnungen durchführten. Diese Divergenz ließe auf eine Konzeption des Buches für und einen Gebrauch desselben als Unterstützung im Unterricht in der Rechenschule WAGNERs schließen.[7] Textrezipienten wären somit die Rechenschüler, was Eichler (1995a, 33) auch aus der Wendung *ein iglicher in teutschen lesen* (7) in der Vorrede schließen möchte. Gegen diese These spricht aber eine andere Stelle aus dem Register des Rechenbuches: *ein iglicher [...] mag an alle vntter weysung von im selbs sölichs gelernen* (7/8) (so er lesefähig ist);[8] denkt man zudem an die Praxisbezogenheit der Aufgaben, die Hinweise auf Handelsgewohnheiten der Kaufleute und die Tatsache, daß der Vorgänger, das *Bamberger Rechenbuch 1482*, möglicherweise in Geschäftsräumen gebraucht wurde (s. o. S. 106), so lassen sich auch Kaufleute als Textrezipienten vorstellen. Nicht vergessen werden darf, daß ein Exemplar des Buches auch JOHANNES WIDMANN in Leipzig in die Hände kam.[9]

ULRICH WAGNER, der als erster für volkssprachliche Rechenbücher im deutschen Sprachraum das neue Medium Druck nutzte, sollte mit seinem Werk allerdings keinen breiten Erfolg haben. Sein Buch wurde

[5] Die *Auswahl der Aufgaben, der methodische Aufbau des Lehrgangs, der sichere Umgang mit den indisch-arabischen Zahlen und die perfekte Umrechnung von Münz-, Maß- und Gewichtseinheiten bezeugen, daß hier ein aus der kaufmännischen Praxis hevorgegangener Rechenmeister am Werk war* (Schröder 1996, 29). Ob er sich dieses Wissen tatsächlich in einer *langjährigen kaufmännischen Praxis angeeignet* hat (Schröder 1988, 302), ist nicht sicher. Möglich ist auch, daß er sein Wissen im Austausch und Gespräch mit Kaufleuten aus Nürnberg erhielt.

[6] Dies macht ein Vergleich mit der Bamberger Handschrift deutlich (Schröder 1996, 31–3): Obwohl ULRICH WAGNER viel aus dieser in das Rechenbuch übernahm, ließ er ganze Gebiete, die schwieriger oder theoretischer und somit für die mathematische Ausbildung von Kaufleuten nicht unbedingt dienlich waren, beiseite wie etwa die Aufgaben, die sich auf lineare Gleichungssysteme mit 2 bis 4 Unbekannten zurückführen lassen oder die Berechnung des Steinbedarfs für einen Turm, für die man Näherungen für π braucht.

[7] WAGNER, der *wohl nur das Rechnen mit der Feder nach der neuen Methode lehrte, erzielte aus seinem Schulbetrieb offenbar gute Einnahmen* (Schröder 1988, 301).

[8] Römische wie indisch-arabische Ziffern wurden auch in Lesebüchern gelehrt, s. z. B. FUCHSBERGER (S. 284 dieser Arbeit).

[9] Schröder (1996, 33/4) möchte aufgrund des in Zwickau überlieferten Exemplares sogar schließen, daß auch ADAM RIES, der 1509 bei seinem Bruder in Zwickau war, das Rechenbuch eingesehen hat.

nicht nachgedruckt, die wenigen überlieferten Exemplare lassen auf eine geringe Verbreitung schließen.[10] Das kann an seinem baldigen Tod oder an dem *Niedergang der Schule* (Schröder 1996, 31) gelegen haben, an der Fremdheit des Mediums und einer damit verbundenen Zurückhaltung von seiten der angesprochenen Rezipientenschicht; möglicherweise begrenzte aber auch die Beschränkung auf das den zeitgenössischen Kaufleuten noch ungewohnte Ziffernrechnen den Einsatz hauptsächlich auf Unterricht an Schulen.

(ME)	U. WAGNER (?): *Bamberger Rechenbuch 1483*
KG	Ziffernrechnen, Aufgaben
KP	P: Rechenmeister; R: Schüler (?), Kaufleute (?)
KS	EO: Nürnberg, EZ: 1483, EI: Rechenschule (?); GO: sddt. Handelsst. (Nürnberg, Augsburg ?), GZ: E. 15./A. 16. Jh., GI: Rechenschule (?), Handelskontor (?)
KF	Druck; 8°, ca. 150 S.

4.1.2 Textinterne Analyse

4.1.2.1 Paratexte

Das *Bamberger Rechenbuch 1483* besitzt noch relativ wenige — und wenn, dann recht unausgebildet — der für Drucke kennzeichnenden Paratexte. Ein Titelblatt fehlt; das Buch beginnt mit einem mit *Register* überschriebenen Abschnitt, dessen erste zwei Seiten einige Bemerkungen zu Zweck, Inhalt und Publikum des Buches füllen.[11] Nach metakommunikativen Hinweisen zur Anlage des Registers und der topischen Bitte, den Autor auf Fehler aufmerksam zu machen (7), folgt die Angabe des Zweckes des Buches und indirekt des angesprochenen Publikums: *ein iglicher in teutschen lesen vnd in ciffren erfaren mag [...] als dan [...] in allen kauffschlagen ader kauffmanschatz [...] not ze wissen ist* (7/8), d. h. die nötigen Rechnungen und Handelsgewohnheiten *in welschen. tewtschen. vnd andern landen* (8) sollen erläutert werden. Im einzelnen erwähnt WAGNER noch die *Tolleten* und die *[rechnung] der linien* (8), wobei er das Linienrechnen im folgenden nicht mehr anspricht oder behandelt.[12] Stattdessen führt er ausschließlich in die ebenfalls angekündigte *rechnung mit der federn ader kreyden* (8) ein.

[10] Nur zwei vollständige Exemplare sind bisher bekannt: Zwickau, Ratsschulbibliothek und Zürich, Zentralbibliothek. Ein unvollständiges Exemplar befindet sich in der Staats- und Stadtbibliothek Augsburg.

[11] Zum Register s. auch Eichler 1995a, 33/4.

[12] Unklar ist die Stellenangabe folgender Formulierung: *vindest du die linien nach der zal im ersten Capitel des andern pletlein* (8).

Das anschließende Register (8–12) ist eine Aufzählung der 21 Kapitel, gestaltet als ***ausformulierte Kapitelüberschriften*** (Eichler 1995a, 34). Diese sind zum Teil sehr ausführlich (s. folgende Tabelle, Spalte 2), sogar einzelne Aufgaben können in ihnen erwähnt werden. Typographisch werden die einzelnen Kapitelangaben durch eine Leerzeile getrennt. Seitenzahlen wie auch Hinweise zu der Reihenfolge der Kapitel oder ihres Zusammenhanges gibt WAGNER nicht.[13]

Zu Beginn des ersten Kapitels des eigentlichen Lehrtextes wird in wenigen Zeilen mit dem Hinweis auf die Bibelstelle Weisheit Salomonis 11, 21 noch die Standardrechtfertigung für die Beschäftigung mit der Mathematik und den Naturwissenschaften gegeben. Eine Dedikation verzeichnet das Buch nicht.

4.1.2.2 Gesamtaufbau

Nr.	Inhalt nach *Register*	Inhalt des Kapitels	Detailaufbau[14]	Seite
	Register	Inhaltsverzeichnis		7
1	*vorred*	Rechtfertigung mit Weisheit Salomonis 11, 21		13
	von der zal	Einführung der indisch-arabischen Ziffern und der Dezimalschreibweise	E, B(viele)	13
2	*Addirenn mit seinen exempelnn vnd prob*	Addition natürlicher Zahlen	E, R, B(Z,3), P(2)	17
3	*Subtrahiren (das ist abziehen) mit seynen exempelnn vnd proben.*	Subtraktion natürlicher Zahlen	E, R, B(Z,3), P(1)	19
	vnd Summiren mit eyner figuren	Addition/ Subtraktion benannter Zahlen	R, B(L,1)	20
	grundes des multiplicirens	Einmaleins-Tafel	T(1)	23

[13] Ob aufgrund dieses Registers tatsächlich dem Benutzer des Buches *schnell [...] Zugriff zur Lösung* (Schröder 1996, 32) ermöglicht wurde, ist daher zweifelhaft.

[14] Für die Abkürzungen s. S. 126.

Nr.	Inhalt nach *Register*	Inhalt des Kapitels	Detailaufbau[14]	Seite
4	*Multipliciren in mancherley weys*	Multiplikationstafeln, Rechenregeln zum 1mal1, allgemeine Multiplikation	R, T(2), [R, B(L/Z)](3), R, B(L/Z1)	23
	zum letzten im schachir	Multiplikation	R, B(Z,1), P	26
5	*Partiren ader teylen.*	Division natürlicher Zahlen	R, B(Z,4)	28
	Auch teylen in Galein mit prob	Division mit mehrstelligem Divisor	E, R, B(L,1), P	29
	vnd etlichen Progression.	geometrische, arithmetische Zahlenfolgen	R, B(L,3)	32
6	*Multipliciren in gebrochen mit vil exempelnn*	Einführung der Bruchzahlen, Multiplikation von Brüchen	E, [R, B(L,m)](3)	33
7	*addiren in gebrochen auch mit vil Exempeln*	Addition von Brüchen	E, [R, B(Z,m)](3)	35
8	*subtrahirn in den Minucien ader gebrochen*	Subtraktion von Brüchen	E, [R, B(Z,m)](3), R	37
	mit Mediren mit peyder exempeln		[R, B(Z,m)](3)	38
9	*Teilen in gebrochen in mancherley weys vnd vil exempeln.*	Division von Brüchen	E, [R, B(Z,m)](4), P	39
10	*von der gulden regeln mit vil exempeln vnd proben*	Dreisatz (mit benannten Zahlen, mit Bruchzahlen)	E, R, B(Z,m), [R, B(L/Z,m)](m), P	42
	feygen	Aufgabe mit Feigen	A(L,1)	52
	Pfeffer	Aufgaben mit Pfeffer	A(L,4)	53
	Negeleyn	Aufgaben über Anlage, eine mit Nelken	A(L,2)	54
	gewicht	Aufgaben mit Gewichtsumrechnung	A(L,3)	54
11	*wechsel ducaten vnd Reinisch gulden*	Aufgaben mit Währungsumrechnung	A(L,3)	57
	gewant	Aufgabe wie oben mit Stoff	A(L,1)	58
12	*Negelein*	Mischungsaufgaben	E, A(L,1)	59

Nr.	Inhalt nach *Register*	Inhalt des Kapitels	Detailaufbau[14]	Seite
	Saffren	wie oben mit Safran	A(L,2)	60
	Ingwer	wie oben mit Ingwer	A(L,1)	61
	gewynn	Gewinnrechnung	A(L,5)	61
13	*mancherley geselschafft*	Gesellschaftsaufgaben, Teilungsaufgaben	E, A(L,15), teilweise mit Proben, E	63
	gewurcz	Teilungsaufgabe	A(L,1)	86
14	*von Tolleten mit zweyerley figuren des centner vnd marck*	Einführung in das Tolletrechnen; Umrechnungstabelle für Zentner	E, R/B(L,1), T(1), A(L,1)	87
15	*stich*	Tauschaufgaben, Umrechnungstabelle für Mark	E, A(L,2), T(1), A(L,2)	92
	Taglon	Lohnung von Arbeitern	A(L,1)	98
	Protpachen	Getreidepreise	A(L,1)	99
	Gewant	Stoffe	A(L,1)	99
	Saffran	Gewichtsumrechung, dazu zwei Tabellen	A(L,1), P, T(2)	100
16	*golt rechnung des gewichts vnd strichs*	Einführung der Gewichte und Reinheitsmaße des Goldes	E, T(1), E, A(L,1), P, A(L,4), A(L,1), P	102
	[Regel vom thurn]	Turm in Erde, Wasser, Luft	A(L,1)	110
	[Von wandern]	Geschwindigkeit, Strecken	A(L,1), E	112
	[Regel vom haßen]	Geschwindigkeit	A(L,1), E	113
	[Regel von eim vaß]	Faß mit 3 Zapfen	A(L,1)	114
17	*Rechnung vber lantt mit vil exempeln vnd nach folgender regel*	Umrechnung von Maßeinheiten	A(Z,v), einige R	115
18	*von gemeinem vberschlahen in vil stucken*	Umrechnungstabellen	E(viele)	123
19	*goltschmyd rechnung. Uon golde der Mark vnd lot. des gewichts*	Berechnung der Preise für Goldmengen verschiedenen Reinheitsgrades (11–24 Karat) bei festem Grundpreis	B(L, viele)	125
20	*vom Golde der mark kyrat vnd grann des strichs*	s.o. verschiedener Grundpreis	B(L,14)	143

Nr.	Inhalt nach *Register*	Inhalt des Kapitels	Detailaufbau[14]	Seite
21	*silber*	Berechnung der Preise für Silber bei verschiedenen Grundpreisen	B(L, viele)	145
		Kolophon		160

Die 21 Kapitel des Rechenbuchtextes unterschiedlichen Umfangs sind weder durch metakommunikative Hinweise noch durch eine generische Kapitelzählung weiter gruppiert; eine Gliederung in drei Teile ist aber deutlich gegeben:

Teil 1 (29 Seiten) umfaßt die Einführung der Grundrechenarten in natürlichen und gebrochenen Zahlen (Kapitel 1–9). Hierbei ist die Reihenfolge der Rechenarten bei den gebrochenen Zahlen im Vergleich zu der bei den natürlichen Zahlen verändert, indem die einfacher zu verstehende und durchzuführende Multiplikation der Brüche an den Anfang gestellt ist, bevor die Addition und Subtraktion erklärt wird. Dadurch wird die Analogie zugunsten einer didaktisch orientierten Gestaltung durchbrochen. Einzelne (Unter-)Themen sind in thematisch unpassenden Kapiteln untergebracht: Die Multiplikationstafeln im Kapitel 3 (Subtrahieren), Medieren von Bruchzahlen als Anhang zu der Subtraktion von Bruchzahlen und die Reihenberechnung (Progression) bei der Division von natürlichen Zahlen (Kapitel 5). — Der umfangreichste Teil 2 (Kapitel 10–18, 183 Seiten) des Buches ist der Aufgabensammlung gewidmet, die nach Aufgabentypen sortiert ist. — Teil 3 (Kapitel 19–21, 36 Seiten) besteht aus Umrechnungstabellen und -aufgaben.

Jeder dieser Teile trägt nun nicht nur eine bestimmte Thematik, sondern ist zudem durch eine ihm eigentümliche Textgestaltung geprägt, die sich in dem Einsatz typischer Teiltexte manifestiert. Teil 1 besteht aus einer Reihe von Lehrtexten (Teiltexttyp 1), die sich meist mit den Kapitelgrenzen decken. Kleinere Einheiten bilden die Aufgaben (Teiltexttyp 2) im Teil 2 und vor allem die Umrechnungen (Teiltexttyp 3) in Teil 3.

4.1.2.3 Teiltexttyp 1: Lehrtext

Die Teiltexte des ersten Typs entsprechen den ersten neun Kapiteln des Rechenbuches; sie bestehen aus einem eigentlich erläuternden und lehrenden Abschnitt, Beispielen und der Probe der errechneten Ergebnisse. Letztere kann in einigen Fällen wegfallen; dafür wird, besonders im Kapitel 6 (Multiplikation von Bruchzahlen), der Block Lehrteil/Beispiel mehrmals wiederholt, indem verschiedene Fälle unterschieden werden.

Da die Kapitel 1–9 von J. WIDMANN mehr oder weniger wörtlich in sein Rechenbuch 1489 übernommen wurden, gelten die im vorhergehenden Kapitel erarbeiteten Ergebnisse zu Teiltexttyp 1 'Lehrtext' auch hier; die Vorlage ist allein tendenziell knapper gestaltet.[15]

4.1.2.4 Teiltexttyp 2: Aufgabe

Uon taglon oder arbeyter.

Eyner dingt eyn arbeiter jn weingartten. mit sulchem geding. welchen tag er arbeit. so wil er ym geben 10 dn. wolt er aber des weingarten nit fleyssig warten. welchen tag er den feyerte. so wil er ym abschlahen 12 dn vnd vber 40 tag rechen sy mit eynander vnd hat alsuil gearbeit. vnd alsuil gefeyert das eyner dem andern nichs schuldig pleibt. Nu wil du wissen wyuil tag er gearbeit oder gefeyert habe secz also.

10 dn	*arbeit*	*40 tag*	*18 tag 2 or*
12 dn	*feyert*	*40 tag*	*21 tag 9 or*

Addir dy zal zesamen werden 22. sprich 22 geben 40 tag was geben 10 vnd komen 18 tag 2 or. das wer so der tag 11 or lang ist vnd alsuil hat er gefeyert. darnach sprich 22 geben 40 was geben 12 vnd kommen. 21 tag 9 or vnd souil tag hat er gearbeit. (98)[16]

Textteiltyp 2 'Aufgabe' ist weiter untergliederbar in eine Überschrift, die eigentliche Aufgabenstellung mit der Angabe der für die Rechnung nötigen Daten, die Frage und den Lösungsweg mit der Lösung der Aufgabe; eine Probe des Ergebnisses kann sich anschließen. Die Sprachhandlungen sind in der Hauptsache des Typs MITTEILEN oder DARSTELLEN, indirekt bzw. in der Frage auch direkt des Typs AUFFORDEN. Die thematische Progression ist vorwiegend einfach linear, bei Differenzierungen — im Beispiel zwischen *arbeiten* und *feyern* — kann jedoch Progression mit gespaltenem Rhema vorliegen. An grammatischen Kategorien des Verbs finden sich die 3. Person Singular und Plural in der Aufgabenstellung und zusätzlich die 2. Person Imperativ in der Beschreibung des Lösungsweges. Präsens, Aktiv und Indikativ herrschen vor, doch kommt, besonders in der Aufgabenstellung, auch wiederholt der Konjunktiv vor: *wolt, feyerte, wer.* Bei den Verben handelt es sich fast ausschließlich um Handlungsverben, Modalverben werden außer *wollen* nicht benutzt. Ebenfalls gering ist die Anzahl an Substantiven; es werden eher noch

[15] Eine detaillierte inhaltliche Gegenüberstellung der beiden Texte s. Teil I, S. 30.

[16] Lösungsansatz: $12x-10y=0$ mit $x+y=40$; durch Einsetzen und Umformen erhält man $\frac{40}{22}=\frac{x}{10}$.

in der Aufgabenstellung Nomen aus dem Bereich des Handels und Gewerbes verwendet, wobei der Lösungweg insgesamt durch einen mathematischen Wortschatz geprägt ist (*addieren, geben, kommen*). Hierbei wird auf die lateinische Terminologie zugunsten volkssprachlicher Äquivalente (*geben, kommen* statt *facit*) möglichst verzichtet. In den Fachbereich Mathematik verweist auch die hohe Frequenz der Verwendung von Zahlen und der Einsatz von Schemata. Die Syntax ist durch Kürze der Sätze besonders im zweiten Abschnitt gekennzeichnet; die häufigsten Nebensatztypen sind der uneingeleitete Konditionalsatz, Relativsätze und indirekte Fragesätze: *wyuil tag, was geben.*

Auffällig ist in manchen Aufgabenstellungen der Gebrauch des Konjunktiv II, der den hypothetischen Charakter der Aufgabe unterstreicht. Dieser Modus wird dann konsequent eingehalten und teilweise auch in den Lösungsweg übernommen.

> *Regel von eim vaß.*
>
> *Jtem Es wer ein vaß das het 3 capff wen man den ersten zug so giengs aus [...].* (114)
>
> *Regel vom haßen.*
>
> *Die Regel wirdet begriffen in der frag. Eß lyeff ein has gein holcz vnd eyn wynde lieff im hynden nach vnd wen der haß 12 sprung thet so thet der wynde 15 [...].* (113)

In den meisten Fällen, bei Aufgaben mit weniger epischen Umrahmungen, wird jedoch der Indikativ vorgezogen.

Die Überschriften der Aufgaben geben in der Regel die Ware an, mit der oder um die gehandelt wird. Die beiden oben zitierten Aufgaben tragen allerdings wie auch die Aufgaben auf den Seiten 110/1 den Titel *Regel*; entgegen den dadurch geweckten Erwartungen folgt allerdings keine allgemeine Regel oder Rechenanweisung, sondern allein eine spezielle Aufgabe, aus der man jedoch, wie der Autor bei der Hasen-Aufgabe angibt, die allgemeine Regel erkennen und lernen könne. Die Regeln sind in diesem Rechenbuch also nicht unter ihrem (lateinischen) allgemeinen Namen verzeichnet, sondern an eine beispielhafte Aufgabe gebunden. Ausnahme ist hierbei die *Gulden Regel* (*Regula de tri*) (42ff.): Das ihr gewidmete Kapitel verzeichnet nach einer Einführung mit epischem Vergleich eine allgemeine Rechenanweisung (42/3) und mehrere Unterarten der Regel, jeweils mit Beispielen (44–50). Auch die dort angegebene Probe (50) ist allgemein formuliert.

Kurze allgemeine Einführungen zu Zweck, Nutzen und Anwendungsgebiet der Rechenregel oder des Aufgabentyps finden sich am Anfang eines jeden Kapitels,[17] den Rest des Kapitels füllen die Aufgaben, während mathematische Einbettungen ganz fehlen.

Dieser Teiltexttyp ist sehr variabel, d. h. er ist besonders in bezug auf Ausdehnung oder Auslassen einzelner Bestandteile offen, ohne seine typischen Merkmale zu verlieren: Im *Bamberger Rechenbuch 1483* finden sich alle möglichen Extrem- und Zwischenformen. Die oben angesprochenen Aufgaben von Lohn, Faß, Hasen und Turm sind Beispiele für ausführliche Formen des Teiltexttyps (allerdings ohne Probe); die Übungsaufgaben für die *Regula de tri* auf den Seiten 42/3 sind Beispiele für eine Kurzform, in der auf eine ausführliche Darstellung des Lösungsweges verzichtet wurde und nur die Lösung selbst genannt ist. Das Kapitel 17 besteht vollständig aus dieser extrem reduzierten Form von Aufgaben; alle notwendigen Textteile — Aufgabenstellung (Daten), Frage/Rechnung und Ergebnisankündigung (*facit*)/Lösung — sind jedoch vorhanden.

4.1.2.5 Teiltexttyp 3: Umrechnung

Kapitel 18 besteht aus extrem reduziert gestalteten Aufgaben zur Umrechnung verschiedener Maßeinheiten. Der Aufgabencharakter zeigt sich aber in der teilweise unsystematischen Abfolge der in der Aufgabenstellung angegebenen Mengen ($\frac{1}{2}, \frac{1}{4}, \frac{1}{5}, \frac{2}{5}, \frac{1}{6}, \frac{1}{7}, \frac{2}{8}, \frac{7}{8}$); jedoch ähnelt die stereotyp wiederholte Gestaltung der einzelnen Aufgaben schon sehr der tabellenähnlichen Auflistung von Preisen für Gold- und Silbermengen in den Kapiteln 19–21. Der einzelne Teiltext umfaßt hier eine einzige Zeile (oder eine Kombination von Zeilen) der Form x *ist* y. Die Texte sind rein mitteilend, stilistisch reduziert und völlig parallel gebaut.

4.1.3 Vergleich mit dem Rechenbuch von Johannes Widmann

Ein Vergleich der beiden Rechenbücher von ULRICH WAGNER und JOHANNES WIDMANN ist aufgrund der Veränderungen in den sonst vielfach wörtlich übernommenen Textabschnitten besonders interessant; diese Veränderungen, meist Erweiterungen[18], zeigen deutlich den Unterschied

---

[17] Kapitel 11 Geldwechsel (57), Kapitel 12 Mischungsaufgaben (59), Kapitel 13 Gesellschaften (63), Kapitel 14 Tolletrechnung (87), Kapitel 15 Stich, als Schutz gegen Übervorteilung (92), Kapitel 16 Gewichte und Reinheitsangaben für Gold (102).

[18] Die Kürzungen im Rechenbuch von J. WIDMANN gegenüber der Vorlage ergeben sich eher aus einer zuvor eingefügten allgemeineren Formulierung, also aus einer Erweiterung; s. unten. Zu Übernahme und Veränderungen

(MI) U. WAGNER (?): *Bamberger Rechenbuch 1483*			
GG	Register (7–12) // Einführung der Rechenarten (K. 1–9, 13–41) // Regeln und Aufgaben (K. 10–18, 42–124) // Umrechnungen (K. 19–21, 125–160) // Kolophon (160)		
TT	Lehrtext	Aufgabe	Umrechnung
Pr	MITTEILEN, AUFFORDERN, ANLEITEN	MITTEILEN, AUFFORDERN, DARSTELLEN	MITTEILEN
Th	einf. lin., gesp. Rhema	einf. linear, (gesp. Rhema)	einf. linear
Gr	2. P. Imp., 3. P. bei math. Subj., Präs. Ind.; Parataxe, Hypotaxe bei Diff.; geringe Lexemvarianz; Ziffern, Schemata	2. P. Imp., 3. P. Ind. (auch Konj. II in Aufgstg.), kurze Sätze, NS: uneingeleitete Konds., Rels.; Handelsws. (1. Abschn.), Mathematikws. (2. Abschn.), Zahlen, Schemata	extrem reduziert in Satzbau und Wortwahl, absolut parallel

zwischen einem aus der Praxis kommenden Rechenmeister und einem logisch geschulten Wissenschaftler als Verfasser eines Rechenbuches und sagen so viel über dessen jeweilige Einstellung zum mathematischen Stoff und zur Intention aus.

Sofort sind die Ersetzungen und Ergänzungen WIDMANNs bei den Zahlenbeispielen und Schemata in den Lehrtexten zu sehen: Eine zweite Multiplikationstafel (23/b 8r)[19] wurde eingefügt und die im *Bamberger Rechenbuch 1483* willkürlich gewählten, aber nach Anzahl der Ziffern geordneten Zahlenbeispiele bei der Einführung der indisch-arabischen Ziffern (15) durch numerisch geordnete Listen der Zehner- und Hunderterzahlen (b 1v) ersetzt.[20] WIDMANN systematisiert also den Stoff, übersieht und verliert dadurch aber den didaktischen Aufbau des *Bamberger Rechenbuch 1483*.

von Textsegmenten einer Vorlage (Hypertext) in einen neuen Text (Hypotext) unter dem Aspekt der Intertextualität s. Brandtner 1997.

19 Die erste Zahl verweist auf die Seite im *Bamberger Rechenbuch 1483*, die zweite auf die entsprechende Stelle im Rechenbuch von J. WIDMANN.

20 Die Ziffernfiguration (16) wurde ebenfalls ersetzt durch ein Zahlenquadrat (b 1v); die Funktion beider Figuren bleibt jedoch unklar.

Bamberger Rechenbuch 1482
(19/20)

Subtrahiren. Das. 3. capitel[21]
Hie nach will ich dich leren Subtrahiren das heist abziehen So man ein zal nimpt von der andern das du sehest wieuil des vbrigen sey vnd merck das die zal von der du zihen wilde sol alle mal grösser sein vnd das merck bey den leczten figuren vnd heb an der ersten an vnd nym die vnttern von der oberen vnd magstu die genemen so schreib das vbrig vnden. Ist aber die vntter grösser dan die ober so leyh der vnttern biß auff zehen vnd was du der selben leyhest das selb gib zu der obern figur von der du nicht magst vnd schreib das nyden vnd merck eben wenn du also zehen gemacht hast so gib eins zu der nechsten vnttern figur die darnach stet vnd zeuch aber die vnttern von der oberen So lang biß du die vnttern figur alle von der oberen abgezogen hast.

85072	*84569*
39506	*53546*
45566	*31023*

609854760123
348096056387
261758703736

wildu probiren ob dw recht Subtrahirt habest So nim die prob von den vnttern zweyen zalen die addir zu samen vnd eß sol souil prob werden als von der obern zal kumpt so ist es recht.

J. WIDMANN: Rechenbuch 1489
(b 3v/4r)

Subtrahiren
Hye nach nach wil ich dich lernen subtrahiren das heyst ab zihen So man eyn zal nympt von der andernn dastu sehest wie vil deß vberigen seyn vnd merck daß die zal von der du zihen wild ßol almol grosser seyn vnd daß merck pey den leczten figuren: vnd heb an der ersten an. vnd nym die vnternn von der obernn. vnd magstu die genemen ßo schreyb das vberig vnden Ist aber die vnter grosszer dan die ober ßo leych der vntern pyß auff zehen: vnd waß du den selben leyhest das gieb zu der obernn figur vonn der du nicht ab zihen ader nemen magst vnd schreib daß solchen addiren entspringt niden Und da pey merck gar eben wen du also zehen gemacht hast. ßo gieb eyns zu der nechsten vnternn figur die darnach stet gegen der lincken hant: Und zeuch aber die vnternn von der obernn ßo lang pistu dy vntern figur alle von den obgeschriben subtrahirt ader ab gezogen hast:

Exemplum

56341	*80146*	*70100*
13425	*51092*	*23045*
42916	*29054*	*47055*

Wiltu probirenn ab du recht subtrahirt hast ader nicht Addir di vnternn zwuzal zu sammen: vnd ßo wider kumpt die ober ßo ists recht: vnnd das durch die erste prob. Wiltu ader probirenn durch die andern zwu prob. So nym die prob von den vnternn zweyen zalen vnd addir die zu sammen vnd eß sol ßovil prob werden alß von der obernn zal kumpt. ßo ists recht vnd kumpt alßo [...]

[21] Unterstrichen sind die unterschiedlichen Textteile.

Veränderungen auf der lexikalischen Ebene sind teils stilistischer Art (*leren von der kunst der zale*, 13/*lernen. vnd gruntlich vnder weyßen die kunst der zcal*, a 8r), berühren aber oft den Bereich der Terminologie. Im *Bamberger Rechenbuch 1483* wird der lateinische Terminus *Subtrahiren* als Thema in der Überschrift angegeben und daraufhin erklärt; der Lehrtext selbst benutzt dann ausschließlich volkssprachliche Termini *nemen, (ab)ziehen*. WIDMANN setzt dagegen wiederholt Doppelformen ein wie *subtrahirt ader abgezogen, abziehen ader nemen*[22], die wohl den Lernprozeß durch Erinnerung stützen sollen, aber tatsächlich eher den der Terminologie noch unkundigen Leser verwirren. Das *Bamberger Rechenbuch 1483* ist weiterhin durch einen Verzicht auf alle mathematischen Symbole — natürlich mit Ausnahme der Ziffern — gekennzeichnet: Es verwendet weder den Bruchstrich[23] noch den Strich unter der Addition; Plus- und Minuszeichen sowie die coßischen Symbole finden sich nicht.

Die Ergänzungen WIDMANNs in der Rechenanleitung sind nur z. T. nötig und damit zur Sicherung des Verständnisses dienlich; während *ab zihen ader nemen* erkenntis- und erinnerungsstützende Funktion hat (s. o.), ist die Ergänzung *auß solchen addiren entspringt* für das eindeutige Verstehen nötig. Verdeutlichend ist der erneute Hinweis auf die ungewohnte Richtung der Ziffern in der Zahl *gegen der lincken hant* (b 1v) in der Einführung der Addition, nötig dagegen die Iterationsaufforderung am Ende der Rechenanleitung *vnd thu aber alß vor*, die im *Bamberger Rechenbuch 1483* fehlt. Bei beiden fehlt bei der Addition die Angabe, wann die Rechnung abzubrechen ist, wie sie bei der Subtraktion vorhanden ist.[24]

J. WIDMANN bemüht sich also bei der Bearbeitung der Vorlage, sie zu verdeutlichen und zu systematisieren, wie es sich auf allen Textstufen feststellen läßt. Als Probe wird z. B. im *Bamberger Rechenbuch 1483* in den Lehrtexten größtenteils auf die in der Praxis gebräuchliche und bekannte Siebenerprobe verwiesen (Erläuterung auf S. 18 des Buches). Im Rechenbuch von WIDMANN werden statt dessen jeweils drei Proben (Umkehrprobe, Neuner- und Siebenerprobe) durchgeführt und in einem

---

[22] Weitere Stellen: *gib zu den schillingen* (22)/*gib ader addir zu den ß* (b 5r), *So leyh 1 gulden / szo entnym ader leich* (s. Textbeispiel).

[23] S. Einführung der Bruchzahlen Teil I, S. 21. Die Zahlen werden jedoch schon kleiner geschrieben.

[24] Da das *Bamberger Rechenbuch 1483* keinen Strich unter der Addition etc. benutzt, ist natürlich auch der Hinweis *vnder die lini* (b 1v) nicht notwendig. J. WIDMANN gebraucht jedoch diese formale Hilfe und muß daher diese Angabe hinzufügen, vergißt aber vorher die Einführung des Striches (s. S. 156).

Schema dargestellt. Wiederum ist der Text der Vorlage vervollständigt[25] und systematisiert worden, aber dadurch gleichzeitig verwirrender und abstrakter: Die Umkehrprobe verlangt in vielen Fällen eine Rechenart, die erst später erläutert wird.

Wie wir oben gesehen haben, werden die Regeln im *Bamberger Rechenbuch 1483* nicht abstrahiert als allgemeiner Fall eingeführt, sondern an konkreten Zahlenbeispielen. Dasselbe ist auch bei Rechenanweisungen zu beobachten, bei denen die theoretischen Anweisungen, wenn überhaupt, sehr kurz und als Anleitung eigentlich unbrauchbar sind, hierfür folgt ein konkretes Rechenbeispiel (z. B.: Teilen in Galein; 29/30). Die Beispiele bei J. WIDMANN bestehen aus den Ausgangsdaten und den vollständigen Rechenschemata. Zusammen mit der vorangegangenen allgemeinen, theoretischen Anleitung läßt sich der Rechenprozeß so Schritt für Schritt nachvollziehen (c 8v).

Einen ähnlichen Bearbeitungsvorgang kann man bei den Unterfällen der *Regula detri* beobachten. Auch hier ersetzt WIDMANN die Reihe von durchgerechneten Beispielen (42) durch kurze allgemeine Erklärungen und Beispiele, bei denen nur noch nach dem Hinweis *machs nach der regel* das Ergebnis gegeben wird (z. B. k 6v). Somit wird der abstrakte, mathematische Zusammenhang hinter den reinen Zahlen hervorgehoben.[26] Diese systematischere Gliederung wird bei der Multiplikation der natürlichen Zahlen noch unterstützt durch eine Enumeration (b 7r–c 3v): Unter Verwendung wörtlicher Zitate aus dem *Bamberger Rechenbuch 1483* werden die verschiedenen Fälle und Möglichkeiten der Multiplikation bei WIDMANN übersichtlich und nach Komplexität geordnet behandelt, das *Bamberger Rechenbuch 1483* bleibt in diesem Abschnitt (24–26) unklar.[27]

---

[25] Bemerkenswert ist die Art, wie WIDMANN diese Ergänzung gestaltet: Er übernimmt wörtlich den Text des *Bamberger Rechenbuches 1483* und schiebt die zusätzlichen Proben teilweise sogar mitten in einen Satz ein (s. obigen Textvergleich).

[26] Auch bei der *Regula de tri* sind alle Sätze des *Bamberger Rechenbuch 1483* in der Bearbeitung WIDMANNS wiederzufinden, doch ist der Abschnitt stark erweitert und in seinem Charakter völlig verändert. Das *Bamberger Rechenbuch 1483* bringt neben der etymologisierenden Erklärung des Namens *gulden regel* noch den Hinweis auf andere Namen, von denen es aber nur *regula de tre*, eine auch in der Praxis durchaus geläufige Bezeichnung, erwähnt (42). WIDMANN dringt hier weiter bis in die wissenschaftliche Beschäftigung mit der Mathematik vor, indem er einen weiteren Namen, *Regula proportionum*, angibt und auf das 6. und 7. Buch der *Elemente* des EUKLID verweist (k 1v). Beide Angaben können im Fachwissen der Kaufleute keine Korrespondenz finden, gehen daher ins Leere und sind für ein Rechenbuch inhaltlich unnötig.

[27] Entsprechendes gilt für die Division natürlicher Zahlen (28–31/c 4v–8r) und

Unterschiedlich ist auch die Abfolge bei der Einführung der Grundrechenarten. Im *Bamberger Rechenbuch 1483* werden die für die kaufmännische Praxis wichtigen Rechenarten in einer didaktisch sinnvollen Weise angeordnet; so wird bei den gebrochenen Zahlen mit der Multiplikation begonnen, die leichter als die Addition mit der dort nötigen Suche nach einem Hauptnenner zu verstehen ist. Für die Praxis irrelevante Rechenarten wie die Reihenbildung (Progression, am Ende des Kapitels über Division natürlicher Zahlen, 32) werden nur kurz angesprochen, nicht aber in einem eigenen Kapitel dargestellt. J. WIDMANN widmet hingegen jeder Rechenart ein eigenes Kapitel und gleicht die Reihenfolge der Kapitel bei den gebrochenen Zahlen der bei den natürlichen Zahlen an. Die Veränderung der Reihenfolge ist logisch richtig, aber didaktisch — bei Laien als Zielgruppe — ungeschickt. Der Abschnitt über Reihenbildung wird zu einem selbständigen, umfangreichen und theoretisch fundierten Kapitel ausgebaut, das weit über die Bedürfnisse der Kaufleute hinausgeht; neu eingefügt werden Kapitel über Radizieren, Medieren und Duplieren. Das *Bamberger Rechenbuch 1483* erwähnt Duplieren nicht als besondere Rechenart und stellt Medieren von natürlichen Zahlen in das Kapitel Subtrahieren von natürlichen Zahlen.[28]

Die Gesamtanlagen der Bücher entsprechen sich im großen und ganzen. Bei beiden folgt auf den Teil mit den theoretischer gehaltenen Einführungen der Rechenarten ein Teil mit nach bestimmten Kriterien geordneten Aufgaben. Das *Bamberger Rechenbuch 1483* sortiert die Aufgaben nach Problemtypen und damit nach Situationstypen; der Lösungsweg wird daher auch nicht allgemein als Regel gegeben, sondern indirekt in verschiedenen Beispielaufgaben, die mit für dieses Problem typischen Waren handeln (z. B. Nelken bei Mischungsaufgaben). Der Benutzer des Rechenbuches kann also in einer konkreten Situation schnell im Buch unter dem Aufgabentyp nachschlagen — die Regeln und Aufgaben tragen die typischen Waren auch in der Überschrift — oder in seinem Gedächtnis aufrufen. Das Ziel der Lektüre dieses Buches ist nicht ein

---

die Multiplikation gebrochener Zahlen (33–4/f 1v–2r).

[28] Interessant ist die Stellung und Funktion des Kapitels über die Tolletrechnung in den beiden Rechenbüchern, die im Falle des Buches von WIDMANN oben (S. 124) schon ausführlich diskutiert wurde. Das *Bamberger Rechenbuch 1483* ordnet die Tolletrechnung als typische und dem Kaufmann aus der Praxis bekannte Rechensituation unter die Aufgaben ein (87). Auch hier schon findet sich der Hinweis, daß die mathematischen Probleme mit der *Regula de tri* besser und schneller zu lösen sind; da diese Rechenweise jedoch bekannt und gebraucht ist, soll sie nicht unerwähnt bleiben, zumal an ihr der Umgang mit den fremden Bruchzahlen eingeübt werden kann. Nur diesen Zweck erkennt WIDMANN noch, nicht mehr aber den Charakter als Aufgabentyp.

Verständnis der mathematischen Sachverhalte, die hinter den Problemen stehen, sondern ein Art Rezeptsammlung, die auf Abruf bereit steht. Die Gliederung der Aufgaben in WIDMANNs Rechenbuch nach der allgemeinen Regel, die eben auf den mathematischen Sachverhalt anspielt und zudem unter dem lateinischen und damit dem Kaufmann wahrscheinlich unbekannten Namen aufgeführt wird, zielt auf Erklärung und Verständnis der Mathematik ab; ein Memorieren der Aufgaben als Rezepte ist bei der großen Anzahl der Regeln nicht mehr möglich.

Den Bedürfnissen eines Kaufmanns entsprechend schließen einige Kapitel mit tabellenartigen Rechnungen das *Bamberger Rechenbuch 1483* ab; WIDMANN schreibt den Verweis auf diese Tabellen mit ab (k 3r), hält sein Versprechen dann aber nicht ein, sondern fügt einen Teil über Geometrie ein, der weder für Kaufleute noch für Praktiker der Geometrie — Landvermesser oder Visierer — von Nutzen ist. Obwohl beide Rechenbücher durchaus der Textsorte mathematisches Lehrbuch der Frühen Neuzeit zuzuzählen sind, ist das *Bamberger Rechenbuch 1483* deutlich mehr auf die Praxis bezogen, das Rechenbuch von J. WIDMANN jedoch von der Theorie geprägt. Als für die Textsorte typische Merkmale konnten bisher die Teiltexttypen 'Lehrtext' und 'Aufgabe'[29] festgestellt werden. Nicht zuletzt das Fehlen der Umrechnungstabellen und das Einfügen eines theoretischen Geometrieteils bei J. WIDMANN markiert sein Buch schon als Randfall.

4.2 Das '2. Rechenbuch' von Adam Ries

4.2.1 Textexterne Faktoren

Leben

ADAM RIES wird oft als *Vater der Rechenkunst, Rechenlehrer des deutschen Volkes* (Schellhas 1975, 36) bezeichnet. Besonders sein 2. Rechenbuch sollte große Wirkung zeigen: Es erlebte in über hundert Jahren über hundert Ausgaben. Für diesen Erfolg gibt es mehrere Gründe, von denen einer sicherlich in der sprachlichen Gestaltung seiner Bücher zu suchen ist. Darüber darf aber nicht vergessen werden, daß RIES nicht nur als Rechenmeister wegen der Verbreitung mathematischen Wissens im Volk große Verdienste zustehen, sondern daß er auch auf wissenschaftlichem Gebiet beachtliche Leistungen hervorbrachte (S. 250).

[29] Beim Teiltexttyp 'Regel' des Rechenbuches von WIDMANN handelt es sich um eine Bündelung von Teiltexten des Typs 'Aufgabe' des *Bamberger Rechenbuches 1483*, was jedoch auf der Textsortenebene keinen Unterschied macht.

Über die Jugend ADAM RIES', geboren 1492 als Sohn einer wohlhabenden Müller(?)familie in Staffelstein, ist trotz langer und intensiver Forschung nicht viel bekannt.[30] Es gibt Zeugnisse eines Aufenthaltes in Zwickau (1509), wo sein jüngerer Bruder CONRAD die Lateinschule besuchte. 1515 trifft man ihn in Annaberg wieder, bevor er 1518 bis 1522 in Erfurt eine Weile seßhaft wurde. Ab 1522 zog er ganz nach Annaberg, wo er 1525 nach seiner Einheirat in die Bergbaufamilie ELTERLEIN Bürger der Stadt wurde und zahlreiche öffentliche, teils hohe Ämter im Bergbau belegte (Rezeßschreiber, ab 1532 Gegenschreiber, 1533–1539 Zehntner in Geyer). Ebenfalls 1525 kaufte und bezog er ein Haus in der heutigen Johannisgasse 23 im Fleischerviertel Annabergs und gründete dort eine Rechenschule. Er starb vor dem 3.4.1559.

Die Zeit vor 1518 nennt Vogel (1959, 20/1) die *Wanderjahre*, in denen RIES wahrscheinlich Kontakt zu Handwerkern und Kaufleuten, aber auch zu Menschen, die im Bergbau tätig waren, hatte und sich ihr Wissen aneignete. Es ist unsicher, ob er eine Lateinschule besuchte; eine Universität besuchte er mit ziemlicher Sicherheit nicht, konnte allerdings Latein. Wichtig war aber vor allem die Zeit in Erfurt, während der RIES Zutritt zu dem humanistisch gesinnten Kreis um GEORG STURTZ in dessen Haus, der Engelsburg, hatte.[31] Dieser stellte RIES seine Bibliothek zur Verfügung, in der sich neben anderen mathematischen Werken auch das Rechenbuch von J. WIDMANN, die Bücher von JACOB KÖBEL und JOHANN BÖSCHENSTEIN sowie die Handschrift Dresden, C 80 befanden (Weidauer 1992, 94).[32]

Quellen

Diese und weitere Titel von Büchern oder Namen von Gelehrten nennt ADAM RIES wiederholt in den Widmungsvorreden seiner Werke. Aufgrund der Übernahme von Aufgaben[33] kann man davon ausgehen, daß RIES weiter an volkssprachlichen Texten Werke des HEINRICH SCHREIBER und mindestens eine der Abhandlungen *Algorismus Ratisbonensis*, *Bamberger Rechenbuch 1483* oder *Wiener Algorismus* kannte. Nach An-

[30] S. die Bibliographien zu RIES von Fritz und Hildegard Deubner 1964/70/71/93 und Gebhardt/Rochhaus 1997.

[31] STURTZ (∗ 1488) stammte aus einer durch den Bergbau reich gewordenen Familie aus Buchholz. Nach Besuch der Lateinschule in Annaberg studierte er zusammen mit EOBAN HESSE in Erfurt, wo er später als Medizinprofessor und praktischer Arzt einen Humanistenkreis aufbaute.

[32] Es ist bisher nicht geklärt, wie die Handschrift aus dem Besitz WIDMANNS in den STURTZens kam.

[33] Diese Übernahme erfolgte nicht unbedingt wörtlich, d. h. in der Formulierung oder den Zahlenangaben konnten für den Aufgabentyp (unbedeutende) Veränderungen vorgenommen worden sein.

gaben von RIES — etwa *Nachuolgende exempla seint eynes teils Durch Hansen Conrad Zum teil durch hansen Bernecker [...] ehe mir das alte buch* [C 80?] *ader die exempla Andree Alexandrj* [s. u.] *zu handen koment sein* (*Coß* 453) — stammen einige Aufgaben auch aus (persönlichem) Kontakt zu HANS CONRAD[34], THOMAS MEINER und HANS BERNECKER (S. 110). RIES' mathematische Lektüre beschränkte sich jedoch nicht auf die volkssprachliche Literatur, sondern schloß die wichtigen lateinischen Texte ein. In der Handschrift Dresden, C 80, in der Randbemerkungen von ihm erhalten sind,[35] lernte er die *Data* des JORDANUS NEMORARIUS kennen; in seinen algebraischen Schriften nennt er als Quellen u. a. auch ARCHIMEDES und BOETHIUS, AQUINAS und ANDREAS ALEXANDER.

Werke

Wohl 1518 erschien ein Rechenbuch von ADAM RIES über das Linienrechnen, erhalten sind nur einige Exemplare der zweiten Ausgabe 1525. Sein zweites Rechenbuch über das Linien- und Ziffernrechnen erschien zuerst 1522, sollte aber in den folgenden Jahren über hundert Ausgaben in ganz Deutschland erleben. Erst 1550 gelangte sein drittes und bei weitem umfangreichstes Rechenbuch in den Druck. In den Zwischenjahren veröffentlichte RIES einige kurze Gebrauchswerke für die Bedürfnisse des Handels und sozialen Lebens einer Bergbaustadt wie z. B. über Brotrechnung (1536), Maßumrechnung (1536) oder die Zusammensetzung der Legierungen beim Münzschlag.[36] Des weiteren existieren von ADAM RIES' Hand zwei algebraische Texte (*Coß 1* und *Coß 2*), die jedoch zu seinen Lebzeiten nicht gedruckt wurden.

ADAM RIES gab in seinen Werken indes sein aus den Quellen erworbenes mathematisches Wissen nicht nur gesammelt wieder, sondern er verarbeitete es weiter, sowohl fachlich (s. die *Coß*) als auch — und vor allem — in bezug auf die Darbietung und Präsentation des Wissens für verschiedene Adressatengruppen. Unter diesem Aspekt war er mit dem Vorgefundenen in den meisten Fällen nicht zufrieden, wie zahlreiche Bemerkungen zeigen: Zu JACOB KÖBELs Rechenbuch aus dem Jahr 1514 sagte er: *In welchen gantz vnd gar kein grundtt Nach vnderrichtung gesatzt ist* (*Coß 1*, 3). Auch von der didaktischen Leistung WIDMANNs scheint er nicht sehr überzeugt gewesen zu sein: *Ferner Hatt mir eur achtparkeitt [G. Sturtz] auch furgehaltenn Das Buchlein, so Magister*

[34] RIES traf HANS CONRAD seinen Angaben in der *Coß* (453) entsprechend 1515 in Annaberg. CONRAD war zu dieser Zeit dort Probierer, zu anderer Zeit war er in dieser Funktion in Eisleben tätig (*Coß* 187).

[35] Zitiert bei Kaunzner 1992a, 174.

[36] Eine Liste der Werke haben F. und H. Deubner (1964, 35–39) zusammengestellt.

Johannes widmann Von eger Zusamen gelesenn, wie das selbig seltzam vnd wunderlich Zusamen getragenn Vnd an wenigk ortten rechte vnderweisung sey Welches ich dan mit gantzem vleuß gelesenn vnd das selbig also befunden, Auch Das exemplar gesehnn Darausß er die fragstugk vnd anderß genumen (*Coß 1*, 2).[37]

Seine Bemerkungen und Überlegungen zu Adressatenkreis und Zweck seiner Bücher unterscheiden sich in der Ernsthaftigkeit und Klarheit seiner Gedanken von denen anderer Rechenbuchautoren. Grundlegendes Ziel seiner Werke ist, *etwas dem gemeynen man nutzlich in trugk zu gebenn* (*Coß* 2); Adressat ist also nicht der Gelehrte, sondern der im praktischen Leben tätige Mensch; *nützlich* für diesen sind nicht theoretische Abhandlungen, sondern schnell und sicher benutzbare Anweisungen zur Lösung alltäglich anfallender Probleme. Die Adressatenangabe *gemeyner deutscher nationn* (*1. Rb.*, A jv) wird jedoch noch präzisiert: RIES wendet sich mit seinen Rechenbüchern *dem gantzen Landt vnd der Jugent* zu, er beabsichtigt, *ein gemeyn leycht büchlein [...] für iunge anhebende schuler* (*2. Rb.*, Vor) zu schreiben. Diese spezielle Ausrichtung der Rechenbücher auf Schüler und damit auf Kinder generell — in Abgrenzung zum erwachsenen, angehenden Kaufmann — strebten vorher nur JOHANN BÖSCHENSTEIN und JACOB KÖBEL in ihren Rechenbüchern 1514 an (Deschauer 1992a, 23, s. nächster Abschnitt). Neben einer Einführung in mathematische Sachverhalte steht für ADAM RIES beim Verfassen seiner Bücher also die Ausbildung der Kinder zu denkenden und damit unabhängigeren Menschen im Vordergrund: *darinnen die kinder vor das erste in gemeyner rechnunge vnderweyßet / zcur begreyffunge grösserer dinge / geschickt wurden* (*1. Rb*, A jv), wobei er auf seine Erfahrung aus *etzlich Iar schul gehaltenn* (*Coß 1*, 3) gründen kann. Diese Absicht bestimmt in weitem Maße die Stoffauswahl und -präsentation, die RIES in seinen Werken trifft.[38]

Das 1. Rechenbuch

Das Rechenbuch *Rechnung auff der linihen* erschien zuerst 1518 bei MATHES MALER in Erfurt.[39] Es enthält eine Einführung in das Linien-

---

[37] Dies hindert ihn aber nicht daran, wie WIDMANN sein Rechenbuch mit Aufgaben aus der Unterhaltungsmathematik zu schließen. Eingeleitet werden diese mit der *Regula virginium* (J iiijr cf. WIDMANN G 1v) nach dem Hinweis auf die *mühsamkeyt* (J iiijr cf. WIDMANN G 1v) der bisherigen Aufgaben.

[38] Für die Untersuchungen der Textgestaltung ist peripher, ob diese Bücher tatsächlich von Kindern benützt wurden oder ob sie allein dem Lehrer als Unterrichtsgrundlage dienten (Deschauer 1992a, 24); in beiden Fällen wurden sie im Hinblick auf Kinder konzipiert.

[39] Der oben angegebene Titel stammt von der zweiten Ausgabe 1525, da von der ersten keine (?) Exemplare mehr erhalten sind. Zu den weiteren Aus-

rechnen, deren erster, theoretischer Teil relativ kurz gehalten ist. Das Hauptgewicht liegt auf der Aufgabensammlung, in der die eigentlichen Rechenoperationen an Beispielen mit zahlreichen Elementen aus dem Alltag gelernt und eingeübt werden können. Dieses methodische und didaktisch begründete Verhältnis resultiert aus Erfahrungen aus dem praktischen Rechenunterricht *in massen man es pflegt tzu lern in allen rechenschulen* (A jr). Ein Vergleich mit den späteren Rechenbüchern zeigt, daß dieses erste Rechenbuch von ADAM RIES somit *elementarer* und am stärksten *kindgemäß* ist (Deschauer 1992a, 25), obwohl der Bestand an Aufgaben fast vollständig in das *2. Rechenbuch* übernommen wurde.

Das 2. Rechenbuch

Auch das zweite Rechenbuch erschien in erster Ausgabe 1522 zu RIES' Wirkungszeit in Erfurt bei MATHES MALER.[40] In dieser *Rechenung auff der linihen vnd federn in zal / maß vnd gewicht* trennt RIES nicht wie sonst üblich die beiden konkurrierenden Rechenarten, sondern bedient sich des eher bekannten und einfacheren Linienrechnens als Hinführung zu dem Rechnen mit den indisch-arabischen Ziffern, er faßt die Rechenarten *als methodische Einheit* (Wussing 1992b, 150). *Ich habe befunden in vnder Weisung der Jugent, das alle weg / dies so auff den linien anheben des Rechens fertiger vnd laufftiger werden / denn so sie mit den ziffern die Feder genant anfahen* (*3. Rb.*, Vorrede; Deubner 64, 17). Auf eine knapp gehaltene Einführung in das Rechnen auf dem Rechenbrett und mit Rechensteinen folgt das Rechnen mit der Feder und eine Aufgabensammlung.[41]

(ME)	A. RIES: *2. Rechenbuch* (1522)
KG	Linien-, Ziffernrechnen, Aufgabensammlung
KP	P: Rechenmeister; R: Schüler (Kaufleute)
KS	EO: Erfurt/Annaberg, EZ: 1522, EI: Rechenschule; GO: gesamter dt. Sprachraum, GZ: 1522 bis ins 18. Jh., GI: Unterricht in der (Rechen-)Schule
KF	Druck; 8°, 71 f.

gaben und für kodikologische Angaben s. Deubner 1964, 23. Ein Faksimile der zweiten Ausgabe mit einer Einleitung und Registern wurde von Deschauer 1992a herausgegeben; die Stellenangaben richten sich nach dem dort faksimilierten Exemplar.

40 Zu weiteren Ausgaben und für kodikologische Angaben s. Deubner 1964, 24–34. Die letzte hier verzeichnete 108. (?) Ausgabe stammt aus dem Jahr 1656. Alle diese Ausgaben differieren nicht nur in der Austattung und der Orthographie, sondern weisen zahlreiche Überarbeitungsspuren auf.

41 Eine kommentierte Inhaltsangabe findet sich Wussing 1992a, 62–79; zur internen Textanalyse s. unten.

Das 3. Rechenbuch

Das dritte Rechenbuch *Rechenung nach der lenge / auff den Linihen vnd Feder. Darzu forteil vnd behendigkeit durch die Proportiones Practica genant. Mit grüntlichem vnterricht des visierens* vereinigt die Inhalte der beiden vorangegangenen Rechenbücher und ergänzt diese noch durch einen Teil über das Visieren. 1525 in Annaberg vollendet wurde es wegen der aus dem Umfang resultierenden Kostspieligkeit erst 1550 in Leipzig mit Hilfe eines Druckkostenzuschusses Herzog GEORGs gedruckt.[42] Die beiden ersten Teile umfassen das Rechnen mit dem Abakus und mit den indisch-arabischen Ziffern, welche beide weit ausführlicher als in den Vorlagen gestaltet wurden; die Practica (Aufgabensammlung) ist ebenfalls gegenüber den vorherigen erweitert. Mit dem Visiertraktat erfüllt RIES zum einen sein am Ende des zweiten Rechenbuches (*2. Rb.*, J vijv) gegebenes Versprechen, zum anderen ergänzt er sein 3. Rechenbuch damit zu einer vollständigen Zusammenstellung aller arithmetischen Kenntnisse und Verfahren, die für die Bewältigung der Probleme im Handels- und Kaufmannsalltag nötig sind.[43]

4.2.2 Textinterne Analyse des '2. Rechenbuch'

4.2.2.1 Gesamtaufbau

Der eigentliche Lehrtext wird von den medientechnisch bedingten Paratexten Titelblatt, Widmungsvorrede und Kolophon umrahmt. Das Titelblatt[44] ist einfach ohne Holzschnitt gehalten, nennt aber neben dem Titel auch den Autor und seinen Beruf. Auffällig und aus dem Programm des Rechenbuches herausfallend ist die Widmungsvorrede; sie endet zwar mit der erwarteten Angabe von Intention *gemeyn leycht büchlein*, Adressatenkreis *fur iunge anhebende schuler* und Inhaltsvorblick (A ijr), begründet dies aber mit den topischen Argumenten, wie sie in den gelehrten (lateinischen) Abhandlungen zur Rechtfertigung einer Beschäftigung mit der Mathematik genannt werden:[45] Die Arithmetik ist Grundlage aller

---

[42] Zu den Ausgaben und für kodikologischen Angaben s. Deubner 1964, 34–5. Auf der Titelseite der ersten Ausgabe findet sich das bekannte einzige Bildnis von RIES.

[43] Die dort ebenfalls angekündigte Coß kam zu Lebzeiten RIES' nicht mehr in Druck (s. S. 250).

[44] Alle Angaben beziehen sich auf das bei Deschauer 1991 faksimilierte Exemplar der ersten Ausgabe 1522.

[45] In die Vorreden späterer Ausgaben ist das sogenannte Pythagoras-Gedicht von JACOB KÖBEL (S. 221), eine Reimfassung eben dieser topischen Argumente, eingefügt.

anderen freien Künste — genannt werden hier die weiteren quadrivialen Künste Geometrie, Musik und Astronomie — und zeichnet damit den denkenden Menschen vor den anderen Kreaturen aus. Hierbei beruft sich RIES der Tradition entsprechend auf die antiken und frühchristlichen Vorbilder PLATON, JOSEPHUS und ISIDOR VON SEVILLA;[46] RIES gibt sich in dieser Vorrede also als gebildeter Mann zu erkennen, den Gelehrten zumindest gleichrangig. Dieser Text erstaunt als Vorrede zu einem völlig auf die Praxis ausgerichteten Werk.[47] Im Kolophon (J vijv) vermerkt RIES neben der ebenfalls topischen Bitte an den Leser, das Werk gütig aufzunehmen, den Hinweis, er wolle *zu eyner andern zeyt ym das Visirn: die regelen Algebre vnd das Buchalten* in einem Buch lehren. Mit dem 3. Rechenbuch erfüllt er dies Versprechen in bezug auf die Visierkunst; die Algebra bleibt jedoch handschriftlich.[48]

Den Lehrtext gliedert RIES in zwei Teile: Die Erläuterung der Rechenarten natürlicher Zahlen mittels des Abakus und mit den indisch-arabischen Ziffern sowie nur mit letzteren die Rechenarten bezüglich der gebrochenen Zahlen bilden den Inhalt des ersten Teils, die Aufgabensammlung den des zweiten. Jeder dieser beiden Teile ist in seinen Teiltexten durch einen bestimmten Teiltexttyp geprägt. Die Erläuterung der einzelnen Rechenarten in Teil 1 ist jeweils nach dem Grundschema: Erklärung (E), Rechenanweisung (R), Beispiel (B) und Probe (P) gestaltet, wie sie uns schon bei WIDMANN und WAGNER als 'Lehrtext' begegnete. Auch der zweite Teiltexttyp 'Aufgabe', hier typisch für Teil 2, ist aus dem *Bamberger Rechenbuch 1483* schon bekannt.

---

[46] RIES verweist hier (A jv-ijr) neben der angeblichen Überschrift über PLATONS Akademie (Swift 1976, 138–140) auf eine Stelle aus den *Nomoi*, niemand könne klug genannt werden, er verstehe denn die Arithmetik, Musik und Geometrie. Ähnliches will RIES von den Griechen als Sprichwort gehört haben. JOSEPHUS schreibt er die Äußerung zu, die Arithmetik stamme nicht vom Menschen, sondern sei von Gott gegeben. Von ISIDOR zitiert er aus den *Etymologiae* die Stellen, die Erkenntnis der Zahl unterscheide den Menschen vom Tier und *nimm den Dingen die Zahl und sie vergehen* (Et. 20). Zur Frage der Zuordnung der Zitate zu den Autoritäten und für Stellennachweise s. Deschauer 1992a, 113–115.

[47] Vergleiche dazu die Vorrede zum 1. Rechenbuch, in der RIES auf die Notwendigkeit der Mathematik für den gemeinen Nutzen anspielt und die Veröffentlichung seines Buches mit der Befriedigung praktischer Bedürfnisse rechtfertigt.

[48] Späteren Ausgaben des 2. Rechenbuches ist in vielen Fällen ein Visierbuch eines anderen Autors (HELM) beigebunden, wodurch das für die Handels- oder Kaufmannspraxis nötige Wissen vollständig repräsentiert wurde.

Nr.	Überschrift	Inhalt	Detailaufbau	Seite
	Rechenung auff der linihen vnd federn	Titel		A jr
		Vorrede		A jv
I	*Numerirn*	Einführung der indisch-arabischen Ziffern und der Positionsschreibweise	E, R, B(Z,3)	A ijv
I.1	*Von denn linihen*	Einführung in das Linienrechnen	E, B(Z,1)	A iijr
I.1.1	*Addirn ader Summirn*	Addieren benannter Zahlen	E, R, B(L,1), B(Z,1), P	A iijv
I.1.2	*Subtrahirn*	Subtrahieren	E, R, B(L,1), P	A ivv
I.1.3	*Duplirn*	Duplieren	E, R, B(Z,3), P	A vr
I.1.4	*Medirn*	Medieren	E, R, B(Z,3), P	A vv
I.1.5	*Multiplicirn*	Multiplizieren	E, T, R, B(Z,13), P	A vjr
I.1.6	*Diuidirn*	Dividieren	E, R, B(Z,3), P	A vijv
I.2	*die species auff der federn*			A vii-jv
I.2.1	*Addirn*	Addieren	(E), R, B(Z,3), P	A vii-jv
I.2.2	*Subtrahirn*	Subtrahieren	(E), R, B(Z,3), P	B jr
I.2.3	*Duplirn*	Duplieren	(E), R, B(Z,3), P	B jv
I.2.4	*Medirn*	Medieren	(E), R, B(Z,3), P	B ijr
I.2.5	*Multiplicirn*	Multiplizieren mit ein-, zwei- oder mehrziffrigen Zahlen	E, [R, B(Z,1–4)](5), P	B ijv
I.2.6	*Diuidirn*	Dividieren durch ein-, zwei- oder mehrziffrige Zahlen	R, B(L,1), B(Z,1), [R, B(Z,1–2)](3), P	B ivr
I.2.7	*Progressio*	arithmetische und geometrische Reihen; Verweis auf Visierbuch in bezug auf Radizieren und Quadrieren	E, [R, B(L,2)](2), H	B vv
I.2.8	*Regula de tri*	*Regula de tri* mit Unterfällen, Beispiel aus dem Handel	E, R, B(Z,1), P, B(L,2), [R, B(Z(L),2–16)](6)	B vjv

Nr.	Überschrift	Inhalt	Detailaufbau	Seite
I.3	*Von gebrochen zaln*	Einführung der Bruchzahlen	E, B(L,1)	C iijr
I.3.1	*Addirn in gebrochenen*	Addieren	E, [R, B(L,1)](2)	C iijv
I.3.2	*Subtrahirn*	Subtrahieren von echten und unechten Brüchen	E, [R, B(L,1)](3)	C ivr
I.3.3	*Duplirn in gebrochenen*	Duplieren	R, B(Z,2)	C ivv
I.3.4	*Medirn in gebrochen*	Medieren	R, B(Z,2)	C ivv
I.3.5	*Multiplicirn in gebrochen*	Multiplizieren	[R, B(Z(L),1)](3)	C vr
I.3.6	*Diuidirn in gebrochen*	Dividieren	[R, B(Z(L),1–4)](3)	C vv
I.3.7	*Teyl von teylen zusuchen*	Bruchteile von Brüchen berechnen	R, B(Z,3), R, A(L,32), R, A(L,8)	C vjr
II		Dreisatzaufgaben (gemischt) mit Bruchzahlen	?	?
II.1	*etzliche exempel in Golt*	Verhältnis der Gewichte für Gold, Dreisatzaufgaben (gemischt), davon die ersten acht als Goldrechnung interpretierbar	E, A(L,v)	D iijr
II.2	*Vom wechssel*	Aufgaben (Währungen)	A(L,11)	D viijr
II.3	*Gewant*	Aufgabe (Stoff)	A(L,1)	E ijr
II.4	*Fusti*	Aufgabe (Mischung)	A(L,1)	E ijr
II.5	*Saffran*	Aufgaben (gemischt, u. a. Wucher)	A(L,v)	E ijv
II.6	*Silber vnd golt rechenung*	Aufgaben (Silber, Gold)	E, A(L,9)	F ijv
II.7	*Schickung des tigels*	Aufgaben (Berechnung von Feingehalten und Preisen von Legierungen)	A(L,5)	F vv
II.8	*Vom Muntzschlagk*	Aufgaben (Preis und Größe von Münzen, Münzprägung)	A(L,7)	F vijv
II.9	*Von Geselschafften*	Gesellschaftsaufgaben	A(L,10)	G jr

Nr.	Überschrift	Inhalt	Detailaufbau	Seite
II.10	*Vom Stich*	Aufgaben (Tausch)	A(L,5), H	G vr
III.1	*Regula falsi ader posicion*	*Regula falsi* (lineare Gleichungen), Aufgaben (Handel, Unterhaltung)	E, R, A(L,v), H	G vijv
III.2	*Regula Cecis ader virginum*	*Regula cecis* (diophantische Gleichungen)	E, R, A(L,3), P	I ivr
III.3		magische Quadrate	A(L,4)	I vjr
III.4		Schnecke	A(L,1), P	I vjv
		Nachrede: Ankündigung weiterer Werke über Visieren, Algebra, Buchhalten; Kolophon		

4.2.2.2 Teiltexttyp 1: Lehrtext

Addirn

[Lert z]aln in eyne summa zu brengen / thu im [also schreyb die] selbigen zaln welch du summirn wilt vnderein[a]nder die erstenn vnder die erste die andern vnder die ander / also hinfurt / darnach heb zu forderst an gen der rechten hand / summir zusamen die ersten figurn / komet eyne zal die du mit eyner figur schreybenn magst / so setz sie gleych darunder / entspringt aber eyne mit zweyenn figurn / so schreyb die erste gleych darunnder / die ander behalt / darnach summir zusamenn die andern figurn gib dartzu das du behalten hast vnnd schreyb abermals die erst figur / wu zwu vorhanden / vnd / thu des gleychen hinfurt mit allen figurn / piß vff die letzten / die schreyb gantz auß / so hastu wieuil in eyner summa kömet / als volgende exempel außweysen. [Zahlenbeispiele und Probe] (A viijv-B jr)

In pragmatischer Hinsicht prägen diesen Teiltext fast ausschließlich Anweisungen. Erklärungen werden selten und meist am Anfang des Textes gegeben. Auch die thematische Gestaltung ist einfach gehalten, die einfache lineare Progression herrscht vor, bei Differenzierungen kommt es zu den schon gewohnten Progressionen mit gespaltenem Rhema. Im Gegensatz zu dem Text von WIDMANN treten jedoch innerhalb eines Teiltextes keine thematischen Leerstellen auf. Auf die Erwähnung der die Ausgangsdaten vom Ergebnis trennenden Linie wird bei der Addition ganz verzichtet; bei der Subtraktion benutzt RIES diese Linie, nicht ohne sie aber vorher eingeführt zu haben: *mach ein linihen* (B jr).[49] Zum ersten Mal ist bei der oben zitierten Additionsanleitung nicht nur die Schleife geschlossen, sondern auch die Schlußhandlung angegeben.

Auch in der Wahl der grammatischen Kategorien bestätigt der Text die in den vorhergehenden Analysen gewonnenen Ergebnisse: Absolut vorherrschend bei den Verbformen ist die 2. Person Singular Imperativ bei den Anleitungen bzw. die 3. Person bei den Beschreibungen der Rechnungen und den Angaben der Zwischenergebnisse; die Subjektphrase ist entsprechend mit dem Personalpronomen *du* bzw. mit mathematischen Termini und Zahlwörtern gefüllt. Die Syntax ist wiederum durch Kürze und Parallelismus gekennzeichnet, uneingeleitete Konditionalsätze und Relativsätze zur genaueren Bestimmung eines Hauptsatzgliedes werden unter den Nebensatztypen bevorzugt verwendet.

Die Einführung der lateinischen Termini gestaltet RIES bei der Erklärung des Linienrechnens nach einem übersichtlichen Prinzip: Auf die Nennung des lateinischen Terminus in der Überschrift des Teiltextes folgt im ersten Satz des folgenden Abschnittes das deutsche Äquivalent, worauf eine inhaltliche Erklärung folgt: *Subtrahirn. Heyst abtzihen. lert wie mann eyne zal vonn der andern nemen sal* (A ivv). Bei den folgenden Abschnitten über die Rechenarten (mit den indisch-arabischen Ziffern, mit Bruchzahlen usw.) dient RIES zwar wiederum der lateinische Terminus als Überschrift, jedoch beschränkt er sich dann auf eine Wiederholung der inhaltlichen Definition. Im Gesamttext des Rechenbuches wechselt RIES zwischen den lateinischen und deutschen Äquivalenten,[50] wobei er teils die genuin lateinischen *duplieren, medieren, multiplizieren,* teils aber auch die deutschen Äquivalente *wegnemen, teilen* abschnittsweise bevorzugt.[51]

Kennzeichnend ist diese Parallelität im Aufbau der Abschnitte jedoch nicht nur in bezug auf die Einführung der Termini; der gesamte Teiltext nach Typ 1 folgt einem festen Schema. Neben *lert wie du* dienen die Inzipitformeln *thu im also* (Anleitungsteil) und *als folgende exempel aus-*

---

[49] Eine gewisse Inkonsequenz liegt jedoch darin, daß RIES die Trennlinie bei der Addition im Beispiel wie auch bei den anderen Rechenarten benutzt, sie aber erst ab der Subtraktion auch in der Anweisung erwähnt.

[50] Ein Beispiel sind die Verweise *wie im summirn* und *wie im addirn* (B jr), die RIES bei der Subtraktion natürlicher Zahlen mit den indisch-arabischen Ziffern kurz hintereinander gebraucht.

[51] Zur Onomasiologie der mathematischen Vorgänge s. Deschauer 1991, 25–34. Interessant ist die Verwendung der Synonyme *addieren* und *summieren*, die RIES bei der ersten Erwähnung beide als lateinische Termini einführt (A iijv), dann aber *summieren* bzw. *in ein summa bringen* (A viijv) als deutsches Äquivalent benutzt.

weisen (Beispielteil) als textuntergliedernde Indikatoren.[52] Durch diesen stereotypen Aufbau lenkt RIES die ganze Aufmerksamkeit des Lesers auf den Inhalt des Textes, d. i. die Rechenanleitung. RIES möchte den Leser nicht zum Nachdenken über die mathematischen Verhältnisse hinter den Rechenregeln, über deren Zusammenhänge und Begründungen anregen, sondern zum Nachrechnen und Einüben der Regeln. Ziel der Lektüre ist nicht eine logische und mathematische Ausbildung, sondern eine Sicherheit und Geläufigkeit bei der Behandlung von praktischen Problemen.[53]

4.2.2.3 Teiltexttyp 2: Aufgabe

> *Jtem eyner dingt eynen erbeyter 30 tag: wen er erbeyt so gibt er ym 7 pfen: Szo er aber feyrtt rechent er ym ab 5 pfen: vnd do die 30 tag vorschinnen seint Jst keyner dem andern schuldigk blieben / die frag wieuil tag er geerbeyt vnd auch wieuil tag er gefeyrt hab: machs also setz er hab 15 tag geerbeyt vnnd 15 gefeyrt Multiplicir 15 mit 7 vnd 15 mit 5 komen 105 vnd 75: nim eines vom andern pleyben 30 souil zu wenigk Setz der halben 10 tag geerbeyt vnd 20 gefeyrt examinir wie yetzt stet also*
>
> | | | | |
> |---|---|---|---|
> | *15* | *minus* | *30* | |
> | | | | *60* |
> | *10* | *plus* | *30* | |
>
> *Machs so komen 12½ tags souil hat er gearbeyt die nym von 30 tagen pleyben 17½ tag so vil hat er gefeyrt.*[54] (H ijv–H iij3)

Auch dieser Teiltexttyp ist deutlich durch Inzipitformeln weiter gegliedert: Jede neue Aufgabe leitet RIES mit *Item* ein; die Aufgabenstellung mit der Angabe der nötigen Daten wird durch eine explizit gestellte Frage *die frage, nun frage ich* von der Angabe des Lösungswegs *machs also* und des Ergebnisses getrennt. In der Aufgabenstellung herrschen mitteilende und darstellende Sprachhandlungen vor, in der Frage und der Aufzeich-

[52] Diese Inzipitformeln müssen nicht immer voll ausgeprägt sein und können auch je nach Sachverhalt ersetzt werden, s. bei der Bruchrechnung die Einleitung der Unterscheidung zwischen gleichnamigen und ungleichnamigen Brüchen durch *haben die brüch* (C iijv ff.).

[53] Wussing (1992b, 154) bezeichnet diese Lehrmethode als *dogmatisch* und sieht darin eine Ungereimtheit gegenüber der Ablehnung, die RIES' der eintrichternden Methode der Nürnberger Rechenmeister entgegenbrachte (s. *Coß 2*).

[54] Die Berechnung erfolgt mit Hilfe der *Regula falsi* über den doppelten falschen Ansatz.

nung des Lösungsweges auffordernde. Die thematischen Progressionen sind einfach linear oder haben ein gespaltenes Rhema; an grammatischen Kategorien finden sich beim Verb wieder die 3. Person (Aufgabenstellung) und der Imperativ (Lösungsweg). Im Gegensatz zum *Bamberger Rechenbuch 1483* benutzt ADAM RIES keine Konjunktivformen; die Aufgaben sind für ihn keine möglichen, nur angenommenen Fälle, sondern reale Probleme aus dem Alltag. Lexikalisch ist die Aufgabenstellung durch Handels- und Handwerkswortschatz, der Lösungsweg durch den mathematischen Wortschatz geprägt. Zur Bezeichnung der Rechenarten bevorzugt RIES ***addieren, wegnemen, multiplizieren*** und ***teilen***; auch bei der Angabe des Ergebnisses schwankt er zwischen den Terminologien ***facit, komen, pleyben, geben.*** Die Syntax ist einfach, häufiger Nebensatztyp hier zusätzlich die indirekte Frage.

Dieser Teiltexttyp liegt im *2. Rechenbuch* häufig in der verkürzten Form ohne Lösungsweg vor; möglich ist dies bei mehreren Aufgaben nach dem gleichen Schema wie z. B. bei den Aufgaben zur ***Regula de tri*** (B vijv-C jr) oder bei den Wechselaufgaben (D viijv).[55] Des weiteren kann der Teiltexttyp variiert werden zu: Aufgabenstellung, Frage, Ergebnis, Hinweis zum Lösungsweg.

Nur drei Regeln sind explizit und in allgemeiner Form angegeben: ***Regula de tri*** (B vjv), ***Regula falsi*** (G vijv) und ***Regula Cecis*** (I vjr). Die anderen Regeln werden an einer Gruppe von Beispielen eingeübt, die durch eine Überschrift zusammengefaßt sein kann. Diese Überschrift nennt aber nicht den Namen der Regel (z. B. ***Regula alligationis***), sondern den Anwendungsbereich aus dem Alltag (***Schickung des tigels***, F vv), dessen Probleme mit Hilfe dieser Regel gelöst werden können. Die ersten beiden Aufgaben gestaltet RIES jeweils ausführlicher und führt somit die Methode indirekt vor, die in den weiteren Beispielen an verschiedenen Unterfällen eingeübt wird. RIES vermittelt dem Leser keine Theorie, keine logische Ableitung oder Begründung, sondern rezeptartige Muster zur Lösung der Alltagsprobleme, das Hauptgewicht liegt dabei auf ständigem Üben und Wiederholen. Die Aufgabengruppen und die einzelnen Aufgaben innerhalb der Gruppen nehmen jeweils an Schwierigkeit und Abstraktheit zu.[56] Insgesamt aber bleibt der Abstraktheitsgrad gering: Die Aufgaben entsprechen Problemen aus dem Haushalt und aus dem Berufsalltag, sie spiegeln das Spektrum des damaligen Lebens wider.

---

[55] In der zweiten Ausgabe erweiterte RIES einige Rechenanleitungen und fügte weitere Lösungsschemata ein (Deschauer 1991, 11).

[56] Ein Beispiel möge hier genügen: Die erste Aufgabe zur Gesellschaftsrechnung gilt der Berechnung des Gewinns eines jeden Gesellschafters bei unterschiedlicher Kapitaleinlage; bei der zweiten Aufgabe kommen als zusätzlicher Faktor noch unterschiedliche Zeiträume hinzu, in denen das Kapital in der Gesellschaft liegt usw.

4.2.2.4 Wortschatz und Bilder

Wie oben schon angesprochen verwendet RIES die lateinische Terminologie neben der deutschen im Wechsel, wobei höchstens Tendenzen i. S. v. Bevorzugung einzelner Termini, nicht aber einer Sprache festzustellen sind. Eine Verwirrung des Textrezipienten durch diese Parallelterminologie ist daher auch hier nicht ganz auszuschließen.[57] Die sorgfältige Einführung der lateinischen Termini mittels des deutschen Äquivalents und folgender inhaltlicher Erläuterung (s. o.) ist ein Beispiel für RIES' didaktische Fähigkeit.

RIES verwendet bei der Einführung ins Linienrechnen — also auch im *1. Rechenbuch* — ausschließlich die indisch-arabischen Ziffern in den neuen Formen.[58] Auch er kennt keine typographische Unterscheidung von Ordinal- und Kardinalzahlen, setzt aber bei letzteren zur Markierung der Tausender über jede dritte Stelle einen Punkt *86̇789̇325̇178* (A iijr).[59] Schemata und Symbole benutzt RIES bei der *Regula falsi*,[60] bei der Beschickung des Tiegels und der Gesellschaftsrechnung, beschränkt sich in bezug auf eine Beziehung zwischen Text und Bild aber auf Wendungen wie *also* (G jv), *secz also* (G iiijr) oder *stet also* (F viijv).

4.2.3 Vergleich mit dem Rechenbuch von Johannes Widmann

JOHANNES WIDMANN und ADAM RIES geben zwar beide als Intention an, die Rechenkunst dem *gemeinen man* zugänglich machen zu wollen;

[57] Dasselbe Ergebnis ergibt eine Untersuchung des Terminologiegebrauchs im *1. Rechenbuch*. Eine onomasiologische Aufbereitung der beiden Rechenbücher bietet Deschauer 1992a, 39–50 bzw. 1991, 25–34.

[58] Seine Wertschätzung dieser neuen Ziffern wird deutlich, wenn man bedenkt, daß RIES bei seiner Tätigkeit als Schreiber im Bergbau nach der Bergbauordnung Herzog GEORGS von 1509 angewiesen war, die römischen Ziffern zu benutzen (Deubner 1957, 155).

[59] Diese Kennzeichnung der Tausender benutzt schon FIBONACCI neben der Verbindung mit übergeschriebenen Bögen (Friedlein 1869, 71).
RIES kennt die Bezeichnung *Million* noch nicht, wodurch der Name der obigen Zahl umständlich wird: *sechsundachtzigk tausent tausent mal tausent. siebenhundert tausent mal tausent / neunvndachtzigk tausent mal tausent. Dreyhundert tausent / funff vnnd zwentzigk tausent / ein hundert vnd acht vnd siebentzigk* (A iijr).

[60] Bei der allgemeinen Erklärung führt RIES die Operationszeichen + und – zwar ein (*sagenn sie der warheyt zuuil / so bezeychenn sie mit dem zeychen + plus / wu aber zu wenigk / so beschreib sie mit dem zeychen – minus genant*, G vijv), verzichtet aber bei den Aufgaben auf ihren Einsatz zugunsten der ausgeschriebenen Formen *plus* und *minus*; in den späteren Ausgaben ist das Verhältnis zwischen Wort und Zeichen verändert.

(MI) A. RIES: *2. Rechenbuch* (1522)		
GG	Titel, Vorrede (A jv-A ijr) // Einführung der Rechenarten (A ijv-D ijv) // Aufgaben (D iijr-I vijv) // Kolophon (I vijv)	
TT	Lehrtext	Aufgabe
Pr	MITTEILEN	MITTEILEN (DARSTELLEN), AUFFORDEN
Th	einf. lin.	einf. lin., gesp. Rhema
Gr	2. P. Imp. Sing., 3. P. (bei Rechnungen); kurze, parallele Sätze, NS: uneingel. Konds., Rels.; math. WS; Zahlen	Ind. Präs., 2. P. Imp., 3. P.; kurze Sätze, NS: uneingel. Konds.; WS des Handels, Handwerks, der Mathematik; Zahlen, Schemata

sie verfolgen aber letztlich, wie die Analyse ihrer Rechenbücher deutlich zeigt, unterschiedliche Ziele. ADAM RIES bietet praktische Hilfestellungen an, er gibt für alle möglichen Probleme, wie sie sich im Alltag, im Haushalt oder aus der beruflichen Tätigkeit ergeben können, ein Lösungsrezept, welches durch stetes Wiederholen und Üben im konkreten Fall als Lösungsweg bereitsteht. Dies ist schon in der unterschiedlichen Auswahl der Themen und der Gesamtanlage seines Buches im Vergleich zu dem WIDMANNs erkennbar. RIES verzichtet auf jegliche Begründungen oder Hinweise, die ein mathematisches Verständnis oder eine Durchdringung der zugrundeliegenden Sachverhalte fördern könnten. Daher vermeidet er bewußt eine Durchgliederung des Buches nach mathematischen Zusammenhängen und bietet stattdessen die Regeln in lockerer Fügung nach Sachbereichen geordnet dar. Mehrere traditionell zur Arithmetik gehörende Bereiche wie Quadrieren und Radizieren spart er ganz aus, weil er in ihnen zum einen eine Überforderung des Lesers sieht und sie zum anderen für die kaufmännische Praxis oder den Alltag des *gemeinen mannes* nicht unbedingt nötiges Wissen enthalten.[61]

Im Gegensatz dazu versucht WIDMANN, die Arithmetik als Gesamtgebäude dem Leser darzustellen. Hierzu erweitert er die Erläuterungen über die Rechenarten im Vergleich zu seinen Vorlagen durch Differenzierungen und Begründungen allgemeineren Charakters. Besonders wichtig

61 Diese beiden Rechenarten sind Grundlage der Visierkunst; RIES verweist hier auf eine gesonderte Abhandlung. Auf die Tolletrechnung kann er verzichten, da diese zum einen inzwischen aus der Handelspraxis verschwunden war, RIES zum anderen das Linienrechnen als bekannte Methode zur Einführung neuer Dinge (indisch-arabische Ziffern) wählt.

ist ihm — wie die Vorrede, die Verweise und die starke Durchgliederung des Rechenbuchtextes zeigen —, dem Leser die Zusammenhänge und Analogien zwischen den einzelnen Rechenarten und Methoden zu erklären; der Leser soll die Arithmetik nicht lernen, sondern verstehen. Die Aufgaben werden daher nicht nach Sachbereichen aus dem Alltag gebündelt, sondern nach Regeln (mit Angabe des lateinischen Namens) und Lösungsmethoden zusammengefaßt. Man kann dies vielleicht mit Idealen und Zielen seiner universitären Ausbildung erklären, WIDMANN geht damit jedoch an den Bedürfnissen der im praktischen Leben Tätigen vorbei.

Der zweite grundlegende Unterschied liegt in der didaktischen Aufbereitung und Darstellung der mathematischen Sachverhalte. Hier zeigt sich RIES als Meister dieser Kunst; die Analogien im Aufbau der Teiltexte, die Steigerung von Schwierigkeit und Abstraktheit in kleinen Schritten sind Merkmale dieser Fähigkeit im Großen; besonders ist dazu das Vorschalten des bekannten Linienrechnens, das zudem weder Schreib- noch Lesekenntnisse erfordert, zu zählen. Aber auch im Kleinen zeigt sich seine Meisterschaft: Anstelle von willkürlich gewählten Zahlenbeispielen zur Veranschaulichung der Rechenarten wählt RIES bewußt ähnliche Beispiel aus. Bei der Multiplikation auf den Linien gibt er drei Komplexe von Beispielen, in denen jeweils eine Zahl hintereinander mit 2, 3, 4 usw. multipliziert wird (A vijr). Dieselben Zahlen finden sich bei der Division als Beispiel wieder (A viijr). Sie sind dem Leser daher nicht mehr fremd; zum anderen beweist RIES dadurch implizit den Charakter der Division als Umkehroperation[62] zur Multiplikation. Die Übernahme der Beispiele bei der Multiplikation bzw. Divison mit der Feder (B 3r-5r) zeigt wiederum, daß es sich zwar um zwei verschiedene Methoden handelt, die aber beide das gleiche, richtige Ergebnis liefern.

Andere Beispiele ließen sich für die didaktischen Fähigkeiten RIES' aufführen, in denen er neben WIDMANN auch die anderen Verfasser von Rechenbüchern übertraf, worauf möglicherweise die Wirkung seiner Werke u. a. beruhen mag.[63] Für die Untersuchung und Beschreibung der Textsorte 'Rechenbuch der Frühen Neuzeit' ist das *2. Rechenbuch* von ADAM RIES daher mit gutem Grund als Prototyp auswählbar.[64]

[62] Diese Verbindung ist geschickt, da RIES jeweils die Umkehroperation als Probe angibt. Beim Federnrechnen verweist er zusätzlich noch auf die Neunerprobe.

[63] Sein *2. Rechenbuch* war bis ins 18. Jahrhundert an Schulen gängig, bis es durch die Werke z. B. CHRISTIAN PESCHECKS (*Arithmetischer Haupt-Schlüssel*, Zittau 1741) abgelöst wurde (s. S. 319 dieser Arbeit und Deschauer 1992a, 5).

[64] Zum Beitrag RIES' zur Ausbildung einer deutschen Schriftsprache s. S. 313.

4.3 Festigung der Textsorte im 16. Jahrhundert

Nach der Analyse dieser drei Exemplare der Textsorte 'Rechenbuch' in deutscher Sprache soll eine Untersuchung der Festigung und der Weiterentwicklung dieser Textsorte in intralingualen Vergleichen durchgeführt werden. Eine Auswahl aus der Vielzahl der in der ersten Hälfte des 16. Jhs. in deutscher Sprache entstandenen Rechenbücher[65] wird im folgenden nach dem gewohnten Schema analysiert werden, wobei das Augenmerk in der Hauptsache auf Ort und Art von Veränderungen der in den vorhergehenden Abschnitten als typisch für diese Textsorte erarbeiteten Merkmale gelegt werden wird. Daher wurde bei der Auswahl der Rechenbücher einerseits die Bekanntheit ihrer Verfasser im 16. Jh. bzw. die Wirkung ihrer Bücher berücksichtigt, andererseits eine möglichst große Spannweite innerhalb dieser Vorgaben in bezug auf Ausbildung, Beruf der Verfasser und Inhalt der Bücher angestrebt. Dies erlaubt eine Bestimmung der für die Textsorte 'Rechenbuch der Frühen Neuzeit' konstitutiven, also notwendigen Merkmale in Unterscheidung zu den Merkmalen, bei denen eine gewisse Variation möglich ist, ohne daß dadurch die Zugehörigkeit des Textes zu dieser Textsorte in Frage gestellt werden müßte. Ebenfalls diesem Zweck dient ein exkursartiger interlingualer Vergleich, d. h. eine Analyse von Rechenbüchern in anderen europäischen Volkssprachen.

4.3.1 Rechenbücher der ersten Generation (1514 bis 1520)

Einige Jahre lang existierten in deutscher Sprache ausschließlich die Rechenbücher WAGNERs und WIDMANNs,[66] wobei allein das Werkes WIDMANNs weitere Ausgaben erlebte. Im Jahre 1514 kamen zwei neue Rechenbücher auf den Markt; beide waren von ihren Autoren JACOB KÖBEL und JOHANN BÖSCHENSTEIN explizit für Kinder geschrieben und wurden bis 1520 vielfach aufgelegt. Neben den insgesamt 14 Büchern dieser Autoren erschienen in dieser Zeit nur fünf Werke anderer Autoren, darunter die vierte Ausgabe des Rechenbuches von J. WIDMANN 1519.[67]

---

[65] S. etwa die Zusammenstellung von Büchern für die Handelspraxis von Hoock/Jeannin 1991.

[66] S. zum folgenden die Chronologie der Drucke bei Hoock/Jeannin 1991, 404ff.

[67] Weiter sind dort (vgl. vorige Anmerkung) verzeichnet die erste Ausgabe von 1518 des ersten Rechenbuches von ADAM RIES, von der jedoch kein Exemplar mehr vorhanden ist, ebenfalls 1518 ein Rechenbuch HEINRICH SCHREIBERs (zum Datierungsproblem s. Anm. 75, S. 225) und ein anony-

Jacob Köbel

JACOB KÖBEL (* 1460/5 Heidelberg) studierte in Heidelberg bis zum juristischen Baccalaureat, bevor er sich in Krakau und Wien dem Studium der Mathematik widmete. 1494 übernahm er in Oppenheim das Amt des Stadtschreibers und führte dort bis zu seinem Tod 1533 auch die städtische Weinkneipe. Schon während des Studiums war er buchhändlerisch tätig gewesen; auch in seiner Oppenheimer Zeit sieht man ihn als Verfasser, Verleger und Drucker zahlreicher Kalender und Schriften juristischen, historischen oder chronikalischen Charakters. Selbst an einer Universität ausgebildet richtete er seine Werke in deutscher Sprache nicht an den Gelehrten, sondern an den *gemeinen man*; sein Visierbuch (zuerst Oppenheim 1515), seine geometrischen Lehrschriften (zuerst Oppenheim 1522) oder auch der Traktat zur Benutzung einer Kompaßart (1532) beinhalten praktische Anweisungen.[68]

Gleiches gilt für die drei von ihm bekannten Rechenbücher: In seinem ersten arithmetischen Lehrbuch *Ain New geordnet Rechenbiechlin auf den Linien mit Rechen pfeningen* (Augsburg 1514)[69] vermittelte er das Rechnen auf dem Rechenbrett mit den römischen Ziffern. Dabei behandelte er die Rechenarten einschließlich der Reihen, nicht jedoch das Radizieren. Ein heute ungewohntes Bild bieten die römischen Zahlen — von KÖBEL als *Teütsche zal* oder *gemein zal* (A 3v) bezeichnet —, die auch bei der Bruchrechnung verwendet werden. Im Aufgabenteil wird die *Regula detri* eingeführt, bevor der Stoff an Aufgaben auch aus der Unterhaltungsmathematik eingeübt wird. Die Ausrichtung auf Heranwachsende formulierte KÖBEL explizit etwa im Titel der Ausgabe Augsburg 1516 seines Rechenbuches: *[...] den Jungen angenden zu heyßlichem gebrauch und hendeln leychtlich zu lernen.*

Erst in seinem zweiten Rechenbuch *Mit der kryden oder Schreibfedern / durch die zeiferzal zů rechen* (Oppenheim 1520) lehrte J. KÖBEL das Rechnen mit den indisch-arabischen Ziffern, die er *figuren* oder auch

---

mes Werk aus Straßburg sowie 1520 ein Kaufmannshandbuch von GEORG REICHELSTEIN.

68 *Eyn new geordent Vysirbuch* (Oppenheim 1515); *Von vrsprung der Teilung / Maß / vnd Messung deß Ertrichs / der Ecker / Wyngarten [...]* (Oppenheim 1522); *Geometrei / Von künstlichem Messen vnnd absehen / allerhand höhe / fleche / [...]* (Frankfurt am Main 1536).
Zu Leben und den arithmetischen sowie geometrischen Werken KÖBELS s. Hergenhahn 1996. KÖBEL ist auch der Autor des Gedichtes über den Nutzen der Mathematik, das in späteren Ausgaben des *2. Rechenbuches* von A. RIES abgedruckt ist; s. Anm. 45, S. 209.

69 Im gleichen Jahr auch in Oppenheim selbst; bis 1531 wurde dieses Rechenbuch sechsmal in zum Teil überarbeiteter und erweiterter Form nachgedruckt (Hergenhahn 1996, 81).

zeyffer zal (1514, A 5r/v) nennt. Beide Rechenbücher sind zusammengefaßt und durch das Visierbuch ergänzt in dem postum erschienenen *Rechenbůch / Auff Linien vnd Ziffern. Mit einem Visir Bůchlin [...]* (Frankfurt a. M. 1544).

Johann Böschenstein

JOHANN BÖSCHENSTEIN (* 1472 Esslingen) absolvierte sein Studium der Theologie an der Universität Ingolstadt und erhielt 1494 die Priesterweihe. Bis 1505 unterrichtete er Hebräisch in seiner Heimatstadt, in den folgenden Jahren findet man ihn in verschiedenen Städten als Hebräischlehrer an Schulen (Esslingen, Nördlingen, Nürnberg) und Universitäten (Augsburg, Ingolstadt, Wittenberg, Heidelberg, Antwerpen, Zürich). Sicherlich in Nürnberg, aber auch in Ingolstadt etwa unterrichtete er Mathematik als Rechenmeister. Er starb 1540 in Nördlingen, wo sein Sohn ABRAHAM BÖSCHENSTEIN als Rechenmeister tätig war (Meretz 1996, 83).

BÖSCHENSTEIN ist Autor zahlreicher theologischer Schriften und geistlicher Lieder sowie Grammatiken (1519) und Lehrbücher (1514) der hebräischen Sprache, etwa des *Elementale introductorium in hebreas litteras* (Augsburg 1514), als deren Wiedererwecker er mitunter bezeichnet wird. Daneben verfaßte er mathematische Lehrwerke.

Kurzanalyse 8: JOHANN BÖSCHENSTEIN: *Newgeordnet Rechenbiechlin* (1514)

1514 erschien in Augsburg bei ERHARDT ÖGLIN das Rechenbuch *Ain Newgeordnet Rechenbiechlin mit den zyffern den angenden schůlern zů nutz. Inhaltent die Siben species Algorithmi mit sampt der Regel de Try / vnd sechs regeln der prüch / vnd der regel Fusti mit vil andern gůten fragen den kündern zum anfang nůtzbarlich* (Titel) von J. BÖSCHENSTEIN.[70] Inhalt, Aufbau, Adressatenkreis und Funktion des Textes gibt BÖSCHENSTEIN, *priester* (A jr), dem Leser in dem ausführlichen Titel, dem ein Holzschnitt mit zwei rechnenden Menschen folgt, bekannt. Dabei begründet er seine Einschränkung bei den Rechenarten gleichzeitig durch die Angabe von Kindern als Adressaten und dem Einführungscharakter seines Buches.

[70] Exemplar: München, Bayerische Staatsbibliothek, Sign.: Res. 4° Math. P. 42; Nachdrucke in Augsburg bis 1536; Standortverzeichnis s. Meretz 1976. Der Titelholzschnitt der Ausgabe von 1518 zeigt eine Frau am Rechentisch.

(ME)	J. BÖSCHENSTEIN: *Newgeordnet Rechenbiechlin* (1514)
KG	Ziffernrechnen, Aufgaben
KP	P: studiert; Priester, Hebräischlehrer (Universität, Lateinschule), auch Mathematiklehrer; R: Kinder
KS	EO: Augsburg, EZ: 1514, EI: (Latein-)Schule (?); GO: Swdtland., GZ: 1. H. 16. Jh., GI: ?
KF	Druck; 4°, 25 f.

Ohne Einleitung beginnt BÖSCHENSTEIN unmittelbar mit der Einführung der indisch-arabischen Ziffern (A ijr) und fährt dann mit der Beschreibung der Rechenarten Addieren, Subtrahieren, Duplieren, Medieren, Multiplizieren und Dividieren mit ganzen Zahlen (A ijv) und Brüchen (ohne Duplieren und Medieren, A vjr) fort. Viel Aufmerksamkeit widmet BÖSCHENSTEIN der Unterscheidung und den möglichen Bezeichnungen der Rechenarten: Das Rechenbuch beginnt mit einer Vorschau auf die behandelten Rechenarten (*figuren*, A ijr), die anschließend tabellarisch zusammengefaßt *Das seind nun die Siben figuren Numeratio / — Zelung [...]* (A ijv) und in Versform wiederholt wird (A ijv). Neben dem in diesem Abschnitt gegebenen volkssprachlichen Äquivalent zur lateinischen Bezeichnung der Rechenart — *Zelung, Summirung, Abtzyehung, Zwyspilung, Halbyrung, Merung, Taylung* (A ijv) — listet BÖSCHENSTEIN zu Beginn jedes Lehrtextes weitere Möglichkeiten auf.

Die Ander figur Additio.

Additio hayst {
Summirung
Zesamen raytung
Ain zal zů der andern zålen vnd hauffen
Vil zal in ain summa zefüren (A ijv)

Die folgende Rechenanleitung ist extrem kurz; sie besteht aus einer erneuten Umschreibung der Rechenart und einem oder wenigen Sätzen mit konkreten Handlungsanweisungen. Ohne Anleitung, Vorkenntnis oder gleichzeitige praktische Unterweisung sind diese Rechenanleitungen nicht verständlich: *Vnd ist nichts anders dan manigerley zalen in ayn summa zehauff machen vnd hebt hinden an* (A ijv). Es folgen Beispiele, Proben (Neuner-, Siebenerprobe[71]) und mehrere Aufgaben zu der jeweiligen Rechenart, teils mit Bezug zum Alltag; Begründungen fehlen.

Der zweite Teiltexttyp 'Aufgabe' bestimmt ab C 1r, Einführung der *Regula detri*, die Gestaltung des Rechenbuches; die Aufgaben dienen zur Einübung der Regeln (Gesellschaftsregel, C vv; *Regula fusti*, C vjv; weitere Regeln, D ijv) und zur Anbindung des Gelernten an den Alltag (ab E jr). Der Umfang der Aufgaben schwankt stark von zwei Zeilen (C ivr) bis zu halbseitigen Abschnitten, der Aufbau mit Aufgabenstellung *Jtem man gibt 5 ayer vmb 2 pf.*, Frage *wie vil kauff ich ayer vmb 4 gantz Behmisch*, Rechenanleitung (ev. mit einfachem Schema) *mach die behmisch zů pfeningen vnd setz also [...]* und Ergebnis

71 BÖSCHENSTEIN bezeichnet diese Probe wie WIDMANN als *Kostliche prob durch 7* und gibt die Vielfachen von 7 ebenfalls am Seitenrand neben dem Anleitungstext an (A ivv).

Facit 105 ayer (C ijr) gleicht sich jedoch; eine Probe des Ergebnisses ist in manchen Fällen durchgeführt (E iijr).

Abschließend macht BÖSCHENSTEIN einige Angaben zu Verhältnissen verschiedener Währungen und Maße (Raum, Gewicht, Zeit), wie sie den Rechnungen seines Rechenbuches zugrundeliegen: *Jtem ain fl. angeschlagen für 20 behmisch. 1 Behmisch für 3 creützer [...]* (E ivr). Diese listenartig angeordneten Angaben bilden den dritten Teiltexttyp 'Umrechnung'.

(MI)	J. BÖSCHENSTEIN: *Newgeordnet Rechenbiechlin* (1514)		
GG	Rechnen mit ganzen Zahlen (A ijr) // Rechnen mit Brüchen (A vjr) // *Regula detri*, Gesellschaft, *fusti* (C jr) // weitere Regeln und Aufgaben (D ijv)		
TT	Lehrtext	Aufgabe	Umrechnung
Pr	INFORMIEREN, ANLEITEN	AUFFORDERN, ANLEITEN	INFORMIEREN
Th	(einf. lin)	einf. lin., Rückbezüge	einf. lin., nur 1 TR-Einheit
Gr	3. P.; einf. Syntax; math. WS; Zahlen	2. P. Imp., 3. P.; einf., verkürzte Syntax; math. und Alltagsws.; Zahlen, Abkürz.	völlig standardisierte Syntax; Zahlen und Abkürzungen

Der Rechenbuchtext ist durch Überschriften, Absätze und Zierbuchstaben deutlich gegliedert. Ebenfalls typographisch abgesetzt sind die Verse, in die J. BÖSCHENSTEIN einige seiner Abschnitte — möglicherweise aus mnemotechnischen Gründen — setzt bzw. in ihnen wiederholt (Numerieren, A ijv; *Regula de tri*, C jv; Probe, C vv), die Verse zur *Regula fusti* entsprechen dabei den auch bei J. WIDMANN (m 7r) vorhandenen Zeilen:[72]

> *Regel fusti dreü ding haben wil | Lauter vnrain mit musters zil | Auß dem muster thů den fusti formieren | Den darnach vom lautern subtrahieren | Was ydem tail zů zym vnd beleib | Das an sein stat in die regel schreib | Fürohin bayden fragen nach practicier | Facto bayd possen in ain summa summier.*
> (C vijv)

4.3.2 Rechenbücher der ersten Blütezeit (1521 bis Mitte 16. Jh.)

Mit den Rechenbüchern von HEINRICH SCHREIBER (1521) und ADAM RIES (1522, s. oben) beginnt eine Hochphase der Produktion rechenpraktischer Texte in der Volkssprache, während der die Anzahl der Autoren und damit der verschiedenen Rechenbücher beständig steigt. Wenn

[72] Falls diese Verse nicht zum Allgemeingut der Rechenmeister zu zählen sind, kann man aus ihnen und den Ähnlichkeiten bei der Einführung der Siebenerprobe schließen, daß BÖSCHENSTEIN eine Ausgabe des Rechenbuches von J. WIDMANN kannte.

auch die Rechenbücher RIES' am häufigsten in der chronologischen Liste bei Hoock/Jeannin 1991 auftreten, so finden sich auch noch die Namen WIDMANNS, BÖSCHENSTEINS und KÖBELS neben neuen wie PETER APIAN, CHRISTOFF RUDOLFF, MICHAEL STIFEL oder JOHANN ALBERT.

Heinrich Schreiber

Geboren 1492/6 bei Erfurt[73] studierte HEINRICH SCHREIBER, gen. GRAMMATEUS, Mathematik in Wien und Krakau, 1518 wird er in Wien als Magister erwähnt. 1521 verließ er Wien, kehrte aber nach Aufenthalten in Nürnberg und Erfurt 1525 dahin zurück, wo er im selben Jahr starb. Er zählt heute zu den Mathematikern der Wiener Schule, obgleich er sich nicht an der dortigen Universität etablierte. Von seinen mathematischen Schriften[74] sind die ersten und letzten lateinisch verfaßt (*Algorithmus proportionum*, Visierbuch, *Algorithmus de integris*), dazwischen fällt die Entstehung von drei volkssprachlichen Rechenbüchern und einem Buch über Astronomie.

SCHREIBERS Hauptwerk ist sein erstes Rechenbuch *Ayn new kunstlich Buech welches gar gewiß vnd behend lernet nach der gemainen regel Detre / welschen practic / regeln falsi vnd etlichen regeln Cosse mancherlay schône vnd zuwissen notůrfftig rechnung auff kauffmanschafft [...]* (Nürnberg: Johann Stuchs 1521).[75] Dieses Lehrwerk — bei weitem umfassender als alle zuvor erwähnten Werke — besteht aus insgesamt sechs Teilen[76] zu verschiedenen Bereichen der Anwendung mathematischer Kenntnisse im Alltag. Neben der Einführung in das Rechnen mit den indisch-arabischen Ziffern und der *Regula detri* (A 3v), der Aufgabensammlung (*Welsch practica auff alle kauffmanßrechnung oder auffgab*, E 2r) und einem algebraischen Teil (*Regula falsi mit sambt etlichen regeln Cosse durch besundern grundt anzaygt*, F 6r) vermittelt SCHREIBER Grundlehren der musikalischen Harmonien[77] (*Arithmetica applicirt [...] auff die edel kunst Musica*, L 5r), Buchhaltung (*Buechhalten durch*

[73] Zu Leben und Problemen um die Herkunft s. Weidauer 1996, 107/8.

[74] Verzeichnis s. Weidauer 1996, 110/1; Standortverzeichnis bei Meretz 1976, 321–325.

[75] Exemplar München, Bayerische Staatsbibliothek, Sign.: Res. Math. P. 182m. Dieses Werk, das nach der Datierung der Vorrede zu schließen schon 1518 in Wien fertiggestellt war, hatte drei weitere Ausgaben (Meretz 1976, 322; Weidauer 1996, 109).

[76] SCHREIBER selbst unterscheidet zu Beginn seines Buches nur die zwei Teile *rechnung mit sambt dem buoch halten* und *geometrei zu machen visier ruoten* (A 3v). Die Überschriften und ganzseitigen Holzschnitte unterstreichen jedoch die Sechsteilung.

[77] SCHREIBER geht hier nicht auf die Theorie ein, wie sie in den spekulativen Musiktraktaten des Mittelalters überliefert wurde, sondern interessiert sich für die Darstellung der Verhältnisse auf den Instrumenten.

Zornal Kaps vnd Schuldtbůch, M 6r) und die Herstellung von Visierruten (*Kunstlich zuberaitung visier ruten [...]*, O 5r).

Schon mit dem dritten, algebraischen Teil (S. 251) geht H. SCHREIBER über den Standardstoff eines Rechenbuches hinaus. Daß ein solch umfassendes und damit umfangreiches Lehrwerk für den Bedarf des *gemeinen mannes* ungeeignet war, sah HEINRICH SCHREIBER selbst ein und gab noch im gleichen Jahr mit dem Buch *Behend vnnd khunstlich Rechnung* (Nürnberg 1521) eine auf das Rechnen und Visieren beschränkte Fassung heraus.

Kurzanalyse 9: HEINRICH SCHREIBER: *Ayn new kunstlich Buech* (1521)

(ME)	H. SCHREIBER: *Ayn new kunstlich Buech* (1521)
KG	Ziffernrechnen, Aufgabensammlung, Algebra, Musik, Buchhalten, Visieren
KP	P: Gelehrter; R: Kaufleute, Schüler
KS	EO: Nürnberg/Wien, EZ: 1521, EI: ?; GO: Süddtland., GZ: 16. Jh., GI: ?
KF	Druck; 8°, über 130 f.

Während der zweite Teil des Rechenbuches, die Practica, in der Hauptsache aus Aufgaben besteht, finden sich in der Einführung in das Rechnen und die *Regula detri* die Teiltexttypen 'Lehrtext', 'Aufgabe' und 'Umrechnung'. Ebenso wie SCHREIBER das gesamte Rechenbuch übersichtlich in einzelne Teile gliedert, trennt er Lehrtexte und Beispielaufgaben von den reinen Übungsaufgaben und sogar in den Lehrtexten die einzelnen Schritte des Rechenvorgangs voneinander.

> *Additio oder summierung,*
>
> *¶Zaygt an die sum vieler zal.*
>
> *Die erst regel.*
>
> *¶Hab vleis das die figuren gleich sten ůbereinander / also das die erste sei gesatzt ůber die erste [...,* Beispiel*].*
>
> *Die ander regel.*
>
> *¶Nim den anfang [...].*
>
> *Die weiß zu reden.*
>
> *¶Hab alle mal jm mundt das wort / vnd / oder zu / Als 3 zu 4 oder 3 vnd 4 machen 7.*
>
> [Probe] (A 4r–5r)

Durch die Hinweise im Abschnitt *weiß zu reden* ermöglicht SCHREIBER dem Leser nicht nur über den Rechenvorgang mit anderen zu sprechen, sondern auch den rechnerischen Vorgang selbst durch die sprachliche Form zu erfassen und unterstützend zu begleiten. Auf diese Art und Weise werden die Rechenarten Addieren, Multiplizieren[78], Subtrahieren und Dividieren mit indisch-arabischen Ziffern (A 4r) und auf den Linien (B 3v) eingeführt. Gleich anschließend, vor dem Beginn von Aufgaben aus dem Alltag, werden einige der im Rechenbuch gebrauchten Maße (Raum, Zeit) und ihre Umrechnungsgrößen in tabellarischer Form angegeben (C 1r–2v).

¶Die maß zu Wien jn Osterreich.

	Fuder		*32 aimer*
	Dreyling		*24 aimer*
Ain	*Aimer*	*hadt*	*32 echting*
	Achting		*4 seytlen*

(C 1r)

Ab der Einführung der *Regula detri* (C 2v) treten Regeln, Aufgaben und Umrechnungen in gemischter Reihenfolge auf. Da hier eine typographische Kennzeichnung oder Hervorhebung etwa durch Zentrierung der Überschrift fehlt, sind die Teiltexttypen 'Lehrtext' (Regelerläuterung) und 'Aufgabe' nicht deutlich genug zu erkennen, das Auffinden bestimmter Regeln kann daher Schwierigkeiten bereiten. Die Aufgaben selbst entsprechen dem nunmehr etablierten Schema mit Aufgabenstellung, Frage, Rechenanleitung und Ergebnis.

¶Jch hab 248. fl. vngrisch ynn muͦntz / ist die frag wie vil machen sie fl. reynisch ynn muͦntz. Multiplicir .248. fl. [...]. so entspringen .310. fl. reinisch ynn muͦntz. Der frag berichtung. (D 5r)

(MI)	H. SCHREIBER: *Ain new kunstlich Buech* (1521)		
GG	Rechnen (A 3r) // Aufgabensammlung (E 2r) // Algebra (F 6r) // Musik (L 5r) // Buchhalten (M 6r) // Visieren (O 5r)		
TT	Lehrtext	Aufgabe	Umrechnung
Pr	ANLEITEN, INFORMIEREN	AUFFORDERN, ANLEITEN	INFORMIEREN
Th	einf. linear, gesp. Rhema; mehrere kurze TR-Ketten	einf. lin. (verkürzt durch fehlende Themata)	einf. lin., Fortsetzung über Tt hinaus
Gr	2. P. Imp., auch Konj.formen, 3. P. Passiv; Tätigkeitsverben; Zahlen, Schemata	2. P. Imp., 3. P. (math. Subjekt); teils formelhafte Syntax; Zahlen, Abk., Maßeinh.	extrem reduzierte Syntax; Zahlen, Maßeinheiten

Umfangreich und ausführlich ist auch das Rechenbuch *Eyn Newe vnnd wolgegründte vnderweysung* (1527) von dem *der Astronomei zů Jngolstat Ordinarius* PETER APIAN (BIENEWITZ).[79] An Kaufleute adressiert

[78] Hier findet sich der auch in WIDMANNs Rechenbuch gedruckte Vers *Lerne mit vleyß das ainmal ain | So wirt dir alle rechnung gemain* (A 5r).

[79] Das Rechenbuch erlebte bis 1540 mindestens sechs Ausgaben. Zu den vielfältigen, weiteren Tätigkeiten APIANs s. Röttel 1995.

lehrt das Werk in drei Büchern sowohl das Linien- wie das Ziffernrechnen, dazu Bruchrechnen, Proportionslehre, Tollet und zahlreiche Regeln (*de-tri, falsi, alligationis* uvm.). Inhaltlich ähnelt es damit dem Rechenbuch WIDMANNS, doch wird aus Anordnung und Darbietung der Stellenwert, den APIAN den einzelnen Themen in Hinblick auf den Textadressaten beimißt, deutlich. Die Proportionslehre z. B. wird nur kurz zu Beginn des 3. Buches erläutert, die Coß klammert APIAN explizit aus und bietet dem Rezipienten dafür eine stattliche Anzahl an Tricks (d. i. Regeln) zur Lösung algebraischer Probleme.

Keinem Schema fügen sich die beiden Mathematikerpersönlichkeiten CHRISTOFF RUDOLFF und MICHAEL STIFEL. Mathematikgeschichtlich liegt ihre Bedeutung in dem Verfassen grundlegender Arbeiten zur Algebra und Arithmetik (s. S. 255), die mit den Anfang einer wissenschaftlichen, von Bezügen zum Alltag gelösten Beschäftigung mit mathematischen Themen bildeten. Sprachgeschichtlich bedeutend ist die Tatsache, daß sie diese Werke zum Teil nicht auf lateinisch, sondern auf deutsch verfaßten. Neben diesen mathematisch-wissenschaftlichen Werken sind von ihnen jedoch auch Rechenbücher in deutscher Sprache überliefert.

Michael Stifel

Eine schillernde Figur ist MICHAEL STIFEL (1487 Esslingen - 1567 Jena); zuerst Augustinermönch in Esslingen trat er 1518 zur Lehre LUTHERS über, welcher ihm auch mehrmals zu Anstellungen als Pfarrer verhalf. Diese versah STIFEL aber nie lange, freiwillig oder gezwungen verließ er seine Ämter, um sich in einer neuen Stadt niederzulassen. Grund für Auseinandersetzungen war oft seine Vorliebe für die Wortrechnung, d. i. die Auswertung der Buchstaben eines Wortes als Zahlen.[80] Neben theologischen, chiliastischen und algebraischen Werken[81] veröffentlichte STIFEL 1546 in Nürnberg bei JOHANN PETREIUS das *Rechenbuch, von der Welschen vnd Deutschen Practick*, in dem er in fünf Teilen das Rechnen mit *gantzen vnd gebrochnen zalen* (b jr) sowie die Methoden der *Deutschen* und *Welschen Practick* (a jv) lehrte.

Christoff Rudolff

Über das Leben CHRISTOFF RUDOLFFS (geb. um 1500 in Jauer, Schlesien) ist wenig bekannt, jedoch gibt es Zeugnisse für einen Aufenthalt

---

[80] Auf diese Weise berechnete er auch den Termin des Weltuntergangs, den er mit seiner Gemeinde zusammen erwartete (s. das 1532 erschienene *Rechen Büchlin Vom End Christ*). Ein weiteres Werk über die Wortrechnung erschien 1553, im gleichen Jahr also, in dem er auch die *Coß* von CH. RUDOLFF neu herausgab (s. S. 255). Zu Leben und Werken s. Meretz 1976; Gericke 1990, 242–4; Reich 1996a.

[81] Standortverzeichnis s. Meretz 1976.

in Wien vor 1521; dort starb er auch vor 1543. Sein mathematisches Wissen erlangte er wohl nicht durch ein Studium, sondern mittels Privatunterricht z. B. bei HEINRICH SCHREIBER und Lektüre mathematischer Werke, wobei er auch auf das Rechenbuch von JOHANNES WIDMANN gestoßen zu sein scheint.[82] Sein eigenes Rechenbuch *Künstliche rechnung mit der Ziffer vnd mit den zal pfenningen / sampt der Welischen Practica / vnd allerley fortheil auff die Regel de tri*[83] erschien 1526 in Wien bei JOHANN SINGRIENER. Späteren Ausgaben — wie der hier besprochenen Ausgabe Wien 1550 — wurde oft das zuerst für sich erschienene *Exemplbüechel* (Wien 1529) angehängt, das neben 293 Aufgaben einen Abschnitt mit Angaben zur Umrechnung von Maßeinheiten umfaßte. RUDOLFF sah in dieser Aufgabensammlung eine Ergänzung und teilweise auch Ersetzung der *spitzigen / vnnottürfftigen Exempeln* (a jv) in seinem Rechenbuch.

Kurzanalyse 10: CHRISTOFF RUDOLFF: *Künstliche rechnung* (1526/50)

Nach Angaben aus seinem Vorwort (a 1v–2r) hatte CHRISTOFF RUDOLFF mit seinem Rechenbuch die Absicht, die in seinem ein Jahr zuvor erschienenen Buch über Algebra (S. 253) nur kurz behandelte Kaufmannsrechnung nun erweitert und ausführlich in einem eigenen Werk darzustellen, welches er in besonderem Maße an Schüler richtete.

(ME)	C. RUDOLFF: *Künstliche rechnung* (1526/50)
KG	Ziffern- und Linienrechnen, Regeln und Aufgaben für den Kaufmanns- und Handwerkeralltag
KP	P: Fachmann, Rechenmeister (?); R: Schüler (?)
KS	EO: Nürnberg, EZ: 1526, EI: ?; GO: Süddtl., GZ: 16. Jh., GI: ?
KF	Druck; 8°, ca. 240 f.

Das Rechenbuch besteht aus einem *Grundbůchlin* (a 2v) mit der Einführung in das Rechnen und einem *Regelbůchlein* (f 6v) (bzw. als drittem Teil dem *exempelbůchlein*, k 7r). RUDOLFF beginnt nach der Einführung der indisch-arabischen Ziffern mit der Addition, Subtraktion, Multiplikation und Division von ganzen Zahlen. Die Lehrtexte zur Beschreibung der einzelnen Rechenarten sind ausführlich und vollständig, aber dennoch einfach formuliert.

> *Addirn oder Summirn.*
> *HEist zusamen thun / das ist / aus vil zalen ein zal oder summ machen / geschicht also. Schreib die zalen der gestalt / das alle ziffer der ersten stat [...]* (a 3v/4r)

[82] Vgl. Treutlein 1879a, 120ff; zu Leben und Ausbildung zuletzt Kaunzner 1996b; Standortverzeichnis der Drucke Meretz 1976.

[83] Titel der Ausgabe Nürnberg: Johann Petreius 1550; Exemplar München, Bayerische Staatsbibliothek, Sign.: Res. Math. P. 483; Meretz 1976 verzeichnet insgesamt 17 Ausgaben bis Ende des 16. Jhs.

Deutlich ist hier die Angabe eines deutschen Äquivalents nach *HEist* und eine Definition *das ist* von der eigentlichen Vorgangsbeschreibung getrennt *geschicht also*; einige Beispiele und Proben schließen sich jeweils an. Vor Aufgaben aus dem Alltag für alle Rechenarten führt RUDOLFF die im folgenden gebrauchten Maßeinheiten und ihre Verhältnisse in ausformulierten, nicht tabellarisch angeordneten Umrechnungen ein *Ein fuder weins helt 32 aymer. 1 dreyling 24 aymer* (b 8r–c 1v, hier 1r). Nach dieser Aufgabensammlung erst folgen die Rechenarten in anderer Anordnung mit Bruchzahlen, bevor RUDOLFF das Grundbüchlein mit der Erläuterung des Linienrechnens — hier behandelt er auch die Rechenarten Medieren und Duplieren — schließt.[84] Das Regelbüchlein enthält verschiedene Varianten der *Regula detri* (Grundregel, g 1v), die allgemein erläutert und gleich anschließend an Beispielen eingeübt werden.

(MI)	C. RUDOLFF *Künstlich rechnung* (1526/50)		
GG	Ziffern- und auf Linienrechnen (a 2v) // Regeln und Aufgaben (f 6v) // Aufgabensammlung (k 7r)		
TT	Lehrtext	Aufgabe	Umrechnung
Pr	INFORMIEREN, ANLEITEN	AUFFORDERN, ANLEITEN	INFORMIEREN
Th	mehrere TR-Reihen, jeweils einf. lin.	Wdhg. der TR-Reihen, einf. lin.	einf. lin.
Gr	2. P. Imp.; einf. Syntax; Rel.sätze; Ziffern, Schemata	auch 1. P.; kurze Sätze; Kond.s. mit Konj.; Alltagsws.; Ziffern, Maßeinheiten	stark reduzierte Syntax (teils Fehlen einer finiten Verbform) und Wortvar.; Zahlen, Maßeinheiten

Johann Albert

Wie U. WAGNER und A. RIES verdiente JOHANN ALBERT (1488–1558) wohl seinen Lebensunterhalt als Rechenmeister. Ein Studium ist für ihn bisher nicht sicher nachzuweisen.[85] Geboren in der Nähe von Wittenberg versah er dort das Amt des Stuhlschreibers, war lange Zeit unter J. BUGENHAGEN Küster der Stadtkirche und unterrichtete Katechismus und Arithmetik an einer Mädchenschule. Er selbst bezeichnete sich auf den Titeln seiner Rechenbücher *Rechenbüchlein auff der linien* (Wittenberg 1534)[86] und *New Rechenbüchlein auff der Federn* (Wittenberg 1541) als *Rechenmeister*. Sein zweites Rechenbuch, in welches ALBERT den In-

[84] Hier geht RUDOLFF kurz auf Vorteile und Nachteile der beiden Rechenweisen ein: Das Linienrechnen sei daher verbreiteter, weil es nicht der Einführung neuer Ziffern bedürfe. Für einfache Rechnungen sei es zudem *am bequemisten / zu subtilen Rechnungen zum dicker mal seumlich* (e 5v).

[85] Zu Leben und Werk s. Reich 1996b und persönliche Mitteilung 1997.

[86] Die Zitate folgen dem Exemplar Zwickau, Ratsschulbibliothek, Sign.: 2.8.9 (1).

halt des ersten im ersten Kapitel einfließen ließ, erlebte bis 1622 über 40 Ausgaben.[87]

Kurzanalyse 11: JOHANN ALBERT: *Rechenbüchlein* (1534)

Ebenso explizit, wie sich ALBERT als Rechenmeister bezeichnet, gibt er im Titel seinen Adressatenkreis an: *dem einfeltigen gemeinen man odder leien / vnd jungen anhebenden liebhabern der Arithmetice.* Auch in der Vorrede hebt er diese Zielgruppe *meine Discipuln, gemeinen man, jungen anhebern vnd liebhabern, vngeu̇bten vnd dieser kunst noch vnerfarnen* (A ijr/v) heraus und setzt sie *den gelerten odder erfarnen* (A ijv) gegenüber. Dieser Bezug auf Nutzen und Bedürfnisse seiner Gegenwart macht sich ebenfalls in der Umgewichtung zweier Topoi bemerkbar: Die Arithmetik ist in erster Linie für das alltägliche Leben nötig, dann auch für die *freie[n] ku̇nste* (A iijr); wer diese nicht beherrscht, dem ist hier nicht der Zutritt zu der Platonischen Akademie verwehrt, sondern *Also pflegt man auch noch die jhenigen / so heutigs tags der selbigen [Arithmetice] nicht gebrauchen / fur vnuerstendige leut / zuschetzen vnd zu achten* (A iijr). Albert leistet hier eine Absetzung des antiken Vorbilds und des humanistischen Ideals der Gelehrsamkeit zugunsten einer Aufwertung des gegenwärtigen, praxisbezogenen Händlers.

(ME)	J. ALBERT: *Rechenbüchlein* (1534)
KG	Linienrechnen, Aufgaben
KP	P: Rechenmeister; R: Schüler
KS	EO: Wittenberg, EZ: 1534, EI: Schule; GO: Mittel-, Norddtland., GZ: bis 1. H. 17. Jh., GI: Schule, Selbststudium
KF	Druck; 8°, 326 S.

ALBERT lehrt in seinem Rechenbuch das Linienrechnen in ganzen und gebrochenen Zahlen an zahlreichen Beispielen aus dem Kaufmannsalltag. Nach Erläuterungen zum Numerieren (A ivr) und Gebrauch der Linien (A vjr) beginnt er mit der Addition.

> *Additio [...].*
> *ADdirn odder Summirn / leret wie man viel / oder mancherley zal jn eine gewisse Summa bringen sol. Diese speties zu volfu̇ren [...].* (A vijr)

Diesem Lehrtext folgen sogleich viele Aufgaben aus dem Alltag, eine Addition von Zahlen mit verschiedenen Maßeinheiten stellt J. ALBERT in der ersten Aufgabe überhaupt. Die Probe beschließt den Abschnitt. In gleicher Gestaltung folgen weitere Rechenarten (Subtrahieren, Duplieren, Medieren, Multiplizieren, Dividieren, Progredieren; ebenso bezüglich des Bruchrechnens) und Regeln, wobei die *Regula detri* (C 8r) in ihrer Grundform direkt nach der Multiplikation eingeschoben ist. Bei den Aufgaben zur *Regel detri* bildet meist die Ware die Überschrift.

[87] Gesichert sind davon 32, s. Reich 1996b.

Saffran.

Jtem / Ein kramer keufft von einem kauffman 57 lb saffran / das lb zu 3 fl 15 gr 9 pf. wieuil ist die Summa / facit 213 fl 15 gr 9 pf.

Stehet jnn der Regel also.

lb	*fl*	*gr*	*pf*	*lb*	
1	3	15	9	57	(D jv)

Die Aufgabe selbst zeigt die Dreiteilung in Aufgabenstellung *Jtem*, Frage *wieuil* und Rechenanleitung sowie Ergebnis *Facit*. Bei den weiteren Regeln formuliert ALBERT keine allgemeine Rechenanweisung, sondern gibt an, bei welcher Art von Handelsproblemen diese Regel anzuwenden ist und welche Vorgaben man zu ihr benötigt.

Vom fusti.

Diese Regel wird gemeiniglich gebraucht jnn den Neglin / Saffran / Pfeffer / Lorber / Golt / silber / kupffer / vnd was sonst mehr vnreines hat / wie jnn folgenden Exempeln wird vermeldet. (O ivv-vr)

Das Buch endet mit einigen *kurtzweilige Exempla* (T iijv) aus dem allgemeinen Alltag wie über Testament, Weinfaß usf. Nach dem Schlußwort fügt ALBERT einige Seiten mit Maßangaben und -verhältnissen an (welche Maße überhaupt verwendet werden, nennt er kurz vor der *Regula de tri*, M iijr), wobei er zuweilen mehrere Beispiele zu einer Umrechnung angibt, sonst aber Reihen mit mehreren Maßen bildet.

Resoluirung. [...].

Papier.

Jtem / 1 Ball gibt 10 Riss

1 Riss gibt 20 Bůcher

1 Buch gibt 25 Bogen (V viijv–X ijv)

Rechenbrettschemata, Listen, eine dreieckige Multiplikationstafel (C 5r) benützt J. ALBERT regelmäßig, nimmt auf sie im Text aber meist nur in Form eines kurzen Verweises Bezug, so daß einige von ihnen — etwa bei den Reihen — unverständlich bleiben. Gelegentlich finden sich Merkverse mit größtenteils identischen Reimen: *Schreib recht / leg recht / greiff recht / sprich recht / | So kompt allzeit dein Facit recht* (A jv), *Lern wol mit vleis das Ein mal ein | So wird dir alle rechnung gemein* (C vv).

(MI) J. ALBERT: *Rechenbüchlein* (1534)			
GG	Linienrechnen und Aufgaben (A ivr) // Regeln und Aufgaben (L vjv) // Umrechnungen (V viijv)		
TT	Lehrtext	Aufgabe	Umrechnung
Pr	INFORMIEREN, ANLEITEN	AUFFORDERN, ANLEITEN	INFORMIEREN
Th	einf. lin.	einf. lin.; mehrere Reihen	einf. lin.; Ketten
Gr	2. P. Imp., 3. P. mit math. Subjekt; math. WS; Schemata	2. P. Imp. in Anleitung, 3. P. in Aufg.stl.; teils verkürzte Syntax, Handelsws.; Maßeinheiten, Listen, Schemata	geringe Lexemvarianz; formelhafte Satzstellung; Zahlen, Maßeinheiten

In Wittenberg und Leipzig hatte auch CASPAR HÜTZLER (* 1500 Nürnberg) sein mathematisches Wissen erworben, bevor er sich in Lübeck niederließ, wo zwischen 1542 und 1544 sein niederdeutsches Rechenbuch *Eyn behende vnd kůnstrike Rekenbock* in Druck kam.[88] Neben HÜTZLER war vor allem FRANCISCUS BRASSER (vor 1520-1594) dort als Rechenbuchautor erfolgreich.[89] Seine Bücher wurden, als nach 1620 die ersten hochdeutschen Rechenbücher in Lübeck erschienen, 1651 noch ins Hochdeutsche übertragen und gedruckt.

4.3.3 Die Textsorte: Rechenbuch der Frühen Neuzeit

Textproduzent

Die Verfasser von Rechenbüchern lassen sich zwei Gruppen zuordnen: Teils waren es tatsächlich Rechenmeister, Leiter oder Lehrer einer (Rechen-)Schule wie U. WAGNER, A. RIES oder J. ALBERT, teils gehörten sie dem Gelehrtenstand an, hatten also eine Universitätsausbildung durchlaufen und waren auch weiterhin der Universität verbunden (J. WIDMANN, J. BÖSCHENSTEIN) oder in Berufen tätig, die einen gewissen Grad an Gelehrsamkeit voraussetzten, wie M. STIFEL als Pfarrer oder J. KÖBEL in der städtischen Verwaltung. Vielfach ist eine eindeutige Zuordnung zu einer sozialen oder ausbildungsbezogenen Gruppe aber nicht möglich: Der Rechenmeister RIES hatte seine mathematischen Kenntnisse in eigenen Studien erweitert, der Universitätslehrer

[88] Zu Leben und weiteren Schriften s. Reich 1996d.

[89] S. Reich 1996c. Sein Lehrwerk *Eyn nie vnd Wolgegründet Rekensbock* (Lübeck 1522) erlebte bis 1598 vier Nachdrucke.

BÖSCHENSTEIN unterrichtete auch an Latein- und deutschen Schulen.[90] Gemeinsam war ihnen jedoch in den meisten Fällen eine gewisse Lehrerfahrung, die sie im Unterricht an der Universität, an Schulen verschiedener Art oder auch durch Privatunterricht erworben hatten. Kontakt zu im Handel tätigen Personen oder Handwerkern ist dagegen nicht immer sicher nachzuweisen, was in manchen Rechenbüchern etwa in der Auswahl der Aufgaben auch zu spüren ist, sich auf die sprachliche Gestaltung jedoch nicht übermäßig auswirkt.

Textadressat und -rezipient

Adressaten- und Rezipientenkreis stimmten bei den Rechenbüchern im großen und ganzen überein. Waren es bei den ersten Rechenbüchern Ende des 15. Jhs. vorrangig Kaufleute, so verschob sich bzw. erweiterte sich der Kreis zunehmend auf angehende, junge Kaufleute oder Schüler einer Rechenschule bis hin zu Schülern und damit jungen Menschen in der 1. Hälfte des 16. Jhs. überhaupt.[91] Deutlich abgegrenzt wurde diese Gruppe des *gemeinen mannes*, der praktisch Tätigen, jedoch von den lateinisch geschulten Gelehrten, welchen die vorhandenen lateinischen Bücher Informationen in ausreichender Anzahl und angemessener Weise zur Verfügung stellten.

Kommunikationsintention

Die Motivation zum Verfassen von Rechenbüchern in der Volkssprache war größtenteils außermathematischer Art; sie lag in dem Bedürfnis, Probleme aus dem Alltag zu bewältigen. Die Autoren zielten daher auf die Vermittlung der nötigen Techniken für ein schnelles, sicheres und einfaches Rechnen. Auch wenn die vermittelten Techniken auf neue mathematische Kenntnisse aufbauten, verzichteten die Verfasser in der Regel auf Begründungen und logische Durchdringung der mathematischen Sachverhalte und beschränkten sich auf regelartige Handlungsanweisungen. Ziel der schriftlichen Kommunikation war also nicht eine Veränderung

[90] Das sich hier ergebende Verhältnis von Gelehrten zu Rechenmeistern unter den Verfassern von Rechenbüchern ist nicht unbedingt repräsentiv, da mathematikgeschichtlich herausragende Persönlichkeiten wie RUDOLFF oder STIFEL schon ausgiebige Untersuchung erfahren haben, während noch zahlreiche Rechenbücher von unbekannten Rechenmeistern existieren, die bisher kaum beachtet wurden. Da aber wirkungsreiche Werke etwa von RIES oder ALBERT, die für die Ausbildung der Textsorte 'Rechenbuch' und deren Bedeutung für die Sprachgeschichte des Deutschen sicherlich wichtig waren, mit in die Untersuchung einbezogen werden konnten, sind ihre Ergebnisse in bezug auf die Fragestellungen der Arbeit dennoch repräsentativ.

[91] Gegen Mitte des 16. Jhs. wurde in der *Deutschen Arithmetica* STIFELS (S. 255) der institutionelle Rezeptionsort Schule oder Unterrichtskreis dann durch die private Sphäre der einzelnen Hausgemeinschaft ersetzt.

der kognitiven Disposition, sondern die Vermehrung des Handlungswissens der Kommunikationspartner.

Kommunikationssituation

Die Rechenbücher in der 1. Hälfte des 16. Jhs. stammen vorwiegend aus dem südwestdeutschen und ostmitteldeutschen Raum, dazu aus wissenschaftlichen (Wien, Erfurt) oder wirtschaftlichen Zentren (Nürnberg).[92] Sie entstanden vielmals aus einer Unterrichtssituation (Universität, Schule, Einzelunterricht) heraus und fanden auch in einer solchen (Schule, Einzelunterricht) ihre Verwendung. Darüberhinaus konnten sie wohl zum Teil als Nachschlagewerk etwa im Handelskontor oder als Wissensspeicher dienen. Unsicher bleibt das Ausmaß, in welchem sie tatsächlich für das Selbststudium, d. h. das Aneignen des Stoffes ohne Hilfe einer vermittelnden Institution oder Person, genutzt wurden.[93]

Kommunikationsgegenstand

Die Grundlagen der Arithmetik bildeten als Kommunikationsgegenstand ein fest umrissenes Thema, dessen Struktur in vielen Hinsichten vorgegeben war und dessen Wahrheit nicht in Frage stand. Die Nennung von Autoritäten zur Verbürgung der Wahrheit nahm daher zunehmend redensartlichen Charakter an, zumal Namen und Werktitel lateinischer oder griechischer Gelehrter im Wissen der Rechenbuchrezipienten kaum Anknüpfungspunkte finden konnten.[94] Vermittelt wurde das im Alltag notwendige arithmetische Wissen,[95] dazu kamen in unterschiedlichem

[92] Zur räumlichen, zeitlichen und sozialen Ausdehnung der Rezeption s. auch S. 289.

[93] Dieses Maß ist wohl niedriger anzusetzen, als allgemein angenommen wurde. In vielen Fällen schließen Aufbau und sprachliche Gestaltung der Rechenbücher diese Rezeptionsmöglichkeit eigentlich aus.

[94] Ich würde daher den Unterschied zwischen gelehrt-lateinischen und praktisch-volkssprachlichen Texten nicht so sehr wie Vogel (1957, 39) in dem Gegensatz Vernunft/Glauben sehen. Denn in letzteren Texten wurde nicht das eigene Denken durch den Glauben an die Äußerungen von Autoritäten ersetzt — ob man die vermittelten Sachverhalte weiß bzw. versteht oder "nur" glaubt, war in erster Linie unwesentlich, der Unterschied lag vielmehr im Ziel der Kommunikation, also in dem Gegensatz Wissen/Handeln. Die Wendung *tu im also*, die Vogel als Beleg für seine Auffassung zitiert, scheint in ihrer imperativen Form auf einen autoritären, das eigene Denken ausschließenden Charakter der Texte hinzuweisen. Sie kann jedoch auch als Rest einer dialogischen Kommunikation verstanden werden, in der der Hauptakzent auf dem Wort *tu*, der Aufforderung zu einer Handlung liegt.

[95] Nur selten findet sich daher die Einteilung der ganzen Zahlen in 'Finger/digitus' (Einerzahl), 'articulus' (Zehnerzahl) und 'compositus' (zusammengesetzte Zahl) in Rechenbüchern (*Hildesheimer Algorismus*) als Relikt aus der mittelalterlichen Zahlentheorie (theoretische Arithmetik).

Maß, oft implizit in den Aufgaben, Informationen zu Handelsgewohnheiten (Waren, Plätze), Maßverhältnissen usw.[96] Als Rechenmethode wurde etwa gleich oft das Linien- wie das Ziffernrechnen gelehrt. In einigen Fällen (RIES, RUDOLFF) wurden beide Methoden gelehrt und ihre Vor- und Nachteile[97] angesprochen, wobei die Funktionen der Erläuterung der Methoden im Rechenbuch verschieden waren. Aus dem Kanon der sieben (neun) Rechenarten Numerieren, Addieren, Subtrahieren, Duplieren, Medieren, Multiplizieren, Dividieren (Reihenberechnung, Wurzelextraktion) fielen besonders beim Ziffernrechnen die Rechenarten Duplieren und Medieren mit der Zeit weg. Ebenfalls verzichteten die Autoren auf die Darstellung einiger Rechenpraktiken wie die Tolletrechnung oder Tauschgeschäfte, die in der Handelspraxis mittlerweile durch andere Praktiken ersetzt worden waren. Praxisrelevante Rechentechniken wie etwa Zins-, Gesellschafts- oder Mischungsrechnung wurden in den Aufgaben vermittelt, die größtenteils aus einem traditionellen Fundus stammten und lediglich in den Zahlangaben oder kulturellen Bezügen modifiziert wurden.

Format und Umfang

Die Drucke besaßen meist Oktavformat, wenn auch ihr Umfang von ca. 150 Seiten (RIES, WAGNER) bis ca. 480 Seiten (RUDOLFF) schwankte. Der Titel nannte Thema und (indirekt) Adressat, das Titelblatt selbst sowie der Text wurde durch einfache Bilder geschmückt.[98] Insgesamt handelte es sich um Bücher für den Gebrauch, die auch für weniger wohlhabende Personen erwerbbar sein sollten.

Makrostruktur und Teiltexttypen

Paratexte wie Widmungsvorrede oder Inhaltsverzeichnis waren oft kurz und thematisch wie sprachlich stereotyp. Metakommunikative Hinweise zum Textaufbau neben dem Inhaltsverzeichnis oder zur Lernmethode sind besonders anfangs spärlich und werden nur zögernd ausgedehnt. Der Aufbau der mathematischen Textteile war stark systematisiert — eine grundsätzliche Abweichung vom etablierten Schema findet sich nur bei ALBERT —, eine Vernetzung der einzelnen Abschnitte wurde nur in Ausnahmefällen (WIDMANN) geleistet.

---

[96] Je aktueller die Angaben waren, desto schneller veralteten die Rechenbücher. Dank der Verarbeitung von kommerziellem Wissen in Rechenbüchern können diese als Quelle für die Wirtschaftsgeschichte herangezogen werden.

[97] Giesecke (1992, 84/5) sieht im Ziffernrechnen ein Beispiel für die 'Verlegung' des Unterrichts *auf die symbolische Ebene*, während beim Linienrechnen die *Zahl durch materielle Gegenstände repräsentiert* wird.

[98] Natürlich finden sich auch hier Ausnahmen wie das binomische Dreieck auf dem Titelblatt zu APIANS Rechenbuch 1527 oder dem CRANACH-Schnitt bei ALBERT.

Zwei bzw. drei Teiltexttypen bestimmten die Gestaltung der Bücher: Lehrtexte, Aufgabe und — nicht in allen Fällen — Umrechnungen. Diese wurden mehr oder weniger unverbunden aneinandergereiht, wobei nur bei den Lehrtexten ein feste Abfolge eingehalten wurde. Die Aufgabensammlungen besaßen oft kompilatorischen Charakter, die Aufgaben selbst konnten unterschiedlich angeordnet und gebündelt sein, etwa nach der zur Lösung notwendigen Regel (WIDMANN) oder nach der Ware (RIES). Nur die *Regula detri* boten die Autoren regelmäßig in allgemeiner Formulierung dar, ansonsten führten sie Lösungsmethoden an konkreten Beispielen ein (Ausnahme ist hier wieder WIDMANN).

Lehrtext

Im Teiltexttyp 'Lehrtext' führten die Autoren anhand von Handlungsanweisungen, Beispielen und Anleitungen zu Proben in die jeweiligen Rechenarten ein. Unterschiedlich differenziert erfolgte vorher die Einführung der Bezeichnungen für die Rechenart bzw. eine inhaltliche Definition derselben.

In den darlegenden, mitteilenden Abschnitten dominieren die grammatischen Kategorien 3. Person, Aktiv und Indikativ, in den verkappt dialogischen, anleitenden Abschnitten der Imperativ der 2. Person; passivische oder konjunktivische Formen finden sich nur vereinzelt. Die thematischen Progressionen sind in der Hauptsache einfach linear bzw. besitzen ein gespaltenes Rhema bei Differenzierungen in verschiedene Unterfälle.

Aufgabe

Die Aufgaben dienten zur Einübung und Anwendung des zuvor in den Lehrtexten Erläuterten, konnten jedoch implizit auch zur Darstellung von Sonderfällen gebraucht werden. Ihr Aufbau erinnert an die traditionelle Rezeptform in der Dreiteilung von Aufgabenstellung, Rechenanleitung (Frage als Initiator) und Angabe des Ergebnisses. Diese Form war, obwohl in der Abfolge der Teile durch die lange Tradition etabliert, äußerst variabel in bezug auf die Länge der einzelnen Abschnitte.

Die Aufgabenstellung als mitteilender Abschnitt enthält Informationen mathematischer und handelsrelevanter Art; dementsprechend finden sich mathematische wie handelstypische Termini. Thematisch wird die Aufgabenstellung in der auffordernden Rechenanleitung aufgenommen bzw. sogar wiederholt. Gleiches geschieht in der gegebenenfalls anschließenden Probe.

Umrechnung

Thematisch, pragmatisch und grammatisch einfach und stereotyp gehalten sind die Umrechnungen. Rein informierend können sie einzeln zusammengestellt oder in Ketten aneinandergereiht (das Rhema des vorhergehenden Teiltextes wird zum Thema des folgenden) sein. Varianten finden sich nur in dem Ausdruck der Relation der Maßeinheiten in den Bezeichnungen wie *macht, kommt, gibt, machen* usw.

Morphologie

Die 3. Person in darstellenden, die 2. Person Imperativ in anleitenden Abschnitten wird nur selten durch andere Formen ersetzt; Passiv in Anleitungen (SCHREIBER) oder Konjunktiv II in Aufgaben (WAGNER) sind vereinzelte Sonderfälle (zum Vergleich mit heutigen Beispielen und möglichen Begründungen dieser Auswahl s. auch S. 307).

Syntax

Die Sätze sind meist kurz, parallel gebaut und mit der Konjunktion *und* verbunden. Die Satztiefe ist insgesamt gering, an Nebensatztypen herrschen Relativsätze neben Final- und Konditionalsätzen vor.[99] Zunehmend sind besonders die anleitenden Abschnitte durch die Eliminierung der als redundant erfundenen Satzglieder gekennzeichnet;[100] die sprachliche Darstellung wird dadurch formelhafter, Formeln selbst finden sich jedoch noch nicht. Nominalisierung, Attributhäufung oder Bevorzugung von Funktions- und Modalverben ist nicht in signifikantem Maß erkennbar.

Wortschatz

Ein mathematischer Wortschatz beginnt sich in dieser Zeit zwar auszubilden und zu festigen, alle Texte weisen jedoch noch Synonymreichtum auf. Dabei setzt sich ein fester Bestandteil an Latinismen besonders bei den Grundrechenarten durch. Daneben finden sich in den Aufgaben zahlreiche Termini aus Handel und Handwerk.

Zeichen, Symbole, Schemata

Bilder mit rein unterhaltender Funktion werden nur in geringem Maß in den Text gesetzt. Schemata und veranschaulichende Figuren finden sich dagegen regelmäßig; ein Bezug auf diese wird im Text meist gegeben, jedoch liegt ihr Informationsgehalt meist unter dem der sprachlichen Darstellung. Neu sind die indisch-arabischen Ziffern und das Stellenwertsystem, auf deren Einführung viel Mühe verwandt wird. Weitere Symbole wie das Minus- und das Pluszeichen werden zunehmend, aber insgesamt wenig gebraucht. Mathematische Formeln oder Gleichungen sind äußerst selten.

---

[99] Die Uneingeleitetheit der Konditionalsätze ist kein Merkmal der Fachsprachlichkeit, sondern eine gängige Gestaltungsweise in der frühneuhochdeutschen Syntax (Frnhd. Gr. § S 290).

[100] S. dazu auch Rösler 1988, 209.

Prototyp und Randfall

Die ersten Rechenbücher in deutscher Sprache Ende des 15. Jhs. stellten also ein Schema vor, das sich in der 1. Hälfte des 16. Jhs. unter geringer Veränderung etablierte und festigte und sich insgesamt in fast jeder Hinsicht recht konstant erzeigte. Als Prototyp der Textsorte 'Rechenbuch der Frühen Neuzeit' kann daher sowohl das frühe *Bamberger Rechenbuch 1483* wie auch das *2. Rechenbuch* von A. RIES oder das Rechenbuch H. SCHREIBERs von 1521 genannt werden. Das ausführliche und theoretisch durchdrungene Rechenbuch von J. WIDMANN zeigt doch in einigen Punkten Abweichungen von der oben skizzierten prototypischen Form der Rechenbücher, die es als Randfall, wenn auch nicht als Grenzfall der Textsorte kennzeichnen.

4.4 Rechenbücher in europäischen Volkssprachen

Vor der Untersuchung einiger frühneuhochdeutscher mathematischer Texte gelehrten Charakters sei hier ein exkursartiger Blick auf die entsprechenden Textsorten in anderen Ländern Europas, d. h. des alten Abendlandes geworfen. Das Phänomen der Niederlegung wissenschaftlicher Themen in der Volkssprache war natürlich nicht auf den deutschen Sprachraum beschränkt; schon angesprochen wurde die Vorreiterrolle, die Italien auch hier — wie in vielen anderen literarischen oder auch wirtschaftlichen Bereichen — übernahm, indem volkssprachliche Rechenbücher ab dem 14. Jh. verfaßt wurden.[101] In dem folgenden Jahrhundert entstanden wie im deutschen Sprachbereich etwa auch in Frankreich, Spanien, England, Dänemark und den Niederlanden Rechenbücher in der Volkssprache, welche neben dem Stoff durch die jeweiligen politischen, sozialen und wirtschaftlichen Bedingungen und spezifischen Sprachenverhältnisse determiniert wurden. Die Übereinstimmung in Thema, Textproduzent und -rezipient sowie Intention weisen sie jedoch als Rechenbücher aus und machen somit einen Vergleich mit den deutschsprachigen Rechenbüchern statthaft.

Bisher galt für alle wissenschaftlichen Texte das Lateinische als allein gültiges Kommunikationsmittel, Textproduzent wie -rezipient gehörten einem europäischen Gelehrtentum an. Das Lateinische als Universalsprache, als die Einzelsprachen übergreifendes Verständigungsmittel funktionierte aber auch als Abgrenzung vom *gemeinen man* und war damit recht frei von einzelsprachlichen oder -kulturellen Merkmalen. Mit dem Auf-

---

[101] Eine Liste mit mathematischen Handschriften s. Franci/Toti 1988, 12–14; in diesen meist auf toskanisch verfaßten Texten wurde bis auf die Zahlen alles ausgeschrieben.

kommen von Texten in den Volkssprachen kann nun eine Modifizierung von Inhalt und Darstellung durch den Textproduzenten verbunden sein. Hierbei ist jedoch stets in Erinnerung zu behalten, daß besonders mit den ersten Texten Übersetzungen und nicht Originale vorliegen; hierdurch mögen interlinguale Unterschiede weniger zu verzeichnen sein wie auch aufgrund der Tatsache, daß es sich bei Rechenbüchern um Fachliteratur handelt, die Texte also durch eine Fachlichkeit geprägt sind, die Sprach- und Kultureigenheiten wenig Raum läßt;[102] statt derer mag man eine Ausbildung fachsprachlicher Universalien erwarten.[103]

4.4.1 Portugal, Spanien, Frankreich

Okzitanische Texte

Die ersten rechenpraktischen Texte in Frankreich[104] entstanden in den Regionen am Mittelmeer und in Flandern (Lafont 1967, 245). Drei frühe Texte in okzitanischer Sprache — einer in handschriftlicher Überlieferung, zwei in Drucken — aus dem Süden Frankreichs sind bisher bekannt. Wohl um 1430 entstanden ist die Arithmetik in der Handschrift Paris, Bibliothèque Nationale, Sign.: Ms fr.n*elles* acq. 4140, f. 16r–117r[105],

[102] Aufgabe eines solchen interlingualen Vergleichs von Aufbau und Gestaltung kann auch in einer Einschätzung der Bedeutung des Inhalts im Verhältnis zu der der Sprache oder Kultur für die Gestaltung des Textes liegen. Hier will ich jedoch allein die Unterschiede dokumentieren, ohne auf für diese Arbeit nicht relevante Spekulationen, ob diese aus der Sprache oder der Kultur stammen, weiter einzugehen.

[103] S. dazu auch S. 310. In dieser Zeit eine *internationale Terminologiestandardisierung* (Spillner 1983, 112), wie sie bei Wüster grundlegend durchgeführt wurde, zu erwarten, ist jedoch sicherlich unangemessen.
Auch heute lassen sich in extrem fachlichen und standardisierten Textsorten einzelsprachliche Einflüsse in erstaunlich hohem Maße feststellen, s. die Untersuchung von Wetterberichten in deutscher, französischer und italienischer Sprache durch Spillner 1983, der starke Differenzen z. B. in der Syntax aufzeigen kann. Generell liegen die Unterschiede weniger auf der thematischen als auf den pragmatischen und grammatischen Ebenen (Sachtleber 1993b, 66).

[104] Zu Rechenbüchern in spanischer oder portugiesischer Sprache s. Frick 1945; Hoock/Jeannin 1991. Das erste portugiesische Rechenbuch *Tratado da pratica Darismetyca* von GASPAR NICOLAS wurde 1519 in Lissabon von dem deutschen Drucker VALENTIN FERNANDES gedruckt und erlebte bis zum Jahr 1716 mehrere Ausgaben. Inhaltlich lehnt es sich stark an das Buch von PIETRO BORGI (Venedig 1484) an. 1512 erschien in Spanien die *Suma de Arithmetica* des JUAN DE ORTEGA, die im gleichen Jahr auch in Lyon erschien und im Jahr 1515 als Übersetzung ins Französische eine der ersten Arithmetiken in dieser Sprache darstellte.

[105] Edition Sesiano 1984.

ausgerichtet zwar auf die praktische Anwendung, die grundlegende Theorie deswegen jedoch nicht vernachlässigend. Diese Arithmetik liegt im Niveau fachlich über den beiden gedruckten Werken von FRANCÉS PELLOS (Turin 1492) und JOHAN FRANCES FULCONIS (Lyon 1562) im nizzanischen Dialekt (Sesiano 1984, 27); direkte Einflüsse der Handschrift lassen sich auf die Arithmetiken von PELLOS, aber auch N. CHUQETs feststellen.

Kurzanalyse 12: FRANCÉS PELLOS: *Compendion de l'abaco* (1492)

Ein seltenes Beispiel für einen okzitanischen wissenschaftlichen Text vom Ende des 15. Jhs. ist die Einführung *Compendion de l'abaco* (Turin 1492)[106] des FRANCÉS PELLOS, Mitglied einer adligen Familie aus Nizza. Sein Werk richtet sich *a un cascun, per so que las dichas arts son necessari, nedum a merchans, mas ad ogni persona de che condition se vulha sia* (18).

(ME)	FRANCÉS PELLOS: *Compendion de l'abaco* (1492)
KG	Ziffernrechnen, Geometrie
KP	P: ?; R: Kaufleute, Handwerker
KS	EO: Nizza, EZ: 1492, EI: ?; GO: Südfrankreich, GZ: 1. H. 16. Jh., GI: ?
KF	Druck; 8° ?, 82 f.

Nach einem Überblick über die Kapitel mit Blattangaben und Tafeln beginnt PELLOS mit der Erläuterung der Rechenarten (Numerieren, Addieren, Subtrahieren, Multiplizieren, Dividieren, Reihen, Wurzelziehen) mit indisch-arabischen Ziffern, die Proben (Siebenerprobe) werden dabei in ein eigenes Kapitel (K. 9) zusammengefaßt. Anschließend behandelt er das Rechnen mit Brüchen, wobei er die Kürzungsregeln an den Schluß setzt (99/100). Diesem aus Lehrtexten und Beispielen/Aufgaben bestehenden Teil folgen mehrere Kapitel mit Regeln (*Regula detri, falsi*, Gesellschaften, Tausch usw.) und Aufgaben auch aus dem Alltag. Das Buch beschließt eine kurze Einführung in die Geometrie mit Aufgaben zur Flächenberechnung (darunter auch Aufgaben mit Türmen, 216, 219; mit dem Zelt, 217/8).

Die Anleitungen sind ausführlich und in Einzelschritte *regula* differenziert dargestellt. So beginnt die Erläuterung der Addition mit der Anweisung, wie die Zahlen untereinander zu schreiben seien *La maniera ajustar los numbres* (20); die folgenden *tres regulas* (20) geben an, die jeweils untereinanderstehenden Zahlen zu addieren (1) und erläutern das Vorgehen, wenn die Addition dieser Zahlen 10 (2) bzw. eine Zahl über 10 (3) ergibt. Einem allgemeinen Beispiel schließt sich eine Aufgabe mit bezeichneten Zahlen und eine Liste der Verhältnisse nizzanischer Maße an *Item 1 quintal a Nisa val 100 rotols. Item 1 rotol [...]* (23). Auch die Erläuterungen der Regeln folgen diesem differenzierten Aufbau:

[106] Edition Lafont 1967; zitiert wird nach den Seitenzahlen der Edition.

> *regula de tres causas [...].*
>
> *In aquest capitol yeu ti voli donar brava maniera he via per laqual tu laugiarament en general podes prestament trobar sensa grandas fatigas totas causas che voles comprar aut revendre. Et sapias che aquest capitol s'apella lo capitol et regula de tres causas. Car en cascun rason de merchantias son necessaris tres numbres.*
>
> *Le prumier numbre. [...].* (101)

Die nach Regeln geordneten Aufgaben sind durch formelhafte Wortfolgen *Item, Demandi, Fay ensins, he es fach* (131/2, 141) in Aufgabenstellung, Frage, Durchführung der Rechnung und Ergebnis (teilweise auch Probe *si tu voles provar*, 131) gegliedert.

> *Item un senhor vol fare un castel, he ha trobat un mestre che dis che lo val far en un mes, et un autre dis che lo vol far en 2 meses, et un autre che lo val far en 3 meses. Dys lo segnor che dejan obrar ensemble, perche lo dich segnor vol plus prest che sia possibile sia fach lo castel. Demandi en quanto temps sera fach lo dich castel [...]. Fay ensins: [...] troberas en jours 16 he quatre unsens [...], he es facha ta rason.* (141)

Der Imperativ wird entsprechend der Gewohnheit mittelalterlicher okzitanischer Texte nur zögernd gebraucht und durch den Indikativ oder Subjonctif ersetzt (Lafont 1967, 238).

(MI) Francés Pellos: *Compendion de l'abaco* (1492)			
GG	Tafeln (13–17) // Vorrede (18) // Rechnen mit ganzen Zahlen (K. 1–9, 18–54) // Rechnen mit Brüchen (K. 10, 54–101) // Regeln und Aufgaben (K. 11–17, 101–196) // Geometrie (K. 18, 197–221)		
TT	Lehrtext	Aufgabe	Maßverhältnisse
Pr	ANLEITEN, INFORMIEREN, AUFFORDERN	EXEMPLIFIZIEREN, AUFFORDERN	INFORMIEREN
Th	einf. lin., dafür mehrere TR-Reihen	einf. lin., mehrere Reihen, Rückgriffe	einf. lin., TR-Ketten
Gr	2. P. (Ind., Subj. und Imp.), 3. P.; Kond.-, Rel.sätze; Zahlen	2. P., 3. P.; in Rechnung verkürzte Syntax; Alltagsws.	formelhafte Syntax; Zahlen, Einheiten

Französische Texte

Nur vier gedruckte Handelsarithmetiken in französischer Sprache sind bisher aus der 1. Hälfte des 16. Jhs. bekannt. Neben zwei anonymen Werken (1512 und 1515 in Paris) handelt es sich hierbei um eine Übersetzung des ursprünglich spanischen Rechenbuches von Juan de Ortega (Lyon 1515) und die *Larismethique nouellement composee* des Estienne de la Roche (Lyon 1520), eine Kompilation aus Werken von NICOLAS CHUQUET und anderen Autoren (u. a. L. PACIOLI), durchmischt mit eigener Erfahrung aus der Praxis (Stillwell 1970, 67).[107] Die Gestalt des NICOLAS CHUQUET (†1488 Lyon) ragt in der Mathematikgeschichte im Frankreich des 15. Jahrhunderts heraus.[108] Er ist Verfasser eines mathematischen Manuskriptes *La Triparty en la science des nombres* (1484)[109] — einer Abhandlung über arithmetische und algebraische Methoden mit Aufgaben —, einer Geometrie und einer Arithmetik für die Praxis *Comment la science des nombres peult s'appliquer au fait de marchandise.*

Kurzanalyse 13: ESTIENNE DE LA ROCHE: *Larismethique nouellement composee* (1521)

Die *Larismethique* des ESTIENNE DE LA ROCHE[110] wurde 1520 in Lyon durch CONSTANTIN FRADIN gedruckt. Zu Beginn seines ausführlichen Inhaltsverzeichnisses geht DE LA ROCHE auf die Arithmetik *qui vulgayrement est appellee algorisme* (2r) als erste der mathematischen Wissenschaften innerhalb der *artes liberales* ein, *sans laquelle les aultres troys [des 7 ars liberales] cestassauoir Geometrie Astronomie et Musique ne peuuent sortir leur effectes* (2r). Nach Verweisen auf ISIDOR und BOETHIUS folgt eine in sich stark differenzierte Übersicht über den Inhalt des Buches, das aus zwei Teilen besteht, *dont la premiere tracte des proprietes perfectiones et regles de la dicte science* (Titel), der zweite widmet sich der *practique dicelle applicquee en fait de monnoyes en toutes marchandises* (Titel); diesem schließt sich eine kurze *geometrie applicquee* (Titel) an.

(ME)	E. DE LA ROCHE: *Larismethique* (1520)
KG	Ziffernrechnen, Aufgaben, prakt. Geometrie
KP	P: Rechenmeister; R: ?
KS	EO: Lyon, EZ: 1520, EI: ?; GO: ?, GZ: ?, GI: ?
KF	Druck; 4°, ca. 230 f.

Ähnlich wie bei WIDMANN wird jeder der Teile mehrfach weiter untergliedert: *La premiere partie [...] est diuisee en six differences* (2r). In der ersten *difference* werden in wiederum sechs Abschnitten einfache Themen der elementaren

[107]Während dieser Zeit entstanden auch wissenschaftliche Werke auf französisch. Um 1550 ist insgesamt ein Wandel in der französischen mathematischen Literatur festzustellen (Davis 1960).

[108]S. dazu z. B. die Aufsätze in Hay 1988, Teil II. NICOLAS CHUQUET hatte eventuell studiert und war Baccalaureus der Medizin, wird jedoch in Lyon als Schreiber aufgeführt. Es ist anzunehmen, daß er wie andere Berufsmathematiker Kaufmannssöhne unterrichtete (Benoit 1992, 308).

[109]Kodikologische Angaben auch zum folgenden s. Hay 1988.

[110]Er lehrte 25 Jahre lang in Lyon als Rechenmeister (Davis 1960, 28). Ein Exemplar der Arithmetik liegt in München, Bayerische Staatsbibliothek, Sign.: 4° Math. p. 182.

Zahlentheorie, Folgen, Proportionen etc. behandelt; die beiden nächsten lehren das Rechnen mit ganzen Zahlen *nombre entier* (2r; *numeracion, addicion, soustraction, multiplicacion, diuision*, 2v) und Bruchzahlen *nombre rout* (2r). Drei weitere füllt DE LA ROCHE mit Regeln (*regle de troys: La regle dune faulse position [...]*, Titel), Wurzelziehen und Quadratzahlen. Die angewandte Arithmetik (Teil 2) ist nach Waren in 10 Kapitel geteilt.

Die einzelnen Lehrtexte und Aufgaben sind ausführlich und in Schritte gegliedert.

> *Le second chapitre tracte de addition.*
>
> *ADiouster si est deux ou plusieurs nombres ioindre en vng qui tout seul soit egal aux nombres adioustez. Pour la quelle chose entendre il conuient scauoir que en addition se treuuent deux maniere de nombre [...]. Pour adiouster il conuient premierement poser les nombres que lon veult adiouster lung soubz lautre [...].* (7 r)

Der lateinische Terminus in der Überschrift wird im ersten Satz des Fließtextes ohne weiteren Hinweis durch einen volkssprachlichen Terminus ersetzt, der daraufhin definiert wird.[111] Der Anweisungsteil beginnt mit den zu beachtenden Bedingungen, bevor der erste Schritt des eigentlichen Rechenvorgangs, das Untereinanderschreiben der Zahlen, beschrieben wird. Ebenso deutlich sind die unterschiedlichen Teile in den Aufgaben markiert: Dem Beginn *Plus vng marchant* folgt die Aufgabenstellung, Frage, Rechenanleitung *Responce* und Ergebnisangabe; Zwischenrechnungen und -ergebnisse sind abgesetzt (96r). Weitere Gliederungszeichen sind Schemata zu Rechnungen und zahlreiche Zierbuchstaben zu Beginn größerer Abschnitte.

(MI) E. DE LA ROCHE: *Larismethique* (1520)		
GG		
TT	Lehrtext	Aufgabe
Pr	INFORMIEREN, ANLEITEN	AUFFORDERN, ANLEITEN
Th	mehrere TR-Reihen; ein.lin.; gesp. Rhema	
Gr	3. P.; Proformen, ausgebautes textint. Veweissystem; Konds., Rels.)	

4.4.2 Niederlande, Dänemark, England

Niederländische Texte

In der 1. Hälfte des 16. Jhs. bildeten Rechenbücher in der mittelniederländischen Volkssprache neben französischen und lateinischen Werken eher die Ausnahme.[112] Wohl das älteste Rechenbuch, das in den Niederlanden in der Volkssprache erschien, ist die 1508 in Brüssel bei THOMAS

[111] Zur Ausbildung der französischen Termini s. Huillier 1994.

[112] Besonders in Antwerpen erschienen zahlreiche lateinische Rechenbücher wie

VAN DER NOOT gedruckte *Die maniere om te leeren cyffren na die rechte consten Algorismi. Int gheheele ende int ghebroken.*[113] 1510 und 1569 erschienen weitere Ausgaben der *Maniere*;[114] ebenfalls ging sie wohl in einen Kalender von JAN SEVERZ aus dem Jahre 1527 ein. 1537 erschien von GIELIS VANDEN HOECKE das zweite mnl. Rechenbuch *Een sonderlinghe boeck in dye edel conste Arithmetica* in Antwerpen. Erst in der zweiten Hälfte des 16. Jhs. sollten zahlreiche neue Texte die *Maniere* endgültig ablösen (Kool 1988, 148ff.); ihr blieb jedoch eine Initialstellung in den Niederlanden und ein Einfluß über diese hinaus (Bockstaele 1959, 67; s. S. 248).

Kurzanalyse 14: *Maniere om to leeren* (1508)

Die *Maniere* ist ein Oktavbüchlein und behandelt auf 48 Blättern das Rechnen mit den indisch-arabischen Ziffern. In der Vorrede finden sich einige der für wissenschaftliche (lateinische) Texte topischen Zitate und Bezüge: Die Notwendigkeit der Arithmetik für alle anderen freien Künste wird angeführt und durch Zitate von AUGUSTINUS und ARISTOTELES auf Latein mit Übersetzung untermauert. Als Quellen standen dem Autor aber neben den von ihm zitierten Texten zeitgenössische Rechenbücher oder Aufgabensammlungen zur Verfügung, die Übernahme einzelner Aufgaben mit gleichen Zahlangaben (Bockstaele 1959, 65) läßt sogar auf die Kenntnis des *Algorismus Ratisbonensis* schließen. Weitere Hinweise zur Intention, zu Adressaten oder dem Autor selbst lassen sich nicht finden.

(ME)	*Maniere om to leeren* (1508)
KG	Ziffernrechnen, Aufgaben
KP	P: ?; R: Kaufleute ?
KS	EO: Brüssel, EZ: 1508, EI: ?; GO: Niederlande, GZ: 1. H. 16. Jh., GI: ?
KF	Druck; 8°, 48 f.

Der eigentliche Rechenbuchtext umfaßt drei Teile: das Rechnen mit ganzen Zahlen (Abschnitt 1–7, 1r–22r), das Rechnen mit Brüchen (Abschnitt 8–14, 22r–29r) und eine Aufgabensammlung (ab 29v).[115] Die Behandlung der Rechenarten — Numerieren, Duplieren und Medieren werden noch als eigene

1540 die *Arithmeticae practica* von GEMMA FRISIUS, eine Einführung in theoretische Grundlagen und Anwendungen im Handel, die bis zum Ende des Jahrhunderts über 50 Ausgaben erlebten (Burger 1929; Struik 1936; Kool 1988, 148).

113 Exemplar in Brüssel, Königliche Bibliothek, s. Bockstaele 1959.

114 Die erweiterte Ausgabe von 1510 wurde bei WILLEM VORSTERMAN in Antwerpen gedruckt; die Ausgaben von 1569 ebenda von JAN VAN GHELEN.

115 Zitiert wird nach den Abschriften in Bockstaele 1959 mit der Blattangabe des Originals. In den Nachdrucken wurde als vierter Teil eine Einführung in das Linienrechnen für schreibunkundige Leser angehängt.

Rechenarten angesehen — erfolgt in der gewohnten Reihenfolge, *anders doedi verloren arbeyt* (2r). Auch der Aufbau und die Gestaltung der einzelnen Abschnitte entsprechen dem nunmehr bekannten Schema. Sie beginnen mit *Additio es een twee drie oft meer sommen te gader doen oft adderen* (4r); der dargestellte Rechenvorgang wird an Beispielen eingeübt und mittels einer Probe (Siebenerprobe, Umkehrprobe) überprüft. Auch in diesem Rechenbuch wird nur die nötige Regel gelehrt, aber weder erklärt noch gerechtfertigt. Die Aufgabensammlung *Hierna volghen veel schoone reghelen* (29v) bietet Aufgaben praktischer, aber auch theoretischer Natur; eingeleitet wird sie durch die *Regula de tri* (*ghulden reghel*, 30r): *In desen reghele moetman 3 ghetalen begripen, vanden welcken die 2 bekint sijn. ende dat derde es onbekent* (30r).[116] Der Lösungsweg bei den einzelnen Aufgaben wird mit den Worten *Wildi dese questie solueren Soe moetty altoes [...]* (30r) eingeleitet. Auch hier wird nicht eine logische Erklärung zum Zweck einer Einsicht beim Adressaten angestrebt, sondern allein eine mechanische Rechenvorschrift vermittelt. Weitere Aufgabengruppen beschäftigen sich mit Gesellschafts- (*reghel van gheselscape*, 35r), Teilungs- (43r), Wechsel- (42v), Stichaufgaben (*reghel van barteringhen*, 36v) oder solchen aus der Unterhaltungsmathematik. Die Teiltexttypen 'Lehrtext' und 'Aufgabe' bestimmen auch hier die Gestaltung des Rechenbuchtextes.

Lehrtext:

> *Wildi adderen broken die ongelijcke noemers hebben als $\frac{2}{3}$ tot $\frac{3}{4}$ Soe multipliceert die cruyswijs Ende segt 3 werf 3 es 9 ende 2 werf 4 es 8 Die addeert tot 9 wort 17 Daer na multipliceert die noemers tsamen Ende segt 3 werf 4 es 12 die set onder 17 Ende so staghet aldus $\frac{17}{12}$ Dats 1 ende $\frac{5}{12}$.* (23r)

Aufgabe:

> *Het lach een man in sijn dootbedde di een wijf hadde groot ghaende van kinde. Dese man besette sijnre voersreuen huysvrouwe 3000 lb. [...] Daerom es die vraghe wat ieghelijk hebben sal [...].* (40r)

Bilder und Schemata werden mit Ausnahme einer Multiplikationstafel auf dem Titelblatt, auf die bei der Einführung der Multiplikation aber nicht Bezug genommen wird, nicht eingesetzt; bei den Ziffern wird die neuere Schreibweise benutzt, der Bruchstrich ist bekannt, andere Symbole wie z. B. das Minus- und Pluszeichen nicht; zur Angabe des Ergebnisses steht *facit, mect, comt* (68). Die Terminologie ist wie bei den vorher besprochenen Texten eine Mischung aus genuin lateinischen Termini *divideren (doer/mit)* (71), meist in volkssprachlicher Flexion, und volkssprachlichen Äquivalenten *deylen (met)* (71).

[116] Auf den Fehler — der Dreisatz geht von drei bekannten Größen aus — macht schon Bockstaele (1959, 63) aufmerksam.

(MI): *Maniere om to leeren* (1508)		
GG	Ziffernrechnen (1–14, 3r–29r) //	Aufgabensammlung (29v–48v)
TT	Lehrtext	Aufgabe
Pr	ANLEITEN, -WEISEN, INFORMIEREN	ANLEITEN, AUFFORDERN
Th	einf. lin., gesp. Rhema	einf. lin., gesp. Rhema
Gr	Imp., 3. P. S.; kurze Sätze, uneingel. Konds.; Ws aus Math.; Ziffern	3. P. S., uneingel. Konds.; Ws aus Math. und tägl. Leben

Dänische Texte

Als einzige direkte Nachbarsprache des Dänischen spielte das Deutsche in vielen Bereichen des Lebens in Dänemark eine wichtige Rolle. Ende des 15. Jhs. ist eine lebhafte Übersetzungstätigkeit feststellbar, die sich auch auf Lehrbücher und Gebrauchsanweisungen erstreckte. Während wissenschaftliche Werke meist auf Latein verfaßt wurden, finden sich Texte etwa über Rechnen oder Geometrie für den Nichtgelehrten sowohl in dänischer wie in deutscher Sprache (Winge 1992, 162/3).[117]

Zwei der frühen dänischen Rechenbücher erschienen 1552: die *Arithmetica Regnekunst, bode med cyphert oc Regnepennigh* von Claus Lauridsen Skavbo (Paris 1552) und eine Übersetzung eines deutschen Rechenbuches durch Hans Veyer mit dem Titel *En Kaanstelig och nyttelig Regne Bog, faar Scriffuere, Fogeder, Købmend, [...] paa Linyerne met Regne pendinge, och met Zifferne vdi heelt och brødit tal* (Wittenberg 1552). Erst die folgenden beiden Bücher sind in Dänemark selbst gedruckt. 1560 erschien in Kopenhagen *En ny konstig regne Bog, udi Tal maader oc Vecter, paa Lynnerne och met Ziffre [...] er dennem som bruge Verdzslig handel oc Kiøbmandskaff* von Anders Olsen und 1576 in Odense das von Hans Lang nach eigenen Angaben aus lateinischen, deutschen und dänischen Rechenbüchern zusammengeschriebene *Ny regnekonstis Bog, baade paa Linier oc met Siphre.* Alle diese Texte behandeln sowohl das Ziffern- wie das Linienrechnen und führen die Formel *vdi heelt och brødit tal* (Veyer) im Titel; die Abhängigkeit von den Vorlagen wird explizit in zwei Titeln angesprochen.

[117]Insgesamt ist die Sprache der Handwerker in dieser Zeit stark mit deutschen Lehnwörtern durchsetzt (Winge 1992, 155). Auch die Schullandschaft in Dänemark spiegelt diese Dreisprachigkeit wider: Neben den Lateinschulen entstanden Schreib- und Rechenschulen mit Unterricht in dänischer oder deutscher Sprache (Winge 1992, 148; persönliche Mitteilungen von Henri Mikkelsen 1997).

Englische Texte

Ein später Einsatz in wenigen Werken ist auch bei gedruckten Rechenbüchern auf englisch zu beobachten. Abgesehen von der frühen *Arsmetrike and whereof it proceedeth* (Westminster 1481; Stillwell 1970, 45) beginnt die Niederlegung arithmetischen kaufmännischen Wissens erst rund 40 Jahre später mit dem lateinischen Text *De arte supputandi* (London 1522; Stillwell 1970, 71) von CUTHBERT TUNSTALL, der sich eng an die *Summa* des LUCA PACIOLI anlehnte. Auch für das volkssprachliche Rechenbuch *An introduction for to lerne to recken with the pen, or with the counters accordynge to the trewe cast of Algorysme* (St. Alban 1537), das mit acht Ausgaben bis 1629 lange Zeit in Gebrauch war, dienten Rechenbücher in anderen Volkssprachen, nämlich die *Maniere om to leeren* (1508) und *La vraye maniere*[118] (1530/7) als Vorlage. Einzelne Teile wurden dabei wörtlich übersetzt, wenn sich auch Überarbeitungsspuren etwa in der Auslassung *superfluouse and voyde thinges* (Richeson 1947, 49) finden lassen. Erkennbar sind die beiden Vorlagen aber an den aus dem französischen Text übernommenen Städtenamen und der uneinheitlichen, jeweils aus den Vorlagen übernommenen Terminologie.[119] Die andere gedruckte Arithmetik der 1. Hälfte des 16. Jhs. mit großem Einfluß stammt von ROBERT RECORDE *The grounde of artes, teachyng the worke and practise of arithmetike* (London 1542).[120] Eine Hochblüte der praktischen Mathematik beginnt in England erst in der 2. Hälfte des Jahrhunderts (Johnston 1996, 95).

4.4.3 Das Rechenbuch als europäische Textsorte

Ein Blick auf diese Auswahl arithmetischer Lehrwerke in der Volkssprache im 16. Jh. scheint die Aussage von Smith (1932, 152) zu bestätigen: *We have simply to examine the list of arithmetical topics and the customs of exchange and trade in France, Holland, and England to see how influential were the Italian and German books [...] upon the commercial textbooks of the succeeding century.* Einfluß konnten jedoch, wie oben bei der ersten gedruckten englischen Arithmetik *An introduction* zu sehen, auch Texte in anderen Volkssprachen üben. Es bleibt aber die große

[118]Entgegen erster Annahmen handelt es sich hierbei nicht um eine Übersetzung des niederländischen Werkes; zum Inhalt s. Bockstaele 1960, 317/8.

[119]Zum Inhalt ausführlich Richeson 1947; Bockstaele 1960.

[120]Smith 1932, 150; sie erlebte bis zum Ende des Jahrhunderts 18 Ausgaben. RECORDE ist für die Einführung des Gleichheitszeichens = in seinem algebraischen Werk *The whetstone of witte* (London 1557), größtenteils einer Wiederholung der *Algebræ [...] descriptio* von J. SCHEUBEL, bekannt (Reich 1996a, 186).

Abhängigkeit, die sich zwischen allen diesen rechenpraktischen Texten in Volkssprachen zeigt, über die Sprachen, politischen oder nationalen Grenzen hinweg. Die ersten Werke waren dabei meist Übersetzungen oder Kompilationen von Werken aus anderen Sprachen (s. als Beispiele England oder Dänemark), bevor Bücher von Autoren aus dem eigenen Land verfaßt und gedruckt wurden.

Beobachtungen bei den Texten in deutscher Sprache finden sich bei Rechenbüchern in anderen europäischen Volkssprachen wieder. Der Umfang der Texte kann schwanken, die *Larismethique nouellement composee* ist z. B. sehr umfangreich und ausführlich. In ihr wie in dem okzitanischen Rechenbuch fällt zudem die typographisch und durch Enumeratoren hervorgehobene Aufteilung des Gesamtablaufs eines Rechenvorgangs in Einzelschritte auf, wie sie im Deutschen etwa auch bei SCHREIBER zu sehen war.

Generell zeigte sich Aufbau und sprachliche Gestaltung mehr von der Intention des Autors als von der Sprache abhängig. Übereinstimmungen gab es hierbei auf allen Ebenen, von den Teiltexttypen bis zu ihrer pragmatischen, thematischen und grammatischen Gestaltung. Einzelsprachenbedingte Unterschiede sind natürlich auf der grammatischen Ebene z. B. in der Wahl des Subjonctifs anstelle des Imperativs im *Compendion de l'abaco* festzustellen. Maßeinheiten, Städtenamen und Waren entstammten meist ebenfalls der Umgebung des Textentstehungsortes, bei Übersetzungen konnte aber auch hier eine Angleichung unterbleiben. Man kann bei Rechenbüchern daher wohl von einer europäischen Textsorte sprechen, deren Stellung im Textsortenspektrum der jeweiligen europäischen Volkssprache in der Frühen Neuzeit jedoch einzeln zu bestimmen ist.

4.5 Wissenschaftliche mathematische Werke

Im Entstehen einer mathematischen Literatur für die Praxis, d. h. für den *gemeinen man* auf der einen Seite und Weiterentwicklungen mathematischer Theorien auf der anderen Seite wie der Coß im 15./16. Jh. ist der Ansatz einer Trennung von angewandter und reiner[121] bzw. praxisorientierter Mathematik und theoretischer Mathematik um ihrer selbst willen zu erkennen. Erst im 17. Jh. wird diese Trennung zwar auch aufgrund inhaltliche Unterschiede, also in der Auswahl der Themen generell

[121]Diese Bezeichnungen sind heute in der Mathematik anders belegt, werden hier aber dennoch benutzt, da sie den Unterschied gut kennzeichnen; zudem wird dadurch auch noch einmal darauf hingewiesen, daß auch unter dem Begriff 'Mathematik' im 16. Jh. etwas anderes zu verstehen ist als heute.

möglich (Schneider 1986, 119), intentional betrachtet ist sie jedoch schon im frühen 16. Jh. spürbar.[122]

Die theoretische Mathematik baute dabei auf das gesamte mittelalterliche Spektrum mathematischer Bereiche — *speculativa* wie *practica* — auf; sie leistete aber zunehmend eine Theoretisierung der praktischen Mathematik durch Systematisierung und Abstrahierung wie z. B. die Einführung von Symbolen in den Werken der deutschen Coß oder die Anerkennung der irrationalen und negativen Zahlen durch M. STIFEL in der Mitte des 16. Jhs. Die angewandte Mathematik hingegen entstand durch ein Zusammenschmelzen des mittelalterlichen gelehrten Wissens — Theorie, *kunst, ars* — und des mündlich tradierten Wissens der Praktiker — Praxis, *brauch* — um 1500. Hierbei ist der Einfluß der theoretischen Mathematik unterschiedlich stark und wird von den Verfassern der praxisorientierten Werke mit unterschiedlicher Absicht eingesetzt. In Hinblick auf Rechenbücher kann man sehen, daß zwar Neuerungen wie das Rechnen mit den indisch-arabischen Ziffern in die Praxis und damit in die praktischen Texte Eingang fanden, allerdings nur aufgrund ihres praxisrelevanten Vorteils, sicherer und schneller Ergebnisse zu liefern; der mathematische, theoretische Hintergrund fand meist kein Interesse, d. h. auch keine Vermittlung in diesen Werken. Versuche, praktischen Nutzen und theoretische Erkenntnis kombiniert in Texten für den *gemeinen man* darzubieten, wie sie A. DÜRER (s. S. 278), aber auch J. WIDMANN unternahmen, konnten sich zu dieser Zeit nicht durchsetzen.

Die Sprache der wissenschaftlichen, forschenden Mathematik blieb aus Gründen der Tradition, ihrer ausgebildeten Differenzierung in bezug auf Lexik und Syntax, der Distanzierung zum Nichtgelehrten einerseits und der grenzübergreifenden Verständlichkeit innerhalb eines europäischen Gelehrtentums andererseits weiterhin das Lateinische.[123] Nur wenige mathematische Texte erschienen im 16. Jh. an den *gemeinen man* gerichtet in der Volkssprache, die inhaltlich über dessen Bedürfnisse hinausgingen, indem sie neue Ergebnisse aus der mathematischen Forschung vermittelten.

---

[122] Natürlich gab es auch schon im Mittelalter die Trennung in die praktische und die theoretische Mathematik, z. B. in die *Arithmetica practica* und *speculativa*; allerdings war der Kreis derer, die sich mit mathematischen Themen beschäftigte wie auch die Themenbreite selbst insgesamt sehr klein; eine personale Trennung von praktischen und theoretischen Mathematikern ist selten, eine institutionelle kaum möglich.

[123] Auch auf lateinisch gab es natürlich Anweisungstexte, Einführungen in die mathematischen Grundlagen für Anfänger der Mathematik an Lateinschulen und Universitäten wie etwa die Algorismus-Traktate von B. LICHT, H. STROMER und J. WIDMANN. Zum Vergleich mit inhaltsgleichen Texten in der Volkssprache s. die Kurzanalyse eines Traktats WIDMANNS auf S. 300.

Kurzanalyse 15: ADAM RIES: *Coß 1* (1524)

Aus der Feder ADAM RIES' stammt eine Handschrift[124] mit drei algebraischen Texten: *Coß 1* (1–326) wurde nach Angaben von RIES (1) 1524 in Annaberg vollendet; *Coß 2* (328–506), teilweise eine Überarbeitung der algebraischen Abschnitte der *Coß 1*, ist nicht vollständig durchgeführt, sie entstand 1545–59; der dritte Teil (507–534) ist eine Aufgabensammlung nach den *De numeris datis* des JORDANUS NEMORARIUS. *Coß 1* entstand auf Anregung GEORG STURTZens, dem RIES sie auch widmete (2–5). RIES wollte die *Algorithmi so Algebraß gesatzt* (3) und die bisher nur auf Latein zugänglich gewesen waren, in der Volkssprache dem *gemeynen man* (2), dem *anhebendenn* (4), *ydem mitler vornuft* (7) in den Druck geben.[125] Dabei beklagt er sich über die bei den Nürnberger Rechenmeistern, aber auch anderswo verbreitete Vorgehensweise, die den Rechenschülern viele *exempel setzen* (2), aber *keynem exempel Jst vnderrichtung Zu geschriebenn* (2);[126] ähnlich urteilt er über die Bücher JACOB KÖBELS (2) und JOHANNES WIDMANNS, *wie das selbig seltzam vnd wunderlich Zusamen getragen Vnd an wenigk ortten rechte vnderweisung sey* (3). RIES hingegen sieht es als seine Pflicht an, *nichtt Zu bergenn* (3),[127] sondern *mit Zu teylen* (3), wozu er sich aufgrund seiner Unterrichtserfahrung, aber auch seiner fachlichen Kenntnisse fähig hielt.[128]

Die Quellen seines mathematischen Wissens bzw. der beiden *Coß*-Texte nennt RIES im Vorwort wie im weiteren Textverlauf. Die Liste der Autoren umfaßt sowohl die Autoritäten des mittelalterlichen wissenschaftlichen Kanons ARCHIMEDES, BOETHIUS, JORDANUS NEMORARIUS, JOHANNES DE MURIS und AL-ḪWĀRIZMĪ (*Buch vom dem Ding*; 1, 5) wie die zeitgenössischen Rechenmeister und Mathematiker ANDREAS ALEXANDER, GASPAR LACHS (1, 5), JACOB KÖBEL (2), JOHANNES WIDMANN (3) und HEINRICH SCHREIBER (3), außerdem HANS CONRAD (187, 429, 453) und HANS BERNECKER (187, 453), mit denen er persönlichen Kontakt pflegte.[129] Weiter habe er Aufga-

---

[124]Annaberg-Buchholz, Erzgebirgsmuseum, Sign.: $O_1^M O$. Faksimile und Kommentar s. Kaunzner/Wussing 1992; dieser Ausgabe folgen die Zitate (Seite).

[125]Auf das Gelingen dieser Absicht, d. h. die Koinzidenz von Textadressat und Textrezipient, weist ADAM RIES am Ende dieses Textes hin in der Bemerkung *Vnd Zum ersten gelernett Heinrich von Elterleinß sohn eynem knaben bey eylff Jarnn.*

[126]Ganz anders beurteilte B. LICHT die Unterrichtsweise der Rechenmeister in Nürnberg s. S. 62.

[127]W. Kaunzner formuliert dieses Ziel überspitzt: *Adam Ries stellte sich in seinem Werk auf die Seite der Schwachen, denen jetzt erstmals gedrucktes Wissen zugänglich gemacht wurde und die somit größtenteils erstmals die Möglichkeit erhielten, aktiv am geistigen Leben teilzuhaben, weil sie Lesen, Schreiben und Rechnen lernen konnten* (1992a, 22).

[128]Seine Bedenken, daß diese Aufgabe von HEINRICH SCHREIBER, der mit dem dritten Abschnitt seines Rechenbuches *Ain new kunstlich Buech* (1521) den ersten algebraischen Text in Druck gebracht hatte (s. dazu Kaunzner 1970b), besser gelöst werden könnte, zerstreute STURTZ mit dem Hinweis, dieser habe sich inzwischen der Astronomie zugewandt (3).

[129]Von H. CONRAD, *probirer Zu eysleyben* (187) und 1515 in Annaberg (454),

ben aus einem *altenn vorworffen buch* (4) übernommen, bei dem es sich aber wahrscheinlich nicht, wie bisher angenommen, um den Codex Dresden, C 80 handelt,[130] und *das exemplar gesehnn Darausß er* [JW] *die fragstugk vnd anderß genummen* (3), wahrscheinlich das *Bamberger Rechenbuch 1483*.[131]

(ME)	A. RIES: *Coß 1* (1524)
KG	Arithmetik, Algebra
KP	P: Rechenmeister; R: *gemeine man* | Gelehrte
KS	EO: Annaberg, EZ: 1518–1524, EI: Rechenschule; GO: Dtl., GZ: 1. H. 16. Jh., GI: Privatstudium
KF	Einträge in Handschrift, Papier, 23 × 34 cm

Die *Coß 1* setzt sich aus einer Einführung in die Arithmetik (4–89), einer in die Algebra (109–122) und einer Aufgabensammlung (122–324) zusammen;[132] die Einführung in die Arithmetik besteht wiederum aus mehreren Algorithmen zum Ziffernrechnen, Bruchrechnen usw. Der *Algorithmus de integris* (5–45) beginnt — nach einer Vorrede mit Quellenangaben und Aufzählung der Rechenarten — wie gewohnt mit der Numeratio.

> *Numeratio*
>
> *Die zelung erfleusett auß zusamensetzung vieler eyns wie die altenn vnser furfarnn beschrieben habn, Vnd darzu gebrauchett Zehen figurnn welchenn sie bildnuß gebenn haben alßo Nach naturlicher ordenung zw zelenn 1, 2, 3, 4, 5, 6, 7, 8, 9 Der ze henden habenn sie zugeeygnet 0 Das ist ir bedeutung nichts zu gelten, so si allein Vnd keyne der ersten neun Hinder ir gesacztt wirtt Haben si figuram ader caracterem nihili geheysenn* (5)

Die Orientierung an der theoretischen Mathematik, ersichtlich in dem Bezug auf die Einheit, aus der sich alle Zahlen zusammensetzen, und die Erwähnung der Autoritäten *die altenn*, zieht sich auch durch den weiteren Text; so geht RIES etwa auf die Einteilung in ungerade und gerade Zahlen durch JOHANNES DE MURIS ein (7/8), aus der nach seiner Meinung allerdings *den anhebenden in keynen wegk zu nutz erspriesen mag* (8). RIES zitiert, reflektiert und diskutiert also verschiedene Meinungen und läßt den Textrezipienten an diesen Überlegungen teilhaben. Bei Bezug und Diskussion verwendet er die 3. Person, auch im Perfekt, und die 1. Person. Die 2. Person Imperativ findet sich jedoch wie gewohnt in Lehrtexten und Aufgaben, die sich in lockerer Reihung an den algebraischen Teil anschließen. Wenige Regeln stellt RIES an das Ende einzelner

der zur Zeit der Verfassung des Textes bereits verstorben war (429), und H. BERNECKER, *Rechnmeister [...] zu leiptzk* (187), stammen einige der Aufgaben.

[130] Übereinstimmungen der algebraischen Texte von RIES mit verschiedenen Handschriften zeigt Kaunzner (Kaunzner/Wussing 1992, 43–51).

[131] Kaunzner (Kaunzner/Wussing 1992, 55) schlägt zudem noch den *Algorismus Ratisbonensis* und Texte in der Handschrift Wien 3029 vor; das *Bamberger Rechenbuch 1483*, aus dem WIDMANN tatsächlich *fragstugk vnd anderß* übernommen hat, hatte RIES möglicherweise in Zwickau eingesehen (s. S. 190).

[132] Kommentar s. Kaunzner/Wussing 1992, 55–80.

Beispielaufgaben, die er immer wieder mit kurzen reflektiven, theoretischen oder erläuternden Abschnitten unterbricht. Die auf Seite 109 eingeführten Symbole benutzt er durchgehend in allen Rechnungen.[133]

(MI)	A. RIES: *Coß 1* (1524)		
GG	Ziffernrechnen (4–89) // Algebra (109–122) // Aufgaben (122–324)		
TT	Lehrtext	Aufgabe	Erläuterung
Pr	ANWEISEN	AUFFORDERN	INFORMIEREN, DISKUTIEREN
Th	wie Rb.	wie Rb.	alle
Gr	wie Rb., mehr lat. Termini	wie Rb.	3. P.; Perfekt; Namen

Diese Verbindung von lateinisch-theoretischen und volkssprachlich-praktischen Quellen ließ ein Werk entstehen, das, obwohl nie veröffentlicht, späteren Mathematikern wie z. B. MICHAEL STIFEL, der es lobend erwähnt, durchaus bekannt war. Die *Coß* stellte jedoch kein Lehrbuch für den *gemeinen man* dar, sondern wurde von des Lateinischen mächtigen Gelehrten rezipiert. Sie bildet damit ein wichtiges und interessantes Zwischenglied in der Dokumentationsreihe der Ablösung des Lateinischen durch das Deutsche im Bereich der wissenschaftlichen Prosa.

Christoff Rudolff

Das erste und sicherlich wichtigste Werk CHRISTOFF RUDOLFFS ist die *Behend vnnd Hubsch Rechnung durch die kunstreichen regeln Algebre so gemeincklich die Coss genennt werden* (Straßburg 1525). Algebraische Kenntnisse hatte RUDOLFF sich wahrscheinlich in seiner Wiener Zeit erworben, worauf auch die Äußerung deutet *Jch hab von meister Heinrichen / so grammateus genennt / der Coss anfengklichen bericht emphangen* (CC vjr). Sein Ziel war, die verstreuten und mit Absicht unklar oder unbegründet dargestellten oder gar völlig geheimgehaltenen Regeln und Methoden der Gleichungslehre *treulich an tag* (Titel) zu geben: *Als do sein die allernutzbarlichsten regeln Algebre / von vnsern eltern zu aufflösung verborgner fragen / [...] reichlich erfunden. Hab ich warlich [...] nit lenger leiden mügen sie in finsternuß zu ligen lassen* (A Jv).[134] Beides sollte ihm zum Vorwurf gereichen, er habe nämlich zum einen seine *Exempla [...] auss der Librey zu Wien gestolen*, zum andern fehle es an den versprochenen *Demonstrationes seyner Regeln* (Referat in STIFEL, *Coß*, A 3r).

[133] Jegliche Symbolik hat A. RIES in seinen Rechenbüchern bewußt und konsequent vermieden; zudem läßt sich eine Entwicklung in der Terminologie von *Coß 1* zu *Coß 2* erkennen (Kaunzner/Wussing 1992, 49).

[134] Kaunzner zählt die Bekanntmachung und Verbreitung der vorher geheimgehaltenen algebraischen Kenntnisse zu den Verdiensten der deutschen Coß (zuletzt 1996b, 118).

Tatsächlich werden in den zwei Teilen dieses Werkes, der Einführung in das Rechnen mit Zahlen, Proportionen und Polynomen und der Lehre vom Lösen von Gleichungen,[135] keine Beweise im strengen Sinne ausgeführt. Dagegen bemühte sich CH. RUDOLFF um einen stringenten Aufbau seines Buches — er widmet etwa der *Regula detri* nur so viel Aufmerksamkeit, *souil zu der coss nottürfftig sein würdet* (C vr), die traditionell verbreiteten 24 Gleichungsregeln reduziert er auf acht, da *ein verdrüßlicher überfluß / von einer kunst groß geschwetz treiben / so mit eim wenigern nit allein o͛rdenlicher sunder auch verstentlicher vnd volkumlicher mag dargeben werden* ist (G vjr) — und eine einheitliche und konsequent eingehaltene Bezeichnungsweise, die sorgfältig eingeführt wird *Lernt die zalen der coss außsprechen vnnd durch ire character erkennen vnd schreiben* (D ijr). Seine Achtsamkeit auf sprachlich adäquaten Ausdruck zeigt sich auch an den etymologischen Ausführungen zur Herkunft der Bezeichnung *coss* (G vjv), der Beobachtung hierbei, die *alten bücher* hätten *die quantitetn [. . .] nit durch character sunder durch gantz geschribne wort dargegeben* oder der Unterscheidung von *cauteln* und *regeln* (G vr).

Dieses algebraische Lehrbuch in deutscher Sprache verfaßte CHRISTOFF RUDOLFF für den *anfahenden schuler* (K ijr), *allen denen so willens sein diese kunst zu lernen* (H vjv) als Ersatz für ungeordnete Regelsammlungen *Wir sein bißheer allein den hepfen / den vngegründten hirnbrechenden regeln angehangen / der wolgegründten / gewissen vnd demonstrirten kunst / gar klein acht gehebt* (CC vjr). Gerade auf viele Fragen und Probleme aus dem Alltag bieten die Regeln der Coß Lösungswege *on alle zerbrechung des hirns* (A iijr), was RUDOLFF in der Wahl *vil scho͛ner exempeln / von [. . .] kauffmans hendln* zur Einübung der *8 obemelten regln der Coss* (H vjr) zeigt. Trotz der begründenden und systematisierenden Zielsetzung war sie deutlich auf die Praxis ausgerichtet.[136]

Michael Stifel

Einer der bekanntesten Rezipienten der *Behend vnnd Hubsch Rechnung* von CH. RUDOLFF war MICHAEL STIFEL, der, wie er selbst angibt (*Coß*, A 2r), aus diesem Werk seine algebraischen Kenntnisse erwarb und es im Jahre 1553 in Königsberg bei ALEXANDER LUTHOMYSLENSIS wieder in

---

[135] Eine differenzierte Übersicht über Inhalt und Aufbau des Werkes s. Kaunzner 1996b, 118–131.

[136] Geplant war von RUDOLFF auch eine lateinische Fassung des Stoffs, *damit alles das / so durch die practic in gegnwertigem teutschen buch erlernt / im latein durch vrsprincklichen grundt bewert vnd demontsriert werde* (A ijr).

Druck gab.[137] STIFEL verteidigte RUDOLFF hier gegen Vorwurf, er habe alle Exempel aus Wien gestohlen, mit dem Hinweis, daß dadurch Exempel und Regeln endlich der Öffentlichkeit zugänglich gemacht wären. Die fehlenden Begründungen veranlassen ihn jedoch zu einer Überarbeitung des RUDOLFFschen Werkes *das er seyne regeln der coss nicht hatte demonstriret, muss ich hie ein wenig von der sach anzeygen* (*Coß*, 171b; nach Drobisch 1840, 19).

Auch MICHAEL STIFEL ist mit der *Arithmetica Integra* (Nürnberg: Johann Petreius 1544)[138] Verfasser eines mathematikgeschichtlich herausragenden Werkes, das grundlegend für die Mathematik bis zu ihrer Wendung zu infinitesimalen Fragen bleiben sollte. Dieses Werk beginnt mit einer der Arithmetik des Mittelalters entsprechenden Zahlentheorie, also mit elementarem Rechnen und einfachen zahlentheoretischen Themen. Im zweiten Teil werden im Anschluß an die inkommensurablen Größen im 10. Buch der *Elemente* EUKLIDs irrationale Zahlen behandelt; STIFEL spricht diesen den Zahlcharakter zwar noch nicht zu, er erkennt allerdings, daß etwa zwischen 2 und 3 unendlich viele dieser Zahlen existieren. Abgeschlossen wird das Werk mit einer Algebra als drittem Teil, in dem STIFEL allgemeine Formen von Gleichungen untersucht, wobei er auch negative Koeffizienten und Lösungen zuläßt.

Ein Jahr später veröffentlichte STIFEL die *Deutsche Arithmetica* (Nürnberg: Johann Petreius 1545),[139] nur dem Titel nach scheinbar eine Übersetzung des lateinischen Werkes.

Kurzanalyse 16: MICHAEL STIFEL: *Deutsche Arithmetica* (1545)

Seine *Deutsche Arithmetica. Inhaltend. Die Haussrechnung. Deutsche Coß. Kirchrechnung* richtet M. STIFEL nicht an einen ausgewählten Kreis Gelehrter, sondern an jedermann: Da Rechenkenntnisse seiner Meinung nach für jede Haushaltung unentberlich sind, soll *ein yederman seine Kinder / auffs wenigst die knåblein* (A 3v) diese Kunst lernen lassen. Die *Deutsche Arithmetica* enthält daher statt der theoretischen Abhandlungen mathematischer Probleme der lateinischen Arithmetik in ausführlichen und wenig fachsprachlich geprägten Formulierungen die nötigen Regeln und Methoden zum Lösen der wichtigsten in Alltag und Handwerk anfallenden Rechnungen. Dies bedingte wohl auch die Vernachlässigung des Rechnens mit den indisch-arabischen Ziffern zugunsten des eingängigeren Linienrechnens.

---

[137] *Die Coss Christoffs Rudolffs [...] Durch Michael Stifel Gebessert vnd sehr gemehrt*. Weitere Ausgaben 1571 und 1615.

[138] Mit einem Vorwort von PH. MELANCHTHON.

[139] Exemplar München, Bayerische Staatsbibliothek, Sign.: Res. 4° Math. P. 351; s. auch Bauer u. a. 1989.

(ME)	M. STIFEL: *Deutsche Arithmetica* (1545)
KG	Linienerechnen, einf. algebr. Regeln, Irrationalzahlen, Computus
KP	P: Pfarrer; R: jedermann, Kinder
KS	EO: Königsberg, EZ: 1545, EI: Privatstudium; GO: ?, GZ: ?, GI: privates Studium, Haushalt
KF	Druck; 4°, 92 f.

Seinem tabellarisch angeordneten Inhaltsverzeichnis mit Blattangaben (A 2r-3r) läßt sich entnehmen, daß STIFEL zwischen den Abschnitten über Rechnen *Haußrechnung*, algebraische Kenntnisse *Kunstrechnung* und *Jar rechnung vnnd Kirchenrechnung* ein weiteres über den Standardstoff hinausgehendes Kapitel *Von den erdichteten zalen / so man nennet Jrrationales* einfügt. Der Kanon dessen, was zu einer praktischen mathematischen Grundausbildung gehört, ist also wie schon bei RUDOLFF erweitert, die Art und Weise der Gestaltung orientiert sich jedoch eng an den Rechenbuch-Vorgängern. Im ersten Kapitel finden sich bei der Erläuterung der Grundrechenarten bei ganzen sowie Bruchzahlen und der *Regula detri* die Teiltexttypen 'Lehrtext' und 'Aufgabe', die kaum von den bisher für diese Teiltexttypen erarbeiteten abweichende Merkmale aufweisen. Typographisch fallen recht große schematische Rechenbretter ins Auge sowie die Funktionalisierung des Fettdrucks zur Hervorhebung einer Überschrift oder der Aufgabenstellung. Eingehender als CH. RUDOLFF setzt sich M. STIFEL mit Problemen der Terminologie auseinander. Schon auf dem Titelblatt spricht er davon, daß er die Coß *mit guten Deutschen bekantlichen worten [...]* erweisen will, die vorher durch *frembden worten / vermengt vnd verblend* waren. Das bedeutet aber für STIFEL nicht, nun rücksichtslos jeden fremdsprachlichen Ausdruck durch einen deutschen zu ersetzten, sondern er orientiert sich dabei am Sprachgebrauch seines Adressatenkreises:

> *Das aber diß mein schreiben dester verstentlicher sey sollichen Lesern / die da lernen wöllen / vnd nicht leuth haben die sie fragen können / will ich mich aller vngewonlicher vnd vndeutscher wort enthalten / ohn allein sollicher wort / welche man in allen gemeinen Rechnungen vnd Rechenbüchlin pflegt zu brauchen / als do sind Addiren / Summiren / Multipliciren / Diuidiren. Denn wiewol ich solliche wort leichtlich meiden könte / vnd fur das Diuidiren / brauchen diß wort Teylen [...] So wil ichs doch nicht thun / darumb das dem Leser damit nichts were beholfen [...]. Wan ich aber wurde andere vndeutsche wort einfüren / werde ich sie an den selbigen orten außlegen [...].* (A 4v)

Entsprechend der Forderung nach einer Verständlichkeit, die keiner weiteren Erläuterung bedarf, bevorzugt STIFEL diejenige Bezeichnung für einen mathematischen Gegenstand oder Sachverhalt, die auch für einen ungebildeten Leser sich eindeutig mit diesem verbinden kann: *Summa heisset hie nichts anders / denn wie mans in der gemeinen deutschen sprach braucht* (F 4v). Daher sind seiner Meinung nach teilweise die durch den Sprachgebrauch etablierten lateinischen Termini den deutschen, meist mehrdeutigen Äquivalenten vorzuziehen.[140] In der Möglichkeit des Hinzuziehens des Sprachusus' als Kriterium

[140]Das volle Zitat hebt den Widerspruch auf, den Habermann (1996, 37) zwischen den Äußerungen im Vorwort *vndeutscher wort enthalten* und den Er-

bei der Wahl der Bezeichnungen läßt sich eine erste Stufe der Ausbildung einer mathematischen, den Einzeltext übergreifenden Terminologie erkennen, wie sie den Autoren früherer Rechenbücher noch nicht zur Verfügung gestanden hatte.

(MI)	M. STIFEL: *Deutsche Arithmetica* (1545)	
GG	Linienrechen (4r) // Algebra (17r) // Irrationalzahlen (61r) // Festtagsberechnung (75r)	
TT	Lehrtext	Aufgabe
Pr	INFORMIEREN, ANLEITEN	AUFFORDERN, ANLEITEN
Th	einf. lin.; gesp. Rhema	einf. lin., mehrere Reihen
Gr	3. P.; paralleler Satzbau; terminologischer WS; Schemata	1. P. S.; Aufzählungen; Zahlen, Einheiten, Handelsws., Waren

Die *Coß* von A. RIES und CH. RUDOLFF sowie die *Deutsche Arithmetica* von M. STIFEL sind Texte, in denen zur Darstellung neuer mathematischer Sachverhalte bewußt die Volkssprache gewählt wurde; die aus den Titel nicht eindeutig erkennbare Adressiertheit an den *gemeinen man* wird in den Vorwörtern oder Untertiteln explizit genannt. Den Zweck einer Beschäftigung des *gemeinen mannes* mit algebraischen oder arithmetischen Themen sahen die Autoren dabei in der Tatsache, daß eine Vereinfachung und Bündelung der zahlreichen Regeln, wie sie in den bisher vorliegenden Rechenbüchern zu finden waren, auch das praktische Rechnen einfacher, schneller und sicherer machen könnte. Diese Vereinfachung und Systematisierung einzelner mathematischer Methoden beruhte auf einer theoretischen Durchdringung, die die Autoren jedoch in ihren volkssprachlichen Werken so gering wie möglich hielten. Im Vordergrund stand auch hier nicht unbedingt ein Verständnis der mathematischen Sachverhalte, sondern ihre Bedeutung für den Einsatz in der Praxis. Deutlich wird dies besonders an der *Deutschen Arithmetica*, die eine Übersetzung und Anpassung der lateinischen *Arithmetica Integra* nicht nur an die Sprache, sondern auch an das Wissen und die Bedürfnisse des *gemeinen mannes* darstellt, d. h. mit der Übertragung in eine andere Sprache ging eine Umordnung und veränderte Auswahl der ma-

gebnissen ihrer Analyse — Verwendung vieler Latinismen, *fester Bestand an usuellen Latinismen, die [...] bekannter als ihre volkssprachigen Äquivalente sind* (37) — zu sehen meint. Zudem müßte der Komparativ *bekannter* modifiziert werden: Ohne Frage waren die deutschen Äquivalente als Elemente des Wortschatzes bekannter als alle usuellen Latinismen, in den Rechenbüchern selbst hält sich der Gebrauch genuin lateinischer bzw. volkssprachlicher Termini jedoch die Waage, sie sind den Lesern dieser Bücher als mathematische Termini also gleich bekannt; der Vorteil der genuin lateinischen Wörter liegt wohl eher in einer tendenziellen Eineindeutigkeit. Aufmerksam macht eher, daß auch bei STIFEL Variationen vorliegen wie *Addiern, Summieren.*

thematischen Themen einher.[141] Dennoch ist auch in den volkssprachlichen Werken dieser Autoren ihr mathematisches Können spürbar; sie hatten den Stoff selbst durchdrungen und waren daher fähig, ihn klar und einfach darzustellen. Diese stoffliche Sicherheit spiegelt sich nicht nur im Aufbau der Texte, sondern auch in einer größeren Sicherheit und Souveränität in der spachlichen Gestaltung wider.

[141] Theoretische Texte wurden also nach wie vor lateinisch verfaßt; in diesen Texten wurde nun auch teilweise direkt zu weiteren Forschungen aufgefordert, s. S. 303.

5 Die Rolle der Rechenmeister in der Kulturgeschichte und die Rolle der Rechenbücher in der Sprachgeschichte

5.1 Verschriftlichung des Lebens

5.1.1 Kulturgeschichte und Sprachgeschichte

Die zeitliche Wende vom 15. zum 16. Jahrhundert ist durch Veränderungen in mehreren Bereichen des kulturellen und geistigen Lebens gekennzeichnet: Ergebnisse dieser Veränderungen liegen in einem neuen, durch Renaissance und Humanismus geprägten Weltbild, in anderen politischen und wirtschaftlichen Strukturen wie etwa den Städten, der Entstehung der Schicht der Bürger, der Ausweitung des Handels, in neuen technischen Errungenschaften wie dem Buchdruck. Damit einher ging die Veränderung der gesellschaftlichen Institutionen für Bildung oder Verwaltung. Wandel der sozialen Umgebung bedeutet aber Wandel des Kommunkationsrahmens; das Anpassen der Sprache an die neuen Bedingungen ist somit Sprachwandel im weitesten Sinn. Die Entstehung neuer kommunikativer Handlungsmuster im 15./16. Jh. spiegelte sich nun in der Ausweitung und internen Veränderung des Textsortenspektrums, so daß Sprachwandel im 16. Jh. in hohem Maße als Textsortenwandel betrachtet werden kann.

5.1.1.1 Renaissance und Humanismus

Der Glaube an die Möglichkeit einer Erkenntnis Gottes aus den Erscheinungen der Natur und über die in ihr herrschenden Maß-, Zahlen- und Gewichtsverhältnisse diente im Mittelalter zur Rechtfertigung der Beschäftigung mit Mathematik und Naturwissenschaften, da der Schöpfergott sich nach traditioneller Auffassung in der von ihm geschaffenen Natur, im Kosmos offenbarte. Diese Anschauung und die durch sie geprägte Wissenschaft wurde in der Scholastik[1] im Gelehrtenwissen bewahrt. Auf der anderen Seite stand — ohne eine Verbindung zu dieser Art von Wissenschaft und damit ohne theoretische Grundlegung (Krafft 1991b, 235/7) — das praktische Volkswissen, das sich aus handwerkli-

[1] In der Scholastik spielte die spekulative Mathematik ein wichtige Rolle, Krafft (1991a, 357) spricht gar von einem *spekulativ-mathematischen Fundament* der Scholastik.

chem Können und praktischer Erfahrung zusammensetzte und sich auf die christliche Arbeitsauffassung gründete (Zweckbronner 1991, 486).

Die Renaissance charakterisiert eine neuartige Stellung des Menschen gegenüber der Natur und verbunden damit das Weichen der autoritativen Offenbarungswahrheit einer durch die *ratio naturalis* bestimmten empirischen Naturbetrachtung, worauf eine Verbindung von Gelehrten- und Volkswissen in der Synthese von Anschauung und empirischer Erfahrung mit dem theoretischen Wissen erfolgen konnte. Geleistet wurde diese Verschmelzung der beiden Wissensbereiche von Praktikern und Handwerkern in *praktischer Ingenieurtätigkeit* (Krafft 1991b, 237), in welcher sie die Ideen, Vorgehensweisen sowie das Wissen der Gelehrten aufnahmen und mit ihrem eigenen Wissen, das nun z. T. durch Sammlung der Einzelerfahrungen gebündelt und systematisiert wurde, verarbeiteten. Möglich wurde dies durch Übertragungen gelehrter Werke in die Volkssprache, bei deren Entstehung die Humanisten mit ihren Forderungen nach Editionen antiker wie mittelalterlicher Texte und ihrem pädagogischen Impetus (Knape 1985, 1410) eine wichtige Rolle spielten.[2] Für einige neue Textsorten mit Bezügen zur Naturwissenschaft oder Mathematik wie Almanache, Kalender oder Prognostiken sollten sie gar zu Anregern werden.

Galt die Mathematik im Mittelalter als *Ordnungsprinzip der von Gott geschaffenen Welt*, so entwickelte sie sich in dieser Zeit zu einem *Instrument fortschreitender Naturerkenntnis* (Zweckbronner 1991, 492). Verfolgen läßt sich dieser Funktionswandel etwa in den Vorreden zu volkssprachlichen mathematischen Werken, in welchen die Legitimation naturwissenschaftlicher Betätigung mittels des Bibelzitats *Maß, Zahl und Gewicht* (Weisheit Salomonis 11, 21) durch die Begründung derselben als *für den gemeinen nuz* dienlich abgelöst wurde. Naturwissenschaften und Mathematik errangen so eine neue Stellung in der Gesellschaft; auch der Kreis derer, die sich mit ihr beschäftigten, wurde erweitert, wobei

---

[2] Beziehungen der Humanisten zu Mathematik und den Naturwissenschaften s. Gadol 1969; Grössing 1983; Krafft 1991a; Wuttke 1990; 1992. Die einseitige Beurteilung des Humanismus als Rückwendung zu älteren Kulturstufen ist daher heute nicht mehr vertretbar. Auf die sachlich bzw. ästhetisch begründete Abkehr der Praktiker bzw. der Humanisten von den mittelalterlichen Übersetzungen naturwissenschaftlicher Werke, die oftmals *mit heiliger Begeisterung und bewundernswürdigem Fleiß* (453) entstanden waren, geht schon Olschki (1919, 453–7) ein: *Die Praktiker aber, welche versuchten, das Nützliche und Gute überall zu nehmen, wo es zu finden war, schlossen enttäuscht und verärgert die dicken Bände, um die Naturprobleme, die sie interessierten, selbst zu enträtseln* (457).

Mathematik nun zu einem Beruf wurde, dessen Ausübung zum Nutzen der Allgemeinheit beitrug.[3]

5.1.1.2 Bildung und Stadt

Weitreichende Veränderungen in der Gesellschaft hatten ihre Ursache in der Entstehung von Städten und deren Entwicklung zu politischen und wirtschaftlichen Zentren, was wiederum einen Ausbau der kommunalen Verwaltung nach sich zog.[4] Mit dem gesteigerten Bedürfnis an Verwaltung und damit an Schriftlichkeit entwickelten sich in den Städten auch bestimmte Bildungsverhalten und -ziele, die von den kirchlichen Institutionen und deren Angehörigen nicht mehr befriedigt werden konnten. Die Monopolstellung der Kirche in Bildungsfragen wurde durch den expandierenden Kreis der Nichtgeistlichen und Nichtgelehrten aufgebrochen, die Lese- und Schreibfähigkeiten erwarben.[5]

Der Beginn eines Studiums durch einen Stadtbewohner war jedoch abhängig von dem Stadttyp und natürlich von dem sozialen Rang des Bewerbers. Während die unteren Ränge in den Städten nach wie vor oft illiterat blieben, konnten Angehörige der höheren, besonders Mitglieder von Ratsfamilien, oft zumindest den Beginn eines Universitätsstudiums vorweisen. Für einen vertikalen Wechsel, also den sozialen Aufstieg durch das Studium gibt es nur wenige Beispiele.[6] Akademische Bildung konnte jedoch bei den mittleren Rängen, wie z. B. bei zu Vermögen gelangten Handwerkern und Kaufleuten, zum Erwerb bzw. Erhalt eines höheren sozialen Status dienen. So wie Bildung allgemein nötig wurde zum Erhalt eines sozialen und politischen Status, so Lesen und Schreiben speziell für den beruflichen, wirtschaftlichen Erfolg.

Es mag daher nicht verwundern, daß Stadtbewohner insgesamt mehr Interesse an pragmatischer als an fiktionaler Literatur zeigten (Kleinschmidt 1982a, 73). In diesen Literaturbereich fielen die bei zunehmend schriftlichem Verkehr erforderlichen Formularbücher. Die ersten Werke dieser Art in der Volkssprache wurden ab dem 14. Jh. in enger An-

---

[3] Dies schließt nicht aus, daß die Natur nach wie vor als von Gott nach quantitativen und geometrischen Prinzipien geschaffen verstanden werden konnte wie etwa bei J. Kepler, für den Naturkunde immer auch Gottesdienst war (Krafft 1991a).

[4] Um 1300 taucht als erster nichtklerikaler Schriftkundiger ein Stadtschreiber für Verwaltungsgeschäfte auf (Blaschke 1990, 345).

[5] Zur Entwicklung in der Schullandschaft s. S. 281; zur Verbreitung der Schriftlichkeit auf dem Land s. beispielsweise Maas 1995.

[6] Zum Bildungsverhalten in Städten in der Frühen Neuzeit s. Endres 1982, Wriedt 1986.

lehnung an eine lange lateinische Tradition verfaßt; um 1480 entstand mit *Formulare und teutsch rhetorica* ein Lehrtext von großer Wirkung,[7] der aus folgenden drei Teilen bestand: Lehre des formalen Aufbaus und Stils von Urkunden und Briefen in Dialogform, vollständige Liste aller Anreden (Titelbuch) und Mustersammlung von Briefen. Nur den zweiten Teil deckt das Titelbuch *Jn disem puchlein vint man wie man eim iczlichen schreiben sol* ab, das 1488 — ein Jahr vor dem Rechenbuch J. WIDMANNS — bei KONRAD KACHELOFEN in Leipzig erschien.[8]

Kurzanalyse 17: *Jn disem puchlein vint man* (1488)

Außer dem Namen des Druckers K. KACHELOFEN ist weder über den Verfasser noch über einen Auftraggeber etwas bekannt. Auch Schreiber und Privatmänner als Adressaten lassen sich allenfalls indirekt aus der Formulierung der Anreden gleich- oder andersrangiger Personen erschließen. Nur aus Informationen über andere Formular- oder Titelbücher sind daher folgende Kommunikationsfaktoren zu bestimmen:

(ME)	*Jn disem puchlein vint man* (1488)
KG	Briefanfänge, -schlüsse
KP	P: ?; R: Schreiber, Verwaltungsangestellte, Privatleute
KS	EO: Leipzig, EZ: 1488, EI: ?; GO: Süddtl. (?), GZ: 1. H. 15. Jh., GI: Verwaltung, privat
KF	Druck; 4°?, 7 f.

Das Buch, auf dessen Titelblatt ein Mann an einem Schreibpult abgebildet ist, besteht aus einer Liste der Anreden, Anfangs- und Schlußformeln für Briefe an Personen verschiedenen Standes und Geschlechtes. Das Muster beginnt mit einer allgemein gehaltenen Adressatenangabe in der Überschrift, die Form der Anrede wird am Beispiel einer konkreten Person gegeben. Beginn- und Endformeln werden nach den Hinweisen *Anfang* bzw. *Beschluss* formuliert.

Eim koning.

Dem durchleuchtigisten hochgebornen fursten vnd herrn Herrn Jorgen von gottes gnaden konig czu pehem Hertzog in merhern seynem aller genedigisten herren.

[7] Dieser Text wurde mehrfach nachgedruckt und übernommen (Nickisch 1969, 19/29; Titelliste 48–50).

[8] Abbildung des Titelblatts in Schramm XIII, 3, 3. Der Kurzanalyse lag das Exemplar Wien, Österreichische Nationalbibliothek, Sign.: Ink. 14. H. 37 zugrunde; weitere Exemplare dieser Inkunabel sind erhalten in Breslau, Universitätsbibliothek (vor dem Oder-Hochwasser 1997) und in Rom, Vatikanische Bibliothek. Das Exemplar der Staatsbibliothek Berlin ist ein Kriegsverlust. Spätere Ausgaben bei KONRAD KACHELOFEN s. GW 5698 und 5699.

Anfang

Durchleuchtigister hochgeborner furst Gnedigister her ewer kungliche maiestat gnaden geben wir zcu erkennen

Beschlus.

Wo mit wyr ewer kuniglichen maiestat gnaden wol gefallen beweisen mochten seyn wir gehorsam (2r)

Einer Junckfrawen.

Der zuchtigen demutigen Und erberigen Junckfrawen. N. gebort der brieff.

Anfang

Czuchtige erberige liebe Junckfraw mein vntertenig dienst mit sunder lieb Sey ewer Junckfreuligkeit vor an bereit.

Beschlus.

War ynnen ich ewer lieb eyn wolgefallen beweysen mocht wer ich willig. (7v)

Geordnet sind die Muster nach gesellschaftlichem Rang (Kaiser, König, Herzog usw.), Stellung in der Stadt (Rat, Bürgermeister, ... , Bürger, Handwerker) und kirchlichen Ämtern (Papst, Kardinal usw.), den Schluß bilden einige Briefmuster an weibliche Personen (Äbtissin, ... , Jungfrau) und den türkischen Kaiser. Anreden und Formeln sind jedoch Beispieltexte und zählen daher nicht zum eigentlichen Lehrtext, der sich damit auf die Überschriften, die Hinweise *Anfang* und *Beschlus* und einen gliedernden Kommentar *Hie nach volget wie man geistlichen schreiben sal* (4v) beschränkt. Selten ist das Muster verkürzt allein auf die Anrede, einmal wird auf ein früheres Muster verwiesen *Seyn anfang vnd beschluß wie vor* (2v).

(MI)	*Jn diesem puchlein vint man* (1488)
GG	Briefmuster
TT	Briefmuster
Pr	INFORMIEREN, ANLEITEN, VORSCHREIBEN
Th	—
Gr	—

5.1.1.3 Wirtschaft und Handel

Der Bau von Straßen und die Verbindung von städtischen Zentren ermöglichte eine Ausdehnung des Fernhandels bis zu einem Warentausch mit Kolonien. Der Kaufmann, der bisher seine Waren begleitet hatte, führte seine Geschäfte nun mehr und mehr von der heimatlichen Schreibkammer aus in Form von Briefen und schriftlichen Handelsanweisungen (Engel 1987, 99). Die Ablösung der Tauschwirtschaft durch die Geldwirtschaft unterstützte diese Erweiterung des Handelsraumes und Veränderung der Handelsform (z. B. Kreditgeschäfte), machte aber gleichzeitig etwa Wechselstationen notwendig. Fremde Währungen, Handelsgewohnheiten und Waren mußten in schriftlichen Dokumenten wie

Inventarlisten, Itinerarien, Kontenbüchern oder Rechnungsbüchern festgehalten werden,[9] deren Anlegen und Führen in Lehrwerken wie Büchern zur doppelten Buchführung[10] vermittelt wurde.

Der Handel in Gebiete außerhalb des deutschen Sprachraumes ließ bilinguale Sprachführer entstehen, in denen Bezeichnungen für Waren, Handelsvorgänge, aber auch Redewendungen und typische Phrasen in zwei Volkssprachen gegenübergestellt wurden.[11] Diese Lexika dienten nicht der Erschließung von Texten z. B. im Schulunterricht oder einer Verbesserung der Ausdrucksfähigkeit im Lateinischen, sondern entsprangen einem praktischen Interesse von Kaufleuten und anderen Reisenden. Im 15./16. Jh. bildete sich hierbei ein Typus heraus (Blusch 1992), der das Vokabular nach Sachgebieten ordnete und in Abschnitten einige Bereiche der Morphologie (Konjugation) oder Phraseologie behandelte. Wie die anderen handelspraktischen Bücher auch waren diese Sprachführer ortsabhängig in der Wahl der Bezeichnung sowie des dialektalen Lautstandes und verloren bald an Aktualität.

Kurzanalyse 18: ADAM VON ROTTWEIL (?): *Introito e porta* (1477)

Der 1477 in Venedig von ADAM VON ROTTWEIL gedruckte und eventuell auch verfaßte Sprachführer *Introito e porta de quele che voleno imparare e comprender todescho o latino*[12] richtet sich an Reisende, an Kaufleute und Handwerker (de Smet 1986, 150). In ihm sind Wörter, Phraseme und Redewendungen in italienischer und deutscher Sprache verzeichnet, dazu einige Verbformen, jedoch keine paradigmatischen Konjugationstabellen o. ä. Ziel dieses anleitenden Textes war die Befähigung zur Verständigung in der fremden Sprache, der Bewältigung alltäglicher Kommunikation.[13] Nachgedruckt wurde dieses Werk mehrfach in Norditalien, aber auch im deutschen Sprachraum in Wien 1482.

---

9 Bücher für die Kaufmannspraxis finden sich schon im 14. Jh. (Maschke 1964, 184/5).

10 Interessant ist hier der Übergang von fortlaufend geschriebenen Texten über ausgeworfene Zahlangaben zu der spaltenweisen Anordnung der Beträge (Menninger 1979, 2, 244/5).

11 Handschriftliche Texte dieser Art für den Gebrauch des deutschlernenden italienischen Kaufmanns sind ab 1424 bekannt (Pausch 1972). Sprachführer stehen neben zahlreichen, auch mehrsprachigen Lexika mit dem Lateinischen als Bezugsgröße (de Smet 1986); außer dem *Introito* (s. u.) und den Nachdrucken entstand bei JOHANN HAMMAN um 1500 ebenfalls in Venedig der *Vocabolario todescho et italiano* (8 Bl., Claes 1977, Nr. 144), 1502 in Perpignan ein katalanisch-deutscher Sprachführer (203 S., Claes 1977, Nr. 157).

12 Edition von Giustiniani 1987; zitiert im folgenden nach der Seite der Edition.

13 Ziel war also nicht die grammatisch und lexikalisch vollkommene Beherrschung der fremden Sprache.

(ME)	A. VON ROTTWEIL (?): *Introito e porta* (1477)
KG	Fremdsprache: Wörter und Redewendungen
KP	P: ?, ev. Drucker; R: reisende Personengruppen wie Kaufleute oder Handwerker
KS	EO: Venedig, EZ: 1477, EI: Druckerei; GO: Norditalien, Süddtl., GZ: 1. H. 16. Jh., GI: öffentl. Kommunikation
KF	Druck; 4°, 56 f.

Das Buch beginnt mit Bemerkungen zur Aussprache der jeweils anderen Sprache auf Italienisch und Deutsch: *Item, wo du findest ein o, das leß für ein a in wälhisch* (41). Ein Inhaltsverzeichnis — wieder in beiden Sprachen — gibt einen Überblick über die einzelnen Kapitel in den zwei Teilen des Lehrwerkes; kapitelweise nach Sachgruppen geordnet sind jeweils in zwei oder vier Spalten italienische Wörter mit ihren deutschen Äquivalenten aufgelistet. Die ersten Kapitel widmen sich religiösen Bereichen (Gott, Heilige, Teufel), zahlreich sind Abschnitte über Handel, Handelswaren, Metalle, Münzen, aber auch über praktische Belange wie etwa Krankheiten. Ein ausführliches Kapitel verzeichnet u. a. Ordnungszahlen und Kardinalzahlen, wobei bei letzteren die Zahlen bis 100 einschließlich angegeben werden.

Dio	*got*	*El debitor*	*der schuldner*
La deitade	*di gothayt*	*Credenzador*	*der laihär*
La senta trinitade	*die heilig driualtikait*	*1 Vno*	*ains*
[...]		*2 Do*	*zwai [...]*
El primo	*der erst [...]*	*Lire*	*pfunt*
Vngelo	*ainfach [...]*	*Marche*	*mark*

(49; 62; 64; 66)

Auch im zweiten Teil finden sich in der Mehrzahl Einzellexeme, die aber durch feststehende Wortverbindungen oder kurze Sätze ergänzt werden. Wieder nach Sachgruppen geordnet werden einige Einträge aus dem ersten Teil hier erneut aufgenommen.

A luogar	*pehalten*	*Che volé chomprar?*	*was wolt ir kaufen?*
luoga!	*pehalt!*	*[...]*	
luogando	*pehalten*	*Massa caro*	*zuo teuer*

(107; 115)

(MI)	A. VON ROTTWEIL (?): *Introito e porta* (1477)	
GG	Aussprache, Inhaltsverzeichnis (41–49) // Wortschatz nach Sachgruppen (49–97) // Wortschatz, Wortverbindungen, Sätze (97–121)	
TT	Ausspracheangabe	Äquivalentangabe
Pr	ANLEITEN, INFORMIEREN	ANLEITEN, INFORMIEREN
Th	einf. lin.	—
Gr	2. P. Imp.; einzelne Buchstaben (für Graphe und Phoneme)	Listen

5.1.1.4 Laien und Fachliteratur

Werke zur doppelten Buchführung, Sprachführer und Formularbücher sind Beispiele für neue anleitende Textsorten in der Volkssprache, die sich zwar an den *gemeinen man*, nicht aber an die Gesamtheit aller Menschen wandten; sie deckten pragmatische Bedürfnisse bestimmter Gruppen ab, bei den bisher genannten Textsorten etwa die der Kaufleute.[14] Wie andere Texte auch waren solche Werke also an eine durch den Beruf oder die Art einer praktischen Tätigkeit definierte Rezipientengruppe gerichtet, an Fachleute oder solche, die es werden wollten, und vermittelten Informationen zur Verbesserung der Ausübung der jeweiligen Tätigkeit oder des Berufs.

Eine schriftliche Wissensvermittlung war möglich, da Handwerker und Kaufleute neben der fachlichen Qualifikation zunehmend Lese- und Schreibkenntnisse erwarben. Die Bezeichnungen *gemeiner man* oder *laie*, wie sie im Titel oder in den Vorreden volkssprachlicher Texte gebraucht wurden, benannten zu dieser Zeit daher nicht den lese- und/oder schreibunkundigen Menschen, sondern kennzeichneten allein den Gegensatz zum *homo literatus*, dem an einer Universität ausgebildeten, lateinkundigen Gelehrten.[15] Im Gegensatz zu den an literate Adressaten gerichteten Texten, die auf die lateinisch-scholastische Tradition aufbauten oder sich zumindest an ihr orientierten, prägten die Texte für den *gemeinen man* Praxisbezogenheit und Anleitungscharakter. Vielfach handelte es sich dabei um — ständig erweiterte und überprüfte — Kompilationen von Erfahrungswissen in der Form eines Rezeptes.[16]

Abhängig vom jeweiligen Thema erreichten die volkssprachlichen Lehrwerke unterschiedlich situierte und ausgedehnte Rezipientenkreise. Wie die frühen Rechenbücher oder die Formularbücher, die vor dem Hintergrund trivialer oder quadrivialer Fächer entstanden waren, richteten sich viele Lehrwerke aus Bereichen der ehemaligen *artes mechanicae* wie die Seebücher (Rösler 1996), das Pelzbuch GOTTFRIEDS DES FRANKEN (um 1350, Eis 1944) oder das Bergbüchlein ULRICH RÜLEINS an bestimmte

---

[14] Die meisten dieser Lehrwerke waren nicht an Institutionen oder an eine Verwendung im Unterricht gebunden, wie es später bei den Rechenbüchern, aber auch bei Lesebüchern und Grammatiken der Fall war.

[15] Die Gleichsetzung von literat, lateinkundig und schreibkundig im Mittelalter gilt in der Frühen Neuzeit nicht mehr (Grundmann 1958). Steer (1984) macht auf den mehrfachen Begriffszusammenhang von literat/illiterat (bildungstheoretisch: Lateinkundigkeit, kirchenrechtlich: Theologe und frömmigkeitsgeschichtlich: Mönch) aufmerksam.

[16] Zu den Schwierigkeiten der Überführung praktisch-sinnlicher Erfahrung und mündlicher Tradition in eine schriftliche Form s. S. 294.

Gruppen in Handel und Handwerk zur Verbesserung der beruflicher Fähigkeiten.[17]

Kurzanalyse 19: Ulrich Rülein: *Bergbuchleyn* (um 1500)

Ein nutzlich bergbuchleyn erschien um 1500, gedruckt eventuell von Martin Landsberg[18] in Leipzig, ohne Angabe eines Verfassernamens. Mit großer Wahrscheinlichkeit stammt es aus der Feder Ulrich Rüleins, Arzt, Architekt, Mathematiker und Bergbaukundiger in Sachsen.[19]

Das Buch entstand aus der Praxis heraus; der Autor gibt in ihm Antworten auf Fragen zu den Erzarten und ihrer Lage und Abbauwürdigkeit. Dieser Inhalt wird in einem Dialog zwischen dem *bergkverstendigen* Daniel (Lehrer; 2)[20] und dem *bergkiungen* Knappius (Schüler; 2) angegeben, der den Text umspannt (2–6; 48) und somit die Funktionen von Vorwort und Explizit (Verweis auf das inhaltlich folgende Thema 'Verhüttung') übernimmt. In Daniel ist sicher auch der Autor U. Rülein zu sehen, der im Vorwortdialog als Quellen für sein Werk *der alten weysen bucher vnd geuepten bergkleute erfarungk* (3), also die typische Mischung aus schriftlicher Theorie und mündlicher Praxis nennt. Die Verbindung dieser beiden Bereiche soll die Art der Rezeption bestimmen, Ziel ist *erkentnyß der stuck in disem buchlein / [...] vnd vbung bey dem bergkwerck* (4). Weiter finden sich im Dialog ein Wortwechsel um den Vorrang von Erkenntnis/Wissen (Daniel) bzw. praktischem Nutzen/kommerziellem Gewinn (Knappius; 3/4), Erläuterungen rechtlicher Fragen (5/6) und eine Entschuldigung wegen der ungelenken Sprache (6).[21]

In systematischer Aufarbeitung werden im folgenden Text Fragen mit praktischer Bedeutung angesprochen und erläutert. Der Text ist also mehr als eine *volkstümliche Einführung* (Pieper 1955, 184), wenn auch Format und Praxisbezug die Belehrung aller am Bergbau Interessierter als Autorintention nahelegen (Pieper 1955, 184/5). Die Systematik, die schriftliche Form und der eher informierende als anleitende Charakter des Textes sprechen jedoch für eine Einschränkung der Textadressaten auf leitende Personen oder Bergwerkbesitzer, die Bezeichnung *Montan-Ingenieur* (Keil 1995, 238) ist wiederum zu

---

[17] Rezipienten dieser Werke waren durchaus auch Frauen wie im Falle des *Nürnberger Kunstbuchs* (1461), das Klosterfrauen Färben, Nähen und Reinigen von Kleidern und Textilien lehrte. Zahlreiche Titel finden sich in Assion 1973 oder Rupprich ²1994, 348–70.

[18] Pieper 1955 behauptet dies aufgrund der Drucktype.

[19] Rülein wird in Georg Agricolas Schrift *De re metallica* genannt (Pieper 1955, 181). Zu U. Rülein s. Teil I, S. 61.

[20] Die Zitate folgen dem Abdruck des Erstdrucks bei Pieper 1955, 65–112; die Druckfehler wurden nach seinen Vorschlägen (1955, 113) emendiert. S. dort 139–180 eine kommentierte Liste der Ausgaben und Übersetzungen.

[21] Abgesehen von der 1. Person in den kurzen Textabschnitten des Knappius und seltenem Vorkommen der 2. Person bei Daniel beherrscht die 3. Person der Beschreibungssprache diesen Dialog.

eng. Es handelt sich aber noch nicht um eine wissenschaftliche Aufarbeitung der montanen Erfahrungen, eine Einstufung als 'gelehrtes Fachbuch' (Mendels 1953, XXXI) greift zu hoch.[22] Die Wirkung dieses ersten Bergbaubuches in deutscher Sprache reicht bis ins 19. Jh., in dem es beispielsweise von H. HOOVER noch ins Amerikanische übersetzt wurde (Keil 1995, 235); seine Blütezeit lag aber vor dem Erscheinen von GEORG AGRICOLAS *De re metallica* (1557).

(ME)	U. RÜLEIN: *Bergbuchleyn* (um 1500)
KG	Lage und Abbauwürdigkeit von Erzen
KP	P: Gelehrter; R: Fachmann, (führender) Bergbauarbeiter
KS	EO: Erzgebirge, EZ: 1500, EI: Bergbau; GO: Deutschland, GZ: 16.–19. Jh., GI: Bergbau (Wissenschaft)
KF	Druck; 8°, 48 S.

Ein kurzer metakommunikativer Hinweis informiert über die Einteilung des Buches in *tzehenn capitel* (7), welche jeweils durch Hervorhebung der 1. Zeile in größerer Type gekennzeichnet sind; das Kapitelthema wird jeweils im ersten Satz genannt *das erste capitel [...] Jst von [...]* (7). In Kapitel 1 berichtet der Autor von der Entstehung der Metalle, ihrem Zusammenhang mit den sieben Planeten und der Bedeutung von Schwefel und Quecksilber, indem er verschiedene Ansichten vorstellt und diskutiert. Ab Kapitel 2 und 3 mit allgemeinen Angaben zu Lage und Aussehen der Erzgänge behält RÜLEIN einen beschreibenden Sprachstil bei. Beschreibung als einziger Teiltexttyp beherrscht auch die Kapitel 4–10, die sich nun einzeln den sieben Metallen widmen.

Imperativische Formen finden sich dementsprechend kaum, allenfalls in umschriebener Weise *Jst tzu mercken* (7; 34); dafür bestimmt die 3. Pers. Ind. Präs. die sprachliche Formulierung, wobei durchaus auch das Passiv eingesetzt wird *wirt [...] geteilt* (13), etwa bei der Kombination von Einführung von montanen Objekten und der Angabe ihrer Bezeichnung in Aufzählungsform *als do sindt die gengk nemlichen steinnende geng flachgeng / schargeng / creutzgeng ader wie die nach mancherley landart genandt werden* (10).[23] Das Strukturmittel der Aufzählung findet sich allenthalben mit Wörtern (10), Satzgliedern, Sätzen (13) und Abschnitten (18), wobei jeweils eine möglichst gleiche Gestaltung angestrebt wurde. Die Thema-Rhema-Struktur ist entsprechend auf Satz- wie auf Textebene durch Progressionen mit gespaltenem Rhema geprägt; U. RÜLEIN differenziert sorgfältig die unterschiedlichen Fälle und Möglichkeiten, um sie dann nacheinander genau zu erläutern. Mit dem INFORMIEREN als Autorintention geht der vorwiegende Gebrauch der 3. Pers. Ind. Präs. einher.[24] Eine Ausnahme ist die Erläuterung des Baus eines

[22] Die Meinung Piepers (1955, 184), der Text übernehme auch die Funktion einer Werbeschrift für den Freiberger Bergbau, läßt sich kaum nachvollziehen; die Bezeichnung als Rezeptsammlung (zitiert in Keil 1995, 236) ist — zumindest textlinguistisch oder formal gesehen — falsch.

[23] Hier ist das Problem vieler Fachsprachen der Frühen Neuzeit angesprochen, nämlich daß die mündlich tradierten fachlichen Bezeichnungen je nach dialektaler Varietät variierten; s. auch Mendels 1968, 164. Nach Keil (1995, 237) ist die Terminologie in diesem Text *definitorisch weit über Nominalwissen hinaus erschlossen*.

[24] Hinweise zu Aufbau oder Inhalt gibt der Autor in der 1. Person (28).

Bergkompasses und das Beispiel zu seiner Anwendung: *Volget von den kluſſten Das streichen / fallen / vnd außgehendder klufft vornim [. . .]* (27). Neben dem Imperativ finden sich hier an fachsprachlichen Merkmalen der uneingeleitete Konditionalsatz und Nominalisierungen in der Substantivierung der Infinitive *streichen* und *fallen*. Der Bergkompaß ist zudem abgebildet; weitere Bilder setzt RÜLEIN in den Kapiteln 2 und 3 ein unter deutlichem textlichen Verweis. In ihnen versucht er eine Verbindung zwischen dem im Text auf Papier vermittelten Wissen zu der Übung in der wirklichen Welt herzustellen (im Sinne der im Dialog genannten Ziele).[25]

(MI) U. RÜLEIN: *Bergbuchleyn* (um 1500)	
GG	Dialog (2–6) // allg. Erläuterungen (7–28) // Metalle (28–48)
TT	Beschreibungstext
Pr	MITTEILEN, INFORMIEREN, BEHAUPTEN
Th	gesp. Rhema
Gr	3. P. Ind. Präs. (Pas.); parallele Gestaltung auf allen sprachl. Ebenen; Fachterm.; Bilder

Ähnlich verhielt es sich bei Büchern, die aufgrund ihrer Themen in der Hauptsache in Adelskreisen rezipiert wurden wie Lehrwerke über Landwirtschaft, Jagd oder Kriegsführung. Breitere Kreise erreichten Arzneibücher (für Mensch und Tier) und Kräuterbücher, die sowohl von Fachleuten gelesen wie auch im Hausgebrauch konsultiert wurden; dies läßt sich ebenso für rechtliche Sammelwerke und theologische Gebrauchstexte sagen.[26] Nur in wenigen Fällen — Rechnen, christliche Lehre — hielt man die Ausbildung aller Menschen in einem dieser Themen für nötig, so daß Lehrwerke — Rechenbücher, Katechismen — in größeren Zahlen explizit für junge Menschen verfaßt und an Schulen eingesetzt wurden.

[25] Pieper (1955, 195) ist der Auffassung, der Autor habe die Bilder nicht für den Leser, sondern für das Nachvollziehen des Textes durch Analphabeten gesetzt. Ähnlich meint Keil (1995, 242), die Bilder dienten *nicht [. . .] als Illustration zum Text*, sondern als *Grundlage für eine bildgestützte Wissensvermittlung*. Diese Funktion der Bilder ist sicherlich möglich, dennoch gehören sie, da sie andere, ergänzende Information tragen, zur Gesamtheit des Textes dazu; der Text ist ohne die Bilder ebensowenig zu verstehen wie diese ohne den Text.

[26] Zur Rezeption von pharmazeutischen Schriften s. Telle ^{2}1988; erkennbar an vielen Titeln ist noch der Einfluß der Einteilung in die drei *artes*-Reihen. Arbeitsteilung, aber auch neue technische Erfindungen bewirkten jedoch bald eine Differenzierung der Themen und damit der Lehrwerke (s. S. 315).

5.1.1.5 Buchdruck und Lesefähigkeit

Alle lehrenden und wissensvermittelnden Texte nutzten bald die neue Technik des Buchdrucks mit beweglichen Lettern.[27] Anfangs besonders auch in der Gestaltung noch stark von den Handschriften beeinflußt ging das neue Medium Buch in Aufmachung und Verbreitung bald eigene Wege. Ein fundamentaler Unterschied zwischen Buch und Handschrift liegt nun in dem Verhältnis von Verfasser und Textadressat: Im Falle der Handschriften kannte der Verfasser bzw. der Schreiber in der Regel einen Auftraggeber, der Rezipientenkreis war beschränkt;[28] Bücher hingegen wurden zunehmend für die Öffentlichkeit, also für eine unsichere Anzahl im einzelnen unbekannter Personen verfaßt.[29]

Allerdings wuchs der Anteil der Lesekundigen in der Bevölkerung nur allmählich, so daß lange große Teile der Bevölkerung noch auf mündliche Vermittlung des schriftlich Fixierten angewiesen waren.[30] Von einer *Substitution des Experten durch das Buch* (Giesecke 1994, 525f.) kann daher zu Beginn der Produktion volkssprachlicher Bücher nicht die Rede sein.[31] Viele Texte entstanden neben der praktischen Erfahrungsgrundlage aus Einzel- oder Gemeinschaftsunterricht heraus und fanden dort auch ihre Verwendung als Unterrichtsgrundlage; diesen Vorgang bezeichnet Eichler (1996b, 133) treffend als *Verschriftlichung des mündlichen*

[27] Natürlich nahmen wissenschaftliche Texte in der Volkssprache, besonders mathematische Werke, noch lange Zeit nur einen geringen Anteil an der Gesamtproduktion von Drucken ein; s. die Zahlen bei Sauer 1956, 30 und Wittmann 1991, 24. Zu 'Bauelementen', Ordnungskriterien und dem Verhältnis von Prosa- zu Reimfassung medizinischer Traktate s. Keil 1979.

[28] Handschriftenproduktion auf Vorrat bildete die Ausnahme. Dennoch lag die Produktion von handschriftlichen Kopien in einzelnen Klöster sehr hoch, so daß nicht von einer rein mündlichen Kultur ohne Schriftlichkeit vor der Erfindung des Buchdrucks gesprochen werden darf.

[29] Giesecke (1991, 530) spricht hier von einem *kaum vorausberechenbaren Publikum*; wenn auch der einzelne Textrezipient dem Produzenten nicht bekannt gewesen sein mag, so besaß er doch meist Informationen über die soziale Strukter und das thematische Vorwissen der Rezipientengruppe.

[30] Rösler 1996 weist auf diese Vermittlungsart z. B. bei den Seebüchern hin; so auch Sauer 1956, 78. Wittmann (1991, 38) schätzt die Lesefähigkeit um 1500 auf 2 % der Bevölkerung, dies waren in der Regel Kleriker, Literaten oder Angehörige der Oberschicht. Die Ausweitung auf neue Bevölkerungskreise setzt erst nach 1520 ein (ebd. 1991, 41). Eine andere Schätzung geht von lediglich 5 % lesefähiger Einwohner zur Zeit der Reformation aus (Endres 1983, 144).

[31] Giesecke sieht durch das Buch das Lehren aus der sozialen und kommunikativen Situation gelöst: Die face-to-face-Situation beim Vorlesen einer Handschrift würde durch das individuelle Alleinsein des Menschen mit dem Buch ersetzt (1991, 524; 527; 1993, 332/3).

Unterrichts.[32] Nach diesem Unterricht durch einen Experten stand das Buch dem Rezipienten auch zum Nachlesen bzw. -schlagen zur Verfügung. Ein Selbststudium im Sinne einer stillen Lektüre des Einzelnen war bei vielen Büchern tatsächlich kaum möglich. In den meisten Vorreden volkssprachlicher Lehrtexte finden sich zwar Formulierungen wie *on ein lerer*, sie sind wohl aber mehr als rhetorisch hohle Redewendungen nicht zuletzt zu Reklame- und Verkaufszwecken zu deuten. In den besprochenen Rechenbüchern wird auf Selbstlerner in der strukturellen oder sprachlichen Gestaltung keine Rücksicht genommen (s. S. 235).[33]

5.1.2 Mathematische Texte in der Volkssprache

Rechenbücher für den Kaufmann beschäftigten sich mit und gründeten auf der Arithmetik aus dem Quadrivium der *septem artes liberales.* Auch zu den anderen quadrivialen Fächer Astronomie, Musik und Geometrie entstanden im 16. Jh. Texte in der Volkssprache. In der Musik flossen die pythagoreische Verhältnislehre mit der Kunst des Instrumentenbaus und der Praxis des Musizierens in Büchern zusammen (Denk 1981). Auf astronomisch-astrologischem Wissen basierten die zahlreichen Kalender und Prognostiken, die neben neuen Tafelwerken für die Fachleute als Texte für jedermann konzipiert waren.[34]

---

[32] Im weiteren Verlauf ihrer Untersuchung vertritt sie jedoch auch die Auffassung, das Verfassen von wissensvermittelnden Texten für eine anweisungslose Rezeption sei nötig gewesen, da die Textadressaten, also Handwerker und Kaufleute, nicht die Universität oder Lateinschule besuchten, Stadtschulen aber noch nicht existierten oder ansonsten andere Bildungsziele (Glaubensausbildung) verfolgten (Eichler 1992, 93). Hier wird übersehen, daß vor der Entstehung von Stadtschulen oder deutschen Schulen schon Einzelunterricht oder Unterricht an privaten Schulen angeboten wurde.

[33] Ähnliches trifft aber auch auf Texte aus anderen Bereichen wie z. B. der Sprachvermittlung zu, Lesefibeln erlauben diese Möglichkeit sowieso nicht. Anders mag sich das bei Arznei- und Kräuterbüchern verhalten.
Dennoch ist eine Veränderung der gesamten Kommunikationslage im deutschsprachigen Raum als Folge des Buchdrucks festzustellen. Ein Wendepunkt liegt hierbei in den Jahren um 1480, in denen sich das Buch gegen die Handschrift durchsetzte. Anzeichen dafür sieht Brandis (1984) etwa in der Ausbildung des Titelblatts, der Bevorzugung kleiner Formate und der Niederlegung zeitgemäßer Texte, aber auch in dem Rückgang des Lohnschreibergewerbes, stattdessen der Ausbildung des Verlagswesens und der Buchmessen sowie der Entstehung neuer handschriftlicher Textsorten wie Briefe oder biographischer Notizen.

[34] JACOB KÖBEL druckte zahlreiche Kalender; auch Humanisten wie JOHANN VIRDUNG oder Wissenschaftler wie JOHANNES KEPLER vedienten ihr Geld durch das Erstellen von Horoskopen.

Der Textrezipientenkreis für geometrische Werke in der Volkssprache — bestimmte Gruppen von Handwerkern bzw. Praktikern — war eher klein und geschlossen. Die Textproduzenten konnten daher bei ihren Textadressaten eine gewisse Spezialkenntnis durch mündliche Weitergabe vom Meister zum Lehrling und erste praktische Erfahrungen voraussetzen. Auch hier wurde jedoch auf Theorie, Begründung oder mathematische Fehlerfreiheit zugunsten von praktikablen Näherungsverfahren für Grundprobleme des Messens und Konstruierens verzichtet. Die volkssprachlichen geometrischen Lehrwerke lassen sich unterteilen in Werke zur messenden Geometrie — Landvermessung, Markscheidewesen, Visierkunst — und Werke der konstruierenden Geometrie — Baukunst, Optik, Perspektive (Malerei). Hinzu kamen Texte oder Abschnitte über die Herstellung und Benutzung neu entwickelter technischer Geräte.[35]

Landvermessung

Die Kenntnisse im Vermessungswesen des Mittelalters und der Frühen Neuzeit gingen auf die römischen Praktiker, die Agrimensoren zurück.[36] Die Beschäftigung mit den Methoden und Techniken der Römer war nie abgerissen; ergänzt wurde die Planimetrie zwar durch Alti- und Stereometrie, insgesamt wurden die Methoden aber kaum verändert oder verbessert, abgesehen von der Erfindung einiger weniger Instrumente wie etwa des Jakobsstabs zum Messen von Entfernungen und Höhen durch LEVI BEN GERSON (1288–1344). Ein frühes Beispiel für eine volkssprachliche Fassung einer Anleitung zur Landvermessung ist die *Geometria Culmensis* (A. 15. Jh., Kurzanalyse S. 89). Im 16. Jh. begann mit dem Übergang von kleinräumigen Vermessungen zu kartographischen Erfassungen ganzer Gebiete eine neue Phase der Landvermessungskunst. In diese Zeit fallen etwa die Landvermessung Bayerns durch die Brüder APIAN (gedruckt 1554) und die Entwicklung des Meßtisches durch J. RICHTER/PRAETORIUS (1537–1616).

Visierkunst

Die Visierkunst umfaßte in der Frühen Neuzeit das Ausmessen und Bestimmen des Inhalts von Fässern. Mit Hilfe der sogenannten Visierrute[37] kontrollierten vereidigte Visierer auf den Märkten den Faßinhalt. Im öffentlichen Leben und Handel und damit in der praktischen Mathe-

---

[35] S. vorne PETER APIAN, S. 228.

[36] Einer der bekanntesten römischen Praktiker war der auch bei JOHANNES WIDMANN erwähnte JULIUS FRONTINUS, Feldherr, Direktor der Wasserversorgung Roms und Fachschriftsteller um 100 n. Chr.; zu den *agrimensores* bzw. *gromatici* und der Vermittlung ihres Wissens s. Teil I ab S. 17.

[37] Zu Ruten, Eichmaßen usw. s. Schneider 1986.

matik nahm die Visierkunst einen wichtigen Platz ein.[38] Visierbücher können daher als *typische Vertreter der Gebrauchsliteratur*, geschrieben *von Praktikern für Praktiker* (Folkerts 1974, 15) gelten. Ausübende des Handwerks waren in vielen Fällen Rechenmeister, die meist auch Verfasser der Bücher waren, da dies ebenso wie das Herstellen der Meßinstrumente eine gewisse Fertigkeit in Mathematik voraussetzte. Vielfach wurden Visierbücher Rechenbüchern beigefügt, wobei die Autoren eigene Werke benutzten — so J. KÖBEL (s. S. 222) oder H. SCHREIBER (s. S. 226) —, aber auch auf fremde zurückgriffen.

Kurzanalyse 20: ERHART HELM: *Visierbuechlin* (1574?)

Dieses Visierbuch *Visier vnd Wechselruthen kuenstlich vnd gerecht zumachen* (Titel) eines *Mathematico zu Franckfurt* (Titel) ist einer späten Ausgabe des *2. Rechenbuches* von ADAM RIES beigegeben. Gedruckt ist das gesamte Buch in Frankfurt am Main durch CHRISTIAN EGENOLFFS ERBEN, auf welche wohl auch die Zusammenstellung der beiden Bücher zurückgeht. Dem Visierbuch (77v–98r) folgen dabei noch Listen mit Umrechnungen *Franckfurter Muentz* (ab 98v). Adressaten dieses Werkes waren also sicherlich Frankfurter Kaufleute und Händler.

(ME)	E. HELM: *Visierbuechlin* (1574?)
KG	Visierkunst
KP	P: Fachmann, Rechenmeister?; R: Kaufleute
KS	EO: Frankfurt am Main, EZ: 1574, EI: ?; GO: Frankfurt, GZ: 2. H. 16. Jh., GI: Praxis
KF	Druck; 8°, 22 f.

In einer kurzen Inhaltsübersicht (77v/78r) werden die drei Teile des Buches vorgestellt: Der erste Teil beschreibt die Herstellung von Visierruten, mit denen darauf die Tiefe eines Fasses und im zweiten Teil die Länge gemessen wird. Der dritte Teil lehrt des Berechnen des Faßinhalts aus diesen beiden Daten. Der größte Teil des Textes besteht aus Anleitungen, entweder allgemein gehalten unter Verwendung von Buchstaben für Punkte und Strecken oder an einem Beispiel dargestellt. Ansatzweise finden sich Begründungen in einer Mischung aus Probe und Motivierung durch Anschauung, etwa der Satz des Pythagoras nach EUKLID in Text und Bild (79v/80r). Ein fließender Übergang besteht von der Textgestaltung her zu den Beispielen im Teil 2 und 3, welche allein aus der

[38] *Die Visierer, die das Ausmessen und Eichen der Fässer vornahmen, spielten im öffentlichen Leben dieser Zeit eine wichtige Rolle und hatten in der Ständeordnung ihren festen Platz* (Folkerts 1974, 2). Folkerts beleuchtet in seinem Aufsatz allgemeinhistorische sowie sozial-, wirtschafts- und handelshistorische Aspekte der Visierkunst und ihre Entwicklung aus mathematikhistorischer Sicht. Er gibt auch eine mathematische Abhandlung zur Doliometrie und eine Liste der Darstellungen von 1450–1659 (über 60), d. h. der Bücher bis J. KEPLER (36–41).

Angabe der Daten und der Rechenanleitung bestehen, da die Frage jeweils in einem Teil die gleiche ist (Welche Länge bzw. welchen Inhalt hat das Faß?). Mathematisch werden in diesen Beispielen die Unterfälle und Varianten der Berechnung vermittelt.

Einzelne Bilder zeigen Fässer oder Visierer bei ihrer Tätigkeit (78r), eine Abbildung ein Instrument *Medial* (92v). Mehrere Skizzen dienen dem Verständnis und der Anschauung des im Text Vermittelten, wobei sich die Zahlen und Bezeichnungen aufeinander beziehen (78v). Eine Tabelle *Tabula Radicum quadratarum* (84v-86r) gibt die zur Herstellung einer Visierrute nötigen Daten an.

(MI) E. HELM: *Visierbuechlin* (1574?)	
GG	Visierrute, Tiefe des Fasses (78r) // Länge (86v) // Inhalt (88v)
TT	Lehrtext/ Beispiel
Pr	AUFFORDERN, ANLEITEN, EXEMPLIFIZIEREN
Th	einf. lin.; gesp. Rhema, mehrere TR-Ketten
Gr	2. P. Imp., auch *man* bei Anleitung, 3. P. bei math. Subjekten; kurze Syntax, Parataxe; WS Geometrie; Buchstaben in Zeichnungen, Tabelle

Auch die Visierkunst lieferte nur Näherungslösungen, in ihnen wurde das *mathematische Kalkül durch ein rein mechanisches Verfahren ersetzt* (Folkerts 1974, 34).[39] Eine wissenschaftliche Begründung lieferte erst J. KEPLER.

Baukunst

Die Baukunst bietet ein typisches Beispiel für ein Handwerksgebiet mit mündlicher Vermittlung und Geheimhaltung von Erfahrungswissen innerhalb der Bauhütten,[40] die zu solch großartigen Leistungen wie dem Bau der gotischen Kathedralen fähig waren. Ein frühes volkssprachliches Buch über die Baukunst von VILLARD DE HONNECOURT (~ 1235) stellt eine Mischung aus einem Musterbuch und den illustrierten technischen Traktaten der Antike dar. Ende des 15. Jhs. erscheinen vier kurze Schriften in deutscher Sprache: von MATTHÄUS RORITZER das *Büchlein der Fialen Gerechtigkeit* mit dem *Wimpergbüchlein* (~ 1486) und die *Geometria deutsch*[41] (zwischen 1470 und 1500) und von HANS

[39] Eine Ausnahme bildete der *Libellus de compositione regularum pro uasorum mensuratione. Deque arte ista tota theoricae et practicae* (Wien 1518) des HEINRICH SCHREIBER, in dem er für Fachmathematiker eine *wissenschaftlich exakte Darstellung* geben wollte (Folkerts 1974, 17/8).

[40] Zur Diskussion des Bauhüttengeheimnisses und der Rolle der folgenden Bücher s. Shelby 1977, 46–61.

[41] Zur Verfasserschaft RORITZERS und zu den komplizierten Überlieferungsverhältnissen s. Geldner 1965 und Shelby 1977; bei letzterem die neueste Edition der Texte mit Standortverzeichnis (34) und Bibliographie.

SCHMUTTERMAYER ein *Fialenbüchlein*[42] (1485/6). Beide Autoren waren Handwerker — SCHMUTTERMAYER gehörte wohl der Goldschmiedezunft an, RORITZER entstammte einer alten Baumeisterfamilie und war selbst Dombaumeister in Nürnberg (1463) und Regensburg (um 1480) — und schrieben aus der Praxis heraus. Die Fialenbücher widmeten sich der Beschreibung von Bau und Ausstattung der Fialen und zum Teil auch der Wimpergen, zu ihrer Lektüre waren weiter kaum geometrische Vorkenntnisse nötig. Die *Geometria deutsch*, möglicherweise als Voraussetzung für das Fialbuch konzipiert, bot in teilsystematischer Darstellung einige Grundkonstruktionen. Das Wissen, das die Verfasser dieser beiden wohl unabhängigen Abhandlungen vermittelten, basierte auf eigener Erfahrung (*mir selbs*; *Fialen Gerechtigkeit* 2v) und der mündlichen Tradition früherer (*die alten der kunste wissende*), teilweise genannter (*di iungkherrn von prage*, also die PARLER) Bauhütten, denen allerdings die Elementarsätze der Geometrie bekannt waren. EUKLID oder die theoretischen Schriften der Renaissance scheinen den Verfassern unbekannt gewesen zu sein (Binding/Nussbaum 1978, 22). Deutlich ist die Intention, didaktische Schriften für andere Baumeister, also Fachleute mit Bau- und Konstruktionsanweisungen zu verfassen; Erklärungen und theoretische Grundlagen fehlen, dafür unterstützen erklärende Zeichnungen den Textinhalt.[43]

Kurzanalyse 21: MATTHÄUS RORITZER: *Geometria deutsch* (1470–1500)

Im Widmungsbrief an den Bischof von Eichstätt zu Beginn seines *Fialenbüchleins* nennt MATTHÄUS RORITZER explizit die Adressaten und die Intention seiner Werke: Denen, *die sich der [freyen kunst geometrien] gebrauchen vnd neren mussen* (2v) möchte RORITZER die *kunst der geometry* erläutern und *den anefang des auszgeczogens stainwerchs* mitsamt des Einsatzes der Instrumente vermitteln. Dadurch sollte *mangel vnd gebrechen* am Bau vermieden und somit dem *gemeinem nucz* gedient werden; Entsprechendes gilt für die zu gleicher Zeit entworfene *Geometria deutsch*.

[42] Edition und Literatur s. Shelby 1977. Fialen nennt man die turmartigen Bekrönungen von Strebepfeilern, Wimpergen die gotischen Ziergiebel über Portalen und Fenstern.

[43] Die Konstruktionen wurden anscheinend tatsächlich beim Bau des Regensburger Domes angewandt.

(ME)	M. Roritzer: *Geometria deutsch* (1470–1500)
KG	Geometrie: Konstruktionen
KP	P: Fachmann, Handwerksmeister; R: (angehender) Fachmann des gleichen Faches
KS	EO: Regensburg, EZ: 1470–1500, EI: Werkstatt; GO: ?, GZ: ?, GI: ?
KF	Druck; 4°?, 4 f.

Was Matthäus Roritzer unter der *freyen kunst geometrien* versteht, wird an der Stoffauswahl und der Darstellung in seiner *Geometria deutsch* deutlich. Die gerade einmal vier Blätter umfassende Abhandlung besteht nach einem kurzen Einleitungssatz aus sieben Konstruktionsaufgaben folgenden Inhalts: rechter Winkel (1r), regelmäßiges Fünfeck (1v–2r), Siebeneck (2v), Achteck (3r), längengleiche Strecke zu Kreisumfang (3v), Kreismittelpunkt (4r) und flächengleiche Vier- und Dreiecke (4v). Teilweise handelt es sich hier nur um Näherungen, nicht um exakte Konstruktionen. Der einzige Teiltexttyp ist somit die Aufgabe, die nach einem festen Schema in sich gegliedert ist. Die Aufgabenstellung selbst ist in einer indirekten Frage formuliert: *Wer ain funff ort reissen wil* (1v); die Lösungsanweisung beginnt in der Regel mit dem Indikator *So* (außer bei der Konstruktion des Siebenecks) und leistet dann in kurzen, parataktisch angeordneten Sätzen eine Beschreibung der einzelnen Schritte der Konstruktion; die zeitliche Abfolge der Schritte wird durch die häufige Verwendung von *darnach* verdeutlicht, der Imperativ Singular herrscht neben der 3. Person vor. Beendet wird dieser Abschnitt mit einem terminatorischen, wieder mit *so* eingeleitetem Satz: *So hastu ain gerecht funff eck* (2r). Es folgt daraufhin ein *exempel*, das in einer Zeichnung mit den angegebenen Hilfslinien und Punkten besteht, bei komplizierten Konstruktionen findet sich auch eine Zwischenzeichnung (z. B. beim Fünfeck 1v). Insgesamt sind auf die acht Seiten 11 Abbildungen als integrale Textbestandteile verteilt. Der Wortschatz ist gespeist aus dem der ebenen Geometrie *figur, punckt, funff ort, winckelmasz* (1v), *funff eck* (2r) und der Steinmetzkunst *czirckel, lineal, richtscheit, reissen* (1v), *richtscheit auflegen* (2r); Streckenendpunkte werden mit Buchstaben benannt.

(MI)	M. Roritzer: *Geometria deutsch*
GG	Konstruktionsaufgaben (1r–4v)
TT	Aufgabe
Pr	BESCHREIBEN (AUFFORDERN)
Th	einf. lin.
Gr	Imp. und 3. P. Präsens; kurze Sätze, Parataxe; WS aus ebener Geometrie, Steinmetzkunst

Im ganzen Text finden sich weder Erläuterungen oder Erklärungen noch Beweise, warum eine bestimmte Art der Durchführung zum gewünschten Ergebnis führt; eine theoretische Grundlegung wird somit an keiner Stelle geleistet. Statt dessen beschränkt sich die Darstellung vollständig auf das Vorschreiben der einzelnen Handlungsschritte. Allerdings geschieht dies im Unterschied zu den Fialbüchern nicht an realen Objekten, sondern an Grundfiguren der ebenen Geometrie; dies mag Roritzers Verständnis der 'Kunst Geometrie' gewesen sein.

Ein Spezialgebiet der Architektur, die sich wie alle Gebiete in der Frühen Neuzeit in mehrere Spezialgebiete aufspaltete, war der Festungsbau, die Fortifikation, die mit den Fortschritten im Geschützbau und der Verlegung von Zentren und Machtsitzen von Burgen in Städte wichtiger wurde. Als Beispiel sei hier die Schrift ALBRECHT DÜRERs genannt: *Etliche vnderricht, zu befestigung der stett, Schloß vnd flecken* (Nürnberg 1527), auf den im folgenden eingegangen werden soll.

Malerei

Während in der italienischen Renaissance die Maler des Quattrocento von LORENZO GHIBERTI (1378–1455) über FILIPPO BRUNELLESCHI (1377–1446) zu LEONE BATTISTA ALBERTI (1404–1472) als 'inspirierte Künstler' im Streben nach einer Nachbildung der sichtbaren Wirklichkeit in ihren Bildern die Perspektive entdeckten und zur Vollkommenheit brachten,[44] verstand sich die Malerei in Deutschland noch als Handwerk, das sich in *brauch* und praktischen Fertigkeiten vermitteln ließ. Mit diesen Vorstellungen wuchs auch ALBRECHT DÜRER (1471–1528) als Sohn eines Goldschmiedes und Lehrling derselben Zunft auf.[45] Jedoch lernte er während seiner Aufenthalte in Italien (1494/5 und 1505–7) die neuen Methoden und das gewandelte Selbstverständnis[46] der Maler kennen. Durch diese Eindrücke wurde DÜRER angeregt, die praktischen Fähigkeiten der deutschen Maler auf sichere theoretische Grundlagen zu stellen und dadurch zu verbessern. Sein Ziel war, die geometrischen Grundlagen der Kunst in Lehrbüchern zusammenzufassen und für den Handwerker verständlich und damit nutzbar zu gestalten (Müller 1993a, 19): Was er sich selbst erarbeitet hatte, wollte er nun anderen zur Verfügung stellen.[47] Neben seinen eigenen Erfahrungen aus Bauhütten und Werkstätten in Deutschland und Italien dienten ihm auch wissenschaftliche Texte von EUKLID, VITRUV und ALBERTI als Quellen seiner volkssprachlichen Schriften.[48]

[44] Ihr Ziel war, die Formen der Natur in ihren proportionalen Strukturen zu erfassen und nachzubilden. Dabei folgten die Künstler der leitenden Idee der objektiven Schönheit, die am ehesten durch die Natur selbst als der größten Künstlerin erreicht wurde.

[45] Zu DÜRER s. Olschki 1919, Habermann/Müller 1987, Müller 1993a/b.

[46] Dieses zeigt sich bei DÜRER auch in den zahlreichen persönlichen Notizen, Briefen und autobiographischen Schriften; s. die Edition von Rupprich 1956/66/69.

[47] DÜRER erkannte: Die *Gelehrten besitzen die Kenntnisse, die zur Lösung der nächstliegenden Probleme der Praxis notwendig sind und halten sie in größter Verborgenheit geheim* (Olschki 1919, 435).

[48] DÜRER, der wahrscheinlich kein Latein beherrschte, kam bei der Rezeption antiker Texte das Zusammentreffen wirtschaftlicher und künstlerischer, aber vor allem humanistischer Blütezeiten in Nürnberg um 1500 zugute. So

Kurzanalyse 22: Albrecht Dürer: *Vnderweysung der messung* (1525)

1525 erschien in Nürnberg die *Vnderweysung der messung*[49], die allen *kůnstbegyrigen jungen*, allen *maleren [...] Goldschmiden Bildhaweren Steynmetzen Schreyneren vnd allen den so sich des maß gebrauchen dienstlich seyn mag* (A jr). Obwohl theoretisch fundiert, bleibt das Werk intentional praxisbezogen; die Ausrichtung auf die Textadressaten zeigt sich in Aufbau und Gestaltung. Unter der *kunst der messung* (A jr) versteht Dürer die konstruktive Geometrie, er lehrt also das Konstruieren von ebenen und räumlichen Figuren, wie er es selbst beobachtet und vollführt hat; statt exakter, mathematisch sauberer Konstruktionen *demonstrative* werden hier Näherungsverfahren *mechanice* geboten. So gibt Dürer näherungsweise Konstruktionsanleitungen zur Dreiteilung eines Winkels oder zur Verdoppelung eines Würfels, von denen beiden heute ihre Nicht-Konstruierbarkeit beweisbar ist. Durch die theoretische Fundierung unterscheidet sich die *Vnderweysung* dennoch grundlegend von einem Modellbuch (Roritzer) oder einem praktisch gehaltenen Malerbuch, in dem neben Malereitechniken auch die Herstellung und Mischung von Farben gelehrt wurde.

(ME)	A. Dürer: *Vnderweysung der messung* (1525)
KG	Geometrie: Konstruktionen und Zeichnungen
KP	P: Fachmann, Maler, Goldschmied; R: (angehende) Maler, Goldschmiede ‖ Gelehrte
KS	EO: Nürnberg, EZ: 1525, EI: Werkstatt; GO: Dtl., GZ: 16. Jh., GI: privat
KF	Druck; 2°, ca 100 f.

Die *Vnderweysung* teilt Dürer in vier Bücher.[50] Das erste Buch beginnt mit den euklidischen Definitionen der Grundbegriffe der Geometrie, wobei Dürer sich nicht auf die Standardformulierung der Definition beschränkt, sondern vielerlei weitere Erläuterungen anfügt.

> *[...] Dreyerley ding sind zůmessen / Erstlich ein leng / die weder breyt noch dick ist [...] / Aber eyn punckt ist ein solch ding / das weder Grőß Leng Breyt oder Dicken hat / Vnd ist doch ein anfang vnd ende / aller leiblichen ding / die man machen mag / oder die wir in vnsern synnen erdencken můgen / [...] / vnd darumb erfűllt keyn punckt keyn stat / dann er ist vntzerteylich / [...] / Aber damit die iungen verstendig in gebreuchlicher arbeyt werden / So will jch jnen den punckten als ein gemel mit eym tupff*

konnte er auf die Bestände der Büchersammlungen Johannes Regiomontans und Willibald Pirckheimers zurückgreifen.

[49] In Manuskriptform liegen weitere Schriften über Anweisungen zum Zeichnen und Malen von Dürer vor, z. B. vier Bücher über *Die Lehre von menschlicher Proportion*, postum veröffentlicht 1528; s. die Gesamtausgabe durch Rupprich. Die folgenden Zitate folgen dem Faksimile 1966.

[50] Ausführliche Inhaltsangabe in Rupprich 1969, 311–316.

/ einer federn fürsetzen / Vnd das wort punckt darbey schreiben / damit der punckt bedewt wirdet / punckt / • (A ijr)

Zeichnung und Konstruktion von krummen Linien, Kreisen, Kegelschnitten usw. füllen das erste Buch, im zweiten widmet sich DÜRER der Konstruktion von Winkeln und der Konstruktion und Flächenberechnung von Polygonen. Buch 3 und 4 behandeln die räumlichen Figuren, wobei Buch 3 eher die praktische Ausführung (Türme, Säulen, Sonnenuhr, Buchstaben), Buch 4 die mathematische Betrachtung (regelmäßige Polyeder, Perspektive etc.) behandelt. Die Konstruktionen beschreibt DÜRER schrittweise entsprechend ihrem zeitlichen Ablauf in der Realität. Der Schwierigkeit der Wiedergabe manueller Fertigkeiten in rein schriftlicher Form begegnet DÜRER hierbei mithilfe einer größeren Anzahl von Zeichnungen, die zur Anschauung des Sachverhaltes oder der Beschreibung dienen.

Diese schenckenlini reyß jch also / jch mach ein auffrechte lini die sey oben .a vnden .b. die theyl jch mit dreyen punckten .c.d.e / in vier gleiche felt / Darnach [...] (A iijv)

Neben der 1. Person wie in diesem Zitat benutzt DÜRER auch vielfach die 2. Pers. Imp. *Mach solichs also / stell [...]* (F ivr). Der Anleitung in kurzen, parataktisch angeordneten Sätzen folgt eine Zeichnung mit dem Titel *Diese Schnecken lini ist mit dem zirckel zogen* (A iijv), in der die in dem Anleitungstext genannten Punkte und Linien eingezeichnet sind. Aus Konstruktionsbeschreibungen dieser Art — in ihnen findet sich keinerlei mathematische Begründung — setzt sich fast das gesamte Werk zusammen. Auch der Bau eines Instrumentes wird als Anleitung vermittelt (D jv–D iijr), wobei sich hier auch die 3. P. im Passiv und Modalverben *sollen, müssen* finden: *Dise nadel soll auch gemacht werden* (D ijr).

Beim Bemühen um eine verständliche, klare Sprache stieß DÜRER wegen des Fehlens einer deutschen Fachsprache wiederholt auf Schwierigkeiten auf allen sprachlichen Ebenen.[51] Gerade auf der lexikalischen Ebene zeigt sich seine *innovative Leistung* (Habermann/Müller 1987, 125) bei dem Umgang mit lateinischen und griechischen Termini. DÜRER griff sooft wie möglich auf Bezeichnungen aus dem Bauhütten- oder Werkstattwesen zurück (*fischblase, eberzahn* E 1v); der ihm dort zur Verfügung stehende Wortschatz war aber eher gering. Für den größten Teil der fremdsprachlichen Termini suchte DÜRER neue Äquivalente in der deutschen Sprache, die er über die Anschauung zu motivieren suchte.

*diser dreyer schnydt [*des Kegels*] namen weis jch auf deutzsch nit zuosagenn / wir wöllenn jn aber namen geben [...] Die Ellipsis will ich ein eyer lini nennen / darumb das si schyer einem ey gleuch ist / Die Parabola sey genannt eyn brenn lini / [...] / Aber die Hiperbole will jch einn gabellini nennen.* (C iijv)

[51] Zur Sprache s. Habermann/Müller 1987, Müller 1993a; Arbeiten zu Ebenen außer der lexikalischen und morphologischen fehlen. DÜRER bediente sich bei seinen Schriften einer Nürnberger Druckersprache, während Skizzen von seiner Hand zum Teil einen höheren Grad an Dialektalität aufweisen.

(MI)	A. DÜRER: *Vnderweysung der messung* (1525)
GG	geometr. Konstruktionen (Buch 1 Linien, Kreise, Buch 2 Winkel, Flächen) // räuml. Figuren (Buch 3 und 4)
TT	Konstruktionsanleitung
Pr	ANLEITEN
Th	einf. lin., gesp. Rhema
Gr	1. P. Sing., 2. P. Imp., 3. P. Passiv + Modalverben; Parataxe; WS aus Werkstatt und Mathematik; Adverbien (*darnach, nun, item, also, so*); (Konstruktions-)Zeichnungen mit Buchstaben

Trotz all dieser Bemühungen sollten die volkssprachlichen Werke DÜRERs nicht ihre intendierte Wirkung erfahren. Rezipiert wurde die *Unterweisung* vor allem in ihrer lateinischen Übersetzung von J. CAMERARIUS (Paris 1532) durch Gelehrte.[52] Auf die Textadressaten wirkte sie nur indirekt in gekürzter und enttheoretisierter Form als Vorlage für Malerbücher späterer Autoren.[53] Die Handwerker in Deutschland bedurften der praktischen Fähigkeiten, nicht ihrer wissenschaftlichen Fundierung (Müller 1993b, 272) oder differenzierten Ausarbeitung. Viele der tiefergehenden Erläuterungen und schwierigeren Konstruktionen fielen daher in den Malerbüchern den Kürzungen zum Opfer; mit den Bezugsgegenständen verschwanden auch eine Anzahl der neu geprägten Termini.

5.1.2.1 Die Textsorte: Geometrisches Lehrwerk der Frühen Neuzeit

Kommunikationsgegenstand geometrischer Lehrwerke der Frühen Neuzeit war also meist ein Bereich aus dem handwerklichen Alltag; hierzu zählte zu dieser Zeit auch die Baukunst und Malerei.[54] Der Textproduzent war Fachmann in diesem Bereich und in der praktischen Ausübung tätig. Eine Ausnahme bilden hier nur die Visierbücher, deren Verfasser — vielfach Rechenmeister — jedoch oft als Visierer tätig waren. Gerichtet waren die Texte vor allem an angehende Fachleute, in der Regel also Lehrlinge oder Anfänger des Faches.

[52] Olschki (1919, 444) sieht den Grund hierfür darin, daß DÜRER die *Probleme der Praxis der Spekulation zur begrifflichen Ausarbeitung und Lösung geboten* hat. Im Bereich der Perspektive wurden die Schriften DÜRERs traditionsstiftend in Deutschland. Ein neues Niveau wurde erst durch die Arbeiten von GÉRARD DESARGUES (1636/39) erreicht.

[53] Beispiele bei Müller 1993b.

[54] Dem Übergangscharakter in der Selbstauffassung der Maler und anderer kunstschaffender Handwerker versucht man gelegentlich in der Forschung mit der Bezeichnung *Künstler-Ingenieur* (z. B. Krafft 1991b, 237) Rechnung zu tragen.

In den textinternen Merkmalen zeigen diese Bücher Ähnlichkeiten mit den arithmetischen Lehrwerken der Zeit. Lehrtexte und Aufgaben sind die häufigsten Teiltexttypen, die in ihrer pragmatischen, thematischen und grammatischen Gestaltung sich nicht signifikant von derjenigen in Rechenbüchern unterschieden.[55] Ebenso beschäftigten die Schwierigkeiten mit der Terminologie die Autoren geometrischer Lehrwerke, da ein gewisser Fachwortschatz zwar oft vorhanden, aber beschränkt und meist stark regional/institutional (Bauhütte, Meisterbetrieb) geprägt war. Unterschiede finden sich in bezug auf die Verwendung von Bildern und Tabellen jeglicher Art. Da die geometrischen Themen stark der Anschauung verhaftet blieben, konnte auf Zeichnungen, Skizzen oder Bilder für die Wissensvermittlung vielfach nicht verzichtet werden; generell tragen sie mehr Informationen als die bildlichen Darstellungen in Rechenbüchern.

5.2 Bücher in Schule und Privatbesitz

5.2.1 Mathematik an volkssprachlichen Schulen

Rechenbücher entstanden aus einer Verschmelzung des mündlichen Erfahrungswissens mit schriftlichen-gelehrten Traditionen; in dieser Beziehung sind sie mit den oben besprochenen Büchern über Malerei, Bau- oder Visierkunst vergleichbar. Alle diese Texte waren zudem nicht für den Gelehrten konzipiert, aber auch nicht an die Allgemeinheit gerichtet, sondern an einen Kreis von angehenden oder ausgebildeten Experten: Rechenbücher an Kaufleute, Visierbücher an Visiermeister und Architekturbücher an Bauleute. Recht bald erweiterte sich bei den Rechenbüchern jedoch der Adressaten- und Rezipientenkreis aufgrund ihres Einsatzes im Unterricht eines oder mehrerer Jugendlicher. Sie dienten nicht mehr nur der Befriedigung rechnerischer Bedürfnisse von Kaufleuten, sondern eröffneten dem *gemeinen man* die Möglichkeit einer Grundausbildung in mathematischen Fragen. Das Rechenbuch entwickelte sich so zu einem Lehr-/Lernmittel an Schulen, eine Entwicklung, die die anderen mathematischen Lehrwerke nicht mitmachten. Eine Parallelität ergibt sich nun mit anderen an schulischen Einrichtungen eingesetzten Lehrwerken zur Vermittlung von für nötig erachteten Grundkenntnissen wie Katechismen oder Sprachlehrbüchern in der Volkssprache.

[55] Das widerspricht Überlegungen, technische Literatur als Literatur für Spezialisten verzeichne weniger pädagogische Elemente (Crossgrove 1971, 17); dieser Aspekt kann also nicht zu einer Trennung von fiktionaler, nichtfiktionaler und Gebrauchsliteratur im engeren Sinne dienen.

Unterricht in deutscher Sprache begann auf privater Basis als Einzelunterricht oder in Klipp-, Winkel- oder Deutschen Schulen, die je nach Umgebung mehr oder weniger geduldet oder gefördert wurden. Über das Verhältnis dieser Schultypen untereinander und ihre Verbindung zu Rechen- und Schreibschulen herrscht noch wenig Klarheit. Sicherlich kamen jedoch die Impulse für eine Ausbildung eines Bildungswesen in deutscher Sprache aus verschiedenen Richtungen:[56] Anforderungen aus dem Kaufmanns- oder Handelsalltag oder aber aus der städtischen Verwaltung verlangten Grundkenntnisse in Mathematik, Lesen, Schreiben und Schönschreiben; Bemühungen zur Einlösung dieser Forderungen wurden aus reformatorischen Kreisen unterstützt, allerdings mit einer neuen Zielgebung des Unterrichts, nämlich der Ausbildung zum züchtigen, religiösen Menschen; der Schwerpunkt des Unterrichts lag hier auf dem Katechismus und der Lektüre biblischer Texte. Gesang, Lesen, aber auch das Rechnen wurden soweit möglich in den Dienst einer religiösen Ausbildung gestellt.

In kleineren Gemeinden lag der Unterricht meist in den Händen eines Geistlichen, der mit dem Pfarramt zugleich den Dienst des Dorfschulmeisters versah. Der Unterricht an städtischen Elementarschulen — errichtet als Pendant zu den Lateinschulen — mag tendenziell auch auf praktische Kenntnisse für das tägliche Leben, speziell in Gewerbe und Ökonomie, ausgerichtet gewesen sein; das Bildungsmonopol der Kirche blieb jedoch in den meisten Fällen ungebrochen.[57]

Bildung stand somit allen offen — nach einer Zeit der Koedukation entstanden bald die ersten Mädchenschulen —, Besucher der entsprechenden Institutionen konnten aber auch Erwachsene wie Kaufleute, Handwerker oder Hausfrauen sein.[58] Eine allgemeine Schulpflicht bestand jedoch nicht, so daß der Unterrichtsbesuch in vielen Fällen eher sporadisch gewesen sein mag, abhängig nicht zuletzt von der sozioökonomischen Stellung der Eltern, denn an den meisten Schulen — privat wie

---

[56] Zu diesem Fragenkomplex s. etwa: Müller 1879; Villicius 1891; Paulsen [3]1919; Hesselbach 1920; Falk 1937 (Einfluß Luthers); Dietrich/Klink 1964 (Volksschulordnungen); Frank 1973; Hampel 1980; Endres 1982; Gorisch 1984.

[57] Zum Einfluß der Kirche vergleiche etwa die Bedingungen im süddeutschen Raum, in dem die *stark jesuitisch geprägte [...] Bildungspolitik Kurbayerns [...] die schulische Ausbildung in der deutschen Sprache für überflüssig hielt* (Mattheier 1989, 165), mit der in den freien Reichs- oder Hansestädten, in denen die ersten volkssprachlichen Schulen Ende des 13. Jhs. entstanden. Erst im 18. Jh. fand eine schrittweise Säkularisierung der Schulen statt (Endres 1982, 57).

[58] Ein Beispiel aus dem Jahr 1516 s. Frank 1973, 23/4.

städtisch — war Schulgeld zu zahlen. Der Prozentsatz der Bevölkerung, die diese Bildungseinrichtungen nutzte, läßt sich nicht abschätzen.

Die Stellung der Mathematik an den verschiedenen Schultypen läßt sich aufgrund mangelnder Materialien nur schwer beschreiben. Insgesamt scheinen die mathematischen Fächer jedoch eine geringe Rolle im Curriculum gespielt zu haben. Sie wurden selten in Schulordnungen erwähnt, allenfalls als fakultativer Stoff für die oberen Klassen oder für den Samstagsunterricht.[59] Die an Deutschen Schulen vermittelten Kenntnisse in Mathematik reichten daher für die Bedürfnisse eines Kaufmanns oder Händlers in der Regel nicht aus. Man kann davon ausgehen, daß zur Deckung dieser Bedürfnisse auch weiterhin eigenständige Rechenschulen existierten,[60] in denen Rechenmeister weiterführende Kenntnisse und Fähigkeiten vermittelten, wobei Lese- und Schreibfähigkeit vielfach vorausgesetzt wurde.

5.2.2 Lese- und Schreiblehrbücher

Außer an den Deutschen Schulen konnte Lese- und Schreibfähigkeit an den sogenannten Schreibschulen erworben werden. Auch an diesen zielte der Unterricht auf eine praxisnahe Ausbildung; der Lehrstoff umfaßte daher mitunter auch Schreibformen (Briefmuster, Anreden), Schreibstile (Wortwahl, Rhetorik) oder Schriftarten (Schönschreiben, Kalligraphie). Lehrer waren Schreibmeister, die oft auch das Amt eines Stadtschreibers versahen oder aber zugleich als Rechenmeister tätig waren. Eine lange Schreib- und Rechenmeistertradition besaß beispielsweise die Nürnberger Familie NEUDÖRFER. JOHANN NEUDÖRFER D. Ä.[61] (~1497–1554) hielt eine Rechen- und Schreibschule in Nürnberg. Neben einem Schreibbüchlein *Fundament* (Nürnberg 1519) über das Schreiben mit verschiedenen Federn und einem Buch über Schreibstile[62] verfaßte er auch mathematische Werke (Jaeger 1925, 158/9). Sein Sohn JOHANN NEUDÖRFER D. J. (1543—1579) sowie sein Enkel ANTON NEUDÖRFER (†1628) führten die

---

[59] S. Müller 1879, 88 (Ordnung für die Zwickauer Deutsche Schule 1523); Falk 1973, 104; S. 11 dieser Arbeit. Schulordnungen und -programme bieten wegen der Nichtübereinstimmung von Vorschrift und Durchführung nur unzureichende Hilfen.

[60] Anders Eckelmann 1986, 79.

[61] Schwager des Druckers JOHANN PETREIUS. Mit A. DÜRER entwarf er die Buchstaben aus geometrischen Konstruktionen (s. *Underweysung*, Buch 3; Folkerts/Reich 1989, 211).

[62] *Anweysung einer gemeinen hanndschrift* (Nürnberg 1538). Dieses in Dialogform verfaßte Buch richtet sich dem Titel nach an Jungen, d. h. an Schüler.

Schreib- und Rechenmeistertradition fort. Von letzterem stammen zwei Lehrwerke über Rechnen *Künstlich und Ordentliche Anweyszung der gantzen Practic* (Nürnberg: Paul Kauffmann 1599) und Schönschreiben (1601).[63]

In einer Reihe von Lehrwerken legten auch andere Schreib- und Schulmeister ihr Wissen nieder. Die einzelnen Themen — Lesen, Feder-/Tintenbereitung, Orthographie, Interpunktion, Briefaufbau, Mustersammlungen, Titelsammlungen und Stilistik — wurden dabei in jeweils unterschiedlicher Weise ausgewählt und geordnet. Im Gegensatz zu den Rechenbüchern werden in den Vorreden dieser Werke meist Zweck und Adressat angegeben. Inhalt und Gestaltung waren daher davon abhängig, ob das Werk für Lehrer oder Lernende, als Unterrichtsgrundlage oder zum Selbststudium, zur Erstunterrichtung oder Verbesserung der Kenntnisse, für Kinder oder Erwachsene und für eine praktische oder eine theoretische Ausbildung konzipiert war.[64]

Der Vermittlung der Lesefähigkeit diente die *Leeßkonst* (Ingolstadt 1542) ORTOLPH FUCHSBERGERS. Der studierte und praktizierende Jurist entwarf in diesem Werk eine Richtschnur, nach der *leermaister* (A 4v)[65] einen Erstunterricht in Lesen für Kinder (A 1r, 4r) gestalten konnten.[66] FUCHSBERGER lehrte Lesen und Schreiben nach der Buchstabiermethode, zum Überblick über die Buchstaben dienten Tafeln und zum Einüben religiöse Texte. Auch die Kenntnis römischer und indisch-arabischer Ziffern (D 6v–7v) schien nach FUCHSBERGERS Meinung zur einer Grundausbildung zu gehören. Das Additionsbeispiel auf den Linien mit verschiedenen Währungen (E 3r) reichte zu einer Einführung in das Rechnen natürlich nicht aus, konnte dem Schüler aber einen ersten Kontakt mit Rechnungen vermitteln.[67]

---

[63] S. Jaeger (1925, 160), dort auch Dokumente zu weiteren Rechen- und/oder Schreibmeistern wie PETER PROBIS, Verfasser eines Rechenbuches und eines Formularbuches (1554; 159).

[64] Für textsortengeschichtlich signifikante Daten der im folgenden besprochenen Anleitungstexte s. die Tabelle S. 290.

[65] Zitiert wird nach dem Teilabdruck in Müller 1882, 166–188.

[66] Es handelt sich also um einen Anleitungstext in doppeltem Sinne, nämlich um eine Anleitung zur Vermittlung einer Fähigkeit. Auf der grammatischen Ebene spiegelt sich dies in dem Ersatz der 2. Person Imperativ durch die 3. Person wider.

[67] Eine solche Grundausbildung setzte z. B. der Autor des *Bamberger Rechenbuches 1483* voraus, wenn er in dem Vorwort zu seinem Lehrbuch als Adressat angibt *ein iglicher in teutschen lesen vnd in ciffren erfaren* (7, s. S. 190).

Kurzanalyse 23: VALENTIN ICKELSAMER: *Die rechte weis* (1527)

Eine Einführung in die Lesekunst ist auch *Die rechte weis aufs kůrtzist lesen zu lernen* (Erfurt 1527) von VALENTIN ICKELSAMER (~1500–~1540).[68] ICKELSAMER, Baccalaureus der Universität Erfurt, unterrichtete selbst an Schulen, war aber aufgrund aktiver Beteiligung an politischen Ereignissen (Bauernaufstand 1525) gezwungen, mehrmals seinen Aufenthaltsort (Erfurt, Rothenburg, Augsburg) zu wechseln. Seine kritische Grundhaltung findet ihren Niederschlag in der Begründung des Verfassens des Lehrwerks: Nicht nur die Bibel selbst lesen zu können ist der Nutzen der Lesefähigkeit, sondern *Gottes wort vnd etlicher Gotgelerten menner außlegung / darůber selbs lesen / vnd desto bas darynn vrteilen* (A 2r).[69] Lesen dient also der Wissenserweiterung und Ausbildung eines mündigen, unabhängigen Menschen.

Nach ICKELSAMER sollten daher alle Menschen lesen lernen. Er will seine Anleitung zum Lesenlehren mittels des Drucks möglichst vielen Menschen unabhängig von einer Schule oder einer anderen Institution zugänglich machen (A 2v) und die Kenntnisse nicht geheim halten wie die, *die sind so gerne allein gelert* und ihr Wissen *yn yhren Schulen vnd kôpffen* (A 2v) behalten. Weiterhin behauptet er, daß man mit seiner neuen Methode, der Lautiermethode, die er ausführlich vorstellt und mit ihren Vorteilen plausibel zu machen versucht (A 2v–3v), jeden das Lesen in einer Stunde lehren könnte (A 2r/v).

(ME)	V. ICKELSAMER: *Die rechte weis* (1527)
KG	Lesen
KP	P: Schulmeister (stud.); R: Lehrer für Kinder
KS	EO: Erfurt, EZ: 1527, EI: Schule; GO: Süd./Odtl., GZ: ?, GI: Schule, privat ?
KF	Druck; 8°, 16 f.

Als erstes lehrt V. ICKELSAMER in dem durch Überschriften deutlich gegliederten Text das Lesen mittels der Lautiermethode. Hierbei legt er Wert auf die Trennung von Name *Be / ce / de / eff* (A 5v) der Buchstaben, die jedoch nicht *yr krafft vnd art* (A 5v) angeben, und phonetischer Realisierung derselben. Er unterscheidet Vokale *a e i y o u* (A 5r) und Konsonanten und lehrt aus diesen Lauten zuerst fürs Deutsche typische Konsonanten-, d. h. Lautverbindungen, bevor er zu Silben und Wörtern gelangt (A 6v–B 2r).

ICKELSAMERS *Rechte weis* ist sehr viel weniger stereotyp als alle bisher besprochenen Texte. Dennoch lassen sich Abschnitte, die stoffliche Informationen für den Vermittler selbst enthalten, und solche mit Ratschlägen zur Vermittlung unterscheiden. Die Informationstexte stellen neue Sachverhalte dar und veranschaulichen sie vielfach mit Vergleichen und Bezügen zu der außersprachlichen, sinnlichen Umwelt. Der Textrezipient wird jedoch auch

[68] Stölzle 1920; Rössing-Hager 1984; Giesecke 1991; Eichler 1995b.

[69] Nachdruck der Ausgabe 1527 in Pohl 1971; Teilabdruck der zweiten Ausgabe Marburg 1534 in Müller 1882, 52–64. In dieser zweiten Ausgabe ergänzt ICKELSAMER die Liste der Gründe durch die Vermittlung allgemeiner Bildung mittels des Drucks: *kundwirdigs inn der gantzen welt [...] schrifttlich durch den Truck* (1534, A 2r).

aufgefordert, diese Vergleiche bzw. die dargestellten Vorgänge an sich selbst nachzuvollziehen, wie er bei der Aussprache der Graphe prüfen soll, *mit welchem organo oder gerůst sie ym mund gemacht* (A 5v) werden. In der ersten Ausgabe 1527 exemplifiziert ICKELSAMER dies nur an wenigen Buchstaben *das ist ein scharpfer odem / wie man ynn die hende houcht oder blest* (A 6r), in der zweiten Ausgabe gibt er Ausspracheanweisungen für alle Buchstaben.

> *Das g wie die gänse pfeiffen / wen sie einen an lauffen zu beisen. Das h wie man mit einem starcken odder scharpffen odem in die hende haucht. Das l wie der ochs lüllet. Das m wie die kwe brummet. Das n wens maul vor dem m wider auff gethan durch die nasen brumet.* (1534, A 7r)

Die Informationen stehen meistens in der 3. Person Ind., sonst lassen sich auf grammatischer Ebene kaum Besonderheiten ausmachen. Termini werden zwar kurz, aber meist mit einer Motivation der Bezeichnung eingeführt und anschließend konsequent verwendet: *Stumben [...] Heissen darumb also / das sie stimlos / vnd on laute sein / vnd heissen Bůchstaben / das sie den Lesern wie ståbe oder stecken sind daran sie sich halten* (A 5r/v).

In den Texten mit Lehranleitung wird auf den Schüler in der 3. Person oder auch mit dem Pronomen *man* Bezug genommen, der angenommene Lehrfall wird durch den Konjunktiv markiert. In ihnen finden sich Vorschläge zu verschiedenen Methoden je nach Sachverhalt und Schüler.

> *Welcher sie aber nicht recht artlich nennen kőnd lernen / der thu yhm also / Er fůre die stumben auff die lautbuchstaben also / Ba / be / bi / bo / bu / [...] der lernet dise stumbbuchstaben yn seinem maul (als ynn der rechten werckstat) am basten. Den unverstendigen aber vnd vngelerigen mag mans durch gleichnissen vnnd mit anderen deuttungen furgeben / wie man kan.* (A 6r/v)

Zur Übung des Gelernten bietet ICKELSAMER neben Wort- oder Namenlisten und Beispielsätzen mit paradigmatischer Variation Lesetexte religiösen Inhalts. Ziel jeglicher Erziehung ist für ihn *zucht vnd Gottes forcht* (A 4v); diese von den Eltern allzu oft vernachlässigte Aufgabe (A 4r) versucht er wie *ynn meiner schule* (A 3v) durch die Leseübung an religiösen Gebrauchstexten (10 Gebote, B 2r–3r) zu erfüllen.[70] Auch im abschließenden Gespräch, in dem ICKELSAMER die für Lehrtexte des Mittelalters typische Dialogform aufgreift, wobei auch die Rolle des Lehres/Antworters von einem Kind übernommen wird, vermittelt er Grundlehren religiösen Verhaltens und Glaubens.

Vielfach unterbrechen Listen den fortlaufenden Text. Obwohl sie oft in direktem Bezug zum Kontext stehen, sollten sie doch als eigene Textteile betrachtet werden, da sie wesentliche Information (zusätzlich zum Text) zum Inhalt haben können. In der zweiten Ausgabe ordnet V. ICKELSAMER die Buchstaben ansatzweise nach dem Artikulationsort *W B P D T C K Q* (1534,

[70] Diese Art von Übungstexten findet sich relativ oft. Auch hier konnte jedoch Bezug zur Kaufmannspraxis hergestellt werden. Der Übungstext zu einer handschriftlichen Leselehre (Augsburg um 1486) handelt von Korn und Geld. *Lernen sin schuld vffschrieben vnd lösen* gab auch ein Baseler Schreibmeister auf seinem Aushängeschild an (1516; s. Kiepe 1981).

A 5v). Andere Listen dienen ohne weitere textliche Anbindung der Übung und Information.

Kurz geht ICKELSAMER — nach dem Kolophon — auf die Schreibweise der Zahlen ein (B 7v/8r), die auch für ihn zur Grundausbildung gehören. In der zweiten Auflage zieht er diesen Textabschnitt vor das Gespräch; er unterscheidet hier wieder den Namen *Eins zwey drey* (1534, E 1r) von den zwei Weisen der graphischen Darstellung mit römischen und indisch-arabischen Ziffern, welche er untereinander bis zur Zahl 100 aufschreibt. Das Stellenwertsystem wird nur kurz ohne Erläuterung oder Verallgemeinerung an den ersten vier Stellen dargestellt (1534, E 1v).

(MI) V. ICKELSAMER: *Die rechte weis* (1527)			
GG	Lesen mittels Lautiermethode (A 5r–B 2r) // Übung an Texten (B 2r–B 6v) // Ziffern (B 7v/8r)		
TT	Informationstext	Anleitungstext	Liste
Pr	INFORMIEREN, VORMACHEN, AUFFORDERN, BEGRÜNDEN	ANLEITEN, VORSCHLAGEN	INFORMIEREN, AUFFORDERN
Th	alle	alle	—
Gr	3. P. Ind.; Buchstaben; Vgl. und Bezüge zur sinnl. und körperl. Umwelt	3. P. oder *man*, oft Konj.; Buchstaben	—

Eng an diese Lesekunst war die *Leyenschůl* (Mainz 1533) von PETER JORDAN angelehnt; in Aufbau und Inhalt entspricht sie in etwa dem Vorbild ICKELSAMERs, das JORDAN in der Vorrede seines Werkes auch erwähnte. Er bezweifelte allerdings die Möglichkeit, jemanden *in vier vnd zwentzig stunden schreiben vnnd lesen zuo leren* (A 1v)[71], mehr Zeit benötige man sicherlich für eine Unterrichtung *vngeleriger* (A 1r) oder *eynfeltiger*, nicht *spitzfündiger* (A 1v) Menschen. An solche Schüler dachte JORDAN beim Verfassen der an die Lehrer gerichteten *Leyenschůl*, *dann es wirt doch keyner von jm selbs gelert / er hab dan vorhin eyn vnderweiser vnd schulmeyster* (A 2r).

Lesebücher bedurften natürlich eines Vermittlers. Anders verhielt es sich hier mit Lehrwerken, die weitere Themen wie Orthographie, Interpunktion oder Stilistik zum Inhalt hatten. Diese setzen vielfach die Grundkenntnisse in Lesen und Schreiben voraus und zielten auf eine Verbesserung dieser Fähigkeiten. Dementsprechend waren sie nicht nur für Lehrende konzipiert, sondern auch an den Lernenden selbst gerichtet, also möglicherweise auch für ein Selbststudium gedacht.

[71] Teilabdruck in Müller 1882, 110–119.

An den *verståndigen ley (der zimmlich låßen kan)* (A 2v) und aus dem Buch *selbs lernen* (A 2v) kann, sowie an den *Leermeyster* richtete sich das *Enchiridion* des Baseler Schulmeisters JOHANNES KOLROSS (Basel 1530).[72] Inhaltlich gleicht es den obigen Werken: Einer Einführung in Lesen und Schreiben ist ein Bibelstellenregister und eine Abhandlung über die Zahlzeichen angehängt, die in diesem Fall recht ausführlich ist und an die Formulierung in Rechenbüchern erinnert: *Zů dem ersten solt du wissen / daz in der gantzen Ciferzaal nit mer dann zehen figuren sind* (E 2v). Nach den indisch-arabischen Ziffern führt KOLROSS auch die römische Zahlschreibweise ein *Von der gemeynen tüdtschen zaal* (E 6v). Obwohl J. KOLROSS angab, er habe sein Werk geschrieben, weil alle, Frauen wie Handwerker, Eltern wie Kinder (A 2r) lesen lernen wollten, sah er den Zweck des Buches doch weniger in einem einmaligen Durcharbeiten als in der Möglichkeit des mehrmaligen Nachschlagens oder Nachlesens, damit das Buch *nach hochtüdtscher sprach artlich vnnd recht tüdtsch lernt schryben* (A 2r).

Deutlich an einen kleineren Rezipientenkreis richtete JOHANN ELIAS MEICHSSNER sein *Handbuechlin* (Tübingen 1538)[73], in dem er Muster und Beispiele für Briefformen, aber auch stilistischer Art denjenigen Menschen anbot, die sich berufsmäßig mit Schreibstilen und -formen auseinandersetzen mußten: *allen jungen Schreibern* (Titel). Eine *angemessene Sprachbewußtheit* (Prowatke 1988, 179) wollte auch FABIAN FRANGK in seiner *Orthographia* (Wittenberg 1531)[74] vermitteln. Dazu dienten ihm Hinweise auf die verschiedenen Sprachformen (mündlich/schriftlich) und die Angabe von sprachlichen Vorbildern (LUTHER/ kaiserliche Kanzlei). Zudem bemühte er sich um einen systematischeren Aufbau[75] und wies auf die Notwendigkeit einer Grammatik für das Deutsche, wie sie für das Hebräische, Griechische oder Lateinische schon existierte, hin (J 6r). Die *Teutsche Grammatica*, die V. ICKELSAMER in Augsburg 1534 in Druck gab, erfüllte diese Aufgabe noch nicht, wenn auch die orthographischen, etymologischen oder rhetorischen Lehrtexte ausführlicher und argumentierender gestaltet wurden als in den vorher-

---

[72] Teilabdruck in Müller 1882, 64–91.

[73] Nachdruck 1976.

[74] Nachdruck 1979.

[75] Diese Bemühung um Wissenschaftlichkeit zeigt sich in der Diskussion der Termini; mit der besseren Verständlichkeit und Durchsichtigkeit auch für Nichtgelehrte verteidigte er die Wahl deutscher Termini, wie *ich die Vocales stimmer / laut odder selbslautend / Die Consonantes aber / mitstimmend odder mitlautende buchstaben / gedeutscht vnd genent hab* (J 6r). Ausführlich mit dem rechten *verteütschen* der grammatischen Termini setzte sich auch V. ICKELSAMER in seiner *Teutschen Grammatica* (A 2r) auseinander (s. Prowatke 1988, 179/180; Eichler 1991, 149).

gegangenen Werken. Hinweise zu Aufbau und Gebrauch des Werkes oder Motivierung der Benennungen dienten auch als Hilfen für den Fall des Selbststudiums ***das sy [...] ain yeder in seiner arbait one Schůlmaister vnd Bůcher lernen mag*** (A iiijv; Eichler 1995b, 43—5). Für effizienter hielt V. ICKELSAMER aber eine Vermittlung des Stoffes durch eine andere, schon lese- und schreibkundige Person, die nicht unbedingt Lehrer an einer schulischen Institution sein mußte,[76] auch die Eltern oder der Mitgesell konnten diese Aufgabe übernehmen (A vv). Die *Teutsche Grammatica* trägt durchaus noch anleitenden, normierenden Charakter, wenn sie als erster Entwurf einer eigenständigen Grammatik des Deutschen dennoch an der Grenze zu einem beschreibenden, informierenden Text steht. VALENTIN ICKELSAMER wollte dabei den Eigenheiten der deutschen Sprache gerecht werden (Erben 1989, 15); die Behandlung typisch lateinischer grammatischer Kategorien wie des Partizips hielt er daher für unnötig (A 2v).

Die ersten Grammatiken des Deutschen erschienen wie andere gelehrte Werke zuerst in lateinischer Sprache von LAURENTIUS ALBERTUS (Würzburg 1573), ALBERT ÖLINGER (Straßburg 1573) und JOHANNES CLAJUS. Gemeinsam ist allen Texten die Entstehung aus dem Unterricht heraus und die Autorintention der Vermittlung von Schreibfähigkeit und grammatischen Grundkenntnissen; Erörterungen theoretischer Probleme sind in ihnen diesem Zweck untergeordnet. Ebenfalls stehen noch nicht sprachpolitische Bemühungen um eine einheitliche Nationalsprache (Gessinger 1988, 14) im Vordergrund. Textinterne Übereinstimmungen auf grammatischer oder pragmatischer Ebene mit Rechenbüchern lassen Lehr- und Schreibbücher also neben diesen der Textsorte 'Lehrbuch' und damit den anleitenden Texten zuordnen.

5.2.3 Buchbesitz und Bibliotheken

Bisher stand die Frage nach der Intention der Autoren und damit nach dem Textadressaten im Vordergrund. Für die Untersuchung der Bedeutung der Rechenbücher bei der Entwicklung einer Volksbildung, eines möglichen Einflusses der Werke bei der Entstehung der neuhochdeutschen Schriftsprache und damit verbunden der Stellung der Rechenmeister in der frühneuzeitlichen Gesellschaft ist eine Analyse der Verbrei-

[76] Die Betonung der Unabhängigkeit von schulischer Unterweisung will Giesecke (1991, 683 u. ö.) mit personellen Umständen begründen: Da ICKELSAMER nicht überall hätte unterrichten dürfen, wollte er den schulischen Unterricht überhaupt überflüssig machen. Diese Interpretation dürfte zu einseitig sein; ICKELSAMER richtete sich hiermit vor allem gegen die Geheimhaltung.

Textproduzent	Werk	Inhalt/Ziel	Textadressat
FUCHSBERGER Jurist	*Leeßkonst* Ingolstadt 1542	Lesen Lesen	Lehrer für Schüler
ICKELSAMER Schulmeister	*Rechte weis* Erfurt 1527	Lesen Lesen (unabhg.)	Lehrer für Schüler
JORDAN Drucker	*Leyenschůl* Mainz 1533	Lesen Lesen	Lehrer für Schüler
KOLROSS Schulmeister	*Enchiridion* Basel 1530	Lesen, Schreiben Verbessern	Lehrender Lernender
MEICHSSNER	*Handbüchlein* Tübingen 1538	Schreiben, Briefe Verbessern	Schreiber
FRANGK Schulmeister	*Orthographia* Wittenberg 1531	Schreiben Sprachgefühl	Schüler Kanzlei
ICKELSAMER Schulmeister	*Teutsche Grammatica* Augsburg 1534	Orthogr., Stilistik Sprachbewußtsein	Lernender Lehrender

tung der Rechenbücher in der Bevölkerung zu leisten. Zu Informationen zu dieser Frage gelangt man durch Methoden, wie sie die Leserforschung und Bibliotheksgeschichte anbietet: Nach Bestandsrekonstruktionen und -untersuchungen können *Bibliotheken als indirekte Quelle zur Wissenschaftsgeschichte* (Döring 1990, 33) nutzbar gemacht werden.[77] Ergänzungen liefern Nachlaßinventare, Messekataloge sowie weitere Dokumente zum Verlegerwesen und Buchhandel, dazu Provenienzvermerke und Notizen in den heute noch erhaltenen und einsehbaren Rechenbüchern. Diese hier dokumentierte schwierige und mühsame Sammel- und Sucharbeit zu Rezipienten und Rezeptionssituation ist notwendige Voraussetzung für Überlegungen zur Rolle der Rechenbücher in der deutschen Sprachgeschichte.

Um 1500 befindet sich die Bibliothekslandschaft im deutschen Sprachraum noch in steter Veränderung. Neben den traditionellen Bibliotheken bildeten sich neue Bibliothekstypen und neue Trägerschaften. In jedem dieser Bibliothekstypen lagen die Schwerpunkte innerhalb des literarischen Angebots auf anderen Bereichen. Zu der etablierten Klosterbibliothek mit hauptsächlich lateinischen Werken führten einige Klöster eine eigene Laienbrüderbibliothek, in der neben religiöser Gebrauchsliteratur auch volkssprachliche Fachtexte wie Arznei- oder Kräuterbücher vertreten waren (Sexauer 1978, 56; 145–153). Besonders reich an mathematischen Texten war die Bibliothek des Klosters St. Emmeram in Re-

[77] Begrüßenswert wären weitere Arbeiten wie die von Alschner 1983 oder Hackenberg 1983, wobei letztere wegen des Fehlens eines Registers im Gebrauchswert stark eingeschränkt bleibt.

gensburg, der Entstehungsstätte des *Algorismus Ratisbonensis* (Schreiner 1993, 321).

Provenienzvermerke des 16. und 17. Jhs. in den noch erhaltenen Ausgaben des Rechenbuches von JOHANNES WIDMANN verweisen ebenfalls vielfach auf Klöster (s. Teil I, das Standortverzeichnis; dazu: in Exemplaren der Ausgabe von 1508: Augustinerkonvent Wien, Augustinerkolleg; Boncompagni 1876, 197).

Bald entstanden an universitären Einrichtungen Büchersammlungen, die in der Hauptsache Texte zu den *artes liberales* umfaßten. Dabei war der Anteil mathematischer Werke, wie das Beispiel der Universität Leipzig zeigt, eher klein.[78] 1543 wurde der gesamte Buchbestand aller dortigen geistlichen Bibliotheken[79] an die Universitätsbibliothek abgegeben; dazu kamen später die Bücher aus dem Großen und Kleinen Fürstenkolleg. So bietet der um 1560 entstandene Katalog der Bücher der Universitätsbibliothek einen Überblick über den Buchbestand institutioneller, gelehrter Bibliotheken in Leipzig. Die 458 verzeichneten Werke[80] — Drucke und Handschriften — sind fast ausschließlich in lateinischer Sprache verfaßt; im Bereich der Astronomie sind Standardwerke von N. COPERNICUS, PTOLEMAIOS, J. DE SACROBOSCO, G. PEURBACH und J. REGIOMONTAN verzeichnet. Wenige Schriften beziehen sich auf arithmetische oder geometrische Themen: Aufgeführt ist ein Exemplar des EUKLID/CAMPANUS-Druckes (Venedig 1482), eine deutsche VITRUV-Übersetzung von WALTER RYF (Nürnberg 1545) und drei weitere Werke von RYF, *Perspective. Geometrische Buchsenmeisterey. Geometrische messung* (Nürnberg 1547).[81] Von den drei Handschriften mit mathematischen Texten wurde Leipzig, Ms 1470, teils aus der Hand VERGILIUS WELLENDARFERs, oben ausführlich beschrieben (s. S. 32). Die zwei anderen Handschriften u. a. mit den Texten *Arithmeticae Textus* und *Commentatio arithmeticae communis* von KONRAD TOCKLER sind nicht mehr nachweisbar.[82] Das Rechenbuch WIDMANNs findet sich in keinem der Kataloge. Ein ähnliches Bild ergeben die Bibliotheksbestände von Lateinschulen; in St. Joachimsthal ist etwa nur ein astronomisches Werk nachweisbar (s. S. 94).

---

[78] Die Leipziger Bibliotheksgeschichte ist vorbildlich aufgearbeitet in Döring 1990.

[79] Den größten Bestand nannte das Dominikanerkloster sein eigen, daneben existierten Bibliotheken am Augustiner-Chorherrenstift St. Thomas (s. dazu Alschner 1969), am Franziskanerkloster und am Benediktinerkloster St. Georg.

[80] S. Döring 1990, 63-79.

[81] Döring 1990, 84, Nr. 82, 90.

[82] Döring 1990, 70/1; 139, Nr. 213.

Privater Buchbesitz läßt sich früh bei Gelehrten nachweisen, deren Büchersammlungen in Aufbau und Auswahl in etwa denen an der Universität entsprochen haben dürften. Sicherlich eine Sonderstellung nimmt die Bibliothek des Erfurter Humanisten GEORG STURTZ ein, in der sich eine Reihe mathematischer Texte, darunter auch Rechenbücher befanden (s. S. 205). Ein lateinischer Schenkungsvermerk (JOHANNES ENGELBERT an JOHANNES WEIDENSEHR) in einem Exemplar der Ausgabe 1489 (Leipzig) verweist ebenfalls auf zumindest lateinkundige Personen als Rezipienten des Rechenbuches. Büchersammlungen dienten im Adel hingegen zu Repräsentationszwecken, im Falle von Fachtexten etwa zur Jagd oder medizinischen Inhalts sicher auch der privaten Verfügbarkeit.

Die Buchbestände bürgerlicher Kreise kennzeichnete vermehrt Fachliteratur, die sich mit Umständen und Methoden beruflicher Tätigkeit beschäftigte. Im Bücherverzeichnis eines Nürnberger Patriziers und Kaufmanns von 1464 überwiegen deutschsprachige Texte, darunter hauptsächlich theologische Werke (Bibel, Passional, Heiligenlegenden usw.); unter den wenigen Fachtexten sind jedoch zwei Rechenbücher, ein Buch über Kaufmannsgewohnheiten und ein Briefmusterbuch verzeichnet: *Mer zwei gar gute rechenpüchlein, dar auss ein yeder gar wol rechen lernen mag, und ein püchlein von allerlei kauffmanschafft hie, zu Venedig und in andern landen, sind alle drei in copert gebunden* (Sporhan-Krempel 1961, 1653).

Im 15. Jahrhundert überwiegen, wenn man den privaten Buchbesitz am Beispiel Dresden betrachtet (Alschner 1983), Namen aus den oberen, städtischen Kreisen wie der Ratsherr LUCAS WILDHERR (1495), der unter seinen Büchern auch eine Rhetorik und ein Rechenbuch[83] hatte (Alschner 1983, 147). Erst in der 1. Hälfte des 16. Jhs. ist Buchbesitz in größerem Maße auch bei Handwerkern und praktisch Tätigen dokumentiert.[84] An der Spitze standen hierbei Bader, Ärzte oder Apotheker mit Fachliteratur medizinischen oder botanischen Inhalts, aber etwa auch Stadtschreiber besaßen private Buchbestände. Die Anzahl fachlicher Texte überstieg hierbei die unterhaltender (ebd., 169); den größten Teil der Büchersammlungen machten jedoch theologische Texte, wie sie einer evangelischen Hausbibliothek (Bibel, Gesangbuch, Erbauungsliteratur usf.) angehörten, aus. Insgesamt sind in den Dresdner Bücherverzeichnissen acht Rechenbücher eingetragen, von denen der Kammermeister JOACHIM THIELE (1558) allein vier besaß (ebd., 150). Zwei der acht Rechenbücher verfaßte ADAM RIES, zwei lateinische GEMMA FRISIUS, bei den übrigen konnte der Verfasser nicht ermittelt werden.

---

[83] Vielleicht das *Bamberger Rechenbuch 1483* (ebd., 147).

[84] Hackenberg (1983, 170) möchte einen großen Zuwachs im Bücherbesitz, der parallel mit der Ausbreitung der Lesekundigkeit bei Nichtgelehrten verläuft, erst 1550/60 feststellen.

Nur wenige Namen einzelner Personen sind in den erhaltenen Exemplaren des Rechenbuches von JOHANNES WIDMANN überliefert. 1524 besaß HANS BIS aus der Handelsstadt Frankfurt am Main ein Exemplar der Ausgabe 1489 (Aschaffenburg). In einem Exemplar der Ausgabe 1526 (Göttingen) hinterließ PETER WERNES einen lateinischen Besitzvermerk. 1528 kaufte AMBROSIUS FRÖSCHELMOSER für 14 Kreuzer das Rechenbuch in der Ausgabe 1526 (München); die Währung läßt auf Süddeutschland, die exakte Preisangabe auf einen zumindest wertbewußten Käufer schließen. In dem verlorenen Exemplar von 1489 der Stadtbibliothek Berlin fand sich nach Angaben von Boncompagni (1876, 190) ein Schenkungsvermerk aus Preußen: *Valten Schlef mein Schwager hat mich damit vorEhrt Anno 1563 Adij 27 Marcij in Konigsberg in preüssen.* Wieder in lateinischer Sprache ist der Besitzvermerk des Arztes und Mathematikers JOHANN HARTMANN (1563—1625; Boncompagni 1876, 199) in einem Exemplar der Ausgabe 1519 *Sum Johannis hartmanni Beyeri Francofurtensis.*

Rechnungen oder Verbesserungen am Rande in zahlreichen Exemplaren lassen auf eine teilweise intensive Rezeption des Buches schließen. Eine solche kann man sicher bei der Rezeption der Rechenbücher durch andere Rechenmeister annehmen. Spuren zeigen sich dabei in der Übernahme von Aufbauprinzipien oder auch Formulierungen[85] oder in expliziten Erwähnungen des Werkes wie bei ADAM RIES oder später bei DANIEL SCHWENTER.

5.3 Die Sprache der Rechenbücher im Varietätenspektrum des Frühneuhochdeutschen

Bisher galt die Aufmerksamkeit meiner Untersuchungen der sprachlichen Einheit des Textes als Ganzes, analysiert und beschrieben wurde der Entstehungs- und Etablierungsprozeß einer Textsorte innerhalb des zeitgenössischen Textsortenspektrums. Sowohl von Sprachwissenschaftlern wie auch in hohem Maße von Forschern der Mathematikgeschichte oder der Kulturgeschichte überhaupt zeigt sich jedoch ein Interesse allgemein an den Fachschriften der Frühen Neuzeit, wie auch speziell an den

[85] Im Vorwort des 1590 in Juliusfriedenstedt erschienenen Rechenbuches *Ein Newes Rechen Bůchlein auff Linien vnd Federn* von EBERHARD POPPING, Rechen- und Schreibmeister in Braunschweig, finden sich Motive und Themen aus dem Vorwort von JOHANNES WIDMANN (a 2r/v) zum Teil in fast wörtlicher Formulierung: *Es ist Ein GOtt / ein Schŏpffer / ein Erhalter aller dinge / Zwey scheinbare Liechter des Firmamentes / nemlich Sonn vnd Mond / [...]* (A iijv).
Ein Nachweis der Übernahme von Aufgaben ist bei der traditionellen Ähnlichkeit äußerst schwierig.

Rechenbüchern in den zahlreichen offenen Fragen und — teilweise noch behutsam formulierten — Behauptungen, die weitere sprachliche Aspekte der Texte betreffen und nun geordnet und zusammengefaßt werden sollen. Dabei liegt der Sinn der folgenden Abschnitte nicht darin, die angesprochenen Aspekte generell und allgemeingültig abzuhandeln, sondern es soll jeweils der Forschungsstand einführend kurz skizziert, darauf auf die Frühe Neuzeit bezogen und abschließend auf Rechenbücher fokussiert werden. Ziel dieses Abschnittes ist es, nach einer Beschreibung der Merkmale, die die Sprache der Rechenbücher bezüglich des jeweiligen Aspektes aufzeigt, und nach einer Diskussion anderer Meinungen hinsichtlich der gestellten Fragen, die Rolle der Rechenbücher im jeweiligen Teilbereich der Sprachgeschichte zu bestimmen bzw. Art und Umfang der Forschung zu eruieren, welche zu einer Beantwortung dahingehender Fragen nötig wäre. Auf die Verbindung der Sprach- mit der Mathematikgeschichte im Gesamtrahmen kulturhistorischer Überlegungen bleibt dabei großer Wert gelegt.

5.3.1 Oralität in den Rechenbüchern

Sieht man Rechenbücher wie andere volkssprachliche Fachtexte der Frühen Neuzeit als Produkt einer Verschmelzung mündlich-volkssprachlich tradierten Wissens mit schriftlich-lateinischen Texten, ist zu erwarten, daß diese sowohl Merkmale der konzeptionellen Literalität der lateinischen Vorlagen als auch der Oralität der mündlichen Tradition aufweisen. Bei einer Untersuchung von Rechenbüchern bezüglich solcher Oralitätsmerkmale ist jedoch zweierlei zu beachten: Zum einen standen die Autoren vor den spezifischen Problemen der Übertragung einer konkreten Lehrsituation mit mündlicher Wissensvermittlung in eine schriftliche Fassung. Zum anderen mußten sie sich vor der Textverfassung entscheiden, welchen Personenkreis ihre Werke ansprechen und in welchen Situationen dieselben rezipiert werden sollten, da die Darstellungsweise von Adressat und Funktion des Textes abhängig war. Ein Text, der tatsächlich ausschließlich für die stille Lektüre oder als Gedächtnisstütze konzipiert war, war anders zu gestalten als ein solcher, der zum Vorlesen oder als Unterrichtsgrundlage, also für eine mündliche Vermittlung gedacht war und somit wiederum eher Oralitätsmerkmale enthalten konnte.[86] Die Gewöhnung an eine rein schriftsprachliche Wissensvermittlung stellte einen Prozeß dar, der weit über das 16. Jahrhundert hinaus dauerte.

Mündliche Wissensvermittlung geschah in einer face-to-face-Situation, in einem konkreten Kommunikationsakt zwischen zwei oder mehreren

[86] Siehe die Seebücher bei Rösler 1996; Grubmüller 1989, 46.

Personen, in der Erfahrungsgewinn und Wissensaufnahme prinzipiell über alle Sinneseindrücke möglich war.[87] Hierzu gehörte die Vermittlung über manuelle Tätigkeit von taktilem Wissen um Formen und Eigenschaften von Gegenständen (Papier, Feder) oder auch der motorischen Gewöhnung an Bewegungsabläufe (Federschnitzen, Haltung beim Schreiben). Visuell wurden etwa ikonische Daten in Bildern (Ziffern) und Schemata (Proben) vermittelt oder die Unterstützung einer geistigen Tätigkeit durch schriftliche Notizen (Anordnung der Zahlen bei der Multiplikation). Olfaktorische und geschmackliche Informationen konnten medizinisches oder botanisches Wissen ergänzen, ebenso Geräusche und andere akustische Wahrnehmungen etwa das der Musik, waren aber in Hinblick auf die Vermittlung mathematischen Wissens ohne Bedeutung. Jedoch wurden auch die eine Handlung begleitenden Kommentare oder Berichte von Erfahrungen, also die sprachliche Vermittlung meist akustisch aufgenommen.

Die Transformation dieser komplexen Struktur der mündlichen Wissensvermittlung in eine schriftliche Form läßt sich mit der Bezeichnung *Dekontextualisierung* (Giesecke 1992, 90) gut fassen: Der Vermittlungsprozeß mußte dabei aus seiner konkreten, sozialen Situation gelöst und in eine Situation übertragen werden, die u. a. durch fehlenden direkten Kontakt der Kommunikationspartner gekennzeichnet war; der Textproduzent konnte sich in bezug auf fachliches Wissen und Textsortenwissen des Adressaten allerdings auf Erfahrungen aus seiner Umwelt stützen. Die Übertragungsleistung durfte nun nicht in der Niederlegung der konkreten sprachlichen Informationen bestehen (ebd., 87), sondern mußte die Vermittlung aller aus den oben genannten Sinneseindrücken gewonnenen Informationen gewährleisten. Handlungsabläufe mußten in ihrer *sequentiellen Struktur* (Giesecke 1991, 522) erfaßt, in Einzelschritte zerlegt und so dargestellt werden, daß dem Textrezipienten ermöglicht wurde, sie aus den schriftlichen Angaben zu rekonstruieren. Auch die begleitenden mündlichen Kommentare durften nicht unverändert übernommen werden, denn mündliche Vermittlung stellt andere Anforderungen an die Sprache als schriftliche, beide Formen bieten verschiedene Darstellungsmöglichkeiten an.

Die konkrete orale Sprachform der Frühen Neuzeit ist natürlich nicht mehr vorhanden. Strukturelle Unterschiede lassen sich jedoch aus heutigen Vergleichen mündlicher und schriftlicher Texte übernehmen und an historischen Texten verschiedener Oralitätsnähe bestätigen.[88] In münd-

[87] S. dazu auch die Überlegungen bei Giesecke 1992, 82.

[88] Zur Geschichte der gesprochenen Sprache als eigenständiges System neben der Schriftsprache s. Feldbusch 1985; zur Problematik der Abgrenzung von Oralität und Literalität in mittelalterlichen Texten s. Betten 1990b; zu

licher Kommunikation erlaubten z. B. Bezüge zur Umgebung oder auf Handlungen sowie Informationen aus anderen Sinneseindrücken die Benutzung von deiktischen Formen[89] und eine Verkürzung der sprachlichen Mitteilung. Information kann zudem von para- und nonverbalen Zeichen getragen werden: Sprechrhythmus und Pausengestaltung dienen der Textsegmentierung, Prosodie, Satzmelodie können die Illokution verdeutlichen. Andererseits verhindert der zeitliche Ablauf des Kommunikationsaktes die Möglichkeit des 'Zurückschauens'. Die Sätze etwa sind daher tendenziell kurz und wenig komplex, Partikel unterstreichen die gedankliche Verknüpfung, Wortiteration wird der Verwendung von Proformen vorgezogen. Schriftsprachliche Texte dagegen nutzen z. B. zur Textsegmentierung optische Mittel wie typographische Gestaltung oder Interpunktion und Verweise erstellen ein textliches Beziehungsgeflecht, das etwa den Ausbau logischer Bezüge unterstützt.

Beim Verfassen von Fachtexten in der Frühen Neuzeit galt als Leitmaxime 'Verständlichkeit' (Kästner/Schütz/Schwitalla 1990, 207), d. h. es mußten möglichst viele vom Textrezipienten entschlüsselbare textliche Verständnishilfen als Ersatz für verlorengegangene Informationsquellen eingesetzt werden;[90] diese trugen teilweise oralen Charakter. Die face-to-face-Situation der mündlichen Kommunikation ist bewahrt in der traditionell begründeten Dialogform, auch in nicht-dialogisch gestalteten Texten noch zu erkennen in Wendungen wie *du solt wissen* oder in der 2. Person Imperativ. Handlungsanweisungen wurden nur teilweise abstrakt, immer aber auch an mehreren konkreten Beispielen mit Aufgaben aus dem jeweiligen beruflichen oder praktischen Umfeld eingeübt. Das stets gleiche sprachliche Muster spiegelte dabei die nach einem gleichen Schema ablaufenden Handlungen in der Wirklichkeit. Bildliche Darstellung oder Vergleiche mit Bekanntem etwa auch in Metaphern ersetzten ikonisch-visuelle, olfaktorische oder geschmackliche Eindrücke und konnten daher bei der Einführung neuer Termini mitunter sehr wichtig sein.

Die Gliederung der Rechenbücher ist in der Regel aus den schriftlichen Vorlagen übernommen (s. hinten); weitere Untergliederungen oder auch die typographisch deutliche Trennung der Teilschritte einer Handlung (etwa bei H. SCHREIBER, E. DE LA ROCHE) kann man möglicherweise als Folge der mündlichen Vorlage, aber auch einer strukturell-logischen Durchdringung interpretieren. Für erstere Deutung spricht die Trennung

---

Oralitätsmerkmalen, dem Einfluß der Oralität bei der Verschriftlichung der Volkssprache und zum folgenden s. Riehl 1995; Kästner/Schütz/Schwitalla 1990. Zum Verhältnis von Mundart/Hochsprache s. S. 312.

[89] Metzler (1995, 65) bezeichnet den Übertragungsvorgang daher als Übergang vom *Deiktischen ins Definitorische.*

[90] S. dazu die Liste bei Kästner/Schütz/Schwitalla 1990, 207–215.

der Handlungsschritte in manchen Rechenbüchern (H. SCHREIBER) nach der Art der angesprochenen Handlung: Schreiben (motorisch), Sprechen (sprachlich), Addieren (kognitiv) usw. Der verkappte Dialog stammt zwar aus der Tradition der schriftlichen lateinischen Lehrwerke, erscheint jedoch auch in diesen als eine Spiegelung der face-to-face-Situation und ist damit Oralitätsmerkmal. Ebenso können die kurzen, oft parataktisch gebauten Sätze als Merkmal der Mündlichkeitsnähe gewertet werden. Da das Thema der meisten Rechenbücher das schriftliche Rechnen ist, also das Schreiben der Ziffern und die schriftliche Durchführung der Rechenarten, können die 'Gegenstände' mehr oder weniger unverändert aus der mündlichen in die schriftliche Kommunikation überführt werden. Die die konkrete Rechnungsdurchführung begleitenden Kommentare *addiere, schreibe untereinander, streiche durch, tu im also*[91] müssen durch Hinweise zu der Anordnung der Zahlen ergänzt werden *darunter, links*. Dies gelingt oftmals nicht ganz, sie bleiben dann unvollständig oder unübersichtlich (s. als Beispiel die vergessene Linie bei WIDMANN), lassen sich aber meist an den beigegebenen bildlichen Darstellungen nachvollziehen.

Durch die frühe Standardisierung der Rechenbücher und den starken Einfluß der schriftlichen Vorlagen beschränken sich die Oralitätsmerkmale auf dieses geringe Maß. Näher an der gesprochenen Sprache bleiben eher persönliche Notizen derselben Autoren wie etwa die Briefe A. DÜRERS. Hingewiesen sei jedoch noch darauf, daß das Vorkommen von Oralitätsmerkmalen in Texten nicht auf eine Unfähigkeit des Textproduzenten, von der konkreten Situation oder der eigenen mündlichen Sprachform zu abstrahieren, schließen läßt; es handelt sich hier vielmehr um eine bewußte Wahl einer dem Textrezipienten vertrauten Sprachform; der Autor geht hier von einer *Unerfahrenheit des Publikums mit geschriebenen Texten* bzw. einer *geringen Verarbeitungsfähigkeit* (Riehl 1995, 52–54) beim Leser aus.

5.3.2 Latinität in den Rechenbüchern

Als zweite Informationsquelle und als sprachliches Vorbild standen den Verfassern von Rechenbüchern die mathematischen Texte der schriftlichen, lateinischen Tradition zur Verfügung, d. h. Lehrbücher wie der *Algorismus vulgaris* von JOHANNES DE SACROBOSCO, die an Universitäten oder Lateinschulen durch das Mittelalter hindurch für die Unterrichtung eingesetzt worden und gelehrten Rechenbuchautoren wie J. WIDMANN

---

[91] Zum Vorkommen der Rezepteinleitung *tu im also* auch in Rechenbüchern s. Bayer 1975.

vertraut waren.[92] Wenn auch ein Vergleich dieser Vorlagen mit den frühen deutschen Rechenbüchern zeigt, daß einige Abschnitte bis hin zur sprachlichen Ausformulierung übereinstimmen, so handelte es sich dennoch in kaum einen Fall um eine bloße Übersetzung der lateinischen Texte, sondern um eine doppelte Adaption: Zum einen nämlich um die Transposition in eine andere Sprache (als linguistisches System), zum anderen um die Adaption an den neuen Rezipientenkreis und die geänderte Funktion des Textes. Diese Adaption bestimmte vor allem die Auswahl und Abfolge der Themen, konnte sich aber auch auf die pragmatische Ebene oder grammatische Formenwahl auswirken, so daß der volkssprachliche Text insgesamt einer anderen Textsorte angehörte. Die Frage nach einem noch spürbaren Einfluß des Lateinischen läßt sich also allenfalls in bezug auf die mehr oder weniger übersetzten Textabschnitte stellen; nur bei Werken von Autoren, die ihr Wissen größtenteils aus lateinischen Büchern schöpften oder selbst solche verfaßten, kann man einen Einfluß auf weitere Textmerkmale eventuell erwarten.

Generell ist bei der Untersuchung von Übersetzungen aus dem Lateinischen ins Deutsche in der Frühen Neuzeit der Streit um die Übertragungsweisen zu berücksichtigen. Viele Übersetzungen wissenschaftlicher lateinischer Texte entsprachen dem Prinzip *verbum de verbo*, da sie als reine Verständnis- oder Übersetzungshilfen aus interlinearen Glossierungen hervorgegangen waren.[93] Diese zeigten daher Merkmale der lateinischen Vorlagen etwa in innersprachlichen Strukturen. Eine Übersetzung *sensus de sensu* erlaubte dagegen die Lösung von den genauen Strukturen des Vorlagentextes und machte eine weitergehende Adaption an den Textrezipienten möglich.[94] Eine Diskussion dieser Übertragungsstrategien findet sich jedoch in mathematischen Texten kaum, auch JOHANNES WIDMANN äußerte sich nicht darüber, obwohl der dritte Teil seines Rechenbuches, die Geometrie, weitgehend eine Übersetzung ist. Dies mag

[92] Eine Kurzanalyse des Werkes von J. DE SACROBOSCO s. S. 96. Einige weitere Texte lagen in lateinisch-deutscher Mischsprache vor, s. den *Algorismus Ratisbonensis* (S. 27). Neben diesen lateinischen, gelehrten Werken haben sicherlich auch etwa italienische Texte die Autoren der ersten Rechenbücher wie ULRICH WAGNER beeinflußt.

[93] Diese Übersetzungen wurde im 15. Jahrhundert aus mnemotechnischen Gründen auch vermehrt in Reimpaare gefaßt. Sie erschienen in zweisprachigen (Gebrauchs-)Ausgaben und dienten nicht der Popularisierung von Themen oder eines Wissenschaftsbereiches. Zu Leipzig als Entstehungsort solcher Übersetzungen s. Palmer 1984 und Henkel 1988.

[94] Da es bei Fachliteratur in erster Linie auf die Verständlichkeit ankam, war nach Meinung vieler Autoren eine Vorlagentreue zugunsten einer Umgestaltung, einer Übersetzung *de sensu* im weitesten Sinne, aufzugeben. Eine Diskussion der Gründe, der Absicht und der Art der Bearbeitungen findet sich z. T. ausführlich in den Vorwörtern.

am Thema dieser Werke gelegen haben, das einerseits unbestreitbar war, keine Interpretationen zuließ und eine Übertragung damit naturgemäß *senus de sensu* war, andererseits eine themengegebene, starke und eindeutige Gliederung sowie standardisierte Formulierungen aufwies, so daß eine Übersetzung gleichzeitig dem Prinzip *verbum de verbo* entsprach.

Das in der zeitgenössischen Diskussion oft angeführte Argument, die deutsche Sprache sei im Vergleich zum Lateinischen nicht geeignet, nicht vorbereitet für bestimmte Themen und stelle das für eine angemessene Darbietung notwendige Inventar nicht zur Verfügung, trifft in bezug auf die mathematischen Texte natürlich auf den Wortschatz und die Terminologie zu, die vielfach neu geschaffen wurde, entweder aus der deutschen Sprache heraus durch Wortbildung oder Bedeutungsveränderung oder durch Übernahme lateinischer Wortschatzelemente: So finden sich in den Texten viele Lehnübersetzungen und -prägungen.[95] Doch obwohl in anleitenden Textabschnitten die deutschen Texte den Vorlagen auch in der sprachlichen Ausformulierung ähneln, finden sich hier kaum typisch lateinische Grammatikstrukturen wie AcI, Partizipien oder fehlende Artikel. Weniger typisch für die lateinische Sprache als für auf Latein geschriebene, d. h. gelehrte Texte ist der Aufbau, die Themenauswahl und -verknüpfung, die sich auch in einigen volkssprachlichen Werken etwa von J. WIDMANN (oder M. STIFEL) zeigt. Die Adaption an den Textrezipienten ist in diesen Fällen nicht zuende durchgeführt, die Transposition in die andere Sprache im ersten Fall noch ungelenk und verbesserungsbedürftig. Hier muß jedoch zwischen *allgemeinen Umsetzungsmöglichkeiten und individuellen Umsetzungsfähigkeiten* (Betten 1987, 49) unterschieden werden: Die Möglichkeiten zur Darstellung eines mathematischen Stoffes waren in der deutschen Sprache um 1500 vielleicht noch nicht vorhanden, doch das Beispiel ADAM RIES zeigt, daß es möglich war, sie zu schaffen.

5.3.3 Latein vs. Deutsch

Wie viele allgemein gehaltene Aussagen ist auch die These von der Ablösung des Lateinischen durch das Deutsche als Wissenschaftssprache

[95] Zum Verhältnis der lateinischen und deutschen Anteile an der Terminologie, zur Onomasiologie und Semasiologie s. die Abschnitte 3.5.2 und 5.3.4. Zum Einfluß des Lateinischen auf die Volkssprache im Bereich des akademischen Wortschatzes s. Schiewe 1996, 57–60. Munske (1982) macht darauf aufmerksam, daß es sich bei diesem Sprachkontakt nicht um eine Überdachung, sondern um eine freiwillige Übernahme handelte. Die Benutzung des Superstrates diente hier sowohl der Abgrenzung zu anderen Bevölkerungsgruppen als auch der internen Solidarisierung des Gelehrtenstandes.

im konkreten Fall zu modifizieren. Nicht nur war die Durchsetzung des Deutschen als Sprache der wissenschaftlichen Kommunikation ein langer, wechsel- und streitvoller Prozeß. Mit dem Argument, dem Deutschen fehle die Tauglichkeit oder auch die Dignität zur Darstellung bestimmter Themen,[96] kaschierten die Gegner einer volkssprachlichen wissenschaftlichen Literatur oft ihre eigentlichen Befürchtungen, der Übergang zur Volkssprache hätte nämlich eine 'Popularisierung' des Wissens zur Folge, so daß einerseits ein bisher weitgehend bewahrtes Wissensmonopol zerstört werde und der soziale Status der Gelehrten bedroht sei, andererseits jeder Laie meine, mitreden oder mitwirken zu können (wozu er zwar nicht fähig sei), aber doch die materielle Existenz manches Gelehrten gefährden könne.[97] Zum anderen kann zumindest mit Blick auf die Rechenbücher nicht von einem Übergang vom Lateinischen zum Deutschen gesprochen werden: Das Deutsche übernahm hier nicht einen Bereich vormals lateinischer Schriftlichkeit, sondern einen neuen Bereich schriftlicher, vormals nur mündlicher Kommunikation. Als Kommunikationsmittel für den *gemeinen man* als Textrezipienten stand das Lateinische nie zur Diskussion.

Nach wie vor Lateinisch verfaßt wurden arithmetische Lehrwerke für Lateinschulen oder Universitäten in Leipzig etwa Anfang des 16. Jhs. die Texte von JOHANNES WIDMANN, BALTHASAR LICHT, KONRAD TOCKLER oder HENRICH STROMER.

Kurzanalyse 24: JOHANNES WIDMANN: *Algorithmus integrorum* (1490)

Wahrscheinlich von JOHANNES WIDMANN stammt der um 1490 in Leipzig gedruckte *Algorithmus Integrorum Cum Probis annexis*[98], eine Einführung in die Grundrechenarten bei den natürlichen Zahlen mit den indisch-arabischen Ziffern. Zusammen mit fünf weiteren Einführungen[99] umspannte dieser Traktat das Grundprogramm in Arithmetik, wie man es in ähnlicher Zusammenstellung traditionell in zahlreichen Handschriften, etwa auch in der *Coß* des ADAM RIES finden konnte. Diese Texte waren an lateinkundige Rezipienten gerichtet, an private Schüler (so bei STROMER) oder an Lateinschulen sowie an Studenten der Universität.

[96] Diese Ansicht vertritt noch Kaemmel: *Eine höhere Bildung ausschließlich mit deutschen Mitteln zu erreichen, war bei der Verwilderung der deutschen Sprache seit der Blütezeit der mittelalterlichen Dichtung und bei dem Zustande der deutschen Literatur damals ebensowenig möglich* (1909, 10/11).

[97] Zum Sprachenstreit in medizinischen Werken s. Telle 1979; 1981. Ein Niederschlag dieser Auseinandersetzung findet sich etwa in der Vorrede zum *Teutschen Euklid* (1562) des WILHEM HOLTZMANN (Bayer 1974, 336).

[98] Exemplar Leipzig, Universitätsbibliothek, Sign.: Ms 1296.

[99] Siehe S. 37.

(ME)	J. WIDMANN: *Algorithmus integrorum* (1490)
KG	Ziffernrechnen mit ganzen Zahlen
KP	P: Gelehrter; R: (Latein-)Schüler, Studenten
KS	EO: Leipzig, EZ: 1490, EI: privat, Schule, Universität; GO: Leipzig, GZ: 1. H. 16. Jh., GI: privat, Schule, Universität
KF	Druck; 4°, 12 f.

Der lateinische Text ist durch Überschriften in einzelne Abschnitte gegliedert: Nach einem Vorwort (A ijr–A ivv) folgen die traditionellen Rechenarten Numerieren, Addieren, Subtrahieren, Duplieren, Medieren, Multiplizieren, Dividieren, Reihen und Wurzelberechnung (A ivv–B iijr), die Proben werden nach einer kurzen, allgemeinen Ausführung für jede Rechenart in der obigen Abfolge angegeben (ab B jvr).

Der typographisch wie ein Vorwort gehaltene erste Abschnitt enthält eine Einführung in die *arithmetica speculativa*, indem er einfache Themen der elementaren Zahlentheorie und grundlegende philosophische Fragen behandelt wie die Zahl als Einheit (A ijr), die Einteilung in ungerade und gerade Zahlen (A ijv), perfekte (A iijr) und prime Zahlen (A iijv) sowie Zahlenverhältnisse (A ivr). Am Ende findet sich hier die Einteilung in *digiti* (1–9) und *articuli* (ab 10; A ivr), nicht wie sonst oft im Kapitel über das Numerieren, dem Einführen der Zahlzeichen. Der gesamte Teiltext ist diskursiv gestaltet unter Verwendung zahlreicher Zitate aus Werken wissenschaftlicher Autoritäten, besonders von BOETHIUS und EUKLID, daneben auch von ARISTOTELES, PTOLEMAIOS, PETRUS HISPANUS, PYTHAGORAS und JORDANUS NEMORARIUS.

Die Erläuterung der Rechenarten in den folgenden Lehrtexten ist ausführlich und differenziert, die einzelnen Handlungsschritte wie die verschiedenen Fälle werden sorgfältig getrennt.

> *De Additione*
>
> *ADditio est duorum quorumcunque numerorum vel plurium in vnum collectio. Cum igitur duos vel plures simul colligere volueris numeros. omnibus recto ordine atque equali distantia subalternatim positis vna iuxta numerorum quantitatem pertrahatur linea qua summa ex omnibus simul collecta a colligendis numeris distinguatur.* (A vr)

Außer *volueris* findet sich an finiten Verbformen in diesen Teiltexten ausschließlich die 3. Person, meist im Passiv und Konjunktiv *addatur, scribatur, retineantur* (A ivv), oder infinite Formen wie das Gerundium oder das Partizip. Nur am Ende des ganzen Traktates wird der Rezipient noch einmal in der Wendung *tue operationi* (B vjv) angesprochen. Die Lehrtexte beschränken sich auf allgemeine Anleitungen, beendet mit *Et facta est Additio* (A ivv), und werden weder an Beispielen erläutert noch an Aufgaben eingeübt. Außer im Abschnitt Numerieren werden keinerlei Symbole, nicht einmal die Ziffern verwendet; der ganze Druck ist schmucklos gehalten, der Text selbst sehr abkürzungsreich.

(MI):	J. WIDMANN: *Algorithmus integrorum* (1490)
GG	Zahlentheorie (A jr) // Ziffernrechnen (A ivv) // Proben (B jvr)
TT	Lehrtext
Pr	INFORMIEREN, ERKLÄREN, ANLEITEN
Th	alle Progressionsarten, (einf. lin., gesp. Rhema)
Gr	3. P. (Passiv, Konj.); Gerundium, Partizipien

Wenn auch in einigen der weiteren, oben genannten lateinischen Texte imperativische Formen gebraucht werden (z. B. bei STROMER), so ist der Stil doch insgesamt unpersönlicher, die Syntax komplexer und an die Sprache der Gelehrten angelehnt.[100] Den Autoren lag an einer Einführung in die praktische Arithmetik, einem Verständnis der grundlegenden Regeln, nicht aber an einer Vermittlung von Handlungsanweisungen mit Bezug auf reale Problemfälle. Der sparsame Einsatz von Beispielen — in drei weiteren Traktaten von WIDMANN und etwa bei STROMER findet sich pro Rechenart gerade ein Beispiel — erhöhte die Anforderungen an den Textrezipienten betreffs der Umsetzung der theoretischen Anleitung in konkrete Fälle.[101]

Der neue Rezipientenkreis schlug sich also nicht nur in der anderen Sprache nieder, sondern zudem in unterschiedener Stoffauswahl und -anordnung.[102] Weder handelte es sich daher bei Rechenbüchern um Übersetzungen entsprechender lateinischer Werke, noch sind sie ein direkter Schritt auf dem Weg des Deutschen zur Sprache der wissenschaftlichen Auseinandersetzung mit der Mathematik. In der 1. Hälfte des 16. Jhs. standen somit zwei mathematische wissensvermittelnde Literaturen nebeneinander: die Rechenbücher mit dem Ziel der Vermehrung des Handlungswissens und die wissenschaftlichen Werke auf Latein, die das kognitive Wissen ansprachen und in denen Bereiche der Mathematik wie Algebra oder Zahlentheorie behandelt wurden, wie sie in volkssprachlichen Werken wenig vertreten waren.[103] Versuche, Werke dieser Art in der Volkssprache zu etablieren — etwa durch A. DÜRER oder A. RIES, der mit seiner *Coß* eine *Teilhabe des gemeinen man an Spezialwissen* (Eichler 1992, 93) anstrebte —, gelangten nicht zum Druck oder fanden nur in lateinischer Übersetzung Zuspruch (s. S. 258). So wurden auch weiterhin mathematische Werke zur *Wissenserweiterung und als Anreiz zu weiterer wissenschaftlicher Forschung* (Reich 1996a, 177) wie *De nu-*

[100]Der klassische Bildungshintergrund in bezug auf die Sprache zeigt sich etwa auch im *Algorithmus linealis* WIDMANNS, wenn er Merkverse nicht wie in seinem Rechenbuch in die Form des Reimpaarverses bringt, sondern in einen Hexameter: *J monos. v. quintos. x denos. dupla vigenos | XL. duplat idem. triplat. lx.l quoque sola | Quinquaginta facit. [...]* (Aiijv). Zu den Hexametern bei J. DE SACROBOSCO s. Thorndyke 1955.

[101]Im Leipziger Exemplar des *Algorithmus integrorum* stehen am Rand zahlreiche handschriftliche Übungsbeispiele.

[102]S. auch die Beobachtungen zum Titelblatt des astronomischen Werkes von MARIA CUNITZ (Güntherodt 1986, 31).

[103]Die Abhängigkeit der Sprachwahl von der Funktionsveränderung eines Textes zeigt Löffler 1989 am Beispiel von Zinsverzeichnissen oder Kelle 1994 anhand der Briefe J. KEPLERS, der bei Beschreibung handwerklicher Tätigkeiten innerhalb eines Abschnittes vom Lateinischen ins Deutsche wechselte.

meris et diversis rationibus, seu regulis computationum opusculum[104] des JOHANN SCHEUBEL (1494–1570) auf Latein verfaßt. Die Trennung des Themenspektrums in lateinischen bzw. deutschen Texten entkräftet zudem die Vorstellung einer 'Popularisierung' des gelehrten Wissens und einer Entblößung des Gelehrtenstandes im frühen 16. Jh. Nur jene Bereiche und Ergebnisse gelehrter mathematischer Beschäftigung wurden in der Volkssprache zugänglich gemacht, die dem *gemeinen man* im praktischen Leben nützlich sein konnten. Forschung und Weiterentwicklung fanden dagegen nur in lateinischer Sprache statt.[105]

Die Durchsetzung des Deutschen gegen das Lateinische in allen Bereichen mathematischer Kommunikation war ein langer Prozeß und, obwohl einige eigenständige Bereiche schon recht früh schriftliche Kommunikation in der Volkssprache prägte, dauerte es Jahrhunderte, bis auch der letzte Bereich zum Deutschen übergegangen war. Eine Beobachtung dieses Vorgangs darf sich jedoch nicht, wie dies z. B. Pörksen tut, in einem zahlenmäßigen Vergleich der deutschen und lateinischen Buchproduktion erschöpfen,[106] sondern muß nach Kommunikationsbereich bzw. Textsorte differenziert werden, da der Sprachenwechsel nicht in allen Bereichen auf gleiche Art zu gleicher Zeit aus gleichen Gründen vonstatten ging. Wie oben dargelegt, erschienen Rechenbücher von Anbeginn auf deutsch, natürlich auch weiterhin die mathematischen Werke für jede Art von Volksschule.[107] An Lateinschulen konnte das Deutsche als

[104]Leipzig 1545. *Non solum ad usum quendam uulgarem, sed etiam cognitionem & scientiam exquisitiorem arithmeticæ accomodatum* (Titel). Von diesem stammt auch eine deutsche Ausgabe der Bücher 7 bis 9 aus den *Elementen* des EUKLID (1555), gerichtet an *ein yeden gemainen Rechner* (Titel).

[105]Auch die vom Thema her scheinbar wissenschaftlichen Werke von Gelehrten wie M. STIFELS *Deutsche Arithmetica* hatten nur Erfolg, da im Anspruch an Abstraktheit Abstriche gemacht worden waren. Der Angriff auf den Gelehrtenstand bestand nicht in einer Popularisierung des gesamten gelehrten Wissens, sondern in der Tatsache, daß die schriftliche Kommunikation in der Volkssprache überhaupt genutzt wurde, wodurch diese der Wissensvermittlung fähig und damit insgesamt aufgewertet wurde (sprachsoziologische Dimension). Dieses Wissen war zwar nur Teil des gelehrten Wissens, aber für gemeinen Nutz und das allgemeine Wohl nötig und dienlich; damit ging eine Aufwertung des praktischen Wissens einher, parallel zur Aufwertung einer wirtschaftlich-politischen Elite gegenüber der traditionellen Bildunsgelite (s. Vorwort zum Rechenbuch ALBERTS): Das neue Ideal war der bürgerliche Kaufmann (s. auch Kleinschmidt 1982b, 421–6).

[106]Pörksen 1983a, 236–214; 1986; seine Zahlen basieren auf Angaben in Meßkatalogen bzw. auf den Beständen der Herzog-August-Bibliothek Wolfenbüttel, wobei er die Probleme dieser Quellen selbst anspricht.

[107]Die Aussage Pörksens (1983a, 237) vom *frühen Übergang der Mathematik- oder Rechenbücher vom Lateinischen ins Deutsche* kann in ihrer Allgemein-

Verständigungsmittel durchaus genutzt werden;[108] ab dem 17. Jh. wählte man Deutsch als Unterrichtssprache für die neuen Unterrichtsfächer wie Fremdsprachen oder Realwissenschaften (Grosse 1901, 18, Beispiele; Erben 1989, 16), was den Übergang auch der Lehrbücher für Mathematik zum Deutschen zur Folge hatte. Der Übergang geschah in wissenschaftlichen Textsorten (etwa Vorlesung, Monographie, Forschungsbericht) hingegen erst spät, später als in anderen Fächern und auch als in anderen Ländern. Ein Umschlagspunkt ist sicherlich um 1680/1700 mit Personen wie GOTTFRIED WILHELM VON LEIBNIZ und CHRISTIAN WOLFF anzusetzen und — in aller Pauschalität — in Zusammenhang zu sehen mit einem allgemeinen aufklärerischen Impetus, nationalstaatlichen und -sprachlichen Ideen sowie der Etablierung der Mathematik und der Naturwissenschaften in eigenen Fakultäten an den Universitäten, unabhängig von Theologie oder Medizin. Wenn auch weiterhin noch viele Autoren wie LEONHARD EULER (1707–1783) oder CARL FRIEDRICH GAUSS (1777- 1855) ihre mathematischen Werke auf Latein oder Französisch verfaßten, so war die deutsche Sprache nun doch inventarmäßig und in der Sicht sprachideologischer Begründung geeignet zu einer angemessenen Darstellung mathematischer Sachverhalte aller Art und Abstraktion.[109] Neben diesen wissenschaftlichen Texten entstanden neue Textsorten der nun tatsächlich popularisierenden Wissensvermittlung (s. S. 321). Das vermittelte Wissen diente hier nicht vorrangig dem praktischen Nutzen; die Intention der Autoren galt der Aufklärung, der Förderung einer Allgemeinbildung, weshalb sie sich notwendigerweise der deutschen Sprache bedienten.

Der Wechsel vom Lateinischen zum Deutschen in fachlichen Texten ist also in seinem sozialgeschichtlichen Zusammenhang zu sehen, d. h. auch Veränderungen des Faches Mathematik oder seiner Stellung in der

heit nicht stehen bleiben, da die Textsorte 'Rechenbuch' keinen 'Übergang' aufweist, ein solcher bei anderen Mathematikbüchern erst recht spät stattfindet.

[108] S. S. 88 zu Lateinschulen, S. 298 zu Übersetzungen, dazu auch Palmer 1984; Beispiele für den Grammatikunterricht bei Puff 1995a.

[109] Pörksen (1983a) geht auf die Rolle LEIBNIZ' auch bei den ersten deutschen Akademiegründungen ein. In der Lösung vom Lateinischen sieht er auch die endgültige Lösung von den Autoritäten des Mittelalters (ebd. 1983, 233). Das Verhältnis Latein/Deutsch an den Universitäten und die Rolle von CHR. THOMASIUS (1655–1728) untersucht sorgfältig und differenziert Schiewe 1996. Den Zusammenhang der Ausbildung einer deutschen Wissenschaftssprache mit einem gewandelten Denkmuster und einem neuen Wissenschaftsverständnis bei CHRISTIAN WOLFF thematisiert Menzel 1996. Gerade in den wissenschaftlichen Textsorten impliziert eine Abwendung vom Lateinischen nicht immer die Wahl des Deutschen; oft wurde auf eine andere Volkssprache als neue Universalsprache zurückgegriffen wie Französisch oder heute Englisch.

Gesellschaft müssen in eine Untersuchung des Sprachenwechsels eingehen.[110] Der Etablierung des Deutschen als wissenschaftliches Kommunikationsmittel in der Sprachgeschichte des Deutschen kommt man somit über eine Geschichte der Textsorten näher (s. Teil II, Kapitel 5.4). Die Fragen, welche Textsorten mit dem Kommunikationsgegenstand Mathematik existierten, welche Sprache in den Textsorten als Kommunikationsmittel gewählt wurde,[111] die Entstehung neuer Textsorten, deren Aufstieg und Niedergang und eine Unterscheidung von Textsorten mit bzw. ohne Sprachenwechsel veranschaulichen und begründen Verschiebungen im Verhältnis Latein vs. Deutsch.

5.3.4 Fachsprachlichkeit in den Rechenbüchern

Fachsprache ist nicht eine mehr oder weniger feste Varietät der deutschen Spache, sondern eher ein 'dynamischer Prozeß', oder auch eine 'Qualität der Sprache'. *Die* Fachsprache an sich gibt es nicht; je nach Kommunikationssituation und Funktion des Einsatzes der fachlichen Varietäten (vertikale Schichtung) sowie nach Fach (horizontale Schichtung) sind in ihr Fachlichkeits- und fachspezifische Merkmale stärker oder schwächer ausgeprägt, die verschiedenen Realisationen ergeben ein fachsprachliches Varietätenspektrum.[112]

Grundsätzliches Kennzeichen jeder Fachsprache ist die Komprimierung und Entpersonifizierung, die sich sprachlich in einer Reduktion auf allen Ebenen des Sprachsystems, also in einer Auswahl aus den in der

[110] Dies gewährleistet jedoch eine pragmatisch begründete Betrachtung der Textsorten.

[111] Auch die Textsortengeschichte bedarf der Sprachkontaktforschung; so ist der Wandel des Textsortenspektrums des Frühneuhochdeutschen ohne ein Hinzuziehen lateinischer Textsorten nicht sinnvoll zu untersuchen.

[112] Fachsprachliche Merkmale lassen sich demnach aufteilen in fachspezifische Merkmale, also Merkmale, die spezifisch oder auch nur typisch für ein bestimmtes Fach wie Mathematik, Physik usw. sind, und textsortenspezifische Merkmale. Letztere kann man als indirekt vertikal bezeichnen, da sie spezifisch für solche Textsorten sind, die wiederum typisch für eine Kommunikation eines bestimmten Fachlichkeitsgrades sind wie das Lehrbuch oder der Fachzeitschriftenartikel (zu Gebrauchstextsorten heute s. Rolf 1993). Nach Beier (1979, 289) prägt hierbei das Fach mehr als das Niveau die Sprache fachlicher Kommunikation (so auch Pörksen (1986, 15): Sachorientierung vor Empfängerorientierung); textsortenspezifische Merkmale als Sonderfall der Fachlichkeitsgradmerkmale dürften jedoch, zumindest was Rechenbücher angeht, einen ähnlichen Einfluß wie das Fach auf die Sprache haben. Zu Fachlichkeitsmerkmalen bzw. der Fachsprache der Mathematik s. Beier 1979; Hoffmann 1983; Mangold 1985; Weese 1987; Gerisch 1988; Kretzenbacher 1991; Fluck ^{2}1997, 80–121.

Gemeinsprache zur Verfügung stehenden Variationsmöglichkeiten sowie dem Ausbau eines fachspezifischen Wortschatzes ausdrückt.

So bestehen wissenschaftliche Texte der Mathematik in der Regel aus den Teiltexttypen 'Definition', 'Satz', 'Beweis', 'Erläuterung' und 'Übung', die durch signifikante Merkmale geprägt sind und in thematischer Ordnung den Gesamttext konstituieren. Komprimierung zeigt sich vor allem syntaktisch/wortbildungsmorphologisch in der Verkürzung der Satzlänge, der Tendenz zu Nominalisierungen und Bildung von Substantivkomposita und Attribuierungen aller Art. Auch der Einsatz von Symbolen (Ziffern) und Formeln dient neben der Präzisierung der Komprimierung. Weitere Variationseinschränkungen im Bereich der Syntax dokumentieren das überwiegende Vorkommen von Nebensätzen der 1. Stufe, der häufige Gebrauch von Konditionalsätzen mit Verzicht auf die einleitende Konjunktion oder auch die Bevorzugung des Satzanfangs für die Plazierung der thematischen Einheit. Typisch für Texte der Mathematik sind zudem die zwei Präpositionalgruppen *wegen/aus* für die Angabe einer satzinternen Ursache und *nach* für den Bezug auf einen satzexternen Sachverhalt. Besonders in der Lexik wird mit dem Ziel möglichst eindeutiger Bezeichnungen Sprachvariation vermieden; Fachsprache zeigt daher eine hohe Produktivität an Termini mittels Komposition (s. o), Lehnwörtern oder Derivation mit Wortbildungsmorphemen aus anderen Sprachen, besonders aus dem Griechischen *-logie, -tik* und Lateinischen *-tion*, heute auch vermehrt aus dem Englischen.[113] Dieser quantitative Zuwachs ist aber eine Reduktion in bezug auf den Wortschatz der Gemeinsprache, aus dem wenige Wörter ausgewählt werden, die mit hoher Frequenz gebraucht werden.[114] So kann Gerisch 1984 eine begrenzte Anzahl stereotyp eingesetzter Verben für die Bezeichnung möglicher Sachverhaltsbezüge in mathematischen Texten feststellen. Einher geht diese Reduktion mit einer Desemantisierung der Verben bzw. dem Vorzug von bedeutungsschwachen Verben wie *gehen, machen*. Hohe Gebrauchsfrequenz zeigen ebenfalls Modalverben *können, müssen* sowie weitere Modalitätsanzeiger wie etwa Partikel. Für eine Entkonkretisierung sorgt zudem die Verwendung des Konjunktivs I in Aufgabenstellungen oder Beschreibungen der Ausgangssituation, für die Entpersonifizierung die Vermeidung der 1. oder 2. Person bei Pronomina und Verben und ihr Ersatz durch die 3. Person im Passiv oder das Pronomen *man*. Auch die Imperativumschreibung durch Infinitiv mit *zu* trägt zur Vermittlung des Charakters der Allgemeingültigkeit bei (s. das Beispiel S. 327).

[113] Diese Wortbildungen erfolgen nach bestimmten Mustern und Regeln, die von der Terminologieforschung untersucht werden.

[114] Kretzenbacher 1991 sieht hier nur den Zuwachs, nicht aber die Reduktion.

In den vorangegangenen Kapiteln wurden die Rechenbücher aus der 1. Hälfte des 16. Jhs. ausgehend von einer umfassenden, pragmatisch orientierten Untersuchung als fachliche Texte bestimmt. Hier ist nun die Frage zu stellen, ob die in ihnen dokumentierte Sprache als Fachsprache zu bezeichnen ist, d. h. ob sich Charakteristika finden lassen, die als fachsprachliche zu bestimmen sind. Dies fragt nach signifkanten Unterschieden der Sprache der Rechenbücher zu der Gemeinsprache der Zeit. Lassen sich solche feststellen, ist weiter zu fragen, inwieweit die Differenzen zumindest ansatzweise mit den oben skizzierten Merkmalen heutiger Fachsprachen übereinstimmen. Das Problem einer solchen Fragestellung liegt jedoch in der fehlenden Vergleichsgröße für die Sprachform der Rechenbücher, da im frühneuhochdeutschen Varietätenspektrum eine Leitvarietät nicht existierte. Somit müßte jeder Text einzeln mit der Varietät verglichen werden, der für Entstehungsraum und -zeit des Rechenbuches eventuell gemeinsprachliche Qualität zugeschrieben werden könnte. Auf die Ergebnisse dieser Vergleiche aufbauend wäre dann eruierbar, ob sich tatsächlich überregionale Unterschiede und damit fachsprachliche Merkmale bestimmen lassen. Im Rahmen dieser Arbeit muß ich mich auf die diachrone Frage beschränken, nämlich inwiefern typisch fachliche Merkmale des heutigen, fachlichen Varietätenspektrums in der Sprache der Rechenbücher zu entdecken sind, inwieweit diese auch in nichtfachlichen Texten auftreten (Vergleich mit den Angaben in der FRNHD. GR.) und ob die Merkmale gleicher Art sind oder ob die Fachlichkeit in den Texten der Frühen Neuzeit vorrangig durch andere Mittel ausgedrückt wurde; dies alles fragt nach der Rolle der Rechenbücher für die Entwicklung einer Fachsprache der Mathematik.[115]

Syntaktisch zeigt sich in Rechenbüchern Reduktion in bezug auf die Satztypen und in der Vermeidung komplexer hypotaktischer Strukturen. Das Satzarteninventar besteht aus Aussagesätzen, Nebensätze sind in der Regel Objekt- und Relativsätze; oft steht auch der uneingeleitete Konditionalsatz, dessen Form allerdings nicht typisch fachsprachlich, sondern allgemein im Frühneuhochdeutschen verbreitet war (FRNHD. GR. § S 290). Eine Tendenz zur Substantivierung oder Nominalisierung ist nicht festzustellen, ebensowenig eine Desemantisierung des Verbs. Die Formenreduktion ist erkennbar, aber statt der Reduktion auf die 3. Person und passivische Formen prägt die Sprache der Rechenbücher die 2. Person (Imperativ), statt der Unpersönlichkeit und Allgemeingültigkeit vermittelt die direkte Ansprache des Textrezipienten unbezweifelbare Autorität; Passiv findet sich nur in Ausnahmefäl-

[115] Die Herausarbeitung möglicher fachsprachlicher Charakteristika macht zudem eine Beurteilung der Bedeutung der Sprache der Rechenbücher für die Schriftsprache erst möglich.

len.[116] Makrostrukturelle Reduktion zeigt sich in der Beschränkung auf 2 bis 3 Teiltexttypen, die sich zum Teil eng an die Rezeptform anlehnen. Die einzelnen Teiltexte unterliegen — wie auch heute — festen Gestaltungsmustern (s. Abschnitt 5.4.3). Parallelität statt Variation ist daher ein Fachlichkeitsmerkmal. Nur ansatzweise kann man Symbolgebrauch feststellen, aber die Entwicklung von rhetorischer zu symbolischer Schreibweise ist spürbar; hier besteht zudem eine recht kontinuierliche Entwicklung in mathematischen Texten bis zum heutigen Stand.[117]

Wie in modernen Texten drückt sich Fachsprachlichkeit am auffälligsten im Bereich der Lexik aus, also in Reduktion und gleichzeitiger Erweiterung des Wortschatzes, in der Ausbildung einer Terminologie.[118] Das Problem der Autoren der ersten Rechenbücher bestand dabei in der Notwendigkeit einer doppelten Einführung der Termini: in der Ausbildung einer Terminologie in der deutschen Sprache und der Vermittlung der Termini an einen Rezipientenkreis, der fachliche Kommunikation nicht gewohnt war.

Für die Bildung neuer Termini standen den Autoren im Prinzip die folgenden drei Möglichkeiten offen: Übernahme von Termini aus der Handwerkersprache (bzw. Sprache der Rechenmeister, *zirkel*), Belegung eines

[116] Diese Formenauswahl hängt auch mit der Textsorte Lehrbuch zusammen.

[117] Die Einbindung von Formeln und Zahlen als gleichwertige Satzteile in heutigen Texten läßt sich wohl auf die Entwicklung aus der rhetorischen Schreibweise, die im 15./16. Jh. begann, zurückführen.

[118] Unter einem Terminus verstehe ich hierbei ein Lexem, das durch die Verwendung innerhalb eines Teilsystems der Sprache in einem bestimmten Fachbereich in seiner Bedeutung festgelegt ist. Jede Veränderung in diesem Fachbereich (in der Kommunikation, in den Sachverhalten, ...) kann somit zu neuen Termini führen; letztlich werden sie durch Konvention und Gebrauch festgelegt, was bei der Untersuchung der Terminologie der Rechenbücher deutlich wird. Der Idealfall wäre eine 1:1-Entsprechung zwischen Inhalts- und Ausdrucksseite eines Wortes für jedes einzelne Element der Terminologie, die oft postulierte Eineindeutigkeit des Fachwortschatzes neben den Forderungen nach Vollständigkeit, Ökonomie und Präzision. Diese Forderung nach Eindeutigkeit ist sicherlich wichtig, aber problematisch und oft nicht erreichbar (s. dazu die verschiedenen Fachsprachenuntersuchungen und die Bemerkungen bei Roelcke 1991, 206, der die Möglichkeit des Existierens einer system- (Sprache) oder auch nur textimmanenten Eineindeutigkeit bestreitet und darauf verweist, daß eine Eindeutigkeit in der Kommunikation jedoch meist durch den Kontext gegeben ist); die Sprache der Mathematik, wie sie heute ausgeprägt ist, kommt ihr teilweise sicher sehr nahe, wenn es auch in ihr noch Fälle von Polysemie und Synonymie gibt. Nicht als Synonyme sind allerdings Bezeichnungen wie *Gruppe* und *Modul* einzustufen. Sie bezeichnen zwar denselben Sachverhalt, stammen aber aus verschiedenen Bereichen der Mathematik (Algebra und Zahlentheorie) und induzieren damit verschiedene Anschauungen.

gemeinsprachlichen Wortes mit einer fachspezifischen Bedeutung (*weg-nemen, linie*) oder Bildung eines neuen sprachlichen Zeichens mit Hilfe volkssprachlicher oder fremdsprachlicher Wortbildungselemente (*ziffer, addieren*).[119] Die Terminologie der Rechenbücher des 16. Jhs. ist dadurch gekennzeichnet, daß alle diese Möglichkeiten (mehrfach) von den Verfassern genutzt wurden; den Fachwortschatz prägt die große Zahl an Redundanzen. Dabei steht das Fremdwort neben dem gemeinsprachlichen Wort nicht nur im fachlichen Gesamtwortschatz der Epoche, sondern vielmals in einem einzelnen Text ohne erkennbare Verteilungsregel (s. die Ausführungen zu den Büchern von WAGNER, WIDMANN, RIES). Für mathematische Gegenstände und Sachverhalte standen also im 16. Jh. mehrere Termini zur Verfügung; nur in wenigen Fällen begann sich schon abzuzeichnen, welcher Terminus sich durchsetzen sollte.[120] Im Gegenteil schufen die Textproduzenten auch weiterhin neue Bezeichnungen und zwar besonders Verdeutschungen, wobei in der 1. Hälfte des 16. Jhs. der Antrieb nicht Sprachpurismus war, sondern die Bemühung, den mathematischen Stoff dem ungebildeten Textrezipienten mit Hilfe eingängiger, motivierter Bezeichnungen möglichst klar und verständlich zu machen;[121] viel Sorgfalt verwendeten die Autoren daher auf die Einführung der Termini. Wenn sie diese dann auch nicht konsequent gebrauchten (Müller 1899, 317), so ist doch wichtig, daß bei der Suche nach geeigneten Termini und erfolgreicher Vermittlung ein Bewußtsein um die Problematik und Andersheit der Sprache erkennbar wird: ADAM RIES überarbeitete seine Bücher, *vor jeder Neuauflage prüfte er, ob etwa*

[119] Zu Wortbildungen und Wortbildungsstypen, ihrer Bedeutung und der Verknüpftheit mit der Übersetzungstheorie des Textproduzenten s. die Schriften des SFB 226, Teilprojekt A7: Wortschatzentwicklung im 16. Jh. unter dem Aspekt fachsprachlicher Kommunikation, z. B. von Eichler, Wolf, dazu Habermann, Müller. Zur Ausbildung der lateinischen Fachsprache im Mittelalter s. Huillier 1994.

[120] Zu Polysemie und Onomasiologie in mathematischen Texten s. Müller 1899 (Zusammenstellung der Wörter und Verdeutschungsversuche); Schirmer 1912; Goetze 1919; Busch 1933; Reiner 1961. Reiner teilt den Fachwortschatz der Epoche in vier Gruppen, darunter in untergegangene und etablierte Termini; Gründe für die Bewahrung oder den Untergang einzelner Wörter nennt er leider nicht. Das Problem der Synonymie durch dialektale Variation der Handwerkersprachen in anderen Fachsprachen (Mendels 1968, 163, s. S. 268; Seibicke 1985, 2001) entfällt in der Mathematik.

[121] Die Fachwörter sind nach Eichler (1993, 373) die *Träger fachlichen Wissens.* Anschauung als Motivation bei der Wortbildung kennzeichnen die Bemühungen A. DÜRERS und J. KEPLERS. Für die Übersetzung seiner Stereometrie (1616) schuf KEPLER eine große Anzahl neuer Termini auch durch Neubildungen (Götze 1919, 8; Busch 1933, 18/9), von denen viele allerdings nur kurzlebig waren (Pörksen 1983a, 252; 1994, 349).

noch irgend etwas "dunkel" sei und strebte dann danach, es auch noch "hell und klar anzuzeigen" (Deubner 1957, 63), A. DÜRER bemühte sich bei seiner Terminologiebildung um Anschaulichkeit (S. 279), sprachreflexive Äußerungen fanden sich bei MICHAEL STIFEL (S. 256).[122]

Fachsprachliche Charakteristika trug also nicht nur der Wortschatz der mathematischen volkssprachlichen Texte, sondern sie ließen sich auch auf morphologischer, syntaktischer und makrostruktureller Ebene beobachten; Hauptmittel war wie heute die Reduktion, wobei die Auswahl nicht immer der heutigen entsprach.[123] Wie der einzelne Text in seinem sozialen Umfeld, so zeigt auch die Sprache der Rechenbücher die Verschmelzung aus der Fachsprache der Handwerker und der Wissenschaftssprache lateinischer Gelehrsamkeit.[124]

Terminologische Reflexionen, d. h. eine eingehendere Beschäftigung mit der mathematischen Fachsprache begannen im 17. Jh., in dem insgesamt ein qualitativer Sprung in der deutschen Theoriesprache etwa in

---

[122] Auch diese metakommunikativen Äußerungen und Reflexionen des Autors über sprachliche Mittel zählen neben weiteren Reflexionen über Herkunft und Art des Wissens, Ziele und Adressaten der Darstellung sowie den eigenen Status zu den Kennzeichen der Fachlichkeit. Zu den Problemen und den Äußerungen der Autoren bei der Begriffs- und Bezeichnungssuche s. Pörksen 1986.

[123] Diese Beobachtungen widersprechen den Meinungen, Fachsprache in der Frühen Neuzeit zeige sich nur im Wortschatz (Haage 1988, 296/7; Müller 1993a, 2). Auch die Liste der Kennzeichen frühneuzeitlicher Fachsprachen bei Fluck (^{4}1991, 29), bei der nicht eindeutig ist, ob diese Kennzeichen einer Unterscheidung der Fachsprache von der zeitgenössischen Gemeinsprache oder von der heutigen Fachsprache dienen sollen, bedarf der Relativierung. *Mundartlichkeit* etwa kennzeichnet im Frühneuhochdeutschen mehr oder weniger alle Literatur, einen *engeren Kommunikationsradius* besitzt jede Fachsprache auch heute. Das *weitgehende Fehlen einer Theoriesprache* ist nicht erstaunlich, wenn eine Theorie noch nicht ausgebaut ist, die *geringe innere und äußere Differenzierung [...] entsprechend der Sachwelt* kennzeichnet nicht die Fachsprache der Frühen Neuzeit, sondern die Wissenschaft.

[124] So ist Reiner (1961, 2) recht zu geben in bezug auf seine Behauptung, daß *bereits in den Anfängen deutscher mathematischer Literatur eine eigene Fachsprache im Entstehen war.* Pörksen (1994, 38) möchte die deutsche wissenschaftliche Prosa als Lehnprägung der lateinischen Schriftkultur ansehen. Eichler (1996b, 138) weist schon darauf hin, daß er dabei den Einfluß der mündlichen Kultur unterbewertet. Neueste Forschungen von L. Balbiani über Übersetzungen der *Magia naturalis* von GIANBATTISTA DELLA PORTA in verschiedene europäische Sprachen machen statt der Herausbildung einzelsprachlicher Fachsprachen eine sich entwickelnde Fachsprachlichkeit im Europa der Frühen Neuzeit plausibel.

den vielen abstrakten Begriffsprägungen zu beobachten ist (Steger 1988, 96; Polenz 1994, 356). Wechselwirkungen zwischen der mathematischen Denkweise und anderen Wissenschaften prägten die mathematische Ausdrucksweise der Juristen und Liebhabermathematiker FRANÇOIS VIÈTE (1540–1603) sowie RENÉ DESCARTES (1596–1650);[125] nun stand nicht mehr die kommunikative, sondern die kognitive Funktion der Fachsprache im Vordergrund, nicht mehr allein die Vermittlung von Wissen, sondern die Möglichkeit des Sachverständnisses aus dem die Sache bezeichnenden Fachwort heraus.

Der Zusammenhang von Denken und Sprache charakterisiert auch den wissenschaftlichen Nachlaß von CHRISTIAN WOLFF (1679–1754). Seine Überzeugungskraft liegt in der Übereinstimmung seines Wissenschaftsbegriffs und des gewählten wissenschaftlichen Ausdrucksmittels. Wissenschaft ist für ihn eine Verstandesfähigkeit, mit der aus unwidersprechlichen Gründen unumstößliche Wahrheiten erschlossen werden können; entsprechend diesem Exaktheitsanspruch folgt die Wissenschaftssprache dieser Vorstellung in den syntaktischen Formen der logischen Verknüpfung und durchgehender Nüchternheit. Nach definitorischer Terminologisierung prägte die Lexik eine konsequente Verwendung. Dabei übernahm WOLFF bereits vorhandene Termini aus den alten Fachsprachen, während er bei Neubildungen unter möglichst großen Verzicht auf Lehn- oder Fremdwörter auf die Alltagssprache zurückgriff.[126] CHRISTIAN WOLFF verwirklichte, was G. W. v. LEIBNIZ gefordert hatte, Konsistenz, Eindeutigkeit und Übereinstimmung mit der Gemeinsprache bei den Termini (Krüger 1992; Polenz 1994, 357; Ricken 1995, 52).

Die Bemühungen um eine einheitliche Terminologie in der Mathematik wurden erschwert durch den immerwährenden Streit, ob der fremd-

[125] Die rationalistische Weltanschauung führte hier zu neuen (mathematischen) Begriffen und damit zu neuen Bezeichnungen und Schreibweisen (Symbole, Formeln). Mittels dieser war nun eine Lösung von der Anschauung möglich; daher konnten (mathematische) Strukturen durchschaut werden, die vorher als verschiedene Dinge angesehen wurden (die Schreibweise $\frac{2}{5}$ macht z. B. die strukturelle Gleichheit zwischen Brüchen und Verhältnissen deutlich). Dies erlaubte die Übertragbarkeit von Problemen und Lösungen; so beeinflußte die Denkart über die Schreibart die Art der Erkenntnis (Krüger 1992). Steger (1988, 101) spricht von einer *integrierten begriffs- und notationsgeschichtlichen Entwicklung der Mathematik*. Noch JOHANN HEINRICH LAMBERT (1728–1777) sagte in seinem *Neuen Organon*, daß die *Sprache immer das allgemeine Magazin unserer ganzen Erkenntniß* bleiben müsse (1764, A 7r).

[126] Menzel 1996, 148–150; hier detailliert zur Stellung WOLFFS in der Geschichte des Deutschen als Wissenschaftssprache.

sprachliche Terminus vorzuziehen sei, da er international und eindeutig sei, oder ob alles zu verdeutschen sei, wie es etwa für die Schule besser wäre. Diese Uneinigkeit trieb mitunter seltsame Blüten wie den oft bemühten *mißhandelten Pythagoras*: *Die Gesamtheit der Gevierten über den beiden Gesenkten ist gleich der Gevierten über den Unterspannenden* (Müller 1899, 303). 1933 glaubte Busch feststellen zu können, daß sich die *guten Verdeutschungen zuzählen* für *addieren, wegzählen* für *subtrahieren, malnehmen* für *multipliziren, teilen* für *dividieren, Berührende* für *Tangente* und *deckungsgleich* für *kongruent* durchgesetzt hätten (1933, 35). Doch auch heute finden sich genuin lateinische neben deutschen Termini in einer Theorie: Es gibt Rechtecke und Quadrate, Brüche und Dezimalzahlen, eine Tangente berührt den Kreis (sie tangiert ihn nicht). Zudem gibt es viele Fälle von Doppelterminologie wie *addieren/zusammenzählen, multiplizieren/malnehmen*, wobei der fremdsprachliche Ausdruck tendenziell das höhere Prestige besitzt und auch wegen seiner meist internationalen Verständlichkeit in Fachtexten bevorzugt wird. In Schultexten oder in der allgemeinen Standardsprache hat jedoch auch der deutsche Terminus seinen Platz.[127]

5.3.5 Die Rolle der Rechenbücher bei der Entstehung der neuhochdeutschen Schriftsprache

Die Feststellung, es gäbe im Frühneuhochdeutschen keine Leitvarietät, ist eine in der Forschung anerkannte Tatsache. Ebenso ist es Tatsache, daß heute mit dem Standarddeutschen eine solche existiert. Über die Wege und Weisen der Entstehung dieser neuhochdeutschen Schriftsprache gibt es vielfältige Meinungen.[128] Gemeinsam ist allen Vorschlägen, daß die Fachprosa in den Überlegungen nicht oder kaum berücksichtigt wurde. Seitdem sich die Germanistik vermehrt auch mit diesen frühwissenschaftlichen Texten beschäftigte, mehrten sich die Stimmen, *die Frage der Entstehung und Festigung der neuhochdeutschen Schriftsprache wird über kurz oder lang neu gestellt werden müssen* (Eis 1967, 54). Dabei war man der Überzeugung, daß eine Einbeziehung des *wirkungsmächtigen Schrifttums* (ebd., 55) neue Thesen zu der Entstehung der

---

[127] Reiner (1961, 152) hält als Ergebnis seiner Studie fest, die Hälfte der Fachwörter aus der 1. Hälfte des 16. Jhs. hätte sich bis heute in der mathematischen Fachsprache erhalten; drei Viertel davon stammten aus dem 15. Jh., vor allem aus Texten KONRADS VON MEGENBERG, der *Geometria Culmensis* und dem Rechenbuch JOHANNES WIDMANNS.

[128] S. Zusammenstellung der Thesen bei Kriegesmann 1990.

Schriftsprache unterstützen würde.[129] Eine Antwort auf diese Aufforderung gibt es auch heute noch nicht, aber Ansätze zur Erforschung der Rolle der Fachprosa bei der Entstehung der neuhochdeutschen Schriftsprache bestehen in bezug auf die Städte Erfurt und Nürnberg.[130] Hier können nur einige Gesichtspunkte, die für eine bedeutsame Rolle der Rechenbücher als Fachprosatexte bei der Entstehung sprechen bzw. diese Rolle in Frage stellen, angesprochen und auf die Schwierigkeiten bei dem Versuch, die Frage zu beantworten, aufmerksam gemacht werden.

Eine Untersuchung der Stellung der Sprache in den Rechenbüchern im dialektalen Spektrum erbringt in dieser Hinsicht nicht viele Hinweise. Rechenbücher wurden in allen Dialekten gedruckt, wie bei anderen Druckwerken auch gelangten einzelne Exemplare in andere dialektale Räume, wurden dort nachgedruckt und dabei mehr oder weniger an die andere räumliche Varietät angeglichen.[131] Ebenfalls zeigten sie die für gedruckte Bücher typische Standardisierungstendenz, wobei Einzeluntersuchungen den Anpassungsgrad an eine Schreibsprache oder überregionale Verkehrsprache klären müßten.

Die Sprache der Rechenbücher als funktionale Varietät zeigt in den Bereichen Syntax, Aufbau oder Terminologiegebrauch schon fachliche, ansatzweise überregionale Merkmale (s. S. 307). Diese Standardisierung anhand vorgeschriebener Darstellungsregeln wirkte nach Giesecke (1992, 87) fördernd auf die allgemeine Normierungstendenz; er will zudem die Entwicklung hypotaktischer Satzkonstruktionen auf Fachprosaeinfluß zurückführen, da sie sich hier in der Darstellung komplexer Wissensbereiche ausgebildet hätten. Die Sprache der mathematischen

---

[129] So etwa die ungenaue Behauptung Kaunzners (1992a, 22): *[Adam Ries] wurde auch einer der Humanisten, denen die Festigung der deutschen Umgangssprache mit zu verdanken ist.*

[130] In Ansätzen wurde eine solche Untersuchung von Eichler für Erfurt durchgeführt. Als Universitätsstadt und frühneuzeitliches Handelszentrum beherbergte Erfurt im frühen 16. Jh. viele Gelehrte, darunter Humanisten wie HESSE und STURTZ; LUTHER verbrachte sein Studium und seine Jahre als Augustinermönch dort; die Mathematik stand mit WOLACK und SCHREIBER in einer Blüte; gleichzeitig entstanden Lehrbücher in der Volkssprache durch ICKELSAMER und RIES (s. Bentzinger/Döring 1992). Interessant ist unter diesem Aspekt auch Nürnberg. Als Scharnier zwischen oobd. und omd. Schreibsprachen beherbergte der Stadtdialekt Nürnbergs einen hohen Anteil an Ausgleichsformen; seine wirtschaftlich herausragende Rolle und die fruchtbare Koexistenz von Gelehrten, Künstlern und Rechenmeistern wurde oben schon angesprochen (s. S. 105; zur Person DÜRERs s. Müller 1993a).

[131] Zur Rolle der Druckersprache für den Sprachausgleich s. Hartweg 1985; zum Umgang der Drucker mit ihren textlichen Vorlagen am Beispiel Wittenberg s. Kettmann 1995.

Texte aus der 1. Hälfte des 16. Jhs. bieten jedoch keinerlei Unterstützung für diese These. Zu beachten ist hierbei vielmehr, wo diese funktionale Varietät gebraucht wurde, die Frage also nach den Kontaktstellen der Fachsprache mit der Sprechergemeinschaft: im Handel und an der Schule.

Die Rolle der Schulen bei der Verbreitung sprachlicher Ausgleichsformen ist noch wenig untersucht (Philipp 1980, 15);[132] an ihnen erreichten die Rechenbücher jedoch in einem insgesamt lehrenden Umfeld eine breite Menge, darunter vor allem auch junge Menschen, die in bezug auf ihre sprachliche Ausdrucksweise noch eher formbar waren. Allerdings lag in den Schulen der Schwerpunkt auf Lesen, Schreiben und der religiösen Ausbildung. Die Sprache war zudem bei Lese- und Schreibübungen sogleich Thema des Unterrichts, und der richtige Umgang mit ihr wurde von den Verfassern von Lese- oder Schreibbüchern an verschiedenen Stellen thematisiert.[133] In Rechenbüchern dagegen finden sich wenig Äußerungen zur sprachlichen Darbietung, die sich zudem dann meist auf das Verhältnis Fachsprache/Gemeinsprache beziehen; Bemerkungen zum Verhältnis Mundart/Standardsprache oder explizite Hinweise zum bevorzugten Gebrauch bestimmter Sprechweisen gab es kaum. So ist die Behauptung Gieseckes, *die Schaffung einer 'gemein sprach' [...] ist das 'Ziel', welches die Fachprosaautoren bei ihren Formulierungen [...] verfolgen* (Giesecke 1992, 108), mit Blick auf die Rechenbücher nicht nachvollziehbar, versteht er unter *gemein sprach* die Standardsprache, ist sie gar abzulehnen.

Nicht übersehen werden darf aber die Funktion der Bücher als Handlungshilfe in Gebrauchssituationen außerhalb der Schule, d. i. in konkreten, praktischen Alltagssituationen; die Aufmerksamkeit des Rezipienten während des Lesens war also mehr auf die Handlung als auf die Sprache gerichtet. Rechenbücher waren zwar weit verbreitet, vielleicht auch oft gebraucht; der Zweck ihrer Nutzung lag aber in der Verbesserung einer Handlung, während die sprachliche Formulierung dabei sekundär blieb. Tätigkeit in Handel und Wirtschaft stieg im Ansehen der Gesellschaft, lag damit jedoch auch das Prestige der Händler und Kaufleute in sprachlichen Fragen über dem der Sprachgelehrten? Durch die Ausrichtung der Bücher inhaltlich und sprachlich auf den *gemeinen man* waren sie die-

---

[132] *In der Normreflexion des 16. und 17. Jahrhunderts findet man nur selten Hinweise auf eine verbindliche Sprache in Schulen, Kirchen und Universitäten* (Josten 1976, 143).

[133] Diese verfolgten mit ihren Texten durchaus normative Absichten, sie wollten den richtigen Gebrauch be- und vorschreiben und wirkten dadurch regulierend und vereinheitlichend (Bergmann 1982). Der Anteil der Grammatiken an der Normierung ist bis heute nicht hinreichend erforscht (ders. 1996, 291).

sem, also einer breiten Bevölkerungsschicht, ohne weiteres verständlich, so daß sprachliche Besonderheiten daher in ihre Sprache übernommen werden konnten. Zu fragen bleibt aber, in welchem Maße dies tatsächlich vorkam und welche Bedeutung dieser Schicht bei der Entstehung einer Leitvarietät zukommen konnte.

Die Höhe des Einflusses der Sprache in den Rechenbüchern war also sicherlich abhängig von Gebrauchsort und -zeit sowie von den Personen, die sie benutzten; je größer das Prestige dieser Faktoren innerhalb der sozialen und kommunikativen Situationen der jeweiligen Gesellschaft war, desto eher ist ein Einfluß dieser Sprachform denkbar. Nötig sind also regionale, synchrone Untersuchungen des Textsortenspektrums und der Textproduzenten- bzw. -rezipientenverhältnisse, ***Einsichten in kommunikative Gewohnheiten des 16. Jhs.*** (Bentzinger/Döring 1992, 182), deren Ergebnisse mit den vorhandenen Arbeiten zu Entstehungsthesen der neuhochdeutschen Schriftsprache oder zu Rezeptionsgeschichten weitverbreiteter Bücher wie z. B. der Bibel verglichen werden müßten; dies kann allerdings nur auf der Grundlage weiterer editorischer und archivarischer Aufbereitungen geschehen.

5.4 Mathematische Lehrwerke in deutscher Sprache: Sprachgeschichte als Textsortengeschichte

Neben zahlreichen Rechenbüchern und Lehrwerken in lateinischer Sprache zur Vermittlung arithmetischen Wissens finden sich im 16. Jh. vereinzelt Arbeiten, die in der Hauptsache der Darstellung des Wissens dienten und tendenziell wissenschaftlichen Charakter trugen. Eine Trennung der praktischen von der theoretischen Mathematik war im 16. Jh. also schon spürbar, wenn sie sich auch erst im 17. Jh. voll ausbildete. Gleichzeitig fand bei den praktischen und fachlichen Berufsfeldern eine Differenzierung und Untergliederung der Disziplinen statt.[134] Eigene Tätigkeitsbereiche bildeten nun neben den vier quadrivialen Wissenschaften Arithmetik, Geometrie, Astronomie und Musik etwa die Optik, die Geographie, die Trigonometrie, die Ballistik usw.[135] Das praktische,

---

[134] Hoppe (1996, 16) begreift diese Auffächerung als Verknüpfung von quadrivialem Wissen mit physikalischem Wissen und dem der *artes mechanicae* oder — unter anderem Blickwinkel — als Mathematisierung der Naturwissenschaft (ebd., 27).

[135] S. etwa die Fächeraufteilung in der *Ingenieurs-Schul* (Frankfurt am Main 1630) von JOHANNES FAULHABER (1580–1635, ein *Kompendium mathematischer Praxis*, Schneider 1993, 167) oder bei DANIEL SCHWENTER s. u. Dieses Anwachsen der Anzahl der Einzelwissenschaften und der Erkenntnisse in jedem Bereich machte bald einen Überblick über das Wissen schwierig. In

sachbezogene Wissen mußte neu geordnet und einer theoretischen Durchdringung durch die Wissenschaften unterzogen werden. Zudem war ein Interesse für die Realwissenschaften bei einem nichtfachlichen Publikum erweckt worden, das nun die Befriedigung seiner Neugier, seiner *curiositas* in allgemeinverständlichen Schriften verlangte.

Der Wandel der Gestalt des Kommunikationsgegenstandes Mathematik, neue Kommunikationssituationen durch das Hinzukommen neuer Textrezipienten, der damit verbundene Wandel des typischen Verhältnisses der Kommunikationspartner bei Texten mathematischen Inhalts und die verschiedenen Intentionen der Textproduzenten bzw. Funktionen der Texte bewirkten tiefgreifende Veränderungen im Textsortenspektrum des Deutschen. Die in der 1. Hälfte des 16. Jhs. vorhandenen Textsorten wurden einer funktionellen Modifikation unterzogen (Rechenbücher, wissenschaftliche Werke), neue Textsorten konstituierten sich (populärwissenschaftliche Schriften, Enzyklopädien, Lexika)[136], andere dagegen gingen unter (lateinische Lehrwerke für Schulen). Textsortengeschichte ist also die Verbindung der Geschichte von Einzeltextsorten mit der Geschichte des Textsortenspektrums, wie es hier im Ausschnitt an Werken zur Vermittlung arithmetischen Wissens vorgeführt werden soll.[137]

5.4.1 Geschichte der Textsorte Rechenbuch

Während die ersten Rechenbücher anscheinend tatsächlich für Kaufleute entworfen worden waren, entstand der Hauptteil der Rechenbücher gegen Ende des 16. Jhs. (aus dem Unterricht heraus) für den Unterricht meist an Schulen. Die Geschichte der Textsorte Rechenbuch verlief also parallel zu Veränderungen in der Schullandschaft, zu der Stellung des Faches Mathematik in den Schulen und der Funktion, die dem Mathema-

einer Rückschau eine gewichtende Darstellung der Disziplinengeschichte zu leisten, war daher neben anderen Intentionen die Absicht A. G. KÄSTNERS beim Verfassen seiner *Geschichte der Mathematik* (1796–1800; s. Baasner 1991, 585).

[136] CHRISTIAN WOLFF behandelte in den *Elementa matheseos universae* (Leipzig 1713/5) enzyklopädisch alle mathematischen Disziplinen seiner Zeit; sein *Mathematisches Lexicon* (Leipzig 1716) diente als alphabetisches Register zu diesem Werk, war aber in sich wiederum selbständig (Knobloch 1989b). Ein weiteres Lexikon dieser Art entstand im *Mathematischen Wörterbuch oder Erklärung der Begriffe, Lehrsätze, Aufgaben und Methoden der Mathematik mit den nöthigen Beweisen* durch GEORG SIMON KLÜGEL (Leipzig 1803ff.).

[137] S. ähnliche Studien zur einer Textsortengeschichte des 19. Jhs. bei Fleskes 1996; allgemein dazu Schank 1984.

tikunterricht an diesen Institutionen zugeschrieben wurde. Als Quellen für eine Untersuchung dieser Einheiten stehen neben den präskriptiven Schulordnungen, deren Inhalt mitunter erheblich mit der Wirklichkeit differierte, nur die Rechenbücher selbst zur Verfügung, ergänzt durch zufällige Funde von Berichten oder Erinnerungen.[138]

Obwohl die Rechenschulen der Frühen Neuzeit zu den ersten Lehrinstitutionen überhaupt zählten und die Mathematik auch an den allgemeinbildenden Schulen von deren Entstehen an zumindest konzeptionell vorgesehen war, konnte sie sich im 16. Jh. noch nicht so recht durchsetzen. Nach wie vor oblag die Vermittlung mathematischer Kenntnisse also gesonderten Institutionen für einen speziellen Schülerkreis mit speziellen Interessen, besonders als man unter reformatorischem Einfluß versuchte, an allgemeinbildenden Schulen auch die Mathematik in den Dienst der religiösen Erziehung des jungen Menschen zu stellen (s. etwa Spranger 1971, 15). Dies änderte zwar nichts an der Gesamtkonzeption des Rechenunterrichts bzw. der Rechenbücher, doch bezog man Stoff und Themen der Aufgaben aus der Bibel oder anderen theologischen Texten.

> *Von Adams vnsers ersten Großvaters Allter/Genes. 5.*
>
> *Adam hat im hundert vnd dreissigsten Jahre seines Alters seinen Sohn Seth gezeuget / vnd darnach acht hundert Jahr gelebet. Hier ist die Frage: Wie hoch sein gantzes Alter kommen sey? Nemlich: Auff neunhundert vnd dreissig Jahr.*
>
> *Solchs stehet in der Addition in solcher Ordnung:*
>
> *130*
800
———
930
>
> [Zeige-Finger] *Dabey zu Merken: Wie das liebe Alter eine sonderliche Gabe Gottes sey [...].* (Zitat nach Grosse 1901, 39/40)

Diese Aufgabe stammt aus der *Arithmetica Historica. Die Löbliche Rechenkunst* (Breslau: Georg Baumann 1593) von SIEGMUND SUEVUS.[139]

[138]Jänicke (1877, 312/3) zitiert etwa zur Illustrierung des Rechenunterrichts einen längeren Abschnitt aus den *Leiden und Freuden eines Schulmeisters* (Berlin 1856) von JEREMIAS GOTTHELF; Darstellungen solcher Art sind allerdings literarisch gebrochen und dürfen nicht als objektive Grundlage gewertet werden.

[139]Eine ausführliche Besprechung dieses Werkes mit zahlreichen Zitaten s. Grosse 1901, 28–70; hieraus auch obiges Zitat. SUEVUS religionsdidaktische Intention zeigt sich auch im Titelzusatz *Auch denen die nicht rechnen können / [...] lieblich zu lesen* (Titel).

Weitere Aufgaben kleidete er in weltgeschichtliche, heimat- oder naturkundliche Stoffe; dennoch bleibt der gewohnte Bau der Aufgabe erhalten: Der Aufgabenstellung folgt die explizite Frage, der Lösungsweg ist allerdings nur recht kurz ohne weitere Erläuterungen angegeben. Dafür folgen jeder Aufgabe religiöse, sittliche oder moralische Anmerkungen in Versen oder auch Zitate. Die Makrostruktur ist in der Abfolge Numerieren, Addieren, Subtrahieren, Multiplizieren und Dividieren wieder typisch für die Textsorte Rechenbuch.

Die im 16./17. Jh. neben den eine allgemeine Bildung vermittelnden Lateinschulen[140] entstandenen Schulen zur Befriedigung der Bedürfnisse des praktischen Lebens wie Rechenschulen, Schreibschulen[141] oder Volksschulen aller Art wurden im 18./19. Jh. in Realschulen zusammengefaßt (Polenz 1994, 45). Auch hier wurde in Mathematik nur unterrichtet, was die Bedürfnisse erforderten. Zudem herrschte eine starke Orientierung an der Rechenpraxis, d. h. der behandelte Stoff ging über die Grundrechenarten, Regeln und das Einüben derselben an Aufgaben aus dem jeweiligen Umfeld nicht hinaus. Nach wie vor wurde das Selbststudium in den Vorwörtern der Bücher angesprochen, doch mehrten sich Stimmen, die auf die Notwendigkeit der Vermittlung durch einen Lehrer, einer *mündtlichen vnterrichtung* (JOHANN FISCHER, 1554; s. Grosse 1901, 35) hinwiesen. So konnten die Bücher dem Lehrer als Unterrichtsgrundlage, dem Schüler aber als Aufgabensammlung dienen.[142] Obwohl nun Lehrer die Rechenmeister als Verfasser der Rechenbücher ablösten, zeigen die Bücher des 16. bis 18. Jhs. selbst kaum grundsätzliche Veränderungen in Inhalt, Aufbau und Intention des Verfassers; weiterhin wurde größter Wert auf die Übung an Aufgaben gelegt, eine Ausbildung des Geistes wurde nicht angestrebt.[143] Dies wird schon am Titel kenntlich, der zwar der Mode entsprechend länger wurde, aber die gleichen Wörter enthielt: Die Autoren versprechen in ihnen eine *nützliche, faßliche* oder *behende* Mitteilung des mathematischen Stoffes.[144]

[140] Der Mathematikunterricht fand hier meist zu Nebenzeiten statt; ab dem 17. Jh. wurden Lehrer für Mathematik eingestellt (Unger 1888a, 24-6; Vogel 1957, 39).

[141] Der Gebrauch der Zahlen wurde vielmals in diesen Schulen eingeführt, s. die Schreibbücher S. 288.

[142] Es ist nach wie vor unklar, in welchem Maße Rechenbücher im Mathematikunterricht wirklich gebraucht wurden (Grosse 1901, 69).

[143] Reich 1989b. Als besser galt dabei derjenige, der mehr Lösungswege für eine Aufgabenstellung fand. Einige Unterschiede hat Grosse 1901, 18–22 herausgearbeitet; er sieht Ansätze des Verstandesrechnens schon im 17. Jh., wenn auch generell das Können vor dem Kennen steht; s. dort auch Besprechung weiterer Rechenbücher.

[144] Titelliste 1685–1742 in Jänicke 1877, 299; Adam 1892.

Dies bestätigen auch die Werke CHRISTIAN PESCHECKS, des *Adam Riese des 18. Jahrhunderts* (Jänicke 1877, 306). PESCHECK, dessen Bücher bis um 1800 in Gebrauch waren, zählt zu den herausragenden Vertretern des Regelrechnens. Sein dreibändiges Werk *Arithmetischer Haupt-Schlüssel* (Zittau 1741)[145] beginnt er mit Numerieren, erläutert dann die Rechenarten mit (un)benannten Zahlen sowie die *Regula detri* in ganzen Zahlen und in Brüchen. Es folgen weitere Regeln (Stichrechnung, *Regula falsi*), den Schluß bilden Maßumrechnungen. Auch die Gestaltung der einzelnen Textabschnitte lassen die Merkmale der Teiltexttypen der Rechenbücher wiedererkennen. Die Einführung der Rechenarten beginnt mit einer Definition: *Addition lehret, wie [...]* (C 4v), sie wird danach an Beispielen vorgestellt (*Elaboratio*) und in der *Declaratio* schrittweise erläutert: *Setze zusammen 87234, 56789, 12345, 67891. Wie viel ist die Summa? [...] Decl. 1) Fange bey der rechten Hand an [...]*. Die *Probatio* schließt den Abschnitt (C 4v–D 1r).

Die obigen Beschreibungen demonstrieren die relative Invarianz der Textsorte Rechenbuch innerhalb des Sprachwandels; Gesamtaufbau, Art und Gestaltung der einzelnen Textabschnitte und Auswahl der Sprachmittel variieren kaum, die verschiedenen Bezugswelten für die Aufgaben machen sich ausschließlich im Wortschatz bemerkbar. Trotz des schwankenden Stellenwerts der Mathematik im Fächerkanon an allgemeinbildenden Schulen und der unterschiedlichen Funktionen wurde die Lehrmethode und damit das Bündel textinterner Merkmale nicht verändert.[146] Der Mathematikunterricht lief nach einem Schematismus und Mechanismus ab, die Unterrichtsweise war dogmatisch (Grosse 1901, 69). Jänicke (1877, 296/8) beschreibt diese Zeit bildhaft mit den Ausdrücken *Rechendressur, geistlose Betriebsweise, handwerksmäßige Kunstgriffe*, seinen Ausführungen, an deren Schluß er Diesterwegs Äußerung vom *intellektuellen Totschlag* (314) zitiert, gibt er die Überschrift *Blütezeit und Auswüchse des Regelrechnens.*

---

[145]Dieses Lehrbuch war für den Gebrauch an höheren Schulen entworfen; PESCHECK verfaßte jedoch auch Werke für Schulanfänger.

[146]Diese Invarianz beschränkte sich nicht nur auf die Textsorte Rechenbuch; mit dem Kanon der kaufmännischen Lehrliteratur überstand ein Teil des Textsortenspektrums geschlossen mehrere Jahrhunderte. Dies veranschaulicht die Verlagsanzeige von Carl Gerold'Sohn in Wien (in Villicius ²1891), in der Lehrbücher für Handelsschulen mit folgenden Titeln angeboten wurden: *Lehr- und Übungsbuch der einfachen Buchhaltung mit buchhalterischen Aufgaben [...]*, 1890; *Lehrbuch der doppelten Buchhaltung [...]*, 1890; *Kaufmännische Arithmetik. Lehrbuch zum Gebrauche für Handelsschulen und zum Selbstunterricht*, 1881; *Kaufmnännische Korrespondenz*, 1886 u. v. m. Die Ähnlichkeit mit Werken aus der Frühen Neuzeit liegt nicht nur im Titel, sie läßt sich jeweils im gesamten Werk nachweisen.

Es gab selbstverständlich Sonderformen dieser Rechenbücher wie die der religiösen Einkleidung, die aber nicht die Gesamtkonzeption der Werke berührten.[147] Eine andere Form war die Ausweitung des Verseinsatzes. Vereinzelte Merkverse als mnemotechnisches Mittel fügte schon J. WIDMANN bei dem Einmaleins und der *Regel fusti* ein.[148] 1625 erschien das dreiteilige Werk *Arithmetica practica* (Rothenburg 1625) des Schuldieners GEORG MEICHSNER. Teil 1 umfaßte eine allgemeine Einführung ins Rechnen, Teil 3 eine biblische und weltgeschichtliche Aufgabensammlung. Der zweite Teil, die *Arithmetica poetica*, war ganz in Verse gefaßt (Bsp. Addition, Bruchdivision).

> *Von der Recht gen der Linken Hand, | Setz du die Zipher allesand, | Die erst vnter das erst merk wol, | Jede Zipher man setzen soll, | Und also thu ihm stets vnd für, | dass man der Kunst Subtilitet spür.* (Zitat nach Villicius [2]1891, 98/9)

> *Kommt Division der Bruch ans Werk, | Mein Rechner, so behalt und merk: | a. Den Bruch durch eine ganze Zahl: | Den Nenner nehme so viel mal. | b. Ein Ganzes durch den Bruch allhier | Die Ganz' mit dem Nenner multiplicir, | Und theile mit dem Zähler drein. | So mag es wohl gerechnet sein. | c. Und Bruch durch Bruch hält auch nicht schwer; | Den Divisoren, - den verkehr, | Multiplicir die Zähler dann, | Zuletzt die Nenner; Recht gethan!* (Zitat nach Jänicke 1877, 301)

Trotz der durch die gebundene Sprachform bedingten Füllwörter sind viele Elemente des Teiltexttyps 'Lehrtext' wiedererkennbar: im Aufbau die Fallunterscheidung, der auffordernde Charakter, ausgedrückt in den Imperativformen, die hohe Frequenz von Elementen des mathematischen Fachwortschatzes und nicht zuletzt die Explizitformel am Schluß.

Ein herausragender Vertreter der arithmetischen Poesie war JOHANN HEMELING (1625–n. 1688), *Käyserlich Gekrönter Poet und Schreib- und Rechnemeister* (Titel Arith. Trichter) aus Hannover.[149] Unter dem Motto *Rechnen kann in vielen Sachen | klug geschickt und witzig machen* (Zitat nach Eckelmann 1971, 23) verfaßte HEMELING mehrere Rechen-

---

[147] Zu fragen wäre höchstens nach dem Verhältnis der religiös ausgerichteten zu der mathematisch ausgerichteten Intention.

[148] Regeln in Versform setzte etwa auch JOHANN MICHAEL SCHMID in seinem *Arithmetischen Rechenbuch* (Heilbronn 1705; Jänicke 1877, 300) oder ANDREAS REINHARD in einem handschriftlichen Rechentext (Elsner 1996) ein.

[149] Leben und Alltag HEMELINGS beschreibt mit viel Verehrung, allerdings teilweise fehlerhaft Eckelmann 1971; s. auch Grosse 1901, 81–112; Reich 1989b.

bücher und Aufgabensammlungen, die mehrfach aufgelegt wurden.[150] An Liebhaber gerichtet sind die poetisch ausgestalteten *Arithmetisch-Poetisch-und Historisch-Erquickstund* (Hannover 1660), in denen er Regeln und Aufgaben, um sie angenehmer zu machen (Reich 1989b, 220), teilweise in Verse faßt. Dennoch bleiben teiltexttypische Merkmale wiederum erkennbar: Der Aufgabenstellung folgt die Frage, hier in direkter Form, und damit eine Ansprache des Lesers.

> *Matz / der Preiß der Feder Schützen / Sah' einst Eilffen Vogel sitzen / In dem Feld' an einem Strauch / Traff und bringte derer sieben / Rechner sagt / wie viel verblieben / Noch am Strauch selbiges mahl / Vogel sitzen an der Zahl?* (Zitat nach Eckelmann 1971, 30)

5.4.2 Popularisierende Sachbuchliteratur

Die *Arithmetisch-Poetisch-und Historisch-Erquickstund* J. Hemelings bilden einen Grenzfall der Textsorte 'Rechenbuch'. Der Textadressat war nicht mehr der Schüler oder der angehende Fachmann, der der mathematischen Lehre für die Ausübung seines Berufs bedurfte; die Intention des Verfassers war nicht mehr, das nötige Rüstzeug für die Bewältigung einer praktischen Aufgabe zu liefern, sondern — wie im Titel angekündigt — zu erquicken, zu ergötzen. Im 17. und 18. Jh. entstand eine Reihe von Büchern, die im Titel Wörter wie *Delectation, Curiositäten* oder *Lustgärtlein* führten.[151] Diese Werke enthielten Sammlungen von Problemen, wie sie als Aufgaben aus der Unterhaltungsmathematik auch schon in den Rechenbüchern gestellt worden waren; die Autoren verbanden sie nun mit historischen, naturkundlichen u.ä. Informationen. Diese Kompendien zeigten keinen Praxisbezug mehr, sondern dienten als Ergebnis *sachkundiger bildungsbürgerlicher Sammeltätigkeit* (Polenz 1994, 351) dem *docere et delectare*. Dabei umfaßten sie nicht nur arithmetische Themen, sondern oft das gesamte Spektrum mathematischer Bereiche

[150] Reich 1989b, 219/220; erfolgreich wurde besonders die *Selbstlehrende Rechneschul* (Hannover 1655) und der *Arithmetische Trichter* (Hannover 1677), in dem er traditionell das Numerieren, die Rechenarten und Regeln erläutert und an Aufgaben einübt. Durch seine *Arithmetica Historica* (Hannover: Georg Friedrich Grimma 1667) konnte jeder Leser *Historischer Wissenschafft / etzlicher massen / theilhaft* werden (Grosse 1901, 84).

[151] Grosse (1901, 77–80) bietet eine Auswahl an Titeln von Werken aus dem Zeitraum 1600–1747. Der *Arithmetische Cubicossische Lustgarten* (1604) von J. Faulhaber ist ein Aufgabensammlung für Mathematiker und Liebhaber (Schneider 1993, 53). In Hamburg erschien 1719 von Paul Halcke *Deliciæ Mathematicæ oder mathematisches Sinnen-Confect* (Folkerts 1989b, 368–70).

(s. o. S. 315) wie die *Deliciæ Physico-Mathematicæ. Oder Mathematische vnd Philosophische Erquickstunden* (Nürnberg: Jeremias Dümler 1636) des DANIEL SCHWENTER.[152]

Kurzanalyse 25: DANIEL SCHWENTER: *Deliciæ Physico-Mathematicæ* (1636)

1585 in Nürnberg geboren erwarb sich D. SCHWENTER mathematische Kenntnisse zuerst durch Selbststudium, bevor er 1602 sein Studium in Altdorf begann. 1608 bekam er die dortige Professur für Hebräisch, die 1625 auf alle orientalische Sprachen erweitert wurde; dazu kam 1628 die Professur für Mathematik. SCHWENTER verfaßte mehrere orientalistische Arbeiten, eine Beschreibung des Meßtisches von J. PRAETORIUS und eine Geometrie *Geometriæ Practicæ [...] Tractatus* 1617/8. Die *Deliciæ* erschienen postum 1636 bei JEREMIAS DÜMLIS in Nürnberg. Anlaß für diese Aufgabensammlung, die SCHWENTER *Allen Kunstliebenden zu Ehren Nůtz, Ergötzung des Gemüths* (Titel)[153] verfaßte, war das Werk *Récréation máthematique* von JEAN LEUCHERON (1625); aus diesem übernahm SCHWENTER viele Aufgaben (1–4; z. B. *auß dem Frantzősischen Authore*, 21; 23, ...) wie von weiteren antiken und modernen Autoren, wenn auch seine Quellenliste (7–12) weit mehr Namen umfaßt, als tatsächlich als Vorlagen herangezogen wurden. Seine *Erquickstunden* sind also nicht Frucht eigener Forschung, sondern eine Kompilation von 662 Aufgaben aus Werken andere Autoren (3), deren Namen er jeweils zu Beginn der einzelnen Aufgabe als Quelle angibt. So werden auch im Text wiederholt etwa die Rechenmeister A. RIES (11; 75) CH. RUDOLFF (11; 17; 57), H. SCHREIBER (9; 24) und JOHANNES WIDMANN (12; 87/8) erwähnt.

SCHWENTER gibt in Vorwort und Titel zudem deutlich zu erkennen, daß die praktische, nützliche Lehre nicht alleinige Intention seines Werkes ist, sondern er eine Verbindung der Lehre mit Unterhaltung anstrebt. Er stellt die Aufgaben zusammen *zu seiner [Leser] Ergőtzung / oder Nutzen* (16); einen Nutzen kann die Lektüre dieses Werkes dabei für die Wissenschaft (beispielsweise die Musik) haben wie für die Haushaltsführung (14); somit richten sich die *Erquickstunden* an alle Stände, sie dienen weniger einer naturwissenschaftlichen Erkenntnis, sondern mehr einer spielerisch, erbaulich, unterhaltsam vermit-

[152] Sammelwerke dieser Art wurden auch in lateinischer Sprache verfaßt, beispielsweise die *Magia universalis* (1672–77) des GASPAR SCHOTT (1608–1666), in der verschiedenes Wissen zur Mathematik, Physik, Optik, Musik, zu mechanischen Musikinstrumenten usw. angesprochen wurde, nicht aber in Aufgabenform. Insgesamt handelte es sich hierbei um ein europäisches Phänomen (Beispiele s. Folkerts 1989b, 362/3; Hoppe 1996, 19). Berns (1991, XXXI) spricht von einer *Kette von mathematischer Rekreationsliteratur* vom 16. bis zum 19. Jh. Das enzyklopädische Werk CHRISTIAN WOLFFs etwa unterschied sich von diesen Sammlungen neben Unterschieden bezüglich der Autorintention und des Adressatenkreises durch die rationale Erfassung, Erklärung und Ordnung der Themen.

[153] Alle Zitate folgen dem Nachdruck Tübingen 1991.

telten der praktischen Alltagsbewältigung. Die *Deliciæ Physico-Mathematicæ* wurden von Georg Philipp Harsdörffer (1607–1658) in 2 Bänden (1651, 1658) weitergeführt.[154]

(ME):	D. Schwenter: *Deliciæ Physico-Mathematicæ* (1636)
KG	alle math. Bereiche
KP	P: Gelehrter, Mathematikprofessor; R: interessierter Laie
KS	EO: Altdorf, EZ: 1636, EI: Universität; GO: Deutschland, GZ: 17. Jh., GI: privat
KF	Druck, 4°, 574 S.

Die Aufgaben sind auf insgesamt 16 Teile verschiedener mathematischer Bereiche verteilt: Arithmetik (14–123), Geometrie (124–164), Stereometrie (168–228), Musik usw. In einer kurzen Vorrede zu jedem dieser Bereiche nennt Schwenter die Namen der Personen, die sich in diesem Bereich hervorgetan haben und deren Werke von ihm als Quellen hinzugezogen worden sind; dazu geht er auf die mathematikinternen wie -externen Anwendungsmöglichkeiten ein. In der Vorrede zu Teil 1, Arithmetik (14–16) steht auch der Name Johannes Widmann (15) unter den Verfasser von Rechenbüchern, *darinn nicht allein was zur Kauffmannschafft vnd Haußhalten nothwendig / sondern auch viel / so nur in der Wissenschafft berichtet vnd bestehet / etliches aber zu Erweckung Kurtzweil dienstlich / geschrieben* (15). Es folgen 90 Aufgabenbündel, bunt gemischt aus Fragen aus der Unterhaltungsmathematik, zur Zahlentheorie, zu magischen Quadraten usf. Die Abschnitte mit diesen Aufgaben sind durch eine Überschrift mit Angabe der Aufgabenart *Die I. Auffgab. Durch Rechnung / die Zahl so ein anderer in Sinn genommen / zu erfahren* (17) oder gar der ganzen Aufgabenstellung (42) getrennt. Sie bestehen im einzelnen aus Anleitungen zur konkreten Problemlösung mit Tips und Tricks und weiteren Beispielen gleichen Typs, die sich meist aus Aufgabenstellung und Anleitung zusammensetzen. Unterbrochen wird diese Abfolge mitunter durch allgemeine Informationen oder Exkurse.

> *Christoff Rudolff in seiner Schimpffrechnung / [...] lehrens also verrichten: Laß die Zahl so einer in Sinn genommen / Triplirn / das Triplat halbirn / das halb wider triplirn / vnd dir solchs Triplat sagen; Theil es bey dir in 9 / was kommet / multiplicir mit 2 / so hast du seine Zahl. [...]*
> *Zum Exempel [...]* (17)

Jeden Abschnitt beenden Ausführungen begründenden Charakters, aus denen der Leser mathematische Einsicht für die Lösung weiterer Aufgaben schöpfen soll. Andere Übungen überläßt Schwenter dem Leser ohne Beweis zum eigenen Nachdenken.

[154]Rechenaufgaben fanden jedoch auch in allgemein popularisierend-wissenschaftlichen Sammelwerken Aufnahme. Eberhard Werner Happel (1647–1690) fügte verschiedenen Teilen seines Periodicums *Relationes Curiosae* (Hamburg 1683ff.) auch mathematische Kuriositäten bei; einige Abschnitte widmete er etwa den Bruchzahlen und zitierte hier Aufgaben aus den Büchern J. Hemelings.

Den Grund vnd Beweiß solcher Handlung zu finden ist nicht schwer / Dann / man multiplicirt zweymahl mit 3 / vnd halbirt zwischen solchen multiplicirn einmal / welchs eben so viel / wann das multiplicirn auff einander kåme / vnd zu letzt das halbirn folgete. (19)

Tatsächlich handelt es sich hierbei weniger um Beweise als um ein probenartiges Nachvollziehen der Aufgaben und Lösungswege. Allerdings sind diese nicht als Anleitung in der 2. Person Imperativ gestaltet, sondern abstrahiert in der 3. Person mit dem unpersönlichen Pronomen *man*; der Konjunktiv kennzeichnet die Möglichkeit weiterer Fälle. Insgesamt entspricht die sprachliche Gestaltung dem intendierten unterhaltenden Charakter, wie es sich z. B. in der Variation der Einleitung zu Teiltexten des Typs 'Beweis' zeigt:

Der grund solcher regel besteht darinn (20); *Die demonstration vnd Grund findet sich also* (23); *Folget der grund solcher Regel* (27); *Die demonstration findet sich leichtlich* (28); *Auff die demonstration vnd grund zu kommen* (30).

Zu seinem Stil äußert sich SCHWENTER selbst in seinem Vorwort: *je schlechter der stylus bey erklärung solcher künsten / je besser sie zuverstehen vnd zufassen* (4); ebenfalls dem besseren Verständnis bei dem weiten Kreis der Textrezipienten dienen die vielen Verdeutschungen (Müller 1899, 315). SCHWENTER achtet darauf, seine Aufgaben *mit recht teutschen / vnd wo es die notdurfft erfordert / Lateinischen worten vnd terminis* (4) zu formulieren.

(MI) D. SCHWENTER: *Deliciæ Physico-Mathematicæ* (1636)				
GG	Arithmetik (14–123) // Geometrie (124–164) // Stereometrie (168–228) // …			
TT	Aufgabenstellung	Anleitung	Beweis	allg. Erläuterung
Pr	INFORMIEREN, ANREGEN	AUFFORDEN	BEGRÜNDEN, ERLÄUTERN	INFORMIEREN, UNTERHALTEN
Th		ein. lin., gesp. Rhema	einf. lin., gesp. Rhema	alle
Gr	in Ü: Infinitive; auch Konj.: *sei, habe*; Namen	auch 3. P., Konj.; paral. Syntax, Fallunterscheidung	1./3. P.; auch Konj.	komplexere Syntax

Textsortengeschichtlich ist die Verbindung des Kommunikationsgegenstandes wissenschaftliche Mathematik mit einem nichtfachlichen Publikum als Textadressaten interessant; neu für mathematische Texte ist die Kommunikationsintention des Ergötzens, des *docere et delectare.*[155] Einzelne Textsorten und -gruppen dieser Art sind bis heute erhalten: Popu-

[155] Anders empfindet hier Unger (1888b, 128): *Mehr missvergnügt als ergötzt legt der Historiker die bibeldicken Bände der 'mathematischen Erquickstunden' aus der Hand.*

Die Öffnung der Literatur von den Gelehrten auf 'alle Menschen' im 18. Jh., lärwissenschaftliche Zeitschriften (*Bild der Wissenschaft*, *Spektrum der Wissenschaft*) oder auch Monographien (etwa JAMES GLEICK: *Chaos*, 1988) dienen der Vermittlung mathematischen Wissens an den an Allgemeinbildung interessierten Bürger.[156] Mittels allgemeinverständlichen Darlegungen der Grundideen und Methoden der Mathematik (Naturwissenschaften) wollen die Autoren aber v. a. ein Interesse für die Themen wecken, Neugier und Fragen befriedigen, Zweifel an ethischer oder moralischer Integrität zunichte machen und Barrieren abbauen, um das Ansehen der Mathematik in der Gesellschaft zu heben und die Kluft zwischen abstrakter Wissenschaft und sozialer Relevanz zu überbrücken.

Populärwissenschaftliche Werke sind also auch eine Kontaktstelle der Fachsprache mit der Gemeinsprache. Einher mit der nötigen stofflichen Vereinfachung und Verflachung geht im allgemeinen eine Veränderung in der Fachterminologie, insofern Bezeichnungen bevorzugt werden, die dem anvisierten Textrezipienten geläufig oder verständlicher sind. Werden Termini jedoch beibehalten und sogar in die Gemeinsprache übernommen, so unterliegen sie in der Regel einem Bedeutungswandel, der meist mit Präzisionsverlust verbunden ist, der Inhalt der Termini gerät zum *nebulösen [...] Fleck* (Pörksen 1986, 36). Eine Gefahr liegt in der Tatsache, daß mit der fachlichen Bezeichnung in vielen Fällen auch das Prestige der Wissenschaft transportiert wird (Pörksen 1986, 37). Das Prestige der Mathematik gründet aber gerade auf der Klarheit, Präzision und Logik, die indes bei der Übertragung der Bezeichnungen verlorengeht.[157]

---

diesen Übergang von wissenschaftlichen zu populärwissenschaftlichen Werken bezeichnet Pörksen (1986, 38) als den zweiten bewußten Übersetzungsprozeß nach der Übersetzung aus dem Lateinischen ins Deutsche; der gelehrte Textproduzent wandelte sich hierbei zum wissenschaftlichen Schriftsteller (Pörksen 1983a, 255).

[156]Das Niveau dieser popularisierenden Werke kann dabei auf ganz unterschiedlichen Stufen liegen. Zu Veränderungen in Wortwahl oder Syntax s. Pörksen 1983b; während wissenschaftliche Werke eher sachorientiert und systematisch aufgebaut sind, orientieren sich die popularisierenden Werke mehr am Textadressaten, entwickeln den Kommunikationsgegenstand und bieten mehr Wertungen und Urteile; im Formenbestand finden sich mehr aktivische Verbformen, im Wortschatz zeigt sich mehr Variation.

[157]In seiner Klassifikation der Arten des Bedeutungswandels nennt Pörksen (1986, 36) auch die gemeinsprachlich durchgeführte etymologische Interpretation einer Bezeichnung aus den Wortbestandteilen, obwohl die fachliche Wortbildung nicht in dieser Weise motiviert war. Ein Beispiel bietet hier die Chaostheorie, die in der Mathematik ein Teilgebiet der Theorie der nichtlinearen Differentialgleichungen ist. Die in ihr untersuchten Fragen haben nun weder mit dem Chaos, noch mit dem Zufall etwas zu tun. Chaostheorie kann also nicht zur Erklärung des Ablaufs der Welt dienen.

5.4.3 Wissenschaftliche Lehrwerke

Für die arithmetischen Lehrwerke der Frühen Neuzeit konnte die Trennung zwischen dem Lehrbuch für den *gemeinen man*, dem Rechenbuch in der Volkssprache, und dem Lehrwerk für Universitäten oder Lateinschulen mittels Unterschieden in Aufbau und Sprache, in der Auswahl der Formen und Illokutionen herausgearbeitet werden (S. 300). Im ersten Abschnitt dieses Unterkapitels (S. 319) zeigte das Beispiel des Rechenbuches für höhere Schulen von CH. PESCHECK die Erweiterung der Textsorte Rechenbuch und die Ablösung der lateinischen Schultexte durch diese. Rechnen in Büchern lehrten Rechenmeister, später die Lehrer; Schriften zu den höheren Gebieten der Mathematik wurden dagegen von Gelehrten verfaßt, teilweise auf deutsch, teilweise lateinisch.[158] Als prägend für die Form wissenschaftlicher Werke und für die Etablierung des Deutschen als Wissenschaftssprache wurden schon die Werke CHRISTIAN WOLFFs erwähnt (S. 311). Neben der Darbietung des mathematischen Stoffes in Lexikonform und Enzyklopädie leistete WOLFF auch richtungweisende Arbeit bei der Ausbildung der Form des wissenschaftlichen Lehrbuches.[159] Dessen Inhalt war das gesicherte Wissen eines Fachbereiches (die Forschung dagegen kommunizierte etwa in Zeitschriftenartikeln oder Briefen über Thesen), das nun für den Lernenden in eine Ordnung gebracht und wobei der Nachweis der Gewißheit geleistet wurde; dem Anfänger wurden so nicht nur Fakten, sondern auch Begründungen angeboten.

CHRISTIAN WOLFF beginnt die *Anfangs-Gründe aller Mathematischen Wissenschaften* (Halle 1710) mit einem *Kurtzen Unterricht, von der mathematischen Lehrart* (5):[160] ***Die Lehrart der Mathematicorum, das ist, die Ordnung, deren sich sich in ihrem Vortrage bedienen, fånget an von den Erklårungen [definitiones], gehet fort zu den Grundsåtzen, und hiervon weiter zu den Lehrsåtzen und Aufgaben*** (5). Im weiteren differenziert WOLFF die verschiedenen Definitionsarten (5ff.), unterscheidet die Grundsätze, die durch Schluß aus den Definitionen erlangt werden und keines Beweises bedürfen, in Axiome und Postulate (17ff.) und erläutert die Bestandteile der Lehrsätze (21ff.), nämlich Bedingung, Aussage (23) und Beweis (25); ein Satz ist aber genau dann richtig, wenn er durch eine ***nothwendige Verknůpfung meiner Gedancken*** (25) zu beweisen ist. Diese *Lehrart* wandte WOLFF in der sich anschließenden

[158] S. die Beispiele bei Reich 1989b, 217.

[159] Menzel 1996, 222–230. Zum Zusammenhang mit Veränderungen im Fach Mathematik s. S. 311.

[160] Alle Zitate folgen dem Nachdruck 1973 der Ausgabe Frankfurt am Main/Leipzig 1750.

Rechne-Kunst (36) konsequent an. Schon durch die Überschriften werden die verschiedenen Textarten gekennzeichnet; dabei werden Definition und Erläuterung sorgfältig getrennt wie etwa die Definition des *Addieren* (41) von der Erläuterung in Aufgabenform (49), in der der Lösungsweg die schrittweise Anweisung zur Rechnungsdurchführung ist und der Beweis die Probe enthält.

Bei CH. WOLFF ist in nuce schon vorhanden, was auch heute noch an Teiltexttypen wissenschaftliche mathematische Lehrwerke bestimmt: Definition, Aussage (Axiom, Postulat, (Lehr-)Satz, Forderung, ...), Beweis, Beispiel (Übungs-, Aufgabe) und Abschnitte, die der Motivation durch geschichtliche Informationen, durch Hinweise zu mathematikinterner Relevanz und mathematikexterner Anwendung des Teilthemas und zum Aufbau des Textes bzw. Stellung des Abschnittes im Gesamttext dienen. Typographisch wie sprachlich ist heute die Gestaltung dieser Teiltexte in mathematischen Texten in der Regel recht festgelegt.[161] Eine Grenze zwischen reiner Forschungsliteratur und Werken mit lehrhaften Charakter ist dabei im Fach Mathematik an der Universität schwer zu ziehen. Unterschiede liegen in der bei Lehrtexten grundsätzlich eher didaktisch orientierten Gesamtstruktur, der Möglichkeit des Einübens des Gelernten an Aufgaben und in ausführlicher gehaltenen Angaben zu der Stellung des Einzelthemas im Gesamtaufbau sowie zur Motivation.[162]

Kurzanalyse 26: KONRAD KÖNIGSBERGER: *Analysis 1* (1990)

Konrad Königsberger unterrichtete zur Zeit der Entstehung des Buches als Professor für Mathematik an der Technischen Universität München. Das Lehrwerk *Analysis 1*[163] erschien in einer Lehrbuchreihe, die mit ihren Bänden alle Grundlagen der höheren Mathematik abdecken soll. Die Bücher dieser Reihe richten sich somit an Studenten wie an Dozenten, für letztere als Vorlesungs-

161 S. dazu auch Gerisch 1988, der in fachbedingte (Satz, Beweis) und textsortenbedingte (erläuternde Abschnitte, Übungen) Teiltexttypen unterscheiden möchte. Beispiele, die selbstverständlich auch in wissenschaftlicher Forschungsliteratur auftreten, unterscheiden sich aber textlinguistisch gesehen nicht eigentlich von Aufgaben und Übungen; behauptende Abschnitte (Sätze) und begründende (Beweise) finden sich auch in anderen, naturwissenschaftlichen Werken.

162 Übungen, Beispiele und Motivation können sich abhängig vom Rezipienten eher auf mathematikinterne Themen oder auf externe, z. B. auf physikalische Themen beziehen. Auch dann sind sie aber abstrakt gehalten und rekurrieren letztlich auf interne Sachverhalte; der Wortschatz der Aufgaben bleibt größtenteils fachintern.

163 Berlin u. a. 1990 (Springer-Lehrbuch).

grundlage, für erstere zum Wiederholen, Lernen auf Prüfungen oder Nachschlagen zu späteren Zeiten.[164] *Analysis 1* enthält den kanonisierten Stoff der ersten Vorlesung an der Universität im Fach Mathematik;[165] es entstand nach Angaben des Verfassers aus einer Vorlesung heraus und fand wie die Vorlesung selbst eine Fortsetzung in *Analysis 2.*

(ME)	K. KÖNIGSBERGER: *Analysis 1* (1990)
KG	Analysis 1
KP	P: Universitätsdozent; R: Studenten, (Dozenten)
KS	München, EZ: 1990, EI: Universität; GO: Deutschland, GZ: ab 1990, GI: Universität
KF	Buch, 4°, 360 S., broschiert, Reihe

Titel, Vorwort (Thema, Methode, Dank) und Literatur-, Abkürzungs-, Namen- und Sachverzeichnisse umrahmen als typische Paratexte den mathematischen Textteil. Den Aufbau und die thematische Ordnung desselben, die in vielen Teilen durch das Thema selbst vorgegeben sind, zeigt das Inhaltsverzeichnis (VII–XI) in der Auflistung der Kapitel und Unterkapitel. Die ersten drei Kapitel (1–3) erweitern schrittweise den Zahlbereich von den natürlichen Zahlen (mit Erläuterung des Prinzips der vollständigen Induktion) über die reellen Zahlen zu den komplexen; die nächsten drei Kapitel (4–6) führen in die Grundstrukturen Funktionen, Folgen und Reihen ein. Die Kapitel 7–18 vermitteln in fortschreitender Schwierigkeit und Komplexität Funktionsarten und Rechenmethoden. Vorausgesezt wird allein die Kenntnis des Systems der natürlichen Zahlen 1, 2, 3, ...

6 Reihen[166]

Reihen sind Folgen (s_n), die mit Hilfe der Zuwächse $a_n = s_n - s_{n-1}$ angeschrieben werden. Ihre Verwendung in der Analysis beginnt mit der Aufstellung der Logarithmusreihe durch Mercator (1620–1687) [...].

6.1 Konvergenz von Reihen

Gegeben sei eine Folge (a_n) komplexer Zahlen. Durch $s_1 = a_1$ [...] $s_n = a_1 + a_2 + \ldots + a_n = \sum_{k=1}^{n} a_k$ [...] wird der Folge (a_n) eine weitere Folge (s_n) zugeordnet; letztere heißt *unendliche Reihe* [...] und man schreibt für sie

$\sum_{k=1}^{\infty} a_k$ oder $a_1 + a_2 + a_3 + \ldots$. [...]

Beispiel 1: Die *geometrische Reihe.* Für $z \in C$ mit $|z| < 1$ gilt

$$\boxed{1 + z + z^2 + z^3 + \ldots = \sum_{k=0}^{\infty} z^k = \frac{1}{1-z}.}$$

164 Ein Selbststudium allein aus Büchern ist erfahrungsgemäß in den ersten Semestern kaum möglich. Für Schüler sind alle diese Texte in der Regel zu abstrakt.

165 Der Stoff der praktischen Arithmetik ist fast ganz hierin aufgegangen.

166 Reihen behandelten die Rechenbücher unter dem Stichwort *Progredieren.* Zur Bewahrung der texteigenen Hervorhebung wurde auf die Kursivierung des gesamten Beispiels in der sonst gewohnten Weise verzichtet.

Damit gleichbedeutend ist nämlich, daß für $n \to \infty$

$$s_n = 1 + z + \ldots + z^n = \frac{1 - z^{n+1}}{1 - z} \to \frac{1}{1 - z}.$$

□

[...]

6.5 Aufgaben

1. Man zeige a) $\frac{1}{1\cdot 2\cdot 3} + \frac{1}{2\cdot 3\cdot 4} + \frac{1}{3\cdot 4\cdot 5} + \ldots = \frac{1}{4}$ (Leibniz), [...].

5. Für welche $z \in C$ konvergiert

$$\frac{1}{z} - \frac{1}{z+1} + \frac{1}{z+2} - \frac{1}{z+3} + \ldots = \sum_{n=0}^{\infty} (-1)^n \frac{1}{z+n}?$$

12. *Berechnung der Fibonacci-Zahlen* f_n. Dazu betrachte man

$$f(z) := \sum_{n=0}^{\infty} f_{n+1} z^n.$$

a) Zeige: [...]. (58/9; 76/7)

Jedes Kapitel beginnt mit Informationen zum Kapitelthema, mit historischen Hinweisen und solchen zu Stellung und Zweck des Themas; diese Einführung dient der Motivation der folgenden Definitionen und Sätze. Definitionen stehen am Anfang jedes thematischen Textabschnittes; hier ist sie nicht durch eine Überschrift hervorgehoben, sondern nur an den teiltexttypischen Merkmalen wie *heißt*, Angabe der Bezeichnung mit typographischer Hervorhebung und des entsprechenden Symbols (bei Nominaldefinitionen) erkennbar. Weitere Definitionen — ebenfalls nicht durch Überschrift gekennzeichnet — stecken im Beispiel 1 (geometrische Reihe), in Aufgabe 1 (Leibnizreihe) und Aufgabe 12, einer Kombination aus Nominaldefinition *Fibonacci-Zahlen* und Definition einer Relation, die ausschließlich symbolsprachlich := gekennzeichnet ist. Insgesamt entspricht Beispiel 1 nicht dem Teilttextyp 'Beispiel', sondern enthält eine Aussage in der Kombination aus Satz und Beweis; erkennbar ist dies wiederum an teiltexttypischen Merkmalen: Der Satz beginnt mit den Prämissen, den Voraussetzungen — *für*, sonst oft uneingeleiteter Konditionalsatz im Konjuntkiv I *sei* oder *wenn/dann*-Struktur —, unter denen die folgende Aussage — meist der Hauptsatz — erst ihre Gültigkeit erlangt. Der Beweis beginnt in der nächsten Zeile, Indikatoren sind *nämlich* und die Box am Ende des Beweises. Längere Beweise tragen oft eine mehrschrittige *wenn/dann*-Struktur (67), bei indirekten Beweisen findet sich der Konjunktiv II (*Wäre der Satz falsch, so gäbe es* [...], 75). Die Aufgaben werden meist am Kapitelende zusammengefaßt; hier ist eine gewisse Variation im Wechsel zwischen direktem Fragesatz (Aufgabe 5), Imperativformen *Zeige* (Aufgabe 12) oder Konjunktivformen *Man zeige* (Aufgabe 1) möglich.

Alle Teiltexte — weniger die Erläuterungen — kennzeichnet ein begrenztes Fachvokabular, insbesondere in bezug auf die Verben und unflektierbaren Wortschatzeinheiten zum Ausdruck der Kausalität, Finalität, Konditionalität sowie der logischen Schlußweise: ***ausreichen, erfüllen, ergeben, erhalten, folgen, geben, gelten, sein; aus, durch, für, mittels, wegen, zu; so daß, wenn; also, demnach, nämlich, schließlich*** (59/60, 63). Ebenfalls ist der Symboleinsatz recht hoch und kann in Einzelfällen gar den sprachlichen Ausdruck voll ersetzen (Aufgabe 12).[167]

Die Abfolge der Teiltexte ist thematisch bestimmt, didaktische Überlegungen zeigen sich nur in der Zusammenstellung der Übungen am Kapitelende. Definitionen stehen am Anfang, außer bei Axiomen und Postulaten treten die Teiltexte 'Satz' und 'Beweis' meist in Kombination auf. Den Gesamttext prägen enge inhaltliche Vernetzungen, da generell kaum etwas eingeführt wird, auf das im weiteren Text nicht zurückgegriffen werden würde.

Typisch für mathematische Lehrwerke für Mathematikstudenten ist die Vermischung der Teiltexttypen 'Beispiel/Aufgabe' mit 'Satz'; Beispiele wie Aufgaben dienen selten der reinen Einübung des Gelernten an konkreten Zahlenbeispielen, sondern überprüfen, ob der Stoff in seiner mathematischen Struktur verstanden wurde, indem neue Sachverhalte eingeführt und Beweise von auf diesen aufbauenden Folgerungen verlangt werden.[168]

5.4.4 Das Rechenbuch heute

Keine einschneidenden Änderungen konnten für Rechenbücher an Schulen bis ins 18. Jh. hinein festgestellt werden (s. S. 319). Auch durch die aufklärerischen Überlegungen angeregt stellte man sich jedoch besonders ab der 2. Hälfte des 18. Jhs. neu die Fragen nach Funktion und Gestaltung des Mathematikunterrichts. Was vorher schon vereinzelt angesprochen worden war, wurde nun von vielen gefordert, nämlich die Aufgabe des Regelrechnens zugunsten des Verstandesrechnens (Reich 1989b, 216), des Rechnens mit Einsicht und Begründung.[169] Seit dem Beginn dieser didaktischen und pädagogischen Überlegungen diente der Mathematikunterricht dabei in der Hauptsache zwei Zwecken: zum ersten der formalen Bildung, der Ausbildung des logischen Denkens, des 'Geistes', des 'Verstandes' (z. B. bei HEINRICH PESTALOZZI, 1746–1827), zum anderen (als Folge davon) der sittlichen Ausbildung des Menschen.

---

[167] Dies ist ein Beispiel für das *Überschreiten der Grenze zur Nichtsprachlichkeit* (Pörksen 1983a, 228).

[168] Hier unterscheiden sich diese Werke von Lehrbüchern der Analysis für fachfremde Studenten, etwa Wirtschaftswissenschaftler, Chemiker oder Biologen, denen in den Übungsaufgaben konkrete Probleme aus ihrem jeweiligen Fach gestellt werden; die Aufgaben entsprechen also in diesen Lehrbüchern den Rechenaufgaben in den frühneuzeitlichen Rechenbüchern für Kaufleute.

[169] Zu der Diskussion, den wichtigsten Vetretern und ihren Thesen s. Jänicke 1877 *V. Morgenstimmen und Reformversuche*; Unger 1888a; Adam 1892, ab 115; Grosse 1901, 3. Teil; Vogel 49/50, 241; Keitel/Otte/Seeger 1980, 27–78; Jahnke 1990; Schubring ^{2}1991, 29–33; Schmidt 1993.

(MI) K. KÖNIGSBERGER: *Analysis 1* (1990)					
GG	Zahlen (N, R, C; 1–27) // Grundstrukturen (Funktionen, Folgen, Reihen; 28–78) // Funktionen etc. (79–350)				
TT	Definition	Satz	Beweis	Aufgabe	Erläuterung
Pr	DEFINIEREN	BEHAUPTEN, FOLGERN	BEGRÜNDEN, ÜBERZEUGEN	EXEMPLIFIZIEREN, VERANSCHAULICHEN, AUFFORDERN	MOTIVIEREN, ERLÄUTERN
Th	einf. lin.	aus einem/mehreren Th. auf ein/mehrere Rh.	einf. lin.; durch. Th.	—	—
Gr	*ist, heißt*; Symbole; :=	Konj. I, uneing. Kond.s.	Konj. I, II; wenn/dann-Struktur	Imp.; Konj. I; dir. FS	

Letztere wurde als Ziel des Mathematikunterrichts der Verstandesbildung in vielen Fällen übergeordnet. Noch Grosse (1901, 8) stellte die Mathematik in den *Dienst der sittlichen Ausbildung* und sah in einem *innigen Anschluß an bestimmte Sachgebiete* den zweiten Grundsatz mathematikdidaktischer Überlegungen.

Nach wie vor zeigten die Rechenbücher eine starke Orientierung an der Rechenpraxis; so war die Auswahl der mathematischen Bereiche und der Themen in den Aufgaben oft speziell auf einen bestimmten Rezipientenkreis ausgerichtet: Es gab Rechenbücher für angehende Landwirte, für Verwaltungsbeamte oder *Frauenzimmer* (Grosse 1901, 146; 149; 168 u. ö.). Seit Schulmathematik ab dem 19. Jh. als ein eigenes Gebiet der Mathematik anerkannt worden war (Schubring ²1991, 186), bemühte man sich jedoch um eine möglichst ausgewogene Mischung von theoretischer Ausbildung und Erlernen von Rechentechniken. Beide Aspekte finden sich auch in einer Zusammenfassung der Ziele des Mathematikunterrichts um 1950: Neben einer logischen Schulung, der Ausbildung der Raumanschauung und eines funktionalen Denkens stehen hier die Ziele Entwickeln einer mathematischen Phantasie, Freude an der Sache, Verbindungen zu Geschichte und Philosophie sowie Fähigkeit zu Übertragung des Gelernten (d. h. Anwendungen; Breidenbach 1950, 10–13).

Die zeitgenössischen Diskussionen um Gestaltung und Aufbau des Mathematikunterrichts sowie eines Rechenbuches zeigen sich differenzierter, wenn auch einzelne Kontroversen besonders bezüglich der Funktion des Rechenbuches überall erkennbar sind. Simm (1973, 289) etwa sieht den Zweck des Schulbuches darin, den Schüler anzuregen, sich mit mathematischen Themen auseinanderzusetzen, also im MOTIVIEREN, INTERESSIEREN oder ANREGEN.[170] Dagegen stehen die Ergebnisse einer Untersuchung Zimmermanns (1992); dieser behauptet, die Praxis des Mathematikunterrichts habe gezeigt, daß Schüler zur Nachbereitung eher das Heft als ein Buch heranzögen, Motivation und Stimulationen in Lehrwerken also nur begrenzt genutzt würden und die Hauptfunktion des Schulbuches damit im MITTEILEN und VERMITTELN des mathematischen Stoffs läge, in der Bereitstellung von Aufgaben und Übungen und als Grundlage bei der Unterrichtsgestaltung (Zimmermann 1992, 10–15).[171] Diese Diskussion spiegelt sich wider in den Überlegungen zu den möglichen Bezeichnungen der Rechenbücher als 'Lehr-' oder 'Lernwerke' oder neutraler etwa als 'Unterrichtswerke' (z. B. Schellenberg 1994b). Den Problemen wird teilweise begegnet durch die Trennung in Lehrerhandbücher mit sachlichen Einführungen, didaktischen Hinweisen und detailliert ausgeführten Unterrichtsbeispielen (Bsp. Müller/Wittmann ^{3}1984) und Arbeitsbüchern/-heften für den Schüler besonders der unteren Klassenstufen. Die thematische Auswahl[172] dieser Bücher orientiert sich dabei an dem für ein Schuljahr vorgeschriebenen Lehrstoff, wie er für jeden Schultyp und jedes Bundesland in den Lehrplänen umgrenzt

[170] Unter diesen Aspekt grenzt er das Schulbuch auch vom Lehrbuch an der Universität ab, bei welchem Interesse an der Sache beim Textrezipienten vorausgesetzt wird (290). Universitätslehrbücher kennzeichnet daher ein axiomatisch-deduktiver Aufbau anstelle des anschaulich-induktiven Aufbau von Schulbüchern.

[171] Zimmermann meint im Laufe seiner Untersuchungen ebenfalls die Behauptung bestätigen zu können, *Mathematik ist nicht so beschreibbar, daß Selbstlernen durch Schüler möglich* sei (1992, 32). Diese These ist, wenn sie sich bestätigen läßt, zeiteninvariant gültig und spricht damit auch gegen einen tatsächlichen Einsatz der Rechenbücher aus der 1. Hälfte des 16. Jhs. zum Selbststudium.

[172] Weitere textexterne Faktoren (Status und Verhältnis der Kommunikationspartner Lehrer/Schüler, Kommunikationssituation 'Unterricht') werden unter Verwendung einer anderen Terminologie etwa in dem Kriterienkatalog zur Bewertung von Rechenbüchern bei Bode (1973, 106–116) beschrieben.

wird.[173] Der Inhalt der Rechenbücher aus der 1. Hälfte des 16. Jhs. verteilt sich dabei mindestens auf die heutigen Klassenstufen 1–7;[174] der Unterricht in den ersten beiden Schulklassen beschränkt sich auf die Einführung der Zahlen bis 100 und der Beherrschung der vier Grundrechenarten in diesem Bereich.

Kurzanalyse 27: Gerhard Fiedler u. a.: *Einmaleins 1* (1990)

Das Unterrichtswerk *Einmaleins. Mathematik in der Grundschule. 1. Schuljahr*[175] wurde von insgesamt sieben Autoren, die meisten davon vermutlich Lehrer, gemeinsam für die Klassenstufe 1 an Schulen in Baden-Württemberg entworfen und findet seine Fortführung für die weiteren Klassenstufen in *Einmaleins. 2. Schuljahr* usw. Es umfaßt das Schülerbuch mit Materialien (geometrische Grundformen aus Karton, Zeichenschablone), einen Lehrerband und 100 bunte Steckwürfel; ergänzt wird es durch ein Übungsbuch *Übe mit Pfiffikus.* Im Gegensatz zu allen vorher untersuchten Beispielen liegt hier die Funktion der einzelnen Bücher aufgrund ihrer Trennung eindeutig fest.

(ME)	G. Fiedler u. a.: *Einmaleins 1. Schülerbuch* (1990)
KG	Zahlen bis 100, Grundrecharten
KP	P: Autorenkollektiv, Lehrer?; R: Schulanfänger
KS	EO: Baden-Württemberg, EZ: 1983/90, EI: Schule?; GO: Baden-Württemberg, GZ: 1983–199?, GI: Schule
KF	Buch; 2°, 120 S., broschiert

Der Lehrerband bietet nach einer kurzen allgemein-pädagogischen Einleitung (iv-ix) Material und didaktische Hinweise für die konkrete Unterrichtsgestaltung; er folgt dabei der Reihenfolge der Themen und Übungen im Schülerbuch, wobei jeweils eine Seite desselben oder auch einzelne Aufgaben nach folgendem Schema besprochen werden: Zielsetzung (Thema), Sachinformation und didaktische Hinweise, methodische Hinweise (Vorschläge für Schülerarbeit) und Lösung, anschließend ist Raum für *Notizen zur Unterrichtsvorbereitung.*

Das Schülerbuch ist vor allem durch die Intention ANIMIEREN geprägt. Es ist für den einmaligen Gebrauch konzipiert, da der Schüler aufgefordert wird, Rechnungen und Beispiele im Buch selbst durchzuführen, ein gesondertes Heft für Mathematik ist also nicht nötig. Das Format 2° ist für Kinder in diesem Alter recht groß, ergibt sich aber aus der Notwendigkeit, die Beispiele und Übungen übersichtlich zu gestalten und dennoch mehrere von ihnen auf einer

[173] Schulbücher haben daher einen stark eingeschränkten Rezipientenkreis (Klassenstufe, Schultyp, Bundesland) und veralten durch Änderungen des Lehrplans sehr schnell.

[174] Dies zeigen Untersuchungen (etwa Holy 1992) über Möglichkeiten des Einsatzes von Aufgaben aus alten Rechenbüchern etwa im Hauptschulunterricht und Vergleiche der Aufgabentypen mit einem modernen Rechenbuch.

[175] Von G. Fiedler, Berno Kaltenthaler, Karlheinz Krombholz, Hermann Löbig, Helmuth Morbitzer und Hermann Zitzlsperger; Druck 1990 der Auflage Stuttgart 1983.

Seite unterzubringen.[176] Der Inhalt umfaßt für die 1. Klasse die Zahlen 1 bis 100, an Rechenarten werden vorrangig Addieren und Subtrahieren gelehrt, es findet sich jedoch in den entsprechenden Kapiteln auch das Halbieren und Verdoppeln.[177] Unterbrochen werden diese Kapitel durch kurze Abschnitte zur Geometrie. Insgesamt wird der Stoff in kleinen Einheiten vermittelt; so besitzt jede Seite ihr eigenes Teilthema. Die Kombination von Abwechslung und Wiederholung zeigt sich als Strukturprinzip innerhalb des einzelnen Kapitels wie im Gesamtaufbau des Buches.

Vielfach ist der Bezug zum Alltag durch die Art der Rechenobjekte (s. etwa das Kapitel über das Geld), vor allem aber durch die Bilder gegeben. Hauptaufgabe dieser Bilder ist das ANIMIEREN, nur selten sind sie jedoch ganz ohne mathematische Information (etwa der Süßigkeitenladen, 98). Meist handelt es sich bei ihnen um Anleitung zu (56 oben: Menge der Bausteine halbieren, Turm gleich nachbauen, d. h. verdoppeln) oder Anschauungsmaterial für Aufgaben (56 unten: Regenwurm halbieren), die der Schüler durchführen soll. Der Texteinsatz ist minimal und beschränkt sich in der Regel auf kurze Überschriften und Aufgabenanweisungen wie *Halbiere* (56), *Lege und rechne ebenso* (83), es lassen sich sogar Seiten ganz ohne sprachliche Zeichen (97) finden. Dabei beginnen die einzelnen thematischen Abschnitte meist mit Einführungen und Aufgaben in Bildern, um dann tendenziell mehr Text (bzw. reine Zahlenaufgaben) zu verzeichnen.[178] Die Einführung der mathematischen Symbole (Ziffern) und Zeichen (<, >, =, +, −) geschieht über Nachahmung und wiederholende Einübung. Ebenso wird mit den mathematischen Sprechweisen und Termini verfahren: *Addieren bis 9 [...]. 5 plus 2 gleich 7* (Text auf S. 38). Einführung wie Übung erfolgt also über Nachahmung und Wiederholung, immer ist dabei die Vermittlung durch einen Lehrer nötig. Ziel der Lehre ist, daß die Schüler die Situation im Alltag wiedererkennen und bei jedem Problem die richtige Regel anwenden kann.

[176] Die Bücher werden mit den Klassenstufen kleiner.

[177] Diese beiden Rechenarten werden hier interessanterweise als Spezialfälle der Addition bzw. Subtraktion behandelt, also nicht wie in den Rechenbüchern, in denen sie nicht selbständig behandelt werden, als Sonderfall der Multiplikation bzw. Division.

[178] Alle Texte — außer den Anweisungen zur Aufgabenstellung für den Lehrer am Ende der Seite — sind in großer Type gehalten. Die ersten Abschnitte verzichten vollständig auf den Einsatz von sprachlichen Zeichen, da die Schüler ja auch das Lesen erst lernen müssen.

(MI)	G. Fiedler u. a.: *Einmaleins 1. Schülerbuch* (1990)	
GG	Zahlen bis 5 (10–21) // Zahlen bis 9 (22–33) // Sortieren (34–37) // Addition/Subtraktion (38–63) // Geometrie (64–67) // Zahlen bis 20 (68–79) // Addition/Subtraktion (80–95) // Geld (96–101) // Geometrie (102–105) // Aufgaben (106–120)	
TT	Einführung	Aufgabe
Pr	MOTIVIEREN, ANREGEN	ANLEITEN, AUFFORDERN
Th	—	—
Gr	Bilder, teils dazu kurzer Text mit Beschreibung des Vorgangs, Aussagesätze	Imperativ; Frage- und Ergänzungssätze; Bilder/Schemata

Die Analyse des Schülerbuches hat bestätigt, was Zimmermann (1992, 115) fordernd feststellt: *Schulbuchtexte sind im allgemeinen für die Schülerinnen und Schüler schwerer verständlich als Beispielaufgaben. Das heißt, daß bei der Schulbuchentwicklung darauf zu achten ist, daß (soweit dies möglich ist) textliche Erläuterungen durch Formen des "Vormachens" ersetzt werden.* Diese Lehrmethode kannten und benutzten auch die Rechenmeister.

Nach wie vor ist der Anfangsunterricht in Mathematik also gekennzeichnet durch das Regelrechnen wie bei Adam Ries oder Johannes Widmann. Auch weitere Übereinstimmungen der Lehrwerke wurden deutlich: Der Anleitungscharakter der Texte zeigt sich im Gebrauch des Imperativs, der starke Bezug zum Alltag, der sich im Wortschatz spiegelt, prägt Auswahl und Gestaltung der Aufgaben, deren Reihenfolge durch eine Steigerung der Schwierigkeit und Abstraktion bestimmt ist. Die Unterschiede bleiben natürlich sichtbar genug. Sie liegen etwa in der typographischen Gestaltung, v. a. aber in der mehrfachen Differenzierung, nämlich in der Aufsplitterung der Themen auf mehrere Unterrichtseinheiten sowie des Stoffes auf mehrere Klassenstufen, in der Trennung der Bücher nach ihrer Funktion (Schüler-, Lehrer-, Übungsbuch) und dem angesprochenen Rezipientenkreis (Schüler verschiedenen Alters und verschiedener Schultypen).

Abschließend sei zur vergleichenden Illustrierung der Übereinstimmungen und Unterschiede der Abschnitt *Duplieren* (b 5r/v) aus dem Rechenbuch Johannes Widmanns zitiert.

Dupliren

Nu wirt noch geordnet daß Dupliren daz heyst zwifechtigen vnd ist nicht anderß dan mit 2 multipliciren Nu wen du wilt eyn zal dupliren ader zwifach machen szo heb albeg an der ersten gegen der rechten hand Und duplir sy vnd wen du sy nu duplirt hast. ist sach daß darausz kumpt eyn zal die man mit einer figur schreiben mag. szo schreib sy vnden kumpt ader eyn zal die man schreibet mit zweyen figuren so schreib die ersten nydenn. vnd behalt die ander so lang in dem sin paß du di nechst darnach gegen der lincken hant auch geduplirt hast darnach ßo addir die figur die du ym syn behalten hast dar zu vnd schreyb die sum nyden wie furmalß vnd alßo thu den andernn allen paß auff die leczte.

vnd ist gemacht (c 2r).

Teil III

Edition

1 Editionsprinzipien

1.1 Textgrundlage und Siglen

Der Edition liegt das Exemplar des Erstdrucks Leipzig 1489 der Bayerischen Staatsbibliothek München (Sign.: Inc. c. a. 82) zugrunde. Dieser Druck ist die einzige Ausgabe, die zu J. WIDMANNs Lebzeiten in seinem damaligen Wirkungsort Leipzig entstand und somit der Autorintention sicher am nächsten ist. Als *textus receptus* diente er den Ausgaben von 1500 und 1526 als Vorlage (s. S. 54), keine der späteren Ausgaben zeigten konzeptionelle Änderungen oder andere schwerwiegenden Eingriffe in die Textgestalt. Da der Erstdruck kein Inhaltsverzeichnis aufweist, wird das Register samt den Seitenangaben aus dem Druck von 1500 übernommen. Die für den Druck von 1489 geltenden Seitenangaben finden sich in eckigen Klammern [ ] hinter den Seitenzahlen der Ausgabe von 1500. Den Texten werden folgende Siglen gegeben:

A Leipzig: Konrad Kachelofen 1489
B Pforzheim: Thomas Anshelm 1500
C Pforzheim: Thomas Anshelm 1508
D Hagenau: Thomas Anshelm 1519
E Augsburg: Henrich Steiner 1526[1]

1.2 Prinzipien

Angestrebt wird eine möglichst zeichengetreue Wiedergabe des Vorlagetextes; offensichtliche Druckfehler werden jedoch stillschweigend verbessert. Die gotische Buchschrift wird durch Antiqua ersetzt, die Auszeichnungsschrift ohne Kennzeichnung in Normalgröße wiedergegeben. Diese Übertragung erfordert als Konsequenz einzelne Eingriffe in die Textgestalt. Die Edition erfolgt daher im einzelnen nach folgenden Regeln:[2]

Ziel ist es, dem breiten Benutzerspektrum einen brauchbaren Text zu liefern. Zum ersten sollte dem Sprachforscher zumindest *ein* Text verfügbar gemacht werden, der für eine Reihe von sprachwissenschaftlichen Fragen ausgewertet werden kann. Im folgenden werden daher die sprachlichen Bereiche, in denen eine solche Auswertung aufgrund von Eingriffen durch die Editorin nicht mehr möglich ist, umrissen, die durchgeführten Normalisie-

[1] Die beiden Ausgaben durch HEINRICH STEINER sind wortidentisch und werden daher in der Edition nicht weiter unterschieden.

[2] Die Prinzipien selbst stehen in Normalschrift, Begründung und Diskussion derselben erscheinen eingerückt in kleinerer Type.

rungen erläutert und der ursprüngliche Textbestand beschrieben. Forscher, die Druckergewohnheiten wie z. B. Worttrennungen am Zeilenende untersuchen, seien auf eines der Exemplare aus dem Standortverzeichnis (S. 48–S. 54) verwiesen. Für EDV-gestützte Auswertungen steht eine diplomatische Wiedergabe des Textes ohne alle Normalisierugen bei der Editorin als Datei zu Verfügung (ascii mit TEX und edmac-Befehlen, Februar 1998). Zweitens ist es für den *sozialhistorisch* interessierten Leser wünschenswert, die geographischen, historischen, sozialen und situativen Symptomwerte des Textes zu erhalten, so daß der Text nicht enthistorisiert wird, sondern in seiner originalen Kommmunikationsrelation erhalten bleibt. Jedoch sollte auch für Benutzer, denen die Form der deutschsprachigen Texte aus dieser Epoche nicht durch alltäglichen Umgang vertraut ist, eine mühelose Lesbarkeit gewährleistet werden.

1.2.1 Graphe

Die graphemische Varianz bleibt erhalten. Übergeschriebene Buchstaben der späteren Ausgaben werden beibehalten; Mehrfachkonsonanzen und die i/j- bzw. u/v-Verteilung werden nicht vereinheitlicht.

Die Verteilung der Graphe *i, y, ie, j* zur schriftlichen Realisierung der Phoneme /i/ bzw. /i:/ entspricht im großen und ganzen den in der FRNHD. GR. (§ L 13; 21; 27; 55) beschriebenen Verhältnissen. Gegen eine Normalisierung spricht aber die Verteilung der Graphe *u, v, f, ff* usw. für /f/ bzw. /u/. Während die graphische Darstellung von /f/ ohne besondere Auffälligkeiten abermals die Aussagen der FRNHD. GR. (§L 16/7; 24/5; 28-30; 51; 58) zu unterstützten vermag, sind die Graphe *f*, *u* bzw. *v* für /f/ bzw. /u/ nach folgenden festen Regeln verteilt: 1) für /f/ findet sich meist *f* oder *ff* in allen Stellungen; in Wörtern lateinischen Ursprungs findet sich *f*, in Wörtern griechischen Ursprungs auch *ph* (*firmament*, a 2r; *figur*, a 8r; *Philosophis*, a 2v); 2) initial vor Vokal, besonders in den Vorsilben *ver-* und *von-* steht in den meisten Fällen *v*, silbeninitial jedoch *u* (*verdrossenn*, a 2r; *vnuerdrossenn*, a 2r); 3) ebenso steht *v* initial für /u/, sonst *u*, also auch silbeninitial (*vnd, vnter, dar vnter*, b 2v; *dar vmb*, e 6r; *darunter*, e 7v; *widerumb*, e 8r). Das bedeutet, daß aufgrund der Wahl des Graphs für /u/ bzw. /f/ in fraglichen Fällen die Zusammen-/Getrenntschreibung eines Wortes entschieden werden kann, z. B. ergibt sich dadurch sicher die Zusammenschreibung von *zu* + Infinitiv in *tzuuornemen* (a 2r).

Die verschiedenen r-Graphien werden durchweg mit *r* wiedergegeben; bezüglich der Schreibung der s-Laute bleiben nur die Graphe *s* und *ß* bzw. die Digraphe *ss* und *sz* erhalten.

Neuere Untersuchungen (FRNHD. GR. § L 53.3) bestätigen, daß das Schaft-s als reine Stellungsvariante zu *s* gebraucht wird — ersteres vorwiegend initial und medial, letzteres final — und daher zu keiner Ausspracheangabe ausgewertet werden kann; dies ist auch in unserem Text der Fall, außer daß final, auch in silbenfinaler Stellung, *ß* bevorzugt wird. Der Graph *s* steht hingegen vorwiegend bei Namen oder Wörtern, die aus einer fremden Sprache übernommen wurden (*Johannes*, a 2r; *opiniones*, a 3r). *z* erscheint als Graph für /s/ nur in der Abkürzung *dz*.

1.2.2 Groß-/Kleinschreibung, Zusammen-/Getrenntschreibung

Die Groß-/Kleinschreibung erfolgt gemäß dem Text. In fraglichen Fällen wird an den heutigen Standard angeglichen. Das gleiche gilt für die Zusammen-/Getrenntschreibung.

Am Anfang des Textes (a 1r) fehlt eine Initiale *D* zur Majuskel *I* und der Minuskel *s*. Sonst finden sich Majuskeln in der Hauptsache abschnittsinitial und tendenziell satzinitial. Lexeminitial stehen Majuskeln ebenfalls tendenziell bei Eigennamen, Titeln und Themawörtern (*Algobre, Cosse*, a 2r). Das gehäufte Vorkommen von Majuskeln im ersten Abschnitt des Textes ist auf Kennzeichnung des Zeilenanfangs durch Großschreibung im Original zurückzuführen, die aber nicht weiter durchgeführt wird.

Da zum einen die Groß-/Kleinschreibung in frühneuhochdeutscher Zeit (FRNHD. GR. § L 3) nur in Grundzügen bekannt ist, zum anderen eine Normalisierung zugunsten alleiniger syntaktischer oder semantisch-stilistischer Zwecke (z. B. *nomina sacra*) den Gebrauch der Großschreibung zur thematischen Gliederung vernachlässigen würde, bleibt sie bestehen.

Bezüglich der Zusammen-/Getrenntschreibung belegt der Text durchweg die Behauptung in der FRNHD. GR. (§ L 6), daß diese bis zum 16. Jahrhundert wenig geregelt gewesen sei. Unregelmäßigkeiten ergeben sich vor allem bei den Wörtern, die im Text teils zusammen, teils getrennt geschrieben werden; hierbei handelt es sich meist um zusammengesetzte Wörter oder um Infinitive mit *zu* (*darnach*, b 5v; *dar nach*, e 1r; e 2v; f 8v). Regelmäßigkeiten ließen sich hierbei bei einer Analyse nur in Ansätzen feststellen. An einigen Stellen gerieten dem Drucker zwei Wörter zu eng aneinander und wurden von ihm durch einen senkrechten Strich | getrennt (*eyn|figur*, e 3v). Diese Wörter werden — auch in eindeutigen Fällen ohne Markierung durch | — ohne Kennzeichnung getrennt geschrieben (*eyn figur*).

Schwierigkeiten ergeben sich bei den Wörtern, die im Original am Zeilenende getrennt sind. Eine Analyse der Trenngewohnheiten des Druckes ergibt, daß ein Doppeldivis = als Trennstrich nur fakultativ, nicht aber notwendig verwendet wird, z. B. findet man *mach en* ohne Trennstrich. In diesen Fällen wird ohne Kennzeichnung zusammengeschrieben. Stehen Wörter, die im Zeileninnern sowohl zusammen, als auch getrennt geschrieben stehen, am Zeilende getrennt mit Trennstrich (*dar = nach*, f 1r), werden sie zusammengeschrieben. Fehlt der Trennstrich (Bsp. *dar nach*, b 5v), so werden sie ebenfalls zusammengeschrieben, jedoch wird die Stelle mit einem senkrechten Strich | gekennzeichnet (*dar|nach*, b 5v). Beim Seitenumbruch erübrigt sich diese Kennzeichnung, da in diesem Fall jede neue Seite mit der Bogenangabe [ ] an der Trennstelle auch im Wort gekennzeichnet wird. Eine Untersuchung der Zusammen-/Getrenntschreibung, wie sie etwa für die

Wortbildungslehre wichtig sein kann, und der Trenngewohnheiten bleibt also möglich.

1.2.3 Abkürzungen

Alle Kürzel und Abkürzungen werden aufgelöst, das Ergänzte steht kursiv.

Größtenteils finden sich im Text die geläufigen Abkürzungen und Kürzel. Da die Auflösung sich aber oft nicht eindeutig aus der Abkürzung ergibt – z. B. kann *od'* für *oder* oder *odir* stehen, *dē* für *dem* oder *den* –, wird das Ergänzte durch Kursivdruck gekennzeichnet. Die zuweilen als Abkürzungszeichen fungierenden Tief- oder Hochpunkte entfallen damit.

Nachfolgend eine Liste der Kürzel und Abkürzungen mit signifikanten Beispielen.[3]

Zeichen	Auflösung	Beispiel	Auflösung
ꝓ	p*ro*	ꝓduct (f 6v)	p*ro*duct
ꝑ	p*er*	suꝑficialis (C 7r)	sup*er*ficialis
p̃	p*re*	p̃cept (f 8v)	p*re*cept
q̈	q*ua*	q̈drat (b 5v)	q*ua*drat
q̄	q*ui*	sesq̄tercia (h 6v)	sesq*ui*tercia
m̄ /n̄	m*m*/n*n*	andern̄ (a 6v)	andern*n*[4]
m̄ /n̄	*e*m/*e*n	ganczn̄ (e 8v)	gancz*e*n[5]
ā	a*m*/a*n* etc.	gāczē (e 6r)	ga*n*cz*en*
ōz	*io*n*em*	cautōz (a 5r)	caut*ionem*
ā	*era*	sesquialtā (d 7r)	sesquialt*era*
vn̄	vn*d*		
vm̄	vm*b*[6]		

[3] Der mehrfach über einem *y* zu findende Strich ist in vielen Fällen kein Nasalstrich, sondern eventuell ein Fehler an der Drucktype (a 4r; c 7r; 8v) und wird daher vernachlässigt.

[4] Regeln für finalen Nasalstrich auf Nasal: Der Nasalstrich steht nach Doppelkonsonanz für *e*, nach einfachem Konsonanten für *n*; *andern̄* wurde also zu *andernn* aufgelöst und nicht zu *anderen*, wie es auch dem Textusus entspricht. Eine Ausnahme bilden hier die Verben; gegen Fleischer (FRNHD. GR. §L 62, 2) wird hier der Nasalstrich immer mit *e* aufgelöst: *wern̄* (p 4v) analog zu *weren* (o 3v), *wernn* hingegen ist nicht belegt.

[5] Entsprechend für die weiteren Vokale.

[6] Im Text finden sich folgende Formen: *darum̄, darūb* aufgelöst zu *darumb*, *darū, darm̄* aufgelöst zu *darum*; hier wird nicht vereinheitlicht, damit der Übergang zu beobachten bleibt.

Zeichen	Auflösung	Beispiel	Auflösung
ꝰ	*us*	speciebꝰ (h 5v)	specieb*us*
		minꝰ (l 7r)	min*us*
	nus	miꝰ (l 7r)	mi*nus*
’	*(e)r*	de’	de*r*
		wass’ (F 3r)	wass*er*
		v’nemen (l 5v)	v*er*nemen
’	*u*	Regl’a (n 1v)	Reg*u*la
		sb’trahiren (i 2v)	s*u*btrahiren
’	*e*	exempl’ (k 6r)	exemp*e*l
’	*n*	lagel’ (m 4v)	lagel*n*
ꝝ	*rum*	exemploꝝ (a 5r)	exemplo*rum*
ꝝ	*cosa* (E 1r)		
x	*con*	xcellen (c 3v)	*con*cellen
ʒ	*er*	wassʒ (t 5v)	wass*er*
	m	zusaʒ (g 8r)	zusa*m*
	et	rechʒ (x 4v)	rech*et*
	es	meystʒ (x 5v)	meyst*es*
ʒc	*etc.* (a 3v)		
ɟ	$\frac{1}{2}$ (y 1v)		
dz	d*az*[7] (a 2v)		
iß	is*ts* (b 3r)		
ßm	*secundum* (a 4v)		

Maßangaben und Währungen werden im fortlaufenden Text ausgeschrieben, in Bildern und Tabellen mit einer standardisierten, auch im Text belegten Abkürzung wiedergegeben.[8]

Widmann gibt selbst in seinem Rechenbuch Abkürzungen für einige Maße an (*flo.* für *floren*, *ß* für *schilling* usw., k 2v). Im weiteren Text hält er sich jedoch nicht daran, die Abkürzungen variieren ständig. Desweiteren verspricht er (k 3r), eine Tabelle mit Währungen in sein Buch aufzunehmen; auch dies löst er nicht ein.

Die folgende Liste verzeichnet nur die im Text vielfach abgekürzten Maße und Währungen, dabei gibt sie zuerst die Währung bzw. das Maß in der neuhochdeutschen Orthographie an. In eckigen Klammern [ ] steht gegebenenfalls die Abkürzung, die in Tabellen und Bildern verwendet wird. Dann folgen die im Text häufiger auftretenden Abkürzungen mit Nennung je einer beispielhaften Textstelle.

---

[7] Nach FRNHD. GR. (§ L 5 Anm. 1) steht *dz* eigentlich für *das*. Im Text läßt sich eine leichte Tendenz zur Unterscheidung von *daß* für die Konjunktion und *das* für das Relativ- bzw. Demonstrativpronomen feststellen. Da diese aber nicht konsequent durchgeführt ist, das Kürzel *dz* aber für beide Wortarten verwendet wird, wird es durchgängig mit *daz* aufgelöst.

[8] Zu Maßverhältnissen s. S. 532.

Gulden [fl]	floren (f 8r), florē (k 2v), florn̄ (k 6v), flor· (k 4r), flo. (k 4r), flo· (k 4r), fl (k 7r), fl. (f 8r)
Schilling [ß]	schillīg (k 2v), schil: (n 8r), sz (n 8r), ß (k 6r)
Groschen [gr]	groschn̄ (k 6v), groschß (k 6v), grosch (l 2v), gros. (k 4r), gro· (k 4r), gro. (k 7r), gr (l 2v), gꝛ (l 1r)
Pfennig [pf]	pfenn· (k 7r), pfen. (k 4r), pfen· (k 7v), ϑ (l 1r)
Heller [hlr]	heller (f 8r), hell' (k 6v), helr (k 5v), hel'r (k 5v), hel' (k 6r), hel (k 6r), hl'r (k 6r)
Dukaten [duc]	ducz (k 2v), duc (l 8r)
Zentner [ct]	tζ (k 6v)
Pfund [lb]	lb' (k 5v), lb (l 2v)
Unze [oz]	oz (k 4r)
Mark [mr]	mc̈ (k 4r), m̈r (y 1v)
Quart [qr]	qc̈t (y 1v)
Quinte [qn]	quintn̄ (f 8r), quītn̄ (f 7r), q̄ntc (f 8r), q̃þ (y 1v)

1.2.4 Interpunktion

Die Interpunktion des Erstdrucks wird übernommen. Vereinheitlicht wurde allein die Trennung von Zahlen bei Zahlenfolgen durch Hoch- oder Tiefpunkte mit unterschiedlichen Abständen (d 3v).

Da die Interpunktion in frnhdt. Texten noch vergleichsweise wenig untersucht ist und eine Darstellung anhand von Primärquellen aussteht (FRNHD. GR. § L 4), wird die Interpunktion übernommen. Der vorliegende Text ist insgesamt spärlich interpungiert. Hierbei läßt die Vorrede teilweise noch eine gewisse Regelhaftigkeit erkennen; im weiteren Text erscheinen Hoch- und Tiefpunkt nurmehr sporadisch.

Der Tiefpunkt (.) ist das am häufigsten vertretene Interpunktionszeichen. Er kennzeichnet meist das Satz- oder Absatzende, steht auch zwischen Haupt- und Nebensatz, manchmal als Abkürzungszeichen oder auch mitten im Satz (a 3r). Weniger häufig, doch ähnlich verteilt wird der Hochpunkt (·) gebraucht. Selten und recht stark trennend erscheint der Doppelpunkt (:) (a 2r).

Die Parenthesezeichen ( ) sind an allen Stellen original. Nur wurden sie nicht wie im Text an die äußeren, sondern an die inneren Wörter herangerückt (b 3r).

1.2.5 Gliederung

Absätze und das Absatzzeichen ¶ werden übernommen, der Zeilenfall und die Seitenaufteilung dagegen neu konstituiert[9] sowie bei Kapitel-

[9] Horizontale Zwischenräume innerhalb einer Zeile werden ebenso wie vertikale z. B. zwischen Text und einem Bild übergangen.

anfängen Seitenumbrüche eingefügt; die Worttrennung geschieht nach modernen Trennregeln. Die Überschriften werden zentriert in normaler Schriftgröße ohne weitere Auszeichnung wiedergegeben.

Die meisten Überschriften stehen im Original zentriert und sind in der Auszeichnungstype gesetzt. Bei diesen finden sich in unregelmäßiger Verteilung die Interpunktionszeichen Doppelpunkt, Tief- und Hochpunkt in verschiedenen Kombinationen; übermäßiger Gebrauch liegt z. B. auf den Seiten v 8v oder z 5v vor.

Die Bogenzählung des Druckes von 1489 wird in eckigen Klammern [ ] angegeben. Die Textvorlage (Exemplar der Staatsbibliothek München) wurde nachträglich durchfoliiert; die Kopie dieses Exemplars in der Universitätsbibliothek München zeigt eine weitere, neue Foliierung, wobei die Blätter d 7/31 und d 8/32 beide die Zahl 31 tragen, ab hier zählt die Kopie bis zum Ende des Buches eine Zahl weniger als ihre Vorlage. Da sich zahlreiche mathematikhistorischen Arbeiten auf diese Exemplare beziehen, ist die Foliierung des Originaldruckes aus der Staatsbibliothek hinter der Bogenzählung angegeben: [c 1v/17v].

1.2.6 Ziffern und Symbole

Die Ziffern werden in den heute üblichen Formen wiedergegeben, die auch im Original größtenteils schon gebraucht sind. Da sich die indisch-arabischen Ziffern im 15. Jh erst durchzusetzen begannen, gab es noch eine breite Varianz in der Schreibung. Sie macht sich hier noch bei der Ziffer 4 bemerkbar, die oft auf dem Rücken liegt.[10] Die Bruchstriche fehlen teils im Original, werden in der Edition aber grundsätzlich gesetzt, die weiteren mathematischen Zeichen + und – werden übernommen.

1.2.7 Tabellen, Schemata und Bilder

Rechenbeispiele und zur Veranschaulichung dienende Schemata werden grundsätzlich ediert. Drehungen von ganzen Seiten aus drucktechnischen Gründen werden jedoch nicht bewahrt, Umrahmungen und Linien nur wiedergegeben, wenn sie zur Rechnungsdurchführung nötig sind wie etwa bei den Beispielen (h 5r) oder es sich um Führungslinien handelt (k 5v; q 7v; v 5v). Die Holzschnitte finden sich teilweise bei SCHRAMM (XIII, Tafel 4, Abb. 9a-41). Im edierten Text steht an der entsprechenden Stelle

[10] Entweder hatte der Setzer keine andere Setzmöglichkeit oder ihm war die ältere Form ɤ geläufiger.

das Abgebildete in eckigen Klammern ([Bild: Schuh]). Fehlt ein Bild, so wird dies in [ ] angegeben ([Bild fehlt]).

1.3 Ergänzungen

Die Aufgaben des Rechenbuches werden durchgezählt, die jeweilige Nummer steht in eckigen Klammern am Beginn der Aufgabe. Textvarianten mit inhaltlicher Bedeutung bzw. solche, die auf einem bewußten Willensakt des Bearbeiters beruhen, werden im Apparat am Seitenende dokumentiert. Alle regelhaften Systemunterschiede werden nicht vermerkt. Der Apparat verzeichnet also Varianten ab der lexikalischen Ebene; graphematische, morphologische und interpunktorische Varianten bleiben unberücksichtigt.

Ausgenommen werden hier geringfügige Wortumstellungen (s 7r; x 1r), Abweichungen bei der Abkürzung von Maßeinheiten (b 4v; x 4r) und ihrer Stellung bei unechten Brüchen als Zahlangabe (B 8r). Nicht dokumentiert werden des weiteren Unterschiede in Hinweisen zu der Lage von Bildern und Schemata im Text, deren Stellung sich aufgrund drucktechnischer Bedingungen verändert hat.

Generell ist in den Nachdrucken von THOMAS ANSHELM 1500, 1508 und 1519 das lateinische *pro* durch deutsche Äquivalente, meist *für* ersetzt. Eine Dokumentation jeder dieser Ersetzungen ließe den Apparat ohne entsprechenden Informationsgewinn unnötig anschwellen, ebenso auch die Markierung der Auslassungen von Partikeln (*gar, da, etc.* usw.) und redundanten Konjunktionen (*und, oder* ...) in derselben Gruppe von Nachdrucken; eine Erfassung im Apparat unterbleibt in diesen Fällen.

Regional bedingte Unterschiede in der Wortbildung und Flexion wie *furt/furhin* (b 5r), *itlicher/jeder* (B 4r), *ver-/vol* (a 2r), *ver-/er-* (f 4v) oder *geduplirt/duplirt* (b 5v) sind systemhaft und werden daher nicht verzeichnet.

An unverständlichen Stellen im Erstdruck wird, wenn möglich auf der Basis der Nachdrucke, konjiziert; der originale Fund wird im Apparat festgehalten. Weichen mehrere Nachdrucke auf die gleiche Weise vom Erstdruck ab, so wird die Abweichung nur in der Graphie des ältesten der abweichenden Drucke angegeben; interpunktorische oder graphematische Varianten der Nachdrucke untereinander werden nicht verzeichnet.

An die Edition schließen sich die Zusätze Kurzkommentar, Maßverzeichnis und Glossar an.

2 Text: Behende vnd hubsche Rechenung

[a 1r/1r] Behen*d*e vnd hubsche Rechenung auff allen kauffmanschafft. [*Wappen der Stadt Leipzig*]

[a 2r/2r] Johannes widman von Eger Meyster In denn freyen kunsten tzu leyptzick enbeut Meyster Sigmunden von Smidmule Beyerischer nacion heyle vn*d* vnuordrossenn willig dienste. Du hast betracht ynn deinem gemute· Daß die alde*n* meyster der kunst der Rechnu*n*g Irenn nach komende*n* schwere Regeln*n* tzuuornemen vn*d* muesam tzuuerfurengelassen haben Alß do seynn die Regel Algobre ader Cosse genant daß buch. Data genant· vn*d* die Regel p*ro*portionu*m* vnd ander der gleychen· Die do alle de*m* gemeynem volck tzu schwer verdrossenn vnd vnbegreyfflich sey*nn*· Auch hastu betracht d*az* der gemeyn nutz ane rechnu*n*g nicht rechte ordenung kann begreyffen Auch alle ding vonn anbegin der werlt schopffung Inn weyße der tzal geoffenwart seynn. Eß ist eyn got ey*n* enthalder vn*d* schopfer aller ding· Eß seyn tzwey scheinperliche liecht deß firmame*n*tz Sonn vn*d* Monde [a 2v/2v] Eß seyn drey person yn der heylige*n* Driualdigkeyt. Uire seyn der Element *etc* Und alßo fur an werde*n* alle ding durch die tzale bezeichent vn*d* außgesproche*n*: Du hast auch tzu hertzen geno*m*men daß alle andere konste one die kunst der rechnu*n*g tzu latein Arithmetica gnant vnuolkummen vn*d* alß an yren glidmassen verschnitten geacht werde*n* vn*d* vil In yn begriffen die one Rechnu*n*g niemant verneme*n* mag Alß wol bekant ist den Meistern*n* naturlicher kunste: alß Philosophis vn*d* Dialeticis Das bekennen auch Musici d*az* sey*n* die Singer vn*d* Astronomi die stern*n* erkenner· Welche yre ku*n*ste one Rechnu*n*g nicht mugen außfuren. Du sagest auch recht das der gemeyne nutz one rechnu*n*g nicht mach yn rechter ordenu*n*g bestandt habe*n* noch eyn mensch mit de*m* andern*n* fridlich sich beschicke*n* Un*n*d alßo entlich yn allen gewerben vnnd hendeln*n* vonn notwegen Rechnu*n*g erfordert wirt Begerest ynn [a 3r/3r] zimlicher vnd rechter bete· fur dich vnnd den gemeinen nutz. leichtuerstendiger Regeln*n*· lustparlicher rechnu*n*g tzu mache*n* vn*d* kurtz geben vn*d* offenware*n*· Weliche auch leute geringer vernufft leichtliche*n* (alß wol not ist) mochten lerne*n* vn*d* begreiffen So ich dan*n* die kunste der zale vn*d* masse aller gewiste erkenne. Dar ynn keyn zweyfel opinio*n*es genant sunder eytel sicherheyt begrieffe*n* ist. Weliche auch got nicht vermag tzu prechen. Wan yn gotes vermuge*n* nicht ist. daß zwey mal zwey nicht vier machen Auch angesehen dein zcimliche vleyssige gebete hab ich mich gemuet vn*d* mit su*n*dern*n* vleyß tzusam geklaubet vn*d* gelesen leichte vn*d* nicht ßo geringe

1 kauffmanschafft] kauffmanschafften BCDE 2 *Wappen der Stadt Leipzig*] *Rechenmeister mit Schülern* BC, *Handelskontor* E 6–7 nach komende*n*] nachkomen BCD 7 tzuuornemen] zuouerstan BCD 12 anbegin] anfang BCD 21 verneme*n*] verstan BCD 26 sich] *fehlt* E 31 leute] menschen BCD 34–35 nicht … machen] nit anders geordnet hat dan das zwey mal zwey vier machen BCD

alß nutzpar Regeln*n* der Rechnung. gemachet mitt anhangenden klerlichen exempeln*n*. die eyn ytlicher auch mitteler vernunfft von ym selbst wol mag versten vnnd begreyffen. Schicke dir die selben hier mitt alß eynem besundern*n* dießer kunst der [a 3v/3v] Rechnung liebhaber tzu eynem gluckseligen nawen Jare *etc*
Gegeben tzu leyptzick zcum nawen Jare*n* der Weniger zcal Nach Christi geburt Im neunvndachczigsten

[a 4r/4r] Inhalt disz buchs in einer gemein weiszet disz nachgende· Register

*D*Iß buchgleyn yn kurczenn worten begriffen· ist geteylt yn drey teyl. In de*m* erste*n* dießer vorne*m*lichsten teylu*n*g wirt gesaget vo*n* kunst vn*d* art· der zal an yr selbst: In dem andern*n* teyl dießer trylung wirt geschriben vo*n* der ordenu*n*g der zal. In de*m* dritten teyl wirt gesaget (alß vyl vnß hie her dyenet) von der art deß messen· die do geometria genant ist.

¶In dem ersten teyl dießer teylu*n*g wirt gesaget dreyerley art der Rechnu*n*g Czu Erst von der rechnung der ganczen zall Darnach von der art der teyl ader gebrochen·

¶Darnach vo*n* der ordenu*n*g vn*d* weyß der [a 4v/4v] Tollet. Die art ader Rechnu*n*g der ganczen stet auff Meru*n*ge Minneru*n*g· vnnd Mittelmaß· Merung ist geteylt ynn drey capitel. nach de*n* dreye*n* species die do gemert werde*n* yn ierer ubu*n*g alß ist· Addir*en* ader Su*m*miren· Duplir*en* ad*er* zcwifeldigen. Multiplicir*en* ader manchfeldige*n*. Minneru*n*g ist auch geteylt yn drey capitel· In de*m* erste*n* wirt gesaget vo*n* Subtrahir*en* ader abneme*n* eyn zal vo*n* der ander*n*n In de*m* ander*n*n wirt gelernt Mediren ader halbir*en*· In de*m* dritten wirt gesaget von Diuidir*en* ad*er* teyle*n*. Mittelmoß ist auch geteylt in drey capitel In de*m* erste*n* capitel wirt gesaget vo*n* Numerire*n* ader zele*n*. In de*m* ander*n*n vo*n* Progressio ad*er* der zal vnderscheid. In de*m* Dritte*n* wie ma*n* ßol radice*m* extrahir*en* ader die wurczel eyner zcal auß zihe*n* Un*d* der itlichß Capitel yn sunderheyt wirt gelernt yn dreyerley weyß vn*d* form· Czu de*m* erste*n* s*ecundum* artis p*er*ceptio*nem* nach anweysu*n*g vn*d* gepiet d*er* kunst. vn*d* d*az* am erste*n* durch Regeln*n* Zum ander*n*n s*ecundum* [a 5r/5r] except*ionem* durch außschliessu*n*g zcu*m* Dritten s*ecundum* caut*ionem*· durch meher sicheru*n*g. zu dem Ander*n*n wirt der itlichß ob*en* geseczt capitel gelert vo*n* wege*n* klerer verstentniß. s*ecundum* exe*m*plo*rum* posit*ionem*. durch drey exe*m*pel vo*n*wegen dreyerley prob· Am ersten ein exempel auff die erst prob· Darnach eyn exe*m*pel auff die ander*n*n prob. Darnach aber ey*n* exe*m*pel auff die dritt prob· Zu de*m* Dritten wirt der itlichß capit*e*l oben gemelt gelernet s*ecundum* facto*rum* p*r*obat*ionem* Durch die prob der gemacht*en* exempel. Un*d* d*az* geschicht zu erste*m* · mitt d*er* gemeine*n* prob· alß do lernt Joha*n*nes de Sacrobusto vn*d* ander mer Zum ander*n*n mit einer su*n*derlichen prob alß mitt. 9· Zu de*m* dritte*n* mitt mer einer su*n*derlichen vn*d* subtiler prob alß mitt. 7:

¶Im ander*n*n teyl dießer ander teylung· wirt dreyerley kurczlich auß gedrucket· Zu de*m* erste*n* wirt gesaget vo*n* der art vnd an weyßung der teyl ader gebrochen der gancze*n* Zu dem ander*n*n wirt gelernet die weyß

1–2 weiszet ... Register] *fehlt* BCD 3 *D*Iß] *Platz für eine zweizeilige Initiale D* A 5 trylung] teilu*n*g BCDE 6 vnß] *fehlt* BCD 19 erste*n* capitel] erste*n* BCD 23 vn*d* form·] *fehlt* BCD 30 ander*n*n] ander BCD 32 gelernet] gelert BCD 34 lernt] lert BCD 39 gelernet] gelert BCD der teyl von den gebrochen ader der [a 5v/5v] gebrochen teyl· zu dem Driten wirt vnder richt die formliche an weysung. aller teyl mitt den ganczen Und das ander teyl gleicher weyß alß das erst vorfurt ist· durch alle species dar tzu tugenthaftiht wirt auß gedrucket

¶Im dritten teyl dießer andernn teylung nach zimlicher rechter ordenung wirt eyn gepflanczet eyn sunderliche Rechnung Tollet genant· weliche auch kurtzliche wirt begriffen in dreyen teylen· Daß erste teyl wirt begriffen in competentium litterarum positione. in saczung ader schreybung bequemer puchstaben Das ander in Ualoris ad litteras applicatione in deß werdes tzu saczung tzu den puchstaben Daß dritte in rei empte numerali appositione In der an zcal deß gekaufften gutes vnd hinder saczung zcu den puchstaben Daß erste teil dießer teylung der Tollet wirt geteylt nach der anzcal der puchstaben Daß ander wirt geteylt in drey teyl von wegen dreyerley multiplicazen· Alß am ersten mitt 10 fur daß x [a 6r/6r] Darnach mitt 10 fur das C Darnach mitt 10 fur daz M Daß dritte teyl wirt geteylt nach der multiplicatzen deß hindernn mitt dem fordernn:

¶In dem andernn furnemlichen teyl der ersten teylung dyß werckes wirt veruolget daß furnemen der geordenten vnd limitirten zcal· Und daz ist geteylt in drey teyl. Im ersten teyl wirt gesaget von der zal geordnet ader limitirt auff questiones ader frag der oben vermeltten species yn aller form vnd weyß alß oben durch manche hubsche Regel In dem andernn teyl dießer teylung wirt gesaget von der zal geordiniret ader auf ander zal proportioniret Und in dem wirt zcum ersten gesaget die art vnd benumung der proportio· Alß tzu dem ersten waß proportio sey dy do heyst multiplex· zum Andernn waß sey proportio Suppartricularis· zum Dritten waß do sey proportio Superparciens vnnd auß den dreyen werden gezogen ander zwu Alß proportio Multiplex Suppartricularis. vnd proportio multiplex supparciens· vnd was der [a 6v/6v] itliche sey wirt gruntlichen auß gedrucket in dießem teyl ader capitel durch klerliche exempel

¶In dem andernn teyl dießer ersten teylung der proportionirten zal wirt gesaget von den speciebus der proporczen vnnd in dem Capitel wirt zum ersten gelernet wie man die proporcio in die species seczen sal. zum Andern wie man eyn proportio tzu der andernn addiren sol· zum Dritten wie man eyn proporcio von der andernn subtrahiren ßol.

In dem dritten teyl werden furgebracht etzliche frag nach an weysung der proportio vnd die durch hubsche regelnn berichtet

¶In dem dritten teyl vnd aller furnemlichsten wirt gesaget vnd gruntlich auß gedrucket die zcal auff kaufmanschafft geordnet. vnd doch zum

---

3 gleicher ... ist·] *eine Zeile übersprungen* BCD 4 tugenthaftiht] taugenhafft BCD 14 am ersten] zuo erst BCD 25 proportio] proportion CDE 34 proporcio] proporcion *passim* CDE 38 proportio] proporcion BCDE

ersten auff kauffmanschafft nach der zal zum Andernn auf kauffmanschafft nach dem gewicht. zu dem Dritten auff kauffmanschafft nach der maß Und der itliche yn dreyerley form Zum Ersten in schlecht kauff· schlahunge. Zum Andernn mal yn vil vnnd mancherley [a 7r/7r] hubschen vnd wunderlichen stichen alß war umb war. zum Dritten in kostlichen vnd vil selczamen geselschafften Auff allerley gut vnd war Alß zum ersten in daß gewelb alß Ingwer pfeffer saffran negelein veygen sayffen weyn woll karallen *etc* Zum andern in die wechßel alß abschlahen auffschlahen vnd das Pagament. Zum dritten in die Muncz alß kornnt silber. golt Auß der muncz in die muncz Muncz pessernn· geringernn Uber daß feuer seczen vnd alßo mer *etc* Uber die alle oben gemelte kauffmanschafft. vnnd ander mer vnaußsprechlicher anschlahung werden gesaczt Und in gruntlicher außdruckung vermerckt manche behende hubsche subtile vnd gancz nuczliche vnd fruchparliche Regeln·

¶In dem dritten vnd leczten dießen teyl der ersten furnemlichsten teylung wirt kurczlichen begrieffen die zal geordiniret auf Geometriam daß ist auff daß messzen in dreyen capiteln ader teylen. vnter welichen In dem ersten wirt auß gedruckt der grunt [a 7v/7v] auff welichem den stet die gancze kunst vnd art deß messzen Geometria genant· Alß ist Punckt Linea Angel. Superficies vnd Corpus Und waß der itlichß ist an im selbst· vnd nach seiner außteylung. wirt do selben: nach notdurfft: klerlichenn außgedruckt Und kurczlich exemplariter begriffen·

¶In dem andernn teyl wirt kurczlich begriffen. vnnd verfurt waß itliche außgedruckte figur in ir begriffen. vnd in rechter moß behalden ist. In dem Dritten teyl wirt gesaget. vnd klerlich geschriben von mancher hubscher behender vnd ser nuczparlicher rechnung auß rechtem grunt der kunst deß messzen Geometria genant gezogen. Weliche alle oben vermerckte vnd kurczuerschnitne materia. Unuerporgen in dießem nochuolgenden kurczen Rechenpuchlen gancz klerlich in das licht der erkentniß gebracht werden vnnd einem itzlichen dießer kunst liebhaber gancz getreulichen mitt geteylt·

¶Nach dießen allen alßo verfurten vnd [a 8r/8r] etzlicher moß oben gemelten materie werden tzu dem leczten etzliche hubsche schimpfliche rechnung gesaczt tzu einer wider erquickung mueßamer arbeit

---

4 schlahunge] kaufschlag BCD 4 mal] *fehlt* BCD 7 gewelb] gewerb BCD 9 kornnt] korn E

Hie wirt vervolget daß erste teyl dießes buchles der Rechenschafft

Numeratio

Seinte mal das die. kunst Un*nd* erkentniß der zal in allen dingen bequem vn*d* ser not ist tzu wisszen alß ich dan auß dir erkant hab· Un*d* den weyßen man spreche*nd*e in dem buch der weyßheyt ann dem eylfften seiner weißheyt Got hat alle ding beschaffen. In gewicht In zal vn*d* moß. So will ich dich hie lernen. vn*d* gru*nt*lich vnder weyßen die kunst der zcal dar in zum ersten not ist tzuwissen wie man ein itzliche zcal schreiben ßol mitt vnderscheyd der anderu*n* Darumb merck das do sindt neun bedeutliche figur alß · 1 · 2 · 3 · 4 · 5 · 6 · 7 · 8 · 9 · Un*d* die zehent ist .0. vn*d* bedeut allein nichtz. ßo sy aber bey denn [a 8v/8v] andern*n* figuren geseczt ad*er* geschribe*n* wirt So macht sy die andern*n* mer bedewten Und mit den zehen figuren wirt alle zal geschribe*n* Nun soltu mercke*n* daß ir itliche vnter den neun figuren an der erste*n* stat bedeut sich selbst. Ann der andern zehen mal sich selbst. Ann der dritten hundert mal sich selbst· Ann der vierden taußent mal sich selbst. vnd alßo der itliche ßo sie furpaß gesaczt wirt gegen der lincke*n* hant bedeut alweg zehenmal mer de*n* di nechst ir gleiche die vor ir stet Darumb heb albeg alßo ann tzu zelen von der ersten die gegen der rechten hant stet. Eynß zehen hundert. taußent. Unnd secz auff itlih taußent ein punckt do pey man merckenn mah wieuil die leczt figur mer taußent bedeut dan die vor ir Un*nd* merck daß· daß die erst figur heist die gegen der rechtenn hant geschriben stet Un*nd* die gegen der lincken hant heist die leczte: alß hie niden geschriben ist.

[b 1r/9r]

	1		10		100	
	2		20		200	
	3		30		300	
	4		40		400	
Linck	5	0	50	0	500	0
	6		60		600	
	7		70		700	
	8		80		800	
	9		90		900	

6 seiner weißheyt] *fehlt* BCD 7 lernen] lere*n* BCD 19 stet] *fehlt* E 23 alß hie] *drittes Schema fehlt* D 24 niden] nach E 24 ist] stat BCD

1		11		21		31	
2		12		22		32	
3		13		23		33	
4		14		24		34	
5	1	15	2	25	3	35	*etc* Recht
6		16		26		36	
7		17		27		37	
8		18		28		38	
9		19		29		39	

[b 1v/9v]

					0					
	9	8	7	6	5	4	3	2	1	
	8	7	6	5	4	3	2	1	2	
	7	6	5	4	3	2	1	2	3	
	6	5	4	3	2	1	2	3	4	
Linck	5	4	3	2	1	2	3	4	5	recht
	4	3	2	1	2	3	4	5	6	
	3	2	1	2	3	4	5	6	7	
	2	1	2	3	4	5	6	7	8	
	1	2	3	4	5	6	7	8	9	
					0					

Additio

Nu soltu wisszen das addiren heyst zcu sa*mm*en geben eyn zal zcu der ander*n* das eyn sum dar auß werde· Un*d* auß soliche*m* addiren kumpt das man mit eyner figur geschreyben mag ader mit zweyen· ku*mp*t eyne. die schreib nyden vnder die lini ku*mm*en ade*r* zwu szo schreyb die erste vn*d* behalt die ander in dem sinne. vnd gieb sy zu der nechsten figur darnach gegen der lincken hant vn*d* thu aber alß vor
[b 2r/10r]

Exemplum

76104	861309	283901
28965	435867	148149
105069	1297176	432050

Nu soltu wyssen das dreyerley prob ist da durch man sehen vn*d* probir*en* mag ab man recht su*mm*irt hab ader nicht vn*d* des gleychen auch in nachuolgenden wercke*n* Zum ersten eyn gemeine prob vn*d* ist szo du zwu

8 ist] sin CD 8 sehen vn*d*] *fehlt* BCD

ader drey ader mer zal ader sum zcu sammen su*mm*irt hast in eyn sum vn*d* wilt probir*en* ob du ym recht getha*n* habst ader nicht szo subtrahir wider die eynczlichen alle eine nach der andern*n* von der haubtsum· vn*d* szo eß dan gleich auffghet ßo ist eß recht. Darnach ist eyn sunderliche prob mit 9. Un*d* ist wan du etwas gemacht hast vn*d* probir*en* wilt ob eß recht sey ader nicht ßo nym wegk albeg vo*n* allen zalen die du furhenden deines werckes gehabt hast itliche figur fur sich selbst gerechet 9 alß offt du magst. vnnd das vberig wirt die prob.

[b 2v/10v] Zum Dritten ist mer ein sunderlicherer prob Un*d* eyn gewisserer mit 7. Un*d* pey der prob merck daß vo*n* yeder zal die aldo geschrib*en* stet 0. di p*r*ob ist· vn*d* wen dir ey*n* andere zal furkumpt ßo ny*m* die nechste dar vnter die alhie stet. vn*d* zel piß auff deyn zal daß selb nym die prob Und ßo du eyn grosse zal probiren wildt ßo behald solch deyn gefundene zal ym synne Unnd nym die nechsten gegen der recht*en* hant dar zcu vn*n*d merck aber wie vil prob da von ist vnnd ghee furpaß alßo pistu kumpst an die ersten figur. vn*d* was dan*n* kumpt daß ist dein prob. vo*n* der furgelegte*n*n zal Wiltu nu probire*n* ob du recht habst zusamme*n* geben ader nicht ßoltu mercken zum ersten daß auff itliche species drey exempel gesaczt seyn. Daß erste geprobirt mitt der ersten prob Dasz ander mitt der [b 3r/11r] andern Und daß drit mit der drit*en* alßo hie nach uolget· Nu probir daß erst alßo subtrahir die obern*n* zwu sum von der vntern*n* pleybt 0· Darum*b* yn der erst*en* prob ist albeg 0 die prob. Darnach probir d*az* ander mit der andern prob· alßo nym die prob von den obern zweyen czalen· vnnd addir die zu samen kumpt den der vntern zal auch ßo vil ßo i*sts* recht Un*d* also probir auch daß drit. Ny*m* die prob von de*n* obern zweyen czalenn (alß ich dich oben vnderweyst hab) vnd addir sy zusamen· ku*m*pt dann der vntern czal auch ßo vil ßo ist esz recht· vn*d* secz die p*r*ob albeg alsz vnd*en* stet.

					6	
	2		9	0	×	6
					6	
p*r*oba des	1	ex*em*p*lum* mit	Subtrahiru*n*g d*er* gead dirten zal von dem ag- g̃regat			
	3				3	
			7	2	×	1
					3	

2 ym] *fehlt* BCD 3 alle] zal D 4 sunderliche] sundre BCD 9 mer] noch BCD 9 sunderlicherer] sunderlichere BCDE 9–10 gewisserer] gewisser BCD, gewissere E 12 die alhie stet] *links am Rand die Vielfachen von 7 bis 98* 14 nechsten] nechst BCD 25 der] in der D

[b 3v/11v] Subtrahiren

Hye nach wil ich dich lernen subtrahire*n* das heyst ab zihen So ma*n* eyn zal ny*m*pt von der andern*n* dastu sehest wie vil deß vberigen sey*n* vnd merck daß die zal vo*n* der du zihen wild ßol almol grosser seyn vnd daß merck pey den leczten figure*n*· vn*d* heb an der erste*n* an. vn*d* ny*m* die vntern*n* von der obern*n*. vn*d* magstu die geneme*n* ßo schreyb das vberig vnde*n* Ist aber die vnter grosszer dan die ober ßo leych der vntern pyß auff zehen· vnd waß du den selbe*n* leyhest das gieb zu der obern*n* figur vonn der du nicht ab zihen ad*er* neme*n* magst vn*d* schreib daß auß solchen addir*en* entspringt niden Un*d* da pey merck gar eben wen du also zehen gemacht hast. ßo gieb eyns zu der nechsten vntern*n* figur die darnach stet gegen der lincken hant· Un*d* zeuch aber die vntern*n* vo*n* d*er* obern*n* ßo la*n*g pistu dy vntern figur alle von den obgeschriben subtrahirt ader ab gezogen hast:

[b 4r/12r]

Exemplum

56341	80146	70100
13425	51092	23045
42916	29054	47055

Wiltu probirenn ab du recht subtrahirt hast ad*er* nicht Addir di vntern*n* zwuzal zu samme*n*· vnd ßo wider kumpt die ober ßo i*sts* recht· vnnd das durch die erste prob. Wiltu ader probirenn durch die andern zwu prob. So ny*m* die prob vo*n* de*n* vntern*n* zweyen zalen vnd addir die zu sa*mm*en vn*d* eß sol ßovil prob werden alß vo*n* der obern*n* zal kumpt. ßo i*sts* recht vnd kumpt alßo.

			2
	2		9 — 1 × 8
			2
p*r*oba	1	ex*emplum*	addiru*n*g der s*u*btrahir
deß		mit	ten zal*en* zu sam*men*
	3		1
			7 — 2 × 1
			1

[b 4v/12v] Wiltu ader su*mm*iren gulden schilling vn*d* heller alß hernach stet Szo summir dye heller zum ersten ßo ku*mm*en 75 heller dye teyl yn

2 lernen] leren BCD 4 almol] alweg BCDE 9 ad*er* nemen] *fehlt* BCD 13 d*er*] den BCD 14 ader ab gezogen] *fehlt* BCD 16 vnd ßo wider kumpt die ober] kumpt dan die ober wider CD 20 vnd kumpt alßo] *fehlt* CD, *die Reste bei der Neunerprobe sind falsch oder unvollständig reduziert 1, 8, 2, 10, bei der Siebenerprobe 2, 1, 1, 2* A

12 vnd werden schilling macht 6 ß 3 heller die 6 ß addir zcu dieszen ß szo ku*m*men 130 die partir in 20 vnd werden 6 guld*en* 10 ß die addir zu den ander*n* gulden Summa alles 4905 guld*en* 10 ß 3 heller *etc*

654		18		11	
412		14		10	
908		16		9	
123		13		8	
345	flo	17	ß	6	heller
561		12		11	
230		11		10	
789		10		3	
877		13		7	
4899		124		75	

Summa alle 4905 flo 10 ß 3 heller

So du ader guld*en* von guld*en* vn*n*d ß von ß vnd hell*er* von hellern abzyhen wild· So [b 5r/13r] heb an den hellern*n* an. Un*n*d wen du die vntern*n* nicht machst abzyhe*n* vo*n* de*n* obern ßo entlehen 1 ß daß sindt 12 heller vnnd nym 9 hell*er* von 19 vnd pleyben 10 vnd den ß de*n* du entlehent hast gib ader addir zu den ß die vnten steen vnnd werde*n* 16 ß Nu sprich aber 16 vo*n* 13 mach nicht sey*n* szo entny*m* ader leich 1 guld*en* daß sint 20 ß vnd werden 33 da von nym 16 vn*d* pleyben 17 ß vnd den gulde*n* den du entlehent hast gieb czu den guld*en* die yn der vntern zal steen. vnd darnach subtrahir furt alß du dan obengelernt hast

Exemplum

638954		13		7	
385427	fl	15	ß	9	heller
253526		17		10	

Dupliren

Nu wirt noch geordnet daß Dupliren d*az* heyst zwifechtige*n* vn*d* ist nicht anderß da*n* mit 2 multipliciren· Nu wen du wilt eyn zal duplir*en* ader zwifach mache*n* szo heb [b 5v/13v] albeg an der ersten gege*n* der rechte*n* hant Un*d* duplir sy vn*d* wen du sy nu duplirt hast. ist sach daß darausz kumpt eyn zal die man mit einer figur schreibe*n* mag. szo schreib sy vn-

1 6] 9 AE, 6 BCD 2 130] 120 AE, 130 BCD 2 10 ß] *fehlt* AE 3 alles] *fehlt* BCD 3 4905 guld*en* 10 ß] 4251 guld*en* AE 6 du] *fehlt* D 10 entny*m*] nim BCD 13 gelernt hast] gelert bist BCD 15 zwifechtige*n*] zwifeltigen BCDE 17 zwifach mache*n*] zwifeltige*n* BCD 18 hant] an D

den kumpt ader eyn zal die ma*n* schreibet mit zweye*n* figure*n* so schreib die erste*n* nydenn· vn*d* behalt die ander so lang in dem sin paß du di nechst darnach gege*n* d*er* lincke*n* ha*n*t auch geduplirt hast dar|nach ßo addir die figur die du ym syn behalte*n* hast dar zu vn*d* schreyb die su*m* nyde*n* wie furmalß vnd alßo thu den anderny*n* allen paß auff die leczte.

4902	1987	6857
9804	3974	13714

¶Wiltu nu probiren ab du recht duplirt hast ader nicht. Zum ersten mit d*er* ersten prob. Szo halbir die geduplirte zal· vnd kumpt wie vor Darnach probir auch mit den andern*n* proben. Nym die prob von den obern*n* vn*n*d duplir sy vn*n*d eß sol ßo vil prob kummen von der vntern*n* duplirten zal kumpt eß ßo ist eß recht·
[b 6r/14r]

					5
	2		9	7	× 14
					5
p*ro*ba deß	1	exem*plum* mit	Halbirung der ge duplirt*en* zal		
	3				1
			7	4	× 8
					1

Daß 5 Capitel
Mediren

¶Nu wil ich dich lernen Mediren das heyst halbiren vn*n*d ist nicht anderß dann eyn teylung eyner zal mit zweyen d*az* ma*n* sehe waß das halbteyl sey. vnd merck d*az* du an hebst gegen der lincken hant an d*er* leczten figur. vnd ist die selbige geradt so schreyb das halbteyl. vnden· iß sy aber vngeradt vn*d* doch mer dan 1 ßo thu 1 do von daß es gerad werde. vn*d* das selbig darnach teyl in die helfft· vn*d* schreib d*az* halb teyl vndenn. Ist aber die figur zu teylen nicht dan 1 ßo behaldß vngeteylt yn dem synne. vn*d* gee zcu der nechsten gegen der [b 6v/14v] rechten hand. vn*d* ist die selbige gerad. szo teyl sy. vn*d* fur das 1 das do vo*n* d*er* negste*n* vngeraden vn*d* geteylten figur genomme*n* hast ader fur das 1 ym synne behaltenn soltu albeg 5 zu der geteylten figur helfte addiren.

2 erste*n* nydenn·] erst vnde*n* BCD 2 behalt] halt BCD 10 kumpt eß] *fehlt* BCD 11 Daß 5 Capitel] *fehlt* CD 13 lernen] leren BCD 16–17 so schreyb das halbteyl. vnden· iß sy aber vngeradt] *fehlt* D 17 es] *fehlt* AE 18 die helfft] d*az* halb BCDE 19 nicht] nit me BCD 22 geteylten] vngetailten D 23 helfte] halbteil BE, *fehlt* CD

vn*d* nyden vnder die lini schreyben. vnd alßo den andern*n* allen thun paß auff die erste figur gege*n* der rechten ha*n*dt Unnd ist sach daß die selbige erste figur gerad ist szo medir ader halbir sy alß die andern*n*. iß sy aber vngerad szo halbir sy als ich dich ob*e*n gelernt hab vn*d* daß 1 daß vbericgk ist daß teyl auch yn die helft vn*d* wirt ein halbs dasz schreib eyn wenig vb*er* die erst figur ausz der ordenu*n*g der figuren vnnd das klerlich zuuernemen merck die exempel·

Exempla

8462	7854	1943
4231	3927	971ↄ

[b 7r/15r] Wiltu nu probiren ab du ym recht getha*n* hast ader nicht So duplir die vndersten durch die erste prob· vn*d* kumpt die oberst wider szo ist esz recht· Probirs auch durch die andern prob also Nym die p*ro*b von den vndern vnd duplir sy vn*d* kumpt dan oben auch szo vil. szo ist esz recht

				6
	2		9 3	× 6
				6
p*ro*b*a* deß	1	ex*em*p*lum* mit	duplirun*g* d*er* halbirt*en*	
				4
	3		7 $5\frac{1}{2}$	× 11
				4

Daß 6 Capitel
Multipliciren

Nu soltu merke*n* daß aller grunt deß multipliciren dasz dan geheyssen wirt Mere*n* [b 7v/15v] ader manchfeldigen leyt an dieszen nach uolgenden taffeln. vnnd ist wie ein figur die andern multiplicirt. alsz dan klerliche*n* ausz druckt die verfurung dieszes nach geschribe*n*s Capitelsz. Un*d* zum erste*n* wirt gesaczt durch taffeln auszgesproche*n* dasz eyn mol eyn· Un*n*d darnach volget eyn mol 20 oder 2 mol 20 vnd ist gleich zcu machen alß eyn mol eynß alleyn das du eyn 0 dar fur seczest· Und zum drite*n* volget noch art vnd kunst czu multipliciren das eynmol eyn. Durch 4 hubsche Regeln*n*. Zum ersten wil ich seczen zwu taffeln yn

3 medir ader] *fehlt* BCD 4 gelernt] gelert BCD 5 die helft] das halb BCDE 7 zuuernemen] zuouerstan BCD 12 recht] *In der Neunerprobe fehlt die untere Zahl* A 13 Daß 6 Capitel] *fehlt* CD 21 alß] als das BCD

welchen du behendiglichen vindest das eyn mal eyn. Das erst ist eynn taffel geformiret auff den triangel geczogen auß hebraischer zungen ad*er* iudischer gleich alß vil ynn sich beschlyssen alß die taffeln in quadrat weliche dann die ander gesaczt ist. alß dan hye hernach ytlich an ir selbst form klerlich beschriben ist.

[b 8r/16r]

1	2							
2	4	3						
3	6	9	4					
4	8	12	16	5				
5	10	15	20	25	6			
6	12	18	24	30	36	7		
7	14	21	28	35	42	49	8	
8	16	24	32	40	48	56	64	9
9	18	27	36	45	54	63	72	81

Lern*n* wol mit vleiß daß eyn mol eyn Szo wirt dir alle Rechnung gemeyn

1	2	3	4	5	6	7	8	9
2	4	6	8	10	12	14	16	18
3	6	9	12	15	18	21	24	27
4	8	12	16	20	24	28	32	36
5	10	15	20	25	30	35	40	45
6	12	18	24	30	36	42	48	54
7	14	21	28	35	42	49	56	63
8	16	24	32	40	48	56	64	72
9	18	27	36	45	54	63	72	81

[b 8v/16v] ¶Hye nach volget eyn mol 10 vnd das soltu gleych machen vnd yn aller mosz alß daß eyn mol eyn alleyn wen du dy bedeutlichen figur gemach hast ßo secz eyn 0 dar czu alß hie nyden stet.

---

1 behendiglichen] behend CD 4 hye hernach] *Die erste Spalte in der ersten Tabelle fehlt* A

1		10		10	4		70		280
2		20		40	9		80		720
3		30		90	8		60		480
4		40		160	3		90		270
5	mal	50	ist	250	7	mal	40	ist	280
6		60		360	5		30		150
7		70		490	2		10		20
8		80		640	1		50		50
9		90		810	6		20		120

Nu volget 10 mal 10 vn*d* ist auch gleich alß eyn mal eyn da*n* dasz du zwu 00 dar fur setzest alß her nach stet.
[c 1r/17r]

10		10		100
20		20		400
30		30		900
40		40		1600
50	mal	50	ist	2500
60		60		3600
70		70		4900
80		80		6400
90		90		8100

40		80		3200
80		60		4800
30		50		1500
50		70		3500
60	mal	10	ist	600
90		40		3600
20		90		1800
10		30		300
70		20		1400

[c 1v/17v] Wiltu ader leichtigklich das 1 mol 1 mit ander art der m*u*ltiplicieru*n*g begreyffen· szo merck mit fleyß drey hubsche Regel hie noch volgende. vn*d* ist das die Erst. Szo du eyn figur mit der andern*n* ader mit yr selbst multipliciren bist ßo secz albeg czu d*er* kleynern*n* ader ßo sy gleich seyn zcu eyner welicher eß dan ist eyn 0. Un*n*d darnach wart waß zwischen der grossern*n* ader ire*n* gleichen vnd 10 ist. vnd szo manchmol 1 zwischen in peden ist· szo offt subtrahir die kleiner figur von der zal da fur du da*n* das 0 gesaczt hast. vnd waß dan do pleybet

1 auch] *fehlt* BCD 5 vn*d* ist das] vnd ist B, *fehlt* CD 7 eß dan] *fehlt* CD 9 offt] dick BCD

d*az* ist die zal darnach du gefragt hast Alßo hie yn dießem exempel 7 mol 8 Nu secz 0 fur die 7 alßo 70. vnd zwischen der grossern zal alß 8. vnd 10 ist 2 Darum*b* subtrahir die kleyner zal alß 7 zwir vonn der· da fur du das 0 gesaczt hast. vnd ist 14 szo pleibt 56 vnd ist recht. Ader machß alßo nach einer andern Regel pehenderß synß. Und merck gar eb*en*. (szo [c 2r/18r] du eyn figur mit der andern multiplicir*en* bist) die vnderscheyd der grossern vn*d* 10 vnd auch die vnderscheyd zwischen der kleynern vn*d* 10. vn*d* ist sach das zwische*n* der grossern*n* vnd 10 nicht dan 1 ist szo addir die zwu zal die du dan mit eynander multiplicire*n* wilt. zu sa*m*me*n*. vn*d* secz die kleyner zal vnd die vnderscheyd zwische*n* d*er* kleynern vn*d* 10 dar fur vn*d* ist gemacht Alß 9 mol 9 addir sy zu sa*m*men wirt 18 secz 8 vnd die vnderscheyd zwischen der kleynern*n* vnnd 10 ist 1 das secz dar fur wirt 81 vn ist recht 8 mol 9 machß nach der regel ist 72· 7 mol 9 ist 63 *etc* Ist aber die vnderscheyd zwyschen 10 vnnd der grossern zal. 2 so secz die vnderscheid zwischen der kleynern*n* vn*n*d 10 geduplirt fur. y*sts* dan 3 szo triplir *etc* alß 8 mol 8 addir sy wirt 16 secz 6 duplir die vnderscheydt der kleynern ist 4 stet alßo 64 Item 6 mol 8 ist 48 Item 7 mol 7 triplir wirt 49 *etc*

[c 2v/18v] Unnd alßo furt ßo lang paß die vnderscheidt gleich wirt der haubt zal. vn*d* nicht weyter· vnd alßo magstu vil ander Regel mer machen auß der zal vnderscheyd wie man ein figur mit der andern*n* multipliciren ßol

Die ander Regel· vn*d* ist wenn du multiplicire*n* wild alle zal vnd*er* 20 die ma*n* schreibet mit zweyen figure*n*. mit der zal eyner figur Szo fur die eynczliche figur durch die erste der zweyen. vn*d* ist sach das auß szolchen multiplicir*en* eyner figur eyn zal entspringet. szo secze sy· vn*d* von stunden dye eynczliche figur darnach da mit du dan gemultiplicirt hast· Alszo 4 mal 12 Sprich 4 mal 2 ist 8 nu secze 4 darnach wirt 48 vnd ist gemacht Entspringt aber ausz solch*en* multiplicir*en* eyn zal mit zweien figuren· secz die erst. vnd addir die ander zcu der figur da mit du dan multiplicirt hast. vn*d* das darauß wirt secz nach d*er* ersten alß 8 mol 19 Sprich 8 mol 9 ist [c 3r/19r] 72 secz 2 darnach addir 7 zcu 8 wirt 15 secz alßo 152. vnd ist recht.

	8		19		152	
	7		17		119	
	6		18		108	
Exe*m*pla	5	mal	19	ist	95	vn*d* alßo
	4		13		52	
	2		17		34	
	5		19		95	

8 nicht] nit me BCD 27 stunden] stunde BCD 33 ist recht] *Eine Zeile wird wiederholt.*

Dye dritte Regel. szo du zwu zal mit ey*n* ander multiplicir*en* wilt der mann itliche mit zweyen figuren schreybenn muß alsz von 10 pisz auff 20. So secz sy vndereynander. Und multiplicir die erste*n* mit eyna*n*der vn*d* das darausz kumpt das secz Darnach addir die selbigen ersten figur zusammen· vn*d* ab ausz den multipliciren mer dan man mit eyner figur geschreib*en* mag· ku*m*men wurde· das gieb zcu den ersten zweyen figuren· und secz nach d*er* furgesaczten figur. vnd nym von den leczten nicht mer dan 1. Esz koem dan ausz de*n* [c 3v/19v] Addirn etwas dar zu· Un*d* also machstu alles vor geschriben m*u*ltiplicire*n* leichlich außwendigk in dem synn lernen ann alle mue· vn*d* piß geflissen yn sunderheyt das du das eyn mol eyn wol kunst szo wirt dir alle dinck leycht zu rechen

13	16	15	14	19
13	17	15	14	19
169	272	225	196	361

Nu ynn dießer nachgeender art wil ich dich lernen gemeyne Regeln*n* vber alles m*u*ltipliciren. vnd zum ersten alßo wen du eynn zal wie groß sie sey mit der andern*n* m*u*ltipliciren wilt Szo setz die zal da mit du dan m*u*ltipliciren wildt mit irer vnterscheid der figuren vnder die die du dan multiplicir*en* wilt albeg ein figur vnder die ander yn gleichen *con*cellen. vnnd fur die erst yn die erst· vnd ist sach das man die zcal die auß solchen multipliciren entsprunge*n* ist schreibt mit eyner figur. szo schreybe oder secze sy vnden. vnd fur darnach dy [c 4r/20r] selbige erste figur durch alle ander der obern*n* zal. Entspringt aber auß solchenn multipliciren eyn zal mit zweyen figure*n* szo schreyb die erst. vnnd halt die ander yn dem synn alß lang paß du die selbige erst der vndern*n* ordnu*n*g furest durch dye ander der obern darnach addir das selbige ym synn behald*en* zu der sum die auß den andern*n* multipliciren entsprungen ist Und alßo thu mit allen den andern· dar nach fur auch die ander figur der vntern zal gleicher weyß alß die erste durch alle figur der obern*n*· vnd waß dan kumpt auß den ersten m*u*ltiplicir*en* secz vnder die erst. vnd waß entspringt auß der andern*n* secz vnder die ander vnd alßo furt. vnd wen du sy alßo alle multiplicirt hast. so addir dan die summen alle in eynn sum alß ich dich dan oben gelernt hab· vnd hie nyde*n* stet yn einem exempel.

7 den] dem E 11 rechen] *Überschrift* Exempla CD 12 nachgeender] nachfolgender E 16 ander] andern E 18 schreybe oder] *fehlt* BCD 21 halt] behalt CD 25 den] *fehlt* BCD 27 den] dem BCDE 30 gelernt] gelert BCD 30 nyde*n* stet yn einem exempel] in eim exempel stat BCD

[c 4v/20v]

Exempla

						8	6	0	1	4	7
						2	3	5	8	9	1
						8	6	0	1	4	7
				7	7	4	1	3	2	3	
			6	8	8	1	1	7	6		
		4	3	0	0	7	3	5			
	2	5	8	0	4	4	1				
1	7	2	0	2	9	4					
2	0	2	9	0	0	9	3	5	9	7	7

Wiltu nu probir*en* ab du ym habst recht gethan ader nit durch die ersten p*ro*b szo diuidir ader teyl die entsprungende zcal wider mit der du dan m*u*ltiplicirt hast so kumpt die ober wider vnd ist recht. Wilt du aber mit denn andern*n* zweyen proben probiren Szo nym die prob von peden zalen der obern*n*. vn*d* multiplicir sy zusa*m*men vnnd merck die prob die do von kumpt. Un*d* kumpt dan von der vntern*n* zal auch szo vil szo ist esz recht.

[c 5r/21r]

8
9 — 8 × 1
8

Proba mit — Teylung deß mererß der ganczen sum

5
7 — 1 × 5
5

Ader machß alßo auff eyn andere weysz Secz zum ersten die zal die du multiplicir*en* wildt von der rechten hant gege*n* der lincken. Un*d* die ander da mit du dan m*u*ltiplicir*en* wildt gege*n* der rechten hant perpendiculariter. alß dan do nyden stet· vn*d* multiplicir die ersten zcu der rechten hant durch die erste der obern*n* ordnung. vnnd darnach durch die andern*n* alle. vnd alßo auch die andern gegen der rechten hant Un*d* ist do keyn vnderscheyd mit itlicher besunder die zcu der rechten hant herab geschriben sten· dan alleyn waß du mit d*er* andernn figur ynn die ersten die oben ge[c 5v/21v]schriben stet multiplicirest das secz vnter die a*n*der d*er* obern*n*. vn*d* das mit d*er* dritte*n* vnt*er* die dritte Sa*m* alßo

6–7 ist esz recht.] *nach* Proba *kommt vertikal angeordnet 2 1 3* BCD 17 ander] andern BCD 17 dritte] dritten BCDE 17 Sam] gleich BCD, *fehlt* E

					5	7	8	4	9	
				1	1	5	6	9	8	2
			3	4	7	0	9	4		6
		1	7	3	5	4	7			3
	2	3	1	3	9	6				4
4	0	4	9	4	3					7
4	3	0	1	7	6	7	3	3	8	

6

9 — 4 × 6

24

Proba mit Teylung deß mererß der ganczen sum

1

7 — 1 × 1

1

Ader machß alßo durch eynn behendere weyß· secz die zwu zal die du dan miteynnander multipliciren wilt· vntereynander. vnd doch also· das die erst figur der vndersten zal mit welcher du dan multipliciren wilt vnter die leczten der obern ordnung die du dan multipliciren wilt. vnnd [c 6r/22r] fur die lecze figur der vndersten ordnung in die letzte der obersten· vnd waß auß solchen multipliciren kummen ist. das schreyb vber die da mit du multiplicirt hast· alßo die erst figur (szo eyn zcal erwechst mit zweyen figuren) gleich vber sy vnnd die ander gegen der rechten hant· vnnd alßo fur alle figur der vnternn zal yn die leczte der obersten· vnd darnach ruck mit allen figuren der vndersten zal furt zu der nechsten der obern· vnd fur si aber alle in die selbige dar zu du geruckt hast. vnd so dir begeint ein bedeutliche figur an der stat an welcher du schreiben solt ader seczen die erwachsene zal der multiplicirung so addir sy behende in dem sinne. vnd schreib di sum deß selbigen addirenß. vnd wen du daz also gemacht hast mit aller multiplicirung· szo ruck aber furt zu der negsten der obernn zal. gleicher weiß alß in diuisione ader teylung vnd also steigkt diese multiplicirung vber sich gleich alß das diuidiren vnnd wenn du nu alßo gancz gemacht hast dieße multiplicirung paß zu der ersten geruckt. Szo vindest du [c 6v/22v] die zal die dan auß solcher multiplicirung entsprungen ist oben vmbher yn den vmb kreyß. vnd

1 Ader] *im oberen Zahlenquadrat unten* 6 BC 5 letzte] letsten figuren BC 6 kummen ist] kumpt C 9 figur] figuren BCD 10 obersten] obern BCD 10 vndersten] vndern BCD 18 paß] biß du D 19 geruckt] geruckst BCD

das machstu klerlichen mercken vnd erkennen in dießen noch geschriben exempel 36785 mit 12495 kumpt dieße zal.

2
6 1
5 6 8
3 5 6
9 5 2 6
8 2 6 5 5
5 6 8 0 8 1
4 9 7 2 6 1 7
3 6 2 9 3 7 5
4 7 4 8 5 0 5 0 5
3 6 2 7 3 6 7 8 5
1 2 4 9 5 5 5 5 5
1 2 4 9 9 9 9
1 2 4 4 4
1 2 2
1

Summa dießer multiplicirung
4 5 9 6 2 8 5 7 5

[c 7r/23r]

6
9 — 3 × 2
6

Proba mit Teylung deß mererß der gantzen sum

0
7 — 0 × 0
0

Dasz 7 Capitel
Diuidiren

Nu wil ich dich lernen partiren vnd teylen Und zum ersten yn eyn figur alß yn 2 ader yn 3 ader 4 *etc* Szo merck fleysick wie offt du dy figur dar eyn du teylen wildt gehaben magst ynn der zal die vor dir stet vnd secz alsz hernach geschriben stet.

3 Dasz 7 Capitel] *fehlt* CD 5 lernen] leren BCD 6 du] *fehlt* ABCE 8 alsz hernach geschriben stet] also BCD, *die Brüche sind in allen Drucken wie im Schema angeordnet, bilden aber eigentlich mit der Zahl in der nächsten Zeile einen unechten Bruch; bei der erneuten Division wurden sie vernachlässigt.*

[c 7v/23v]

		15241578570190521	$\frac{1}{2}$
	2	7620789285095260	$\frac{1}{3}$
Teyl in	3	2540263095031753	$\frac{1}{4}$
	4	635065773757938	$\frac{3}{5}$
	5	127013154751587	$\frac{3}{6}$
	6	21168845912526	

[c 8r/24r] Un*d* deß gleychen machstu auch partire*n* yn 20 yn 30 yn 40 *etc* gleich alß yn 2 ader 3 alleynn das du nicht Unter die erste figur kummen darfst vn*n*d secz alßo hie stet

		5379035	$\frac{15}{20}$
	20	268951	$\frac{1}{30}$
Teyl	30	8965	$\frac{5}{40}$
	40	224	$\frac{24}{50}$
	50	4	

So man ader yn vil vnd manig teyl tey[c 8v/24v]len will das heyst teylen yn galeyn · vnd wen du eyn zal teilen wildt· So schreib die selbige zal mit yrer vnterscheid vnnd secz den teyler dar vnter. vnnd merck gar fleyssiglich wye offt du den teyler gehaben magst· vnd das selbige secz gegen der rechten hant Unnd multiplicir die selbige zcal ader figur die du alszo gegen d*er* rechten hant gesacz hast in eyn itliche figur deß teylerß· besunder zum ersten ynn die leczten. vn*d* waß auß solchen multipliciren kumpt das svbtrahir von den oben geschribennen figuren. vn*d* alßo thu mit yeder in besunderheit. alßo lang das alle figur deß teylerß gemultipliciret syndt Darnach ruck den teyler vm*b* eyn stat furpaß. Un*d* wart aber wie offt du den teyler gehaben magst. vn*d* thu gleich alß zum ersten. so lang pastu vnter die ersten figure ku*m*me*n* pist. vn*d* das alles magstu mercken In dem Exempel du solt teylen 9803617524 In 45678 teyl. secz also hernach stet.

3 hie stet] *fehlt* BCD, *zur Stellung der Bruchzahlen s. obige Tabelle.* 7 fleyssiglich] fleyßlich BD 7 offt] dick BCD 12 besunderheit] sunderheit BCD 14 offt] dick BCD 15 figure] figuren E

[d 1r/25r] Exemplum

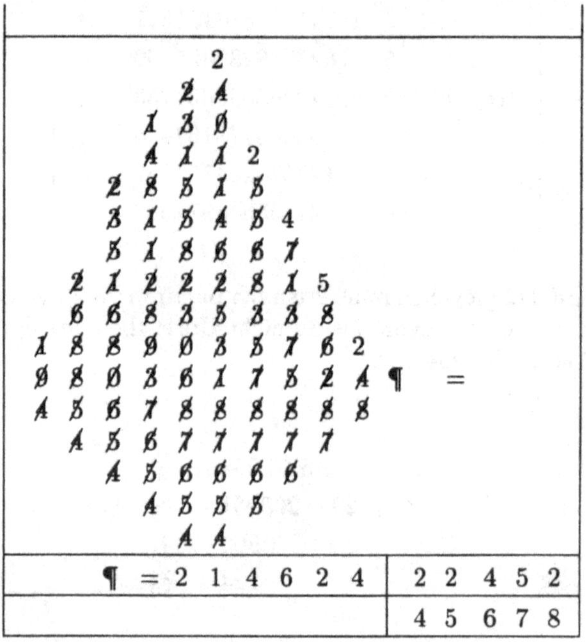

[d 1v/25v] Eyn ander exempel· Du solt teylen 161143442 In 2159 secz alßo hernach stet.

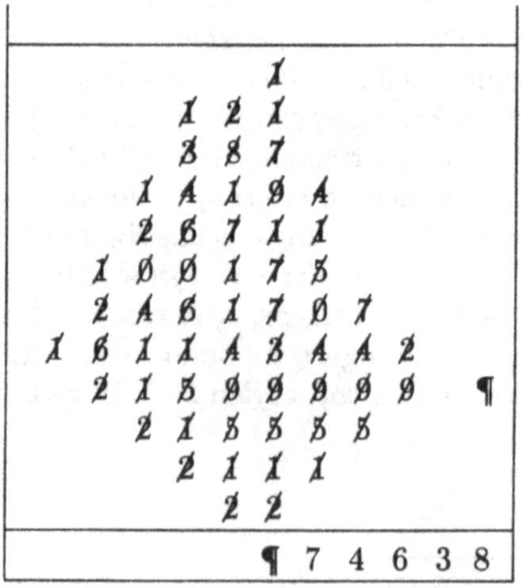

[d 2r/26r] Eyn ander exempel. Alß du ßolt teylen 3900994564 In 3986 secz alß hie stet·

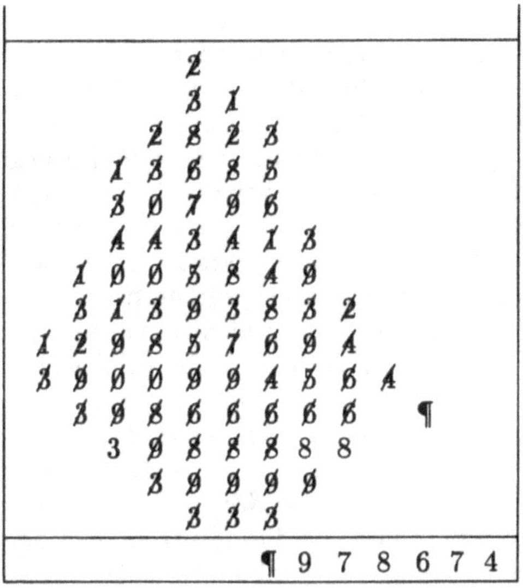

[d 2v/26v] Wiltu nu probire*n* ab du recht geteilt hast ader nicht Szo multiplicir durch die erste prob. den quocient das ist die zal die auß der teylu*n*g ku*m*men ist mit dem teyler szo kumpt wider (hastu a*n*derß recht geteylt) die zal die du da*n* geteylt hast· Ist ader in der teylu*n*g etwas uber gepliben. das addir nach der multiplicıru*n*g zcu der sum vnd wirt recht· Wiltu aber probire*n* mit den andern zweyen proben So nym die prob von dem teyler· vn*d* die prob vo*n* dem quocient. vn*d* multiplicir die zusa*m*men Dar zu addir die prob von den vberige*n* szo icht vberpliben wer vnnd merck was die prob sey kumpt dan von der zal dye du geteylt hast auch die selbige prob szo ist eß recht.

[d 3r/27r]

			5
	2		9 — 3 × 5
			23
Proba	1	exem*plum*	M*u*ltiplicıru*n*g deß tey
deß		mit	lerß mit dem quocient
			5
	3		7 — 4 × 3
			12

3 Eyn ander exempel. Alß du ßolt teylen] Teil BCD 1 secz alß hie stet] *fehlt* BCD 9 icht] etwas BCD 11 szo ist eß recht] *Die Reste sind in A unvollständig reduziert und im Schema falsch angeordnet.*

Das 8 Capitel
Progrediren

Nu soltu wissen das progressio nicht anderß ist den eyn gesampte zal nach gleicher vbertretu*ng* von einem ader zweyen d*az* man kurczliche aller sum erkennen mag· Un*d* ist mancherley progressio. Wan etliche steiget ader wechst nach naturlicher ordnung. der zal· etliche nicht· vn*d* der itliche ist zweyerley. wann etliche ist ader wechst in gerade zal etliche in vngerade Und alßo werden kurczlich durch Johannem von sacrobusto. vier Regel be[d 3v/27v]griffen. vnd ist die erst. Szo eyn zal vber sich wechst nach naturlicher ordnu*ng* in gerad. vn*d* du wildt wissen wieuil das in eyner sum sey· szo multiplicir die nechste nochuolgende zal mit dem halbe*n* teyl der geraden alß in dießem exempel 1. 2. 3· 4. 5 6· 7· 8· multiplicir 9 mit 4 kumpt 36 vnd ist recht. Die ander Regel· So die selbige vberwachsung sich endet in vngeradt dan multiplicir die selbige vngerade zal durch ir grosser teyl· Alß hie in dieße*m* exe*m*pel· 1· 2· 3· 4· 5. m*u*ltiplicir 5 durch 3 wirt 15 vnd ist recht. Die dritte regel vn*nd* ist wan eyn zal durch gleich mittel auß der zal naturlicher ordnung vbersich steyget in gerad· szo multiplicir die nechst nachgeende zal der helffte mit dem halben teil der gerad*en* zal alß in dießem exempel. 2.4 6.8.10· multiplicir 6 mit 5 wirt 30 vnnd ist recht· Die vierde regel So sich solche der zal vbertretu*ng* endet in vngerad Dan m*u*ltiplicir daß grosser in sich selbst alß hie [d 4r/28r] 1.3· 5· 7. multiplicir 4 das grosser teyl vo*n* 7 in sich kumpt 16 vnd ist recht

[freier Platz]

Nu aber alle ob*e*ngeschribene Regeln mit vil worten wenig begriffen die kurczlichen zcu verfuren. Unnd ander mer nuczparlicher Soltu mercken eyn fruchtparliche behende Regel. vnd ist die. Szo dir furkumpt eyn vber tretung der zal in naturlicher ordnung ader nicht gerad ader vngerad in gleich*en* mitteln*n* eß sey 1.2· 3 ad*er* 4. Und wilt wissen die gemeine sum der ganczen samlu*ng*. szo addir daz erst zu de*m* [d 4v/28v] leczten vnd multiplicir das produckt mit dem halbe*n* teyl der zal der vberwachsu*ng* ader der stet der aber czelu*ng*. Ader ßo die zal der stat vngeradt· ist szo m*u*ltiplicir die selbige zal mit dem halben teyl deß productß vnd kumpt recht alß hie yn diesem exempel· 1.3· 5· 7. addir 1 zu syben wirt 8. Nu multiplicir die 8 mit dem halbenn teyl der stat za*l*· alß mit 2 wan der figur seyn 4. ader multiplicir die zal der stat alß 4 mit dem halb*en* teyl des aggregatß daß ist von 8 werden 16 die zal der ganczen samlung. Deß gleychen yn allen andern*n* exempeln*n* gleicher mitteln*n*·

Nu aber soltu mercken eyn hubsche Regel· vnd ist Szo dir furkumpt in

---

1 Das 8 Capitel] *fehlt* CD 3 gesampte] gesumte D 5 aller] alle CD 5 progressio] progressio*n* CD 7 ist ader] *fehlt* BCD 18 der helffte] halber CDE 26 nuczparlicher] nutzlicher BCD 30 daz] *fehlt* A

gleicher vbertretung ein progressio alß in dupla tripla quadrupla ader quintupla proportione vnd du wild wyssen der ganczen vberwachsung. summam So merck ysts proportio dupla alß hie 1.2· 4· 8.16.*etc* Szo duplir die leczer zal· vnd von dem duplat subtrahir [d 5r/29r] die ersten alß oben. duplir 16 wirt 32 subtrahir die erst alß 1 pleybt 31 vnd ist recht Ists ader proportio tripla alß hie in dießem exempel. 1.3.9.27.*etc* Szo triplir dye leczer alß 27 darnach von dem duplat subtrahir die erst vnd daß vberig diuidir durch 2 kumpt 40 vnd ist recht. Ists aber quadrupla proportio So quadruplir dye leczte. vnnd subtrahir die erste. das vberig diuidir mit 3 kumpt recht· Und alßo vnentlich durch alle exempel der gleichen vnd alßo durch erkentnyß Und dießer art rechte verstentniß kanstu ander progressiones auff andere weyß vil machen· die frucht aber vnnd nuczparkeyt dießer art wirstu entpfinden. vnd mercken hinden in dem nachgeenden werck·

Daß 9 Capitel
Radicem extrahiren

In dießem nach geordinirten capitel wil ich dich lernen radicem extrahiren quadratam vnd auch cubicam· einer itzlichen zal [d 5v/29v] alß weyt ich kan· vnd dar umb soltu zum ersten mercken daß zcu gleicher weyß alß in geometria ist lenge alß linea. flech alß superficies. vnd dick alß Corpus. Alßo seyn auch dreyerley zal hye her dienende. Etzliche der leng Etzliche der flech. Etzliche der dick. wan gleich alß dye lini wirt gemessen alleyn durch die leng· vnd superficies ader die flech durch leng vnnd preyt· vnd Corpus durch leng preyt vnd dick Alßo auch numerus linearis die zal der leng genant. alleyn durch eyn zal ann yr selbst geacht. vnd superficialis die zal der flech durch zwu zal miteynander gemultiplicirt. vnd corporalis durch drey gemessen wirt Nu aber soltu wissen daß zweyerley superficies ader flech ist. etzliche ist zu allen seyten gevierdt vnd heyst quadrata Etzliche ist lenger dan preyt vnnd heyst quadrangula Alßo seyn auch zweierley zal der flech. wan auß multiplicirung zweyer zal miteynander entspringet dye zal der flech. vnnd darumb ßo du eyn zal [d 6r/30r] eyn mol mit yr selb multiplicirest erwechst numerus quadratus eyn gevierte zal alsz 4 mol 4 ist 16 eyn gevierte zal. vnnd 4 ist yr radix ader wurczel quadrata· wan sy gleich eyn geuierde flech beschreybet zcu allen seyten also·

---

1 progressio] progression CD 3 summam] sum CD 4 leczer] letste CDE 7 dye] dye die A 7 leczer] letsten BCD 7 duplat] triplat BCD 15 Daß 9 Capitel] *fehlt* CD 17 geordinirten] geordnetem BCD 35 also] als hie stat BCD

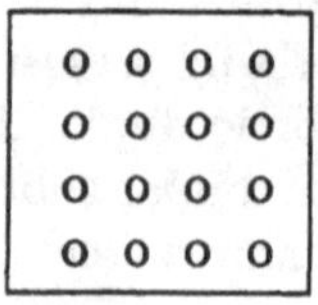

Szo du aber eyn zal zcu eyne*m* mal mit eyner ander m*u*ltiplicirest entstet eyn flech lenger dan preyt 4 mal 5 ist 20 eyn zal die do peschryben ist ey*n* flech le*n*ger dan preyt alßo

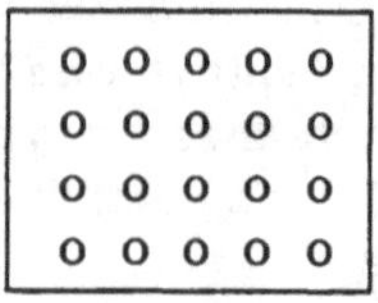

Nu ist auch zweyerley Corpus zcu dießem fur|neme*n* etzlicheß ist dar in sich vereynen alle drey moß alß leng preyt vn*d* dick· vnd wirt corpus cubicu*m* geheyssen Etzliches ist darin die leng vbertrit dick vn*d* preyt vnd ist corpus Solidu*m* genant· Alßo ist auch corperliche zal in zweyerley gestalt· wan etliche entspringet auß m*u*ltiplicirun*g* in sich selbst zwir als 27 erwechst auß 3 mol 3 zcu 3 mal vnnd 3 ist ir Radix Cubica [d 6v/30v] Und beschreibet eyn corpus geuiert zcu allen ecken gleych eynen wurffel alszo Etzliche ab*er* entspri*n*get auß m*u*ltiplicirun*g* ey*ne*r zal zwir in ey*n* a*n*dere alß 2 mol 3 zu 2 mal ist 12 Un*d* beschreybet ey*n* Corpus lenger dan dick vnd preyt alß hye· [Schrägbild eines Würfels, Quaders]
Nu soltu wyssen das albeg zwischenn zweyen quadrat*en* ist eyn mittel zal medium p*ro*portionale genant yn welcher sich miteynander vergleichen die selbige*n* zwen quadraten in p*ro*portione. vnnd szo du die grosser wurczel addirst zcu der selbigen nechsten zweyen quadrat*en* mittel zal. szo entspringet der grosser quadrat. Unnd wen du multiplicirest ey*n* wurczel mit der [d 7r/31r] ander*n* der zweyer quadrat ßo erwechst eyn solche mittel zal· Alß in dieße*m* exe*m*pel 4 ist eyn quadrat vn*d* sey*n* wurczel ist 2 Un*d* der negst nachgeende quadrat ist 9 vnd seyn wurczel 3· multiplicir die zwu wurczel miteynander sprich 2 mol 3 ist 6 nu ist 6 die mittel zal ad*er* vergleichniß wa*n* in gleicher p*ro*portio· alß sich hat. 9 d*er* grosser quadrat zu 6 alßo hat sich 6 die mittel zal zu dem kleynern*n* quadrat wan esz ist vberal proportio sesquialt*eram*· vnnd das machstu erkennen auß der p*ro*portio yrer zweyer wurczel vn*n*d wen du addirst die wurczel deß grossern quadratß zu d*er* mittel zal ßo erwechst der grosser quadrat nechst nochuolgende Alß addir 3 zcu 6 wirt 9 vn*n*d ist der grosser quadrat. Szo du aber addirst dye wurczel eynes quadrats an der dritten

1 ander] andern BCD 10 eynen] ainem D 13 alß hye] *fehlt* BCD 17 quadrat*en*] quadrat BCD 23 p*ro*portio] proportio*n* CD 26 p*ro*portio] proportio*n* CD

stat nach geende zcu dem selbige*n* nechst*en* zweyen quadrat mittel szo entspringt das mittel deß nechsten quadratß der do noch geth. vn*d* deß dritt*en* [d 7v/31v] alß 4 ist der erst quadrat 9 der ander 16 der drit Nu zwischen dem ersten alß 4 vn*d* dem andern alß 9 ist 6. vn*d* zwischen dem ersten vn*d* dritten ist 8 Nu addir die wurczel deß dritt*en* dem mitteln*n* alß zcu 8 wirt 12 das mittel zwischen dem andern*n* vnd dritten· wan szo du m*u*ltiplicirest die wurczel deß andern in die wurczel deß dritte*n* wirt auch 12 vn*d* alßo i*n* alle*n* a*n*dern nach gee*n*de*n* q*ua*drate*n* durch vn*d* durch auß vnentlich alß da klerlich*en* auß weyset dise nach geschribne figur.

Media proportionalia

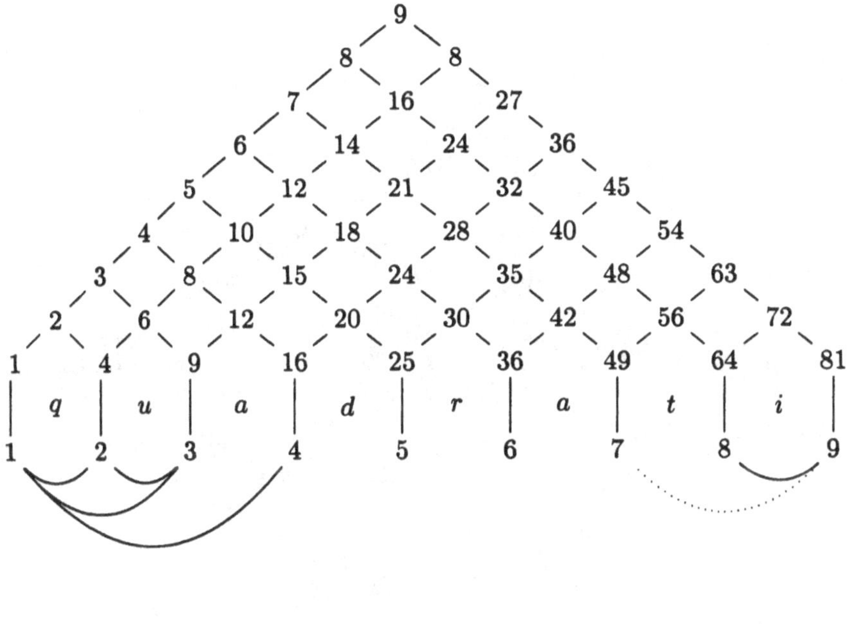

[d 8v/32v] Auch soltu mercken das zwisch*en* zweye*n* Cubicis seyn albeg zwey media p*ro*portionalia· Maius vn*d* min*us* eyn groß vnd eyn kleynß. auch weliche da*n* die zwu corporlichen zal miteynander vereynt werdenn wan gleych alß sich helt der grosser cubicus zu der grossern mittel zal· Alßo helt sich das kleyner mediu*m* p*ro*portionale zcu dem kleynern cubico. Un*d* ßo du d*az* grosser mediu*m*· addirest zu dem grossern quadrat: wirt der grosser cubicus. Und szo du den kleinern quadrat subtrahirst von dem kleinern medio pleybt der kleyner Cubic*us*. wiltu aber die zwey

13 auch] durch BCDE

media vinden So multiplicir die wurczel deß kleynern*n* quadratß in dem grossern quadrat ßo kumpt das grosser mediu*m* vn*d* die wurczel deß grossern*n* quadratß in de*m* kleynern quadrat szo erwechst das kleyner mediu*m* Exemplum 2 mol 2 zu 2 mol ist 8 d*er* kleyner Cubicus 4 seyn quadrat· vn*d* 2 seyn radix cubica. Un*d* 3 mol 3 zcu 3 mol ist [d 9r/33r] 27 der grosser Cubicus 9 sey*n* quadrat vnd 3 seyn wurczel cubica Nu m*ul*tiplicir 2 durch 9 kumpt das grosser mediu*m* 18 Und 3 mol 4 ist 12 das kleyner mediu*m* das sich helt zu 8 gleich als 27 sich halte zu 18 wan eß ist vberal p*ro*portio sesquialtera Und so du adirest 9 zu 18 kummen 27. vnd subtrahirest 4 von 12 pleyben 8 der kleyner Cubicus. was aber sunderliche frucht vn*d* vnmesliche auß czu reden nuczparkeyt yn diesen medys p*ro*portionalibus verporgen seyn vnd zu nemen ausz diesen figure*n* kan ich ny*m*mer mer beschreyben noch auß gesprechen nach inhalt der ersten Un*d* dieser nach geenden figur

Media proportionalia Maiora Cubicorum

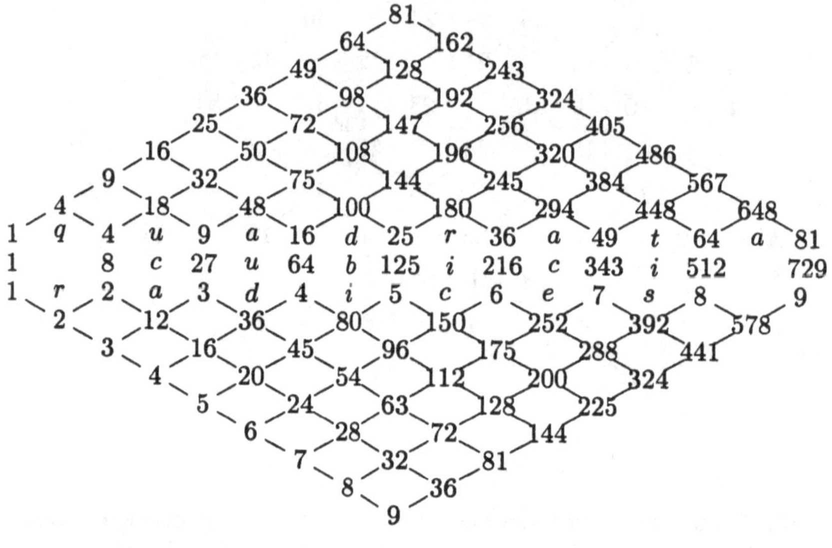

Media proportionalia Minora Cubicorum

[e 1r/34r] Nu noch volget die art. vnnd weyß· wie ma*n* auß einer itzlichen zal radicem szol zyhen quadrata*m* vn*d* auch cubica*m* So anderst die selbige zal an yr selbst quadrata ist ader cubica. ader yn yr beschleust ey*n* quadraten oder cubicu*m* Den am grosten auß zu extrahir*en* Soltu zum

6 wurczel] radix BCD 8 halte] halten BCD

ersten mercken auß zu zyhe*n* radicem quadrata*m*: so die zal der figur der zal dar in du dan radicem suchen wild· geradt ist ßo soltu vnter an eyne der leczten eyn zal suchen das dye selbige eyn mol yn sich selbst gemultiplicirt ad*er* quadrate· die obern weg nem auff das geneust alß weyt sy kan· Unnd dar|nach dye selbige gefundne zal geduplirt rucken vnder die nechst yr nochuolge*n*de figur mit yren subduplo vnter sy gesaczt vnd darnach neben dem subduplo· vnter der nechste*n* nochgeenden figur abe*r* suchen ey*n* zal welche szo sy gem*u*ltiplicirt wirt zum ersten in das duplat. vnnd darnach in sich selbst. die obern*n* zal weg nem ader [e 1v/34v] auff das geneust sy mag. Und darnach die selbige zum andern gefundne zal aber geduplirt vnnd mit yrem subduplo mit den andern*n* all*e*n furt ruck*e*n zu der nechste*n* vnd do aber such*e*n eyn zal gleich alß vor vnnd alßo ymmer furt baß du zu*m* ersten kumpst vnd der thu auch alßo. alß in dießem exempel du solt such*e*n radicem quadratam in der zal· 207936 Nu ist die zal der figuren gerad 6 darumb heb an zu suchen vnter an eyne der leczt*e*n eyn zal in sich gemultiplicirt *etc* alß ob*e*n· vn*d* ist 4 sprich 4 mol 4 ist 16 die subtrahir von 20 pleyben 4 Darnach duplir 4 werden 8 die secz vnter die nechten figur vn*d* das subduplu*m* dar vnter alß 4 vnnd stet alszo

4 7 9 3 6
  8
  4

Und neben dem subduplo vnter 9 such aber eyn zal dy du m*u*ltiplicirest durch 8 vnd darnach durch sich selbst *etc* vn*d* ist 5 also
[e 2r/35r]

4 7 9 3 6
  8
  4 5

Sprich 5 mol 8 ist 40 vnd 5 mol 5 ist 25 addir 40 vn*d* 25 alßo die leczt der andern zal alß 25 zu der ersten der erst*e*n czal 40 wirt 425 das subtrahir von 479 pleybt 54 Nu duplir aber 5 vbersich vn*d* laß 5 vnter dem duplat sten vn*d* ruck weyter mit allen vntern figuren vn*d* stet alßo

5 4 3 6
  9 0
  4 5

Nu such aber eyn zal *etc* Alß vor 6 die multiplicir durch 9 ist 54 das subtrahir von 54 pleybt 0 vnnd darnach 6 in sich selbst ist 36 subtrahir von 36 pleybt auch 0. vn*d* alßo ist die zal 207936 ein quadrat ad*er*

---

4 geneust] genechst E 10 geneust] genechst E 10 zum] zu der BCD

gevierte zal vnd sein radix ader wurczel ist 456 Ist ader sach das die zal dar in du dan radicem quadratam suchen wilt vngeradt ist· szo soltu an heben zu suchen yn aller weyß vnd form alß oben vnter der leczten· Und [e 2v/35v] Darnach durch ausz wie obenn· alß du solt suchen radicem quadratam in d*er* zal· 54756. heb vnter der leczten an· Un*d* darnach furt alsz in de*m* obern*n* exempel szo kumpt 234 radix quadrata. vn*d* ist recht So dir aber etwas vberig pleybt der zal darin du radice*m* gesucht hast. ist das ey*n* anweysung das die selbige zal nicht eyn quadrat ist gewesen· aber die wurczel die du gefunde*n* hast· ist ein wurczel desz grosten quadrat*en* in d*er* selbigen zal verschlosse*n*· welche wurczel szo du sy in sich selbst quadrate multiplicirest entspringet d*er* selbige quadrat. vnd wan du d*az* vberig dar zu addirest erwechst wider dein furgenu*m*mene erste zal alsz in dieszem exempel 10203040 kumpt radix deß groste*n* quadrats in der zal verporgen die .3194· vnd pleybt vberigk. 1404· Nu m*u*ltiplicir radicem in sich selbst quadrate kumpt 10201636. der quadrat addir das vberpliben ist kumpt die erst furgenu*m*me*n* zal. Und ist recht·

[e 3r/36r] Proba

Wiltu nun probiren ab du recht radicem extrahirt habst ader nicht· Szo multiplicir durch die erste prob radice*m* in sich selbst quadrate. szo kumpt wider deynn erste furgenummene zal. Ist aber etwaß vber geplyben dasz addir szo du gemultipliciret hast dar zu. vnd ku*m*pt recht Wiltu aber Probiren mit denn andern zweyen proben Szo nym die prob von der wurczel vnd multiplicir sy in sich selbst vnd szo die selbige proba der multiplicirung gleich ist der prob deiner furgenu*m*men zal szo ist esz recht· Ist ader etwasz vberplyben. szo nym die prob der selbige*n* vberig*en* zal vnd addir sy zu der prob der wurczel Und szo die prob der zwei*en* zusa*m*men geaddirten p*ro*ben gleich ist der prob deyner ersten furgenummen zal szo ist eß recht.
[e 3v/36v]

0
2 9 — 0 × 0
0
p*ro*ba 1 exem*plum* Multipliciru*n*g d*er* wur
deß mit czel q*ua*drate in sich selbst
1
3 7 — 2 × 8
1

7 vberig pleybt] überbleibt BCD 14 vberigk] über BCD 24 proba] prob BCD

In dießen noch gesaczten worten wil ich dich nu kurczlich vnder weyßen. wie du in eyner itlichen zal dy do cubica ist ader dar in beschlossen radicem cubicam suchen solt Szoltu zum ersten merckenn daß du (alß oben der zal geradigkeit hast angesehen vnd der figuren vngeradickeyt) ansehest vnd dich nach der furgelegten zal tausent richtest wan du albeg vnter der leczten figur des leczcern tausencz anheben ßolt zu suchen aber vnter der ersten figur wo nicht tauset ist. eyn figur cubice ader zwir (alß oben quadrate ader eyn mol) [e 4r/37r] in sich selbst gemultiplicirt das sy wegnem die obernn zal auff das geneust. Und darnach die selbige gefundne zal soltu (alß du oben hast vnter die nechst figur geduplirt) tripliren vnd das triplat seczen alß oben mit seinem subtriplo vnter die dritte figur· vnd neben den subtriplo vnter der nechsten figur darnach der obern zal. suchen eyn Die zum ersten mit dem subtriplo gemultiplicirt in das triplat. vnd zum andern alleyn gemultiplicirt in das auß der ersten multiplicirung erwachsen produckt. vnd zum dritten in sich selbst cubice ader 2 mol die obernn zal wegnem mit subtrahiren auff das aller geneust. vnnd darnach triplir ader driuechtige auch die selbe gefundene zal. zu dem obern triplat Und ruck mit allen aber zcu der dritten figur. vnd thu in aller form vnd moß alsz vor. alß lang. dastu kumpst vnter die erst figur der furgenummen zal. vnd auch machest alß du dan mit den andern allen gethan hast vnd [e 4v/37v] szo zum leczten nichsz vberpleybt. ist die furgenummen zal eyn Cubicus gewest. vnd die auß gezogne zal sein radix cubica· Ist aber etwaß vberigß pliben ßo ist die gefundne zal radix cubica deß grosten cubici der in der furgenummen zal beschlossen ist. Exemplum Du szolt examminiren ab die zal 12167 eyn Cubicus sey· ßo heb an zusuchen vnter den 2 ein zal die Cubice in sich gemultipliciret von der zal vber yr alß vil sy kan subtrahir vnd ist 2 vnd sprich 2 mol 2 zu 2 mol ist 8 die subtrahir von 12 pleibt 4· Darnach die selbige gefundne triplir vnd secz das triplat mit yren subtriplo vnter die dritte figur· alß vnter 6 vnd stet alßo.

4 1 6 7
6
2

Und such neben 2 vnter 7 eyn zal die gemultiplicirt mit 2 in dy 6 Und darnach allein in daz product. vnd zum dritten in sich selbst *etc* Und ist 3 sprich 23 mol 6 ist 138 in daß product multiplicir 3 kumpt 414 das subtrahir von dem Dden obernn pleybt noch 27. Dar[e 5r/38r]nach

8 eyn mol] einest BCD 9 wegnem] hinnem BCD 9 geneust] genehest E 10 nechst] nechsten BCD 13 eyn] eine BCD 16 geneust] genechst E 17 ader driuechtige] *fehlt* BCD, ader drifeltige E 19 vnd moß] *fehlt* BCD 23 vberigß pliben] überbliben BCD 27 vber] ob BCD 27 sy] sin CD 27 subtrahir] subtrahirt CD 31 gemultiplicirt] multiplicir CD

m*ul*tiplicir 3 in sich selbst zwir sprich 3 mol 3 zu 3 mol ist 27 subtrahir vo*n* 27 pleybt 0. Alßo ist 12167 ein recht*er* Cubicus vnd sein Radix ader wurczel cubica ist 23 Eyn ander exemp*el* do nicht tausent in ist· alß in dießer zal 729· such vnt*er* der ersten figur ein zal die· zcu zwey mol in sich gem*ul*tipliciret etc. Un*d* ist 9. sprich 9 mol 9 zu 9 mol ist 729 das subtrahir von der obern*n* zal vnd pleybt 0. Alßo ist 729 ein zal cubica· vn*d* 9 die wurczel da rauß sy ent sprungen ist. Szo aber etwaß vberplyben ist in suchu*ng* solcher wurcz*el* deiner furgenu*mm*en czal ßoltu wissen das die selbige zal nicht eyn Cubicus ist. sunder die gefundne vn*d* auß getzogen zal ist eyn radix ader wurcz*el* cubica deß grost*en* cubici in solcher deiner furgnu*mm*e*n* zal verhalt*en* alß in dießem exemp*el* 91130 ist radix deß grost*en* Cubici in der zal verhalten 45 welche wurczel ßo du sy cubice in sich multiplicirest kumpt 91125 der selbige quadrat. vn*d* ist vber plibe*n* 5 gleich [e 5v/38v] alß ein hockerichen ab geschnit*en* von der zal· Proba

Und wen du nu durch die erst prob p*ro*bir*en* wilt· szo multiplicir die wurczel wyder in sichselbst cubice ßo ku*m*pt wider die zal cubica. Ist aber etwas vber plieb*en* d*a*z addir dar zu· vnd kumpt dein erst furgenu*mm*e*n* zal. Wiltu ader probir*en* durch dy andern zwu prob. So nym die prob vo*n* der wurczel vnd multiplicir sy in sich cubice. vnd addir dar zu die prob des vberigen ßo etwas pliben ist· vnnd ist darnach die prob der zweyer aggregirten prob*en* gleich der prob deiner ersten furgenu*mm*en zal ßo ist eß rech·

			0
	2		9 — 0 × 0
			0
p*ro*ba	1	exem*plum*	M*ul*tiplicieru*ng* d*er* wurcz*el*
deß		mit	in sich selbst cubice
			0
	3		7 — 3 × 14
			0

2 Cubicus] cubic BCD 3 ader wurczel] *fehlt* BCD 10 ader wurczel] *fehlt* BCD 11 91130] 61126 AE 13 91125] 61125 AE

[e 6r/39r] Das erst Capitel deß andern teylß Addiren

Nach den kurcz oben begriffen erste*n* teyl der ganczen wirt noch geordiniret vn*d* gesaczt das ander teyl der gebroch*en* in welichen mit wenigk worte*n* ich dich dreyerley lernen wil nach den dreye*n* oben bemelten teylen der ganczen nach anweysung deß Registerß· vnd uor dem soltu zu*m* ersten mercken der gebroch*en* schrifftliche benumung. wa*n* in itliche*n* gebroche*n* ist zweyerley benumung nach der teylung eyner zal mit de*m* streichlen der vnterscheyd vn*d* dar vmb die zal vber dem strichlen heyst der zeler wan die selbige zal der czeler genant zelet wie vil der teyl deß ganczen sey*n* Wan gebrochen ist nicht anderß dan teyl eynß ganczen· Aber die zal vnter der lini heyst d*er* nenner Wa*n* durch die zal wirt bestimpt die benumu*n*g d*er* teil in de*m* ga*n*cze*n* vn*d* darum*b* sey*n* die zwu zal not in einer itliche*n* [e 6v/39v] gebrochen zal Nu aber volget d*az* erst furnemen dießes Capitelß vnd ist wie man eyn gebrochne zal ßol addir*en* zu der andern*n*. Ader gebrochne zcu gancz*en* Ader gebrochne vn*d* gancze zu gebrochner vn*d* gancz*en* Unnd zum ersten das erst. Eyn itzliche gebrochne zal zcu der andern*n* gebrochen zu geben das heist addir*en*· vnnd merck. wen dir furkumpt gebroch*en* das eyne*n* nenner hat ßo addir schlecht die czeler zu sa*m*men vnd den ne*n*ner schlecht dar vnter gesaczt alß in dieß*en* exempeln*n* $\frac{1}{3}$ zu $\frac{2}{3}$ ist $\frac{3}{3}$ facit 1 $\frac{2}{5}$ $\frac{4}{5}$ $\frac{3}{5}$ addir facit $\frac{9}{5}$ ist 1 $\frac{4}{5}$. $\frac{2}{7}$ $\frac{3}{7}$ $\frac{4}{7}$ $\frac{5}{7}$ facit $\frac{14}{7}$ ist 2 Und ander d*er* gleichen Szo dir aber gebroche*n* fur ku*m*pt das nicht eyne*n* nenner hat alsz $\frac{2}{3}$ vnd $\frac{3}{4}$ szo multiplicir in kreucz 3 mol 3 ist 9· vnd 2 mol 4 ist 8 addir 8 zcu 9 wirt 17 die secz ob*en*. Un*d* multiplicir eynnen nenner mit dem andern*n* alß 3 mol 4 [e 7r/40r] ist 12 die secz vnden vnd stet alszo $\frac{17}{12}$ D*az* ist $1\frac{5}{12}$ $\frac{5}{6}$ zu $\frac{7}{8}$ ist $\frac{82}{48}$ ist $1\frac{17}{24}$ addir $\frac{1}{2}$ zu $\frac{3}{5}$ facit $\frac{11}{10}$ ist $1\frac{1}{10}$ Und alszo furt in andern ¶Szo dir aber mer gebroch*en* furkumpt alsz wen du solt addiren $\frac{3}{4}$ $\frac{5}{6}$ $\frac{4}{5}$ Szo richt die erste*n* zwey auß nach der nechste*n* oben geschrib*en* Regel vnd wirt $\frac{38}{24}$ darnach addir $\frac{4}{5}$ zu $\frac{38}{24}$ multiplicir aber alß vor im kreucz 5 mol 38 ist 190· vnnd 4 mol 24 ist 96 die addir zusammen wirt 286 darnach multiplicir auch die ne*n*ner dar vnter. vnd stet alszo $\frac{286}{120}$ facit $2\frac{23}{60}$ addir zusa*m*men $\frac{2}{3}$ $\frac{3}{4}$ $\frac{4}{5}$ $\frac{7}{8}$ ist $\frac{1484}{480}$ facit $3\frac{11}{120}$ Un*d* alszo thu auch in den andern*n*.

[e 7v/40v] ¶Szo dir aber furkumpt gebrochen vo*n* gebrochen vn*d* wildt die zusa*m*men addirn Szo reducirs vor das ist machß vor zcu schlecht gebroch*en* alß $\frac{3}{4}$ von $\frac{2}{5}$ zu $\frac{4}{7}$ Szo wart vorwaß $\frac{3}{4}$ sey von $\frac{2}{5}$ multiplicir eynn zeler mit dem andern. vnnd eyn nenner mit dem andern wirt $\frac{3}{10}$ dar zu addir $\frac{4}{7}$ werde*n* $\frac{61}{70}$ It*em* $\frac{1}{3}$ vo*n* $\frac{1}{4}$ zu $\frac{3}{4}$ von $\frac{4}{5}$ wirt $\frac{41}{60}$ Und alß in andern deß gleichen.

¶Szo dir aber furkumpt gancz vnd gebrochen zu addiren alß du solt

2–3 geordiniret] geordnet BCD 4 lernen] leren BCD 10 sey*n*] sy BCD addir*en* 5 gancz czu $\frac{2}{3}$ multiplicir 5 mit den nennern 3 mol 5 ist 15. addir den zeler darzu wirt 17 vnd secz oben. vnnd den nenner darunter vnd ist gemacht $\frac{17}{3}$ 8 zu $\frac{3}{7}$ ist $\frac{59}{7}$ It*em* 9 zcu $\frac{5}{8}$ ist $\frac{77}{8}$ facit $9\frac{5}{8}$ *etc* [e 8r/41r] Und alßo soltu machen alle exempel deß gleichen.

Das ander Capitel
Subtrahirn

In dießem capitel wil ich dich lerne*n*· subtrahirn in gebroch*en* Das ist szo du eyn zal von der andern nemen wilt. So solt du mercken das du almol das mynner von den grossern magst ab zyhen vnnd nicht widerumb Und we*n* dir gebrochen furkumpt das eynen nenner hat So subtrahir eyn zeler von den andern alsz in dießen exempeln*n* du solt subtrahiren $\frac{5}{12}$ von $\frac{7}{12}$ pleybt $\frac{1}{6}$ Item $\frac{3}{7}$ vo*n* $\frac{6}{7}$ pleibt $\frac{3}{7}$ Item $\frac{9}{16}$ von $\frac{13}{16}$ pleybt $\frac{1}{4}$ Und alßo deß gleichen

[e 8v/41v] ¶Szo aber die nenner nicht gleich seyn alß hie $\frac{9}{13}$ vo*n* $\frac{5}{6}$ szo multiplicir in kreucz sprechende 6 mol 9 ist 54 vnd 5 mol 13 ist 65 Nu subtrahir 54 von 65 szo pleibenn 11 dar vnter secz dye nenner gemultiplicirt miteynander vnnd werden $\frac{11}{78}$ It*em* $\frac{2}{3}$ von $\frac{3}{4}$ pleybt $\frac{1}{12}$ vn*d* alszo furt.

¶Szo dir aber fur kumpt ab zcu nemen gebroche*n* uon gancz*en* Szo secz auch gegen eynander vnnd multiplicir in kreucz Alß $\frac{3}{7}$ von $\frac{1}{1}$ pleybt $\frac{4}{7}$ wiltu aber subtrahir*en* $\frac{1}{3}$ vnd $\frac{3}{4}$ von $\frac{2}{3}$ vn*d* $\frac{4}{5}$ So mach itlicheß zu eynem gebrochen alß du dann oben gelernt hast. vnd werden $\frac{13}{12}$ vnnd $\frac{22}{15}$ Darnach machß vnd multiplicir im kreucz alß vor vnd subtrahir 195 von 264. pleyb*en* $\frac{69}{180}$ das ist $\frac{23}{60}$ Item [f 1r/42r] $\frac{1}{4}$ vnd $\frac{2}{3}$ von $\frac{1}{2}$ vnd $\frac{4}{5}$ pleyben $\frac{23}{60}$ *etc*

¶Szo dir aber furkumpt. gebroch*en* von gebroch*en*. ßo machß almol zum ersten zu schlecht gebroch*en* alßo m*u*ltiplicir die nenner miteynander. vnd auch die zeler miteyn ander. szo ist eß gemacht· Und darnach magstu sy gebrauch*en* wie du wildt in allen capiteln· Alß du solt subtrahirn $\frac{2}{3}$ eynß $\frac{1}{4}$ vo*n* $\frac{1}{2}$ pleybt $\frac{1}{3}$ vn*d* alß furt

Das dritte Capitel
Dupliciren

¶In diesem capitel dich kurczlichen zcu vnderweyßen das duplirn ßoltu wyssen das duplirn nicht anderß ist dan eyn zal zwifeldig*en* eß sey in gancz*en* ad*er* in gebrochen. vnd daru*m*b wen du wilt eyn gebrochne zal

1 den nennern] dem nenner CD 5 Das ander Capitel] *fehlt* CD 7 lerne*n*] lere*n* BCD 11 den] dem BCDE 25 $\frac{23}{60}$] $\frac{11}{20}$ ABE 28 gemacht] recht BCD 31 Das dritte Capitel] *fehlt* CD 32 Dupliciren] Dupliren BCD

dupliren ßo duplir den zeler ad*er*medir das ist halbir den nenner Und ist gemacht Alß du solt duplir*en* $\frac{3}{4}$ duplir [f 1v/42v] den zeler wirt $\frac{6}{4}$ ist $1\frac{1}{2}$ ader halbir denn nenner vnd ku*m*pt $\frac{3}{2}$ facit $1\frac{1}{2}$ alß vil alß vor vnd alßo thu in allen·

Das 4 Capitel Medir*en*

¶Nu sint d*az* medir*en* nicht anderß ist den ein zal halbiren zu erkennen das halbeteil einer zal als dan oben bemelt ist worden in dem 5 capitel des erste*n* teylsz· szo solt du wissen we*n* du den ne*n*ner eines bruchß duplirest ader den zeler halbirest. szo ist der bruch gehalbirt als du solt halbir*en* $\frac{4}{5}$ duplir den nenner ist $\frac{4}{10}$ ader $\frac{2}{5}$ ader halbir den zeler wirt auch $\frac{2}{5}$ vnd also magstu wol erkennen das in den zweyen capiteln*n* nicht mer dan einer zal not ist.

Das 5 Capitel Multipliciren

¶Nach dem soltu lernen vnd vleyssick mercken in gebrochen zu multipliciren D*az* du albeg de*n* nenner mit de*m* nen*n*er m*u*ltiplicirest vn*d* den zeler mit den zeler Als we*n* du [f 2r/43r] wilt m*u*ltipliciren $\frac{6}{7}$ mit $\frac{13}{16}$ szo multiplicir 6 mit 13 vn*d* 7 mit 16 vn*d* ku*m*pt $\frac{78}{112}$ facit $\frac{39}{56}$ It*em* $\frac{5}{7}$ mit $\frac{9}{15}$ ku*m*pt $\frac{45}{105}$ facit $\frac{3}{7}$ It*em* $\frac{2}{3}$ mit $\frac{3}{4}$ ist $\frac{6}{12}$ facit $\frac{1}{2}$

¶So du aber gebrochen mit gancz*en* m*u*ltiplicir*en* wilt So secz gegen eyna*n*der· vn*d* multiplicir alsz ander gebroch*en* alß $\frac{2}{5}$ mit $\frac{6}{1}$ wirt $\frac{12}{5}$ facit $2\frac{2}{5}$ It*em* $\frac{3}{4}$ mit $\frac{36}{1}$ wirt $\frac{108}{4}$ facit 27 Item $\frac{7}{8}$ mit $\frac{123}{1}$ ist $\frac{861}{8}$ facit $107\frac{5}{8}$ vn*d* also deß gleiche*n*

¶So du aber gancz vnd gebroch*en* mitt gebrochen ader auch mit ganczen vnd gebrochen wilt multipliciren So prich albeg das gancz in seyn teyl· das ist mvltiplicir es mit de*m* ne*n*ner vn*d* addir de*n* zeler dar zu vn*d* darnach m*u*ltiplicir alß vor d*az* oberst mit de*m* oberste*n* vn*d* d*az* vnderst mit de*m* vnderstenn Alsz du solt multiplicirenn [f 2v/42v] $7\frac{3}{4}$ mit $\frac{5}{8}$ machß nach dem precept vn*d* kumpt $\frac{155}{32}$ facit $4\frac{27}{32}$ Item m*u*ltiplicir $164\frac{1}{4}$ mit $27\frac{1}{5}$ wirt $\frac{89352}{20}$ facit $4467\frac{3}{5}$ vn*d* alßo mer deß gleiche*n*

¶Szo du aber multipliciren wilt gebrochen von gebrochen mit schlecht gebroch*en* ader mit gebrochen von gebrochen Alß $\frac{3}{4}$ vo*n* $\frac{2}{3}$ mit $\frac{5}{6}$ So multiplicir die obersten zusa*m*men vnd die vntern mit den vntern wirt $\frac{30}{72}$ facit $\frac{5}{12}$ It*em* $\frac{1}{2}$ vonn $\frac{1}{4}$ mit $\frac{4}{5}$ vo*n* $\frac{5}{6}$ das macht $\frac{20}{240}$ facit $\frac{1}{12}$ It*em* $\frac{1}{2}$ vo*n* $\frac{1}{5}$ mit $9\frac{1}{4}$ facit $\frac{37}{40}$ vnnd deß gleichen in allen.

---

1 medir das ist] *fehlt* BCD 3 alß vil alß] wie BCD 4 thu in allen] fürt BCD 5 Das 4 Capitel] *fehlt* CD 6 mediren] halbirn BCD 10 nenner] CD, zeler ABE 10 ader] macht D 13 Das 5 Capitel] *fehlt* CD 25 es] *fehlt* ABE 29 $\frac{89352}{20}$] D, $\frac{8352}{20}$ A

Das 6 Capitel
Diuidiren

¶Nu wil ich dich lernen diuidiren d*az* ist teylen in gebrochen So soltu zum erst*en* [f 3r/44r] wyssen· alß du dan in dem ersten capitel dießes teylß vnter schiden bist. Das dye zal die oben stet heyst der zeler vnnd dye vnden stet der nenner· vnd darum*b* merck eben vn*d* mit vleyß wen du gebroch*en* wilt in 2 ader 3 ader 4 *etc* ader in eyn andere gancze zal teylen. kanstu da*n* ader magstu den zeler geradt in eyn solche zal teyl*en* d*az* thu vnd secz deinen nenner dar vnter vn*d* ist gemacht Magstu aber das nicht gethun· So multiplicir den nenner mit der zal dar eyn du dan teyl*en* wilt vn*n*d pleibt der zeler alß am erstenn vnnd ist recht gemacht Alß du solt teylen $\frac{6}{7}$ in 2 ist $\frac{3}{7}$ Item $\frac{6}{7}$ in 3 ist $\frac{2}{7}$ vn*d* ßo du teylest $\frac{3}{4}$ in 2 wirt $\frac{3}{8}$ It*em* $\frac{1}{3}$ in 2 ist $\frac{1}{6}$ vnd alßo in allen andern deß gleichen.

¶So aber die nenner vngleich seyn alsz $\frac{9}{13}$ in $\frac{5}{6}$ So multiplicir in kreucz. Unnd [f 3v/44v] merck eb*en* welcheß du teyl*en* wilt das secz oben vnnd das ander vnden· Nu wiltu $\frac{9}{13}$ teyle*n* in $\frac{5}{6}$ sprich 6 mol 9 ist 54 die secz fur den zeler vn*d* sprich darnach 5 mol 13 ist 65 die secz fur den nenner. also $\frac{54}{65}$ vn*d* ist geteylt· vn*d* wen die ober zal grosser ist. so teylß albeg in den nenner. vn*n*d was dan darauß kumpt das werde*n* gancze· vn*d* wenn der zeler kleiner ist dann der teyler ader nenner· szo machß kleiner als weyt du kanst. als dan klerlich*en* hernach ausz gedruckt wirt Nu du solt teylen $\frac{4}{5}$ mit $\frac{2}{3}$ m*u*ltiplicir im kreucz vn*d* sprich 3 mol 4 ist 12 secz obe*n* darnach 2 mol 5 ist 10 secz vnde*n* vn*d* stet also $\frac{12}{10}$ facit $1\frac{1}{5}$ Ite*m* $\frac{5}{7}$ mit $\frac{3}{4}$ ku*m*pt $\frac{20}{21}$ Ite*m* $\frac{8}{17}$ in $\frac{2}{1}$ ist $\frac{4}{17}$ It*em* $\frac{6}{1}$ in $\frac{2}{3}$ ist $\frac{18}{2}$ facit 9 vnd also mer

¶Nu soltu eb*en* merck*en* wen du gebroch[f 4r/45r]en teyl von eyner ey*n*nig*en* zal wilt wissen sy sey gancz ader gebroch*en* so secz gegen ey*n*ander vn*n*d m*u*ltiplicir die obern mit der obern vnd die vntern mit der vntern. alß $\frac{2}{3}$ von $\frac{1}{4}$ ist $\frac{2}{12}$ ader $\frac{1}{6}$ Ite*m* $\frac{1}{3}$ von $\frac{1}{3}$ ist $\frac{1}{9}$ Ite*m* $\frac{3}{4}$ von $\frac{2}{3}$ ist $\frac{1}{2}$ Merck auch exempel in ganczen $\frac{2}{3}$ von $\frac{15}{1}$ ist $\frac{30}{3}$ facit 10 vnd $\frac{2}{3}$ von $7\frac{1}{4}$ ist $\frac{58}{12}$ facit $4\frac{5}{6}$ vn*d* $\frac{2}{3}$ vo*n* $16\frac{1}{2}$ ist 11 ga*n*cze vn*d* also des gleich*en* fur paß Ite*m* du wilt wysse*n* was $\frac{6}{7}$ sey von $128\frac{2}{3}$ vnd $\frac{1}{6}$ machß also addir $\frac{2}{3}$ vn*d* $\frac{1}{6}$ zusa*mm*e*n* werde*n* $\frac{5}{6}$ m*u*ltiplicir 6 mol 128 vn*d* 5 dar zu werd*en* $\frac{773}{6}$ Darnach multiplicir den zeler mit dem zeler vn*d* de*n* nenner mit dem nenner werden $\frac{4638}{42}$ facit $110\frac{3}{7}$ Und also mer.

[f 4v/45v] ¶Wiltu aber nu probiren ab das recht sey aber nicht so besich was $\frac{1}{7}$ sey von $128\frac{21}{36}$ das sint $18\frac{17}{42}$ vnd das selbige addir czu $110\frac{3}{7}$ vnd kumpt geradt $128\frac{5}{6}$ vnd also deß gleich*en* magstu itlichß probiren.

1 Das 6 Capitel] *fehlt* CD 3 lernen] lere*n* BCD 6 eben vn*d*] *fehlt* CD 13 in allen andern] *fehlt* BCD 20 teyler ader] *fehlt* BCD

Das 7 Capitel
Radicem extrahirn

¶Nu soltu wissen das in dießem 7 Capitel nichtz in vnterscheyd ist ader sunderheit gesaczt von den das do ist verleutert vnd verkleret oben in dem 9 Capitel deß ersten teylß· alleyn das. wenn du wilt extrahirn radice*m* quadrata*m* ader auch cubicam in eyner gebroche*n* zal· ßoltu d*az* gleicher weyß in allen dingen wie oben thun in dem nenner vnd auch zeler· vnnd ßo der eynß nicht radice*m* hat so ist radix in dem andern nicht zu suchen alß radix q*ua*drata [f 5r/46r] in der zal $\frac{36}{49}$ ist $\frac{6}{7}$ Un*d* radix cubica in der zal $\frac{27}{729}$ ist $\frac{3}{9}$ vnd alszo in allen andern der gleichen·

1 Das 7 Capitel] *fehlt* CD 5 ersten] *fehlt* BCD 6 eyner] *fehlt* BCD

Das dritte deß Ersten teylß ist von der Tollet Rechnung

In dießem noch geordenten teyl wil ich dich lernen Rechnung von Tollet wye wol man Rechnung vil geringer vnd behender durch die gulden Regel vinden mag D*az* aber die gebrochne zal da durch geubet werdt Soltu vlyßigklich*en* mercken. das dieße art der rechnung stet in dreierley anweysung· Alß zum erst*en* yn der saczung der puchstaben dar zcu geordnet C zum Andern in der saczung des werdeß ader geldes. vnd zum Dritt*en* in der saczung der anzal des gekauft*en* gutß. vn*d* alßo itliches wo es hin geordinirt ist·

Nu zum erst*en* soltu wissen ßo du in tol[f 5v/46v]let rechne*n* wilt das du die puchstab*en* darzu geordnent fur dich auff die taffel ader tisch schreibest also.

M C X l*ibra* X lott q*u*int Und wen du nu also dy puchstabe*n* gesaczt hast. so schreyb was 1 l*ibrum* ader ell*en* kost gegen der recht*en* hant fur das l*ibrum*· vnd das selbige m*u*ltiplicir darnach mit 10 vnd was do kumpt das secz hinauff fur das X. vnd das multiplicir aber mit 10 vnd das p*ro*duct secz fur das C· vnd darnach so anderß der kauff so groß ist multiplicir aber mit 10· vn*d* daß p*ro*duct schreib fur d*az* M· Darnach teyl das. das fur dem l*ibrum* stet mit 32 vn*n*d das do kumet secz fur das lot. vnd das multiplicir aber mit 10 vn*d* das p*ro*duct secz fur das x vber dem lot vnd also furt Noch dem allen so schreyb zum Dritt*en* die an*der* zal des gewichtes ader was nun ist hyn[f 6r/47r]der den puchstabe*n* itzliches do esz sich hingepurt Alß tausent hinder das M hundert hinder das C czehen hinder das x· vnd also nocheynander. alß du dann hernach geschrib*en* vindest. vnd darnach m*u*ltiplicir die zal die hinder den puchstaben sten· mit den zalen die fur den puchstab*en* steen vnd ist gemachet

[f 6v/47v] Exemplum

Eß hat einer kauft 4367· lb· Ingwer 29 lot 3 quint*en* ye 1 lb p*ro* 13 ß in golde secz alßo.

---

3 lernen] lere*n* BCD 8 C] *fehlt* BCDE 10 geordinirt] geordnet BCD 14 M C X l*ibra* X lott q*u*int] *untereinander angeordnet* 22 an*der* zal] anzal ABE 23 den] die AE

4	M	13000	sz
3	C	1300	sz
6	X	130	sz
7	lb	13	sz
2	X	$\frac{130}{32}$	sz
9	lott	$\frac{13}{32}$	sz
3	quint	$\frac{13}{128}$	sz

Wen duß nu alßo gesaczt hast dye puchstaben so schreyb was ein l*ib*r*um* gekost hat gegen der recht*e*n hant alß do stet vnd das selb m*u*ltiplicir mit 10 ku*m*pt 130 sz das schreib fur das x. vnd das selbige p*ro*duct multiplicir aber mit 10 vnd d*az* do kumpt schreib fur das C· vnd aber d*az* selbige multiplicir mit 10. vnnd das p*ro*duct schreib fur das M· alß oben. Dar nach teyl 13 ß mit 32 vnnd alßo kumpt 1 lot das secz fur das lot· Un*d* das m*u*ltiplicir mit 10 ku*m*pt $\frac{130}{32}$ d*az* secz fur d*az* x dar nach [f 7r/48r] vnd zum leczt*e*n teyl $\frac{13}{32}$ in 4 werden $\frac{13}{128}$ alßo kumpt 1 quint*e*n vnd das secz fur das qui*nt*en. Nach de*m* schreib die and*er* zal des gewichtes· hinder die puchstaben wo sich dan itlichß hin geburt alß 4 tausent hinde*r* d*az* M 300. hinderß C 60 hinderß x 7 hinder das l*ib*r*um* *etc* Alß dann oben in der gesaczten figur offentlich*e*n stet. Darnach multiplicir die czal die hinder den puchstaben sten mit der die fur den puchstaben sten· alß 4 mol 13000· ist 52000· vn*d* 3 mol 1300 ist 3900· vn*d* 6 mol 130 ist 780· vn*d* 7 mol 13 ist 91 vnd 2 mol $\frac{130}{32}$ ist $\frac{260}{32}$ vnd 9 mol $\frac{13}{32}$ ist $\frac{117}{32}$ vnd 3 mol $\frac{13}{128}$ werd*e*n $\frac{39}{128}$ vnd stet alßo in tolleta
[f 7v/48v]

4	M	52000		2600	
3	C	3900		195	
6	X	780		39	floren
7	lb	91	ß facit	4	11
2	X	$\frac{260}{32}$		$8\frac{4}{32}$	
9	lott	$\frac{117}{32}$	ß	$3\frac{21}{32}$	
3	quint	$\frac{39}{128}$		$\frac{39}{128}$	

¶Nu summir die summen alle zu sammen vnd kumpt 2839 floren 3 ß 1 heller $\frac{1}{32}$

[1] [f 8r/49r] ¶Item ey*n*ner hat 372 lb 7 vncz 1 lot 3 quint*e*n silberß des kost ye 1 mr 6 fl. $\frac{1}{4}$ Nu wiltu wisse*n* wie vil das alles macht Und wyß das 1 lb ist 2 mr alßo mache*n* 372 lb 744 mr secz also·

12 offentlich*e*n] *fehlt* BCD 12 die] *fehlt* BCD 13 sten] *fehlt* BCD 13 den puchstaben sten] in stat BCD 16 in tolleta] *fehlt* BCD, *der letzte Bruch im Schema lautet* $\frac{29}{128}$ A 19 silberß] silber BCD 20 wyß] *fehlt* CD

7	C	2500
4	X	250
4	mr	$\frac{25}{4}$
7	vncz	$\frac{25}{32}$
1	lot	$\frac{25}{64}$
3	qn	$\frac{25}{256}$

Machß alß vor 7 mol 2500 ist 17500 vn*d* 4 mol 250 ist 1000 Un*d* 4 mol 25 ist 100 die addir. vnnd teyl alle in 4 kummen 4650 floren Nu mach 7 mol $\frac{25}{32}$ ist $\frac{175}{32}$ vnd $\frac{25}{64}$ vn*d* $\frac{75}{256}$ das macht alles 6 floren 3 ß 2 heller $\frac{7}{16}$ kumpt summa 46563 sz 2 heller $\frac{7}{16}$

4 2 heller] *fehlt* E

[f 8v/49v] In dießem andern vnd furnemlichstenn noch gesaczten teyl der ersten teylung wil ich dir kurczlich sagen von der limitirten zal. Und dich zum ersten lernen vnd etzliche berichte frag auff die oben gemelten capitel furgeben· vnd darnach furt procediren nach inhalt des Registerß· vnd dieße frag solen gegrunt seyn auf mancher schon Regel nach volgen in dem dritten teyl dyßer teylung. vnd do selbß wen ich wirt sagen von der zal auff kaufschlagk geordet klerlich mit hubschen exempeln wil ich verfuren die selbigen Regeln mit den andern in lustperlicher Rechnung· Nu zum ersten wil ich dich fragen zal zu vindenn auff das addirn. vnd darnach mer.

[2] ¶Du solt mir suchen eyn zal wenn ich $\frac{2}{3}$ der selbenn zal dar zu addir. vnnd darnach das agregat in $4\frac{1}{2}$ partir. daz mir 12 kummen. Secz alßo vnd machß nach dem precept der regel Residui genant Und nym [g 1r/50r] das die zal 9 sey sprich $\frac{2}{3}$ von 9 ist 6 die addir zu 9 wirt 15 die teyl in $4\frac{1}{2}$ kumpt $3\frac{1}{3}$ Nu wolt ich das gerad 12 werden kummen. Nu spricht die Regel multiplicir 12 das du dan haben wildt mit der zal die du zum ersten genummen hast daz ist 9 sprich 9 mol 12 ist 108 daz teyl in $3\frac{1}{3}$ kump $32\frac{2}{5}$ Und das ist die frag darnach ich gefragt hab Probirß alßo Sich was $\frac{2}{3}$ vonn $32\frac{2}{5}$ sey prich itlichß in seyn pruch wirt $\frac{162}{5}$ vnd sprich $\frac{2}{3}$ von $\frac{162}{5}$ kumpt $21\frac{2}{3}$ das addir zu $32\frac{2}{5}$ wirt 54 das teyl in $4\frac{1}{2}$ kumpt 12 vnd ist gemacht·

[3] ¶Such mir eyn zal das $\frac{5}{8}$ der selben zal 29 machen. Das mach nach der Regel [g 1v/50v] vnd thu im alßo Secz das die zal 8 vnd $\frac{5}{8}$ von 8 ist 5· vnd ich wolt 29 haben darumb multiplicir 8 mol 29 wirt 232 daß teyl in 5 kumpt $46\frac{2}{5}$ vnd das ist die zal dye du suchen solt·

[4] ¶Such mir eyn zal so ich $\frac{3}{8}$ der selbenn zal hin zu adddir das 77 kummen machß nach der Regel· vnd nym das die zal 8 sey vnd addir $\frac{3}{8}$ zu 8 wirt 11. vnd ich wolt das 77 kummen werden Darumb multiplicir 8 mol 77 ist 616. daz teyl in 11 kumpt 56 vnd ist dy zal Nu addir $\frac{3}{8}$ darzu wirt 77.

[5] ¶Item Such mir eynn zal auff ander weysz zu machen wen ich $\frac{1}{3}$ vnd $\frac{1}{4}$ dar zu addir daz 20 kummen Nu mach daz alßo [g 2r/51r] vnd alles des gleichen Such eyn zal dar ynne du die bruch haben magst. vnd ist 12 Nu teyl 12 in 3 kumpt 4. vnnd teylsz auch in 4 kumpt 3 Nu summir 3 vnd 4 und 12 werden 19. Nu sprich 19 geben 12 was geben 20 vnd kumpt $12\frac{12}{19}$ Nu teyl $12\frac{12}{19}$ in 3 kumpt $4\frac{4}{19}$ Darnach teylß in 4 kumpt $3\frac{3}{19}$ nu summir zcu sammen $4\frac{4}{19}$ vnd $3\frac{3}{19}$ vnd $12\frac{12}{19}$ kumpt geradt 20 vnd also ist $12\frac{12}{19}$ die gefundne zal.

[6] ¶Such mir eyn zal wen ich $\frac{1}{3}$ vnd $\frac{1}{4}$ dar zu addir vnd 4 mer das 20 kummen Machß alßo nym eyn zal in welicher du dy bruch haben magst

3 lernen] leren BCD 8 verfuren] volfüren E 8 lustperlicher] lustlicher BCD 9 auff] *fehlt* BCD 20 kumpt] ist BCD 21 gemacht] rechtt BCD 23 vnd thu im] *fehlt* BCD 23 8] 8 sy BCD 35 und] *fehlt* A

alß 12 Nu teyl 12 [g 2v/51v] in 3 kumpt 4 teilß auch in 4 kumpt 3 Summir 3 vnd 4 vn*d* 12 ist 19. Nu sprich 19 geben mir 12 was geben 16· wan es 16 ist so man 4 sol dar zu thu*n* das 20 mach vnd kumpt $10\frac{2}{19}$ Nu teyl $10\frac{2}{19}$ in 3 vnd kumpt $3\frac{7}{19}$ teyl auch $10\frac{2}{19}$ in 4 kumpt $2\frac{10}{19}$ Nu summir $3\frac{7}{19}$ vnd $2\frac{10}{19}$ vn*d* $10\frac{2}{19}$ kumpt geradt 16. Nu thu 4 dar zu wirt 20 Und ist gemacht. [7] ¶Such mir eyn zal wen ich dar zu thu $\frac{1}{7}$ das 30 werden wiltu das wissen ader des gleich*en* Szo machß alßo Und auff andere weyß· Addir 1 czu 7 wirt 8 Nu teyl 30 durch 8 kumpt $3\frac{3}{4}$ das subtrahir von 30 pleybt $26\frac{1}{4}$ Und das ist auch die zal

Das ander capitel
[g 3r/52r] Subtrahirn

[8] ¶Such mir eyn zal das $\frac{1}{2}$ $\frac{1}{5}$ vnd $\frac{1}{6}$ von der selbigen zal. 60 machen. Machß nach der Regel Residui vnnd secz alßo Ny*m* d*az* 30 die zal sey sprich $\frac{1}{2}$ vo*n* 30 ist 15 vn*d* $\frac{1}{5}$ vo*n* 30 ist 6 vn*d* $\frac{1}{6}$ vo*n* 30 ist 5 Addirs zu sa*mm*e*n* wirt 26. vn*d* ich wolt 60· Daru*m*b secz auff die Regel Detri Sprich 26 giebt mir 30 was giebt 60 vnd kumpt $69\frac{3}{13}$ das ist die zal darnach ich gefragt hab vnd probirß also nym $69\frac{3}{13}$ halb das ist 34 vnd $\frac{8}{13}$ vnd $\frac{1}{5}$ von $69\frac{3}{13}$ ist $13\frac{11}{13}$ vnd $\frac{1}{6}$ ist $11\frac{7}{13}$ vn*d* summirß kumpt geradt 60

[9] ¶Such mir eyn zal. wan ich $\frac{2}{5}$ da von nym das dennoch 33 pleybenn Nu secz [g 3v/52v] das die zal 5 sey vnd $\frac{2}{5}$ von 5 ist 2 vnnd pleybt 3. Und ich wolt 33 Darum m*u*ltiplicir 5 mit 33 wirt 165 das teyl in 3 kumpt 55 das ist die zal Proba $\frac{2}{5}$ von 55 das ist 22 pleybt noch 33.

[10] ¶Such mir eyn zal wen ich do vonn nym $\frac{1}{4}$ das 12 pleiben wiltu das wissenn So subtrahir 1 von 4 pleyben 3 der teyler Nu diuidir 12 durch 3 facit 4 die addir zu 12 wirt 16 vnd ist die zal· und alßo des gleichen soltu albeg machen nach der weyß.

[11] ¶Such mir eyn zal wen ich do vo*n* nym $\frac{3}{4}$ $\frac{1}{5}$ Das 41 pleyben. wiltu das wyssen ader des gleichen so multiplicir die ne*n*ner miteynnander wirt 20 Nu wart was $\frac{3}{4}$ [g 4r/53v] vnd $\frac{1}{5}$ sey. von 20 vnnd ist 19 Nu subtrahir 19 vo*n* 20 pleibt 1 deyn teyler Sprich 1 gibt mir 20 was giebt mir 41 facit 820 Also soltu auch mache*n* mit mer bruchen doch das die bruch nicht 1 gancz machen· vnd das exempel gebraucht man zu dem Thurn alß da*n* hernach volget In den Regeln wan ich eyn sunderlich capitel seczen werd vo*n* de*m* Thurn

¶Nu soltu wissenn das Duplirn nicht anderß ist dan multiplicirn mit 2 Un*d* medirn nicht anderß ist dan Diuidir*en* mit 2 Und darumb wil ich dir hie nichtz sagen von den zweyen.

---

10 Das ander capitel] *fehlt* CD 28 $\frac{3}{4}$] $\frac{1}{4}$ A 36 Nu] *Überschrift:* ¶Duplieren CD

Das Dritte Capitel
Multipliciren

[12] [g 4v/53v] ¶Such mir eyn zal wan ich do von ny*m* $\frac{1}{5}$ $\frac{1}{7}$ $\frac{1}{9}$ vnd das vberig in sich selbst m*u*ltiplicir. das wider kum die selbige zal die du dan vor gefunden hast wiltu d*az* wyssen ader des gleich*en* So machß nach d*er* Regel· genant regula Reciprocat*io*n*is*. vn*d* thu ym also. mach eyn gemeyn nenner· vn*d* dar nach wart was itlicher pruch ist yn de*m* gemeyn ne*n*ner· vnd ist 63 von de*m* gemein nenner $\frac{1}{5}$ vnd 45 ist $\frac{1}{7}$ vnd 35 ist $\frac{1}{9}$ Nu addir das zu sammen kumpt 143 vnd das subtrahir von de*m* gemeyn nenner vnd pleybt 172· das secz fur de*n* nenner. vnd den nenner fur den zeler vn*d* darnach so du multiplicirt hast den nenner vn*d* auch de*n* zeler itlichß in sich selbst das product das auß solchem multiplicirn erwachsen ist bericht die frag

[13] ¶Such mir eyn zal szo ich sie multiplicir mit 10 das 3 dar auß kumme*n*. szo du [g 5r/54r] das ader des gleichen wissen wilt ßo secz die zal die dan ku*m*men sol fur de*n* zeler vn*d* die zal do mit du dan multiplicirn solt de*n* nenner vnd ist die zal alß in diesem exempel secz 3 oben vn*d* 10 vnden alßo $\frac{3}{10}$ vnd das ist die zal multiplicir mit 10 kumen $\frac{30}{3}$ vnd ist recht

[14] ¶Such mir zwu zal das eine die ander vbertret in 4 vn*d* ßo ich eyne in die ander multiplicir das 96 kummen. Wiltu das wissen ad*er* des gleichen Szo machß nach der Regel die do gena*n*t ist Regula exess*us* die dan hinden hernach volget· vnd ku*m*me*n* die zwu zal 8 vnd 12· wa*n* so du eyne mit der andern multiplicirest kumme*n* 96 vnd ist gancz gerecht.

[15] ¶Such mir ein zal vonn welcher ßo ich subtrahir 6. vnd wider zu der gefundne*n* zal addir 6 ßo ich darnach d*az* gemyndert multiplicir in das gemert das 108 kum[g 5v/54v]men thu ym alßo addir die zwu zal zusa*m*men alß die du addirt hast zu der die du subtrahirt hast vnd das dar auß kumpt gleich der vbertretu*n*g vn*d* machß darnach nach der Regel exessus vnd kumpt 180

Das 4 Capitel
Diuidiren

[16] ¶Diuidir mir 15 in 2 teyl die vngleych seyn vnd wen ich d*az* grost diuidir durch das kleynst das 19 kumme*n* vn*d* wer nicht behend rech*en* kan in den bruchen d*er* mey*n*t eß sey vnmuglich Machß na*c*h d*er* regel gena*n*t Regula diuisionis· vn*d* kumpt der kleyner teyl $\frac{3}{4}$ vnd der grosser $14\frac{1}{4}$ vnd di zweu nu*m*meri mache*n* gerad 15 Un*d* we*n* du nu diuidirest ader partirest $14\frac{1}{4}$ durch $\frac{3}{4}$ kumpt 19 vnd ist gemacht

---

3 Such ... frag] *fehlt* BCD 17 vnd ist] vnd das ist BCD 31 Das 4 Capitel] *fehlt* CD 37 nu*m*meri] zalen BCD

[17] [g 6r/55r] ¶Diuidir mir 15 in 2 teyl alßo wen ich den eyn teyl mit 4 diuidir· vn*d* de*n* andern mit 3 das albeg eyn quocient ku*m* Machß alßo addir 4 vnd 3 wirt 7 Nu machß alß eyn geselschafft Sprich 7 geben mir 15 was 4 kumpt $8\frac{4}{7}$ Darnach sprich 7 geben 15 was 3 facit $6\frac{3}{7}$ Nu diuidir $8\frac{4}{7}$ durch 4 facit $2\frac{1}{7}$ Auch diuidir $6\frac{3}{7}$ durch 3 facit $2\frac{1}{7}$ Und ist recht
[18] ¶Diuidir mir 5 in 4 teyl also· wen ich das erst in das ander diuidir das 3 kummen. Und wen ich das ander in d*az* drit diuidir das 4 kummen. Unnd wen ich das 4 in das drit diuidir das 5 kummen Nu addir die zal vnd secz alszo
[g 6v/55v]

	1		$\frac{5}{76}$
	3		$\frac{15}{76}$
7 6	5	facit	
	12		$\frac{60}{76}$
	60		$\frac{300}{76}$

[19] ¶Diuidir mir 3 in zwey teyl alszo wen ich den grossern diuidir durch de*n* kleynern das 60 kummen· Machß nach der Regel kumpt das kleiner teyl $\frac{3}{61}$ vnd d*az* grosser $\frac{180}{61}$ vn*d* so du einß mit de*m* ander alß $\frac{180}{61}$ mit $\frac{3}{61}$ teylßs ku*m*en geradt 60

Das 5 Capitel
Radicem extrahirn

[20] ¶Gyb mir eynn zal weliche mit yrem $\frac{1}{2}$ $\frac{1}{3}$ $\frac{1}{5}$ $\frac{1}{7}$ sey yr selbst quadrata radix Das vnd des gleichen mach alß ob*en* d*er* erst exe*m*pel des Dritten capitelß nach der [g 7r/56r] Regel die do heyst Regula Reciprocationis alleyn wo du oben subtrahirt hast do addir in dieser furgab vnd kumpt $\frac{44100}{208849}$ vn*d* ist recht
[21] ¶Gyb mir eyn zal welcher zal 6 radices ader wurczel machen 11 Wiltu d*az* wisse*n* ader des gleichen szo diuidir die fur gelegte zal alß 11 mit der zal der wurcz*e*l alß 6 also $\frac{11}{6}$ vnd ist gemacht vn*d* d*az* ist dye wurczel der selbige*n* zal. vnd so du die selbige wurczel in sich selbst m*u*ltiplicirest so kumpt die zal an yr selbst alß $\frac{121}{36}$ vnnd ist recht.
[22] ¶Gyb mir eyn zal ßo ich 12 dar zcu addir das nu*m*merus quadratus ader ey*n* gevierte zal dar auß werde Und ßo ich 12 da von subtrahir das dennoch nu*m*merus quadratus ader eynn gevierte zal pleyb. Das vnd des gleichen mach. nach dem alß Regula Quadrata gepeut· alßo m*u*ltiplicir 12 in sich selbst kumpt 144· das [g 7v/56v] diuidir durch 4 kumpt 36 Nu

---

3 vnd] zu BC 3 wirt] ist BCD 4 was 4] was geben 4 CD 4 geben] geben mir CD 4 was 3] was geben 3 CD 7 ander] 2 BC, zweit D 12 $\frac{180}{61}$] $\frac{180}{81}$ AE 14 Das 5 Capitel] *fehlt* CD 28 ader eynn gevierte zal] *fehlt* BCD

wen du 1 addirest zu 36 so ku*m*pt die zal darnach ich dich gefragt hab alß 37· vn*d* wen du 12 addirest zu 37 kumpt 49 eyn gevierte zal· wan ir radix quadrata ist 7 Un*n*d so du 12 vonn 37 svbtrahirest pleybt 25 auch nu*m*merus quadratus vn*d* die wurczel ist 5 vnd ist recht.

Das ander teyl dießer teylung

¶Nu yn dießen nach gesaczten worten wil ich dir kurczlichen sagen von der geproporcionirten zal vnd doch nicht mer dan nach notdorfft dießes werckeß vnd von wegen etzlicher nochuolgender regel vnnd frag weliche dan on der proportien verstendikeyt vnd wissenheit mit nichte vnd yn keynerley weyß genugsam mogen versteen vnd klerlichen begreiffen werden· Solche ader proportionirte zal alß vil alß hye her nott ist genugsam zu versteen. Soltu zum erstenn wyssen das proportio nicht anderß ist (alß [g 8r/57r] dan Campanus spricht vber Eucliden vnd die andern) Dan zweyer vereynten dinger eyn zusamhaldung alßo das eynß das ander vbertret ader pede gleych seyn Und darumb ist nicht alleyn proportio (alß do selbst saget Campanus) yn der groß sunder auch in andern dingen· weliche dan alle do selbst klerlich durch Campanum verczelt werden vnd hie von kurcz wegen abgeschniten. vnd alleyn was proportio eyner zal zu der andernn sey eynwenig begriffen Nu aber proportio eyner zal zu der andern ist nicht den zweyer vereynten zal eyn gleiche ader vbertretne zcu samhaldung In welchen kurczen worten soltu mercken zweyerley proportio. wan etliche ist proportio equalitatis genant vnd ist wan die zal zusam geproportioniret gancz gleich seyn alß 4 vnd 4. vnd von der ist nichtz zu sagen Etzliche ist proportio inequalitatis genant. vnd ist wan die zal zusam geproportioniret vngleych seyn sunder eyne die ander vbertreten ist Alsz 2 vnd 4 Und die proportio [g 8v/57v] inequalitatis genant ist yn zweyerley vnterscheyd wan etlich ist proportio inequalitatis irrationalis genant vnd ist so zwu lini zusam geproportionirt ader des gleichen mit einer moß nicht mugen gemessnn werden alß dan klerlich vnnd genugsam auß drucket Euclides in dem 10 buch seyner geometri do er saget von den binomys vnd von der proportio wirt alleyn gesaget in der kunst deß messenß Geometria genant. Etliche ist proportio inequalitatis rationalis genant. vnd ist ßo zwu zal zusam geproporcionirt mit einer gemeynen zall mogen gezelt werden alß 6 vnd 9 werden gezelt mit 3 vnd ist proportio Suppartricularis sesqualtera· Unnd von der proportio etwas zu sagen ist dieszes furnemens. Darumb soltu nu mit vleyß mercken daz dieße proportio· inequalitatis rationalis genant ist gegrunt auff 5 species. vnder welchen die erst wirt gesprochenn Multiplex. Die andere Suppartricularis: Die dritt [h 1r/58r] Superpartiens. die viert Multiplex suppartricularis die funfft Multiplex superpartiens Nu von der ersten zu sagen soltu wissen das dan proportio Multiplex ist wan (so zwu zal zu sam vergleicht werden) die grosser in yr mer dan eyn mol gleich behelt die kleyner alß 4 vergleicht mit 2 ist proportio multiplex wan 4 mer dan eyn mol 2 in ym behalden ist. Und so yn solcher vergleichniß die grosser zal in yr beschleust die kleyner gleich 2

5 mit nichte] nit BCD 27 proportio] proportion CD

mol alß 4 vn*d* 2 ist p*ro*porcio m*u*ltiplexdupla. vnnd wen die grosser in yr verhelt die kleiner zu 3 mol ist p*ro*portio tripla. vnd also furt quadrupla quintupla sextupla *etc*· vn*d* die p*ro*portio schreibt man also kurcz dupla 2la tripla 3la. vnd also des gleich*en*. vn*d* erwechßt solche proportio. als dan Boecius schreibet in de*m* ersten puch der rechenschafft auß der zal naturlicher ordnung auf die erst alß auff eynß 1 wan die negst zal eynem nachuolgen als 2 helt sich gegen 1 yn p*ro*portione dupla vnd die ander darnach alß 3 in p*ro*[h 1v/58v]portio*ne* tripla· vnd die nechst nachgeende in p*ro*portione q*ua*drupla. vn*d* also die andern alle nach gesaczt*en* figuren geproportioniret auff die erste mach*en* p*ro*port*ionem* m*u*ltiplicem wan die erst in den yr nochgeenden mer dan eyn mol behald*en* wirt ader geczelet. Nu da pey soltu wissen wan die grosser zal gleich wirt der kleynern Szo hab*en* stat die ob*en* 5 bemelten species der p*ro*portien So aber d*az* wirt vmbgewa*n*t also d*az* die kleiner geacht wirt gegen der grossern ßo erwachßen ander 5 species wyder die ob*en* geschrib*en*. vn*d* die vnderscheid der zweyerley species stet alleyn in dem wortlen. sub· als wen 4 gleich werd*en* 2 entspringt p*ro*portio dupla· vn*d* widerum*b* 2 gege*n* 4 erwechst yr vnter species vn*d* wirt gesproch*en* p*ro*portio subdupla alßo auch 6 p*ro*portionirt gege*n* 4 ist p*ro*portio supperp*ar*ticularis sesqualtera· vnd widerum*b* 4 gege*n* 6 ist p*ro*portio subsup*er*particularis sesqualtera· also auch 5 gege*n* 3 ist p*ro*port*io* sup*er*bip*ar*tienstercias· vn*d* widerum*b* 3 gege*n* 5 ist proport*io* Subsup*er*biparcie*n*stertias· vn*d* auch [h 2r/59r] alßo in den andern zweye*n* zusamgelegte*n* speciebu*s* alß 5 gege*n* 2 ist p*ro*portio m*u*ltiplex supp*ar*ticularis sesq*ua*ltera. vn*d* 2 gege*n* 5 ist p*ro*portio subm*u*ltiplex supp*ar*ticularis sesq*ua*ltera. vn*n*d also in p*ro*port*ione* m*u*ltiplici supp*ar*cie*n*te wa*n* 8 p*ro*porcionirt werden gege*n* 3 szo wirt p*ro*por*tio*. s*u*bm*u*ltiplex sup*er*bip*ar*cie*n*st*er*cias vn*d* wid*er* um*b* 3 gege*n* 8 wirt p*ro*por*tio* subm*u*ltiplex s*u*bp*ar*bi· vn*d* also soltu mercken d*az* die erste*n* 5 spec*ies* werd*en* geheiss*en* maioris inequalitat*is*. vn*d* die andern 5 minoris ineq*ua*litat*is*· vn*d* darumb werd*en* die erst*en* vo*n* boecio p*r*incipes gena*n*t vn*d* die a*n*dern comites wa*n* gleicher weiß alß ey*n* furst ist vb*er* eyn grafen alszo sey*n* auch die erst*en* 5 spec*ies* vb*er* die a*n*dern in der benumu*n*g alß in dieße*m* exempel in welichen du alle spec*ies* p*ro*portionu*m* findest.

¶Figura p*ro*portionu*m*

6 eynß] *fehlt* BCD 8 nachgeende] nachuolgent D 20 subsup*er*particularis] superparticularis C, subperparticularis E 22 proport*io*] proportion E 22 Subsup*er*biparcie*n*stertias] superbiparciens tertias BC, Subperbipartienstercias E 27 subm*u*ltiplex] supermultiplex E 29 geheissen] genant D

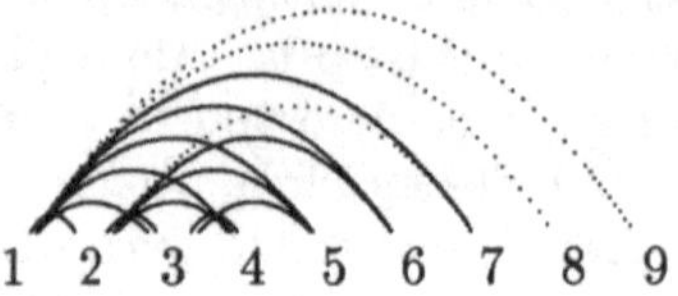

[h 2v/59v] Proportio superparticularis

¶In diesem kurczen nach gesaczten worten ist klerlichen begriffen das dan proporcio superparticularis ist So die grosser zal geordent gegen der kleynen si eyn mol behelt vnd ein teyl der kleynern vnnd ist sach das der selbige teyl ist $\frac{1}{2}$ so ysts proporcio Superparticularis sesqualtera· Ist eß aber $\frac{1}{3}$ so ists sesquitercia ists aber $\frac{1}{4}$ wirt sesquiquarta vnd also vnentlich alß 3 behelt in ym 2 gancz vnd 1 darzu welches dan ist eyn halbteyl von 2 darumb wirtz proportio Superparticularis sesqualtera genant Wen aber die grosser in yr behalten ist die kleyner 1 mol vnd $\frac{1}{3}$ der kleinern so ysts proportio Superparticularis sesquitertia alß 4 gegen 3 vnd also soltv wissen das dieße species nach anweysung der kleynern zal vberigen teyl in der grossern vorhalten vnentlichenn gemanchfeldiget [h 3r/60r] wirt in yr benumung alß dan oben etlicher moß wol berurt ist· vnd doch die oben begriffen paß czu versten wil ich dir nach seczen eyn exempel in welchen dan begriffen sein etliche species dießer proportien Die dan auch kurcz also beschriben werden Superparticularis sesqualtera alßo $1\frac{1}{2}$ Sesquitertia alßo $1\frac{1}{3}$ Sesquiquarta alßo $1\frac{1}{4}$ Und alßo auch die andern itliche nach des teylß benumung alß $1\frac{1}{5}$

	Sesqualtar	3	6	9	12	15	18	21	24	27	30
proportio	Dupla	2	4	6	8	10	12	14	16	18	20
		4	8	12	16	20	24	28	32	36	40
	Sesquitertia	3	6	9	12	15	18	21	24	27	30

[h 3v/60v] Proporcio superparciens

¶Nu volget noch die dritte species der proportio inequalitatis genant Supperparciens vnd ist wan zwu zal zusam geproporcioniret die grosser yn yr beschleust die kleyner gancz. vnd etliche teyl. als 2 ader 3 ader 4 vnd alßo mer als in dießem exempel 5 vorgleicht gegen 3 ist proportio superparciens $\frac{2}{3}$ wan 5 behelt 3 yn ym 1 mol gancz vnd dar zu 2 teyl

9 behalten ist] behelt BCD 20 proportio] proportion CD

von 3 das ist $\frac{2}{3}$ vnd darumb soltu mercken das vnt*er* $\frac{2}{3}$ nicht p*ro*port*io* sup*er*partiens seyn mag. vn*d* wen der p*ro*portio benumung geradt ist ßo muß albeg der teyl nenner vngerad seyn vn*d* widerum*b* wen der teyl zeler in der proport*io* benumu*n*g vngerad ist ßo sol gemeynigklich der teyl nenner gerad seyn. alß 9 gegen 5 ist p*ro*portio sup*er*partie*n*s $\frac{4}{5}$ wan 9 die grosser zal behelt 5 vnd 4 dar zu das ist $\frac{4}{5}$ in welche*m* exe*m*pel d*er* zeler gerad ist. vn*d* [h 4r/61r] der teyl nenner vngerad eyn ander exempel 7 gege*n* 4 ist p*ro*portio sup*er*p*ar*cie*n*s $\frac{3}{4}$ wan 7 behelt 4 in ym vn*d* 3 dar zu das ist $\frac{3}{4}$ in welche*m* exe*m*pel d*er* zeler vngerad ist vn*d* d*er* teyl ne*n*ner gerad· vn*d* alzo magstu klerlichen mercke*n* we*n* d*er* zel*er* gerad ist mit der teyl nenner ad*er* vngerad d*az* nicht p*ro*portio sup*er*parciens ist Su*n*der offt supperp*ar*ticularis alß du da*n* obe*n* wol beseh*e*n hast. vn*n*d alszo wirt die p*ro*portio alß die obern nach manchfeldigu*n*g d*er* teyl gema*n*chfeldiget· wa*n* so die grosser zal in yr beschleust die kleiner eyn mol gancz. vnd 2 teyl ßo wirt sy gesproch*e*n p*ro*portio sup*er*bip*ar*ciens So ab*er* die grosser zal in yr behelt die kleiner vn*d* daruber 3 teyl der kleynern zal ßo wirt sy p*ro*portio Sup*er*trip*ar*ciens gena*n*t vn*d* alßo furt in all*e*n andern nachgeende*n* teyl*e*n vn*d* werde*n* alßo kurcz geschrib*e*n. sup*er*bip*ar*cie*n*s t*er*cias $1\frac{2}{3}$ sup*er*trip*ar*ciens quartas alßo $1\frac{3}{4}$ [h 4v/61v] Superq*ua*drip*ar*ciens qui*n*tas also $1\frac{4}{5}$ Und also auch die andern· Wye ad*er* die spec*ies* d*er* p*ro*portio entspringen weyst klerliche*n* Boecius in dem ersten puch seyner rechenschafft. Und darumb von kurcz wegen ist hie nicht von zu sag*e*n. vn*n*d doch soltu wyssen· wan du hast p*ro*portionem Sup*er*bipartiente*m* tertia*m* ader quinta*m* ader septima*m*· vnd wilt zwu andere zal der p*ro*porcion haben so duplir schlecht dye ersten pede zal vnd kumpt recht alß hie yn diesem exempel 5 gege*n* 3 geproporcionirt ist p*ro*portio sup*er*p*ar*ciens $\frac{2}{3}$ Nu duplir 5 wirt 10 vnd duplir 3 wirt 6· Nu p*ro*porcionir 10 gegen 6 erwechst gleich die selbige p*ro*porcio Sup*er*p*ar*ciens $\frac{2}{3.}$ vnd also auch yn andern. Wiltu aber (szo du hast zwu zal zusam gep*ro*portionirt in p*ro*portio*ne* Sup*er*trip*ar*tiente) ander zwu zal haben in der selbigen p*ro*portione zusam geproporcionirt [h 5r/62r] So triplir die zal alle pede· vnd kumpt Und also in p*ro*portione Superquadrip*ar*ciente quadruplir vnd alszo furt alß da*n* auß weyst diese nach gesaczte figur.

---

2 benumung] bene*n*nung D 3 teyl] *fehlt* BCD 4 benumu*n*g] benennu*n*g D 4 gemeynigklich] gemeinlich BCD 21 p*ro*portio] p*ro*portio*n* CD 30 hast] *fehlt* CD 30 Sup*er*trip*ar*tiente] superpartiente BCD 31 p*ro*portione] proporcio B, proportion CD 34 nach gesaczte] *fehlt* BC, nachgende D

3 5	6 10	Superbiparciens tertias
4 7	12 21	Supertripartiens quartas
5 9	20 36	Superquadripartiens quintas
6 11	30 55	Superquintip*arti*ens sextas
7 13	42 78	Supersextiparciens septimas
8 15	56 105	Superseptiparciens octauas
9 17	72 136	Superoctiparciens nonas
10 19	90 171	Supernoniparciens decimas

[h 5v/62v] Multiplex superparticularis

¶Nu wirt nach gesaczt die vierde species eyne mit der funfft*en* auß den oben verklert*en* dreye*n* speciebu*s* vrszprungklich erwachsen· vnd ist nicht anders dan zweyer zal gegen eynander eyn vergleichung alßo das die grosser in yr verhelt die kley*ner* gancz mer dan eyn mol alß 2 mol ader 3 mol ader 4 mol vnd alßo furt vnd $\frac{1}{2}$ ader $\frac{1}{3}$ ader $\frac{1}{4}$ der kleynern zal dar zu alß 5 behelt in ym 2 zu 2 mol (vnd darumb wirt sy gesproch*en* m*u*ltiplex d*az* ist ma*n*chfalt) vnd 1 der kleynern zal $\frac{1}{2}$ dar zcu darumb wirt sy sup*er*particularis genant· alß dan vnuerporg*en* außdruckt boecius in dem ersten puch seyner rechenschafft vn*d* alßo werde*n* die zwu benumu*n*g zusam gelegt. vnd do mit eyn proportio beschriben Multiplex sup*er*particularis genant. Nu aber soltu wissen das dieße species d*er* p*ro*portio gleicher weyß alß die obern ge[h 6r/63r]manchfeldiget wirt wa*n* ßo dy kleyner zal in d*er* grossern mer dan eyn mol verhalten wirt. alß zwey mol. so wircz p*ro*portio dupla genant. vnd wen sy wirt verhalt*en* zu 3 mol. ßo i*sts* p*ro*portio tripla. vn*d* 4 mol quadrupla vnd alßo furt alß ich dir dan ob*en* klerlich gewyßen hab. vnd ist sach d*az* die grosser zwir yn yr beschleust die kleyner vnd eyn halbteyl der kleinern ßo i*sts* p*ro*portio duplasesqualtera alß 5 vnd 2 wan 5 zu 2 mol yn ym behelt 2 vnnd das halb teyl vo*n* 2 das ist 1 ßo aber $\frac{1}{2}$ der kleinern zal vber d*az* duplat in der grossern behalten wirt ßo wircz p*ro*portio du-

11 benumu*n*g] bene*nn*u*n*g D 13 p*ro*portio] proportion CD

plasesquitercia gesproch*en* alß 7 vnd 3 wann 7 zwey mol 3 in ym helt vnd 1 dar zu das ist $\frac{1}{3}$ von 3 wan 2 mol 3 ist 6 vnd 1 ist 7 ßo aber $\frac{1}{4}$ wirt p*ro*portio duplasesquiquarta alß 9 gege*n* 4 wa*n* 4 zu 2 mol verschlossen wirt in $9\frac{1}{4}$ [h 6v/63v] Alßo zu gleycher weyß wann die grosser zal zv 3 mol die kleynern in ir behelt vn*d* $\frac{1}{2}$ ader $\frac{1}{3}$ ader $\frac{1}{4}$ *etc* wirt p*ro*portio tripla sesq*ua*ltera ader triplasesquitertia. ad*er* triplasesq*ui*quarta *etc* Und alßo auch Quadruplasesqualtera *etc* Und werden kurcz alßo geschrib*en* Duplasesqualtera also $2\frac{1}{2}$ Duplasesquitertia $2\frac{1}{3}$ vnd alßo auch die ander vn*d* triplasesq*ua*ltera also $3\frac{1}{2}$ triplasesq*ui*tercia also $3\frac{1}{3}$ Quadruplasesqualtera alszo $4\frac{1}{2}$ quadrupla sesquitertia alßo $4\frac{1}{3}$ Und also furt die andern alle welche oben bemelte species klerlichen zuvernemen soltu mercke*n* exempel in dieser nach gesaczt*en* figur verhalten.
[h 7r/64r]

		Sesqualtar	2	4	6	8	10	12
	Dupla		5	10	15	20	25	30
		Sesquitercia	3	6	9	12	15	18
			7	14	21	28	35	42
p*ro*portio		Sesq*ui*quarta	4	8	12	16	20	24
			9	18	27	36	45	54
			2	4	6	8	10	12
	Tripla	Sesqualtar	7	14	21	28	35	42
			3	6	9	12	15	18
		Sesquit*er*cia	10	20	30	40	50	60

¶Und also magstu dergleichen mer exempel machen vo*n* quadrupla Quintupla Sextupla vnnd also vnentlich furt vnnd furt durch auß *etc*

[h 7v/64v] Multiplex superpartiens

¶Nu soltu wissen das p*ro*portio m*u*ltiplex superpartiens nicht anders ist dan eynn vorgleichniß zweyer zal zusa*m* gep*ro*porcioniret also das die grosser in yr beschliß dy kleyner mer dan eyn mol vnd etzlich teyl d*er* kleynern also $\frac{2}{3}$ ader $\frac{3}{4}$ ader $\frac{4}{5}$ vnd des gleich*en* alß 8 behelt in ym 3 zu zweie*n*mol wan 2 mol 3 ist 6 vnd 2 dar zu von 3 d*a*z ist $\frac{2}{3}$ vnd ist genant p*ro*portio dupla superparciens duas tertias Ist aber sach das die kleiner zal 2 mol in der grossern behalten wirt vnd $\frac{3}{4}$ so ist proportio duplasup*er*triparciens quartas vnd also des gleichen kumpt ader das die grosser die kleiner zu 3 mol in yr behelt vnd etzliche teyl so isz triplasup*er*bipartiens ader tripartiens ad*er* quadripartiens vnd des gleichen. Und auch soltu hie mercke*n* d*a*z yn dießer spe[h 8r/65r]cies

6 triplasesq*ui*quarta] sesq*ui*quarta D 8–9 vnd ... $3\frac{1}{2}$] *fehlt* CD

gleich alß oben nicht seyn 2 halbteil ader 2 vierteyl $\frac{2}{4}$ ader $\frac{2}{6}$ ader $\frac{3}{6}$ ader $\frac{3}{9}$ vnd der gleichen alleyn $\frac{2}{3}$ ader $\frac{2}{5}$ ader $\frac{2}{7}$ ader $\frac{3}{4}$ vnd alßo durch der oben berurten sach willen das eynem itlichen auch mitler vernufft leichtigklich zu uernemen ist vnd von ym selbst mer dan not ist exempel machen mag ßo er sich in dießem noch gesaczten in mitler moß uben ist vnd behalden.

	3	4	5	6	7	8	9
Multiplex	8	11	14	17	20	23	26
Superparciens	6	8	10	12	14	16	18
	16	22	28	34	40	46	52

[h 8v/65v] Das ander Capitel

¶In diesem nach geschriben Capitel wil ich dich lernen· wie du eyn proportio auff das mynst in die zal seczen solt· Und darumb soltu mercken· wen du eyn proportio in die minst zal seczen wilt so nym di selbigen zal der proportio die du dan kleyner machen wilt vnnd subtrahir die kleyner von der grossern die weyl du magst· vnd darnach widervmb vnd also ymmer eyne von der andern also lang piß das sie alle pede gleich werden· vnd darnach durch die selbige zal diuidir alle pede zum ersten furgegebene zal der proportio· vnd der quocient der selbigen teylung· weyst die proporcio in der mynsten zal gesaczt Alß du wollest wissen diese proportio $\frac{48}{12}$ das dan ist quadrupla ynn der kleynsten zal. so subtrahir 12 von 48 alsz offt du magst vnd in der ersten subtractio pleyben 36 [i 1r/66r] Unnd ßo du aber 12 subtrahirst pleiben 24 Da uon nym aber 12 vnd pleyben 12 zu peden seyten vnd darumb diuidir pede zal der proportio alß 48 vnnd 12 mit 12. kumpt 4 vnd 1· vnd stet also $\frac{4}{1}$ vnnd alßo hastu funden dieße proportionem quadruplam. yn der mynsten zal· vnd alßo soltu thun in allen andern vnd ist not wen du wilt addiren in proportionibus ader subtrahirn das du vor die zal der proportio seczest in die minste zal ader kleynste das man dester paß sehen mag waß auß solchen addiren kumpt ader subtrahiren·

Additio

Nu in dießem Capitel wil ich dich kurczlich vnterrichten wie du eyn proportio zu der andern solt addiren in rationalibus die dan alleyn in

4 leichtigklich] leichtlich BCD 4 uernemen] verstan BCD 8 lernen] leren BCD 9 proportio] proportion *passim* CD 20 pleyben] blybt BCD 22 proportionem] proportion E 24 proportio] proportion CD 27 Additio] Addieren CD

der zal erfunden wirt. vnd darumb soltu mercken das du albeg (so du zwu proportiones ader mer zusammen addiren wilt) die czal der selbigen proportio auff daz aller [i 1v/66v] kleynste machs (alß ich dich dan oben gelernet hab) vnd darnach zusammen addirest gleicherweyß als man yn den gebrochen multipliciret. den nenner in den nenner. vnd den zeler yn den zeler Alß du solt zcusam addirn $\frac{21}{7}$ und $\frac{12}{6}$ das ist proportionem triplam vnd duplam secz yn die kleinste zall alszo $\frac{3}{1}$ vnd $\frac{2}{1}$ vnd sprich 3 mol 2 ist 6 vnnd 1 mol 1 ist 1 stet alßo $\frac{6}{1}$ vnd darumb wen du addirest triplam zu dupla erwechst sextupla Alßo auch yn musica das ist yn der kunst deß gesanges wen du addirest Tonum zu. diatesseron wirt Diapenthe. daz ist wen du addirest proportionem sesquioctauam zu sesquitertiam alß $\frac{9}{8}$ zu $\frac{4}{3}$ wirt $\frac{36}{24}$ sesqualtera Du solt addiren diapente zu diatesseron alß sesqualteram zu sesquitertiam. Wirt diapason das ist dupla proportio alß addir $\frac{3}{2}$ [i 2r/67r] zu $\frac{4}{3}$ multiplicir die nennner zusam vnd auch dy zeler vnd kumpt $\frac{12}{6}$ das ist dupla proporcio vnd alßo saltu mercken das diapason nicht anders ist dan Diapente vnnd diatesseron zusam geaddiret Das ist proportio dupla ist nicht dan sesqualtera vnd sesquitertia. vnd ßo du addirest duplam alsz $\frac{2}{1}$ zu sesqualteram $\frac{3}{2}$ entspringt tripla $\frac{3}{1}$ Und alßo in proporcione tripla wirt beschlossen Diapason vnnd Diapenthe vnd alßo magstu proporcionem dupliren· tripliren vnd quadrupliren alß dan klerlichen außdrucken Julius frontinus Unnd auch Jordanus yn dem sechgsten beschliß seynes rechenbuchs

Subtrahiren

¶Nu yn dißem capitel saltu wissen das [i 2v/67v] Subtrahirn in proportionibus sich gleich helt alß diuidirn in den gebrochen. vnd darumb wen du wilt subtrahirn proportionem uon proportione ßo du sy in die minste zal gesaczt hast. Multiplicir den nenner eyn proportio in den zeler der andern vnd wider umb ßo ist eß gemacht Also du solt subtrahirn Diatesseron von diapenthe das ist proportionem sesquitertiam von proportione sesqualtera alß $\frac{4}{3}$ von $\frac{3}{2}$ multiplicir 3 mit 3 wirt 9 die secz oben· vnd 2 mit 4 wirt 8 die secz vnden alßo $\frac{9}{8}$ vnd kumpt tonus das ist proportio sesquioctaua· vnd alßo magstu mercken das Diatesseron das ist proportio sesquitercia. sesquioctauam das ist tonum zu zweyen mol in yr beschleust vnd etwas mer· vnd darumb wen du tonum daß ist sesquioctauam zu zwey mol subtrahirest von diatesseron das ist von sesquitertia pleybt eyn zal vberigk das pey den sin[i 3r/68r]gern Semitonium genant wirt· vnnd wie wol das hye her nicht dienet szo eß doch gut zu wissen ist vor exempel hie her dienenden· vnd alßo ist subtrahirn

4 gelernet] gelert BCD 12 sesquitertiam] sesquitertia BCD 13 sesquitertiam] sesquitertia BCD 15 dupla] *fehlt* B 36 vberigk] über BCD 37 genant] geheissen BCD

hie nicht anders dan eyner zal der p*ro*portio in die ander eyn kreuczliche m*u*ltiplicirun*g* alß dann klerliche*n* demonstriret wirt ader geweyst durch Jordanu*m* in der 27 p*ro*positio sey*nes* andern buchß der Recheschafft·

Das Dritte Capitel

¶Nu soltu mit lust merck*en* etliche· der oben gemelten species. hubsche frag vnd die selbige zu hercz*en* nemen auf das dastu and*er* darnach dester paß vo*n* dir selbst formiren mugst vnd zum ersten also.

[23] ¶Such mir zwu zal die sich zusam haben alß 2 vnd 3 in p*ro*portione Sup*er*p*ar*ticularisesqualtera· vnnd wen ich die selbigen zwu zal zusam addir d*az* gleich alß vil werde. alß wen ich eyne mit der andern multipliciret. Wiltu das wissen vn*d* alles des gleiche*n* So merck die Regel d*az* du albeg [i 3v/68v] die zwu zal der proporci*one* (alß hie yn dieser frag 3 vnd 2) zusam addirest. vn*d* daß auß den zweyen zalen erwachse*n* aggregat als do 5 seczest den zeler peyder zal vnd kumpt also $\frac{5}{3}$ die erste zal vnd $\frac{5}{2}$ die ander Nu addir die zwu zal zusam kumpt $\frac{25}{6}$ Unnd das selbige kumpt auch szo du eyne mit der andern multiplicirest·

[24] ¶Find mir zwu zal die sich zusam haben alß 5 vnd 3 in proportione Sup*er*bip*ar*cientetercias· vnnd wen ich eyne von der andern subtrahir· das gleich so vil pleybt als wen ich eyne mit der andern multiplicirt. Wiltu das ader des gleichen wissen So soltu mit ganczem vleyß merck*en* [i 4r/69r] vnd recht vor nemen· hubscher vnd behe*n*der Regel zwu die dir dan nymmer mer velen Und ist die erst m*u*ltiplicir die zwu furgelegten zal der proporcien mit eynander als 5 mol 3 wirt 15. Und das product secz den nenner. der zweyer zal vnd kumpt alßo $\frac{5}{15}$ Und $\frac{3}{15}$ Darnach subtrahir eyne von der andern alß 3 von 5 pleyben 2· Und darnach mit der vber geplyben zal m*u*ltiplicir die zwu zal der p*ro*porcien alß 5 vnd 3 vnd der selbigen m*u*ltiplication itlicheß product in sunderheyt secz den zeler des vorgemachten nenners vnd kumpt also $\frac{10}{15}$ vnd $\frac{6}{15}$ facit $\frac{2}{3}$ vnd $\frac{2}{5}$ vnd ist gemacht welche zwu zal so du eyne vo*n* der andern detrahirest pleibt $\frac{4}{15}$ [i 4v/69v] Und also vil ku*m*pt auch ßo du eyne mit der andern multiplicirest· Die ander vn*d* vil behender Regel· Secz die zwu zal der benumpten p*ro*portion alß 5 vnd 3 vor die nenner mit der zweyer zal verkeru*ng* vnd differentia*m* das ist vnterscheyd der ersten zweyen zal alß zwischen 5 vn*d* 3 itzlicher in sunderheyt den zeler alß 2 vnd kumpt alßo $\frac{2}{5}$ vn*d* $\frac{2}{3}$ vnd ist gemacht.

[25] ¶Find mir zwu zal die sich gege*n* eyna*n*der vorgleichen alß 2 vnd 3 in proporti*one* sesqualtera vnd wen ich die selbige*n* zwu zal zusam addir d*az* gleich so vil kum als we*n* ich eyne durch die ander diuidir. Wiltu nu

3 p*ro*positio] propositio*n* CD 12 proporci*one*] proportze*n* BCD, proportien E 21 recht vor nemen] verstan BC 29 detrahirest] detrahirt hast BCD 32 benumpten] benenten D

d*az* wisse*n* ader des gleich*en*. So merck aber eynn hubsche Regel. addir die zwu zal alß 2 vnd 3 wirt 5 vnd das behalt zu deinem teyler Darnach diuidir die grosser zal alß 3 mit d*er* kleynern alß mit 2 vnd kumpt $\frac{3}{2}$ vnd das teyl nu mit dem vor[i 5r/70r]behalten teyler vnd kumpt $\frac{3}{10}$ vn*n*d das multiplicir mit der ersten zal der zweyer alß mit 2 vnd kumpt $\frac{6}{10}$ die erste zal· Darnach m*u*ltiplicir auch $\frac{3}{10}$ mit der andern zal alssz mit 3 vnnd kumpt $\frac{9}{10}$ die ander zal Nu addir die zwu zal zusa*m*men ader diuidir die grosser durch die kleyner kumpt albeg $\frac{3}{2}$ vnd ist recht

¶Ader machß also durch ein a*n*dere weiß vnnd Regel vil behender die grosser zal secz vberal den zeler vn*d* peyde zal zusam den nenner in der grossern in dem kleynern über seyn duplat vnd ist recht.

[26] ¶Find mir zwu zal die sich zusam halde*n* alß 4 vnd 3 in proportio*ne* sesquitertia vn*d* so ich der selbigen zweyer zal quadrata zusam addir das 100 ku*m*men wiltu das wissen ader des gleich*en* so merck diese [i 5v/70v] lustparliche Regel vnd machß also Nym die selbigen ersten zwu zal alß 4 vnnd 3. vnd quadrir itliche in sunderheyt das ist m*u*ltiplicir itliche in sich selbst eyn mol vn*d* ku*m*pt 16 vn*d* 9 Darnach addir die selbige*n* zwe*n* q*ua*drat zusamen wirt 25 d*az* secz dye erste zal in die gulden Regel ader p*ro*porcionum. vnd die vorgelegte zal alß 100 an die ander stat der Regel. Unnd itliche vor gequadrirte zal su*n*derlich an die dritte stat der Regel. Und machß nach der Regel· Sprich 25 geben 100 was geb*en* 16 kumpt 64. Darnach aber 25 geben 100 was geben 9 vnd kumpt 36 Nu radices ader wurczel der itzlichen zal· als 8 vnd 6 perichten die frag vn*d* seyn die zwu zal in proportione Sesquitercia. Wann 8 yn behelt 6 eyn mol gancz. vn*d* d*az* dritte teyl von 6 alß 2. vnd wen du der zweyer radicum quadrat zusam addirest alsz 64 vnd 36 wirt gerad 100·

[27] [i 6r/71r] ¶Find mir zwu zal die sich zusam vorgleichen in p*ro*portione dupla. Unnd wen ich dan der selbigen zweyen zal quadrat zusam addir das $\frac{20}{81}$ kum Nu machß nach der regel. Und kumme*n* die zwu zal $\frac{2}{9}$ vnd $\frac{4}{9}$ vnd ist recht

[28] ¶Find mir eyn zal so ich sy duplir vnnd das duplat mit dem halben teyl multiplicir. Und das halbteyl in sich gemultiplicirt dar zu addir das 20 ku*m*men machß alßo Diuidir 20 mit 5 vnd kumpt 4 das subtrahir von 20 pleyben 16. vnnd dye wurczel der zal bericht die frag also 4

Proba. Duplir 4 wirt 8 das multiplicir mit dem halben teyl vonn 4 [i 6v/71v] alß mit 2 kumpt 16 Darnach multiplicir die 2 in sich kummen 4 das addir zu 16 werden gerad 20

[29] ¶Find mir ein zal wen ich die selbige zal geduplirt m*u*ltiplicir mit dem halben teyl der gefundne zal vn*d* das halbteyl in sich gemultiplicirt dar zu addir das 45 kummen teyl ader diuidir 45 durch 5 kummen 9 das subtrahir von 45 pleiben 36 vnnd die wurczel der zal alß 6 ist die zal

2 zu deinem] dein D   11 über] aber AE   33 mit] in BCD

probirß alßo Duplir 6 wirt 12 das multiplicir mit 3 wirt 36 vnd multiplicir 3 yn sich selbst wirt 9 das addir zu 36 kumpt 45 vnd ist recht alßo des gleichen soltu albeg machen alß das ober gemacht ist.

[30] ¶Find ein zal in sich selbst gemultiplicirt ader quadrate mit multiplicirung yres halben teylß das 80 werden Diuidir 80 mit 5 kumpt 16 das subtrahir von 80 pleibt 64 vnd radix quadrata der zal ist 8 die zal alßo Wiltuß probiren so multiplicir 8 in sich selbst kumpt 64 multiplicir auch [i 7r/72r] das halbteyl von 8 alß 4 in sich ist 16 vnd addir die product zusamen wirt 80.

[31] ¶Eß ist eyn zal vnd so die selbige zal yn yr pede halbeteyl gemultiplicirt wirt kumpt die selbige zal Nym die zal sey 4. die multiplicir mit 2 wirt 8· vnnd darnach aber mit 2 wirt aber 8 Nu addir 8 vnd 8 zusamen wirt 16. vnd ist die gefundne zal darauß extrahir radicem quadratam vnd ist 4 dye selbige zal.

[32] ¶Diuidir 14 in 3 teil die sich zusam halden in continua dupla proportione alßo das keyn gebrochen dar zcu kum Thu ym also diuidir 14 durch 7 vnd kummen 2 daz duplir werden 4 das duplir aber werden 8 vnnd stenn also 2· 4. 8. Nu addir die 3 teyl zusam werden 14.

[33] Diuidir 21 in 3 teyl. die sich zusam halden in gleicher proportione dupla. also das kein teyl gebrochen werde Machsz alszo diuidir 21 in 7 vnd kummen 3 vnd das ist die erst zal ader der erste teyl Duplir [i 7v/72v] kumpt der ander alß 6 Das duplir aber wirt 12 Nu summir dy teyl zusam werden 21.

[34] ¶Diuidir 62 in 5 partes ader teyl vbersich wachsen in proportione dupla. machß alßo teyl 62 in 31 kummen 2 daz duplir werden 4. das duplir ist 8. vnnd das duplir aber kumpt 16· welches geduplirt brengt 32 Nu addir dy teyl zusamen kummen geradt 62. vnnd ist recht Nu soltu wissen So du wilt ein zal diuidiren yn etzliche teyl duple proporcionis So diuidir die selbige zal gerad yn halb Wiltu aber triplam proporcionem So teyl dy selbige vorgelegte zal yn 3 Szo du aber wilt quadruplam proportionem. teylß yn 4 Und alßo furt wy man dir dan fuergibt

[35] Alß du solt 26 teylen yn drey teil die [i 8r/73r] sich zusam haben yn proportione tripla machs also secz die proportio yn der kleynsten zal also 1· 3.9. addir di drei teil zusam wirt 13 damit diuidir 26 kumt 2 der erst teyl das triplir wirt 6 Nu triplir auch 6 werden 18 addir die 3 teyl zusammen kumpt geradt 26 vnnd ist recht

[36] Diuidir 84 in drey teyl alßo das sich die teyl gleich zusam haben in proportione quadrupla. Machß also Secz die proportio in der kleynern zal also 1· 4· 16. Und addir die teyl zusammen. kumpt 21 der teyler· Nu teyl 84 mit 21. Und kumpt 4 das erste teyl. das quadruplir werden 16 Und das quadruplir auch werdenn 64 Nu addir die teyl zusammen.

3 alß] als du BCD 3 ist] hast BCD 8 sich] sich selb BCD 19 proportione] proportion BCD 33 proportio] proportion *passim* CD

kumpt geradt 84 Unnd do pey soltu wissen d*az* albeg die zal die geteylt sol werden· Gleych szol auff geen mitt dem teyler [i 8v/73v] alszo d*az* die selbige zal die geteylt sol werden sey in p*ro*portione multiplici gegen de*m* teyler als dupla· tripla ader quadrupla vnd des gleich*en*.

[37] Find mir 3 zal die sich zusam haben in tripla proportione· das der selbig*en* dreye*n* zal vnterscheyd so 2 dar zu addirt werde*n* 18 machen. Machs also Subtrahir 2 von 18 pleibet 16. vnd das seyn die differencie ader der dreyer zal vnterscheidt zusamen geaddirt· Und das teil durch 4 kumpt 4 dy erst vnt*er*scheidt vn*d* dy kleinst vnd dy halbir· so kumpt dy kleyner zal der p*ro*portien als 2 Und wen du dy 2 triplirest kumpt dy ander zal alsz 6· vn*d* das triplir kummen 18 dy dritte zal Nu ist zwischen 2 vnd 6· 4 vnd zwischen 6 vn*d* 18. ist 12 addir 12 vnd 4 die zwu vnterscheidt zusamen kumpt 16 vnd 2 darzu wirt 18 vnd also mag eyn itzlicher auch mitler vornunfft vo*n* ym selbst der gleich frag machen vnd auch berichten

---

1 84] 841 AE

[k 1r/74r] Das dritte Capitel vnd vernemlichsteß teyl deß andern teylß

Nu volget nach das drit vnd aller vernemlichsteß teyl des andern teyls Inn welchem teyl Ich dir sagen wil von der zal geordiniret auff kaufmanschafft· vnd dich gruntlich vnd in rechter art vnderweysen wie du kaufschlagk vnbetrogen handeln solt vnd in allerley war sicherlich verfuren nymant durch dein vnwyssenheyt zubetrigen sunder. dich fur falscher boeßer menschen listikeyt behender vbersaczung zu bewaren· vnd gemeinen nucz da durch alß weyt du kanst recht vorsten vnd vorfechten. Und zum ersten wil ich dich lernen kaufmanschafft vorfuren in der zal Darnach in gewicht zum driten in moß vnd der itlicheß wil ich dir weyßen durch Regel Stich vnd geselschafft Und zu dem ersten soltu wissen daz kauffmanschaft in der zal nicht anderß ist dan [k 1v/74v] kauff vnd vorkauff nach der zal der ding ader der guter die in gewicht vnnd mosz nicht gehandelt werdenn Unnd ynn dem wil ich dich zum ersten lernen durch die gulden Regel die dan alszo genant ist wan gleicher weysz als das golt vbertrit all ander metal also auch diesze Regel in gebrauchung vbertrit al ander Regel·

Auch wirt sy genant regula Detri wan in yr durch drey bekante zal wirt die viert vnd vnbekant gefunden Sy ist auch recht genant Regula proportionum Wan in der regel werden erkant vnd erfunden alle proportiones als dan klerlichen ausz drucket Euclides in dem sybenten vnd auch sechsten buch vnd ander mer Nu aber diesze wort kurczlichen ab zuschneiden Soltu wyssen alsz vnsz hie her dienet Das regula Detri (die dan hubscher eygenschaft [k 2r/75r] zwelf an yr hat hie her nicht zu verzelen) nicht anders ist (alsz vnsz dan die meyster der freyen kunst sagen) dann drey dingk die du seczt vnter welichen das erste vnd das leczte almol musz gleich sein Weliches leczte du solt multipliciren mit dem mittelsten das dann gleich ist dem vierden vnd vnbekanten· daz erwechst auß solcher multiplicatio· vnd der teylung daß product mit dem ersten. vnd also soltu albeg das selbige vnbekant daz du dan wissen wilt vnd darnach die frage ist. hinden seczen. vnd mit dem ersten multipliciren Und darnach das erwachsen product durch das erst teylen· vnd was dan ausz solcher teylung kumpt das ist die vierde vnd vnbekante zal gewesen vnd bericht die frage Alsz yn dieszem nachgeenden auff diesze Regel geordinirteten exempeln gancz klerlichen wirt ausz gedruckt vnnd zvm· Ersten eyn exempel von ganczer zal [k 2v/75v] Alßo 100 duc pro 129 floren gulden wy kummen 34 duc Machß also nach der regel· mul-

---

1 Das dritte Capitel] *Darüber:* Regula detri CDE 10 lernen] leren *passim* BCD 28 sein] sein am namen vnd nit an der zal BCD 29 vnbekanten] vnerkanten am namen BCD 29–33 daz ... multiplicieren] *fehlt* BCD 30 multiplicatio] multiplication E 34 vnbekante] vnerkant BCD 37 pro] für *passim* BCD

tiplicir das leczt mit dem mitelsten. als 34 mit 129 ader widerumb vnd kumpt 4386. Das teyl in das erst· vnd kumpt 43 floren 17 ß 2 heller $\frac{2}{5}$ vnnd ist recht

¶Nu soltu wyssen das alle mein dir vorgegebne rechenschafft von kurcz vnd landßgewerung wegen· sol stenn auff gold ader floren kurcz geschriben flo. vnd schilling kurcz ß vnd heller· wan itltiche muncz yn sunderheit nach itliches landes gewerung zuschreiben vnd durch alle rechenschafft zugebrauchen wer mer vordrieß vnd einen itlichen dieseß buchleß. leßer eyn spotliche vorhinderniß dan fruchtparlicher nucz vnd darumb soltu wissen das albeg 20 ß yn gold gerechet ist pro 1 floren vnd 12 heller 1 ß in gold· vnnd also auch der czentner kurcz alßo geschriben ct albeg gerechet ist [k 3r/76r] auff alle landß werung pro 100 pfunt kurcz also lb vnd 1 lb pro 2 marck kurcz also mr vnd 1 mr pro 8 vncz kurcz also oz Und 1 oz pro 2 lot. Wie du aber nu alles gewicht vnd moß kurcz verczeichnen solt wil ich dir alles klerlichen hinden pey dem ende dieseß buchleß beschreyben·

¶Wye du aber nu yn dem andern rechenpuchlen gerechente muncz vnd doch dyr vnbekant finden solt wievil auff den gulden gerechent sey vnd auff den groschen kurcz groß. vnd auch wie du dir vnbekanten muncz in yrer rechter landßwerung yn dein rechnung seczen solt vnd des gleichen eyn gewicht gegen dem andern on fel vnd On grosse mue recht durch rechnung abwegen solt· wil ich dich vnterrichten zweyerley rechenschafft durch zwu regel vnd zum ersten durch die Regel resolutionis genant ader inuentionis auff das erst. vnd darnach durch die regel Pagamenti genant wen ich sagen wird von mancherley [k 3v/76v] muncz yn die wechszelpanck· Und darumb nicht not ist mancherley muncz zcu seczen ader gewicht. Und ee das ich dir sage von der Regel resolutionis wil ich dir mer exempel seczen auf allerley war in gewicht. vnnd in mosz. ynn die regel Detri ader proportionum wan dieser Regeln gemeiniglichen in allen andern vil behendern Regeln gebraucht wirt gleycher weysz alsz eyn hammer in eyner schmit zu vyl hubschern dingen gebraucht wirt dan er an ym selbst ist· vnd darumb von (dießer Regel) grosser vbung wegen soltu mitt vleyß mercken alle diesze nach gesaczte exempel.

[37] Item ich hab kaufft 24 lb pro 13 flo. wy kummen 130 lb Machß nach der Regel Also multiplicir das mittelst mit dem leczten vnd teylsz durch das erst kumpt 70 flo· 8 ß 4 hlr

[38] Item ich hab kaufft 6 ellen pro 5 flo. wye kummen 32 elln facit 26 flo. 13 ß 4 hlr

[39] Item ich hab kaufft eyn lot pro 57 pfen. [k 4r/77r] wie 32 lot Machsz nach der Regel vnd kumpt 260 gro· vnd 4 pfen. den gros. gerechet pro

11 geschriben] *fehlt* BCD 14 Wie] Wen BC 21 on fel] vnfel AE 29 dieser Regeln] diese regel BCD 34 pro] für *passim* BCD 40 nach der Regel vnd kumpt] kumen BCD

7 pfen.

[40] Item 1 Tuch pro 31 flo. wie kummen 16 ellen facit 13 flo. 15 ß 10 hlr

[41] Item 1 ct pro 13 flo. wie kummen 30 lb facit 3 flo. 18 ß

[42] Item 1 lb pro 4 flo· wie 12 lot facit 1 flor· 10 ß

[43] Item 9 elln pro 7 flo. $\frac{32}{1}$ tuch facit 24 flo· 17 ß 9 hlr $\frac{1}{3}$

[44] Item 16 ellen pro 9 flo· wie 1 ellen facit 11 ß 3 hlr

[45] Item 17 mr pro 100 flo wie 1 oz facit 14 ß 8 hlr $\frac{8}{17}$

[46] Item 25 lb pro 22 flo. wie 1 lot facit 6 heller $\frac{3}{5}$ vnd also mer des gleichen Szo aber deyn teyler grosser ist dan die zal dye du teylen szolt (alsz ynn dem negsten oben gesaczten exempel) szo merck [k 4v/77v] was mitten gestanden ist Sindt das flo. So mach die zal die du dann teylen solt zu ß Sint das aber ß so machß zu hellernn Ist aber sach das die zal die du teylen solt gwicht bedeut vnd syn ct so machß zu lb Seyn eß aber lb so machß zu oz ader lot *etc* Und also thu auch so dir nach dem ersten teylen icht vberpleybt Und wen du also floren. ß· vnd heller gemacht hast pleybt dan etwas vber daz soltu (alß weit du magst) kleiner machen· also findt eyn zal (wie ich dich dan oben gelernt hab yn dem andern capitel der proportio) Dar eyn du den zeler vnd auch den nenner gleich teylen magst Als wen dir vberpliben wer $\frac{36}{120}$ Nu findt eyn zal yn welche du 36 vnd auch 120 teylen magst Und ist 12 Nu teyl ydeß in 12 vnd kummen $\frac{3}{10}$ vnd das ist die kleynste zal welche gleych so vil bedeut alß $\frac{36}{120}$ Und do pey merck [k 5r/78r] auff so vil lb als der nenner ist so manigk heller mer kummen als des zelerß ist wan $\frac{3}{10}$ Daz wer so man 1 heller in 10 teyl diuidiret so wer es der selbigen teyl 3. Und das merck gar eben wan es gancz nucz ist

[47] ¶Nu soltu aber mercken von mer sicherheit wegen Szo dem das mitten stet gebrochen zu gesaczt wirt (als in diesem exempel Ich hab kaufft 32 ellen pro 17 flo. $\frac{1}{4}$ wie kummen 3 ellen) Soltu albeg dye selbige gancze zal da pey dan das gebrochen gesaczt ist auch prechen das ist dye gancze mit des bruchß nenner multipliciren vnd den zeler dar zu addiren vnd darnach das selbige erwachßen product denn zeler seczen als hie multiplicir 17 mit 4 vnd addir den zeler dar zu wirt $\frac{69}{4}$ Dar nach prich auch die andern mit vndersaczung eynes fur den nenner vn stet also [k 5v/78v] $\frac{32}{1} \times \frac{69}{4} = \frac{3}{1}$ Nu multiplicir das mittelst mit dem leczten. vnd das product teyl durch das erst nach art vnnd der bruch anweyßung vnd kumpt 1 flo. 12 ß 4 heller $\frac{1}{8}$

[48] ¶Item 1 tuch pro 16 flo· $\frac{1}{2}$ wie kumpt 1 ellen facit 9 ß 2 hlr

[49] ¶Item 19 lb pro 13 flo· $\frac{2}{3}$ wie 2 ct facit 143 flo· 17 ß 2 hlr $\frac{6}{19}$

[50] Item 1 lb pro 12 ß 8 helr wie 1 lot facit 4 hlr $\frac{3}{4}$

2–3 Item ... hlr] *fehlt* BCD 4 kummen] *fehlt* BCD 6 $\frac{32}{1}$ tuch] wie 32 BCD 12 flo.] guldin BCD 16 icht] etwas BCD 19 proportio] proportion CD 29 pro] für *passim* BCD 38 pro] helt 36 eln kost BCD 39 17] 10 AE

[51] Item 1 lot pro 6 flo. 7 ß 9 hlr wie 1 quintc facit 1 flo· 11 ß 11 hlr $\frac{1}{4}$ vnd also furt des gleichen.

So dir aber zu dem ersten ader leczten [k 6r/79r] gebrochen bey gesaczt wirt So mach daz selbige gleich alß oben zu gebrochen do pey dan das gebrochen stet Und addir denn zeler albeg dar zu Als in dieszem exempel $12\frac{1}{3}$ ellen pro 16 flo· wie kummen 8 ellen secz alsz oben wen du nu es gebrochen hast alszo $\frac{37}{3} \times \frac{16}{1} - \frac{8}{1}$ vnd kumpt 10 flo· 7 ß 6 hel $\frac{30}{37}$

[52] Item 12 ellen pro 15 flo· wie 1 ellen $\frac{2}{3}$ kumpt 2 flo· 1 ß 8 hlr.

So dir aber fur kumpt das dem mitteln eyn gebrochen· vnnd dem ersten ader dem leczten auch ein gebrochen zu gesaczt wirt Als in diesem exempel 7 ellen pro 6 flo· $\frac{1}{4}$ wie 16 ellen $\frac{1}{3}$ prich ydes in sein bruch vnd stet also $\frac{7}{1} \times \frac{25}{4} - \frac{49}{3}$

[k 6v/79v] Machß nach der regel vnd kumpt 14 flo· 11 ß 8 heller

[53] ¶Item 9 ellen $\frac{3}{4}$ pro 5 flo. $\frac{5}{8}$ wie 15 ellen facit 8 floren 13 ß 0 heller $\frac{12}{13}$

¶So aber zu allen dreyen gebrochen furgesaczt wirt als in diesem exempel 17 ellen vnd $\frac{3}{4}$ pro 9 floren $\frac{1}{2}$ wie kummen 12 ellen $\frac{2}{3}$ brich itlichesz in seyn bruch ader teil vnd secz also $\frac{71}{4} \times \frac{19}{2} - \frac{38}{3}$ Nu machß nach der Regel vnd kumpt 6 floren 15 ß 7 heller $\frac{3}{71}$

[54] ¶Item 18 ellen $\frac{2}{3}$ pro 28 floren $\frac{1}{4}$ wie 3 ellen $\frac{1}{2}$ facit 5 floren 5 ß 11 heller $\frac{1}{4}$ vnnd alszo des gleichen.

[55] Item 1 lb pro 1 groschen wie 1 ct facit 4 flo· 16 groschß den floren pro 21 groschen ge[k 7r/80r]rechet vnd denn groschen pro 12 pfenning.

[56] Item 1 lb pro 11 pfenning wie 1 ct facit 4 floren 7 groschen 8 pfenning

[57] Item 1 lb pro 10 pfenning wie 1 ct facit 3 floren 20 groschen 4 pfenning

[58] Item 1 lb pro 9 pfenning wie 1 ct facit 3 floren 12 groschß

[59] Item 1 lb pro 8 pfenning wie 1 ct facit 3 floren 3 groschß 8 pfenning

[60] Item 1 lb pro 7 pfenning wie 1 ct facit 2 floren 16 groschß 4 pfenning

[61] Item 1 lb pro 6 pfenning wie 1 ct facit 2 floren 8 groschß

[62] Item 1 lb pro 5 pfenning wie 1 ct facit 1 floren 20 groschß 8 pfenning

[63] Item 1 lb pro 4 pfenning wie 1 ct facit 1 floren 12 groschß 4 pfen.

[64] Item 1 lb pro 3 pfenn· wie 1 ct facit 1 flor. 4 groschß

[65] Item 1 lb pro 2 pfenn· wie 1 ct facit 16 groschß 8 pfen·

[66] Item 1 lb pro 1 pfenning· wie 1 ct facit 8 groschß 4 pfenning

[67] [k 7v/80v] Item 1 lb pro 1 heller wie 1 ct facit 4 gros· 2 pfen·

[68] Item 1 ct pro 4 flo. 16 gro. wie 1 lb facit 1 gro.

[69] Item 1 ct pro 4 flo. 7 gro. 8 pfen· wie 1 lb $\frac{1}{2}$ facit 1 gro. 4 pfen· 1 hlr

[70] Item 1 ct pro 3 flo. 20 gro· 4 pfen. wie 1 lb $\frac{1}{3}$ facit 1 gro. 1 pfen· 0 hlr $\frac{2}{3}$

---

18 $\frac{71}{4}$] $\frac{17}{4}$ ABCE

[71] Item 1 ct *pro* 3 flo. 12 gro. wie 1 lb $\frac{2}{3}$ facit 1 gro. 3 pfen.
[72] Item 1 ct *pro* 3 flo· 3 gro· 8 pfen. wie 1 lb $\frac{1}{4}$ facit 10 pfen.
[73] Item 1 ct *pro* 2 flo· 16 gro. 4 pfen· wie 1 lb $\frac{3}{4}$ facit 1 gro. 0 pfen· 0 hlr $\frac{1}{2}$
[74] Item 1 ct *pro* 2 flo. 8 gro· wie 1 lb $\frac{1}{5}$ facit 7 pfen. 0 hlr $\frac{2}{5}$
[75] Item 1 ct *pro* 1 flo. 20 gro· 8 pfen. wye [k 8r/81r] 1 lb $\frac{2}{5}$ facit 7 pfen.
[76] Item 1 ct *pro* 1 flo. 12 gro. 4 pfen. wie 1 lb $\frac{3}{5}$ facit 6 pfen· 0 hlr $\frac{4}{5}$
[77] Item 1 ct *pro* 1 flo. 4 gro. wie 1 lb $\frac{4}{5}$ facit 5 pfen· 0 hlr $\frac{4}{5}$
[78] Item 1 ct *pro* 16 gro. 8 pfen. wie 1 lb $\frac{1}{6}$ facit 2 pfen. 0 hlr $\frac{2}{3}$
[79] Item 1 ct *pro* 8 gro. 4 pfen. wie 1 lb $\frac{5}{6}$ facit 1 pfen. 1 hlr $\frac{2}{3}$
[80] Item 1 ct *pro* 4 gro. 2 pfen· wie 1 lb $\frac{1}{7}$ facit 1 heller $\frac{1}{7}$
[81] ¶Item 1 tuch helt 34 ellen kost 16 floren wie 1 ellen facit 9 gro· 10 pfen· 1 hlr $\frac{3}{17}$
[82] [k 8v/81v] Item 1 tuch helt 36 ellen vnd ist kaufft *pro* 21 floren $\frac{1}{2}$ wie 1 ellen facit 12 groschß 6 pfen· $\frac{1}{2}$
[83] Item 1 tuch helt 35 ellen gstet 15 floren wie 1 ellen facit 9 gros·
[84] Item 1 tuch helt 32 ellen $\frac{1}{2}$ kost 25 floren $\frac{1}{2}$ wie 1 ellen facit 16 groschß 5 pfenning 1 heller $\frac{29}{65}$
[85] ¶Item 1 tuch helt 35 ellen kost 9 floren wieuil ellen kummen *pro* 1 floren facit 3 ellen $\frac{8}{9}$ eyner ellen
[86] Item 1 tuch helt 32 ellen kost 12 floren wie uil kummen ellen *pro* 1 floren facit 2 ellen $\frac{2}{3}$
[87] ¶Item 1 ellen *pro* 5 groschß 9 pfenning $\frac{1}{2}$ wie kumpt 1 tuch das helt 32 ellen facit [l 1r/82r] 8 fl 17 gr 4 pf
[88] Item 1 ellen *pro* 11 gr 7 pf wie 1 tuch das helt 35 ellen facit 19 fl 6 gr 5 pf
[89] Item 1 kandel *pro* 1 gr 8 pf wie 1 Eymer facit 4 fl 13 gr 6 pf
[90] Item 1 mosz *pro* 1 gr 7 pf wie 1 Eymer facit 4 fl 8 gr 7 pf 1 hlr
[91] Item 1 moß *pro* 1 gr 6 pf wie 1 Eymer facit 4 fl 3 gr 9 pf
[92] Item 1 mosz *pro* 1 gr 5 pf wie 1 Eymer facit 3 fl 19 gr 10 pf 1 hlr
[93] Item 1 moß *pro* 1 gr 4 pf wie 1 Eymer facit 3 fl 15 gr
[94] Item 1 moß *pro* 1 gr 3 pf wie 1 Eymer facit 3 fl 10 gr 1 pf 1 hlr
[95] Item 1 moß *pro* 1 gr 2 pf wie 1 Eymer facit 3 fl 5 gr 3 pf
[96] Item 1 moß *pro* 1 gr 1 pf wie 1 Eymer facit 3 fl 0 gr 4 pf 1 hlr
[97] Item 1 moß *pro* 1 gr wie 1 Eymer facit 2 fl 16 gr 6 pf
[98] [l 1v/82v] Item 1 mosz *pro* 11 pf wie 1 Eymer facit 2 fl 11 gr 7 pf 1 hlr
[99] Item 1 mosz *pro* 10 pf wie 1 Eymer facit 2 fl 6 gr 9 pf
[100] Item 1 mosz *pro* 9 pf wie 1 Eymer facit 2 fl 1 gr 10 pf 1 hlr
[101] Item 1 mosz *pro* 8 pf wie 1 Eymer facit 1 fl 18 gr

---

4 $\frac{1}{2}$] $\frac{1}{3}$ AE, $\frac{1}{4}$ D 7 Item ... $\frac{4}{5}$] *fehlt* BCD 16 gstet] kost BCD 17 helt] hat BCD 23 kumpt] *fehlt* BCD 23 helt] hat BCD

[102] It*em* 1 mosz p*ro* 7 pf wie 1 Eymer facit 1 fl 13 gr 1 pf 1 heller
[103] It*em* 1 mosz p*ro* 6 pf wie 1 Eymer facit 1 fl 8 gr 3 pf
[104] It*em* 1 mosz p*ro* 5 pf wie 1 Eymer facit 1 fl 3 gr 4 pf 1 hlr
[105] It*em* 1 mosz p*ro* 4 pf wie 1 Eymer facit 19 gr 6 pf
[106] It*em* 1 mosz p*ro* 3 pf wie 1 Eymer facit 14 gr 7 pf 1 hlr
[107] It*em* 1 mosz p*ro* 2 pf $\frac{1}{2}$ wie 1 Eymer facit 12 gr 2 pf 0 hlr $\frac{1}{2}$
[108] It*em* 1 mosz p*ro* 2 pf wie 1 Eymer facit [l 2r/83r] 9 gr 9 pf
[109] It*em* 1 mosz p*ro* 1 pf $\frac{1}{2}$ wie 1 Eymer facit 7 gr 3 pf 1 hlr $\frac{1}{2}$
[110] It*em* 1 mosz p*ro* 1 pf wie 1 Eymer facit 4 gr 10 pf 1 hlr
[111] It*em* 1 Eymer p*ro* 18 gr $\frac{1}{2}$ wie 1 mosz facit 3 pf 1 hlr $\frac{23}{39}$
[112] It*em* 1 Eymer p*ro* 4 fl 8 gr wie 1 mosz facit 1 gr 6 pf 1 hlr $\frac{29}{39}$
[113] It*em* 1 Eymer p*ro* 3 fl 1 gr 1 hlr wie 1 mosz facit 1 gr 1 pf 0 hlr $\frac{32}{117}$
[114] It*em* 1 Eymer p*ro* 5 fl wie 1 mosz facit 1 gr 9 pf 1 hlr $\frac{1}{13}$
[115] It*em* 1 fuder p*ro* 18 fl wie 1 Eymer facit 1 fl 7 gr
[116] It*em* 1 fuder p*ro* 31 fl 9 gr wie 1 Eymer facit 2 fl 13 gr
[117] [l 2v/83v] It*em* 1 fuder p*ro* 14 fl 2 gr 3 pf 1 hlr wy 1 Eymer facit 1 fl 3 gr 8 pf
[118] ¶It*em* 1 schyn eyß*en* p*ro* 2 gr $\frac{1}{2}$ wie 1 lb facit 28 fl 12 gr
[119] It*em* 1 schyn eyßen p*ro* 2 gr 3 pf wie 1 lb facit 25 fl 15 gr
[120] It*em* 1 schyn p*ro* 3 gr 5 pf 2 hlr wie 1 lb facit 40 fl
[121] It*em* 1 schyn p*ro* 2 gr 1 pf 1 hlr wie 1 lb facit 24 fl 6 gr
[122] It*em* 1 schyn p*ro* 11 pf 1 hlr $\frac{3}{5}$ wie 1 lb facit 11 fl 5 gr
[123] ¶Itm 17 lb $\frac{1}{3}$ p*ro* 24 fl wie 7 lb facit 9 fl 13 ß 10 hlr $\frac{2}{13}$
[124] It*em* 24$\frac{1}{4}$ lb p*ro* 9 fl wie 13 lb facit 15 fl 19 ß 2 hlr $\frac{10}{97}$
[125] It*em* 10$\frac{3}{4}$ ell*en* p*ro* 17 fl $\frac{2}{3}$ wie 11 ell*en* $\frac{2}{3}$ facit 18 fl 14 ß 8 hlr $\frac{16}{43}$ vn*d* also des [l 3r/84r] gleychen

Regula inuentionis:

[126] ¶It*em* So dir fur kumpt angeschlagne muncz in gold vnd in gr vnd wilt wysse*n* wie der fl vnd auch der gr gerechet sey Alß in dießem exempel Eyner hat kaufft 15 lb p*ro* 37 gr 6 pf wie ku*mm*en 226 lb facit 15 fl 2 gr 6 pf. Nu frag ich wie der fl vnd der gr gerechet sey Wiltu d*az* wyssen ader des gleich*en* Machß alßo multiplicir 37 gr mit 226 lb. vnd teyl d*az* product in 15 lb kumpt 557 gr $\frac{7}{15}$ eynß gr Multiplicir auch darnach 6 pf mit 226 lb vnd diuidir das p*ro*duct in 15 lb kumpt 90 pf $\frac{6}{15}$ Diese gr vnd pf die machen 15 fl 2 gr 6 pf Wiltu nu wyssenn wie der fl vn*d* gr gerechet sey Szo such zum ersten wyvil pf p*ro* 1 gr gerechet sey Und thu ym also 90 pf $\frac{6}{15}$ seyn dir kummen. subtrahir di obern 6 pf dauon [l 3v/84v] pleyben 84 pf $\frac{6}{15}$ In den 84 pf findest du wie der

1 13 gr 1 pf] 14 gr 4 pf ABCE   9 4 gr 10 pf 1 hlr] 5 gr ABCE   12 $\frac{32}{117}$] $\frac{64}{117}$ ABCE   36 such] sich BCD   38 pleyben 84] pleyben 48 A

gr gerechet sey vnd darumb besich war in die 84 pf auff geen auf d*az* nechst nach 6 wa*n* 6 pf ist keyn gr. vn*d* d*az* magstu wol mercken nach der auff gab. Nu das get auff in 7 pf vnd ku*mmen* 12 gr Wiltu nu wissen ab es recht auff gangen sey vnnd ab der grosch p*ro* 7 pf gerechet sey ader nicht wan die 84 gen auch ynn mer zal auff dan in 7 wan sy geen auf in 12 vnnd auch in 14 Szo thv ym alszo sprich $\frac{15}{15}$ eynß gr das ist ey*n* ganczer gr giebt mir 7 was giebt mir $\frac{7}{15}$ eynsz gr Multiplicirß vnd teylß kvmpt 2 pf $\frac{12}{15}$ addir die $\frac{6}{15}$ eynsz pf die pey de*n* 84 sten dar zu kumpt 3 gancz pf vnd $\frac{3}{15}$ vn*d* we*n* dye $\frac{7}{15}$ eynsz gr vnd $\frac{6}{15}$ eynsz pf eynn [l 4r/85r] ganczen ader eyn halben gr gemacht hetten szo wer es recht gewest. vnd darumb das es nicht gancz auff gangen ist. szo ist es nicht recht. Darumb teyl die 84 yn die nechst*en* zal nach 7 das ist in 12 vnnd kummen 7 gr die addir zu $364\frac{1}{2}$ sprich alszo $\frac{15}{15}$ eynß gr geb*en* 12 pf was geben $\frac{7}{15}$ eynsz gr kummen 5 pf $\frac{9}{15}$ Nu addir $\frac{6}{15}$ eynsz pf die pey den 84 steen vnnd macht gerad 6 pf das wer eyn halber gr Addir den halben gr zu 557 macht $557\frac{1}{2}$ gr vnd subtrahir dan die 2 gr die pey denn 15 fl steen auch do vonn pleybt $555\frac{1}{2}$ gr die $555\frac{1}{2}$ gr machen 15 fl [l 4v/85v] Darumb teyl in 15 kumpt gerad 37 gr $\frac{1}{2}$ p*ro* 1 fl Und also ist der gr p*ro* 12 pf vn*d* der fl p*ro* $37\frac{1}{2}$ gr gerechet. Wiltu aber nu eygentlich p*ro*bir*en* ab das recht sey· Szo sprich also 226 lb geben 15 fl 2 gr 6 pf· was geb*en* 15 lb facit $37\frac{1}{2}$ gr vnnd ist recht gemacht. Un*d* so dan eyner spricht 15 lb kost*en* 1 fl was gsteen 226 lb dan teilß in 15 vnd kumpt 15 fl $\frac{1}{15}$ Szo du dan 37 gr 6 pf p*ro* 1 fl hest gerechet szo wer der $\frac{1}{15}$ eynß fl 2 gr 6 pf [127] ¶It*em* 15 lb p*ro* 2 fl wie ku*mmen* 370 lb facit 42 fl 13 ß 4 hlr Nu frag ich ab*er* wie der fl vnd ß gerechet sey Machß alß vor Sprich 2 mol 370 macht 740 Das teyl in 15 kumpt 42 fl $\frac{10}{15}$ Nu sprich alszo $\frac{10}{15}$ eynß fl geb*en* 13 ß 4 hlr was geb*en* [l 5r/86r] $\frac{5}{15}$ Multiplicir 5 mit 4 kumpt 20 teilß in 10 kummen 2 hlr· Und multiplicir 5 mit 13 wirt 65 das teyl in 15 kumpt 6 ß $\frac{1}{2}$ Addir die $6\frac{1}{2}$ ß 2 pf zu 13 ß 4 hlr d*az* macht gerad 20 ß· Alszo wer der fl p*ro* 20 ß gerechet vn*d* d*er* ß p*ro* 12 pf vn*d* ist recht Ader sprich also $\frac{10}{15}$ gibt mir 13 ß 4 hlr was giebt $\frac{15}{15}$ multiplicir 4 mit 15 vnd teylß in 10 kumpt 6 hlr. m*u*ltiplicir 13 mit 15 vnd teylß in 10 kumpt $19\frac{1}{2}$ ß vnd ist auch recht *etc* Und also in des gleych*en* magstu sicherlich deyn reche*n*schafft auß furen durch alle Regeln so dir fur ku*m*pt muncz gerechet auff fl ader gr vnd ß wy du den anschlagk finden solt· vnnd darumb wil ich nu veruolgen rechenschafft in allerley war auff Regulam Detri geordiniret· vn*d* auch auff ander Regel mer [l 5v/86v] als ich dir dan ob*en* in de*m* register gelobt hab· nicht (alß du vileicht v*er*nemen magst itliches in su*n*derheyt noch ordnu*n*g alß vo*n* kaufschlag nach anzal vo*n* erst*en* ee da*n* vo*n* de*m* andern zusag*en* vn*d* darnach vo*n* gewicht *etc* sunder nach d*er* dreyerley

---

13 die addir zu $364\frac{1}{2}$] *fehlt* BCD 17 die $555\frac{1}{2}$ gr machen 15 fl] adir 7 gr zuo den*n* $555\frac{1}{2}$ gr so ist es $563\frac{1}{2}$ BCD 24–33 Item … *etc*] *fehlt* BCD 33 reche*n*schafft] rechnu*n*g BCD 38 v*er*nemen] verstan BCD

war zufal wan aleyn darumb daz alles durch die zal gerechet wirt vnd auß gesprochen sy zum ersten in dem register oben geordinirt ist vnd darumb dir solche der war ordnung keyn kummernisz einfuren sein sol alleyn wie du die selbige vnd andere mer in die regel detri vnd ander nachgeende Regel seczen solt vnd noch rechter art practiciren Auff daz aber daz du magst probiren was du mit der Regel detri machest soltu mercken diesze nachgeende wort von der prob·

Proba

¶Wiltu aber probiren was du mit der Regel detri gemacht hast So soltu die drei zal mercken in die regel Detri gesaczt retormiren das ist verkeren alszo wastu an der ersten stat gehabt hast secz an die dritte vnd was an der dritten stat gestanden ist secz an die erste vnd den werd des mittelsten an [l 6r/87r] die mitte· vnd darnach machß aber nach der regel. vnd so dan aber gerad souil kumpt alsz vor in der mit gestanden ist so ist eß recht

[128] ¶Als in diesem exempel 16 ellen pro 9 fl $\frac{1}{3}$ vnd $\frac{1}{4}$ + $\frac{1}{5}$ eynß fl wy kummen 36 ellen machß alßo Addir $\frac{1}{3}$ vnd $\frac{1}{4}$ vnd $\frac{1}{5}$ zu sammen kumpt $\frac{47}{60}$ eynß fl Nu secz vnd machß nach der regel vnd kummen 22 fl $\frac{1}{80}$ eynsz fl daz ist gerad 3 hlr in gold. wiltu nu probiren ab du ym recht gethun habst ader nicht So kersz gleich umb vnd sprich 36 ellen pro 22 fl $\frac{1}{80}$ wie kummen 16 ellen vnd kumpt als vor

[129] ¶Item 9 ellen pro 6 fl $\frac{1}{3}$ eynß fl vnd $\frac{1}{2}$ eynß dritten von $\frac{3}{4}$ von eynem halben dritten eynsz fl wie kummen 11 ellen $\frac{1}{8}$ machsz alszo wart was $\frac{1}{2}$ [l 6v/87v] dritten sey das ist $\frac{1}{6}$ Darnach wart waß $\frac{3}{4}$ von $\frac{1}{6}$ sey das ist $\frac{1}{8}$ · Nu addir $\frac{1}{5}$ vnd $\frac{1}{6}$ vnd $\frac{1}{8}$ zusamen vnd kumpt $\frac{5}{8}$ vnd secz also $\frac{9}{1} \times \frac{53}{8} = \frac{89}{8}$ Machß nach der Regel vnd kumpt 8 fl 3 ß 9 hellers $\frac{5}{12}$ Probirß alß das ober vnd kumpt recht

Ueygen.

[130] ¶Item Eyner kaufft 13 lagel veygen vnd nympt ye 1 ct pro 4 fl $\frac{1}{2}$ ort. Und wigt itliche lagel als dan hye nochuolget. vnd ich wolt wissen was an der sum brecht

---

27 kumpt] ist BCD

[l 7r/88r]

4 + 5
4 − 17
3 + 36
4 − 19
3 + 44
3 + 22
Czentner 3 − 11 lb
3 + 50
4 − 16
3 + 44
3 + 29
3 − 12
3 + 9

Wiltu daß wyssen ad*er* deß gleich*en* Szo summir die ct vnd lb vn*d* was − ist d*az* ist mi*nus* d*az* secz besu*n*der vn*d* werde*n* 4539 lb (So du die ct zcu lb gemacht hast vnnd das + das ist mer dar zu addirest) vnd 75 min*us* Nu solt du fur holcz abschlah*en* albeg fur eyn lagel 24 lb vn*d* d*az* ist 13 mol 24· vn*d* macht 312 lb dar zu addir d*az* − d*az* ist 75 lb vnnd werden 387 Die subtrahir vonn 4539 Unnd pleyb*en* 4152 lb Nu sprich 100 lb das ist 1 ct p*ro* 4 fl $\frac{1}{8}$ wie [l 7v/88v] kummen 4152 lb vnd ku*m*men 171 fl 5 ß 4 hlr $\frac{4}{5}$ Un*d* ist recht gemacht·

Pheffer

[131] ¶It*em* 1 Sack pfeffer wigt 2 ct $\frac{1}{2}$ − 9 lb vn*d* ist 1 lb kaufft worde*n* p*ro* 8 ß − 3 hlr vn*d* sol fur den sack abschlah*en* 3 lb + $\frac{3}{4}$ was kost das alles Machß alßo subtrahir die 9 lb vnd 3 lb $\frac{3}{4}$ von 250 pleyben 237 lb $\frac{1}{4}$ Darnach subtrahir auch 3 hlr von 8 ß pleyb*en* 93 hlr Nu secz also 1 lb p*ro* 93 hlr wie 237 lb $\frac{1}{4}$ machß nach der Regel szo kummen 91 fl 18 ß 8 hlr $\frac{1}{4}$ *etc*

[132] [l 8r/89r] ¶It*em* Eyner kaufft 500 lb pfeffer p*ro* 84 fl Und vorkaufft de*n* wider vn*d* giebt ye 100 lb p*ro* 32 fl vnd er find 1000 fl gewinß Nu ist di frag wie vil des pfeffers gewest sey da von nu so vil gewinß kumpt Machß also vnd sprich 100 lb geben 32 fl was geben 500 lb. Unnd machß nach der Regel kummen 160 fl Da vo*n* subtrahir 84 fl d*az* sey*n* haubtgut gewest ist szo pleibt 76 fl d*az* ist d*er* gewinß vo*n* 500 lb darnach secz also 76 fl gewinß geb*en* 500 lb was geben 1000 fl das da*n* auch gewin ist Machß nach der Regel so kummen 6578 lb $\frac{18}{19}$ eynß lb vnd szo vil ist des pfeffers gewegen *etc*

10 9] *fehlt* AE 14 nach der Regel] *fehlt* BCD 17 pro] vmb BCD 19–20 machß nach der Regel] *fehlt* BCD 23 nach der Regel] *fehlt* BCD 24 gewegen] gewesen BCDE

[133] ¶Item eyner wil anlegen 2430 duc vmb pfeffer Nu kaufft man ye eyn karck zu Uenedig p*ro* 103 duc $\frac{3}{4}$ Wye uil szol er pfeffer vmb seyn [l 8v/89v] gelt kauffen vn*d* nicht mynner noch mer Machß vnd secz nach der Regel alszo 103 duc $\frac{3}{4}$ geben 1 kargk was geben 2430 duc vnnd kummen 23 kargk 168 lb $\frac{56}{83}$ eynß lb vnd du solt wyssen das 1 kargk ist 400 lb zu venedig *etc*

[134] ¶It*em* Szo dir yn eyner p*ro*b mer yn die mit kumpt dan eynerley Alß in dieße*m* exempel 100 lb pfeffer kosten 20 fl $\frac{1}{4}$ wie kummen 64 lb Machß also nach der regel so ku*m*men 12 fl 19 ß 2 hlr $\frac{2}{5}$ eynß hellerß soltu merck*en* diese klerliche prob Sprich 64 lb p*ro* 12 fl 19 ß 2 hlr $\frac{2}{5}$ wie ku*m*men 100 lb Also hastu in der mit vierley alß· fl· ß. hlr· vnd teyl. Nu der ydeß multiplicir mit 100 lb vn*d* werde*n* 1200 fl 1900 ß 200 hlr 200 teyl. Darnach nym zum erst*en* die fl furdich alß 1200 vnd teylß in 64 kummen 18 fl [m 1r/90r] vnd pleyben 48 fl vber die mach zcu ß vnd werd*en* 960 ß· Darnach zu*m* andern Nym die ß alß 1900 vnd thu die 960 dar zu werden 2860 ß die diuidir auch in 64 vnd ku*m*men 44 ß vnd pleyb*en* 44 ß vber die mach zu hellern werden 528 hlr· Nu zum Dritt*en* nym fur dich dye hlr als 200 vn*d* addir die 528 hlr dar zu werd*en* 728 hlr Die teyl auch in 64 ku*m*men 11 hlr vnd pleyben 24 hlr vber dye mach zu 5 teyl hlr werden $\frac{120}{5}$ hlr Darnach zum vierd*en* Nym die 5 teyl fur dich alszo $\frac{200}{5}$ vnd addir $\frac{120}{5}$ dar zu werden $\frac{320}{5}$ Und darumb das 5 teyl seyn eynß hellerß So multiplicir den teyler das ist 64 mit 5 werd*en* 320 der teyler vnd also geb*en* die $\frac{320}{5}$ 1 hlr Und get gar auff vnd ist recht Nu addirß als zusa*m*men alß 18 fl 44 ß 11 helr [m 1v/90v] vn*d* 1 hlr kumpt 20 fl $\frac{1}{4}$ vnd ist recht Also magstu auch alle andere prob der gleich gebrauch*en*.

Ingwer

[135] ¶It*em* Eyner kaufft 3 seck mit Ingwer wegen lauter 2 ct 14 lb vnnd kvmpt 1 lb p*ro* 4 ß 11 hlr wieuil macht es alles zusam mach die ct zu lb vnd secz darnach alszo sprich 1 lb p*ro* 4 ß 11 hlr wie ku*m*men 214 lb vnd kummen 52 fl 12 ß 2 hlr

[136] ¶It*em* eß gielt 1 lb Ingwer 11 ß vnnd 1 lb negeleyn 12 ß Nu soltu p*ro* 100 fl ye eynß als vil kauffen als des andern so du nu wissen wilt wie vil lb du ydes nemen solt das gerad fur dein geldt sey. So machß also Addir 11 vnd 12 zcusa*m*men werde*n* 23 ß· vnd secz nach der Regel also 23 ß geben 1 lb was geb*en* 100 [m 2r/91r] fl vnd ku*m*men 86 lb $\frac{22}{23}$ vnd souil soltu itlichß hab*en* fur dein gelt vn*d* ist recht·

[137] ¶It*em* ich hab kaufft zu venedig 4563 lb Ingwer die ku*m*men ye 100 lb p*ro* 24 duc mit fuerlon vnnd mit allen dingenn paß gen Nurenbergk Nu

---

9 **eynß hellerß]** ***fehlt*** BCD

verkauff ich de*n* ingwer zu nurenbergk 1 lb p*ro* 13 gr Nu wil ich wissen was ich gewinß ader verlust an 4563 lb hab vn*d* 60 lb zu nure*n*berg ist 100 lb zu venedig vnd 100 duc gelten 130 fl Reynischß· Wiltu das wissen ader des gleiche*n* So machsz alszo. wart wie vil die 4563 lb von venedig brengen Sprich 100 lb geben 24 duc· was geben 4563 lb facit 1095 duc $\frac{3}{25}$ das ist 1423 fl $\frac{82}{125}$ nu wart wyeuil [m 2v/91v] die 4563 lb Uon venedig mache*n* zcu Nurenbergk Sprich 100 lb von venedig giebt 60 lb zu nurenbergk was gebe*n* 4563 lb facit 2737$\frac{4}{5}$ lb Nu wart auch wieuil die 2737$\frac{4}{5}$ lb prengen ye 1 lb p*ro* 13 gr das hastu vorkaufft vnnd kumpt 1977 fl 5 gr $\frac{2}{5}$ Das trifft gwinst 533 fl $\frac{24}{125}$ Und den fl gerechet p*ro* 18 gr *etc*

Saffran

[138] ¶It*em* Eyner kaufft 32 lb vn*d* 12 lot saffran ye 1 lb p*ro* 4 fl 1 ort $\frac{1}{2}$ facit 141 fl 12 ß 9 hlr $\frac{3}{4}$

[139] ¶It*em* Eyner kaufft 23 lb 18 lot saffra*n* ye 1 lb p*ro* 4 fl 13 ß facit 109 fl 11 ß 3 hlr $\frac{3}{4}$

[140] [m 3r/92r] ¶It*em* Eyner kaufft 39 lb 7 lot saffran ye 1 lb p*ro* 4 fl $\frac{1}{4}$ facit 166 fl 13 ß 7 hlr $\frac{1}{8}$ Und also mer des gleichen

[141] ¶It*em* Eyner kaufft in Aragon saffran p*ro* 2360 fl Und macht sey*n* rechnu*n*g also das er den Saffran kaufft hoher hyn auß gelegt genn Nurenbergk denn vmb 3 fl – $\frac{1}{2}$ ort Szo muß er verliesen was er dann mynner kaufft dester meer gwinß hat er Nu kaufft er fur 2360 fl 10 ct 11 lb vnnd gstet seyn zerung vnnd fuerlon und all zoll bieß gen nurenbergk 94 fl $\frac{1}{2}$ Nu ist die frag was er gwint ader vorlys Wiltu das wissen vnd des gleiche*n* So machß alßo Addir 94 fl $\frac{1}{2}$ zu 2360 fl macht 2454 fl $\frac{1}{2}$ Darnach sprich also 10 ct 11 lb geben mir 2454$\frac{1}{2}$ fl was giebt mir 1 lb Nu [m 3v/92v] machsz nach der regel szo kumpt 1 lb p*ro* 2 fl 8 ß 6 hlr $\frac{678}{1011}$ Nu subtrahir von 3 fl – $\frac{1}{2}$ orth macht das er an eyne*m* lb gwint 8 ß 11 hlr $\frac{719}{1011}$ eynsz hlr Nu sprich 1 lb giebt mir gwinß 8 ß 11 heller $\frac{713}{1011}$ Was gebe*n* mir 10 ct 11 lb machsz nach der Regel so kumpt das facit.

Negelein

[142] ¶It*em* eyner kaufft 3 ct 5 lb negeleyn lautter ye 3 lb p*ro* 1 fl 13 ß 5 hlr facit 169 fl 17 ß 4 hlr $\frac{1}{3}$ Und also soltu alles machen des gleichen.

---

21 3 fl] 3 AE 27–28 $\frac{678}{1011}$] $\frac{298}{1101}$ AE, $\frac{678}{1101}$ BCD 30 nach der Regel] *fehlt* BCD
30 das facit] 452 flor. 2$\frac{1}{2}$ ß BCD

Mandel

[143] [m 4r/93r] ¶It*em* Eyner kaufft 5 seck mit mandel die wegen lauter 4 ct 16 lb vnd kumpt 1 ct p*ro* 8 fl 1 ß 2 hlr facit 33 fl 10 ß 5 hlr $\frac{11}{25}$ Und also furt

weinber

[144] ¶It*em* Eyner kaufft 4 lageln Weinber wegen 9 ct 12 lb Und kaufft 1 ct p*ro* 6 fl – 1 ort $\frac{1}{2}$ facit 51 fl 6 ß *etc*

[145] ¶It*em* Eyner kaufft 3 lagel Weynber wege*n* 8 ct 60 lb vn*d* geth ab an de*n* 3 lageln*n* fur das holcz 29 lb Und kumpt ye 1 ct p*ro* 5 fl 1 ort $\frac{1}{2}$ facit 44 fl 13 ß 3 hlr $\frac{9}{10}$

Oel

[146] ¶It*em* Eyner kaufft 3 lagel Oel die erst [m 4v/93v] helt 2 ct 18 lb Die ander 3 ct – 32 lb Die dritt 3 ct + 5 lb Und get ab fur das holcz ye fur 1 ct 9 lb Und kost 1 lb lauter ol 1 gr 9 pf Machsz gleicher weiß alsz ob*en* mit den veyge*n* vn*d* kumpt 59 fl 6 gr 9 pf 1 hlr $\frac{4}{5}$

wachs

[147] ¶It*em* Eyner kaufft 3 stuck wachsz wegen 12 ct 18 lb Und kost 1 ct 15 fl 17 ß 3 hlr wie kummen die 3 stuk wachß fa*cit* 193 fl 4 ß 1 hlr $\frac{13}{50}$

Seiffen

[148] ¶Ite*m* Eyner kaufft 4 lagel*n* seyff*en* wigt die erst 4 ct – 63 lb Die ander 3 ct + 24 lb. Die drit 3 ct – 2 lb Die viert 4 ct + 1 lb Und kost ye 1 ct 5 fl 18 ß 1 hlr· vnd geth ab fur das holcz ye fur 1 ct 12 lb Machsz alß ob*en* vnd ku*m*pt 70 fl 13 ß 2 hlr $\frac{82}{125}$

[m 5r/94r] Unszlit

[149] ¶It*em* Eyner kaufft 18 ct 12 lb· Und kost ye 1 ct 2 fl 1 ß 4 hlr facit 37 fl 8 ß 11 hlr $\frac{13}{25}$

3–4 Und also furt] *fehlt* BCD 6 Und kaufft] kost BCD 9 an de*n* 3 lageln*n*] *fehlt* BCD 9 Und kumpt ye] kost BCD 26 37 fl 8 ß] 38 fl 4 ß AE

Czin

[150] ¶It*em* Eyner kaufft 4 stuck Czyn wegen 21 ct 11 lb. vnd kost ye 1 ct 10 fl 5 gr facit 108 fl 0 gr 1 pf 0 hlr $\frac{4}{5}$ Denn fl gerechet p*ro* 43 gr vn*d* den gr p*ro* 7 pf

Leinbath

[151] ¶It*em* Eyner kaufft 34 stuck galner ley*n*bat vnd kost 1 stuck 1 fl 18 gr 4 pf facit 63 fl 18 gr 1 pf Den fl gerechet p*ro* 21 gr vnd den gr p*ro* 9 pf

[152] ¶It*em* Eyner kaufft 1 pellen langer ley*n*bath helt 2365 ell*en* vnd kosten 14 ell*en* 1 fl facit 168 fl 45 gr 9 hlr Den fl gerechet p*ro* 49 gr vnd den gr p*ro* 18 hlr

[153] [m 5v/94v] ¶It*em* Eyner kaufft 1 pelichen Selendische leynbath helt 2340 ell*en* vn*d* koste*n* ye 10 ell*en* $\frac{1}{3}$ 1 fl facit 226 fl 9 ß 0 hlr $\frac{12}{31}$

Czwirn

[154] ¶It*em* Eyner kaufft 72 lb 7 lot 3 qui*nten* kleynsz zwirnß kost 1 lb 9 lot 1 q*uinten* 1 fl facit 56 fl 0 ß 10 hlr $\frac{2}{11}$

[155] ¶It*em* Eyner kaufft 18 lb 9 lot 1 quint*en* groben czwirn vnd kost 1 lb 3 lot 0 q*uinten* $\frac{1}{2}$ 12 ß facit 9 fl 19 ß 11 hlr $\frac{89}{281}$

Seiden

[156] ¶It*em* Eyner kaufft 32 lb 5 lot 1 qui*nte* $\frac{1}{2}$ Seyden vnd ye 1 lb p*ro* 3 fl 5 ß 3 heller facit 104 fl 17 ß 11 hlr $\frac{205}{266}$

[157] [m 6r/95r] It*em* Eyner kaufft 17 lb 12 lott portseyden vnd ye 1 lb p*ro* 9 fl 5 ß 3 hlr facit 160 fl 18 ß 8 hlr $\frac{5}{8}$

Gebant

[158] It*em* Eyner kaufft 1 Sawm gewancz zu koll*en* ye 1 tuch p*ro* 9 fl $\frac{1}{4}$ reinis· vn*d* furt das gewant gen wyen yn osterreich vn*d* giebt 1 tuch p*ro* 10 fl $\frac{1}{2}$ vngerisch. Unnd kost zu fuer vn*d* zu zol von koll*en* pyß gen wyen 25 fl reynis*ch* Nu ist die frag was er gewint an dem sawm Un*d* man giebt 100 fl vngeris*ch* p*ro* 123 fl Reinis*ch* facit 76 fl Reyn*isch* 8 ß 4 hlr $\frac{4}{5}$

3–4 facit ... 7 pf] *fehlt* D 3–4 Den fl ... 7 pf] *fehlt* BC

Federn

[159] Item Eyner kaufft 1 lb federnn pro 11 pf 1 hlr wie 1 ct facit 4 fl 11 gr 10 pf Den fl pro 21 gr gerechet vnd den gr pro 12 pf·
[160] Item Eyner kaufft 3 ct 59 lb federn [m 6v/95v] Und ye 1 lb pro 1 gr 11 pf 1 hlr vnd den fl vnnd gr gerechet alß oben kumpt 33 fl 10 gr 0 pf 1 hlr

Nusz

[161] ¶Item Eyner kaufft 24 zuber mit nussen vnd kost 1 zuber 33 gr 4 pf. vnd den fl gerechet pro 28 gr vnd den gr für 9 pf facit 28 fl 18 gr 6 pf

kupfer

[162] ¶Item Eyner kaufft 34 ct kupferß· vnd ye 1 ct pro 9 fl 2 ß facit 309 fl 8 ß. Und alßo magstu furt machen in allen des gleichen geordiniret auff diese regel als yn Raubergk mit Czobeln harmpelg· Lassitz vnd ander der gleichen nach dem Czymmer. vnd auch mit kulruck· kropfen ader Czmaschen. vnnd grauwerck alß Uech vnd des gleichen nach dem tausent. Und alßo ander ding mer als kareilen silber goldt *etc* Weliche ich dir dan alle dieße oben bestimpte war vnd ander mer klerlicher wil auß drucken in Stichen Geselschafften [m 7r/96r] vnnd diesen nachgeenden Regeln Inn welichen ich dir zum ersten wil sagen dye art vnd der Regel meynung Darnach daz selbige mit eynem exempel ader zweyenn noch vormugen gancz vorklern vnd zu dem ersten wirt gesaczt regula Fusti genant

Regula Fusti

¶Regula Fusti drey regel haben wil· lauter vnrein mitsampt des musterß zil. auß dem muster thu den fusti formiren denn darnach vonn lautern subtrahirn Was ydem teyl zu zym vnd pleyb das an sein stat auff die Regel schreib Furder peyden fragen noch practicir facto peyd possen in eyn summa summir·

Negelein

[163] ¶Eyner kaufft 278 lb ye 1 lb lautter pro 11 ß 3 hlr vnd 1 lb fusti pro 2

---

9 vnd den gr für 9 pf] *fehlt* AE

ß – 3 hlr Nu helt ye 1 ct 13 lb fusti Nu ist dy frag was die ob*en* geschriben negeleyn [m 7v/96v] kosten mit sampt den fusti Wiltu d*az* wyssen ader des gleich*en*. szo machsz nach d*er* Regel also wart zu*m* erst*en* wie vil 2781 lb fusti halden seyn Sprich 100 lb geben 13 lb fusti was geb*en* 2781 lb vn*d* ku*m*men 361 lb $\frac{53}{100}$ die subtrahir vonn 2781 lb pleyb*en* 2419$\frac{47}{100}$ Nu Sprich 1 lb lauter negeley*n* p*ro* 11 ß 3 hlr wie ku*m*men 2419$\frac{47}{100}$. vn*d* ku*m*me*n* 1360 fl 19 ß 0 hlr $\frac{9}{20}$ Eynß hellerß Darnach wart was die fusti kost*en* Sprich 1 lb p*ro* 21 hlr wie 361 lb $\frac{53}{100}$ vnnd kummen 31 fl 12 ß 8 hlr $\frac{13}{100}$ Die addir czu 1360 fl 19 ß 0 hlr $\frac{9}{20}$ Unnd werden 1392 fl 11 ß 8 hlr $\frac{29}{50}$ Und ist recht

[m 8r/97r] Saffran

[164] ¶It*em* 100 lb Saffran kost*en* 94 fl $\frac{1}{3}$ was kosten 384 lb $\frac{1}{4}$ vnnd 1 ct helt 15 lb vnreyn Machß also wart wie vil 384 lb $\frac{1}{4}$ vnreynß habe*n* Sprich 100 lb geben 15 lb vnreynß was geben 384$\frac{1}{4}$ lb ku*m*men 57 lb $\frac{51}{80}$ die subtrahir von 384 lb $\frac{1}{4}$ vnd pleyb*en* 326 lb $\frac{49}{80}$ Das secz nu also 100 lb p*ro* 94 fl $\frac{1}{3}$ was kostenn 326 lb $\frac{49}{80}$ Machß nach der Regel vnd kummen 308 fl $\frac{2507}{24000}$ vnd alszo noch dieszer weyz soltu machen all*en* fusti dem gleich:

Proba

[m 8v/97v] ¶Wiltu das p*ro*bir*en* so machß nach der Regel Detri also secz das erst an die leczten stat vn*d* das vor hinde*n* gesta*n*de*n* ist secz vorn an vn*d* das do ku*m*men ist in die mitt vnnd machß gleich wie oben vnd kumpt recht.

Regula pulchra

¶Inn dießer regel soltu achtung haben auff das halbirn Wan du albeg die ausz gab zu dem erst*en* solt halbir*en* vnd dem halben teyl das gancz addir*en* vnd d*az* selbige aggregat auch medir*en* vnd darnach die erste auß gab dem selbige halben teyl aber addir*en* vnd darnach das halbe teyl des leczten aggregatz bericht die frag

Piper

[165] ¶Eyn kauffman hat gelt vnd ku*m*mpt genn Wyen vnd kaufft piper

2–3 ader des gleich*en*] *fehlt* BCD 3 nach d*er* Regel] *fehlt* BCD 10 $\frac{29}{50}$] $\frac{29}{59}$ ABCDE 19 Proba] *fehlt* BCD 26 ausz gab] vffgab CD 30 Piper] Pfeffer *passim* BCD vnd verkaufft den wider vnd gewint alszo vil alß des hauptgucz ist gewesen vnd verzert 4 fl dauon [n 1r/98r] Nu zu dem Andern mol legt er das gelt wider an vnd gewint aber als vil als deß hauptgutz ist vnd ver zert aber 4 fl da von· Und zu dem dritten mol legt er daß vberig gelt wider an das ym dan pliben ist Und gwint aber als vil als das hauptgut ist vnd verzert aber 4 fl da von Nu ist des hauptgutz souil gewesen das er gwin vnd hauptgut miteynander verzert hat Nu ist die frag wie vil ist des haupt gutz gewesen wiltu das wissen ader des gleichen So machß nach der Regel also Medir die zal die er vorzert hat als 4 wirt 2 Nu addir 4 dar zu ist 6· Medir nu 6 wirt 3 addir 4 wirt 7. Nu zu dem dritten medir 7 facit $3\frac{1}{2}$ fl vnd also vil hat er an gelegt vnd darumb merck eben daß du zu 3 mol medirest.

Proba

¶Item wiltu das probiren Szo thu ym [n 1v/98v] also nym das erst haubtgut als $3\frac{1}{2}$ vnd duplir das werden 7 Da von nym 4 wan er so vil davon verczert hat pleyben 3 dy duplir wider wan er noch szo vil gewunnen hat vnd werden 6· do von subtrahyr aber 4 von der obern sach wegen pleyben 2. vnd das hat er wider an gelegt vnd alß vil dar zu gewunnen Darumb duplirsz werden 4 vnd do von hat er wider 4 ver zert ist nichtz gepliben· thu 4 von 4 pleybt 0 vnd ist recht *etc*

Detri conuersa

¶Nach dießer Regel art vnd anweysung szo tu gleich widerumb procedirn als oben in Regula detri vnd kumpt recht·

Brott

[166] ¶Wen man 1 scheffel kornnsz kaufft pro 10 gr Szo peckt man eyn pfennigk wert brot rockeß 12 lot schwer Nu schlecht das korn auff vnd gilt 1 scheffel 23 gr 4 [n 2r/99r] pf. Nu ist die frag wie szol man das brot packen das es recht sey Machß alszo vnd vorker die Regel detri also das. das du wissen wilt das secz an die erste stat. vnd das ander hinden· vnd mach die gr czu pf vnd addir die 4 dar zu facit 280 Und sprich 280 pf geben 12 lot was geben 120 pf facit 5 lot $\frac{1}{7}$ Und ist recht

23 vnd kumpt recht] *fehlt* BCD

Gewant

[167] ¶Eyner kaufft 12 ell*en* gwancz d*az* 2 ell*en* $\frac{2}{3}$ preyt ist Dar zu wil er ey*n*ß andrn*n* posz feylern gwancz haben das ist eyner ell*en* $\frac{3}{4}$ preyt Nu wil er wissen wie vil er des andern tuchß neme*n* szol das gerad als uil thu als des ersten 12 ell*en*. Uorker die regel Sprich 1 ell*en* $\frac{3}{4}$ geben 12 ell*en* was geb*en* 2 ell*en* $\frac{2}{3}$ facit 18 ell*en* $\frac{2}{7}$. vnd alszo uil musz er nemen vnd ist recht. [n 2v/99v] [168] der selbige hat nu auch 1 pferd d*az* ist 24 fl wert· wie lang sol er mir das selbige pferd leyh*en* das meyne*n* lehen gleich zu sage. vorker die Regel vnd sprich 24 fl giebt mir 14 w*az* gebe*n* mir 7 fa*cit* 4 tag $\frac{2}{12}$

Mehen

[169] ¶It*em* 10 man die mehen eyn wißen ab in 25 tagen wie lang mussen daran mehen 13 man· Uerker die regel vn*d* sprich 13 geben 25 was geben 10 fa. 19 tag $\frac{3}{13}$

Muncz

[170] ¶It*em* wen man auß vngerisch*en*. fl wil machen Reyni*sch* Ader auß Reyni*sch* vng*arisch* ader duc in muncz so musz ma*n* albeg die Reg*e*l detri vorker*en* als da*n* ob*en* gemelt ist

Proba

Wiltu das p*ro*birn Szo machß gleich wyder mit der Regel als ob*en*. vnd ker die re[n 3r/100r]gel gleich vmb als mit dem pferd sprich 7 fl die geben mir 4 tag $\frac{1}{12}$ was werde*n* mir geben 24 fl machsz nach der Regel vnd kummen wider gerad 14 tag vn*d* ist recht.

Regula transuersa

¶In dieser Regel szoltu also procedirn wan man dir fur giebt eyn p*ro*positionem ader frag vnd wie die selbige lautet soltu widerumb practicir*en* als in dem nach gesaczten exempel·

7–10 der selbige ... 4 tag $\frac{2}{12}$] *fehlt* BCD 18 gemelt] bemelt BCD 19 Proba] *fehlt* CD 20–23 Wiltu ... ist recht.] *fehlt* CD 21 als mit dem pferd] *fehlt* B 23 kummen wider gerad] kumt B 25–26 p*ro*positionem ader] *fehlt* BCD

Exemplum

[171] ¶Eyner hat gelt vnd kumpt zu yr dreyen· Und teylt das gelt mit dem ersten vnd gibt ym dar zu 2 pf. Darnach kumpt er auch zu dem andern vnd teylt mit ym das gelt das her hat. vnd giebt auch 2 pf dar zu. Darnach get er zu dem dritten vnd giebt ym das gelt halb vnd 2 pf dar czu Und wen er also geteylt hat· ghet er wider [n 3v/100v] wegk vnnd tregt nicht mer dan 1 pf mit ym Nu ist die frage wie vil er zu dem ersten gelcz gehabt hab. Machsz nach der Regel also Addir daz 1 das er dan zu dem leczten mit ym getragen hat zu den zweyen die er dem leczten darzu geben hat vnd werden 3 vnd das duplir Wann die furgab ist geweszen von halbirn vnd werden 6 vnd darnach addir 2 pf dar zu werden 8 Und das duplir aber wan er mit dem andern geteylt hat vnd werden 16. vnd dar nach addir aber 2 darzu kummen 18· vnd duplir aber wan er mit dem ersten geteylt hat vnd werden 36· vnd das ist die zal

Probirß alszo. teyl 36 in 2 teyl werden 18 subtrahir 2 da von ist 16 Das teyl aber in 2 teyl kummen 8 dauon subtrahir aber 2 pleyben 6 die halbir aber werden 3 da von subtrahir 2 pleybt 1 das er mitt ym getragen hat vnd ist recht.

[172] ¶Item ich hab gelt vnd kum zu yr drey[n 4r/101r]en Und wen ich das selbige gelt teyl die helfft mit dem ersten vnd gieb ym 4 dar zu vnd darnach das vberig teyl mit dem Andern vnd geb ym dar zu 6· Und zu dem leczten das vber pliben teyl mit dem Dritten vnd geb ym 8 darzu szo behald ich nichtz Nu ist die frag wieuil hab ich am ersten gelcz gehabt. Machß alszo Nym die leczer zal als 8 vnd duplirß wann ich vor mit dem leczten geteylt hab vnd kummen 16. darzu addir 6 werden 22· vnd daz duplir wan ich mit dem andernn gehalbirt hab: vnd kummen 44 darzu addir 4 werden 48 vnd das duplir von der ersten teylung wegen kummen 96 vnd daz ist die frag probirß alsz das ober.

[173] ¶Item eyner ghet yn eynen garten mit dreyen pforten vnd list apfel auf. vnd wen er wider herausz wil ghen. Spricht der pfortner gieb mir deyner apfel auch eyn teyl· Unnd alszo wirt er bewegt [n 4v/101v] vnd teyl die apfel gleich mit ym. vnd also durch seynes guten willen wegen giebt ym der pfortner 2 wider vnd also teylt er dy selbigen apfel auch mit dem andern pfortner· der giebt ym wider 4 Und also auch mit dem dritten pfortner. der giebt ym wider 6 apfel. Und wen er auß dem garten ghet behelt er 10 apfel Nu ist die frag wieuil er zum ersten in dem garten apfel gelesen hab· Das vnd des gleichen mach nach der regel vnd kumpt 12 die frag

---

20 ¶Item] *Überschrift:* Gelt E 21 die helfft] das halb CDE 30 ¶Item] *Überschrift:* Oepffel E 36 pfortner] *fehlt* BCD 36 apfel] *fehlt* BCD

Proba

¶Wiltu das probiren Szo nym die 12 apfel vnd halbirß pleiben 6 Nu addir 2 wider dar zu die ym der erst pfortner wider geben hat kummen ader werden 8 Dye halbir aber als vor werden 4. Addir wider 4 dar zu werden 8 Die halbir auch dem dritten pleiben 4 Nu addir 6 dar zu die ym dan der dritt pfortner wider geben hat vnd werden 10 vnd ist recht Also [n 5r/102r] szoltu auch die obernn exempel probiren· vnd alle ding operiren nach laut der furgab vnd kumpt alles recht·

Regula Ligar

¶In dießer Regel szoltu also procediren Subtrahir das kleynste ader minste von dem mittelsten vnd das mittelste von der ersten furgab Und so du das vberige in des dinges zal multiplicirest· vnd daz product mit der ersten vber plyben zal diuidirest· wirt deyn frage bericht.

Saffran

[174] ¶Item ich hab kaufft 10 lot Saffran ye 1 lot pro 10 pf. Item ich hab mer kaufft 20 lot ye 1 lot pro 23 pf· Item mer hab ich kaufft 30 lot vnd ye 1 lot pro 18 pf Item ich hab mer kaufft Saffran ye 1 lot pro 4 pf Nu hab ich des Saffrans ye 1 lot pro 4 pf gethan ader gemyscht vnter den guten. vnd find an der rechnung daz mir 1 lot kumpt pro 9 pf. Nu ist die frag [n 5v/102v] wie vil hab ich des geringern saffransz gemyscht ader thun vnter den guten

Machsz nach der Regel vnd secz alszo

10	10	9
20	23	4
30	18	

Nu subtrahir 4 von 9 pleyben 5 deyn teyler Darnach subtrahir 9 von 10 pleybt 1· vnd sprich 5 giebt mir 1 was geben 10 facit 2 also kummen 2 lot des ersten Darnach subtrahir aber 4 von 9 pleyben 5 vnd 9 von 23 pleyben 14 Sprich 5 bedurffen 20 was bedurffen 14 vnd kummen 56 vnd alszo kummen 56 des andern Darnach subtrahir aber 4 von 9 pleyben 5· vnd 9 von 18 pleyben 9. vnd 5 bedurffen 9 wie vil bedurffen 30 facit 54 Nu addir die drey zal zusam facit 112 also musz ich 112 lot thun in den guten saffran szo kumpt ye 1 lot pro 9 pf vnd ist recht·

3–4 kummen ader] *fehlt* CD 10–11 ader minste] *fehlt* BCD 15 pro] für *passim* CD woll

[175] ¶Item ich kaufft 60 lb woll ye 1 lb pro 55 [n 6r/103r] pf· Item mer hab ich kaufft 50 lb woll ie 1 lb pro 45 pf Item mer 40 lb ye 1 lb pro 35 pf. Und ich hab mer kaufft eyner andern wol ye 1 lb pro 15 pf vnd der selbigen woll der ich 1 lb kaufft hab pro 15 pf der hab ich szo vil geschlagen vnder die drey guten wol daz ich an der rechnung find das mich· 1 lb 19 pf gstet Nu ist die frag wie vil hab ich der leczten woll geschlagen vnter die andern drey gute wol Wiltu daz wissen aber des gleichen so secz also

60 – 55		
	19	
50 – 45		
	15	
40 – 35		

Nu machß nach der regel· vnd subtrahir 15 von 19 pleyben 4 deyn teyler durch ausz vnd szo vil sollen der lb sein zu 55 pf Nu subtrahir auch 19 von 55 pleyben 36. Und szo vil szol der geringern woll seyn· Nu Sprich 4 bedurffen 36 wye vil bedurffen 60 facit 540 der geringern woll· Nu mach die Andern auch also Subtrahir 15 von 19 pleiben 4 vnd [n 6v/103v] 19 von 45 pleyben 26· vnd sprich 4 bedurffen 26 was bedurffen 50 facit 325 Darnach subtrahir aber 15 von 19 pleybt 4 vnd 19 von 35 pleyben 16 vnd machß als vor facit 160 Nu addir die lb alle zusam facit 1025. Und also vil musz ich der woll zu 15 pf dar eyn thun.

Proba

¶Wiltu das probiren machß also du hast vor 150 lb gutter woll die kosten 6950 pf Nu hastu 1025 lb poeßer woll dye kosten 15375 pf nu addir zusam alle pf der wol facit 22325 pf Nu addir auch alle lb zusam facit 1175 lb Nu diuidir die pf durch die lb kumpt 1 lb geradt pro 19 pf vnd ist recht.

Regula positionis

¶In dieser Regel szoltu alszo procediren Nym eyn zal die do zu teylen ist yn zwen gleiche teyl vnd den eyn teyl behalt. vnd dar nach such eyn zal welicher die vor gehal[n 7r/104r]ten zal sey ein teyl vnd des andern teyls Und darnach such aber eyn zal welicher zal das erste teyl sey ein teyl des dritten teylß der selbigen gefundnen vnd also geteylten zal vnd

---

6 find] vnd AE 15 bedurffen] *fehlt* CD 21 poeßer] beser D 21 15375] 15325 ABCDE

das albeg nach dem laut der furgab vnd so du darnach die selbigen teyl all zusa*m*men addiret hast. machß nach der Regel p*ro*portionum

Piper Ingwer Saffran

[176] ¶It*em* 1 lb Piper gilt 7 ß. Unnd 1 lb Ingwer gilt 10 ß Unnd 1 lb Saffran gilt 3 fl $\frac{1}{4}$ Nu wil eyner 730 fl an leg*en* Und wil szo vil piper neme*n* das. d*az* halb teyl piper als vil sey alß $\frac{2}{3}$ Ingwer. vnd das $\frac{2}{3}$ Ingwer also vil sey als $\frac{3}{4}$ saffran. Nu ist die frag wieuil er itlichß nemen sol p*ro* 730 fl Wiltu das wissen vn*d* des gleich*en* Szo machß nach der Regel [n 7v/104v] also Nym eyn zal (als dich die Regel gelernt hat) vnd das sey 4 lb Nym 4 halb das ist 2 Darumb find eyn zal von welicher 2 sey $\frac{2}{3}$ vnd ist 3 vnd szo vil lb Ingwer soltu nemen Darnach find ey*n* zal von welicher 2 sey $\frac{3}{4}$ vnd ist $2\frac{2}{3}$ alzo uil soltu des Saffrans hab*en* ader neme*n* Nu addir die 4 lb pip*er* vnd 3 lb Ingwer Und 2 lb $\frac{2}{3}$ Saffrans zusa*m*men vnnd werden 10 fl 4 ß 8 hlr Sprich also 10 fl 4 ß 8 hlr geb*en* mir 4 lb was geb*en* mir 730 fl vnd ku*m*men 285 lb $\frac{105}{307}$ vnnd so uil pip*er* soltu nemen Darnach Sprich 4 geben mir $285\frac{105}{307}$ was geb*en* mir 3 Machß nach der Regel vnnd kummen 214 lb $\frac{2}{307}$ So uil Ingwer soltu nemen Nu machß aber also Sprich 4 ge[n 8r/105r]ben mir $285\frac{105}{307}$ was geb*en* mir $2\frac{2}{3}$ Machß nach der Regel kummen 190 lb $\frac{70}{307}$. Und souil Saffrans soltu nemen vnd ist gemacht

Proba

¶Wiltu aber nu p*ro*bir*en* ab es recht sey So wart was 385 lb $\frac{105}{307}$ Piper ye 1 lb p*ro* 7 ß machß vnd macht 99 fl 17 sz $\frac{121}{307}$ eynß sz Darnach wart was 214 lb $\frac{2}{307}$ Ingwers mach vnd kummen 107 fl $\frac{20}{307}$ Eynß sz Darnach wart was 190 lb $\frac{70}{307}$ Saffrans mach ye 1 lb p*ro* 2 fl $\frac{3}{4}$ Machsz vnd kummen 523 fl 2 sz $\frac{166}{307}$ Eynsz schil*ling* [n 8v/105v] Nu addir das gelt als zusammen· Un*d* macht gerad 730 fl vnd ist recht.

¶It*em* Eyn andere prob Das dv sechst das 285 lb $\frac{105}{307}$ alß vil sey alß $\frac{2}{3}$ vonn $214\frac{2}{307}$ · vnd $\frac{2}{3}$. von 214 lb $\frac{2}{307}$ als vil sey als $\frac{3}{4}$ von 190 lb $\frac{70}{307}$ · vnd ist recht·

Regula Pulchra

¶Alszo soltu vorfur*en* diesze Regel summir die an gelegte zal der auffgab· vnnd auch die an zal des gewichteß ader des gleich*en* Darnach subtrahir

---

2 Regel proportionum] Regel porportionum ist Detri E 3 Piper] Pfeffer *passim* BCD 9 gelernt] glert BCD 12–13 ader nemen] *fehlt* CD 20 gemacht] recht CD 23 eynß sz] *fehlt* BCD 33 subtrahir] soltu auch subtrahierenn CD

das erst aggregat von der fur gebnen sum. vnd szo du darnach daz vber gepliben teilest durch das ander aggregat szo wirstu durch den quocienten bericht in der minsten zal.

[o 1r/106r] Negelein Ingwer Piper

[177] ¶Item eß seyn 7 lb negelein Unnd 9 lb Ingwerß vnd 11 lb piper. Und gilt ye 1 lb negelein 5 ß in gold mer dan 1 lb Ingwerß· Szo gilt ye 1 lb Ingwerß 5 ß in gold mer dan 1 lb pfeffer· Nu wolt ich gern wissen wie vil ich haben wurd pro 30 fl vnd was 1 lb negeleyn ader Ingwer ader piper. kost ader gestet Wiltu daz wissen vnd des gleichen So machß nach der Regel alszo. Und sprich 1 lb piper ist 10 ß neher dan 1 lb negeleyn Darumb machen 7 lb Negelein 70 ß· So ist 1 lb piper 5 ß neher dan der Ingwer. vnd darumb machen die 9 lb Ingwerß 45 ß Summir nu 70 vnd 45 ß werden 115 ß Die subtrahir von den 30 fl vnd die machen 600 ß pleyben vberig 485 ß die diuidir durch dye 27 lb Die dan oben zum ersten gesaczt sein [o 1v/106v] Und kummen 17 ß $\frac{26}{27}$ Eynß ß Unnd alszo uil gilt 1 lb pfeffer vnd ist gemacht

Proba

Wiltu nu das probiren Szo secz Und nym zum ersten fur dich die 17 ß $\frac{26}{27}$ das 1 lb piper gilt Nu gilt 1 lb ingwerß 5 ß mer darumb addir 5 ß zu $17\frac{26}{27}$ kumpt $22\frac{26}{27}$ Der ingwer Nu gilt 1 lb negeleyn 5 ß mer dan der Ingwer Darumb addir 5 ß zu $22\frac{26}{27}$ Und kumpt 27 ß $\frac{26}{27}$ Und so vil gilt 1 lb negeleyn Und also hastu wie itlichß 1 lb gilt Wiltu aber nu sehen ab eß recht sey So multiplicir was 1 lb negeleyn. gilt mit 7 wan es seyn 7 lb gewest vnd kumpt $195\frac{20}{27}$ Unnd seyn 9 lb Ingwerß darumb multiplicir was [o 2r/107r] 1 lb Ingwerß gilt mit 9 kummen 106 $\frac{18}{27}$ Und also auch den piper mit 11 vnd kumpt $197\frac{16}{27}$ Und so du das alles zusam summirest kummen geradt 600 ß das ist 30 fl vnd ist recht

Regula equalitatis

Czu vorfuren diese Regel· soltu albeg die leczten vergleichen mit dem ersten Dar nach die summen aller zusam addirt seczen die erste zal in die Regel Detri. vnd die anzal des ersten dingß yn die mit vnd die anlagung hinden. vnd procedirn noch der Regel detri

---

4 Piper] Pfeffer *passim* BCD 9 kost ader] *fehlt* BCD 16 vnd ist gemacht] *fehlt* BCD

Gewant Taffat Sammat

[178] It*em* eyn stuck gewancz d*az* do helt 45 elln gilt 38 duc· vn*d* ist eyn stuck Taffat [o 2v/107v] das do helt 13 ell*en* gielt 41 duc. Und 1 stuck Sammat das do helt 16 ell*en* gilt 27 duc Nu wil eyner 540 duc an leg*en* Und wil ye eynß als vil nemen als des andern. Nu wil ich wissen wie vil er itlichß nemen szol Machß nach der Regel alszo· Daru*m*b das des ersten 45 ell*en* ist die gesten 38 duc secz besu*n*der Darnach soltu warten was itlicheß stuckß yn sunderheit 45 elln koste*n* machß alszo Und sprich 13 ell*en* Taffat gelt*en* 41 duc w*az* gelten 45 ell*en* vnd kumme*n* 141 duc $\frac{12}{13}$ Die addir zu 38 duc wirt 179 duc $\frac{12}{13}$ Darnach sprich aber 16 ell*en* Sammat geben 27 duc was geb*en* 45 ell*en*. Und kummen 75 duc $\frac{15}{16}$ Die addir zu 179 duc $\frac{12}{13}$ wirt $255\frac{179}{208}$ duc Nu secz in die regl Detri also 255 duc $\frac{179}{208}$ ge[o 3r/108r]ben mir 45 ell*en* wie vil geb*en* mir 540 duc Machsz nach der Regel vnd ku*m*pt also $\frac{5054400}{53219}$ facit 94 ell*en* $\frac{51814}{53219}$ eyner ell*en* vn*n*d szo vil sol er eineß itlichen nemen·

Proba

¶Wiltu aber nu p*ro*bir*en* ab es recht sey Szo wart was 94 ell*en* $\frac{51814}{53219}$ eyner ell*en* tuchß gelcz macht vnd auch Taffat vnd auch Sammat. vnd macht itlicheß als hie vor zeichet ist Das tuch 80 duc $\frac{478800}{2394855}$ Eynß duc Der taffat 299 duc $\frac{365157}{691857}$ einß duc vnd der Sa*m*mat brengt am gelt so uil 160 duc $\frac{228160}{851504}$ eynß duc Nu addir die summen all zusa*m*men Am ersten die gancz kumpt 539 duc vnnd darnach die teyl [o 3v/108v] brengen 1 duc Den addir zu 539 wirt gerad 540 duc die erste su*m* vn*d* ist recht·

Regula Legis

¶Nu soltu mit vleyß mercken den p*ro*ceß dieß hubsche*n* Regel also Subtrahir daß kleynst von dem mittelst*en* vnd das mittelst von dem grost*en*. vnd die vberig*en* addir zusammen vnnd behaldß fur deynen teyler. mit welich*en* dan du die selbige vb*er* gepliben zal itliche mit verkeru*n*g in su*n*derheyt szolt teyl*en* vnd ist sach das der selbig*en* furgelegt*en* zal*en* vil wurde*n* seyn. als wen der kleynst*en* zwu ader drey weren. so mustu d*az* mittel duplirn ader triplirn Und von dem selbig*en* product die zwu ader drey kleyner zal zusam geaddirt s*u*btrahirn Und also soltu ym auch thun so [o 4r/109r] der grossern vil wern als drey ader vier

20 so uil] *fehlt* BCD

Gemengt wein

[179] ¶Item eyner hat zweyerley weyn Eynen den er giebt 1 kandel ader mosz pro 5 pf vnd den andern pro 10 pf Nu der selbige wolt auß zweyen kandeln der zweyer wein myschen eyn kandel der do gult 7 pf alszo daz er keynß zu vil ader zu wenig dar zu nem das er nicht zu schaden kom Und auch niemant do mit betruge als dan recht ist Wiltu das wissen vnd des gleichen So machß nach der Regel alszo Subtrahir das kleynst von dem mittelsten vnd 5 von 7 pleyben 2· vnd das mittelst von dem grosten als 7 von 10 pleyben 3 Nu addir die zwu vbergepliben czal als 2 vnd 3 zusammen werden 5. vnd die schreib 2 mol alszo 5 · 5 vnd vber der itlichß secz der [o 4v/109v] vber gepliben zal eyne vnnd stet alszo $\frac{3}{5}$ + $\frac{2}{5}$ vnd also mit vorkerung der zall weyst dir die regel wie vil du itlicheß nemen solt· vnd also soltu das uernemen das du die vber gepliben zal von 10 pf soltu zu eygnen dem Weyn pro 5 pf. alszo das du solt nemen des weynß pro 5 pf $\frac{3}{5}$ Und die vber gepliben zal von dem kleynern soltu zu eygnen der grossern als dem weyn pro 10 pf also das nemst des du weyn pro 10 pf $\frac{2}{5}$ Unnd ist recht gemacht nach der Regel das man szol nemen $\frac{2}{5}$ des pro 10 pf vnd $\frac{3}{5}$ des pro 5 pf zu mischen eyn andere moß weynß zu 7 pf an schaden vnd alle betriglikeyt·

[180] ¶Item ich hab vierley weyn Und des ersten gilt 1 moß 20 pf Des andern 15 pf Des dritten 10 pf Und des vierten 1 [o 5r/110r] moß 8 pf Und auß den vierleyn weyn wil ich machen vnd 1 moß mischen pro 12 pf ist die frag wie vil ich itlichß weinß dar zunemen sol machß nach der Regel also vnd sich am ersten weliche zwey die andern vber treten vnd du sichst daz die kleynern zwey werden vbertreten vnd darumb secz also

20	
15	
——	12
10	
8	

Nu duplir das mittelst vnnd subtrahir die kleyner zwey zusam geaddirt von dem duplat als 18 von 24 vnd pleybeen 6· vnd so vil nym vonn dem pro 20 pf + 15 pf vnd darnach addir die zwu grosser zal der zweyer weyn vnnd werden 35 von welichen aggregat subtrahir das dvplat des mittelsten vnd pleyben 11 vnd so vil muß ich nemen der geringern zweyer weyn Nu addir die vber gepliben zal vnd hast den teyler Als 11 vnd 11 vnd 6 vnd 6 vnd werden 34 vnd machß nach der Regel vnd ist gemacht

2 kandel ader] *fehlt* BCD 3 pro] für *passim* BCD 4 kandeln] massen BCD 4 kandel] maß BCD 13 uernemen] verstan BCD 17 gemacht] *fehlt* BCD 19 alle] *fehlt* BCD 19 betriglikeyt] betrug D 25 zwey] *fehlt* BCD

[o 5v/110v] Proba

¶Wiltu das probiren· Szo machß durch die Regel Detri Alßo sprich $\frac{5}{5}$ geben 5 was geben $\frac{3}{5}$ vnd kummen 3 pf die behald. Darnach aber $\frac{5}{5}$ geben 10 was geben $\frac{2}{5}$. vnd kumpt 4 pf die addir zu den 3 werden 7 pf Unnd ist recht Alszo probir auch das ander vnd kumpt auch recht·

Regula Augmenti

¶In dieszer Regel ist also zu procedirn. Subtrahir die kleyner anzal vonn der grossern vnd das vberig behalt zu deinem teyler. Darnach subtrahir auch daz kleyner residuum von dem grossern. vnd das vberig geteylt durch deynen vorbehalten teyler bericht die frag des gewichtes ader [o 6r/111r] des gleichen. Unnd wen du das selbige multiplicirest mit der war der kleinsten zal vnd das grosser residuum ader vber geplibne zal darzu addirest Ader mit der grosten anzal multiplicirest vnd das kleynst residuum zu dem product addirest· wyrt bericht die ander frag.

Czimmantrinden

[181] ¶Item eyner hat gelt vnd kaufft Czimmantrinden. vnd wen er kaufft 9 lb szo pleybt ym vber 13 gr an der zalung Wen er aber kaufft vnd bezalt 14 lb so pleybt ym vber 1 gr Nu ist die frag wieuil des gelcz geweszen ist das er gehabt hat· vnd was 1 lb gegolden hat Wiltu das wissen ader des gleichen So machß nach der Regel also subtrahir 9 von 14 pleyben 5 lb Dar nach subtrahir 1 von 13 pleiben 12. Nu diuidir 12 durch 5 facit $2\frac{2}{5}$. Und Alszo vil gilt 1 pfunt Wiltu Nu [o 6v/111v] Wissen wie vil des gelcz gewesen sey Machß vnd sprich also 1 lb gilt $2\frac{2}{5}$ was gelten 9 lb facit 21 gr $\frac{3}{5}$ Nu addir 13 darzu facit $34\frac{3}{5}$ Ader sprich 1 lb gilt $2\frac{2}{5}$ gr was gelten 14 lb facit 33 gr Und addir 1 darzu facit $34\frac{3}{4}$ gr vnd ist das gelt gemacht.

Proba

¶Wiltu das probiren Szo machß durch die Regel Detri vnd sprich 1 lb gilt $2\frac{2}{5}$ was gelten 9 lb vnd kummen $21\frac{3}{5}$ daz 13 wenger ist dan $34\frac{3}{5}$ Darnach sprich 1 lb gilt $2\frac{2}{5}$ was gelten 14 lb vnd kummen $33\frac{3}{5}$ Das dan 1 weniger ist dan $34\frac{3}{5}$ vnd ist recht

12 der] *fehlt* AE 27 durch die] nach der BCD

[o 7r/112r] Regula augmenti + decrementi

¶In dießer Regel soltu dich alszo halten Subtrahir die kleyner zal von d*er* grossern*n* Und das vberige teyl. mit der minnerung vnd merung zusam geaddiret vn*d* der selbigen teylung quocient saget dye zal der person weliche zal szo sy gemultiplicirt wirt mit der kleynern anzal vn*d* die grosser mynnerung von dem p*ro*duct subtrahirt wirt Ader widerumb. das darnoch vberpleybet bericht die ander frag

Anis

[182] ¶It*em* Eyner will eyn sack mit Anisz kauffen Und wen er vor itlichß lb 12 pf giebt szo pleiben ym vberig 37 pf Szo er aber fur 1 lb 15 pf giebt so zu rint ym 44 pf Nu ist die frag wie vil der sagk gewegen hab vnd wie vil er gelcz gehabt [o 7v/112v] hab Wiltu das wissen vnd des gleichen So machß nach der Regel also subtrahir 12 von 15 pleyben 3. vnd das ist der teyler darnach addir + vnd – zcusam wirt 81 die diuidir mit 3 kummen 27 lb vnd so vil hat der sack geweg*en* mit dem Anis Nu m*u*ltiplicir 12 mit 27. vn*d* addir 37 darzu Ader multiplicir 15 mit 27 vnd subtrahir 44 ku*m*men 361 vnnd szo vil ist des gelcz geweszen vnd ist gemacht.

Diener

[183] ¶It*em* Ey*n*er hat getreu arbeyter· vnd so er in irn vordinten lon gebe*n* wil· so hept sich czwischen dem hern vnd arbeytern eyn zwitracht von des lons wegen. wan [o 8r/113r] er itlichen nicht mer geb*en* wolt dan 5 pf vnd do d*az* die arbeyter also in guter hofnung von ym genu*m*men hett*en* do pleyb ym vber 11 pf. vn*d* also wolt*en* sich die arbeyter nicht genugen lassen· vnnd begert itlicher 9 pf zu seynem lon· vnd also vor dient*en* lon nicht fur zuhalten vorwilligt sich der her vnd wolt itlich*en* 9 pf geben do zurun ym 17 pf· Nu ist die frag wye uil ist der arbeyter gewesen. vnd wie uil hat er gelcz gehabt Machß nach der Regel also Subtrahir 5 vonn 9 pleyben 4 deyn teyler. Darnach addir 11 vnd 17 zusammen werden 28 Das teyl durch 4 kummen 7 die zal der arbeyter: Nu multiplicir 7 mit 5 Unnd addir 11 dar zu Ader multiplicir 7 mit 9. vnd subtrahir 17 von dem p*ro*duct pleyben 46 die zal des gelcz *etc*

[o 8v/113v] Proba

¶Wiltu das p*ro*biren so machß durch die Regel Detri also sprich 1 arbeyter giebt 5 pf was geben 7 arbeyter machß vnnd kummen 35 pf das

7 das] d*az* dann D 34 arbeyter] *fehlt* BCD

ist 11 pf minner da*n* 46 Darnach sprich 1 arbeiter giebt ma*n* 9 pf was musz man geb*en* 7 arbeitern vn*d* kumpt 63 pf vnd das ist 17 mer dan 46 vnd also magstu auch das erst p*ro*biren vnd ist recht.

Regula plurima

Diesze Regel soltu albeg also practiciren subtrahir das kleyner zu peyden seyten itlicheß von seiner grosser zal ym zcu gesaczt vnd diuidir die grosser vber geplibne zal mit der kleynern vber plyben [p 1r/114r] Und der selbigen teylung quocient bericht die frag *etc*

Muscaten

[184] ¶It*em* Eyner hat muscaten kaufft· ku*m*pt eyn ander zu ym. vnd fragt sprechende lieber d*az* sind schon muscat*en* sag mir wy hastu ey*ne* kaufft· Antwort der ander vn*d* spricht. das wil ich dir sagen Als vil ich 3 tewer kaufft hab dan p*ro* 4 pf szo uil kosten 4 mer dan 10 pf· Also fragt genner wie kumpt dan 1 muscaten Wiltu d*az* wissen vnd des gleich*en* So machß nach der Regel also Subtrahir 3 vo*n* 4 pleybt 1 Darnach subtrahir auch 4 pf von 10 pf pleyb*en* 6 pf vnd ist vor auch eyn muscate pliben· Darumb teyl 6 mit 1 vnnd kumpt 6 pf vnd alszo kumpt 1 muscat. Wiltu aber nu wissen wie 4 muscat*en* ku*m*men Szo sprich 1 Muscat kumpt p*ro* 6 pf wie ku*m*men 4 muscat*en* machß nach der Regel kummen 24 pf·

[p 1v/114v] Kreiden

[185] It*em* als vil 6 lb kreyden mer kost*en* da*n* 10 gr szo uil kost*en* 10 lb mer dan 20 gr Wie kumpt 1 lb Machß also subtrahir 6 von 10 pleyben 4 vnd subtrahir 10 vo*n* 20 vnd pleyb*en* 10 Nu secz also vnd teyl 10 in 4 kummen 2 gr $\frac{1}{2}$ vnd ist recht

Proba

Wiltu nu p*ro*bir*en* ab es recht sey. sprich 1 muscat p*ro* 6 pf wie kummen 3. Und kumpt 18 pf· vnnd das ist 14 mer dan 4 Darnach sprich aber 1 muscate p*ro* 6 pf wie ku*m*men 4 vnd ku*m*men p*ro* 24 pf. vn*d* d*az* ist auch 14 pf mer dan 10 pf vn*d* ist recht Also p*ro*bir auch das ander mit der kreyden· vnd kumpt recht.

---

11 fragt] fragt in CD 13 p*ro*] für *passim* BCD 21 10 gr] 16 gr AE, 20 gr D

Regula Pulchra

¶Nu szoltu diesze Regel alszo verfuren Addir die geminderte zal der pf zu d*er* fur gelegten zal der pf Und subtrahir die zal [p 2r/115r] des dingeß vo*n* der andern zal yrß gleychen Unnd diuidir die vberige zal der pf mit der vberig*en* zal der gekaufften war. vnd der selbig*en* teylung quocient bericht die frag.

Eier

[186] ¶It*em* eyner hat kaufft 6 Eyer – 2 pf p*ro* 4 pf + 1 ey Nu ist die frag wie ku*m*pt 1 ey Wiltu das wissen vnd des gleichen So machß nach der reg*el* also Addir dy gemyndert*en* 2 pf zu 4 pf werd*en* 6 pf vnd d*az* ist der zeler. vnd darnach Addir auch die kleyner zal der eyer gemyndert zu der grossern ir*en* gleich*en* Ader subtrahir das kleynst gemert von der grossern czal irß gleich*en* als 1 ey von 6 pleyb*en* 5 vnd ist der nenner des vorgefundnen zelerß. vnd stet also $\frac{6}{5}$ vnd so tewer kumpt 1 ey

Proba

Und d*az* magstu p*ro*bir*en* durch die selbige [p 2v/115v] Regel gleicher weyß wie du das ober gemacht hast. vn*d* also secz 1 ey ist gekaufft p*ro* 1 pf $\frac{1}{5}$ wie kummen 6 eyer – 2 pf Und kummen wider 4 pf vnd 1 ey szo ist eß recht

Regula sententiarum

¶Wiltu recht p*ro*cedirn in dieszer Regel So soltu mit gancz*en* vleyß achtu*n*g hab*en* vnd auffmercku*n*g auff die furgebne frag ader furgab Wann eyn itliche frag auff diese regel wirt in vierley weyß vorstanden· vnnd eyn itliche weyß hat yr eygen facit zu mach*en* Als ich dir dan klerlich*en* hernach verzelen wil in diesem nachgeenden exempel.

Teil zcu suchen

[187] ¶It*em* 7 ist $\frac{1}{3}$ von $\frac{1}{4}$ von eyner zal Nu wil ich wissen wie vil 9 ist $\frac{1}{5}$ von der sel[p 3r/116r]bigen zal. Nu dieße frag hat vierley syn. vn*d* d*az* ist der erste syn Wen 7 ist $\frac{1}{3}$ vo*n* $\frac{1}{4}$ von eyner zal· Wie vil ist 9 von $\frac{1}{5}$ von der selben zal Nu 7 ist $\frac{1}{3}$ von 21 vnd 21 ist $\frac{1}{4}$ von 84· vn*d* von 84 $\frac{84}{5}$ ist $\frac{1}{5}$ vnd von diesem $\frac{1}{5}$ ist 9 $\frac{28}{15}$

---

10 werd*en* 6 pf] *fehlt* BCD 30 $\frac{1}{3}$] 4 $\frac{1}{3}$ A 31 $\frac{84}{5}$] $\frac{164}{5}$ A 31 $\frac{28}{15}$] $\frac{15}{28}$ A

Der ander syn 7 ist $\frac{1}{3}$ von $\frac{1}{4}$ von eyner zal wie vil 9 sind $\frac{1}{5}$ vonn der selbig*en* zal $9\frac{13}{15}$ von 9 macht $\frac{1}{5}$ vonn der selbigen zal. ader $\frac{39}{45}$ von 9 macht das selbige 5 teyl
Der dritte syn Wan 7 ist $\frac{1}{3}$ von $\frac{1}{4}$ von eyner zal wie vil ist $\frac{9}{5}$ vonn der selbigen zal das ist $151\frac{2}{5}$ szo vil ist $\frac{9}{5}$ vonn der [p 3v/116v] selbigen zal *etc*
Der vierd syn ist wan 7 ist $\frac{1}{3}$ von $\frac{1}{4}$ von eyner zal wie vil 5 teyl mach*en* 9 der selbigen zal. vnd also ist die frag vnmuglich Darumb das $\frac{1}{5}$ so vil ist grosser da*n* 9 als 28 ist grosser dan 15· 5 ist $\frac{1}{3}$ von 12· was ist 7 gegen 19 wen 5 ist $\frac{1}{3}$ vo*n* 12 so ist $7\frac{28}{95}$ von 19 vnd Machß also $\frac{5}{12}$ giebt $\frac{1}{3}$ was geben $\frac{7}{19}$ kumpt *etc* Unnd also soltuß alles machen·

Proba

¶Wen du aber nu die ob*en* gemachten ding p*ro*bir*en* wilt szo ny*m* furdich die selbigen gefundnen zal. vn*d* partirß in die teyl nach laut vnd der frag anweysung ku*m*pt [p 4r/117r] es dan also d*az* mit der frag vbereyn trift szo ist es recht·

Regula Supposit*io*nis

¶In dieser Regel (wie wol vbereyn kumpt mit der obern yn der frag) szoltu also p*ro*cedirn Subtrahir p*ar*tem supposita*m* das ist de*n* vormeyn-t*en* teyl von seyner ganczen zal vnd das zu peyden seyten vnnd die erste vberige zal behalt zu deyne*m* teyler vnd darnach multiplicir eyn vbergepliebne zal mit der andern· Un*d* teyl das p*ro*duct solcher multiplicirun*g* mit deynem teyler. vnd das auß solchen teylen kumpt bericht die frag.

Teil suchen

[188] ¶It*em* wen 4 ist $\frac{1}{2}$ von 10 was ist $\frac{1}{3}$ vo*n* 24 Machß nach der Regel also Nym $\frac{1}{2}$ von 10 pleyb*en* 5 deyn teyler. vnnd $\frac{1}{3}$ von 24 ist 8 [p 4v/117v] Nu sprich 4 mol 8 ist 32 das teyl in 5 facit $6\frac{2}{5}$ das ist $\frac{1}{3}$ vo*n* 24 vn*d* ist gemacht
[189] ¶It*em* Wenn 3 mol 3 10 weren wie vil wer*en* 4 mol 4 Sprich 3 mol 3 ist 9 Un*d* 4 mol 4 ist 16 Nu sprich 9 geb*en* 10 was geben 16 facit $17\frac{7}{9}$ vnd ist gemacht

---

2 macht] d*az* macht BCD 18 der] die BC 28–29 vn*d* ist gemacht] *etc.* BCD
32 gemacht] recht BCD

Proba

¶Wiltu das p*ro*bir*en* So ker alleyn die frag wider umb vnd machß wie vor vnd kumpt recht.

Regula Residui

¶In dieser regel ist also czu practiciren Nym eyn zal fur dich in welicher du d*er* furgegebnen frag teyl hab*en* mugst. vnd darnach mit der selbigen zal soltu op*er*iren noch de*m* als die frag laut*en* ist Darnach multiplicir die gefundne zal in die furgeben vnd das p*ro*duct diuidir in die erst*en* gefundne zal· vnd ist gemacht.

[p 5r/118r] Damaschka

[190] ¶It*em* eyner hat p*ro* 33 fl damaschka verkaufft. vn*d* hat a*n* 1 fl 8 ß gelcz verlor*en* Nu ist die frag wy vil seynß hauptgucz gewest ist Wiltu d*az* wissen ad*er* des gleichen So machß nach der Regel also wart was 8 ß uon 1 fl sey das ist $\frac{2}{5}$ vnd das hat er an 1 lb hauptgucz verlor*en*· vn*d* darumb soltu wissen wie vil fl soll*en* sey*n* dye er gehapt hat das 33 fl $\frac{2}{5}$ szol seyn also muß er 55 fl gehapt haben·

Muscatpluet

[191] ¶It*em* Eyner hat Muscatpluet v*er*kaufft p*ro* 77 fl vn*d* hat a*n* 1 fl gewunne*n* 7 ß 6 hlr Nu ist die frag wie vil hat er hauptgucz gehabt wart was 6 hlr von 1 ß sey. vnd das ist $\frac{1}{2}$ 1 ß vnd was $7\frac{1}{2}$ ß eynß fl sey vnd das ist $\frac{15}{40}$ von 1 fl das macht $\frac{3}{8}$ [p 5v/118v] also hat er $\frac{3}{8}$ an fl gewunne*n* Nun wart was die zal sey dar zu thu die $\frac{3}{8}$ das 77 macht das ist 56 vnd so vil ist seynß haupt gucz gewest vnd ist gemacht·

Proba

¶Wiltu das p*ro*bir*en* vnd des gleich*en* So machß durch die regel Detri also sprich 1 fl gewint $\frac{3}{8}$ eynß fl was gewinne*n* 56 fl machß vnd kummen gerad 21 fl Nu wen du 21 fl addirest zu 56 ku*mm*e*n* gleich 77 fl wider gewin vnd haupt gut. vnd ist recht *etc* Und alßo p*ro*bir auch d*az* ober

2 alleyn] all in D 9 gemacht] recht CD 13 nach der Regel] *fehlt* BCD 19 wart] luog BCD 26 machß] *fehlt* BCD

Regula Exessus

Also soltu p*ro*cedirn in dieser Reg*e*l. M*u*ltiplicir der vbertretu*n*g das halbe teyl ynn sich selbst vnd das product addir zu der hauptsum Darnach nym radicem quadratam des selbig*e*n aggregates vnnd do [p 6r/119r] von subtrahir das halbe teyl der vntter scheyd ader vbertretung vnd das vberig ist die kleyner zal. zu welicher so du addirest die vbertretung erwechst auch die grosser.

Gelt

[192] ¶Eyner ku*m*pt zu dem andern vn*d* spricht Ich hab gelt vnd hab 4 fl mer dan du Un*d* we*n* ich meyn gelt multipliciret mitt den deyne*n* szo het wir pede 96 fl Nu ist die frag wie vil itlicher hab gelcz gehapt Wiltu das wissen vnd des gleich*e*n Szo machß nach der Regel also m*u*ltiplicir halb 4 das ist 2 in sich selbst wirt 4· das addir zu 96 wirt 100 Nu extrahir R*adicem* quadrata*m* von 100 vnd ist 10. vn*d* vo*n* der wurzel als vo*n* 10 subtrahir d*az* halbe teyl der vbertretu*n*g pleyb*e*n 8. Un*d* so vil hat der eyn gelcz gehabt. vnd wen du nu die vbertretu*n*g addirest zu 8 als 4 werd*e*n 12 fl vn*d* ist die zal deß a*n*dern vn*d* ist gemacht

[p 6v/119v] Proba

¶Wiltu das p*ro*biren ader des gleich*e*n so multiplicir eyne mit der andern vnd ist sach das auß solcher multiplicirung szo vil entspringet als die furgab bestimmet szo ist es recht. als hie multiplicir 8 mitt 12 vnd ku*m*men gerad 96 vn*d* ist recht

Regula collectionis

¶Diese regel soltu also fur dich nemen zu practicir*e*n Colligir die teyl nach d*er* angab al zu sammen Und darnach die fur gegebne zal Diuidir mit den zcusamgecolligirt*e*n teylen vnd ist gemacht. vnd ist sach d*az* eyn ga*n*cze zal ad*er* mer alleyn stee*n* ader auch pey teylen so colligirsz zusam vnd das aggregat subtrahir von der zal die dan furgeben ist vnd machß als oben gemelt ist·

[p 7r/120r] Gelt

[193] ¶It*e*m es hat eyner gelt vn*d* kumpt zu ein andern also zu ym spreche*n*d Ich hab gelt vnd wen ich noch dreymol als uil het· Und du

gebst mir dar zu $\frac{1}{2}$ so vil vnnd $\frac{1}{3}$ so vil vnd $\frac{1}{8}$ so vil dar zu noch $\frac{1}{13}$ so vil so het ich gerad 7 fl Nu ist die frag wy uil d*er* selbige zu de*m* erst*en* gelcz gehabt· hab Wiltu d*az* wisse*n* vn*d* des gleich*en* Szo machß kurczlich nach der Regel Unnd kumpt $\frac{2160}{1235}$ das ist $1\frac{185}{247}$ vnd so uil hat er am ersten gehabt·

Proba

¶Wiltu das p*ro*bir*en* Szo nym das gelt fur dich das er da*n* zum erst*en* gehabt hat Und triplirß. und thu darnach $\frac{1}{2}$ deß sel[p 7v/120v]bigen gelcz dar zu. vnd darnoch $\frac{1}{3}$ *etc* noch anweysung der furgab So ku*m*men gerad 7 vnd ist recht·

Regula Pulchra

¶In dieser Regel soltu also procediren Secz die teyl in die kleynste zal. vnd m*u*ltiplicir die nenner zu sammen vnd addir die teyl deß gemeynen nennerß zusam vn*d* von dem aggregat subtrahir den gemein nenner. pleybt vberig deyn teyler Darnach addir die czeler der furgab zu sammen. vnd das aggregat secz den zeler des erst*en* gefund*en* nennerß· vn*d* nym den aber die teyl von den erst*en* gemeynen nenner vnd das selbige m*u*ltiplicir mit dem zeler· Und teyl darnach d*az* p*ro*duct mit deyne*m* teyler vnd von dem das auß solicher tey[p 8r/121r]lvng kumpt subtrahir den erst*en* zeler wyder von vnd pleybt die zal des erst*en* vnd also gleycher weyß thu auch den andern vnd pleybt zum leczte*n* die zal des ander*n*n vnd ist gemacht·

Gelt

[194] ¶It*em* eß kumpt eyner zu dem Ander*n*n Und spricht ich hab szo uil gelcz· vnnd wen du mir deyner pf 1 dar zu gebst szo het ich zwey mol als vil als du Spricht der ander zu dem erst*en*. Ich hab szo vil gelcz Und wen du mir deynes gelcz 1 pf dar zu gebst so het ich wol dreymol als vil als du. Nu ist die frag wie vil hat ilticher gelcz gehabt· Wiltu das wissen vn*d* alles des gleichen Szo machß nach der Regel also Unnd secz $\frac{2}{3}$ Unnd
$\frac{3}{4}$
[p 8v/121v] Nu multiplicir die nenner mit eynander wirt 12 Nu $\frac{2}{3}$ vnd $\frac{3}{4}$ von 12 facit 17 dauon subtrahir 12 pleyben 5 deyn teyler Darnach addir 1 zu 1 wirt 2 Nu $\frac{2}{3}$ von 12 ist 8 das mvltiplicir mit 2 wirt 16 das diuidir durch 5 kumpt $3\frac{1}{5}$ Dauon subtrahir 1 pleyben $2\frac{1}{5}$ die zal des ersten vnnd

1 dar zu noch] vnd E 4 kurczlich] *fehlt* E 27 wol] *fehlt* BCD 33 2] 12 A 34 1] *fehlt* A

also mach auch das ander sprich $\frac{3}{4}$ von 12 ist 9 die multiplicir mitt 2 kumpt 18 das diuidir durch 5 kumpt $3\frac{3}{5}$ nu subtrahir 1 do von pleyben $2\frac{3}{5}$ vnd also vil hat der ander gelcz gehabt Un*d* diese zwu zal seyn wurtz*e*l der a*n*dern furgab [195] Als wan eyner zu dem andern sprech gieb mir 3 pf szo hab ich 2 mol alß vil als du Sprech der ander gieb mir 3 pf szo hab ich 3 mol szo vil als du Szo [q 1r/122r] triplir die R*adices* werden $7\frac{4}{5}$ vnd $6\frac{3}{5}$ ader machß nach der Regel vnd kumpt recht

Proba

Wiltu p*ro*bir*e*n ab das also sey ader nicht So ny*m* di zwu zal fur dich als $2\frac{1}{5}$ vn*d* $2\frac{3}{5}$ ader $6\frac{3}{5}$ vnd $7\frac{4}{5}$ als zum ersten 1 von $2\frac{3}{5}$ pleybt $1\frac{3}{5}$ vnd addir zu $2\frac{1}{5}$ wirt $3\frac{1}{5}$ vnd das ist gerad 2 mol szo vil als $1\frac{3}{5}$ Ader nym 1 von $2\frac{1}{5}$ pleybt $1\frac{1}{5}$ vnd addirß zu $2\frac{3}{5}$ wirt $3\frac{3}{5}$ gleich 3 mol als vil als $1\frac{1}{5}$. Also p*ro*bir auch das ander vn*d* alles des gleich*e*n vnd ist recht·

Regula Pulchra

¶Diese Regel soltu also vorfur*e*n Secz die zwu zal der vorgleichniß die nenner [q 1v/122v] mit der zal uerkerung Unnd die vnderscheyd zwischen yn peyden secz itlichen nenner in sunderheyt den zeler· vnd ku*m*pt recht Und auff diese Regel vnd ander mer nochuolgende hab ich dir obenn gesaczt exempel Und auch prob in den capit*e*l der proporcio· vn*d* darumb nicht not ist hye weyter do von zu reden.

Regula quadrata

¶In dieszer Regel soltu alszo procedirn Duplir das mitler spacium vnd das duplat behalt deynen teyler Darnach multiplicir d*az* mitler spaciu*m* in sich selbst quadrate. Auch szoltu quadrir*e*n die grosser czal vnnd dye kleyner Darnach subtrahyr das kleyner product von dem mitlern· vnd das do vberpleybet vonn dem mitlern subtrahir auch von de*m* grossern product. Und was dan vberpleybet d*az* teyl mit deynem teyler vnd ist gemacht.

[q 2r/123r] Czwen pawm

[196] ¶It*e*m eß sten czwen paum auff eb*e*n feld Und der eyn ist 30 schuch hoch. Und der ander 40 schuch hoch· Un*d* sten 50 schuch vo*n* ey*n*ander.

---

5 alß] so CD 13 vn*d* alles des gleich*e*n] *fehlt* BCD 13 vnd ist recht] *fehlt* D
19 proporcio] proporcion CD

Nu die selbig*en* czwe*n* pawm fallen zusam mit den gipfelln. vn*d* man hecht eyn pleyen weglen dar an zu peden gipfelln*n* zusam gefall*en* (als da*n* her noch schon in eyner figur bezeychet ist) Nu ist eyn frag In welichem schuch d*az* pleyen weglen hecht zwischen den zweyen pawmen. Wiltu das wissen ader des gleichen Szo machß nach der Regel alzo Nu sprichstu der ey*n* pawm sey 30 schuch hoch. vnd der ander 40 schuch hoch Und sey 50 schuch dar zwischen. Un*d* darumb Merck. das du alweg nemst d*az* dar zwischen ist. vnd duplir das. vnd d*az* ist der teyler den behalt. Darnach multiplicir das selbige das dar zwischen ist als 50 ynn sich selbst quadrate. Unnd [q 2v/123v] kumpt 2500 Darnach m*u*ltiplicir auch yn sich selbst die zal des lengsten pawmß also 40 vnd kumpt 1600 Die secz vnter die 2500· Darnach zu dem dritt*en* ny*m* auch die zal des kurczern bawms als 30 Un*d* m*u*ltiplicir sy auch in sich selbst. vn*d* wirt 900 Die secz vnter 1600 Nu subtrahir von 1600 vn*d* pleybt 700 Di subtrahir auch von 2500 pleybt 1800 die teyl mit dem teyler das ist 100 vnd kummen 18 schuch· vnd also henck das weglein in den 18 schuch vn*d* ist gemacht als dan diese figur außweist. [Bild: aufrechte und zusammengefallene Stämme]

[q 3r/124r] Regula Cubica

¶Also soltu regula*m* Cubicam verfuren Multiplicir die zal der kleynern*n* seyten cubice in sich selbst das ist zu zweye*n* mol Un*d* auch die grosser des grossern*n* stuckß Darnach diuidir daß grosser p*ro*duct mit ader durch das kleyner vn*d* darnach soltu zu eigne*n* de*n* quocie*n*t de*m* werd des kleinern dingeß vnd ist gemacht *etc*

Wachß

[197] ¶It*em* Eyn wurffel hat 6 taffeln. Und hat 12 seyt*en* vnd ist achtecket Unnd ist eyn recht corpus de cubo vnnd darvmb soltu merck*en* eyn hubsch exempel de Cubo Eyner brengt mir eyn knoll*en* wachß der ist vierecket als eyn wurffel vnnd ist auff all ort 3 schuch breyt Und wil mir den selbig*en* knollen wachß geb*en* p*ro* 5 fl. Unnd ich wil seyn nicht vnd sprich er ist mir zu kleyn. Pring mir eyn solchen der auff all ort 6 schuch weyt sey: Un*d* [q 3v/124v] gieb mir als vil p*ro* 1 fl als an dem erst*en* knollen der 3 schuch breyt waß vnd das mir als schwer an gewicht werde p*ro* 1 fl als an dem erst*en* Nu ist eyn frag Was d*er* grosser knol werdt

---

3 schon] *fehlt* BCD 3 bezeychet] verzaichent BCD 3 eyn] die BCD 8 d*az*] *fehlt* BCD 14 subtrahir] subtrahir 900 D 22 mit ader] *fehlt* BCD 27 recht] *fehlt* BCD 30 p*ro*] für *passim* BCD 31 sprich] spricht AE 32 weyt] breit BCD 33 waß] ist BCD 33 als] so BCD 33 an gewicht] *fehlt* BCD

sey Wiltv das wissen Und alles ander des gleich*en* szo machß nach der Regel also. Der erst hat auf al ort 3 schuch Und der grossz 6 schuch auff alle ort Nu mach den kleynern vnd sprich 3 mol 3 zu 3 mol ist 27 vnd das hat der groß knol Darnach wart auch was der kleyn knol hab Unnd sprich 6 mol 6 zu 6 mol*en* ist 216. Und das hat der groß knol Nu von des wegen d*az* der kleyn knol gilt 5 fl Und du wilt wissen was der groß knol gelten ßol. So teyl de*n* grossern knollen yn den kleyn d*az* ist 216 in 27 vnd kumpt 8 vnd szo offt hastu 5 fl in den grossern knollen Wan der kleyn macht albeg 5 fl Unnd alszo ist es gemacht.

[q 4r/125r] Proba

¶Un*d* das magstu leichtiglich durch dy Regel Detri probir*en* vnd kumpt recht.

Reg*u*la Reciprocat*io*n*i*s

¶Regulam Reciprocationis szoltu also practicir*en*· Such eyn zal. Dar ynnen du haben magst die nenner Darnach dye selbigen teyl der zal. addir zusamme*n*. vn*d* das aggregat subtrahir von den gemey*n* nenner· Und das vberige multiplicir yn sich selbst. vnd darnach das der nenner gewesen ist secz den zeler. vnnd wideru*m*b das der zeler geweßen ist secz den nenner als du dan oben eyn schon exempel gesehen hast in den fragen vber die species.

[q 4v/125v] Regula bona

¶In dieszer Regel soltu also p*ro*cediren Addir 1 zu der zal der p*er*son. vnd das aggregat gepurt der erst*en* p*er*son. vnd szo du die selbige sum duplirest. vnd subtrahirest 1 da vonn pleybt die zal der anderns*n* p*er*son vnd wen du aber duplirest die selbige sum vn*d* subtrahirst 1 da vo*n* pleibt dy zal ader sum des dritten vnd alßo y*m*mer furt ßo mer person weren dan drey vnd ist gemacht.

Spilen

[198] Item drei gesell*en* die spilen miteinander vnd eyner hat mer geltz den der ander ader ich sage nicht wie vil yder geltz hab Und wen yr einer eyn wurff thut ßo verleust er alß vil als sye peide haben Und wen nu yder ein wurff hat gethan ßo hat sich das gelt gleich vnter sie geteilt Nu ist

1 alles ander] *fehlt* CD   1 ander] *fehlt* B   4 groß] kleyn AE

dy frag wye vil yder zum ersten geltz gehabt hab vnd ist die ander frag [q 5r/126r] wie vil itglicher zum letzten behalten hab wiltu das wissen vn*d* alles deß gleichen ßo machß nach der Regel alßo Setz dy 3 geselln vnd addir 1 dar zu ist 4 alßo hat der erst 4 gr ader fl Nu duplir 4 werden 8 vnd thu 1 da von pleiben 7 der ander dy duplir werden 14 Da von subtrahir 1 pleiben 13 Der drit vn*d* alßo hat der erst 4 Der ander 7 Un*d* der drit 13 fl ad*er* gr

Teilung

[199] ¶Item Drei Bruder haben zu teilen eyn sum vnd der erst nimpt mer dan ym zu gepurt Und der ander nimpt auch mer dan ym zu gepurt Und der dritte nimpt das vberig alles Alßo ist das gelt vngleych geteylt Dar vmb sprechen der letzt vnd der ander zu dem erstem Wir wollen dich verkißen wen du hast vngleich mit vnß geteilt Alßo spricht der erst wir woll*e*n nicht mit einander krigen wan [q 5v/126v] ich wil itlichen als vil gebe*n* als er vor hat vnd woll*en* in fried leb*en*. Wen nu das alszo geschicht Szo sprechen der erst vnd der leczt auch also zu dem andern Darnach spricht der Erst vnd auch der Ander zu dem Dritt*en* des gleich*en*· Und alszo antwort der leczt sprechend ich wil itlichen als vil geben als er vor hat· Und wen nu das geschicht. szo wirt das gelt gleich geteylt· Nu ist die frag wie vil ist des gelcz geweszen vnd wie vil hat itlicher genumen Machß nach der Regel als oben So hat der erst genu*mmen* 4 fl der ander 7 Der dritte 13 Unnd zům leczten wen sy das gelt gleich getelyt haben szo behelt itlicher 8 fl vnd ist recht· vnd der in dieszem exemp*e*l der erst ist sol der leczt seyn. vnd widerumb. von wegen des exempelß der obern frag vnnd alszo mach auch des gleichen *etc*

[q 6r/127r] Proba

¶Wiltu das probir*en* Szo thu ym alszo Und laß zum erst*en* spil*en* den dritt*en* der dann am meysten gelcz hat Nu spilt der mit 13. vnnd wurfft den wurff auß der hant vnd verspilt 11 fl Dem ersten 4 vn*d* dem Andern 7 Alßo behelt er noch 2 fl vnd darnach wurff der mit de*n* 14 fl vn*d* verspilt ader verleust dem ersten 8 Un*d* dem Dritten 2 vnd szo er sy bezalt pleyben ym noch 4 Alszo hab*en* die zwen yd*er* 4 Darnach spilt auch der erst mit den 16 vnd verleust gegen ydem 4. vn*d* also hat yder 8· vnd hat sich d*az* gelt gleich vnder sy getelyt Wann sy zum ersten alle drey nicht mer noch mynner dan 24 gehabt haben. ad*er* vngleich

10 zu] *fehlt* BCD 19 gleich] *fehlt* BCD 29 den wurff auß der hant] *fehlt* BCD

die hab*en* sie nu gleich vnd ist recht· Und also magstuß auch mit mer machen.

[q 6v/127v] Regula lucri

¶Dise regel soltu alzo verfuren Multiplicir die hauptsum yn den gewin Darnach Multiplicir dy hauptsum in sich selbst quadrate Und addir das product zu dem ersten product Und die wurtzel der gantzen sum so du da von subtrahirest dy hauptsum. bericht den gewin der hauptsum Und Ist Recht·

Gewin

[200] ¶It*em* einer leihet einem 20 fl 2 iar vmb gewin vnd gewins gewin vnd also wen dy 2 iar vorgehen gibt er im wider 30 fl hauptsu*m* vn*d* vor gewin vn*d* gewins gwin Nu ist dy frag wy vil dy 20 fl d*az* erst iar gewu*nn*e*n* habe*n*. wiltu d*az* wisse*n* vn*d* deß gleichen so m*ul*tiplicir di hauptsu*m* alß 20 in de*n* gewin alß yn 10 wirt 200 vnd das behalt darnach multiplicir dy hauptsum in sich selbst quadrate Und kumpt 400 [q 7r/128r] die addir zu 200 wirt 600. Nu sprich ich d*az* der gwin des erst*en* iars ist die wurczel von 600 − 20

Gewin

[201] ¶Eyner leycht dem Andern 25 fl 2 Jar vmb gwin Und gwinß gwin. Nu we*n* die 2 iar verga*ng*en sey*n* szo giebt genner dem wider seyn hauptsum vn*d* fur gwin vnd gwinß giebt er ym 24 fl Nu ist die frag Wie vil hab*en* die 25 fl gewunne*n* in dem erst*en* iar Machß nach der Reg*e*l alszo. m*ul*tiplicir die hauptsum in den gwin als 25 in 24 kumpt 600 Darnach m*ul*tiplicir auch das hauptgut in sich selbst als 25 wirt 625. vnd d*az* addir zu 600 werden 1225 Dar auß zeuch die wurczel vnd ist 35 nu subtrahir vo*n* der wurczel die hauptsum pleyb*en* 10· vnd das ist der gwin des erst*en*. Jarß Unnd 14 der gwin des hauptgucz mit dem gwin des andern Jarß. vnd ist recht:

[q 7v/128v] Proba

¶Wiltu d*az* p*ro*bir*en* So machß durch die Regel Detri vn*d* sprich 25 fl die gewinnen deß erst*en* iarß 10 fl was gewinnen 25 fl Unnd 10 fl Das ist 35 flo deß ander*n* Jars Machß vnd ku*mm*en 14 fl vn*d* ist recht

---

21 gwinß] gwins gwin BCD 32 ku*mm*en] ku*m*t BCD

Gewin

[202] ¶It*em* 10 fl die gewinne*n* in 8. Jarn 2 fl in wieuil iarn werd*en* 20 fl gwinnen 12 fl Wiltu das wiss*en* vnd des gleich*en* So schreybß vnde*n* vn*d* secz alszo

10 8 2
×
20 12

Nu multiplicir widereynn ander in das kreucz als zum ersten 20 in 2 werden 40. die secz vorn an in die Reg*e*l Detri· vnd 8 in die mit Darnach m*u*ltiplicir 10 in 12 vnd kumpt 120. das secz hinden in die Regel vnnd machß nach der Regel vnd ku*m*men 24 Jar vnd ist recht.

[q 8r/129r] Gewin

[203] ¶It*em* 1 fl gwint in eynem menet $3\frac{1}{2}$ pf was gwinnen 90 fl in 6 monet vnd 20 tagen Machß alßo wart was 1 fl yn 6 monet vnd 20 tagen gwin· Und sprich alßo 1 fl giebt 1 menet $3\frac{1}{2}$ pf Was geb*en* 6 menet m*u*ltiplicir 6 mit $3\frac{1}{2}$ ku*m*pt 21 Darnach multiplicir die 20 tag mit $3\frac{1}{2}$ wirt 70 das teyl in 30 das 1 menet ku*m*pt $2\frac{1}{3}$ Die addir zu 21 wirt $23\frac{1}{3}$ vnnd szo uil gwint 1 fl in 6 menet vnnd 20 tagenn Wiltu nu wissen was 90 fl gwinnen dy 6 monet 20 tag Szo multiplicir 90 mit $23\frac{1}{3}$ kumpt 8 fl 15 ß vnd ist recht

Gwin vn*d* hauptgut

[204] ¶It*em* ich hab eyne*m* gelihen 100 fl 3 iar vn*d* ey*n*ß yden iarß sol er mir vo*n* 100 geb*en* [q 8v/129v] 20 Nu ist dy frag wie vil er mir dysze 3 iar vo*m* haubtgut vn*d* gewin schuldigk sey Machs alßo· Nu ist 20 von 100 gerad $\frac{1}{5}$ vnd ist der gewin des ersten iars alszo ist haubtgut vn*d* gewin 120 nu $\frac{1}{5}$ vo*n* 120 ist 24 d*az* addir zu 120 ku*m*pt 144 vn*d* $\frac{1}{5}$ vonn 144 macht 28 fl 16 ß Nu addir dyße 3 iar alle zu sammen Und kumpt gewin vnd hauptgut 172 fl 16 ß vn*d* ist recht·

Gewin

[205] ¶Item 732 fl gewinnen yn 4 monet 25 fl Nu ist dye frag wie vil fl gewinne*n* in 9 monet 30 fl Machs alszo vnd auff ey*n* andere weys dan oben teil 25 yn 4 kumpt $6\frac{1}{4}$ Und teyl 30 in 9 ku*m*pt $3\frac{1}{3}$ Und setz dan

---

6 in] *fehlt* BCD 14 $2\frac{1}{3}$] $2\frac{1}{2}$ ABE 23 vonn] vn*d* ABE 25 vn*d* ist recht] *fehlt* BCD 29 kumpt] ku*m*men CD 29 30 in 9] 9 yn 30 ABE

auf dy Regel Detri alßo [r 1r/130r] Sprich $6\frac{1}{4}$ giebt 732 fl was geben $3\frac{1}{3}$ vnd kumpt 390 fl 8 ß Unnd szo vil fl vnd ß gewinnen in 9 menet 30 fl vnd ist recht.

Gewin vnd hauptgut

[206] ¶Item eyner hat in eyn wechselpanck gelegt 1000 fl vnd der wechseler sol ym eynß yden Jars 4 fl von 100 geben. vnd das ligt also 4 Jar Nu ist die frag wye vil das haupgut vnd gwinß gwin die 4 Jar gwint· Und wie vil es in eyner sum mach Wiltu das wissen vnd des gleichen Szo machß also Secz 4 mol also $\frac{104}{100}$ $\frac{104}{100}$ $\frac{104}{100}$ $\frac{104}{100}$ Und daz darumb das 100 die vnten sten 104 weren eyn Jar Darumb multiplicir die vnder alle zusammen vnd kumpt 100000000 Und also multiplicir auch die obernn alzo zusammen vnd kumpt 116985856 vnnd [r 1v/130v] secz darnach auff die Regel Detri alszo vnd sprich 100000000 fl geben 116985856 fl waz geben 1000 fl vnd kumpt 1169 fl $\frac{2683}{3125}$ vnd szo vil wirt die 4 Jar auß 1000 fl

wucher

[207] ¶Item Eyner hat genumen zu eynem Juden 400 fl vnd giebt ym von 100 fl eyn iar 9 fl vnd alle halbe Jar so rechet der Jud die 9 fl auf die 100 fl pyß auf 12 Jar Nu ist die frag wieuil der wucher brengt in den 12 Jaren mit dem hauptgut Machß also vnd sprich 100 fl geben 9 fl was werden geben 400 fl machß noch der Regel vnd kummen 36 fl Dye soltu nu summiren mit den 400 piß auff 24 halbe Jar vnd wirt gemacht Nu die 36 fl brengen 400 fl das erste halbe Jar Nu [r 2r/131r] sprich 400 geben 36 was geben 436 vnd kummen 39 fl $\frac{96}{400}$ Nu addir die selbigen 39 fl zu dem ersten· Und also furt wie oben *etc*

Gwin

[208] ¶Item 100 fl gwinnen alle Jar 10 fl Wie vil machtz in 4 Jaren ader wie lang du wild Machß also vnd gleich wie oben schreyb 4 mol also $\frac{110}{100}$ $\frac{110}{100}$ $\frac{110}{100}$ $\frac{110}{100}$ Darnach multiplicir die obernn figur in sich selbst facit 146410000 Darnach Multiplicir Auch die vnternn ynn sich selbst facit 100000000 deyn teyler. Und secz in die Regel alszo Sprich 100000000 geben 100 was geben 146410000 Machß nach der Regel vnd kumpt $146\frac{41}{100}$ Und ist gemacht.

[209] [r 2v/131v] ¶Item eyner get gen marckt vnd hat pey ym gelt vnd gwint an 100 fl 17 fl vnd wen er heym kumpt szo hat er tausent fl mit

---

10 vnder] obernn AE 16 zu] von CD

hauptgut vnd gwin Nu ist die frag wie vil fl er pey ym gehabt hab Machß also vnd sprich 117 fl hauptgut vnd gewin geb*en* 100 fl was geb*en* 1000 fl fac*it* 854$\frac{82}{117}$ vnd ist gemacht·

Gewin

[210] ¶It*em* 70 fl gwinnen in 7 monet 12 fl Nu wil ich wissen Wan ich in 1 iar hab gewunnen 28 fl was das hauptgut sey geweßen. vn*d* merck das. das exempel zwu posicien hat Die erst 7 monet geb*en* 12 fl was geb*en* 12 monet das ist 1 Jar facit. 20 fl $\frac{4}{7}$ Die ander 20 fl $\frac{4}{7}$ geb*en* 70 fl hauptgucz was geb*en* 28 fl facit 95$\frac{1}{3}$ Und ist gemacht.

Gewin

[211] [r 3r/132r] ¶It*em* 5 ell*en* tuchß die gelden 7 fl. Nu verkauff ich 7 ell*en* p*ro* 11 fl· vnd hab szo vil verkaufft das ich hab gewunne*n* 100 fl vber d*az* hauptgut Nu ist die frag wie uil ich tuchß verkaufft hab Machß also Wart wie vil 7 ell*en* hauptgut gste d*az* du verkaufft hast p*ro* 11 fl· Unnd secz alszo Sprich 5 ell*en* die kost*en* 7 fl was kosten 7 ell*en* Machß nach der Regel kummen. 9 fl $\frac{4}{5}$ Nu subtrahir d*az* von 11 so pleibt 1$\frac{1}{5}$ vnd das ist der gwin vo*n* 7 ell*en* Dar nach secz also vnd sprich 1 fl $\frac{1}{5}$ gwin. giebt mir 7 ell*en* was giebt mir 100 fl d*az* auch gewin ist Machß nach der Regel vnd kumpt 583 ell*en* $\frac{1}{3}$ eyner ell*en* vnnd ist recht·

Gwin

[212] ¶It*em* eyner leycht dem andern*n* ey*n* sum [r 3v/132v] gelcz auff wucher also d*az* er ym alle menet von 1 fl geb 36 pf Nu wen das iar auß ku*m*pt szo giebt er ym wider 50 fl vor hauptgut vnd wucher vnd sprich sehin das gelt also pistu bezalt. Nu ist die frag Was das hauptgut sey gewesen machß also vnd sprich 1 fl + 36 pf hauptgut vn*d* gwin geb*en* 1 fl w*az* geb*en* 50 fl hauptgut vnd wucher facit 41 fl $\frac{2}{3}$ Wiltu daß p*ro*bir*en* Szo sprich 1 fl giebt 36 pf was geben 41 fl $\frac{2}{3}$ facit 8 fl $\frac{1}{3}$ Nu addir daß zu 41$\frac{2}{3}$ facit gerad 50 fl vnd der fl gerechet p*ro* 24 gr vnd ist recht.

Gewin

[213] ¶It*em* eß get eyn kauffman zu dem andern*n* und heyst ym leyhen 727 fl 3 menet 9 tag das ist 99 tag vnd wen die 99 tag auß seyn Szo giebt er ym wider sey*n* hauptgut das ist 727 fl Unnd fur den [r 4r/133r]

---

20 Gwin] *fehlt* CD 21–28 ¶... recht.] *fehlt* CD

wucher den er ym die zeyt geb*en* solt leycht er ym 1000 fl Und spricht behalt die 1000 fl als lang baß dir deyn wucher erfult wirt. Nu ist die frag wie lang er die 1000 fl behalt*en* szol Machß nach der Regel Conuersa alszo vnd sprich 1000 fl geb*en* 727 Was geben 99 tag vnd ku*m*pt 71 tag $\frac{973}{1000}$ Und also lang muß er ym di 1000 fl leyhe*n* vn*d* ist recht

Uorlust

[214] ¶It*em* eyner giebt 1 lb Ingwer p*ro* 9 gr 5 hlr vnd verleust an 100 fl 11 fl. Nu ist die frag was yn 1 lb kost hat Machß also Subtrahir 11 von 100 pleyb*en* 89 Darnach secz alszo vn*d* sprich 89 geben 100 fl hauptgut w*az* geb*en* 9 gr 5 hlr mach d*az* erst vn*d* das leczt gleich. vn*d* secz darnach also 32930 geb*en* 37000 w*az* geb*en* 140 facit 10 gr 7 hlr $\frac{39}{3293}$ eynß hel*ler*ß wiltu nu wisse*n* wie vil er an 1 lb vorleust [r 4v/133v] Szo subtrahir wie er 1 lb geben hat vo*n* 10 gr 7 hlr $\frac{39}{3293}$ pleybt 1 gr 2 heller $\frac{39}{3293}$ vnd so vil hat er an 1 lb verlor*en* vnd ist recht Und alszo magstu all*en* anderr*n* vorlust hernoch machen *etc*

Schuld

[215] ¶It*em* Eyner ist mir schuldig 1 fl Dar an hat er mir geb*en* $\frac{1}{3}$ $\frac{1}{4}$ $\frac{1}{5}$ eynß fl Nu ist die frag welich*er* eyner de*m* andern schuldig ist Machß also vnd reducir die teyl werden $\frac{47}{60}$ also hat er mir geben $\frac{47}{60}$ einß fl So wer er mir noch schuldig $\frac{13}{60}$ eynß fl vnd ist recht gemacht·

Schuld

[216] ¶It*em* Eyner pleyb dem andern schuldigk vnd sol yn zalen an dem dritt*en* tag yn dem menet 10 fl. vnnd an dem 7 tag [r 5r/134r] 32 fl vnd an dem 15 tag 40 fl. vnd an dem 26 tag 52 fl: Nu pitt der den schuldiger also ser. er bedurff wol gelcz d*az* yn d*az* auf 1 tag zal er wol ym des erst*en* gelcz dester lenger harren ader porgen. Wiltu das wissen ader des gleich*en* So machß also Multiplicir das gelt mit den tagen als dan hie nyden stet. Und das multiplicat teyl in die fl vn*n*d w*az* dan ku*m*pt das synt tag Als diuidir 2206 durch 134 facit 16 tag $\frac{62}{134}$ vnd ist recht

10		3		30	
32	fl	7	tag	224	p*ro*duct
40		15		600	
52		26		1352	

---

2 dir] *fehlt* CD 6 Uorlust] *fehlt* C 7–15 ¶... nachen *etc*] *fehlt* C 21 Schuld] *fehlt* BC 25 yn] er ym BCD

Behe*n*tlich abschlah*en*

[217] ¶It*em* eyner hat 337 duc 7 gr 2 pf vn*d* wil ye von 100 eyn duc abschlahen alß man dan zu Uenedig de*n* vnderkeuffeln*n* giebt Machß alszo teyl 337 duc 7 gr 2 pf in 100 ßo wirt es gemacht. vnnd teyl [r 5v/134v] am ersten die 337 duc kumpt 3 duc vn*d* pleybt 37 duc vberigk· Die mach zu gr Darumb multiplicir 37 mit 32 wan 1 duc gylt 32 gr. Nu addir 7 gr dar zu wirt 1191 gr d*az* teyl auch in 100 ku*m*pt 11 gr vnd pleybt 91 gr Die mach zu pf Sprich 3 mol 91 (wan der gr ist gerechet p*ro* 3 pf) Und 2 pf dar zu macht 275 Die teyl auch in 100 Und ku*m*men 2 pf $\frac{75}{100}$ Nu subtrahir dye 3 duc 11 gr 2 pf $\frac{75}{100}$ von 337 duc 7 gr 2 pf pleybt 333 duc 27 gr 2 pf $\frac{25}{100}$ Und ist gemacht·

Apfel

[218] ¶It*em* eyn pawer hat 3 tochter Unnd giebt der ersten 10 Apfel Der andern 30 Und d*er* dritt*en* 50. vn*d* sol ye eyne als vil p*ro* 1 pf geb*en* alß die ander Nu ist die frag [r 6r/135r] wie vil sol itliche p*ro* 1 pf geb*en*. vnd wivil lost itliche geltz Machß also vnd sprich das itliche 7 apfel giebt p*ro* 1 pf Un*d* was dan mynner ist dan 7· dan giebt sy ye 1 apfel p*ro* 3 pf Nu machß vnd secz alszo.

|1 7 3 |10

|4 7 2 |30

|7 7 1 |50

Nu sey*n* yr drey Daru*m*b 3 von 7 pleyb*en* 4 Die secz darnach nym 3 von 4 pleybt 1 wiltu nu hab*en* die apfel M*u*ltiplicir 1 mit 7 vn*d* addir 3 facit 10 dy erst Darnach m*u*ltiplicir 4 mit 7 addir 2 facit 30 Die a*n*der darnach m*u*ltiplicir 7 mit 7 addir 1 facit 50 Die dritte Nu weystu dy apfel vn*d* wilt wissen wie vil itliche geb*en* szol p*ro* 1 pf So subtrahir 3 von 10 pleyben 7 das diuidir mit 1 facit 7 apfel p*ro* 1 pf Nu des gleichen nym 2 von 30 vnnd diuidir mit 4 facit 7 Auch nym 1 vonn 50 pleibt 49 das teyl in 7 facit 7 apfel Und ist gemacht.

Apfel

[r 6v/135v] ¶It*em* 3 tochter als ob*en* die sollen geb*en* 9 apel p*ro* 1 pf *etc*

1 Behe*n*tlich] Behendigklich E 9 ku*m*men 2 pf $\frac{75}{100}$] $\frac{73}{100}$ ABCE 10 $\frac{75}{100}$] *fehlt* ABCE 10 2 pf] 2 pf $\frac{73}{100}$ ABCE 11 $\frac{25}{100}$] $\frac{27}{100}$ ABCE 24 apfel] *fehlt* BCD 27 Apfel] *fehlt* CD 28 als oben] *fehlt* BCD

3	9	3	30
6	9	2	56
9	9	1	82

Nu secz also Multiplicir 3 mit 9 Und addir 3 dar zu facit 30 Die erst tochter Darnach multiplicir 6 mit 9· vnd addir 2 facit 56 Die ander Darnach m*u*ltiplicir 9 mit 9· vn*d* addir 1 facit 82 Die dritt Wiltu nu wissen wy vil ap*e*l Szo nym 3 von 30 vn*d* diuidirß durch 3 facit 9 Un*d* alszo mach auch dy andern

1	13	4	17
5	13	3	68
9	13	2	119
13	13	1	170

[219] It*em* 4 tochter *etc* Und itliche sol geb*en* 13 apel p*ro* 1 pf *etc* Secz also. Wiltu hab*en* die ap*e*l so subtrahir 4 von 17 vnd diuidirß durch 1 facit 13 *etc*
[r 7r/136r] [220] It*em* eyn pawer hat 5 tochter *etc* wy vor

10	30	5	305
15	30	4	454
20	30	3	603
25	30	2	752
30	30	1	901

Ist die frag wie vil itliche apel geb· vnd wie vil hat itliche ap*e*l *etc* Nu seyn do der tochter 5 Darumb soll*en* sy ye 1 ap*e*l der vberig ist p*ro* 5 pf geb*en* Wan ßo yr 4 seyn szo geb*en* sy 1 vberigen ap*e*l p*ro* 4 pf *etc* vnd machß wie ob*en*.

Uon der Mulen

[221] ¶It*em* es werde*n* drey mul Die erst mul melt in 12 stunden 19 scheffel korn Die ander melt in 12 stund*en* 15 scheffel Un*d* die dritt melt in 12 stunden 11 scheffel· Nu kumpt eyner gen mul vnd spricht zu dem Mulner Ny*m* hyn von mir 33 scheffel vnd schut auff itliche mul yren gleichen teyl von den 33 scheffeln Alszo das [r 7v/136v] sy al drey

miteynander an heb*en* zu male*n* vnd auch miteynander auffhor*en* Nu ist die frag wie vil er auff itliche mul szol schut*en* von den 33 scheffeln*n* nach de*m* anschlagk als dan ob*en* gemelt ist Wiltu d*az* wissen vnd des gleich*en* Szo machß also Summir zusam die su*m* aller dreyer mul das ist 19. 15 vnd 11 facit 45 scheffel Darnach sprich 45 scheffel geben 12 stund was geben 33 scheffel facit 8 stu*nd* $\frac{4}{5}$ eyner stund Unnd in szo vil stunden soll*en* die 3 mul 33 scheffel mal*en* Unnd das ist seyn erste Regel Wiltu aber nu wissen wie vil man auff eyn itliche mul schuten sol von den 33 scheffeln Das szoltu also suchen Unnd sprich *etc*

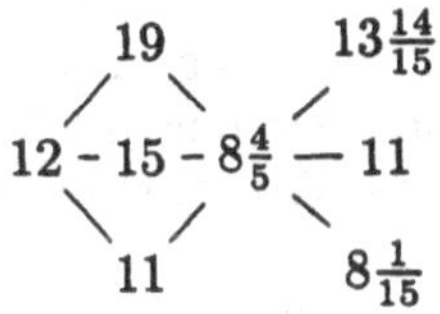

[r 8r/137r] Und machß alle Drey nach der Regel Detri vnd kumpt gerad wie do stet vnd ist recht.

Eyn fasz mit dreyen czapfen

[Bild: Faß mit 3 Zapfen]

[222] ¶It*em* es ist eyn fasz vol wasserß dar ey*n* geth 8 eymer vnd hat 3 zapfen also wen man den grossern zapfen alleyn auß zeucht szo ging das wasser in eyner stu*nd* auß Und wen man den andern*n* alleyn czug· Szo ging das wasser als in 2 stunden auß Und wen man den kleinst*en* alleyn zug szo ging das wasser gar auß in 3 stu*n*den Nu ist die frag wen man die 3 zapfe*n* mit eynander all 3 zeucht in wie langer zeyt geth das wasser gar auß Wiltu das [r 8v/137v] Wissen vnd des gleich*en* Szo machß also Find eyn zal In der du hab*en* magst $\frac{1}{1}$ $\frac{1}{2}$ $\frac{1}{3}$ Und das ist 6 Nu eyn ga*n*cz von 6 das ist 6 vnd $\frac{1}{2}$ von 6 ist 3 vn*d* $\frac{1}{3}$ von 6 ist 2 Nu addir die 3 zal zusa*m*men wirt 11 deyn nenner ader teyler. vn*d* die zal die du gefunde*n* hast ist die zal dy ma*n* teylen szol vnd darumb secz also $\frac{6}{11}$ vn*d* das macht 32 minuten vnd $\frac{8}{11}$ eyner minuten. vnd in szo langer zeyt gieng d*az* wasser auß.

Proba

¶Wiltu das p*ro*bir*en* Du sprichst d*az* wasser rint auß in 32 minut*en* $\frac{8}{11}$ eyner minut*en* Szo soltu warten wie vil des wasserß auß rin durch den grossern zapfen in 32 minut*en* $\frac{8}{11}$ Sprich in 1 stund d*az* ist [s 1r/138r] 60

16 andern*n*] andern zapffen auch D

minuten rynnen 8 eymer auß wieuil rint in 32 minut*en* $\frac{8}{11}$ facit 4 eymer $\frac{4}{11}$ Darnach sprich in 2 stund*en* das ist 120 minuten rynnen 8 eymer auß wie vil rint in 32 minuten $\frac{8}{11}$ facit 2 eymer $\frac{2}{11}$ Nu mach auch den dritt*en* Sprich in 3 stunden das ist 180 minuten rynnen 8 eymer auß wie vil rynnen in 32 minut*en* $\frac{8}{11}$ facit 1 eymer $\frac{5}{11}$ Nu addir das als zusam facit gerad 8 eymer vn*d* ist recht

Leb · wolff · Hunt

[223] ¶It*em* des gleich*en* 1 Leb vnd 1 Hunt vnd 1 Wolff Die essen mit eynander 1 schoff Und der Leb eß das schaff alleyn in eyner stund Und der wolff ynn 4 stunden Und der hunt in 6 stunden. Nu ist die frag wen sy das schoff all 3 miteynander essen in wie langer zeyt sy das essen Machß alßo multiplicir 1 stu*n*d [s 1v/138v] 4 · 6 miteyna*n*der facit 24 Nu ny*m* 1 gancz von 24 ist 24 vnd $\frac{1}{4}$ von 24 ist 6 vnd $\frac{1}{6}$ von 24 ist 4 Darnach addir die zusammen facit 34 secz also $\frac{24}{34}$ facit $\frac{12}{17}$ macht 42 minut*en* $\frac{6}{17}$ vnd ist die zeyt

Schiff·

[Bild: Segelschiff mit drei Masten]
[224] ¶It*em* eß ging eyn schiff von Alkeyer gen Co*n*stantinop*e*l das hat 3 segel. und mit de*m* grost*en* segel ging es 2 menet mit de*m* andern 3. vn*d* mit de*m* kleinst*en* 4 nu ist die frag We*n* ma*n* all 3 segel auff gespa*n*t vn*d* werde*n* doch in eyne*m* wint Inn wie vil menet kom das schiff gen Constantinop*e*l Machß als vor find ey*n* zal in der du hast $\frac{1}{2}$ $\frac{1}{3}$ $\frac{1}{4}$ vn*d* ist 12 Nu $\frac{1}{2}$ vo*n* 12 ist 6 vn*d* $\frac{1}{3}$ vo*n* 12 ist 4 vn*d* $\frac{1}{4}$ von 12 ist 3 Nu addir die zal zusam fa[s 2r/139r]cit 13 secz also $\frac{12}{13}$ eynß menetz facit 27 tag 9 stund vnd ist recht·

Schuch

[Bild: Schnabelschuh]
[225] ¶It*em* ich kauff 9 par schuch p*ro* 1 fl vn*d* kaufft darnoch 12 par p*ro* 2 fl Unnd die schuch der ich 12 par p*ro* 2 fl kaufft hab Der selbig*en* schuch wert mich 1 par lenger 4 tag dann der andern schuch 1 par· Nu ist die frag weliche schuch pasfeyler sind Machß also Sprich 9 mol 24 ist 216 Darnach sprich 6 mol 29 ist 174 vn*d* also hastuß gefunden

5 als] *fehlt* BCD 6 gerad] *fehlt* BCD 7 Leb] Leo *passim* E 14 42] 22 ABE 21 werden] *fehlt* BCD 21–22 gen Constantinopel] da hyn BCD 22 Machß als vor] *fehlt* BCD 22 in] mit D 24 zusam] *fehlt* BCD 26 Schuch] *fehlt* C 28–32 ¶... gefunden] *fehlt* C 29–30 selbigen schuch] *fehlt* B

Hering

[Bild: stehendes Faß]
[226] ¶It*em* eyner kaufft 1 tun hering die hat 1000 hering ye 4 p*ro* 1 gr vn*d* verkaufft wider 500 ye 5 p*ro* 1 gr vn*d* dye ander 500 ye 3 p*ro* 1 gr Nu ist dye frag ab der selbige gewunne*n* hab ad*er* verlorn Machß vnd kumpt 16 gr $\frac{2}{3}$ gwinß vnd ist recht

¶Ingwer

[227] [s 2v/139v] It*em* eyner kaufft zu Uenedig 4563 lb Ingwer die kummen 100 lb p*ro* 24 duc mit fuerlon vnd mit allen dinge*n* paß gen nurmbergk Nu verkauft er den Ingwer zu nurenbergk 1 lb p*ro* 13 gr Nu ist die frag was er gwin ader verlyß ann 4563 lb Und solt mercken das albeg 60 lb zu nurenbergk wegen 100 zu venedig· vnd 100 duc gelt*en* 130 fl R*einisch*. Machß also wart wie vil die 4563 lb von Uenedig prengen Sprich 100 lb geben 24 duc Was geb*en* 4563 lb facit 1095 duc vn*d* $\frac{3}{25}$ facit 1423 fl $\frac{164}{250}$ Nu wart auch wie vil die 4563 lb vo*n* Uenedig mach*en* zu nurenbergk Unnd sprich 100 lb von venedig geb*en* 60 lb zu nurenberg Was geb*en* 4563 lb facit 2737 lb $\frac{4}{5}$ Nu wart wiuil die 2737$\frac{4}{5}$ prengen ye 1 lb p*ro* 13 gr das hastu verkaufft facit 1977 fl 5 gr $\frac{2}{3}$ das macht [s 3r/140r] gwinß 533 fl $\frac{24}{125}$. vnd 1 fl gerechet p*ro* 18 gr.

Czyn

[228] ¶It*em* eyner kaufft 371 ct Czinß zcu Eger ye 1 ct p*ro* 10 fl $\frac{3}{4}$ vnd kost zu fuerlon. vnnd zol pißgen nurenbergk 121 fl vnd giebt zu nurenbergk 1 ct p*ro* 8 fl $\frac{1}{2}$ Nu wiltu wissen was er gwin ader verlyß an dem Czyn allen Szo soltu zum ersten wissen das 1 ct zu Eger· wigt zcu nurenbergk 133$\frac{1}{3}$ lb · vn*d* darum*b* machß alszo vnd sprich 1 ct zcu Eger wigt zcu nurenbergk 133$\frac{1}{3}$ lb was werd*en* wege*n* 371 ct von Eger. wen sy ku*m*men gen nurenberck facit 494 ct 66 lb $\frac{2}{3}$ Darnach wart wie uil die 371 ct zu Eger kosten. Und kumpt 3988$\frac{1}{4}$ fl Nu Addir [s 3v/140v] 121 fl dar zu die dar auff gangen seynn vn*d* wirt 4109 fl$\frac{1}{4}$ vnd also uil kost d*az* Czin paß gen· N*urenberg*. Darnach mach wieuil d*az* Czin zu nuren*berg*. gilt Sprich 1 ct p*ro* 8 fl $\frac{1}{2}$ wie 494 ct 66 lb $\frac{2}{3}$ facit 4204 fl $\frac{2}{3}$ von dem subtrahir 4104 $\frac{1}{4}$ fl pleyben 95 fl $\frac{5}{12}$ vnd das ist der gwin· Alszo auch des gleich*en* magstu mach*en* all*en* kaufschlagk gen leypczk als von nurenbergk vonn Franckfort. vnd ander steten mer alleyn dastu achtung habst auff d*az* gewicht Und darumb von wenig mue wegen. hab ich dir vil exempel gesaczt. wie

1 Hering] *Diese Aufgabe steht in D vor der Aufgabe mit dem Segelschiff.* 4 vn*d* dye ander 500 ye 3 pro 1 gr] *fehlt* C 4 ander] übrige*n* D 14 geben] geben mir dan CD 19 vnd] vn*d* ist CD

ich sy dann gefunden hab die nicht vorwandelt wider yn dem gelt noch yn dem gwicht welicheß du selber Und ey*n* itlicher auß dießen allen oben geschryben worten leichtiglich*en* reducir*en* magst vnd practicir*en* Un*d* alle gewicht auff moß vn*d* [s 4r/141v] Muncz auff leypcziger art wenden vnd keren.

[229] ¶It*em* eß schickt eyner seyn knecht vonn leypczig ge*n* Czwickaw vn*d* die erste nacht pleybt er zu Allemwurck vber nacht zcu eynem wirt der thut ym gutlich vnd er pewtz ym gancz wol vnnd des morgens do er bezalen wolt do schenckt ym der wirt die zerung vnd gab ym szo vil gelcz dar zu als er von leipczig auß gefurt hat vnd also schanckt der knecht der kochyn 12 pf zu lecz vnd ging weyter Nu des andern nachß kam er gen Czwickaw do tet im der wirt gleich als der erst do ließ der knecht der kochin aber 12 pf ader 1 gr zu lecz Und ging den selbigen tag wider heym gen leipczig vnd verzert nichtz Nu wolt ich wissen was der her dem knecht zu zerung gegeben het Machß vnd kummen 9 pf vnd ist recht *etc*

[s 4v/141v] Rad

[Bild: Speichenrad] [230] ¶It*em* Eyn Rad hat 7 schuch noch der hoch· Nu seyn 6000 schuch von hynnen pyß in d*az* nechste dorff Ist die frag wie offt das rad vmbgeet von hynnen piß in das selbige nechste dorff Wiltu das wiss*en* vn*d* alles des gleich*en* szo multiplicir den Diametru*m* das ist die hoch als 7 mit $3\frac{1}{7}$ ku*m*pt gerad 22 des radß vmb kreyß. vnd darumb wen das rad 22 schuch get szo ist eß eynß vmbgange*n* Nu diuidir 6000 durch 22 facit $272\frac{8}{11}$ Und als offt muß das rad vmbgen vonn hynnen pyß in das nechste dorff.

Schacz

[231] ¶It*em* eyner nympt von seynem schacz $\frac{1}{3}$ $\frac{1}{5}$ $\frac{1}{7}$ Und die teyl machen 90 Nu [s 5r/142r] ist die frag wie vil ist des schacz gewes*en* Machß also multiplicir die nenner mitt eynander facit 105 Nu $\frac{1}{3}$ $\frac{1}{5}$ $\frac{1}{7}$ vonn 105 facit 71 Darnach sprich 71 teyl geben 105 gancze was geb*en* 90 teyl facit $133\frac{7}{71}$ vn*d* so vil ist des schacz gewes*en*

Holcz hawer

[232] ¶It*em* Eß sind holczhawer die hawen in 5 stunden 12 fuder· vnd

2–3 oben geschryben] obgeschribne*n* BCD 3 leichtiglich*en*] leichtlichen BCD 8 gancz] *fehlt* D 19 piß] *fehlt* BCD 20 alles] *fehlt* BCD 21 gerad] *fehlt* BCD 23–24 vonn hynnen pyß in das nechste dorff] *fehlt* BCD 29–30 $133\frac{7}{71}$] $133\frac{7}{21}$ AE man giebt ye ir eynem alle stundt 9 pf· vnnd man hat ym geben 2 fl Nu ist die frag wie vil sind ir gewesen Machß also vnd sprich 9 pf geb*e*n 1 holczhawer was geben 2 fl das ist 300 pf in gold ku*m*pt 33$\frac{1}{3}$ holczhawer.

Schneider

[233] ¶It*e*m 3 schneyder machen 7 rock in 14 tagen In wie uil tagen mach*e*n 2 schney[s 5v/142v]der 8 rock Das exempel vnd des gleiche*n* hat 2 posicien· Die erst drey schneyder mach*e*n 7 rock wie vil mache*n* 2 schneyder facit 4 rock $\frac{2}{3}$ rockß Die ander posicio spricht 4 rock $\frac{2}{3}$ geb*e*n 14 tag was geb*e*n 8 rock facit 24 tag vnd ist gemacht.

Vordienen

[234] ¶It*e*m eyn Burger zu leypczig wil eyn hauß pawen vn*d* dingt mit den arbeyter*nn* alszo· er sol das hauß paw*e*n in 30 tagen Und wen er arbeyt so wil er ym geben 5 gr. vnd wen er nicht arbeyt so sol er de*m* Burger geb*e*n 9 gr Und wen nu die 30 tag vergange*n* sindt. so mach*e*n sy ir reche*n*schafft vnd wen sy also gerehent haben so pleybt der meyster dem burger schuldigk 2 gr vnd 4 pf Nu ist die frag wye lang der meyster gearbeyt hab vnd wye lang er gefeyert hab. Machß alszo Die [s 6r/143r] 2 gr vn*d* 4 pf die der meyster dem Burger wider giebt ist gefeyert gelt Nu soltu rechnen wen der meyster dem Burger 9 gr eyn tag wider giebt den er gefeyert hat szo merck was die 2 gr 4 pf de*m* Burger von eynem tag wider geb*e*n die er gefeyert hat· Und sprich also 9 gr gefeyert gelt gibt 1 tag was geb*e*n 2 gr 4 pf. d*az* auch gefeyert gelt ist Mach die gr zu pf vnd sprich 9 gr ist 63 pf vnd 2 gr ist 14 pf· 7 pf gerechet fur 1 gr· vn*d* addir 4 dar zu wirt 18 pf Nu teyl 63 in 9 ist 7 vnnd 18 in 9 ist 2 das ist nu $\frac{2}{7}$ eynß tagß die er gefeyert hat in den 30 tag*e*n mer dann er gearbeyt hat Nu mustu die $\frac{2}{7}$ eynß tagß subtrahirn vo*n* den 30 tag*e*n so pleyb*e*n 29 tag $\frac{5}{7}$ die er gearbeyt vnnd gefeyert hat Nu thu zu sammen das gearbeyt vn*d* d*az* gefeyert gelt das sind 5 gr vnnd 9 gr ist 14 gr Unnd sprich also 14 gr geben [s 6v/143v] 29 tag $\frac{5}{7}$ was gebe*n* 5 gr facit 10 tag $\frac{30}{49}$ eynß tagß die er gefeyert hat. Nu thu die ob*e*n geschrib*e*n $\frac{2}{7}$ die du hast subtrahirt von den 30 tagen zu 10 tag*e*n $\frac{30}{49}$ so macht eß alles das. das er gefeyert hat 10 tag $\frac{308}{343}$ in den 30 tagen Wen du ab*er* wilt wissen was er in den 30 tagen gearbeyt hat So sprich aber also 14 gr geben 29 tag $\frac{5}{7}$ was geb*e*n 9 gr facit 19 tag $\frac{10}{98}$ das der meyster gearbeyt hat in de*n* 30 tagen·

---

8 posicio spricht] positz sprich B, position sprich CDE 12 den arbeyter*nn*] dem arbeiter BCD 13 wil] sol BCD 14 9 gr] 3 gr AE 15 reche*n*schafft] rechnung BCD 30 oben geschriben] obgeschriben BCD 31 eß alles das] alles BC 34 meyster] er BCD

[235] ¶Item eyner hat eyn diener vnnd giebt ym 1 Jar 10 fl vnd 1 rock. wen er 7 menet pey ym geweßen ist ßo kummen sie zcu krieg mit eynander. vnnd der her spricht zu dem knecht sehyn den rock szo pystu bezalt fur die zeyt die du pey mir gewesen pist Nu ist die frag was der rock wert ist [s 7r/144r] gewest Machß also wart wie vil menet ist von 7 auff eyn Jare vnd ist 5 vnd wer er die 5 menet gepliben szo het er daz gelt vnd den rock vordynt das wer 10 fl an dem geld. vnd darumb sprich also 5 menet geben 10 fl was geben 7 menet facit 14 fl. vnd also vil ist der rock wertt vnnd ist gemacht.

Czoll

[Bild: Wechselhaus, vgl. v 3v, x 1v]

[236] ¶Item eß hat eyn her eyn purck vnd eyn yder gereysiger der do fur reyt muß geben zu zoll 3 gr. vnd eyn fußgenger 3 pf. Nu vber 1 Jar szo kumpt der zolner vnd pringt dem herren 1000 fl. vnd spricht nempt hyn den zoll. vnd wist als offt 3 gereysige fur geriten seyn. als offt seyn 7 fußgenger furgangen. Nu ist die frag wie vil der gereysigen gewest ist in sunderheyt vnd wie vil der fußgenger Machß alszo Die 3 gereysigen geben 9 gr vnd [s 7v/144v] die 7 fußgenger 3. der gr pro 7 pf gerechet daz sind 12 gr vnd sind 10 person. vnd mach die 1000 fl zu gr albeg 1 fl gerechet pro 25 gr. wirt 25000 gr. vnd sprich alszo 12 gr geben 10 person waz geben 25000 gr facit $20833\frac{1}{3}$ vnd daz sind die person fur geritten vnd gegangen· Wiltu aber nu wissen wie vil itlicher in sunderheyt ist sprich 10 person reyten vnd geend geben 3 reyter waz geben $20833\frac{1}{3}$ das dan auch reutter vnd geend seyn Machß nach der Regel facit 6250 eytel reutter. Darnach sprich aber 10 person geend vnd reytent geben 7 geend was geben $20833\frac{1}{3}$ machß nach der regel vnd kummen $14583\frac{1}{3}$ eytel fußgeend Wiltu das probiren So sprich 6250 reuter zu 21 pf macht 131250 pf das ist 18750 gr Item mer $14583\frac{1}{3}$ fuß knecht zu 3 pf ist 43750 pfennig. macht [s 8r/145r] 6250 gr daz addir zusam wirt gerad 25000 gr daz ist 1000 fl vnd ist recht.

Eyn geschefft

[Bild: Mann im Bett, daneben Mensch]

[237] ¶Item Eß ligt eyn Uater am todtpet vnd stirbt auch vnd er lest kinder vnd sagt nicht wy vil. vnnd lest gelt vnnd sagt auch nicht wie vil

10 Czoll] *fehlt* BCD 12 purck] bruck BCD 14 kumpt der zolner vnd pringt] bringt der zoeller BCD 16 gewest ist] gewesen sind BCD 19–20 albeg 1 fl gerechet pro 25 gr.] *nach:* sprich alszo D 27 fußgeend] fuoßgenger BC 30 recht] recht gemacht BCD 31 geschefft] Testament BCD

vn*d* bestelt seyne*n* leczt*e*n willen also das man eynem kind szo vyl sol geb*e*n als de*m* andern Un*d* de*m* erst*e*n gibt man 1 fl vn*d* $\frac{1}{10}$ des vberig*e*n gelcz. Un*d* de*m* andern 2 fl vnd auch $\frac{1}{10}$ des vberig*e*n gelcz Un*d* also furt albeg eynem 1 fl mer dan dem andern*n* vnd $\frac{1}{10}$ des vberigen· Nu ist die frag wie vil der kinder gewest seyn Und wie vil der fl gewest seyn machß alszo Ny*m* 1 fl vo*n* 10 pleybe*n* 9. die m*u*ltiplicir in sich selbst facit 81· vn*d* so vil ist der fl gewest· vnd der sun ader [s 8v/145v] kinder ist 9 gewest. Und das magstu alszo vinden gieb dem ersten 1 fl szo pleibt 80 vberigk vnd $\frac{1}{10}$ von 80 ist 8. Un*d* eyner dar zu ist 9· Und dem Andern*n* 2 fl. vnd $\frac{1}{10}$ von dem das vperpliben ist das ist 7 vnd 2 dar zu ist auch 9· vn*d* also machß furt so vindestu nocheynander vnd ist recht.

[238] ¶It*e*m eyn man ligt an dem todtpet. vn*d* hat ey*n* schwa*n*gere fruw der lest er 3000 fl· vnd bestelt seynen leczt*e*n will*e*n alszo Gepirt die fraw eyn sun szo sol man de*m* sun 2000 fl geb*e*n· vn*d* der muter 1000 Gepirt sy aber eyn tochter szo sol man d*er* mut*er* 2000 fl gebe*n* vn*d* d*er* tocht*er* 1000 Und also stirbt er Darnach gepirt dye fraw 1 sun vnd 2 tochter Nu ist dy frag was itlich*e*n gepurt zu seynem teyl alszo das des vaterß leczter wil volbracht werde Machß alszo Nym dir eyn zal fur [t 1r/146r] was du wilt als 12 die secz fur den sun vnd gib der muter halb so vil vnd itzlicher tochter halb so vil als der muter Als dan hernoch verczeichet ist.

	m	Sun	12		1500
De		mutt*er*	6	facit	750
	r	tocht*er*	3		375
		tocht*er*	3		375

Summir das alles zusam vn*d* sprich 24 geben 3000 was geben 12 vnd kumpt als oben stet Also mach auch die andern vnd kumpt alles gleich wie ob*e*n vnnd ist recht gemacht·

Pecher

[Bild: 2 Becher, 1 Deckel]

[239] ¶It*e*m eß seyn 2 pecher vnd zwisch*e*n yn leyt ey*n* vberlit d*az* ist als schwer· Wen ichß auff den ersten pecher leg so wigt der selbige pecher 9 mol schwerer dan der ander wen ichß aber auff den andern*n* pecher leg Szo ist der ander pecher mit dem [t 1v/146v] vberlid zu 7 mol schwerer dan der erst Nu ist die frag wie schwer das vberlyd ist Machß also m*u*ltiplicir die zwu zal alß 9 vn*d* 7 miteynander facit 63 do

5 der fl gewest seyn] der fl. BCD 7 sun ader] *fehlt* BCD 7–8 ist 9 gewest] 9 BCD 11 vnd ist recht] *fehlt* D 19 was] wie BCD 20–21 verczeichet ist] stat BCD 24 oben] oben stat BCD 24 vnnd ist recht gemacht] *fehlt* D 24 gemacht] *fehlt* C 32 miteynander] *fehlt* BCD

von subtrahir 1 vnnd thuß zu 9 wirt 10 vnd zu 7 wirt 8 also hat der erst pecher 10 vnd der ander 8 Nu secz die 62 in die mit daz ist· das vberlidt wan wen du 62 seczest zcu 10 wirt 72 vnd das ist 9 mol mer dan 8 So du aber 62 seczest zu 8 wirt 70 daz ist 7 mol mer dan 10 vnd also ist eß gemacht vnd ist recht.

Cziegel

[240] Item es ist eyn Czigel der ist gebrochen in 3 stuck das erst $\frac{1}{2}$ das ander $\frac{1}{3}$ daz drit $\frac{1}{4}$ vnd der czigel hat gancz gewegen 2 lb Nu ist die frag wie vil itlichß stuck wigt Wilt du das wissen vnd des gleichen So machß also Find eyn zal in der du haben magst $\frac{1}{2}$ $\frac{1}{3}$ $\frac{1}{4}$ vnd ist 12 Nu $\frac{1}{2}$ von 12 ist 6 [t 2r/147r] vnd $\frac{1}{3}$ von 12 ist 4 vnd $\frac{1}{4}$ uon 12 ist 3· Addir die teyl zusam wirt 13 daz sei deyn teyler Nu sprich 2 mol 6 ist 12 das teyl durch 13 vnd kumpt $\frac{12}{13}$ daz macht 11 oz $\frac{1}{13}$ wan 12 oz ist auff 1 lb gerechet vnnd das wigt das erst stuck· Darnach sprich 2 mol 4 ist 8 das diuidir auch durch 13 vnd facit 7 oz $\frac{5}{13}$ Darnach sprich aber 2 mol 3 ist 6 vnd teylß durch 13 kumpt 5 oz $\frac{7}{13}$ vnd ist recht gemacht.

Kupfer Silber Golt

[241] ¶Item Eyner kaufft 15 oz metal. des ist 6 oz golt 5 oz silber vnd 4 oz kupfer Nu kumpt eyn ander vnd spricht gieb mir 9 oz der metal zusammen da von wil ich lassen eyn schal machen Nu ist die frag wie vil itlichß do pey sey noch anzal der 15 oz machß also vnd sprich 15 geben 9 oz waz geben 6 oz machß noch der regel so kumpt 3 oz gold $\frac{2}{5}$ Darnach sprich 15 oz geben 9 oz waß [t 2v/147v] geben 5 oz facit 3 oz silber Darnach sprich aber 15 oz geben 9 oz was geben 4 oz facit 2 oz $\frac{3}{5}$ kvpferß vnd ist recht gemacht Wiltu probiren so summirß als zusammen kumpt 9 oz vnd ist recht·

Arbeiter

[242] ¶Item ich ding eyn arbeyter 31 tag vnd gieb ym alle tag seyn lon vnd hab doch keyn gelt Sunder ich hab 5 silbernn schalen mit den selbigen lest sich der arbeyter bezalen. Und ich gieb ym doch nicht mer noch minder dan ich ym schuldig pyn. Nu ist die frag wie er denn arbeyter alle tag mit den 5 schalen bezal Machß also vnd secz das die 5 schalen gewegen haben als do stet 1 2 4 8 16 So giebstu ym den ersten tag

---

3 wan] dann CD 12 ist] daz ist CD 15 vnd facit] vnd macht B, macht CD
25 Wiltu] Wiltu das BCD 33 1 2 4 8 16] *In allen Drucken vertikal angeordnet*

ey*n* schale ey*ner* oz schwer Und den Andern tag gibstu ym die andern 2 oz schwer so giebt er dir die erst wider die du ym dann vor geben hast. vnd machß furthyn auß [t 3r/148r] vnd ist recht gemacht.

Pawen

[Bild: Haus, vgl. F 1r]

[243] ¶It*em* Eß sind 4 meyster die wollen 1 hauß machen Und der erst spricht. Er wol das alleyn in einem Jar machen. So spricht der ander Er woll das hauß alleyn in 2 Jar*en* machen Dar nach spricht der dritt· Er wol das hausz alleyn in 3 Jar*en* mach*en* Und der viert ist gemeint das hauß in 4 Jar*en* allein zumachen Also werden sie der arbeyt ey*n* vn*d* machen alle 4 an de*m* hauß· Nu ist die frag In wie vil Jar*en* sy das hauß miteynander machen Machß also vn*d* sprich der erst wilß in 1 Jar machenn Also macht erß in 12 Jar*en* zu 12 mol So spricht der ander er wolß in 2 Jar*en* mach*en*. vnd das wer in 12 Jar*en* 6 mol So spricht der drit er wolß in 3 Jaren mache*n* So macht erß in 12 Jar*en* 4 mol [t 3v/148v] Szo spricht der viert er wolß in 4 Jaren mach*en* so macht erß in 12 Jar*en* 3 mol. Nu summir 12. 6. 4. 3. zusammen wirt 25. vnd sprich 25 geben 12 was giebt 1 facit $\frac{12}{25}$ eynß Jareß vn*d* ist gemacht *etc*

[244] ¶It*em* eyner will ey*n* grab*en* mach*en* in 20 tagen. vnd eyn ander spricht er wol in 5 tag*en* 2 klaffter $\frac{1}{4}$ grab*en*. vnd der grab ist 100 klaffter langk Also arbeyten die 2 miteynander yder noch seym synn Nu ist die frag in wie langer zeyt die 2 meyster den graben machen. Nu sprichstu d*er* erst wol den graben in 20 tagen graben dem gepurt alle tag 5 klaffter Szo wil der ander in 5 tag*en* 2 klaffter $\frac{1}{4}$ grab*en* de*m* gepurt 1 tag $\frac{9}{20}$ nu teyl 100 in $5\frac{9}{20}$ so ku*m*pt 18 tag 8 stund $\frac{40}{109}$ eyner stu*n*d vnd in souil zeyt wirt der grab gemacht.

[245] [t 4r/149r] ¶It*em* eyner wil ey*n* Mawer mach*en* 20 ell*en* langk 10 ell*en* hoch vn*d* 3 Czigel stey*n* dick vnd 1 steyn ist $\frac{1}{3}$ ell*en* langk· vnd $\frac{1}{4}$ preyt. vnd $\frac{1}{8}$ dick Nu ist die frag wie uil er steyn zu der Mawer hab*en* muß machß also multiplicir $\frac{1}{3}$ $\frac{1}{4}$ $\frac{1}{8}$ durch eyna*n*der facit 96. Und also vil steyn ku*m*men inn 1 ell*en* langk Darnach m*u*ltiplicir die leng in die hoch vn*d* dick wirt 600 Nu multiplicir 96 mit 600 kumpt 57600 vnnd also vil stey*n* ku*m*men in die gancze mawer

Rechnung von dem Turn*n*

[Bild: Turm mit 2 Stockwerken und Umlauf, vgl. F 5v]

[246] ¶In diesen nachgeend*en* wort*en* wil ich dir in sunderheyt weisen

9 alleyn] *fehlt* D 10 zumachen] zu zumachen A 25 $\frac{40}{109}$] $\frac{429}{1080}$ AE 30 durch eyna*n*der] miteina*nd*er BCD 34 Rechnung von dem Turn*n*] *fehlt* BC

hubsche rechnu*ng* von dem turn*n* vn*d* darum*b* merck mit vleyß des Turm*m*ß auff gab Eß ist ey*n* turm*m* 30 kloffter hoch vn*d* ist vierecket [t 4v/149v] Unnd ist 5 klofftern preit auff die 4 ort vnd ist ynnen 3 klafftern preit auf die al ort vn*d* man gieb von eyner klafftern 1 fl zu machen Nu ist die frag was d*er* Turn*n* miteynander gekost hab Wiltu das wissen vn*d* des gleichen So machß also Der Turn ist auff all ort 5 klafftern*n* Daru*m*b sprich 5 mol 5 ist 25 Nu ist er auch 30 klofftern hoch Darumb sprich 30 mol 25 ist 750 vnd so vil wer es wen er ynnen nicht hol wer vn*d* d*az* merck. Nu sprichstu er sey ynnen 3 klafftern weyt auff all ort Darumb sprich 3 mol 3 ist 9 vnd m*u*ltiplicir 9 mit 30 kumpt 270 So uil ist er ynnen ler ader hol Subtrahir dye hol d*az* ist 270 von der voll das ist 750 pleybt 480 vnd so vil fl gstet der thurn vnd ist recht.

[247] It*em* Eyn turn ist vierecket vn*d* ist auf al ort 9 schuch weyt vnd ist ynnen rotund vnd der Diameter hat 7 schuch· Und der Turn ist 30 schuch hoch. vnd man [t 5r/150r] giebt albeg von 1 schuch zu mawr*en* 1 fl Nu ist die frag was der Turn miteyna*n*der gestanden hab Wiltu das wissen vn*d* alles des gleich*en* So machß zum ersten also. wart was die rotu*n*d geviert schuch mach die subtrahir ab als du dan oben gethan hast mit allen dingen. Unnd du must wissen was die rotund ynnen helt wan 7 ist der diameter Daru*m*b multiplicir 7 wider 3 wirt 21 vn*d* $\frac{1}{7}$ von 7 ist 1 d*az* addir zu 21 wirt 22 So vil hat die rotund ausszen herum*b* Das medir wirt 11 vnd multiplicirß wider in 7 wirt 77 dye medir aber wirt $38\frac{1}{2}$ vnd so vil hat die rotund geviert schuch die multiplicir inn die hoch das ist in 30 kumpt 1155 dye behalt Nu sprichstu er sey auff all ort 9 schuch weyt Daru*m*b multiplicir 9 in sich kumpt 81 vnd so vil hat der Turn an d*er* dick Nu multiplicir die dick yn die hoch [t 5v/150v] das ist 30 in 81 kumpt 2430 Da von subtrahir 1155 pleybt 1275 fl vn*d* als vil gstet der Turm*m* was du aber durch diametru*m* vornemen solt vnd wie sich diameter helt zu seyner rotund vnd ander ding mer die sich dan auff solche frag zyhen wil ich dich bedeutiglich vnderrichten in dem leczten teyl dieses buchles.

[248] ¶It*em* Eyn Turm*m* ist $\frac{1}{4}$ in dem ertrich 10 schuch in dem wasser vnd $\frac{3}{5}$ inn der lufft Nu ist die frag wie langk d*er* Turm*m* sey. vnd wie vil schuch er in dem wass*er* sey· vnnd wie vil in der lufft Wiltu das wissen vnd des gleichen So machß also multiplicir die nenner miteynander facit 20 Nu wart was $\frac{1}{4}$ vnd $\frac{3}{5}$ sey von 20 vnd ist 17 die subtrahir von 20 pleybt [t 6r/151r] 3 deyn teyler Sprich 3 geben 10 waß geben 20 facit $66\frac{2}{3}$ schuch des ganczen turm*m*ß. Wiltu aber wissen wie vil schuch er im ertereych sey So wart was $\frac{1}{4}$ vo*n* $66\frac{2}{3}$ sey vnd ist $16\frac{2}{3}$. vnd als vil schuch seyn ym ertreich vnd des gleichen seyn auch 40 schuch in der lufft vnd

---

1 rechnu*ng*] rechnungen BCD 3 4] *fehlt* BCD 17 alles] *fehlt* BCD 28 vornemen] verstan BCD 30 bedeutiglich] bedütlich BCD 33 der lufft] dem Lufft *passim* BCD 39 als] so BCD

ist gemacht·
[249] ¶It*em* Eyn Turm*m* ist ym ertrich 10 schuch ym wasser $\frac{1}{3}$ vnd in der lufft $\frac{2}{5}$ Nu ist die frag *etc* wie vor machß alszo Sprich 4 giebt 15 was geb*en* 10 facit $37\frac{1}{2}$ Im wasser seynn 12 schuch $\frac{1}{2}$ Inn der lufft 15. Unnd ist recht
[250] It*em* ey*n* Turn*n* ist $\frac{1}{3}$ $\frac{1}{4}$ $\frac{1}{5}$ ym wass*er* vn*d* [t 6v/151v] der gancz turm*m* ist 15 schuch langk Ist die frag wie vil schuch seyn ym wasser Un*d* wie vil ob de*m* wasser Machß also reducirß facit $\frac{47}{60}$ vnd so vil ist er in de*m* wasser das ist 11 schuch $\frac{3}{4}$ wan $\frac{47}{60}$ Uonn 15 macht so vil. Unnd das vberigk ist ob dem wasser das ist 3 schuch $\frac{1}{4}$

Pawm

[251] It*em* eß ist ey*n* pawm der ist ob der er*en* $\frac{1}{4}$ vnd $\frac{1}{5}$ vnd das vnter der erden ist das ist 39 ell*en* lanck Nu ist die frag wie la*n*ck der pawm gancz ist Machß also Such eyn zal dar ynnen du magst $\frac{1}{4}$ vn*d* $\frac{1}{5}$ haben also multiplicir $\frac{1}{4}$ vnd $\frac{1}{5}$ mitey*nander* sprich 4 mol 5 ist 20 Nu in den 20 vindestu $\frac{1}{4}$ vnd $\frac{1}{5}$ vnd $\frac{1}{4}$ von 20 ist 5 vnd [t 7r/152r] $\frac{1}{5}$ 4 addir zusammen 5 vnd 4 wirt 9 die subtrahir von 20 pleybt 11 vnd das ist die regel von der positio als du solt sprechen 11 pf die do plibe*n* sind geb*en* 20 dar in du $\frac{1}{4}$ vnd $\frac{1}{5}$ gefunden hast was geben 39 ell*en* die der pawm hat vnter der erdt Sprich 11 geb*en* 20 was geb*en* 39 machß nach der Regel vnd kummen 70 ell*en* $\frac{10}{11}$ eyner ell*en*· Wiltu das p*ro*bir*en* So nym $\frac{1}{4}$ von 70 ell*en* $\frac{10}{11}$ das der pawm lanck ist vnd das 17 ell*en* $\frac{8}{11}$ vnd d*az* $\frac{1}{5}$ vonn 70 ell*en* $\frac{10}{11}$ das ist 14 ell*en* $\frac{2}{11}$ Nu addir zusammen die 17 ell*en* $\frac{8}{11}$ vnd die 14 ell*en* $\frac{2}{11}$ macht 31 ell*en* $\frac{10}{11}$ Nu subtrahir 31 ell*en* $\frac{10}{11}$ von 70 ell*en* $\frac{10}{11}$ Szo pleybt 39 ell*en* vnd ist gemacht.

[t 7v/152v] Uisch

[252] ¶It*em* eyn Uischer hat eyn Hecht da von wil er geben 1 lb vmb 20 pf· Nu hat er keyn wag do mit er wigt So ku*m*men 3 Burger zu ym Der erst ny*m*pt $\frac{1}{4}$ von dem visch vnd giebt 30 gr. Der ander nympt $\frac{1}{6}$ von dem das vber plib*en* ist vnd giebt ym 7 gr Der drit nympt de*n* schwanzz miteynander der vber plibenn ist vnnd giebt ym 80 gr Nu wen er den schwa*n*cz heym pringt so wigt d*er* schwa*n*cz 27 lb $\frac{1}{2}$ Wiltu nu wissen was der visch aller miteynander gewegen hat vnd ab es pesser sey das er 1 lb hat geb*en* p*ro* 20 pf ader ab eß also pesser sey Machß also multiplicir

4–5 Unnd ist recht] *fehlt* BCD 6–7 der gancz turm*m* ist 15 schuch langk Ist die frag wie] *fehlt* D 8 er] *fehlt* AE 18 positio] posicion BCD 20 nach der Regel] *fehlt* BCD 21 Wiltu das p*ro*bir*en* So] probirs also BCD 22 vnd d*az*] das das BCD 22 $\frac{1}{5}$] $1\frac{1}{5}$ AE 27 vmb] geb*en* vmb A 29 giebt] gyt im BCD 33 aller] *fehlt* BCD

$\frac{1}{4}$ vnd $\frac{1}{6}$ miteynander sprich 4 mol 6 ist 24 Und 1 mol 1 ist 1 d*az* ist $\frac{1}{24}$ das hab*en* die 2 burger geben. Dar[t 8r/153r]nach subtrahir $\frac{1}{4}$ von 24. ist 6 vn*d* pleybt 18 Darnach subtrahir $\frac{1}{6}$ von 18 pleyb*en* 15. vn*d* sprich 15 geb*en* 24 was giebt 27$\frac{1}{2}$ machß nach der regel vn*d* ku*m*men 44 lb vn*d* so vil hat der visch aller miteyna*n*der gewegen. Wiltu das p*ro*bir*en* so multiplicir 44 mit 15 vn*d* das ku*m*pt teyl in 24 vnnd ku*m*men 27$\frac{1}{2}$ so ist es recht Wiltu ab*er* wissen wie 1 lb ku*m*men sey von dem obschriben visch so su*m*mir d*az* gelt das die 3 burger geb*en* haben wirt 117 gr. Darnach secz also 44 lb p*ro* 117 gr wie 1 lb machß nach d*er* regel ku*m*men 2 gr 4 pf Wiltu auch nu wissen wie vil d*az* vierteyl lb gewegen hab d*az* der erst burger genu*m*me*n* hat p*ro* 30 gr Sprich 117 gr geb*en* 44 lb was 30 machß nach der regel kumme*n* 11 lb vn*d* so vil hat d*er* erst burger vn*n*d pleyb*en* 33 szo teyl 33 mit 6 kumme*n* 5$\frac{1}{2}$ lb vnd d*az* hat er dem andern*n*. Burger geben pro 7 gr [t 8v/153v] Darnach subtrahir 5$\frac{1}{2}$ von 33 pleybt 27$\frac{1}{2}$ lb vnd so vil hat er de*m* dritte*n* burger geben p*ro* 80 gr vnnd ist alles recht gemacht

Plei. Eyszen

[253] ¶It*em* Eyner wil an legen 204 fl vm*b* pley vnd eyßen Nu gilt 1 ct pley 5 fl vn*d* 1 ct eyßenß 2 fl Und er wil zwir als vil pleyß hab*en* als eysenß Nu ist die frag wy vil er itlichß vm*b* sein gelt hab*en* sol. machß also su*m*mir 5 vnd 5 zusammen ist 10 vn*d* 2 dar zu ist 12 Darnach secz also 12 geben 1 ct was geben 204 Machß nach d*er* Regel so kumpt 17 ct so vil muß er eysen hab*en* Das duplir sprich 2 mol 17 ist 34 Und so uil muß er pley haben Wiltu d*az* p*ro*bir*en* so secz also 17 ct ist 34 fl vn*d* 34 mol 5 ist 170 addir 34 dar zu ist gerad 204 fl vn*d* ist recht.

[v 1r/154r] Pirn*n* Apfeln*n*

[254] ¶It*em* 5 apfel vnd 7 pirn*n* p*ro* 3 pf wie vil ku*m*men apfel p*ro* 13 pf besunder machß also su*m*mir 5 vn*d* 7 wirt 12 Sprich 12 apfel vnd pirn*n* durcheynander p*ro* 3 pf waß geben mir 5 apel machß nach Der Regel kumpt 1 pf $\frac{1}{4}$ Darnach secz also 1 pf $\frac{1}{4}$ geyt mir 5 apel was geb*en* 13 pf facit 52 Apfel vnd ist gemacht.

wein

[255] ¶It*em* Eyner schickt 1 fl vmb dreyerley wein Des erst*en* gilt 1 moß

4 giebt] geben BCD 4 nach der regel] *fehlt* BCD 4 44 lb] 24 lb ABE 5 aller] *fehlt* BCD 6 das kumpt teyl] was kumpt das teil D 11 was] was geben BCD 31 vnd ist gemacht] *fehlt* BCD

6 pf Des andern*n* gilt 1 moß 11 pf Des dritt*en* gilt 1 moß 16 pf· Un*d* er wil hab*en* eynß wey*n*ß als vil als des andern*n*· Nu ist die frag wie vil er itlichß weynß hab*en* sol· Wiltu das wissen vn*d* des gleich*en* So machß also Su*mm*ir die pf alle zusa*mm*en vnd werden 33 vnd secz fur den fl 252 pf Dar[v 1v/154v]nach teyl 252 durch 33 so kummen 7 moß $\frac{7}{11}$ eyner moß vn*d* so vil sol er itlichß hab*en*. Unnd das magstu alszo probir*en* Sprich 6 mol $7\frac{7}{11}$ ist 45 pf $\frac{9}{11}$ sprich auch 11 mol $7\frac{7}{11}$ ist 84 pf Darnach sprich 16 mol $7\frac{7}{11}$ ist 122 pf $\frac{2}{11}$ Nu addir die su*mm*en all zusa*mm*en ku*mm*en gerad 252 vn*d* das ist 1 fl vn*d* ist gemacht

[256] ¶It*e*m man schenckt in eyne*m* hauß wein eyn moß vmb 6 pf vnd in eynem andern*n* hauß schenckt man 1 moß p*ro* 4 pf Unnd yn dem dritt*en* schenckt man 1 moß p*ro* 2 pf Nu spricht eyn her zu seynem knecht geehyn vn*d* pring mir der dreyerley wey*n* 1 moß p*ro* 3 pf Nu ist die frag wie vil szol er itlichß weynß nemen. Weystu d*az* recht zu teylen als ich dich ob*en* gelern*n*t hab yn Regula legis Szo nym deß weynß vmb [v 2r/155r] die 6 pf $\frac{1}{8}$ vnd des vmb die 4 pf $\frac{2}{8}$ vnnd 2 pf $\frac{5}{8}$ Un*d* secz dan die Regel vn*d* sprich 1 moß giebt 6 pf was $\frac{1}{8}$ ku*mm*en $\frac{3}{4}$ Und also mach auch die andern*n* vn*d* ist recht gemacht.

Karell*en*

[257] ¶It*e*m eyner kaufft 1 pallida korell*en* daß sindt scherpeß passa effloret p*ro*floret negregant primera vnd secanda Die wege*n* als hie hernoch stet.

Scherpes		$69\frac{1}{3}$
Profloret		$59\frac{1}{4}$
Effloret	lb	$49\frac{1}{2}$
Negregant		$39\frac{1}{4}$
Primera		$29\frac{1}{8}$
Secanda		19

[v 2v/155v] Nu hat er sy kaufft als dan hernoch stet

	Ersten		$6+\frac{1}{8}$	
	Andern		$5+\frac{1}{8}$	
	Dritt*en*		$4+\frac{1}{8}$	
Dye		1 lb p*ro*		fl
	Viert*en*		$3+\frac{1}{8}$	
	Funfft*en*		$3-\frac{3}{4}$	
	Sechst*en*		$2+\frac{1}{4}$	

2 als vil als] so vil als BCD 5 moß] mal BE 11 p*ro*] vm*b* CD 15 gelern*n*t] gelert BCD 16 vnnd] vn*d* des vm*b* BCD 16 die] in die BCD 18 gemacht] *fehlt* BCD

[v 3r/156r] Nu mach das itlichß vor sich selbst mit seynem gelt noch der Regel So kumptß als hernoch stet.

Scherpeß		424		13		4
Profloret		303		13		$1\frac{1}{2}$
Floret	fl	204	ß	3	hlr	9
Negregant		122		13		$1\frac{1}{2}$
Primera		65		10		$7\frac{1}{2}$
Secanda		40		7		6

Summa fl 1161 ß 1 hlr $5\frac{1}{2}$

[v 3v/156v] wechszel

[Bild: Wechselhaus, vgl. s 7r, x 1v] [258] ¶Item Eynn wechszler giebt 25 gr pro 1 fl das ist $187\frac{1}{2}$ hlr vnnd eyn kauffman prengt dem wechßler 33 fl zu vnd spricht wechßel mir eyn teil von den 33 fl daz mir dennoch szo vil fl an den 33 fl vber pleiben als vil du mir heller giebst Nu ist die frag wie groß der teyle ist den er ym von den 33 fl gewechßelt hat Wiltu daz wissen vnd alles des gleichen Szo machß kurczlichen also Addir albeg 1 zu dem teyler vnd sprich $188\frac{1}{2}$ geben 1 fl was geben 33 facit $\frac{66}{377}$ vnd daz wechßelt er im vnd kumpt pro 32 heller $\frac{311}{377}$ vnd als vil fl pleyben auch dem kauffman vber vnnd ist recht gemacht.

[259] ¶Item Eyner kumpt zu dem wechßler vnd spricht. Wechßel mir eyn teyl vonn [v 4r/157r] 100 fl das $\frac{1}{3}$ der gr als vil sey als vil du mir fl wechselst von den 100 fl vnd den fl gerechet pro 20 gr machß also· wart was $\frac{1}{3}$ eynß fl sey vnd das ist 6 gr $\frac{2}{3}$ nu addir 1 dar zu vnd sprich $7\frac{2}{3}$ geben 1 fl was geben 100 fl Machß nach der Regel vnd kummen $13\frac{1}{23}$ vnd also vil fl wechselt er ym die machen $260\frac{20}{23}$ gr vnd der dritteyl der gr ist 86 vnnd $\frac{22}{23}$ vnd also vil fl behelt er auch·

[260] ¶Item Eß ist eyn wechßler der macht mit 5 fl 7 fl vnd das treybt der wechßler 1 gancz Jar vnd wen das Jar vmbkumpt so hat er 200 fl mit haubtgut vnd gwyn Nu ist die frag was das haubtgut am [v 4v/15v] ersten sey gewesen Secz also vnd sprich 7 fl hauptgut vnd gwin geben 5 fl haubtgut was geben 200 fl haubtgut vnd gwyn Machß noch der Regel vnd kummen 142 fl $\frac{6}{7}$ eynß fl vnnd das ist das haubtgut am ersten gewest da mit er hat an gehaben zu gewinnen.

[261] ¶Item Eß kumpt eyner zu eynem wechßler vnd pringt ym 1 fl dar fur sol er ym geben gr ß pf vnd heller vnd ye eynß als vil als des andernn Nu ist die frag wievil er ym itlichß geben sol. Wiltu das wissen vnd alle

10 alles] *fehlt* BCD 12 pro] *fehlt* BCD 12 vnd als] so BCD 13 vnnd ist recht gemacht] *fehlt* BCD 22 der wechßler] er BCD 460.30–461.1 vnd alle des gleichen] *fehlt* BCD

des gleichen So thu ym also Nym fur den gr 14 hlr (wan der gr gerechet pro 7 pf) vnd fur den ß 12 hlr vnd 1 pf pro 2 hlr vnd 1 hlr fur sich selbst. daz summir alles zusammen wirt 29 hlr dar nach secz fur den fl 356 hlr dy teil in 29 kummen $12\frac{8}{29}$ vnnd so vil muß ym der wechßler itlichß geben als 12 gr 12 sz 12 pf 12 hlr vnd ydem seyn teyler zu gesaczt vnd [v 5r/158r] wen du das probiren wilt so summirß als zusam kummen gerad 356 hlr so ist esz recht.

Regula Pagamenti

¶Inn dieser Regel soltu alszo procediren Die zwu nocheynandergeende czal secz oben· Und darnach die andernn zwu vnden das erst vnter das leczt vnd also nach eynander· Darnach multiplicir in kreucz alle des ersten teylß· Und darnach multiplicir auch die andern miteynander des andernn teylß· Und teyl das erst product in das ander was dan auß solicher teylung kumpt das bericht die frag vnd ist recht.

Muncz

[262] ¶Item Eyner geet zu wyen yn eyn wechßelpanck vnd hat 30 pf Nuremberger. alßo sprechend zu dem wechßler liber wechßel mir die 30 pf vnd gieb mir wiener dar fur als vil sy dan wert seyn also weyß der [v 5v/158v] wechßler nicht wie vil er ym wiener szol geben. vnd begert der muncz vnderrichtung. weyst Also vntter genner den wechßler und spricht 7 wyener gelten 9 linczer vnd 8 linczer gelten 11 passawer vnd 12 passawer gelten 13 vilßhofer vnd 15 vilßhofer gelten 10 regensperger vnd 8 regensperger gelten 18 neumercker vnd 5 neumercker gelten 4 nurremberger wie vil kummen wiener vmb 30 nurember Wiltu daz wissen vnd alles des gleichen Secz die figur gleich wie die do stet·

```
7   9    12    13     8    18    30
  \   ×     ×     ×     ×     ×
    8    11    15    10     5     4
```

Und multiplicir in kreucz durch auß auff 2 teyl Sam also 7 mol 8 ist 56 vnd 12 mol 56 ist 672 vnnd 15 mol 672 ist 10080 vnd 8 mol 10080 ist 80640 Und 5 mol 80640 ist 403200 vnd 30 mol 403200 ist 12096000. Darnach multiplicir auch denn andernn [v 6r/159r] teyl als 9 mol 11 ist 99· vnd 13 mol 99 ist 1287· vnd 10 mol 1287 ist 12870 Und 18 mol 12870 ist 231660. Und 4 mol 231660 ist 926640 Und das ist der teyler Nu teyl

1 gerechet] ist gerechet BCD 4 ym der wechßler] er im BCD 7 so ist esz] und ist CD 14 vnd ist recht] *fehlt* BCD 17 sprechend] sprechen ABCD 19–20 vnd begert der muncz vnderrichtung.] *fehlt* D 25 alles] *fehlt* BCD 26 Sam] *fehlt* BCD

die erst*en* su*m* als 12096000 in 926640 ku*m*pt $13\frac{23}{429}$ Und so vil wyner ku*m*men vmb 30 nur*em*berger vnd ist recht. Alszo magstu auch deyn rechnu*n*g seczen in gewicht vn*d* moß gleicher weyß wie in der muncz. yn aller landt art vnd kumpt albeg recht:

Proba

¶Wiltu den p*ro*bir*en* ab es recht sey ader nich so kerß gleich widerum*b* wie in der regel Detri vnd ku*m*pt wider wie vor vn*d* ist recht.

Regula alligationis

¶Diese regel soltu also practicir*en* Secz zu*m* erst*en* die zal d*er* mischu*n*g darnach alligir [v 6v/159v] albeg das kleynste mit dem grosten. vnd die mitt*el* vntereynander auff die erste gesaczte zal· vnd ist sach das eyn mittel ist. das alligir mit dem mynsten vnd auch meysten· Und die differentia*m* secz albeg auff die aligirte*n* zal vnd ist recht gemacht

korn*n*

[263] ¶It*em* ich hab korn*n* des gilt eyn*n* scheffel (ader ander moß was du dan wilt) 10 ß Unnd hab mer des 1 scheffel gilt 12 ß. Un*d* hab mer 1 scheffel p*ro* 13 ß mer hab ich korn*n* des 1 scheffel gilt 14 ß. vnnd 1 scheffel 15 ß Und ich wil nemen von itlicher sort vnd wilß durcheynander muschen so wer*en* 240 scheffel vnnd gilt 1 scheffel $12\frac{1}{2}$ ß durch ey*n*nander gemischt Nu ist die frag wie vil ich yder sort nemen sol Wiltu das wissen vnd alles des gleichen So machß nach der Regel also vnd secz also. hernoch stet [v 7r/160r]

$\frac{1}{2}$

$2\frac{1}{2}$ $\frac{1}{2}$ $2\frac{1}{2}$ $\frac{1}{2}$ $2\frac{1}{2}$

10 12 13 14 15

$12\frac{1}{2}$

Und vnten secz $12\frac{1}{2}$ vnd daß ist das 1 scheff*el* gelte*n* sol Un*d* merck Das albeg dye Meist zal Mit der mynsten alligirest Und darnach die mittell*en*

1 erst*en*] erst DE 12 meysten] mit dem meiste*n* BCD 15 ander] ein ander BCD 19 wer*en*] werden BCD 20 alles] *fehlt* BCD 21 also] wie E 21 hernoch] hie BCD

mit den mittellen als dich dann die Regel lernnt· Und sprich von 10 pyß auff $12\frac{1}{2}$ ist $2\frac{1}{2}$ das secz vber 15· Und von 15 piß auff $12\frac{1}{2}$ ist. $2\frac{1}{2}$ die secz vber 10 vnd alligir 12 mit 14· Und sprich von 12 piß auff $12\frac{1}{2}$ ist $\frac{1}{2}$ das secz vber 12. Nu pleyben noch 13 zu alligiren die alligir mit dem meysten ader mynsten als mit 10 ader 15 Alligirß mit 10 vnd sprich von 10 pyß auff $12\frac{1}{2}$ ist $2\frac{1}{2}$ die secz vber 13 [v 7v/160v] Nu von 13 piß auff $12\frac{1}{2}$ ist $\frac{1}{2}$ das secz vber 10 Also hastu 3 scheffel von 10 vnd $1\frac{1}{2}$ von 12 vnd $2\frac{1}{2}$ von 13 vnd $\frac{1}{2}$ von 14 vnd $2\frac{1}{2}$ von 15. Nu machß als eyn andere geselschaft vnd sprich 5 gesellen machen eyn geselschafft Der erst legt 3 Der ander $\frac{1}{2}$ Der drit $2\frac{1}{2}$ Der viert $\frac{1}{2}$ vnd der funfft $\frac{1}{2}$ vnd haben gewunnen 240 scheffel waz gepurt ydem machß noch der Regel der geselschafft (als ich dir dan hernoch weisen wil) vnd kumpt der scheffel zu 10 ß 72 vnd der zu 12 ß 36. vnd der zu 13 ß 60 vnd der zu 14 ß 12 vnd der zu 15 ß 60 scheffel das macht alles in der sum 240 scheffel vnd ist recht gemacht

¶Schoff Esel Ochsen

[264] ¶Item ich hab 100 fl Und wil 100 thier darumb kauffen als Schoff Esel vnd Ochßen Und 1 schoss gilt 1 gr vnd [v 8r/161r] 1 Eßel gilt 1 fl vnd 1 Ochß gilt 3 fl Nu ist die frag wie vil ich yder thyer haben szol das ich 100 thyer fur 100 fl hab Sprich also wen itlichß thyer pro 1 fl kom als der Eßel so wer eß schon gemacht. vnd wiltu das machen so mustuß alligiren Und sprich also Ich hab muncz $\frac{1}{20}$ einß fl vnd 1 lb vnd 3 lb vnd ich wolt machen das zu 1 lb hielt Secz alsz hie stet.

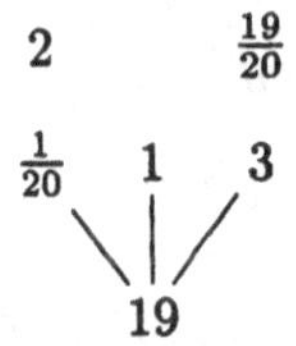

Und sprich von $\frac{1}{20}$ piß auf 1 ist $\frac{19}{20}$ die sez vber 3 vnd von 3 piß auff 1 ist 2 dye secz uber $\frac{1}{20}$ Also hastu daß $\frac{1}{20}$ giebt 2 lb vnd $\frac{1}{20}$ ist 1 gr Und die 2 lb seyn 2 fl die machen 40 schoff. vnd dar zu 3 lb der ist $\frac{19}{20}$ Das wer 19 Ochsen das macht 57 fl vnd daz vberig sind eszel der weren 41 daz macht 41 fl vnd ist gemacht.

[v 8v/161v] wachsz

[265] ¶Item eyn aptecker der woll kerczen vor keuffen. vnd gibt 1 lb neus

2 auff] vff die CD 5–6 von 10 pyß auff $12\frac{1}{2}$ ist $2\frac{1}{2}$ die secz vber 13] *In* CD *nach* das secz vber 10 *wiederholt*. 18 gilt] *fehlt* BCD 27 gemacht] recht D

wachs p*ro* 14 sz Und eyn lb alt wacks p*ro* 9 sz nu ku*m*pt einer vn*d* gibt ym 11 sz vnd will 1 lb zweyerley kerzen hab*en* Ist dy frag wie vil er ym yder sol geben das es gerad 11 ß mach

3 2

9 12

11

Alligir 9 mit 14 als hye vn*d* sprich vo*n* 9 pisz auff 11 ist 2 dy secz vber 14 vn*n*d von 14 pys auff 11 ist 3 dy secz vber 9 Und machs nach der regel der geselschafft Und kumpt 7 oz $\frac{1}{5}$ zu 9 ß Und 4 oz $\frac{4}{5}$ zu 14 sz Und ist Recht.

Glocke

[266] ¶Item eyn meister will eyn glocken gissen Und will dar zu nemen Funfferley Metall Und der ersten metall Gilt 1 ct 16 fl Der andern*n* 18 fl Der dritten 20 [x 1r/162r] fl Der vierde 27 fl Unnd der Funffte gilt 1 ct 31 fl. vnd so er die glocken gosse*n* hat so wigt sy 775 lb Und macht am gelt 162 fl 15 ß. Nu ist eynn frag wye vil yder metal dar zu kummen sey· Szo wart zum erst*en* was 1 ct durcheynander gemischt gelt vnd der gilt 21 fl Nu alligirß vnd secz also

10 6 6 $\frac{1}{3}$ 5

16 18 20 27 31

21

Alligir 16 mit 31 vnd sprich vo*n* 16 piß auff 21 ist 5 die secz vber 31 Und vo*n* 31 piß auff 21 ist 10 die secz vber 16 Nu alligir 18 mit 27 vnd sprich von 18 piß auff 21 ist 3 die secz vber 27 vnd von 27 piß auff 21 ist 6 die secz vber 18 Nu hastu noch 20 czu alligir*en* die alligir auch mit 27 vn*d* sprich von 20 piß auff 21 ist 1 das secz vber 27 vnd von 27 piß auff 21 ist 6 die secz vb*er* [x 1v/162v] 20 vnd machß als das ander ku*mmen* 250 lb 150 lb 150 lb 100 lb 125 lb

1 einer] yn A, eine BC 3 das es] das ABE 13 eynn] die BCDE 19 czu alligir*en*] *fehlt* BCD 21 als das ander] *fehlt* BCD 22 150 lb 150 lb] 150 lb AE

¶Muncz

[Bild: Wechselhaus, vgl. s 7r, v 3v] ¶It*em* eyne*m* itlich*en* mu*n*cz meyster ist not zu wissen bestant mancherley mu*n*cz in der prob also das er mag wissen wie hoch die mr hyn kumpt. vnd wie vil der mu*n*cz auff das lot geen soll*en*· vn*d* darnach wivil fur 1 fl vn*n*d wie hoch das kornn besten sol vnd die schickung des tigelß d*az* die muncz in eynem wesen pleyb. vn*d* wie man die stuck in den tigel rechnen sol vn*d* des gleich*en*. Als man munczt 28 fur 1 fl vnd die besten zu 10 lot*en* in der p*ro*b vn*d* die mr fur $8\frac{1}{4}$ fl in die muncz gesaczt Ist die frag wie vil d*er* selbig*en* auff 1 lot gen soll*en* vnd wie schwer 1 der selbigen muncz seyn sol. It*em* ist aber eyn mu*n*cz der 6 auff das lot geen Und besten zcu 10 lot*en* in der prob. Und die mr fur $8\frac{1}{4}$ [x 2r/163r] fl in die muncz gesaczt Ist die frag wye vil sol man der selbige*n* p*ro* 1 fl geb*en* d*az* die mr fur $8\frac{1}{4}$ fl hin kumpt

¶It*em* munczt man 21 fur 1 fl vnnd 6 auff das lot vnd besten zu 9 lot*en* Ist dy frag wie hoch die mr hin kumpt Item munczt man 60 p*ro* 1 fl vnd 14 auff daß lot vn*d* die mr fur $8\frac{1}{4}$ fl Ist die frag wy hoch das korn*n* der p*ro*b besten sol Item muncz man 36 mr kurn*n*t silber das ann der prob bestet zu 9 loten 3 qui*n*t*en* 2 pf 1 hlr. Und wil das korn*n* vorender*en* zu 7 lot*en*. Ist die frag wie vil man zu sacz den 36 mr geb*en* sol Und in dem vindestu die schickung des tigelß das die mu*n*cz yn eynem wesen pleyb. Und die ding alle seyn not zu wiss*en* eynem itlich*en* mu*n*czmeyster

[267] ¶It*em* eyner hat mu*n*cz helt die mr 9 lot fey*n* silb*er* vo*n* der wil er mach*en* ey*n* andere mu*n*cz die 7 lot feyn silber helt Ist die frag wivil sol er kupf*er* dar ey*n* thu*n* d*az* eß zu 7 lot werde· Un*d* solt wiss*en* das 16 [x 2v/163v] lot 1 mr ist. vnd wen man spricht Ich hab muncz die helt am strich ader feyn 7 lot so soltu albeg vornemen das die 7 lot ader des gleich*en* feyn silber sey vnnd das vberig piß auff 16 lot kupfer· vn*d* dar vmb sprich also 7 lot feyn silberß giebt 9 lot kupf*er* was giebt 9 lot feyn facit 11 lot $\frac{4}{7}$ kupferß Nu seyn vor in der mr dye 9 lot feyn helt 7 lot kupf*er* die subtrahir von $11\frac{4}{7}$ lot kupf*er* so pleybt 4 lot $\frac{4}{7}$ kupfer vnd so vil kupf*er* sol man zcu der mr thun so helt die mr 7 lot feyn silber·

¶Ader machß also vnd leichter teyl dye Muncz die du hast als 9 lot mit der dy du mache*n* wilt als 7 lot vn*d* d*az* vberig bericht die frag als $\frac{2}{7}$ eyner mr das ist 4 lot $\frac{4}{7}$ Und das p*ro*bir also Sprich ich hab $20\frac{4}{7}$ silber vnd kupf*er* das helt 7 lot fey*n* vnd was vor zu 9 lot vnd was 1 mr Nu [x 3r/164r] hastu 4 lot $\frac{4}{7}$ dar eyn gethan vnd d*az* ist $20\frac{4}{7}$ vnd also sol in den selbigen $20\frac{4}{7}$ 9 lot seyn Secz also vnd machß 16 lott muncz geben 7 lot feyn was geb*en* $20\frac{4}{7}$ lot muncz facit 9 lot vnd ist recht·

[268] ¶It*em* eyner hat muncz· Unnd die mr helt 9 lot feyn von der wil er eyn andere muncz mach*en* die 11 lot feyn helt Ist dy frag wie vil sol er

1 Muncz] *fehlt* BCD 21 die] die die A 26 vornemen] verstan BCD 38 vnd ist recht] *fehlt* BCD

feyn silber dar eyn thu*n* das die mr zu 11 lot werdt Machß also Nu wen die muncz die du machen wilt sol 11 lot feyn halten so ist 5 lot kupferß dar ynnen Darumb sprich 5 lot kupfer giebt 11 lot feyn silber was geb*en* 7 lot kupf*er* facit 15 lot $\frac{2}{5}$ feyn davon subtrahir die 9 lot feyn silber die vor in der mr warden pleybt 6 lot $\frac{2}{5}$ szo vil silberß szo sol man zu der marck thun so wirt die mr [x 3v/164v] 11 lot fey*nn* haben. Das p*ro*bir also sprich 16 lot silberß vnd kupf*er* giebt 11 lot feyn was geb*en* 22 lot $\frac{2}{5}$ silber vnd kupf*er* facit 15$\frac{2}{5}$ lot feyn silberß Dauon subtrahir di 9 lot die vor in der mr worden pleiben gerad 6$\frac{2}{5}$ vnd ist recht gemacht

[269] ¶It*em* eß ist eyn her der wil muncz schlahen vnd wil die rechnu*ng* seczen 1 mr fey*n* silberß auff 7$\frac{1}{2}$ fl Re*ynisch* vn*d* wil d*az* die mu*ncz* 1 mr sol haben 7 lot feyn silber vnd wil von eyner mr muncz hab*en* $\frac{1}{4}$ fl Re*ynisch* zcu schlagkschacz vn*d* der mu*ncz*meyster wyl auch hab*en* $\frac{1}{4}$ von 1 mr mu*ncz* vor sey*n* arbeyt vn*d* kostu*ng* die er dar auff legt mit allen dingen. vn*d* der her wil d*az* ma*n* schlagt 165 pf fur 1 fl Re*ynisch* Nu ist die frag wye vil pf an 1 mr gen sol das die mu*ncz* yr gerechtigkeit hab als ir gepurt Machß al[x 4r/165r]so die muncz sol hab*en* 7 lot feyn silber 1 mr zu 7$\frac{1}{2}$ fl was mach*en* 7 lot die multiplicir mit 7$\frac{1}{2}$ fl vnd teyls mit 16 kumpt 3$\frac{9}{32}$ fl dar zu thu $\frac{1}{2}$ fl dem munczmeyster vnd herrn*n* daß macht 3$\frac{25}{32}$ fl R*einisch*· dy mach zu pf 1 fl fur 165 pf thut pf 623$\frac{29}{32}$ sol an 1 mr gen die teyl mit 16 lot so ku*m*pt 39 pf – $\frac{3}{512}$ pf die soll*en* an 1 lot gen vnd nicht mer·

[270] ¶It*em* eß wil ey*n* herre mu*ncz* schlahen vn*d* wil 1 mr fey*n* silb*er* rech*en* p*ro* 7$\frac{1}{2}$ fl Und wil $\frac{1}{2}$ auff 1 mr schlah*en* im vn*d* de*m* mu*ncz*meister vnd die muncz sol haben 7$\frac{1}{2}$ lot feyn silber vnd sollen 36 pf auff 1 lot ge*n* Nu ist die frag Wie vil man der pf fur 1 fl Reynisch*en* geben sol d*az* die muncz yr gerechtikeyt hab Nu mach 16 lot. auff [x 4v/165v] 1 lot 36 pf macht 576 pf Nu rechen auch 1 mr feyn silber zu 7$\frac{1}{2}$ fl was 7$\frac{1}{2}$ lot facit 3$\frac{33}{64}$ fl Re*ynisch* dar zu addir $\frac{1}{2}$ fl dem herrn*n* vn*d* munczmeister d*az* macht zusam 4 fl $\frac{1}{64}$ so vil fl sol gelte*n* 576 di teil mit 4$\frac{1}{64}$ so kumpt fur 1 fl Re*ynisch* 143 pf $\frac{113}{257}$ vnnd so vil pf ist der muncz gerechtikeyt fur 1 fl zu geb*en*·

[271] ¶It*em* es wil eyn her mu*ncz* schlahe*n* vn*d* rech*et* di mr feyn silber p*ro* 7$\frac{1}{2}$ fl vn*d* auff 1 mr muncz $\frac{1}{4}$ fl schlagkschacz vnd dem munczmeyster auch $\frac{1}{4}$ vnd wil gr vnd pf machen vnd 20 gr fur 1 fl Re*ynisch* vnnd 8 pf fvr 1 gr vnd soll*en* 88 gr an 1 mr geen. Nu ist die frag wye vil 1 mr muncz szol feyn silber halten das die muncz yr gere[x 5r/166r]chtikeyt hab. Machß also 88 gr ye 20 fur 1 fl facit 4$\frac{2}{5}$ fl Re*ynisch* da vonn subtrahir $\frac{1}{2}$ fl Re*ynisch* dem herrn*n* vnd dem munczmeyster pleybt 3$\frac{9}{10}$ fl das sol

3 giebt] geb*en* BCD 5 warden] waren BCD 9 worden] waren BCD 9 vnd ist recht gemacht] *fehlt* BCD 13 wyl auch hab*en*] auch BCD 21 lot] loten BCD 21 39 pf – $\frac{3}{512}$ pf] 39 pf $\frac{3}{512}$ B, 38 pf $\frac{509}{512}$ CD 29 munczmeister] müntzer BCD 34–35 munczmeyster auch] müntzer BCD 39 3$\frac{9}{10}$] $\frac{3}{19}$ ABE

feyn silber seyn Nu sprich $7\frac{1}{2}$ fl Re*ynisch* geben 16 lot feyn silber was giebt $3\frac{9}{10}$ fl kumpt 8 lot vnd $\frac{24}{75}$ eynß lotz vnd so vil sol 1 mr fey*n* silber hab*en*. vnd ist recht gemacht Also soltu auch p*ro*cedir*en* in allen des gleichen

[272] ¶It*em* Eyner hat funfferley muncz. die· erst muncz helt $3\frac{1}{2}$ lot Die ander $4\frac{3}{4}$ lot Die drit $5\frac{1}{4}$ lot Die viert $6\frac{3}{4}$ lot Und die funfft $7\frac{3}{4}$ lot Nu auß de*n* funfferley muncz*en* wil eyn munczmeyster 54 mr eyner andern mu*n*cz machen der 1 mr [x 5v/166v] halt 5 $\frac{1}{2}$ lot feynß silberß Nu ist die frag wie vil er yder muncz nemen sol also daß er wider silber noch zusacz bedurff machß also vnd nym albeg das meyst mitt dem minste*n* (als da*n* die Regel außweist) vnd wart wie vil es mynder sey mit de*m* minst*en*· vnd wie vil es mer sey mit dem meysten dan $5\frac{1}{2}$ lot vnd wan es minder ist dan $5\frac{1}{2}$ lot wie vil es minder ist das secz zu dem meysten. vn*d* besich darnach zu dem meysten vn*d* als vil dan mer ku*m*pt das secz zu dem mynst*en* vnd wen du es nicht gehaben magst. an de*n* lott*en* das du albeg eyn meyst*es* mit dem mynst*en* nemst Szo besich Is es mer dan der strich sol ku*m*men so nym es mit dem minsten Ist es aber mynder dan der strich kum*m*en sol so nym es mit dem mynst*en* vnd secz alsz hye stet

$2\frac{1}{4}$ $2\frac{11}{4}$ $2\frac{1}{4}$ $\frac{3}{4}$ $2\frac{1}{4}$

$3\frac{1}{2}$ $4\frac{3}{4}$ $5\frac{1}{4}$ $6\frac{3}{4}$ $7\frac{3}{4}$

$5\frac{1}{2}$

[x 6r/167r] Nu machß gleich sa*m* die geselschafft Und summir die lot die mer vnd minder seyn gewesen vnd das macht $8\frac{3}{4}$ lot darnach sprich also $\frac{35}{4}$ geb*en* 54 mr was geben ey*n*sz yden lot besunder So kumpt den Erst*en* $13\frac{31}{35}$ mr Dem andern*n* $7\frac{25}{35}$ mr Dem dritt*en* $13\frac{31}{35}$ mr. Und so vil mr szol er von itzlicher muncz neme*n* das 54 mr ku*m*men vnd 1 mr halt $5\frac{1}{2}$ lot Und also ist es gemacht· Und also soltu auch machen alles des gleichen·

[x 6v/167v] Silber

[273] It*em* Ey*n* mu*n*czmeyster hat silb*er* des gilt 1 oz 7 ß vn*d* 1 oz 9 ß vn*d* 1 oz 11 ß vn*d* 1 oz 17 ß Und wil 60 oz mach*en* das 1 oz 10 ß gelt Ist die frag wie vil er ydes nemen sol machß vn*d* secz also

---

2 $3\frac{9}{10}$] $\frac{3}{19}$ ABE 18 mynst*en*] meisten BCDE 18–19 vnd secz alsz hye stet] secz also BCD 20 sa*m*] als BCD

7 1 1 3

7 9 11 17

10

Alligir 7 mit 17 sprich von 7 piß auff 10 ist 3 die secz vber 17. Und von 17 pyß auff 10 ist 7 die secz vber 7. Und von 9 piß auff 10 ist 1 das secz vber 11 Und von 11 pyß auff 10 ist 1 das secz vber 9. Nu machsz als eyn andere geselschafft Und sprich 4 machen eyn geselschafft Eyner legt 7 *etc* vnd kumpt 35 oz zu 7 ß vnd 5 oz zu 9 ß vnd 5 oz zu 11 ß vnd 15 oz zu 17 ß vnd ist recht gemacht.

Silber

[274] ¶It*em* Eyn munczmeyster hat dreyer[x 7r/168r]ley silber das helt zu 7 oz 10 pf zu 9 oz 15 pf vn*d* zu 10 oz 18 pf vnd er wil mach*en* $45\frac{1}{2}$ lb d*az* zu 10 oz 4 pf halt Ist dye frag wie vil er ydes nemen sol Das secz also

13

14 14 66

7oz10pf *9oz15pf* *10oz18pf*

10oz4pf

Nu alligir 7 oz 10 pf mit 10 oz 18 pf vn*d* sprich von 7 oz 10 pf piß auff 10 oz 4 pf das ist 66 Und von 10 oz 18 pf pyß auff 10 oz 4 pf ist 14 das secz vber 7 oz 10 pf Nu alligir auch die andern*n* teyl vn*d* sprich von 9 oz 15 pf piß auff 10 oz 4 pf ist 13 pf das secz vber 10 oz 18 pf Und von 10 oz 18 pf piß auff 10 oz 4 pf d*az* ist 14 pf das secz vber 9 oz 15 pf Also hastu 14 oz zu 7 oz 10 pf. vnd 14 oz zu 9 oz 15 pf. vnd 79 oz zu 10 oz 18 pf Nu machß als eyn andere geselschafft. Un*d* kumpt [x 7v/168v] Als hie in dieser figur nocheyna*n*der stet vnd ist recht.

	5		11		10		$13\frac{1}{107}$
lb	5	oz	11	pf	10	gr	$13\frac{1}{107}$
	63		7		2		$21\frac{105}{107}$

Unnd szo vil sol er yder part nemen szo werden 45 lb 10 oz 4 pf vnd ist recht gemacht.

7 Silber] ***Diese Aufgabe fehlt in*** BCD

[275] ¶It*em* eyn munczmeyster hat dreyerley silber das helt zu 5 zu 7 vnd zu 9 oz 1 lb vnd er wil 60 lb silber mach*en* das 1 lb 8 oz halt· Und wil 30 lb dar zu nemen d*az* 9 oz helt Nu ist die frag wie vil er der andern*n* zweyer silber Und wie vil er feynß silberß dar zu muß nemen. Wart zum ersten wie vil feynß silberß inn denn 60 lb werdt seyn das ist 480 oz Und wyuil silber in den 30 lb ist 270 oz Die subtrahir von 480 pleyb*en* 210 oz vnnd so vil [x 8r/169r] mussen die andern*n* 30 lb silber halten vn*d* darumb teyl 210 in 30 kumpt 7. Und er hat gern*n* das 8 oz hielt so ist die rechnung an feyn silber da nicht zu machenn Und darumb sprich also Ich hab dreyerley silber des helt 1 lb zu 5 zu 7 vnd zu 12 oz Und ich wil mach*en* 30 lb daß do zu 8 oz halt Secz also

1
4 4 3
5 7 12
\ | /
8

Alligirß vnd sprich als so von 5 piß auff 8 ist 3 die secz vber 12 vnd vo*n* 8 piß auff 12 ist 4 dy secz vb*er* 5 Darnach alligir 7 mit 12 Sprich von 7 piß auff 8 ist 1 das secz vber 12 Und vo*n* 8 piß auff 12 ist 4 die secz vber 7 Also muß er nem*en* von den 5 oz 4 oz Und von 7 oz 4 oz vn*d* von 12 oz auch 4 oz Nu machß als dye obern*n* Sprich drey gesell*en* mach*en* ey*n* geselschafft legt yder 4 lb vnd hab*en* gewu*n*nen 30 lb was gepurt eynem das ist 10 lb vn*d* souil nympt er ytlichß vn*d* ist recht

[276] [x 8v/169v] ¶It*em* Eyn munczmeyster hat dreyerley silber Und helt eynß mer da*n* das ander sam also

	10		9		90
lb	12	helt zu	10	oz macht	120
	15		5		75

Nu summir die lb zu sam ist 37 lb Su*m*mir auch die oz des silberß zusam wirt 285 Nu so das durcheyna*n*dergemischt wirt Ist die frag was 1 lb halt*en* werdt Machß vnnd sprich also 37 lb halt*en* 285 oz fey*n* silb*er* w*az* helt 1 lb ku*m*pt. 7 oz $\frac{26}{37}$ Eyner oz vnd ist recht gemacht.

[277] ¶It*em* Eyner hat silber 40 lb des helt 1 lb $3\frac{1}{2}$ oz wie vil sol er silberß dar zu thu*n* das 1 lb 8 oz halt· wart wie vil kupf*er* yn den 40 lb sey kumpt 340 oz die teyl yn 4 darumb das 4 oz kupf*er* in 1 lb ist ku*m*pt 85 lb daruon subtrahir 40 pleybt 45 lb [y 1r/170r] vnd so vil feynß silberß muß er dar zcu thun

[278] ¶It*em* Eyner hat silber des helt 1 lb 7 oz vnd er het gern*n* 50 lb

20 sam] gleich BCD

d*az* 1 lb 4 oz hilt Ist die frag wye vil er des silberß muß haben des 1 lb 7 oz helt vnnd wie vil er kupf*er* dar zu thun muß Machß vn*d* wart wie vil silberß die 50 lb mussen haben. kumpt 200 oz die teyl in 7 oz daru*m*b daß das vorig silb*er* 7 oz helt kumpt $28\frac{4}{7}$ vn*d* so vil mus er silberß hab*en* vo*n* $28\frac{4}{7}$ pyß auff 50 ist $21\frac{3}{7}$ vn*d* so vil muß er kupferß haben.
[279] ¶It*em* eyner hat silber des helt 1 lb 3 oz vnd er wil 50 lb hab*en* d*az* 1 lb 8 oz halt Ist die frag wie vil er feyn silber vn*d* des silberß zu 3 oz muß haben Machß alszo vnd wart wye vil kupf*er* in den 50 lb sey ist 200 die teyl in 9 daru*m*b d*az* 9 oz kupf*er* [y 1v/170v] in dem ersten silber ist kumpt $22\frac{2}{9}$ Un*d* so vil muß er silberß hab*en* das 3 oz helt von $22\frac{2}{9}$ piß auff 50 ist $27\frac{7}{9}$ Und so vil feyn silber muß er dar zu thun vnnd Also soltu auch machen all ander silber

Goldt

Nu soltu auch die Rechnung von gold machen vnd in dem ist not vor zu wiss*en* das gold gewichte

	1 mr		16 lot
	$\frac{1}{2}$ mr		8 lot
	2 oz		4 lot
Das	1 oz	ist	2 lot
	$\frac{1}{2}$ oz		1 lot
	1 qr		$\frac{1}{2}$ lot
	$\frac{1}{2}$ lot		2 qn
	1 qn		4 pf

Darumb merck Nu mag auch hlr gewicht seynn vnd der selb*en* wegen 512 1 mr Und do pey soltu auch wissen d*az* man zu Uenedig karat gwicht hat vnd der selbigen mach*en* 144.1 oz 72.1 lot 36 $\frac{1}{2}$ lot vn*d* $\frac{1}{6}$ einer oz ist 1 say vn*d* der we[y 2r/171r]gen 24.1 karat vn*d* ye 1 kar*at* 4 gran Szo du nu das gwichte weyst so soltu auch mercke*n* d*az* zweyerley karat sey*n*. Das eyn ist vo*n* gwicht als da*n* ob*en* stet. D*az* ander aber sey*n* karat am strich do pey ma*n* ke*n*net de*n* wert eynß goldß vo*n* de*m* anderń*n* vn*d* 1 kar*at* am strich halt 4 gran. vnd merck d*az* man alles gold nach de*m* karat am strich kaufft ye 1 kar*at* vm*b* 3 fl 10 ß. ader nocht do pey Un*d* wie ma*n*ch kar*at* ey*n* gold am strich helt so vil rechn*et* ma*n* albeg fur 1 mr· vn*n*d 12 kar*at* am strich ist d*az* geringste gold. vn*d* 24 d*az* hochste
[280] It*em* eyner hat gold helt 19 karat 2 gr*an* am strich kost 1 kar*at* 3 fl 10 ß 2 hlr Ist die frag wie theuer 1 mr kum Machß also vn*d* sprich 1 kar*at* p*ro* 3 fl 10 ß 2 hlr wie 19 kar*at* 2 gr*an* Machß vn*d* kumme*n* 68 fl 8 ß 3 hlr Un*d* also merck das man albeg (was ey*n* gold am strich helt) fur 1

29–30 wie 19 kar*at* 2 gr*an* Machß vn*d* kumme*n* 68 fl 8 ß 3 hlr] *fehlt* D mr rechn*et*· vn*d* so du nu weist w*az* 1 mr gilt. vn*d* solt eyne*n* etlich lot· etlich q*uinten* etlich pf gwicht zalen. So mach do von eyn soliche figur: [y 2v/171v]

1	mr	48	8	3
8	lot	34	4	1 $\frac{1}{2}$
4	lot	17	2	0 $\frac{3}{4}$
2	lot	8	11	0 $\frac{3}{8}$
1	lot *pro* fl	4 ß	5 hlr	6 $\frac{1}{16}$
2	qn	2	2	9 $\frac{3}{32}$
1	qn	1	1	4 $\frac{35}{64}$
2	pf	0	10	8 $\frac{35}{120}$
1	pf	0	5	4 $\frac{35}{256}$
1	hlr	0	2	8 $\frac{35}{512}$

[y 3r/172r] ¶Wiltu aber das probir*en* Szo thu ym gleich als ob*en* mit andern*n* dingen vn*d* su*m*mir d*az* gelt der mr mit alle*n* seyne*n* teylen. vnd kumpt dan das selbig gelt wider alß 68 fl 8 ß 3 hlr so ist eß recht.

[281] ¶It*em* eyner hat goldt des ist 1 mr 3 oz 1 quint*en* Und helt am strich 18 kar*at* 3 gran vnd du wilt wissen wie vil d*az* stuck an feynem gold hab So merck das 24 kar*at* ist feyn goldt· Daru*m*b secz alszo 24 kar*at* geben 16 lot was geb*en* 18 kar*at* 3 gr*a*n vnd kvmen 12$\frac{1}{2}$ lot vnnd so vil helt dye mr am gwicht feynß goldß Darnach machß furt vnd sprich 16 lot geb*en* 12 lot $\frac{1}{2}$ was geb*en* 6 lot 1 quin*t*e*n* vnnd ku*m*men 4 lot 3 quin*t*en $\frac{17}{32}$ d*az* addir zu 12 lot $\frac{1}{2}$ wirt 17 lot 1 quin*t*e*n* $\frac{17}{32}$ vn*d* so vil hat d*az* oben geschriben stuck an feynem goldt vn*d* daß vberig ist zu sacz vn*d* also machstu almol [y 3v/172v] finden wie vil eyn itlich gold zu sacz hab Wiltuß p*ro*bir*en* So mach wie 1 mr kum. Sprich 318 kar*at* 3 gr*a*n am strich ye 1 kar*at* p*ro* 3 fl 10 ß· vn*d* kumpt 1 mr vm*b* 65 fl 12 ß 6 hlr Nu wart auch wie vil 12 lot $\frac{1}{2}$ fey*n* gold kost*en* das do helt 24 kar*at* am strich vnd auch 1 kar*at* p*ro* 3 fl 10 ß vn*d* sol gleich so vil kummen·

[282] ¶It*em* wen man 1 oz fey*n* gold kaufft vm*b* 8 duc 1 gr. Und du wilt wiss*en* was 16 mr 6 oz 2 q*ua*rt 12 kar*at* 3 gran goldß gelten das am strich helt 16 kar*at* $\frac{1}{3}$ Szo machß also das feyn gold ist 24 karat vn*d* 1 oz Sprich 24 kar*at* geben 8 duc 1 gr was geben 16 karat $\frac{1}{3}$ vn*d* ku*m*men 5 duc 11 gr $\frac{25}{72}$ vnd also kumpt 1 oz Nu secz also 1 oz p*ro* 5 duc 11 gr $\frac{25}{72}$ Wie 16 mr 6 oz 2 q*ua*rt 11 kar*at* 3 gr*a*n Nu weystu das 1 vncz wigt 144 karat

4 der] deß AE 7 an feynem] fein BC, an fein D 8 So merck das 24 kar*at* ist feyn goldt· Daru*m*b] *fehlt* BC 8 kar*at*] grad D 8 Daru*m*b] *fehlt* D 9 was geben] was BCD 9 vnd kvmen 12$\frac{1}{2}$ lot] ku*m*t 12 lot ein zweiteil BC 9 kvmen] kumpt D 22 vn*d* kummen] ku*m*t BCD

vnd 1 karat 4 gran. Darum [y 4r/173r] mach das erst dem leczten gleich als zcu gran vnnd die duc zu 72 teylen von 1 gr Und sprich 576 gran pro $\frac{4457}{72}$ gr wy kummen 775231 Und was kumpt daz teyl mit 41472 vnd 736 duc 13 gr 5 pf $\frac{11303}{16824}$ vnd ist gemacht.

[283] ¶Item eyner kaufft 12 lot 3 quinten goldß das helt am strich 21 karat vnd 3 gran· vnd nympt ye 1 lot feyn gold pro 4 duc wye kumpt das alles Machß also vnd sprich 24 karat pro 4 duc wie 21 karat 3 gran vnd kummen 3 duc $\frac{5}{8}$ also kumpt 1 lot· Nu secz also 1 lot pro 3 duc $\frac{5}{8}$ wie 12 lot 3 quinten vnd kummen 46 duc 5 gr $\frac{1}{4}$

[284] ¶Item eyner hat 4 stuck goldß das Erst wigt 5 mr. 3 lot. 2 quinten vnd hat 17 karat 1 gran am strich Das ander stuck wigt 7 mr 5 lot vnnd helt 19 karat 3 gran am strich Das Dritt stuck wigt 12 marck [y 4v/173v] 9 lot 1 quint vnd helt am strich 21 karat 2 gran Das viert stuck wigt 9 mr 7 lot 3 quinten vnd helt 15 karat am strich Nu ist die frag (Wen man die 4 stuck zusammen lest) was werden sy dan am strich halden· vnd wie vil feynß goldß ist dar ynnen Machß also wart wie vil $3\frac{1}{2}$ lot. 32 sind wan 1 mr hat 32 halbe lot so kummen $\frac{7}{32}$ eyner mr also wigt das erst stuck $5\frac{7}{32}$ mr Und das ander $7\frac{5}{10}$ mr Das drit $12\frac{37}{64}$ mr das viert stuck wigt $9\frac{31}{64}$ mr secz also.

[y 5r/174r]

	Marck	karath				
$\frac{167}{32}$ |	$5\frac{7}{32}$	$17\frac{1}{4}$ |	$\frac{69}{4}$	Erst—	90	$\frac{3}{128}$
$\frac{117}{16}$ |	$7\frac{5}{16}$	$19\frac{3}{4}$ |	$\frac{79}{4}$	Ander—	144	$\frac{54}{128}$
				Stuck		karatt
$\frac{805}{64}$ |	$12\frac{37}{64}$	$21\frac{2}{4}$ |	$\frac{86}{4}$	Drit—	270	$\frac{55}{128}$
$\frac{607}{64}$ |	$9\frac{31}{64}$	15 |	$\frac{60}{4}$	Viert—	142	$\frac{34}{128}$

¶Nu multiplicir die karen wider die mr So werden es karen Als dan in der figur vorczeychet ist· also hat daz erste stuck 90 karat $\frac{3}{128}$ feyn gold in den 5 mr $3\frac{1}{2}$ lot So hat das ander [y 5v/174v] stuck 144 karat $\frac{54}{128}$ Und also die andernn als in der figur Nu summir daz feyn gold als zusammen vnnd wirt 647 karat feyn gold $\frac{9}{64}$ Summir auch die marck. lot· vnd quinten der 4 stuck alle zueynander kummen 34 mr vnd $\frac{19}{32}$ *etc* Wiltu aber nu wissen an welichen strich eß sey so teyl die karat in die $34\frac{19}{32}$ mr so kumpt 18 karat vnd 2 gran $\frac{916}{1107}$ eyner gran vnd so vil karat vnd gran vnd teyl eyner gran weden haben dye 4 stuck wen man sy zusammen thut· Nu wart auch wie uil feyner mr in den 647 karat feyn gold $\frac{9}{64}$ sey vnd teylß in 24 darum das 21 karat feyn ist 1 mr so kummen 26 mr feyn gold $\frac{1481}{1536}$ teyl von eyner mr vnd ist recht gemacht vnd also soltu auch machen alle ander gold der gleichen· vnd ist recht.

[285] [y 6r/175r] Item ich hab 40 oz goldß des helt 1 mr 12 karat vnnd

---

3 vnd] vnd kumt CD   11 stuck] *fehlt passim* BCD   33 vnd ist recht] *fehlt* CD

so ich das in dem feuer arbeyt so wirt es alles gut das 1 mr 20 kar*at* helt Ist die frag wie vil das stuck wigt Machß also vnd sprich 40 mol 12 das teyl in 20 kumpt 24 oz. vn*d* szo vil wigt das gold

[286] ¶It*em* 50 oz goldß das helt zcu 15 kar*at* die secz ich in das fewer vnnd find 40 oz Ist die frag wie vil kar*at* des goldß 1 mr halt Machß also vnd sprich 40 oz gebe*n* 15 kar*at* was geb*en* 50 oz kumpt 18 kar*at* $\frac{3}{4}$ vnd als vil helt das selbige gold

[287] ¶It*em* ich secz 100 lb goldß in d*az* fewer vn*d* weiß nicht waß es helt vn*d* find 90 lb d*aß* 1 lb 10 kar*at* helt ist die frag w*az* die 100 lb gehalt*en* hab*en* Machß noch der Reg*el* kumpt 9 karat·

[288] ¶It*em* ich hab 20 oz goldß d*az* helt zu 12 kar*at* d*az* wil ich mach*en* d*az* zu 10 kar*at* halt ist die frag wie uil ich kup*fer* dar zu sol thu*n* d*az* zu [y 6v/175v] 10 kar*at* halt wart wie vil feynß goldß in den 20 oz sey*n* ist 240 kar*at* die teyl in 10 kumpt 24 oz subtrahir 20 do von pleyben 4 oz. Und szo vil kupf*er* muß ich ym zu seczen

[289] ¶It*em* ich hab 30 oz goldß das helt zcu 10 kar*at* vnd ich wolcz mach*en* das zu 20 kar*at* hilt Ist die frag wie vil ich fey*n* gold dar zu muß thu*n* d*az* zu 20 kar*at* halt machß also vnd wart wie vil kar*at* kupf*er* in dem gold sey vnd ist 420 das teyl in 4 Dar umb das 4 kar*at* kupf*er* in 1 oz ist kumpt 105 oz Douon subtrahir 30 pleyb*en* 75 oz die addir zu 30 wirt 105 oz Und ist recht gemacht.

¶Also auch gleicher weyß wie du p*ro*cedirt hast in der muncz Soltu auch p*ro*cedirn in dem gekornten silber ader gold doch itlichß in seyner art. Als we*n* dir fur kumpt eyn gekorn*n* das do helt feyn silb*er* Und du wilt wissen wie vil ym gwicht vnnd ym geld Szo sunder das silber ab [y 7r/176r] von de*m* kupf*er* vnd machß darnach noch seyner art [290] Als eyner kaufft 81 mr korn*n*t silber. Und des helt 1 mr 11 lot 3 q*uinten* 2 pf feyn vnd des selbige*n* silberß gilt 1 mr 7 fl 18 ß 5 hlr Nu ist die frag wievil deß feyn silberß in den 81 mr gekorn*n*t ist. vn*d* wie vil es an dem gold mach Machß also· sunder ab zu ersten das silber vo*n* dem kupf*er* Sprich 1 mr giebt 11 lot 3 q*uinten* 2 pf was geben 81 mr Machß noch der Regel facit 60 mr 1 lot 3 q*uinten* 2 pf Darnach mach das silber yn seynem geld Unnd sprich 1 mr giebt 7 fl 18 ß 5 hlr was geben 60 mr 1 lot 3 q*uinten* 2 pf facit 476 fl 3 ß 6 hlr $\frac{99}{128}$ vnd ist recht gemacht Also auch in gleicher form*m* vnd gestalt soltu machen gekorn*n*t silber das gold helt ey*n*ß von dem andern*n* absunder*en* vn*d* dar nach itlichß in seynem gelt· [291] als in diesem exempel Eyner kaufft 79 mr 11 lot gekorn*n* Helt die mr 11 lot 3 q*uinten* 3 pf Unnd am [y 7v/176v] gold helt das selbige silber 1 mr 7 kar*at* 1 gr*a*n. Und gilt 1 mr silberß 7 fl 11 ß vnd das gold 1 kar*at* am strich 3 fl 9 ß 3 hlr· Ist die frag wie vil des feyn goldß sey ab gesundert von dem silber· vnd wie vil darnach des feyn silberß Und was

8 waß es] waß AE 12 uil ich] uil AE 24 gekorn*n*] korn BCD 34 gemacht] *fehlt* CD 37 gekorn*n*] kornt BCD 38 selbige] *fehlt* CD

ytlichß in su*n*derheyt brengt am gelt vn*d* wy vil in eyner sum Machß wie d*az* ober vn*d* zum erst*en* sunder ab golt vnd silber von dem kupf*er* vnd sprich 1 mr giebt 11 lot 3 q*uinten* 3 pf feyn silber vnd gold Was gebe*n* 79 mr 11 lot facit 59 mr 7 lot 1 qui*nt*en 0 pf $\frac{5}{16}$ Darnach sunder ab d*az* gold vo*n* dem silber Sprich 1 mr silber giebt 7 kar*at* 1 gr*a*n gold was geb*en* 59 mr 7 lot 1 qui*nt*en 0 pf $\frac{5}{16}$ facit 431 kar*at* 0 gr*a*n $\frac{721}{4096}$ Das pringt yn das gwicht Sprich 24 kar*at* geben 1 mr was geb*en* 431 kar*at* 0 gr*a*n $\frac{721}{4096}$ facit 17 mr 15 lot 1 q*uint* 1 pf $\frac{411}{512}$ [y 8r/177r] Und das subtrahir von 59 mr 7 lot 3 qui*nt*en 0 pf $\frac{5}{16}$ pleybt fey*n* silb*er* 41 mr 7 lot 3 qui*nt*en 2 pf $\frac{261}{512}$ Darnach mach itlichß in seynem kauff nach der Regel facit d*az* silber 313 fl 5 ß 7 hlr $\frac{14809}{32788}$ facit d*az* gold 1492 fl 9 ß 9 hlr $\frac{9327}{16384}$ Nu addir die zwu summen zusammen facit 1805 fl 15 ß 5 hlr $\frac{695}{32768}$ Eynß hellerß Und ist recht gemacht alszo soltu machen alle ander korrn*n* der gleych*en* Es sey in Czin ader kupfer ader welcherley metal es sey so kumpt es dir albeg recht wan duß machst nach dieser weyß

Goldt

[292] [y 8v/177v] ¶It*em* ey*n* Pawer Hat gefunde*n* 3 stuck goldß Und an dem gesicht gilt deß erste*n* stuckß 1 mr 47 fl Und des ander*n*n 1 mr 67 fl vnd des dritt*en* 1 mr 78 fl Und der Pawer tregk das gold in die muncz vnd lest p*ro*bir*en* Szo spricht der munczmeyster laß durcheynander so gilt die mr 68 fl Nu ist die frag wie vil ydes stuck gewegen hab secz also

3
10 10 21
47 65 78
\ | /
68

Nu sprich von 47 piß auff 68 ist 21 die secz vb*er* 78 vnd von 78 piß auff 68 ist 10 die secz vber 47 Unnd von 65 piß auff 68 ist 3 die secz vber 78 Unnd von 78 piß auff 68 ist 10 die secz vber 65 Und also kummen 10 mr zcu 47 fl Un*d* des ander*n*n auch 10 mr zu 65 fl Un*d* des dritt*en* 24 mr zu 78 fl Un*d* ist [z 1r/178r] Recht

Boreat

In diese*n* kurczlich*en* nochgesaczt*en* worte*n* wil ich dir verkler*en*· den stich zu fure*n* mit allerley war· dich dar ynnen zu bewar*en* vor behender

15 dieser] der BCD

hinderlist vn*d* auch nyma*n*t zu betriegen ader hinder seczen Darum*b* soltu mit vleyß merck*en* diese nach geende hubsche stich. vn*d* zum erst*en* schlecht war Um war also

wol Tuch

[293] ¶Ir zwen wollen miteynander stechen Der eyn hat wol der Ander tuch. Und 1 ct wol gilt par 8 fl Den secz er am stich vmb 9 fl Und 1 stuck tuchß gilt par 120 fl Ist die frag wie genner d*az* tuch am stich seczen sol. also das der stich gleich sey vn*d* keyner vo*n* dem andern*n* teuscht werd Machß also vnd sprich 8 fl par gelt giebt ym stich 9 fl was geb*en* 120 fl parß gelcz facit 135 fl. vnd also sol er d*az* [z 1v/178v] tuch am stich seczen.
[294] ¶It*em* zwen wollen miteynander steche*n* Eyner hat wol der ander tuch· Un*d* 1 ct wol gilt 16 fl par vn*d* seczt de*n* am stich p*ro* 18 fl· vnd 1 tuch gilt par 5 fl vn*d* secz d*az* am stich p*ro* 6 fl Nu ist die frag welicher den andern*n* vbersecz Un*d* wie vil am 100 Machß also dy wol gilt par 16 fl vn*d* am stich 18 fl vn*d* 1 tvch am stich 6 fl der selbigen tuch gelt*en* 3 par 15 fl vn*d* die 15 fl geben 1 ct wol der gilt par 16 fl· also hat der mit dem tuch eyn pessern*n* stich dan der mit der wol. vn*d* hat an 15 fl 1 fl zcu gwin das macht 6 fl $\frac{2}{3}$ vnd ist recht·
[295] ¶It*em* zwen wollen miteynander steche*n* Eyner hat wol der ander seyde*n*. vn*d* 1 ct wol gilt par 21 fl $\frac{1}{3}$ die seczt er am stich p*ro* 24 fl vnd wil $\frac{1}{6}$ par gelt hab*en* vn*d* 1 lb seyden gilt par 4 fl $\frac{1}{8}$ Nu ist die frag wy er die seyd*en* am stich seczen sol. also das [z 2r/179r] der stich gleich sey Machß also der mitt der wol schlecht de*n* ct an p*ro* 24 fl vn*d* wil $\frac{1}{6}$ par gelt hab*en* das ist 4 fl pleybe*n* noch 20 fl subtrahir die 4 fl vo*n* 21$\frac{1}{3}$ wa*n* 1 ct wol par gilt 21$\frac{1}{3}$ pleybt 17 fl $\frac{1}{3}$ vn*d* durch d*az* sol er hab*en* 20 fl vmb kauffmanschafft Un*d* machß also Sprich 17 fl $\frac{1}{3}$ par gelt geb*en* am stich 20 fl was geb*en* 4 fl $\frac{1}{8}$ par gelt fa*cit* 4 fl 15 ß 2 hlr $\frac{4}{13}$
[296] It*em* zwen wolle*n* stech*en* Eyner hat saffran der ander perlein· vn*d* 1 lb saffra*n* gilt par 4 fl $\frac{1}{6}$ d*az* seczt er am stich p*ro* 5 fl vnd wil $\frac{1}{4}$ par gelt hab*en*. vn*d* der and*er* seczt die perlein p*ro* 7 fl $\frac{1}{2}$ Un*d* ist de*m* stich gleich Nu ist die frag w*az* die pe*r*lein par gelt*en* machß vn*d* sprich de*n* saffra*n* schlecht er am stich an p*ro* 5 fl vn*d* wil $\frac{1}{4}$ par gelt habe*n* [z 2v/179v] Nu subtrahir $\frac{1}{4}$ von 5 d*az* ist 1 fl $\frac{1}{4}$ pleyben 3$\frac{3}{4}$ fl Nu gilt der saffran par 4 fl $\frac{1}{6}$ dar*um* sub*trahir* 1 fl $\frac{1}{4}$ pleyb 2 fl $\frac{11}{12}$ also hastu p*ro* 2 fl $\frac{11}{12}$ parß gelcz 3 fl $\frac{3}{4}$ am stich Nu wiltu wissen wie vil die 7$\frac{1}{2}$ fl am stich. par gelcz mach*en* So secz auff dye Regel detri sprich 3 fl $\frac{3}{4}$ geb*en* 2 fl $\frac{11}{12}$ was geb*en* 7$\frac{1}{2}$ fl ku*m*pt 5 fl 16 ß 8 hlr vn*d* so vil gelt*en* die perlein par Das p*ro*bir

---

2 hubsche] *fehlt* BCD 6 wol] wollen E 8 teuscht] btrogen BCD 19 zcu gwin] gwyn BCD 20 wol] wollen E 26 wol] wollen E 36 stich] stich hast A

also Sprich zwen wollen stechen Der ey*n* hat Saffran der Ander perlein· Unnd der saffran gilt par 4 fl $\frac{1}{6}$ de*n* seczt er an stich p*ro* 5 fl wil $\frac{1}{4}$ par gelt hab*en*. vnd die perley*n* gelte*n* par 5 fl 16 ß 8 hlr Ist die frag wy der die perleyn seczen sol also das d*er* stich gleich werd machß als den negsten stich [z 3r/180r] oben kummen 7 fl $\frac{1}{2}$ vnd ist recht.

[297] ¶It*em* zwen woll*en* stechen miteynander Der eyn hat tuch des gilt 1 ell*en* 8 gr dy seczt er am stich p*ro* 10 gr Un*d* der Ander hat seyden der gilt 1 lb 20 gr Das seczt er am stich p*ro* 24 gr Nu ist die frag wie vil eyner dem andern*n* par gelt sol zu geben also das der stich gleich werde secz den stich also

$$\begin{matrix} 8 & & 10 \\ & \times & \\ 20 & & 24 \end{matrix}$$

vnd multiplicir in kreucz sprich 8 mol 24 ist 192 vn*d* 10 mol 20 ist 200 Nu subtrahir 192 von 200 pleybt 8 die behalt. Darnach wart welcher den pessern*n* stich hab gthon Und das ist der mit dem tuch Nu subtrahir 8 von 10 pleyb*en* 2 Und die 8 die du vor hast behalten die teyl in 2 kumpt 4. vnnd die 4 teyl in die sum die er Im stich hat gesaczt das ist 24 vn*d* kumpt $\frac{1}{6}$ Und so vil sol der mit dem tuch de*m* mit der seyden par gelcz geben·

[298] [z 3v/180v] ¶It*em* zwen wollen stechen Der ey*n* hat tuch vn*d* der Ander woll vn*d* 1 ell*en* tuchß gilt par 22 ß die seczt er ym stich p*ro* 26 ß vnd giebt ym frist 6 menet Un*d* 1 ct woll gilt par 16 fl den seczt er p*ro* 18 fl Nu ist die frag wie vil er ym zeyt sol geben also das der stich gleich sey Sprich alszo 22 ß par gelt die seczt er p*ro* 26 ß was geben mir 16 fl m*u*ltiplicir 16 mit 26 ku*m*pt 416 das teyl in 22 kummen 18 fl $\frac{10}{11}$ Und solt gerad kumen sey*n* 18 fl als da*n* am stich stet vnd 6 menet frist Darumb sprich 16 von $18\frac{10}{11}$ pleibt $2\frac{10}{11}$ Darnach sprich $28\frac{10}{11}$ giebt mir 6 menet frist was giebt 2 menet facit 4 menet $\frac{1}{8}$ vnd so vil gieb dem mit der wollen So ist der stich gleich

[299] It*em* zwen woll*en* stech*en* Eyner hat saffran der Ander negeleyn. vnd 1 lb nege[z 4r/181r]lein gilt 19 gr. vnd 1 lb saffran 60 gr vn*d* der wil vorsteche*n* 7 ct 24 lb negelein Ist die frag Wie vil sol ym der Ander saffra*n* geben d*az* der stich gleich sey m*u*ltiplicir 7 ct 24 lb mit seym gelt alß mit 19 vn*d* teilß durch 60 kumpt $229\frac{4}{15}$ lb saffranß. Wiltuß p*ro*biren multiplicir itlichß mit sey*m* gelt vnd sol gleich eynß als vil kummen als des andern*n*.

[300] ¶It*em* zwen wollen stechen Eyner hat wol der Ander tuch vnd 1 ct wol gilt par 29 fl 6 gr d*ie* seczt er am stich p*ro* 30 duc 14 gr vn*d* wil $\frac{1}{4}$ par gelt geb*en* Nu gilt 1 tuch 38 duc 15 gr vnd der wil sey*n* tuch so hoch

13 gthon] thun AE 19 woll] wollen E 26 giebt] gebe*n* BCD 27 So ist der stich gleich] vn*d* ist gleich BCD

dar seczen das er an 100 fl gwin 4 mer dan d*er* mit d*er* wol Nu ist die frag *etc* Machß also Nym $\frac{1}{4}$ von 30 duc 14 gr pleyb*en* 22 duc 22 gr $\frac{1}{2}$ Und also ku*m*pt seyn wol am stich Nu subtrahir auch [z 4v/181v] die 7 duc 15 gr $\frac{1}{2}$ von 29 duc 6 gr pleyben 21 duc 14 gr $\frac{1}{2}$ Und sprich 21 duc 14 gr $\frac{1}{2}$ geben 38 duc 15 gr *etc* facit 41 duc 0 gr $\frac{319}{1937}$ vnd wen er 1 tuch So tewer dar seczt so kom d*az* gleich so hoch am stich als die wol Nu wil er 4 fl mer gwinnen am 100 dan genner so machß also 100 duc geben 4 was geb*en* 41 *etc* · facit 1 duc 15 gr $\frac{27400}{77770}$ das addir zu 41 duc $\frac{319}{1937}$ vnd secz pede bruch fur 1 gr werden 42 duc 16 gr vnd wen er sey*n* tuch also dar seczt am stich so gwint er an 100 fl 4 fl mer da*n* ge*n*ner mit d*er* wol Und so macgstu machen des gleichenn vor vil ader wenigk. Unnd der duc ist hie gerechet p*ro* 24 gr.

[301] ¶It*em* eß stechen zwen miteynander der [z 5r/182r] Eyn hat kupf*er* gilt 1 ct par gelt 7 fl Re*ynisch* Und ym stich seczt erß dar p*ro* 8 fl Re*ynisch* vn*d* wil $\frac{1}{4}$ par gelt hab*en*. Der Ander hat paumwol gilt 1 ct par gelt 10 fl Re*ynisch* vnd ym stich schaczt erß pro 13 fl Re*ynisch* Nu ist die frag wie vil er in ym 100 vberstoche*n* hab das der stich gleich werd Subtrahir $\frac{1}{4}$ von 8 fl ist 2 fl die subtrahir vo*n* 7 vn*d* auch 8 pleybt 5 vnd 6 Nu sprich gleich stich so 5 auff 6 gesaczt seyn was kumpt von 10 fl facit 12 fl gleich stichß· Alszo hat er yn p*ro* 12 fl geschaczt· Subtrahir 12 von 13 pleybt 1 Nu sprich 12 fl seyn p*ro* 1 fl vbersaczt was ku*m*pt auff 100 fl facit $8\frac{1}{3}$ auff 100 vn*d* ist recht

Der ander hat paumwol 1200 lb dye wil er ym geben 1 ct p*ro* 13 fl Re*ynisch* ym stich facit 156 fl Nu sol er ym $\frac{1}{4}$ par gelt dar zu geb*en* Darumb nym $\frac{1}{3}$ von 156 [z 5v/182v] facit 52 fl die thu dar zcu facit 208 fl dar fur rechen kupf*er* 1 ct p*ro* 8 fl d*az* macht 2600 lb kupf*er* die giebt er ym fur 1200 lb paumwol vn*d* 52 fl· Wiltuß p*ro*bir*en* so mach 2600 lb kupf*er* zu 7 fl als pargelt das macht 182 fl Nu mach de*m* andern 1200 lb wol zu 10 fl Re*ynisch* 1 ct facit 120 fl. vnd addir dar zu 52 par gelt macht zu sam 172 fl Also ma*n*gelt er 10 fl piß auff 182 fl vn*d* hat in vber stoch*en* an 1200 lb die mach*en* 120 fl vn*d* darumb sprich an 120 fl hat er in vber stochen vmb 10 fl was gepurt sich auff 100 fl facit $8\frac{1}{3}$ p*ro* 1 ct als vor vnd ist recht· Nu durch die gesaczte stich magstu machen all ander stich Darum*b* ist nicht not mer etwas von kurcz wegen do von zu schreiben Szo du sy mit vleyß gebrauchest.

Eyn Geselschafft

[z 6r/183r] Nu wil ich auch vor zelen vnnd klerlich dich vnter weyßen etzliche hubsche geselschaft. Weliche so du sy mit vleyß merckest alle

8 facit] macht BCD 23 paumwol] baumwollen E 24 dar zu] *fehlt* BCD 30 piß auff 182 fl] *fehlt* BCD 38 geselschaft] geselschafften BCD

ander leichtiglich dar nach machen magst vnd ist die. die erst.
[302] ¶Eß sind 3 gesellen die machen eyn geselschaff Der erst legt 300 fl Der Ander 340 fl vnd der drit 270 fl Nu wiltu wissen Wen sy gewunnen haben 210 fl was itlichem zu seynem teyl gepurt machß also Und summir die fl alzusam werden 910 fl. vnd Sprich 910 fl haupt gut geb*en* 210 fl gwinß was geben 300 fl machß noch der Regel kummen 69 fl 4 ß 7 hlr $\frac{5}{13}$ Und als vil gepurt dem mit 300 flor*en*. Darnach sprich aber 910 fl geben 210 fl gwinß was 340 fl kummen 78 fl 9 ß [z 6v/183v] 2 hlr $\frac{10}{13}$ vnd so vil gepurt de*m* der 340 fl gelegt hat Darnach secz aber also vn*d* sprich 910 fl haupt gut gwinnen 210 fl was gwinnen 270 fl facit 62 fl 6 sz 1 hlr $\frac{11}{13}$ vnd als vil gepurt dem der dy 270 fl gelegt hat Wiltu aber das p*ro*bire*n* So summir was itlichem zu seyne*m* teyl gepurt vnd addir zum ersten d*az* gebroche*n* als $\frac{5}{13}$ $\frac{10}{13}$ $\frac{11}{13}$ zusammen werd*en* $\frac{26}{13}$ das ist 2 hlr die addir zu diesen hlr werden 12 hlr macht 1 ß den addir zu de*n* andern*n* ß vnd ku*m*men 20 ß ist 1 fl den addir zu den andern*n* fl ku*m*men dan gerad 210 fl so ist es recht Ader machß alszo teyl den gwin in die ganczen sum als 210 fl in 910 werden $\frac{210}{910}$ das mach kleyner werden $\frac{3}{13}$ Nu multiplicir itlichß haupt gut mit de*m* zeler vn*d* teylß in den ne*n*ner vn*d* [z 7r/184r] sol gleich so vil ku*m*men als oben geschriben ist
[303] ¶It*em* Ir 3 mach*en* eyn geselschafft 1 Jar Und der eyn legt 24 fl in der ersten wochen vnd in der 5 woch*en* hebt er auff 10 fl Darnach vber 8 wochen legt er wider 16 fl. Der ander legt in die geselschafft 30 fl in der 9 wochen vn*d* vber 12 wochen hebt er wider auff 18 fl Dar nach vber 17 wochen legt er wider 40 fl Der drit legt in d*er* 17 woche*n* 36 fl Dar nach in d*er* 13 wochen hebt er auff 20 fl Darnach vber 6 woche*n* legt er wider 27 fl. Nu stet yder das Jar vmb Un*d* we*n* das Jar vmbkumpt so haben si gewunnen 100 fl Ist die frag was yde*m* gepurt zu seynem teyl Machß also vnd wart wie vil wochen yder mit seynem geld in der geselschafft gestanden ist· Nu hat d*er* Erst 24 fl gelegt in der ersten wochen. Darnach in der 5 wochen hat er auffge[z 7v/184v]habenn 10 fl also ist er mit 24 fl 5 wochen gestanden multiplicir 24 mit 5 facit 120· vnd darnach vber 5 woch*en* hat er von seynem haupt gut auff gehaben 10 fl die subtrahir von 24 pleybt 14 Und darnach in der 8 wochen legt er wider in die geselschafft 16 fl also seyn die 14 fl 8 wochen gestanden multiplicir 8 mit 14 facit 112 das addir zu 120 wirt 232· Nu hat er 16 fl zu gelegt die addir zu 14 wirt 30 Nu wart wie lang er mit de*n* 30 fl gestande*n* sey vn*d* vb*er* schlag wie vil wochen vorgangen seyn d*az* ist 5 vn*d* 8 ist 13 die subtrahir von 52 pleyb*en* 39 woch*en* vnd so lang ist er mit 30 fl gestande*n* m*u*ltiplicir 30 mit 39 wirt 1170 das addir zu 232 wirt 1402 das secz vor die 24 Darnach hat der ander 30 fl gelegt yn der

---

1 leichtiglich] lychtlich BCDE 7 Und als] So BCD 8 was] was geben CD 12 zu seyne*m* teyl] *fehlt* BCD 14 12 hlr] 11 hlr AE 28 wart] luog BCD 36 wirt] ist BCD 36 wart] besich auch BCD 39 wirt] ist BC

9 wochen vnd vber 12 wochen hebt er auff 18 fl also ist er mit 30 fl 12 wochen gestanden multiplicir 30 mit 12 facit 360 die secz beseyt Nu hat er von seynem haupt gut auff gehaben 18 fl die nym von 30 [z 8r/185r] pleyben 12 Darnach vber 17 wochen legt er wider 40 fl also seyn die 12 fl 17 wochen gestanden multiplicir 17 mit 12 facit 204 die addir zu 360 wirt 564 Nu hat er 40 fl zu gelegt die addir zu 12 wirt 52 fl Nu wart wie lang er mit 52 fl gestanden sey so besich wie vil wochen vor gangen seyn das ist 9 vnd 12 vnd 17 facit 38 die subtrahir von 52 pleyben 14. vnd so vil wochen ist er mit 52 fl gestanden multiplicir 14 mit 52 facit 728 das addir zu 564 wirt 1292 das secz fur dye 30· Darnach hat der drit 36 fl gelegt in der 17 wochen vnd vber 13 hebt er auff 20 fl die nym von 36 pleyben 16 vnd also ist er mit 36 fl 13 wochen gestanden multiplicir 36 mit 13 facit 468 das behaldt Darnach wart wie lang die 16 fl gestanden seyn daz ist 6 wochen wan vber 6 wochen legt er wider 27 fl multiplicir 6 mit 16 wirt 96 die addir zcu 468 wirt 564 [z 8v/185v] Darnach wart Wie lang die 43 fl gestanden seyn wan so du 27 fl zu 16 addirest werden 43 Nu vberschla wie vil wochen vor gangen seyn das ist 6 vnd 13 vnd 17 ist 36 die subtrahir von 52 pleybt 16 do mit multiplicir 43 facit 688 das addir zu 564 wirt 1252 das secz fur 36 also.

24		1402	
30	fl	1292	100 gwin
36		1252	

¶Nu machß als eyn andere geselschafft vnd summir die gemachte zal zu sam facit 3946 den teiler 100

1402		$35\frac{1005}{1973}$
1292	facit	$32\frac{1473}{1973}$
1252		$31\frac{1837}{1973}$

[304] [A 1r/186r] ¶Item yr drei machen eyn geselschafft 2 Jar das ist 24 menet Der erst legt 100 fl an dem ersten tag vnd vber 2 menet hebt er auff 30 fl· Darnach vber 8 menet habt er auff 45 fl. vnnd darnach vber 6 monet legt er wider 100 fl

Der ander legt 200 fl· vnd vber 3 menet hebt er wider auff 40 fl· vnd darnach vber 6 menet hebt er aber 50 fl Und vber 8 menet legt er wider 200 fl Der dritt legt an dem ersten tag 280 fl. Und vber 4 menet hebt er auff 80 fl Darnach vber 7 menet hebt er auff 50 fl. vnd darnach vber 9 menet legt er wider 160 fl Und wen also die 2 Jar vorgangen seyn So haben sy gewunnen 198 fl Ist die frag Was itlichen gepurt zu seym teyl Machß also wart gar vleyssigk wie vil menet yder mit seynem

6 wirt] ist BCD 6 wart] gesich BC 15 wirt] ist BCD 15 wart] luog BC 22 drei] zwen AE 25 monet] wochen AE

geld gestand*en* sey in der geselschafft. Nu hat der erst 100 fl gelegt an dem ersten tag Darnach vb*er* 2 menet habt er auff 30 fl also ist er mit [A 1v/186v] 100 fl 2 menet gesta*nde*n multiplicir 2 mit 100 facit 200 die secz beseyt. vnd subtrahir 30 vo*n* 100 pleibt 70 Darnach vber 8 menet hebt er auff 45 fl alzo ist er mit 70 fl 8 menet gsta*nde*n m*u*ltiplicir 8 mit 70 facit 560 d*az* addir zu 200 wirt 760 Nu subtrahir 45 von 70 pleybt 25 Nu uber 6 menet legt er wider 100 fl also ist er mit 25 fl 6 menet gestanden m*u*ltiplicir 6 mit 25 wirt 150 das addir zcu 760 wirt 910 Nu addir die 100 fl zu 25 wirt 125 vnd wart wie lang er do mit gestanden*n* sey*n*. So besich wie vil menet vorgangen seyn das ist 2 vnd 8 vnd 6 ist 16 die subtrahir von 24 pleybt 8 do mit multiplicir 125 wirt 1000 d*az* addir zu 910 wirt 1910 das secz ann deß ersten stat. Nu hat der ander an de*m* erst*e*n tag 200 fl gelegt· vnd vber 3 menet hebt er auff 40 fl multiplicir 3 mit 200 wirt [A 2r/187r] 600 Unnd die 40 subtrahir von 200 pleybt 160. Darnach vb*er* 6 menet hebt er auff 50 fl alszo ist er gestanden mit 160 fl 6 menet multiplicir 160 mit 6 wirt 960 das addir zu 600 facit 1560 Nu subtrahrir 50 fl vo*n* 160 pleybt 110 Darnach vber 8 menet legt er wider 200 fl multiplicir 110 mit 8 facit 880 das addir zu 1560 wirt 2440 nu addir 200 fl zu 110 facit 310 Darnach wart wi lang er do mit gestanden hab also besich wie vil menet vorgangen seyn das ist 3 vnd 6 vnd 8 ist 17 die subtrahir von 24 pleybt 7 vnd so lang ist er mit 310 fl gestande*n* m*u*ltiplicir 7 mit 310 macht 2170 das addir zu 2440 wirt 4610 d*az* secz an des andern*n* stadt Darnach hat der drit am ersten tag gelegt 280 fl vn*d* dar nach vber 4 menet hebt er auff 80 fl also [A 2v/187v] ist er mit den 280 fl 4 menet gestanden multiplicir 4 mit 280 fl ist 1120. Nu subtrahir 80 von 280 pleybt 200 fl. Nu wart wie lang er mit den 200 fl gestanden sey vnd ist 7 menet Wann vber 7 menet habt er auff 50 fl multiplicir 7 mit 200 wirt 1400 das addir zu 1120 wirt 2520 Un*d* subtrahir 50 vo*n* 200 pleybt 150 Do mit ist er 9 menet gestanden Wan vber 9 menet legt er wider 160 fl m*u*ltiplicir 150 mit 9 macht 1350 d*az* addir zu 2520 wirt 3870· Darnach addir 160 fl zu 150 macht 310. Nu wart wie lang er do mit gestanden sey. also vber schla wie vil menet vorgangen seyn ist 4 vn*d* 7 vnd 9 facit 20 die subtrahir von 24 pleybt 4 dye multiplicir mitt 310 facit 1240 das addir zu 3870 facit 5110 das secz fur die dritt*e*n stat alszo

100		1910	
200	fl	4610	198 gwin
280		5110	

[A 3r/188r] Nu summir die gemacht*e*n zal all zusam wirt 11630 vnd machß alß eyn andere geselschafft also

8 wirt] ist BCD 9 wart] besich BCD 14 40] 4 AE 15 50 fl] 80 fl AE 22 4610] 2610 AE 26 pleybt] bleibe*n* BCD

	1910—32
11630—198	4910—78
	5110—89

[305] ¶It*em* drey machen ey*n* geselschafft der Erst legt 60 fl vnd stet 6 menet inn der geselschafft. Der ander legt eyn hauffen gelcz vn*d* stet 7 menet· Der drit legt auch eyn hauffen gelcz vnd stet 5 menet. Un*d* das sy mit dem gelt gewunnen habe*n* teilen sy gleich vnttereynander. Nu ist dye frag was der zweyn gesellen hauptgut ist gewesen Machß also vnd merck das des ersten hauptgut ist gewes*en* 60 fl vn*d* hat do mit 6 menet gestand*en* mutliplicir 6 mit 60 facit 360 fl vnd menet. Nu wart wie uil der ander gelegt hab der 7 menet gestand*en* ist. teyl die 360 fl vnd menet des ersten in die menet des anderr*n* als in 7 darumb das eynem also vil ge[A 3v/188v]purt deß gwinß alß dem andern*n* vn*d* ku*n*me*n* $51\frac{3}{7}$ Und szo vil fl hat der ander gelegt Darnach teyl auch 360 fl Und menet in dy menet des dritten alß yn 5 szo kummen 72 fl szo vil hat der drit gesaczt Und Ist Recht.

[306] ¶Item Drey gesel*en* haben yn gelegt 180 fl Und weys nicht wye vil itlicher Und haben gewunnen mit hauptguth vnd gewin 300 fl Und we*n* sye d*az* gelt teylen szo gepurt dem ersten 100 fl De*m* andern*n* 80 fl vnd dritten 120 fl Nu ist dye frag was das haubtgut eynes yden gewest sey vnd secz also yn dye regel·

	100		ersten 60
300.180	80	fa*cit* de*m*	ander*en* 48
	120		dritte*n* 52

[307] ¶Item Drey machen eyn geselschafft Und weln korn*n* vber dye see furen vn*d* der erst gibt dem schiffman $\frac{1}{3}$ Uo*n* seine*m* [A 4r/189r] korn*n* Der ander $\frac{1}{4}$ Und der drit $\frac{1}{5}$ Nu mischt der schiffman d*az* korn*n* alles durch eynander Und vind 120 su*m*mer kornß Nu ist dye frag wye vil eyn yder der 3 gesel*en* dem schiffman summer geben hab Machs also find mir eyn zal daryn $\frac{1}{3}$ $\frac{1}{4}$ $\frac{1}{5}$ sey Und ist 60 Nu $\frac{1}{3}$ von 60 ist 20 $\frac{1}{4}$ 15 Und $\frac{1}{5}$ 12 Nu addir dy teil zu sa*m* wirt 47 dein teiler machß vn*d* secz alzo

	20		$51\frac{3}{47}$	
471120	15	Facit	$38\frac{14}{47}$	Sumer
	12		$30\frac{30}{47}$	

[308] ¶Item drey machen eyn geselschafft Der erst legt 60 fl Der ander legt eyn hauffen gelcz Und der drit auch eynn hauffen gelcz Nu Der Drit Sthet [A 4v/189v] mit seynem gelt 5 menet. Der ander 4 menet Und der

4 vnttereynander] mit einand*er* BCD 22 su*m*mer] simmerin BCD 23 summer] simmerin BCD 23 mir] *fehlt* BCD

erst mit den 60 fl stet 12 menet vnd haben gewunnen mit hauptgut vnd gwin 1250 fl Unnd dem ersten gepurt 180 fl hauptgut vnd gwin· Dem dritten 290 fl hauptgut vnd gwin. Nu ist die frag wieuil hauptgut der ander vnd der drit gesaczt haben Machß also Der erst hat 60 fl hauptgut gesaczt die subtrahir von seynem hauptgut vnd gwin pleybt 120 fl gwin. Nu ist er gestanden 12 menet Dar vmb secz alßo zwelff Menet der ersten zeyt giebt mir 120 fl gwin was geben 4 menet des andernn frist kumpt 40 fl gwin vnd so vil gepurt dem andern noch dem menet des gwinß Nu addir des ersten hauptgut dar zcu wirt 100 fl hauptgut vnd gwin. Dar nach wart was des ersten hauptgut sey gewesen vnd sprich also 100 fl haubtgut vnd gwin des ersten giebt 60 fl des ersten gwinß was wirt mir geben 780 fl haubt gut vnd gwin des andernn machß noch der [A 5r/190r] Regel vnd kumpt 468 fl haubtgut. vnd so vil fl haubtgutz hat der ander geseczt der 4 menet gestanden ist. vnd dem haubt gut vnd gwin gepurt 780 fl von den 1250 fl haubtgut vnd gwin. Darnach wart auch wie vil dem dritten gepurt des gwinß noch dem menet Sprich 12 menet der ersten frist giebt mir 120 fl deß ersten gwinß was wirt mir geben 5 menet der dritten frist facit 50 fl. vnd so vil gwinß gepurt dem driten noch dem menet. Nu summir des ersten haubt gut mit deß dritten gwyn noch dem menet so kummen 110 fl haubt gut vnd gwin. Darnach wart was des dritten haubt gut sey gewesen. vnd sprich 100 fl haubtgut vnd gwin geben 160 fl gwin des ersten was wirt geben 290 fl haubtgut vnd gwin des dritten facit 158$\frac{2}{11}$ fl haubtgut vnd so vil fl haubtgucz hat der drit gesaczt der 5 menet gestanden ist. vnd dem gepurt gwinß vnd haubt [A 5v/190v] gutz 290 fl von den 1250 fl haubtguczt vnd gwin vnd ist recht gemacht·

[309] ¶Item drey machen eyn geselschafft Der erst secz 30 fl vnd stet 4 manet der ander secz 4 mr silbers vnd stet 7 manet Der drit secz 3 karck pheffers vnd stet 9 monet vnd haben gwunnen 200 fl vnd wen sy das teilen so gepurt dem ersten 90 fl Dem andernn 80 fl Dem dritten 30 fl Nu ist dy frag was das silber vnnd auch der pheffer wert sei gewest zum ersten do mans yn dye geselschafft gelegt hat Machs alzo multiplicir des ersten haubtgut mit seinem monet alß 30 mit 4 facit 120 fl vnd monet vnd sprich dan 90 fl des ersten gwin geben 120 fl vnd menet dem ersten waz wernn geben 80 fl des andernn gwin facit 106 fl Und $\frac{2}{3}$ manet Wiltu nu wissen [A 6r/191r] was das silber wert gwesen ist Szo teil des andernn menet als 7 yn 106 fl vnd $\frac{2}{3}$ menet so kumpt 15$\frac{1}{7}$ fl haubtgvt vnd szo vil ist das silber wert gewest das der ander gesazt hat Nu sprich 90 fl des ersten gwin geben mir 120 fl vnnd menet dem ersten Waß wernn mir geben 30 fl gwin dem dritten machs nach der regel kumpt 40 fl vnd menet Wiltu aber nu wissenn wy vil der drit in die geselschafft gesaczt

---

10 wart] luog BCD 11 gwinß] hauptguot BCD 28 3 karck] karck AE

hat Szo teilß in des dritten frist das ist 9 menet kumpt $4\frac{4}{9}$ fl haubtgut Und szo vil sein dye 3 kargk pheffers wert gewest zu*m* ersten do man sye yn dye geselschafft gesaczt hat Und Ist Recht Gemacht

[310] [A 6v/191v] ¶It*em* 4 machen eyn geselschafft Der erst legt 367 fl Der a*n*der 526 fl Der 3 736 fl Der viert 3564 fl vnd die gesellen nemen auff eyne*n* vorweser der geselschafft. vnd schicken yn gen Uenedig mit dem gelt allen vnd er kaufft zum ersten wachß 3642 lb vnd zucker 967 lb vnd pfeffer 5732 lb vn*d* negeleyn 643 lb vnd paumwol 2442 lb vnd der vorweser kumpt wider heym. Unnd die 4 gesellen wollen die kauffmanschafft mit einander teylen. Nu ist die frag wie vil itlicher. wachß Zuckerß Pfeffer Negeleyn vn*d* Paumwol sol haben Machß also Summir der 4 gesellen gelt zu sammen kumpt 5193 fl vnd sprich dan ob mir die sum 5193 fl geb 3642 lb wachß was geben 367 fl kumpt $257\frac{2013}{5193}$ lb wachß vn*d* so vil wachß gepurt dem ersten Darnach wart wie vil zuckerß gepurt *etc* Und alszo machß durch [A 7r/192r] auß so findestu was yder von ydem haben sol·

[311] ¶It*em* drey machen eyn geselschafft ey*n* Jar Der erst legt 100 fl Der ander 200 fl Der drit 300 fl· Und vber 2 menet legt d*er* erst pfeffer in die geselschaft ye 3 lb p*ro* 1 fl. vnd der ander legt vber 4 menet eyn stuck silberß ye 1 mr p*ro* 7 fl: Und der drit lest die 300 fl das Jar vber in der geselschafft vnd we*n* das Jar auß kumpt so rechen sy miteynand*er* das sy gewunnen haben 250 fl. vn*d* de*m* ersten gepurt von dem gewin 50 fl Dem anderun*n* 110 fl. vnd dem dritt*en* 90 fl Nu ist die frag wie vil des pfefferß sey gewesen· vnd auch des silberß Machß also Wart wie vil eynem yde*m* gepurt des gwinß noch anzal des dritt*en*. Un*d* sprich 300 fl haubtgut gab*en* 90 fl gwin deß dritt*en* Was geb*en* 100 fl des erste*n* haubt gucz facit 30 fl Nu wart auch wie vil dem ander*n*n gepurt sprich 300 fl haubt [A 7v/192v] gut gebe*n* 90 fl des dritt*en* gwin was wirt geben 200 des Ander*n*n haubtgut facit. 60 fl Darnach wart wie vil ma*n* yn des gwinß mer hat gegeben da*n* yn zu gepurt von dem ersten haubtgut das ist dem ersten 20 fl Und dem ander*n*n 50 fl· Nu wart wie vil 20 fl gwinß haubtgut mussen haben in 10 moneten vnd Sprich also 90 fl gwinß geben 300 fl haubtgut in 12 menet*en* Und machß zu meneten vnd zu gelt multiplicir 12 in 300 facit 3600 fl vnd menet. Und sprich darnach was geben 20 fl des ersten vberiger gwin facit 800 fl vnd monet d*az* teil in 10 monet. wa*n* d*er* erst 10 monet gestanden ist mit dem pfeffer kumpt 80 fl vnd so vil ist der pip*er* wert gwest vnd das ist 340 lb Darnach wart wie vil des ander*n*n silberst gewest sey d*er* 50 fl vberigsz gewinß hat secz also 90 3600 50 Machß noch der Regel facit 2000 fl [A 8r/193r] vnd menet das teyl in 8 menet kummen 250 fl vn*d* das teyl in 7 darum*b* d*az* 1 mr 7 fl gilt facit 35 mr silber vn*d* $\frac{5}{7}$ vn*d* so vil hat der ander silber geseczt

---

3 Und Ist Recht Gemacht] *fehlt* BCD 13 $\frac{2013}{5193}$] $\frac{2093}{5193}$ ABE 19 1 mr] mr AE 26 wart] luog BCD 28 wart] luog BCD 36 pip*er*] pfeffer BCDE 36 wart] luog BCD

vnd ist recht

[312] ¶It*em* 4 machen eyn geselschaft also d*az* der erst sol von dem gwin ader vorlust $\frac{1}{3}$ mer haben den der ander· vnd der ander $\frac{2}{3}$ mer dan der drit Und der drit $\frac{2}{5}$ mer dan der viert Und haben gewu*n*nne*n* 305 fl Nu ist die frag was itlichem gepurt vnd was itlicher gelegt hat. machß also nim den gemeyn nenner aller teyl. vnd ist 45 vnd das hat der viert gehabt multiplicir 45 mit $\frac{2}{5}$ vnd teyls durch de*n* ne*n*ner als 5 facit 18 die addir zu 45 wirt 63 vnd das hat der drit gelegt· Darnach multiplicir 63 durch 2 Und teylß durch 3 fa*cit* 42 die addir zu 63 wirt 105 vnd das [A 8v/193v] hat der ander gelegt Nu multiplicir auch 105 $\frac{1}{3}$ vn*d* teylß durch 3 fa*cit* 35 dye addir zu 105 wirt 140 das hat der erst geleg Darnach machß alz eyn andere geselschafft Als yr 4 haben zusam gelegt Der erst 140 fl Der a*n*der 105 Der drit 63· Der vierd 45· Und haben gewunnen 305 fl *etc*· Nu summir alle sum zu sam facit 353 Und secz also

$$\begin{array}{lll} & & 140\text{—}120\frac{340}{353} \\ & & 105\text{—}90\frac{255}{353} \\ 353\text{—}305 & & \text{Facit} \\ & & 63\text{—}54\frac{153}{353} \\ & & 45\text{—}38\frac{311}{353} \end{array}$$

Und also hat der erst $\frac{1}{3}$ mer dan der ander vnd der ander $\frac{2}{3}$ mer dan der drit vn*d* der drit $\frac{2}{5}$ mer dan der leczt *etc* ·

[313] [B 1r/194r] ¶It*em* drey mache*n* eyn geselschafft der Erst legt 112 fl vn*d* stet 5 menet Der ander legt 17 fuder weynß vnd stet 8 menet Der drit legt 72 fl vnd stet eyn zeyt dy ist vnwiszlich. Un*d* haben gewunne*n* 104 fl. Unnd als offt der erst hebt 5 fl als offt hebt der ander 6 fl. vnd als offt der ander hebt 7 fl Als offt hebt der drit 9 fl Nu ist die frag wie thewer der wein an geschlagen ist· Und wie lang d*er* Dritt gestanden ist· vnd wie vil itlichen gepurt von 104 fl des gwinß. Machsz vnd merck eben· du sprichst wen d*er* erst 5 hat So hat der ander 6. Un*d* als offt der ander 7 hat So hat der drit 9 Daru*m* wart wie vil der drit hab So der ander 6 hat Sprich 7 geben 9 was geben 6 facit $7\frac{5}{7}$ Nu summir zusam 5 vn*d* 6 vnd $7\frac{5}{7}$ facit $\frac{131}{7}$ das ist deyn teyler vn*d* secz also: [B 1v/194v]

$$\begin{array}{ccccc} & & 5 & & 27\frac{103}{131} \\ \frac{131}{7} & 104 & 6 & \text{facit} & 33\frac{45}{131} \\ & & 7\frac{5}{7} & & 42\frac{114}{131} \end{array}$$

Wiltu wissen den werdt des weynß So secz deß erst*en* quocient als $27\frac{103}{131}$ fur den teyler vnd seyn haubtgut secz die ander zal als 112 das multiplicir mit seyne*m* menet als mit 5 wirt 560 darnach denn quocient des ander*n*

9 42] 4 ABE 24 als offt] wen BCD 25 wart] luog BCD 26–27 5 vn*d* 6] 6 ABE

als $33\frac{45}{131}$ die dritte zal also $27\frac{103}{131}$ geben 560 w*a*z geben $33\frac{45}{131}$ Machß nach der Regel facit 672 vnd das diuidir mit dem menet des weinß als mit 8 kumpt 84 vn*d* also hoch ist der weyn an geschlag*e*n Wiltu auch nu wissen wie lang der drit gestan[B 2r/195r]den sey Szo nym aber des ersten quocient als $27\frac{103}{131}$ fur die ersten zal vnd nym seyn gelt das multiplicir mit dem menet als vor vnd 560 die ander zal vn*d* den quocient des dritt*e*n als $42\frac{114}{131}$ fur die drit zal Un*d* machß nach d*er* Regel fa*cit* 864 vnd das diuidir durch des dritt*e*n gelt als durch 72 kumme*n* 12 menet vnd also lang ist d*er* drit gestand*e*n vn*d* ist recht

Teylung

[314] ¶It*e*m 3 gesellen habe*n* zu teyl*e*n 72 fl vn*d* als offt dem erst*e*n 7 fl werd*e*n als offt soll*e*n de*m* andern*n* 3 fl werd*e*n· vn*d* als offt de*m* andern*n* 11 fl werd*e*n als offt soll*e*n de*m* dritten 13 fl werden Nu ist die frag w*a*z eine*m* itlich*e*n zu seynem teyl gepurt von 72 fl Machß alß die negst*e*n geselschafft facit de*m* Erste*n* $37\frac{31}{149}$ Dem andern $15\frac{141}{149}$ Und dem dritt*e*n $18\frac{126}{149}$ vnd ist recht gemacht.

[315] [B 2v/195v] ¶It*e*m 6 gesellen teylen 20 fl· Der erst sol hab*e*n $1\frac{1}{2}$ fl + $\frac{1}{3}$ Der ander $2\frac{1}{2}$ fl + $\frac{1}{4}$ Und die andern*n* 4 soll*e*n gleich teil haben· Nu ist die frag was ydem gepur zu seym teyl Machß also Reducir dye teyl facit $\frac{11}{6}$ + $\frac{11}{4}$ die su*m*mir fa*cit* $\frac{110}{24}$ addir die 4 gesellen dar zu facit $\frac{206}{24}$ ist $\frac{103}{12}$ machß vnd secz also.

		$\frac{11}{6}$		$4\frac{28}{103}$	De*m* erst*e*n
$\frac{103}{12}$	- 20	$\frac{11}{4}$	fa*cit*	$6\frac{42}{103}$	Dem 2
		1		$2\frac{34}{103}$	De*n* 4 itlichem so vil

[316] ¶It*e*m drey gesellen teyl*e*n 100 fl vn*d* der erst sol hab*e*n $\frac{1}{3}$ – $\frac{1}{4}$ vnd der ander $\frac{1}{4}$ – $\frac{1}{5}$ Und der drit $\frac{1}{5}$ – $\frac{1}{6}$ Nu ist die frag *etc* · [B 3r/196r] Machß also $\frac{1}{3}$ – $\frac{1}{4}$ ist 12. Und $\frac{1}{4}$ – $\frac{1}{5}$ ist 20. Und $\frac{1}{5}$ – $\frac{1}{6}$ ist 30 Nu find eyn zal in der du haben magst $\frac{1}{12}$ $\frac{1}{20}$ $\frac{1}{30}$ Das ist 1800 Nu $\frac{1}{12}$ von 1800 ist 150 Und $\frac{1}{20}$ ist 90 Und $\frac{1}{30}$ ist 60 die addir zusam facit 300 vnd secz alßo

		150		50
300	100	90	facit	30
		60		20

[317] ¶It*e*m Eß seyn 4 gesellen Und die drey Hin dan gesaczt den erst*e*n hab*e*n 60 fl vn*d* aber die 3. hin dan gesaczt de*n* andern*n* haben 80 fl. vnd aber 3 hin dan gesaczt de*n* 3 hab*e*n 90 fl· vn*d* ab*er* 3 hin dan gesaczt de*n* viert*e*n hab*e*n 100 fl Nu ist die frag waß die sum aller ist vnd wie vil itlicher hat Machß also addir die 4 zal zu sam facit 330 Und das diuidir

21 vnd secz] *fehlt* CD

in 3 wan du ytlichen 3 mol genent hast kumpt 110. vnd [B 3v/196v] das ist die sum aller 4. Nu subtrahir 60 von 110 pleybt 50 das hat der erst. subtrahir auch 80 von 110 pleybt 30 das hat der ander Darnach subtrahir 90 pleybt 20 das hat der drit Darnach subtrahir 100 pleybt 10 das hat der viert. vnd ist recht gemacht.

[318] ¶Item es seyn 4 gesellen die haben zu teylen 384 fl Dem ersten gepurt $\frac{2}{3}$ vnnd 6 mer Dem andernn $\frac{3}{5}$ vnd 8 mer Dem dritten $\frac{5}{6}$ vnd 10 mer Dem vierten $\frac{7}{8}$ vnd 6 mer Nu ist die frag *etc* Machß also Find eyn zal dar yn du die gebrochen alle habst Und ist 360 Nym $\frac{2}{3}$ von 360 ist 240 vnd $\frac{3}{5}$ von 360 ist 216 vnd $\frac{5}{6}$ ist 300 vnd $\frac{7}{8}$ ist 315 Nu addir yder besunder so vil als er mer haben sol vnd kumpt als hie stet Und die selbige zal summir vnnd [B 4r/197r] machß als eyn andere geselschafft vnd ist recht.

	$\frac{2}{3}$	6 mer	246		85 fl $\frac{293}{367}$
	$\frac{3}{5}$	8 mer	224		78 fl $\frac{46}{367}$
1401			Alß	Facit	
	$\frac{5}{6}$	10 mer	310		108 fl $\frac{44}{367}$
	$\frac{7}{8}$	9 mer	321		111 fl $\frac{351}{367}$

[319] ¶Item eß seyn 3 gesellen die haben zu teylen 200 fl vnd Dem ersten gepurt 3 mol alß vil als dem andern. vnd dem andernn 4 mol alß vil alß dem dritten Nu ist die frag was ytlichen gepurt Machß also nym dir eyn zal fur wie vil du wilt. vnnd eß sey 3 die gieb dem dritten Nu sol der ander 4 mol als vil haben sprich 4 mol 3 ist 12 die gieb dem andernn vnd der erst sol 3 mol so vil haben alz der ander sprich 3 mol 12 ist 36 vnd secz also. [B 4v/197v]

		36		$141\frac{3}{17}$
51	200	12	Facit	$47\frac{1}{17}$
		3		$11\frac{13}{17}$

Machß noch der Regel vnd kumpt ydem als hie stet Und wiltu das probiren so teyl was dem ersten kumpt in 3 vnd so kummen $47\frac{1}{17}$. vnd das teyl in 4 vnd kumpt $11\frac{13}{17}$ so ist eß recht. Und alszo magstu auch (szo du die obgeschriben teylung wol mercken thust) vil ander darnach machen.

Pferd

[320] ¶Item Eß seyn drey purger yn Eyner stat die sollen eyn pferdt am soldt halden Und sol itlicher dar an geben noch seynem vormugen Nu

3 erst. subtrahir auch 80 von 110 pleybt 30 das hat der] *fehlt* D 4 pleybt] bleiben CD 14 eß seyn] *fehlt* CD

kauffen sie eyn pferdt p*ro* 27 fl Dar an sol eyner geben $\frac{1}{3}$ Der ander $\frac{1}{4}$ vnd Der drit $\frac{2}{5}$ Ist die frag was [B 5r/198r] itlich*e*n gepurt zu geben Machß also m*u*ltiplicir die nenner mit eynander wirt 60 Nu $\frac{1}{3}$ von 60 ist 20 vnd $\frac{1}{4}$ ist 15 vnd $\frac{2}{5}$ von 60 ist 24 Nu summir die teyl. vnd machß also oben.

		20		$9\frac{9}{59}$
59	27	15	Facit	$6\frac{51}{59}$
		24		$10\frac{58}{59}$

[321] ¶It*em* ir drey wollen eyn pferd kauffen Spricht der Erst zu zweyen gebt mir $\frac{1}{2}$ ewerß gelcz so wil ich das pferdt kauffen Spricht der ander zu den zweyen gebt mir $\frac{1}{3}$ *etc* vnd also spricht auch der Drit gebt mir $\frac{1}{4}$ *etc* Nu ist die frag *etc* Secz also $\frac{1}{2}$ $\frac{1}{3}$ $\frac{1}{4}$ multiplicir die nenner facit 24 Nu find eyn zal wen ich do von ny*m* [B 5v/198v] $\frac{1}{2}$ das 24 pleyben facit 48 die behalt Des gleich*en* findt ey*n* zal wen ich do von nym $\frac{1}{3}$ das 24 pleyb*en* vnd ist 36 Dar nach find mer eyn zal wenn ich do von nym $\frac{1}{4}$ das 24 pleyben das ist 32. Nu addir die 3 zal zu sam wirt 116 das medir ist 58 do von subtrahir 48 pleyben 10 das hat der erst. Darnach subtrahir 36 vo*n* 58 pleyben 22 die hat der ander Darnach nym 32 von 58 pleyb*en* 26 d*er* drit also gstet das pferdt 34 fl. vnd ist recht·

[322] ¶It*em* 3 gesellen wollen eyn pferd kauffen Spricht der erst zu dem ander*n* gieb mir $\frac{1}{2}$ deinß gelcz so kauff ich d*az* pf*erd* Spricht der ander zu de*m* dritt*en* gieb mir $\frac{1}{3}$ *etc* Spricht der drit zu dem erst*en* gieb mir $\frac{1}{4}$ *etc* Ist die frag *etc* Secz also $\frac{1}{2}$ $\frac{1}{3}$ [B 6r/199r] $\frac{1}{4}$ Nu nym 1 vo*n* 2 pleybt 1 sprich 1 mol 3 ist 3 addir das 1 dar zu wirt 4 Unnd sprich 4 mol 4 ist 16 als vil hat der erst. Darnach nym 1 von 3 pleybt 2 sprich 2 mal 4 ist 8 addir das 1 wider wirt 9 sprich 2 mol 9 ist 18 das hat der ander Darnach nym 1 von 4 pleibt 3 Sprich 3 mol 2 ist 6 addir 1 dar zu wirt 7 sprich 3 mol 7 ist 21 das hat der dritt Darnoch multiplicir die nenner miteynander facit 24 vn*d* addir 1 facit 25 als vil kost das pferd vnd d*az* magstu duplir*en* triplir*en* q*ua*druplir*en* *etc* Und ist recht gemacht.

[323] ¶It*em* yr 3 woll*en* eyn pf*erd* kauffen p*ro* 9 fl vn*d* eyner kaufft $\frac{1}{9}$ an dem pf*erd* vn*d* giebt 1 fl Der ander kaufft $\frac{1}{3}$ vnd giebt 3 fl Der drit kauft $\frac{1}{2}$ vn*d* giebt 4 fl $\frac{1}{2}$ Nu hat ytlicher geben das er meynt seynn teyl bezalt sey Nu gebricht dem [B 6v/199v] der das pf*erd* vorkaufft hat $\frac{1}{2}$ fl Ist dye frag wie vil muß noch itlicher hin zu geben das dem die 9 fl bezalt werden. machß also 3 sollen bezalen $\frac{1}{2}$ fl d*az* wer 37 pf vnd ir eyner giebt $\frac{1}{9}$ der ander $\frac{1}{3}$ der drit $\frac{1}{2}$ was giebt itlicher multiplicir dye nenner miteynander facit 54 Nun nym die teyl von 54 Und summirß zu sam als oben vnd secz also vnd ist recht

---

17 deinß] von deim BCD 21–22 2 mal 4] 2 4 AE 23 dar zu] *fehlt* BCD 26 Und ist recht gemacht.] *fehlt* BCD 27 yr] *fehlt* BCD 28 kaufft] *fehlt* BCD

		6		$4\frac{18}{51}$
51	37	18	facit	$13\frac{3}{51}$
		27		$19\frac{30}{51}$

[324] ¶Item 3 gesellen wollen 1 pferd kauffen. Spricht der erst zu den andernn zweyen geb itlicher $\frac{1}{4}$ seynß gelcz so wil ich al meyn gelt geben so ist das pferd bezalt spricht [B 7r/200r] der Ander geb itlicher $\frac{1}{4}$ so wil ich $\frac{1}{2}$ geben meynß gelcz so ist das pferd bezalt spricht der drit geb itlicher $\frac{1}{4}$ so wil ich geben $\frac{1}{3}$ so ist das pferd bezalt Nu ist die frag was kost das pferd vnd wie vil hat itlicher gelcz gehabt Machß also· nym eyn zcal wie du wilt die triplir vnd das selbige triplat triplir auch als. 8. 24· 72. vnd szo vil hat itlicher gehabt vnd das pferd kost. 32 fl vnd ist recht Also soltu auch machen alle andere rechnung auf solchen ader der gleichen kaufschlagk.

Regula Falsi

¶Nu soltu wissen das Regula falsi ist eyn Regel durch weliche man aller Regel frag (hind an gesaczt Regulam Cosse) machen mag. vnd wirt also genant wan durch zwu falsche vnd lugenhafftige zal wirt funden vnd auß gedruckt eyn rechte [B 7v/299v] der frag berichtung vnd warhaftige zal Welche du mit ganczem fleiß vnd steter vbung mercken ßolt. vnd nicht weniger dan alle oben gesaczte regel schatzen vnnd vber alle achten vnd yn dießer regel soltu also procediren Secz zwu zal nach dem bequemlichsten der aufgab wie du wilt· vnd die selbige examinir vnd probir sy noch der aufgab Seyn dan die selbigen zwu zal der warheyt der aufgab zu vil ader czu wenig alle pede So subtrahir sy von der zal die dan dy aufgab begert vnd was vberigk ist das sind die zwu lugen der zweyer falschen zalen Ist aber eyne mer vnd die Ander zu wenigk der warheyt szo ist plus vnd minus die selbigen zwu lugen minus· vnd minus· plus vnd plus subtrahir von eynander vnd das vberig ist deyn teyler Darnach multiplicir die zwu falschen zalen kreucz weyß mit den zweyen lugen vnnd subtrahir aber das minst von dem meysten. vnd was vberigk ist das ist die zcall die du teylen solt mit dem gemachten tey[B 8r/201r]ler. So aber plus vnd minus kumpt addir die lugen zusam vnd wirt deyn teyler Darnach multiplicir aber kreucz weyß wy vorn· vnd was dan kumpt addir zusam vnd wirt die zal die du teylen solt. vnd wen die teylung also geschehen ist szo kumpt der frag berichtung Nu aber von wegen grosser vbung Und mer dieser Regel vorklerung wil ich dir seczen zwei exempel durch weliche so du sy mit vleyß begreiffen pist vnd behalden. vil andere von

15 warhaftige] warhaffte BCD 17 oben gesaczte] obgesetzt BCD 30 vorn] vor BCD 33 zwei] drey AE

dir selbst mach*en* magst vnd bericht*en* *etc*

[325] ¶It*em* eyner hat zweyerley mu*n*cz korn*n*t Die eyn helt zu 12 lot*en* feyn silber Un*d* die ander zu 15 lot*en*. die mr. Nu wil er auß denn selbigen zweyen kornt*en* munczen korn*n* das die mr zu 13 lot*en* halt Ist die frag wie vil er von itlich*en* nemen sol das die mr zu 13 lot*en* halt machß also nach der Reg*e*l vnd secz er nem von der ersten 6 lot vn*d* von der andern*n* 10 lot d*az* ist 1 mr zusa*m* geaddirt darnach besich w*az* die 6 vn*d* 10 lot halt*en* sprich 16 lot halt*en* 12 lot w*az* 6 [B 8v/201v] facit $4\frac{1}{2}$ Darnach sprich aber 16 lot halden 15 lot was 10 facit 9 lot $\frac{3}{8}$ vnd szo das zu sam addirest soll*en* 13 lot ku*m*menn. also leugt er plus $\frac{7}{8}$ darnach secz er nem der ersten 7 lot so muß er der andern*n* nemen 9 lot nu wart was 7 vnd 9 halten Sprich 16 lot halt*en* 12 was halt*en* 7 facit $5\frac{1}{4}$ Sprich aber 16 lot halten 15 w*az* halten 9 facit $8\frac{7}{16}$ Addir d*az* zusam facit $13\frac{11}{16}$ vnd leugt aber plus $\frac{11}{16}$ Und stet also

$$\begin{array}{ccc} 6 + \frac{7}{8} & & \\ \times & & \frac{3}{16} \\ 7 + \frac{11}{26} & & \end{array}$$

Nu machß nach der regel ku*m*pt $10\frac{2}{3}$ lot vnd so vil sol er nemen von der ersten muncz. vnd das ander von 10[C 1r/202r]$\frac{2}{3}$ piß auff 16 als $5\frac{1}{3}$ sol er nemen der andern*n* muncz vnd das magstu also p*ro*bire*n* Sprich 16 lot geben 12 lot feyn silber· was werden geben 10 lot $\frac{2}{3}$ facit 8 dar nach Sprich aber 16 lot geben 15 was geben $5\frac{1}{3}$ facit 5 Nu addir 5 vnd 8 facit 13 vnd ist gemacht.

[326] ¶It*em* Eyner hat Ingwer vnd pfeffer 80 lb vnd giebt 5 lb Ingwerß vmb 1 fl Und 8 lb pfefferß auch vmb 1 fl vnnd ist itlichß 40 lb Nu ist die frag wie vil lb fur 2 fl ku*m*men Ingwer vnd pfeffer vn*d* eynß als vil als deß andern vntereyna*n*der Machß also vnd secz er geb ym 12 lb vmb 12 fl vntereyna*n*der Sprich 80 lb gelten 13 fl was gelt*en* 12 lb pfeffer vn*d* Ingwer vnd kumpt $1\frac{19}{20}$ vnd leugt mi[C 1v/202v]nus $\frac{1}{20}$ wan es sollen 2 fl kummen sey*n* Darnach secz Er geb im 13 lb fur 12 fl Sprich 80 lb kosten 13 fl was koste*n* 13 lb facit $2\frac{9}{80}$ vnd stet also *etc*

$$\begin{array}{ccc} 12 - \frac{1}{20} & & \\ \times & & \frac{260}{1600} \\ 13 + \frac{9}{80} & & \end{array}$$

Nu machß noch der Regel vnd kumpt $12\frac{4}{13}$ lb vnd ist recht gemacht· Und Wiltu das p*ro*bir*en* Szo sprich 5 lb Ingwer kosten 1 fl was kosten 6 lb $\frac{2}{13}$ wan er giebt ym itlichß 6 lb $\frac{2}{13}$ macht peydeß $12\frac{4}{13}$ vnd kumpt 1 fl $\frac{3}{13}$ Dar nach sprich 8 lb geben 1 fl was geben $6\frac{2}{13}$ vnnd kumpt $\frac{10}{13}$ fl

3–4 selbigen] *fehlt* BCD 20 gemacht] recht CD 28 also *etc*] also B, also wie hie nachuolgt CD das addir zu sammen werden 2 fl vnd ist recht. vn*d* also magstu auch vn*d* solt p*ro*cediren durch [C 2r/203r] all ander exempel der ich hye von kurcz wegen nicht mer seczen wil wan durch dye oben gesaczt*en* du dich leychtiglich vben magst in allen andern*n* muglich zcu practicir*en* Alleyn hab aufachtung vnd merck zum ersten die auffgab vnd der selbigen meynung darnach nym dir fur ey*n* zal in mossen sy wer war vnd erforsch sy noch der auffgab saget sy dan die selbige zal d*er* auffgab zu szo hastu die warheyt vnd ym recht gethan das du ader (szo du eß nicht findest) wolst neme*n* eyn andere vnd in der mossen auch thun szo machstu es recht. alleyn merck vn nym zu herczen die auffgab Also auch gleicherweyß soltu p*ro*cediren in allen dir furku*m*menden bruchen sy albeg vor in eyn bruch reduciren vnd darnach als oben ynn andern practiciren Und also dy furgenumne werck vorenden.

4 leychtiglich] lychtlich BCD 5 aufachtung] achtung BCD 13 vorenden] volenden BCDE

[C 2v/203v] Das dritte vnd leczte teyl der ersten dieẞes buchles außteylung.

¶In dem dritten vnd dieẞes buchleß leczten teyl der ersten teylung· Wil ich dir eynwenig sagen. vnnd dich (als vil hie her dienet) kurczlichen vnderweyßen die art des messen Geometria genant. Und zum ersten was geometria an ir selbst ist. vnd war auff sy gegrunt ist. und wie vrsprungklichen alle figur mit ir vnterscheyd auß gefurt werden. vnd gruntlich durch ir lini beschriben· Zum Andernn Was eyn itliche figur in rechter moß yn halten sey Czum Dritten vnd dieses buchles eyner beschlissung wil ich dir sagen von mancher kurcz weyligen vnd ser nuczparliche Rechenschafft. Nu das erst zuuerfuren vnd alleyn wegk zunemen dieser kunst vnwissen heyt Soltu mercken das Geometria [C 3r/204r] das ist die art des messen nicht anderß ist dan eyn kunst der vnbeweglichen grossz Und ist gegrunt auff dinck als auf punckt Lini Angel ader winckel Superficies ader flech. Und corpus· Nu soltu wissen das punctus nicht anderß ist (als Euclides spricht) Dan eyn dinck das keyn teyl hat vnd also ist punctus eyn kleyn dingk daz nicht zu teylen ist. Linea ist eyn austreckung die alleyn zu messen ist ynn die leng also [Abb. 1] Angulus ist eyn winckel der do gemacht ist von zweyen lini [Abb. 2] Superficies ist eyn außtreckung die man mist nach der leng vnd noch der preyt also [Abb. 3] Corpus ist eyn außtreckunng die man mist noch leng preyt vnd tieff· ader dick also [Abb. 4]

[Abb. 1]

[Abb. 2]

[Abb. 3]

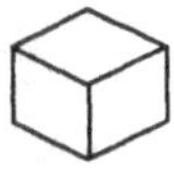
[Abb. 4]

Nu soltu auch wissen das punctus eyn gruntlicher vnd erster anfanck ist alles messenn vnnd eyn mittel aller figur vnteilhafftigk auff das aller kleynste in allen dreyen mossen· Auff welichen zum ersten [C 3v/304v] gleicher weyß als auß eynem prunn fleust vnentlich die lini alleyn yn leng teylhaftigk vnd nicht yn die preyt noch dick. alleyn zwischen zweyen puncten begriffen. Und ist dreyerley Lini Etliche ist eyn Lini gerad auß gestrackt also [Abb. 5] Etliche ist eyn geschevpte Lini also [Abb. 6] Etliche ist eyn krumme Lini. vnd die ist in mancherley formm gleich den pawmen vnd flussen also [Abb. 7]

[Abb. 5]

[Abb. 6]

[Abb. 7]

Nu seyn auch dreierley winckel. alß recht gescherfft· vnd weyt Eyn rechter winckel ist so eyn gerade rechte Lini auf eyn andere rechte gesaczt

14 dinck als auf] *fehlt* BCD 14 Lini] *fehlt* BCD 14 ader winckel] oder auch Winckel vnnd E

wirt vnd die winckel zu peden seyt*en* gleich seyn sam also [Abb. 8] Und also wirt die Lini die oben her eyn felt perpendicularis geheyssen. Der winckel aber der kleyner ist dan eyn rechter wirt eyn gescheffter winckel gesprochen als hye [Abb. 9] Wan er aber weyter ist dan eyn rechter so ist er eyn weyter win[C 4r/205r]ckel genant also [Abb. 10]

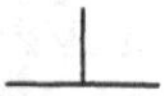
[Abb. 8]

[Abb. 9]

[Abb. 10]

Nu soltu auch mercken d*az* mancherley Superficies sey*n* Etliche ist gescheupt vn*d* ist ey*n* figur ader Superficies mit eyner Lini vmbgeben weliche lini so sy zusam kumpt circu*m*fere*n*cia genant ist Un*d* der selbigen figur mittel eyn punckt ist von welchen all lini auß gestreckt piß an dy circu*m*ferencz gleich sey*n* Und der selbige punckt wirt Centru*m* genant des zirckelß Ader die Lini circu*m*ferencia die do geet. von eyner auß zu der andern durch den punckt ader Centru*m* wirt Dyameter genant alß hye in dieser figur. [Abb. 11] Und des circkelß itlicheß halb teyl wirt semicirculus gesprochen das ist ey*n* halber cirkel [Abb. 12] Szo aber eyn cirkel durch Dyametrum in vngleiche teyl geteylt wirt [C 4v/205v] porcio maior werden zwey teyl eynß gesprochen das grosser vnd das ander· d*az* kleyner als in dieser figur [Abb. 13]

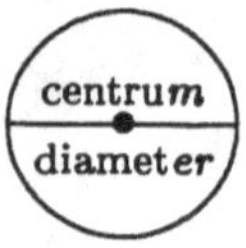

[Abb. 11]

[Abb. 12]

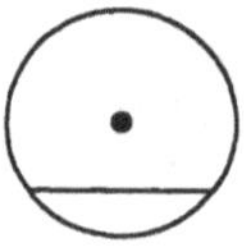
[Abb. 13]

Darnach seyn auch etliche figur mit gericht auß gestracten lini beschribene Und die selbigen sey*n* in mancherley vnterscheyd Wan etliche seyn driseytigk das ist mitt dreyen gericht außgestract*en* lini beschlossen Etliche vier seytigk die mit vier lini. Etliche funff seytigk. vn*d* also etliche mit vil seyten ader lini beschlossen wirt. als ich dir dan klerlich*en* hernoch beschreybe*n* wil· Nu vo*n* der ersten zu sagen soltu wisen das dreyerley driecket figur seyn. wa*n* etzliche ist welicher mit dreyen gleichenn seyten. drey gleich winckel vmbschriben seyn als hie [Abb. 14] Und wirt equiangulus genant ad*er* ysopleurus Dar nach ist auch etzliche Drieckichte Figur der alleyn zwu seyten ader lini gleich seyn [C 5r/206r] als hye [Abb. 15] Und wirt gesproch*en* ysocheles. Darnach ist ey*n* a*n*dere Drieckichte figur in welicher eyn seyt*en* der andern keynen gleich ist also hie [Abb. 16] Und ist Scalenon geheyss*en*

---

1 sam] *fehlt* BCD 13 itlicheß] *fehlt* BCD 24 welicher] *fehlt* BCD

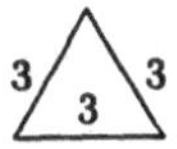

[Abb. 14]

[Abb. 15]

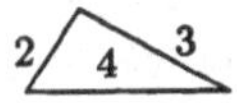

[Abb. 16]

Nu der selbigen wirt etliche· Orthogonica geheyssen. Als die do hat eynen rechten winckel als hie [Abb. 17] Die ander Ambligonica mit eynem weyt*en* winckel also diese [Abb. 18] Und die drit oxogonica mit dreyen scharpfen winckelln*n* als hie [Abb. 19]

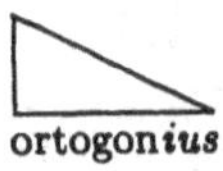

[Abb. 17]

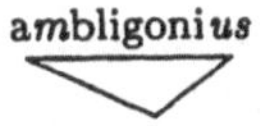

[Abb. 18]

[Abb. 19]

¶Nu zu dem Andern*n* soltu auch mercken Das eyn viereckte figur nicht anderß ist da*n* eyn figur mit vier gericht außgestracten lini vmbschriben vnd sey*n* in mancherley vnterscheyd Wan etliche wirt genant [C 5v/206v] Quadratum Orthogonium vnd ist eyn figur mit gleichen vier seyten vn*d* recht*en* vier winckeln*n* als hye [Abb. 20] Etzliche wirt gesproch*en* Quadrangul*us* altera parte longior. Und ist eyn figur mit 4 recht*en* winckeln*n* Und zweyen gleychen seyten als in dieser figur [Abb. 21] Darnach volget· eyn andere vierecktichte figur· Helmuaym genant die do gleich ist zu alle*n* seyten aber sy hat keynen recht*en* sunder albeg gleyche winckel wider eynander. als diese figur [Abb. 22]

Eß ist auch darnach eynn figur Silis helmuaym gena*n*t die do ist gleicher seyten vn*d* auch gleicher winckel wider eynander alß dan erscheynt in dieser figur [Abb. 23]

[C 6r/207r] Darnach volget ey*n* figur Helmuaripha genant Trapeseta vnd irregularis· dye do keyn rechten winckel hat mit allen vngleichen seyten als hye [Abb. 24]

Und also der gleichenn vnd alle andere auß der weyß vn*d* form*m* der obern*n* viereckichte figur Helmuariphe*n* gesprochen werd*en* vnd irregulares.

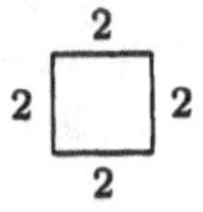

[Abb. 20]

[Abb. 21]

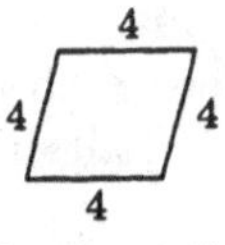

[Abb. 22]

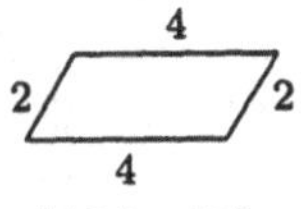

[Abb. 23]

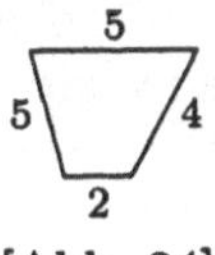

[Abb. 24]

9 gesproch*en*] geheissen BCD 12 vierecktichte] viereckte CD

Nu ist auch etzliche figur mit 5 winckel*n* Penthagonus genant also hye [Abb. 25] Etzliche mit 6 winckeln*n* als diese [Abb. 26] Un*d* also furt die andern*n* mit vil winckeln ader ecken

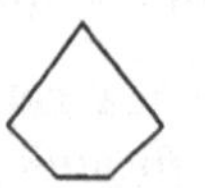

[Abb. 25]

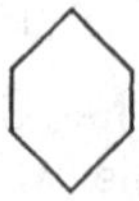

[Abb. 26]

Nu do pey soltu auch wissen Wie die lini genant werden ynn den triangel vnd auch quadrangel. Un*d* daru*m*b merck d*a*z die vnderste lini geheyssen wirt basis· vn*d* die gleich obe*n* hereyn [C 6v/207v] felt wirt cathetus genant Die adder vo*n* dem euserst*en* teyl catheci geet zu de*m* eusersten basis wirt ypotenusa gesproch*en* alß in dieser figur. [Abb. 27]
Un*d* die euserste*n* lini in de*m* quadra*n*gel Werde*n* Coste genant· Und die lini die do get vo*n* einem eck in das ander wirt linea diagonalis gesproch*en* ader diameter als in dieser figur [Abb. 28]
Eß sey*n* auch a*n*der zwu lini equedistantes gena*n*t gleich miteynander auß gestrackt in eyner sup*er*ficie vnd also vnentlich nymmer zusam kummen als Hye [Abb. 29]

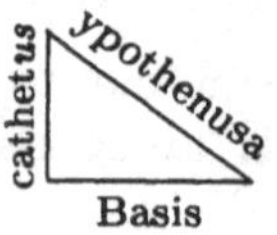

[Abb. 27]

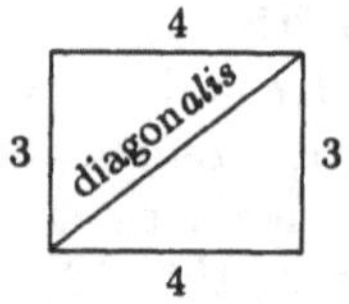

[Abb. 28]

[Abb. 29]

Nu soltu auch mercken das vrsprunckliche*n* nicht dan zweyerley corp*ora* sind als Colu*m*nalia. vn*d* Piramidalia. Und die do Colu*m*nalia werde*n* geheyssen seyn als heußer faß. zuber vnd der gleiche*n*. Die aber corp*ora* Pi[C 7r/208r]ramidalia genant werd*en* seyn alle corp*ora* vnten weyt vnd ob*en* eng eynzog*en* alß dy perg seyn vn*d* der gleich*en*· Nu soltu auch wissen das zweyerley area ist Das erst wirt gesproch*en* Area sup*er*ficialis vnd ist wie eyn moß gehalt*en* wirt in einer superficies. als wie offt ein spann ein ell*en* ader ein andere moß des gleich*en* in eyner sup*er*ficie gehalt*en* wirt. Das ander ist Area corp*or*alis genant. vn*d* ist wie ey*n* moß gehalten wirt in einem corpus. als wie offt ey*n* eymer· ein kandel ader ein nossel. ader ey*n* andere moß des gleich*en* in eine*m* faß ader in eine*m* andern*n* des gleich*en* behalt*en* werd Und das soltu mit vleyß merck*en*

22 spann] spann od*er* BCD 25 nossel] seydel E 25 in eine*m* faß ader] *fehlt* D

¶Nu wil ich dir weißen wie du eyn itliche lini einer figur durch zal finden solt vnd das zum ersten in dem Circkel· Und dar umb soltu mercken so du wilt haben dye circumferencz daz ist des circkelß vmbgeschribne lini So multiplicir. den Diametrum [C 7v/208v] mit $3\frac{1}{7}$ vnd kumpt die circumferencz· vnd widerumb wen du wilt haben Dyametrum circuli so diuidir die circumferencz in $3\frac{1}{7}$ vnd kumpt Dyameter circuli vnd also soltu mercken das albeg Dyameter eynß gleichen circkelß zu $3\frac{1}{7}$ mol in der circumferencz beschlossen wirt·

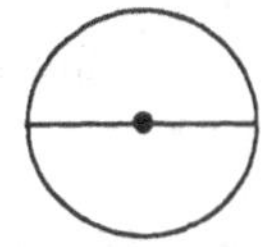
[Abb. 30]

¶Szo du aber wilt Aream superficialem eynß gleichen cirkelß suchen. thu ym also Multiplicir Dyametrum circuli in sich selbst vnd von dem product subtrahir $\frac{11}{14}$. vnd was do pleybt das ist. Area superficialis circuli vnd ist recht Ader thu ym alszo Multiplicir die circumferencz in sich selbst vnd so du das product teylß in $12\frac{4}{7}$ Szo [C 8r/209r] kumpt es gleich als oben. Ader machß also multiplicir das halbe teyl der circumferencz in den halben dyametrum Und kumpt auch recht Auch magstus also suchen· multiplicir dyametrum circuli durch circumferenciam Und wan du darnach das product teylß durch 4 szo kumpt es auch recht· Und das ist eynn leychte vnd gute weyß aream circuli zufinden Wiltu aber durch aream superficialem eynes itlichen circkelsz finden circumferentiam circuli so multiplicir Aream superficialem durch $12\frac{4}{7}$ Und radix quadrata der selbigen zal ist die circumferencz Unnd ist recht als dan auß weyst diese figur [Abb. 30]

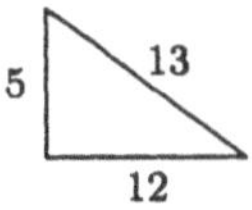

[Abb. 31]

Wiltu aber nu wissen wie langk ypotenusa eynes triangel Orthogany sey [C 8v/209v] so mustu vor ann wissen die andern zwu seyten als kathecum vnd basim Darnach Machß also· vnd multiplicir die selbigen zwu seyten itliche in sich selbst vnd addir die product zusammen. vnd radix quadrata der selbigen sum ist ypothenusa als ynn dieser figur· [Abb. 31] Multiplicir 5 in sich werden 25 multiplicir auch 12 in sich werden 144 Nu addir die zwu sum zusam kummen 169· dar auß nym Radicem quadratam vnd kumpt 13. ypothenusa Wenn du nu also gefunden hast ypothenusam in dem triangel orthogonio· Und wilt auch wissen vnd finden die andern zwu als Basim vnd Cathecum So thu ym also. multiplicir ypothenusam in sich selbst werden 169 Darnach multiplicir auch der andern eyne die dir dann wissen ist· als cathecum auch in sich als 5 werden 25 die subtrahir von 169 pley[D 1r/210r]ben 144. Und radix quadrata dieser zall als 12 ist Basis des oben geseczten triangel Und so du Basim als 12 inn sich multiplicirest. kummen 144 vnd auch ypothenusam als 13 werdenn 169 vnd darnach eyn sum von der andern subtrahirest pleyben 25 vnd radix quadrata der selbigen zal ist cathecus vnd ist recht.

38 oben geseczten] obgesetzten BCD

¶Wiltu nu aber wissen durch die seyten eynes triangel Equilateri wie langk Cathecus sey. des selbig*en* tria*n*gelß So suchß also· multiplicir der seyten eyne in sich selber. Und von dem erwachßnen product subtrahir $\frac{3}{4}$ des selbigen p*ro*ductß vn*d* radix quadrata der selbig*en* subtrahirten zal ist cathec*us* des triangel equilat*eri*. Als in dieser figur [Abb. 32]

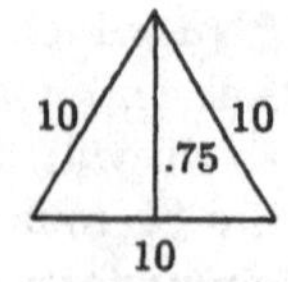

[Abb. 32]

Multiplicir 10 in sich ist 100 da von nym $\frac{3}{4}$ ist 75 v*on* R*adix* von .75 ist cathetus [D 1v/210v] Szo du nu hast cathecum in eynem tria*n*gel equilater vnnd wilt do durch finden die seyt*en* des selbigen tria*n*gelß· so machß also. multiplicir cathecu*m* in sich selber· vn*d* des selbig*en* p*ro*ductß addir $\frac{1}{3}$ dar zu· vn*d* radix quadrata der ganczen sum ist yede seyt des triangelß Wiltu aber nu aream sup*er*ficiale*m* eynß triangelß equilatri find*en* So multiplicir eyn seyt*en* in sich selber alß 10 mol 10 ist 100 Nu addir die erst sum der seyte*n* das ist 10 dar zu wirt 110 das halbir kumme*n* 55 vnd ist area. Un*d* wiltu nu finden durch aream die leng eyner seyt*en* So machß also M*u*ltiplicir aream das ist 55 mit 8 kumpt 440. addir 1 dar zu wirt 441· vn*d* wenn du 1 wider subtrahirest von der zal wurcz*e*l als von 21 pleyb*en* 20. vn*d* darnach die selbige vb*er* geplibne zal als 20 halbirest kumpt dye seyten als 10 vnd ist recht·

Wiltu aber wissen das centru*m* eynß trian[D 2r/211r]gelß equilateri So multiplicir eyn seyt*en* als 6 in sich wirt 36· vn*d* nym $\frac{1}{3}$ do von ist 12 Nu R*adix* von 12 ist das centru*m* als in diser figur *etc* [Abb. 33]

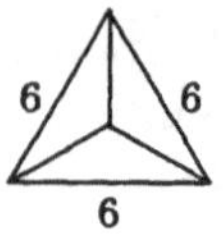

[Abb. 33]

Und wen du multiplicirest das centrum das ist die zall die do ist von centru*m* piß in winckel wider in sich selber vnd das p*ro*duct mit 3. vnd darnach ra*dix* des selben p*ro*duct ist eyn seyten vnd ist recht.

¶wiltu aber wissen cathecum eynß tria*n*gelß nicht eynerley seyten. Unnd auch aream sup*er*ficialem als hye [Abb. 34] Szo addir quadratum basis als 196 zu quadrata der kleynern*n* seyten als czu 169 kummen 365 [D 2v/211v] Darnach subtrahir d*az* quadrat der grossern*n* seyten als 225 von der zweyer zusam geaddirtt*en* quadrat*en* sum als vonn 365

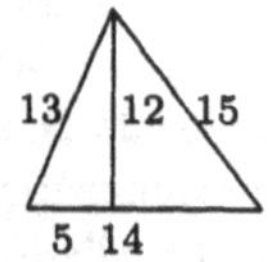

[Abb. 34]

pleybt 140 vnd das halbir werd*en* 70. und das diuidir in 14 ku*m*men 5· das ist das kleyner abgeschnitne teyl von der lini Basis durch kathecu*m*. Darnach m*u*ltiplicir 5 in sich ku*m*men 25 das subtrahir von dem quadrat der kleynern*n* seyt*en* alß von 169 pleybt 144 vnd R*adix* quadrata der

33 lini] *fehlt* CD

selbigen zal ist cathecus des oben gemelten triangelß. Wiltu nu wissenn Aream superficialem· Szo addir alle drey seyten zu sammen vnd werden 42. da von nym den halbe teyl daz ist 21 Darnach wart wie weyt von 13 piß auff 21 ist vnd seyn 8· nu multiplicir 8 mol 21 wirt 168· dar nach wart aber wie weyt von 14 sey piß auf 12 vnd ist 7 multiplicir 7 mol 168 kumpt 1176 also multiplicir auch differentiam zwischen 15 vnd 21 als 6 in 1176· vnd wirt 7056 vnd Radix quadrata der sum als 84 ist [D 3r/212r] area deß obgemelten triangelß. ader machß also vnd vil leichter vnd behender Multiplicir daz halbteyl Basis als 7 durch cathecum als 12. Ader widerumb multiplicir das halbteyl catheci als 6 in die gancz lini Basis als in 14 vnd kummen vberal 84 vnd ist area superficialis des oben gehabten triangelß.

¶wiltu aber nu wissen die stat deß punctß das ist gerad die mit des triangelß Und wie weyt von dem mittellnn punct in ytlichen winckel sey So machß also vnnd merck eben was der dyameter sey von dem triangel. vnd die selbige lini laß vallen auff die seyten 14 Ader auff eynn yde andere seyten Darnach multiplicir 14 in sich selbst kumpt 196. vnd multiplicir auch die seyten 13 in sich selbst wirt 169 Dy addir zu sammen kumpt 365 Darnach multiplicir auch die seyten 15 in sich selbst wirt 225 das subtrahir von 365 pleyben 140 vnd das diuidir durch Basim [D 3v/212v] geduplirt als durch 28 kummen 5 vnd also merck das 5 ist von 13 piß zum c vnd pleyben von b piß zum d 9 Darnach multiplicir 5 in sich selbst kumpt 25 vnd auch multiplicir die seyten 13 in sich kumpt 169 Da von subtrahir 25 pleyben 144 vnd also hastu das die lini die do get von a zum b ist radix· von 144 das ist 12 vnd so langk ist die lini die do felt auff die lini 14 vnd ist oben auch geruert· [Abb. 35]

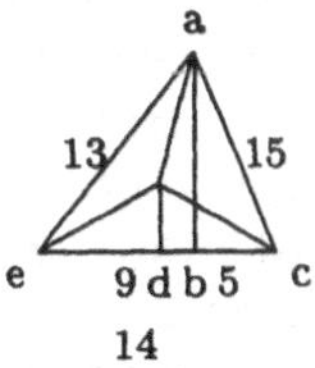

[Abb. 35]

Ader machß also Nym die andernn seyten die do ist 9 vnd multiplicir in sich macht 81 Auch multiplicir die seyten 15 in sich vnd wirt 225 da vonn subtrahir 81 pleyben 144 vnd also gleicher weyß soltu sprech[D 4r/213r]en. das die lini sey radix von 144 daz ist 12

Nu aber zuuornemen wye weyt von dem punckt sey in eynem ydem winckel Szo secz den punckt auff die mit der lini von 14. vnd ist 7 Also pleybt vom b piß zum d 2 Darnach multiplicir 7 in sich selbst werden 49 Multiplicir auch die lini von 12 das ist die lini die do felt durch sych selbst weren 144 Darnach multiplicir auch die 2 zwischem b vnd dem d in sich selber kummen 4 die addir zu 144 wirt 148 da von subtrahir 49 pleyben 99 vnd das mustu diuidiren in das duplat der lini cadente das ist in 24 vnd kumpt $4\frac{1}{8}$ Und das multiplicir widerumb in sich selbst facit $17\frac{1}{64}$ Und darnach aber 7 in sich selbst facit 49 die· [D 4v/213v] addir

11 gehabten] gehalten D 28 geruert] geuiert BCD 36–37 sych selbst weren] sych selb werden B, die selb werden CD

zu $17\frac{1}{64}$ kumpt $66\frac{1}{64}$ vnd also soltu wissen das von dem punckt in der mit in eyn ytlichen winckel ist radix quadrata von $66\frac{1}{64}$ das ist $8\frac{1}{8}$ Wiltu aber nu auch wissen wie groß der circkel sey den man macht auß dem selbigen punckt piß an die seyt*en* des selbigen triangelß So duplir $8\frac{1}{8}$ wirt $16\frac{1}{4}$ So weit ist der diameter wen du aber wiss*en* wilt die circu*m*ferencz so multiplicir Dyametrvm durch $3\frac{1}{7}$ vnd kumpt $51\frac{1}{14}$ vnd so vil ist der vmbkreyß des circkels vn*d* durch die weyß soltu mache*n* alle rechnung der gleich nach auß weysu*ng* dieser figur. [Abb. 36]

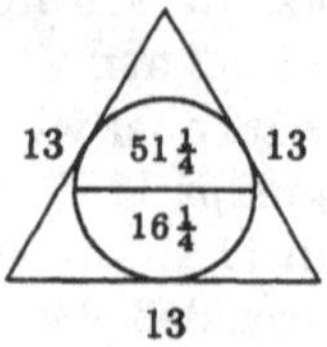

[Abb. 36]

[325] It*em* es ist eyn circkel deß diameter ist 14 spa*n* ader ell*en* lang dar eyn wil ich mach*en* eyn tria*n*[D 5r/214r]gel mit gleich*en* seyten auff das grost als ich mag Nu ist die frag wie langk szol d*er* seyten eyne seyn Wiltu das wissen vnnd des gleich*en* So machß also· vnd merck zum ersten das albeg der dyameter des triangelß vmb $\frac{1}{4}$ kleyner ist dan der diameter des circkelß. vnd darumb wen du wilt wisse*n* w*az* d*er* seyte*n* eyne des triangelß sey. Szo multiplicir diametrum des cirkelß als 14 durch sich selbst facit 196 da von subtrahir $\frac{1}{4}$ das ist 49 pleybenn 147 Und R*adix* von dieser zal ist eyn seyten des triangels als hye. [Abb. 37]

[Abb. 37]

Wiltu nu das p*ro*biren szo thu ym also Nym $\frac{1}{2}$ eyner seyten reducir $\frac{1}{2}$ von radice das ist $\frac{1}{4}$ von 147 ist $36\frac{3}{4}$ vnd R*adix* von $36\frac{3}{4}$ ist $\frac{1}{2}$ eyner seyten Darnach von dem diametro als [D 5v/214v] von 14 subtrahir auch $\frac{1}{4}$ das ist $3\frac{1}{2}$ pleybt $10\frac{1}{2}$ Darnach sprich also Es ist eyn quadrat das ist zu allen seyt*en* $10\frac{1}{2}$. Un*d* durch das Ander ra*dix* von $36\frac{3}{4}$ Nu ist die frag wie groß ist sey*n* schilt· vn*d* m*u*ltiplicir $10\frac{1}{2}$ in sich selbst fa*cit* $110\frac{1}{4}$ Darnach multiplicir auch ra*dix* von $36\frac{3}{4}$ in sich selbst wer*en* $36\frac{3}{4}$ vnd das addir zusammen so kumpt ra*dix* 147 vnd so vil ist der seyten eyne des triangelß als dan oben gesprochen ist *etc*

[326] ¶It*em* eß ist eyn triangel des seyt*en* eyne ist 12 Nu ist die frag was wirt der vmbkreyß seyn der vmb de*n* triangel gemacht wirt Machß also vnd wart zum ersten [D 6r/215r] was der Dyameter des triangelß sey also multiplicir 12 in sich selbst wirt 144 Da von subtrahir $\frac{1}{4}$ pleybt 108 Nu dieser zal ra*dix* ist der Dyameter des triangels Wiltu aber nu wissen Dyametrum circuli so subtrahir $\frac{2}{3}$ das ist $\frac{4}{9}$ von 108 pleybt 48 Darnach multiplicir 16 in 108 kumpt 1728 das teyl durch 9 ku*mm*en 192 vnd so vil ist der diameter des cirkelß Wiltu nu auch erkennen den vmbkreyß. so multiplicir den diametrum mit $3\frac{1}{7}$ vnd subtrahir $3\frac{1}{7}$ vo*n* d*er* ra*dix* wer*en* $9\frac{43}{49}$ vnnd das multiplicir mit ra*dix* von $192\frac{20}{49}$ wirt ra*dix* vonn $1896\frac{20}{49}$ vnd die ra*dix* ist der vmbkreyß. alß hie [Abb. 38]

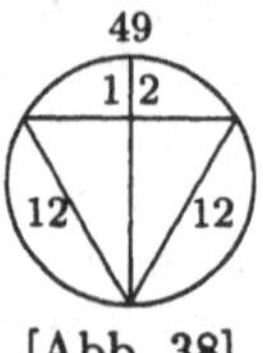

[Abb. 38]

24 pleybt] bleiben BCD 27 weren] werden BCDE 35 ist] *fehlt* CD 40 weren] werden BCDE

[Abb. 39]

[327] [D 6v/215v] Nu yn den selbig*en* triangel soltu ey*nn* cirkel mach*en* auff das grost ist die frag wy vil der vmbkreyß vmb sich sey· Machß also multiplicir 12 durch sich selber w*er*en 144 da von subtrahir $\frac{1}{4}$ das ist 36 pleyben 108 Nu R*adix* von 108 das ist des triangelß diameter Nu aber zuuorneme*n* wy vil sey der diameter des circkelß szo subtrahir $\frac{2}{3}$ vo*n* ra*dix* vo*n*· 108· quadrir $\frac{2}{3}$ werden $\frac{4}{9}$ Darnach subtrahir d*az* selbige vo*n* 108 werden 48 vnd R*adix* von 48 ist der diameter des circkelß Also soltu nu auch suchen den vmbkreyß des circkelß multiplicir den dyametru*m* durch $3\frac{1}{7}$ vn*d* subtrahir $3\frac{1}{7}$ von R*adix* ist $9\frac{43}{49}$ Darnach multiplicir $9\frac{43}{49}$ durch 48 wer*en* $474\frac{6}{49}$ nu R*adix* qvadrata ist die circu*m*ferencz des cir[D 7r/216r]kelß als hye [Abb. 39]

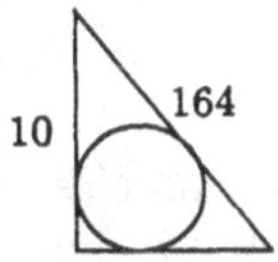

[Abb. 40]

[328] ¶It*em* eß ist eyn schilt gestalt gleich als eyn triang*e*l orthogon*ius* Des cathet*us* ist 10 vnd Basis 8 vnd ypothenusa R*adix* vo*n* 164 Dar eyn wil ich machen eyn cirkel auff d*az* grost als ich mag Nu ist die frag wie vil die circumferencz des cirkelß sey Machß also Addir cathecu*m* mit. ader zu basim als 10 zu 8 wirt 18 vnd das subtrahir von radix quadrata von 164 vn*d* das ist eyn wenig minder dan 13 Darumb soltu sprechen das der circkel sey durch seyn dyameter 18 – R*adix* von 164 Nu aber zuuernemen circu*m*ferentia*m* multiplicir dyametru*m* durch $3\frac{1}{7}$ vn*d* was auß solicher multipliciru*n*g erwechst d*az* ist des cirkelß vmbkreyß alß hie [Abb. 40]

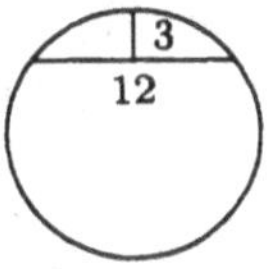

[Abb. 41]

[329] ¶It*em* es ist eyn lini durch eyn cirkel gezogen die ist 12 ell*en* *etc* langk vnnd auff dye [D 7v/216v] mit der selbigen lini sey eyn lini p*er*pendiculariter gezogen die sey 3 langk. Nu ist die frag wie ey*nn* lange lini muß gezogen werde*n* auß dem punckt der zweyer lini do mit erlangt werden muge die circu*m*fere*n*cz Machz also vnd teyl albeg die lini dye durch den cirkel get in 4 als 12· vn*d* ku*m*pt 3. vnd was darnach auß solicher teylu*n*g kumpt das teyl durch 3. als hye 3 yn 3 kumpt 1 Darnach multiplicir 1 durch 12 wer*en* 12 Das addir zu der lini die p*er*pendiculariter felt als zu 3 werden 15 d*az* halbir pleybt $7\frac{1}{2}$ von dem subtrahir die lini die do perpendiculariter gesaczt ist als 3 pleybt $4\frac{1}{2}$ vnd eyn solche lini soltu zyhen vntersich von dem punct der lini Basa also das alle drey lini die circu*m*ferencz begreyfft als in diesem exempel [Abb. 41]

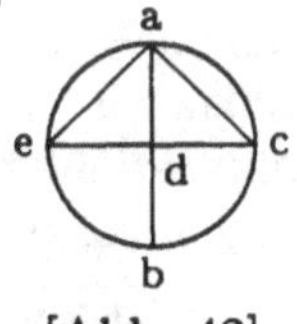

[Abb. 42]

[330] [D 8r/217r] ¶It*em* Eß ist eyn halber cirkel des dyameter ist 12 Dar eyn wil ich machen de*n* grosten triangel als ich mag vnd der gleicher leng sey zu allen seyten. Nu ist dye frag. wie langk der seyten eyne sey des selben triangels Machß alszo Nu darumb das ich gesproch*en* hab den

11 weren] werden BCDE 16 mag] kan D 18 zu] vnd D 32 weren] werden BCDE 33 $7\frac{1}{2}$] $7\frac{1}{8}$ A

Diametrum des halb*en* circkels 12 langk szo ist vom e zum c 12 vnd vom a zum b auch 12 Dar durch magstu haben das vom a zum mitlern*n* punckt 6 ist Und daß ist der dyameter des triangels· Darnach multiplicir den diametrum in sich selbst wirt 36 da von subtrahir $\frac{1}{3}$ vnd addirß zu 36 werden 48 vnd Radi*x* von 48 ist der seyten eyne als hye [Abb. 42]

[331] [D 8v/217v] ¶It*em* wiltu aber in eynen halben cirkel machen eyn quadrat auff das grost· vn*d* wilt wissen wie lang der seyten eyne sey Nu secz also oben der diameter des halben cirkelß sey 12. vnd eynn lini die von oben herab p*er*pendiculariter gezogen wert sey 6 Darnach machß also multiplicir den diametru*m* in sich selbst wirt 144 vn*d* teylß durch 5 ku*m*men $28\frac{4}{5}$ vnd R*adix* von $28\frac{4}{5}$ ist das quadrat durch die seyten [Abb. 43]

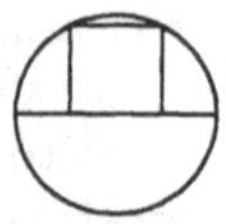

[Abb. 43]

[332] Het ich aber also gesprochen Eß ist eyn halb*er* cirkel deß corda von dem arco ist 12 vn*d* sagitta ist 6 dar eyn wil ich mach*en* das grost quadrat so ich mag Nu ist die frag wie vil der halb cirkel sey machß also Nu du sichst das die halb rotund gleich ist dem quadrat vnd ich wil eynn andere rotund hin eyn mach*en* vnnd wil die selbige rotund zueygen der selb*en* halben vnd thu ym also Ich mach eyn ro[E 1r/218r]tund hyn eyn vn*d* dar eyn mach ich zwe*n* quadrat also das eyner zwir so la*n*gk sey als weyt als in dieser figur [Abb. 44]

[Abb. 44]

Und darumb soltu secze*n* d*az* vom a piß zum c sey eyn cossa· vnd vom c zum b auch ey*n* cossa. vnd also sprich d*az* eyn quadrat weyt sey 1 cossa vnnd langk 2 cossa Darnach wart wie groß eyn quadrat sey das do weyt sey 1 cossa. Und zweyer langk· m*u*ltiplicir 1 *cosa* durch 1 *cosa* wirt 1 ze*nsus* vn*d* multiplicir 2· *cosa*· durch 2 *cosa* werde*n* 4 ze*nsus* addirß zusammen wer*en* 5 *cosa*· das ist vom a zum b vnd auch vo*m* c zum d auff das geneust. Un*d* ist oben berurt das der dyameter der rotu*nd* sey 12 darumb quadrir 12 werden 144 d*az* teyl durch ze*nsus* als 5 so ku*mm*e*n* $28\frac{4}{5}$ vnd szo uil ist die ra*dix* das ist ra*dix* von $28\frac{4}{5}$ vnnd ist geseczt das. d*az* quadrat sey auff [E 1v/218v] yder seyten 1 *cosa* Darumb ist eyn seyten R*adix* von $28\frac{4}{5}$ vnd also hastu das vbereyn kumpt *cosa* mit der andern*n* regel

[333] ¶It*em* Eß ist eyn quadrat das ist zu allen seyten 10 Nu ist die frag wie weyt d*er* circkel vmb sich sey der vmb d*az* quadrat gemacht wirt Machß also m*u*ltiplicir 10 in sich selbst wirt 100 das duplir weren 200 Da von nym ra*dicem* quadratam vnd ist auff das nechst $14\frac{1}{7}$ vnd souil ist die lini diagonalis gena*n*t d*az* ist die lini di auß eyne*m* winckel· des

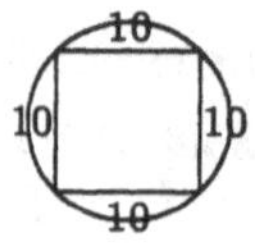

[Abb. 45]

3 Und daß ist] *fehlt* D 19–20 wil die selbige rotund zueygen der selben halben vnd] *fehlt* CD 28 weren] werden BCDE 38 weren] werden BCDE 39 nechst] *fehlt* CD

quadratz in de*n* andern*n* get. vnd ist auch diameter circuli. Darnach m*u*ltiplicir diametru*m* mit $3\frac{1}{7}$ weren $44\frac{1}{2}$ vn*d* so vil ist der vmbkreyß vm*b* sich als hie· [Abb. 45]

[334] ¶It*em* Eß ist eyn circkel des Diameter ist 12 Nu ist die frag was ist das quadrat d*az* [E 2r/219r] vmb den circkel gemacht wirt Machß also (wan du wol weyst das der seyte*n* ey*ne* des quadracz gleich so vil ist als des cirkelß diameter) multiplicir 12 d*az* ist die seyten in sich selbst kumpt 144 vnnd alszo weyt ist der quadrat vmb den circk*e*l als in dieser figur [Abb. 46]

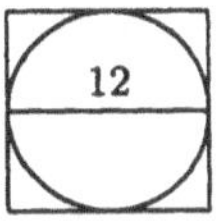

[Abb. 46]

Das ander Ca*pitel*

¶Nu in diesem andern*n* teyl wil ich dich lernen messe*n* d*az* ertrich Sam das ist was eyn itlich felt ader ertrich nach gestalt seyner figur inhalten ist. Und zum erst*en* in dem tria*ng*el Und darnach quadrangel vn*d* also furt Unnd ee das ich dir do von sage soltu wissen d*az* diese noch gende rechenschafft stet alleyn auff der moß p*er*tica genant vn*d* pedes vn*d* daru*mb* soltu mercke*n* d*az* albeg 1 p*er*tica ist 36 pedes in quadrato vn*d* in muro 6. vn*d* 12 oz 1 pes vn*d* in quadrato 144 [E 2v/219v] Und wie wol vil vnd mancherley moß seyn als dan klerlichen außdrucket Julius Frontinus vnd ander mer die do schreyben in dieser kunst· so ist doch nicht mer not dan als vil vnß hie her dienet zu wissen dan die oben gemelten durch weliche diese kleyne noch gesaczte rechenschafft genugsam wirt auß gedruckt Nu aber zuuerfuren nach ordenung vil vnd manche schone rechnu*ng* nach gestalt vn*d* form*m* des ertrichß soltu zu*m* ersten fur dich nemen· den triangel. vnd deyn frag alßo auß furen.

[335] ¶Eß ist eyn ertrich gleich eynem triang*e*l yßopleuro des itzliche seyten 60 p*er*ticas gemessen ist. Nu ist die frag wie weyt d*az* ertrich sey· Machß also. multiplicir eyn seyten durch das halbe teyl der andern*n* als 60 durch 30 kumpt 1800 die weyt des ertrichß [Abb. 47]

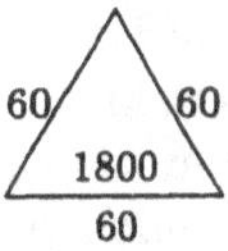

[Abb. 47]

[336] [E 3r/220r] Ite*m* ey*n* ertrich ist alß ey*n* schilt vnd die eyn seyte des selbige*n* ist 16 p*er*ticas inhalt*en* vnd der andern*n* yde 10 [Abb. 48] Nu ist die frag wie weyt seyn quadrat sey Nu daß zufinden vnd des gleich*en* mustu zum ersten suchen diametru*m* des ertrichß alß obe*n* multiplicir eyn seyten in sich selbst alszo 10 wirt 100 Darnach multiplicir auch das halbe teyl der andern*n* seyten als 8 wirt 64 das subtrahir von 100 pleybt 36. vnd ra*dix* der zal ist der diameter als 6 Darnach multiplicir das halbe teyl diametri als 3 durch die le*ng*er seyt*en* als 16 wirt 48 vnd so weyt ist des ertrichß

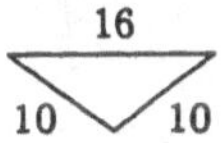

[Abb. 48]

2 weren] werden BC 2 so vil] *fehlt* E 11 Sam] *fehlt* BCD 16 albeg] *fehlt* BCD 24 auß furen] verfueren D 36 pleybt] blyben BCD

quadrat. vnd also durch die weyß soltu machen alle ertrich dem gleich vnd ist recht

[337] ¶Item es ist zu allen seyten eyn gleich vierecket ertrich des itliche seyte 10 parteg langk ist als hye [Abb. 49]

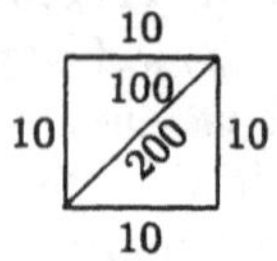

[Abb. 49]

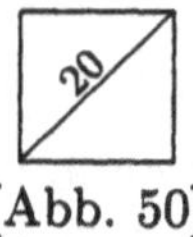

[Abb. 50]

[E 3v/220v] Nu ist die frag nach des ertrichß inhalt· multiplicir 1 seiten in sich selbst als 10 wirt 100 die weyt Ader machß also durch lineam diagonalem multiplicir diagonum in sich selbst wirt 200 [Abb. 50] Nu das halbt teyl von 200 ist die weit des ertrichß. Und also durch dye weyß magstu alle· viereckichte ertrich messen Als ich secz diameter diß ertrichß sey 20. Unnd wilt wissen die weyt des ertrichß so multiplicir 20 in sich wirt 400 die halbir kumpt 200 vnd so weyt ist des ertrichß quadrat vnd ist recht

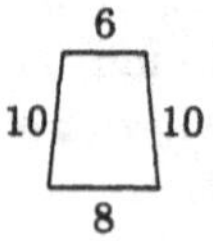

[Abb. 51]

[338] ¶Item eyn ertrich ist also gestalt vnd wilt wissen wie groß sein quadrat ist [Abb. 51] So machß also addir zu sammen die ober vnd die vnter seyten als 6 vnd 8 wirt 14 die halbir ist 7 das [E 4r/221r] multiplicir mit der andernn seyten als mit 10 wirt 70 vnd ist die weyt·

[339] ¶Item eynn ertrich ist gestalt also deß preit vn wissen ist. [Bild: Rechteck mit Bäumen mit Maßangaben] sunder eß stend pawm darynnen alszo geordent das albeg 5 schuch weyt steen die pawm von eynander Und der paum ist 525 Nu ist die frag wie weyt daz ertrih sey Szo thu ym also. du hast gesprochen das albeg zwischen 5 schuchen 2 paum sten darumb addir 5 zu der lenger seyten werden 245 Nu sein die paum 2 schuch preyt· vnd darumb nym den sibentten teil wan das mittel der paum mit ir preit ist 7 vnd ist 35. vnd darnach nym das funff vnd dreyssigste teyl von der zal der paum daz ist 15 vnd daz multiplicir mit 7 wirt 105 da von subtrahir das mittel zwischen den [E 4v/221v] pawmen als 5 pleyben 100 vnd szo vil ist die preyt deß veldes vnd ist recht gemacht

[340] ¶Item eß ist eyn felt 120 schuch langk vnd 70 schuch preit vnd yn dem selbigen feldt seyn pawm also geordent das albeg zwischen 2 pawmen 5 schuch seyn [Bild: Rechteck mit Bäumen mit Maßangaben] Nu ist die frag wie vil der pawm in dem feld seyn. Wiltu daz wissen vnd des gleichen so machß alszo. Nym das funffte teyl der leng als 24

18 eynn] es ist ein BCD 18 ist gestalt also] *fehlt* BCD 29 recht] *fehlt* BCD 31 selbigen] *fehlt* BCD 502.34–503.1 24 Nym auch daz funffte teyl der preyt als] *fehlt* D

Nym auch daz funffte teyl der preyt als 14 vnd addirß zu itlichem teyl 1 werden 25 vnd 15· vnd das multiplicir miteynander werden 375 vnd so vil pawm seyn gepflanczt in das selbige felt.

[341] ¶Item eyn ertrich ist also gestalt [Abb. 52] gleich als zwen triangel ysopleuri die do zu allen seyten seyn 50 pertege Und du wilt wissen dye weyt des ertrichß Szo multiplicir eyn seyten deß eyn triangel in die eyn seyten des andernn [E 5r/222r] als 50 mol 50 ist 2500 vnd ist gemacht

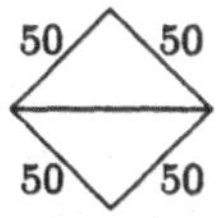

[Abb. 52]

[342] ¶Item Eyn ertrich ist also gestalt [Abb. 53] Nu ist die frag wie weyt seyn quadrat sey Machß also· addir zusammen die zwu seyten als 30 vnd 40 wirt 70 vnd das halbir wirt 35. Darnach addir zusammen die andernn zwu seyten· als 6 vnd 20 werden 26 vnd daz halbir auch kummen 13 Nu multiplicir 35 in 13 kummen 455 vnd so weit ist das quadrat deß ertrichß *etc*

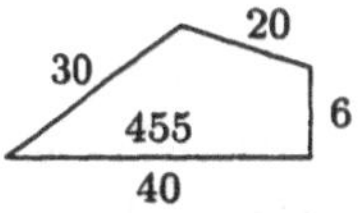

[Abb. 53]

[343] ¶Item eyn ertrich ist also gestalt [Abb. 54] Nu ist die frag wie weyt seyn quadrat sey Machß also. zeuch eyn rechte lini do durch vnd secz die selbige lini sey 40 ellen langk. vnd die ander zwu lini die orthogonaliter gezogen sindt der sey eyne 15 vnd die ander 17 ellen langk· vnd die selbigen zwu lini addir zvsammen werden 32 das halbir werden 16 das multiplicir in lineam [E 5v/222v] diagonalem ader diametrum als 40 kummen 640 vnd also weyt ist das oben gesprochen ertrich Also soltu auch messen alle ertrich des gleichen vnd ist recht

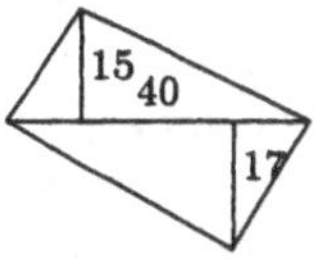

[Abb. 54]

[344] ¶Item eß ist eyn perck der do oben vmb das haubt 300 schuch hat. vnd herab von dem obersten auff das vnterst 800 schuch vnd vnten vmb den fuß ist er 1000 schuch [Bild: Berg mit Maßangaben] Nu ist die frag wie vil der perck in ym feldß beschleust Machß also Addir zusammen 1000 vnd 300 wirt 1300 do von nym das halbe teyl 650 das multiplicir durch die hoch des pergß als durch 800 wirt 520000 dieweit hafft des pergß. vnd daz magstu reduciren

[345] ¶Item eß ist eyn perck· vnden pey dem fuß vmb sich 2500 schuch. vnd in der mit hat er vmb sich 1600 vnd oben vmb das haubt 100 vnd ist 400 schuch hoch. nu ist die frag wie vil der selbige perck [E 6r/227r] in ym behalten ist Machß also addir zusamm die 3 leng die er vmb sich hat als 2500. 1600 vnd 100 wirt 4200 da von nym daz dritte teil vnd ist 1400 vnd daz multiplicir in die hoch. wirt 560000 vnd das ist des pergß inhalt vnd ist recht:

[346] ¶Item Eß ist eyn perck also gestalt [Bild: Berg mit Maßangaben] der do vnden vmb sich hat 1400 schuch vnd oben vmb daz haubt 200 vnd

---

1 addirß] addir BCD 16 ist also] also BCD 24 vnd ist recht] *fehlt* BCD 27 1000] 100 A 30 hafft] hastt B, hastu CD 35 zusamm] *fehlt* BCD

ist hoch auff der eyn seyten 850 schuch vnd auff der ander*n* seyten 750 Nu ist die frag was der perck inhalt Machß also addir zusam 1400 vnd 200 wirt 1600 da vo*n* nym d*az* halbteyl ist 800. addir auch zusammen peyde hoch wirt 1600 d*az* halbir auch ist 800· nu multiplicir ein halbt teyl in das ander kumpt 640000 vn*d* so vil schuch ist die weyt dieses pergß vnd ist recht gemacht

[347] [E 6v/223v] ¶It*em* es ist eyn circkel der ist durch sey*n* diametru*m* 12 ell*en* langk als hi [Abb. 55] Dar eyn wil ich machen eyn quina*n*gel auff d*az* grost als ich mag Ist die frag wye langk deß quinangelß seyt*en* eyne werd seyn Machß also multiplicir diametrum durch sich selbst werden 144 da uon nym $\frac{1}{3}$ ist 48. nu radix von 48 ist der seyten eyne vnd ist recht·

[Abb. 55]

[348] ¶It*em* es ist eyn rotund der diameter ist 14 ell*en* langk als do [Abb. 56] Dar eyn wil ich mache ey*n* sexangel auff das grost als ich kan Nu ist die frag wye langk der seyt*en* eyne sey Machß also m*ul*tiplicir 14 durch sich selbst kumpt 196. Do von svbtrahir $\frac{1}{4}$ ist 49 nym ra*dicem* vnd ist 7 vnd so lang ist der seyten eyne vnd darumb soltu wissen das der sexa*n*gelseyten eyne albeg so la*n*gk ist als der halbdiameter des circkelß der vmb de*n* sexa*n*gel geet

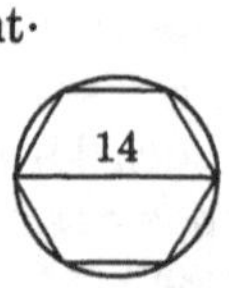

[Abb. 56]

[349] [E 7r/224r] ¶It*em* Eß ist eyn quintangel des itliche seyt*en* 10 p*er*teg ist [Abb. 57] Nu ist die frag wy weit seyn quadrat sey Machß also multiplicir eyn seyten durch sich selber als 10 wirt 100 vnd das multiplicir durch 3 wirt 300 Do von nym eyn seyt*en* pleyben 290. das halbir kumpt 145 vnd so weyt ist das quadrat·

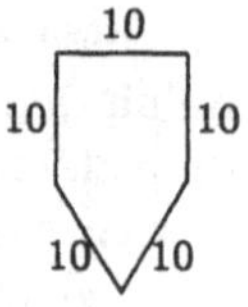

[Abb. 57]

[350] ¶It*em* Eß ist eyn ertrich mit sechß seyt*en* Und der seyten eyne ist 10 ist die frag wie weyt eß vmbfangen hat [Abb. 58] Machß also multiplicir 1 seyten in sich kumpt 100 vn*d* d*az* multiplicir mit 4 wirt 400. da von nym 2 seyten als 20 pleybe*n* 380 das halbir ist 190 vnd so weyt ist seynn quadrat. vnd also furt soltu mach*en* septangel achtangel Und al ander der gleychen vn*d* also erwachs*en*. vn*d* do pey merck das du albeg zum ersten 1 seyten in sich multiplicirest vn*n*d darnach das selbige erwachßen p*ro*duct mit der anzal der seyten [E 7v/224v] deyner figur 2 weniger multiplicirest· vn*d* von der selbigen sum 1 seyten deyner furgenummen figur als offt subtrahirest alß vil der seyt*en* sein 4 minder vnd das vberig albeg gehalbirt bericht den inhalt deyner furgenu*mm*en figur vnd ist recht·

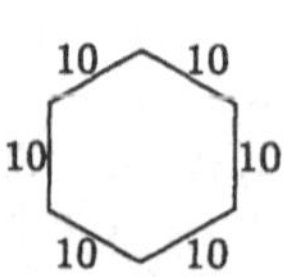

[Abb. 58]

Nu hab ich dir geweyst mancherley ertrich zu quadrir*en*· soltu auch wissen wie die oben gemelt*en* leng genu*mm*en wirt dar umb merck das

5 schuch] *fehlt* BCD 6 vnd ist recht gemacht] *etc* BC, *fehlt* D 10 werd seyn] sey BCD 16 durch] in BCD 34 merck] soltu merken BCD

840 p*er*tege ader p*er*tice in eynen quadrat mach*en* eyn felt. vnd dar umb wen du quadrirest eyn ertrich teylß durch 840 so ku*mm*e*n* Campi ad*er* felt Nu sey 6 pedes 1 p*er*tica ader p*er*tege· vnd alszo wen eyn ertrich ist 64 p*er*tege 4 pede Szo sprich 64 p*er*tege $\frac{2}{3}$ vnd wen du d*az* da*n* m*ul*tiplicirest so teylß durch 840 kumme*n* ca*m*pi. Un*d* also wen du wilt eynß ertrichß vberig*en* teyl quadrir*en* magstu pedes weiter teylen als 1 pedem in 12 oz. Unnd darnoch furt p*ro*cedir*en* Nu hastu recht ge[E 8r/225r]merckt wie ma*n* sol messen das ertrich soltu auch mercken manche hubsche rechnung die mawer vnd ander gepew mer zu messen.

[351] ¶It*em* Eß ist ey*ner* der wil eyn mawer mach*en* die sey 100 ellen langk 20 ell*en* hoch 3 ell*en* dick [Bild: Mauer mit Zinnen] Und von solche*n* stein das eyner $\frac{1}{2}$ ell*en* langk sey $\frac{1}{4}$ preit vn*d* $\frac{1}{8}$ eyner ell*en* dick Ist die frag wie vil stein muß er haben in die selbige mawer Machß also m*ul*tiplicir die weit mit der leng facit 2000 ell*en* d*az* m*ul*tiplicir mit der dick wer*en* 6000 ell*en* das quadrat der mawer Also gleicher weyß quadrir auch de*n* stey*n* vnd ku*m*pt $\frac{1}{64}$ eyner ell*en* d*az* quadrat einß steinß Darnach teyl das quadrat d*er* mauern*n* durch d*az* quadrat des steinß kumpt 384000 Und so vil kummen steynn in die selbige mawer

[352] [E 8v/225v] ¶It*em* Eß wil eyner eyn pfeyler [Bild: gemauerter Pfeiler, vgl. F 4r] mawr*en* mit zigel steyn der sol 15 ell*en* langk sein 12 weit Und ey*n* stey*n* $\frac{1}{2}$ ell*en* langk vnd ey*n* $\frac{1}{8}$ dick Ist die frag wie vil steyn kumme*n* zu dem pfeiler Machß also multiplicir die leng in die weyt facit 180 das ist des pfeilerß quadrat Darnach quadrir auch den stein facit 1 sechtzehen teyl da durch teil 180 kummen 2880 die zal der stey*n* des pfeilerß·

[353] ¶It*em* Eß ist ein mawer p*er*tice 13 pede $5\frac{1}{2}$ langk vnd ist hoch p*er*tice 4 pede $4\frac{1}{3}$ Nu ist die frag wie vil p*er*tice die sey von eym eynigen stein Machß also reducir die teil werden pedes $83\frac{1}{2}$ der leng Und $28\frac{1}{3}$ der weyt Darnach multiplicir die leng in die weit facit 14195 facit pedes 2365[F 1r/226r]$\frac{5}{6}$ Das diuidir durch 36 kummen p*er*tice 65 vnd pleyben vber pedes $25\frac{4}{5}$ vn*d* so vil ist dy ob*en*gesprochne mawer vo*n* eyne*m* eynige*n* steyn Wiltus aber mach*en* vo*n* mer steyn so multiplicir durch so vil als die mawer ist· Als sy wer von 3 steyn szo multiplicir 3 durch $2365\frac{4}{5}$ fa*cit* $7097\frac{2}{5}$ das teyl durch 36 so werden partice 197 vnd pedes $5\frac{2}{5}$ vnd ist gemacht

[354] It*em* eyn meyster hat gemacht eyn hauß das ist 11 ell*en* langk 9 weyt vnd 6 hoch vnd der paw gstet 20 fl. der selbige get zu einem andern*n* meyster und Spricht meyster ich wolt das ir mir eyn ander hauß machet daß 9 ell*en* langk wer vnd 6 weyt [Bild: Haus, vgl. t 3r] vnd 4 hoch da von wil ich euch außrichtung thun nach anzal des [F 1v/226v] hauß das vor gemacht ist. Un*d* der meyster ist deß wol zufrid vn*d* macht d*az* hauß Nu

16 teyl] m*ul*tiplicir D 33 die] dick D

ist die frag was gepurt dem meyster von dem andern*n* hauß zulon geben dem erst*en* abgerechet Machß also quadrir pede heußer kumpt 594 der Quadrat des erst*en* hauß vnd 216 der quadrat des andern*n* hauß Darnach machß durch regulam detri vn*d* sprich 594 des erst*en* hauß quadrat giebt 20 fl was giebt 216 des andern*n* quadrat facit 7 fl 5 ß 5 pf $\frac{135}{297}$ vnd das ist der lon des andern*n* hauß vn*d* durch solche weyß mach alle rechnung der gleich·

[355] ¶It*em* eß ist eyn meyster hebt an eyn gescheubt*en* porn*n* zu machen des diameter sol seyn 3 ell*en* vn*d* eyn zweyteyl eyner ellen Und sol machen oben des prunnen [Bild: runder Brunnen mit Dach, vgl. F 2v] geschrenck 12 ell*en* do von sol man ym geben 12 fl· Und so der porn*n* gemacht ist Spricht der der yn hat lassen mach*en* zu de*m* meyster Den brun hastu mir zu kleyn [F 2r/227r] gemacht Du solt mir eyn andern*n* machen der so vil weyter seyn das seyn diameter sey 4 ell*en* vnd vo*n* dem wil ich dir geben deyn lon gleicher weyß als ich dir dan von dem erst*en* gelont hab Nu ist die frag was gepurt dem meyster von dem grossern*n* born*n* zu lon Machß also quadrir die 2 prunnen kumpt $187\frac{1}{2}$ d*az* quadrat des kleynern*n* porn*nß* vnd $246\frac{6}{7}$ d*az* quadrat das grossern*n*· Darnach machß durch die Regel detri als oben· vnnd ku*m*men 15 fl 15 ß 11 hlr $\frac{127}{175}$ vn*d* szo vil gepurt de*m* meyster vo*n* de*m* grossern*n* porn*n*

[356] ¶It*em* Eß ist eyn prun ynwendig 20 ell*en* tieff 4 ell*en* weyt vnd ist eben vol wasserß Und eyn meyster wil den brun leren vn*d* thut das wasser in eyn gefeß das ist 10 ellen langk Und 6 ellen weyt. vnd ist so hoch das. Das wasser ym prunnen gar dar eyn gen mag. Und von itlicher ellen hoch die der meyster [F 2v/227v] [Bild: Brunnen mit Dach, vgl. F 1v] in das gefeß thut sol ma*n* ym geben 40 ß. Nu ist die frag was gepurt dem meyster czu leren den ganczen brunnen Machß also vnd merck zum erst*en* wie vil in den brunnen gee multiplicir 4 durch 16 werde*n* 64 darnach multiplicir 16 in 20 wer*en* 320 Und so vil ist das quadrat des wasserß das ym born*n* ist Darnach quadrir d*az* gefeß also multiplicir 6 in 10 facit 60 vn*d* so vil ist das quadrat deß gefeß. Nu mustu auch wissen wie hoch das wasser des ganczen brunnen in dem gefeß auffsteyg Also teyl das quadrat des brunnen als 320 in das quadrat des gefeß alszo 60 kummen $5\frac{1}{3}$ ell*en* Also gepurt dem meyster zu seynem lon 10 fl 13 ß 4 hlr

[357] ¶It*em* eß ist eyn porn*n* gescheubt auff eyn punckt vn*d* ist 36 ell*en* tieff. [Bild: runder Brunnen mit Stein] Und ist vmb sich inn der scheuben 22 ell*en* Und in den selbigen brun felt eyn vier[F 3r/228r]ecketer steyn der ist auff itlicher seytenn 6 ell*en* vnd 1 fierteyl langk vnd das wasser in dem porn*n* ist 18 ellen tieff. Nu ist dye frag wie hoch das wasser

4 regulam] die regel BCD 6 durch solche] in der BCD 8 It*em* eß ist eyn meyster] *Aufgabe fehlt* CD 20 de*m* meyster] im B 36 It*em* eß ist eyn pornn] *Aufgabe fehlt* CD

vbersich steyg so der steyn hineyn gefallen ist· Machsz also· quadrir den prunnen vnd kumpt $38\frac{1}{2}$ ellen Quadrir auch den steyn hyn eyn gefallen facit $42\frac{1}{4}$ Darnach multiplicir $38\frac{1}{2}$ ellen durch die hoch des wasserß facit 692 das teyl durch $42\frac{1}{4}$ so kummen $16\frac{68}{169}$ vnd so hoch stempt das wasser vbersich so der steyn in den prunnen felt vnd also mach alle rechnung der gleych

[358] ¶Item es ist eynn prun [Bild: quadratischer Brunnen mit Pfeiler] der ist vierecket des itlichen seyten ist 2 ellen. vnd ist 50 ellen tieff· vnd in den prunnen felt eyn vierecktichter pfeyler der ist zu allen seyten eyner ellen vnd 25 ellen langk· Nu ist [F 3v/228v] die frag wie hoch daz wasser vbersich stem so der pfeyler hineyn gefallen ist Machß also. quadrir den prun also multiplicir 2 in 2 ist 4 darnach 4 in 50 facit 200 das quadrat des bornß Quadrir auch den pfeiler als multiplicir 1 in 1 vnd 1 in 25 daß quadrat des pfeylerß Nu teyl 200 in 25 kumpt 8 vnd also stempt das wasser eyn achteyl vbersich in dem pornn

[359] ¶Item eyn meyster hat an gehaben eyn prun zu graben 30 ellen tieff da von sol man ym geben 30 fl. Und wen er 20 ellen graben hat so hort er auff vnd lest do von kranckheyt halben· Nu ist die frag· was man ym geben sol Machß also addir di zal zusam von 1 piß auff 30 kumpt 465 vnd von 1 piß auf 20 facit 210 Unnd sprich 465 geben 30 fl was geben 210 kumpt 13 fl 10 ß 11 hlr $\frac{19}{31}$ vnd so vil gepurt dem meister von den 20 ellen

[360] ¶Item eyn meyster hebt an zu bawen eyn gescheubten pfeyler 22 spann vmb sich [F 4r/229r] vnd 25 langk vnd 2 span pro 1 ellen vnd dem giebt man von der ellen 18 ß Ist die frag was gepurt ym von dem ganczen pfeyler [Bild: gemauerter Pfeiler, vgl. E 8v] Machß also. quadrir den pfeyler facit 38 eyn zweyteyl des pfeylerß quadrat daz multiplicir inn 25 facit $962\frac{1}{2}$ das gancz quadrat machß zu ellen kummen $481\frac{1}{4}$ ellen facit 433 fl 2 ß 6 hlr vnd das gepurt dem meyster.

[361] ¶Item eyn her wil eyn zelt lassen machen der 60 ellen hoch sey. [Bild: Zelt] vnd vmb sich auch 60 vnd das von tuch $1\frac{1}{4}$ ellen preyt Nu ist die frag wie vil tuchß zu dem zelt ghor Machß also· nym 1 zweyteyl von 60 ist 30 daz multiplicir in 100 facit 3000 des zeltz quadrat. das teyl durch die preyt des tuchß $1\frac{1}{4}$ kumpt 2400 daz tuch zu dem zelt.

[362] [F 4v/229v] ¶Item Eyn zelt ist in eyner wießen auff geschlagen des schaden ist 40 ellen· Und des tuchß vom giepfel piß auf die erden ist 50 ellen· Nu ist die frag wie weyt ist er vmb sich vnd wie vil ellen tuchß gehoren an eyn solich gezelt so das tuch anderhalb ellen preyt ist Machß also multiplicir den schaden in sich facit 1600 vnd auch dy hoch insich facit 2500 da von nym 1600 pleibt 900 radix do von alß 30 ist der schadt vom tuch· vnd 30 von den andernn seyten facit 60 des czeltz diameter di

4 stempt] steygt E 11 stem] steygt E 14 stempt] steygt E 23 Item eyn meyster] *Aufgabe fehlt* CD

multiplicir in $3\frac{1}{7}$ facit $188\frac{4}{7}$ ellen deß tuchß zudem zelt vnd multiplicir den halben diametrum in die helfft des vmbkreyß als in $94\frac{2}{7}$ facit $2828\frac{4}{7}$ ellen das ertrich mit dem zelt bedeckt

[363] ¶Item es ist eyn stat vmb sich 50 meyl Und eyn andere vmbsich 20 meyl Ist die frag wie vil der kleyn stet in der grossen [F 5r/230r] sten mugen Machß also teyl 50 inn 20 kumpt $2\frac{1}{2}$ das multiplicir in sich facit $6\frac{1}{4}$ so vil mochten der kleynernn sten in der grossernn

[364] ¶Item Eß ist eyn strick 11 schuch langk dar eyn wil ich pindenn 36 lanczen. [Bild: Lanzenbündel] Nu ist die frag wye vil mag man ir pinden in eyn strick 22 schuch langk. Machß also· quadrir pede strick kumpt 121. vnd 484. vnd sprich 121 geben 36 was geben 484 *etc* facit 144 lanczen·

[365] ¶Item Eß ist eyn ertrich deß vmbkreyß ist außwendigk 50 ellen vnd die mawer $2\frac{1}{4}$ ellen [Bild: runde Mauer] Nu ist die frag wie vil vmb get das ertrich inwendigk Machß also multiplicir $2\frac{1}{4}$ mit 8 facit 18 die nym von 50 pleyben 32 das ertrich ynwendig der mawer Darnach addir 18 wider zu 32 kumpt [F 5v/230v] 50 das ertrich außwendig. vnd addir 32 zu 50 kumpt 82 das halbir wirt 41 szo vil ist daz ertrich vmbsich durch daz halbteyl der mawer.

[366] ¶Item Eß ist eyn turmm [Bild: Turm mit 2 Stockwerken und Umlauf, vgl. t 4r] des schaden ist 30 ellen. Ist die frag wye hoch ist der turmm Machß alszo steck eyn stab in die erd der sey 2 ellen lang vnd der schat von dem stab 3 Sprich 3 ellen schaten geben 2 was geben 30 ellen machß vnd kummen 20 ellen die leng des turmmsz vnnd durch die weyß mag man alle hoch messen durch den schaten der sunnen

[367] Item Esz ist eyn turmm 20 ellen hoch darumb get eyn grab 10 ellen weyt· [Bild: Turm mit Leiter] Und eyn leyter 20 ellen lang angesaczt an den graben sol geleynt werden an den turmm Ist dye frag wie hoch die leyter wer an dem turmm reichen Machsz also multiplicir 20 ynn sich facit 400 und 10 in sich facit 100 die nym von 400 pleyben 300: Und radix [F 6r/231r] von 300 ist die hoch die. die leyter am turmm erreichen wirt

[368] ¶Item Eyn turmm ist 40 ellen hoch vmb den ist eyn grab 30 ellen weit. [Bild: Turm mit Graben] vnd wen von dem gipfel des turmmsz ein schnur gezogen wirt pisz auff das ertrich am end des grabensz ist die frag wie lang die schnur sey machsz noch der regel weyß alz ich dich oben gelernnt hab zu suchen ypothenusam eynsz triangels orthogonio kumpt 50 dye leng der schnur

[369] Item es seyn 2 lanczen gestackt in dye erd die 1 ist 30 ellen hoch die ander 20 vnd stet eyne von der andernn 25 Und so eyn schnur gezohen

---

2 helfft] halbe D 9 man] er D 15 Machß also] *fehlt* D 22 Machß alszo] *fehlt* D 24 machß vnd] *fehlt* D 24–25 die weyß] weyß AE 29 wer] *fehlt* BCD 29 reichen] reiche BCD 29 Machsz also] *fehlt* D 30 pleyben] bleibt BCD 32 Item Eyn turmm] *Aufgabe fehlt* D

wirt zu oberst von eyner lanczen zu der andern*n*· ist die frag wie lang dye schnur sey Machsz also. nym wegt zu*m* erst*en* die vberleng der lancz*en* vn*d* sprich cathec*us* ist 10 vn*d* basis 25 w*az* ist ypothenusa machsz als d*az* ober ku*m*pt 2 *radix*. Uon 725 die le*n*g d*er* schnur vn*d* also soltu machen alle rechnu*n*g der gleichen

[F 6v/231v] [370] ¶It*em* Eß stenn 2 turm*m* auff eyner eben 60 ellen weyt von eynander [Bild: zwei Türme und Brunnen] eyner 50 ell*en* hoch der ander 40 mit 2 vmblauff vnd zwischen den zweyen turm*m* stet eyn porn*n* von eynem vmblauf so weit als von de*m* andernn*n*· Nu ist die frag wie weyt d*er* born*n* stee von ytlichem turm*m* Machß also. m*u*ltiplicir. die kleyner hoch in sich fa*cit* 1600 multiplicir auch das spacium in sich facit 3600 das addir zu 1600 wirt 5200 Darnach multiplicir die hoch des grossern*n* turm*m*ß in sich facit 2500 das nym von 5200 pleyb*en* 2700 Darnach duplir die weit alß 60 wirt 120 do mit teil 2700 kummen $22\frac{1}{2}$ ell*en* so weit stet d*er* born*n* vom grossern*n* turm*m* vnd das vberig piß auff 60 von dem kleynern*n* Also mach als des gleichen.

[371] [F 7r/232r] ¶It*em* Eß ist eyn circkel des yder fuß ist 20 span [Bild: Zirkel] den las ich von eynander vn*d* schre*n*ck dar eyn von oben aber 5 spa*n* eyn holcz 8 span langk. Nu ist die frag wie weyt wer*en* die 2 fuß des circkelß czu vnderst von eynander seyn auffgelassen Machß also vnd sprich 5 geben 8 was geben 20 facit 32 span die weyt zu vnderst des circkelß.

[372] ¶Ite*m* eß ist ey*n* gescheubt ertricht vmbsich 200 ell*en* [Bild: Hügel] Dar eyn wil ich mach*en* eyn graben 8 ell*en* $\frac{1}{3}$ weyt Ist die frag wie weyt das ertrich inwendig des grabens vmb sich sey Machß also duplir $3\frac{1}{7}$ facit $6\frac{2}{7}$ das multiplicir durch $8\frac{1}{3}$ kumpt $52\frac{8}{21}$ das duplir wirt $104\frac{16}{21}$ das subtrahir von 200 pleyb*en* $95\frac{5}{21}$ [F 7v/232v] die weyt des ertrichß ynwendig des grabenß also mach alles des gleich*en*

[373] ¶It*em* Eß ist eyn stuck wagß gescheubt vmb sich 22 span vnd wigt 100 lb. [Bild: Kreis] Un*d* ist ey*n* ander stuck wagß geviert czu allen seyten 10 span· [Bild: Quadrat] Nu ist die frag wie schwer das geviert stuck wigt noch gleicher rechnung des gescheubten Machß also. quadrir d*az* gescheubt facit $38\frac{1}{2}$ vn*d* quadrir d*az* ander facit 100 machß also sprich $38\frac{1}{2}$ spa*n* geb*en* 100 lb w*az* geb*en* 100 span facit 259 lb $\frac{57}{77}$ vn*d* so vil wigt das ander stuck

[374] ¶It*em* Eß ist ey*n* grosse kercz vo*n* wagß gemacht vmb sich 40 span vnnd 20 langk· [Bild: Kerze] die wil ich zubrechen vnd kleyn kerczen do von mach*en* in gleicher leng mit der grossen die vmb sich seyn $1\frac{1}{3}$ span Nu ist die frag wie vil d*er* kleyn dar [F 8r/233r] auß werden Machß also

2 Machsz also.] *fehlt* D 3–4 w*az* ist ypothenusa machsz als d*az* ober ku*m*pt 2 *radix*. Uon 725] *fehlt* D 4–5 soltu machen alle rechnu*n*g der gleichen] mach auch and*er* des gleichen D 10 Machß also.] *fehlt* D 18 aber] herab BCD 19 wer*en*] werden BCDE 20 czu vnderst] vnden BCD 21 zu vnderst] vnden BCD 26 wirt] ist BCD 34 span] spannen E

teyl 40 in $1\frac{1}{3}$ kumpt 30 das multiplicir in sich facit 900 die zal der kleyn kerczen

[375] ¶Item es ist eyn wegssene kercz 10 span lang vnd 7 groß die wil ich zu brechen vnd mer wagß dar zu nemen vnd eyn andere machen die lenger sey $3\frac{1}{4}$ span Nu ist dy frag wie vil sy noch der groß wachszen wer gleich der leng Machß also multiplicir $13\frac{1}{4}$ mit 4 wirt 53. vnd multiplicir 10 mit 7 facit 70 daz multiplicir auch in 4280 daz teyl in 53 kumpt $5\frac{15}{53}$ vnd so vil wirt dy groß kercz vmbsich noch gleicher rechnung.

[376] Item es ist eyn paum 30 ellen hoch den wil einer abhawen vnd wen er eyn schlag dar an thut so neigt sich der gipfel gegen der erden 1 ellen Nu ist die frag in wie vil schlegen feld der paum gancz auff die erde machß also multiplicir 11 in 30 facit 330 daz teil in 7 kumpt 47 eyn sibenteyl vnd in so vil schlegen felt der pawm gancz auff die erden

[377] [F 8v/233v] ¶Item Eß ist eyn schiff auß gangen czu eyner pforten 3 meyl in das mer. [Bild: Segelschiff] Und eyn anderß ist auch do auß gangen in eyn quadrat 4 meil Nu ist die frag wie weyt eyn schiff vonn dem andernnn sey. Machß also multiplicir 3 in sich ist 9 vnd 4 in 4 ist 16 die addir zusam kumpt 25 Und radix von 25 ist die leng eynß schiffs von dem andernnn·

[378] ¶Item Eyn ertrich 8 pertege langk vnd 6 weyt kost 5 duc Nu ist die frag was eyn ertrich wert sey 13 pertege langk Und 9 weyt Machß also vnd quadrir itlich facit 48 vnd 117 vnd machß durch die regel Detri facit 12 duc $\frac{3}{16}$

[379] ¶Item Eyn pawm leit auff dem ertrich 50 ellen hoch den wollen etlich an dem eyn ort auff heben also das er gerad vbersich stee. Und als offt sie eyn heber vbersich thun so offt er heben sy in vom ertrich [G 1r/234r] 1 ellen· Nu ist die frag in wie vil hebernn sy den pawm vbersich brengen das er gerad stee Machß also duplir die leng des pawmß wirt 100 die multiplicir in $3\frac{1}{7}$ kumpt $314\frac{2}{7}$ das teyl in 4 kumpt $78\frac{4}{7}$ vnd in so vil hebernn wirt der pawm gerad auffgesaczt.

[380] ¶Item Eß ist eyn stock eynß pawmß vntermm ertrich der ist gescheubt vmb sich 22 ellen vnd so der geteylt wirt in 4 teyl Ist die frag was das quadrat vmbsich sey Machß also teyl 22 in 4 kumpt $5\frac{1}{2}$ Darnach teyl 22 in $3\frac{1}{7}$ kumpt 7 der diameter den halbir facit $3\frac{1}{2}$ also ist 7 eyn winckel hock dar zu addir $5\frac{1}{2}$ wirt $12\frac{1}{2}$ ellen vnd so vil ist der 4 teyl 1 vmb sich als du dan klerlichen mercken magst durch den halben diametrum vnd andere oben [G 1v/234v] gemelte vnd auß gedruckte weyß vnd ler durch weliche du auch vil andere vnnd hubsche rechnung hie abgesniten vnd durch kurcz willen aussengelassen von dir selbst leichtiglich formiren magst.

1 kleyn] kleinern CD 3 Item es ist eyn wegssene kercz] *Aufgabe fehlt* BCD 17 Machß also] *fehlt* D 31 Item Eß ist eyn stock] *Aufgabe fehlt* D

Salue stella maris nati celi uia uite

[381] ¶Nu zu vorenden vil hubscher obengemelter rechnung mancherley materie. vnd durch willen eyner (langk weyliges vnd muesammeß herczenß) erquickung soltu mercken vnd dich selbst vben in eczlicher schlechtberichter vnd schimpflicher frag Und zum ersten also Eyn Jungling kumpt zu hubscher Junckfrawen dreyen tragen schone apfel in seynem ermel alszo sprechen zu der Ersten. Aller schonste Junckfraw gebt mir so vil apfel als ich [G 2r/235r] vor hab. so wil ich euch wider geben dye aller schonsten apfel 11 der ganczen sum· wen daz geschicht spricht er auch also zu der Andern· Und auch zu der dritten· vnnd wen das also geschehen ist so scheydt er wider ab mit willen. sprechen Ade ich far do hyn vnd hab keynen apfel mer Nu ist die frag wie vil er zum ersten apfel gehabt hab facit $9\frac{5}{8}$

[382] ¶Nu begeynt im eyner den fragt er sprechende· wie vil hat der seyger geschlagen Antwort ym genner vnd spricht· du weist daz der tagk iczunt ist 16 stundt langk nu seyn $\frac{2}{3}$ der tagß vorgangen. vnd ist noch $\frac{3}{4}$ pißzu nacht Nu ist die frag wie vil eß noch geschlagen hat facit $11\frac{1}{3}$ eyner stundt

[383] ¶Darnach get er weyter so begeyn ym Junckfrawen Also spricht er zu der eynen Uon wanne get ir all zehen Antwort im [G 2v/235v] die selbige Sprechen vnser seyn nicht 10 sunder wen vnser noch so vil weren alz vnser seyn vnd das dritte teyl szo vil so weren vnser so vil vber 10 als itzund vnser ist vnter 10 Nu ist die frag wie vil der iunckfrawen gewest ist facit 6

[384] ¶Item Eß seyn 5 person an eyner zech alß man frawen vnd Junckfrawen vnnd eyn man sol geben 5 pf. vnd eyn fraw 4 eyn Junckfraw 2. Nu ist die frag wie vil der man seyn. vnd wie vil der frawen. Und wie vil der Junckfrawen facit 2 man 2 frawen vnd 1 Junckfrawe·

[385] ¶Item Eß ist eyn perck der ist 10 ackerleng hoch. auff dem ist eyn alde wurczel graberin die sucht alle tag herab $\frac{2}{3}$ eyner acker leng· Und steygt wider hinauff alle tag $\frac{1}{3}$ eynner ackerleng vnnd $\frac{1}{4}$ Nu ist die frag in wie vil tagen sy her nider von dem perg auff die erd kum facit 120 tag

[386] [G 3r/236r] ¶Item Eyner hat eyn knecht den schickt er mit eyner flaschen noch weyn do geen 14 kandel eyn· Nu begeynt eyn ander dem selbigen knecht (der die flaschen mit 14 kandellnn gefult hat) mit zweyen flaschen in die eyne gen 5 kandel. vnd in die ander 3 kandel. Und pit das genner seyn weyn mit ym teile also das er nicht ledigk seym herren

1 Salue stella maris nati celi uia uite] *fehlt* DE 2 vorenden] volenden BCDE 7 gebt] geben BCD 13 $9\frac{5}{8}$] $6\frac{1}{4}$ AE 14–15 der seyger] die glock BCD, dye Vr E 16 seyn] nim BCD 16–17 der tagß … geschlagen hat] von dem das vergangen ist vnd $\frac{3}{4}$ von dem biß zuo nacht vnd addirs zuosamen BCD 21 Sprechen] *fehlt* BCD 25–26 Junckfrawen] iunckfrawen vnd haben zu gelten 20 pf BCD 34 kandel] maß *passim* BCD

heym kum· wan man des selbigen weynß nicht mer in dem weynn keler gehabt hat. Nu ist die frag wye sy den weyn an alle andere moß dann die flaschen geteylt haben facit in der flaschen mit 5 kandellnn 5 vnd in der mit 3 ka*n*dellnn 2 kandel*n* vnd in der mit 14 kandel*n* 7 kandel*n* vnd ist recht·

¶Wie du aber d*az* alles mache*n* solt vn*d* ander dingk mer hie her czu dienenden hab ich dir durch d*er* zeyt kurcz vn*d* benotigung will*e*n nicht ku*n*nen seczen sunder deyner eygen vorstendikeyt zu gelassen vnd do [G 3v/236v] mit mich nicht gegen dir zu beschuldig*e*n sunder ab yndert etwas durch vorsehu*ng* nicht volkummen geseczt ader gancz auß gelossen wer. pitte ich dich mit allen dyeser kunst liebhaber das selbige miltiglich zu erfullen. vnd demutiglichen rechtuertigen *etc*

Gedruckt In der Furstlichen Stath Leipczick durch Conradu*m* Kacheloffen Im 1489 Jare

---

4 14 kandel*n* 7] 14.7 BCD

3 Editorisches Beiwerk

3.1 Kurzkommentar

Zur Anlage

Für die Erschließung von Texten der Frühen Neuzeit hat der Kommentar erhebliches Gewicht, denn er hat geschichtliche Sachverhalte und zeitbedingte Eigentümlichkeiten zu transportieren, die unserem Wissen und Bewußtsein längst entrückt sind oder durch den Fortschritt der Wissenschaften überholt wurden, gleichwohl aber in der mittleren Periode ihre Funktion hatten (Roloff 1992, 136). In diesem Sinne will dieser Kommentar materiale Hilfe zur Texterschließung leisten und durch Vermittlung soziohistorischer Bedingungen und Erläuterung fachlicher Inhalte die Voraussetzung für ein adäquates Verständnis des Textes schaffen. Dies kann durch Klärung unverständlicher Stellen, biographische Hinweise zu Personen, Erläuterungen zu Anspielungen und Zitaten, Vergleich mit der Vorlage, dem *Bamberger Rechenbuch 1483*, sowie vor allem durch Erklärung der mathematischen Sachverhalte und Methoden geschehen. Da die vorliegende Arbeit vorwiegend die Darbietung und Aufbereitung des Textes zur Aufgabe hat, wird sich der Kommentar auf Bemerkungen zu grundlegenden oder regelartig formulierten mathematischen Problemen sowie zu Stellen, die aus unterschiedlichen Gründen als typisch für die thematische oder textliche Gestaltung angesehen werden können, beschränken.[1] Der Kommentartext ist kurz gehalten und tendenziell abschnittsweise zusammengefaßt; er folgt jeweils einer fettgedruckten Stellenangabe (Seite, Zeile der Edition) und nachfolgendem Stichwort.

348, 3: *Eger* – Heute *Cheb*; Ort an der tschechisch-deutschen Grenze; wohl Geburtsort WIDMANNS. 1061 erstmals erwähnt, ab 1150 Kaufmannssiedlung und Markt, später Stadt, 1270 Reichsstadt.

348, 4: *leyptzick* – Studienort und Lehrstätte WIDMANNS (s. S. 3); zur Geschichte s. ab S. 92.

348, 4: *Sigmunden von Smidmule* – SIGMUND ALTMANN VON SCHMIDTMÜHLE; s. S. 4.

[1] Der Text bietet eine weitaus größere Menge an bemerkenswerten Einzelheiten. So lohnte es sich etwa, bei jeder Aufgabe den mathematischen Ansatz zu bestimmen und die Aufgabe selbst in ihr textinternes (Bezug zu einer Regel, zu weiteren Aufgaben) wie textexternes (Tradition der Aufgabensammlungen, Bezug zum Alltag) Umfeld einzuordnen.

348, 6: *kunst der Rechnung* – Übersetzung von *'ars arithmetica'*, der lateinischen Bezeichnung einer der *septem artes liberales.*

348, 8: *Algobre ader Cosse* – Lehre von der Auflösung der Gleichungen; s. S. 24.

348, 9: *buch. Data* – *De numeris datis* von JORDANUS NEMORARIUS (A. 13. Jh.). In diesem Text werden aus gegebenen Größen weitere berechnet, wobei auch algebraische Methoden zum Einsatz kommen. Die einzelnen Abschnitte des in vier Bücher einteilbaren Werkes folgen jeweils einem festen Schema in der Abfolge Bedingungen, Lehrsatz und Verdeutlichung (eine Art Beweis), es schließen sich Zahlenbeispiele an (Treutlein 1879b). WIDMANN kannte dieses Werk wohl aus der Handschrift Dresden, C 80 (s. S. 29).

348, 9: *Regel proportionum* – Lehre von den Verhältnissen der Zahlen; s. Kommentar zu 392, 9.

350, 1: *Inhalt disz buchs* – Detaillierte Inhaltsangabe des Rechenbuches; zu Aufbau und Problemen bei der Realisierung des hier angekündigten Programms s. S. 121.

350, 11: *Tollet* – Spezielle Rechentechnik der Kaufleute, s. Kommentar zu 384, 2.

350, 12: *Mittelmaß* – Kein spezifisch mathematischer Terminus, auch bei den unter diesem Ausdruck zusammengefaßten Rechenarten Numerieren, Progredieren und Radizieren werden bei WIDMANN nur beim Radizieren Mittelwerte verwendet. Zur Wahl der Bezeichnung und zum Prinzip der Dreiteilung s. auch Teil II, S. 125.

350, 20: *Progressio* – Reihensummenbildung; s. Kommentar zu 370, 2.

350, 24: *artis perceptionem* – Jede Rechenart soll auf drei Weisen eingeführt und verstanden werden: Am Anfang steht die *perceptio artis*, das Begreifen der Rechenart hinsichtlich ihrer Bedingungen und Forderungen, deren Dreiteilung in Angabe der Regel, der Einschränkungen (*exceptio*) und der Absicherung (*cautio*) von JOHANNES WIDMANN jedoch im Rechenbuchtext nicht explizit durchgeführt wird.

An zweiter Stelle folgt die *positio exemplorum*; an drei Rechenbeispielen soll die neue Rechenart und ihre Durchführung verständlich werden.

Die Einführung der Rechenart schließt die *probatio factorum*, die Überprüfung der vollzogenen Rechenhandlungen durch die drei Proben: Umkehrprobe (*gemein prob*), Siebenerprobe und Neunerprobe.

350, 34: *Johannes de Sacrobusto* – JOHANNES DE SACROBOSCO (John of Holywood, um 1200 Holywood, heute Halifax, Yorkshire-1244 oder 1256 Paris) lehrte an der Universität Paris Mathematik und Astronomie. Seine Schriften zu diesen beiden Fächern, wie z. B. die *Sphaera mundi* (astronomisch-kosmographischer Traktat) oder *De Computo ecclesiastico* (Kalender, Berechnung des Osterdatums) gehörten zu den Standardwerken des Mittelalters. Der *Algorismus vulgaris* — eine Abhandlung über die indisch-arabischen Ziffern und die Grundrechenarten — wurde das verbreitetste arithmetische Lehrbuch des Mittelalters und diente vielfach als Grundlage der Arithmetik-Vorlesungen an mittelalterlichen Universitäten; s. S. 96. Die *gemeine prob*, d. i. das Überprüfen des Rechenergebnisses durch die entgegengesetzte Rechenart, wird dort von SACROBOSCO zm ersten Mal bei der Subtraktion durchgeführt: *Si autem probare volueris, utrum bene feceris an non, figuras, quas subtraxisti, adde [...]. Simile in additione, quando omnes figuras addideris, subtrahe, quas prius addidisti [...]. est enim subtractio additionis probatio et e converso* (nach der Edition durch Curtze 1897, 5).

351, 8: *competentium litterarum positione* – Beschreibung, wie die drei Spalten bei der Tolletrechnung zu beschriften sind, s. Kommentar zu 384, 2.

351, 25: *benumung* – Zu den verschiedenen Proportionen s. Kommentar zu 392, 9.

351, 40: *zcal auff kaufmanschafft* – Sammlung von Rechenaufgaben aus dem Kaufmannsalltag, sie sogenannte Practica.

Auch die Ordnung der Aufgaben will J. WIDMANN nach dem Prinzip der Dreiteilung gestalten. Die erste Gliederung erfolgt in die Teile: Anzahl, Gewicht, Maß, die zweite nach Handelsabschlußart: Kaufschlag, Stich oder Gesellschaft und die dritte nach Warenart: Gewölbe(?)waren, Wechsel, Münzen. Keine dieser Einteilungen erscheint in sich konsistent; es erstaunt daher nicht, daß WIDMANN sich später nicht daran hält (s. Kommentar zu 410, 37).

353, 2: *Numeratio* – Einführung der indisch-arabischen Ziffern und der Positionsschreibweise; dazu und zur Ablösung der römischen Ziffern s. S. 20. WIDMANN unterscheidet nicht wie viele seiner lateinischen Vorlagen zwischen Einheiten (*digiti*), Zahlen zwischen 10 und 20 (*articuli*) und Zahlen über 20 (*numeri compositi*).

353, 3: *Seinte mal das* – Bis zum Ende des Abschnitts vgl. *Bamberger Rechenbuch 1483*, 13/4.

353, 4: *dir* – Schmidtmühle ?

353, 5: *buch der weyßheyt* – *Weisheit Salomonis* 11, 21. Durch das ganze Mittelalter hindurch beriefen sich besonders die Naturwissenschaftler auf diese Bibelstelle, um ihre Arbeit zu motivieren und zu rechtfertigen: Aufgrund des Offenbarungscharakters der Schöpfung verstand man Naturerkenntnis als Gotteserkenntnis (s. dazu S. 114; des weiteren etwa Ohly 1982).

353, 7: *dich* – Leser?

353, 22: *rechtenn hant* – Mit der Form der Ziffern übernahm man auch die Schreibrichtung von den Indern, die auch die Buchstaben von rechts nach links schrieben; daher wird hier mit der Zählung der Ziffern ebenfalls rechts begonnen.

354, 2: *Nu soltu wisszen* – Bis Ende des Abschnitts sowie das erste Beispiel vgl. *Bamberger Rechenbuch 1483*, 17.

354, 2: *addiren* – Addition von natürlichen Zahlen. Methode wie heute: dreizeilige Anordnung, wobei die Summe durch einen Strich getrennt unter die Summanden gesetzt wird.

354, 8: *dreyerley prob* – Proben waren bei den Rechnungen nötig und wurden besonders im 16. Jahrhundert dem langwierigeren Nachrechnen, das z. B. durch die Angewohnheit, Ziffern durchzustreichen äußerst erschwert wurde, vorgezogen. Neben der Probe durch die Umkehroperation (*gemeine prob*) wurden besonders die Proben mit bestimmten Zahlen eingesetzt, die mathematisch gesehen auf dem Rechnen mit Resten (Moduln) basieren, d. h. man rechnet nur mit den Resten, die nach dem Abzug eines größtmöglichen Vielfachen der bestimmten Zahl übrig bleiben. Bsp.: $35 = 3 \times 9 + 8$ oder anders ausgedrückt $35 \equiv 8 \mod 9$.

Die Durchführung der Zahlenproben geschah auf folgende Weise: In ein Andreaskreuz × wird in das linke Feld der Rest der ersten Zahl, mit der gerechnet wurde, eingesetzt, in das rechte der Rest der zweiten Zahl und in das untere der Rest des vorher errechneten Ergebnisses. Mit den Resten der beiden Zahlen führt man nun dieselbe Rechnung noch einmal durch und nimmt von diesem Ergebnis wieder den Rest, den man in das obere Feld schreibt. Stehen nun in dem oberen und in dem unteren Feld die gleichen Zahlen, so hat man richtig gerechnet (dies ist genau beschrieben z. B. in *Coß* 11/2 von ADAM RIES). Diese Art von Probe benutzte man wohl schon bei den Griechen. Ein erstes rechnerisches Vorkommen findet sich bei AL-ḪWĀRIZMĪ. In deutschsprachigen Texten findet sie sich im *Algorismus Ratisbonensis* und im *Bamberger Rechenbuch 1483*, 83; sie erlebt im 16. Jahrhundert eine Blütezeit, wobei sich die Form des Kreuzes und auch die Moduln verändern. Erst ab dem 18. Jahrhundert büßt sie ihre Kontrollfunktion ein.

Schon bald bemerkte man (z. B. RIES in der *Coß*), daß die Neuner-Probe unzuverlässig ist (sie ist zwar notwendig, aber nicht hinreichend für die Richtigkeit des Ergebnisses). Vielfach wurden daher die Primzahlen 7, 11, 13, 19 bevorzugt, wie auch hier von WIDMANN. Da deren Vielfachenbildung jedoch nicht so rasch durchzuführen war, gaben die Autoren der Rechenbücher mitunter Tabellen mit den Vielfachen an.

355, 5: *prob mit 9* – Überprüfen des Rechenergebnisses mittels des Moduls 9. Die im folgenden durchgeführte Neunerprobe lautet in moderner mathematischer Schreibweise:

Zu überprüfende Rechnung: $861309 + 435867 = 1297176$

$$\begin{aligned} 861309 &= 95701 \cdot 9 + 0 &&\equiv 0 \mod 9 \\ 435867 &= 48429 \cdot 9 + 6 &&\equiv 6 \mod 9 \\ 1297176 &= 144130 \cdot 9 + 6 &&\equiv 6 \mod 9 \\ 0 + 6 &= 6 &&\equiv 6 \mod 9 \end{aligned}$$

355, 10: *mit 7* – Überprüfen des Rechenergebnisses mittels des Moduls 7. Die im folgenden durchgeführte Siebenerprobe lautet in moderner mathematischer Schreibweise:

Zu überprüfende Rechnung: $283901 + 148149 = 432050$

$$\begin{aligned} 283901 &= 40557 \cdot 7 + 2 &&\equiv 2 \mod 7 \\ 148149 &= 21164 \cdot 7 + 1 &&\equiv 1 \mod 7 \\ 432050 &= 61721 \cdot 7 + 3 &&\equiv 3 \mod 7 \\ 2 + 1 &= 3 &&\equiv 3 \mod 7 \end{aligned}$$

355, 10: *Und pey der prob* – Bis *furgelegtenn zal* vgl. *Bamberger Rechenbuch 1483*, 17/8.

355, 28: *alsz vnden stet* – Zusammenstellung der Proben. In der mittleren Zeile wird das erste Beispiel mittels der *gemeinen prob*, hier also der Subtraktion, überprüft. Die obere Zeile zeigt die Ergebnisse der Probe mit 9 bezüglich des zweiten Beispiels mit der Angabe der Reste im Andreaskreuz. In der unteren Zeile findet sich das gleiche bezüglich der Probe mit 7 mit dem dritten Beispiel. In dieser Weise sind auch alle gleichgearteten folgenden Schemata zu lesen.

355, 28: *alsz vnden stet* – Bis *ßo ist esz recht* vgl. *Bamberger Rechenbuch 1483*, 17.

356, 1: *Subtrahiren* – Subtraktion von natürlichen Zahlen; negative Zahlen als Ergebnis werden durch die nachfolgende Bedingung ausgeschlossen. Methode: Subtraktion von rechts nach links mithilfe der dekadischen Ergänzung.

$$\text{Bsp.:}\quad \begin{array}{rrrrrr} & 5 & 6 & 3 & 4 & 1 \\ - & 1 & 3 & 4 & 2 & 5 \end{array}\ .\ \text{Da } (10-5) = 5, \text{ gilt}$$

$$\begin{array}{rcccccc} & 5 & 6 & 3 & 4 & (1+5) \\ - & 1 & 3 & 4 & (2+1) & 0 \\ & & & & & 6 \end{array} \quad \text{oder} \quad \begin{array}{rcccccc} & 5 & 6 & 3 & 4 & 6 \\ - & 1 & 3 & 4 & 3 & 0 \\ & & & & 1 & 6 \end{array}\ .$$

$$\text{Da } (10-4) = 6, \text{ gilt} \quad \begin{array}{rccccc} & 5 & 6 & (3+6) & 4 & 6 \\ - & 1 & (3+1) & 0 & 3 & 0 \\ & 4 & 2 & 9 & 1 & 6 \end{array}$$

356, 2: *Hye nach* – Bis Ende des Abschnitts vgl. *Bamberger Rechenbuch 1483*, 19.

356, 15: *Wiltu probirenn* – Bis zum *Exemplum* zusammengesetzt und minimal ergänzt aus *Bamberger Rechenbuch 1483*, 20–22.

356, 21: *gulden schilling vnd heller* – Für Kaufleute besonders wichtig sind Umrechnungsmethoden von einer Währung in eine andere bzw. von kleineren in größere Währungseinheiten und umgekehrt. Die falschen Zahlen im Originaltext beruhen wohl auf einem Schreibfehler, da die entsprechenden Zahlenangaben in der Tabelle korrekt sind.

357, 1: *12* – 12 Heller ergeben 1 Schilling.

357, 2: *20* – 20 Schilling ergeben 1 Gulden.

357, 14: *Dupliren* – Verdoppelung von natürlichen Zahlen. Dieser Sonderfall der Multiplikation wird heute nicht mehr als eigene Rechenart angesehen. Methode: Verdoppelung der Zahlen von rechts nach links.

358, 13: *Mediren* – Halbierung von natürlichen Zahlen als Umkehrung zur Verdoppelung. Im Gegensatz zu den vorhergehenden Rechenarten beginnt man beim Medieren links, wobei man mit ungeraden Ziffern wie folgt verfährt: Man subtrahiert 1 von der Zahl, so daß sie nun gerade ist und man mit ihr wie gewohnt verfahren kann. Die 1 nimmt man als 10 zur nächstrechten Ziffer bzw. man addiert $\frac{10}{2} = 5$ zur halbierten nächsten Ziffer. Bleibt an der Einerstelle eine ungerade Ziffer stehen, so teilt man die 1 in *ein halbs*, geschrieben als ein hochgestellter Strich (s. S. 343).

359, 14: *Multipliciren* – Das Kapitel ist in zwei Teile geteilt. Im ersten wird das Einmaleins geübt, im zweiten werden allgemeine Multiplikationsmethoden vorgestellt.

359, 15: *Nu soltu merken* – Bis *das du eyn 0 dar fur seczest* und die quadratische Multiplikationstafel vgl. *Bamberger Rechenbuch 1483*, 23/4.

359, 17: *taffeln* – Zu Entstehung, Geschichte und Gebrauch von Multiplikationstafeln s. Deschauer 1990, bes. 1–21. Multiplikationstafeln finden sich in drei Formen: der quadratischen, der dreieckigen und in Listenform. In den Rechenbüchern wird meist die quadratische Form oder die Listenform (z. B. auch bei WIDMANN) gebraucht. WIDMANN bietet auch eine Multiplikationstafel in Dreiecksform an, in der die Anzahl der Multiplikationen aufgrund des Kommutativgesetzes reduziert wird. Bei dieser gibt er an, er habe sie *auß hebraischer zungen ader iudischer* gezogen.

Ebenfalls eine Tafel in Dreiecksform findet sich in Dresden, C 80 innerhalb einer lateinischen Abhandlung, die mit *Incipit Liber De Sarracenico et De limitibus* (f. 154r) beginnt und teilweise Spuren der Bearbeitung (durch WIDMANN ?) zeigt. Im Abschnitt über die *Diuisio arabica* (f. 157r) wird der Gebrauch einer Multiplikationstafel in Dreiecksform erklärt und eine solche auch abgebildet. Daneben befindet sich ein Dreieck mit mehreren Linien, Zeichen und hebräischen Buchstaben, unter anderen die Zeichenfolge für *Jahwe.* Darunter stehen zwei Zeilen in hebräischen Buchstaben. Aus meiner Vertrautheit mit jiddischen Texten konnte ich erkennen, daß es sich hierbei zwar nicht um einen jiddischen, so doch um einen deutschen Satz handelt: *alles das du machst nach dem ganzen kwadrat das machstu machen nach dem triangel und ist gerecht* (Transliteration). Wahrscheinlich ist diese Stelle die Vorlage WIDMANNS.

360, 6: *Lernn wol* – Paarvers; das Einmaleins genügt zur Multiplikation auch mehrziffriger Zahlen und bildet damit den *grunt deß multipliciren.* Durch geschicktes Umstellen und Ausnutzen von Rechenvorteilen (Assoziativ-, Distributivgesetz, binomische Formeln) sind weitere Tabellen (z. B. 10 mal 10) zum Auswendiglernen oder Nachschauen unnötig. Das Auswendiglernen wird allgemein dem Nachschauen vorgezogen und dringend empfohlen, da es ein schnelleres Nachprüfen der Rechnung erlaubt (s. dazu Deschauer 1990, bes. 21–34).

Außer diesem Vers, der in allen Nachdrucken als Vers erkannt sowie gesetzt wurde und sich auch in anderen Rechenbüchern dieser Zeit findet (z. B. bei J. KÖBEL), trifft man den Einsatz der gebundenen Sprache als mnemotechnische Hilfe sonst nur bei der *Regula fusti* (s. Kommentar zu 417, 24).

361, 4: *drey hubsche Regel* – Angabe mehrerer Regeln zur Berechnung des Einmaleins.

361, 5: *die Erst* – Multiplikationen mit Zahlen über 5 können auf Multiplikationen mit solchen unter 5 reduziert werden. In moderner mathematischer Schreibweise kann dies wie folgt formuliert werden.

Sei $5 < x \leq y < 10; x, y \in \mathbb{N}, 10 - y = a, xy = z$, dann gilt $10x - ax = z$.

Bsp.: $70 - (10 - 8)7 = 70 - 14 = 56$.

Bew.: $10x - (10 - y)x = 10x - 10x - xy = xy$.

362, 5: *andern Regel* – Sei $5 < x \leq y < 10$. Setze $10 - x = a$, $10 - y = b$, $x+y = 10+c_0$ mit $c_0 \in \{0, \ldots, 9\}$. Dann gilt: $z = xy = (10-a)(10-b) = 100-10(a+b)+ab = 100-10[(10-x)+(10-y)]+ab = -100+10(x+y)+ab = -100+10(10+c_0)+ab = 10c_0+ab$.

362, 23: *ander Regel* – Sei $x, y \in \mathbb{N}, 1 \leq x < 10 \leq y < 20, yx = z$, d. h. $x = x_0, y = y_0 + 10$ mit $x_0, y_0 \in \{0, \ldots, 9\}$. Setze $x_0 \cdot y_0 = a = a_0 + 10a_1, (a_0, a_1 \in \{0, \ldots, 9\})$, dann gilt

a) wenn $a_1 = 0$, dann $z = a_0 + 10x_0$.

b) wenn $a_1 > 0$, dann $z = a_0 + 10(a_1 + x_0)$.

Bew.: $xy = x_0(y_0 + 10) = x_0y_0 + 10x_0 = a + 10x_0 = a_0 + 10a_1 + 10x_0 = a_0 + 10(a_1 + x_0)$.

362, 24: *Szo fur* – Bis *leycht zu rechen* und anschließende Beispiele minimal erweitert vgl. *Bamberger Rechenbuch 1483*, 25/26.

363, 13: *zum ersten* – Multiplikation beliebiger natürlicher Zahlen. Methode: wie heute, jedoch beginnend bei der Einerziffer des Multiplikators (heute bei der Ziffer der höchsten Zehnerpotenz).

364, 3: *Wilt du aber* – Bis Ende des Abschnitts vgl. *Bamberger Rechenbuch 1483*, 28.

364, 8: *andere weysz* – Wie oben, verändert wurde lediglich die Stellung des Multiplikators, nämlich vertikal (*perpendiculariter*) neben der Rechnung von unten nach oben, d. h. der Multiplikator im Beispiel lautet 74362.

365, 1: *behendere weyß* – Staubbrettmethode in der für das Rechnen mit Papier und Feder variierten Weise, d. h. die im Staub ursprünglich ausgewischten Ziffern werden hier durchgestrichen (s. Tropfke [4]1980, 212/3).

366, 5: *teylen* – Die Division durch einen mehrstelligen Divisor wird mittels des Überwärtsdividierens durchgeführt (Tropfke [4]1980, 235/6). Aufgrund der bei diesem Verfahren entstehenden Zahlenmuster in Schiffsform nannte man diese Methode auch Teilen *ynn galeyn*.

366, 5: *Nu wil ich* – Bis *secz also hernach stet* vgl. *Bamberger Rechenbuch 1483*, 28/9.

369, 8: *So nym die prob* – Bis Ende des Abschnitts vgl. *Bamberger Rechenbuch 1483*, 31.

370, 2: *Progrediren* – Progredieren bezeichnet die Berechnung einfacher arithmetischer und geometrischer Reihen. Eine *Reihe* $\sum_{k=0}^{\infty} a_k$ nennt man eine Folge von *Partialsummen* $s_n = \sum_{k=0}^{n} a_k$, wobei $(a_n)_n$ eine *Folge* komplexer Zahlen ist (s. auch das Textbeispiel von Königsberger S. 327).

Die im folgenden durch JOHANNES WIDMANN getroffenen Unterscheidungen gehen größtenteils auf den *Algorismus vulgaris* des JOHANNES DE SACROBOSCO zurück: *Progressionum autem alia est naturalis sive continua, alia intercisa sive discontinua* (Curtze 1897, 12/3), bei einer Progression *naturlicher ordnung* muß dabei die Differenz zwischen den einzelnen Gliedern der Reihe immer gleich 1 sein, d. h. für die Folge $(a_n)_n$ gilt $(a_n)_n = 1, 2, \ldots$ und damit $\sum_{k=0}^{n} a_k = \sum_{k=1}^{n} k$ *arithmetische Reihe*.

Die vier Regeln zur Berechnung verschiedener Partialsummen lauten in moderner mathematischer Schreibweise:

Regel 1: Sei $\sum_{k=0}^{\infty} k$ eine arithmetische Reihe und $2|n$ (lies: 2 teilt n), dann gilt für die Partialsummen

$$\sum_{k=0}^{n} k = (n) \cdot \frac{n+1}{2}.$$

Bsp.: $\sum_{k=1}^{8} k = 9 \cdot \frac{8}{2} = 9 \cdot 4 = 36.$

Regel 2: Sei $\sum_{k=0}^{\infty} k$ eine arithmetische Reihe und $2 \not| n$ (lies: 2 teilt nicht n), dann gilt für die Partialsummen

$$\sum_{k=0}^{n} k = n \cdot \frac{n+1}{2}.$$

Bsp.: $\sum_{k=1}^{5} k = 5 \cdot \frac{5+1}{2} = 5 \cdot 3 = 15.$

Regel 3: Sei $\sum_{k=0}^{\infty} 2k$ eine arithmetische Reihe, dann gilt für die Partialsummen

$$\sum_{k=0}^{n} 2k = (n+1) \cdot n.$$

Bsp.: $\sum_{k=1}^{5} 2k = 6 \cdot 5 = 30.$

Regel 4: Sei $\sum_{k=0}^{\infty} 2k+1$ eine arithmetische Reihe, dann gilt für die Partialsummen

$$\sum_{k=0}^{n} 2k + 1 = (n+1)^2.$$

Bsp.: $\sum_{k=1}^{4} 2k + 1 = 4 \cdot 4 = 16.$

370, 25: *Nu aber alle obengeschribene Regeln* – Über JOHANNES DE SACROBOSCO hinausgehend faßt JOHANNES WIDMANN diese vier Regeln in zwei Sätze zusammen, welche in moderner mathematischer Schreibweise lauten:

Satz.: Sei $\sum_{k=0}^{\infty} k$ eine arithmetische Reihe, dann gilt für $m \in N$
(i) sei $\sum_{k=1}^{\infty} mk$ und $2|n$: $\sum_{k=1}^{n} k = (m + mn) \left(\frac{n}{2}\right)$
(ii)sei $\sum_{k=0}^{\infty} mk + 1$ und $2 \not| n$: $\sum_{k=0}^{n} mk + 1 = (1 + mn) \cdot \left(\frac{n+1}{2}\right)$.

Bsp.: $\sum_{k=0}^{3} 2k + 1 = (1 + 7) \cdot 2.$

370, 39: *Nu aber soltu mercken* – Ebenfalls nicht im *Algorismus vulgaris* des SACROBOSCO findet sich die Einführung der geometrischen Reihe:

Sei $(a_n)_n = 1, 2, 3, ...$, dann nennt man die zugehörige unendliche Reihe $\sum_{k=0}^{\infty} x^k$ *geometrische Reihe.*

Hierauf folgen drei Regeln zur Berechnung der Partialsummen verschiedener Reihen mit Beispielen, aber ohne jegliche Erläuterung.

Regeln:
(1) Sei $x = 2$: $\sum_{k=0}^{n} 2^k = 2^n \cdot 2 - 1 = 2^{n+1} - 1$.
(2) Sei $x = 3$: $\sum_{k=0}^{n} 3^k = \frac{3^n \cdot 3 - 1}{2} = \frac{3^{n+1} - 1}{2}$.
(3) Sei $x = 4$: $\sum_{k=0}^{n} 4^k = \frac{4^n \cdot 4 - 1}{3} = \frac{4^{n+1}}{3}$.

Bsp.:
(i) $\sum_{k=0}^{4} 2^k = 32 - 1 = 31$.
(ii) $\sum_{k=0}^{3} 3^k = \frac{3^4 - 1}{2} = 40$.

371, 18: *radicem extrahiren* – Einführung von Quadrat- und Kubikwurzeln.

372, 13: *Wurfels* – Der Erstdruck zeigt hier das dreidimensionale Schema eines Quaders und ein Sechseck mit markierten Ecken und Mittelpunkt; die Nachdrucke bringen stattdessen das zu erwartende Schema eines Würfels. Auf einer dreidimensionalen schematischen Darstellung eines Würfels sind 7 Eckpunkte zu sehen; ändert man nun den Ansichtswinkel, so können zwei dieser Punkte übereinander zu liegen kommen und man hat ein gleichseitiges Sechseck. Wahrscheinlich war das Schema für den Würfel in der Druckvorlage nicht klar gezeichnet, so daß der Setzer den Würfel nicht erkannte und eine ihm bekannte Figur dafür einsetzte. Auch beim Quader sind fälschlicherweise alle Schnittpunkte der Kanten als Ecken markiert.

372, 14: *Nu soltu wyssen* – Berechnung der mittleren Proportionalen zweier Quadratzahlen. Seien x, y, z aufeinanderfolgende natürliche Zahlen und x^2, y^2, z^2 ihre Quadrate, so ist m die mittlere Proportionale zwischen x^2 und y^2, n zwischen y^2 und z^2 und p zwischen x^2 und z^2 mit $\frac{x^2}{m} = \frac{m}{y^2}$, $\frac{y^2}{n} = \frac{n}{z^2}$ und $\frac{x^2}{p} = \frac{p}{z^2}$. Es gilt:
(1) $xy = m$ (da $x^2y^2 = m^2$).
(2) $y + m = y^2$ (da $y^2 = y(1 + x) = y + yx = y + m$).
(3) $p + z = n$ (da $n = yz = z(x + 1) = zx + z = p + z$).
Bsp.: $x = 2, y = 3, z = 4, x^2 = 4, y^2 = 9, z^2 = 16$. Dann $m = xy = 6$ und $y + m = 3 + 6 = 9 = y^2$ bzw. $n = yz = 12 = 4 + 8 = z + p$.
Diese Berechnungen lassen sich im abgebildeten Schema zusammenfassen.

373, 11: *Auch soltu mercken* – Berechnung der zwei mittleren Proportionalen zweier Kubikzahlen. Seien x, y aufeinanderfolgende natürliche Zahlen und x^3, y^3 ihre Kubikzahlen, so sind m_1, m_2 die mittleren Proportionalen zwischen x^3 und y^3 mit $\frac{x^3}{m_1} = \frac{m_1}{m_2} = \frac{m_2}{y^3}$. Es gilt:

(1) allgemein: $m_1^2 = m_2x^3, m_2^2 = m_1y^3$; $m_1 = xy^2$ und $m_2 = yx^2$.
(2) für aufeinanderfolgende x, y: $m_1 - x^2 = x^2y - x^2 = x^2(y-1) = x^3$ und $m_2 + y^2 = xy^2 + y^2 = (x+1)y^2 = y^3$.
Bsp.: Sei $x = 2, y = 3$, dann $m_1 = 3 \cdot 4 = 12$ und $m_2 = 2 \cdot 9 = 18$ sowie $12 - 4 = 8$, $18 + 9 = 27$ und $\frac{8}{12} = \frac{12}{18} = \frac{18}{27}$.
Diese Berechnungen lassen sich im abgebildeten Schema zusammenfassen.

374, 6: *der grosser Cubicus* – Die Seite mit dem Kubikwurzelschema ist die einzige mit handschriftlicher Bezifferung; sie zeigt zudem eine dickere Drucktype.

374, 16: *volget die art* – Berechnung der Quadratwurzel, Beschreibung der Methode s. Tropfke [4]1980, 287/8.

379, 5: *vnd uor dem* – Bis *andern deß gleichen* zum Teil erweitert vgl. *Bamberger Rechenbuch 1483*, 35/6.

379, 8: *der vnterscheyd* – Relativsatz.

379, 14: *erst furnemen* – Hier wird vor der Hauptnennerbildung nicht gekürzt.

381, 14: *Nach dem soltu lernen* – Bis Ende des Kapitels vgl. *Bamberger Rechenbuch 1483*, 33/4.

382, 3: *Nu wil ich* – Bis Ende des Kapitels vgl. *Bamberger Rechenbuch 1483*, 39–41.

384, 2: *Tollet Rechnung* – Die Rechnung mit der dreispaltigen (Kolumnen) Tafel vermeidet die Reduzierung von Geldbeträgen auf die kleinste Einheit und damit die Entstehung großer Zahlen. Stattdessen werden die verwendeten Maßeinheiten der Größe nach abfallend in die zweite Kolumne eingetragen, bei der größten Einheit werden zusätzlich die Einer, Zehner (*X*) und Hunderter (*C*) usw. gesetzt (*competentium litterarum positio*). In die dritte Kolumne setzt man den jeweils der Einheit entsprechenden Preis (*valoris ad litteras applicatio*), in die erste die Anzahl der jeweiligen Einheit (*rei empte numerali appositio*). Die Anzahl der Einheiten wird nun jeweils mit dem Wert multipliziert und zu der Gesamtsumme addiert (Vogel 1978, 76-9).

384, 3: *In dießem noch geordenten teyl* – Bis *mercken* vgl. *Bamberger Rechenbuch 1483*, 87.

384, 29: *Eß hat einer* – Bis *3 ß 1 heller* $\frac{1}{32}$ vgl. *Bamberger Rechenbuch 1483*, 87–89.

385, 19: *Item eynner hat* – Bis Ende der Aufgabe vgl. *Bamberger Rechenbuch 1483*, 91.

387, 2: *teyl der ersten teylung* – Beginn des zweiten Teils des Rechenbuches.

387, 11: *Du solt mir suchen* – Zahlenraten als Bestandteil der Unterhaltungsmathematik findet sich zum ersten Mal bei BEDA VENERABILIS (Folkerts 1972, 22; 31f.).

387, 13: *regel Residui* – S. Kommentar zu 433, 4.

388, 13: *Regel Residui* – S. Kommentar zu 433, 4.

388, 15: *Regel Detri* – S. Kommentar zu 404, 16.

388, 33: *Thurn* – Lösungsmöglichkeit für Aufgaben mit Türmen (s. Kommentar zu 456, 1).

389, 6: *regula Reciprocationis* – S. Kommentar zu 438, 13.

389, 22: *Regula exessus* – S. Kommentar zu 434, 1.

389, 36: *Regula diuisionis* – Diese Regel wird auch im folgenden nicht weiter erläutert.

390, 18: *Regula Reciprocationis* – S. Kommentar zu 438, 13.

390, 29: *Regula Quadrata* – S. Kommentar zu 436, 21.

392, 9: *Campanus* – Das bekannteste Werk des CAMPANUS VON NOVARA (†1296) ist seine lateinische Ausgabe der *Elemente* des EUKLID, die zum Standardwerk an den Universitäten des Mittelalters und Grundlage des ersten Druckes wurde (Venedig: Erhard Radolt 1482).

Im 5. Buch der *Elemente* finden sich Aussagen über das Verhältnis (*zusamhaldung*) beliebiger Größen, sowohl diskreter (*yn der groß*, z. B. Zahlen) als auch stetiger (*in andern dingen*, z. B. Strecken). Die Bücher 7–9 widmen sich dann ausschließlich der Theorie der Zahlenverhältnisse, die auch JOHANNES WIDMANN in seinem Rechenbuch behandelt. Hier differenziert WIDMANN zwischen der Gleichheit von Größen (*proportio equalitatis*) und dem Verhältnis verschiedener Größen (*proportio inequalitatis*). Letzte unterscheidet er weiter in *proportio inequalitatis rationalis* und *proportio inequalitatis irrationalis*. Letztere bezieht sich aber nicht auf diskrete, sondern allein auf stetige Größen (Strecken), ist daher Teil der Geometrie und steht auch in den *Elementen* nach den arithmetischen Büchern im Buch 10, das u. a. die Inkommensurabilität von Strecken behandelt (s. zu allem auch Tropfke [4]1980, 323–344).

392, 34: *auff 5 species* – Die Theorie der Zahlverhältnisse, wie sie bei EUKLID oder NIKOMACHOS ausgearbeitet wurde, wirkte im frühen Mittelalter in der lateinischen Fassung *De institutione arithmetica* (*puch der rechenschaft*) des ANICIUS MANLIUS SEVERINUS BOETHIUS (~475 Rom-524/5 Pavia), fand aber auch einen Niederschlag in *De institutione musica* desselben Autors. Buch 1 der Arithmetik endet mit der schon bekannten Differenzierung der Proportionen in Gleichheit (*proportio aequalitatis*, Buch 1, Kapitel 21) und Ungleichheit (*proportio inaequalitatis*, Buch 1, Kapitel 22), welche in den ersten drei Kapiteln des 2. Buches weiter in Klassen aufgeteilt wird, nämlich je nach Sichtweise in *maior* und *minor quantitas* (s. u.), jede dieser wieder in folgende fünf Unterklassen: *multiplex*, *superparticularis*, *superpartiens*, *multiplex superparticularis* und *multiplex superpartiens* (s. auch Tropfke [4]1980, 323–344; Illmer 1990; Übersetzung s. Masi 1983).

392, 37: *Nu von der ersten* – Proportio multiplex (Vielfaches): $x = m \cdot y$.

	2:1	*Proportio dupla*
Bsp.:	3:1	*Proportio tripla*
	1:3	*Proportio subtripla*

393, 18: *vnter species* – Der *maior quantitas* 4:2 (*proportio dupla*) entspricht die *minor quantitas* 2:4 (*proportio subdupla*).

394, 3: *proporcio superparticularis* – Proportio superparticularis (Ganzes und ein Teil dazu): $x = (1 + \frac{1}{n})y$.

Bsp.: 3:2 ∼ 6:4 *Proportio sesqualtera*
4:3 ∼ 8:6 *Proportio sesquitertia*

394, 21: *Supperparciens* – Proportio superpartiens (Ganzes und mehrere Teile dazu): $x = (1 + \frac{k}{n})y$.

Bsp.: 5:3 ∼ 10:6 *Proportio superbipartiens*
7:4 ∼ 14:8 *Proportio supertripartiens*

396, 2: *die vierde species* – Proportio multiplex superparticularis (Vielfaches und ein Teil dazu): $x = (m + \frac{1}{n})y$.

Bsp.: 5:2 *Proportio duplasesqualtera*
7:3 *Proportio duplasesquitertia*
7:2 *Proportio triplasesqualtera*

397, 16: *proportio multiplex superpartiens* – Proportio multiplex superpartiens (Vielfaches und mehrere Teile dazu): $x = (m + \frac{k}{n})y$.

Bsp.: 8:3 *Proportio duplasuperbipartiens*
11:4 *Proportio duplasupertripartiens*
11:3 *Proportio triplasuperbipartiens*

398, 9: *auff das mynst in die zal seczen* – Reduzieren von Brüchen. Mithilfe des Euklidischen Algorithmus wird der größte gemeinsame Teiler von Zähler und Nenner berechnet, durch den der Bruch geteilt und damit soweit möglich reduziert wird.

399, 5: *gleicherweyß als man yn den gebrochen* – Hinweis auf strukturelle Gleichheit und daher entsprechende Rechenmethoden für Brüche und Proportionen.

399, 9: *yn musica* – Verweis auf die *musica speculativa*, die auf der Proportionenlehre aufbaut (s. dazu die Beiträge in Bernhard u. a. 1990). Der Unterscheidung in Klassen schließen sich in *De institutione arithmetica* des BOETHIUS (Buch 2, Kapitel 47–9) Bemerkungen zu bestimmten Proportionen wie etwa der harmonischen an (vgl. *De institutione musica* Buch 2, Kapitel 12); die Beispiele im Rechenbuch gleichen den dort angegebenen. Die Ähnlichkeit zwischen Zahlenverhältnissen und Harmonien wird auch schon in der Vorrede zur Arithmetik angesprochen: *Sed etiam ea ipsa musica modulatio numerorum nominibus adnotatur* (Lit. s. o.).

399, 21: *Julius frontinus* – SEXTUS JULIUS FRONTINUS (∼40-103 Rom) gehörte den Agrimensoren an. Diese waren Ausübende der Feldmeßkunst, ihre Schriften enthielten Angaben und Aufgaben zur Vermessung der Erdoberfläche. FRONTINUS verfaßte Schriften über Feldmeß- sowie die Kriegskunst und über die Wasserversorgung (er war u. a. Generaldirektor der Wasserwerke in Rom). Auf welche Schrift WIDMANN hier verweist, ist unklar (s. auch Kommentar zu 501, 12).

399, 22: *Jordanus* – JORDANUS NEMORARIUS (1. H. 13. Jh.) verfaßte relativ eigenständige Lehrbücher über Mechanik und elementares Rechnen sowie über theoretische Arithmetik und Geometrie. Mit dem *rechenbuch* bzw. *buch der Rechenschafft* ist wahrscheinlich seine Arithmetik *De elementis* *arithmetice artis* angesprochen (Edition Busard 1991). Die Stellenangaben konnten bisher nicht identifiziert werden.

401, 19: *gulden Regel ader proporcionum* – S. Kommentar zu 404, 16.

404, 15: *Unnd ynn dem* – Bis *gancz klerlichen wirt ausz gedruckt* stark verändert vgl. Bamberger *Rechenbuch 1483*, 42.

404, 16: *gulden Regel* – *Guldene Regel, Regula coße, Regula detri, Regula proportionum.* Schlußrechnung, Dreisatz: Aufgrund der Veränderung einer von drei gegebenen Größen a, b, c wird die entsprechende Änderung einer vierten d festgestellt.

Regula detri: $a : b = c : d$.

Regula proportionum: $d = \frac{bc}{a}$.

Im sechsten Buch seiner *Elemente*, der Ähnlichkeitslehre, zeigt EUKLID, daß zu drei Strecken mittels ähnlicher Dreiecke eine vierte proportionale Strecke konstruiert werden kann (IV, 12).

405, 5: *kurcz geschriben* – JOHANNES WIDMANN gibt hier Abkürzungen für Währungen und andere Maßeinheiten an, an die er sich in seinem Rechenbuch jedoch nicht konsequent hält.

Zu den zahlreichen in Leipzig kursierenden Währungen vermerkt Vogel (1714, 66): *In diesem Jahre* [1490] *hat man zuerst angefangen auff Gülden zurechnen / und zu handeln / denn zuvor ist alles auff Schock oder Groschen gehandelt worden / und weil ungleiche Müntz-Sorten im Lande gewesen / sind auch ungleiche Schock im kauffen und verkauffen gebraucht worden.*

405, 16: *ende dieseß buchleß* – Die hier angekündigte Tabelle und Übersicht wurde nicht erstellt.

405, 23: *Regel resolutionis* – S. Kommentar zu 409, 27.

405, 24: *regel Pagamenti* – S. Kommentar zu 461, 8.

405, 29: *regel Detri* – S. Kommentar zu 404, 16.

405, 34: *Item ich hab kaufft* – Aufgabe stark verändert vgl. *Bamberger Rechenbuch 1483*, 43.

405, 39: *Item ich hab kaufft* – Aufgabe stark verändert vgl. Bamberger *Rechenbuch 1483*, 43.

406, 8: *Item 17 mr* – Bis Ende der nächsten Aufgabe erweitert vgl. *Bamberger Rechenbuch 1483*, 43/4.

406, 27: *Nu soltu aber mercken* – Bis zu letzten Kurzaufgabe erweitert vgl. *Bamberger Rechenbuch 1483*, 47.

407, 3: *So dir aber* – Bis Ende der Aufgabe vgl. *Bamberger Rechenbuch 1483*, 48.

407, 16: *So aber* – Bis Ende der Aufgabe vgl. *Bamberger Rechenbuch 1483*, 49/50.

409, 27: *Regula inuentionis* – *Regula inventionis, Regula resolutionis.* Mit dieser Regel läßt sich mittels Dreisatzrechnung berechnen, wie sich fremde Maße zu bekannten verhalten.

410, 33: *Und also* – Metakommunikativer Hinweis zur weiteren Vorgehensweise, Ankündigung von einigen Regeln.

410, 37: *oben in dem register* – JOHANNES WIDMANN wirft hier kurzerhand die mehrfach geschachtelte Dreiteilung der Aufgabenarten (s. Kommentar zu 351, 40) über Bord und wählt stattdessen die Verteilung der Aufgaben nach Lösungsweg, d. h. nach Regel.

411, 9: *Wiltu aber* – Bis Ende Probe verändert vgl. *Bamberger Rechenbuch 1483*, 50/1.

411, 16: *+* – J. WIDMANN gebraucht hier + im Fließtext kurz vor der expliziten Einführung (s. u.).

411, 29: *Item Eyner kaufft* – Bis Ende der ersten Pfeffer-Aufgabe vgl. *Bamberger Rechenbuch 1483*, 52/3.

412, 2: *daz ist minus* – Erstes Auftreten der Zeichen + und – in einem gedruckten Text und in einer Rechnung. Zur Einführung und Verwendung s. S. 170.

413, 1: *Item eyner wil anlegen* – Bis Ende Aufgabe vgl. *Bamberger Rechenbuch 1483*, 54.

413, 2: *Uenedig* – Venedig, als Mittelmeerhafen wichtiger Umschlagplatz für Waren aus dem mittleren und fernen Osten. Ausbildung zur Handelsmetropole ab Ende des 12. Jhs., aufbauend auf die venezianische Handelsflotte und die Kolonien z. B. in Konstantinopel. Ab 1350 lag es im Wettstreit mit Genua und verlor nach 1453 Konstantinopel und die östlichen Besitzungen.

413, 32: *Item eßgielt* – Bis Ende der Aufgabe vgl. *Bamberger Rechenbuch 1483*, 54, die folgende Aufgabe ähnelt *Bamberger Rechenbuch 1483*, 54/5.

413, 39: *Nurenbergk* – Nürnberg, zur Bedeutung der Stadt als Handelszentrum und für die Mathematik s. S. 105.

414, 19: *Aragon* – Aragon, Region in Nord-Ost-Spanien; ab dem 13. Jh. Handelsbeziehungen zu nordafrikanischen Sultanstaaten; im 15. Jh. führende Macht im Mittelmeerraum.

415, 16: *wachs* – Die Reihenfolge, nicht aber die Werte der folgenden Aufgaben (bis Seide) ist die gleiche im *Bamberger Blockbuch* B 11–17 (Vogel 1980, 70/1).

416, 6: *galner* – St. Gallen war im 15./16. Jh. ein Handelszentrum für Tuchprodukte aus Hanf und Flachs (Kellenbenz 1986, 211).

416, 12: *Selendische leynbath* – Ev. Tuch aus der Provinz Seeland in Holland, das im späten Mittelalter für seine Textilherstellung bekannt wurde (Kellenbenz 1986, 210).

416, 13: *10 ellen* $\frac{1}{3}$ – $10\frac{1}{3}$ Ellen kosten 1 Gulden.

416, 25: *Item Eyner kaufft* – Aufgabe ähnlich *Bamberger Rechenbuch 1483*, 58.

416, 25: *kollen* – Köln, von den Römern 40 v. Chr. gegründet an einer Kreuzung wichtiger Straßen am Rhein. Zu einer kulturellen Blüte gelangte es im 13. Jh.; im 15. Jh. läßt sich eine allgemeine Stagnation verzeichnen.

416, 26: *wyen yn osterreich* – Wien, um 1250 freie Reichsstadt; im 14. Jh. Entwicklung zur Bürgerstadt und zum Kulturzentrum, Gründung der Universität 1365. Wegen seiner Lage war Wien auch eine wichtige Handelsstadt, im 15. Jh. kam es durch Einfälle der Türken jedoch zu einer Verlagerung der Handelswege.

417, 18: *Weliche ich dir* – Metakommunikativer Hinweis zur weiteren Anordnung der Regeln und Aufgaben bzw. zum Aufbau der einzelnen Abschnitte (s. dazu S. 141).

417, 24: *Regula Fusti* – *Regula fusti.* Einzige Regel in Versform. Die Vorschrift verknüpft mehrere Dreisatzschritte, um den Preis für die Mischung aus Ware hochwertiger sowie geringer Qualität zu berechnen.

418, 24: *Regula pulchra* – *Regula pulchra.* Keine spezielle Regel, sondern eine Verallgemeinerung der nachfolgenden Aufgabe; allenfalls ist folgende Grundstruktur zu erkennen, die sich in den späteren Vorkommen der Regel (s. Kommentar zu 424, 31; 431, 1; 435, 11; 436, 14) deutlicher zeigt: In einem ersten Schritt werden zwei oder mehrere Posten addiert, es folgt zweitens die Subtraktion der Ergbnisse und drittens eine Division verschiedener Differenzen. Zwischen Bezeichnung und konkreter Rechenvorschrift besteht keine inhaltliche Bindung.

418, 31: *Wyen* – S. Kommentar zu 416, 26.

419, 21: *Detri conuersa* – *Regula detri conversa.* Umkehrung der *Regula detri.*

419, 26: *brot* – Bei steigenden Lebenshaltungskosten wurden die Brote nicht verteuert, sondern verkleinert, nach Vogel *aus psychologischen Gründen* (1959, 27).

420, 24: *Regula transuersa* – *Regula transversa.* Der Text bietet keinerlei Hinweis auf eine spezielle Vorschrift; eine Verallgemeinerung aus dem folgenden Beispiel zeigt eine Aneinanderkettung von Rechenschrittkombinationen.

422, 9: *Regula Ligar* – *Regula ligar*, gehört mit der *Regula alligationis* (S. Kommentar zu 462, 8) zu den Mischungsaufgaben. Gefragt wird hier nach der Menge der letzten Ware.

423, 24: *Regula positionis* – *Regula positionis.* Warenkauf mit fester Gesamtsumme p, bekannten Einzelpreisen p_1, p_2, p_3 und angegebenem Verhältnis der Warenmengen m_1, m_2, m_3, zu berechnen sind die jeweiligen Mengen.

424, 31: *Regula Pulchra* – S. Kommentar zu 418, 24.

425, 28: *Regula equalitatis* – *Regula aequalitatis.* Einkauf gleicher Mengen, Sonderfall der *Regula positionis*: $m_1 = m_2 = m_3$, daher $p = p_1m_1 + p_2m_1 + p_3m_1$ oder $m_1(p_1 + p_2 + p_3)$. Durch Umformung erhält man $\frac{p_1+p_2+p_3}{m_1} = \frac{x}{p}$ (s. auch Tropfke [4]1980, 590–601).

426, 24: *Regula Legis* – *Regula legis.* Verallgemeinerung der folgenden Mischungsaufgabe.

428, 6: *Regula Augmenti* – *Regula augmenti.* Lösung eines Resteproblems durch Verknüpfung von Subtraktion und Division.

429, 1: *Regula augmenti + decrementi – Regula augmenti et decrementi.* Die Rechenvorschrift hat im Hinblick auf ihre Grundstruktur (Addition, Subtraktion, Division) Ähnlichkeiten mit der *Regula pulchra* (s. Kommentar zu 418, 24). Die folgende Aufgabe führt zu einem linearen Problem mit einer Unbekannten (s. auch Tropfke [4]1980, 601/2).

430, 4: *Regula plurima – Regula plurima.* Verallgemeinerung der folgenden Aufgabe mit Verteilung mit Rest.

431, 1: *Regula Pulchra –* S. oben s. Kommentar zu 418, 24.

431, 20: *Regula sententiarum – Regula sententiarum.* Keine Rechenvorschrift, sondern Hinweis darauf, daß auf mathematische Fragen teilweise mehre Antworten möglich sind, wenn die Aufgabe nicht genau genug gestellt ist.

431, 28: *dieße frag hat vierley syn –* Bewußt unklar formulierte Aufgabe mit mehreren Lösungen.

432, 17: *Regula Suppositionis – Regula suppositionis.* Verkettung von Divisionen und Multiplikationen zur Berechnung von vorgegebenen Teilen bekannter Zahlen.

433, 4: *Regula Residui – Regula residui.* Von einem Rest wird mittels Dreisatz auf das Ganze geschlossen.

434, 1: *Regula Exessus – Regula excessus.* Die Anweisung lautet wie bei der *Regula lucri* (s. Kommentar zu 440, 3), sie dient hier aber der Berechnung der Kapitaleinlagen.

434, 23: *Regula collectionis – Regula collectionis.* Unter der Angabe *colligieren* verbirgt sich hier allgemein der Hinweis, man solle gleiche Größen erst zusammenfassen, bevor man die restliche Rechnung nach Anweisung der Frage durchführt.

435, 11: *Regula Pulchra –* S. Kommentar zu 418, 24, hier mehrmals ineinander geschachtelt.

436, 14: *Regula Pulchra –* S. Kommentar zu 418, 24.

436, 21: *Regula quadrata – Regula quadrata.* Lösung eines Problems mithilfe der mittleren Proportionalen zwischen zwei Quadratzahlen (s. Kommentar zu 372, 14).

437, 19: *Regula Cubica – Regula cubica.* Lösung eines Problems mithilfe der mittleren Proportionalen zwischen zwei Kubikzahlen (s. Kommentar zu 373, 11).

437, 29: *vierecket –* J. WIDMANN müßte richtig — wie wenige Zeilen darüber — *achteckig* sagen.

438, 13: *Regula Reciprocationis – Regula reciprocationis.* Regel ohne Rechenbeispiel mit Hauptnennerbildung und Bruchumkehrung.

438, 21: *Regula bona – Regula bona.* Vorschrift zur Lösung von Aufgaben mit ungleicher Verteilung einer Summe Geldes.

440, 3: *Regula lucri – Regula lucri.* Zinssatzberechnung bei gegebenem Kapital und Zins bzw. Berechnung des Zinses bei Angabe von Kapital und Zinssatz.

443, 30: *eß get eyn kauffman* – In dieser Aufgabe fehlt die Angabe des Zinses.

445, 3: *Uenedig* – S. Kommentar zu 413, 2.

448, 18: *Alkeyer* – Algier, um 935 von den Arabern gegründete Hafenstadt am Mittelmeer und Handelsplatz.

448, 18: *Constantinopel* – Konstantinopel, heute Istanbul. Als Stadt an der Grenze zwischen Europa und Asien mehrmals heftig umkämpft und unter wechselnder Herrschaft; um 1453 von den Osmanen erobert.

448, 25: *9 stund* – $\frac{9}{13}$ eines Tages oder 9 Stunden?

449, 8: *Uenedig* – S. Kommentar zu 413, 2.

449, 10: *nurmbergk* – S. S. 105.

449, 21: *Item eyner kaufft* – Aufgabe vgl. *Bamberger Rechenbuch 1483*, 56.

449, 21: *Eger* – S. Kommentar zu 348, 3.

449, 22: *nurenbergk* – S. S. 105.

449, 33: *leypczk* – S. S. 92.

449, 33: *nurenbergk* – S. S. 105.

449, 34: *Franckfort* – Wahrscheinlich Frankfurt am Main, erstmals 794 genannt, schon im 13. Jh. Ausbau zum Handelsplatz durch Messen.

450, 6: *leypczig* – S. S. 92.

450, 6: *Czwickaw* – Zwickau in Sachsen. 1118 erstmals erwähnt; in verkehrsgünstiger Lage an der Straße Böhmen-Leipzig-Goslar; ursprünglich slawisches Dorf und Ansiedlung deutscher Kaufleute; Entwicklung von Zollstätte zum Marktflecken 1150, zur Stadt 1250; Wirtschaftsblüte im 15./16. Jh. durch Bergbau, Schmiederei und Tuchwirtschaft.

450, 7: *Allemwurck* – Altenburg, Stadt im Bezirk Leipzig. Bezeugt ab 976.

450, 21: *$3\frac{1}{7}$* – $3\frac{1}{7}$ war die in der Praxis der Frühen Neuzeit gebräuchliche Näherung für π. Es existierten jedoch schon wesentlich genauere Berechnungen etwa durch den arabischen Mathematiker AL-KAŠI auf 16 Dezimalstellen mithilfe des 3×2^{28}-Ecks.

450, 31: *Holcz hawer* – Es sind nicht $33\frac{1}{3}$ Holzhauer; da fünf Stunden gearbeitet wurde, sind es nur $6\frac{2}{3}$.

451, 11: *leypczig* – S. S. 92.

453, 12: *Item eyn man ligt* – Aufgabe vgl. *Bamberger Rechenbuch 1483*, 73/4.

453, 27: *2 pecher* – Die Lösung ergibt als Gewicht für die beiden Becher 8 und 10, während der Deckel 62 wiegt, ein unwahrscheinlicher Fall. Diese Aufgabe mag daher als besonders schönes Beispiel dafür dienen, daß J. WIDMANN mehr Gewicht auf den mathematischen Sachverhalt als auf wirklichkeitsnahe Einkleidung desselben legt.

456, 1: *turnn* – Eine mögliche Rechenmethode zur Lösung dieser Aufgabe wurde oben genannt (s. Kommentar zu 388, 33).

459, 15: *Regula legis* – S. Kommentar zu 426, 24.

461, 8: *Regula Pagamenti* – *Regula pagamenti.* Mithilfe des Kettensatzes, d. h. hier der Verkettung mehrerer Dreisatzschritte wird das Verhältnis zweier Größen bestimmbar, wenn die Verhältnisse der Zwischengrößen bekannt sind. Besonders wichtig war diese Rechenmethode beim Geldwechsel, von welchem sie auch den Namen erhielt (Vogel 1959, 79-82).

461, 16: *wyen* – S. Kommentar zu 416, 26.

462, 7: *regel Detri* – S. Kommentar zu 404, 16.

462, 8: *Regula alligationis* – *Regula alligationis.* Aus der Angabe mehrerer Ausgangsprodukte und des gewünschten Endproduktes werden die unbekannten Ausgangsprodukte näher bestimmt (Tropfke [4]1980, 569–572). Der Regel folgen zwar auch einige Aufgaben mit allgemeiner Ware — hier ist sie der *Regula ligar* (s. Kommentar zu 422, 9) sehr ähnlich —, hauptsächlich wird sie aber bei der Mischung der Metalle zur Münzprägung eingesetzt, d. h. bei der Beschickung des Tiegels. Was unter *alligieren* genau zu verstehen ist, wird aus der Regel allerdings nicht deutlich.

463, 11: *Regel der geselschafft* – Vorverweis auf die Gesellschaftsrechnung, s. Kommentar zu 477, 36.

465, 14: *Item munczt man* – Keine Aufgaben, sondern Beispiele.

470, 14: *Nu soltu auch* – Bis Ende Einführung verändert vgl. *Bamberger Rechenbuch 1483*, 102/3.

470, 17: *Uenedig* – S. Kommentar zu 413, 2.

470, 18: *144.1* – Der Punkt dient hier als Trennzeichen, es handelt sich nicht um ein Komma einer Dezimalzahl.

474, 27: *Boreat* – Tausch, Stich; hier werden für beide Waren zwei Preise angesetzt: Der Preis im Falle einer Barzahlung b_1 und b_2 ist dabei geringer als der Preis für im Falle eines Tausches gegen eine andere Ware t_1 und t_2. Der Tausch ist gerecht, wenn gilt: $\frac{b_1}{t_1} = \frac{b_2}{t_2}$.

475, 37: *Regel detri* – S. Kommentar zu 404, 16.

477, 36: *Eyn Geselschafft* – Bei der Gesellschaftsrechnung (auch: *Regula societatis*) geht es darum, eine bestimmte Summe Geldes (Gewinn, Verlust) proportional an die Teilhaber zu verteilen. Dazu benötigt man soviele Dreisatzschritte, wie Teilhaber in der Gesellschaft sind.

483, 6: *Uenedig* – S. Kommentar zu 413, 2.

488, 11: *Regula Falsi* – *Regula falsi* mit einfachem falschen Ansatz: Die Rechnung wird mit einer falschen, aber geeigneten Zahl durchgeführt, so daß z. B. Brüche vermieden werden; mithilfe der *Regula detri* erhält man dann die richtige Zahl. Algebraische Aufgaben sind auf diesem Weg ohne Gleichungen lösbar. Für den Ansatz gilt: Seien x_1, x_2 die Zahlen, f_1, f_2 die Fehler, dann $\frac{|x_1 f_2 - x_2 f_1|}{|f_1 - f_2|} = x$.

488, 13: *Regulam Cosse* – S. Kommentar zu 404, 16.

491, 1: *Das dritte vnd leczte teyl* – Beginn des dritten Teils des Rechenbuchs, der Geometrie, der große Ähnlichkeiten mit einer Abhandlung aus der Handschrift München, Bayerische Staatsbibliothek, Sign.: Clm 26 639 aufweist, vgl. Kaunzner 1978, 21–44.

491, 16: *Euclides* – Diese Definitionen finden sich bei EUKLID am Anfang des ersten Buches der *Elemente*.

495, 24: *Wiltu aber nu wissen* – Beginn des zweiten Teils der Geometrie, die geometrische Aufgabensammlung.

500, 14: *Het ich aber also gesprochen* – Einzige Aufgabe mit algebraischen Symbolen, s. Teil II, S. 171.

501, 19: *Julius Frontinus* – In der Handschrift München, Bayerische Staatsbibliothek, Sign.: Clm 26 639 findet sich auf f. 3r ein Fragment eines Textes, der im Mittelalter vielfach unter dem Namen FRONTINUS überliefert wurde, wahrscheinlich aber nicht von ihm stammt (Kaunzner 1978, 21). Auf diesen Text könnte sich WIDMANN hier beziehen.

511, 2: *hubscher obengemelter rechnung* – Die Verzeichnisse mittelalterlicher lateinischer Hymnen (Dreves 1909; Walther 1959) dokumentieren eine große Anzahl von Texten, die an Maria gerichtet sind und deren Anfang dem Textzitat WIDMANNS ähnlich ist, etwa *Salve, stella maris, vitae via, porta salutis* (Dreves 5, 45a, 29) oder *Salve, stella maris, nautis rectrix, via vitae* (Walther 899, Nr. 17161). — Hymnen wurden nun nicht nur in der Meßfeier eingesetzt, sondern oft als Schultexte verwendet, an denen man das Übersetzen übte (Henkel 1988, 43 und 259f.).

Stella maris gehört seit der Spätantike zu den üblichen Benennungen der Maria; ein weiterer konventioneller Titel für Maria ist *Mater et Virgo*. Eventuell ist hier eine Anspielung auf die Jungfrauen in der folgenden Aufgabe zu sehen, die diesem Aufgabentyp auch den Namen *Regula virginum* gegeben haben.

Das Textzitat WIDMANNS findet sich allerdings nicht in der Handschrift München, Bayerische Staatsbibliothek, Sign.: Clm 26 639, obwohl die benachbarten Aufgaben und der Überleitungstext von der Geometrie zur Unterhaltungsmathematik aus dieser übernommen wurden: *Quare rei finem imponendo atque lectoris animum exemplari refrigerio recreando, Aliqua resoluta atque Iocunda pro tui ingenij exercitacione notare debes exempla. Et primo sic: Adolesscens [...]* (Kaunzner 1978, 43).

511, 25: *zech* – Aufgaben dieser Art dienen meist als Beispiele für die *Regula cecis* oder *virginum*. Es handelt sich in diesen Aufgaben um ein unterbestimmtes lineares Gleichungssystem, mehrere Lösungen sind also möglich.

3.2 Maße und Währungen

In seinem Rechenbuch möchte JOHANNES WIDMANN nur die Standardmaße und -währungen einführen und benutzen, denn im Rechnen mit allzu vielen Einheiten sieht er keinen Nutzen: *wan itliche muncz yn sunderheit nach itliches landes gewerung zuschreiben vnd durch alle rechenschafft zugebrauchen wer mer vordrieß vnd einen itlichen dieseß buchleß leßer eyn spotliche vorhinderniß dan fruchtparlicher nucz* (k 2v); *wie wol vil vnd mancherley moß seyn [...] so ist doch nicht mer not den als vil vnß hie her dienet zu wissen dan die oben gemelten durch weliche diese kleyne [...] rechenschafft genugsam wirt auß gedruckt* (E 2v). Dennoch mahnt er zur Vorsicht, denn er habe die Maße in den Aufgaben nicht verändert, sondern sie wie in den Vorlagen belassen. Wer will, könne alles selbst auf Leipziger Einheiten umrechnen (s 3v).

Tatsächlich finden sich im Text jedoch eine große Menge unterschiedlicher Einheiten, wobei wechselnde Verhältnisse zwischen ihnen (z. B. zwischen Pfennigen und Groschen) das Berechnen der Lösungen noch erschweren. Fehlende explizite Angaben zu Maßen und ihren Verhältnissen[2] sowie die zwar angekündigte (k 3r), aber nicht ausgeführte Maßtabelle am Ende des Rechenbuches machen die folgenden Übersichten der im Text gebrauchten Einheiten notwendig.[3]

3.2.1 Längenmaße

Zwischen Längen-, Flächen- und Inhaltsmaßen wird im Text nicht explizit unterschieden, so wird *schuh* zur Angabe von Längen, Oberfläche und Inhalt sogar in einer Aufgabe (Berg E 5v, E 6r) verwendet. J. WIDMANN beschränkt sich hier auf allgemeine Hinweise wie *als wie offt ein spann ein ellen ader ein andere maß des gleichen in eyner superficie gehalten wird* (C 7r) oder *1 pertica ist 36 pedes in quadrato vnd in muro 6* (E 2r). Auch in den Aufgaben, in denen mit Zahlen ohne Einheiten gerechnet wird (z. B. E 5r), ist vorerst unklar, ob die Zahl eine Länge, eine Fläche oder einen Inhalt bezeichnet, also ob es sich um eine Längen-, eine Quadrat- oder eine Kubikzahl handelt.

---

2 Beispiel: Auf m 6r handelt ein Kaufmann mit einem Saum Stoff, Kaufs- und Verkaufspreis sind je Tuch angegeben, leider aber nicht, wieviel Tuch ein Saum enthält.

3 Angegeben sind grundsätzlich relative Maße, die Verhältnisse sind dem Text entnommen. Zu den Abkürzungen der Maße s. die Editionsprinzipien. Die Stellenangaben wurden nach typischen Objekten ausgewählt, sie sind keineswegs vollständig; zu weiteren Stellen s. das Glossar.

Flächeneinheiten (E 2r, E 7v)

campus/feld	1		
pertica	840	1	
pes		36	1
unze (?)			144

Längeneinheiten (E 2r, E 7v)

pertica	1	
pes	6	1
unze (?)	72	12

campus	E 5v (Oberfläche eines Berges), E 7v (Fläche eines Feldes)
pertica	E 7v (Fläche eines Feldes), E 2v, E 3r, F 8v (Seite eines Feldes), E 4v, E 7r (Seite eines Vielecks), E 8v (Länge einer Mauer)
pes	E 8v (Länge einer Mauer)
unze(?)	E 7v (Fläche eines Feldes)
meile	F 4v (Stadtumfang), F 8v (Schifffahrt)
ackerlänge	G 2v (Höhe eines Berges)
klafter	t 3v (Länge eines Grabens), t 4r (Turmabmessungen)
schuch	q 2r (Höhe eines Baumes), s 4v (Höhe eines Rades), t 4v (Turmabmessungen), E 4r (Abstand zwischen Bäumen), E 4v (Länge eines Feldes), E 5v (Bergabmessungen: Höhe, Umfang, Inhalt, ...), F 5r (Länge eines Stricks)
span	D 4v (Kreisdurchmesser), F 3v (Pfeilerabmessungen), F 7r (Schenkel eines Zirkels), F 7v (Kerzen)
elle	k 3vf., k 8vff.; m 5r, o 2r, r 3r (Stoff), D 4v, E 6v (Kreisabmessungen), t 4r, E 8r-F 3v, F 5v-F 6v (Bauten und Baumaterialien), F 4r (Zelt), F 5v (Schatten), F 6r (Lanze), G 1r (Stock), t 6v, F 8r/v (Baum), E 5r, F 5r, F 7r (Feld)
saum	m 6r (Stoff)
tuch	(= 32-36 ellen) k 4r, k 8r; m 6r (Stoff)

3.2.2 Hohlmaße

Trockenmaße

fuder	s 5r (Holz)
scheffel	n 1v, r 7r, v 6v (Korn)
sumer	A 4r (Korn)
tonne	s 2r (Hering)
zuber	C 6r; m 6v (Nüsse)

Flüssigkeitsmaße (l 1rff., o 4r)

fuder	1	
eimer	12	1
mas		58,5

fuder	l 2r; B 1r (Wein)
eimer	l 1rff., C 7r; r 8r (Wasser)
mas	l 1rff.; o 4r, v 1r (Wein)
kandel	l 1r, C 7r; o 4r, G 3r (Wein)
nossel	C 7r

3.2.3 Gewichte

3.2.3.1 Große allgemeine Gewichte (k 3r, l 8r)

kark	1	
zentner	4	1
pfund		100

kark	l 8r, A 5v (Pfeffer)
zentner	k 4rff.; s 3r (Zinn), t 8v (Blei), x 1r (Metalle), z 1r, z 4r (Wolle/Tuch), z 5r (Kupfer)
pfund/libra	k 4rff.; l 8r, m 1v, m 2v, n 7r, o 1r, o 6r, s 2v, z 2r, z 4r, A 6v, C 1r (Gewürze: Ingwer, Nelken, Pfeffer, Safran, Zimt), m 4r (Trauben), A 6v (Zucker), m 5r (Zinn), v 8v, A 6v (Wachs), m 5v, z 1v (Zwirn/Seide)

3.2.3.2 Kleine allgemeine Gewichte (f 8r, k 3r)

pfund	1		
unze	16	1	
lot	32	2	1
quint			4

unze	f 6v (Ingwer), t 2r (Ziegel; hier: 1 lb = 12 unzen), Wachs v 8v
lot	f 6v (Ingwer), m 2v (Safran), m 5v (Seide/Zwirn)
quint	f 6v (Ingwer), m 5v (Seide/Zwirn)

3.2.3.3 Feingewichte (Tolletrechnung f 6v–f 8r, Münzrechnung x 1v–y 8r, *karat von gewicht* y 2r)

Pfund	1						
Mark	2						
Unze	16	1					
Lot	32	2	1				
Quart			2	1			
Quint			4	2	1		
Pfennig			16		4	1	
Heller						2	
Karat		144	72				1
Gran							4
Sai		6					

3.2.3.4 Feinheitsgrade (Gold-, Silberlegierungen x 1v–y 8r, *karat am strich* y 2r)

mark	1	
unze	8	
lot	16	Feinsilber
karat	24	Feingold

3.2.4 Lieferformen

ballen	m 5r (Stoff/Länge)
flasche	G 3r (Wein/Hohlmaß)
knollen	q 3r (Wachs/Länge, Hohlmaß)
lagel	l 6v (Feigen/Gewicht), m 4r (Trauben, Öl, Seife/Gewicht)
sak	l 7v (Pfeffer/Gewicht), m 1v (Ingwer/Gewicht), m 4r (Mandeln/Gewicht), o 7r (Anis/Gewicht)
schiene	l 2v (Eisen/Gewicht)

3.2.5 Zeitmaße

jar	s 6v, t 3r (Arbeitszeit), v 4r, z 7r (Geschäftsdauer, oft), q 6v, r 1r (Leihdauer, oft)
monat	s 1v (Reisezeit), A 1r, A 5v (Geschäftsdauer, oft), q 8r, r 3v, z 3v (Leihdauer, oft)
woche	z 7rff. (Geschäftsdauer, oft)
tag	n 2v, s 5r, t 3v (Arbeitszeit), G 2r (Tageszeit)
stunde	s 5r, r 7r, r 8r (Arbeitszeit), G 2r (Tageszeit)
minute	r 8v (Dauer eines Vorgangs)

3.2.6 Währungen/Geldmaße

dukaten

24 gr	z 4r
32 gr	l 8r, r 5r
72 gr	y 3v
130 Rh fl	s 2v

groschen

3 pf	r 5r
7 pf	k 4r, m 5r, s 6r, v 4v
7,5 pf	v 3v
9 pf	m 5r, m 6v
12 pf	k 4r, m 5r, s 6r, v 4v

pfennig

2 heller	durchgehend

schilling

12 heller	b 4v, k 2v, m 1r

gulden/florin

20 sz	durchgehend
18 gr	v 8v
20 gr	v 8v
21 gr	k 7r, l 1r, m 6r
25 gr	v 3v
28 gr	m 6v
37,5 gr	l 4v
43 gr	m 5r
252 pf	v 1r

3.3 Glossar

3.3.1 Zweck und Aufgabe des Glossars

Mit dem Glossar wird ein doppelter Zweck verfolgt. Zum einen dient es der Bereitstellung von Erläuterungen als Verständnishilfe bei der Textrezeption, zum anderen bietet es eine Aufarbeitung des Textes für weiterführende lexikographische Arbeiten wie Untersuchungen zum Fachwortschatz oder zur Textsorte 'Lehrbuch'. Daher wurde das Glossar textbezogen konzipiert, es beschränkt sich auf die Dokumentation der autorspezifischen Gebrauchsweise der Wörter.[4]

3.3.2 Auswahl der Lemmata

Das Glossar strebt weder äußere noch innere Vollständigkeit an. Die Auswahl sowohl der Lemmata als auch der Belegstellen geschieht nach mathematikhistorischen und philologischen Interessen, d. h. diejenigen Wörter werden aufgenommen, die für den Text oder den Autor typisch oder inhaltlich zentral sind.[5] Möglichst vollständig werden aufgenommen: a) untergegangene Wörter, d. h. Wörter, die in der heutigen Allgemeinsprache nicht oder kaum mehr geläufig sind (Bsp.: *kaufmanschaft*); b) Wörter, deren Bedeutung einem Wandel unterlegen ist (Bsp.: *kostlich*); c) Wörter mit textspezifischer Bedeutung, d. h. Wörter, die in der frühneuzeitlichen Allgemeinsprache geläufig, im Text aber in einer bestimmten, z. B. eingegrenzten Bedeutung verwendet werden (Bsp.: *kommen*); d) Fachtermini (Bsp.: *manchfältigen*); e) (genuin) lateinische Ausdrücke und sonstige fremdsprachliche Wörter (Bsp.: *multiplizieren*).

3.3.3 Lemmatisierung und Anordnung der Lemmata

Die Lemmata werden in standardisierter Form verzeichnet. Dabei wurden bei den lateinischen und griechischen Lemmata[6] die Formen des

[4] Als sprachbezogenes Lexikon steht für die Frühe Neuzeit das *Frühneuhochdeutsche Wörterbuch* (FWB) zur Verfügung, welches zur Zeit in Heidelberg u. a. entsteht.

[5] Eine Festlegung auf Wortarten ist dabei nicht möglich, da für die Textkohärenz als Textsortenmerkmal auch Konjunktionen o. ä. von Belang sein können. Namen von Personen oder Orten werden nicht verzeichnet, s. dazu das Namens- und das Orstregister.

[6] Eine Ausgliederung der lateinischen und anderen fremdsprachlichen Termini in ein gesondertes Verzeichnis ist aufgrund der zahlreichen parallel verwendeten Übergangsformen nicht sinnvoll; bei Wörtern, die im Text sowohl la-

klassischen Lateins, bei den frühneuhochdeutschen Lemmata die Lemmatisierungsregeln des FWB zugrundegelegt[7] mit Ausnahme der Vereinheitlichung von initialem *v* zu *f*. Entsprechend dem Textbestand und auch näher an der modernen Schreibweise bleibt das initiale *v* in allen Fällen bewahrt. Die Anordnung der Lemmata im Glossar erfolgt streng alphabetisch.[8]

3.3.4 Aufbau der Artikel

Die einzelnen Einträge, deren Aufbau sich ebenfalls in Grundzügen an dem Artikelaufbau des FBW orientiert, bestehen aus den drei Teilen Lemmaangabe (mit morphologischer Angabe und etymologischen Bemerkungen), Bedeutungserläuterung und Hinweise zur Onomasiologie. Das Lemma selbst erscheint in Fettdruck, alle weiteren frühneuhochdeutschen (bzw. lateinischen, griechischen usw.) Wörter sind kursiv gesetzt. Den morphologischen Angaben können Hinweise zur Etymologie eines Wortes folgen, die ausführlich allerdings nur bei den mathematischen Termini oder Fremdwörter dargestellt wird.[9] Die Bedeutungserläuterung ist in allen Fällen streng textbezogen und wird durch Angaben zur Verwendungsweise des Wortes, d. h. typische Syntagmen ergänzt. Die Belegstellen (Seite, Zeile der Edition) schließen sich jeweils direkt an. Die Nennung von Synonymen (bzw. bedeutungsverwandten Wörtern) und Antonymen (Wörter gegensätzlicher Bedeutung) dienen der onomasiologischen Vernetzung des Glossars.[10]

---

teinisch als auch deutsch flektiert auftreten, finden sich beide Grundformen sowie die Flexionsangabe *l./dt.* Generell zum Zeitpunkt der Übernahme einzelner Termini s. Schirmer 1912.

7 S. FWB I, S. 64–74.

8 Wörter mit den Anfangsbuchstaben *b/p, d/t, c/k, d/t* und *i/j* werden also, anders als im FWB, in getrennten Abschnitten gebucht.

9 Die etymologischen Angaben setzen sich aus der Angabe der Herkunftssprache, des entlehnten Wortes und der Grundbedeutung desselben zusammen. Keine Angaben sind hier bei Fremd- und Lehnwörtern aus dem Lateinischen nötig, die schon im Mittelhochdeutschen belegt sind (s. Lexer).

10 Folgende Wörterverzeichnisse wurden bei der Erstellung des Glossars benutzt: Busch 1933, FWB, Georges, Kluge, Lexer, Liddell-Scott, Lokotsch 1927, Müller 1899, Müller 1901, Osman 1982, Reiner 1961, Schirmer 1911, Schirmer 1912.

3.3.5 Verzeichnis der im Glossar verwendeten Abkürzungen

Adj.	Adjektiv	Adv.	Adverb
arab.	arabisch	bdv.	bedeutungsverwandt
dt.	deutsch	Ggs.	Antonym
gr.	griechisch	it.	italienisch
l.	lateinisch	l./dt.	lat. und dt. Flexion
lat.	lateinisch	ME	Maßeinheit
mhd.	mittelhochdeutsch	mlat.	mittellateinisch
Num.	Numerale	Pron.	Pronomen
V.	Verb	W	Währungseinheit

a

abgehen, V. ›abgehen, abgezogen werden‹; 415, 8.
abhauen, V. ›abhauen, -schlagen, fällen‹; 510, 9.
abnemen, V. ›abziehen, subtrahieren‹; 350, 17; 380, 19. — Bdv.: *subtrahieren*. Ggs.: *addieren*.
abrechen, V. ›abziehen, vermindern‹; 506, 2.
abschlagen, V. ›in einer Berechnung abziehen‹; 412, 4; 412, 11; 445, 1.
abschneiden, V. ›ver-, abkürzen; einen Teil aus einer geometrischen Figur schneiden‹; 378, 14; 392, 14; 404, 24; 496, 33; 510, 38.
absundern, V. ›trennen‹; 473, 25.
abwägen, V. ›abwägen, überlegen, lösen‹; 405, 22.
abziehen, V. ›abziehen, subtrahieren‹; 356, 2; 357, 6. — Bdv.: *subtrahieren*. Ggs.: *addieren*.
achtangel, *der*. ›Achteck‹; 504, 33.
achtecket, Adj. ›achteckig, acht Ecken habend‹; 437, 26.
achten, V. ›achten, aufpassen, -merken‹; 371, 26; 393, 14; 488, 17.
achtung, *die*. ›Beobachten, Aufmerksamkeit‹; 418, 25; 431, 22. — *a. haben* ›aufpassen‹, 418, 25; 431, 22. — Bdv.: *aufachtung, aufmerkung*.
ackerlänge, *die*. ›Länge eines Feldes (ME)‹; 511, 29.
addieren, V., aus lat. *addere* ›hinzutun, -fügen‹. ›zusammenzählen, addieren, summieren‹; 350, 14; 357, 9; 379, 1; 390, 19; 413, 24; 478, 13; 484, 8. — *etw. zusammen a.* 489, 7; 503, 12; *etw. mit etw. a.* 499, 17; *etw. zu etw. a.* 477, 29; 499, 17. — Bdv.: *summieren, zusammengeben, zusammentun*. Ggs.: *abnemen, abziehen, subtrahieren*.
addierung, *die*. ›Addition‹; 356, 20. — Bdv.: *samlung*. Ggs.: *subtractio*.
additio, l. ›Addition‹; 354, 1; 398, 27. — Bdv.: *samlung*. Ggs.: *subtractio, subtrahierung*.
aequalitas, l. ›Gleichheit, -mäßigkeit‹; 392, 18. — Ggs.: *inaequalitas*.
aequiangulus, l. ›gleichwinklig‹; 492, 26.
aequidistans, l. ›mit gleichem Abstand, parallel‹; 494, 12. — *linea ae.* ›Parallele‹, 494, 12.
aggregat, *das*, aus lat. *aggregātum* ›das Hinzugezählte‹. ›Summe von Zahlen, von algebraischen Gliedern‹; 418, 27; 425, 1; 434, 4; 438, 16.
aggregieren, V., aus lat. *aggregāre* ›hinzuzählen‹. ›zusammenzählen‹; 378, 22.
algebra, *die*, aus arab. *al-ǧabr* ›Wiederherstellung‹, dies der Anfang des Titels eines Buches von al-Ḫwārizmī zur Gleichungstheorie, das im 12. Jh. in Europa bekannt wurde. ›Gleichungslehre; dann: Buchstabenrechnen, Lehre von den Beziehungen zwischen mathematischen Größen‹; 348, 8. — Bdv.: *cos*.
allein, Adj. ›allein, einfach‹; 371, 23; 433, 2; 434, 27.
allerlei, Adj. ›vielerlei, verschiedenes‹; 404, 6; 410, 36.
alligatio, l. ›Binden, Vermischen‹; 462, 8.
alligieren, V., aus lat. *alligāre* ›binden‹. ›alligieren, beim Schmelzen mischen; die den Alligationsprozeß erfassende Rechenanweisung durchführen‹; 462, 10; 462, 23; 463, 21; 464, 15; 468, 1.
almal, Adv. ›allezeit, immer, jedesmal‹; 356, 4.
alt, Adj. ›alt, gebraucht‹; 464, 1. — Ggs.: *neu*.
alteraparte, l. ›auf der anderen Seite‹; 493, 10.
ambligonicus, l., aus gr. *amblygonios* ›stumpfwinklig‹. ›stumpfwinklig‹; 493, 2.
ander, Adj. ›zweiter, anderer‹; 392, 1; 467, 7.
anfang, *der*. ›Anfang, Beginn‹; 491, 23.

angel, *der*, aus lat. *angulus* ›Winkel‹. ›Winkel‹; 491, 14; 491, 18. — Bdv.: *winkel.*
anhangen, V. ›auf etw. folgen, sich anschließen‹; 349, 1.
anheben, V. ›beginnen, anfangen‹; 376, 3; 447, 1. — Bdv.: *heben.* Ggs.: *aufhören.*
anlegen, V. ›anlegen‹; 419, 3; 424, 5; 424, 32.
anschlag, *der.* ›Schätzung, Kostenanschlag‹; 410, 35; 447, 3.
anschlagen, V. ›schätzen, taxieren, (Preis) ansetzen‹; 409, 28; 475, 24; 484, 22.
anschlagung, *die.* ›Schätzung, Kostenanschlag‹; 352, 12.
ansehen, V. ›durch intensive Betrachtung verstehen, erkennen‹; 377, 4.
antworten, V. ›antworten, entgegnen‹; 430, 12; 439, 18; 511, 15.
anweisung, *die.* ›Vorschrift, Anleitung; Rechenregel‹; 350, 24; 350, 38; 394, 11; 406, 36; 419, 22; 432, 15. — Bdv.: *gebiet, regula/regel.*
anzal, *die.* ›Anzahl, Menge‹; 351, 11; 384, 9; 410, 39; 428, 13; 429, 5; 454, 21; 483, 24; 505, 40.
apfel, *der.* ›Apfel‹; 421, 30; 445, 12; 445, 27; 446, 6; 458, 26; 511, 6.
apoteker, *der*, aus mhd. *apotēke* ›Spezereiladen‹. ›Verkäufer im Laden‹; 463, 29.
applicatio, l. ›Sich-Anschließen‹; 351, 9.
appositio, l. ›Hin-, Ansetzen‹; 351, 11.
arbeit, *die.* ›Mühe, Anstrengung; Fleiß und Konzentration erfordernde Beschäftigung‹; 466, 14.
arbeiten, V. ›arbeiten, sich anstrengen; etw. bearbeiten‹; 451, 17; 473, 1.
arbeiter, *der.* ›Arbeiter, Knecht‹; 429, 19; 451, 12; 454, 27.
arcus, l. ›(Kreis-)Bogen‹; 500, 15.
area, l. ›Fläche; Gebiet, Feld‹; 494, 20; 496, 15; 496, 27. — Bdv.: *feld.*
arithmetica, l., aus gr. *arithmetike* ›Rechenkunst‹. ›Rechenkunst, Arithmetik‹, der im Mittelalter innerhalb der Arithmetik behandelte Stoff ging selten über die Einführung der Grundrechenarten hinaus; 348, 19. — Bdv.: *kunst der rechnung.*
ärmel, *der.* ›Ärmel eines Kleidungsstücks‹, auch als Tasche benutzt; 511, 7.
[1]**art**, *die*, aus mhd. *art* ›Natur, Beschaffenheit‹. ›Art und Weise‹; 361, 3; 363, 12; 374, 16; 406, 36; 417, 20; 419, 22; 450, 4. — Bdv.: *weise.*
[2]**art**, *die*, aus lat. *ars* ›Kunst, Wissenschaft‹. ›Wissenschaft, Lehre, Theorie‹; 359, 22; 462, 4; 473, 23. — *a. des messens* ›Landvermessung, Geometrie‹, 491, 5; *a. der rechnung* ›Rechenkunst, Arithmetik‹, 384, 6; *a. der zal* ›Lehre von der Ausführung der Grundrechenarten‹, 359, 22; 462, 4; 473, 23. — Bdv.: *kunst.*
aufachtung, *die.* ›Aufmerksamkeit, Obacht‹; 490, 5. — Bdv.: *achtung, aufmerkung.*
aufgabe, *die.* ›(Rechen-) Aufgabe‹; 410, 3; 488, 19; 490, 5.
aufgehen, V. ›eine Rechnung ohne Rest aufgehen; eine Zahl in einer anderen mehrfach enthalten sein‹; 403, 2; 410, 1.
aufheben, V. ›aufheben; kürzen; Geld aus einer Gesellschaft abziehen‹; 478, 21; 478, 30; 479, 26; 510, 25. — Ggs.: *legen.*
aufhören, V. ›aufhören, beenden‹; 447, 1. — Bdv.: *lassen.* Ggs.: *anheben, heben.*
auflassen, V. ›öffnen, offen lassen‹; 509, 20.
auflesen, V. ›auflesen, sammeln‹; 421, 31.
aufmerkung, *die.* ›Achtsamkeit, Obacht‹; 431, 22. — Bdv.: *achtung, aufachtung.*
aufschlagen, V. ›(ein Zelt) aufstel-

len‹; 419, 26; 507, 35.
aufsetzen, V. ›aufstellen‹; 510, 30.
aufsteigen, V. ›ansteigen, etw. ersteigen‹; 506, 33. — Bdv.: *steigen.*
augmentum, l. ›Vermehrung, Wachstum‹; 428, 6.
ausdrücken, V. ›formulieren, darstellen, beschreiben‹; 350, 38; 392, 26; 396, 9; 488, 15; 510, 37.
ausdrückung, *die.* ›Formulierung, Darstellung, Beschreibung, Erläuterung‹; 352, 13.
ausfüren, V. ›durch-, ausführen, vollziehen‹; 410, 34; 491, 7.
ausgabe, *die.* ›(finanzielle) Ausgabe‹; 418, 26.
ausgehen, V. ›hinausgehen, -laufen, verlassen‹; 447, 15.
auskommen, V. ›vergehen, zu Ende gehen‹; 483, 20.
auslassen, V. ›weglassen‹; 512, 10.
ausreden, V. ›gänzlich zur Sprache bringen, bis ins letzte Detail besprechen‹; 374, 11.
ausrichten, V. ›berechnen, angleichen; Brüche auf den gleichen Nenner bringen‹; 379, 28.
ausrichtung, *die.* ›Überschlag, Berechnung‹; 505, 40.
ausschliessung, *die.* ›Einschränkung, Ausnahme bei einer Regel‹; 350, 26. — Bdv.: *exceptio.*
aussenlassen, V. ›weglassen, außen vor lassen‹; 510, 39.
aussprechen, V. ›beschreiben, bezeichnen‹; 374, 13; 411, 2. — Bdv.: *bezeichnen.*
ausstrecken, V. ›ausdehnen; verlängern‹; 491, 29.
ausstreckung, *die.* ›Ausdehnung; Verlängerung; geometrische Figur‹; 491, 18; 491, 20.
austeilung, *die.* ›Aufteilung, Gliederung‹; 491, 2.
ausweisen, V. ›darstellen, zeigen, deutlich machen‹; 373, 9; 437, 17; 467, 11.
ausweisung, *die.* ›Anweisung, Beispiel, Anschauung‹; 498, 9.
auswendig, Adv. ›außerhalb (eines Bereiches); auswendig, im Kopf‹; 363, 9; 508, 13. — Ggs.: *inwendig.*
ausziehen, V. ›etw. aus etw. herausziehen‹; 350, 22; 447, 15. — *wurzel a.* ›Wurzel ziehen‹, 350, 22. — Bdv.: *extrahieren.*

b

backen, V. ›backen‹; 419, 25.
ballen, *der.* ›Ballen‹; 416, 9; 416, 12.
bar, Adv. ›bar, cash‹; 475, 10.
bargelt, *das.* ›Bargeld, flüssiges Vermögen‹; 477, 28.
basfeil, Adj. ›billig, preiswert‹; 420, 3.
basis, *die*, aus lat. *basis* ›Grundlage, -linie‹. ›Grundlinie (im rechtwinkligen Dreieck)‹; 494, 6; 495, 26; 496, 28.
bau, *der.* ›Bau, -werk‹; 505, 37.
bauen, V. ›bauen, errichten‹; 451, 11; 455, 4.
bauer, *der.* ›Bauer, Landmann‹; 445, 13; 474, 17.
baum, *der.* ›Baum‹; 436, 29; 457, 11; 491, 31; 502, 19; 510, 9; 510, 31.
baumwolle, *die.* ›Baumwolle‹; 477, 15; 483, 8.
becher, *der.* ›Becher‹; 453, 25.
bedecken, V. ›be-, abdecken‹; 508, 3.
bedeuten, V. ›Inhalt, Bedeutung haben, für etw. (eine abstrakte Größe) stehen‹; 406, 22.
bedeutiglich, Adj. ›deutlich; wichtig‹; 456, 30.
bedeutlich, Adj. ›einen Inhalt, Sinn habend‹; 360, 8; 365, 12.
bedürfen, V. ›brauchen, nötig haben‹; 423, 15; 444, 25.
begegnen, V. ›begegnen, auf jn. treffen‹; 365, 12; 511, 19; 511, 34.
begeint, s. *begegnen.*
begeren, V. ›begehren, wünschen, wollen‹; 429, 24; 461, 19; 488, 22.
begreifen, V. ›verstehen, aufnehmen, annehmen‹; 361, 4; 370, 9; 392,

7; 392, 15; 394, 14; 488, 34; 491, 28. — Bdv.: *verstehen.*
behalten, V. ›etw. enthalten; zurückhalten; aufbewahren‹; 395, 16; 398, 6; 437, 9; 439, 30; 444, 2; 476, 14; 488, 34. — *im sinne b.* ›merken, etw. (im Kopf) behalten‹, 358, 2.
behend, Adj. ›schnell, einfach, geschickt, elegant‹; 370, 27; 384, 4; 404, 8; 474, 29. — Bdv.: *leicht.*
behendiglich, Adj. ›schnell, einfach, geschickt‹; 360, 1.
behendlich, Adj. ›schnell, einfach, geschickt‹; 445, 1.
beisetzen, V. ›zu, neben etw. setzen, stellen, schreiben‹; 407, 3.
bekant, Adj. ›bekannt, gegeben‹; 404, 19. — Ggs.: *unbekant.*
benotigung, *die.* ›Druck, Zwang, Notwendigkeit‹; 512, 7.
benumung, *die.* ›Bezeichnung‹; 351, 25; 379, 6; 393, 33.
bequem, Adj. ›passend, den Anforderungen entsprechend, angenehm, nützlich‹; 351, 9.
bequemlich, Adj. ›angemessen‹; 488, 19.
bere, *die.* ›Beere, Same, Gewürzkorn‹; 475, 29.
berg, *der.* ›Berg‹; 494, 19; 503, 25; 511, 29.
berichten, V. ›richtig angeben‹; 389, 13; 489, 1; 504, 38. — *etw. die frage b.* ›etw. Antwort auf eine Frage sein‹, 401, 34; 403, 15; 418, 29; 422, 13.
berichtung, *die.* ›Antwort, Lösung‹; 488, 15.
beruren, V. ›ansprechen‹; 394, 13.
beschaffen, V. ›ausstatten, gestalten, bilden‹; 353, 6.
beschlies, *der.* ›Beschluß, Abschluß, Ende‹; 399, 22. — Bdv.: *ende.*
beschliessen, V. ›einschließen, umfassen, zum Inhalt haben‹; 360, 3; 374, 18; 392, 41; 395, 14; 492, 22; 503, 28. — Bdv.: *inhalten.*
beschliessung, *die.* ›Abschluß‹; 491, 10.
beschreiben, V. ›beschreiben, angeben, auflisten‹; 360, 5; 371, 35; 374, 13; 405, 16; 491, 8; 492, 23.
beschuldigen, V. ›beschuldigen, verantwortlich machen‹; 512, 9.
besehen, V. ›betrachten, untersuchen, feststellen‹; 382, 35; 467, 16; 480, 10; 489, 7.
bessern, V. ›verbessern, aufwerten‹; 352, 10. — *münz b.* ›Münzen durch Zusätze von edlen Metallen im Wert erhöhen‹, 352, 10. — Ggs.: *geringern.*
bestand, *der.* ›Zusammensetzung, Wert‹; 465, 3.
bestehen, V. ›(in einem bestimmten Wert) stehen, wert sein‹; 465, 5.
bestellen, V. ›aussprechen, verkünden‹; 453, 1.
bestimmen, V. ›bestimmen, definieren‹; 379, 12.
besunder, Adj. ›besonders, speziell; einzeln, getrennt‹; 364, 14; 412, 2; 458, 28. — Ggs.: *durcheinander.*
besunderheit, *die.* ›Absonderung‹; 367, 12. — *in b.* ›einzeln‹, 367, 12.
betrügen, V. ›betrügen‹; 404, 7; 427, 6; 475, 1. — Bdv.: *täuschen.*
betrüglichkeit, *die.* ›Betrugsabsicht, Betrügerei‹; 427, 19.
bewaren, V. ›bewahren, behalten; behüten, schützen‹; 404, 8; 474, 29.
bewegen, V. ›bewegen, motivieren‹; 421, 32.
bezalen, V. ›bezahlen‹; 428, 17; 439, 32; 450, 9; 487, 30.
bezeichnen, V. ›bezeichnen, darstellen; bedeuten‹; 437, 3. — Bdv.: *aussprechen.*
bieten, V. ›(einen Preis) bieten‹; 450, 8.
binden, V. ›binden‹; 508, 8.
binomium, l. ›zweigliedriger Ausdruck, Binom‹; 392, 27.
birne, *die.* ›Birne‹; 458, 26.
bitten, V. ›bitten‹; 444, 24; 511, 36.
blei, *das.* ›Blei‹; 458, 17.
bleiben, V. ›(bei einer Rechnung) als Rest übrig bleiben‹; 357, 11; 412, 12;

c

nal‹; 371, 18; 372, 6; 372, 9. — *radix c.* ›Kubikwurzel‹, 377, 3; *regula c.* 437, 19. — Bdv.: *corporalis, korperlich.*

cubus, l. ›Quader‹; 437, 27.

d

damast, *der*, aus it. *damac(at)o* ›Damast?‹ nach der Stadt Damaskus arab. *dimisq.* ›einfarbiges, feines Gewebe mit eingewebtem Muster‹; 433, 10.

darauflegen, V. ›hinzufügen‹; 466, 14.

dareintun, V. ›hinzufügen, mischen‹; 423, 18; 465, 24.

darunter, Adv. ›darunter‹; 355, 12.

decrementum, l. ›Verminderung, Abnahme‹; 429, 1.

demonstrieren, V., aus lat. *dēmōnstrāre* ›nachweisen, zeigen‹. ›vorführen, zeigen, darlegen‹; 400, 2.

demutiglich, Adj. ›demütig, untertänig, bescheiden‹; 512, 12.

diagonalis, l., aus gr. *dia gonia* ›durch den Winkel‹. ›diagonal‹; 503, 22. — *linea d.* ›Diagonale‹, 494, 10.

diametrum/er, l./dt, aus gr. *diametros* ›Durchmesser‹. ›Durchmesser, Diagonale‹; 450, 20; 456, 14; 456, 28; 456, 29; 492, 12; 494, 11; 497, 16; 503, 23; 506, 9. — Bdv.: *linea diagonalis.*

diapason, l, aus gr. *dia pason* ›durch alle‹. ›Oktave (Musikintervall)‹; 399, 13.

diapente, l, aus gr. *dia pente* ›durch fünf (Saiten)‹. ›Quinte (Musikintervall)‹; 399, 11.

diatessaron, l, aus gr. *dia tessaron* ›durch vier (Saiten)‹. ›Quarte (Musikintervall)‹; 399, 10.

dicke, *die.* ›Dicke‹; 491, 22. — Bdv.: *tiefe.*

dienen, V. ›dienen, nützlich sein, taugen‹; 371, 21; 399, 37; 404, 24; 491, 4; 512, 7.

diener, *der.* ›Diener, Knecht‹; 429, 18; 452, 1. — Bdv.: *knecht.* Ggs.: *her.*

differentia/zia, l./dt. ›Differenz‹; 403, 7; 462, 13; 497, 6. — Bdv.: *unterscheid.*

dik, Adj. ›breit‹; 371, 21; 455, 29; 505, 11. — Ggs.: *breit, lang.*

ding, *das.* ›Ding, Sache, Objekt; Ware‹; 363, 11; 392, 10; 404, 14; 405, 31; 431, 3; 437, 24; 449, 9; 454, 28; 456, 29; 465, 21; 466, 15; 491, 14; 512, 6.

dingen, V. ›dingen, verpflichten‹; 451, 11.

dividieren, V., aus lat. *dīvidere* ›teilen‹. ›dividieren, teilen‹; 350, 18; 364, 2; 366, 4; 382, 2; 389, 32; 389, 37; 390, 30; 485, 2. — *etw. durch etw. d.* 437, 22; *etw. in etw. d.* 413, 16; 495, 6; 497, 39; *etw. mit etw. d.* 401, 33; 437, 22. — Bdv.: *partieren, teilen.* Ggs.: *manchfältigen, meren, multiplizieren.*

divisio, l. ›Division‹; 365, 16. — *regula d.* 389, 35. — Bdv.: *teilung.* Ggs.: *multiplikatio(n), multiplizierung.*

dorf, *das.* ›Dorf, Ansiedlung‹; 450, 18.

dreiecket, Adj. ›dreieckig‹; 492, 24.

dreierlei, Adj. ›dreierlei, drei verschiedene‹; 350, 29; 459, 13; 491, 32.

dreiseitig, Adj. ›dreiseitig‹; 492, 20.

drifächtigen, V. ›triplieren‹; 377, 17.

drucken, V. ›(ein Buch) drucken‹; 512, 13.

dukaten, *der.* ›Dukaten (W)‹; 413, 2; 420, 17; 426, 2; 445, 2; 449, 9; 449, 12; 471, 19; 476, 36; 510, 20; 510, 23.

duplat, *das.* ›Duplat, Ergebnis der Duplierung‹; 401, 31; 427, 27. — Ggs.: *halbteil, hälfte.*

duplieren, V., aus lat. *duplāre* ›verdoppeln‹. ›duplieren‹; 350, 14; 357, 14; 362, 16; 371, 4; 388, 36; 399, 20; 401, 38; 487, 26; 497, 22; 510, 28. — Bdv.: *duplizieren, zwifächtigen, zwifältigen.* Ggs.: *halbieren, medieren.*

duplizieren, V., aus lat. *duplicāre* ›verdoppeln‹. ›duplieren‹; 380, 32.

— Bdv.: *duplieren.*
durcheinander, Adj. ›gemischt, durcheinander, ungeordnet‹; 458, 29; 462, 18. — Ggs.: *besunder.*
durfen, V. ›dürfen‹; 367, 3.

e

eben, Adj. ›eben, flach; gerade, ungeneigt‹; 436, 30. — Ggs.: *hockerig.*
ecke, *die.* ›Ecke (einer geometrischen Figur)‹; 494, 3. — Bdv.: *ort.*
effloret, ?. ›(ausgeblasene?) Korallen‹; 459, 21.
ehe, Adv.. ›ehe, bevor‹; 405, 27.
ei, *das.* ›Ei‹; 431, 7.
eigen, Adj. ›eigen‹; 512, 8.
eigenschaft, *die.* ›Eigenschaft, -art‹; 404, 25.
eigentlich, Adj. ›eigen‹; 410, 19.
eimer, *der.* ›Eimer (ME)‹; 408, 27; 409, 10; 447, 14; 494, 24.
einfuren, V. ›mit sich bringen; jm. zu etwas gereichen‹; 411, 3.
einig, Adj. ›einzeln‹; 382, 26.
einmalein, *das.* ›Einmaleins‹; 359, 19; 360, 6.
einpflanzen, V. ›einfügen‹; 351, 6.
einziehen, V. ›zusammenziehen‹; 494, 19.
einzlich, Adj. ›jeder einzelne‹; 355, 3; 362, 25.
eisen, *das.* ›Eisen‹; 458, 17.
elle, *die.* ›Elle (ME)‹; 405, 37; 408, 12; 416, 9; 420, 2; 426, 2; 426, 3; 455, 27; 457, 13; 476, 7; 494, 22; 498, 12; 507, 24; 510, 11.
empfinden, V. ›einsehen, merken‹; 371, 13.
emptus, l. ›gekauft‹; 351, 10.
ende, *das.* ›Ende, Schluß‹; 405, 15. — Bdv.: *beschlies.*
eng, Adj. ›eng‹; 494, 19. — Ggs.: *weit.*
entbieten, V. ›darbringen, leisten‹; 348, 4.
enthalter, *der.* ›Erhalter, Schöpfer‹; 348, 14.
entlehnen, V. ›leihen‹; 357, 7. — Bdv.: *borgen, leihen.*
entnemen, V. ›leihen‹; 357, 10. — Bdv.: *borgen, leihen.*
entspringen, V. ›herauskommen, ergeben‹; 356, 10; 362, 26; 393, 17; 395, 21; 434, 20. — Bdv.: *kommen.*
erde, *die.* ›Erde‹; 457, 20; 508, 22; 508, 38; 510, 10; 511, 32.
erdreich, *das.* ›Erde, Erdoberfläche; Feld‹; 456, 32; 501, 11; 502, 18. — Bdv.: *feld.*
erfinden, V. ›erkennen, einsehen‹; 404, 21. — Bdv.: *erkennen.*
erfüllen, V. ›erfüllen, erledigen‹; 444, 2; 512, 12.
erkennen, V. ›erkennen, einsehen‹; 353, 4; 366, 1; 381, 6; 404, 21. — Bdv.: *erfinden.*
erkentnis, *die.* ›Wissensgewinn (im Bereich der Arithmetik)‹; 352, 29; 353, 3; 371, 11.
erquickung, *die.* ›Erholung, Entspannung, Abwechslung‹; 352, 34; 511, 4.
erscheinen, V. ›sichtbar sein, deutlich werden‹; 493, 16.
erwachsen, V. ›herauskommen, ergeben‹; 365, 8; 389, 12; 393, 4; 404, 29; 406, 32; 434, 7; 499, 22; 504, 33. — Bdv.: *kommen.*
esel, *der.* ›Esel‹; 463, 15.
examinieren, V., aus lat. *examināre* ›untersuchen, prüfen‹. ›(ein Rechenergebnis) prüfen, Probe durchführen‹; 488, 19. — Bdv.: *probieren.*
exceptio, l. ›Einschränkung, Ausnahme einer Regel‹; 350, 25. — Bdv.: *ausschliessung.*
excessus, l. ›Heraus-, Abgehen‹; 434, 1.
exemplum/el, l./dt. ›Rechenbeispiel‹; 349, 2; 350, 28; 350, 29; 354, 7; 357, 13; 390, 17; 393, 33; 394, 14; 397, 13; 404, 36; 417, 21; 421, 1; 437, 28; 439, 24; 449, 35; 473, 37; 488, 33; 490, 2. — *e. setzen* ›Beispiele geben, aufführen‹, 436, 19.
extrahieren, V., aus lat. *extrahere* ›ausziehen‹. ›ausziehen‹; 350, 21;

371, 16; 374, 19; 383, 2; 402, 13. — *radicem e.* 350, 21. — Bdv.: *ausziehen.*

f

facit, l. ›das macht, ist gleich‹; 449, 14; 487, 9. — Bdv.: *kommen.*
facit, *das*, aus lat. *facit* ›es macht‹. ›Rechenergebnis‹; 414, 30.
facto, l. ›gemacht, also‹; 417, 28.
factum, l. ›durchgeführte Handlung‹; 350, 32. — *probatio factorum* ›Überprüfen der vollzogenen Rechenhandlung‹, 350, 32.
fallen, V. ›fallen‹; 437, 1; 497, 17; 507, 5; 510, 11.
falsch, Adj. ›falsch, hinterlistig‹; 488, 14; 488, 22. — Bdv.: *lügenhaftig.*
falsum, l. ›Lüge, Unwahrheit‹; 488, 11.
faren, V. ›fahren, sich begeben‹; 511, 11.
fas, *das.* ›Faß‹; 447, 12; 494, 17.
fech, Adj, aus mhd. *vêch* ›bunt‹. ›bunt; hier: mehrfarbige Pelze‹; 417, 16.
feder, *die.* ›Feder‹; 417, 1.
feiern, V. ›feiern, freinehmen, blau machen‹; 451, 17.
feige, *die.* ›Feige‹; 352, 7; 411, 28; 415, 15.
fein, Adj. ›fein, rein‹; 465, 22; 469, 4; 471, 7. — *f. silber* ›feines, reines Silber‹, 465, 22.
fel, *das.* ›Fehler‹; 405, 21.
feld, *das.* ›Feld, begrenztes Erdstück (auch ME)‹; 436, 30; 501, 12; 502, 28; 503, 28; 505, 1; 505, 3. — Bdv.: *area, campus, erdreich.*
feuer, *das.* ›Feuer‹; 352, 11; 473, 1.
figur(a), l./d. ›(geometrische) Figur, Zeichnung; Ziffer‹; 353, 10; 354, 4; 355, 7; 356, 5; 357, 19; 359, 17; 361, 9; 365, 12; 373, 10; 375, 15; 377, 4; 393, 35; 437, 3; 468, 19; 471, 2; 472, 22; 491, 7; 491, 24; 492, 13; 493, 5; 501, 12; 504, 36; 504, 39.
finden, V. ›finden, (durch Rechnung) erhalten, bekommen‹; 355, 14; 387, 9; 412, 17; 447, 21; 483, 15; 487, 10; 488, 14; 490, 8; 501, 33. — *zal f.* 401, 39. — Ggs.: *suchen.*
fisch, *der.* ›Fisch‹; 457, 26.
fischer, *der.* ›Fischer, Fischhändler‹; 457, 27.
fläche, *die.* ›Ober-, Fläche; Ebene‹; 371, 20; 371, 26; 491, 15. — Bdv.: *superficies.*
flasche, *die.* ›Flasche‹; 511, 34.
fleis, *der.* ›Fleiß, Eifer, Bemühen‹; 348, 37; 360, 6; 361, 4; 392, 33; 405, 33; 431, 21; 456, 1; 475, 2; 477, 35; 477, 38; 488, 16; 494, 26.
fleissig, Adj. ›eifrig, genau, aufmerksam‹; 381, 14; 479, 32.
fleissiglich, Adj. ›eifrig, genau, aufmerksam‹; 384, 6.
fliessen, V. ›fliessen, hervorkommen‹; 491, 26.
florin, *der.* ›Florin, Gulden (W)‹; 406, 6; 407, 28; 409, 22; 411, 23; 412, 16; 414, 13; 416, 16; 449, 28; 459, 9; 464, 13; 470, 28; 474, 11; 475, 21; 478, 10; 483, 4. — Bdv.: *gulden.*
flus, *der.* ›Fluß‹; 491, 31.
folgen, V. ›folgen, nach etw. kommen‹; 379, 13.
form, *die*, aus mhd. *forme* ›Form, Muster, Art‹. ›Art, Weise; Form, Gestalt‹; 350, 23; 351, 22; 352, 3; 376, 3; 377, 19; 473, 35; 491, 30; 493, 21; 501, 23. — Bdv.: *art, weise.*
formieren, V., aus mhd. *formieren* ›formen‹. ›aufstellen, gestalten, bilden‹; 360, 2; 400, 7; 417, 26; 510, 39.
formlich, Adj. ›förmlich, schematisch‹; 351, 2.
frage, *die.* ›Frage, -stellung‹; 351, 21; 389, 13; 392, 4; 420, 26; 438, 20; 443, 13; 445, 15; 456, 30; 459, 2; 468, 10; 481, 5; 483, 10; 488, 13; 503, 27; 507, 18; 511, 5. — *die f. berichten* ›Antwort auf eine Frage sein‹, 401, 34; 403, 14; 418, 29; *f. machen* 403, 14. — Bdv.: *aufgabe.*
fragen, V. ›fragen‹; 362, 1; 391, 1; 511, 14.

frau, *die.* ›(Ehe-)Frau‹; 453, 12; 511, 25.
frei, Adj. ›frei‹; 404, 26. — *fr. kunst* 348, 3.
friede, *der.* ›Friede, Einigkeit‹; 439, 15.
frist, *die.* ›Frist‹; 476, 20.
frucht, *die.* ›Frucht; Erfolg‹; 371, 12; 374, 11.
fruchtbarlich, Adj. ›brauchbar, ergiebig, nützlich‹; 352, 14; 370, 27; 405, 9. — Bdv.: *nuzbarlich, nuzlich.*
fuder, *das.* ›Fuder (ME)‹; 409, 14; 450, 32; 484, 18.
füllen, V. ›füllen‹; 511, 35.
fünferlei, Adv. ›fünferlei, fünf verschiedene‹; 467, 5.
fünfseitig, Adj. ›fünfseitig‹; 492, 21.
für- s. auch *ver-*, *vor-*.
fürbas, Adv. ›weiterhin, voran‹; 353, 17. — *fürbasgehen* ›weitermachen, fortfahren‹, 355, 16.
füren, V. ›führen, bringen, transportieren‹; 365, 5; 416, 26; 474, 29; 481, 20.
fürgabe, *die.* ›Vorgabe, Aufgabenstellung‹; 390, 19; 422, 11; 431, 22.
fürgeben, V. ›vorgeben‹; 402, 31; 420, 25. — Bdv.: *fürlegen.*
fürhanden, Adv. ›vorher‹; 355, 6.
fürkommen, V. ›vorkommen, auftauchen‹; 410, 34; 490, 11.
fürlegen, V. ›vorgeben‹; 355, 17; 390, 22. — Bdv.: *fürgeben.*
furlon, *der.* ›Fuhrlohn‹; 413, 39; 449, 9; 449, 22.
fürnemen, *das.* ›Vorhaben‹; 351, 19; 376, 12; 379, 14; 392, 32.
fürreiten, V. ›vorbeireiten, vorreiten‹; 452, 13; 452, 21.
fürst, *der.* ›Fürst‹; 393, 32. — Bdv.: *princeps.*
fürstlich, Adj. ›fürstlich‹; 512, 13.
fus, *der.* ›Fuß (ME)‹; 503, 27; 503, 32; 509, 17. — Bdv.: *pes.*
fusgänger, *der.* ›Fußgänger, Wanderer‹; 452, 13.
fusti, Adj., aus it. *fusto* ›Stengel, Stiel‹. ›vermischt, unrein‹; 417, 31. — Bdv.: *unrein.* Ggs.: *lauter.*

g

galein, *die*, aus it. *galera* ›Ruderschiff mit Segeln‹. ›Fracht-, Segelschiff‹; 367, 5.
galner, Adj. ›aus St. Gallen‹; 416, 6. — *g. leinwad* ›Stoff aus St. Gallen‹, 416, 6.
ganz, Adj. ›ganz‹; 382, 26; 410, 11. — *g. zal* ›ganze Zahl‹, 350, 9; 404, 37. — Ggs.: *gebrochen.*
garte, *der.* ›Garten, Obstgarten‹; 421, 30.
gebären, V. ›gebären‹; 453, 13.
gebäu, *das.* ›Gebäude, Bauwerk‹; 505, 9.
geben, V. ›geben, an Gewinn/Ergebnis bringen, liefern‹; 354, 6; 356, 11; 414, 7; 439, 15; 443, 18; 454, 19; 475, 9; 487, 31; 507, 19. — *etw. darzu g.* 435, 1. — Bdv.: *kommen, machen.*
gebiet, *das.* ›Forderung, bedingung‹; 350, 24. — Bdv.: *anweisung.*
gebieten, V. ›anordnen, fordern‹; 390, 29.
gebrauchen, V. ›gebrauchen, benutzen, heranziehen‹; 413, 26; 477, 35.
gebrauchung, *die.* ›Einsatz, Benutzung‹; 404, 17.
gebrechen, V. ›an etw. fehlen, mangeln‹; 487, 30.
gebrochen, Adj. ›gebrochen, geteilt (von Brüchen)‹; 350, 10; 382, 26; 399, 5; 478, 13; 486, 9. — *g. teil* 351, 1; *g. zal* ›Bruchzahl‹, 379, 13. — Ggs.: *ganz.*
gebüren, V. ›gebühren, zustehen‹; 438, 23; 463, 11; 466, 17; 469, 17; 478, 4; 479, 31; 483, 14; 506, 1.
gefäs, *das.* ›Gefäß, Behältnis‹; 506, 23.
geflissen, Adj. ›bemüht, erpicht‹; 363, 10.
gehaben, V. ›haben‹; 367, 7.
geheissen, V. ›nennen‹; 393, 29. — Bdv.: *nennen.*

gehen, V. ›gehen‹; 452, 22; 465, 5; 497, 26.
gehoren, V. ›anstehen, geziemen‹; 507, 32.
gekorn, *das.* ›gekörntes Edelmetall‹; 473, 24.
geloben, V. ›versprechen, angeben‹; 410, 38.
gelt, *das.* ›Geld, Bargeld, Münze‹; 384, 8; 413, 3; 418, 31; 434, 8; 438, 29; 450, 1; 451, 28; 478, 28; 483, 11; 487, 6. — *(eine Anzahl) des g. sein* 429, 17.
gelten, V. ›gelten, kosten, wert sein‹; 413, 32; 426, 9; 428, 19; 449, 12; 475, 32; 489, 25. — Bdv.: *gestehen, kosten.*
gemein, Adj. ›gemeinsam; vertraut, bekannt; allgemein, die Allgemeinheit betreffend‹; 350, 1; 354, 10; 360, 6; 363, 12; 370, 29. — *g. nenner* ›Hauptnenner‹, 389, 7; 435, 14; *g. nuz* ›Wohl der Allgemeinheit‹, 348, 11; *g. probe* ›Umkehrprobe‹, 350, 34; *g. volk* 348, 10.
gemeiniglich, Adj. ›allgemein, normal, in der Regel‹; 395, 4; 405, 29.
genau, Adj. ›genau‹; 375, 4.
genugen, V. ›begnügen, zufrieden sein‹; 429, 24.
genugsam, Adj. ›genügend, ausreichend‹; 392, 6; 501, 21.
geometria/e, l./d., aus gr. *geometria* ›Erdmessung‹. ›Geometrie; Landvermessung, Visierkunst, Baukunst, Perspektive‹; 350, 7; 352, 16; 371, 20; 392, 27.
geordinieren, V. ›zuordnen‹; 384, 10; 404, 4; 410, 36.
gerade, Adj. ›gerade, ohne Krümmung; als Adv: genau‹; 358, 16; 395, 10; 401, 37; 411, 14; 413, 34; 491, 28; 510, 25. — *g. zal* 370, 7. — Ggs.: *krum, ungerade.*
geradigkeit, *die.* ›Geradheit‹; 377, 4. — Ggs.: *ungeradigkeit.*
gerechtigkeit, *die.* ›Rechtmäßigkeit‹; 466, 16; 466, 31.
gereisiger, *der.* ›Reiter, Berittener‹; 452, 12. — Bdv.: *reuter.*
gering, Adj. ›minderwertig‹; 422, 20; 470, 26.
geringern, V. ›im Wert herabsetzen, verschlechtern‹; 352, 10. — Ggs.: *bessern.*
gern, Adv. ›gern, mit Freuden‹; 469, 30.
gesang, *der.* ›Gesang, Singen‹; 399, 10.
geschäft, *das.* ›Testament‹; 452, 31.
geschärft, Adj. ›scharf, spitz‹; 491, 32. — *g. winkel* ›spitzer Winkel‹, 491, 32; 492, 3.
geschehen, V. ›geschehen, ablaufen, vor sich gehen‹; 488, 31; 511, 9.
geschränk, *das.* ›Zuggestell am Brunnen‹; 506, 11.
gesel, *der.* ›Gesell, Kamerad, Freund‹; 438, 29; 469, 16; 478, 2; 483, 5.
geselschaft, *die.* ›Kaufgemeinschaft, Gesellschaft‹; 352, 6; 390, 3; 404, 12; 417, 19; 463, 8; 467, 20; 468, 4; 477, 36; 478, 2; 479, 20; 483, 4.
gesicht, *das.* ›An-, Aussehen (?)‹; 474, 18.
gestalt, *die.* ›Gestalt, Form‹; 473, 35; 501, 12; 501, 23; 502, 18.
gestehen, V. ›wertlich stehen, kosten, teuer sein, gelten‹; 410, 22; 414, 23; 425, 9; 426, 7; 443, 14; 456, 12; 487, 15; 505, 37. — Bdv.: *gelten, kosten.*
gewand, *das.* ›Gewand, Stoff‹; 416, 24; 420, 1; 426, 1.
gewegen, V. ›wiegen‹; 412, 24; 429, 11; 454, 8.
gewerbe, *das.* ›Handel, Gewerbe‹; 348, 27. — Bdv.: *händel.*
gewicht, *das.* ›Gewicht‹; 352, 2; 353, 6; 384, 23; 404, 11; 410, 40; 428, 10; 437, 33; 449, 34; 462, 3; 470, 15; 470, 20; 473, 25. — *g. an etw.* 414, 2.
gewin, *der.* ›Gewinn; Zins‹; 412, 17; 440, 9; 441, 18; 443, 17; 460, 23; 478, 8; 483, 24. — *gewins gewin* ›Zinses-

zins‹, 440, 10. — Ggs.: *verlust.*

gewinnen, V. ›gewinnen, einnehmen‹; 419, 1; 440, 12; 443, 12; 449, 5; 463, 10; 469, 17; 477, 10; 478, 3; 483, 21. — Ggs.: *verlieren.*

gewinst, *der.* ›Gewin‹; 414, 10. — *g. treffen* 414, 10.

gewis, Adj. ›sicher, unbezweifelbar‹; 348, 32. — *g. probe* 355, 10. — Bdv.: *sicherlich.*

gewölb, *das.* ›Gewölbe‹; 352, 7.

giessen, V. ›gießen‹; 464, 9.

gipfel, *der.* ›Gipfel, Spitze; Wipfel‹; 437, 1; 507, 36; 508, 33; 510, 10. — Bdv.: *haubt.*

gleich, Adj. ›gleich, übereinstimmend, ebenso, gerecht‹; 360, 7; 370, 4; 392, 11; 405, 30; 406, 22; 438, 32; 439, 19; 476, 9; 492, 24. — Ggs.: *ungleich.*

gleicherweise, Adv. ›ebenso‹; 490, 11.

gliedmasse, *die.* ›Teil eines Ganzen‹; 348, 20.

glocke, *die.* ›Glocke‹; 464, 8.

glükselig, Adj. ›glücklich, -reich, froh‹; 349, 5. — *g. jar* ›als Wunsch: frohes, erfolgreiches Jahr‹, 349, 5.

gold, *das.* ›Gold‹; 352, 10; 404, 16; 409, 28; 417, 17; 425, 6; 454, 17; 470, 13; 470, 30; 471, 6; 473, 23; 474, 16.

graben, *der.* ›Graben‹; 455, 19; 507, 16; 508, 26.

graf, *der.* ›Graf‹; 393, 32. — Bdv.: *comes.*

gran, *das.* ›Gran (ME)‹; 470, 19; 471, 20; 472, 1; 474, 5.

grauwerk, *das.* ›Eichhörnchenpelz (?)‹; 417, 16.

grob, Adj. ›grob‹; 416, 17. — Ggs.: *klein.*

gros, Adj. ›groß‹; 355, 13; 373, 12; 380, 9; 462, 10; 504, 9. — Ggs.: *klein, minder.*

groschen, *der.* ›Groschen (W)‹; 407, 23; 407, 28; 409, 22; 417, 9; 451, 16; 460, 29; 471, 19; 476, 7.

grosse, *die.* ›Größe‹; 491, 14.

grund, *der.* ›Grund, -lage‹; 352, 18; 359, 15.

grunden, V. ›gründen, etw. als Basis, Ausgangspunkt haben‹; 387, 5; 392, 34; 491, 6.

grundlich, Adj. ›gründlich, genau, eingehend‹; 351, 30; 353, 7; 404, 5; 491, 8; 491, 23.

gulden, Adj. ›golden, wertvoll‹; 401, 18; 404, 16. — *g. regel* ›Dreisatz‹, 401, 18; 404, 16.

gulden, *der.* ›Gulden (W)‹; 356, 21. — *rheinischer g.* 414, 3; 416, 26; 420, 16; 449, 13; 466, 11; 466, 26; 466, 35; 477, 14; *ungarischer g.* 416, 27; 420, 16. — Bdv.: *florin.*

gut, *das.* ›Gut, Handelsobjekt, -ware‹; 351, 11; 352, 6; 384, 9; 404, 14; 423, 20.

gutlich, Adj. ›gut‹; 450, 8.

h

haben, V. ›haben, vorfinden‹; 447, 21; 486, 9.

halb, Adj. ›halb‹; 410, 10; 499, 37. — *h. teil* ›Hälfte‹, 434, 3; *h. cirkel* ›Halbkreis‹, 492, 14.

halbdiameter, *der.* ›Radius‹; 504, 19.

halbieren, V. ›halbieren‹; 350, 18; 358, 7; 358, 13; 381, 1; 381, 6; 418, 26; 503, 12. — Bdv.: *medieren.* Ggs.: *duplieren.*

halbteil, *das.* ›Hälfte; Ergebnis der Halbierung‹; 358, 14; 381, 7; 394, 7; 401, 32; 492, 13; 497, 9; 508, 19. — Ggs.: *duplat.*

hälfte, *die.* ›Hälfte (einer Zahl)‹; 358, 23; 421, 21; 508, 2. — Ggs.: *duplat.*

halten, V. ›enthalten, sich erstrecken‹; 416, 9; 429, 2; 429, 25; 469, 23; 470, 1; 471, 6; 473, 24; 489, 8; 494, 23. — *etw. zusammen halten* 402, 15; *am strich h.* ›einen bestimmten Feinheitsgrad aufweisen‹, 465, 26.

hammer, *der.* ›Hammer‹; 405, 31.

hand, *die.* ›Hand, Seite‹; 353, 17; 356, 12; 364, 10; 439, 29.

händel, *die.* ›Handelsgeschäft‹; 348, 27. — Bdv.: *gewerbe.*
handeln, V. ›handeln, Handelsgeschäfte tätigen‹; 404, 6; 404, 15.
hängen, V. ›hängen‹; 437, 2.
harmbalg, *der.* ›Hermelinfell‹; 417, 14.
harren, V. ›harren, warten, sich gedulden‹; 444, 26.
haubt, *das.* ›Haupt; Gipfel, Spitze‹; 503, 25. — Bdv.: *gipfel.*
haubtgut, *das.* ›Kapitaleinlage‹; 412, 20; 419, 1; 433, 12; 440, 27; 441, 18; 443, 13; 460, 23; 478, 5; 481, 6; 483, 25.
haubtsumme, *die.* ›Gesamtsumme, Ergebnis der gesamten Addition‹; 434, 3; 440, 4.
haubtzal, *die.* ›Grundzahl‹; 362, 20.
hauen, V. ›hauen, hacken‹; 450, 32.
haufen, *der.* ›Anhäufung‹; 481, 2. — *h. gelts* ›Menge Geldes‹, 481, 2.
haus, *das.* ›Haus, Gebäude‹; 451, 11; 455, 6; 459, 10; 494, 17; 505, 36.
heben, V. ›beginnen, anfangen‹; 447, 21; 486, 9. — Bdv.: *anheben.* Ggs.: *aufhören.*
heber, *der.* ›Zug, um zu Heben, Hebel‹; 510, 26.
hebräisch, Adj. ›jüdisch, hebräisch‹; 360, 2. — Bdv.: *jüdisch.*
hecht, *der.* ›Hecht‹; 457, 27.
heissen, V. ›heißen, lauten, sein; jm. etw. befehlen, auftragen‹; 359, 15; 443, 30.
heller, *der.* ›Heller (W)‹; 356, 21; 406, 6; 409, 22; 411, 26; 412, 13; 413, 23; 414, 14; 416, 16; 460, 29; 470, 28; 474, 11; 475, 28.
helmuaripha, l., aus arab. *al-munḥarif* ›das Verschobene‹. ›Trapez‹; 493, 18. — Bdv.: *trapeseta.*
helmuaym, l., aus arab. *al-mu'ayyan* ›das Genaubestimmte‹. ›Raute, Rhombus‹; 493, 12.
her, *der.* ›Herr‹; 429, 20; 452, 12; 511, 37. — Ggs.: *diener, knecht.*
hereinfallen, V. ›fallen‹; 492, 2.
hering, *der.* ›Hering‹; 449, 1.
herz, *das.* ›Herz‹; 400, 6; 490, 10; 511, 4.
hinauslegen, V. ›auslegen, anbieten‹; 414, 20.
hingeburen, V. ›gehören‹; 384, 24.
hintansetzen, V. ›anschließen, folgen lassen‹; 488, 13.
hinterlist, *die.* ›Hinterlist, Ränke‹; 475, 1.
hintersatzung, *die.* ›Hintersetzen, Nachstellen‹; 351, 12.
hoch, Adj. ›hoch‹; 437, 6; 450, 17; 465, 4; 470, 26; 505, 11; 508, 21. — Ggs.: *tief.*
hockerig, Adj. ›mit Höckern, Buckeln, uneben‹; 378, 14. — Ggs.: *eben.*
hofnung, *die.* ›Hoffnung, Zuversicht‹; 429, 22.
hol, Adj. ›hohl‹; 456, 11; 456, 11. — Bdv.: *ler.* Ggs.: *vol.*
holz, *das.* ›Holz, -gestell zum Warentransport‹; 412, 4; 415, 9.
holzhauer, *der.* ›Holzhacker, -fäller‹; 450, 31.
hübsch, Adj. ›elegant, schön, nett, interessant‹; 351, 22; 359, 23; 400, 5; 404, 25; 405, 31; 426, 25; 437, 28; 456, 1; 475, 2; 477, 38; 505, 9; 511, 2. — *h. rechnung* 348, 1.
hund, *der.* ›Hund‹; 448, 7.
hundert, Num. ›hundert‹; 353, 15.

i

inaequalitas, l. ›Ungleichheit‹; 392, 20. — Ggs.: *aequalitas.*
ingwer, *der.* ›Ingwer‹; 352, 7; 413, 27; 413, 38; 424, 3; 425, 4; 449, 7; 489, 21.
inhalt, *der.* ›Inhalt (auch: einer geometrischen Figur)‹; 350, 1; 374, 13; 387, 4; 504, 38.
inhalten, V. ›zum Inhalt haben (von geometrischen Figuren), umfassen‹; 491, 9; 501, 13; 504, 2. — Bdv.: *beschliessen.*
inventio, l. ›Finden, Erfinden‹; 405, 24; 409, 27.

Körner zerteilen‹; 352, 9; 473, 23; 489, 2.
korperlich, Adj. ›kubisch‹; 373, 13. — *k. zal* ›Kubikzahl‹, 372, 7. — Bdv.: *corporalis, cubicus.*
kosten, V. ›kosten, teuer sein‹; 408, 12; 425, 9; 426, 8; 430, 13; 449, 28; 456, 5; 488, 6; 510, 20. — Bdv.: *gelten, gestehen.*
kostlich, Adj. ›wertvoll‹; 352, 6.
kostung, *die.* ›Unkosten‹; 466, 14.
krankheit, *die.* ›Krankheit‹; 507, 18.
kreide, *die.* ›Kreide‹; 430, 20.
kreuz, *das.* ›Kreuz (als mathematische Hilfsfigur)‹; 441, 5; 461, 11. — *multiplizieren in k.* 461, 11; 476, 11.
kreuzlich, Adj. ›über Kreuz‹; 400, 1.
krieg, *der.* ›Streit, Auseinandersetzung‹; 452, 2.
kriegen, V. ›Krieg führen, streiten‹; 439, 14.
kropf, ?. ›Pelzart?‹; 417, 15.
krum, Adj. ›gebogen, gekrümmt‹; 491, 30. — Ggs.: *gerade.*
kulruk, . ›Pelzart?‹; 417, 15.
kummernis, *das.* ›Kummer, Ärger, Mühe‹; 411, 3.
kunst, *die.* ›Kunstfertigkeit, Kunst, Wissenschaft‹, Übersetzung von *ars*; 350, 24; 352, 30; 359, 22; 491, 12; 512, 11. — *freie künste* ›*septem artes liberales*‹, 348, 3; *natürliche k.* ›freie Künste‹, 348, 22; *k. des gesanges* ›Musik‹, 399, 10; *k. des messens* ›Geometrie‹, 392, 28; *k. der rechnung* ›Arithmetik‹, 348, 6; *k. der zal* ›Arithmetik‹, 353, 7. — Bdv.: *arithmetica,* ²*art.*
kupfer, *das.* ›Kupfer‹; 417, 11; 454, 17; 465, 24; 470, 2; 473, 12; 477, 13.
kurz, Adj. ›kurz; knapp‹; 350, 3; 395, 18; 405, 11; 437, 13; 477, 34; 490, 3; 510, 39. — *kurz verschneiden* ›kurz ansprechen‹, 352, 28. — Ggs.: *lang.*
kürze, *die.* ›Kürze‹; 395, 22; 512, 7. — Ggs.: *länge.*
kurzlich, Adj. ›kurz, präzise, knapp‹; 350, 37; 370, 4; 460, 10; 474, 28; 491, 4.
kurzweilig, Adj. ›abwechslungsreich, unterhaltsam‹; 491, 10. — Ggs.: *langweilig, müsam.*

l

lagel, *das,* aus mlat. *lagena* ›Fäßchen‹. ›Lagel, kleines Faß‹; 411, 29; 415, 6; 415, 12.
land, *das.* ›Land, Gebiet‹; 462, 4.
landsgewärung, *die.* ›Landeswährung‹; 405, 5.
lang, Adj. ›lang; ausführlich‹; 416, 9; 437, 11; 455, 28; 484, 22; 497, 27; 502, 30; 505, 10. — Ggs.: *breit, dik, kurz.*
länge, *die.* ›Länge‹; 371, 20; 491, 18; 491, 20; 499, 39; 509, 4; 509, 38. — Ggs.: *kürze.*
langweilig, Adj. ›langweilig, beschwerlich‹; 511, 3. — Bdv.: *müsam.* Ggs.: *kurzweilig.*
lanze, *die.* ›Lanze‹; 508, 9; 508, 38.
lassen, V. ›hinterlassen; ablassen von etw., aufhören‹; 452, 33; 507, 18. — Bdv.: *aufhören.*
lassiz, ?, aus mhd. *lasset* ›Wiesel‹. ›Wieselfell‹; 417, 14.
lauten, V. ›lauten, heißen‹; 420, 26.
lauter, Adj. ›rein, hochwertig, ohne verschlechternde Zugabe‹; 413, 28; 417, 25. — Ggs.: *fusti, unrein.*
ledig, Adj. ›mit leeren Händen‹; 511, 37.
legen, V. ›als Einsatz anlegen, bereitstellen‹; 478, 2; 482, 32; 484, 5. — Ggs.: *aufheben.*
leicht, Adj. ›leicht, einfach, schnell‹; 363, 11; 497, 8. — Bdv.: *behend.*
leichtiglich, Adj. ›leicht, schnell‹; 361, 3; 450, 3; 478, 1; 490, 4.
leichtlich, Adj. ›leicht, schnell‹; 348, 31; 363, 9.
leichtverständig, Adj. ›leicht, klar, faßlich‹; 348, 29.
leihen, V. ›leihen; zu etw. geben; auch: borgen einer Einheit‹; 356, 7; 420, 7; 440, 10; 443, 21. — Bdv.: *bor-*

gen, entlehnen, entnemen.
leinwad, *die.* ›Leinenzeug, Tuch aus Leinenfaser‹; 416, 5; 416, 9; 416, 12.
leit, s. *liegen.*
leiter, *die.* ›Leiter‹; 508, 27.
lenen, V. ›lehnen‹; 508, 28.
ler, Adj. ›leer‹; 456, 11. — Bdv.: *hol.* Ggs.: *vol.*
lere, *die.* ›Anweisung‹; 510, 37.
leren, V. ›lehren‹; 506, 22. — Bdv.: *unterrichten, unterweisen, weisen.*
lernen, V. ›lernen, lehren‹; 350, 17; 353, 7; 357, 13; 360, 6; 379, 4; 398, 8; 501, 11. — Bdv.: *unterrichten, unterweisen, weisen.*
leser, *der.* ›Leser‹; 405, 8.
letzter, Adj. ›letzter, hinterster‹; 356, 5.
lex, l. ›Vorschrift, Regel, Gesetz‹; 426, 24; 459, 15.
libra, l. ›Pfund (ME)‹; 384, 29; 385, 1; 407, 22; 412, 17; 414, 13; 415, 6; 416, 15; 424, 4; 428, 17; 449, 8; 454, 13; 463, 29; 468, 10; 469, 24; 475, 22; 476, 29; 483, 7; 489, 21.
licht, *das.* ›Licht‹; 352, 29. — *l. der erkentnis* 352, 29.
lieb, Adj. ›lieb‹; 430, 11.
liebhaber, *der.* ›Liebhaber, Interessent‹; 349, 4; 352, 30; 512, 11.
liegen, V. ›liegen, ruhen; stehen, sich befinden‹; 442, 6; 510, 24.
ligar, ?, aus lat. *ligāre* ›binden‹. ›verbindend (?)‹; 422, 9.
limitieren, V., aus lat. *limitāre* ›abgrenzen‹. ›begrenzen‹; 351, 19; 387, 2.
linea/ie, l./dt. ›Linie, Strich; Gerade‹; 354, 5; 359, 1; 379, 11; 392, 24; 491, 8; 491, 14; 491, 17; 492, 22; 497, 17; 503, 18; 503, 22. — *l. diagonalis* ›Diagonale‹, 494, 10.
linearis, l. ›eindimensional, linear‹; 371, 25.
link, Adj. ›auf der linken Seite liegend‹; 364, 9. — Ggs.: *recht.*
listigkeit, *die.* ›List, Heimtücke‹; 404, 8.
littera, l. ›Buchstabe‹; 351, 8; 351, 9. — Bdv.: *buchstabe.*
lon, *der.* ›Lohn‹; 429, 19; 506, 1; 506, 6.
losen, V. ›erlösen, gewinnen, einnehmen‹; 445, 16.
lot, *das.* ›Lot (ME)‹; 384, 29; 385, 19; 406, 9; 407, 1; 414, 13; 416, 15; 419, 31; 465, 4; 465, 8; 467, 5; 471, 9; 474, 6; 474, 8; 489, 2.
löwe, *der.* ›Löwe‹; 448, 7.
lucrum, l. ›Gewinn, Vorteil‹; 440, 3.
luft, *die.* ›Luft‹; 456, 33.
lüge, *die.* ›Fehlbetrag‹; 488, 22.
lügen, V. ›etw. absichtlich falsch angeben‹; 489, 10.
lügenhaftig, Adj. ›fehlerhaft, falsch‹; 488, 14. — Bdv.: *falsch.*
lust, *die.* ›Vergnügen, Aufmerken‹; 400, 5.
lustbarlich, Adj. ›Freude erregend, unterhaltsam‹; 348, 30; 387, 8; 401, 15.

m

machen, V. ›durchführen; geben, erbringen, an Gewinn einbringen‹; 350, 33; 360, 9; 389, 37; 398, 5; 404, 38; 413, 17; 414, 7; 434, 17; 439, 3; 445, 4; 470, 18; 478, 1; 479, 20; 484, 23; 491, 19; 497, 29; 500, 8; 502, 29; 505, 10; 507, 19. — *frage m.* 403, 14; *rechnung m.* 414, 19; *etw. durch etw. m.* 429, 33; *etw. nach etw. m.* ›nach etw. vorgehen, etw. befolgen‹, 390, 11; 431, 9; 443, 15; *etw. zu etw. m.* 406, 13; *zusammen m.* ›ergeben‹, 477, 30. — Bdv.: *geben.*
mähen, V. ›mähen‹; 420, 11.
manchfalt, Adj. ›vielfältig, mehrfach‹; 396, 8.
manchfältigen, V. ›multiplizieren‹; 350, 15; 359, 16; 394, 12. — Bdv.: *multiplizieren.* Ggs.: *dividieren.*
manchfältigung, *die.* ›Multiplikation‹; 395, 14. — Bdv.: *multiplikatio(n).* Ggs.: *divisio.*
mandel, *die.* ›Mandelkern‹; 415, 1.
manig, Adj. ›mannig, vielfältig‹;

406, 24.
mark, *die.* ›Mark (ME)‹; 385, 20; 406, 8; 465, 4; 465, 8; 470, 28; 471, 20; 474, 6; 474, 8.
markt, *der.* ›Markt‹; 442, 33.
mas, *das.* ›(allgemein:) Maß (auch ME)‹; 348, 32; 352, 3; 352, 24; 353, 6; 377, 19; 404, 11; 408, 28; 427, 3; 458, 33; 462, 3; 462, 15; 490, 6; 491, 9; 494, 22; 501, 15; 512, 2.
materie, *die.* ›Material, Stoff‹; 352, 28; 352, 33; 511, 3.
mauer, *die.* ›Mauer‹; 455, 27; 505, 9; 505, 10; 508, 14.
mauern, V. ›mauern, bauen‹; 456, 15.
medieren, V. ›halbieren‹; 350, 17; 358, 13; 381, 1; 381, 6; 388, 37; 418, 27; 487, 12. — Bdv.: *halbieren.* Ggs.: *duplieren, duplizieren, zwifächtigen, zwifältigen.*
medium, l. ›mittel‹; 372, 15; 373, 12; 373, 16. — Bdv.: *mittel (Adj.).*
meile, *die.* ›Meile (ME)‹; 508, 4; 510, 15.
meinen, V. ›glauben, meinen, annehmen‹; 389, 35.
meinung, *die.* ›Bedeutung, Inhalt‹; 490, 6. — *m. der regel* 417, 21.
meist, Adj. ›meist‹; 467, 10. — Ggs.: *minst.*
meister, *der.* ›Magister; Meister‹; 348, 3; 404, 26; 451, 15; 455, 6; 455, 22; 464, 9; 505, 36.
melden, V. ›angeben‹; 504, 41; 510, 37.
mengen, V. ›vermischen‹; 427, 1. — Bdv.: *mischen.*
mensch, *der.* ›Mensch‹; 404, 8.
mer, Adv. ›mehr, dazu‹; 412, 3; 488, 23. — Bdv.: *plus.* Ggs.: *minus, weniger.*
mer, *das.* ›Meer, See‹; 510, 15. — Bdv.: *se.*
meren, V. ›vermehren, vergrößern, multiplizieren‹; 359, 16; 431, 12. — Bdv.: *multiplizieren.* Ggs.: *dividieren, mindern.*
merken, V. ›merken, aufpassen, im Sinn behalten‹; 353, 22; 355, 15; 364, 5; 384, 6; 392, 33; 395, 10; 410, 2; 437, 7; 470, 20; 475, 2; 484, 23; 488, 16; 490, 5; 490, 10; 494, 27; 504, 34.
merung, *die.* ›Vermehrung, -größerung‹; 350, 12; 429, 3. — Ggs.: *minnerung.*
messen, V. ›aus-, vermessen‹, auch Subst.; 350, 7; 371, 23; 371, 27; 392, 25; 491, 5; 501, 11; 505, 8; 508, 25.
metal, *das.* ›Metall‹; 404, 17; 454, 18; 464, 10; 474, 14.
miltiglich, Adj. ›milde, gutwillig‹; 512, 11.
minder, Adj. ›weniger, geringer‹; 380, 9. — Bdv.: *gros.*
mindern, V. ›vermindern, verkleinern‹; 431, 2; 431, 11. — Ggs.: *meren.*
minnerung, *die.* ›Verminderung, -kleinerung‹; 350, 12; 429, 3. — Ggs.: *merung.*
minst, Adj. ›wenigst‹; 467, 10. — Ggs.: *meist.*
minus, l. ›weniger, minus‹; 412, 2; 488, 24; 489, 26. — Bdv.: *weniger.* Ggs.: *mer, plus.*
minute, *die*, aus mlat. *(pars) minuta* ›Minute‹. ›Minute (ME)‹; 447, 25; 447, 29.
mischen, V. ›mischen, vermengen‹; 422, 18; 427, 4; 462, 18; 481, 21. — *durcheinander m.* ›vermischen‹, 464, 14. — Bdv.: *mengen, tun.*
mischung, *die.* ›Mischung; Legierung‹; 462, 9.
miteinander, Adv. ›miteinander, zusammen‹; 447, 1; 447, 19; 453, 32.
mitte, *die.* ›Mitte‹; 497, 14; 503, 33.
mitteilen, V. ›bekannt machen‹; 352, 31.
mittel, Adj. ›mittel, durchschnittlich‹; 370, 38; 372, 14; 373, 5; 398, 3; 398, 5; 426, 31; 462, 12; 492, 9; 500, 3; 502, 24. — *m. vernunft* 403, 14. — Bdv.: *medium.*
mittel, *das.* ›Mittel, -maß‹; 370, 17;

491, 24.
mittelmas, *das*. ›Mittel, -maß‹; 350, 13.
mittelpunkt, *der*. ›Mittelpunkt einer geometrischen Figur‹; 497, 15. — Bdv.: *centrum*.
möglich, Adj. ›möglich‹; 490, 4.
monat, *der*. ›Monat (ME)‹; 441, 10; 443, 31; 448, 19; 476, 20; 479, 23; 482, 28.
morgen, *der*. ›Morgen‹; 450, 8.
mühe, *die*. ›Mühe‹; 363, 10; 405, 21; 449, 35.
müle, *die*. ›Mühle‹; 446, 14.
mülner, *der*. ›Müller‹; 446, 18.
multiplex, l. ›aus vielen gleichartigen Teilen bestehend‹; 392, 35; 393, 24. — *m. superparticularis* 396, 1; *m. superpartiens* 397, 15.
multiplikat, *das*. ›Produkt, Ergebnis der Multiplikation‹; 444, 28. — Bdv.: *produkt*.
multiplikatio(n), l./dt. ›Multiplikation‹; 400, 27. — Bdv.: *manchfältigung, multiplizierung*. Ggs.: *divisio, teilung*.
multiplizieren, V., aus lat. *multiplicāre* ›vervielfältigen‹. ›multipizlieren‹; 350, 15; 357, 16; 359, 14; 373, 7; 381, 15; 389, 2; 390, 29; 435, 18; 453, 32. — *etw. durch etw. m.* 495, 21; 497, 36; 506, 28; *etw. durcheinander m.* 455, 30; *etw. in etw. m.* 456, 22; 483, 33; 497, 40; 503, 14; 506, 29; *etw. mit etw. m.* 476, 31; 478, 17; *etw. miteinander m.* 365, 2; 487, 24; *etw. wider etw. m.* 456, 20; 472, 21; *in sich m.* ›quadrieren‹, 401, 36; *m. in kreuz* ›über Kreuz multiplizieren‹, 461, 11; 476, 11; *m. kreuzweise* ›über Kreuz multiplizieren‹, 488, 25. — Bdv.: *manchfältigen, meren*. Ggs.: *dividieren, partieren, teilen*.
multiplizierung, *die*. ›Multiplikation‹; 402, 5; 499, 22. — Bdv.: *multiplikatio(n)*. Ggs.: *divisio*.
münze, *die*. ›Münze‹; 352, 9; 405, 6; 420, 15; 461, 15; 463, 21; 465, 1; 465, 4; 465, 22; 473, 22; 474, 19; 489, 2. — *m. anschlagen* 409, 28.
münzen, V. ›münzen, Münzen schlagen‹; 465, 14.
münzmeister, *der*. ›Schlagmeister‹; 465, 2; 465, 21; 466, 13; 467, 7.
murus, l. ›Mauer‹; 501, 17.
müsam, Adj. ›anstrengend, ermüdend‹; 352, 34; 511, 3. — Bdv.: *langweilig*. Ggs.: *kurzweilig*.
musica, l., aus gr. *mousike* ›Geistesbildung, Musik‹. ›Musik‹; 399, 9. — Bdv.: *kunst des gesanges*.
muskat, *der*. ›Muskatnuß‹; 430, 9.
muskatblüte, *die*. ›Muskatblüte‹; 433, 17.
muster, *das*. ›Warenmuster‹; 417, 25.
mutter, *die*. ›Mutter‹; 453, 14.

n

nacheinander, Adv. ›nacheinander‹; 453, 11; 468, 19.
nachgehen, V. ›folgen‹; 363, 12; 373, 2; 395, 18; 404, 35.
nachsetzen, V. ›an eine hintere Stelle setzen‹; 420, 27; 474, 28.
nächst, Adj. ›nächst‹; 410, 12.
nacht, *die*. ›Nacht‹; 450, 7; 511, 17.
natürlich, Adj. ›gewöhnlich‹; 370, 6; 393, 6. — *n. kunst* ›freie Künste‹, 348, 22.
negragant, ?. ›Korallen‹; 459, 21.
neigen, V. ›neigen, sinken‹; 510, 10.
nelke, *die*. ›Gewürznelke‹; 413, 32; 414, 31; 417, 30; 425, 4; 476, 28; 483, 8.
nemen, V. ›nehmen, auswählen‹; 356, 3; 356, 6; 402, 11; 413, 13; 435, 7; 437, 8; 450, 26; 467, 9; 468, 10; 469, 18; 486, 16; 489, 5; 490, 6; 490, 9; 490, 10; 502, 25. — *etw. von etw. n.* ›wegnehmen, abziehen‹, 487, 14; *probe n.* 355, 13. — Bdv.: *subtrahieren*.
nennen, V. ›nennen, heißen‹; 392, 33; 393, 31; 488, 14; 491, 5; 492, 12. — Bdv.: *geheissen*.
nenner, *der*. ›Nenner eines Bruches‹; 379, 11; 395, 7; 399, 27; 438,

15; 478, 18; 487, 8. — *gemeiner n.* ›Hauptnenner‹, 435, 14; 438, 16. — Ggs.: *zäler.*
neu, Adj. ›neu‹; 463, 29. — Ggs.: *alt.*
nichts, Pron. ›nichts‹; 353, 11.
nimmer, Adv. ›nie‹; 494, 13.
nossel, *der.* ›kleine Kanne (ME)‹; 494, 25.
not, Adj. ›nötig, unabdingbar‹; 353, 4; 379, 13; 398, 4; 405, 26; 465, 21; 470, 14; 501, 20.
notdurft, *die.* ›Notwendigkeit‹; 352, 21; 392, 3.
numeralis, l. ›zu den Zahlen gehörig‹; 351, 11.
numeratio, l. ›Zählen (mit indisch-arabischen Zahlen)‹; 353, 2.
numerieren, V., aus lat. *numerāre* ›zählen‹. ›(durch)zählen‹; 350, 20. — Bdv.: *zälen.*
numerus, l. ›Zahl‹; 371, 25; 389, 37; 390, 26. — *n. quadratus* ›Quadratzahl‹, 371, 33. — Bdv.: *zal.*
nus, *die.* ›Nuß‹; 417, 7.
nuz, *der.* ›Nutzen, Wohl‹; 405, 9. — *gemein n.* ›Wohl der Allgemeinheit‹, 404, 9.
nuzbarkeit, *die.* ›Nützlichkeit, Anwendungsmöglichkeit‹; 371, 13; 374, 11.
nuzbarlich, Adj. ›brauchbar, brauchbar‹; 370, 26; 491, 11. — Bdv.: *fruchtbarlich.*
nuzlich, Adj. ›brauchbar, nützlich‹; 352, 14. — Bdv.: *fruchtbarlich.*

O

ober, Adj. ›höher, darüberliegend‹; 355, 24; 382, 27.
obgeschrieben, Adj. ›oben, vorher genannt‹; 356, 13.
ochse, *der.* ›Ochse‹; 463, 15.
offenbaren, V. ›bekannt machen, eröffnen‹; 348, 13; 348, 30.
offentlich, Adj. ›deutlich, ersichtlich‹; 385, 12.
öl, *das.* ›Öl‹; 415, 11.
operieren, V., aus lat. *operāri* ›arbeiten, verrichten‹. ›durchführen, rechnen‹; 433, 7.
ordinieren, V. ›anordnen‹; 379, 3.
ordnen, V. ›ordnen‹; 351, 19; 502, 20.
ordnung, *die.* ›Ordnung‹; 348, 12; 350, 6; 359, 6; 363, 22; 370, 6; 410, 39; 501, 22. — *natürliche o.* 393, 6.
ort, *das.* ›vierter Teil eines Maßes (ME)‹; 411, 30; 414, 13; 415, 7; 456, 3; 456, 4.
ort, *der.* ›Ort, Stelle, Platz; Ecke, Seite‹; 510, 25. — *al ort* ›überall‹, 437, 29; 456, 6; 456, 13. — Bdv.: *ecke.*
orthogonicus, l., aus gr. *orthogonios* ›rechtwinklig‹. ›rechtwinklig‹; 493, 1.
orthogonius, l., aus gr. *orthogonios* ›rechtwinklig‹. ›rechtwinklig‹; 508, 36.
oxygonicus, l., aus gr. *oxygonios* ›scharfwinklig‹. ›mit drei scharfen Winkeln‹; 493, 3.

P

pagamentum, l., aus it. *pagamento* ›Zahlung, Betrag, Summe‹. ›Geldwährung, ungeprägtes Silber‹; 405, 24; 461, 8.
pallida, ?. ›Gewicht?, Lieferform?‹; 459, 20.
par, *das.* ›Paar‹; 448, 28.
pars, l. ›Teil‹; 402, 24. — Bdv.: *teil.*
part, *der*, aus mhd. *part* ›Teil‹. ›Teil‹; 468, 20. — Bdv.: *teil.*
partieren, V. ›teilen, dividieren‹; 357, 2; 366, 5. — *etw. durch etw. p.* 389, 38; *etw. in etw. p.* 432, 14. — Bdv.: *dividieren.* Ggs.: *multiplizieren.*
passa, ?, aus lat. *pandere* ›ausbreiten‹(?). ›Farbenpracht entfaltende Korallenart?‹; 459, 20.
pentagonus, l., aus gr. *pentagonos* ›fünfwinklig‹. ›fünfwinklig, -eckig, auch: Fünfeck‹; 494, 1. — Bdv.: *quintangel.*
perpendicularis, l. ›im rechten Winkel, im Lot auf etw. auftreffend‹; 364, 11; 492, 2; 499, 26.

person, *die.* ›Person, Mensch‹; 429, 5; 438, 22; 452, 19; 511, 25.
pertica, l. ›Pertica (ME)‹; 501, 15; 501, 31; 502, 4; 503, 5; 504, 22; 505, 1; 505, 27; 510, 20.
pes, l. ›Fuß (ME)‹; 501, 15; 505, 4; 505, 27.
pfeffer, piper, *der.* ›Pfeffer‹; 352, 7; 412, 9; 412, 16; 413, 1; 413, 8; 418, 30; 418, 31; 424, 3; 425, 4; 482, 29; 483, 8; 483, 17; 483, 36; 489, 21.
pfeiler, *der.* ›Pfeiler, länglicher Stein‹; 505, 19; 507, 9.
pfennig, *der.* ›Pfennig (W)‹; 406, 1; 407, 23; 407, 28; 409, 22; 417, 10; 419, 26; 427, 3; 451, 16; 459, 7; 460, 29; 466, 20; 468, 9; 471, 2; 474, 3; 474, 8; 511, 26.
pferd, *das.* ›Pferd‹; 420, 7; 420, 19; 486, 26; 487, 5; 487, 16; 487, 27; 488, 1.
pflanzen, V. ›ein-, pflanzen, setzen‹; 503, 3.
pforte, *die.* ›Pforte, Tor, Hafeneinfahrt‹; 421, 30; 510, 14.
pfortner, *der.* ›Pförtner, Türhüter, Torwächter‹; 421, 31.
pfund, *das.* ›Pfund (ME)‹; 428, 22; 476, 30.
piper, s. *pfeffer.*
plurimus, l. ›viel, groß, bedeutend‹; 430, 4.
plus, l. ›mehr‹; 488, 23. — Bdv.: *mer.* Ggs.: *weniger, minus.*
portseide, *die.* ›Seide (zur Herstellung von Borten)?‹; 416, 22.
positio(n), l./dt. ›Stelle (in der Rechnung); Setzen eienr Zahl, Maßeinheit an eine bestimmte Stelle‹; 350, 28; 351, 8; 443, 7; 457, 18.
possen, *der.* ›Posten, Warenmenge‹; 417, 28.
praktizieren, V. ›aus-, durchführen‹; 411, 5; 417, 28; 420, 26; 430, 5; 450, 3; 462, 9; 490, 4; 490, 12.
precept, *das*, aus lat. *praeceptum* ›Vorschrift‹. ›Regel, Vorschrift‹; 387, 13.
primera, ?, aus lat. *primarius* ›einer der besten‹(?). ›besonders gute Korallen?‹; 459, 21.
princeps, l. ›Fürst‹; 393, 31. — Bdv.: *fürst.*
prob(a), l./dt. ›Probe einer Rechenart; Rest bei Neuner-, Siebenerprobe‹; 350, 29; 354, 8; 356, 17; 364, 2; 376, 17; 376, 19; 411, 8; 419, 13; 422, 1; 424, 28; 438, 10; 447, 27; 462, 5; 465, 3. — *gemeine p.* ›Umkehrprobe‹, 350, 34; *gewisse p.* 355, 10; *sunderliche p.* 355, 9; *p. nemen* 355, 13.
probatio, l. ›Überprüfung‹; 350, 33. — *probatio factorum* ›Überprüfung der vollzogenen Rechenhandlung‹, 350, 32.
probieren, V., aus lat. *probāre* ›prüfen, untersuchen‹. ›ein Rechenergebnis durch Nachrechnen überprüfen‹; 354, 8; 356, 17; 364, 1; 376, 18; 388, 17; 410, 19; 421, 16; 422, 2; 424, 22; 430, 29; 436, 9; 438, 11; 447, 28; 476, 32; 478, 11; 488, 19; 489, 17; 489, 30; 498, 21. — Bdv.: *examinieren.*
produkt, *das*, aus lat. *productum* ›das Geführte, Hervorgebrachte‹. ›Produkt, Ergebnis der Multiplikation‹; 377, 15; 400, 27; 437, 22; 461, 13; 504, 35. — Bdv.: *multiplikat.*
profloret, ?. ›(vorgeblasene?) Korallen‹; 459, 21.
progredieren, V., aus lat. *prōgredi* ›vorwärtsschreiten‹. ›vorwärtsschreiten; Reihen bilden‹; 370, 2.
progressio, l. ›(Berechnen) einer Folge, (arithmetische) Reihe‹; 350, 20; 370, 3; 371, 1.
proportio(n), l./dt. ›Proportion, Verhältnis von Zahlen zueinander‹; 351, 33; 351, 34; 371, 2; 372, 16; 392, 5; 392, 8; 393, 13; 401, 19; 402, 38. — *p. dupla* 371, 1; *p. tripla* 371, 1; *p. quadrupla* 371, 1; *p. quintupla* 371, 2; *p. superparticularis* 394, 1; *p. superpartiens* 394, 19; *zal der p.* 403, 10. — Bdv.: *vergleichnis.*
proportionalis, l. ›ein Verhältnis

betreffend‹; 372, 15.
proportionieren, V. ›eine Zahl zu einer anderen in ein bestimmtes Verhältnis setzen‹; 392, 3; 392, 19.
propositio, l. ›Frage, zu beweisende Behauptung‹; 420, 25.
prozedieren, V., aus lat. *prōcedere* ›vorwärtsschreiten‹. ›vorgehen, ausführen‹; 387, 4; 419, 22; 420, 25; 423, 25; 425, 32; 431, 21; 461, 9; 467, 3; 473, 22; 488, 18; 490, 2; 490, 11; 505, 7.
prozes, *der*, aus lat. *prōcessus* ›Vorschreiten, Fortgang‹. ›Vorgang, Handlungsablauf‹; 426, 25.
pulcher, l. ›schön, vortrefflich‹; 418, 24; 424, 31; 431, 1; 435, 11.
punctum/kt, l./dt. ›Punkt (als geometrische Figur)‹; 491, 14; 492, 9; 497, 13; 500, 3; 506, 36.
pyramidalis, l., aus gr. *pyramis* ›Pyramide‹. ›pyramidenförmig‹; 494, 16.

q

quadrangel, *der*, aus lat. *quadrangulus* ›Viereck‹. ›Viereck‹; 494, 5; 501, 13.
quadrangulus, l. ›rechteckig‹; 371, 30.
quadrat, *das*, aus lat. *quadrātus* ›Quadrat‹. ›Quadrat (als geometrische Figur), Quadratzahl‹; 360, 3; 493, 8; 496, 28; 500, 8; 503, 10; 510, 16. — *quadrate* ›im Quadrat, quadriert‹, 402, 4; 437, 10.
quadratus, l. ›viereckig, Quadrat-‹; 371, 18. — *numerus qu.* ›Quadratzahl‹, 371, 33; *radix qu.* ›Quadratwurzel‹, 402, 6; 495, 21.
quadrieren, V. ›quadrieren‹; 401, 16; 504, 40.
quadruplieren, V., aus lat. *quadruplāre* ›vervierfachen‹. ›mit 4 multiplizieren‹; 371, 9; 402, 40; 487, 26.
quart, *das*. ›Quart (ME)‹; 471, 20.
quint, *die*. ›Quint (ME)‹; 384, 29; 385, 8; 407, 1; 416, 15; 471, 6; 474, 3.
quintangel, *der*. ›Fünfeck‹; 504, 9; 504, 21. — Bdv.: *pentagonus*.
quotient, *der*, aus lat. *quotiens* ›wie oft‹. ›Teiler, Quotient‹; 369, 3; 390, 2; 398, 15; 425, 3; 429, 4; 437, 23; 484, 28.

r

rad, *das*. ›Rad‹; 450, 16.
radix, l. ›Wurzel (einer Zahl)‹; 371, 16; 371, 34; 374, 17; 383, 2; 390, 15; 390, 21; 496, 7; 496, 35; 504, 12. — *r. extrahieren* 350, 21; *r. cubica* ›Kubikwurzel‹, 377, 3; *r. quadrata* ›Quadratwurzel‹, 402, 6; 495, 21. — Bdv.: *wurzel*.
rationalis, l. ›durch Bruch darstellbar, rational‹; 392, 29. — Ggs.: *irrationalis*.
rauwerk, *das*. ›Pelzwerk‹; 417, 14.
rechen, V. ›rechnen‹; 355, 7; 363, 11; 389, 34; 405, 10; 409, 31; 414, 10; 416, 3; 442, 17; 466, 24; 477, 12; 477, 26; 483, 20.
rechenbuch, *das*. ›Rechenbuch‹; 352, 29; 405, 17.
rechenschaft, *die*. ›Rechenkunst, Rechenfertigkeit‹; 353, 1; 393, 5; 400, 3; 405, 4; 405, 22; 410, 33; 451, 15; 491, 11; 501, 15.
rechnen, V. ›berechnen‹; 451, 19; 465, 7; 470, 25.
rechnung, *die*. ›Rechenfertigkeit‹; 348, 11; 348, 24; 348, 28; 384, 3; 387, 9; 405, 20; 422, 19; 455, 34; 462, 3; 466, 10; 470, 14; 488, 9; 498, 9; 501, 23; 505, 9; 511, 2. — *kunst der r.* ›Arithmetik‹, 348, 6; *regeln der r.* 349, 1; *r. machen* 414, 19.
recht, Adj. ›richtig, vollständig; recht‹; 354, 9; 355, 2; 358, 6; 364, 9; 404, 9; 411, 5; 450, 15; 488, 15; 490, 8; 491, 33; 502, 29. — *r. ordnung* 351, 5; *r. winkel* ›rechter Winkel‹, 491, 32. — Ggs.: *link*.
rechtfertigen, V. ›verbessern‹; 512, 12.
reciprocatio, l. ›Wechselseitigkeit‹; 438, 13.
reduzieren, V., aus lat. *reducere* ›zurückführen‹. ›reduzieren, ver-

mindern, verringern; Brüche kürzen‹; 379, 35; 444, 19; 450, 3; 485, 19; 490, 12; 498, 21; 503, 31.

register, *das.* ›Register, Inhaltsverzeichnis‹; 350, 2; 379, 5; 387, 5; 410, 37.

regula/regel, l./dt. ›Rechenvorschrift, Regel‹; 348, 7; 352, 14; 359, 23; 363, 12; 370, 27; 387, 5; 392, 4; 401, 15; 404, 12; 410, 34; 419, 22; 423, 25; 457, 17; 467, 11; 473, 32; 481, 18; 488, 12; 500, 34. — *gulden r.* 401, 18; 404, 16; *meinung der r.* 417, 21; *r. der rechnung* 349, 1; *regula alligationis* 462, 8; *regula aequalitatis* 425, 28; *regula augmenti* 428, 6; *regula a. et decrementi* 429, 1; *regula bona* 438, 21; *regula collectionis* 434, 23; *regula cosse* 488, 13; *regula cubica* 437, 19; *regula detri* 404, 19; 405, 29; 410, 36; 475, 37; *regula detri conversa* 419, 21; *regula divisionis* 389, 35; *regula excessus* 434, 1; *regula falsi* 488, 11; *regula fusti* 417, 24; *regula inventionis* 405, 24; 409, 27; *regula legis* 426, 24; 459, 15; *regula ligar* 422, 9; *regula lucri* 440, 3; *regula pagamenti* 405, 24; 461, 8; *regula plurima* 430, 4; *regula positionis* 423, 24; 457, 17; *regula proportionum* 401, 19; 404, 21; 405, 29; *regula pulchra* 418, 24; 424, 31; 431, 1; 435, 11; *regula quadrata* 436, 21; *regula reciprocationis* 438, 13; *regula residui* 433, 4; *regula resolutionis* 405, 23; 405, 27; *regula sententiarum* 431, 20; *regula suppositionis* 432, 17; *regula transversa* 420, 24. — Bdv.: *anweisung.*

res, l. ›Sache, Gut, Ware‹; 351, 10.

residuum, l. ›Rest‹; 433, 4.

retormieren, V. ›Kehrwert bilden‹; 411, 10.

reuter, *der.* ›Reiter, Berittener‹; 452, 24. — Bdv.: *gereisiger.*

richten, V. ›ausrichten, orientieren‹; 377, 5.

roggen, *der.* ›Roggen‹; 419, 26.

rok, *der.* ›Rock, Überkleid‹; 451, 5; 452, 1.

rotund, *die.* ›Rundung, Kreis; auch: rund‹; 456, 14; 456, 29; 500, 18; 504, 13.

rucken, V. ›verrücken‹; 365, 10; 375, 5.

s

sache, *die.* ›Fall, Gegebenheit‹; 357, 18; 376, 1; 394, 4; 406, 13.

safran, *der.* ›Safran‹; 352, 7; 414, 12; 414, 15; 414, 17; 414, 19; 418, 11; 422, 14; 424, 3; 475, 29; 476, 28.

sagen, V. ›angeben, erzählen, darstellen‹; 388, 38; 392, 27; 395, 23; 429, 4; 430, 12; 491, 4.

sagitta, l. ›Kreissehne‹; 500, 15.

sai, ?, aus bair. *saiga* ›Silbermünze‹. ›Silbermünze (W)‹; 470, 19.

sak, *der.* ›Sack‹; 412, 10; 413, 28; 415, 2; 429, 9.

sam, Adv. ›gleich‹; 469, 20.

samlung, *die.* ›Addition‹; 370, 30; 370, 37. — Bdv.: *additio.* Ggs.: *subtractio.*

sammen, V. ›zusammenzählen‹; 370, 3.

samt, *der.* ›Samt‹; 426, 1.

satzung, *die.* ›Setzen, Eintragen‹; 351, 8; 384, 7.

saum, *der.* ›Tuchlänge, Saum (ME)‹; 416, 25.

scalenon, l., aus gr. *skalenos* ›ungleichseitig‹. ›ungleichseitiges Dreieck‹; 492, 30.

schade, *der.* ›Schaden, Nachteil‹; 427, 5.

schaf, *das.* ›Schaf‹; 448, 9; 463, 15.

schale, *die.* ›Schale‹; 454, 20; 454, 29.

schatten, *der.* ›Schatten‹; 507, 36; 508, 21.

schatzen, V. ›schätzen‹; 477, 16; 488, 17.

schaz, *der.* ›Schatz, gespartes Geld‹; 450, 25.

scheffel, *der.* ›Scheffel (ME)‹; 419, 25; 446, 16; 462, 15.

scheiben, V. ›biegen‹; 491, 29; 506, 8.

scheiden, V. ›scheiden, trennen; auseinandergehen‹; 511, 11.
scheinbärlich, Adj. ›lichttragend, hell‹; 348, 14.
schenken, V. ›aus-, verschenken‹; 450, 9; 459, 10.
scherpes, ?. ›Korallen‹; 459, 20.
scheube, *die.* ›Scheibe‹; 506, 37.
schicken, V. ›(mit einem Auftrag) schicken‹; 458, 33; 483, 6; 511, 33.
schickung, *die.* ›Beschickung des Schmelzofens‹; 465, 6; 465, 20.
schiene, *die.* ›Schiene‹; 409, 18.
schif, *das.* ›Schiff‹; 448, 16; 510, 14.
schifman, *der.* ›Schiffsmann, Bootsführer‹; 481, 20.
schild, *das.* ›Schild‹; 501, 30.
schilling, *der.* ›Schilling (W)‹; 356, 21; 406, 6; 411, 26; 412, 11; 414, 14; 416, 16; 460, 29; 464, 13; 470, 28; 474, 11; 475, 28; 478, 10.
schimpflich, Adj. ›rechtschaffen, ordentlich‹; 352, 33; 511, 5.
schlag, *der.* ›Schlag‹; 510, 10.
schlagen, V. ›schlagen; aufeinandertreffen, angeboten werden‹; 423, 6; 466, 15; 466, 23; 466, 24; 466, 33; 475, 3; 511, 15. — *münze schl.* ›Münzen prägen‹, 466, 10.
schlagschaz, *der.* ›Metall zum Prägen‹; 466, 13; 466, 34.
schlecht, Adj. ›schlicht, einfach‹; 352, 3; 379, 19; 379, 35; 395, 25.
schlechtbericht, Adj. ›einfach, kurz‹; 511, 5.
schmied, *die.* ›Schmiede‹; 405, 31.
schneider, *der.* ›Schneider‹; 451, 4.
schnur, *die.* ›Schnur, Band‹; 508, 34.
schon, Adj. ›schön‹; 430, 11; 501, 22.
schränken, V. ›öffnen‹; 509, 18.
schreiben, V. ›schreiben, gestalten‹; 353, 8; 353, 12; 359, 1; 384, 13; 393, 5; 405, 7; 450, 3; 477, 35; 501, 19. — *oben geschrieben* ›vorher erwähnt‹, 478, 19; 486, 24.
schreibung, *die.* ›Schreiben, Eintragen‹; 351, 9.
schriftlich, Adj. ›schriftlich, graphisch‹; 379, 6.
schuh, *der.* ›Schuh (auch ME)‹; 436, 30; 437, 29; 448, 28; 450, 17; 456, 13; 503, 25.
schuld, *die.* ›Schuld‹; 444, 16.
schuldig, Adj. ›schuldig‹; 441, 21; 444, 17; 451, 16.
schuldiger, *der.* ›Schuldiger‹; 444, 24.
schutten, V. ›schütten‹; 446, 18.
schwanger, Adj. ›schwanger‹; 453, 12.
schwanz, *der.* ›Schwanz eines Tieres‹; 457, 30.
schwer, Adj. ›schwer (an Gewicht)‹; 419, 26; 437, 33; 453, 28; 509, 31.
se, *die.* ›die See, Meer‹; 481, 19. — Bdv.: *mer (das).*
secanda, ?, aus lat. *secāre* ›schneiden‹(?). ›(zerschnittene, zerlegte?) Korallen‹; 459, 21.
segel, *das.* ›Segel‹; 448, 19.
sehen, V. ›erkennen‹; 354, 8; 424, 28.
seide, *die.* ›Seide‹; 416, 19; 475, 21; 476, 7.
seife, *die.* ›Seife‹; 352, 8; 415, 19.
seiger, *der.* ›Uhr‹; 511, 14.
seite, *die.* ›Seite (einer geometrischen Figur); seltener: Kante eines Körpers‹; 430, 6; 437, 21; 437, 26; 492, 1; 492, 22; 496, 9; 496, 27; 504, 12; 507, 9.
seländisch, Adj. ›aus Seeland, einer Provinz in den Niederlanden?‹; 416, 12.
seltsam, Adj. ›besonders‹; 352, 6.
semicirculus, l. ›Halbkreis‹; 492, 14.
semitonium, l. ›Halbton‹; 399, 37.
sententia, l. ›Meinung, Bedeutung‹; 431, 20.
septangel, *der.* ›Siebeneck‹; 504, 32.
setzen, V. ›etw. an einen Ort tun, setzen, eine Zahl an eine bestimmte Stelle setzen, eine Gleichung/Formel aufsetzen; Ware beim Stich ansetzen‹; 351, 34; 353, 12; 355, 19; 359, 21; 379, 3; 385, 21; 390, 9; 398, 5; 398, 9; 402,

dierung, additio, samlung.
subtrahieren, V., aus lat. *subtrahere* ›entfernen‹. ›abziehen, subtrahieren‹; 350, 16; 355, 2; 355, 21; 356, 1; 380, 6; 388, 11; 390, 19; 399, 23; 443, 16; 469, 28; 478, 38; 486, 2; 504, 37. — *etw. von etw. s.* 477, 17. — Bdv.: *abnemen, abziehen, nemen, wegnemen.* Ggs.: *addieren, summieren, zusammengeben, zusammentun.*
subtrahierung, *die.* ›Subtraktion‹; 355, 28. — Bdv.: *subtractio.* Ggs.: *additio.*
suchen, V. ›suchen, berechnen‹; 375, 8; 387, 11; 388, 12; 409, 36; 431, 26; 438, 14; 495, 17; 501, 34; 511, 30. — Ggs.: *finden.*
suchung, *die.* ›Suchen‹; 378, 8.
sumer, *der*, aus mhd. *sumber* ›Korb‹. ›dichtgeflochtener Korb (ME)‹; 481, 22.
summe, *die.* ›Summe, Anzahl; Summe als Ergebnis der Addition‹; 354, 3; 363, 24; 370, 5; 385, 17; 411, 31; 417, 29; 439, 9; 443, 21; 462, 1; 476, 15; 478, 16; 483, 12; 485, 30; 496, 31; 511, 9.
summieren, V. ›summieren, addieren‹; 350, 14; 354, 9; 385, 17; 402, 22; 467, 20; 469, 21; 478, 4; 480, 36; 483, 11; 487, 34. — *etw. zusammen s.* 454, 25; 472, 24; 479, 20; *etw. zueinander s.* 472, 25. — Bdv.: *addieren.* Ggs.: *subtrahieren.*
sun, *der.* ›Sohn‹; 453, 7.
sunder, Adj. ›besonder‹; 392, 12.
sunderheit, *die.* ›Besonderheit, Achtung‹; 350, 22; 363, 10; 383, 4; 405, 6; 410, 38; 426, 8; 452, 17; 455, 36; 474, 1.
sunderlich, Adj. ›besonders‹; 350, 35; 355, 4; 374, 11; 401, 20. — *s. probe* 355, 9.
superficialis, l. ›die Ober-, Fläche betreffend‹; 371, 26; 495, 9; 496, 27.
superficies, l. ›Ober-, Fläche‹; 371, 20; 491, 15; 491, 19; 492, 6. — Bdv.: *fläche.*
superparticularis, l. ›eine Zahl und einen weiteren Teil derselben enthaltend‹; 392, 35.
superpartiens, l. ›das Vielfache einer Zahl und einen weiteren Teil derselben enthaltend‹; 392, 35.
suppositio, l. ›Unterlegung, -schiebung‹; 432, 17.

t

tafel, *die.* ›Tafel, Schema; Seitenfläche eines geometrischen Körpers‹; 359, 17; 384, 12; 437, 26.
taft, *der*, aus it. *taffeta* ›eine Art Gewand‹. ›Stoff aus Seide‹; 426, 1.
tag, *der.* ›Tag (ME)‹; 420, 12; 420, 14; 420, 23; 441, 15; 443, 31; 451, 5; 451, 12; 455, 19; 480, 2; 511, 15.
täuschen, V. ›täuschen, betrügen‹; 475, 8. — Bdv.: *betrügen.*
tausent, Num. ›tausent‹; 353, 16; 377, 5; 442, 34.
teil, *der.* ›Teil (des Buches, einer Zahl), Kapitel‹; 350, 3; 350, 10; 379, 1; 381, 25; 402, 24; 432, 14; 444, 19; 446, 19; 456, 31; 460, 15; 476, 14; 478, 4; 485, 14; 487, 29; 491, 16; 494, 7; 496, 33; 502, 26; 511, 22. — *h. teil* ›Hälfte‹, 434, 3; *gebrochener t.* ›Bruchzahl‹, 351, 1. — Bdv.: *capitel, pars, part.*
teilen, V. ›teilen; dividieren‹; 350, 18; 364, 2; 366, 5; 394, 4; 435, 18; 439, 22; 476, 15; 478, 18; 481, 16; 483, 10; 483, 39; 485, 11; 491, 17; 511, 37. — *t. unter* ›unter, (zwischen Personen) aufteilen, verteilen‹, 438, 32; *etw. durch etw. t.* 476, 32; *etw. in etw. t.* 382, 3; 510, 7; *etw. mit etw. t.* 421, 4. — Bdv.: *dividieren.* Ggs.: *multiplizieren.*
teiler, *der.* ›Teiler, Divisor‹; 481, 25; 484, 27.
teilhaftig, Adj. ›anteil habend‹; 491, 27. — Ggs.: *unteilhaftig.*
teilung, *die.* ›(Auf-)Teilung; Division‹; 358, 14; 365, 16; 392, 1; 398, 15; 429, 4; 439, 8; 461, 14; 486, 24; 488, 31. — Bdv.: *divisio.* Ggs.: *multipli-*

katio(n).
teuer, Adj. ›teuer, kostspielig‹; 430, 13; 470, 28; 484, 22.
tief, Adj. ›tief‹; 506, 37. — Ggs.: *hoch*.
tiefe, *die*. ›Dicke‹; 491, 22. — Bdv.: *dicke*.
tiegel, *der*. ›Schmelztiegel‹; 465, 6.
tier, *das*. ›Tier‹; 463, 16.
tisch, *der*. ›Rechen-, Tisch‹; 384, 12.
tochter, *die*. ›Tochter‹; 445, 13; 446, 9; 453, 15.
tollet, *die*, aus lat. *tabula* ›Hilfstafel‹. ›Multiplikation und Division in benannten Zahlen mittels Zerfällung‹; 350, 11; 351, 6; 384, 4.
tonne, *die*. ›Tonne, Faß (ME)‹; 449, 3.
tonus, l. ›Sekunde (Musikintervall)‹; 399, 10.
totbet, *das*. ›Sterbebett‹; 452, 33.
tragen, V. ›tragen‹; 421, 7; 474, 19; 511, 6.
transversus, l. ›querliegend‹; 420, 24.
trapeseta, ? l., aus gr. *trapezion* ›Trapez‹. ›Trapez‹; 493, 18. — Bdv.: *helmuaripha*.
treffen, V. ›antreffen, erlangen‹; 414, 10. — *gewinst t.* 414, 10.
treiben, V. ›betreiben‹; 460, 21.
treilung, *die*. ›Dreiteilung‹; 350, 5.
triangel, *der*, aus lat. *triangulus* ›dreiwinklig‹. ›Dreieck‹; 360, 2; 494, 4; 495, 33; 496, 26; 501, 13; 503, 5; 508, 36.
triplat, *das*. ›Ergebnis einer Multiplikation mit 3 ‹; 377, 11; 488, 7.
triplieren, V., aus lat. *triplāre* ›dreifach machen‹. ›verdreifachen, mit 3 multiplizieren‹; 362, 16; 371, 7; 395, 32; 399, 20; 402, 35; 426, 31; 435, 8; 487, 26; 488, 7.
tuch, *das*. ›Tuch, Stück Stoff (auch ME)‹; 406, 2; 408, 12; 416, 25; 420, 4; 443, 11; 475, 4; 475, 13; 476, 6; 476, 18; 476, 35.
tugendhaftig, Adj. ›gut, angemessen, ordentlich‹; 351, 4.
tun, V. ›hineintun‹; 422, 18; 490, 9. — Bdv.: *mischen*.
turm, *der*. ›Turm‹; 455, 34; 456, 32; 508, 20.

u

üben, V. ›üben‹; 384, 5; 490, 4; 511, 4.
überbleiben, V. ›übrigbleiben, als Rest bleiben‹; 369, 6; 376, 21; 406, 16; 453, 10; 460, 8.
übereintreffen, V. ›übereinstimmen‹; 432, 15.
überig, Adj. ›übrig‹; 359, 5; 419, 4; 446, 12; 453, 2; 465, 27; 488, 22.
überlänge, *die*. ›überflüssige Länge‹; 509, 2.
überlid, *das*. ›Deckel‹; 453, 27.
übersatzung, *die*. ›Übervorteilung‹; 404, 8.
überschlagen, V. ›umrechnen‹; 478, 37; 480, 32.
übersetzen, V. ›(den Stich) zu hoch ansetzen‹; 475, 15; 477, 21. — Bdv.: *überstechen*.
übersich, Adv. ›darüber‹; 402, 24.
überstechen, V. ›(den Stich) zu hoch an setzen‹; 477, 17. — Bdv.: *übersetzen*.
übertreten, V. ›übertreffen, größer sein‹; 389, 20; 392, 11; 392, 17; 404, 17.
übertretung, *die*. ›Reihe; Wachstumsfaktor (bei geometrischen Reihen)‹; 370, 4; 371, 1; 389, 29; 434, 2.
überwachsung, *die*. ›Reihe‹; 370, 14; 370, 31.
übung, *die*. ›Übung‹; 350, 14; 405, 32; 488, 16; 488, 32.
umfangen, V. ›umfassen‹; 504, 28.
umgeben, V. ›umgeben‹; 492, 7.
umgehen, V. ›sich umdrehen‹; 450, 19; 450, 22.
umkommen, V. ›herumgehen, ablaufen‹; 478, 26.
umkreis, *der*. ›Umkreis, Kreislinie, Kreisumfang‹; 365, 20; 450, 21; 498,

8; 508, 2. — Bdv.: *circumferentia/zia*.

umlauf, *der*. ›Galerie auf einem Turm‹; 509, 9.

umschreiben, V. ›umgeben‹; 492, 25.

umwenden, V. ›umdrehen, einen Bruch umkehren‹; 393, 14.

unaussprechlich, Adj. ›unaussprechlich, unsagbar‹; 352, 12.

unbegreiflich, Adj. ›schwierig, kaum verstehbar, einsehbar‹; 348, 11.

unbekant, Adj. ›unbekannt, gesucht‹; 404, 20. — Ggs.: *bekant*.

unbetrogen, Adj. ›unbetrogen, unangefochten‹; 404, 6.

unbeweglich, Adj. ›unbeweglich, fest‹; 491, 13.

unendlich, Adj. ›unendlich‹; 371, 10; 373, 9; 394, 6; 491, 26; 494, 13.

ungerade, Adj. ›ungerade (von Zahlen)‹; 358, 17; 395, 7. — *u. zal* 370, 8. — Ggs.: *gerade*.

ungeradigkeit, *die*. ›Ungeradheit‹; 377, 4. — Ggs.: *geradigkeit*.

ungeteilt, Adj. ›ungeteilt‹; 358, 19.

ungleich, Adj. ›ungleich, verschieden‹; 382, 14; 389, 33; 439, 11; 492, 15. — Ggs.: *gleich*.

unmeslich, Adj. ›unmeßbar, unsagbar‹; 374, 11.

unmuglich, Adj. ›unmöglich, nicht durchführbar‹; 389, 35.

unrein, Adj. ›unrein, vermischt‹; 417, 25; 418, 13. — Bdv.: *fusti*. Ggs.: *lauter*.

unschlit, *der*. ›Unschlitt‹; 415, 24.

unteilhaftig, Adj. ›unteilbar‹; 491, 24. — Ggs.: *teilhaftig*.

unter, Adj. ›unterer‹; 355, 25; 382, 27.

untereinander, Adv. ›untereinander‹; 363, 3; 481, 4; 489, 24.

unterkäufel, *der*. ›Unterhändler, Zwischenkäufer‹; 445, 3.

unterrichten, V. ›unterrichten, lehren‹; 351, 2; 398, 28; 456, 30. — Bdv.: *leren, lernen, unterweisen, weisen*.

unterrichtung, *die*. ›Anweisung‹; 461, 19.

untersatzung, *die*. ›unter etw. Setzen‹; 406, 34.

unterscheid, *der*. ›Unterschied, Differenz‹; 350, 21; 353, 9; 362, 7; 379, 8; 383, 3; 403, 6; 434, 5; 491, 7. — Bdv.: *differentia/zia*.

unterscheiden, V. ›unterscheiden, trennen‹; 382, 5.

unterweisen, V. ›unterrichten‹; 353, 7; 355, 27; 404, 5; 461, 20; 477, 37; 491, 5. — Bdv.: *leren, lernen, unterrichten, weisen*.

unvolkommen, Adj. ›unvollkommen, lückenhaft‹; 348, 19.

unwislich, Adj. ›unbekannt‹; 484, 19.

unwissenheit, *die*. ›Unwissenheit, -kenntnis, Naivität‹; 404, 7; 491, 12.

unze, *die*. ›Unze (ME)‹; 385, 19; 406, 8; 454, 13; 454, 22; 464, 6; 467, 27; 468, 9; 469, 24; 471, 20; 471, 24; 501, 17; 505, 7.

ursprunglich, Adj. ›grundsätzlich‹; 396, 3; 491, 7; 494, 15.

V

vater, *der*. ›Vater‹; 452, 33.

ver- s. auch *für-, vor-*.

verbergen, V. ›in etw. stecken, enthalten sein‹; 374, 12; 376, 14.

verdrossen, Adj. ›unzufrieden, frustriert, entmutigt‹; 348, 11.

vereinen, V. ›vereinen, verbinden‹; 372, 5; 373, 13; 392, 10; 392, 16.

verfolgen, V. ›(eine Sache) verfolgen, (sich über etw.) auslassen‹; 351, 19; 353, 1; 410, 35.

verfüren, V. ›ausführen‹; 348, 7; 431, 2.

verfürung, *die*. ›Ausführung, Darstellung‹; 359, 18.

vergleichen, V. ›vergleichen‹; 372, 15; 392, 38; 425, 29. — *sich in etw. zusammen v.* ›sich verhalten‹, 401, 27.

vergleichnis, *das*. ›Proportion, Verhältnis‹; 372, 23; 392, 41. — Bdv.:

proportio(n).
vergleichung, *die.* ›Proportion, Verhältnis‹; 396, 4.
verhalten, V. ›enthalten‹; 393, 2; 397, 12.
verkaufen, vorkaufen, V. ›verkaufen‹; 412, 16; 419, 1; 433, 11; 443, 12; 449, 4; 463, 29; 487, 30. — Ggs.: *kaufen.*
verkeren, vorkeren, V. ›umwenden, -stellen, entgegengesetzte Handlung ausführen‹; 411, 10; 420, 5.
verkerung, *die.* ›Umdrehung‹; 426, 28. — *v. der zal* ›Umdrehung, Gegenbruch‹, 436, 16.
verkiesen, V. ›anklagen‹; 439, 13.
verklären, V. ›erklären‹; 383, 4.
verläutern, V. ›erläutern‹; 383, 4.
verlieren, V. ›verlieren‹; 433, 12; 438, 31; 439, 31; 449, 5. — Ggs.: *gewinnen.*
verlust, vorlust, *der.* ›Verlust‹; 444, 6; 484, 3. — *v. an etw.* 414, 2. — Ggs.: *gewin.*
vermerken, V. ›anmerken, darstellen‹; 352, 13; 352, 28.
vernemen, vornemen, V. ›bemerken, betrachten, feststellen‹; 348, 7; 397, 11; 398, 4; 410, 38; 456, 28; 465, 26; 497, 33; 499, 21.
vernunft, *die.* ›Verstand, Auffassungsvermögen, Vorbildung‹; 398, 3. — *geringe v.* 348, 31; *mittlere v.* 403, 14.
verschliessen, V. ›in sich enthalten‹; 376, 10; 397, 3.
verspielen, V. ›verspielen, beim Spiel verlieren‹; 439, 29.
verständigkeit, vorständigkeit, *die.* ›Wissen, Verstehen‹; 392, 5; 512, 8. — Bdv.: *wissenheit.*
verständnis, *das.* ›Verstehen‹; 350, 28; 371, 11.
verstehen, V. ›verstehen‹; 392, 6; 394, 14. — Bdv.: *begreifen.*
verzelen, V. ›erzählen, darstellen‹; 392, 13; 404, 26; 477, 37.
verzeren, V. ›verzehren, an Nahrungsmitteln verbrauchen‹; 419, 2; 450, 14.
vielleicht, Adv.. ›vielleicht, etwa‹; 410, 38.
vierecket, Adj. ›viereckig‹; 437, 29; 456, 2; 456, 13; 493, 5.
vieren, V. ›quadrieren‹; 371, 33; 371, 34. — *gevierte zal* ›Quadratzahl‹, 376, 1.
vierlei, Adj. ›viererlei, vier verschiedene‹; 413, 11.
vierseitig, Adj. ›vierseitig‹; 492, 21.
vol, Adj. ›voll, gefüllt‹; 447, 14. — Ggs.: *hol, ler.*
volbringen, V. ›vollbringen, ausführen‹; 453, 18.
volk, *das.* ›Volk, Menschheit‹; 348, 10. — *gemein v.* ›nicht Gebildete, Geistliche‹, 348, 10.
volkommen, Adj. ›vollkommen, fehlerfrei‹; 512, 10.
vor- s. auch *für-, ver-.*
vorändern, V. ›verändern‹; 465, 18.
vordienen, V. ›verdienen‹; 429, 19; 451, 10.
vordries, *der.* ›Verdruß, Ärger‹; 405, 8.
vorenden, V. ›zu Ende bringen‹; 490, 13; 511, 2.
vorfechten, V. ›kämpfen, etw. verteidigen, schützen‹; 404, 9.
vorgeben, V. ›angeben‹; 405, 4.
vorgehen, V. ›vergehen‹; 440, 11; 479, 30.
vorgleichnis, *das.* ›Vergleichung, Gegenüberstellung‹; 436, 15.
vorhalten, V. ›einprägen, merken‹; 423, 27.
vorhindernis, *das.* ›Hindernis, Erschwernis‹; 405, 9.
vorig, Adj. ›letzter, zuvor gehabt‹; 470, 4.
vorkauf, *der.* ›Verkauf, -sakt‹; 404, 13. — Ggs.: *kauf.*
vorklärung, *die.* ›Erklärung, Veranschaulichung‹; 488, 33.
vorlegen, V. ›vorgeben‹; 401, 19; 402, 30.

vormeinen, V. ›meinen, im Sinn haben‹; 432, 20.
vormugen, *das.* ›Vermögen, Können‹; 417, 22; 486, 28.
vornemlich, fürnemlich, Adj. ›wichtig, besonder‹; 350, 4; 351, 18.
vorsehung, *die.* ›Versehen‹; 512, 10.
vorstechen, V. ›am Stich anbieten‹; 476, 30.
vorstehen, V. ›verstehen, einsehen, kapieren‹; 404, 9; 431, 24.
vorwandeln, V. ›verändern, umändern, tauschen‹; 450, 1.
vorweser, *der.* ›Verwalter‹; 483, 6.
vorwilligen, V. ›zugestehen, bewilligen‹; 429, 25.
vorzeichen, V. ›aufzeichnen‹; 426, 19; 472, 22.

w

wachs, *das.* ›Wachs‹; 415, 16; 437, 25; 463, 28; 483, 7; 509, 29; 509, 36.
wachsen, V. ›wachsen, größer werden, sich vermehren‹; 370, 6; 402, 24. — Bdv.: *steigen.*
wage, *die.* ›Waage, Gewicht‹; 437, 2; 457, 28.
ware, *die.* ›Ware‹; 352, 5; 352, 6; 410, 36; 417, 18; 428, 12; 474, 29.
warhaftig, Adj. ›wahrhaftig, richtig‹; 488, 15.
warheit, *die.* ›richtige Lösung‹; 488, 20; 488, 23; 490, 8.
warten, V. ›abwarten, (auf ein Ergebnis) warten‹; 414, 4; 424, 22; 433, 19; 478, 28; 479, 13; 483, 26.
wasser, *das.* ›Wasser, Flüssigkeit‹; 447, 14; 456, 32; 506, 22.
wechsel, *der.* ›Wechselgeschäft‹; 352, 8; 460, 4.
wechselbank, *die.* ›Wechselbank, -geschäft‹; 405, 26; 442, 5.
wechseler, *der.* ›(Geld-)Wechsler‹; 442, 6; 460, 5; 461, 17.
wechseln, V. ›(Geld) wechseln‹; 461, 17.
wegen, V. ›wiegen‹; 449, 12.
wegnemen, V. ›abziehen; vorwegnehmen‹; 355, 6; 377, 9; 491, 11. — Bdv.: *subtrahieren.* Ggs.: *addieren.*
wein, *der.* ›Wein‹; 352, 8; 427, 1; 427, 20; 458, 32; 484, 18; 511, 34.
weinbere, *die.* ›Traube‹; 415, 5; 415, 8.
weinkeller, *der.* ›Weinkeller‹; 512, 1.
weise, *die.* ›Art, Weise‹; 350, 11; 353, 5; 363, 26; 374, 16; 376, 3; 473, 22; 493, 21; 497, 31; 506, 6. — Bdv.: *art, form.*
weisen, V. ›zeigen, darlegen, unterrichten‹; 427, 12; 463, 12; 495, 1; 504, 40. — Bdv.: *leren, lernen, unterrichten, unterweisen.*
weit, Adj. ›weit, breit‹; 371, 19; 375, 4; 437, 32; 494, 18; 497, 3; 502, 21; 503, 23; 506, 14. — *w. winkel* ›gestreckter, stumpfer Winkel‹, 491, 32; 492, 5. — Ggs.: *eng.*
weite, *die.* ›Weite, Öffnung‹; 509, 21.
weithaft, *die.* ›Weite, Umfang‹; 503, 30.
wenden, V. ›verändern, umrechnen‹; 450, 4. — Bdv.: *keren.*
weniger, Adv. ›weniger, minus‹; 488, 23. — Bdv.: *minus.* Ggs.: *mer, plus.*
werden, V. ›werden, als Ergebnis herauskommen‹; 402, 41. — Bdv.: *kommen.*
werfen, V. ›werfen‹; 439, 28.
werk, *das.* ›Werk, Arbeit; Buch‹; 351, 18; 354, 10; 371, 14; 392, 4; 490, 13.
wert, Adj. ›wert, -voll‹; 437, 34.
wert, *der.* ›Wert, Preis‹; 351, 10; 384, 8; 419, 26; 437, 23; 452, 5; 470, 22; 484, 28.
wesen, *das.* ›Zustand, Art‹; 465, 6.
wiegen, V. ›wiegen, schwer sein‹; 415, 20; 449, 24; 459, 21; 473, 3; 509, 32.
wiegen, V. ›etw. wiegen‹; 457, 28.
wiese, *die.* ›Wiese‹; 420, 12; 507, 35.
wille, *der.* ›Willen, Einstellung‹; 421, 33; 453, 1.
wind, *der.* ›Wind, Brise‹; 448, 21.

y

z

ziemlich, Adj. ›angemessen‹; 351, 5.
zimmer, *das.* ›Zimmer?‹; 417, 15.
zimtrinde, *die.* ›Zimtrinde, -stange‹; 428, 15.
zin, *das.* ›Zinn‹; 416, 1; 449, 20; 474, 14.
zmasch, ?, aus mhd. *sœmisch* ›fettgar‹. ›auf sämische Art gegerbte Felle, feine Lammfelle‹; 417, 16.
zobel, *der.* ›Zobelpelz‹; 417, 14.
zol, *der.* ›Zoll‹; 416, 27; 449, 22; 452, 10; 452, 13.
zolner, *der.* ›Zöllner‹; 452, 14.
zuber, *der.* ›Zuber (ME)‹; 417, 8; 494, 17.
zucker, *der.* ›Zucker‹; 483, 7.
zueignen, V. ›zuschreiben, geben‹; 437, 23.
zufal, *der.* ›Möglichkeit‹; 411, 1.
zufried, Adj. ›zufrieden‹; 505, 41.
zugewin, *der.* ›Zugewinn‹; 475, 19.
zunge, *die.* ›Sprache, Schrift‹; 360, 2.
zurinnen, V. ›zerrinnen, verlieren‹; 429, 11.
zusammen, Adv. ›zusammen‹; 472, 15; 478, 13. — *etw. z. addieren* 402, 18; *sich in etw. z. vergleichen* 401, 27.
zusammengeben, V. ›zusammengeben, hier: addieren‹; 354, 2. — Bdv.: *addieren.* Ggs.: *subtrahieren.*
zusammenhaltung, *die.* ›Vergleichung‹; 392, 10; 392, 17.
zusammenklauben, V. ›sammeln‹; 348, 37.
zusammenkommen, V. ›aufeinandertreffen‹; 492, 8.
zusammenlegen, V. ›zusammenlegen‹; 484, 12.
zusammentun, V. ›addieren‹; 451, 27. — Bdv.: *addieren.* Ggs.: *subtrahieren.*
zusatzung, *die.* ›Hinzusetzen‹; 351, 10.
zusaz, *der.* ›Zusatz (bei Metallen, Münzen)‹; 465, 19; 471, 13.
zusetzen, V. ›dazugeben‹; 430, 6.
zweierlei, Adj. ›zweierlei, zwei verschiedene‹; 405, 22; 464, 2.
zweifel, *der.* ›Zweifel, Bedenken, Unglaube‹; 348, 33. — Ggs.: *sicherheit.*
zwifächtigen, V. ›duplieren‹; 357, 15. — Bdv.: *duplieren.* Ggs.: *medieren.*
zwifältigen, V. ›duplieren‹; 350, 15; 380, 34. — Bdv.: *duplieren.* Ggs.: *medieren.*
zwir, Adv. ›zweimal‹; 377, 7.
zwirn, *der.* ›Zwirnfaden‹; 416, 14; 416, 17.
zwitracht, *die.* ›Streit, Auseinandersetzung‹; 429, 20.

A Dokumente zu Leben und Werk Johannes Widmanns und seiner Nachkommen

A.1 Einträge in Matrikellisten und Handschriften

A.1.1 Einträge in die Matrikel der Universität Leipzig

GEORG ERLER (1/2/3): Die Matrikel der Universität Leipzig. 3 Bände. Leipzig 1895/1897/1902 (= Codex diplomaticus Saxoniae Regiae II, 16–18).

A.1.1.1 Immatrikulation (Erler 1, 322/3)

1480 Wintersemester. 143. Rector Martin Furman von Konitz.
Anno domini [...] sunt intitulati [...] Iohannes Weideman de Egra p.

A.1.1.2 Baccalaureat (Erler 2, 276–9)

1482 Sommersemester. 146. Decan Nicolaus Metzerode von Priebus. [276] [11. September] *per quos admissi fuerunt baccalariandi subscripti numero quinquaginta sex concordi iudicio: [...]* [277] *Erasmus Frisener de Bunsidel [...] Iohannes der Egra [determinavit sub magistro Iohanne de Weydenn] [...].* [278] *Inter prescriptos baccalariandos admissos erant quatuordecim pauperes, videlicet [...] Iohannes de Egra [...], qui probaverunt eorum paupertatem iuxta statuta litteraliter necnon per viros ydoneos ac fide dignos. Ob id singuli obtinuerunt dimissionem burse pro exercicio et signeto etc.* [279]

A.1.1.3 Licentiat (Erler 2, 289)

1485 Wintersemester. 153. Decan Thomas Hertel von Iauer II. [...]. [28. Dezember] Anno, quo supra, ipso die Innocentum electi fuere per sortem examinatores magistrandorum de quatuor nationibus magistri infrascripti: [...] per quos una cum vicecancellario ante dicto subscripti magistrandi fuerunt admissi: [...] Conradus de Wimpina [incepit sub magsitro Iohanne de Spira]
Sigismundus Smitmoll [Iohanne Brant]
Iohannes de Egra [Iohanne de Werdea] [...].
Inter quos unus, scilicet Iohannes de Egra, petivit dimissionem burse et optinuit, ut satis patet etiam in libro papireo.

A.1.2 Handschriftliche Notizen in Dresden, Sächsische Landesbibliothek, C 80

A.1.2.1 Einleitung zu Abhandlung über Regula Falsi (C 80, f. 0v)

Pythagoram Samium virum summe apud grecos auctoritatis scientiam numerorum (quam postea Appulegius Boetiusque romanus latinam fecerunt) invenisse sapientissimi veterum tradiderunt. Id enim discipline genus grauissimus philosophus in vita humana perutile et necessarium arbitratus est quod sepenumero accidat homines inter se res contrahere vendendo emendo mutuando creditum soluendo hac arte tolluntur errores. hac quid cuique debeatur facile ostenditur Quam ob rem numerorum disciplinam non modo oratori sed cuique in primis saltem literis erudito necessariam censet Quintilianus. Nam in causis illa frequentissime uersari solet in quibus actor circa summas trepidat. Et si digitorum incerto atque indecoro gestu computator dissentit iudicatur indoctus Sed quanquam partes omnes scientie que de numero tractat dignis laudibus sint ornande Illa tamen multis iure anteferri debet quam regulam falsi appellant: quoniam tanta illius est exellentia tanta commoditas ut Regulis Algobre exeptis in tota arithmetica que numeralis dici potest sine alicuius dubitatione teneat principatum Que uero ista sit et quomodo cognoscatur in sequentibus late clarius apparebit (nach Wappler 1890, 149)[1].

A.1.2.2 Ankündigung einer Veranstaltung zum Linienrechnen (C 80, f. 0v)

Satis persuasum Vobis esse arbitror Ingenui adolescentes maximam utilitatem atque com(m)oditatem in omni mortalium usu prestare periciam Arithmetice tum illam eius partem maxime quam nostri regulas proiectilium Vocant A presto illo Apuleio peritissimo in omni doctrina Viro traditam. punctis primum in puluere intra linearum interualla constitutis | Deinde lapillis calculisque quibusdam minutis ex arena maris sublatis. a quo huius artis exercitatio Calculatio appellata est A posteris demum quorum curiosius ingenium fuit proiectilibus eneis | que pars eo preclarior habita est quia facilior et ad cuiusque ingenium ac(c)om(m)odatior adeo eciam ut illi quibus nulla litteratura est non mediocriter periti ex illa euadere possint tum eciam quia manifestior et ad sensum euidentior uidetur Cuius Magister Jo. W. de Eg hodie hora quarta Regulas quasdam Mercatorum dictas ad lineas cum proiectilibus applicatas resumere incipiet adeo utiles ut qui has plene norit nihil opus sit ut alias artis regulas requirat (nach Wappler 1887, 9, hier falsche Blattangabe 349v).

---

1 Die Eintragungen sind heute kaum mehr lesbar und werden daher hier nach Wappler zitiert. Die Handschrift wird jedoch zur Zeit einer Restauration unterzogen, so daß in absehbarer Zeit die Überprüfung der Transkription Wapplers am Original sinnvoll durchgeführt werden kann.

A.1.2.3 Ankündigung einer Veranstaltung über Arithmetik (C 80, f. 0v)

Mathematicas sciencias toto orbe terrarum totque seculis celeberrimas Doctissimus omnium Aristoteles preclarissimo volumine Methaphysice sue non immerito doctissimas atque ob id dignissimas inprimisque expetendas asseruit quod illis sicut ceterarum omnium rudimentis imbuti reliquas artes lucidius et facilius complecti possimus Inter quas Arithmeticam primam quidem atque precipuam esse nemo dubitat eo quod illa primas omnium rerum origines pertractat numeros videlicet quibus (ut pythagoras) constant omnia Constant inquam numeris Magnitudines ut ternario triangulus Quaternario tetragonus Ex quibus demum relique omnes magnitudines complicantur Quis denique ambigit Stellarum pererrationes Musicasque armonias aut numeris aut secundum numeros fieri Sine quo eciam (ut Boecius ait) Nec littera littere coniungitur Nec syllaba syllabe recto ordine copulatur Cuius artis compendiosum admodum atque utilissimum libellum tocius fere huius artis fundamenta complectentem. M. J. W. de eḡ hodie hora secunda celebrata baccelaureorum disputatione resumere incipiet Etsi antea ab eo summo studio interpretatus tamen quorundam huius artis cupidorum precibus permotus qui aut illum non audiuerint Aut artis huius dulcedine atque utilitate oblectati nihil in hac perperam ac sine magno fructu repeti posse arbitrati sunt (nach Wappler 1887, 10).

A.1.2.4 Ankündigung einer Veranstaltung über Algebra (C 80, f. 349v)

Et si satis superque satis Adolescentes Ingenui prioribus nostris editionibus communia atque ut ita dicam rudimenta Arithmetice pertractata sint que licet ad communes rerum usus facilem quendam supputandi modum habeant Si quid tamen in humanis negocijs ardius atque magis intricacius euenerit non illis sed altioribus quibusdam numerandi racionibus pertractandum erit quas preclarissimi quondam ac prope diuini ingenij Algobre paucis admodum Aporismatibus vt suo vocabulo vtar nobis tradidit artem sane admirandam ac inter cunctas mortalium inventiones precipuam tum propter singulares absconditosque calculandi modos. tum eo maxime quod siue de numeris siue de quibusvis rebus alijs ad numerum applicatis Enigmata difficillima ac pene inextricabilia apudque huius artis inscium impossibilia incideri(n)t Artis huius Regulis facile investigari possint Que res cum ad communem omnium utilitatem summopere conducere videbatur Quare hodie hora secunda post sermonem atque Baccelaureorum celebrata disputatione Magister Jo. W. De. Eg. Aporismata et Regulas Algobre resumpturus pro hora atque loco conuenienti cum audeturis concordabit etc. (nach Wappler 1887, 10, nach Angaben dessen auch auf 0v).

A.1.2.5 C 80 Randnotizen

Die Randnotizen bieten keine weitere Information zum Leben Widmanns. Es handelt sich hierbei meist um Notizen zu dem mathematischen Text oder um weitere Aufgaben. Einige sind abgedruckt etwa in Wappler 1899 und Kaunzner 1968.

A.1.3 Hinweise zur Algebra-Vorlesung in Leipzig, Universitätsbibliothek, Ms. 1470

A.1.3.1 Hinweis auf Vorbesprechung (Ms 1470, f. 432r)

Concordia facta auditorum In 24 Regulis algabre, et ea, quae presupponuntur, puta algorithmum In minucijs, In proporcionibus algorithmum, In additis et diminutis algorithmum, In surdis algorithmum, In applicatis, Ceteros deniquė illis finitis algorithmos, vt In datis, de duplici differencia, In probis, non ocultabit Magister Johannes de Egra Cras circa horam sextam et cetera post domici secunda feria (Wappler 1900, 7; hier nach Kaunzner 1996, 41).

A.1.3.2 Mitschrift von Vergilius Wellendarfer (Ms 1470, f. 479r–493v)

[Ende, f. 493v] *Hec Liptzennsi In Studio informata sunt a Magistro Johanne de Egra anno salutis millesimo 486 in estate In habitacione sua Burse drampicz pro fl duobus Qui faciunt 42 gr argenteos* (Wappler 1900, 7; hier nach Kaunzner 1996, 42).

A.2 Annaberger Dokumente

A.2.1 Widmann im Häuserlehnbuch des Stadtarchivs Annaberg

A.2.1.1 Erwähnung des Hauses von J. Widmann (f. 20v)

Hans Güftel verkauft Wilhelm Weiler sein Haus, das dem Haus von Magister [J.] Widmann gegenüberliegt (1501).
Hanns güfftel hat seyn hauß vnd hoff das gelegen ist beym magister wydmans haus kegen vber gelegen. recht vnd redlich, dem wilhelm weÿler verkaufft hat ym das geben vor XXXIIII gulden rh, dy ich dan wilhelm weyler dem Jobst von döln, zcu betzaln gereth. vff frist wy nach volgt, zcu dem Ersten hab ich ym XII rh bar vber betzalt Szol vnd wil ym XI fl rh vff michaelis margk schirstken auch gutlich bezcaln, vnd dy letzte XI gulden wil ich ym auch gnunglich betzaln vff den Newen Jarß marß nach volgende darauff ist Hans gufftel komen vnd solch hauß vnd hoff mit aller gerechtigkeit wy erß ynnen gehabt dem Richter auff gelaßen Szo hab ichs Richter, ampts halben dem Wilhelm Weyler, wy eß vom gufftel auff gelaßen ist, gelyhen / Actum dinstag nach vocem Jocunditatis, Anno domini primo.
Der XXXIIII gulden rheinisch hat Wilhelm Weyler an diser behausung gang und gar entlicht bezahlt und vergnuget actum freitag nach Laurencii anno domini

A.2.1.2 Verkauf eines Hauses durch J. Widmann (f. 20v/21r)

Johannes Widmann von Eger verkauft Georg Busch ein Haus (1501).
Vff montag nest nochm Sontage exaudj am tage Vrbani noch Christi vnsers herrn gebort xv vnd ersten Jars ist komen magister Johannes Wedeman vom eger vnnd mich bericht wü er seyn hauß alhie gelegen vorm steyn oder bej oswalt gelegen, recht vnnd reddelich erblichen verküfft hat Georgen posch von meissen an dato nemlich gegeben vor drej hündert rh gülden dartzü gerech die mauern wie er furmals vordinget vnnd on ? teyls verlont biß XX rh gulden die der gnante posch im an der erbeit den mawrern selbst so sie am erbten geben sal vnd die mawern so hoch vnnd lang vnnd breit verdinget ist dartzü vj rüten gebrochen steyne vf die stat zu antworten des den steynbrecher an ÿn bracht dan die der genannt posch globet zu antworten vnd inhalden wie er dem magister solde gethan han, Darczu eyn hundert steine holtz beczalt, och ain In kauff zugeben gereth vnd den ? freyer ? das beczalt ist och globet zu antworten vnd zufurdern vff erste der gnante posch das zu seynem baw haben wil alles vngeseumet vnd vngehyndert an sulchem kouffe wie wol der gnante Jorgen posch etwas gelt schuldig ist doch daß unangesehen hat Jorge posch ? furderunge dem ? magister zu antribunge syner narunge gewilliget fünfftzig rynische hynüß zügeben zwischen hie vnnd michaelis sunderlich vf corporis XXX rynische gulden das ander an den funffczig fl vnd die XX rheinisch fl zwischen hie vnnd michaelis sünder zwey hundert fl. hat der mgr gewilligt posch am ersten gelde zÜhaben vnd darnach vfm Petri Pauli uber eyn Jar sal der magister alßdeme geschicke seyn vnd gewilliget denne das ander erbegelt furder zugeben vff Jorge jarlichs zalen summa als si furmals ? [21r] synt darobin hat [?] ? posche angehanget der magister vnde etliche bettegewant ain zukauffen dartzü sich der gemelte posch etliche bette zuverkauffen erboten doch die ffünff bette ? vßgestossen, sunder die ander wo ers kouffs nit am mass eyns werden was man erkennen mag vnd güte fromme leüte erkennen, eyns gleichen kauffs yme zülassen ergangen vnd gescheen Im Jare vnnd tage oben geschreben das sie beyde also ergangen des kuntlich gewest vnd der massen zuthun gewilligt vnd geglobt. daruff der gemelte magister den gnan Jorgen posch solch erhalt hauß vfgelassen das ich als ich eyn richter ain gelegen vor sich vnnd syne erben alles nach der vergnugt.

A.2.1.3 Kauf eines Hauses durch J. Widmanns (f. 101r)

Johannes Widmann kauft ein halbes Haus von Simon Beutel (1503).

Johan Wÿdman
Simon Peuthell
Hat die helffte seines hauses alhie zwischen hansen kurschner vnd Jheronimus madgeburg vorkaufft Johannes widman vnd jme das gebn vor Sechtzigk gulden rheinsch ye XXI groschen vor I gulden, gelegen in der kirch gassen der gestalt wie Simon Peuthell zwischen hie vnnd ostern vber ein Jare Johannes Widman die LX fl wider vberreicht. So sall Johannes Widmans der helfft wider abtretten, wuo aber Simon peuthell das zuthun auff angezeigte Zeit niht vormag Alßdann sall vnnd mag Johannes Widmann, Simon Peuthell noch LX fl hin-

auß geben damit er solch behaußung gar zu sich brenge Hirauff hat gedachter Simon Peuthell solch helfft mit aller gerechtigkeit wie ers innengehabt auffgelaßen. dys ich richter derer zeit an stadt meiner gnädiger herren Johannes Wydmann mit solch gebure gelihen doch vorung vor pfandt an schadt Actum zu vigilia omnium sanctorum Anno domini ?.

Johannes Widmann erwirbt das Haus von Simon Beutel (1504).

Eß hat Johannes Wideman Obermeldten Symon Bewtel zusampt den vorigen bezalten LX gulden Rh vff die andere helfft abermals XXX fl Rh beczalt, der gestalt wie im Symon Bewthel die selben XXX fl vff pfingsten schirst komend nicht widerumb beczalen werde. Alßdann soll jm Johannes widemann vollendt XXX fl hinauß beczalen vnd jm dornach Symon Bewthel der behawsung frey abtretten vnd jm die gar zuschreiben vnd volgen lassen ane widerred. Actum am dinstag nocti apellonie virgine Anno domini quarto

A.2.1.4 Erwähnung eines Hauses von J. Widmann (f. 120v)

bey magister wydmans haus [...] Ist komen magister Johannes Wedeman von egra.

A.2.1.5 Kauf eines Hauses (f. 131v)

Johannes Widmann kauft Haus und Hof von Simon Beutel (1504).
Symon Bewtler
hat sein hauß vnnd hoff alhie vff Sand Annaperg. jn der Kirch strassen, Zwyschen Jheronimus Meidenburg vnd meister Hannsen kerßners hewßern gelegen recht vnd redlich mit aller gerechtigkeit vorkaufft Johannes Widemann, Vnnd hat jme das mitsampt dem Newen gepew So Johannes Wideman dem ersten contract noch darein vorpawt vmb Hundert LXXXX gulden rh gegeben Welhe Summa er Johannes Wideman benanten Symon Bewtel vor vns Johann vom El? die zeit Richter gar vnd genzlich vorgnugt vnd bezalt hat, Welhe Behawßung Symon Bewtel vor mir Richtern mit aller gerechtigkeit fur sich vnnd sein erben frey aufgelassen vnd sich derselbigen vnd aller gerechtigliche so er daran gehabt hat gar vnd genczlich vorczigen auch benanten Widmann der obgerurten Summa frey quidt ledig vnd loß gesagt Welche Behawsung jch richter von m. g. h. wegen mit solcher gerechtigkeit benanten wideman vorlihen habe bekenne. Actum am dinstag noch Margarethe Anno domini quarto

A.2.1.6 Vereinbarung über bauliche Veränderungen (f. 159r)

Johann Widman von Eger und Fritz Lingke treffen ein Abkommen über eine Mauer (1500).

haben magister Johan Widman von Eger vnnd fritz lingke eine vereinigung irer beider hofstet halbn getroffen, der meynunge das fritz lingke dem magister vff seinen rawme die mawer zu setzen vorgonst dieselbige mawer sie dann zugleich fritz linglke ader were seine behawsunge Innenhat des gleichen des magisters gebrauchen. Des haben sie In stadtbuch zu zeichen erbetten.

A.2.2 J. Widmann und seine Nachkommen in Annaberger Chroniken

PAUL JENISCH: *Annæbergæ Misniæ Vrbis Historia.* Dresden 1605. Zusammengestellt und bearbeitet von Helmut und Reinhart Unger. Herausgegeben vom Erzgebirgsmuseum Annaberg-Buchholz. Leipzig 1994.

Erwähnt werden Personen mit dem Nachnamen WIDMANN auf den Seiten der Edition 85-7, 146, 153, 157, 239, 259.
Der Baumeister des Rathauses ist Johann Widmann gewesen. [86/7]
verstarb [...] kurz darauf [1552] Johann Widmann der Ältere. [239]
Hans Widmann, ein alter verlebter Ratsherr, starb den 18. November [1591]. [259]

GEORG ARNOLD: *Chronicon Annæbergense continuatum. [...] Hiebevorn durch [...] Paulum Ienisisum [...] biß auffs 1604 Jahr in Latein beschrieben. Nunmehr dato an, biß uffs 1658 Jahr [...] in deutsche Sprach versetzet.* Manuskript Annaberg 1658; gedruckt 1812 durch Friedrich Wilhelm Ludwig Hasper. [Neudruck Stuttgart 1992]

Der newe Gottesacker. [...] Vor der Zeit sind daselbst feine Obstgärten gestanden, die hat ein Rath umb gebührlich Geld von Johann Wiedemann, einen Rathsherrn, zu sich gelöset. [43]
Rathhauß. Dieses stehet am Marckt [...], ist Ao. 1535 gebawet worden, deßen Bawmeister Johann Wiedemann, der ältere, gewesen. [82]
Im Rath erwehlet: [...] 45. Johann Wiedman, senior, 1534.
[...] 73. Johann Wiedeman, iunior 1565. [87/8]
[am 23.5.1552 ist gestorben] *Johann Wiedeman der ältere.* [187]
Den 18. Nov. [1591] starb Joh. Wiedman, ein alter verlebter Rathsherr. [220]

ADAM DANIEL RICHTER: *Umståndliche aus zuverlåßigen Nachrichten zusammengetragene Chronica Der [...] freyen Berg-Stadt St. Annaberg.* Teil 1: Annaberg: Valentin Friesen 1746. Teil 2, Stück 1-4: ebd. 1748. Rest: Leipzig, Universitätsbibliothek, Sign.: Ms 0241, hrsg. von Willy Roch: Chronica der freyen Bergstadt St. Annaberg im Erzgebirge von Adam Daniel Richter. Bearbeitet und mit einem Personen- und Ortsnamenregister versehen durch W. R. Krefeld 1977.

Allhier ruhet auf Hoffnung der fröhlichen Auferstehung, der Erbare, und Wohlgeachte, Johann Wiedemann, Bürger und Schmeltzer, in der Churfl. Sächß. Hütten, allhier, seines Alters 56. Jahr, und 13. Wochen, weniger 2. Tage, gestorben anno 1643. den 20 Aug. [1, 308]

Es ist vorhin ein Baumgarten daselbst gewesen, welchen hernach E. E. Rath dem Besitzer, Herr Johann Wiedemann, einem Rathsherrn, abgekaufft, und aus solchen Baumgarten einen Gottes-Acker gemacht hat. [1, 313]
Dieser Schwibbogen gehörte: a) Hanß Wiedemann, b) Abraham Roth, kriegte ihn anno 1637. durch Cession von seinen Vettern, Hanß, und George, Sigismund Wiedemann. [1, 332]
darum hat man anno 1538, das Rathhauß gantz steinern von guten Kalch zu bauen vollends fortgefahren, Johann Wiedemann, senior im Rathe, ist der Bau-Herr bey solchen Bau gewesen. [1, 359]
Johann Wiedemann, Sen. Er war verheyrathet mit Anton Türlers, Burgermeisters in Dreßden, Tochter, mit der er einen Sohn gezeuget und nach sich gelossen, George Wiedemann. In seiner andern Ehe hat er hernachmals wieder Kinder gezeuget. Der ietzige neue Gottes-Acker ist ehemals dieses Johann Wiedemans Baumgarten gewesen [...]. Er war Bauherr, als 1538. das Rathhauß steinern erbauet wurde, [...]. Er starb den 7. Aug. 1552. [Annus senatus 1535]. [2, 213]
Hanß Wiedmann, jun. Patricius, er starb 1591. den 19. Nov. war ein alter verlebter Rathsherr. [Annus senatus]. [2, 226]

A.3 Rezeptionszeugnisse (Auswahl)

A.3.1 Widmann im *Scriptorum insignium*

KONRAD WIMPINA: [*Catalogus Illustrium sive ecclesiasticorum scriptorum.*] *Scriptorum insignium, qui in celeberrimis praesertim Lipsiensi, Wittembergensi, Francofurdiana ad Viadrum Academiis, a fundatione ipsarum usque ad annum Christi MDXV floruerunt.* Hannover 1609 hrsg. nach dem Autograph von Joachim Johannes Mader; dies hrsg. Leipzig 1839 von J. Fr. L. Theod. Merzdorf.

Johannes Wideman, natione Noricus, patria Egrensis, disciplina Lipzensis, vir in Mathematicis [h]abunde eruditus. Qui capessis in Philosophia et liberalibus artibus insigniis, cum multa admodum in mathematica, et potissime in arithmeticae speciebus in studio Lipzensi, non sine auditorum summo applausu, aliquot annis volvisset, et membranae commendandum vulgerisset, tandem alio concedens, exquisita ingenii sui clara indicia reliquit, quibus nomen suum digne posteris memorandum mandavit. Ex quibus superextant vulgoque impressa venduntur: Algorithmi etc. videlicet:
Integrorum cum probis. lib. I. Quoniam omnia quaecunque.
Minutiarum vulgarium. lib. I. Quoniam autem ut Campanus dicit.
Minutiarum Physicarum. lib. I. Quanquam de minutiarum vulgarium.
Proportionum plusquam aureum. libb. V. Quoniam autem maximam.
Algorithmi lineales. lib. I. Ad evitandum multiplices.
Summarium quoque totius Arithmeticae argutissime edidit, librum maiusculum, in quo omnes species, regulas, aenigmata, exempla in omni mercancia rerum obvenientia compendiose perstringit: cuius titulus vulgari lingua extat

ad magistrum Sigismundum Altman. Claret adhuc apud Egrenses annos natus uno forte supra triginta, continue nova cudens. A. D. 1498. sub Maximiliano Romanorum Rege (Wimpina 1515, 50).

A.3.2 Beurteilung Widmanns durch A. Ries

ADAM RIES: *Coß*. In: Annaberg-Buchholz, Erzgebirgsmuseum, Sign.: $O_1^M O$. Edition Wolfgang Kaunzner, Hans Wussing (Hrsg.; 1992): Adam Ries: Coss. 2 Bände. Stuttgart, Leipzig 1992 (= Teubner Archiv zur Mathematik. Supplement 1).

Ferner Hatt mir eur achtparkeitt [Georg Sturtz] *auch furgehaltenn Das Buchlein, so Magister Johannes widmann Von eger Zusamen gelesenn, wie das selbig seltzam vnd wunderlich Zusamen getragenn Vnd an wenigk ortten rechte vnderweisung sey Welches ich dan mit gantzem vleyß gelesenn vnd das selbig also befunden, Auch Das exemplar gesehnn Darausß er die fragstugk vnd anderß genumen.* [3]

B Inhaltsangabe

Die Gliederung des Rechenbuchs nach der Inhaltsangabe (a 4r-8r) mit moderner generischer Gliederung (s. dazu auch die Tabelle in Kapitel 3).

[a 4r/4r] Inhalt disz buchs in einer gemein weiszet disz nachgende: Register

I.	*DIß buchgleyn yn kurczenn worten begriffen: ist geteylt yn drey teyl. In dem erste dießer vornemlichsten teylung wirt gesaget von kunst vnd art: der zal an yr selbst:*
II.	*In dem andernn teyl dießer trylung wirt geschriben von der ordenung der zal.*
III.	*In dem dritten teyl wirt gesaget (alß vyl vnß hie her dyenet) von der art deß messen: die do geometria genant ist.*
I.	*¶In dem ersten teyl dießer teylung wirt gesaget dreyerley art der Rechnung*
I.1.	*Czu Erst von der rechnung der ganczen zall*
I.2.	*Darnach von der art der teyl ader gebrochen:*
I.3.	*¶Darnach von der ordenung vnd weyß der [a 4v/4v] Tollet.*
I.1.	*Die art ader Rechnung der ganczen stet auff Merunge Minnerung: vnnd Mittelmaß:*
I.1.1.	*Merung ist geteylt ynn drey capitel. nach den dreyen species die do gemert werden yn ierer ubung alß ist:*
I.1.1.1.	*Addiren ader Summiren:*
I.1.1.2.	*Dupliren ader zcwifeldigen.*
I.1.1.3.	*Multipliciren ader manchfeldigen.*
I.1.2.	*Minnerung ist auch geteylt yn drey capitel:*
I.1.2.1.	*In dem ersten wirt gesaget von Subtrahiren ader abnemen eyn zal von der andernn*
I.1.2.1.	*In dem andernn wirt gelernt Mediren ader halbiren:*
I.1.2.1.	*In dem dritten wirt gesaget von Diuidiren ader teylen.*
I.1.3.	*Mittelmoß ist auch geteylt in drey capitel*
I.1.3.1.	*In dem ersten capitel wirt gesaget von Numeriren ader zelen.*
I.1.3.2.	*In dem andernn von Progressio ader der zal vnderscheid.*
I.1.3.3.	*In dem Dritten wie man ßol radicem extrahiren ader die wurczel eyner zcal auß zihen*
I.1.x.x.	*Und der itlichß Capitel yn sunderheyt wirt gelernt yn dreyerley weyß vnd form:*
I.1.x.x.1.	*Czu dem ersten secundum artis perceptionem nach anweysung vnd gepiet der kunst.*
I.1.x.x.1.1.	*vnd daz am ersten durch Regelnn*
I.1.x.x.1.2.	*Zum andernn secundum [a 5r/5r] exeptionem durch außschliessung*
I.1.x.x.1.3.	*zcum Dritten secundum cautionem: durch meher sicherung.*

I.1.x.x.2. *zu dem Andernn wirt der itlichß oben geseczt capitel gelert von wegen klerer verstentniß. secundum exemplorum positionem. durch drey exempel vonwegen dreyerley prob:*

I.1.x.x.2.1. *Am ersten ein exempel auff die erst prob:*

I.1.x.x.2.2. *Darnach eyn exempel auff die andernn prob.*

I.1.x.x.2.3. *Darnach aber eyn exempel auff die dritt prob:*

I.1.x.x.3. *Zu dem Dritten wirt der itlichá capitel oben gemelt gelernet secundum factorum probationem Durch die prob der gemachten exempel.*

I.1.x.x.3.1. *Und daz geschicht zu erstem : mitt der gemeinen prob: alß do lernt Johannes de Sacrobusto vnd ander mer*

I.1.x.x.3.2. *Zum andernn mit einer sunderlichen prob alß mitt. 9:*

I.1.x.x.3.3. *Zu dem dritten mitt mer einer sunderlichen vnd subtiler prob alß mitt. 7:*

I.2. *¶Im andernn teyl dießer ander teylung wirt dreyerley kurczlich auß gedrucket:*

I.2.1. *Zu dem ersten wirt gesaget von der art vnd an weyßung der teyl ader gebrochen der ganczen*

I.2.2. *Zu dem andernn wirt gelernet die weyß der teyl von den gebrochen ader der [a 5v/5v] gebrochen teyl:*

I.2.3. *zu dem Driten wirt vnder richt die formliche an weysung. aller teyl mitt den ganczen*

I.2xx *Und das ander teyl gleicher weyß alß das erst vorfurt ist: durch alle species dar tzu tugenthaftiht wirt auß gedrucket*

I.3. *¶Im dritten teyl dießer andernn teylung nach zimlicher rechter ordenung wirt eyn gepflanczet eyn sunderliche Rechnung Tollet genant: weliche auch kurtzliche wirt begriffen in dreyen teylen:*

I.3.1. *Daß erste teyl wirt begriffen in competentium litterarum positione. in saczung ader schreybung bequemer puchstaben*

I.3.2. *Das ander in Ualoris ad litteras applicatione in deß werdes tzu saczung tzu den puchstaben*

I.3.3. *Daß dritte in rei empte numerali appositione In der an zcal deß gekaufften gutes vnd hinder saczung zcu den puchstaben*

I.3.1. *Daß erste teil dießer teylung der Tollet wirt geteylt nach der anzcal der puchstaben*

I.3.2. *Daß ander wirt geteylt in drey teyl von wegen dreyerley multiplicazen:*

I.3.2.1. *Alß am ersten mitt 10 fur daß x*

I.3.2.2. *[a 6r/6r] Darnach mitt 10 fur das C*

I.3.2.3. *Darnach mitt 10 fur daz M*

I.3.3. *Daß dritte teyl wirt geteylt nach der multiplicatzen deß hindernn mitt dem fordernn:*

II. *¶In dem andernn furnemlichen teyl der ersten teylung dyß werckes wirt veruolget daß furnemen der geordenten vnd limitirten zcal: Und daz ist geteylt in drey teyl.*

II.1. *Im ersten teyl wirt gesaget von der zal geordnet ader limitirt auff questiones ader frag der oben vermeltten species yn aller form vnd weyß alß oben durch manche hubsche Regel*

II.2. *In dem andernn teyl dießer teylung wirt gesaget von der zal geordiniret ader auf ander zal proportioniret*

II.2.1. *Und in dem wirt zcum ersten gesaget die art vnd benumung der proportio:*

II.2.1.1. *Alß tzu dem ersten waß proportio sey dy do heyst multiplex:*

II.2.1.2. *zum Andernn waß sey proportio Supparticularis:*

II.2.1.3. *zum Dritten waß do sey proportio Supparciens vnnd auß den dreyen werden gezogen ander zwu*

II.2.1.4. *Alß proportio Multiplex Supparticularis.*

II.2.1.5. *vnd proportio multiplex supparciens:*

II.2.1. *vnd was der [a 6v] itliche sey wirt gruntlichen auß gedrucket in dießem teyl ader capitel durch klerliche exempel*

II.2.2. *¶In dem andernn teyl dießer ersten teylung der proportionirten zal wirt gesaget von den speciebus der proporczen*

II.2.2.1. *vnnd in dem Capitel wirt zum ersten gelernet wie man die proporcio in die species seczen sal.*

II.2.2.2. *zum Andern wie man eyn proportio tzu der andernn addiren sol:*

II.2.2.3. *zum Dritten wie man eyn proporcio von der andernn subtrahiren ßol.*

II.2.3. *In dem dritten teyl werden furgebracht etzliche frag nach an weysung der proportio vnd die durch hubsche regelnn berichtet*

II.3. *¶In dem dritten teyl vnd aller furnemlichsten wirt gesaget vnd gruntlich auß gedrucket die zcal auff kaufmanschafft geordnet.*

II.3.1. *vnd doch zum ersten auff kauffmanschafft nach der zal*

II.3.2. *zum Andernn auf kauffmanschafft nach dem gewicht.*

II.3.3. *zu dem Dritten auff kauffmanschafft nach der maß*

II.3.x. *Und der itliche yn dreyerley form*

II.3.x.1. *Zum Ersten in schlecht kauff: schlahunge.*

II.3.x.2. *Zum Andernn mal yn vil vnnd mancherley [a 7r/7r] hubschen vnd wunderlichen stichen alß war umb war.*

II.3.x.3. *zum Dritten in kostlichen vnd vil selczamen geselschafften Auff allerley gut vnd war*

II.3.x.3.1. *Alß zum ersten in daß gewelb alß Ingwer pfeffer saffran negelein veygen sayffen weyn woll karallen etc.*

II.3.x.3.2. *Zum andern in die wechßel alß abschlahen auffschlahen vnd das Pagament.*

II.3.x.3.3. *Zum dritten in die Muncz alß kornnt silber. golt Auß der muncz in die muncz Muncz pessernn: geringernn Uber daß feuer seczen vnd alßo mer etc.*

II.3. *Uber die alle oben gemelte kauffmanschafft. vnnd ander mer vnaußsprechlicher anschlahung werden gesaczt Und in gruntlicher außdruckung vermerckt manche behende hubsche subtile vnd gancz nuczliche vnd fruchparliche Regeln:*

III. *¶In dem dritten vnd leczten dießen teyl der ersten furnemlichsten teylung wirt kurczlichen begrieffen die zal geordiniret auf Geometriam daß ist auff daß messzen in dreyen capitel ader teylen.*

III.1. *vnter welichen In dem ersten wirt auß gedruckt der grunt [a 7v/7v] auff welichem den stet die gancze kunst vnd art deß messzen Geometria genant: Alß ist Punckt Linea Angel. Superficies vnd Corpus Und waß der itlichß ist an im selbst: vnd nach seiner außteylung. wirt do selben: nach notdurfft: klerlichenn außgedruckt Und kurczlich exemplariter begriffen:*

III.2. *¶In dem andernn teyl wirt kurczlich begriffen. vnnd verfurt waß itliche außgedruckte figur in ir begriffen. vnd in rechter moß behalden ist.*

III.3. *In dem Dritten teyl wirt gesaget. vnd klerlich geschriben von mancher hubscher behender vnd ser nuczparlicher rechnung auß rechtem grunt der kunst deß messzen Geometria genant gezogen. weliche alle oben vermerckte vnd kurczuerschnitne materia. Unuerporgen in dießem nochuolgenden kurczen Rechenpuchlen gancz klerlich in das licht der erkentniá gebracht werden vnnd einem itzlichen dießer kunst liebhaber gancz getreulichen mitt geteylt:*

– *¶Nach dießen allen alßo verfurten vnd [a 8r/8r] etzlicher moß oben gemelten materie werden tzu dem leczten etzliche hubsche schimpfliche rechnung gesaczt tzu einer wider erquickung mueßamer arbeit*

Quellen- und Literaturverzeichnis

1 Quellen

1.1 Handschriften

ANONYMUS: *Algorismus Ratisbonensis.* In: München, Bayerische Staatsbibliothek, Clm 14 111, f. 301r–313v; ebd. Clm 14 504, f. 394r–402r (Teil); ebd. Clm 14 544, f. 146r–150r (Teil); ebd. Clm 14 783, f. 411r–411v (Teil); ebd. Clm 14 908, verstreut; St. Florian, Stiftsbibliothek, XI, 619, f. 207r–226r [Edition Vogel 1954][1]

ANONYMUS: *Algorithmus de additis et diminutis.* In: Dresden, Sächsische Landesbibliothek, Codex C 80, f. 288r/v

ANONYMUS: *Deutsche Algebra.* In: Dresden, Sächsische Landesbibliothek, Codex C 80, f. 368r–378v [Edition Vogel 1981a]

ANONYMUS: *Geometria Culmensis.* In: Breslau, Königliche und Universitätsbibliothek, Codex Class. IV. Qu. 33m, f. 27v–61v [Edition Mendthal 1886]

ANONYMUS: *Hildesheimer Algorismus.* In: Basel, Universitätsbibliothek, Codex F. VII, 12, f. 169r–174r [Edition Unger 1888b]

ANONYMUS: *Lateinische Algebra.* In: Dresden, Sächsische Landesbibliothek, Codex C 80, f. 350r–364v [Edition Wappler 1887]

ANONYMUS: *Lateinische Geometrie.* In: München, Bayerische Staatsbibliothek, Clm 26 639, f. 1r–6v [Edition Kaunzner 1978]

JOHANNES DE SACROBOSCO: *Algorismus vulgaris.* In: Dresden, Sächsische Landesbibliothek, Codex C 80, f. 226v–5v [und zahlreiche weitere s. Edition Curtze 1897, Pedersen 1983]

RIES, ADAM: *Coß.* In: Annaberg-Buchholz, Erzgebirgsmuseum, Codex O_1^MO [Faksimile Kaunzner/Wussing 1992]

[WIDMANN, JOHANNES:] *Algebra-Vorlesung.* In: Leipzig, Universitätsbibliothek, Ms 1470, f. 479r–493v

WOLACK, GOTTFRIED: *Arithmetik-Vorlesung.* In: Dresden, Sächsische Landesbibliothek, Codex C 80, f. 301v–303r; München, Bayerische Staatsbibliothek, Clm 26 639, f. 12r–13r

1.2 Inkunabeln und Frühdrucke

ANONYMUS: *Algorithmus de integris.* Leipzig: Wolfgang Stöckel 1507. [*München, Bayerische Staatsbibliothek, Sign.: Res. 4° Math. P. 8a]

[1] Bibliographische Angaben zum Nachdruck und zur Edition s. unter dem Namen des Herausgebers. Existiert weder ein Nachdruck noch eine Edition, so wird, wenn möglich, der Standort eines Exemplares des Originaldruckes genannt. * kennzeichnet die von der Autorin eingesehenen Werke.

ANONYMUS: *Algorithmus linealis*. Leipzig: Wolfgang Stöckel um 1505. [*München, Bayerische Staatsbibliothek, Sign.: Res. 4° Math. P. Z]

ANONYMUS: *An introduction for to lerne to recken with the pen, or with the counters accordynge to the trewe cast of Algorysme*. St. Alban 1537.

ANONYMUS: *Arsmetrike and whereof it proceedeth*. Westminster 1481.

ANONYMUS: *Bamberger Blockbuch*. [Bamberg?] 1470/80. [Edition Vogel 1980]

ANONYMUS: *Een sonderlinghe boeck in dye edel conste Arithmetica*. Antwerpen: Gielis Vanden Hoecke 1537.

ANONYMUS: *Jn disem puchlein vint man*. Leipzig: Konrad Kachelofen 1488. [*Wien, Österreichische Nationalbibliothek, Sign.: Ink. 14. H. 37]

ANONYMUS: *Maniere om to leeren cyffren na die rechte consten Algorismi*. Brüssel: Thomas van der Noot 1508. [Brüssel, Königliche Bibliothek]

ANONYMUS: *Treviso-Algorithmus*. Venedig: Adam von Rottweil 1478. [Wien, Österreichische Nationalbibliothek]

ANONYMUS: *Trientiner Algorithmus*. Trient: Albrecht Kunne um 1475. [Edition Vogel 1963]

ALBERT, JOHANN: *Rechenbüchlein auff der linien*. Wittenberg: Georg Rhau 1534. [Zwickau, Ratsschulbibliothek, Sign.: 2.8.9 (1)]

ALBERT, JOHANN: *New Rechenbüchlein auff der Federn*. Wittenberg: Georg Rhau 1541. [Wolfenbüttel, Herzog-August-Bibliothek, Sign.: Alvensleben Mi.219(1)]

APIAN, PETER: *Eyn Newe vnnd wolgegründte vnderweysung aller Kauffmanß Regeln*. Frankfurt am Main: Christian Egenolff 1544. [Nachdruck Buxheim, Eichstätt 1995]

BÖSCHENSTEIN, JOHANNES: *Ain Newgeordnet Rechenbiechlin mit den zyffern den angenden schůlern zů nutz. Inhaltent die Siben species Algorithmi mit sampt der Regel de Try / vnd sechs regeln der prüch / vnd der regel Fusti mit vil andern gůten fragen den kündern zum anfang nůtzbarlich*. Augsburg: Erhardt Öglin 1514. [*München, Bayerische Staatsbibliothek, Sign.: Res. 4° Math. P. 42]

BÖSCHENSTEIN, JOHANNES: *Elementale introductorium in hebreas litteras*. Augsburg: Erhardt Öglin 1514. [Heidelberg, Universitätsbibliothek, Sign.: E 835]

BRASSER, FRANCISCUS: *Eyn nie vnde Wolgegruendet Rekensbock*. Lübeck: Johann Balhorn 1522. [Uppsala, Universitätsbibliothek, Sign.: Utl. rar. 43]

DÜRER, ALBRECHT: *Etliche vnderricht, zu befestigung der stett, Schloß vnd flecken*. Nürnberg 1527.

DÜRER, ALBRECHT: *Vnderweysung der messung mit dem zirckel vnd richt scheyt*. Nürnberg 1525. [Faksimile Jaeggli 1966]

FRANGK, FABIAN: *Orthographia Deutsch / Lernt / recht buchståbig deutsch schreiben*. Wittenberg: Nickel Schirlentz 1531. [Nachdruck Hildesheim, New York 1979]

FUCHSBERGER, ORTOLPH: *Leeßkonst*. Ingolstadt: Alexander Weisenhorn 1542. [Teiledition Müller 1882, 166–188]

HELM, ERHART: *Visier vnd Wechselruthen kuenstlich vnd gerecht zumachen.* Frankfurt am Main: Christian Egenolffs Erben 1574.

HÜTZLER, CASPAR: *Eyn behende vnd kůnstrike Rekenbock.* Lübeck: Johann Balhorn 1547. [Hamburg, Stadt- und Universitätsbibliothek, Sign.: Scrin. A/90]

ICKELSAMER, VALENTIN: *Die rechte weis aufs kůrtzist lesen zu lernen / wie das zum ersten erfunden / vnd aus der rede vermerckt worden ist.* Erfurt: Johann Lörsfeld 1527. [Nachdruck Pohl 1971]

ICKELSAMER, VALENTIN: *Die rechte weis auffs kürtzist lesen zu lernen / wie das zum ersten erfunden / vnnd auß der rede vermerckt worden ist.* Marburg: Franz Rhode 1534. [Teiledition Müller 1882, 52–64]

ICKELSAMER, VALENTIN: *Teutsche Grammatica.* Augsburg 1534. [Nachdruck Pohl 1971]

JORDAN, PETER: *Leyenschůl. WIe man Kůnstlich vnd behend / schreyben vnnd lesen soll lernen.* Mainz: Peter Jordan 1533. [Teiledition Müller 1882, 110–119]

KARL, JOHANNES: *Algorithmus integrorum exacta.* Leipzig: Martin Landsberg 1504. [Dresden, Sächsische Landesbibliothek, Sign.: Math. 293, 8, 8°]

KÖBEL, JACOB: *Eynn Newe geordent Rechenbüchlein vf den Linien mit Rechenpfenigen.* Oppenheim 1514. [*München, Bayerische Staatsbibliothek, Sign.: 4° Math. 175 u.a.]

KÖBEL, JACOB: *Ain New geordnet Rechenbiechlin auf den Linien mit Rechen pfeningen.* Augsburg: Erhardt Öglin 1514. [*Wolfenbüttel, Herzog-August-Bibliothek, Sign.: 139 Quod.]

KÖBEL, JACOB: *Eyn new geordent Vysirbuch. Helt ynn Wie man vff eins yden Lands Eych vnd Mass [...] machen [...] solle.* Oppenheim 1515. [Leipzig, Universitätsbibliothek]

KÖBEL, JACOB: *Mit der kryden oder Schreibfedern / durch die zeiferzal zů rechen.* Oppenheim 1520. [Mainz, Bibliothek des Gutenberg-Museums, Sign.: Ink 930]

KÖBEL, JACOB: *Von vrsprůng der Teilung / Maß / vnd Messung deß Ertrichs / der Ecker / Wyngarten.* Oppenheim 1522. [Nürnberg, Bibliothek des Germanischen Nationalmuseums]

KÖBEL, JACOB: *Geometrei / Von künstlichem Messen vnnd absehen / allerhand höhe / fleche.* Frankfurt am Main 1536. [Nürnberg, Bibliothek des Germanischen Nationalmuseums, Sign.: 8° NW 2234y (Post. Inc)]

KÖBEL, JACOB: *Rechenbůch / Auff Linien vnd Ziffern. Mit einem Visir Bůchlin.* Frankfurt am Main: Christian Egenolff 1544. [Wolfenbüttel, Herzog-August-Bibliothek, Sign.: N 32 Helmst. 8°]

KOLROSS, JOHANNES: *Enchiridion: das ist / Handbůchlin tütscher Orthographi / hochtütsche sprach artlich zeschryben / vnd lå̊sen.* Basel: Thomas Wolf 1530. [Teiledition Müller 1882, 64–91]

LACHER, AMBROSIUS: *Algorithmus mercatorium.* Leipzig: Martin Landsberg 1510. [*München, Bayerische Staatsbibliothek, Sign.: 4° Math. P. 400/7]

LANG, HANS: *Ny regnekonstis Bog, udi helt oc brødit Tal, met skøne nyttige Regle oc Exempler, aff atskillige Latinske, Tydske oc Danske Regnebøger, vddragen oc tilsammenskreffuen, oc lempet after denne Tids Mynt, Maader og Vect har vdi Dannemarck.* Odense 1576. [Kopenhagen, Universitätsbibliothek, Sign.: 2, Math. 22540]

LICHT, BALTHASAR: *Algorithmus Linealis.* Leipzig: Melchior Lotter um 1500. [*München, Bayerische Staatsbibliothek, Sign.: 4° Inc. s. a. 1172]

MEICHSSNER, JOHANN ELIAS: *Handbuechlin gruntlichs berichts Recht vnd wolschrybens der Orthographie vnd Gramatic.* Tübingen: Ulrich Mothart 1538. [Nachdruck Hildesheim, New York 1976]

NEUDÖRFER, JOHANN D. Ä.: *Fundament.* Nürnberg 1519. [Nürnberg, Bibliothek des Germanischen Nationalmuseums]

NEUDÖRFER, ANTON: *Künstlich und Ordentliche Anweyszung der gantzen Practic.* Nürnberg: Paul Kauffmann 1599.

NICOLAS, GASPAR: *Tratado da pratica Darismetyca.* Lissabon: Valentin Fernandes 1519.

OLSEN, ANDERS: *En ny konstig regne Bog, udi Tal maader oc Vecter, paa Lynnerne och met Ziffre [...] er dennem som bruge Verdzslig handel oc Kiøbmandskaff, baade vdi helt och brødit tall, met skiøne och nyttige Regle och konstige Exempler, og der til nogle Kiøbmandskaffs taffler, hvilcken gantske nyttig oc gaffnlig.* Kopenhagen 1560. [Kopenhagen, Universitätsbibliothek, Sign.: math 23340]

ORTEGA, JUAN DE: *Suma de Arithmetica.* [Spanien] 1512.

PELLOS, FRANCÉS: *Compendion de l'abaco.* Turin 1492. [Edition Lafont 1967]

POPPING, EBERHARD: *Ein Newes Rechen Büchlein auff Linien vnd Federn.* Juliusfriedenstedt 1590. [*Wolfenbüttel, Herzog-August-Bibliothek, Sign.: N 25 Helmst. 8°]

RECORDE, ROBERT: *The grounde of artes, teachyng the worke and practise of arithmetike.* London 1542.

RECORDE, ROBERT: *The whetstone of witte.* London 1557.

RIES, ADAM: *Rechenung auff der linihen vnd federn.* Erfurt: Mathes Maler 1522. [Nachdruck Deschauer 1992b]

RIES, ADAM: *Rechnung auff der linihen.* Erfurt: Mathes Maler 1525. [Nachdruck Deschauer 1991]

RIES, ADAM: *Rechenung nach der lenge / auff den Linihen vnd Feder. Darzu forteil vnd behendigkeit durch die Proportiones Practica genant. Mit grüntlichem vnterricht des visierens.* Leipzig: Jakob Bärwald 1550.

ROCHE, ESTIENNE DE LA: *Larismethique nouellement composee.* Lyon: Constantin Fradin 1520. [*München, Bayerische Staatsbibliothek, Sign.: 4° Math. P.192]

RORITZER, MATTHIAS: *Büchlein von der Fialen Gerechtigkeit.* Regensburg 1486. [Edition Shelby 1977]

RORITZER, MATTHIAS: *Wimpergbüchlein.* Regensburg 1486. [Edition Shelby 1977]

RORITZER, MATTHIAS: *Geometria deutsch.* Regensburg 1470–1500. [Edition Shelby 1977]

ROTTWEIL, ADAM VON: *Introito e porta de quele che voleno imparare e comprender todescho o latino, cioè taliono.* Venedig: Adam von Rottweil 1477. [Edition Giustiniani 1987]

RUDOLFF, CHRISTOFF: *Behend vnnd Hubsch Rechnung durch die kunstreichen regeln Algebre so gemeincklich die Coss genennt werden.* Straßburg 1525. [Freiburg, Universitätsbibliothek, Sign.: T 1628,b]

RUDOLFF, CHRISTOFF: *Exemplbüechel.* Wien: Johann Singriener 1529.

RUDOLFF, CHRISTOFF: *Künstliche rechnung mit der Ziffer vnd mit den zal pfenningen / sampt der Wellischen Practica / vnd allerley fortheil auff die Regel de tri.* Nürnberg: Johann Petreius 1550. [*München, Bayerische Staatsbibliothek, Sign.: Res. Math. P. 483]

RÜLEIN, ULRICH: *Ein nutzlich bergbuchleyn.* [Leipzig: Martin Landsberg] um 1500. [Nachdruck Pieper 1955]

SCHEUBEL, JOHANN: *De numeris et diversis rationibus, seu regulis computationum opusculum.* Leipzig: Michael Blum 1545. [Dresden, Sächsische Landesbibliothek, Sign.: Math. 1028]

SCHEUBEL, JOHANN: *Algebræ compendiosa facilisque descriptio.* Paris: Wilhelm Cavelat 1552. [Tübingen, Universitätsbibliothek, Sign.: Bb 169a 8°]

SCHEUBEL, JOHANN: *Das sibend / acht vnd neůnt bůch / des hochberůmbten Mathematici Euclidis Megarensis.* Augsburg: Valentin Ottmar 1555. [Wolfenbüttel, Herzog-August-Bibliothek, Sign.: 2.1 Arithm.]

SCHMUTTERMAYER, HANS: *Fialenbüchlein.* 1485/6. [Edition Shelby 1977]

SCHREIBER, HEINRICH: *Libellus de compositione regularum pro uasorum mensuratione. [...] theoricae et practicae.* Wien: Johann Songriener 1518. [München, Bayerische Staatsbibliothek, Sign.: Math. P. 128]

SCHREIBER, HEINRICH: *Ayn new kunstlich Buech welches gar gewiß vnd behend lernet nach der gemainen regel Detre / welschen practic / regeln falsi vnd etlichen regeln Cosse mancherlay schǒne vnd zuwissen notůrfftig rechnung auff kauffmanschafft.* Nürnberg: Johannes Stuchs 1521. [*München, Bayerische Staatsbibliothek, Sign.: Res. Math. P. 182m]

SCHREIBER, HEINRICH: *Behend vnnd khunstlich Rechnung nach der Regel vnd welhisch practic mit sambt zuberaittung der Visier.* Nürnberg: Johannes Stuchs 1521. [London, British Library, Sign.: 1392.a.(3)]

SKAVBO, CLAUS LAURIDSEN: *Arithmetica Regnekunst. [...]. huilken han haffuer berammet och beskreffuet then mode, och the regle, wdaff huilcke en persone kan snarligen wel forfremme, tyll ett gott forstand.* Paris 1552. [Aarhus, Staatsbibliothek, Sign.: 1552faksimile, Ma]

STIFEL, MICHAEL: *Ein Rechen Büchlin Vom End Christ. Apocalypsis in Apocalypsim.* Wittenberg: Georg Rhau 1532. [München, Bayerische Staatsbibliothek, Sign.: 10/Polem. 1515m]

STIFEL, MICHAEL: *Arithmetica Integra.* Nürnberg: Johann Petreius 1544. [*München, Bayerische Staatsbibliothek, Sign.: 4° Math. U. 116]

STIFEL, MICHAEL: *Deutsche Arithmetica. Inhaltend. Die Haussrechnung. Deutsche Coß. Kirchrechnung.* Nürnberg: Johann Petreius 1545. [*München, Bayerische Staatsbibliothek, Sign.: Res. 4° Math. P. 351]

STIFEL, MICHAEL: *Rechenbuch, von der Welschen vnd Deutschen Practick auff allerley vorteyl vnd behendigkeit / mit erklerung viler Exempeln.* Nürnberg: Johannes Petreius 1546. [Wolfenbüttel, Herzog-August-Bibliothek, Sign.: 3.2 Arith. 4(1)]

STIFEL, MICHAEL: *Die Coss Christoffs Rudolffs [...] Durch Michael Stifel Gebessert vnd sehr gemehrt.* Königsberg: Alexander Luthomyslensis 1553/4. [*München, Bayerische Staatsbibliothek, Sign.: Res. 4° Math. P.316.]

STROMER VON AUERBACH, HEINRICH: *Algorithmus linealis.* Leipzig: Martin Landsberg 1504. [*Bamberg, Staatsbibliothek, Sign.: Inc.typ. H.V.21/8]

SUEVUS, SIEGMUND: *Arithmetica Historica. Die Löbliche Rechenkunst.* Breslau: Georg Baumann 1593. [*Wolfenbüttel, Herzog-August-Bibliothek, Sign.: 2.2 Arithm.]

TOCKLER, KONRAD: *Textus Arithmetice communis.* Leipzig: Martin Landsberg 1503. [Leipzig, Universitätsbibliothek, Sign.: Math. 30]

VEYER, HANS: *En Kaanstelig och nyttelig Regne Bog, faar Scriffuere, Fogeder, Købmend, Och andere som bruge Købmandskaff, paa Linyerne met Regne pendinge, och met Zifferne vdi heelt och brødit tal.* Wittenberg 1552.

[WAGNER, ULRICH:] *Bamberger Rechenbuch 1482.* Bamberg: Heinrich Petzensteiner 1482. [Edition Vogel 1949/50]

[WAGNER, ULRICH:] *Bamberger Rechenbuch 1483.* Bamberg: Heinrich Petzensteiner 1483. [Faksimile Burckhardt 1966, Nachdruck Schröder 1988]

WELLENDARFER, VERGILIUS (1516): *Annotationes peregrinae Dei cultum exiguamque nonnullorum scholasticorum commentationem.* Leipzig: Wolfgang Stöckel 1516. [*Leipzig, Universitätbibliothek, Sign.: Libri sep. 6844]

[WIDMANN, JOHANNES:] *Algorithmus Integrorum Cum Probis annexis.* [Leipzig: Martin Landsberg um 1490] [*Wolfenbüttel, Herzog-August-Bibliothek, Sign.: 171.1 Qu.4°(8)]

[WIDMANN, JOHANNES:] *Algorithmus Linealis Ad euitandum multiplices Mercatorum errores et alterius Arithmetice partis difficultates inuenta est.* Leipzig: Martin Landsberg um 1490. [*Leipzig, Universitätsbibliothek, Sign.: Ms 1296]

[WIDMANN, JOHANNES:] *Algorithmus Minutiarum Phisicarum.* [Leipzig: Martin Landsberg um 1490] [*Wolfenbüttel, Herzog-August-Bibliothek, Sign.: 171.1 Qu.4°(10)]

[WIDMANN, JOHANNES:] *Algorithmus Minutiarum Vulgarium.* [Leipzig: Martin Landsberg um 1490] [*Würzburg, Universitätsbibliothek, Sign.: I.t.q.6,9]

[WIDMANN, JOHANNES:] *Regula Falsi apud Philozophantes Augmenti et Decrementi appellata.* [Leipzig: Martin Landsberg um 1490] [*Leipzig, Universitätsbibliothek, Sign.: Ms 1296]

[WIDMANN, JOHANNES:] *Tractatus Proportionum plusquam Aures.* [Leipzig: Martin Landsberg um 1490] [*Wolfenbüttel, Herzog-August-Bibliothek, Sign.: 171.7 Qu. 4° (12)]

WIDMANN, JOHANNES: *Behende vnd hubsche Rechenung auff allen kauffmanschafft.* Leipzig: Konrad Kachelofen 1489. [*München, Bayerische Staatsbibliothek, Sign.: Inc. c. a. 82]

WIDMANN, JOHANNES: *Behennd vnd hüpsch Rechnung vff allen kauffmanschafften.* Pforzheim: Thomas Anshelm 1500. [*London, British Library, IA. 15003]

WIDMANN, JOHANNES: *Behend vnd hüpsch Rechnung vff allen Kauffmanschafften.* Pforzheim: Thomas Anshelm 1508. [*Freiburg, Universitätsbibliothek, Sign.: T 2084]

WIDMANN, JOHANNES: *Behend vnd hüpsch Rechnung vff allen Kauffmanschafften.* Hagenau: Thomas Anshelm 1519. [*Freiburg, Universitätsbibliothek, Sign.: T 2084 ad]

WIDMANN, JOHANNES: *Behende vnd hübsche Rechnung auff allen Kauffmanschafften.* Augsburg: Heinrich Steiner 1526. [*Göttingen, Niedersächsische Staats- und Universitätsbibliothek, Sign.: 8° Math. II, 1282:3]

WIDMANN, JOHANNES: *Behennde vnnd hübsche Rechnung auff allen Kauffmanschafften.* Augsburg: Heinrich Steiner 1526. [*München, Bayerische Staatsbibliothek, Sign.: Res. Merc. 265c]

WIMPINA, KONRAD (?, 1515): *[Catalogus Illustrium sive ecclesiasticorum scriptorum.] Scriptorum insignium, qui in celeberrimis praesertim Lipsiensi, Wittembergensi, Francofurdiana ad Viadrum Academiis, a fundatione ipsarum usque ad annum Christi MDXV floruerunt.* Hannover 1609 hrsg. nach dem Autograph von Joachim Johannes Mader; dies hrsg. Leipzig 1839 von J. Fr. L. Theod. Merzdorf.

1.3 Quellen nach 1600

ARNOLD, GEORG: *Chronicon Annæbergense continuatum. [...] Hiebevorn durch [...] Paulum Ienisisum [...] biß auffs 1604 Jahr in Latein beschrieben. Nunmehr dato an, biß uffs 1658 Jahr [...] in deutsche Sprach versetzet.* Manuskript Annaberg 1658; gedruckt 1812 durch Friedrich Wilhelm Ludwig Hasper. [Neudruck Stuttgart 1992]

ENGLER, JOH. FR. (1881): Kaufmännische Arithmetik. Wien 1881.

FAULHABER, JOHANNES: *Arithmetischer Cubicossischer Lustgarten.* Tübingen: Erhard Zell 1604. [Wolfenbüttel, Herzog-August-Bibliothek, Sign.: 14 Arithm. (2)]

FAULHABER, JOHANNES: *Ingenieurs-Schul.* Frankfurt am Main 1630, Ulm 1633.

FIEDLER, GERD, BERNO KALTENTHALER, KARLHEINZ KROMBHOLZ, HERMANN LÖBIG, HELMUTH MORBITZER, HERMANN ZITZLSPERGER: *Einmaleins. Mathematik in der Grundschule. 1. Schuljahr. Baden-Württemberg.* Druck 1990 der Auflage Stuttgart 1983. Dazu von denselben: *Einmaleins. Mathematik in der Grundschule. 1. Schuljahr. Lehrerband.* Stuttgart 1986 und *Übe mit Pfiffikus. 1. Schuljahr.* Stuttgart 1984.

HALCKE, PAUL: *Deliciæ Mathematicæ oder mathematisches Sinnen-Confect.* Hamburg: Nicolaus Sauer 1719. [Wolfenbüttel, Herzog-August-Bibiliothek, Sign.: NB 244]

HEMELING, JOHANN: *Arithmetisch-Poetisch- und Historisch-Erquickstund.* Hildesheim: Erich Ramm 1660.

JENISCH, PAUL (1605): *Annæbergæ Misniæ Vrbis Historia.* Dresden 1605. [Edition Unger 1994]

KÖNIGSBERGER, KONRAD: *Analysis 1.* Berlin u. a. 1990 (= Springer-Lehrbuch 1).

LAMBERT, JOHANN HEINRICH: *Neues Organon oder Gedanken ůber die Erforschung und Bezeichnung des Wahren und dessen Unterscheideung vom*

Irrthum und Schein. Band 1: Leipzig 1764. [*Heidelberg, Universitätsbibloithek, Sign.: M 1119]

MEICHSNER, GEORG: *Arithmetica practica*. Rothenburg: Hieronymus Körnlein 1625.

PESCHECK, CHRISTIAN (1741): *Arithmetischer Haupt-Schlüssel*. Zittau 1741. [*Karlsruhe, Badische Landesbibliothek, Sign.: 85 A 11274 R]

PESCHECK, CHRISTIAN (1765): *Allgemeine Teutsche Rechenstunde*. Zittau, Leipzig 1765.

RICHTER, ADAM DANIEL (1746/8): *Umståndliche aus zuverlåßigen Nachrichten zusammengetragene Chronica Der [...] freyen Berg-Stadt St. Annaberg*. Teil 1: Annaberg: Valentin Friesen 1746. Teil 2, Stück 1–4: ebd. 1748. Rest: Leipzig, Universitätsbibliothek, Sign.: Ms 0241, hrsg. von Willy Roch.

SCHWENTER, DANIEL: *Deliciae-Physico-Mathematicae oder Mathematische und Philosophische Erquickstunden*. Nürnberg: Jeremias Dümlis 1636. [Edition Berns 1991]

WOLFF, CHRISTIAN (1710): *Anfangs-Gründe aller Mathematischen Wissenschaften*. Halle 1710. [Nachdruck der Ausgabe Leipzig, Frankfurt am Main 1750 s. Hofmann 1973]

WOLFF, CHRISTIAN (1716): *Mathematisches Lexicon, Darinnen die in allen Theilen der Mathematik ůblichen Kunst-Wörter erklåret*. Lepizig 1716. [Nachdruck Hofmann 1965]

2 Sekundärliteratur

ADAM, W. (1892): Geschichte des Rechnens und des Rechenunterrichts. Quedlinburg 1892.

ADAM, WOLFGANG (1990): Privatbibliotheken im 17. und 18. Jahrhundert. In: Internationales Archiv für Sozialgeschichte der deutschen Literatur 15/1 (1990) 123–173.

ALBERTS, HILDERGARD (1935): Die Hagenauer Presse des Thomas Anshelm. Berlin 1935.

ALBERTS, HILDERGARD (1955): Reuchlins Drucker, Thomas Anshelm. Mit besonderer Berücksichtigung seiner Pforzheimer Presse. In: Manfred Krebs (Hrsg.): Johannes Reuchlin 1455–1522. Festgabe seiner Vaterstadt Pforzheim zur 500. Wiederkehr seines Geburtstages. Pforzheim 1955, 205–265.

ALBRECHT, JÖRN, RICHARD BAUM (Hrsg.; 1992): Fachsprache und Terminologie in Geschichte und Gegenwart. Tübingen 1992 (= Forum für Fachsprachen-Forschung 14).

ALLARD, ANDRÉ (1990): La formation du vocabulaire latin du l'arithmétique médiévale. In: Olga Weijers (Hrsg.): Methodes et instruments du travail intellectuel au moyen âge. Turnhout 1990 (= Civicima 3) 137–181.

ALSCHNER, CHRISTIAN (1969): Die Säkularisation der Klosterbibliotheken im albertinischen Sachsen. Diss. Leipzig 1969.

ALSCHNER, CHRISTIAN (1983): Der Buchbesitz Dresdener Bürger im 15./16. Jahrhundert. In: Beiträge zur Inkunabelkunde, 3. Folge 8 (1983) 144–161.

ALTMANN, URSULA (1993): Andreas Frisner, der Drucker des Capotius und Martin Landsberg. In: Johannes Gutenberg. Regionale Aspekte des frühen Buchdrucks. Berlin 1993 (= Beiträge aus der Staatsbibliothek zu Berlin 1) 203–217.

ANDRÄ, C. H. GOTTFRIED (1837): Chronologische Nachrichten der Bergstadt Annaberg nebst denen dahin gehörenden Ephoral-Ortschaften von 1495 bis mit 1836. Schneeberg 1837.

ANGLIN, W. S. (1994): Mathematics. A concise History and Philosophy. New York 1994 (= Undergraduate Texts in Mathematics).

ARNTZ, REINER, HERIBERT PICHT (1982): Einführung in die übersetzungsbezogene Terminologiearbeit. Hildesheim, Zürich, New York 1982 (= Hildesheimer Beiträge zu den Erziehungs- und Sozialwissenschaften. Studien — Texte — Entwürfe 17).

ASSION, PETER (1973): Altdeutsche Fachliteratur. Berlin 1973 (= Grundlagen der Germanistik 13).

BAASNER, RAINER (1991): Abraham Gotthelf Kästner, Aufklärer (1719–1800). Tübingen 1991 (= Frühe Neuzeit 5).

BALBIANI, LAURA (1997/8): La traduzione tedesca della Magia Naturalis (1558) di Giovan Battiste della Porta. Lingua, scienza e cultura in Germania all'inizio dell'età moderna. Dottorato di Ricerca, Università Cattolica del Sacro Cuore. Mailand 1997/8.

BAMBERG, PAUL (1940): Personen im Gebiete des Freiberger Bergbaus aus der Zeit von 1487–1546. In: Mitteilungen des Freiberger Altertumsvereins 69 (1940) 43–97.

BAUER, FRIEDRICH L. (1992): Die Knechtung des Menschen durch gleichförmige geistige Tätigkeit und die Befreiung davon. In: Gebhardt 1992, 147–166.

BAUER, SIEGFRIED u. a. (1989): Michael Stifel: Arithmetica Integra. Kommentiert und auszugsweise übersetzt von S. B. Sigmaringen 1989.

BAUMANN, KLAUS-DIETER (1987a): Die Makrostruktur von Fachtexten — ein Untersuchungsansatz. In: Fachsprache 9 (1987) 2–18.

BAUMANN, KLAUS-DIETER (1987b): Ein Versuch der ganzheitlichen Betrachtung von Fachtexten. In: Hoffmann 1987a, 10–22.

BAUMANN, KLAUS-DIETER (1992): Integrative Fachtextlinguistik. Tübingen 1992 (= Forum für Fachsprachen-Forschung 18).

BAUMANN, KLAUS-DIETER, HARTWIG KALVERKÄMPER (Hrsg.; 1992): Kontrastive Fachsprachenforschung. Tübingen 1992 (= Forum für Fachsprachen-Forschung 20).

BAYER, HANS (1974): Sprache als praktisches Bewußtsein. Philosophisch-wissenschaftliche Terminologie und Sprachhandlung bzw. konkrete fachliche Praxis. In: Zeitschrift für deutsche Philologie 93 (1974) 321–342.

BAYER, HANS (1975): Praxis — Sprache — Denkform. Zur frühen deutschen Literatur- und Wissenschaftssprache. In: Beiträge zur Geschichte der deutschen Sprache und Literatur (Tübingen) 97 (1975) 396–439.

BEAUGRANDE, ROBERT-ALAIN DE, WOLFGANG ULRICH DRESSLER (1981): Einführung in die Textlinguistik. Tübingen 1981 (= Konzepte der Sprach- und Literaturwissenschaft 28).

BECKER, OSKAR (1964): Grundlagen der Mathematik in geschichtlicher Entwicklung. Freiburg, München 1964.

BEIER, RUDOLF (1979): Zur Syntax in Fachtexten. In: Mentrup 1979, 276–291.

BELLMANN, GÜNTER (1996): Das bilinguale Sprachlehrbuch als Textsorte und als Zeugnis drucksprachlicher Entwicklungen in frühneuhochdeutscher Zeit. In: Große/Wellmann 1996, 205–223.

BENEŠ, EDUARD (1981): Die formale Struktur der wissenschaftlichen Fachsprachen in syntaktischer Hinsicht. In: Bungarten 1981a, 185–212.

BENOIT, PAUL (1982): La Formation mathématique des marchands français à la fin du Moyen Age: l'exemple du Kadran aux marchands (1485). In: Les entrées dans la vie. XII Congrès de la société des historiens médiévistes. Annales de l'Est 34 (1982) 209–224.

BENOIT, PAUL (1989): Calcul, algèbre et marchandise. In: Michel Serres (Hrsg.): Éléments d'histoire des sciences. Paris 1989, 196–221.

BENOIT, PAUL (1992): Arithmétiques commerciales et comptabilités dans la France médiévale. In: Paul Benoit, Karine Chemla, Jim Ritter (Hrsg.): Histoire de fractions, fractions d' histoire. Basel, Boston, Berlin 1992, 307–323.

BENTZINGER, RUDOLF, BRIGITTE DÖRING (1992): Forschungen zur Erfurter Stadtsprache des 14. bis 16. Jahrhunderts. In: Weiß 1992, 171–184.

BENTZINGER, RUDOLF, GERHARD KETTMANN (1983): Zu Luthers Stellung im Sprachschaffen seiner Zeit. (Anmerkungen zur Sprachverwendung in der Reformationszeit.) In: Zeitschrift für Phonetik, Sprachwissenschaft und Kommunikationsforschung 36 (1983) 265–275.

BENZING, JOSEF (1959): Die deutschen Verleger des 16. und 17. Jahrhunderts. In: Archiv für Geschichte des Buchwesens 2 (1959) 445–509.

BENZING, JOSEF (1963): Die Buchdrucker des 16. und 17. Jahrhunderts im deutschen Sprachgebiet. Wiesbaden 1963 (= Beiträge zum Buch- und Bibliothekswesen 12).

BERGER, HERBERT (1995): Mathematik und Religion in der frühen Neuzeit. In: Beiträge zur Wissenschaftsgeschichte 18 (1995) 151–160.

BERGMANN, ROLF (1982): Zum Anteil der Grammatiker an der Normierung der neuhochdeutschen Schriftsprache. In: Sprachwissenschaft 7 (1982) 261–281.

BERGMANN, ROLF (1983): Der rechte Teutsche Cicero oder Varro. Luther als Vorbild in den Grammatiken des 16. bis 18. Jahrhunderts. In: Sprachwissenschaft 8 (1983) 265–276.

BERGMANN, WERNER (1985): Innovationen im Quadrivium des 10. und 11. Jahrhunderts. Studien zur Einführung von Astrolab und Abakus im lateinischen Mittelalter. Stuttgart 1985 (= Sudhoffs Archiv, Beihefte 26).

BERLET, BRUNO (1892): Adam Riese, sein Leben, seine Rechenbücher und seine Art zu rechnen. Die Coß von Adam Riese. Leipzig, Frankfurt a. M. 1892.

BERNHARD, MICHAEL (1976): Goswin Kempgyn de Nussia. Trivita studentium. Eine Einführung in das Universitätsstudium aus dem 15. Jahrhundert. München 1976 (= Münchener Beiträge zur Mediävistik und Renaissance-Forschung 26).

BERNHARD, MICHAEL u. a. (1990): Rezeption des antiken Fachs im Mittelalter. Darmstadt 1990 (= Geschichte der Musiktheorie 3).

BERNS, JÖRG JOCHEN (Hrsg.; 1991): Georg Philipp Harsdörffer, Daniel Schwenter: Deliciae-Physico-Mathematicae oder Mathematische und Philosophische Erquickstunden. Neudruck der Ausgabe Nürnberg 1636. Frankfurt a. M. 1991 (= Texte der Frühen Neuzeit 3).

BERTALOT, LUDWIG (1915): Humanistische Vorlesungsankündigungen in Deutschland im 15. Jahrhundert. In: Zeitschrift für Geschichte der Erziehung und des Unterrichts 5 (1915) 1–24.

BESCH, WERNER (1964): Zweigliedriger Ausdruck in der deutschen Prosa des 15. Jahrhunderts. In: Neuphilologische Mitteilungen 65 (1964) 200–221.

BESCH, WERNER (1967): Sprachlandschaften und Sprachausgleich im 15. Jahrhundert. Studien zur Erforschung der spätmittelalterlichen Schreibdialekte und zur Entstehung der neuhochdeutschen Schriftsprache. München 1967 (= Bibliotheca Germanica 11).

BESCH, WERNER (1976): Zur Edition von deutschen Texten des 16. Jahrhunderts. In: Alemannica. Landeskundliche Beiträge. Festschrift für Bruno Boesch zum 65. Geburtstag. Bühl 1976 (= Alemannisches Jahrbuch 1973/5) 392–411.

BESCH, WERNER, OSKAR REICHMANN, STEFAN SONDEREGGER (Hrsg.; 1984/5): Sprachgeschichte. Ein Handbuch zur Geschichte der deutschen Sprache und ihrer Erforschung. Berlin, New York 1984/5 (= Handbücher zur Sprach- und Kommunikationswissenschaft 2.1 und 2.2).

BETTEN, ANNE (1987): Grundzüge der Prosasyntax. Stilprägende Entwicklungen vom Althochdeutschen zum Neuhochdeutschen. Tübingen 1987 (= Reihe Germanistische Linguistik 82).

BETTEN, ANNE (1988): Lancelot-Roman, Luther-Bibel, Lessing-Dramen: Beispiele neuer sprachhistorischer Arbeitsweisen. München 1988 (= Eichstätter Hochschulreden 64).

BETTEN, ANNE (Hrsg.; 1990a): Neuere Forschungen zur historischen Syntax. Tübingen 1990 (= Reihe Germanistische Linguistik 103).

BETTEN, ANNE (1990b): Zur Problematik der Abgrenzung von Mündlichkeit und Schriftlichkeit bei mittelalterlichen Texten. In: Betten 1990a, 324–335.

BINDING, GÜNTHER, NORBERT NUSSBAUM (1978): Der mittelalterliche Baubetrieb nördlich der Alpen in zeitgenössischen Darstellungen. Darmstadt 1978.

BITSCH, IRMGARD, TRUDE EHLERT, XENIA VON ERTZDORFF (Hrsg.; 1987): Essen und Trinken in Mittelalter und Neuzeit. Vorträge eines intersdisziplinären Symposions vom 10.-13. Juni 1987 an der Justus-Liebig-Universität Gießen. Sigmaringen 1987.

BLASCHKE, KARLHEINZ (1990): Geschichte Sachsens im Mittelalter. Berlin 1990.

BLASCHKE, KARLHEINZ (1995): Wittenberg vor 1547. Vom Landstädtchen zur Weltgeltung. In: Oehmig 1995, 29–38.

BLOECH, JÜRGEN, VOLKER MÜLLER (1981): Mathematiker und Rechenmeister. Ihre Beiträge zur Entwicklung der angewandten Mathematik. Vom Beginn der Buchdruckerkunst bis zum 19. Jahrhundert. Göttingen 1981.

BLUSCH, MARTINA (1992): Ein italienisch-deutsches Sprachlehrbuch des 15. Jahrhunderts. Edition der Handschrift Universitätsbibliothek Heidelberg Pal. Germ. 657 und räumlich-zeitliche Einordnung des deutschen Textes. Frankfurt a. M. u. a. 1992 (= Regensburger Beiträge zur deutschen Sprach- und Literaturwissenschaft, Reihe B, Untersuchungen 51).

BOCKSTAELE, P. (1959): Het oudste gedrukte Nederlandse Rekenboekje. In: Scientiarum historia 1 (1959) 53–71; 117–127.

BOCKSTAELE, P. (1960): Notes on the First Arithmetics Printed in Dutch and English. In: Isis 51 (1960) 315–321.

BODE, HANS (1973): Entwurf einer Tabelle zur Analyse neusprachlicher Unterrichtswerke. In: Schallenberger 3, 1973, 95–120.

BONCOMPAGNI, BALDASSARE (1876): Intorno ad un trattato d'aritmetica di Giovanni Widmann di Eger. In: Bulletino di bibliografia e di storia delle scienze matematiche e fisiche 9 (1876) 188–210.

BOOCKMANN, HARTMUT, BERND MOELLER, KARL STACKMANN (Hrsg.; 1989): Lebenslehren und Weltentwürfe im Übergang vom Mittelalter zur Neuzeit. Politik, Bildung, Naturkunde, Theologie. Bericht über Kolloquien der Kommission zur Erforschung der Kultur des Spätmittelalters 1983 bis 1987. Göttingen 1989 (= Akademie der Wissenschaften in Göttingen, Philologisch-Historische Klasse, Abhandlungen, 3. Folge 179)

BORST, OTTO (1964): Die Kulturbedeutung der oberdeutschen Reichsstadt am Ende des alten Reichs. In: Blätter für deutsche Landesgeschichte 100 (1964) 159–246.

BRANDIS, THILO (1984): Handschriften- und Buchproduktion im 15. und frühen 16. Jahrhundert. In: Grenzmann/Stackmann 1984, 176–189.

BRANDSTÄTTER, KLAUS (1996): Deutschsprachige Aufzeichnungen im Trentino im Mittelalter. In: Michael Gebhardt, Max Siller (Hrsg.): Literatur und Sprache in Tirol. Von den Anfängen bis zum 16. Jahrhundert. Innsbruck 1996 (= Schlern-Schriften 301) 359–406.

BRANDT, GISELA (1980): Zum direkten Einfluß breiterer Volksschichten auf die deutsche Literatursprache in der Periode der frühbürgerlichen Revolution. In: Zeitschrift für Phonetik, Sprachwissenschaft und Kommunikationsforschung 33 (1980) 13–21.

BRANDTNER, ANDREAS (1997): Hypotextdokumentation. Zu Edition und Kommentierung des Florian von der Fleschen (1625). In: Anton Schwob, Erwin Streitfeld (Hrsg.): Quelle — Text — Edition. Tübingen 1997 (= Beihefte zu editio 9) 141–147.

BREIDENBACH, WALTER (1950): Methodik des mathematischen Unterrichts. Stuttgart 1950.

BRENDEL, BETTINA, STEPHAN MOSER, NORBERT RICHARD WOLF (1993): Sprachliche Strukturen als Wissensträger. In: Brunner/Wolf 1993, 347–369.

BREUER, DIETER (1974): Einführung in die pragmatische Texttheorie. München 1974 (= Uni-Taschenbücher 106).

BREY, GERHARD (1997): Deutsche mathematische Texte des 15. Jahrhunderts. In: Hans-Gert Roloff (Hrsg.): Editionsdesiderate zur Frühen Neuzeit. Beiträge zur Tagung der Kommission für die Edition von Texten der Frühen Neuzeit. Amsterdam, Atlanta 1997 (= Chloe 25) 817–827.

BRINKER, KLAUS (1983): Textfunktionen. Ansätze zu ihrer Beschreibung. In: Zeitschrift für germanistische Linguistik 11 (1983) 127–148.

BRINKER, KLAUS (1988): Linguistische Textanalyse. Eine Einführung in Grundbegriffe und Methoden. Berlin [2]Auflage 1988 (= Grundlagen der Germanistik 29).

BRINKER, KLAUS (Hrsg.; 1991): Aspekte der Textlinguistik. Hildesheim, Zürich, New York 1991.

BRUCHHÄUSER, HANNS-PETER (1989): Kaufmannsbildung im Mittelalter. Determinanten des Curriculums deutscher Kaufleute im Spiegel der Formalisierung von Qualifizierungsprozessen. Köln, Wien 1989 (= Dissertationen zur Pädagogik 3).

BRUCHMÜLLER, WILHELM (1909): Der Leipziger Student 1409–1909. Leipzig 1909 (= Aus Natur und Geisteswelt 273).

BRÜBACH, NILS (1994): Die Reichsmessen von Frankfurt am Main, Leipzig und Braunschweig (14.-18. Jahrhundert). Stuttgart 1994 (= Beiträge zur Wirtschafts- und Sozialgeschichte 55).

BRÜCKNER, WOLFGANG, PETER BLICKLE, DIETER BREUER (Hrsg.; 1985): Literatur und Volk im 17. Jahrhundert. Probleme populärer Kultur in Deutschland. Wiesbaden 1985 (= Wolfenbütteler Arbeiten zur Barockforschung 13).

BRUNNER, HORST (Hrsg.; 1982): Literatur in der Stadt. Bedingungen und Beispiele städtischer Literatur des 15. bis 17. Jahrhunderts. Göppingen 1982 (= Göppinger Arbeiten zur Germanistik 343).

BRUNNER, HORST, NORBERT RICHARD WOLF (Hrsg.; 1993): Wissensliteratur im Mittelalter und in der Frühen Neuzeit. Bedingungen, Typen, Publikum, Sprache. Wiesbaden 1993 (= Wissensliteratur im Mittelalter 13).

BUCHMANN, JENS HARM (1989): Drucksprachliche Fachkommunikation im 16. Jahrhundert. Beispiel Albrecht Dürer. In: Norbert Reiter (Hrsg.): Sprechen und Hören. Akten des 23. Linguistischen Kolloquiums, Berlin 1988. Tübingen 1989 (= Linguistische Arbeiten 222) 51–58.

BUNGARTEN, THEO (Hrsg.; 1981a): Wissenschaftssprache. Beiträge zur Methodologie, theoretischen Fundierung und Deskription. München 1981.

BUNGARTEN, THEO (1981b): Wissenschaft, Sprache und Gesellschaft. In: Bungarten 1981a, 14–53.

BUNGARTEN, THEO (Hrsg.; 1992): Beiträge zur Fachsprachenforschung. Sprache in Wissenschaft und Technik, Wirtschaft und Rechtswesen. Tostedt 1992 (= Hamburger Arbeiten zur Fachsprachenforschung 1).

BURCKHARDT, J. J. (Hrsg.; 1966): Bamberger Rechenbuch 1483. Faksimiledruck der Ausgabe Bamberg 1483. Zürich 1966.

BURGER, C. P. (1929): ABC-penningen of rekenpenningen. In: Het Boek 18 (1929) 196–202.

BUSARD, HUBERT L. L. (1971): Die 'Arithmetica speculativa' des Johannes de Muris. In: Scientiarum historia 13 (1971) 103–132.

BUSARD, HUBERT L. L. (1991): Jordanus de Nemore, de Elementis arithmetice artis. A medieval treatise on Number Theory. 2 Bände. Stuttgart 1991 (= Boethius, Texte und Abhandlungen zur Geschichte der Mathematik und der Naturwissenschaften 22/3).

BUSARD, HUBERT L. L. (1992): The *Arithmetica* of Jordanus Nemorarius. In: Demidov u. a. 1992, 121–132.

BUSCH, WILHELM (1933): Die deutsche Fachsprache der Mathematik. Ihre Entwicklung und ihre wichtigsten Erscheinungen mit besonderer Rücksicht auf Johann Heinrich Lambert. Gießen 1933 (= Gießener Beiträge zur deutschen Philologie 30).

BUSSE, DIETRICH (1992): Textinterpretation. Sprachtheoretische Grundlagen einer explikativen Semantik. Opladen 1992.

CAJORI, F. (1928/9): A History of Mathematical Notation. Chicago 1928/9.

CANTOR, MORITZ (1900): Vorlesungen über Geschichte der Mathematik. Zweiter Band von 1200–1668. Leipzig ^{2}1900.

CANTOR, MORITZ (1971): Johannes Widmann. In: Allgemeine Deutsche Biographie. Band 42. Berlin ^{2}1971, 355.

CAPELLI, ADRIANO (1985): Lexicon Abbreviaturarum. Mailand 1985.

CARLSOHN, ERIC (1960): Die Bibliothek von Hans Sachs. In: Börsenblatt des deutschen Buchhandels 16, Heft 39 (1960) 747/8.

CAROLSFELD, FRANZ SCHNORR VON (1882): Katalog der Handschriften der Königlichen öffentlichen Bibliothek zu Dresden. Band 1. Leipzig 1882 (ND: Katalog der sächsischen Landesbibliothek zu Dresden, Dresden 1979ff.).

CHARGAFF, ERWIN (1986): How Scientific Papers Are Written. In: Fachsprache 8 (1986) 106–110.

CLAES, FRANS (1977): Bibliographisches Verzeichnis der deutschen Vokabulare und Wörterbücher, gedruckt bis 1600. Hildesheim, New York 1977.

CLIFTON, R. B. (1866): Note on Professor De Morgan's Paper. In: Transactions of The Cambridge Philosophical Society 11 (1866) 213–218.

CLIMENT, FRANCESCH SANCT (1936): The First Printed Arithmetic of Spain. In: Osiris 1 (1936) 411–420.

CONERMANN, KLAUS (1975): Der Poet und die Maschine. Zum Verhältnis von Literatur und Technik in der Renaissance und im Barock. In: Beda Allemann, Erwin Koppen (Hrsg.): Teilnahme und Spiegelung. Festschrift Horst Rüdiger. Berlin 1975, 173–192.

CRAMER, THOMAS (1990): Geschichte der deutschen Literatur im späten Mittelalter. München 1990.

CROSSGROVE, WILLIAM (1971): The Forms of Medieval Technical Literature. Some Suggestions for Further Work. In: Jahrbuch für Internationale Germanistik, Heft 1 (1971) 13–21.

CROSSGROVE, WILLIAM (1994): Die deutsche Sachliteratur des Mittelalters. Bern u. a. 1994 (= Germanistische Lehrbuchsammlung, Abt. 2: Literatur, Reihe B: Literaturwissenschaftliche Grundlagen 63).

CURTZE, MAXIMILIAN (1875): Bermerkungen zu dem Aufsatze Günther's "Zur Geschichte der deutschen Mathematik im fünfzehnten Jahrhundert". In: Zeitschrift für Mathematik und Physik 20 (1875) Historisch-literarische Abteilung 57–60.

CURTZE, MAXIMILIAN (1891): Commentar zu dem "Tractatus de Numeris Datis" des Jordanus Nemorarius. In: Zeitschrift für Mathematik und Physik 36 (1891) Historisch-literarische Abteilung 1–23; 41–63; 81–95; 121–138.

CURTZE, MAXIMILIAN (1894/5): Miscellen zur Geschichte der Mathematik im 14. und 15. Jahrhundert. In: Bibliotheca Mathematica, 2. Folge 8 (1894) 107–115; 9 (1895) 1–8.

CURTZE, MAXIMILIAN (1895a): Mathematisch-historische Miscellen. In: Bibliotheca Mathematica, 2. Folge 9 (1895) 33–42; 77–88; 105–114.

CURTZE, MAXIMILIAN (1895b): Ein Beitrag zur Geschichte der Algebra in Deutschland im fünfzehnten Jahrhundert. In: Abhandlungen zur Geschichte der Mathematik 7 (1895) 31–74.

CURTZE, MAXIMILIAN (1897): Petri Philomeni de Dacia in Algorismum vulgarem Johannis de Sacrobosco commentarius. Una cum algorismo ipso edidit et praefatus est. Kopenhagen 1897.

CURTZE, MAXIMILIAN (1898): Über eine Algorismus-Schrift des XII. Jahrhunderts. In: Abhandlungen zur Geschichte der Mathematik 8 (1898) 1–28.

CURTZE, MAXIMILIAN (1899): Eine Studienreise. In: Centralblatt für Bibliothekswesen 16 (1899) 257–306.

CZOK, KARL (1984): Leipzig und seine Universität im Wandel der Jahrhunderte. In: Leipzig. Aus Vergangenheit und Gegenwart. Beiträge zur Stadtgeschichte. Herausgegeben vom Museum für Geschichte der Stadt Leipzig. Band 3. Leipzig 1984, 55–76.

CZOK, KARL (1985): Das alte Leipzig. Würzburg 1985.

DANEŠ, FRANTIŠEK (1976): Zur semantischen und thematischen Struktur des Kommunikats. In: Daneš/Viehweger 1976, 29–40.

DANEŠ, FRANTIŠEK (1978): Zur linguistischen Analyse der Textstruktur. In: Dressler 1978, 185–192.

DANEŠ, FRANTIŠEK, DIETER VIEHWEGER (Hrsg.; 1976): Probleme der Textgrammatik. Berlin 1976 (= studia grammatica 11).

DAVIS, NATALIE ZEMON (1960): Sixteenth-Century French Arithmetics on the Business Life. In: Journal of the History of Ideas 21 (1960) 18–48.

DEMIDOV, SERGEI S., MENSO FOLKERTS, DAVID E. ROWE, CHRISTOPH SCRIBA (Hrsg.; 1992): "Amphora". Festschrift für Hans Wussing zu seinem 65. Geburtstag. Basel 1992.

DENEKE, BERNWARD (1985): Anleitungsliteratur für Handwerker. In: Brückner/Blickle/Breuer 1985, 817–835.

DENK, RUDOLF (1981): "Musica getuscht". Deutsche Fachprosa des Spätmittelalters im Bereich der Musik. München 1981 (= Münchener Texte und Untersuchungen zur deutschen Literatur des Mittelalters 69).

DESCHAUER, STEFAN (1990): "Lerñ wol mit vleiß daß eyn mol eyn / Szo wirt dir alle Rechnung gemeyn". Ein Beitrag zur Geschichte des Kopfrechnens. In: Mathematische Semesterberichte 37 (1990) 1–39.

DESCHAUER, STEFAN (1991): Das 2. Rechenbuch von Adam Ries. Nachdruck der Erstausgabe Erfurt 1522 mit einer Kurzbiographie, bibliographischen Angaben und einer Übersicht über die Fachsprache. München 1991 (= Algorismus 5).

DESCHAUER, STEFAN (1992a): Das 1. Rechenbuch von Adam Ries. Nachdruck der 2. Auflage Erfurt 1525 mit einer Kurzbiographie, einer Inhaltsanalyse, bibliographischen Angaben, einer Übersicht über die Fachsprache und einem metrologischen Anhang. München 1992 (= Algorismus 6).

DESCHAUER, STEFAN (1992b): Das zweite Rechenbuch von Adam Ries. Eine moderne Textfassung mit Kommentar und metrologischem Anhang und einer Einführung in Leben und Werk des Rechenmeisters. Braunschweig, Wiesbaden 1992.

DEUBNER, FRITZ (1957): Riesens Herz schlug für den "gemeinen Mann". In: Kultur und Heimat 1957, 63.

DEUBNER, FRITZ UND HILDEGARD (1964/70/71/93): Adam Ries, der Rechenmeister des deutschen Volkes. In: Internationale Zeitschrift für Geschichte und Ethik der Naturwissenschaften, Technik und Medizin. 1 (1964) 11–44; 7 (1970) 1–22; 8 (1971) 58–69; Neue Serie 1 (1993) 83–99.

DEUBNER, HILDEGARD (1970): Adam Ries und die Neunerprobe. Eine historische Studie. In: Mathematik in der Schule 8 (1970) 481–492.

DEUBNER, HILDEGARD (1972): Die Geschichte des Einmaleins. Eine historische Studie. In: Mathematik in der Schule 10 (1972) 556–565.

DEUTSCHE LITERATUR des Spätmittelalters. Ergebnisse, Probleme und Perspektiven der Forschung. Greifswald 1986 (= Deutsche Literatur des Mittelalters 3).

DIETRICH, THEO, JOB-GÜNTHER KLINK (Hrsg.; 1964): Zur Geschichte der Volksschule. Band 1. Volksschulordnungen 16. bis 18. Jahrhundert. Bad Heilbrunn 1964.

DIEWALD, GABRIELE MARIA (1991): Deixis und Textsorten im Deutschen. Tübingen 1991 (= Reihe Germanistische Linguistik 91).

DIJK, TEUN A. VAN (1978): Aspekte einer Textgrammatik. In: Dressler 1978, 268–299.

DIJK, TEUN A. VAN (1980): Textwissenschaft. Eine interdisziplinäre Einführung. München 1980.

DOEDE, WERNER (1958): Bibliographie deutscher Schreibmeisterbücher von Neudörffer bis 1800. Hamburg 1958.

DOERFERT, REGINA (1994): Die Substantivableitung mit -heit/-keit, -ida, -î im Frühneuhochdeutschen. Berlin 1994 (= Studia Linguistica Germanica 34).

DÖRING, BRIGITTE (1996): Sprachgeschichtliche Bemerkungen zu Tiroler Gebrauchsliteratur (Fachprosa) des 15./16. Jahrhunderts. In: Michael Gebhardt, Max Siller (Hrsg.): Literatur und Sprache in Tirol. Von den Anfängen bis zum 16. Jahrhundert. Innsbruck 1996 (= Schlern-Schriften 301) 95–107.

DÖRING, BRIGITTE, BIRGIT EICHLER (1994): Zur sprachlichen Gestaltung von Fachtexten des 16. Jahrhunderts. In: Schellenberg 1994a, 9–38.

DÖRING, BRIGITTE, BIRGIT EICHLER (1996): Sprache und Begriffsbildung in Fachtexten des 16. Jahrhunderts. Wiesbaden 1996.

DÖRING, DETLEF (1990): Die Bestandsentwicklung der Bibliothek der Philosophischen Fakultät der Universität von ihren Anfängen bis zur Mitte des 16. Jahrhunderts. Ein Beitrag zur Wissenschaftsgeschichte der Leipziger Universität in ihrer vorreformatorischen Zeit. Leipzig 1990 (= Zentralblatt für Bibliothekswesen. Beiheft 99).

DRESSLER, WOLFGANG (Hrsg.; 1978): Textlinguistik. Darmstadt 1978 (= Wege der Forschung 427).

DREVES, GUIDO MARIA (1909): Analecta Hymnica. Leipzig 1909ff.

DROBISCH, M. W. (1840): De Ioanni Widmanni Egeriani compendio arithmeticae mercatorum. Leipzig 1840.

DROBISCH, M. W. (1848): Beiträge zur Statistik der Universität Leipzig innerhalb der ersten 140 Jahre ihres Bestehens. In: Berichte über die Verhandlungen unserer Gesellschaft 2 (1848) 60–86.

DROZD, LUBOMIR, WILFRIED SEIBICKE (1973): Deutsche Fach- und Wissenschaftssprache. Bestandsaufnahme — Theorie — Geschichte. Wiesbaden 1973.

DRUX, RUDOLF (1984): Lateinisch / Deutsch. In: Besch/Reichmann/Sonderegger 1984, 854–861.

DSB Dictionary of Scientific Biography. Herausgegeben von Charles C. Gillispie. New York 1981ff.

DÜLMEN, RICHARD VAN (1994): Kultur und Alltag in der Frühen Neuzeit. Band 3. Religion, Magie, Aufklärung 16.–18. Jahrhundert. München 1994.

ECKELMANN, HELMUT (1971): Johann Hemeling, Schreib- und Rechenmeister der hochlöblichen Stadt Hannover kaiserlich gekrönter Poet. Hamburg 1971.

ECKELMANN, HELMUT (1986): Dreihundert Jahre Schreib- und Rechenschule zu Hannover (1526–1821). In: Hannoversche Geschichtsblätter, Neue Folge 40 (1986) 73–111.

EFFE, BERND (1977): Dichtung und Lehre. Untersuchungen zur Typologie des antiken Lehrgedichts. München 1977 (= Zetemata 69).

EGERER LANDTAG UND HEIMATVERBAND FÜR EGER STADT UND LAND (Hrsg.; 1981): Heimatkreis Eger. Eger 1981.

EHRHARDT, HORST (1994): Zu Funktionen sprachhandlungskommentierender Ausdrücke im Fachtext. In: Schellenberg 1994a, 78–103.

EICHLER, BIRGIT (1991): Untersuchungen zum Fremdwortgebrauch in Lehrschriften des frühen 16. Jahrhunderts. In: Karl-Ernst Sommerfeldt (Hrsg.): Sprachwissenschaft und Sprachkultur. Tagungsband der Konferenz in Neubrandenburg am 10. und 11. Mai 1990. Frankfurt a. M. 1991 (= Sprache, System und Tätigkeit 1) 147–156.

EICHLER, BIRGIT (1992): Wissenstransfer und Sprachgebrauch in Adam Rieses Schriften. In: Gebhardt 1992, 93–101.

EICHLER, BIRGIT (1993): Zur Wortbildung in Fachtexten des 16. Jahrhunderts. Probleme eines Untersuchungsansatzes. In: Brunner/Wolf 1993, 370–378.

EICHLER, BIRGIT (1995a): Vom verschrifteten *vnterricht* zum unterrichtenden *buechlin*. In: Angelika Feine, Karl-Ernst Sommerfeldt (Hrsg.): Sprache und Stil in Texten für junge Leser. Festschrift für Hans-Joachim Siebert zum 65. Geburtstag. Frankfurt a. M. 1995 (= Sprache, System und Tätigkeit 17) 29–42.

EICHLER, BIRGIT (1995b): Valentin Ickelsamer und Hans Fabritius — sprachgeschichtliche Reminiszens an zwei frühe Erfurter Schulmeister. In: Horst Ehrhardt, Edith Sonntag (Hrsg.): Historische Aspekte des Deutschunterrichts in Tübingen. Frankfurt a. M. u. a. 1995 (= Beiträge zur Geschichte des Deutschunterrichts 24) 33–47.

EICHLER, BIRGIT (1996a): Fachlich konnotierte Sprachstrukturen in frühneuzeitlicher Wissensliteratur. In: Kalverkämper/Baumann 1996, 271–291.

EICHLER, BIRGIT (1996b): Sprachwissenschaftliche Anmerkungen zu Adam Ries und Heinrich Grammateus. In: Manfred Weidauer (Hrsg.): Heynrich Schreyber aus Erfurt, genannt Grammateus. Festschrift zum 500. Geburtstag. München 1996 (= Algorismus 20) 131–141.

EICKMANNS, HEINZ (1986): Gerard van der Scheuren: Teuthonista. Lexikographische und historisch-wortgeographische Untersuchungen. Köln, Wien 1986 (= Niederdeutsche Studien 33).

EIS, GERHARD (1944): Gottfrieds Pelzbuch. Studien zur Reichweite und Dauer der Wirkung des mittelhochdeutschen Fachschrifttums. Brünn u. a. 1944 (= Südosteuropäische Arbeiten 38).

EIS, GERHARD (1951): Studien zur altdeutschen Fachprosa. Heidelberg 1951.

EIS, GERHARD (1967): Mittelalterliche Fachliteratur. Stuttgart ^{2}1967 (= Sammlung Metzler 14).

EIS, GERHARD (1971): Forschungen zur Fachprosa. Ausgewählte Beiträge. München 1971.

EIS, GERHARD (1979): Kleine Schriften zur altdeutschen weltlichen Dichtung. Amsterdam 1979 (= Amsterdamer Publikationen zur Sprache und Literatur 38).

EIS, GERHARD (1982): Medizinische Fachprosa des späten Mittelalters und der frühen Neuzeit. Amsterdam 1982 (= Amsterdamer Publikationen zur Sprache und Literatur 48).

EISENREICH, GÜNTHER (1998): Die neuere Fachsprache der Mathematik seit Carl Friedrich Gauß. In: Hoffmann/Kalverkämper/Wiegand 1998, 1222–1231.

EISENSTEIN, ELIZABETH L. (1980): The printing Press as an Agent of Change. Cambridge 1980.

ELSNER, BERND (1996): Das Rechenbuch des Andreas Reinhard, Notarius Publicus, Organist und Rechenmeister in Schneeberg. In: Gebhardt/Albrecht 1996, 211–220.

EMPFEHLUNGEN zur Edition frühneuzeitlicher Texte der "Arbeitsgemeinschaft außeruniversitärer historischer Forschungseinrichtungen". In: Archiv für Reformationsgeschichte 72 (1981) 299–315.

ENDRES, RUDOLF (1982): Sozial- und Bildungsstrukturen fränkischer Reichsstädte im Spätmittelalter und in der Frühen Neuzeit. In: Brunner 1982, 37–72.

ENDRES, RUDOLF (1983): Die Bedeutung des lateinischen und deutschen Schulwesens für die Entwicklung der fränkischen Reichsstädte des Spätmittelalters und der frühen Neuzeit. In: Kriss-Rettenbeck, Lenz, Max Liedtke (Hrsg.): Schulgeschichte im Zusammenhang der Kulturentwicklung. Bad Heilbrunn 1983 (= Schriftenreihe zum Bayerischen Schulmuseum Ichenhausen 1) 144–165.

ENDRES, RUDOLF (1989): Ausbildung und gesellschaftliche Stellung der Schreib- und Rechenmeister in den fränkischen Reichsstädten. In: Hohenzollern/Liedtke 1989, 144–159.

ENDRES, RUDOLF (1995): Die wirtschaftlichen Beziehungen zwischen Erfurt und Nürnberg im Mittelalter. In: Weiß 1995, 470–481.

ENGEL, EVAMARIA (1987): Zum Alltag des deutschen Kaufmanns im Spätmittelalter. In: Peter Dinzelbacher, Hans-Dieter Mück (Hrsg.): Volkskultur des europäischen Spätmittelalters. Stuttgart 1987 (= Böblinger Forum 1) 89–108.

ENGELSING, ROLF (1973): Analphabetentum und Lektüre. Zur Sozialgeschichte des Lesens in Deutschland zwischen feudaler und industrieller Gesellschaft. Stuttgart 1973.

ENGLISCH, BRIGITTE (1994): Die artes liberales im frühen Mittelalter (5.-9. Jh). Das Quadrivium und der Komputus als Indikatoren für Kontinuität und Erneuerungen der exakten Wissenschaften zwischen Antike und Mittelalter. Stuttgart 1994 (= Sudhoffs Archiv, Beihefte 33).

ENNEN, EDITH (1957): Stadt und Schule in ihrem wechselseitigen Verhältnis vornehmlich im Mittelalter. In: Rheinische Vierteljahresblätter 22 (1957) 56–72.

ERBEN, JOHANNES (1989): Die Entstehung unserer Schriftsprache und der Anteil deutscher Grammatiker am Normierungsprozeß. In: Sprachwissenschaft 14 (1989) 6–28.

ERLER, GEORG (1/2/3): Die Matrikel der Universität Leipzig. 3 Bände. Leipzig 1895/1897/1902 (= Codex diplomaticus Saxoniae Regiae II, 16–18).

ERNST, KONRAD (Hrsg.; 1963): Katalog der Wiegendrucke im Kestner-Museum. Bearbeitet von Christian von Heusinger. Hannover 1963.

EROMS, HANS-WERNER (1991): Die funktionale Satzperspektive bei der Textanalyse. In: Germanistische Linguistik 106/7 (1991) 55–72.

FALK, FRIEDRICH (1937): Luthers Schrift an die Ratsherrn der deutschen Städte und ihre geschichtliche Wirkung auf die deutsche Schule. In: Luther-Jahrbuch 19 (1937) 55–114.

FANFANI, AMINTORE (1951): La préparation intéllectuelle et professionelle à l'activité économique, en Italie, du XIVe au XVIe siècle. In: Le Moyen Age 57, Ser. 4, 6 (1951) 327–346.

FELDBUSCH, ELISABETH (1985): Geschriebene Sprache. Untersuchungen zu ihrer Herausbildung und Grundlegung ihrer Theorie. Berlin, New York 1985.

FIALA, JIŘÍ (1997): Plus minus naše. První výskyt dnešních matematických symbolů pro základní aritmetické operace. In: Vesmír 76 (1997) 264–266.

FISCHER, GERHARD (1929): Aus zwei Jahrhunderten Leipziger Handelsgeschichte 1470–1650. Die kaufmännische Einwanderung und ihre Auswirkungen. Leipzig 1929.

FLESKES, GABRIELE (1996): Untersuchungen zur Textsortengeschichte im 19. Jahrhundert. Am Beispiel der ersten deutschen Eisenbahnen. Tübingen 1996 (= Reihe Germanistische Linguistik 176).

FLUCK, HANS-RÜDIGER (1991): Fachsprachen. Einführung und Bibliographie. Tübingen [4]1991 (= Uni-Taschenbuch 483).

FLUCK, HANS-RÜDIGER (1997): Fachdeutsch in Naturwissenschaft und Technik. Heidelberg [2]1997.

FOLKERTS, MENSO (1970): "Boethius" Geometrie II. Ein mathematisches Lehrbuch des Mittelalters. Wiesbaden 1970 (= Boethius, Texte und Abhandlungen zur Geschichte der exakten Wissenschaften 9).

FOLKERTS, MENSO (1971): Mathematische Aufgabensammlungen aus dem ausgehenden Mittelalter. Ein Beitrag zur Klostermathematik des 14. und 15. Jahrhunderts. In: Sudhoffs Archiv 55 (1971) 58–75.

FOLKERTS, MENSO (1972): Pseudo-Beda: De arithmeticis propositionibus. Eine mathematische Schrift aus der Karolingerzeit. In: Sudhoffs Archiv 56 (1972) 22–43.

FOLKERTS, MENSO (1974): Die Entwicklung und Bedeutung der Visierkunst als Beispiel der praktischen Mathematik der frühen Neuzeit. In: Humanismus und Technik 18 (1974) 1–41.

FOLKERTS, MENSO (1978): Die älteste mathematische Aufgabensammlung in lateinischer Sprache: Die Alkuin zugeschriebenen Propositiones ad acuendos iuvenes. Überlieferung, Inhalt, kritische Edition. Wien 1978 (= Österreichische Akademie der Wissenschaften, Mathematisch-naturwissenschaftliche Klasse, Denkschriften 116, Abhandlung 6).

FOLKERTS, MENSO (1986a): Metrologische Aspekte in Rechenbüchern des Mittelalters und der Renaissance. In: Witthöft 1986, 134–144.

FOLKERTS, MENSO (1986b): Die Bedeutung des lateinischen Mittelalters für die Entwicklung der Mathematik. In: Braunschweigische Wissenschaftliche Gesellschaft. Jahrbuch 1986, 179–192.

FOLKERTS, MENSO (1989a): Euklid. In: Folkerts/Knobloch/Reich 1989, 43–72.

FOLKERTS, MENSO (1989b): Unterhaltungsmathematik. In: Folkerts/Knobloch/Reich 1989, 345–371.

FOLKERTS, MENSO (1992a): Conrad Landvogt, ein bisher unbekannter Algebraiker um 1500. In: Demidov u. a. 1992, 229–259.

FOLKERTS, MENSO (1992b): Zur Entwicklung der Algebra in Deutschland im 15. und 16. Jahrhundert. In: Jahrbuch 1991 der Deutschen Akademie der Naturforscher Leopoldina (Halle/Saale), Leopoldina, Reihe 3, 37 (1992) 203–209.

FOLKERTS, MENSO (1993): Die Alkuin zugeschriebenen "Propositiones ad acuendos iuvenes". In: Paul Leo Butzer, Dietrich Lohrmann (Hrsg.): Science in Western and Eastern Civilization in Carolingian Time. Basel 1993, 283–362.

FOLKERTS, MENSO (1996a): Andreas Alexander — Leipziger Universitätslehrer und Cossist? In: Gebhardt/Albrecht 1996, 53–61.

FOLKERTS, MENSO (1996b): Regiomontanus' Role in the Transmission and Transformation of Greek Mathematics. In: Ragep/Ragep 1996, 89–113.

FOLKERTS, MENSO (Hrsg.; 1996c): Mathematische Probleme im Mittelalter. Der lateinische und arabische Sprachbereich. Wiesbaden 1996 (= Wolfenbütteler Mittelalter-Studien 10).

FOLKERTS, MENSO, EBERHARD KNOBLOCH, KARIN REICH (Hrsg.; 1989): Maß, Zahl und Gewicht. Mathematik als Schlüssel zu Weltverständnis und Weltberherrschung. Weinheim 1989 (= Ausstellungskataloge der Herzog-August-Bibliothek 60).

FOLKERTS, MENSO, PAUL KUNITZSCH (1997): Die älteste lateinische Schrift über das indische Rechnen. München 1997 (= Bayerische Akademie der Wissenschaften, Philosophisch-historische Klasse, Abhandlungen, Neue Folge 113).

FOLKERTS, MENSO, KARIN REICH (1989): Rechenmeister. In: Folkerts/Knobloch/Reich 1989, 188–215.

FRAAS, CLAUDIA (1992): Terminologiebetrachtung im Kontext der modernen Sprachwissenschaft. In: Bungarten 1992, 152–161.

FRANCI, RAFFAELA, LAURA TOTI RIGATELLI (1985): Towards a History of Algebra from Leonardo of Pisa to Luca Pacioli. In: Janus 72 (1985) 17–82.

FRANCI, RAFFAELA, LAURA TOTI RIGATELLI (1988): Fourteenth-century Italian algebra. In: Hay 1988, 11–29.

FRANK, BARBARA (1993): Zur Entwicklung der graphischen Präsentation mittelalterlicher Texte. In: Osnabrücker Beiträge zur Sprachtheorie 47 (1993) 60–81.

FRANK, HORST JOACHIM (1973): Geschichte des Deutschunterrichts. Von den Anfängen bis 1945. München 1973.

FRICK, BERTHA M. (1945): The first Portuguese arithmetic. In: Scripta Mathematica 11 (1945) 327–339.

FRIED, JOHANNES (Hrsg.; 1986): Schulen und Studium im sozialen Wandel des hohen und späten Mittelalters. Sigmaringen 1986 (= Vorträge und Forschungen 30).

FRIEDBERG, EMIL (1898): Die Universität Leipzig in Vergangenheit und Gegenwart. Leipzig 1898.

FRIEDLEIN, G. (1869): Die Zahlzeichen und das elementare Rechnen der Griechen und Römer und des christlichen Abendlandes vom 7.–13. Jahrhundert. Erlangen 1869.

FRNHDT. GR. s. Reichmann/Wegera 1996.

FWB Frühneuhochdeutsches Wörterbuch. Herausgegeben von Robert A. Anderson, Ulrich Goebel, Oskar Reichmann. Berlin, New York 1989ff.

GADOL, JOAN (1969): Die Einheit der Renaissance: Humanismus, Naturwissenschaft und Kunst. In: August Buck (Hrsg.): Zu Begriff und Problem der Renaissance. Darmstadt 1969 (= Wege der Forschung 204) 395–426.

GÄRTNER, BARBARA (1999a): Balthasar Licht (vor 1490 — nach 1509). In: Gebhardt 1999, 13–20.

GÄRTNER, BARBARA (1999b): Daniel Schwenter (1577–1636). Ein barocker Mathematiker. In: Gebhardt 1999, 241–247.

GÄRTNER, BARBARA, WOLFGANG MERETZ (i. Vorb.): Standortverzeichnis der Drucke von Johannes Widmann. In: Rainer Gebhardt (Hrsg.): Johannes Widmann. Annaberg-Buchholz (in Vorbereitung).

GÄRTNER, KURT, PAUL SAPPLER, MICHAEL TRAUTH (Hrsg.; 1991): Maschinelle Verarbeitung altdeutscher Texte IV. Beiträge zum Vierten Internationalen Symposion Trier 28. Februar bis 2. März 1988. Tübingen 1991.

GEBHARDT, RAINER (Hrsg.; 1992): Adam Ries — Humanist, Rechenmeister, Bergbeamter. Beiträge zum wissenschaftlichen Kolloquium Annaberg-Buchholz 18. Juli 1992. Annaberg-Buchholz 1992 (= Schriften des Adam-Ries-Bundes Annaberg-Buchholz 1).

GEBHARDT, RAINER (Hrsg.; 1999): Rechenbücher und mathematische Texte der frühen Neuzeit. Tagungsband zum wissenschaftlichen Kolloquium [...] vom 16.–18. April 1999 in der Berg- und Adam-Ries-Stadt Annaberg-Buchholz. Annaberg-Buchholz 1999 (= Schriften des Adam-Ries-Bundes Annaberg-Buchholz 11).

GEBHARDT, RAINER, HELMUTH ALBRECHT (Hrsg.; 1996): Rechenmeister und Cossisten der frühen Neuzeit. Beiträge zum wissenschaftlichen Kolloquium am 21. September 1996 in Annaberg-Buchholz. Annaberg-Buchholz 1996 (= Schriften des Adam-Ries-Bundes Annaberg-Buchholz 7).

GEBHARDT, RAINER, PETER ROCHHAUS (Hrsg.; 1997): Verzeichnis der Adam-Ries-Drucke. Annaberg-Buchholz 1997 (= Schriften des Adam-Ries-Bundes Annaberg-Buchholz 9).

GELDNER, FERDINAND (1963): Matthaeus Roritzers "Büchlein von der Fialen Gerechtigkeit" und die beiden Ausgaben des "Visierbuchleins" von 1485. In: Gutenberg-Jahrbuch 1963, 60–66.

GELDNER, FERDINAND (1965): Matthäus Roriczer. Das Büchlein von der Fialen Gerechtigkeit. Faksimile der Originalausgabe Regensburg 1486 und Matthäus Roriczer. Die Geometria Deutsch. Faksimile der Originalausgabe Regensburg um 1487/88. Mit einem Nachwort und Textübertragung. Wiesbaden 1965.

GENETTE, GÉRARD (1989): Paratexte. Frankfurt a. M., New York 1989.

GEORGES, HEINRICH: Ausführliches Lateinisch-Deutsches Handwörterbuch. 2 Bände. Nachdruck Hannover 1983.

GERHARDT, CARL IMMANUEL (1868/70): Zur Geschichte der Algebra. In: Monatsberichte der Königlichen Preußischen Akademie der Wissenschaften zu Berlin 1868, 41–54; 1870, 141–153.

GERHARDT, CARL IMMANUEL (1877): Geschichte der Mathematik in Deutschland. München 1877 (= Geschichte der Wissenschaften in Deutschland. Neuere Zeit 17).

GERICKE, HELMUTH (1968): Miszellen aus der Geschichte der Algebra. In: Rechenpfennige. Aufsätze zur Wissenschaftsgeschichte. Kurt Vogel zum 80. Geburtstag am 30. September 1968. München 1968, 7–29.

GERICKE, HELMUTH (1984): Mathematik in Antike und Orient. Berlin, Heidelberg 1984.

GERICKE, HELMUTH (1990): Mathematik im Abendland. Von den römischen Feldmessern bis zu Descartes. Berlin, Heidelberg 1990.

GERISCH, PETER (1984): Sachverhalt–Verb–Beziehungen in Fachsprachen. In: Fachsprache 6 (1984) 41–52.

GERISCH, PETER (1988): Fachbedingte sprachliche Charakteristika mathematischer Texte. In: Fachsprache 10 (1988) 50–65.

GERZYMISCH-ARBOGAST, HEIDRUN (1985): Zur Thema-Rhema-Gliederung im Sachbuchtext. In: Fachsprache 7/1–2 (1985) 18–32.

GESS, FELICIAN (1895): Leipzig und Wittemberg. Ein Beitrag zur sächsischen Reformationsgeschichte. In: Neues Archiv für Sächsische Geschichte 16 (1895) 43–93.

GESSINGER, JOACHIM (1988): Sprachwissenschaft und Sprachgeschichte in Deutschland vom 16.–18. Jahrhundert. In: Osnabrücker Beiträge zur Sprachtheorie 39 (1988) 12–35.

GESSINGER, JOACHIM (1993): Über den Zusammenhang von Schriftspracherwerb, Schriftsystem und schriftsprachlich induzierten Wandel im Deutschen. In: Osnabrücker Beiträge zur Sprachtheorie 47 (1993) 102–125.

GIESE, GERHARDT (1961): Quellen zur deutschen Schulgeschichte seit 1800. Göttingen 1961 (= Quellensammlung zur Kulturgeschichte 15).

GIESECKE, MICHAEL (1991): Der Buchdruck in der frühen Neuzeit. Eine historische Fallstudie über die Durchsetzung neuer Informations- und Kommunikationstechnologien. Frankfurt a. M. 1991.

GIESECKE, MICHAEL (1992): Sinnenwandel, Sprachwandel, Kulturwandel. Studien zur Vorgeschichte der Informationsgesellschaft. Frankfurt a. M. 1992 (= Suhrkamp-Taschenbuch Wissenschaft 997).

GIESECKE, MICHAEL (1993): Von den skriptographischen zu den typographischen Informationsverarbeitungsprogrammen. Neue Formen der Informationsgewinnung und -darstellung im 15. und 16. Jahrhundert. In: Brunner/Wolf 1993, 328–346.

GIUSTINIANI, VITO R. (1987): Màistro Adamo de Rodvila Introito e porta de quele che voleno imparare e comprender todescho o latino, cioè taliono. Edito di sulla stampe del 1477 e 1500 e corredato di un' introduzione, di note e di indici. Tübingen 1987 (= Lingua et Traditio, Beiträge zur Geschichte der Sprachwissenschaft 8).

GLEICK, JAMES (1988): Chaos — die Ordnung des Universums. Vorstoß in die Grenzbereiche der modernen Physik. München 1988.

GÖPFERICH, SUSANNE (1995): Textsorten in Naturwissenschaften und Technik. Pragmatische Typologie — Kontrastierung — Translation. Tübingen 1995 (= Forum für Fachsprachen-Forschung 27).

GÖTZ, URSULA (1992): Die Anfänge der Grammatikschreibung des Deutschen in Formularbüchern des frühen 16. Jahrhunderts: Fabian Frangk — *Schryfftspiegel* — Johann Elias Meichßner. Heidelberg 1992 (= Germanische Bibliothek, Reihe 3 Untersuchungen).

GOETZE, ALFRED (1919): Anfänge einer mathematischen Fachsprache in Keplers Deutsch. Berlin 1919 (= Germanische Studien 1).

GORISCH, GESINE (1984): Zum Einfluß Martin Luthers auf die muttersprachliche Bildung breiter Volksschichten (Kleiner Katechismus). In: Wissenschaftliche Zeitschrift der Humboldt-Universität Berlin 33 (1984) 545–549.

GRENZMANN, LUDGER, KARL STACKMANN (Hrsg.; 1984): Literatur und Laienbildung im Spätmittelalter und in der Reformationszeit. Symposion Wolfenbüttel 1981. Stuttgart 1984 (= Germanistische Symposien Berichtbände 5).

GREULE, ALBRECHT (1989): Zur Sprache der Bickenbacher Rechnungsbücher 1423–1425. In: Klaus Matzel, Hans-Gert Roloff (Hrsg.): Festschrift für Herbert Kolb zu seinem 65. Geburtstag. Bern u. a. 1989, 145–158.

GRÖSSING, HELMUTH (1983): Humanistische Naturwissenschaft. Zur Geschichte der Wiener mathematischen Schulen des 15. und 16. Jahrhunderts. Baden-Baden 1983 (= Saecula Spiritualia 8).

GROSSE, HUGO (1901): Historische Rechenbücher des 16. und 17. Jahrhunderts und die Entwicklung ihrer Grundgedanken bis zur Neuzeit. Ein Beitrag zur Geschichte der Methodik des Rechenunterrichts. Leipzig 1901.

GROSSE, RUDOLF, HANS WELLMANN (Hrsg.; 1996): Textarten im Sprachwandel — nach der Erfindung des Buchdrucks. Heidelberg 1996 (= Sprache — Literatur und Geschichte 13).

GROSSE, SIEGFRIED, WOLFGANG MENTRUP (Hrsg.; 1982): Anweisungstexte. Tübingen 1982 (= Forschungsberichte des Instituts für Deutsche Sprache Mannheim 54).

GRUBMÜLLER, KLAUS (1986): Latein und Deutsch im 15. Jahrhundert. Zur literaturhistorischen Physiognomie der 'Epoche'. In: Deutsche Literatur des Spätmittelalters 1986, 45–63.

GRUBMÜLLER, KLAUS (1989): Mündlichkeit, Schriftlichkeit und Unterricht. Zur Erforschung ihrer Interferenz in der Kultur des Mittelalters. In: Der Deutschunterricht 41 (1989) 41–54.

GRUNDEL, FRIEDRICH (1928): Die Mathematik an den höheren Schulen. Teil 1: Von der Zeit Karls des Großen bis zum Ende des 17. Jahrhunderts. Leipzig, Berlin 1928 (= Beihefte zur Zeitschrift für Mathematischen und Naturwissenschaftlichen Unterricht).

GRUNDMANN, HERBERT (1958): Litteratus — illitteratus. Der Wandel einer Bildungsnorm vom Altertum zum Mittelalter. In: Archiv für Kulturgeschichte 40 (1958) 1–65.

GÜLICH, ELISABETH, KLAUS HEGER, WOLFGANG RAIBLE (1979): Linguistische Textanalyse. Überlegungen zur Gliederung von Texten. Hamburg [2]1979 (= Papiere zur Textlinguistik 8).

GÜLICH, ELISABETH, WOLFGANG RAIBLE (1977): Linguistische Textmodelle. Grundlagen und Möglichkeiten. München 1977 (= Uni-Taschenbuch 130).

GÜNTHER, OTTO (1906): Honorare für Vorlesungen und Übungen bei der Universität Leipzig im 15. Jahrhundert. In: Neues Archiv für Sächsische Geschichte und Altertumskunde Neue Folge 27 (1906) 330–331.

GÜNTHER, SIEGMUND (1875a): Zur Geschichte der deutschen Mathematik im fünfzehnten Jahrhundert. In: Zeitschrift für Mathematik und Physik 20 (1875) Historisch-literarische Abteilung 1–14.

GÜNTHER, SIEGMUND (1875b): Nachträge zu einer früheren mathematisch-historischen Arbeit. In: Zeitschrift für Mathematik und Physik 20 (1875) Historisch-literarische Abteilung 113–120.

GÜNTHER, SIEGMUND (1887): Geschichte des mathematischen Unterrichts im deutschen Mittelalter bis zum Jahre 1525. Berlin 1887 (= Monumenta Germaniae Paedagogica 3).

GÜNTHER, SIEGMUND (1908): Geschichte der Mathematik. 1. Teil: Von den ältesten Zeiten bis Cartesius. Leipzig 1908 (= Sammlung Schubert 18).

GÜNTHER, SIEGMUND, KARL SUDHOFF (Hrsg.; 1909): Festschrift Moritz Cantor anläßlich seines achtzigsten Geburtstages gewidmet von Freunden und Verehrern. Leipzig 1909.

GUENTHERODT, INGRID (1986): Maria Cunitz und Maria Sibylla Merian: Pionierinnen der deutschen Wissenschaftssprache im 17. Jahrhundert. In: Zeitschrift für germanistische Linguistik 14 (1986) 23–49.

GUENTHERODT, INGRID (1987): URANIA PROPITIA (1650) — *in zweyerley Sprachen*: lateinisch- und deutschsprachiges Compendium der Mathematikerin und Astronomin Maria Cunitz. In: Sebastian Neumeister, Conrad Wiedemann (Hrsg.): Res Publica Litteraria. Die Institutionen der Gelehrsamkeit in der frühen Neuzeit. Band 2. Wiesbaden 1987 (= Wolfenbütteler Arbeiten zur Barockforschung 14) 619–640.

HAAGE, BERNHARD DIETRICH (1974): Germanistische Wortforschung auf dem Gebiet der altdeutschen Fachliteratur der Artes. In: Gundolf Keil,

Peter Assion (Hrsg.): Fachprosaforschung. Acht Vorträge zur mittelalterlichen Artesliteratur. Berlin 1974, 124–139.

HAAGE, BERNHARD DIETRICH (1983): Deutsche Artesliteratur des Mittelalters. Überblick und Forschungsbericht. In: Zeitschrift für Literaturwissenschaft und Linguistik 51/52 (1983) 185–205.

HAAGE, BERNHARD DIETRICH (1988): Deutsche Fachliteratur und deutsche Fachsprache der Artes in der mittelalterlichen und frühneuzeitlichen Stadt. In: Gerhard Bauer (Hrsg.): Stadtsprachenforschung unter besonderer Berücksichtigung der Verhältnisse der Stadt Straßburg in Spätmittelalter und früher Neuzeit. Göppingen 1988 (= Göppinger Arbeiten zur Germanistik 488) 271–325.

HAAGE, BERNHARD DIETRICH (1998): Anwendungsmöglichkeiten und bisherige Anwendung von philologisch-historischen Methoden bei der Erforschung der Fachsprachen der Artes. In: Hoffmann/Kalverkämper/Wiegand 1998, 269–277.

HABERMANN, MECHTHILD (1996): Latinismen in deutschen Fachtexten der frühen Neuzeit. In: Horst Haider Munske, Alan Kirkness (Hrsg.): Eurolatein. Das griechische und lateinische Erbe in den europäischen Sprachen. Tübingen 1996 (= Reihe Germanistische Linguistik 169) 12–46.

HABERMANN, MECHTHILD, PETER O. MÜLLER (1987): Zur Wortbildung bei Albrecht Dürer. Ein Beitrag zum Nürnberger Frühneuhochdeutschen um 1500. In: Zeitschrift für deutsche Philologie 106 (Sonderheft) (1987) 117–137.

HACKENBERG, MICHAEL (1983): Private Book ownership in 16th-century German-Language Areas. Berkeley 1983.

HAEBLER, KONRAD (1966): Handbuch der Inkunabelkunde. Stuttgart ^{2}1966.

HÄCKI BUHOFER, ANNELIES (1994): Schriftlichkeit im Handel. In: Hartmut Günther, Otto Ludwig (Hrsg.): Schrift und Schriftlichkeit. [...]. Ein interdisziplinäres Handbuch internationaler Forschung. Band 1. Berlin u. a. 1994 (= Handbücher zur Sprach- und Kommunikationswissenschaft 10.1) 619–628.

HAHN, WALTER VON (Hrsg.; 1981): Fachsprachen. Darmstadt 1981 (= Wege der Forschung 498).

HAMMERSTEIN, NOTKER (1996): 15. bis 17. Jahrhundert. Von der Renaissance und der Reformation bis zum Ende der Glaubenskämpfe. Handbuch der deutschen Bildungsgeschichte. Band 1. München 1996.

HAMPEL, GÜNTHER (1980): Die deutsche Sprache als Gegenstand und Aufgabe des Schulwesens vom Spätmittelalter bis ins 17. Jahrhundert. Gießen 1980 (= Beiträge zur deutschen Philologie 46).

HANAUER, AUGUSTE (1901): Les Imprimeurs de Haguenau. II. Thomas Anshelm (1516–1522). In: Revue d'Alsace 52, 4. Serie 2 (1901) 417–437.

HANKEL, HERMANN (1874): Zur Geschichte der Mathematik im Alterthum und Mittelalter. Leipzig 1874.

HARMS, WOLFGANG (1984): Zwischen Werk und Leser. Naturkundliche illustrierte Titelblätter des 16. Jahrhunderts als Ort der Vermittlung von Autor- und Lesererwartungen. In: Grenzmann/Stackmann 1984, 427–461.

HARMS, WOLFGANG (Hrsg.; 1990): Text und Bild, Bild und Text. Stuttgart 1990 (= Germanistische Symposien Berichtsbände 11).

HARNISCH, HANNA, GEORG MICHEL (1986): Textanalyse aus funktional-kommunikativer Sicht. In: Zeitschrift für Germanistik 7 (1986) 389–401.

HARTWEG, FRÉDÉRIC (1985): Die Rolle des Buchdrucks für die frühneuhochdeutsche Sprachgeschichte. In: Besch/Reichmann/Sonderegger 1985, 1415–1434.

HARTWEG, FRÉDÉRIC, KLAUS-PETER WEGERA (1989): Frühneuhochdeutsch. Eine Einführung in die deutsche Sprache des Spätmittelalters und der frühen Neuzeit. Tübingen 1989 (= Germanistische Arbeitshefte 33).

HAY, CYNTHIA (Hrsg.; 1988): Mathematics from Manuscript to Print: 1300–1600. Oxford 1988.

HAYE, THOMAS (1997): Das lateinische Lehrgedicht im Mittelalter. Analyse einer Gattung. Leiden u. a. 1997 (= Mittellateinische Studien und Texte 22).

HEIDELOFF, CARL (1844): Die Bauhütte des Mittelalters in Deutschland. Eine kurzgefaßte geschichtliche Darstellung mit Urkunden und anderen Beilagen, [...]. Nürnberg 1844.

HEINEMANN, WOLFGANG, DIETER VIEHWEGER (1991): Textlinguistik. Eine Einführung. Tübingen 1991 (= Reihe Germanistische Linguistik 115).

HEISINGER, HANS (1927): Die Schreib- und Rechenmeister des 17. und 18. Jahrhunderts in Nürnberg. Ein Beitrag zur Geschichte des Lehrerstandes. Dissertation Nürnberg 1927.

HELLGARDT, ERNST (1973): Zum Problem symbolbestimmter und formalästhetischer Zahlenkomposition in mittelalterlicher Literatur. Mit Studien zum Quadrivium und zur Vorgeschichte des mittelalterlichen Zahlendenkens. München 1973.

HELLINGA, LOTTE, HELMAR HÄRTEL (Hrsg.; 1981): Buch und Texte im 15. Jahrhundert. Arbeitsgespräch in der Herzog-August-Bibliothek Wolfenbüttel vom 1. bis 3. März 1978. Hamburg 1981 (= Wolfenbütteler Abhandlungen zur Renaissanceforschung 2).

HELLMANN, WILHELM (1895): Ueber die Anfänge des mathematischen Unterrichts an den Erfurter evangelischen Schulen im 16. und 17. Jahrhundert. Teil I. Erfurt 1895 (Beilage zu dem Jahresbericht der städtischen Realschule zu Erfurt).

HELLWIG, PETER (1984): Titulus oder über den Zusammenhang von Titeln und Texten. Titel sind ein Schlüssel zur Textkonstitution. In: Zeitschrift für germanistische Linguistik 12 (1984) 1–20.

HELM, F. E. (1892): Geschichte des städtischen Volksschulwesens in Leipzig. Festschrift zum 100jährigen Jubiläum der Ratsfreischule. Leipzig 1892.

HELSSIG, RUDOLF (1909): Die wissenschaftlichen Vorbedingungen für Baccalaureat in Artibus und Magisterium im ersten Jahrhundert der Universität. Leipzig 1909 (= Beiträge zur Geschichte der Universität Leipzig im fünfzehnten Jahrhundert. Zur Feier des 500jährigen Jubiläums der Universität 2).

HENGST, KARLHEINZ (1985): Text und sprachliche Tätigkeit. Zur funktionalen Analyse von Fachtexten. In: Wissenschaftliche Zeitschrift der PH Zwickau (1985) 122–126.

HENKEL, NIKOLAUS (1984): Leipzig als Übersetzungszentrum am Ende des 15. und Anfang des 16. Jahrhunderts. In: Grenzmann/Stackmann 1984, 559–576.

HENKEL, NIKOLAUS (1988): Deutsche Übersetzungen lateinischer Schultexte. Ihre Verbreitung und Funktion im Mittelalter und in der frühen Neuzeit. Mit einem Verzeichnis der Texte. München 1988 (= Münchener Texte und Untersuchungen zur deutschen Literatur des Mittelalters 90).

HENKEL, NIKOLAUS, NIGEL F. PALMER (Hrsg.; 1992a): Latein und Volkssprache im deutschen Mittelalter 1100–1500. Regensburger Kolloquium. Tübingen 1992.

HENKEL, NIKOLAUS, NIGEL F. PALMER (1992b): Zum Rahmenthema des Regensburger Kolloquiums: Ein Forschungsbericht. In: Henkel/Palmer 1992a, 1–18.

HERGENHAHN, RICHARD (1996): Jakob Köbel 1460–1533. Stadtschreiber zu Oppenheim, Feldmesser, Visierer, Verleger, Druckherr, Schriftsteller und Rechenmeister. In: Gebhardt/Albrecht 1996, 63–82.

HERWAGEN, HEINRICH WILHELM (1860): Zur Geschichte der Nürnberger Gelehrtenschulen in dem Zeitraum von 1485 bis 1526. Einladungsschrift zu den Schlußfeierlichkeiten des Jahres 1859/60 an der Königlichen Studienanstalt zu Nürnberg. Nürnberg 1860.

HESSELBACH, EVA (1920): Die 'deutsche' Schule im Mittelalter. In: Zeitschrift für Geschichte der Erziehung und des Unterrichts 10 (1920) 1–56.

HILBERT, DAVID (1987): Grundlagen der Geometrie. Tübingen ^{13}1987 (= Teubner Studienbücher Mathematik).

HILL, GEORGE FRANCIS (1915): The Development of Arabic Numerals in Europa. Exhibited in sixty-four tables. Oxford 1915.

HOCQUÉL-SCHNEIDER, SABINE (1994): Alte Nikolaischule Leipzig. Herausgegeben von der Kulturstiftung Leipzig. Leipzig 1994.

HOFFMANN, ALFRED (1978): Das Rechenbuch des Steyrer Rechenmeisters Caspars Thierfelder vom Jahre 1587 als wirtschaftsgeschichtliche Quelle. In: Jürgen Schneider (Hrsg.): Wirtschaftskräfte und Wege. Band 1. Stuttgart 1978, 677-693.

HOFFMANN, LOTHAR (1983): Kumulative Analyse wissenschaftlicher Texte als Grundlage für die Beschreibung und Klassifizierung von Fachtextsorten. In: Wissenschaftliche Zeitschrift der Universität Rostock, Gesellschaftswissenschaften, Reihe 2, 1983, 13–17.

HOFFMANN, LOTHAR (1985): Kommunikationsmittel Fachsprache. Eine Einführung. Tübingen ^{2}1985 (= Forum für Fachsprachen-Forschung 1).

HOFFMANN, LOTHAR (Hrsg.; 1987a): Fachsprachen. Instrument und Objekt. Leipzig 1987 (= Linguistische Studien).

HOFFMANN, LOTHAR (1987b): Der Fachtext als strukturierte und funktionale Ganzheit. In: Hoffmann 1987a, 49–63.

HOFFMANN, LOTHAR (1991): Fachsprachenlinguistik zwischen Praxis und Theoriebedarf. In: Deutsch als Fremdsprache 3 (1991) 131–140.

HOFFMANN, LOTHAR, HARTWIG KALVERKÄMPER, HERBERT E. WIEGAND (Hrsg.; 1998): Fachsprachen. [...]. Ein internationales Handbuch zur Fachsprachenforschung und Terminologiewissenschaft. Berlin, New York

1998 (= Handbücher zur Sprach- und Kommunikationswissenschaft 14.1 und 14.2).

HOFMANN, JOSEPH EHRENFRIED (Hrsg.; 1965): Christian Wolff. Mathematisches Lexicon, Darinnen die in allen Theilen der Mathematik ůblichen Kunst-Wörter erklåret. Lepizig 1716. Neudruck Hildesheim 1965 (= Christian Wolff, Gesammelte Werke, I. Abteilung, Deutsche Schriften, Band 11).

HOFMANN, JOSEPH EHRENFRIED (Hrsg.; 1973): Christian Wolff. Anfangsgründe aller mathematischen Wissenschaften. Leipzig, Frankfurt a. M. 1750. Neudruck Hildesheim 1973 (= Christian Wolff, Gesammelte Werke, I. Abteilung, Deutsche Schriften, Band 12).

HOHENZOLLERN, JOHANN GEORG PRINZ VON, MAX LIEDTKE (Hrsg.; 1989): Schreiber, Magister, Lehrer. Zur Geschichte und Funktion eines Berufsstandes. Bad Heilbrunn 1989.

HOLY, BARBARA (1992): Mathematik und Unterricht im Mittelalter. Praktische Geometrie im Rechenbuch des Johannes Widmann von Eger und Bezüge zum Geometrieunterricht in der Hauptschule. Zulassungsarbeit. Katholische Universität Eichstätt. Mathematisch-Geographische Fakultät 1992 [Typoskript].

HONEMANN, VOLKER U. A. (Hrsg.; 1979): Poesie und Gebrauchsliteratur im deutschen Mittelalter. Würzburger Colloquium 1978. Tübingen 1979.

HOOCK, JOCHEN, PIERRE JEANNIN (1991): Ars mercatoria. Handbücher und Traktate für den Gebrauch des Kaufmanns. Eine analytische Bibliographie. Band 1: 1470–1600. Paderborn u. a. 1991.

HOPPE, BRIGITTE (1996): Die Vernetzung der mathematisch ausgerichteten Anwendungsgebiete mit den Fächern des Quadriviums in der Frühen Neuzeit. In: Irmgard Hantsche (Hrsg.): Der "mathematicus". Zur Entwicklung und Bedeutung einer neuen Berufsgruppe in der Zeit Gerhard Mercators. Bochum 1996 (= Duisburger Mercator-Studien 4) 1–40.

HOYER, SIEGFRIED (1984): Die scholastische Universität bis 1480. In: Rathmann 1984, 9–32.

HOYER, SIEGFRIED, UTA SCHWARZ (1983): Die Leipziger Bürgerschaft und die frühe Reformation. In: Leipzig. Aus Vergangenheit und Gegenwart. Beiträge zur Stadtgeschichte. Herausgegeben vom Museum für Geschichte der Stadt Leipzig. Band 2. Leipzig 1983, 99–117.

HUGHES, BARNABAS BERNARD (1981): The De numeris datis of Jordanus de Nemore, a Critical Edition and Translation. Berkeley u. a. 1981 (= Center for Medieval and Renaissance Studies 14).

HUGHES, BARNABAS BERNARD (1982): The Medieval Latin Translations of al-Khwarizmi's al-Jabr. In: Manuscripta 26 (1982) 31–37.

HUGHES, BARNABAS BERNARD (1996): Arabic Algebra. Victim of Religious and Intellectual Animus. In: Folkerts 1996c, 197–220.

L'HUILLIER, HERVÉ (1994): Regards sur la formation progressive d'une langue pour les mathématiques dans l'Occident médiéval. In: Guy Beaujouan (Hrsg.): Comprendre et maîtriser la nature au moyen age. Mélanges d'histoire des scienes. Genf 1994 (= Hautes études médiévales et modernes 73) 541–555.

HUMPERT, MAGDALENE (1937): Bibliographie der Kameralwissenschaften. Köln 1937.

IFRAH, GEORGES (1991): Universalgeschichte der Zahlen. Frankfurt a. M., New York 1991.

ILLMER, DETLEF (1990): Die Zahlenlehre des Boethius. In: Michael Bernhard u. a.: Rezeption des antiken Fachs im Mittelalter. Darmstadt 1990 (= Geschichte der Musiktheorie 3) 219–252.

ISCHREYT, HEINZ (1977): Sprachfragen in der Wissenschaft. In: Muttersprache 87 (1977) 77–85.

ISENBERG, HORST (1976): Einige Grundbegriffe für eine linguistische Texttheorie. In: Daneš/Viehweger 1976, 47–145.

JAEGER, ADOLF (1925): Stellung und Tätigkeit der Schreib- und Rechenmeister ("Modisten") in Nürnberg im ausgehenden Mittelalter und zur Zeit der Renaissance. Ein Beitrag zur Geschichte eines ringenden und strebenden Mittelstandes aus der Zeit der Blüte und des beginnenden Verfalls der Reichsstadt. Erlangen Dissertation 1925.

JÄGER, GEORG (1990): Bibliographie zur Geschichte und Theorie von Text-Bild-Beziehungen. In: Harms 1990, 475–508.

JÄGER, WILLI (1993): Die Sprache der Mathematik. In: Paul Weingartner (Hrsg.): Die Sprache in den Wissenschaften. Freiburg, München 1993, 9–42.

JAEGGLI, ALVIN (Hrsg.; 1966): Albrecht Dürer. Vnderweysung der messung mit dem zirckel vnd richt scheyt. Nachdruck der Ausgabe Nürnberg 1525. Olten 1966.

JÄNICKE, E. (1877): Geschichte des Rechenunterrichtes. In: Carl Kehr (Hrsg.): Geschichte der Methodik des deutschen Volksschulunterrichtes. Band 1. Gotha 1877, 281–460.

JAHNKE, HANS NIELS (1990): Mathematik und Bildung in der Humboldtschen Reform. Göttingen 1990 (= Studien zur Wissenschafts-, Sozial- und Bildungsgeschichte der Mathematik 8).

JELLINEK, MAX HERMANN (1913): Geschichte der neuhochdeutschen Grammatik von den Anfängen bis auf Adelung. 1. Halbband. Heidelberg 1913.

JOHNSTON, STEPHEN (1996): The identity of the mathematical practitioner in 16th-century England. In: Irmgard Hantsche (Hrsg.): Der "mathematicus". Zur Entwicklung und Bedeutung einer neuen Berufsgruppe in der Zeit Gerhard Mercators. Bochum 1996 (= Duisburger Mercator-Studien 4) 93–120.

JOSTEN, DIRK (1976): Sprachvorbild und Sprachnorm im Urteil des 16. und 17. Jahrhunderts. Sprachlandschaftliche Prioritäten — Sprachautoritäten — Sprachimmanente Argumentation. Bern, Frankfurt a. M. 1976 (= Europäische Hochschulschriften, Reihe 1, Deutsche Literatur und Germanistik 152).

JÜRGENS, FRANK (1996): Textsorten- und Textmustervariationen am Beispiel der Todesanzeige. In: Muttersprache 106 (1996) 226–242.

JUSCHKEWITSCH, ADOLF PAWLOWITSCH (1964): Geschichte der Mathematik im Mittelalter. Leipzig 1964.

KADENBACH, JOHANNES (1992): Philosophie an der Universität Erfurt im 14./15. Jahrhundert. In: Weiß 1992, 155–170.

KAEMMEL, OTTO (1909): Geschichte des Leipziger Schulwesens. Vom Anfange des 13. bis gegen die Mitte des 19. Jahrhunderts (1214–1846). Leipzig, Berlin 1909.

KÄSTNER, ABRAHAM GOTTHELF (1796/1800): Geschichte der Mathematik. Göttingen 1796–1800 (= Geschichte der Künste und Wissenschaften 7.1–4).

KÄSTNER, HANNES, EVA SCHÜTZ, JOHANNES SCHWITALLA (1985): Die Textsorten des Frühneuhochdeutschen. In: Besch/Reichmann/Sonderegger 1985, 1355–1368.

KÄSTNER, HANNES, EVA SCHÜTZ, JOHANNES SCHWITALLA (1990): 'Dem gmainen Mann zu guttem Teutsch gemacht'. Textliche Verfahren der Wissensvermittlung in frühneuhochdeutschen Fachkompendien. In: Betten 1990a, 205–223.

KALVERKÄMPER, HARTWIG (1980): Die Axiomatik der Fachsprachenforschung. In: Fachsprache 2 (1980) 2–20.

KALVERKÄMPER, HARTWIG (1983a): Gattungen, Textsorten, Fachsprachen. Textpragmatische Überlegungen zur Klassifikation. In: Ernest Hess-Lüttich (Hrsg.): Textproduktion und Textrezeption. Tübingen 1983 (= Forum Angewandte Linguistik 3) 91–103.

KALVERKÄMPER, HARTWIG (1983b): Textuelle Fachsprachen-Linguistik als Aufgabe. In: Zeitschrift für Literaturwissenschaft und Linguistik 51/52 (1983) 124–166.

KALVERKÄMPER, HARTWIG (1983c): Antike Rhetorik und Textlinguistik. Die Wissenschaft vom Text in altehrwürdiger Modernität. In: Manfred Faust u. a. (Hrsg.): Allgemeine Sprachwissenschaft, Sprachtypologie und Textlinguistik. Festschrift für Peter Hartmann. Tübingen 1983, 349–372.

KALVERKÄMPER, HARTWIG (1993): Das fachliche Bild. Zeichenprozesse in der Darstellung wissenschaftlicher Ergebnisse. In: Schröder 1993, 215–238.

KALVERKÄMPER, HARTWIG (1998): Fachliches Handeln, Fachkommunikation und fachsprachliche Reflexionen in der Renaissance. In: Hoffmann/Kalverkämper/Wiegand 1998, 301–322.

KALVERKÄMPER, HARTWIG, KLAUS-DIETER BAUMANN (Hrsg.; 1996): Fachliche Textsorten. Komponenten — Relationen — Strategien. Tübingen 1996 (= Forum für Fachsprachen-Forschung 25).

KAUNZNER, WOLFGANG (1968a): Über Johannes Widmann von Eger. Ein Beitrag zur Geschichte der Rechenkunst im ausgehenden Mittelalter. München 1968 (= Veröffentlichungen der Forschungsinstitute des Deutschen Museums für die Geschichte der Naturwissenschaften und der Technik, Serie C 7).

KAUNZNER, WOLFGANG (1968b): Über das Eindringen algebraischer Kenntnisse nach Deutschland. In: Rechenpfennige. Aufsätze zur Wissenschaftsgeschichte. Kurt Vogel zum 80. Geburtstag am 30. September 1968. München 1968, 91–119.

KAUNZNER, WOLFGANG (1968c): Über eine arithmetische Abhandlung aus dem Prager Kodex XI.C.5. München 1968 (= Veröffentlichungen der Forschungsinstitute des Deutschen Museums für die Geschichte der Naturwissenschaften und der Technik, Serie C).

KAUNZNER, WOLFGANG (1970a): Über das Zusammenwirken von Systematik und Problematik in der frühen deutschen Algebra. Ein Beitrag zur Geschichte der Rechenkunst zu Beginn der Neuzeit. In: Sudhoffs Archiv 54 (1970) 299–315.

KAUNZNER, WOLFGANG (1970b): Über die Algebra bei Heinrich Schreyber. Ein Beitrag zur Geschichte der Rechenkunst zu Beginn der Neuzeit. In: Verhandlungen des Historischen Vereins für Oberpfalz und Regensburg 110 (1970) 227–239.

KAUNZNER, WOLFGANG (1971): Deutsche Mathematiker des 15. und 16. Jahrhunderts und ihre Symbolik. Ein Brückenschlag in der Mathematik vom Altertum zur Neuzeit. Ein Beitrag zur Geschichte der Rechenkunst im ausgehenden Mittelalter. München 1971 (= Veröffentlichungen der Forschungsinstitute des Deutschen Museums für die Geschichte der Naturwissenschaften und der Technik, Serie A 90).

KAUNZNER, WOLFGANG (1972): Über einige algebraische Abschnitte aus der Wiener Handschrift Nr. 5277. Wien 1972 (= Österreichische Akademie der Wissenschaften, Mathematisch-naturwissenschaftliche Klasse, Denkschriften 116, Abhandlung 4) 115–188.

KAUNZNER, WOLFGANG (1973): Beiträge zur mathematischen Literatur des 13. bis 16. Jahrhunderts. Ein Beitrag zur Geschichte der Rechenkunst im ausgehenden Mittelalter. In: Sudhoffs Archiv 57 (1973) 315–328.

KAUNZNER, WOLFGANG (1978): Über die Handschrift Clm 26 639 der Bayerischen Staatsbibliothek München. Hildesheim 1978 (= Arbor scientiarum. Beiträge zur Wissenschaftsgeschichte. Reihe B 1).

KAUNZNER, WOLFGANG (1979): Zur Entwicklung der Mathematik im 15. Jahrhundert. Wien 1979 (= Österreichische Akademie der Wissenschaften, Mathematisch-naturwissenschaftliche Klasse, Denkschriften 166, Abhandlung 8) 135–142.

KAUNZNER, WOLFGANG (1983): Über die mittelalterlichen mathematischen Handschriften der Staats- und Stadtbibliothek Augsburg. Ein Beitrag zur Geschichte der Rechenkunst im ausgehenden Mittelalter. München 1983.

KAUNZNER, WOLFGANG (1987): Über Charakteristika in der mittelalterlichen abendländischen Mathematik. In: Mathematische Semesterberichte 34/2 (1987) 143–186.

KAUNZNER, WOLFGANG (1992a): Adam Ries — sein Leben und sein Werk. Bayreuth 1992 (= Heimatbeilage zum Amtlichen Schulanzeiger des Regierungsbezirks Oberfranken 190).

KAUNZNER, WOLFGANG (1992b): Zum Stand der westeuropäischen Mathematik zur Zeit der Entdeckung Amerikas. In: Demidov u. a. 1992, 359–374.

KAUNZNER, WOLFGANG (1992c): Zur Bedeutung von Erfurt für die Entwicklung der Mathematik im Mittelalter und während der Renaissance. In: Weiß 1992, 315–329.

KAUNZNER, WOLFGANG (1992d): Über das wissenschaftliche Umfeld und die mathematischen Handschriften von Adam Ries. In: Stadt Staffelstein 1992, 157–279; 305–351.

KAUNZNER, WOLFGANG (1993): Über die beiden nachgelassenen mathematischen Handschriften von Adam Ries. In: Menso Folkerts, J. P. Hogendijk (Hrsg.): Vestigia Mathematica. Studies in Medieval and Early Modern Mathematics in Honour of H. L. L. Busard. Amstedam 1993, 173–204.

KAUNZNER, WOLFGANG (1995): Zur Mathematik Peter Apians. In: Röttel 1995, 183–216.

KAUNZNER, WOLFGANG (1996a): Johannes Widmann, Cossist und Verfasser des ersten großen deutschen Rechenbuches. In: Gebhardt/Albrecht 1996, 37–51.

KAUNZNER, WOLFGANG (1996b): Christoff Rudolf, ein bedeutender Cossist in Wien. In: Gebhardt/Albrecht 1996, 113–138.

KAUNZNER, WOLFGANG (1996c): Über einige Zusammenhänge zwischen lateinischen und deutschen mathematischen Texten, die auf arabische Quellen zurückgehen. In: Folkerts 1996c, 429–444.

KAUNZNER, WOLFGANG, HANS WUSSING (1992): Adam Ries: Coss. 2 Bände. Stuttgart, Leipzig 1992 (= Teubner Archiv zur Mathematik, Supplement 1).

KEIL, GUNDOLF (1974): Literaturbegriff und Fachprosaforschung. In: Gundolf Keil, Peter Assion (Hrsg.): Fachprosaforschung. Acht Vorträge zur mittelalterlichen Artesliteratur. Berlin 1974, 183–196.

KEIL, GUNDOLF (1979): Prosa und gebundene Rede im medizinischen Kurztraktat des Hoch- und Spätmittelalters. In: Honemann u. a. 1979, 76–93.

KEIL, GUNDOLF (1995): "ein kleiner Leonardo". Ulrich Rülein von Kalbe als Humanist, Mathematiker, Montanwissenschaftler und Arzt. In: G. Keil (Hrsg.): Würzburger Fachprosa-Studien. Beträge zur Medizin-, Pharmazie- und Standesgeschichte aus dem Würzburger medizinhistorischen Institut. Michael Holler zum 60. Geburtstag. Würzburg 1995, 228–247.

KEIL, GUNDOLF (1998a): Johannes Widmann. In: Lexikon des Mittelalters 9. München 1998, 66/7.

KEIL, GUNDOLF (1998b): Germanistische Forschungen zur mittelalterlichen Fachprosa (Fachliteratur): ein historischer Überblick. In: Hoffmann/Kalverkämper/Wiegand 1998, 348ff.

KEIL, GUNDOLF U. A. (Hrsg.; 1968): Fachliteratur des Mittelalters. Festschrift für Gerhard Eis. Stuttgart 1968.

KEIL, GUNDOLF U. A. (Hrsg.; 1982): Fachprosa-Studien. Beiträge zur mittelalterlichen Wissenschafts- und Geistesgeschichte. Berlin 1982.

KEITEL, CHRISTINE, MICHAEL OTTE, FALK SEGER (1980): Texte Wissen Tätigkeit. Das Schulbuch im Mathematikunterricht. Königsstein 1980 (= Entwicklung praxisorientierter Ausbildungs- und Studienmaterialien für Mathematiklehrer der Sekundarstufe I, 2).

KELLE, BERNHARD (1994): Zur Kommunikationstypik in den Briefen Johannes Keplers. In: Heinrich Löffler, Karlheinz Jakob, B. Kelle (Hrsg.): Texttyp, Sprechergruppe, Kommunikationsbereich. Studien zur deutschen Sprache in Geschichte und Gegenwart. Festschrift Hugo Steger (65. Geburtstag). Berlin, New York 1994, 412–429.

KELLENBENZ, HERMANN (Hrsg.; 1986): Europäische Wirtschafts- und Sozialgeschichte vom ausgehenden Mittelalter bis zur Mitte des 17. Jahrhunderts. Handbuch der Europäischen Wirtschafts- und Sozialgeschichte. Band 3. Stuttgart 1986.

KETTMANN, GERHARD (1995): Die Wittenberger Drucker in der Reformationszeit und ihr Umgang mit der deutschen Sprache. Sprachliche Probleme der Lutherzeit. In: Oehmig 1995, 143–152.

KIENITZ, WERNER (1930): Formen literarischer Ankündigung im 15. und 16. Jahrhundert. Köln 1930.

KIEPE, HANSJÜRGEN (1981): "Ettwas von buchstaben". Leseunterricht und deutsche Grammatik um 1486. In: Beiträge zur Geschichte der deutschen Sprache und Literatur (Tübingen) 103 (1981) 1–5.

KLEIN, WOLF PETER (1995): Das naturwissenschaftliche Fachlexikon in Deutschland zwischen Renaissance und 19. Jahrhundert. In: Lexicographica 11 (1995) 15–49.

KLEINEIDAM, ERICH (1969): Universitas Studii Erffordensis. Überblick über die Geschichte der Universität Erfurt. 4 Bände. Leipzig 1969/81 (= Erfurter theologische Studien 14/22/42/47).

KLEINSCHMIDT, ERICH (1982a): Literatur und städtische Gemeinschaft. Aspekte einer literarischen Stadtkultur in der Frühen Neuzeit. In: Brunner 1982, 73–93.

KLEINSCHMIDT, ERICH (1982b): Volkssprache und historisches Umfeld. Funktionsräume einer deutschen Literatursprache in der Frühen Neuzeit. In: Zeitschrift für deutsche Philologie 101 (1982) 411–436.

KLEMPERER, VICTOR VON (1929): Konrad Kachelofen, Johannes Kachelofen. In: Gutenberg-Jahrbuch 3 (1929) 134–151.

KLIBANSKY, RAYMOND, ERWIN PANOFSKY, FRITZ SAXL (1990): Saturn und Melancholie. Studien zur Geschichte der Naturphilosophie und Medizin, der Religion und der Kunst. Frankfurt a. M. [2]1990.

KLÜGEL, GEORG SIMON (1803–23): Mathematisches Wörterbuch oder Erklärung der Begriffe, Lehrsätze, Aufgaben und Methoden der Mathematik mit den nöthigen Beweisen. Leipzig 1803–1823.

KLUGE, FRIEDRICH: Etymologisches Wörterbuch der deutschen Sprache. Völlig neu bearbeitet von Elmar Seebold. Berlin, New York [22]1989.

KNAPE, JOACHIM (1985): Das Deutsch der Humanisten. In: Besch/Reichmann/Sonderegger 1985, 1408–1415.

KNAPP, HANS GEORG (1988): Zahl als Zeichen. Zur "Technisierung" der Arithmetik im Mittelalter. In: Historia Mathematica 15 (1988) 114–134.

KNOBLOCH, EBERHARD (1989a): Analogie und mathematisches Denken. In: Berichte zur Wissenschaftsgeschichte 12 (1989) 35–47.

KNOBLOCH, EBERHARD (1989b): Klassifikationen. In: Folkerts/Knobloch/Reich 1989, 13–40.

KNOBLOCH, EBERHARD (1989c): Musik. In: Folkerts/Knobloch/Reich 1989, 243–264.

KNOPF, WILHELM (1902): Zur Geschichte der Typischen Zahlen in der deutschen Literatur des Mittelalters. Leipzig 1902.

KOLLER, GERHARD (1989): Der Schreibusus Albrecht Dürers. Graphematische Untersuchungen zum Nürnberger Frühneuhochdeutschen. Stuttgart 1989 (= Zeitschrift für Dialektologie und Linguistik, Beiheft 62).

KOMMENTAR-EMPFEHLUNGEN für Editionen von Texten der Frühen Neuzeit. In: Mundt 1992, 161–166.

KOOL, MARJOLEIN (1988): What could we learn from Master Christianus van Varenbraken? A Note on an Arithmetic Manuscript of a Sixteenth-century Flemish Schoolmaster. In: Hay 1988, 147–155.

KORB'SCHES SIPPENARCHIV (Hrsg.; 1977): Inhalts-, Personen- und Ortsnamen-Verzeichnis zu Adam Daniel Richters Chronik von Annaberg. Bearbeitet von Willy Roch. Regensburg 1977 (= Die Fundgrube, Eine Sammlung genealogischen Materials 26).

KORTH, LEONARD (1904): Thomas Anshelm von Baden-Baden. Ein Beitrag zur Geschichte des Buchdrucks im Zeitalter des Humanismus. Baden-Baden 1904.

KOTSCHI, THOMAS (1996): Textkonstitutionsstruktur und Informationsstruktur. In: Motsch 1996, 241–271.

KOZA, INGEBORG (1973): Überlegungen zur vergleichenden Analyse von Schulgeschichtsbüchern. In: Schallenberger 2, 1973, 14–24.

KRAFFT, FRITZ (1991a): Humanismus — Naturwissenschaft — Technik. Europa vor der Spaltung in zwei Kulturen des Geistes. In: Georg Kauffmann (Hrsg.): Die Renaissance im Blick der Nationen Europas. Wiesbaden 1991 (= Wolfenbütteler Abhandlungen zur Renaissanceforschung 9) 355–380.

KRAFFT, FRITZ (1991b): Technik und Naturwissenschaften in Antike und Mittelalter. In: Armin Hermann, Charlotte Schönbeck (Hrsg.): Technik und Wissenschaft. Düsseldorf 1991 (= Technik und Kultur 3) 220–239.

KRAUSE, ARMIN (1988): Bedeutungsanalysen im historischen Text. In: Neuphilologische Mitteilungen 89 (1988) 583–590.

KRETZENBACHER, HEINZ LEONHARD (1991): Syntax des wissenschaftlichen Fachtextes. In: Fachsprache 13 (1991) 118–137.

KRETZENBACHER, HEINZ LEONHARD, HARALD WEINRICH (Hrsg.; 1995): Linguistik der Wissenschaftssprache. Berlin, New York 1995 (= Akademie der Wissenschaften zu Berlin, Forschungsbericht 10).

KRIEGER, KARL (1933): Die Sprache der Ravensburger Kaufleute um die Wende des 15. und 16. Jahrhunderts bearbeitet auf Grund der Obser-Schulte'schen Akten aus Schloss Salem. Dissertation Heidelberg, Friedrichshafen 1933.

KRIEGESMANN, ULRICH (1990): Die Entstehung der neuhochdeutschen Schriftsprache im Widerstreit der Theorien. Frankfurt a. M. u. a. 1990 (= Germanistische Arbeiten zu Sprache und Kulturgeschichte 14).

KRISTELLER, PAUL OSKAR (1969): Die Rolle des klassischen Humanismus in der Wissenschaft der Renaissance. In: August Buck (Hrsg.): Zu Begriff und Problem der Renaissance. Darmstadt 1969 (= Wege der Forschung 204) 222–227.

KROKER, ERNST (1908): Leipzig. Leipzig 1908 (= Stätten der Kultur 5).

KROKER, ERNST (1925): Handelsgeschichte der Stadt Leipzig. Die Entwicklung des Leipziger Handels und der Leipziger Messen von der Gründung der Stadt bis auf die Gegenwart. Leipzig 1925 (= Beiträge zur Stadtgeschichte 7).

KRÜGER, DAGOBERT (1992): Anmerkungen zur Entstehung und Diskussion mathematischer Termini an Beispielen des 17. und 18. Jahrhunderts. In: Albrecht/Baum 1992, 117–133.

KRUG, HEIDRUN (1978): Die Konsequenz (logische Folgerichtigkeit) der Denkprozesse in russischen Fachtexten der Mathematik. In: Lothar Hoffmann (Hrsg.): Sprache in Wissenschaft und Technik. Leipzig 1978, 148–159.

KÜHLMANN, WILHELM, WOLFGANG NEUBER (Hrsg.; 1994): Intertextualität in der Frühen Neuzeit. Studien zu ihren theoretischen und praktischen Perspektiven. Frankfurt a. M. 1994 (= Frühneuzeit-Studien 2).

KÜHN, INGRID, GOTTHARD LERCHNER (Hrsg.; 1993): Von wysheit würt der mensch geert. Festschrift für Manfred Lemmer zum 65. Geburtstag. Frankfurt a. M. u. a. 1993.

KUHN, HUGO (1980): Versuch über das 15. Jahrhundert in der deutschen Literatur. In: H. Kuhn: Entwürfe zu einer Literatursystematik des Spätmittelalters. Tübingen 1980, 77–101.

KUNITZSCH, PAUL (1996): Erfahrungen und Beobachtungen bei der Arbeit mit Texten der arabisch-lateinischen Übersetzungsliteratur. In: Folkerts 1996c, 185–196.

LAFONT, ROBERT (1967): Francés Pellos. Compendion de l'abaco. Montpellier 1967 (= Editions de la Revue des Langues Romanes).

LANG, EWALD (1976): Erklärungstexte. In: Daneš/Viehweger 1976, 147–181.

LANGER, GOTTFRIED (1975): Von Fragen um eine bisher nicht beschriebene Ausgabe des "Algorithmus integrorum cum probis annexis". In: Gutenberg-Jahrbuch 75 (1975) 81–87.

LAUSBERG, HEINRICH (1976): Der Hymnus "Ave maris stella". Opladen 1976 (= Rheinisch-Westfälische Akademie der Wissenschaften, Abhandlungen 61).

LEICH, JOHANN HEINRICH (1740): De origine et incrementis typographiæ Lipsiensis liber singularis. Leipzig [1740].

LEONHARDI, F. G. (1799): Geschichte und Beschreibung der Kreis- und Handelsstadt Leipzig nebst der umliegenden Gegend. Leipzig 1799.

LEVERMANN, WOLFGANG (1990): Rechnergestützte Quellenedition und -beschreibung. Ein Weg zur Bereitstellung maschinenlesbaren Materials für die historische Forschung. In: Menso Folkerts u. a. (Hrsg.): The Use of Computers [...]. München 1990 (= Algorismus 4) 91–108.

LEXER, MATTHIAS: Mittelhochdeutsches Handwörterbuch. 3 Bände. Leipzig 1872/76/78.

LEX. D. MAL. Lexikon des Mittelalters. München, Zürich 1980ff.

LIDDELL, HENRY GEORGE, ROBERT SCOTT: Greek-English Lexicon. Oxford ^{9}1940.

LINKE, ANGELIKA (1996): Sprachkultur und Bürgertum. Zur Mentalitätsgeschichte des 19. Jahrhunderts. Stuttgart, Weimar 1996.

LÖCHER, KURT (1993): Albrecht Dürer. In: Stephan Füssel (Hrsg.): Deutsche Dichter der Neuzeit (1450–1600). Ihr Leben und Werk. Berlin 1993, 270–280.

LÖFFLER, HEINRICH (1989): Deutsch-lateinische Schreibdiglossie im späten Mittelalter. Zur textfunktionalen Verteilung von Deutsch und Latein in der urbarialen Verwaltungssprache des frühen 15. Jahrhunderts. Eine Fallstudie. In: Albrecht Greule (Hrsg.): Sprache, Literatur, Kultur. Studien zu ihrer Geschichte im deutschen Süden und Westen. Stuttgart 1989, 126–137.

LÖTSCHER, ANDREAS (1991): Thematische Textorganisation in deskriptiven Texten als Selektions-/Linearisierungsproblem. In: Germanistische Linguistik 106/7 (1991) 73–106.

LÖTSCHER, ANDREAS (1995): Syntaktische Prestigesignale in der literarischen Prosa des 16. Jahrhunderts. In: Daphnis 24 (1995) 17–53.

LOKOTSCH, KARL (1927): Etymologisches Wörterbuch der europäischen (germanischen, romanischen uns slawischen) Wörter orientalischen Ursprungs. Heidelberg 1927.

LORCK, CARL B. (1879): Die Druckkunst und der Buchhandel in Leipzig durch vier Jahrhunderte. Zur Erinnerung an die Einführung der Buchdruckerkunst in Leipzig 1479 und an die dortige Kunstgewerbe-Ausstellung 1879. Leipzig 1879.

LORENZ, SÖNKE (1992): Das Erfurter "Studium generale artium". Deutschlands älteste Hochschule. In: Weiß 1992, 123–134.

LORENZ, WOLFGANG (1985): Leben und Wirken des Adam Ries in der Bergstadt Annaberg. In: Sächsische Heimatblätter, Dresden 31 (1985) 5–8.

LUCAS, GERNOT (1969): Stadt und Schule. Stationen der Entwicklung unter besonderer Berücksichtigung des niederen Schulwesens. Stuttgart 1969.

LÜDEMANN, KARL (1934): Ulrich Rülein von Kalbe, der Verfasser des ersten deutschen Buches über den Bergbau. In: Mitteilungen des Freiberger Altertumsvereins 64 (1934) 67–75.

LÜNEBURG, HEINZ (1992): Leonardi Pisani Liber Abbaci oder Lesevergnügen eines Mathematikers. Mannheim 1992.

MAAS, UTZ (1985): Lesen — Schreiben — Schrift. In: Zeitschrift für Literaturwissenschaft und Linguistik 59 (1985) 55–80.

MAAS, UTZ (1995): Ländliche Schriftkultur in der Frühen Neuzeit. In: Andreas Gardt, Klaus J. Mattheier, Oskar Reichmann (Hrsg.): Sprachgeschichte des Neuhochdeutschen. Gegenstände, Methoden, Theorien. Tübingen 1995 (= Reihe Germanistische Linguistik 156) 249–277.

MAEDA, TAKASHI (1981): An Approach toward Functional Text Structure Analysis of Scientific and Technical Documents. In: Information Processing and Management 17 (1981) 329–339.

MÄRKER, ALMUTH (1993): Geschichte der Universität Erfurt 1392-1816. Weimar 1993.

MAHONEY, MICHAEL S. (1978): Mathematics. In: David C. Lindberg (Hrsg.): Science in the Middle Ages. Chicago 1978, 145–178.

MAINZER, KLAUS (1980): Geschichte der Geometrie. Mannheim 1980.

MAINZER, KLAUS (1992): Weltbild und literarische Form. Philosophie, Naturwissenschaft und Literatur im Übergang vom Spätmittelalter zur frühen Neuzeit. In: Walter Haug, Burghart Wachinger (Hrsg.): Literatur, Artes und Philosophie. Tübingen 1992 (= Fortuna vitrea 7) 195–228.

MANGNER, EDUARD C. F. (1906): Geschichte der Leipziger Winkelschulen. Leipzig 1906 (= Schriften des Vereins für die Geschichte Leipzigs 8).

MANGOLD, JÜRGEN (1985): Fachsprache Mathematik und Deutsch als Fremdsprache. Frankfurt a. M. u. a. 1985 (= Werkstattreihe Deutsch als Fremdsprache 15).

MARKOWSKI, MIECZYSLAW HUBERT (1995): Universitäre Freiräume im Spätmittelalter als Wegbereiter neuzeitlicher Naturwissenschaft. In: Berichte zur Wissenschaftsgeschichte 18 (1995) 97–102.

MARTIN, GERHARD (1983): Münzknecht — Münzmeister — Münzunternehmer. Zu sozialen Problemen an den Leipziger Münzstätten. In: Leipzig.

Aus Vergangenheit und Gegenwart. Beiträge zur Stadtgeschichte. Herausgegeben vom Museum für Geschichte der Stadt Leipzig. Band 2. Leipzig 1983, 141–161.

MARZELL, HEINRICH (1943/1979): Wörterbuch der deutschen Pflanzennamen. Bearbeitet von H. M. Leipzig 1943/72/77, Stuttgart/Wiesbaden 1979.

MASCHKE, ERICH (1964): Das Berufsbewußtsein des mittelalterlichen Fernkaufmanns. In: Miscellanea medievalia 3 (1964) 306–335.

MASI, MICHAEL (1983): Boethian Number Theory. A Translation of the De Institutione Arithmetica with Introduction and Notes. Amsterdam 1983 (= Studies in Classical Antiquity 6).

MATTHEIER, KLAUS (1989): 'Gemeines Deutsch — Süddeutsche Reichssprache — Jesuitendeutsch'. Bemerkungen über die Rolle Süddeutschlands in der Geschichte der nhd. Schriftsprache. In: Erwin Koller, Werner Wegstein, Norbert Richard Wolf (Hrsg.): Bayerisch-österreichische Dialektforschung. Würzburger Arbeitstagung 1986. Würzburg 1989, 160–166.

MEIER, CHRISTEL (1978): Argumentationsformen kritischer Reflexion zwischen Naturwissenschaft und Allegorese. In: Frühmittelalterliche Studien 12 (1978) 116–159.

MENDELS, JUDICA I. H. (1953): Das "Bergbüchlein". A text edition. Diss. JHU Baltimore 1953.

MENDELS, JUDICA I. H. (1968): Einiges über die deutsche Hüttensprache im Mittelalter. In: Gundolf Keil, R. Rudolf u. a. (Hrsg.): Fachliteratur des Mittelalters. Festschrift Gerhard Eis. Stuttgart 1968, 147–166.

MENDTHAL, HANS (1886): Geometria Culmensis. Ein agronomischer Traktat aus der Zeit des Hochmeisters Conrad von Jungingen (1393–1407). Herausgegeben von H. Mendthal. Leipzig 1886.

MENGE, HEINRICH (1896): Euclidis Data cum Commentario Marini et Scholiis antiquis. Leipzig 1896 (= Bibliotheca Scriptorum graecorum et romanorum Teubneriana. Euclidis Opera Omnia 6).

MENNINGER, KARL (1979): Zahlwort und Ziffer. Eine Kulturgeschichte der Zahl. 2 Bände. Göttingen ^{3}1979.

MENTRUP, WOLFGANG (Hrsg.; 1979): Fachsprachen und Gemeinsprache. Jahrbuch 1978 des Instituts für deutsche Sprache. Düsseldorf 1979 (= Sprache der Gegenwart 46).

MENZEL, WOLFGANG (1996): Vernakuläre Wissenschaft. Christian Wolffs Bedeutung für die Herausbildung und Durchsetzung des Deutschen als Wissenschaftssprache. Tübingen 1996 (= Reihe Germanistische Linguistik 166).

MERETZ, WOLFGANG (1976): Standortnachweise der Drucke und Autographen von Heinrich Schreyber (= Grammateus, vor 1496 bis 1525), Christoff Rudolff (1500? bis 1545?) und Michael Stifel (1487? bis 1567). In: Archiv für Geschichte des Buchwesens 16 (1976) 319–338.

MERETZ, WOLFGANG (1996): Johannes Böschenstain zu Esslingen, erster deutscher Gymnasiallehrer für Mathematik und Verfasser des ersten Lehrbuchs für Hebräisch. In: Gebhardt/Albrecht 1996, 83–94.

MESCHKOWSKI, HERBERT (1981): Problemgeschichte der Mathematik. Band 2. Mannheim 1981.

METZLER, REGINE (1987): Zur Textsorte Privatbrief in der ersten Hälfte des 16. Jahrhunderts. In: Rudolf Grosse (Hrsg.): Untersuchungen zur Pragmatik und Semantik von Texten aus der ersten Hälfte des 16. Jahrhunderts. Berlin 1987 (= Linguistische Studien, Reihe A, Arbeitsberichte 168) 1–74.

METZLER, REGINE (1988): Einige Bemerkungen zu grammatischen und kommunikativen Normen, bezogen auf die sprachliche Situation im 16. Jahrhundert. In: Zeitschrift für Phonetik, Sprachwissenschaft und Kommunikationsforschung 41 (1988) 307–315.

METZLER, REGINE (1995): Schriftlichkeit und Mündlichkeit in Leipziger Pestbüchlein des 16. Jahrhunderts. In: Zeitschrift für Germanistik 5 (1995) 60–73.

MEYER, HEINZ (1975): Die Zahlenallegorese im Mittelalter. Methode und Gebrauch. München 1975 (= Münsterische Mittelalter-Schriften 25).

MEYER, HEINZ, RUDOLF SUNTRUP (1987): Lexikon der mittelalterlichen Zahlenbedeutungen. München 1987 (= Münsterische Mittelalter-Schriften 56).

MIETHKE, JÜRGEN (1995): Die mittelalterliche Universität in der Gesellschaft. In: Weiß 1995, 169–188.

MINOGUE, ANGELA, SIEGFRIED WEBER (1992): Der Textvergleich als Untersuchungsmethode in der Fachsprachenforschung. In: Baumann/Kalverkämper 1992, 49–60.

MITTLER, ELMAR (Hrsg; 1986): Bibliotheca Palatina. Katalog zur Ausstellung vom 8. Juli bis zum 2. November 1986 Heiliggeistkirche Heidelberg. Heidelberg 1986.

MOELLER, BERND (1995): Erwägungen zur Bedeutung Erfurts als Kommunikationszentrum in der frühen Reformation. In: Weiß 1995, 275–282.

MOELLER, BERND, HANS PATZE, KARL STACKAMNN (Hrsg.; 1983): Studien zum städtischen Bildungswesen des späten Mittelalters und der frühen Neuzeit. Bericht über Kolloquien der Kommission zur Erforschung der Kultur des Spätmittelalters 1978 bis 1981. Göttingen 1983 (= Akademie der Wissenschaften in Göttingen, Philosophisch-historische Klasse, Abhandlungen, 3. Folge 137).

MORAW, PETER (1993): Das spätmittelalterliche Universitätssystem in Europa — sozialgeschichtlich betrachtet. In: Brunner/Wolf 1993, 9–25.

MORAW, PETER (1995): Die ältere Universität Erfurt im Rahmen der deutschen und europäischen Hochschulgeschichte. In: Weiß 1995, 189–205.

MORGAN, AUGUSTUS DE (1866): On the Early History of the Signs + and –. In: Transactions of The Cambridge Philosophical Society 11 (1866) 203–212.

MOTSCH, WOLFGANG (1986): Anforderungen an eine handlungsorientierte Textanalyse. In: Zeitschrift für Germanistik 7 (1986) 261–282.

MOTSCH, WOLFGANG (Hrsg.; 1987): Satz, Text, sprachliche Handlung. Berlin 1987 (= studia grammatica 25).

MOTSCH, WOLFGANG (Hrsg.; 1996): Ebenen der Textstruktur. Sprachliche und kommunikative Prinzipien. Tübingen 1996 (= Reihe Germanistische Linguistik 164).

MOTSCH, WOLFGANG, DIETER VIEHWEGER (1991): Illokutionsstruktur einer modularen Textanalyse. In: Germanistische Linguistik 106/107 (1991) 107–132.

MOULIN, CLAUDINE (1988): Deutsche Grammatiken vom Humanismus bis zur Aufklärung. Ausstellung der Forschungsstelle für deutsche Sprachgeschichte der Universität Bamberg in Zusammenarbeit mit der Staatsbibliothek Bamberg. Bamberg 1988.

MÜLLER, FELIX (1887): Historisch-etymologische Studien über mathematische Terminologie. Wissenschaftliche Beilage zum Programm des Königlichen Luisen-Gymnasiums. Berlin 1887.

MÜLLER, FELIX (1899): Zur Terminologie der ältesten mathematischen Schriften in deutscher Sprache. In: Abhandlungen zur Geschichte der Mathematik 9 (1899) 301–333.

MÜLLER, FELIX (1901): Über die mathematische Terminologie. Eine historisch-linguistische Skizze. In: Bibliotheca Mathematica, 3. Folge 2 (1901) 282–325.

MÜLLER, GERHARD, ERICH CH. WITTMANN (1984): Der Mathematikunterricht in der Primarstufe. Ziele — Inhalte — Prinzipien — Beispiele. Braunschweig [3]1984.

MÜLLER, JOHANNES (1879): Die ältesten deutschen Rechenbücher. In: Deutsche Blätter für erziehenden Unterricht 6 (1879) 69–72; 77–80; 87–88.

MÜLLER, JOHANNES (1882): Quellenschriften und Geschichte des deutschsprachlichen Unterrichts bis zur Mitte des 16. Jahrhunderts. Gotha 1882.

MÜLLER, PETER O. (1993a): Substantiv-Derivation in den Schriften Albrecht Dürers. Ein Beitrag zur Methodik historisch-synchroner Wortbildungsanalysen. Berlin, New York 1993 (= Wortbildung des Nürnberger Frühneuhochdeutsch 1).

MÜLLER, PETER O. (1993b): Allen künstbegirigen zu güt. Zur Vermittlung geometrischen Wissens an Handwerker in der frühen Neuzeit. In: Zeitschrift für germanistische Linguistik 21 (1993) 261–276.

MÜLLER, SIEGFRIED (1992): "Nach Adam Riese" oder: Wie hat Adam Ries gerechnet? In: Stadt Staffelstein 1992, 127–142.

MUNDT, LOTHAR (Hrsg.; 1992): Probleme der Edition von Texten der frühen Neuzeit: Beiträge zur Arbeitstagung der Kommission für die Edition von Texten der frühen Neuzeit. Tübingen 1992 (= Beihefte zu Editio 3).

MUNSKE, HORST HAIDER (1982): Die Rolle des Lateins als Superstratum im Deutschen und in anderen germanischen Sprachen. In: P. Sture Ureland (Hrsg.): Die Leistung der Strataforschung und der Kreolistik. Typologische Aspekte der Sprachkontakte. Tübingen 1982 (= Linguistische Arbeiten 125) 237–263.

NAESS, ARNE (1975): Kommunikation und Argumentation. Eine Einführung in die angewandte Semantik. Kronberg 1975 (= Scriptor Taschenbücher S 59).

NAGL, ALFRED (1889): Ueber eine Algorismus-Schrift des XII. Jahrhunderts und über die Verbreitung der indisch-arabischen Rechenkunst und Zahlzeichen im christl. Abendlande. In: Zeitschrift für Mathematik und Physik 34 (1889) Historisch-literarische Abteilung 129–146; 161–170.

NAGL, ALFRED (1890): Das Quadripartitum des Joannes de Muris und das praktische Rechnen im vierzehnten Jahrhundert. In: Abhandlungen zur Geschichte der Mathematik 5 (1890) 136–146.

NICKEL, HOLGER (1995): Zum Erfurter Buchdruck im 15. Jahrhundert. In: Weiß 1995, 333–340.

NICKEL, HOLGER (1996): Deutsch im Leipziger Buchdruck während der Inkunabelzeit. In: Große/Wellmann 1996, 17–27.

NICKISCH, REINHARD M. G. (1969): Die Stilprinzipien in den deutschen Briefstellern des 17. und 18. Jahrhunderts. Mit einer Bibliographie zur Briefschreiblehre (1474–1800). Göttingen 1969 (= Palaestra 254).

NIESER, BRUNO (1978): Die Entstehung der Schule als Institution bürgerlicher Gesellschaft. Frankfurt a. M., New York 1978.

NORTH, JOHN D. (1995): Aspects of the Language of Medieval Mathematics. In: Olga Weijers (Hrsg.): Vocabulary of Teaching and Research Between Middle Ages and Renaissance. Turnhout 1995 (= Civicima 8) 134–150.

NORTH, MICHAEL (Hrsg.; 1995): Kommunikationsrevolutionen. Die neuen Medien des 16. und 19. Jahrhunderts. Weimar 1995 (= Wirtschafts- und Sozialhistorische Studien 3).

NYSTRÖM, SOLMU (1915): Die deutsche Schulterminologie in der Periode 1300–1740. I. Schulanstalten, Lehrer und Schüler. Helsinki 1915.

ÖHLSCHLÄGER, GÜNTHER (1979): Linguistische Überlegungen zu einer Theorie der Argumentation. Tübingen 1979 (= Linguistische Arbeiten 63).

OEHMIG, STEFAN (Hrsg.; 1995): 700 Jahre Wittenberg. Weimar 1995.

OHLY, FRIEDRICH (1982): Deus Geometra. Skizzen zur Geschichte einer Vorstellung von Gott. In: Norbert Kamp, Joachim Wollasch (Hrsg.): Tradition als historische Kraft. Interdisziplinäre Forschungen zur Geschichte des früheren Mittelalters. Berlin, New York 1982, 1–42.

OLDENBURG, HERMANN (1992): Angewandte Fachtextlinguistik. 'Conclusions' und Zusammenfassungen. Tübingen 1992 (= Forum für Fachsprachen-Forschung 17).

OLSCHKI, LEONARDO (1919): Geschichte der neusprachlichen wissenschaftlichen Literatur. Band 1: Die Literatur der Technik und der angewandten Wissenschaften vom Mittelalter bis zur Renaissance. Leipzig u. a. 1919.

ORTNER, LORELIES (1992): Textkonstitutive Merkmale von Stellenangeboten um 1900. In: Deutsche Sprache 20 (1992) 1–31.

OSMAN, NABIL (1982): Kleines Lexikon deutscher Wörter arabischer Herkunft. München 1982.

PALLMANN, HEINRICH (1884): Ein Meßregister Sigmund Feyerabend's aus dem Jahre 1565. In: Archiv für Geschichte des Deutschen Buchhandels 9 (1884) 5–46.

PALMER, NIGEL F. (1984): Zum Nebeneinander von Volkssprache und Latein in spätmittelalterlichen Texten. In: Grenzmann/Stackmann 1984, 579–600.

PALMER, NIGEL F. (1989): Kapitel und Buch. Zu den Gliederungsprinzipien mittelalterlicher Bücher. In: Frühmittelalterliche Studien 23 (1989) 43–88.

PARKES, MALCOLM BECKWITH (1976): The Influence of the Concepts of *Ordinatio* and *Compilatio* on the Development of the Book. In: Jonathan James Graham Alexander, M. T. Gibson (Hrsg.): Medieval Learning and Literature. Oxford 1976, 115–141.

PASCHER, ERHARD, ULRICH MÜLLER (1976): Merkur und Minerva oder: Buchwerbung und Universitätsunterricht. Die gedruckten Vorlesungsankündigungen des Leipziger Humanisten Joahnnes Honorius Cubitensis. In: Gerlinde Weiss (Hrsg.): Festschrift Adalbert Schmidt. Stuttgart 1976 (= Stuttgarter Arbeiten zur Germanistik 4) 235–256.

PAULSEN, FRIEDRICH (1919): Geschichte des gelehrten Unterrichts auf den deutschen Schulen und Universitäten vom Ausgang des Mittelalters bis zur Gegenwart. Mit besonderer Rücksicht auf den klassischen Unterricht. 2 Bände. Leipzig ^{3}1919.

PAUSCH, OSKAR (1972): Das älteste italienisch-deutsche Sprachbuch. Eine Überlieferung aus dem Jahre 1424 nach Georg von Nürnberg. Wien 1972 (= Österreichische Akademie der Wissenschaften, Philosophisch-historische Klasse, Denkschriften 111).

PEDERSEN, FRITZ SAABY (1983): Petri Philomenae de Dacia et Petri de S. Audomaro opera quadrivialia. Pars 1: Opera Petri Philomenae. Kopenhagen 1983 (= Corpus philosophicorum danicorum Medii Aevi X.1).

PENZL, HERBERT (1984): Frühneuhochdeutsch. Bern 1984 (= Germanistische Lehrbuchsammlung 9).

PERRY, CHARLES D. (1975/6): The Tyranny of Three. In: Classical Journal 69 (1972/3) 144–8. dazu: Albert A. Bell: Three again. In: Classical Journal 70 (1975) 40/1; W. M. F. Hansen: Three a Third Time. In: Classical Journal 71 (1975/6) 253/4.

PETITMENGIN, PIERRE (1997): Capitula paiens et chrétiens. In: Jean-Claude Fredouille u. a. (Hrsg.): Titres et articulations du texte dans les œuvres antiques. Paris 1997, 491–507.

PFEILSTICKER, WALTER (1957): Dr. Johannes Widmann von Maichingen. Dr. Johannes Widmann von Heimsheim. In: Sudhoffs Archiv 41 (1957) 260–282.

PHILIPP, GERHARD (1980): Einführung ins Frühneuhochdeutsche: Sprachgeschichte, Grammatik, Texte. Heidelberg 1980 (= Uni-Taschenbuch 822).

PIAZZA, HANS u. a. (Hrsg.; 1984): Berühmte Leipziger Studenten. Leipzig u. a. 1984.

PIEPER, WILHELM (1955): Ulrich Rülein von Calw und sein Bergbüchlein. Mit Urtext-Faksimile und Übertragung des Bergbüchleins von etwa 1500 und Faksimile der Pestschrift von 1521. Berlin 1955 (= Freiberger Forschungshefte, Kultur und Technik D7).

PIIRAINEN, ILPO TAPANI (1985): Die Diagliederung des Frühneuhochdeutschen. In: Besch/Reichmann/Sonderegger 1985, 1368–1379.

PÖRKSEN, UWE (1983a): Der Übergang vom Gelehrtenlatein zur deutschen Wissenschaftssprache. Zur frühen deutschen Fachliteratur und Fachsprache in den naturwissenschaftlichen und mathematischen Fächern (ca. 1500-1800). In: Zeitschrift für Literaturwissenschaft und Linguistik 51/52 (1983) 227–258.

PÖRKSEN, UWE (1983b): Probleme der Sprachdifferenzierung und Sprachvereinheitlichung. Entfernung der Fachsprache von der Gemeinsprache und ihre 'Übersetzung' durch populärwissenschaftliche Literatur. In: Textsorten und literarische Gattungen 1983, 103–117.

PÖRKSEN, UWE (1984): Deutsche Sprachgeschichte und die Entwicklung der Naturwissenschaften. Aspekte einer Geschichte der Naturwissenschaftssprache und ihrer Wechselbeziehung zur Gemeinsprache. In: Besch/Reichmann/Sonderegger 1984, 85–101.

PÖRKSEN, UWE (1986): Deutsche Naturwissenschaftssprachen. Historische und kritische Studien. Tübingen 1986 (= Forum für Fachsprachen-Forschung 2).

PÖRKSEN, UWE (1994): Wissenschaftssprache und Sprachkritik. Untersuchungen zu Geschichte und Gegenwart. Tübingen 1994 (= Forum für Fachsprachen-Forschung 22).

POHL, KARL (Hrsg.; 1971): Valentin Ickelsamer. Die rechte weis aufs kürtzist lesen zu lernen. Ain Teütsche Grammatica. Stuttgart 1971.

POLENZ, PETER VON (1980): Möglichkeiten satzsemantischer Textanalyse. In: Zeitschrift für germanistische Linguistik 8 (1980) 133–153.

POLENZ, PETER VON (1988): Deutsche Satzsemantik. Grundbegriffe des Zwischen-den-Zeilen-Lesens. Berlin, New York ^{2}1988 (= Sammlung Göschen 2226).

POLENZ, PETER VON (1994): Deutsche Sprachgeschichte vom Spätmittelalter bis zur Gegenwart. Band 2. 17. und 18. Jahrhundert. Berlin/New York 1994 (De-Gruyter-Studienbuch).

PROWATKE, CHRISTA (1988): 'Teutscher sprach art vnd eygenschaft'. Zum Anteil der Grammatiker des 16. Jahrhunderts an der Herausbildung nationaler Normen in der deutschen Literatursprache. In: Beiträge zur Erforschung der deutschen Sprache 8 (1988) 173–196.

PUFF, HELMUT (1995a): "Von dem Schlüssel aller Künsten / nemblich der Grammatica". Deutsch im lateinischen Grammatikunterricht 1480–1560. Tübingen, Basel 1995 (= Basler Studien zur deutschen Sprache und Literatur 70).

PUFF, HELMUT (1995b): Grammatica latina deutsch. Zum Funktionswandel der Volkssprache im 16. Jahrhundert. In: Daphnis 24 (1995) 55–78.

PURKERT, WALTER (1981): Die Mathematik an der Universität Leipzig von ihrer Gründung bis zum zweiten Drittel des 19. Jahrhunderts. In: Herbert Becker, Horst Schumann (Hrsg.): 100 Jahre Mathematisches Seminar der Karl-Marx-Universität Leipzig. Leipzig, Berlin 1981, 9–39.

RAGEP, SALLY P., F. JAMIL RAGEP (Hrsg.; 1996): Tradition, Transmission, Transformation: Proceedings of Two Conferences on Premodern Science Held at the University of Oklahoma. Leiden u. a. 1996 (= Collection de travaux de l'Académie internationale d'histoire des sciences 37).

RAIBLE, WOLFGANG (1982): Was sind Gattungen? In: Poetica 12 (1982) 320–349.

RATH, EMIL (1912/3): Über ein deutsches Rechenbuch aus dem 15. Jahrhundert. In: Bibliotheca mathematica 13 (1912/3) 17–22.

RATH, EMIL (1913/4): Über einen deutschen Algorismus aus dem Jahr 1488. In: Bibliotheca mathematica 14 (1913/4) 244–248.

RATHMANN, LOTHAR (Hrsg.; 1984): Alma Mater Lipsiensis. Geschichte der Karl-Marx-Universität Leipzig. Leipzig 1984.

RECHENPFENNIGE. Aufsätze zur Wissenschaftsgeschichte. München 1968.

REICH, KARIN (1989a): Michael Stifel. In: Folkerts/Knobloch/Reich 1989, 73–95.

REICH, KARIN (1989b): Lehrbücher. In: Folkerts/Knobloch/Reich 1989, 216–240.

REICH, KARIN (1996): Zwischen Theologie und Mathematik: Michael Stifels Endchrist (1532). In: Gebhardt/Albrecht 1996, 159–172.

REICH, KARIN, IVO SCHNEIDER (1978): Die wirtschaftliche Entwicklung des Mittelalters im Spiegel der arithmetischen Aufgabensammlungen und ihrer Nachfolger, der Rechenbücher des 15. und 16. Jahrhunderts. In: Aus dem Antiquariat 34 (1978) 217–228.

REICH, ULRICH (1996a): Johann Scheubel (1494–1570), Wegbereiter der Algebra in Europa. In: Gebhardt/Albrecht 1996, 173–190.

REICH, ULRICH (1996b): Johann Albert (1488–1558), Rechenmeister zu Wittenberg in der Reformationszeit. In: Gebhardt/Albrecht 1996, 221–237.

REICH, ULRICH (1996c): Der Lübecker Schul- und Rechenmeister Franz Brasser, Lehrer von ganz Sachsen und allen deutschen Seestädten. In: Gebhardt/Albrecht 1996, 239–248.

REICH, ULRICH (1996d): Caspar Hützler von Nürnberg. Erstes niederdeutsches Rechenbuch von einem Franken. In: Gebhardt/Albrecht 1996, 249–252.

REICHENSPERGER, AUGUST (1845): Das Büchlein von der Fialen Gerechtigkeit. Trier 1845.

REICHMANN, OSKAR (1978): Zur Edition frühneuhochdeutscher Texte. Sprachgeschichtliche Perspektiven. In: Zeitschrift für deutsche Philologie 97 (1978) 337–361.

REICHMANN, OSKAR (1984): Editionsprinzipien für deutsche Texte des späten Mittelalters und der frühen Neuzeit. In: Besch/Reichmann/Sonderegger 1984, 693–703.

REICHMANN, OSKAR (1986): Lexikographishe Einleitung. In: FWB 1, 10–164.

REICHMANN, OSKAR (1990): Das textsortenbezogene Wörterbuch. In: Franz Josef Hausmann, Oskar Reichmann, Herbert Ernst Wiegand, Ladislav Zgusta (Hrsg): Wörterbücher. Ein internationales Handbuch zur Lexikographie. 2. Teilband: Berlin, New York 1990 (= Handbücher zur Sprach- und Kommunikationswissenschaft 5.2) 1539-1549.

REICHMANN, OSKAR (1993): Möglichkeiten der lexikographischen Erschließung der Texte des Paracelsus. In: Peter Dilg, Hartmut Rudolph (Hrsg.): Resultate und Desiderate der Paracelsus-Forschung. Stuttgart 1993 (= Sudhoffs Archiv, Beihefte 31) 183–198.

REICHMANN, OSKAR (1996): Autorintention und Textsorte. In: Große/Wellmann 1996, 119–133.

REICHMANN, OSKAR, KLAUS-PETER WEGERA (Hrsg.; 1988): Frühneuhochdeutsches Lesebuch. Tübingen 1988.

REICHMANN, OSKAR, KLAUS-PETER WEGERA (Hrsg.; 1996): Frühneuhochdeutsche Grammatik von Robert Peter Ebert, O. R., Hans-Joachim Solms und K.-P. W. Tübingen 1993 (= Sammlung kurzer Grammatiken germanischer Dialekte A, Hauptreihe 12).

REIFFENSTEIN, INGO (1984): Deutsch und Latein im Spätmittelalter. Zur Übersetzungstheorie des 14. und 15. Jahrhunderts. In: Werner Besch (Hrsg.): Festschrift für Siegfried Grosse. Göppingen 1984 (= Göppinger Arbeiten zur Germanistik 423) 195–208.

REIFFENSTEIN, INGO (1990): Interne und externe Sprachgeschichte. In Werner Besch (Hrsg.): Festschrift Johannes Erben. Frankfurt a. M. 1990, 21–29.

REINER, KARL (1961): Terminologie der ältesten mathematischen Werke in deutscher Sprache nach den Beständen der Bayerischen Staatsbibliothek. München 1961.

REINHARD, WOLFGANG (Hrsg.; 1984): Humanismus im Bildungswesen des 15. und 16. Jahrhunderts. Weinheim 1984 (= Mitteilungen XII der Kommission für Humanismusforschung).

RICHESON, A. W. (1947): The First Arithmetic Printed in English. In: Isis 37 (1947) 47–56.

RICKEN, ULRICH (1995): Zum Thema Christian Wolff und die Wissenschaftssprache der deutschen Aufklärung. In: Kretzenbacher/Weinrich 1995, 41–90.

RIEDNER, WILHELM (1912): Leipziger Buch- und Vorlesungsanzeigen. In: Zeitschrift für Bücherfreunde. Neue Folge 3 (1912) 277–281.

RIEHL, CLAUDIA MARIA (1995): Der narrative Diskurs und die Verschriftlichung der Volkssprache. Beispiele aus dem Französischen, Italienischen und Deutschen. In: Wolfgang Raible (Hrsg.): Kulturelle Perspektiven auf Schrift und Schreibprozesse. Tübingen 1995 (= Script oralia 72) 37–63.

ROCH, WILLY (1977): Chronica der freyen Bergstadt St. Annaberg im Erzgebirge von Adam Daniel Richter. Bearbeitet und mit einem Personen- und Ortsregister versehen durch W. R. Krefeld 1977.

ROCHHAUS, PETER (1992): Adam Ries in Sachsen. In: Stadt Staffelstein 1992, 107–125.

ROCHHAUS, PETER (1996): Adam Ries und die Annaberger Rechenmeister zwischen 1500 und 1604. In: Gebhardt/Albrecht 1996, 95–106.

ROELCKE, THORSTEN (1991): Das Eineindeutigkeitspostulat der lexikalischen Fachsprachensemantik. In: Zeitschrift für germanistische Linguistik 19 (1991) 194–208.

RÖSLER, IRMTRAUD (1988): Zur Syntax eines mnd. Fachtextes. Das "Seebuch" aus der zweiten Hälfte des 15. Jahrhunderts. In: Beiträge zur Erforschung der deutschen Sprache 8 (1988) 197–209.

RÖSLER, IRMTRAUD (1996): Navigare necesse est. Texte der späten Hansezeit: Navigation. In: Große/Wellmann 1996, 251–268.

RÖSSING-HAGER, MONIKA (1984): Konzeption und Ausführung der ersten deutschen Grammatik. Valentin Ickelsamers: 'Ein Teütsche Grammatica'. In: Grenzmann/Stackmann 1984, 534–556.

RÖTTEL, HERMINE, WOLFGANG KAUNZNER (1995): Die Druckwerke Peter Apians. In: Röttel 1995, 255–276.

RÖTTEL, KARL (1992): Der Bezug des Adam Ries zur Mathematikdidaktik. In: Gebhardt 1992, 79–91.

RÖTTEL, KARL (Hrsg.; 1995): Peter Apian. Astronomie, Kosmographie und Mathematik am Beginn der Neuzeit mit Ausstellungskatalog. Eichstätt 1995.

RÖTTEL, KARL (1996): Der Beitrag des Peter Apian zur Mathematik, Astronomie, Geographie und Physik. In: Gebhardt/Albrecht 1996, 139–158.

ROLF, ECKARD (1993): Die Funktion von Gebrauchstextsorten. Berlin, New York 1993 (= Grundlagen der Kommunikation und Kognition).

ROLOFF, HANS-GERT (1992): Fragen zur Gestaltung von Kommentaren zu Textausgaben der Frühen Neuzeit. In: Mundt 1992, 130–139.

ROSENFELD, HANS-FRIEDRICH UND HELLMUT (Hrsg.; 1978): Deutsche Kultur im Spätmittelalter 1250–1500. Wiesbaden 1978 (= Handbuch der Kulturgeschichte 1).

ROSENGREN, INGER (Hrsg.; 1983): Sprache und Pragmatik. Lunder Symposium 1982. Stockholm 1983 (= Lunder germanistische Forschungen 52).

ROSENGREN, INGER (Hrsg.; 1992/3): Satz und Illokution. 2 Bände. Tübingen 1992/3 (= Linguistische Arbeiten 278/9).

ROTTLEUTHNER, WILHELM (1985): Alte lokale und nichtmetrische Gewichte und Maße und ihre Größen nach metrischem System. Ein Beitrag in Übersichten und Tabellen. Innsbruck 1985.

RUDEL, KASPAR (1894): Harsdörfer als mathematisch-naturphilosophischer Schriftsteller. In: Theodor Bischoff, Aug. Schmidt (Hrsg.): Festschrift zur 250jährigen Jubelfeier des Pegnehsischen Blumenordens gegründet in Nürnberg am 16. Oktober 1644. Nürnberg 1894, 301–403.

RUH, KURT (1979): Poesie und Gebrauchsliteratur. In: Honemann u. a. 1979, 1–13.

RUH, KURT (Hrsg.; 1985): Überlieferungsgeschichtliche Prosaforschung. Beiträge der Würzburger Forschergruppe zur Methode und Auswertung. Tübingen 1985 (= Texte und Textgeschichte, Würzburger Forschungen 19).

RUMP, HANS-UWE (1989): Magister und Scholastikus: Das neue Ansehen des Lehrers in christlicher Zeit. In: Hohenzollern/Liedtke 1989, 133–143.

RUPPRICH, HANS (Hrsg.; 1956/66/69): Dürer. Schriftlicher Nachlaß. 3 Bände. Berlin 1956/66/69.

RUPPRICH, HANS (1994): Die deutsche Literatur vom späten Mittelalter bis zum Barock. Erster Teil. Das Ausgehende Mittelalter, Humanismus und Renaissance. 1370–1520. Neu bearbeitet von Hedwig Heger. München ²1994 (= Geschichte der deutschen Literatur von den Anfängen bis zur Gegenwart 4, 1).

RUST, ANGELIKA (1991): Fachtextsorten und Möglichkeiten ihrer Deskription und Differenzierung. In: Fachsprache 13 (1991) 138-144.

RUST, ANGELIKA (1992): Zur Fachtextstruktur — dargestellt am Beispiel russisch- und deutschsprachiger Fachbuchrezensionen. In: Bungarten 1992, 119–124.

SACHTLEBER, SUSANNE (1993a): Die Organisation wissenschaftlicher Texte. Eine kontrastive Analyse. Frankfurt a. M. u. a. 1993 (= Europäische Hochschulschriften, Reihe 21, Linguistik 27).

SACHTLEBER, SUSANNE (1993b): Textstile in der Wissenschaftssprache. In: Schröder 1993, 61–79.

SANFORD, VERA (1927): The History and Significance of Certain Standard Problems in Algebra. New York 1927.

SATTLER, LUTZ (1985): Zum Fachwortschatz des Druckereiwesens im 17. und 18. Jahrhundert. In: Beiträge zur Erforschung der deutschen Sprache 5 (1985) 102–121.

SATZGER, AXEL (1983): Aspekte der Klassifizierung von fachsprachlichen Texten. In: Wissenschaftliche Zeitschrift der Universität Rostock, Gesellschaftswissenschaften, Reihe 2, 1983, 41–42.

SATZGER, AXEL (1987): Fachsprachen und Textlinguistik. In: Hoffmann 1987a, 95–106.

SATZGER, AXEL, CHRISTINE WEESE (1987): Überlegungen zu einem Verfahren der komplexen Fachtextanalyse. In: Fachsprache 9/3–4 (1987) 106–119.

SAUER, MANFRED (1956): Die deutschen Inkunabeln, ihre historischen Merkmale und ihr Publikum. Düsseldorf 1956.

SCHALLENBERGER, E. HORST (Hrsg.; 1973): Zur Sache Schulbuch: Das Schulbuch — Produkt und Faktor gesellschaftlicher Prozesse. 3 Bände. Ratingen 1973.

SCHANK, GERD (1984): Ansätze zu einer Theorie des Sprachwandels auf der Grundlage von Textsorten. In: Besch/Reichmann/Sonderegger 1984, 761–768.

SCHELLENBERG, WILHELM (Hrsg.; 1994a): Untersuchungen zur Strategie der Sprachgestaltung ausgewählter Fachtextsorten aus Gegenwart und Neuzeit. Tostedt 1994 (= Hamburger Arbeiten zur Fachsprachenforschung 2).

SCHELLENBERG, WILHELM (1994b): Strategien, Muster, Formulierungen in Lehrbuchtexten. Ein Beitrag zur funktional-kommunikativen Fachtext-Analyse. In: Ders. 1994, 39–77.

SCHELLHAS, WALTER (o. J.): Der Rechenmeister Adam Ries (1492 bis 1559) und der Bergbau. O.O, o.J. (= Veröffentlichungen des Wissenschaftlichen Informationszentrums der Bergakademie Freiberg Nr. 74/1).

SCHENKER, WALTER (1977): Plädoyer für eine Sprachgeschichte als Textsortengeschichte. In: Deutsche Sprache 5 81977) 141–148.

SCHIEB, GABRIELE (1975): Die deutsche Sprache zur Zeit der frühbürgerlichen Revolution. In: Zeitschrift für Phonetik, Sprachwissenschaft und Kommunikationsforschung 28 (1975) 532–559.

SCHIEDER, THEODOR (1961): Das deutsche Kaiserreich von 1871 als Nationalstaat. In: Aus Politik und Zeitgeschichte. Beilage zur Wochenzeitschrift "Das Parlament" vom 18. Januar 1961.

SCHIEWE, JÜRGEN (1996): Kontinuität und Wandel des akademischen und wissenschaftlichen Wortschatzes im Übergang der Universitäten vom Lateinischen zum Deutschen. In: Horst Haider Munske, Alan Kirkness (Hrsg.): Eurolatein. Das griechische und lateinische Erbe in den europäischen Sprachen. Tübingen 1996 (= Reihe Germanistische Linguistik 169) 47–64.

SCHINDLING, ANTON (1984): Die humanistische Bildungsreform in den Reichsstädten Straßburg, Nürnberg und Augsburg. In: Reinhard 1984, 107–120.

SCHIRMER, ALFRED (1911): Wörterbuch der deutschen Kaufmannssprache auf geschichtlichen Grundlagen. Mit einer systematischen Einleitung. Straßburg 1911.

SCHIRMER, ALFRED (1912): Der Wortschatz der Mathematik nach Alter und Herkunft geordnet. Straßburg 1912 (= Zeitschrift für deutsche Wortforschung, Beiheft zu Band 14).

SCHMIDT, SIEGBERT (Hrsg.; 1993): Rechenbücher für den Unterricht in der Elementarschule. Köln, Weimar, Wien 1993.

SCHMIDT-WIEGAND, RUTH (1983): Der 'Sachsenspiegel' Eikes von Repgow als Beispiel mittelalterlicher Fachliteratur. In: Zeitschrift für Literaturwissenschaft und Linguistik 51/52 (1983) 206–226.

SCHMITT, WOLFRAM (1972): Deutsche Fachprosa des Mittelalters. Berlin 1972 (= Kleine Texte für Vorlesungen und Übungen 190).

SCHMITZ, KLAUS (1980): Geschichte der Schule. Ein Grundriß ihrer historischen Entwicklung und ihrer künftigen Perspektiven. Stuttgart 1980.

SCHNEIDER, IVO (1986): Maß und Messen bei den Praktikern der Mathematik vom 16. bis 19. Jahrhundert. In: Witthöft 1986, 118–133.

SCHNEIDER, IVO (1993): Johannes Faulhaber (1580–1635). Rechenmeister in einer Welt des Umbruchs. Basel, Boston, Berlin 1993 (= Vita Mathematica 7).

SCHNELL, RÜDIGER (1989): Deutsche Literatur und deutsches Nationsbewußtsein in Spätmittelalter und Früher Neuzeit. In: Joachim Ehlers (Hrsg.): Ansätze und Diskontinuität deutscher Nationsbildung im Mittelalter. Sigmaringen 1989 (= Nationes 8) 247–319.

SCHNOTZ, WOLFGANG (1994): Aufbau von Wissensstrukturen. Untersuchungen zur Kohärenzbildung beim Wissenserwerb mit Texten. Weinheim 1994 (= Fortschritte der psychologischen Forschung 20).

SCHÖNBECK, JÜRGEN (1984): Euklid durch die Jahrhunderte. In: Jahrbuch Überblicke Mathematik 1984. Mannheim 1984, 81–104.

SCHÖNER, CHRISTOPH (1994): Mathematik und Astronomie an der Universität Ingolstadt im 15. und 16. Jahrhundert. Berlin 1994 (= Ludovico Maximilianea Forschungen 13, Münchener Universitätsschriften).

SCHOEPS, HANS JULIUS (1973): Das Schulbuch als Quelle der Geistesgeschichte. In: Schallenberger 1973, 2, 7–13.

SCHOTTENLOHER, KARL (1953): Die Widmungsvorrede im Buch des 16. Jahrhunderts. Münster 1953 (= Reformationsgeschichtliche Studien und Texte 76/77).

SCHREIBER, HEINRICH (1940): Der Leipziger Frühdruck. In: Archiv für Buchgewerbe und Gebrauchsgraphik 77 (1940) 257–268.

SCHREINER, KLAUS (1987): Volkssprache als Element gesellschaftlicher Integration und Ursache sozialer Konflikte. Formen und Funktionen volkssprachlicher Wissensverbreitung um 1500. In: Ferdinand Seibt, Winfried Eberhardt (Hrsg.): Europa 1500. Integrationsprozesse im Widerstreit: Staaten, Regionen, Personenverbände, Christenheit. Stuttgart 1987, 468–495.

SCHREINER, KLAUS (1993): Gebildete Analphabeten? Spätmittelalterliche Laienbrüder als Leser und Schreiber wissensvermittelnder und frömmigkeitsbildender Literatur. In: Brunner/Wolf 1993, 296–327.

SCHREINER, LORENZ (Hrsg.; 1988): Eger und das Egerland. Volkstum und Brauchtum. München, Wien 1988.

SCHRÖDER, EBERHARD (1988): Ulrich Wagner. Das Bamberger Rechenbuch von 1483. Mit einem Nachwort von E. S. Weinheim 1988.

SCHRÖDER, EBERHARD (1996): Ulrich Wagner, Autor des ersten gedruckten deutschsprachigen kaufmännischen Rechenbuches von 1483. In: Gebhardt/Albrecht 1996, 29–36.

SCHRÖDER, HARTMUT (Hrsg.; 1993): Fachtextpragmatik. Tübingen 1993 (= Forum für Fachsprachen-Forschung 19).

SCHUBRING, GERT (1991): Die Entstehung des Mathematiklehrerberufs im 19. Jahrhundert. Studien und Materialien zum Prozess der Konfessionali-

sierung in Preussen (1810–1870). Weinheim ²1991 (= Bielefelder Beiträge zur Ausbildungsforschung und Studienreform 2).
SCHWINGES, RAINER CHRISTOPH (1981): Pauperes an deutschen Universitäten des 15. Jahrhunderts. In: Zeitschrift für historische Forschung 8 (1981) 285–309.
SCHWINGES, RAINER CHRISTOPH (1986): Sozialgeschichtliche Aspekte spätmittelalterlicher Studentenbursen in Deutschland. In: Fried 1986, 527–564.
SCHWINGES, RAINER CHRISTOPH (1995): Erfurts Universitätsbesucher im 15. Jahrhundert. Frequenz und räumliche Herkunft. In: Weiß 1995, 207–222.
SCHWITZGEBEL, BÄRBEL (1996): Noch nicht genug der Vorrede. Zur Vorrede volkssprachiger Sammlungen von Exempeln, Fabeln, Sprichwörtern und Schwänken des 16. Jahrhunderts. Tübingen 1996 (= Frühe Neuzeit 28).
SCRIBA, CHRISTOPH J. (1985): Die mathematischen Wissenschaften im mittelalterlichen Bildungskanon der Sieben Freien Künste. In: Acta historica Leopoldina 16 (1985) 25–54.
SEARLE, JOHN R. (1976): A Classification of Illocutionary Acts. In: Language in Society 5 (1976) 1–23.
SEIBICKE, WILFRIED (1959): Fachsprache und Gemeinsprache. In: Muttersprache 69 (1959) 70–84.
SEIBICKE, WILFRIED (1985): Fachsprachen in historischer Entwicklung. In: Besch/Reichmann/Sonderegger 1985, 1998–2009.
SEIFERT, ARNO (1984): Der Humanismus an den Artistenfakultäten des katholischen Deutschlands. In: Reinhard 1984, 135–154.
SEIFERT, ARNO (1996): Das höhere Schulwesen. Universitäten und Gymnasien. In: Hammerstein 1996, 197–448.
SESIANO, JACQUES (1984): Une arithmétique médiévale en langue provençale. In: Centaurus 27 (1984) 26–75.
SEXAUER, WOLFRAM D. (1978): Frühneuhochdeutsche Schriften in Kartäuserbibliotheken. Untersuchungen zur Pflege der volkssprachlichen Literatur in Kartäuserklöstern des oberdeutschen Raums bis zum Einsetzen der Reformation. Frankfurt a. M. u. a. 1978 (= Europäische Hochschulschriften, Reihe 1, Deutsche Literatur und Germanistik 247).
SHELBY, LON R. (1977): Gothic Design Techniques. The Fifteenth-Century Design Booklets of Mathes Roriczer and Hanns Schmuttermayer. Edited, Translated, and Introduced by L. S. London, Amsterdam 1977.
SIMM, G. (1973): Kriterien fachdidaktischer Art für die Beurteilung von Schulbüchern mathematischen Inhalts. In: Schallenberger 3, 1973, 286–298.
SIMMLER, FRANZ (1991): Die Textsorten 'Regelwerk' und 'Lehrbuch' aus dem Kommunikationsbereich des Sports bei Mannschaftsspielen und ihre Funktionen. In: Sprachwissenschaft 16 (1991) 251–301.
SIMMLER, FRANZ (1996): Teil und Ganzes in Texten. Zum Verhältnis von Textexemplar, Textteilen, Teiltexten, Textauszügen und Makrostrukturen. In: Daphnis 25 (1996) 597–625.
SIMON, MAX (1893): Die internationale Sprache der Mathematik. Ein Beitrag zur Beseitigung unnötiger Fremdwörter. In: Zeitschrift für den deutschen Unterricht 7 (1893) 384–6. dazu: Otto Schlömilch: Zur internationalen Sprache der Mathematik. In: ebd. 672–5; Max Simon: Nochmals die

internationale Sprache der Mathematik. In: ebd. 853–6; Otto Schlömilch: Mein letztes Wort gegen Herrn Max Simon. In: ebd. 856.

SMET, GILBERT A. R. DE (1986): Zur deutschen Lexikographie im 16. Jahrhundert. In: Beiträge zur Erforschung der deutschen Sprache 6 (1986) 144–155.

SMITH, DAVID EUGENE (1908): Rara arithmetica. A catalogue of the Arithmetics written before the Year MDCI with a Description of those in the Library of George Arthur Plimpton of New York. Boston, London 1908.

SMITH, DAVID EUGENE (1917): On the Origin of Typical Problems. In: American Mathematical Monthly 24 (1917) 64–71.

SMITH, DAVID EUGENE (1932): The Influence of the Mathematical Works of the Fifteenth Century upon those of Later Times. In: Papers of the Bibliographical Society of America 26 (1932) 143–171.

SOMMERFELDT, KARL-ERNST (1987): Zur Klassifizierung von Textsorten der deutschen Sprache, unter besonderer Berücksichtigung begründender Texte. In: Zeitschrift für Phonetik, Sprachwissenschaft und Kommunikationsforschung 40 (1987) 371–380.

SPILLNER, BERND (1983): Zur kontrastiven Analyse von Fachtexten am Beispiel der Syntax von Wetterberichten. In: Zeitschrift für Literaturwissenschaft und Linguistik 51/2 (1983) 110–123.

SPORHAN-KREMPEL, LORE (1961): Der Bücherbestand eines Nürenberger Patriziers im 15. Jahrhundert. In: Archiv für Geschichte des Buchwesens 3 (1961) 1651–1654.

SPRANGER, EDUARD (1971): Zur Geschichte der deutschen Volksschule. Heidelberg 1971.

STADT STAFFELSTEIN (Hrsg.; 1992): Adam Ries vom Staffelstein. Rechenmeister und Cossist. Staffelstein (= Staffelsteiner Schriften 1).

STARKE, WOLFGANG (1993): Ein nye Rekensboeck vp aller Koepmanshandelinge — Kommerzielles Wissen in den niederdeutschen Arithmetiken des 16. und 17. Jahrhunderts. In: Stuart Jenks, Michael North (Hrsg.): Der Hansische Sonderweg? Beiträge zur Sozial- und Wirtschaftsgeschichte der Hanse. Köln, Weimar, Wien 1993, 235–254.

STEER, GEORG (1984): Zum Begriff 'Laie' in deutscher Dichtung und Prosa des Mittelalters. In: Grenzmann/Stackmann 1984, 764–768.

STEGER, HUGO (1983): Über Textsorten und andere Textklassen. In: Textsorten und literarische Gattungen 1983, 25–67.

STEGER, HUGO (1984): Sprachgeschichte als Geschichte der Textsorten/Texttypen und ihrer kommunikativen Bezugsbereiche. In: Besch/Reichmann/Sonderegger 1984, 186–204.

STEGER, HUGO (1988): Revolution des Denkens im Fokus von Begriffen und Wörtern. Wandlungen der Theoriesprachen im 17. Jahrhundert. In: Peter K. Stein, Andreas Weiss, Gerold Hayer (Hrsg): Festschrift Ingo Reiffenstein zum 60. Geburtstag. Göppingen 1988 (= Göppinger Arbeiten zur Germanistik 478) 83–125.

STEINMETZ, MAX (1984): Die Universität Leipzig und der Humanismus. In: Rathmann 1984, 33–54.

STEINMETZ, MAX (1987/8): Der Humanismus an der Universität Leipzig. In: Beiträge zur Hochschul- und Wissenschaftsgeschichte Erfurts 21 (1987/8) 21–52.

STEINMÜLLER, KARL (1953): Die Gesellschaft der Kaufleute in Leipzig im 15. und 16. Jahrhundert. In: Forschungen aus mitteldeutschen Archiven 1953, 127–142.

STILLWELL, MARGARET BINGHAM (1970): The Awakening Interest in Science during the first Century of Printing 1450–1550. An Annotated Checklist of First Editions viewed from the Angle of their Subject Content. New York 1970.

STÖLZLE, REMIGIUS (1920): Ickelsamers "Rechte weis auffs kürtzist lesen zu lernen" in ihrer ursprünglichen Fassung. In: Zeitschrift für Geschichte der Erziehung und des Unterrichts 10 (1920) 57–63.

STOHLMANN, JÜRGEN (1980): Johannes Fabri. In: Die deutsche Literatur des Mittelalters. Verfasserlexikon. Band 2. Berlin/New York 1980, 691-698.

STRUIK, DIRK J. (1936): Mathematics in the Netherlands during the first half of the sixteenth century. In: Isis 25 (1936) 46–56.

STRUIK, DIRK J. (1980): Abriß der Geschichte der Mathematik. Berlin [7]1980.

STÜBEL, BRUNO (1879): Urkundenbuch der Universität Leipzig von 1409 bis 1555. Leipzig 1879 (= Codex diplomaticus Saxoniae Regiae II, 11).

STURM, HERIBERT (1964): Die St. Joachimsthaler Lateinschulbibliothek aus dem 16. Jahrhundert. (Mit Katalog). Stuttgart 1964 (= Forschungen zur Geschichte und Landeskunde der Sudetenländer 4).

SUTER, HEINRICH (1887): Die Mathematik auf den Universitäten des Mittelalters. Wissenschaftliche Beilage zum Programm der Kantonsschule in Zürich 1887.

SUTER, HEINRICH (1889): Die mathematischen und naturphilosophischen Disputationen an der Universität Leipzig 1512–1526. In: Bibliotheca Mathematica, Neue Folge 3 (1889) 17–22.

SWETZ, FRANK J. (1989): Capitalism and Arithmetic. The New Math of the 15th Century.. La Salle [2]1989.

SWIFT RIGINOS, ALICE (1976): Platonica. The Anecdotes Concerning the Life and Writings of Plato. Leiden 1976 (= Columbia Studies in the Classical Tradition 3).

TELLE, JOACHIM (1979): Wissenschaft und Öffentlichkeit im Spiegel der deutschen Arzneibuchliteratur. Zum deutsch-lateinischen Sprachenstreit in der Medizin des 16. und 17. Jahrhunderts. In: Medizinhistorisches Journal 14 (1979) 32–52.

TELLE, JOACHIM (Hrsg.; 1988): Pharmazie und der gemeine Mann. Hausarznei und Apotheke in der frühen Neuzeit. Weinheim [2]1988 (= Ausstellungskataloge der Herzog-August-Bibliothek 36).

TENNANT, ELAINE C. (1996): The Protection of Invention: Printing Privileges in Early Modern Germany. In: Gerhilde Scholz Williams, Stephan K. Schindler (Hrsg.): Knowledge, Science, and Literature in Early Modern Germany. Chapel Hill, London 1996 (= University of North Carolina, Studies in the Germanic Languages and Literatures 116) 7–48.

TEXTSORTEN und literarische Gattungen. Dokumentation des Germanistentages in Hamburg vom 1. bis 4. April 1979. Hrsg.: Vorstand der Vereinigung der deutschen Hochschulgermanisten. Berlin 1983.

THAER, CLAUS (1962): Euklid. Die Elemente Buch I-XIII. Übersetzt von C. T. Darmstadt 1962.

THORNDIKE, LYNN (1955): Unde versus. In: Traditio 11 (1955) 163–193.

THORNDIKE, LYNN (Hrsg.; 1975): University Records and Life in the Middle Ages. Translated with Introduction and Notes by L. Th. New York 1975.

THURMAIER, MARIA (1995): Doppelterminologie im Text oder: hydrophob ist wasserscheu. In: Kretzenbacher/Leonhard/Weinrich 1995, 247–280.

TIMM, CHRISTIAN (1996): Das Vorwort — eine 'Textsorte-in-Relation'. In: Kalverkämper/Baumann 1996, 458–467.

TORTILLA, MINNA, HEIKKI J. HAKKARAINEN (1990): Zum Satzbau der deutschen Kochrezepte des 20. Jahrhunderts: Satzlänge und Prädikat. In: Zeitschrift für germanistische Linguistik 18 (1990) 31–42.

TREUTLEIN, PETER (1879a): Die deutsche Coß. In: Abhandlungen zur Geschichte der Mathematik 2 (1879) 3–124.

TREUTLEIN, PETER (1879b): Der Traktat des Jordanus Nemorarius "De numeris datis". In: Abhandlungen zur Geschichte der Mathematik 2 (1879) 126–166.

TROPFKE, JOHANNES (1980): Geschichte der Elementarmathematik. Band 1: Arithmetik und Algebra. Vollständig neu bearbeitet von Kurt Vogel, Karin Reich, Helmuth Gericke. Berlin, New York [4]1980.

UNGER, FRIEDRICH (1888a): Die Methodik der praktischen Arithmetik in historischer Entwickelung vom Ausgange des Mittelalters bis auf die Gegenwart. Leipzig 1888.

UNGER, FRIEDRICH (1888b): Das älteste deutsche Rechenbuch. In: Zeitschrift für Mathematik und Physik 33 (1888) 125–145.

UNGER, HELGA (1969): Vorreden deutscher Sachbuchliteratur des Mittelalters als Ausdruck literarischen Bewußtseins. In: Ingeborg Glier u. a. (Hrsg.): Werk, Typ, Situation. Studien zu poetologischen Bedingungen in der älteren deutschen Literatur. Festschrift Hugo Kuhn. Stuttgart 1969, 217–251.

UNGER, HELMUT (Hrsg.; 1979): Annaberg-Buchholz. Das Stadtbild im Spiegel grafischer Darstellungen aus vier Jahrhunderten. Annaberg-Buchholz 1979 (= Erzgebirgsmuseum Annaberg-Buchholz 1).

UNGER, HELMUT UND REINHART (1994): Paulus Jenisius. Annaberger Chronik. Zusammengestellt und bearbeitet von H. und R. U. Herausgegeben vom Erzgebirgsmuseum Annaberg-Buchholz. Leipzig 1994.

UNGER, REINHART (1996): Barbara Uthmann und ihre Zeit. In: Familie und Geschichte 19 (1996) 350–356.

VAN EGMOND, WARREN (1980): Practical Mathematics in the Italien Renaissance: A Catalog of Italien Abbacus Manuscripts and Printed Books to 1600. Florenz 1980.

VAN EGMOND, WARREN (1996): Types and Traditions of Mathematical Problems: A Challenge for Historians of Mathematics. In: Folkerts 1996c, 379–428.

VATER, HEINZ (1992): Einführung in die Textlinguistik. Struktur, Thema und Referenz in Texten. München 1992 (= Uni-Taschenbuch 1660).

VERBAND DER LEIPZIGER KIRCHEN (1912): Katalog der Leipziger Kirchen-Bibliotheken. Leipzig 1912.

VIEHWEGER, DIETER (1976): Semantische Merkmale und Textstruktur. In: Daneš/Viehweger 1976, 195–206.

VILLICIUS, FRANZ (1891): Die Geschichte der Rechenkunst vom Alterthume bis zum XVIII. Jahrhundert mit besonderer Rücksicht auf Deutschland und Österreich. Wien ²1891.

VOGEL, JOHANN JACOB (1714): Leipzigisches Geschichts-Buch. Leipzig 1714.

VOGEL, KURT (1949/50): Das älteste deutsche gedruckte Rechenbuch, Bamberg 1482. In: A. Schwerd (Hrsg.): Gymnasium und Wissenschaft. Sonderdruck. Festschrift des Maximilians-Gymnasium. München 1949/50, 230–277.

VOGEL, KURT (1954): Die Practica der Algorismus Ratisbonensis. Ein Rechenbuch des Benediktinerklosters St. Emmeram aus der Mitte des 15. Jahrhunderts nach den Handschriften der Münchner Staatsbibliothek und der Stiftsbibliothek St. Florian herausgegeben und erläutert von K.V. München 1954 (= Schriftenreihe zur bayerischen Landesgeschichte 50).

VOGEL, KURT (1957): Mathematische Forschung und Bildung im frühen 17. Jh. In: Die Entfaltung der Wissenschaft. Vorträge gehalten auf der Tagung der Joachim-Jungius-Gesellschaft. Hamburg 1957, 33–46.

VOGEL, KURT (1959): Adam Ries der deutsche Rechenmeister. München 1959 (= Deutsches Museum, Abhandlungen und Berichte 27,3).

VOGEL, KURT (1963): Der Trienter Algorismus von 1475. In: Nova Acta Leopoldina, Neue Folge 27, Nr. 167 (1963) 183–200.

VOGEL, KURT (1968): Ein byzantinisches Rechenbuch des frühen 14. Jahrhunderts. Text, Übersetzung und Kommentar. Wien 1968 (= Wiener byzantinische Studien 6).

VOGEL, KURT (1978): Beiträge zur Geschichte der Arithmetik von Kurt Vogel. Hrsg. vom Forschungsinstitut des Deutschen Museums für die Geschichte der Naturwissenschaften und der Technik. München 1978.

VOGEL, KURT (1980): Das Bamberger Blockbuch. Inc. typ. Ic I 44 der Staatsbibliothek Bamberg. Ein xylographisches Rechenbuch aus dem 15. Jahrhundert. Mit einer buchkundlichen Beschreibung von Bernhard Schemmel. München u.a. 1980.

VOGEL, KURT (1981a): Die erste deutsche Algebra aus dem Jahre 1481. Nach einer Handschrift aus C 80 Dresdensis herausgegeben und erläutert. München 1981 (= Bayerische Akademie der Wissenschaften, Mathematisch-naturwissenschaftliche Klasse, Abhandlungen, Neue Folge 160).

VOGEL, KURT (1981b): Johannes Widmann. In: DSB 14. New York 1981, 325/6.

VOGEL, KURT (1985): Gerbert von Aurillac als Mathematiker. In: Acta Historica Leopoldina 16 (1985) 9–24.

VOGEL, KURT (1988): Kleinere Schriften zur Geschichte der Mathematik. Hrsg. v. Menso Folkerts. Stuttgart 1988 (= Boethius 20, 1 und 2).

VOGT, ANNETTE (Hrsg.; 1984): Adam Ries und seine Zeit. Wissenschaftliches Symposium am 31.1.1984 in Annaberg-Buchholz. Berlin 1984 (= Akademie der Wissenschaften der DDR, Institut für Theorie, Geschichte und Organisation der Wissenschaften, Kolloquien 1).

VOLKERT, KLAUS (1988): Geschichte der Analysis. Mannheim 1988.

WAGENBRETH, OTFRIED (Hrsg.; 1990): Bergbau im Erzgebirge. Technische Denkmale und Geschichte. Leipzig 1990.

WAGNER, DAVID L. (Hrsg.; 1983): The Seven Liberal Arts in the Middle Ages. Bloomington, Indiana 1983.

WAGNER, JOSEF MARIA (1861): Thomas Anshelm von Baden. In: Serapeum 22 (1861) 115–124; 129–136.

WALTHER, HANS (1959): Carmina medii aevi posterioris Latina. I: Initia carminum ac versuum medii aevi posterioris Latinorum. Alphabetisches Verzeichnis der Versanfänge mittellateinischer Dichtungen. Göttingen 1959.

WAPPLER, EMIL (1887): Zur Geschichte der deutschen Algebra im 15. Jahrhundert. In: Gymnasium zu Zwickau. Jahresbericht. Zwickau 1887, 1–32.

WAPPLER, EMIL (1890): Beitrag zur Geschichte der Mathematik. In: Abhandlungen zur Geschichte der Mathematik 5 (1890) 147–168.

WAPPLER, EMIL (1899): Zur Geschichte der deutschen Algebra. In: Abhandlungen zur Geschichte der Mathematik 9 (1899) 537–554.

WAPPLER, EMIL (1900a): Zur Geschichte der Mathematik. In: Zeitschrift für Mathematik und Physik 45 (1900) Historisch-literarische Abteilung 7–9.

WAPPLER, EMIL (1900b): Zur Geschichte der Mathematik im 15. Jahrhundert. In: Zeitschrift für Mathematik und Physik 45 (1900) Historisch-literarische Abteilung 47–56.

WEESE, CHRISTINE (1987): Die funktionale Perspektive in Satz und Text. In: Hoffmann 1987a, 121–131.

WEGERA, KLAUS-PETER (1985): Wortbildung des Frühneuhochdeutschen. In: Besch/Reichmann/Sonderegger 1985, 1348–1355.

WEIDAUER, MANFRED (1992): Adam Ries in Erfurt. In: Stadt Staffelstein 1992, 87–105.

WEIDAUER, MANFRED (1996): Über den Cossisten Heinrich Schreyber (Grammateus). In: Gebhardt/Albrecht 1996, 107–112.

WEINMAYER, BARBARA (1982): Studien zur Gebrauchssituation früher deutscher Druckprosa. Literarische Öffentlichkeit in Vorreden zu Augsburger Frühdrucken. München, Zürich 1982 (= Münchener Texte und Untersuchungen zur deutschen Literatur des Mittelalters 77).

WEINRICH, HARALD (1978): Die Textpartitur als heuristische Methode. In: Dressler 1978, 391–412.

WEISHEIPL, JAMES A. (1969): The Place of the Liberal Arts in the University Curriculum during the XIVth and XVth Centuries. In: Arts libéraux et philosophie au Moyen Age. Actes du VIe Congrès international de philosophie médiévale. Montreal, Paris 1969, 209–213.

WEISS, ULMAN (Hrsg.; 1992): Erfurt 742-1992. Stadtgeschichte — Universitätsgeschichte. Weimar 1992.

WEISS, ULMAN (Hrsg.; 1995): Erfurt. Geschichte und Gegenwart. Weimar 1995 (= Schriften des Vereins für die Geschichte und Altertumskunde von Erfurt 2).

WEISSENBORN, HERRMAN (1877): Die Entwickelung des Zifferrechnens. In: Programm des großherzoglichen Realgymnasiums zu Eisenach. Eisenach 1877, 1–22.

WEISSENBORN, HERRMAN (1884): Acten der Erfurter Universität. 2 Bände. Halle 1884 (= Geschichtsquellen der Provinz Sachsen und angrenzender Gebiete 8, 1 und 2).

WEITHASE, IRMGARD (1961): Zur Geschichte der gesprochenen deutschen Sprache. Tübingen 1961.

WERTHEIM, GUSTAV (1896): Die Arithmetik des Elia Misrachi. Braunschweig 1896.

WEYRAUCH, ERDMANN (1985): Die Illiteraten und ihre Literatur. In: Brückner/Blickle/Breuer 1985, 465–474.

WIDMANN, HANS (1975): Geschichte des Buchhandels vom Altertum bis zur Gegenwart. 2 Bände. Wiesbaden 1975.

WIEGAND, INES (1987): Isotopieketten in Fachtexten. In: Hoffmann 1987a, 144–154.

WILDERMUTH, K. (1885): Rechnen. In: Encyklopädie des gesamten Erziehungs- und Unterrichtswesens. Band 6. Leipzig 1885, 749–859.

WILHELM, FRANZ (1907): Zur Biographie des Mathematikers Johannes Widmann von Eger. In: Mitteilungen des Vereins für Geschichte der Deutschen in Böhmen 45 (1907) 429/30.

WIMMER, RAINER (1979): Das Verhältnis von Fachsprache und Gemeinsprache in Lehrtexten. In: Mentrup 1979, 246–275.

WINGE, VIBEKE (1992): Dänische Deutsche — deutsche Dänen. Geschichte der deutschen Sprache in Dänemark 1300–1800 mit einem Ausblick auf das 19. Jahrhundert. Heidelberg 1992 (= Sprachgeschichte 1).

WITTHÖFT, HARALD (Hrsg.; 1986): Die Historische Metrologie in den Wissenschaften. Philosophie — Architektur- und Baugeschichte — Geschichte der Mathematik und der Naturwissenschaften — Geschichte des Münz-, Maß- und Gewichtswesens. St. Katharinen 1986 (= Sachüberlieferung und Geschichte 3).

WITTMANN, JOHANNES (1959): Theorie und Praxis eines ganzheitlichen, analytisch-synthetischen Unterrichts in der Grundschule. Dortmund ^{5}1959

WITTMANN, REINHARD (1991): Geschichte des deutschen Buchhandels. Ein Überblick. München 1991.

WOLF, DIETER (1985): Lexikologie des Frühneuhochdeutschen. In: Besch/Reichmann/Sonderegger 1985, 1323–1341.

WOLF, HERBERT (1980): Martin Luther. Stuttgart 1980 (= Sammlung Metzler 193).

WOLF, NORBERT RICHARD (1987): Wortbildungen in wissensliterarischen Texten. In: Zeitschrift für deutsche Philologie, Sonderheft 1987, 137–149.

WRIEDT, KLAUS (1986): Bürgertum und Studium in Norddeutschland während des Spätmittelalters. In: Fried 1986, 487–525.

WÜSTER, EUGEN (1970): Internationale Sprachnormung in der Technik, besonders in der Elektrotechnik. Die nationale Sprachnormung und ihre Verflechtung. Bonn ^{3}1970.

WUSSING, HANS (1961): Zum Charakter der europäischen Mathematik in der Periode der Herausbildung frühkapitalistischer Verhältnisse (15. und 16. Jahrhundert). In: Mathematik, Physik, Astronomie in der Schule 8 (1961) 519–532; 585–593.

WUSSING, HANS (1989): Adam Ries. Leipzig ^{2}1989 (= Biographien hervorragender Naturwissenschaftler, Techniker und Mediziner 95).

WUSSING, HANS (1992a): Adam Ries. Stuttgart, Leipzig ^{2}1992 (= Einblicke in die Wissenschaft, Wissenschaftgeschichte).

WUSSING, HANS (1992b): Adam Ries und seine Rechenbücher. In: Stadt Staffelstein 1992, 143–156.

WUSSING, HANS (1992c): Adam Ries: Stationen seines Lebens. In: Gebhardt 1992, 1-7.

WUSSING, HANS (1996): Einige Bemerkungen zur Entwicklung der frühen deutschen mathematischen Fachsprache. In: Große/Wellmann 1996, 289–296.

WUSTMANN, GUSTAV (1879): Die Anfänge des Leipziger Bücherwesens. Zur vierten Säkularfeier der Einführung des Buchdrucks in Leipzig (1479). Leipzig 1879.

WUSTMANN, GUSTAV (1905): Geschichte der Stadt Leipzig. Bilder und Studien. Band 1. Leipzig 1905.

WUTTKE, DIETER (1990): Renaissance — Humanismus und Naturwissenschaft in Deutschland. In: Gymnasium 97 (1990) 232–254.

WUTTKE, DIETER (1992): Humanismus in den deutschsprachigen Ländern und Entdeckungsgeschichte 1493–1534. In: Pirckheimer-Jahrbuch 1992, 9–52.

ZARNCKE, FRIEDRICH (1857a): Die urkundlichen Quellen zur Geschichte der Universität Leipzig. Leipzig 1857 (= Abhandlungen der königlich sächsischen Gesellschaft der Wissenschaften, Philologisch-historische Classe 2) 509-922.

ZARNCKE, FRIEDRICH (1857b): Die Deutschen Universitäten im Mittelalter. Beiträge zur Geschichte und Charakteristik derselben. Erster Beitrag. Leipzig 1857.

ZARNCKE, FRIEDRICH (1861): Die Statutenbücher der Universität Leipzig aus den ersten 150 Jahren ihres Bestehens. Leipzig 1861.

ZIEHNERT, JOHANN GOTTLIEB (1839): Kleine Kirchen- und Schulchronik der Ephorieen Annaberg und Grundstädtel, zur Jubelfeier der Reformations-Einführung im Erzgebirge. Annaberg 1839.

ZILSEL, EDGAR (1976): Die sozialen Ursprünge der neuzeitlichen Wissenschaft. Frankfurt a. M. 1976 (= Suhrkamp-Taschenbuch Wissenschaft 152).

ZIMMERNMANN, BIRGIT (1975): Das Hausarzneibuch. Ein Beitrag zur Untersuchung laienmedizinischer Fachliteratur des 16. Jahrhunderts unter besonderer Berücksichtigung ihres humanmedizinisch-pharmazeutischen Inhalts. Marburg 1975.

ZIMMERMANN, MONIKA (1978): Algorismus Ratisbonensis. In: Die deutsche Literatur des Mittelalters. Verfasserlexikon. Band 1. Berlin 1978, 237–9.

ZIMMERMANN, PETER (1992): Mathematikbücher als Informationsquellen für Schülerinnen und Schüler. Eine Untersuchung zur Spezifikation von Anforderungen an gymnasiale mathematische Unterrichstwerke. Hildesheim 1992 (= texte zur mathematisch-naturwissenschaftlich-technischen forschung und lehre 34).

ZWECKBRONNER, GERHARD (1991): Wurzeln des neuzeitlichen Naturwissenschafts- und Technikverständnisses. In: Martin Kintzinger (Hrsg.): Das andere Wahrnehmen. Beiträge zur europäischen Geschichte. Festschrift für August Nitschke zum 65. Geburtstag. Köln, Weimar 1991, 485–496.

Namensregister

Ortsregister

Sachregister

Kolibri 360 GmbH
Ferdinand-Jühlke-Straße 7
99095 Erfurt, Deutschland
produktsicherheit@kolibri360.de